Werkstoffkunde STAHL   Band 2: Anwendung

Werkstoffkunde STAHL

Band 2: Anwendung

Herausgeber:
Verein Deutscher Eisenhüttenleute

Verantwortlich für Entwurf und Durchführung:
**W. Jäniche, W. Dahl, H.-F. Klärner,
W. Pitsch, D. Schauwinhold,
W. Schlüter, H. Schmitz**

Mit 447 Abbildungen

1985
Springer-Verlag Berlin Heidelberg New York Tokyo
Verlag Stahleisen m.b.H. Düsseldorf

Verein Deutscher Eisenhüttenleute
D-4000 Düsseldorf

Werkstoffkunde Stahl.
Hrsg.: Verein Deutscher Eisenhüttenleute.
Berlin; Heidelberg; New York; Tokyo: Springer;
Düsseldorf: Verlag Stahleisen

Bd. 2. Anwendung. – 1985.
ISBN 3-540-13084-5 Springer-Verlag Berlin Heidelberg New York Tokyo
ISBN 0-387-13084-5 Springer-Verlag New York Heidelberg Berlin Tokyo

ISBN 3-514-00252-5 Verlag Stahleisen m.b.H., Düsseldorf

Das Werk ist urheberrechtlich geschützt. Die dadurch begründeten Rechte, insbesondere die der Übersetzung, des Nachdrucks, der Entnahme von Abbildungen, der Funksendung, der Wiedergabe auf photomechanischem oder ähnlichem Weg und der Speicherung in Datenverarbeitungsanlagen bleiben, auch bei nur auszugsweiser Verwertung, vorbehalten.
Die Vergütungsansprüche des § 54, Abs. 2 UrgG werden durch die „Verwertungsgesellschaft Wort", München, wahrgenommen.

© Springer-Verlag Berlin/Heidelberg und Verlag Stahleisen m.b.H., Düsseldorf 1985. Printed in Germany.

Die Wiedergabe von Gebrauchsnamen, Handelsnamen, Warenbezeichnungen usw. in diesem Buch berechtigt auch ohne besondere Kennzeichnung nicht zu der Annahme, daß solche Namen im Sinne der Warenzeichen- und Markenschutz-Gesetzgebung als frei zu betrachten wären und daher von jedermann benutzt werden dürften.

Satzarbeiten: Graphischer Großbetrieb Friedrich Pustet, Regensburg
Offsetdruck: Saladruck, Steinkopf & Sohn, Berlin
Bindearbeiten: Lüderitz & Bauer Buchgewerbe GmbH, Berlin
2060/3020 – 5 4 3 2 1

Mitarbeiterverzeichnis

Verantwortlich für Entwurf und Durchführung

Dr.-Ing. Dr.-Ing. E. h. Walter Jäniche, Duisburg-Rheinhausen
Prof. Dr. rer. nat. Winfried Dahl, Aachen
Prof. Dr.-Ing. Heinz-Friedrich Klärner, Völklingen
Prof. Dr. rer. nat. habil. Wolfgang Pitsch, Düsseldorf
Dr.-Ing. Dieter Schauwinhold, Duisburg-Hamborn
Dr. rer. nat. Wilhelm Schlüter, Düsseldorf
Dr.-Ing. Hans Schmitz, Düsseldorf

Autoren

Dr.-Ing. Hans-Egon Arntz, Dortmund-Aplerbeck
Dr. rer. nat. Fritz Aßmus, Hanau
Dr.-Ing. Klaus Barteld, Witten
Dipl.-Ing. Wilhelm Bartels, Peine
Dr.-Ing. Herbert Beck, Duisburg-Hochfeld
Ing. (grad.) Günter Becker, Duisburg-Ruhrort
Dipl.-Ing. Hans-Josef Becker, Witten
Prof. Dr.-Ing. Hans Berns, Düsseldorf-Oberkassel
Dr.-Ing. Harald de Boer, Duisburg-Hamborn
Dr.-Ing. Wolf-Dietrich Brand, Duisburg-Hamborn
Dipl.-Ing. Dieter Christianus, Gelsenkirchen
Prof. Dr. rer. nat. Winfried Dahl, Aachen
Dipl.-Ing. Richard Dawirs, Duisburg-Hamborn
Dr. rer. nat. Dipl.-Chem. Joachim Degenkolbe, Duisburg-Hamborn
Dr.-Ing. Hans-Heinrich Domalski, Witten
Prof. Dr. rer. nat. Hans-Jürgen Engell, Düsseldorf
Dr. phil. Dipl.-Phys. Heinz Fabritius, Duisburg-Huckingen
Dr. rer. nat. Karl Forch, Hattingen
Dipl.-Ing. Heinz Fröber, Dortmund
Dr.-Ing. Ewald Gondolf, Völklingen
Prof. Dr. rer. nat. Hans Jürgen Grabke, Düsseldorf
Dr.-Ing. Dietmar Grzesik, Salzgitter
Dr. rer. nat. Klaus Günther, Duisburg-Hamborn
Dr.-Ing. Ives Guinomet, Dortmund
Dipl.-Ing. Hellmut Gulden, Siegen-Geisweid
Dr.-Ing. Herbert Haas, Werdohl
Dr.-Ing. Hermann Peter Haastert, Duisburg-Hamborn

Dr.-Ing. Peter Hammerschmid, Duisburg-Rheinhausen
Dr.-Ing. Max Haneke, Dortmund-Hörde
Dr.-Ing. Winfried Heimann, Krefeld
Friedrich Helck, Duisburg-Hamborn
Dr.-Ing. Wilhelm Heller, Duisburg-Rheinhausen
Dr.-Ing. Bernd Henke, Dortmund
Dr. rer. nat. Dietrich Horstmann, Düsseldorf
Dr.-Ing. Hans Paul Hougardy, Düsseldorf
Dr.-Ing. Gerhard Kalwa, Duisburg-Huckingen
Dr.-Ing. Konrad Kaup, Dortmund
Dipl.-Ing. Heinz Klein, Völklingen
Dipl.-Ing. Walter Knorr, Bochum
Dipl.-Ing. Wilhelm Krämer, Duisburg-Rheinhausen
Dr. rer. nat. Dipl.-Phys. Max Krause, Bochum
Dr.-Ing. Karl-Josef Kremer, Siegen-Geisweid
Dr.-Ing. Rolf Krumpholz, Völklingen
Dr.-Ing. Werner Küppers, Krefeld
Dipl.-Ing. Jürgen Lippert, Bremen
Dipl.-Ing. Erich Märker, Düsseldorf
Dr.-Ing. Dipl.-Phys. Armin Mayer, Duisburg-Hamborn
Dr. rer. nat. Dipl.-Chem. Bernd Meuthen, Dortmund
Dr.-Ing. Lutz Meyer, Duisburg-Hamborn
Dr. rer. nat. Dipl.-Phys. Horst Müller, Saarbrücken
Dr.-Ing. Wolfgang Müschenborn, Duisburg-Hamborn
Dr.-Ing. Bruno Müsgen, Duisburg-Hamborn
Dr. rer. pol. Dipl.-Ing. Günter Oedinghoven, Osnabrück
Dr.-Ing. Rudolf Oppenheim, Krefeld
Dr. rer. nat. Werner Pappert, Dortmund
Prof. Dr. rer. nat. Werner Pepperhoff, Duisburg-Huckingen
Dr.-Ing. Jens Petersen, Salzgitter
Prof. Dr. rer. nat. habil. Wolfgang Pitsch, Düsseldorf
Dr. mont. Dipl.-Ing. Alfred Randak, Bochum
Dipl.-Phys. Hans Günter Ricken, Bochum
Dr.-Ing. Walter Rohde, Düsseldorf
Dipl.-Ing. Karl Sartorius, Völklingen
Dr. rer. nat. Dipl.-Phys. Gerhard Sauthoff, Düsseldorf
Dr. rer. nat. Wilhelm Schlüter, Düsseldorf
Dr.-Ing. Herbert Schmedders, Duisburg-Hamborn
Dr. rer. nat. Karl-Heinz Schmidt, Bochum
Dr.-Ing. Dipl.-Phys. Werner Schmidt, Krefeld
Dr.-Ing. Hans Schmitz, Düsseldorf
Dr. rer. nat. Dietrich Schreiber, Hohenlimburg
Dr.-Ing. Johannes Siewert, Neuwied
Dr. rer. nat. Dipl.-Phys. Helmut Stäblein, Essen
Dipl.-Ing. Anita Stanz, Siegen-Geisweid
Dr.-Ing. Albert von den Steinen, Krefeld
Dr. rer. nat. Dipl.-Phys. Erdmann Stolte, Duisburg-Rheinhausen

Prof. Dr.-Ing. Christian Straßburger, Duisburg-Hamborn
Dipl.-Ing. Helmut Sutter, Neunkirchen (Saar)
Dr.-Ing. Gerhard Tacke, Bochum
Dr.-Ing. Klaus Täffner, Dortmund-Hörde
Dr.-Ing. Ulrich Tenhaven, Dortmund
Dr. rer. nat. Hans Thomas, Hanau
Dipl.-Ing. Friedrich Ulm, Düsseldorf-Oberkassel
Dipl.-Ing. Walter Verderber, Siegen-Geisweid
Dipl.-Ing. Klaus Vetter, Siegen-Geisweid
Dr.-Ing. Constantin M. Vlad, Salzgitter
Dr.-Ing. Hans Vöge, Siegen-Geisweid
Dr.-Ing. Klaus Vogt, Bochum
Dipl.-Ing. Helmut Weise, Dortmund
Dipl.-Phys. Karl Werber, Hattingen
Dipl.-Ing. Wilhelm Weßling, Siegen-Geisweid
Dipl.-Ing. Ingomar Wiesenecker-Krieg, Völklingen
Dipl.-Ing. Siegfried Wilmes, Düsseldorf-Oberkassel
Dr.-Ing. Peter-Jürgen Winkler, Duisburg-Huckingen

Vorwort

Die beiden Bände der Werkstoffkunde Stahl sind als Einheit konzipiert. Trotzdem ist es durchaus möglich, diesen Band 2 (ebenso wie auch Band 1) als selbständiges Werk zu benutzen. Zur Einführung ist es daher zweckmäßig, das in Band 1 gedruckte Vorwort zur Werkstoffkunde Stahl hier zu wiederholen.

Diese „Werkstoffkunde STAHL" entstand als Folge von Überlegungen im Werkstoffausschuß des Vereins Deutscher Eisenhüttenleute, das „Handbuch der Sonderstahlkunde", das außerordentlich verdienstvolle Werk von E. Houdremont, neu herauszugeben. Bei den Erörterungen kam man jedoch zu dem Ergebnis, daß es aus verschiedenen Gründen nicht möglich, aber auch nicht zweckmäßig ist, einfach eine Folgeausgabe für den berühmten „Houdremont" zu schaffen. Zunächst erscheint eine Beschränkung des Buches auf Sonderstähle im Sinne von E. Houdremont nach dem heutigen Stand nicht mehr gerechtfertigt. Wenn man nämlich den Begriff „Sonderstahl", der sich in offiziellen Festlegungen oder Normen nie durchgesetzt hat, ersetzt durch den heute normenmäßig festgelegten Begriff „Edelstahl", was mit gewissen Einschränkungen zulässig erscheint, und wenn man bedenkt, daß die Grenzen zwischen den Edelstählen und den Nicht-Edelstählen, den Grund- und Qualitätsstählen, in Normen zwar fixiert (siehe Teil A), in den technischen Gegebenheiten aber fließend sind, so liegt es – auch im Hinblick auf die große Bedeutung der Nicht-Edelstähle – nahe, in einem solchen Buch alle Stahlarten zu erfassen. Bei der Vielfalt und Verschiedenartigkeit der Stähle bedeutet das aber einen Zwang zur Heranziehung einer großen Zahl von Fachleuten, also zur Gemeinschaftsarbeit. Im übrigen führt auch das kaum noch überschaubare Schrifttum auf diesem Gebiet, dessen Gesamtauswertung durch einzelne Fachleute kaum möglich ist, zwangsläufig zu dem Gedanken, das neue Buch in einer Gemeinschaftsarbeit herauszugeben.

Im Zusammenhang mit der Ausweitung des Stoffes auf alle Stahlarten hielt man es für zweckmäßig, ein anderes Konzept des Buches zu wählen: Es wird nicht mehr nach Legierungselementen eingeteilt, als Leitlinie dient vielmehr der Grundgedanke, daß die Eigenschaften der Stähle in erster Linie vom Gefüge abhängig sind, das wiederum von der chemischen Zusammensetzung beeinflußt wird. Dementsprechend werden zunächst in einem Teil B des neuen Buchwerkes die bei Stahl möglichen Gefügearten und ihre Entstehungsbedingungen und -mechanismen unter Berücksichtigung der chemischen Zusammensetzung sowie der thermischen und mechanischen Behandlung erörtert. In einem weiteren Teil C wird beschrieben, wie die wesentlichen Gebrauchseigenschaften, d. h. Verarbeitungs- und Verwendungseigenschaften (mechanische und chemische Eigenschaften, Eignung zur Wärmebehandlung, Umformbarkeit, Zerspanbarkeit usw.) von den vorher beschriebenen Gefügearten und der chemischen Zusammensetzung abhängen, ohne dabei im einzelnen auf bestimmte Stahlarten oder Stahlsorten einzugehen. Erst im folgenden Teil D werden unter Berücksichtigung der vorher geschilderten Grundlagen konkrete Stahlarten (allgemeine Baustähle, Vergütungsstähle, Werkzeugstähle usw.) mit einer Auswahl kennzeichnender Stahlsorten vorgestellt, wobei jeweils die aus Verarbeitung und Verwendung folgenden Anforderungen an die Eigenschaften, ihre Kennzeichnung und – unter Rückgriff auf die in den vorgeschalteten Teilen B und C dargelegten metallkundlichen Zusammenhänge – die speziellen werkstofftechnischen Maßnahmen zur Einstellung der für die jeweilige Stahlart maßgebenden Gefüge und Eigenschaften behandelt werden. Den drei Teilen B, C und D ist ein Teil A über die wirtschaftliche und technische Bedeutung der Stähle vorgeschaltet und ein Teil E über den Einfluß der Erzeugungsbedingungen auf die Stahleigenschaften nachgeschaltet. Wegen der gebotenen Kürze konnten nicht alle Einzelheiten oder alle Stahlsorten erschöpfend behandelt werden, es wurde vielmehr angestrebt, dem Leser die metallkundlichen Zusammenhänge zwischen chemischer Zusammensetzung, thermischer und mechanischer Behandlung, Gefügeentstehung und Eigenschaften nahezubringen.

Das Konzept des Buches zwang auch dazu, den Titel gegenüber dem „Handbuch der Sonderstahlkunde" zu ändern. Da bei dem oben skizzierten Grundgedanken des Buches notwendigerweise der Handbuch-Charakter gegenüber einem Lehrbuch-Charakter, bei dem die Didaktik im Vordergrund steht, zurücktritt, kam es zu dem Titel „Werkstoffkunde STAHL".

Bei dem großen Umfang des zu verarbeitenden Stoffes war es technisch nicht möglich, das Buch in einem Band unterzubringen. Die notwendige Unterteilung wurde so vorgenommen, daß im ersten Band die Teile A bis C und im zweiten Band die Teile D und E erscheinen. Wenn damit auch der Schnitt gerade zwischen den mehr grundlegenden Ausführungen und den mehr praktischen Darlegungen erfolgte, so soll das keinesfalls eine Unterbrechung des für das Werk maßgebenden Grundgedankens bedeuten, vielmehr wird die Einheit immer wieder durch entsprechende Verweise deutlich gemacht.

Das Konzept des Buches wurde von W. Dahl, H.-F. Klärner, W. Pitsch, D. Schauwinhold, W. Schlüter und H. Schmitz unter der Leitung von W. Jänicke erarbeitet. Dieser Lenkungskreis, dessen Geschäftsführung bei W. Schlüter lag, hat sich mit großem Einsatz auch um den Fortgang der Arbeiten und um eine dem Konzept entsprechende Gestaltung der einzelnen Beiträge bemüht. Den Herren ist dafür sehr herzlich zu danken. Ein besonderer Dank ist den vielen Mitarbeitern auszusprechen, die trotz der stetig zunehmenden Belastung durch die Tagesarbeit in den Werken oder Forschungsstätten geduldiges Verständnis für die Gedanken des Lenkungskreises aufgebracht und ihre Beiträge entsprechend gestaltet haben. Sehr zu danken ist auch den Herren H. Schmitz, W. Schlüter und W. Liedtke, die es mit viel Mühe und Arbeit erreicht haben, daß trotz der Vielzahl von Mitarbeitern diese Werkstoffkunde redaktionell gesehen ein einheitliches Bild bietet. Nicht zuletzt sei dem Springer-Verlag und dem Verlag Stahleisen gedankt für die gute Zusammenarbeit, das weitgehende Verständnis im Hinblick auf den großen Umfang und für die vorbildliche Gestaltung der „Werkstoffkunde STAHL".

Düsseldorf, im Frühjahr 1984   Verein Deutscher Eisenhüttenleute

Inhalt

Vorwort		IX
Hinweise zur Benutzung des Buches		XXIV

Teil D	**Stähle mit kennzeichnenden Eigenschaften für bestimmte Verwendungsbereiche**	1
D 1	**Allgemeiner Überblick über den Teil D und seine Zielsetzung**	3
	Von W. Schlüter	
D 2	**Normalfeste und hochfeste Baustähle**	6
	Von B. Müsgen, H. de Boer, H. Fröber und J. Petersen	
D 2.1	Allgemeines	6
D 2.2	Anforderungen an die Gebrauchseigenschaften	7
D 2.2.1	Anforderungen an die Verwendungseigenschaften	8
	Mechanische Eigenschaften bei statischer Beanspruchung. Mechanische Eigenschaften bei schwingender Beanspruchung. Sprödbruchunempfindlichkeit. Wetterfestigkeit. Verschleißwiderstand.	
D 2.2.2	Anforderungen an die Verarbeitungseigenschaften	10
	Umformbarkeit. Scherbarkeit, Zerspanbarkeit und Eignung zum Brennschneiden. Schweißeignung. Eignung zum Verzinken.	
D 2.2.3	Anforderungen an die Gleichmäßigkeit	12
D 2.3	Kennzeichnung der geforderten Eigenschaften	13
D 2.3.1	Kennzeichnung der Verwendungseigenschaften	13
	Werkstoffverhalten im Zugversuch. Werkstoffverhalten im Dauerschwingversuch. Sprödbruchunempfindlichkeit. Wetterfestigkeit. Verschleißwiderstand.	
D 2.3.2	Kennzeichnung der Verarbeitungseigenschaften	24
	Umformbarkeit. Zerspanbarkeit und Eignung zum Brennschneiden. Schweißeignung. Eignung zum Verzinken.	
D 2.4	Metallkundliche Maßnahmen zur Einstellung der geforderten Eigenschaften	36
D 2.4.1	Allgemeines	36
D 2.4.2	Beeinflussung der Eigenschaften durch Wärmebehandlung und durch die dadurch gegebene Gefügeausbildung	37
D 2.4.3	Beeinflussung der Eigenschaften durch die chemische Zusammensetzung mit ihrer Wirkung auf die Gefügeausbildung	42
D 2.5	Kennzeichnende Stahlsorten mit betrieblicher Bewährung	54
D 3	**Bewehrungsstähle für den Stahlbeton- und Spannbetonbau**	64
	Von H. Weise, W. Krämer, W. Bartels und W.-D. Brand	
D 3.1	Allgemeines	64
D 3.2	Betonstahl	65
D 3.2.1	Anforderungen an die Gebrauchseigenschaften	65

D 3.2.2	Kennzeichnung der geforderten Eigenschaften	65
D 3.2.3	Metallkundliche Maßnahmen zur Einstellung der geforderten Eigenschaften	66
D 3.2.4	Kennzeichnende Stahlsorten mit betrieblicher Bewährung	70
D 3.3	Spannbetonstähle	70
D 3.3.1	Anforderungen an die Gebrauchseigenschaften	70
D 3.3.2	Kennzeichnung der geforderten Eigenschaften	73
D 3.3.3	Metallkundliche Maßnahmen zur Einstellung der geforderten Eigenschaften	75
D 3.3.4	Kennzeichnende Stahlsorten mit betrieblicher Bewährung	79
D 4	**Stähle für warmgewalzte, kaltgewalzte und oberflächenveredelte Flacherzeugnisse zum Kaltumformen**	**80**
	Von Chr. Straßburger, B. Henke, B. Meuthen, L. Meyer, J. Siewert und U. Tenhaven	
D 4.1	Warm- und kaltgewalzte Flacherzeugnisse zum Kaltumformen	80
D 4.1.1	Warm- und kaltgewalztes Band und Blech aus weichen unlegierten Stählen	80
D 4.1.1.1	Warmgewalzte Flacherzeugnisse	80
D 4.1.1.2	Kaltgewalzte Flacherzeugnisse	82
D 4.1.2	Flacherzeugnisse aus allgemeinen Baustählen und höherfesten Stählen	88
D 4.1.2.1	Warmgewalzte Flacherzeugnisse	88
D 4.1.2.2	Kaltgewalzte Flacherzeugnisse	93
D 4.1.3	Flacherzeugnisse aus nichtrostenden Stählen	100
D 4.2	Oberflächenveredelte Flacherzeugnisse	101
	Allgemeine Anforderungen an die Gebrauchseigenschaften. Kennzeichnung der geforderten Eigenschaften.	
D 4.2.1	Flacherzeugnisse mit metallischem Überzug	103
D 4.2.1.1	Verzinkte Flacherzeugnisse	104
D 4.2.1.2	Flacherzeugnisse mit Aluminiumüberzug	110
D 4.2.1.3	Flacherzeugnisse mit zinn- und chromhaltigen Überzügen	114
D 4.2.1.4	Flacherzeugnisse mit Bleiüberzug	116
D 4.2.1.5	Flacherzeugnisse mit anderen metallischen Überzügen	117
D 4.2.2	Flacherzeugnisse mit anorganischem Überzug	119
D 4.2.3	Flacherzeugnisse mit organischer Beschichtung	120
D 5	**Vergütbare und oberflächenhärtbare Stähle für den Fahrzeug- und Maschinenbau**	**123**
	Von G. Tacke, K. Forch, K. Sartorius, A. von den Steinen und K. Vetter	
D 5.1	Allgemeines	123
D 5.2	Vergütungsstähle, Stähle für das Randschichthärten und Nitrierstähle	124
D 5.2.1	Allgemeine Anforderungen an die Gebrauchseigenschaften vergütbarer Baustähle, deren Kennzeichnung durch Prüfwerte und ihre Erzielung	124
D 5.2.1.1	Für die Verwendung wichtige Eigenschaften	124
	Festigkeit bei statischer Beanspruchung. Zähigkeitseigenschaften. Dauerschwingfestigkeit. Verschleißwiderstand.	
D 5.2.1.2	Für die Verarbeitung wichtige Eigenschaften	137
	Eignung zur Wärmebehandlung. Zerspanbarkeit. Kalt-Massivumformbarkeit. Schweißeignung.	
D 5.2.2	Vergütungsstähle	139
D 5.2.2.1	Allgemeine Auswahlkriterien	139
D 5.2.2.2	Bewährte Stahlsorten	139
D 5.2.3	Stähle für das Randschichthärten	143
D 5.2.3.1	Besonderheiten des Randschichthärtens	143
D 5.2.3.2	Bewährte Stahlsorten	146
D 5.2.4	Nitrierstähle	146
D 5.2.4.1	Besonderheiten des Nitrierens	146
D 5.2.4.2	Bewährte Stahlsorten	151
D 5.3	Stähle für schwere Schmiedestücke	152
D 5.3.1	Geforderte Eigenschaften	152

Inhalt

D 5.3.2	Kennzeichnung der geforderten Eigenschaften durch Prüfergebnisse	152
D 5.3.3	Maßnahmen zur Erzielung der geforderten Eigenschaften	154
D 5.3.3.1	Erschmelzen und Vergießen	154
D 5.3.3.2	Wärmebehandlung	155
D 5.3.3.3	Zusammenhang zwischen Legierungsgehalt, Gefügeausbildung und mechanischen Eigenschaften	157
D 5.3.4	Bewährte Stahlsorten	159
D 5.4	Einsatzstähle	164
D 5.4.1	Anforderungen an den Grundwerkstoff bzw. Kernwerkstoff aus Verwendung und Verarbeitung	164
D 5.4.1.1	Geforderte Eigenschaften	164
D 5.4.1.2	Kennzeichnung der geforderten Eigenschaften durch Prüfwerte	164
D 5.4.1.3	Maßnahmen zur Erzielung der geforderten Eigenschaften	165
D 5.4.2	Von der Einsatzhärteschicht geforderte Eigenschaften und deren Erzeugung	167
D 5.4.2.1	Geforderte Eigenschaften	167
D 5.4.2.2	Die Aufkohlung	169
D 5.4.2.3	Das Härten	170
D 5.4.2.4	Das Entspannen	174
D 5.4.3	Verhalten des Verbundes von Einsatzhärteschicht und zähem Kern unter Betriebsbeanspruchungen	176
D 5.4.4	Bewährte Stahlsorten	179
D 6	**Stähle mit Eignung für die Kalt-Massivumformung**	**182**
	Von H. Gulden und I. Wiesenecker-Krieg	
D 6.1	Allgemeines	182
D 6.2	Anforderungen an die Gebrauchseigenschaften	182
D 6.3	Kennzeichnung der geforderten Eigenschaften	183
D 6.4	Metallkundliche Maßnahmen zur Einstellung der geforderten Eigenschaften	185
D 6.4.1	Allgemeine Hinweise	185
D 6.4.2	Chemische Zusammensetzung und Gefüge	186
D 6.4.3	Reinheitsgrad	191
D 6.4.4	Oberflächenbeschaffenheit und Maßhaltigkeit der Stahlerzeugnisse	191
D 6.5	Kennzeichnende Stahlsorten mit betrieblicher Bewährung	192
D 7	**Unlegierter Walzdraht zum Kaltziehen**	**200**
	Von H. Beck und C. M. Vlad	
D 7.1	Anforderungen an die Gebrauchseigenschaften	200
D 7.2	Kennzeichnung der geforderten Eigenschaften	201
D 7.3	Maßnahmen zur Einstellung der geforderten Eigenschaften	204
D 7.3.1	Allgemeines	204
D 7.3.2	Metallurgische und walztechnische Maßnahmen zur Einstellung von Gefügen mit den geforderten Eigenschaften	205
D 7.4	Kennzeichnende Stahlsorten mit betrieblicher Bewährung	208
D 8	**Höchstfeste Stähle**	**212**
	Von K. Vetter, E. Gondolf und A. von den Steinen	
D 8.1	Begriffsbestimmung für höchstfeste Stähle	212
D 8.2	Geforderte Eigenschaften und deren Prüfung	212
D 8.2.1	Anforderungen aus der Verwendung	212
D 8.2.2	Anforderungen aus der Verarbeitung	214
D 8.3	Verwirklichung der Anforderungen durch die chemische Zusammensetzung der Stähle und Maßnahmen bei ihrer Erzeugung	214
D 8.3.1	Grundsätzliche Möglichkeiten	214
D 8.3.2	Festigkeits- und Zähigkeitseigenschaften	215

D 8.3.2.1	Vergütungsstähle	215
D 8.3.2.2	Martensitaushärtende Stähle	219
D 8.3.2.3	Für beide Stahlgruppen zutreffende Erzeugungsmaßnahmen	220
D 8.3.3	Spannungsrißkorrosion, Wasserstoffversprödung und Rostbeständigkeit	222
D 8.3.4	Dauerschwingfestigkeit	222
D 8.3.5	Verarbeitungseigenschaften	224
D 8.4	Kennzeichnende Stahlsorten und ihre Eigenschaften	225

D 9 Warmfeste und hochwarmfeste Stähle und Legierungen 228
Von H. Fabritius, D. Christianus, K. Forch, M. Krause, H. Müller und A. von den Steinen

D 9.1	Geforderte Eigenschaften	228
D 9.2	Kennzeichnung der geforderten Eigenschaften durch die Ergebnisse bestimmter Prüfungen	231
D 9.3	Metallkundliche Maßnahmen zur Einstellung der geforderten Eigenschaften	235
D 9.3.1	Ferritische Stähle	235
D 9.3.1.1	Ferritische Stähle für mäßig erhöhte Temperaturen	235
D 9.3.1.2	Ferritische Stähle für den Zeitstandbereich	239
D 9.3.2	Austenitische Stähle	244
D 9.3.2.1	Bedeutung des kubisch-flächenzentrierten Gitters für die Warmfestigkeit des Austenits	244
D 9.3.2.2	Wirkung von Chrom und Nickel	244
D 9.3.2.3	Wirkung von Kohlenstoff und Stickstoff	245
D 9.3.2.4	Wirkung von Niob und Titan	247
D 9.3.2.5	Wirkung von Molybdän, Wolfram, Vanadin und Kobalt	248
D 9.3.2.6	Wirkung von Bor	250
D 9.3.3	Hochwarmfeste Nickel- und Kobaltlegierungen	251
D 9.4	Kennzeichnende Werkstoffsorten mit betrieblicher Bewährung	255
D 9.4.1	Ferritische Stähle	255
D 9.4.1.1	Ferritische Stähle für mäßig erhöhte Temperaturen	255
D 9.4.1.2	Ferritische Stähle für Bleche und Rohre	258
D 9.4.1.3	Ferritische Stähle für Schmiedestücke und Stäbe	261
D 9.4.1.4	Ferritischer Stahlguß	263
D 9.4.2	Austenitische Stähle	265
D 9.4.3	Hochwarmfeste Nickel- und Kobaltlegierungen	270

D 10 Kaltzähe Stähle 275
Von M. Haneke, J. Degenkolbe, J. Petersen und W. Weßling

D 10.1	Anforderungen an die Gebrauchseigenschaften	275
D 10.2	Kennzeichnung der geforderten Eigenschaften	276
D 10.3	Maßnahmen zur Einstellung der geforderten Eigenschaften	280
D 10.3.1	Ferritische Stähle	280
	Chemische Zusammensetzung. Feinkornerzeugung. Freiheit von nichtmetallischen Einschlüssen (Reinheitsgrad), Begleitelemente. Wärmebehandlung. Walztechnische Maßnahmen.	
D 10.3.2	Austenitische Stähle	284
D 10.4	Kennzeichnende Stahlsorten mit betrieblicher Bewährung	289
D 10.4.1	Ferritische Stähle	289
D 10.4.2	Austenitische Stähle	295
D 10.5	Verarbeitung kaltzäher Stähle	296

D 11 Werkzeugstähle 305
Von S. Wilmes, H.-J. Becker, R. Krumpholz und W. Verderber

D 11.1	Vielfalt der Beanspruchung von Werkzeugen	305

D 11.2	Von Werkzeugstählen geforderte Eigenschaften, deren Kennzeichnung durch Prüfwerte und metallkundliche Maßnahmen zu ihrer Einstellung	308
D 11.2.1	Für die Anwendung wichtige Eigenschaften	308
D 11.2.1.1	Härte bei niedrigen und hohen Arbeitstemperaturen	308
D 11.2.1.2	Härtbarkeit	314
D 11.2.1.3	Anlaßbeständigkeit	317
D 11.2.1.4	Druckfestigkeit und Druckbeständigkeit	320
D 11.2.1.5	Dauerschwingfestigkeit	323
D 11.2.1.6	Zähigkeit bei den Arbeitstemperaturen	324
D 11.2.1.7	Verschleißwiderstand	333
D 11.2.1.8	Wärmeleitfähigkeit	337
D 11.2.1.9	Temperaturwechselbeständigkeit	338
D 11.2.1.10	Korrosionsbeständigkeit	341
D 11.2.2	Für die Verarbeitung von Werkzeugen wichtige Eigenschaften	343
D 11.2.2.1	Maßhaltigkeit bei der Wärmebehandlung	343
D 11.2.2.2	Warmumformbarkeit	346
D 11.2.2.3	Kaltumformbarkeit und Einsenkbarkeit	347
D 11.2.2.4	Zerspanbarkeit	350
D 11.2.2.5	Schleifbarkeit	352
D 11.2.2.6	Polierbarkeit	354
D 11.3	Für die Anwendungsgebiete der Werkzeuge kennzeichnende Stahlsorten	355
D 11.3.1	Stähle für Kunststofformen	355
D 11.3.2	Stähle für Druckgießformen	357
D 11.3.3	Stähle für die Glasverarbeitung	360
D 11.3.4	Stähle für Kaltumformwerkzeuge	362
D 11.3.5	Stähle für Schmiede- und Preßgesenke	364
D 11.3.6	Stähle für Strangpreßwerkzeuge	366
D 11.3.7	Stähle für Zerspanungswerkzeuge	370
D 11.3.8	Stähle für Schneidwerkzeuge	372
D 11.3.9	Stähle für Handwerkzeuge	377
D 12	**Verschleißbeständige Stähle**	378
	Von H. Berns	
D 12.1	Geforderte Eigenschaften	378
D 12.2	Kennzeichnung der geforderten Eigenschaften	378
D 12.3	Metallkundliche Überlegungen zum Gefüge und zur chemischen Zusammensetzung geeigneter Eisenwerkstoffe	378
D 12.3.1	Verschleißwiderstand der Gefügearten	378
D 12.3.2	Einfluß der chemischen Zusammensetzung auf verschleißfeste Gefügebestandteile	380
D 12.3.3	Einfluß der Wärmebehandlung	383
D 12.4	Beispiele für die Anwendung bestimmter Eisenwerkstoffe	384
D 13	**Nichtrostende Stähle**	385
	Von W. Heimann, R. Oppenheim und W. Weßling	
D 13.1	Anforderungen an die Gebrauchseigenschaften der Stähle	385
D 13.1.1	Anwendungsgebiete der nichtrostenden Stähle	385
D 13.1.2	Beständigkeit gegen die verschiedenen Arten der Korrosion	385
D 13.1.3	Mechanische und technologische Eigenschaften	386
D 13.2	Kennzeichnung der geforderten Eigenschaften durch Prüfwerte	387
D 13.2.1	Prüfung der Korrosionsbeständigkeit	387
D 13.2.2	Kennwerte für die mechanischen und technologischen Eigenschaften	393
D 13.3	Bedeutung des Gefüges und seiner chemischen Zusammensetzung für das Korrosionsverhalten	396
D 13.3.1	Die entscheidende Bedeutung des Chromgehalts	396

D 13.3.2	Einfluß der weiteren Legierungselemente auf das Korrosionsverhalten	398
D 13.4	Einstellung gewünschter Gefüge durch chemische Zusammensetzung und Wärmebehandlung	399
D 13.4.1	Abhängigkeit der Gefügeart vom Gehalt an Ferrit- und Austenitbildnern. Gefügediagramm der nichtrostenden Stähle	399
D 13.4.2	Die Wärmebehandlung bei den kennzeichnenden Gefügegruppen	401
D 13.5	Kennzeichnende Stahlsorten mit betrieblicher Bewährung	411
D 13.5.1	Ferritische Stähle	411
D 13.5.2	Martensitische Stähle	416
D 13.5.3	Austenitische Stähle	420
D 13.5.4	Ferritisch-austenitische Stähle	423
D 14	**Druckwasserstoffbeständige Stähle**	425
	Von E. Märker	
D 14.1	Schädigung von Stahl durch Wasserstoff in der Hochdrucktechnik	425
D 14.2	Metallkundliche Grundlagen zur Erzielung von Druckwasserstoffbeständigkeit bei Stahl	426
D 14.3	Folgerungen für die chemische Zusammensetzung	427
D 14.3.1	Beständigkeit gegen Druckwasserstoff	427
D 14.3.2	Berücksichtigung der Verarbeitungseigenschaften	428
D 14.4	Auswahl der Stähle für den Betrieb	429
D 15	**Hitzebeständige Stähle**	435
	Von W. Weßling und R. Oppenheim	
D 15.1	Anforderungen an die Eigenschaften hitzebeständiger Stähle	435
D 15.2	Kennzeichnung der geforderten Eigenschaften durch Prüfwerte	436
D 15.3	Folgerungen für die chemische Zusammensetzung und das Gefüge der verwendbaren Stähle	439
D 15.4	Kennzeichnende Sorten hitzebeständiger Werkstoffe	441
D 15.4.1	Ferritische Stähle	441
D 15.4.2	Austenitische Stähle und Legierungen	443
D 15.4.3	Kriterien für die Auswahl der hitzebeständigen Werkstoffgruppen	446
D 16	**Heizleiterlegierungen**	447
	Von H. Thomas	
D 16.1	Notwendige Eigenschaften und deren Prüfung	447
D 16.2	Metallkundliche Überlegungen zur chemischen Zusammensetzung	448
D 16.2.1	Austenitische Heizleiterlegierungen	448
D 16.2.2	Ferritische Heizleiterlegierungen	449
D 16.2.3	Einfluß besonderer Legierungszusätze	450
D 16.3	Technisch bewährte Heizleiterlegierungen	450
D 17	**Stähle für Ventile von Verbrennungsmotoren**	453
	Von W. Weßling und F. Ulm	
D 17.1	Gebrauchseigenschaften der Ventilwerkstoffe	453
D 17.1.1	Anforderungen aus dem Betrieb	453
D 17.1.2	Anforderungen an die Verarbeitungseigenschaften	455
D 17.2	Kennzeichnung der Anforderungen durch Prüfwerte	455
D 17.3	Maßnahmen zur Erfüllung der Anforderungen	457
D 17.3.1	Metallkundliche Maßnahmen	457
D 17.3.2	Maßnahmen der Gestaltung und des Oberflächenschutzes von Ventilteilen . .	458
D 17.4	Vorstellung der gebräuchlichen Ventilwerkstoffe	459
D 17.4.1	Vergütungsstähle	459

Inhalt   XVII

D 17.4.2	Austenitische Stähle	462
D 17.4.3	Nickellegierungen	464
D 17.4.4	Vergleich des Warmfestigkeitsverhaltens der drei Werkstoffgruppen	465

D 18   **Federstähle**   469
Von D. Schreiber und I. Wiesenecker-Krieg

D 18.1	Geforderte Eigenschaften	469
D 18.2	Metallkundliche Maßnahmen zur Einstellung der geforderten Eigenschaften	469
D 18.3	Bewährte Federstahlsorten	473
D 18.3.1	Stähle für kaltgeformte Federn	473
D 18.3.2	Stähle für vergütbare Federn	475
D 18.3.3	Warmfeste Stähle für Federn	476
D 18.3.4	Stähle für kaltzähe Federn	477
D 18.3.5	Nichtrostende Stähle für Federn	477

D 19   **Automatenstähle**   478
Von H. Sutter und G. Becker

D 19.1	Kennzeichnende Eigenschaften	478
D 19.2	Metallkundliche Folgerungen	479
D 19.2.1	Gefügebeschaffenheit	479
D 19.2.2	Wirkung der besonderen Legierungselemente bei Automatenstahl	479
D 19.3	Folgerungen für die Herstellung des Automatenstahls	482
D 19.4	Gebräuchliche Automatenstahlsorten und deren Eigenschaften	485
D 19.4.1	Den Verwendungsbereich kennzeichnende Sorten	485
D 19.4.2	Zerspanbarkeit	485
D 19.4.3	Mechanische Eigenschaften	488
D 19.4.4	Weiterverarbeitung und Wärmebehandlung	489
D 19.4.5	Sonstige Eigenschaften	490

D 20   **Weichmagnetische Werkstoffe**   491
Von E. Gondolf, F. Aßmus, K. Günther, A. Mayer, H. G. Ricken und K.-H. Schmidt

D 20.1	Bereich der weichmagnetischen Werkstoffe	491
D 20.2	Kenngrößen für die Beurteilung der weichmagnetischen Werkstoffe	492
D 20.3	Weicheisen; Anwendungsgebiete, Eigenschaften, Herstellung und Sorten	494
D 20.3.1	Grundanforderungen	494
D 20.3.2	Physikalische und metallkundliche Erkenntnisse über Einflüsse auf die geforderten Eigenschaften	494
	Sättigungspolarisation. Koerzitivfeldstärke und Blochwand-Bewegungen. Anisotropie-Energien. Folgerungen für die Herstellung.	
D 20.3.3	Herstelltechnik	497
	Erschmelzung und Desoxidation. Weiterverarbeitung und Wärmebehandlung.	
D 20.3.4	Magnetische Eigenschaften wichtiger Weicheisensorten	499
	Relais-Werkstoffe. Schwere Schmiedestücke.	
D 20.4	Elektroblech	501
D 20.4.1	Grundforderungen an Elektroblech	501
D 20.4.2	Physikalische und metallkundliche Erwägungen	502
	Magnetisierungsvorgänge und Wirbelströme. Legierungselemente. Textur, kornorientiertes Elektroblech. Folgerungen für die Herstellung.	
D 20.4.3	Verfahren zur Herstellung von Elektroblech	509
	Stahl- und Warmbandherstellung. Weiterverarbeitung des Warmbandes.	
D 20.4.4	Handelsübliche Elektrobleche und ihre Eigenschaften	513

D 20.4.5	Hinweise auf sonstige Werkstoffe	515
	Neue Entwicklungen (Amorphe Metalle, Siliziumstahl mit 6% Si). Siliziumlegierte Werkstoffe außer Elektroblech.	
D 20.5	Sonstige Stähle mit besonderen Anforderungen an ihre magnetischen Eigenschaften	516
D 20.5.1	Verwendungszwecke und Anforderungen an die Werkstoffeigenschaften . . .	516
D 20.5.2	Zusammenhang zwischen geforderten Eigenschaften und Gefüge	517
D 20.5.3	Kennzeichnende Beispiele für sonstige Stähle mit besonderen magnetischen Eigenschaften	517
	Stähle für Generatorwellen. Stahlguß für magnetische Anwendungen. Nichtrostende Chromstähle für magnetische Anwendungen.	
D 20.6	Weichmagnetische Nichteisenmetall-Werkstoffe	524
D 20.6.1	Hauptanwendungen und Grundanforderungen	524
D 20.6.2	Physikalische und metallkundliche Zusammenhänge	524
	Magnetische Konstanten und Ordnungsvorgänge. Besondere Formen der Hystereseschleife. Folgerungen für die Herstellung.	
D 20.6.3	Allgemeines zum Herstellverfahren	526
D 20.6.4	Die handelsüblichen Nichteisenmetall-Werkstoffe für magnetische Anwendungen	528
	Eisen-Nickel-Legierungen mit Nickelgehalten zwischen 30 und 80% Ni. Eisen-Kobalt-Legierungen mit 27 bis 50% Co.	
D 20.7	Hinweis auf kristalline Sonderlegierungen und metallische Gläser	534
D 20.7.1	Legierte Sondersorten des Weicheisens	534
D 20.7.2	Neuentwicklung metallischer Gläser	534
D 21	**Dauermagnetwerkstoffe**	536
	Von H. Stäblein und H.-E. Arntz	
D 21.1	Geforderte Eigenschaften	536
D 21.2	Dauermagnetische Kenngrößen	540
D 21.3	Metallkundliche Grundlagen und Herstellung	541
D 21.3.1	Werkstoffe mit hohem Eisengehalt	541
D 21.3.1.1	Stähle	541
D 21.3.1.2	ESD-Magnete	541
D 21.3.2	Werkstoffe mit mittlerem Eisengehalt	541
D 21.3.2.1	Aluminium-Nickel- und Aluminium-Nickel-Kobalt-Legierungen	541
D 21.3.2.2	Eisen-Kobalt-Vanadin-Chrom-Legierungen	543
D 21.3.2.3	Chrom-Eisen-Kobalt-Legierungen	544
D 21.3.2.4	Kupfer-Nickel-Eisen-Legierungen	544
D 21.3.2.5	Oxidische Werkstoffe (Hartferrite)	544
D 21.3.2.6	Neodym-Eisen-Bor-Werkstoffe	545
D 21.3.3	Werkstoffe ohne Eisen oder mit nur geringem Eisengehalt	546
D 21.3.3.1	Seltenerdmetall-Kobalt-Werkstoffe	546
D 21.3.3.2	Platin-Kobalt-Werkstoffe	547
D 21.3.3.3	Mangan-Aluminium-Werkstoffe	547
D 21.4	Anwendungsbereiche der Werkstoffgruppen	548
D 22	**Nichtmagnetisierbare Stähle**	550
	Von W. Weßling und W. Heimann	
D 22.1	Erforderliche Eigenschaften	550
D 22.2	Kennzeichnung der magnetischen Eigenschaften durch Prüfwerte	551
D 22.3	Folgerungen für die chemische Zusammensetzung und das Gefüge	552
D 22.4	Kennzeichnende Stahlsorten mit betrieblicher Bewährung	555
D 23	**Stähle mit bestimmter Wärmeausdehnung und besonderen elastischen Eigenschaften**	559
	Von H. Thomas und H. Haas	
D 23.1	Eigenschaften und Prüfung	559

Inhalt XIX

D 23.1.1	Ermittlung des Ausdehnungskoeffizienten	559
D 23.1.2	Ermittlung des Elastizitätsmoduls	560
D 23.2	Metallkundliche Überlegungen	561
D 23.3	Technisch bewährte Werkstoffe	566
D 23.3.1	Werkstoffe mit besonderer Wärmeausdehnung	566
D 23.3.2	Werkstoffe für Thermobimetalle	568
D 23.3.3	Konstantmodul-Legierungen	568
D 24	**Stähle mit guter elektrischer Leitfähigkeit**	**570**
	Von K. Werber und H. Beck	
D 24.1	Anwendungsbereiche der Stähle und die von ihnen erwarteten Gebrauchseigenschaften	570
D 24.2	Messung der elektrischen Leitfähigkeit	572
D 24.3	Metallurgische und metallkundliche Maßnahmen zur Erzielung guter Leitfähigkeit	572
D 24.4	Kennzeichnende Stahlsorten	576
D 25	**Stähle für Fernleitungsrohre**	**577**
	Von G. Kalwa, K. Kaup und C. M. Vlad	
D 25.1	Anforderungen an die Gebrauchseigenschaften	577
D 25.2	Kennzeichnung der geforderten Eigenschaften	578
D 25.3	Metallkundliche Maßnahmen zur Einstellung der geforderten Eigenschaften	581
D 25.4	Kennzeichnende Stahlsorten mit betrieblicher Bewährung	584
D 26	**Wälzlagerstähle**	**586**
	Von K. Barteld und A. Stanz	
D 26.1	Geforderte Eigenschaften	586
D 26.2	Kennzeichnung der geforderten Eigenschaften durch Prüfwerte	587
D 26.3	Metallkundliche Maßnahmen zur Einstellung der geforderten Eigenschaften	589
D 26.4	Bewährte Stahlsorten	591
D 27	**Stähle für den Eisenbahn-Oberbau**	**594**
	Von W. Heller, H. Schmedders und H. Klein	
D 27.1	Anforderungen an die Gebrauchseigenschaften	594
D 27.2	Kennzeichnung der geforderten Eigenschaften	595
D 27.3	Metallkundliche Maßnahmen zur Einstellung der geforderten Eigenschaften	596
D 27.4	Kennzeichnende Stahlsorten und ihre Anwendung	601
D 28	**Stähle für rollendes Eisenbahnzeug**	**603**
	Von K. Vogt, K. Forch und G. Oedinghofen	
D 28.1	Allgemeines	603
D 28.2	Anforderungen an die Gebrauchseigenschaften	603
D 28.3	Kennzeichnung der geforderten Eigenschaften	604
D 28.4	Maßnahmen zur Einstellung der geforderten Eigenschaften	605
D 28.5	Kennzeichnende Stahlsorten mit betrieblicher Bewährung	607
D 29	**Stähle für Schrauben, Muttern und Niete**	**609**
	Von K. Barteld und W.-D. Brand	
D 29.1	Anforderungen an die Gebrauchseigenschaften	609
D 29.2	Kennzeichnung der geforderten Eigenschaften	611
D 29.3	Metallkundliche Maßnahmen zur Einstellung der geforderten Eigenschaften	613
D 29.4	Kennzeichnende Stahlsorten mit betrieblicher Bewährung	615

D 30	**Stähle für geschweißte Rundstahlketten**	621
	Von H.-H. Domalski, H. Beck und H. Weise	
D 30.1	Anforderungen an die Gebrauchseigenschaften	621
D 30.2	Kennzeichnung der geforderten Eigenschaften	625
D 30.3	Maßnahmen zur Einstellung der geforderten Eigenschaften	626
D 30.4	Kennzeichnende Stahlsorten mit betrieblicher Bewährung	629

Teil E Einfluß der Erzeugungsbedingungen auf die Eigenschaften des Stahls 633

E 1	Allgemeine Übersicht über die Bedeutung der Erzeugungsbedingungen für die Eigenschaften der Stähle und der Stahlerzeugnisse	635
	Von A. Randak	
E 2	**Rohstahlerzeugung**	639
	Von H. P. Haastert	
E 2.1	Einsatzstoffe für die Stahlherstellung	639
E 2.2	Auswirkungen der Einsatzstoffe bei der Stahlherstellung	642
E 2.3	Stahlherstellung	643
E 2.3.1	Schmelzen und Frischen	644
E 2.3.2	Desoxidieren und Legieren	646
	Desoxidation. Desoxidieren und Legieren im Stahlherstellungsgefäß. Desoxidieren und Legieren in der Pfanne.	
E 2.3.3	Pfannenmetallurgische Nachbehandlungsverfahren	647
	Spülgas-/Rührbehandlung. Injektionsbehandlung. Heizen. Vakuumbehandlung.	
E 3	**Gießen und Erstarren**	651
	Von P. Hammerschmid	
E 3.1	Kennzeichnung der gebräuchlichen Vergießungsarten	651
E 3.2	Vorgänge beim Vergießen und Erstarren des Stahls im Standguß	652
E 3.2.1	Reoxidation, Strömung und Überhitzung	652
E 3.2.2	Ablauf der Kristallisation	654
E 3.2.3	Wärmeübergang und Erstarrung	655
E 3.2.4	Entstehung der Seigerungen	656
	Makroseigerung. Mikroseigerung.	
E 3.2.5	Bildung von Oxideinschlüssen	658
E 3.2.6	Bildung von Sulfideinschlüssen	659
E 3.2.7	Entstehung von Gasblasen	660
E 3.2.8	Lunkerbildung	661
E 3.2.9	Behandlung des gegossenen Stahls	661
E 3.3	Vorgänge beim Strangguß	662
E 3.3.1	Reoxidation, Strömung und Überhitzung	662
E 3.3.2	Wärmeübergang bei der Erstarrung	663
E 3.3.3	Entstehung der Seigerungen	664
E 3.3.4	Einfluß des elektromagnetischen Rührens auf die Seigerungen	665
E 3.3.5	Entstehung von Innenrissen	666
E 3.3.6	Oberflächenfehler	667
E 3.3.7	Bedeutung des Stranggießpulvers	668
E 3.3.8	Unmittelbarer Einsatz von warmem Strangguß	668
E 3.4	Vergleich von Standguß und Strangguß	669

E 4	**Sonderverfahren des Erschmelzens und Vergießens**	670
	Von H. Vöge	
E 4.1	Umschmelzverfahren	670
E 4.2	Sonderschmelzverfahren für schwere Schmiedestücke	674
E 4.3	Vakuumschmelzverfahren	676
E 5	**Warmumformung durch Walzen**	678
	Von K. Täffner	
E 5.1	Warmwalzverfahren	678
E 5.2	Erwärmung	679
E 5.2.1	Erwärmungsbedingungen	679
E 5.2.2	Verzunderung	682
E 5.2.3	Randentkohlung	682
E 5.2.4	Lötbrüchigkeit	684
E 5.2.5	Beeinflussung des Gefüges	684
E 5.2.6	Heißeinsatz und Direktwalzen	685
E 5.3	Umformung	685
E 5.3.1	Umformwiderstand	685
E 5.3.2	Umformvermögen	686
E 5.3.3	Einstellung des Gefüges und der Werkstoffeigenschaften	687
E 5.3.4	Verbesserung der Oberflächeneigenschaften	688
E 5.3.5	Ausbringen	689
E 5.4	Zurichtung	690
E 6	**Warmformgebung durch Schmieden**	691
	Von H. G. Ricken	
E 6.1	Ziele des Schmiedens	691
E 6.2	Schmiedeverfahren	691
E 6.3	Einsatzmaterial für das Schmieden	691
E 6.4	Arbeitsbedingungen beim Schmieden	692
E 6.4.1	Aufheizen	692
E 6.4.2	Umformungsbedingungen	693
	Auswirkungen auf die allgemeinen Güteeigenschaften. Auswirkungen auf die mechanischen Eigenschaften.	
E 6.4.3	Abkühlen aus der Schmiedehitze	697
E 6.5	Fehlstellen	698
E 7	**Kaltumformung durch Walzen**	699
	Von J. Lippert	
E 7.1	Begriff und Zweck des Kaltwalzens	699
E 7.2	Verfahrensschritte beim Kaltwalzen	699
E 7.3	Einfluß der Arbeitsbedingungen beim Kaltwalzen auf die Eigenschaften	702
E 7.4	Für Kaltband übliche Wärmebehandlungsarten	703
E 7.4.1	Allgemeine Angaben	703
E 7.4.2	Glühen im Durchlaufofen	703
E 7.4.3	Glühen im Haubenofen	704
E 7.5	Nachwalzen	704
E 7.6	Zurichten für Ablieferung und Versand	706
E 8	**Wärmebehandlung**	707
	Von H. Vöge	

E 9	Qualitätssicherung bei der Herstellung von Hüttenwerkserzeugnissen	711
	Von W. Rohde, R. Dawirs, F. Helck und K.-J. Kremer	
E 9.1	Begriff der Qualitätssicherung	711
E 9.2	Maßnahmen zur Qualitätssicherung	711
E 9.2.1	Qualitätsplanung	711
E 9.2.2	Qualitätsprüfung	712
E 9.2.3	Qualitätslenkung	713
E 9.3	Qualitätssicherung bei der Herstellung des Rohstahls	718
E 9.4	Qualitätssicherung bei der Umformung des Rohstahls	721
E 9.5	Qualitätssicherung bei der Herstellung von Stabstahl	722
E 9.6	Qualitätssicherung bei der Herstellung von Grobblech	724

Ausblick . . . 729

Zusammenstellung wiederholt verwendeter Kurzzeichen . . . 733

Literaturverzeichnis zu Band 2 . . . 737

Ergänzung der Literaturverzeichnisse von Band 1 und Band 2 . . . 787

Sachverzeichnis zu Band 1 . . . 789

Sachverzeichnis zu Band 2 . . . 813

Inhaltsverzeichnis von Band 1

Teil A Die technische und wirtschaftliche Bedeutung des Stahls . . . 1
Von H. Schmitz

A 1	Geschichtlicher Rückblick auf die Entwicklung der Stahlerzeugung bis 1870	3
A 2	Die heutige Bedeutung des Stahls	8
A 3	Derzeitige Einteilung des Stahls nach Eigenschaften, Verwendungsbereichen und Erzeugnisformen	19
A 4	Stahl als unentbehrlicher Bau- und Werkstoff	26

Teil B Gefügeaufbau der Stähle . . . 29
Von W. Pitsch und G. Sauthoff (B1 bis B8) und H.P. Hougardy (B9)

B 1	Einleitung	31
B 2	Thermodynamik des Eisens und seiner Legierungen	33
B 3	Keimbildung	64
B 4	Diffusion	77
B 5	Typische Stahlgefüge	97
B 6	Kinetik und Morphologie verschiedener Gefügereaktionen	115

B 7	Gefügeentwicklung durch thermische und mechanische Behandlungen	177
B 8	Vergleichende Übersicht über die Gefügereaktionen in Stählen	196
B 9	Darstellung der Umwandlungen für technische Anwendungen und Möglichkeiten ihrer Beeinflussung	198

Teil C Die Eigenschaften des Stahls in Abhängigkeit von Gefüge und chemischer Zusammensetzung 233

C 1	Mechanische Eigenschaften Von W. Dahl	235
C 2	Physikalische Eigenschaften Von W. Pepperhoff	401
C 3	Chemische Eigenschaften Von H.-J. Engell und H. J. Grabke	434
C 4	Eignung zur Wärmebehandlung Von H. P. Hougardy	483
C 5	Eignung zum Schweißen Von H. P. Hougardy	529
C 6	Warmumformbarkeit Von P.-J. Winkler und W. Dahl	564
C 7	Kalt-Massivumformbarkeit Von W. Schmidt	578
C 8	Kaltumformbarkeit von Flachzeug Von W. Müschenborn, D. Grzesik und W. Küppers	595
C 9	Zerspanbarkeit Von W. Knorr und H. Vöge	616
C 10	Verschleißwiderstand Von E. Stolte	630
C 11	Schneidhaltigkeit Von H.-J. Becker	643
C 12	Eignung zur Oberflächenveredlung Von U. Tenhaven, Y. Guinomet, D. Horstmann, L. Meyer und W. Pappert	654

Hinweise zur Benutzung des Buches

Das Werk besteht aus zwei Bänden, in Band 1 sind die Teile A bis C, in Band 2 die Teile D und E jeweils mit ihren von 1 an zählenden Kapiteln enthalten. Kapitel, Abschnitte, Gleichungen, Bilder und Tabellen führen immer den betreffenden Teil-Buchstaben mit, Gleichungen, Bilder und Tabellen zusätzlich die Kapitel-Nr. vor der laufenden Nummer (eine Ausnahme bildet Teil A, hier sind Bilder und Tabellen durchlaufend numeriert).
Bei Verweisen innerhalb eines Bandes oder auch bei Verweisen auf den anderen Band wird nicht die Nummer des Bandes, sondern immer nur der Teil-Buchstabe mit der Nummer des betreffenden Kapitels oder Abschnitts angegeben, und zwar jeweils ohne die Bezeichnungen „Teil", „Kapitel" oder „Abschnitt". Verweise auf bestimmte Seiten wurden i. allg. nicht vorgenommen.
Die Literaturzitate zu allen Teilen und Kapiteln eines Bandes befinden sich am Ende des jeweiligen Bandes, vor dem Sachverzeichnis. Eine Fußnote am Beginn eines jeden Kapitels erleichtert das Auffinden der betreffenden Literatur.
Die Prozentangaben bei Konzentrationen gelten immer als Massengehalte, wenn nicht ausdrücklich ein anderer Hinweis gegeben wird.
Bei Meßgrößen wurden durchweg SI-Einheiten benutzt, bei Bildern aus älteren Veröffentlichungen wurde entsprechend umgerechnet.
Bei Kapiteln mit mehreren Verfassern ist der Federführende jeweils an erster Stelle genannt, die Namen der Mitverfasser folgen in alphabetischer Reihenfolge.

Teil D
Stähle mit kennzeichnenden Eigenschaften für bestimmte Verwendungsbereiche

D1 Allgemeiner Überblick über den Teil D und seine Zielsetzung

Von Wilhelm Schlüter

In Band 1 mit den ersten Teilen dieser „Werkstoffkunde Stahl" sind die Grundlagen über die Entstehung der Gefüge des Stahls in Abhängigkeit von der chemischen Zusammensetzung und den Temperatur-Zeit-Folgen bei der Herstellung und Wärmebehandlung der Stahlerzeugnisse behandelt und die Zusammenhänge zwischen dem Gefüge und der chemischen Zusammensetzung einerseits und den wichtigsten Eigenschaften der Stähle andererseits dargelegt worden. In diesem Teil D der Werkstoffkunde werden die vorher vermittelten Grundlagenkenntnisse angewendet, aus ihnen also gewissermaßen die Folgerungen für praktische Fragestellungen gezogen, es wird geschildert, welche Stahlarten und Stahlsorten sich im Laufe der Zeit durchgesetzt haben. Dabei ist allerdings zu sagen, daß die Stähle vielfach zunächst mehr aufgrund von Erfahrungen entwickelt wurden. Die Anwendung der häufig erst später erworbenen Kenntnisse über die wissenschaftlichen Grundlagen hat dann aber zu einer Verbesserung und Weiterentwicklung zum hier beschriebenen Stand geführt.

Die verschiedenen Stahlarten werden in diesem Buch primär nach ihren maßgebenden Eigenschaften, wie hochfest, warmfest, kaltzäh, nichtrostend, vergütbar usw., unterteilt, das kommt auch in den Titeln der folgenden Kapitel zum Ausdruck. Durch die Eigenschaften ist vielfach die Verwendung gegeben, sie wird dann als weitere Leitlinie herangezogen. Die Verknüpfung von maßgebender Eigenschaft und Verwendung ist allerdings bei einigen Stahlarten so eng, daß nicht mehr die Eigenschaft sondern die Verwendung zur Kennzeichnung der Stahlart dient. Dazu sei als Beispiel auf die Automatenstähle verwiesen, deren maßgebende Eigenschaft die Zerspanbarkeit ist; ihre Verwendung für Teile, die auf schnellaufenden Zerspanungsautomaten gefertigt werden, ist aber so kennzeichnend, daß sie den Namen der Stahlart bestimmt. Ähnlich ist es bei den Wälzlagerstählen; ihre wesentlichen Eigenschaften sind Härtbarkeit und Verschleißwiderstand, sie sind aber so auf die eine Verwendung abgestellt, daß die Stahlart danach benannt wird.

Es wurde angestrebt, daß die *Gliederung* aller Kapitel für die verschiedenen Stahlarten in etwa gleichartig ist. Danach wird zunächst jeweils geschildert, welche *Anforderungen* an die Gebrauchseigenschaften, d. h. an die Verwendungs- und Verarbeitungseigenschaften, unter den Gegebenheiten des in Betracht kommenden Einsatzes der betreffenden Stahlart gestellt werden. Es folgen Ausführungen über die Prüfverfahren und die entsprechenden Prüfgrößen, durch die eine *Kennzeichnung der geforderten Eigenschaften* möglich und zweckmäßig ist. Hierbei und bei der folgenden Behandlung der metallkundlichen *Maßnahmen*, die angewandt werden müssen, um die Anforderungen zu erfüllen, wird immer wieder auf die grundsätzlichen Darlegungen in den vorhergehenden Teilen dieser Werkstoffkunde zurückgegriffen und verwiesen. Zum Schluß werden dann die besonders *kennzeichnenden Stahlsorten* der jeweils in Rede stehenden Stahlart besprochen, es werden also die Stahlsorten behandelt, bei denen die werkstoffkundlichen Zusammenhänge besonders gut deutlich gemacht werden können.

Bei diesem vorgegebenen Aufbau der Kapitel wurde eine gewisse Flexibilität der Darstellung zugelassen, es wurde also nicht ausgeschlossen, daß zur Heraushebung bestimmter Eigenschaften oder Verknüpfungen bei der einen oder anderen Stahlart zusätzliche Abschnitte erscheinen oder die Gewichtung der Abschnitte unterschiedlich ist. Maßgebend war letzten Endes immer das *Ziel*, die Sachverhalte so darzulegen, daß der Leser in die Lage versetzt wird, bei einer gegebenen Aufgabenstellung werkstoffkundliche Lösungsansätze selbst erarbeiten zu können.

Dazu gehört auch, daß in dem bei jeder Stahlart vorgesehenen Abschnitt zur Vorstellung der kennzeichnenden Stahlsorten nicht jeweils alle nach DIN-Normen, Stahl-Eisen-Werkstoffblättern oder ähnlichen Unterlagen in Betracht kommenden Stahlsorten behandelt werden, sonst würde möglicherweise der Blick auf das genannte Ziel durch eine Überfülle von Daten verstellt werden. Das schließt aber nicht aus, daß bei einigen praktisch besonders wichtigen Stahlarten über die Nennung nur der kennzeichnenden Stahlsorten hinausgegangen wird.

Bei Besprechung der geforderten Eigenschaften und ihrer Kennzeichnung lassen sich bei den Kapiteln für die verschiedenen Stahlarten gewisse Überschneidungen nicht vermeiden, da einige Eigenschaften, z. B. die Festigkeitseigenschaften bei Raumtemperatur, für viele Stahlarten wichtig und maßgebend sind. Im Text werden diese Eigenschaften und auch die entsprechenden Prüfverfahren sowie die metallkundlichen Grundlagen zwar bei jeder Stahlart genannt, zur Vermeidung allzu umfangreicher Wiederholungen wurde aber angestrebt, sie nur bei derjenigen Stahlart ausführlich zu behandeln, für die sie ausschlaggebend sind, z. B. die Festigkeitseigenschaften bei Raumtemperatur in der Hauptsache bei den Festigkeitsstählen nach Kapitel D 2. Bei den anderen Stahlarten kann zwar außer der Nennung auch eine Erörterung der betreffenden Eigenschaften in Betracht kommen, aber nur soweit die Beziehungen spezifisch für die betreffende Stahlart sind. Das gilt im übrigen allgemein für die Gesamtheit der Zusammenhänge; bei ihrer Schilderung wird, wie angedeutet, immer wieder auf Band 1 dieser Werkstoffkunde mit den Teilen über die Grundlagen zurückgegriffen und verwiesen; während sie dort aber allgemein und grundsätzlich behandelt werden, kommt es hier mehr zur Erörterung der daraus abzuleitenden, für die in Rede stehende Stahlart spezifischen Zusammenhänge.

Für die Aufstellung einer *Reihenfolge der Kapitel*, in der die Stahlarten behandelt werden, gibt es verschiedene Möglichkeiten. Für den vorliegenden Teil D der „Werkstoffkunde Stahl" wurde folgende, mehr pragmatische Lösung gewählt: Zunächst werden die Stahlarten behandelt, deren maßgebende Eigenschaften meist ohne Wärmebehandlung eingestellt werden (Kapitel D 2 bis D 4). Es folgen die Kapitel über die Stahlarten, die eine Wärmebehandlung erfordern (D 5 bis D 12). Anschließend werden die Stahlarten erörtert, deren Eigenschaften mehr als bei anderen Stahlarten von der chemischen Zusammensetzung abhängen (Kapitel D 13 bis D 19). In den dann folgenden Kapiteln erscheinen Stahlarten, die im wesentlichen durch bestimmte physikalische Eigenschaften gekennzeichnet sind (Kapitel D 20 bis D 24). Zum Schluß werden Stahlarten behandelt, bei denen die Verwendung im Vordergrund steht (Kapitel D 25 bis D 30). Natürlich gibt es Überschneidungen, z. B. müssen Wälzlagerstähle, die in die letzte Gruppe eingeordnet sind, wärmebehandelt werden, so daß auch eine Zuordnung zur zweiten Gruppe möglich gewesen wäre.

Ein besonderes Kapitel über Stähle mit Eignung für den Druckbehälterbau ist im Teil D nicht enthalten, obwohl dieses Verwendungsgebiet sehr wichtig ist. Der Grund liegt darin, daß – im Gegensatz zu den meisten anderen Verwendungsgebieten – für Druckbehälter eine Vielzahl von Stahlarten in Betracht kommt (kaltzähe Stähle, warmfeste Stähle, vergütbare Stähle, Festigkeitsstähle, nichtrostende Stähle, druckwasserstoffbeständige Stähle, hitzebeständige Stähle), bei einem besonderen Kapitel über Druckbehälterstähle würde es daher zu vielfachen Überschneidungen kommen. Daher wird in diesem Zusammenhang auf die Darlegungen in den entsprechenden anderen Kapiteln verwiesen.

D 2 Normalfeste und hochfeste Baustähle

Von Bruno Müsgen, Harald de Boer, Heinz Fröber und Jens Petersen

D 2.1 Allgemeines

Der Ausdruck Baustahl ist sehr umfassend. Daher ist es notwendig, einleitend klarzustellen, daß in diesem Kapitel diejenigen Baustähle behandelt werden, die für den Haus-, Hoch-, Tief-, Hallen-, Brücken-, Wasser- und für den Schiffbau (einschl. der Offshore-Technik) zur Verwendung kommen. Eine Reihe dieser Stähle ist unter der Bezeichnung „Allgemeine Baustähle" bekannt. Auch eine Gruppe unlegierter Stähle für den allgemeinen Maschinenbau, die ebenfalls zu den allgemeinen Baustählen zählt, wird hier erfaßt und kurz besprochen, nicht jedoch die große Zahl andersartiger Maschinenbaustähle, z. B. der Vergütungsstähle, die in D 5 erscheinen. Die Stähle für den Stahlbeton werden ebenfalls nicht hier, sondern in D 3 behandelt.

Wiederholt sind Ansätze zur *Einteilung der Baustähle* in verschiedene Festigkeitsbereiche gemacht worden, um durch Bildung von Gruppen, z. B. Gruppe der normalfesten Stähle, Gruppe der hochfesten Stähle, den Überblick zu erleichtern. Endgültige Festlegungen und Begriffsbestimmungen dazu gibt es aber noch nicht. Im Rahmen dieses Kapitels kann man an folgende, in einigen Einzelheiten noch ergänzungsbedürftige Begriffsbestimmung, die sich an einen auf Gemeinschaftsebene erarbeiteten Vorschlag anlehnt, denken:

Normalfeste und hochfeste Baustähle sind Stähle, die bestimmte Anforderungen an Festigkeit, Zähigkeit und Schweißeignung erfüllen; im Hinblick auf die Schweißeignung haben sie verhältnismäßig niedrige Kohlenstoffgehalte. Ist die Mindeststreckgrenze bei RT dieser Stähle $< 355\,\text{N/mm}^2$, so zählt man sie vereinbarungsgemäß zu den normalfesten Stählen, die im Walzzustand oder im normalgeglühten bzw. temperaturgeregelt (normalisierend) gewalzten Zustand verwendet werden. Ist die Mindeststreckgrenze bei RT $\geq 355\,\text{N/mm}^2$, so rechnet man sie vereinbarungsgemäß zu den hochfesten Stählen, die im normalgeglühten, thermomechanisch behandelten oder vergüteten Zustand verwendet werden; es sind im allgemeinen Feinkornstähle, wobei als feinkörnig Stähle bezeichnet werden, deren Ferritkorngröße, bedingt im wesentlichen durch metallurgische Maßnahmen und Wärmebehandlung, 6 und feiner (s. Euronorm 103) ist.

Im Sinne dieser Kennzeichnung ist der Titel dieses Kapitels zu verstehen. Allerdings hat sich bei den gleichfalls in diesem Kapitel kurz behandelten Schiffbaustählen eine Einteilung international eingebürgert (s. D 2.5), die mit obiger Formulierung nicht im Einklang steht. Bei dem gegenwärtigen Stand bleibt nichts anderes übrig, als hier beide Einteilungsarten nebeneinander bestehen zu lassen. Zusätzlich muß angemerkt werden, daß auch einige der in D 2.5 genannten, vorwiegend im Maschinenbau verwendeten Stahlsorten, für die eine Eignung zum Lichtbogen-

---

Literatur zu D 2 siehe Seite 737–739.

und Gasschmelzschweißen nicht verlangt und dementsprechend auch der Kohlenstoffgehalt nicht unmittelbar begrenzt wird, nicht in das obige Schema passen.

Wie oben ausgeführt, kommen die normalfesten und hochfesten Baustähle für eine Vielzahl von Verwendungszwecken in Betracht. Entsprechend groß ist auch die Zahl der verfügbaren Stähle. Die beste Auswahl ist daher nicht immer leicht. Dazu sei auf Veröffentlichungen verwiesen [1-3], die u. a. auch wichtige Gesichtspunkte der Anwendungstechnik berücksichtigen. Allgemein sollte bedacht werden: Nicht der beste Werkstoff ist gut genug, sondern der ausreichende Werkstoff ist der Beste [4].

D 2.2 Anforderungen an die Gebrauchseigenschaften

Wenn man die Gebrauchseigenschaften als Oberbegriff für die Verwendungseigenschaften (z. B. mechanische Eigenschaften) und für die Verarbeitungseigenschaften (z. B. Schweißeignung) festlegt, so sind für die hier in Rede stehenden Baustähle von der Verwendung her die Festigkeitseigenschaften, besonders die Streckgrenze bei Raumtemperatur, sowie die Zähigkeit, und von der Verarbeitung her die Schweißeignung die wichtigsten Gebrauchseigenschaften. Dazu ergeben sich folgende Einzelheiten und Ergänzungen.

D 2.2.1 Anforderungen an die Verwendungseigenschaften

Mechanische Eigenschaften bei statischer Beanspruchung

Von den in diesem Kapitel zu behandelnden Baustählen werden aus der Sicht der Verwendung vorzugsweise mechanische Eigenschaften gefordert, und zwar in erster Linie Werte für die Festigkeitseigenschaften unter *Zugbeanspruchung*, also Werte für die *Streckgrenze* und für die *Zugfestigkeit*, da sie i. a. als Grundlage für die Berechnung der Bauwerke dienen.

Die Stähle müssen den aus den mechanischen Beanspruchungen errechneten Spannungen standhalten, ohne daß es zu Brüchen, Anrissen oder unzulässigen Formänderungen kommt. In vielen Fällen sind die betrieblichen Beanspruchungen mehrachsig, das Werkstoffverhalten bei solchen mehrachsigen Spannungszuständen ist aber nur selten bekannt, da meistens nur die im Zugversuch ermittelten Festigkeitswerte für einachsige Beanspruchung vorliegen. Um trotzdem entscheiden zu können, ob ein Werkstoff für einen bestimmten Beanspruchungsfall verwendet werden kann, errechnet man aus den Hauptspannungen des ungünstigsten mehrachsigen Spannungszustandes nach der maßgebenden Festigkeitshypothese eine Vergleichsspannung, die mit den Festigkeitswerten, z. B. der Streckgrenze, in Beziehung gesetzt wird [1]. Letzten Endes ist bei der Festigkeitsrechnung statisch beanspruchter Bauteile noch eine Absicherung gegenüber der im Zugversuch ermittelten Streckgrenze oder Zugfestigkeit durch Einsetzen eines bestimmten Sicherheitsfaktors notwendig.

Bei *Beanspruchung* der Bauteile *auf Druck* sind für die Bemessung häufig nicht die Zugfestigkeit und Streckgrenze bzw. die *Druckfestigkeit* und *Quetschgrenze*, sondern die *Stabilitätsbedingungen* bezüglich Knicken, Kippen oder Beulen maßgebend. In Druckbereichen von Bauteilen treten bei zunehmender Beanspruchung die Probleme des Überschreitens der Festigkeitswerte im allgemeinen gegenüber der Gefahr des Erreichens der Stabilitätsgrenze zurück. Schon bei sehr geringen Spannungen können Druckglieder ihren stabilen Gleichgewichtszustand verlieren. Die Beanspruchungsgrenze ist im elastischen Bereich ausschließlich von der geometrischen Gestalt des Bauteils und dem *Elastizitätsmodul* des Werkstoffs abhängig. Dagegen wird außerhalb des Hookeschen Formänderungsbereichs die werkstoffspezifische Fließgrenze für den Stabilitätsnachweis berücksichtigt. Die Grenze zwischen dem elastischen und dem plastischen Bereich ist geometrie- und werkstoffabhängig. Für die Bemessung stabilitätsgefährdeter Bauwerke wird daher die Einhaltung einer bestimmten Mindeststreckgrenze gefordert.

Entscheidendes Merkmal für die Tragfähigkeit eines Werkstoffs ist neben der Festigkeit seine Fähigkeit, sich unter der Einwirkung äußerer Kräfte plastisch zu verformen, ohne daß dadurch der Werkstoffzusammenhang gestört wird. Dieses von den äußeren Beanspruchungsbedingungen (z. B. Mehrachsigkeit) abhängige *Formänderungsvermögen* eines Werkstoffs ermöglicht es zum einen, den Werkstoff bei der Verarbeitung in eine gewünschte Form zu bringen, zum anderen erlaubt das Formänderungsvermögen, die aus den Beanspruchungen resultierenden lokalen Spannungsspitzen durch örtliches Fließen des Werkstoffs abzubauen. Geeignete Kenngrößen für das Formänderungsvermögen sind die an Werkstoffproben oder Bauteilen ermittelten Werte für *Bruchdehnung, Brucheinschnürung* oder *Bruchverformungsarbeit*. Gewünscht werden im allgemeinen hohe Beträge plastischer Verformung, bevor ein Bruch eintritt.

Neben den hauptsächlichen Versagensarten durch Auftreten plastischer Verformungen von unzulässiger Größe, durch einen Anriß, durch Bruch oder durch Instabilwerden kann ein Bauteil auch noch durch chemische Angriffe (z. B. Korrosion) oder mechanische Abnutzung (z. B. Verschleiß) unbrauchbar werden. Auf die beiden letztgenannten Versagensarten soll nicht näher eingegangen werden, da sie nicht unmittelbar durch eine äußere mechanische Beanspruchung hervorgerufen werden und sich auch der rechnerischen Erfassung weitgehend entziehen.

Mechanische Eigenschaften bei schwingender Beanspruchung

Werden Stähle für Bauteile und Konstruktionen eingesetzt, die im Betriebszustand Beanspruchungen wechselnder Höhe und Frequenz unterworfen sind, dann fordert man von ihnen ausreichenden Widerstand gegen wechselnde mechanische Beanspruchung, d. h. eine bestimmte Höhe der *Dauerschwingfestigkeit* (Dauerfestigkeit). Das gilt z. B. bei Brücken, Kranen und Schiffen.

Bei Festlegung zulässiger Spannungen in schwingend beanspruchten Bauteilen sind die Einflüsse von Form, Größe, Oberflächenbeschaffenheit und Bearbeitung des Bauteils sowie Umwelteinflüsse (z. B. Korrosion) besonders zu berücksichtigen.

Hat ein Bauteil während seiner Nutzung nur eine begrenzte Lebensdauer mit verhältnismäßig wenigen Schwingspielen aber hohen Beanspruchungsamplituden aufzuweisen, so kann seiner Berechnung eine höhere Beanspruchung als die Dauerschwingfestigkeit, die *Zeitschwingfestigkeit* (Zeitfestigkeit), zugrunde gelegt werden.

Für den ungeschweißten Werkstoff mit kerbfreier Oberfläche besteht ein proportionaler Zusammenhang zwischen der Zugfestigkeit und der Dauerschwingfestigkeit. Je nach Oberflächenbeschaffenheit ist die Dauerschwingfestigkeit weit niedriger als die entsprechende Zugfestigkeit bei ruhender Beanspruchung.

Werden Stähle mit hohen Schwingspielzahlen und unter hoher Kerbwirkung beansprucht, so ist ihre Dauerschwingfestigkeit nach dem gegenwärtigen Stand nahezu unabhängig von der Zugfestigkeit, so daß die Dauerschwingbeanspruchbarkeit einer Konstruktion durch Verwendung eines Stahls hoher Festigkeit nicht erhöht werden kann. Es besteht daher die Aufgabe, Stähle zu entwickeln, die unter dem Einfluß von Kerben und vor allem als Schweißverbindung eine höhere Dauerfestigkeit aufweisen. Nach den bisherigen Kenntnissen ist diese Aufgabe allerdings vom Werkstoff her kaum zu lösen. Verbesserungen können durch Optimieren der Schweißtechnologie und konstruktiv durch günstiges Gestalten der Krafteinleitungen erreicht werden.

Der überwiegende Teil (85 bis 90%) aller in der Technik auftretenden Brüche sind Dauerschwingbrüche (Dauerbrüche, Ermüdungsbrüche). Es sei darauf hingewiesen, daß die meisten Dauerbrüche nicht durch Werkstoffehler verursacht werden, sondern auf Gestalt- und Oberflächeneinflüsse, Überlastungen usw. zurückzuführen sind [5] (s. auch Tabelle D 5.1).

Sprödbruchunempfindlichkeit

Neben der zulässigen Konstruktionsspannung für statische oder schwingende Beanspruchung ist die Sprödbruchunempfindlichkeit eine wichtige Eigenschaft der in diesem Kapitel behandelten Baustähle, besonders deshalb, weil die Beanspruchungen in den meisten Fällen mehrachsig und vielfach auch schlagartig sind und für das Verhalten bei solcher Beanspruchungsart die Sprödbruchunempfindlichkeit maßgebend ist. Die Sprödbruchsicherheit hängt von der *Zähigkeit des Werkstoffs* und von den *Beanspruchungsbedingungen* im Bauwerk ab.

Das Sprödbruchverhalten eines Werkstoffs für hoch beanspruchte Konstruktionen wird danach beurteilt, ob ein mit hoher Geschwindigkeit laufender spröder Riß vom Werkstoff aufgefangen wird oder zum Bruch führt. Bei der Mehrzahl der Konstruktionen ist eine Beanspruchung durch laufende Risse allerdings nicht gegeben. Man muß jedoch voraussetzen, daß statische Risse oder scharfe Kerben vorliegen können. Deshalb ist es für die Bewertung der Sicherheit eines Bauwerks von Bedeutung zu wissen, bis zu welchen Grenzwerten der Spannung und Temperatur ein Werkstoff beansprucht werden darf, ohne daß trotz Vorhandenseins eines Anrisses ein Sprödbruch möglich ist. Der Konstrukteur muß sich entscheiden, unter welchen Gesichtspunkten die Sprödbruchsicherheit seines Bauwerks gegeben sein muß: Absicherung gegen *Rißauslösung* oder Absicherung gegen *Rißfortpflanzung* (s. D 2.3.1).

Im allgemeinen Stahlbau existieren Empfehlungen zur Werkstoffauswahl im Hinblick auf die Sicherheit gegen Sprödbruch. Diese Empfehlungen beruhen auf der Beurteilung des Spannungszustandes des Bauteils bei Betriebsbeanspruchung, der Bedeutung des Bauteils, der niedrigsten Betriebstemperatur, der Werkstoffdicke und der vorgenommenen Kaltverformung [6]. Ansätze zur *Berechnung* der Sprödbruchsicherheit finden sich in der Bruchmechanik (s. D 2.3.1 und C 1.1.2.6).

Wetterfestigkeit

Für manche Verwendungszwecke wird von den Baustählen ein so ausreichend hoher *Widerstand gegen atmosphärische Korrosion* verlangt, daß sie möglicherweise ungeschützt, d. h. ohne entsprechenden Anstrich oder ohne Verzinkung, eingesetzt werden können. Diese Forderung kann von den üblichen Baustählen nicht erfüllt werden, daher sind Sondersorten (s. D 2.5) entwickelt worden mit einer chemischen Zusammensetzung, die bewirkt, daß auf der Stahloberfläche unter dem Einfluß der Bewitterung eine Deckschicht entsteht; sie bildet und erneuert sich stetig mit der Bewitterung.

Verschleißwiderstand

Von den normalfesten und hochfesten Baustählen wird nur gelegentlich besonderer Widerstand gegen Verschleiß gefordert, so daß es hier ausreicht, diese Eigenschaft nur kurz zu erwähnen.

D 2.2.2 Anforderungen an die Verarbeitungseigenschaften

Die in diesem Kapitel behandelten Baustähle sollen sich nach den üblichen Verfahren durch Umformen, Trennen, Fügen und Zerspanen verarbeiten lassen. Außerdem muß für bestimmte Stahlgruppen und Verwendungszwecke ein Verzinken zum Oberflächenschutz möglich sein. Im folgenden werden die Verarbeitungseigenschaften in der genannten, dem Nacheinander der möglichen Verarbeitungsschritte in etwa entsprechenden Reihenfolge behandelt, auch wenn, wie in der Einleitung von D 2.2 gesagt, die Schweißeignung für die meisten der hier besprochenen Stähle die wichtigste Verarbeitungseigenschaft ist und aus diesem Grunde an erster Stelle stehen könnte.

Umformbarkeit

In der Regel werden Baustähle bei Raumtemperatur, d. h. *kalt umgeformt*, und es wird das Formgebungsverfahren (z. B. Biegen, Abkanten, Bördeln, Drücken, Kümpeln) gewählt, das mit geringstem Aufwand das gewünschte Werkstück in der erforderlichen Güte und Menge herzustellen gestattet. Erhöhte Temperaturen beim Kaltumformen wendet man an, wenn die Verarbeitungsmaschinen die erforderlichen Kräfte nicht aufbringen und deshalb die Fließspannung (Formänderungsfestigkeit) des Werkstoffs herabgesetzt werden soll oder wenn besonders hohe Verformungsgrade erforderlich sind (s. auch C 7). Für die Kaltumformbarkeit (s. z. B. [7]) ist die Verfestigung und die gleichzeitige Zähigkeitsabnahme des Werkstoffs mit zunehmender Verformung zu berücksichtigen. Sie ist vielfach ausschlaggebend dafür, wann der Stahl zwischen den einzelnen Arbeitsgängen geglüht werden muß. Auch ist für die Beurteilung der Kaltumformbarkeit die Möglichkeit der Alterung zu beachten und ferner ist zu bedenken, daß unter bestimmten Verformungsbedingungen kaltverformte Bereiche eine erniedrigte Streckgrenze zeigen (Bauschinger-Effekt) (s. C 1.2.1).

Nach stärkerem Kaltumformen kann eine nachträgliche Wärmebehandlung zur Wiederherstellung der mechanischen Eigenschaften erforderlich werden. Es genügt hierzu in der Regel ein Spannungsarmglühen. Eine solche Wärmebehandlung darf aber nicht zu einer Beeinträchtigung der mechanischen Eigenschaften führen.

Ein *Warmumformen* des Werkstoffs (s. C 6) sollte ohne Versagen des Werkstoffs durchführbar sein. In der Regel erfolgen die Formgebungsvorgänge etwa bei der Normalglühtemperatur der Stähle. Beim Warmumformen ist zu beachten, daß während des Erwärmens, Formgebens und Abkühlens verschieden große Temperaturbereiche mit unterschiedlichen Verweilzeiten durchlaufen werden, wodurch das Gefüge und damit auch die mechanischen Eigenschaften des Stahls z. T. erheblich verändert werden können. Daher kann zur Wiederherstellung der mechanischen Eigenschaften eine nachträgliche Wärmebehandlung erforderlich werden.

Scherbarkeit, Zerspanbarkeit und Eignung zum Brennschneiden

Außer durch Kalt- oder Warmumformen können die Baustähle während der Weiterverarbeitung durch schneidende Werkzeuge in die gewünschte Form gebracht werden. Die Stähle sollen deshalb im Walz- und Schmiedezustand sowie im normalgeglühten oder auch im vergüteten Zustand kalt scherbar sein. Ferner sollen sich die Stähle bei Verwendung geeigneter Werkzeuge und Schnittbedingungen zerspanen lassen, wobei zur Bewertung der Zerspanbarkeit die Verschleißwirkung auf das Werkzeug, also dessen Standverhalten, die Güte der erzeugten Werkstückoberfläche, die beim Zerspanen des Werkstoffs aufzuwendende Kraft und die Spanform herangezogen werden [8] (s. auch C9). Auch das Schneiden mit Trennscheiben ist hier zu nennen.

Bei der Weiterverarbeitung der Stähle erfolgen vorbereitende Arbeiten, wie z. B. das Aufteilen von Blechen und sonstigen Werkstücken oder das Beschneiden der Kanten zur Herstellung der Fugenform für eine Schweißverbindung, vorwiegend durch Brennschneiden. Der Verarbeiter wünscht aus wirtschaftlichen Gründen, das Brennschneiden ohne Einschränkung und vor allem möglichst ohne Vorwärmen durchführen zu können. Die Schneidbedingungen, wie die Vorwärmtemperatur und die Schneidgeschwindigkeit, müssen jedoch zum Erreichen anforderungsgemäßer Schnittflächen unter Berücksichtigung der Werkstoffdicke und der Stahlsorte, bei der – auch im Hinblick auf die Aufhärtung – primär der Kohlenstoffgehalt zu beachten ist, angepaßt werden, damit sich Brennschnitte erzielen lassen, die im Bereich der Schnittgüte 1 (Glattschnitt) nach DIN 2310 [8a] liegen.

Schweißeignung

Von einem Stahl für die vielfältigen Verwendungszwecke des konstruktiven Ingenieurbaus verlangt man Eignung zum Schweißen. Aus wirtschaftlichen Gründen werden Stähle mit verbesserter Schweißeignung gefordert, d. h. Stähle, die mit möglichst niedrigem Aufwand geschweißt werden können [9]. Deshalb wünscht der Verarbeiter Stähle, die möglichst ohne Einschränkung und vor allem möglichst ohne Vorwärmen auch unter ungünstigen Bedingungen nach allen Schweißverfahren rißfrei schweißbar sind.

Des weiteren fordert man von Schweißverbindungen dem Grundwerkstoff vergleichbares Tragvermögen. Deshalb müssen sich zur Sicherstellung eines vorgegebenen Tragvermögens einerseits die Fehler und andererseits die mechanischen Eigenschaften der Schweißverbindung in bestimmten Grenzen halten. Dies ist durch die Festlegung entsprechender schweißtechnischer Maßnahmen zu erreichen.

Um unzulässige Fehler in Schweißverbindungen zu vermeiden, sind fertigungstechnische Maßnahmen zu ergreifen, wie z. B. ausreichendes Aufschmelzen der Nahtflanken, sorgfältiges Entfernen der Schlacke und Abstimmung der Schweißparameter auf die Rißempfindlichkeit der betreffenden Stahlsorte. Die Einflußgrößen des Schweißprozesses (Streckenenergie, Arbeitstemperatur, Wasserstoffgehalt und Eigenspannungen) müssen der Rißempfindlichkeit des Stahls angepaßt werden [10].

Es ist zu beachten, daß in der Wärmeeinflußzone von Schweißverbindungen durch den Schweißprozeß das ursprüngliche Gefüge und damit auch weitgehend die Eigenschaften verlorengehen. Das ist wichtig wegen der Anforderungen an die mechanischen Eigenschaften der Schweißverbindung (s. o.), denn man wünscht in dieser Zone weder einen Festigkeitsverlust noch eine Versprödung.

Um der Gefahr des Terrassenbruchs [11] (s. Bild D 2.25) infolge der Anisotropie der Werkstoffe, bedingt vor allem durch stark verformte, langgestreckte Einschlüsse überwiegend sulfidischer Art, in geschweißten Bauwerken zu begegnen, wird u. U. von den im Stahlbau eingesetzten Baustählen verbessertes Verformungsvermögen in Dickenrichtung verlangt. Benötigt werden diese Werkstoffe vorwiegend als Grobblech. Diese zusätzlichen Anforderungen sind nur durch besondere metallurgische Maßnahmen (s. S. 53), d. h. mit erhöhtem Aufwand zu erfüllen. Daher sollte beachtet werden, daß der Gefahr des Terrassenbruchs außer durch Werkstoffe mit besonderen Eigenschaften senkrecht zur Blechoberfläche auch durch konstruktive und schweißtechnische Maßnahmen begegnet werden kann.

Eignung zum Verzinken

Zum Schutz gegen atmosphärische Korrosion werden vielfach Bauteile verzinkt. Daher wird vom Verarbeiter und Verbraucher die Eignung des Stahls zum Verzinken gefordert, die nicht nur von der chemischen und physikalischen Beschaffenheit des Grundwerkstoffs, sondern im besonderen Maße auch von der Vorbehandlung der Stahloberfläche, der Zusammensetzung des Zinkbades, der Badtemperatur, der Tauchdauer, der Ausziehgeschwindigkeit und einer Nachbehandlung (Abstreifen, Abschleudern, Ausblasen, Nacherhitzen) abhängig ist. Daher müssen die fertigungstechnischen Einflüsse auf die zu verzinkenden Stahlsorten richtig abgestimmt werden (s. C 12).

D 2.2.3 Anforderungen an die Gleichmäßigkeit

In der modernen Technik verlangt die zunehmende Mechanisierung und Automatisierung eine Erhöhung der Gleichmäßigkeit. Das gilt nicht nur für die in diesem Buch im Vordergrund stehenden Werkstoffeigenschaften sondern auch für die Beschaffenheit der Walzerzeugnisse (z. B. Maßhaltigkeit, Geradheit usw.). Die Forderungen werden an die Gleichmäßigkeit der Eigenschaften und Beschaffenheit innerhalb eines einzelnen Walzerzeugnisses, aber auch an die Gleichmäßigkeit innerhalb einer Lieferung gestellt.

Für die *Gleichmäßigkeit der mechanischen Eigenschaften* sind Grenzen gegeben durch die metallurgischen Vorgänge beim Erschmelzen, Gießen und Erstarren. So sind besonders bei unberuhigten Stählen enge Eigenschaftsspannen nicht möglich, da zwischen Kopf und Fuß sowie Rand und Mitte eines Stahlblocks Unterschiede in der chemischen Zusammensetzung und damit auch ausgeprägte Eigenschaftsunterschiede bestehen.

Für die Funktionalität von Stahlbauwerken sind *geringe Maßabweichungen* (enge Toleranzen) der Erzeugnisse aus den Konstruktionswerkstoffen wichtig. Der Ausbau von Geschoßbauten durch Wände und Decken z. B. wird erschwert, wenn die Abmessungen des Stahlskeletts ungleichmäßig sind. Gleichmäßigkeit der Konstruktion setzt Gleichmäßigkeit der Walzerzeugnisse besonders hinsichtlich der Maße und der Geradheit voraus.

Die Forderungen an eine erhöhte Gleichmäßigkeit der Erzeugnisse und ihrer Eigenschaften können wegen der metallurgischen und allgemeinen technischen Gegebenheiten nur begrenzt erfüllt werden, auf jeden Fall muß dazu der technische Aufwand gesteigert werden.

D 2.3 Kennzeichnung der geforderten Eigenschaften

Die Eigenschaften eines *Bauwerks* sind nicht allein durch den Werkstoff gegeben sondern wesentlich von der Gestaltung, der Fertigung und den Umgebungseinflüssen abhängig. Zwar werden für den *Stahl* bestimmte Prüfkenngrößen ermittelt (s. u.), das Verhalten eines Bauwerks im Gebrauch kann aus den Ergebnissen der Werkstoffprüfung jedoch nur abgeschätzt werden, und zwar auch nur dann, wenn die Fertigung selbst, die Gestaltung und die Gebrauchsbeanspruchung eines Bauwerks in allen Einzelheiten bekannt sind.

Im folgenden werden die Kenngrößen und ihre Aussagefähigkeit zur Kennzeichnung der geforderten Eigenschaften der verschiedenen hier behandelten Stahlgruppen erläutert.

D 2.3.1 Kennzeichnung der Verwendungseigenschaften

Werkstoffverhalten im Zugversuch

Wichtigstes Prüfverfahren zur Kennzeichnung der Stähle dieses Kapitels ist der *Zugversuch* (s. C 1.1.1.1). Die durch ihn erhaltenen Festigkeitswerte *Streckgrenze* und *Zugfestigkeit* sowie die *Bruchdehnung* und *Brucheinschnürung* geben Auskunft über das Werkstoffverhalten unter einachsiger Zugbeanspruchung. Eine hohe Streckgrenze erlaubt die Fertigung leichterer Konstruktionen, sofern die Steifigkeit des Bauwerks erhalten bleibt. Hohe Werte für die Bruchdehnung entsprechen meistens hohen Werten für die Gleichmaßdehnung und deuten auf ein gutes Formänderungsvermögen des Stahls hin. Dieses ist von großer Bedeutung, wenn die Stahlkonstruktion örtlich bis zur Streckgrenze oder sogar darüber beansprucht wird. Dann können Spannungen durch Fließen des Werkstoffs abgebaut werden, ohne daß es zum Versagen des Werkstoffs kommt.

Im Zugversuch verhalten sich die hier behandelten Baustähle grundsätzlich gleichartig. Bild D 2.1 zeigt typische *Spannungs-Dehnungs-Kurven* für normalgeglühte Stähle und für einen wasservergüteten Baustahl (St E 690) unterschiedlicher

Festigkeit. Ebenso wie die normalfesten Stähle haben auch hochfeste vergütete Stähle im allgemeinen eine deutlich ausgeprägte Streckgrenze. Die Streckgrenzendehnung beträgt rd. 2%, für die Gleichmaßdehnung werden Werte von 8 bis 10% bei den wasservergüteten Baustählen (hier z. B. StE 690, Stahl Nr. 4 in Tabelle D 2.9) und 16 bis 20% bei den normalgeglühten Baustählen (z. B. St 52-3, Stahl Nr. 8 in Tabelle D 2.5) gefunden. Einschnürdehnung und Brucheinschnürung liegen bei beiden Stahlarten in der gleichen Größenordnung.

Mit steigender Streckgrenze der Baustähle nimmt das Verhältnis von Streckgrenze zu Zugfestigkeit zu (Bild D 2.2). Dieses *Streckgrenzenverhältnis* wird vielfach mit der Sprödbruchempfindlichkeit eines Stahls in Verbindung gebracht. Das Streckgrenzenverhältnis gibt aber nur einen Anhalt, in welchem Ausmaß einachsig und bei RT beanspruchte Baustähle oberhalb der rechnerisch ermittelten zulässigen Spannung beansprucht werden dürfen, ohne daß ein Bruch eintritt. Unter

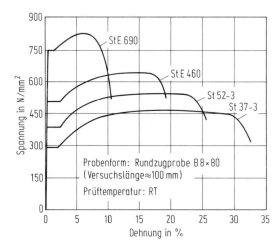

Bild D 2.1 Spannungs-Dehnungs-Kurven von Stählen unterschiedlicher Festigkeit (StE 690 = wasservergüteter Stahl Nr. 4 in Tabelle D 2.9, StE 460 = Stahl Nr. 7 in Tabelle D 2.8, St 52-3 und St 37-3 = Stähle Nr. 8 und 5 in Tabelle D 2.5).

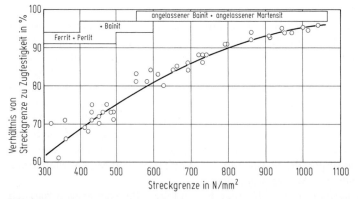

Bild D 2.2 Zusammenhang zwischen dem Verhältnis von Streckgrenze zu Zugfestigkeit (Streckgrenzenverhältnis) und der Streckgrenze verschiedener unlegierter Baustähle im Walzzustand, im normalgeglühten oder im vergüteten Zustand.

einachsiger Zugbeanspruchung können Stähle mit niedrigem Streckgrenzenverhältnis relativ zur Streckgrenze stärker beansprucht werden als Stähle mit hohem Streckgrenzenverhältnis [12].

Die Tragfähigkeit einer technischen Konstruktion richtet sich nur dann primär nach der Streckgrenze, wenn das Bauteil ausschließlich auf Zug beansprucht wird. In Druckgliedern sind dagegen für die Festlegung der Dicken auch die Stabilitätsbedingungen maßgebend, für sie ist eine wichtige Einflußgröße der *Elastizitätsmodul*. Bei der Beanspruchung auf Biegen, Knicken, Kippen und Beulen ist allerdings zu berücksichtigen, daß der Elastizitätsmodul ferritischer Baustähle unabhängig von der Streckgrenze ist und einheitlich rd. 206 000 N/mm² beträgt. Da sich die elastischen Eigenschaften von Stählen durch Legierungszusätze nur unwesentlich ändern, ist die oft geäußerte Forderung nach einem Baustahl mit erhöhtem Elastizitätsmodul kaum zu verwirklichen.

In Bauteilen aus hochfesten Stählen können infolge der verringerten Wanddicke höhere elastische Durchbiegungen auftreten. Diese erhöhte Durchbiegung wird bei Profilen in vielen Fällen durch größere Steghöhe ausgeglichen. Trotz gleichen Elastizitätsmoduls kann mit hochfesten Stählen somit eine Gewichtseinsparung erreicht werden. Von wirtschaftlicher Bedeutung ist gelegentlich die Verwendung von Hybridträgern, bei denen die hochbeanspruchten Flansche aus hochfesten Stählen, die vorwiegend auf Beulen beanspruchten Stegbleche aus normalfestem Stahl bestehen.

Bei Bauwerken, die auf Knicken und Beulen beansprucht werden, sind die zulässigen Druckspannungen vom Schlankheitsgrad abhängig. Im Bereich niedriger Schlankheitsgrade sind für hochfeste Stähle deutlich höhere Spannungen als bei normalfesten Stählen zulässig, wie Bild D 2.3 für Knickbeanspruchung zeigt. Für die Belastung durch Beulen liegen die Verhältnisse ähnlich.

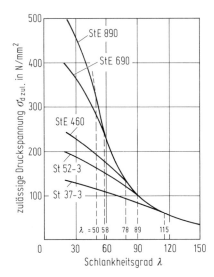

Bild D 2.3 Stabilitätsverhalten einiger Baustähle nach den Tabellen D 2.5, D 2.8 und D 2.9. Die zulässigen Druckspannungen wurden für Knickbeanspruchung (Beanspruchungsfall 1) aus den Tragspannungen σ_{Kr} errechnet. Nach [13]. Schlankheitsgrad $\lambda =$ Knicklänge s_K/Trägheitshalbmesser i.

Werkstoffverhalten im Dauerschwingversuch

Das grundlegende Verfahren zur Untersuchung des Werkstoffverhaltens bei schwingender Beanspruchung ist der *Wöhler-Versuch* (s. C 1.2.2.1). Die mit diesem Verfahren erhaltenen Ergebnisse machen deutlich, daß der Widerstand gegenüber schwingender Beanspruchung bei Baustählen nicht in gleichem Maße wie die Festigkeitswerte unter ruhender Beanspruchung ansteigt. Die Zunahme der Dauerschwingfestigkeit mit der Streckgrenze ist von mehreren Einflußgrößen abhängig, insbesondere vom Spannungsverhältnis σ_u/σ_o der Beanspruchung und von der Wirkung verschiedenartiger Kerben.

Für die Untersuchung der *Dauerschwingfestigkeit des Grundwerkstoffs* werden vielfach Vollstäbe benutzt, sie sind frei von konstruktiven Einflüssen und bieten sich deshalb für ein Studium des grundsätzlichen Werkstoffverhaltens, besonders bei schwingender Beanspruchung, an. Die an ihnen ermittelte Dauerschwingfestigkeit (Dauerfestigkeit) stellt jedoch keine eindeutige Werkstoffkenngröße dar, weil sie in erheblichem Maße von der *Oberflächenbeschaffenheit* der Probe abhängt (Bild D 2.4). Für die Bewertung der an Vollstäben gemessenen Dauerschwingfestigkeit muß deshalb der Oberflächenzustand möglichst exakt beschrieben werden. Betrachtet man die Dauerschwingfestigkeit von Stählen unterschiedlicher Festigkeit anhand von Vollstäben mit Walzhaut, so zeigt sich eine signifikante lineare Abhängigkeit beider Größen voneinander (Bild D 2.5). Die Schwellfestigkeit steigt mit Zunahme der Zugfestigkeit an [15].

In den meisten technischen Bauwerken treten an Stellen mit Querschnittsänderungen, wie Bohrungen, Absätzen, Nuten usw., aufgrund der Kerbwirkung örtlich Spannungskonzentrationen auf. Den Einfluß derartiger konstruktiv bedingter Spannungskonzentrationen beschreiben Zug-Druck-Wechselversuche und Zug-

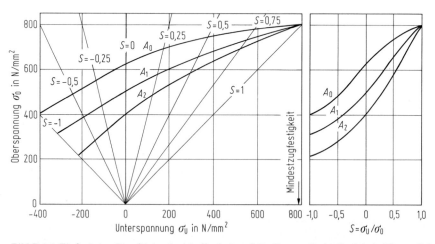

Bild D 2.4 Einfluß der Oberflächenbeschaffenheit auf die Dauerschwingfestigkeit (Grenz-Schwingspielzahl = $2 \cdot 10^6$) des Stahls St E 690 (Stahl Nr. 4 in Tabelle D 2.9). A_0 = Grundwerkstoff mit polierter Oberfläche (R_t = rd. 2 µm), A_1 = Grundwerkstoff mit geschliffenen Oberflächen (R_t = 12 bis 19 µm) und A_2 = Grundwerkstoff mit Walzhaut (R_t = 30 bis 100 µm). R_t = Rauhtiefe.

Schwellversuche an gekerbten Proben. Für die Dauerschwingfestigkeit ($N = 2 \cdot 10^6$) besteht dann keine lineare Abhängigkeit von der Zugfestigkeit (Bild D 2.6).

Zu den kritischen Bereichen schwingbeanspruchter Konstruktionen zählen Schweißverbindungen. Umfangreiche Parameterstudien sind notwendig, um die Dauerschwingfestigkeit von Schweißverbindungen zu ermitteln und um Berechnungskennwerte für Schweißnähte zu erhalten. Da die Verhältnisse hier äußerst komplex sind, ist man dazu übergegangen, Dauerfestigkeitsversuche an Konstruktionselementen durchzuführen, deren Ergebnisse einen deutlichen Verarbeitungs- und Werkstoffeinfluß erkennen lassen [16].

Die Ergebnisse von Einstufenversuchen (s. C 1.2.2.1) für verschiedene Spannungsverhältnisse und Stahlsorten können in Form von *normierten Wöhler-Kurven* dargestellt werden [17, 18], bei denen die Meßwerte nicht in mehreren Einzelkurven, die durch die Einflußgrößen Stahlsorte, Konstruktion und Spannungsverhältnis unterschieden sind, sondern in einer einzigen Kurve zusammengefaßt werden. Wird der Spannungsausschlag σ_a auf die Dauerfestigkeit σ_D bezogen, so wird die normierte Wöhler-Kurve nur noch durch die zwei Parameter Grenz-Schwingspiel-

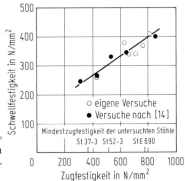

Bild D 2.5 Schwellfestigkeit (Grenz-Schwingspielzahl = $2 \cdot 10^6$) von Vollstäben mit Walzhaut aus verschiedenen Baustählen nach den Tabellen D 2.5 und D 2.9 in Abhängigkeit von der Zugfestigkeit.

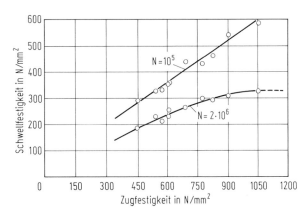

Bild D 2.6 An Lochstäben mit $\alpha_K = 2{,}45$ ermittelte Schwellfestigkeit (Grenz-Schwingspielzahl $N = 10^5$ und $2 \cdot 10^6$) verschiedener normalgeglühter und vergüteter Feinkornbaustähle in Abhängigkeit von der Zugfestigkeit.

zahl $N_D = 2 \cdot 10^6$ und die Neigung k der Zeitfestigkeitsgeraden beschrieben. Ergebnisse von Dauerfestigkeitsuntersuchungen an Schweißverbindungen aus St E 460 (Stahl Nr. 7 in Tabelle D 2.8) und St E 690 (Stahl Nr. 4 in Tabelle D 2.9) werden durch die normierte Wöhler-Kurve gut beschrieben (Bild D 2.7).

Durch *mechanisches Bearbeiten*, z. B. Überschleifen der Nähte, werden bei den Baustählen im Dauerfestigkeitsbereich deutliche Verbesserungen erreicht. Im Zeitfestigkeitsbereich stellt man dagegen keine Veränderungen fest. Diese Tatsache ist in Fällen relativ geringer Schwingspielzahlen während der Lebensdauer, z. B. bei bestimmten Teilen des Schiffsrumpfes, durchaus von Wichtigkeit. Schweißverbindungen, die blecheben abgearbeitet werden, erreichen in etwa die Schwellfestigkeit des Grundwerkstoffs. Die Dauerfestigkeit von Schweißverbindungen kann auch durch porenfreies *Aufschmelzen* der kritischen Zone um die Nahtübergänge mittels eines WIG-Brenners (WIG = Wolfram Inertgas) erheblich gesteigert werden [19]. Ursache ist das Entfernen rißähnlicher Defekte und Schlackeneinschlüsse, die offensichtlich für den Ermüdungsanriß verantwortlich sind (Bild D 2.8).

Kehlnähte beeinträchtigen die Dauerfestigkeit aufgrund ihrer höheren Kerbwirkung entsprechend stärker als Stumpfnähte. Trotzdem werden sie in fast allen Stahlkonstruktionen verwendet, da andernfalls Sonderwalzprofile verwendet werden müssen. Die Haltbarkeit schwingend beanspruchter Kehlnahtschweißungen ist in hohem Maße von den Oberflächeneigenschaften und den Eigenspannungen im Bereich der Nahtübergänge abhängig. Sie läßt sich erheblich steigern, wenn die kritischen Oberflächenzonen nach dem Schweißen plastisch verformt werden, z. B. durch Hämmern oder Kugelstrahlen. Eine Zunahme der Dauerfestigkeit ist vor-

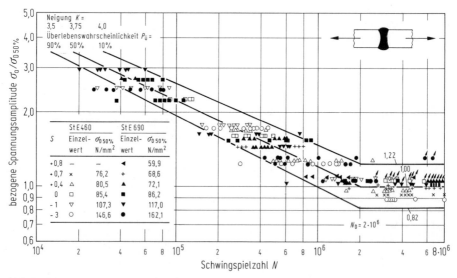

Bild D 2.7 Normierte Wöhler-Kurve für Schweißverbindungen (Stumpfnahtproben) aus den hochfesten Baustählen StE 460 (Stahl Nr. 7 in Tabelle D 2.8) und StE 690 (Stahl Nr. 4 in Tabelle D 2.9). Nach [17, 18].

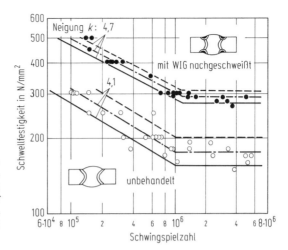

Bild D 2.8 Einfluß eines Nahtflanken-Aufschmelzens mit einem WIG-Brenner (Lichtbogenschweißen mit Wolframelektrode unter Inertgas) auf die Schwellfestigkeit von Schweißverbindungen des Stahls StE 690 (Stahl Nr. 4 in Tabelle D 2.9).

wiegend durch die Werkstoffverfestigung oder durch die dabei gleichzeitig entstehenden günstigen Druckeigenspannungssysteme bedingt. Bei hochfesten Stählen dürften im allgemeinen die erzeugten Druckeigenspannungen maßgebend sein.

Sprödbruchunempfindlichkeit

Zur Untersuchung des Sprödbruchverhaltens ist eine Vielzahl von Prüfungen entwickelt worden (s. C 1). Der *Kerbschlagbiegeversuch* dient neben einer Güteprüfung des Werkstoffs vor allem zur Beurteilung des Bruchverhaltens unter den in Prüfnormen festgelegten Beanspruchungsbedingungen. Die im Versuch ermittelte Kerbschlagarbeit ist lediglich eine qualitative Kenngröße zur Zähigkeitsbewertung. Bild D 2.9 zeigt das sehr unterschiedliche Verhalten der verschiedenen Stähle, gekennzeichnet durch die Abhängigkeit der Kerbschlagarbeit von der Temperatur. Auf der Grundlage solcher Kurven kann man durch Beurteilung des Bruchgefüges oder durch einen bestimmten vereinbarten Wert für die Kerbschlagarbeit, z. B. 27 J, eine Temperatur des Übergangs vom zähen zum spröden Bruchverhalten definieren, die als sogenannte *Übergangstemperatur* $T_ü$ (bei der obigen Definition: $T_{ü\,27}$) vielfach zur Kennzeichnung des Sprödbruchverhaltens herangezogen wird (s. C 1.1.2.4).

Die Höhe der Kerbschlagarbeitswerte der Stähle ist von ihrer metallurgischen, thermischen und mechanischen Vorbehandlung abhängig. Deshalb ist der Kerbschlagbiegeversuch auch geeignet, die Empfindlichkeit gegen Veränderungen durch Kaltumformen, Altern oder Ausscheidungsvorgänge festzustellen. So bewirkt die bevorzugte Streckung des Stahls in einer Richtung eine Anisotropie der Eigenschaften, die sich in starken Unterschieden der Kerbschlagarbeit von Längs- und Querproben äußert (Bild D 2.10) [15].

Der Widerstand eines Werkstoffs gegen den Vorgang der *Rißauslösung* läßt sich an scharfgekerbten oder natürliche Risse enthaltenden Zug- oder Biegeproben in voller Blechdicke untersuchen [21].

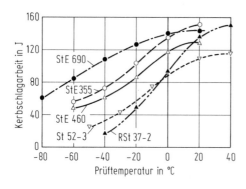
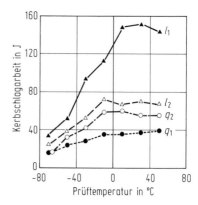

Bild D 2.9 Kerbschlagarbeits-Temperatur-Kurven verschiedener Baustähle (s. die Tabellen D 2.5, D 2.8 und D 2.9) in Blechdicken von 15 bis 25 mm (ISO-Spitzkerb-Längsproben).

Bild D 2.10 Einfluß des Verhältnisses von Längswalzung zu Querwalzung auf die Kerbschlagarbeit von normalgeglühtem Grobblech aus St 52-3 (Stahl Nr. 8 in Tabelle D 2.5) mit 0,02 % S. ISO-Spitzkerbproben, l = Längsproben, q = Querproben; Index = Verhältnis von Längswalzung zu Querwalzung: 1 = 44 : 1, 2 = 1 : 1.

In Bild D 2.11 ist das an innengekerbten Großzugproben ermittelte Rißauslösungsverhalten von Grobblech aus St E 355 (Stahl Nr. 4 in Tabelle D 2.8) und St E 690 (Stahl Nr. 4 in Tabelle D 2.9) dargestellt. Mit abnehmender Prüftemperatur steigt die Bruchspannung an, ohne daß ein Niedrigspannungsbruch eintritt. Aus den zugrundeliegenden Spannungs-Dehnungs-Kurven und aus dem Bruchaussehen kann abgeleitet werden, daß bis zu einer Temperatur T_a von $-30\,°C$ die Phase des stabilen Rißwachstums vorliegt: Der Riß wächst nur in dem Maße, in dem die Kraft gesteigert wird, und ist bis zum vollständigen Bruch stabil (100 % Scherbruch). Im übrigen ist interessant, daß diese kritische Arresttemperatur T_a nach Aussage zahlreicher Vergleichsversuche mit der im isothermen Robertson-Test feststellbaren Crack Arrest Temperatur (CAT) (s. C 1.1.2.4) recht gut übereinstimmt [22]. Unterhalb dieser kritischen Temperatur breitet sich der Riß anfangs ebenfalls stabil als Scherbruch aus, wird dann aber nach Erreichen einer kritischen Länge instabil und durchläuft als Spaltbruch den weiteren Teil des Probenquerschnitts. Die Rißaufweitung nimmt in diesem Temperaturbereich deutlich ab. Dieses Verhalten, also Entstehung des Bruchs als Scherbruch und sein Instabilwerden erst nach einer Phase des quasistatischen Rißwachstums, bleibt bis zu etwa $-90\,°C$, bis zur Rißauslösungstemperatur T_i bestehen. Unterhalb dieser Temperatur entfällt quasistatisches Rißwachstum. Der Riß entsteht als Spaltbruch, und man beobachtet kaum eine Aufweitung des Risses vor dem Bruch.

Die kritischen Temperaturen normalfester und hochfester Baustähle unterschiedlicher chemischer Zusammensetzung verdeutlichen die relativ große Spanne in der Sprödbruchunempfindlichkeit dieser Stahlgruppe (Tabelle D 2.1). Biegeversuche mit scharf gekerbten Proben führen zu analogen Aussagen [21].

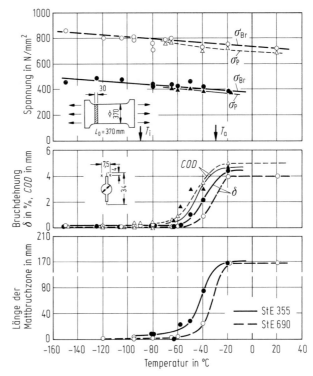

Bild D 2.11 Ergebnisse von Großzugversuchen bei verschiedenen Temperaturen an ungeschweißtem StE 355 (Stahl Nr. 4 in Tabelle D 2.8) und StE 690 (Stahl Nr. 4 in Tabelle D 2.9). (σ_{Br} = Bruchspannung, σ_p = Spannung an der Proportionalitätsgrenze. Länge der Mattbruchzone = größte Ausdehnung der Mattbruchzone, gemessen vom Kerbgrund (Sägeschnitt) in Richtung Probenschmalseite).

Tabelle D 2.1 Im Scharfkerbbiegeversuch [21] ermittelte Rißauslösungstemperaturen normalfester und hochfester Baustähle.

Stahlsorte			Streckgrenze	Blechdicke	Gefüge	Rißauslösungs-temperatur
Kurz-name	Lfd. Nr.	in Tabelle	N/mm²	mm		°C
RSt 37-2	4	D 2.5	255	30	Ferrit + Perlit	− 30 … − 40
St 52-3	8	D 2.5	370 … 410	15 … 30	Ferrit + Perlit	− 50 … − 70
StE 460	7	D 2.8	450 … 470	30 … 60	Ferrit + Perlit + Bainit	− 20 … − 30
StE 690	4 u. 5	D 2.9	710 … 790	25 … 60	angelassener Martensit + angelassener Bainit	− 70 … − 120
StE 880	6	D 2.9	930 … 955	15 … 20		− 125 … − 135

In Einzelfällen wird nach dem *Werkstoffverhalten gegenüber Rißfortpflanzung*, also nach der Fähigkeit eines Werkstoffs, spröde sich ausbreitende Risse zu arretieren, gefragt. Robertson-Versuch und Double-Tension-Test (s. C 1.1.2.4) ermöglichen die Untersuchung des Werkstoffverhaltens bei Beanspruchung durch den mehrachsigen Spannungszustand und die hohe Verformungsgeschwindigkeit eines laufenden Risses. Beim Robertson-Versuch z. B. wird der Werkstoff in voller Blechdicke einer Zugspannung in Höhe der zulässigen Betriebsspannung unterworfen und gleichzeitig durch einen von außen eingeleiteten Sprödbruch beansprucht. Ermittelt wird die tiefste Temperatur, bei der ein mit hoher Geschwindigkeit sich ausbreitender Riß vom Werkstoff gerade noch aufgefangen wird.

Eine Reihe von Baustählen mit Streckgrenzen zwischen 235 und 900 N/mm^2 wurden als Bleche im Robertson-Versuch geprüft. Für 20 bis 40 mm dicke Bleche konnten Crack Arrest Temperaturen von +10 bis −57 °C ermittelt werden (Tabelle D 2.2). Ein Vergleich der hochfesten Feinkornbaustähle mit den allgemeinen Baustählen führt zu einer Überlegenheit der erstgenannten in der Sprödbruchsicherheit [23].

Während der Versuchsaufwand für die Sprödbruchprüfung nach Robertson sehr aufwendig ist, hat der Drop-Weight-Test, der Fallgewichtsversuch nach Pellini (s. C 1.1.2.4), wegen der einfacheren Probenherstellung in den letzten Jahren zunehmend an Bedeutung gewonnen. In Tabelle D 2.3 sind für einige hochfeste

Tabelle D 2.2 Verhalten von normalfesten und hochfesten Baustählen gegenüber Rißfortpflanzung im Robertson-Versuch

Stahlsorte			Streckgrenze	Blechdicke	Prüfspannung	Rißauffangtemperatur[a]
Kurzname	Lfd. Nr.	in Tabelle	N/mm^2	mm	N/mm^2	°C
RSt 37-2	4	D 2.5	240	20	150	+ 10 ... − 5
St 52-3	8	D 2.5	350	20	220	− 20 ... − 25
StE 420	6	D 2.8	420	40	300	− 11 ... − 15
StE 690	4 u. 5	D 2.9	780	30	470	− 53 ... − 57
StE 880	6	D 2.9	920	20	610	− 53

[a] Crack Arrest Temperature = CAT im Robertson-Versuch (s. Bild C 1.72 in C 1.1.2.4)

Tabelle D 2.3 Im Fallgewichtsversuch nach Pellini (s. Bild C 1.75 in C 1.1.2.4) ermittelte NDT-Temperaturen hochfester Feinkornbaustähle (NDT = Nil Ductility Transition)

Stahlsorte			Streckgrenze	Blechdicke	Gefüge	NDT-Temperatur
Kurzname	Lfd. Nr.	in Tabelle	N/mm^2	mm		°C
StE 355	4	D 2.8	370 ... 440	15 ... 30	Ferrit + Perlit	− 35 ... − 60
StE 460	7	D 2.8	440 ... 490	30 ... 40	Ferrit + Perlit + Bainit	− 40 ... − 60
StE 690	4 u. 5	D 2.9	720 ... 800	25 ... 75	angelassener Martensit + angelassener Bainit	− 50 ... − 85
StE 880	6	D 2.9	920 ... 1050	15 ... 35		− 40 ... − 85
[a]	7	D 2.9	960	25		− 65 ... − 75

[a] Bekannt als HY 130

Feinkornbaustähle die NDT-Temperaturen angegeben, und zwar als Streubänder der geprüften Blechdicken.

Um eine mathematische Behandlung der Sprödbruchsicherheit bemüht man sich in der *Bruchmechanik*. Dabei geht man davon aus, daß im Werkstoff Fehler vorhanden sind und man ermittelt die Bedingungen, unter denen sich ein solcher Fehler (z. B. ein Anriß) spröde, d. h. ohne Verformung, ausbreitet. Dabei wird die Spannungsverteilung im Bereich der Rißspitze mit elastizitätstheoretischen Methoden errechnet. Es wird also eine Beziehung zwischen Fehlergröße, Spannung und Werkstoffkennwert hergestellt, und man kann, wenn zwei dieser Größen bekannt sind, die dritte Größe errechnen. Eine häufige Fragestellung ist z. B. die Ermittlung einer zulässigen Fehlergröße bei bekannter Beanspruchung (Spannung) und gegebenem Werkstoff (s. C 1.1.2.6).

Wetterfestigkeit

Einen Anhalt für die Wetterfestigkeit bietet die chemische Zusammensetzung. Klarere Aussagen können durch Auslagerungsversuche unter realen Bedingungen gewonnen werden. Sie sind aufwendig und zeitraubend. Daher kommen sie nur für grundlegende Untersuchungen in Betracht.

Entstehung, Bildungsdauer und Schutzwirkung der Deckschicht auf wetterfestem Stahl hängen weitgehend von der atmosphärischen Beanspruchung ab. Diese ist in ihrer Auswirkung unterschiedlich und ergibt sich vorwiegend aus den Einflüssen von Großklima (z. B. kontinental), Kleinklima (z. B. Industrie-, Stadt-, Land- und Küstenklima) und Ausrichtung der Bauteile (z. B. der Wetterseite zu- oder abgewandt, vertikal oder horizontal). Die Luftbelastung durch Schadstoffe ist zu berücksichtigen. Die Deckschicht bietet im allgemeinen Schutz gegen atmosphärische Korrosion bei Bewitterung in Industrie-, Stadt- und Landklima, sofern die Grenzen für die Immissionswerte nach § 2.4 der TA-Luft (GMBl 74/426) nicht überschritten werden.

Verschleißwiderstand

Da von normalfesten und hochfesten Baustählen für den konstruktiven Ingenieurbau nur gelegentlich Widerstand gegen Verschleiß gefordert wird, versucht man, diese Werkstoffeigenschaft durch bekannte und einfach zu prüfende Merkmale zu kennzeichnen. Die chemische Zusammensetzung gibt bereits Hinweise auf den Verschleißwiderstand eines Stahls. Da für ein günstiges Verschleißverhalten möglichst ein Gefüge mit hohem Perlitanteil vorliegen sollte, kann der Kohlenstoffgehalt als Anhalt für diese Eigenschaft dienen. Wegen der verarbeitungstechnischen Nachteile und aus Gründen der Sprödbruchsicherheit sind die Kohlenstoffgehalte dieser Stahlgruppe allerdings begrenzt. Höhere Vanadin- und Niob-, aber auch Chromgehalte deuten auf ein gutes Verschleißverhalten hin.

Schließlich kann wegen des Zusammenhangs zwischen Härte und Verschleißwiderstand das Verschleißverhalten durch Angabe der Brinellhärte unter Beachtung gewisser Einschränkungen (s. C 10) in etwa gekennzeichnet werden. Zweifellos können chemische Zusammensetzung und Brinellhärte eines Werkstoffs dessen Verschleißverhalten nur qualitativ kennzeichnen.

D 2.3.2 Kennzeichnung der Verarbeitungseigenschaften

Umformbarkeit

Die Möglichkeiten zur Kennzeichnung der Warmumformbarkeit und der Kaltumformbarkeit sind in C 6 und C 7 beschrieben. Daher braucht hier auf die in Betracht kommenden Prüfverfahren nicht eingegangen zu werden. Es erscheint wichtig, hier einige allgemeine Hinweise auf die Umformbarkeit der normalfesten und hochfesten Stähle und auf die Wirkung des Umformens auf die Eigenschaften dieser Stähle zu geben.

Normalfeste und hochfeste Baustähle lassen sich nach den gleichen Methoden umformen. Je nach Form und Abmessung der Erzeugnisse und je nach verfügbaren Umform- und Wärmebehandlungseinrichtungen wird man kalt oder warm umformen. Beim Kaltumformen höherfester Stähle müssen gegenüber Stählen niedriger

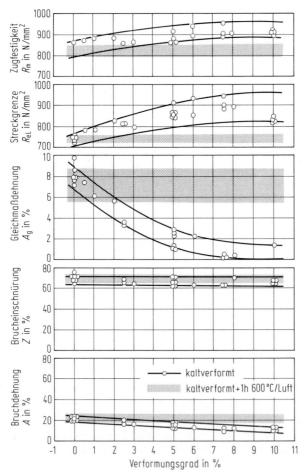

Bild D 2.12 Einfluß von Kaltverformung und Spannungsarmglühung auf die im Zugversuch ermittelten Kennwerte von 10 Schmelzen des Stahls StE 690 (Stahl Nr. 4 in Tabelle D 2.9).

Streckgrenze der erhöhte Kraftbedarf und die verstärkte Rückfederung beachtet werden. Bei der Kaltumformung bleibt der ursprüngliche Wärmebehandlungszustand des Stahls erhalten. Es ist aber zu berücksichtigen, daß sich die Eigenschaften des Stahls in Abhängigkeit vom Umformgrad ändern.

Das Verformungsvermögen eines Werkstoffs hängt von der Möglichkeit zur Bildung von Versetzungen und von ihrer Beweglichkeit ab. Durch Kaltverformung wird die Versetzungsdichte erhöht. Da sich Versetzungen in ihrer Bewegung gegenseitig behindern können, steigt die Fließspannung (Formänderungsfestigkeit) an, während das Formänderungsvermögen abnimmt. Die Streckgrenze des Werkstoffs wird also erhöht und die Zähigkeit herabgesetzt.

Das Ausmaß der Eigenschaftsänderung ist dem Verformungsgrad annähernd proportional (Bild D 2.12). Hochfeste Stähle verfestigen weniger als weiche Stähle. In dem Maße, wie der Werkstoff verfestigt, ändern sich seine Verformbarkeitskennwerte. Besonders ausgeprägt ist die Verminderung der Gleichmaßdehnung, wogegen bei der Brucheinschnürung kaum eine Änderung festgestellt wird.

Eine Erscheinung, die in diesem Zusammenhang erwähnt werden muß, ist der Bauschinger-Effekt [24] (s. C 1.2.1). Hierbei handelt es sich um die Erniedrigung der Fließgrenze, wenn nach einer Kaltverformung in einer bestimmten Richtung (z. B. durch Zugbeanspruchung) eine Verformung mit einer der ersten Verformung entgegengesetzten Richtung (z. B. durch Druckbeanspruchung) folgt. Den stärksten Abfall der Streckgrenze beobachtet man nach Vorverformungen in der Größenordnung von 1% (Bild D 2.13). Der Effekt tritt nicht nur nach Kaltverformung bei RT, sondern auch nach geringen Verformungen bei höheren Temperaturen auf. Allerdings nimmt das Ausmaß des Streckgrenzenabfalls mit steigender Verformungstemperatur ab. Durch eine mechanische oder thermische Nachbehandlung läßt sich der Bauschinger-Effekt kompensieren. Bei einer Wärmenachbehandlung nähert man sich mit zunehmender Glühtemperatur und Glühdauer den Streckgrenzenwerten des unverformten Ausgangszustands. Aus Versuchen mit bauteilähnlichen Großproben kann gefolgert werden, daß die Tragfähigkeit eines um

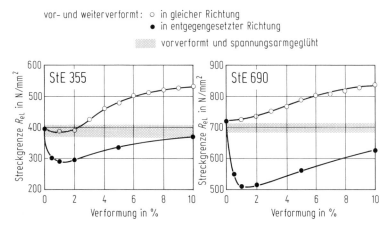

Bild D 2.13 Einfluß einer Kaltverformung auf die Streckgrenze des normalgeglühten Stahls StE 355 (Stahl Nr. 4 in Tabelle D 2.8) und des vergüteten Stahls StE 690 (Stahl Nr. 4 in Tabelle D 2.9).

geringe Beträge kaltverformten Bauteils nicht durch den lediglich an kleinen Zugproben in begrenzten Werkstoffbereichen nachweisbaren Bauschinger-Effekt beeinträchtigt wird [24a].

Neben der zulässigen Konstruktionsspannung, die sich i. a. aus der Streckgrenze ergibt, ist die Zähigkeit ein wichtiger Bewertungsmaßstab für den Einsatz der Stähle. Zunehmende Verformung verschiebt die Kerbschlagarbeits-Temperatur-Kurve zu höheren Temperaturen, d. h. die Übergangstemperatur der Kerbschlagarbeit wird erhöht [25]. Normalglühen oder Vergüten zur Aufhebung der Kaltverfestigung läßt sich in der Praxis nur selten durchführen, da es u. U. die konstruktiv festgelegten Abmessungen verändert, die Formhaltigkeit also ungünstig beeinflußt. Infolgedessen kommt vorwiegend Spannungsarmglühen in Betracht. Bild D 2.14 läßt erkennen, daß die üblichen Temperaturen des Spannungsarmglühens zu niedrig sind, um einen wesentlichen Abbau der Kaltverfestigung durch eine Kristallerholung oder Rekristallisation zu bewirken [26].

Auch vom Kaltumformen oder Schweißen resultierende Eigenspannungen lassen sich durch *Spannungsarmglühen* nur teilweise abbauen. Der Grad der durch eine Glühbehandlung erreichbaren Entspannung ist von den gewählten Wärmebehandlungsdaten und von der Streckgrenze des Stahls abhängig. Am günstigsten ist der Abbau der Eigenspannungen bei weichen Stählen. Aber auch bei hochfesten Stählen tritt ein teilweiser Spannungsabbau bereits nach kurzzeitigem Glühen bei relativ niedrigen Temperaturen ein (Bild D 2.15) [26, 27].

Auf einen vollständigen Spannungsabbau muß häufig wegen der nachteiligen Auswirkungen des Glühens auf die mechanischen Eigenschaften verzichtet werden (Bild D 2.16). Die verminderten Werte von Streckgrenze und Zugfestigkeit und die ansteigenden Übergangstemperaturen der Kerbschlagarbeit durch das Spannungsarmglühen sind insbesondere auf die Verringerung der Gehalte an Tertiärzementit und auf eine entsprechende Umwandlung des lamellaren Perlits in körnigen Perlit zurückzuführen [27]. Dieses Verhalten trifft für Manganstähle zu. Mikro-

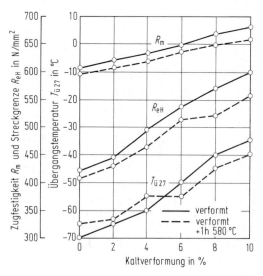

Bild D 2.14 Einfluß einer Kaltverformung auf die Zugfestigkeit R_m, Streckgrenze R_{eH} und Übergangstemperatur der Kerbschlagarbeit $T_{ü27}$ (Temperatur bei einer Kerbschlagarbeit von 27 J an ISO-Spitzkerbproben, hier Längsproben) von StE 355 (Stahl Nr. 4 in Tabelle D 2.8).

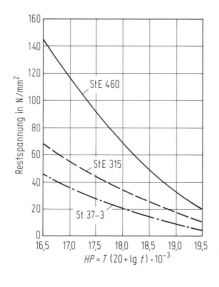
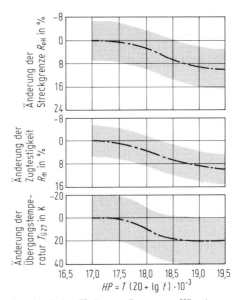

Bild D 2.15 Spannungsabbau in Abhängigkeit von den durch den Hollomon-Parameter *HP* gekennzeichneten Bedingungen des Spannungsarmglühens von Baustählen mit unterschiedlichen Festigkeiten (StE 460 und StE 315 = Stähle Nr. 7 und Nr. 3 in Tabelle D 2.8, St 37-3 = Stahl Nr. 5 in Tabelle D 2.5). (Im Hollomon-Parameter ist T die Temperatur in K und t die Zeit in h.)

Bild D 2.16 Änderung der Streckgrenze, Zugfestigkeit und der Kerbschlagarbeit-Übergangstemperatur $T_{ü27}$ (s. Bild D 2.14) von unlegierten Stählen und von Manganstählen mit Mindeststreckgrenzen von 235 bis 355 N/mm² in Abhängigkeit von den durch den Hollomon-Parameter gekennzeichneten Bedingungen des Spannungsarmglühens. (Im Hollomon-Parameter ist T die Temperatur in K und t die Zeit in h.)

legierte Stähle, insbesondere auch vergütete Stähle verhalten sich im allgemeinen anders, da bei ihnen während des Spannungsarmglühens Sekundärhärtung mit einem Anstieg der Streckgrenze auftreten kann. Erst nach Glühen bei höheren Temperaturen beobachtet man einen Abfall der Festigkeitswerte und einen Zähigkeitsverlust.

Bei den Betrachtungen zur *Warmumformbarkeit* der hier besprochenen Stähle und Stahlgruppen ist zu unterscheiden zwischen dem Verhalten der normalgeglühten oder temperaturgeregelt (normalisierend) gewalzten Stähle einerseits und dem der vergüteten Stähle andererseits.

Die wichtigste Einflußgröße für die Werkstoffeigenschaften nach dem Warmumformen der Baustähle der erstgenannten Gruppe ist die Umformtemperatur. Um diesen Einfluß zu untersuchen, wurden Glühversuche an einem 10 mm dicken Grobblech aus St 52-3 (Stahl Nr. 8 in Tabelle D 2.5), das im normalgeglühten Zustand vorlag, durchgeführt. Aus Bild D 2.17 ist ersichtlich, daß Streckgrenze und Zugfestigkeit durch zunehmende Glühtemperaturen bis etwa 1050 °C erniedrigt werden. Oberhalb 1100°C steigen die Werte wieder an, bleiben aber bei der Streckgrenze unter dem Ausgangswert. Der Abfall der Kerbschlagarbeit mit steigender Glühtemperatur ist bis 1000 °C nur unbedeutend [28]. Aus diesen Versuchsergebnissen läßt sich ableiten, daß der untersuchte Stahl bis etwa 1000°C überhitzungsunempfindlich ist. Darüber hinausgehende Temperaturen für das Umformen sollten vermieden werden, sofern man auf ein Normalglühen nach dem Umformen verzichten will [28, 29].

Bei vergüteten Stählen wird durch Warmumformung oberhalb 650°C der Vergütungseffekt aufgehoben und die Werkstoffkennwerte werden verändert (Bild D 2.18). Deshalb wird man bei der Weiterverarbeitung wasservergüteter Stähle im allgemeinen einer Kaltumformung den Vorzug geben. Insbesondere bei größeren Wanddicken ist jedoch die Warmumformung unumgänglich. Zu den wesentlichen Einflußgrößen für die Beschaffenheit des Gefüges zählen neben der Wärmebehandlung nach den Umformvorgängen auch die Bedingungen während der Warmumformung selbst, nämlich Erwärmungstemperatur, Haltedauer, Verformungstemperatur und Umformgrad.

Baustähle werden vor dem Warmumformen im allgemeinen auf höhere Temperaturen (900 bis 1100°C) erwärmt. Um für diesen Fertigungsschritt höchstzulässige Temperaturen festlegen zu können, müssen die Auswirkungen des Glühens bekannt sein. Untersuchungen zeigen, daß oberhalb etwa 1000°C das Austenitkorn um eine Einheit der Richtreihe (DIN 50601 und EU 103 [29a]) wächst. Ursache

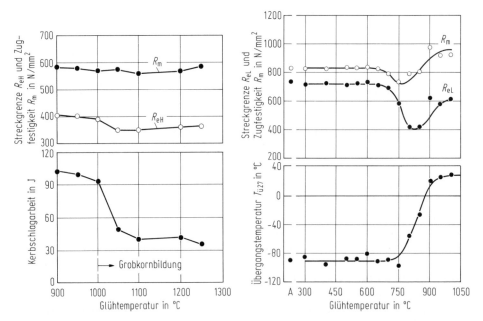

Bild D 2.17 Einfluß der Glühtemperatur (Glühdauer: 30 min) auf die Streckgrenze R_{eH}, Zugfestigkeit R_m und die Kerbschlagarbeit bei −20°C an ISO-Spitzkerb-Längsproben des Stahls St 52-3 (Stahl Nr. 8 in Tabelle D 2.5).

Bild D 2.18 Einfluß der Glühtemperatur (Glühdauer: 30 min, Luftabkühlung) auf Streckgrenze R_{eL}, Zugfestigkeit R_m und Übergangstemperatur der Kerbschlagarbeit $T_{ü27}$ (s. Bild D 2.4) des Stahls StE 690 (Stahl Nr. 4 in Tabelle D 2.9). A = vergüteter Ausgangszustand (920°C 1 h/Wasser + 680°C 2 h/Luft).

der Kornvergröberung dürfte die in diesem Bereich einsetzende Auflösung der Nitride sein. Wird nach der austenitisierenden Glühung eine vollständige Wasservergütung angeschlossen, so macht sich die begrenzte Austenitkornvergröberung in dem Sekundärgefüge nicht mehr bemerkbar. Durch die Vergütungsbehandlung werden die Festigkeits- und Zähigkeitswerte des Ausgangszustands wieder hergestellt. Eine bleibende Werkstoffschädigung tritt nicht ein [30].

Zerspanbarkeit und Eignung zum Brennschneiden

Die Eigenschaft der *Zerspanbarkeit* hat bei den Baustählen nur eine untergeordnete Bedeutung und wird normalerweise nicht geprüft. Um den Einfluß eines Werkstoffs auf die Standzeit des Werkzeugs zahlenmäßig zu beurteilen, wird ein Arbeitsgang (Drehen, Bohren) bei verschiedenen Schnittgeschwindigkeiten aber sonst gleichen Versuchsbedingungen an formgleichen Werkstücken durchgeführt (s. C 9).

Zur Kennzeichnung der *Eignung zum Brennschneiden* kann die chemische Zusammensetzung als Anhalt dienen. Die Angabe von Einzelheiten erübrigt sich jedoch, da alle Baustähle nach diesem Kapitel zum Brennschneiden geeignet sind, wenn man die Schneidbedingungen auf die jeweilige chemische Zusammensetzung des Stahls abstimmt. Dabei genügt es im allgemeinen, bei Stählen mit höheren Kohlenstoff- oder Legierungsgehalten vorzuwärmen. Kritisch können die Werkstoffoberflächen des Brennspalts sein, denn das Brennschneiden bewirkt in einer dünnen Schicht Werkstoffänderungen, die sich in einer Aufhärtung äußern (Bild D 2.19) [31]. Ursache der Aufhärtung sind eine verfahrensbedingte Aufkohlung, kurzzeitige Erwärmung auf sehr hohe Temperaturen und extrem schnelle Abkühlung auf Umgebungstemperatur. Eine Aufhärtung kann bereits bei Werkstoffen auftreten, die aufgrund ihrer chemischen Zusammensetzung noch nicht als härtbar gelten. Es läßt sich nachweisen, daß an einem unlegierten Baustahl mit 0,13 % C unmittelbar an der Brennschnittkante der Kohlenstoffgehalt bis auf den dreifachen Wert ansteigt. Für den autogenen Brennschnitt ist ein sehr steiles Konzentrationsgefälle im Kohlenstoffgehalt typisch. Das Aufkohlen erfolgt durch eine Kohlenstoffdiffusion aus der Brennschlacke [32].

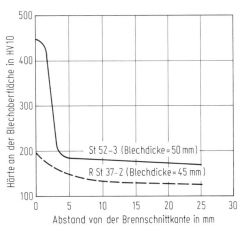

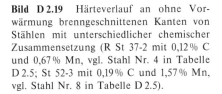

Bild D 2.19 Härteverlauf an ohne Vorwärmung brenngeschnittenen Kanten von Stählen mit unterschiedlicher chemischer Zusammensetzung (R St 37-2 mit 0,12 % C und 0,67 % Mn, vgl. Stahl Nr. 4 in Tabelle D 2.5; St 52-3 mit 0,19 % C und 1,57 % Mn, vgl. Stahl Nr. 8 in Tabelle D 2.5).

Werkstoffveränderungen im Schnittbereich führen mit Zunahme von Kohlenstoffgehalt und Blechdicke zu erhöhter Rißempfindlichkeit. Kantenrisse können auftreten während des Brennschneidens, beim Transport oder auch bereits bei geringen Kaltverformungen. Die Rißgefahr wird verringert oder behoben durch Vorwärmen oder Nachwärmen der brenngeschnittenen Teile. Nachfolgendes Schweißen beseitigt die aufgehärtete Zone von Schweißfugen ganz.

Schweißeignung

Wichtigstes Fügeverfahren für diese Gruppe von Baustählen ist das Schweißen. Die Schweißeignung und ihre Kennzeichnung ist in C 5 grundsätzlich behandelt. Danach bedeutet allgemein gesprochen Eignung eines Werkstoffs zum Schweißen, daß es möglich ist, in wirtschaftlicher Weise Schweißverbindungen zu erstellen, die zwei Bedingungen genügen: Sie dürfen keine das Tragvermögen beeinträchtigenden Fehler (Risse) enthalten und müssen dem Grundwerkstoff vergleichbare mechanische Eigenschaften aufweisen. Um dies sicherzustellen, wird die chemische Zusammensetzung des Grundwerkstoffs so gewählt, daß durch den Wärmeeinfluß beim Schweißen weder ein Festigkeitsverlust noch eine Versprödung der Wärmeeinflußzone oder eine Rißbildung eintritt. Zusatzwerkstoffe und Schweißbedingungen müssen den oben gestellten Bedingungen angepaßt sein.

Hinweise auf die Verarbeitung durch Schweißen enthalten die einschlägigen Richtlinien [33].

Es gibt eine große Zahl von Einflußgrößen für die Schweißeignung (s. DIN 8528, Blatt 1), entsprechend vielfältig sind auch die Möglichkeiten und *Verfahren zur Kennzeichnung der Schweißeignung*. Da als besonders wichtige Einflußgröße neben der chemischen Zusammensetzung, der Korngröße und dem Reinheitsgrad die z. T. damit zusammenhängende Neigung zur Rißbildung anzusehen ist, befassen sich mit ihr viele Prüfverfahren [34], die aber z. T. in eine Prüfung der Schweißbarkeit übergehen. Dagegen ist es zweifellos einfacher, als Anhalt zur Kennzeichnung der Schweißeignung die schon erwähnte chemische Zusammensetzung heranzuziehen und dabei vor allem den *Kohlenstoffgehalt* zu betrachten. Dazu ist zunächst allgemein festzustellen, daß die Schweißeignung eines unlegierten Stahls in erster Linie mit zunehmendem Kohlenstoffgehalt abnimmt (Bild D 2.20) [35]. Unlegierte Baustähle mit Kohlenstoffgehalten über 0,22% (nach der Stückanalyse), aber auch legierte Stähle werden zur Vermeidung von Härtespitzen (über 350 HB) mit Vorwärmen geschweißt, um dadurch die Abkühlgeschwindigkeit und damit die Härtung zu verringern. Die Vorwärmtemperatur soll im allgemeinen um so höher sein, je höher der Kohlenstoffgehalt ist.

Die Schweißeignung des Stahls hängt ferner von der Art der Erschmelzung und der Desoxidation ab, und zwar vor allem im Hinblick auf den Reinheitsgrad und die Korngröße. Unberuhigter Stahl sollte in dickeren Abmessungen und für Teile, bei denen die Gefahr besteht, daß Seigerungszonen angeschnitten werden, nicht eingesetzt werden.

Bei Heranziehung der chemischen Zusammensetzung zur Kennzeichnung der Schweißeignung ist zu beachten, daß sie bei den niedriglegierten hochfesten Stählen eine andersartige Abhängigkeit der mechanischen Eigenschaften von der Zeit-Temperatur-Folge des Schweißens bedingt als bei den unlegierten Stählen [36, 37]. Mit zunehmender Abkühlgeschwindigkeit nach dem Schweißen oder mit abneh-

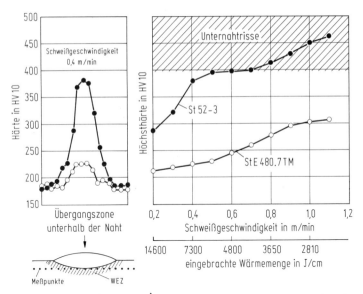

Bild D 2.20 Einfluß des Kohlenstoffgehalts auf Härte und Rißempfindlichkeit der Stähle St 52-3 mit 0,18 % C (s. Stahl Nr. 8 in Tabelle D 2.5) und StE 480.7 TM mit 0,08 % C (thermomechanisch behandelter Stahl für Fernleitungsrohre mit einer Streckgrenze von mind. 480 N/mm², s. DIN 17 172 [35a]). (Banddicke: 8,8 mm, Schweißposition: fallend, Elektrode: E Z e V II m.)

mender Abkühlzeit (s. u.) werden bei niedriglegierten Feinkornstählen mit geringem Kohlenstoffgehalt die Zähigkeitseigenschaften in der Wärmeinflußzone (WEZ) verbessert [37, 38] (Bild D 2.21 und D 2.22). Gleichzeitig führen niedrige Werte für die Abkühlzeit zu den angestrebten hohen Festigkeitswerten. Für das Schweißen dieser Stähle ist infolgedessen ein bestimmter Bereich der Abkühlzeit zu wählen, der durch Stahl, Schweißzusatzwerkstoff und Konstruktion bestimmt ist [39]. Eine Mindestabkühlzeit ist einzuhalten, um Unternahtrisse zu vermeiden. Eine obere Grenze der Abkühlzeit darf nicht überschritten werden, um die geforderten Festigkeits- und Zähigkeitseigenschaften in der WEZ zu erzielen.

Die Abkühlzeit (im allgemeinen angegeben als Dauer der Abkühlung von 800 auf 500 °C: $t_{8/5}$) für eine Schweißverbindung ist abhängig von der zu verschweißenden Dicke, der Arbeitstemperatur sowie den zu dem Begriff Streckenenergie zusammengefaßten Schweißdaten Spannung, Stromstärke und Schweißgeschwindigkeit und läßt sich mit ausreichender Genauigkeit durch mathematische Gleichungen beschreiben [40] (s. auch C 5).

Um der *Sicherheit gegen Risse*, vor allem gegenüber wasserstoffinduzierten Unternahtrissen, Rechnung zu tragen, wählt man im Rahmen der Schweißbedingungen (Streckenenergie) eine bestimmte Arbeitstemperatur T_0, wobei als maßgebende Einflußgrößen für das Kaltrißverhalten die Stahlzusammensetzung, die Dicke, der Wasserstoffgehalt des Schweißguts und das Eigenspannungsniveau des Bauwerks zu berücksichtigen sind. Die Kaltrißneigung von Schweißverbindungen nimmt zu mit dem Gehalt an Wasserstoff im Schweißgut und dem Legierungsgehalt von Grundwerkstoff und Schweißgut.

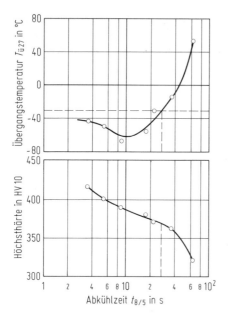

Bild D 2.21 Einfluß der Abkühlzeit $t_{8/5}$ (Dauer der Abkühlung von 800 auf 500 °C) auf die Härte und Übergangstemperatur der Kerbschlagarbeit $T_{ü27}$ (s. Bild D 2.14) schweißsimulierend wärmebehandelter Proben aus StE 690 (Stahl Nr. 4 in Tabelle D 2.9) (Spitzentemperatur 1350 °C). Nach [37].

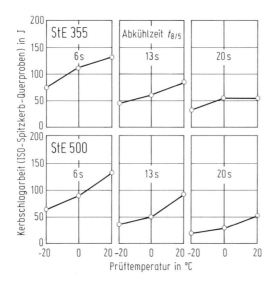

Bild D 2.22 Einfluß der Abkühlzeit $t_{8/5}$ (s. Bild D 2.21) auf die Zähigkeit der Wärmeeinflußzone an normalgeglühten geschweißten Baustählen StE 355 und StE 500 (Stähle Nr. 4 und 8 in Tabelle D 2.8).

Oben wurde schon kurz erwähnt, daß im Hinblick auf die Kaltrißneigung für eine untere Begrenzung der Abkühlzeit Sorge zu tragen ist, und daß andererseits für die Streckenenergie eine obere Grenze festgelegt werden muß, um die Abkühlzeit im Hinblick auf die Eigenschaften in der WEZ nach oben zu begrenzen. Diese richtet sich für eine gegebene Stahlart, ein gegebenes Schweißverfahren und einen gegebenen Zusatzwerkstoff nach der Arbeitstemperatur und der Blechdicke. Wegen dieser Zusammenhänge müssen als Voraussetzung für die Ableitung von Schweißbedingungen Unterlagen über den Einfluß von Streckenenergie, Arbeitstemperatur und Dicke auf die mechanischen Eigenschaften erarbeitet werden. Da sich der Zusammenhang zwischen diesen Einflußgrößen durch die die Temperatur-Zeit-Folge kennzeichnende Abkühlzeit erfassen läßt, kann man die mechanischen und technologischen Eigenschaften in Abhängigkeit von der Abkühlzeit darstellen, ein Beispiel zeigt Bild D 2.23. Aus dem experimentell erarbeiteten Zusammenhang zwischen den Werkstoffeigenschaften in der WEZ und der Abkühlzeit lassen sich je nach den Anforderungen, die im Einzelfall an die Eigenschaften der Wärmeeinflußzone gestellt werden, Bereiche für die Abkühlzeit angeben, die beim Schweißen eines Stahls eingehalten werden müssen.

Bei hochfesten Stählen sind hohe Härten in der WEZ nicht zu beanstanden, da sie bei diesen Stählen mit guten Zähigkeitseigenschaften verbunden sind [41]. Die durch langsame Abkühlung entstandenen weichen Gefügeanteile haben dagegen schlechte Zähigkeitseigenschaften und müssen vermieden werden. Bild D 2.24

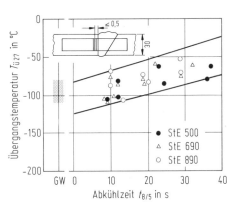

Bild D 2.23 Einfluß der Schweißbedingungen auf die Übergangstemperatur der Kerbschlagarbeit $T_{ü27}$ (s. Bild D 2.14) (ISO-Spitzkerb-Querproben) in der Wärmeeinflußzone von wasservergüteten Baustählen (s. Stahl Nr. 8 in Tabelle D 2.8 und Stähle Nr. 4 und 6 in Tabelle D 2.9). GW = Grundwerkstoff. Abkühlzeit $t_{8/5}$ s. Bild D 2.21.

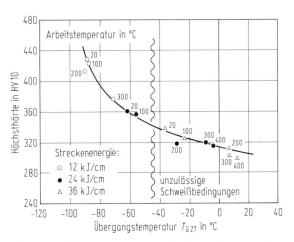

Bild D 2.24 Zusammenhang zwischen Härte und Übergangstemperatur der Kerbschlagarbeit $T_{ü27}$ (s. Bild D 2.14, ISO-Spitzkerb-Querproben) in der Wärmeeinflußzone von Einlagenschweißungen an Stahl StE 690 (Stahl Nr. 4 in Tabelle D 2.9) in einer Blechdicke von 20 mm.

zeigt den Zusammenhang zwischen Härte und Übergangstemperatur an Einlagenschweißungen für einen hochfesten Feinkornbaustahl mit einer Streckgrenze von mind. 690 N/mm^2 (Stahl Nr. 4 nach Tabelle D 2.9) [23]. Auch hier sind an den Proben mit hohen Werten für die Höchsthärte in der Wärmeeinflußzone günstige Zähigkeitswerte gefunden worden. In einer schmalen Zone neben der Schweißnaht übersteigt die Temperatur während des Schweißens die Anlaßtemperatur der Vergütungsbehandlung, ohne daß anschließend bei der Abkühlung eine Gefügeumwandlung erfolgt. Bei sehr niedrig legierten Stählen, dünnen Blechen und hoher Streckenenergie kann hier eine Erweichungszone entstehen. Selbst in ungünstigen Fällen reicht jedoch die Stützwirkung der Nachbarzone aus, um volles Tragvermögen der Verbindung sicherzustellen, da in der weicheren Zone eine Verfestigung über den Spannungszustand hervorgerufen wird [42].

Bei dickwandigen Schweißkonstruktionen kann der Werkstoff in seiner Dickenrichtung beim Schweißen derartig beansprucht werden, daß sogenannte *Terrassenbrüche* (lamellar tearing) entstehen (Bild D 2.25). Beispiele dieser Verarbeitungsprobleme sind aus dem Stahlbau und der Offshore-Technik bekannt. Diese Schadensart hängt damit zusammen, daß Blech, Band und Breitflachstahl üblicher Herstellung senkrecht zur Erzeugnisoberfläche weniger gute Verformbarkeitseigenschaften als in den übrigen Beanspruchungsrichtungen aufweisen. Durch besondere Maßnahmen bei der Herstellung (s. S. 53) ist es möglich, eine Verbesserung der Verformbarkeitseigenschaften zu erreichen. Dadurch wird die Gefahr für das Auftreten von Terrassenbrüchen bei Beanspruchung senkrecht zur Erzeugnisoberfläche (z. B. beim Abkühlen von Kehlnähten aus der Schweißhitze) verringert. Diese Gefahr kann auch gemindert werden, wenn die Beanspruchung in Dickenrichtung durch konstruktive und schweißtechnische Maßnahmen herabgesetzt wird.

Die Sicherheit eines Bauwerks ist entscheidend vom *Tragvermögen der Schweißverbindung* abhängig. Deren mechanisches Verhalten, auch in Gegenwart von Fehlern, muß deshalb ausführlich untersucht werden. Dabei sind drei Gesichtspunkte zu beachten: Verhalten bei Überbeanspruchung, Verhalten bei schwingender Beanspruchung und Sprödbruchverhalten.

Das Verhalten von Schweißnähten bei *Überbeanspruchung*, also bei Beanspruchung über die rechnerische zulässige Spannung hinaus bis zur Streckgrenze oder sogar Zugfestigkeit, wird durch den Zugversuch erfaßt und wurde bereits im Zusammenhang mit der Frage nach der Auswirkung der Härteminima behandelt. Die Tragfähigkeit der Verbindung ist mit der des Grundwerkstoffs vergleichbar.

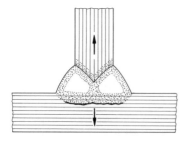

Bild D 2.25 Schematische Darstellung eines Terrassenbruchs (Lamellar tearing).

Auch Großzugproben an geschweißten Verbindungen zeigen, daß die Fließgrenze der Schweißverbindung in gleicher Höhe liegt wie die des Grundwerkstoffs. Das Verhalten von Schweißverbindungen bei *schwingender Beanspruchung* ist weiter oben (D 2.3.2) behandelt. Eine ausführliche Betrachtung erfordert die Frage des *Widerstands von Schweißverbindungen gegen Sprödbruch*. Alle wichtigen Sprödbruchprüfungen sind deshalb auch an Schweißverbindungen durchzuführen (Tabelle D 2.4), um aufgrund des Verformungs- und Bruchverhaltens die tiefste Anwendungstemperatur eines Stahls festlegen zu können. Hierzu ist auch auf die Verfahren der Bruchmechanik hinzuweisen (s. D 2.3.1 und C 1.1.2.6).

Eignung zum Verzinken

Für einige Stähle und Erzeugnisformen dieser Stahlgruppe wird vielfach ein Oberflächenschutz durch Verzinken verlangt. Die Verzinkbarkeit eines Baustahlerzeugnisses ist von der Stahlzusammensetzung abhängig. Die Dicke der Zinkauflage steigt vor allem mit steigendem Siliziumgehalt, aber auch mit zunehmendem Mangangehalt. Bei unberuhigten Stählen (kein Siliziumzusatz) und Stählen mit rd. 0,25 % Si ist die Dicke der Zinkauflage am niedrigsten. Zwar bedeutet eine geringere Zinkauflage auch einen geringeren Korrosionsschutz, doch sind dicke Auflagen aus einer Eisen-Zink-Legierung spröde und neigen beim Umformen zum Abplatzen (s. C 12, bes. Bild C 12.6).

Tabelle D 2.4 Bruchverhalten von Schweißverbindungen aus StE 690 (Stahl Nr. 4 in Tabelle D 2.9), untersucht nach verschiedenen Prüfverfahren mit unterschiedlichen Probenformen (Kerblage jeweils in der Wärmeeinflußzone)

Prüfverfahren	Probenform	Kriterium	Übergangstemperatur (typische Werte)	
			im Schweißzustand °C	spannungsarmgeglüht °C
Kerbschlagbiegeversuch	ISO-Spitzkerb-Längsproben, ungealtert	$T_{ü\,27}$[a]	−60	−45
Kohärazieprüfung[b]	K0 ($r \approx 0,01$ mm)	T_{LK0}[b]	−45	−30
Fallgewichtsversuch nach Pellini[c]	P-2 ($19 \times 51 \times 127$ mm^3)	NDT[c]	−75	−55
Robertson-Versuch[d]	($30 \times 350 \times 260$ mm^3) $\sigma_N = \sigma_S/1,5$	CAT[d]	−55	−35
Scharfkerbbiegeversuch[e]	($65 \times 30 \times 300$ mm^3) ($r \approx 0,01$ mm)	T_i[e]	−80	−70
Kerbzugversuch[f]	($20 \times 120 \times 450$ mm^3) ($r \approx 0,1$ mm)	T_i[e]	−75	−75

[a] Temperatur bei einer Kerbschlagarbeit von 27 J
[b] Kerbschlagversuch mit Scharfkerbproben (s. z. B. [43], auch Bild C 1.65 in C 1.1.2.4); T_{LK0} = Temperatur für 100 % Scherbruch bei einer Schlaggeschwindigkeit von 5 m/s
[c] Siehe Bild C 1.75 in C 1.1.2.4
[d] Siehe Bild C 1.72 in C 1.1.2.4
[e] Siehe z. B. [21]
[f] Rechteckproben mit Innenkerb

D 2.4 Metallkundliche Maßnahmen zur Einstellung der geforderten Eigenschaften

D 2.4.1 Allgemeines

Die für die Stähle nach diesem Kapitel geforderten Gebrauchseigenschaften lassen sich durch verschiedene metallkundliche Maßnahmen beim Erschmelzen, einschl. Legieren, Warmumformen und Wärmebehandeln erreichen. Die technologischen Möglichkeiten, mit denen diese Maßnahmen bei der Fertigung durchgeführt werden können, werden ständig erweitert und verfeinert.

Bei der *Stahlerschmelzung* sind neben der Legierungstechnik die Desoxidation, Entschwefelung, Sulfidformbeeinflussung, Entgasung und die Art der Erstarrung im Hinblick auf Seigerungen von besonderer Bedeutung, jedoch werden diese Maßnahmen bei den hier in Rede stehenden Stählen nicht grundsätzlich sondern einzeln oder in Kombination nur entsprechend den Anforderungen angewendet.

Als Beispiel für den Einfluß des *Warmumformens* auf die Eigenschaften sei die Änderung der Anisotropie beim Walzen von Grobblech auf Quartogerüsten genannt. Die Anisotropie der Zähigkeit wird wesentlich vermindert, wenn mit einem kleinen Verhältnis von Streckung zu Breitung gearbeitet wird. Allerdings kann bei erhöhten Anforderungen heutzutage die Anisotropie der mechanischen Eigenschaften durch eine Entschwefelung oder Sulfidformbeeinflussung des Stahls unabhängig vom Formgebungsverfahren wesentlich stärker unterdrückt werden.

Alle *Maßnahmen* müssen entsprechend den Hinweisen in D 2.1 primär mit dem Ziel ergriffen werden, die Anforderungen an die Festigkeitseigenschaften, Zähigkeit und Schweißeignung zu erfüllen.

Es gibt mehrere Möglichkeiten, die *Streckgrenze* eines Stahls zu verbessern, also zu erhöhen, wobei die theoretische Grenze, die für Stähle auf der Grundlage des α-Eisens bei etwa 10^4 N/mm^2 liegt, bei weitem noch nicht erreicht worden ist. Die Streckgrenze als diejenige Spannung, bei der deutlich erkennbare Beträge an plastischer Verformung auftreten, kommt durch die Bewegung einer größeren Anzahl von Versetzungen in den Kristallen zustande [44]. Ziel aller festigkeitssteigernden Maßnahmen ist es, das Wandern der Versetzungen zu behindern. Die Bewegung der Versetzungen soll gehemmt werden, ohne jedoch eine vollständige Blockierung herbeizuführen, da dadurch die Zähigkeit bzw. das Formänderungsvermögen beeinträchtigt würde.

Es gibt vier Grundmechanismen zur Behinderung der Versetzungsbewegungen, also zur Festigkeitssteigerung: Mischkristallverfestigung, Kornfeinung, Ausscheidungshärtung und Erhöhung der Versetzungsdichte. Die metallkundlichen *Grundlagen* sind in C 1 behandelt. Die *Technik* nutzt diese Mechanismen bei der Stahlherstellung vor allem durch Legieren und Wärmebehandeln.

Ausgangspunkt für den Einsatz dieser Mechanismen bei den Stählen dieses Kapitels ist, vorgegeben durch die überkommenen Verfahren der Stahlherstellung, ein Gefüge aus Ferrit mit gewissen, geringen Anteilen an Perlit. Ein solches Gefüge ergibt für die hier behandelten Baustähle ohne besondere Maßnahmen, also auch im Walzzustand, die grundlegenden Eigenschaften: eine gewisse Festigkeit sowie gute Zähigkeit und Schweißeignung. Wenn man zur Festigkeitssteigerung nur die

Möglichkeit anwendet, den Anteil an Perlit mit seiner gegenüber dem Ferrit wesentlich höheren Festigkeit durch Steigerung des Kohlenstoffgehalts zu erhöhen (s. dazu Gl. (C1.38) in C1.1.1.3), so ist diese Möglichkeit begrenzt, da mit Zunahme der Festigkeit allein durch Erhöhung des Kohlenstoffgehalts die Zähigkeit und die Schweißneigung mehr abnimmt, als im Hinblick auf die Verwendung und Verarbeitung dieser Stähle tragbar ist. Unter diesem Gesichtspunkt bietet sich zur Festigkeitssteigerung von den o. g. Mechanismen zunächst die *Mischkristallverfestigung* (durch entsprechendes Legieren) und die *Kornfeinung* (im wesentlichen durch metallurgische Maßnahmen) an. Bei Forderungen nach weiterer Erhöhung der Festigkeit (Streckgrenze) wird schließlich auch die *Ausscheidungshärtung* (durch Mikrolegierungselemente) und die *Erhöhung der Versetzungsdichte* (durch Härten mit folgendem Anlassen, also Vergüten, das zugleich auch Mischkristallverfestigung durch Kohlenstoff beinhaltet) zum Tragen gebracht. Bei Anwendung der drei erstgenannten Mechanismen zur Festigkeitssteigerung besteht das Grundgefüge weiterhin aus Ferrit und Perlit, wobei der Perlitanteil bei Forderung nach guter Zähigkeit und Schweißeignung trotz zunehmender Streckgrenze mehr oder weniger abnimmt. Die Anwendung des vierten Mechanismus (Erhöhung der Versetzungsdichte durch Härten) bedingt dagegen einen Übergang auf Vergütungsgefüge.

Die folgenden Einzelheiten sind unter diesen kurz gekennzeichneten Gesichtspunkten zu betrachten, sie werden entsprechend den beiden technischen Maßnahmen der Wärmebehandlung und Legierungstechnik behandelt, wobei versucht wird, jeweils die Beziehungen zu den vier genannten Mechanismen zur Festigkeitssteigerung herzustellen.

D 2.4.2 Beeinflussung der Eigenschaften durch Wärmebehandlung und durch die dadurch gegebene Gefügeausbildung

Viele Walzerzeugnisse haben bereits im Walzzustand die von ihnen geforderten Eigenschaften. Durch thermomechanische Behandlung [44a] sowie durch Wärmebehandlung der Walzerzeugnisse lassen sich die Werkstoffeigenschaften weiter verbessern. Als Wärmebehandlungen kommen das Normalglühen, Flüssigkeitsvergüten und Ausscheidungshärten in Betracht.

Normalglühen

Zum *Normalglühen* wird der Stahl austenitisiert und anschließend an ruhender Luft abgekühlt (s. C4). Durch die Umkristallisation gleichen sich Gefügeunterschiede des Walzzustandes aus, so daß die Gleichmäßigkeit des ferritisch-perlitischen Gefüges weitgehend erhöht wird. Durch Normalglühen wird auch eine Kornfeinung bewirkt, besonders dann, wenn dem Stahl, z. B. im Zuge der Desoxidation, kornfeinende Elemente zugesetzt sind, die Keime bilden und das Kornwachstum behindern. Durch das Normalglühen wird damit bei hoher Festigkeit gute Zähigkeit und Schweißeignung erzielt. Die chemische Zusammensetzung der Stähle, für die ein Normalglühen vorgesehen ist, muß so sein, daß nach dem Normalglühen das erwähnte ferritisch-perlitische Gefüge vorliegt. Nur in Ausnahmefällen wird zusätzlich angelassen, um die Härte unerwünschter Bainitanteile, die infolge höherer Geschwindigkeit der Abkühlung dünner Bleche an ruhender Luft entstehen können, zu verringern.

Das Normalglühen erübrigt sich, wenn die *Temperatur beim und nach dem Walzen so geregelt* wird, daß sie dem Normalglühen gleichwertig ist [45, 46]. Um das zu erreichen, wird bei diesem normalisierendem Walzen die Temperatur in der Endwalzphase so gesteuert, daß das Blech oder Band bei etwa 850 bis 900 °C fertig wird. Das austenitische Gefüge, das gegen Ende der Walzung feinkörnig wird, rekristallisiert zwischen den einzelnen Walzstichen vollständig. Nach dem Walzen bildet sich bei der Abkühlung an Luft auch auf diese Weise ein feinkörniges ferritisch-perlitisches Gefüge, das mit seinen mechanischen Eigenschaften demjenigen des normalgeglühten Zustandes gleicht. Falls die mechanischen Eigenschaften durch eine Bearbeitung verschlechtert werden, kann durch eine Normalglühung der ursprüngliche Zustand wieder hergestellt werden.

Dieses normalisierende Umformen (Walzen) darf nicht mit dem ebenfalls zur *thermomechanischen Behandlung* zählenden thermomechanischen Umformen verwechselt werden. Bei diesem wird die Endumformung des Stahls bei Temperaturen durchgeführt, bei denen der Austenit nicht oder nicht wesentlich rekristallisiert, was durch Mikrolegierungselemente wie Niob oder Titan, die die Rekristallisation verzögern, unterstützt wird [47, 47a]. In den plattgewalzten Austenitkörnern bilden sich dann nach dem Walzen bei der Abkühlung extrem feine Ferritkörner. Neben der Feinkörnigkeit trägt der Ausscheidungsgrad der Mikrolegierungselemente und auch eine hohe Versetzungsdichte zu einer beträchtlichen Festigkeitssteigerung bei.

Ein wesentlicher Vorteil dieser Behandlungsart, des thermomechanischen Walzens, liegt darin, daß es möglich wird, bei Einstellung einer bestimmten Festigkeit nach diesem Vorgehen wesentlich bessere Zähigkeitseigenschaften zu erreichen als bei der Einstellung der gleichen Festigkeit nach den üblichen Verfahren (s. o.), da man mit niedrigerem Kohlenstoffgehalt arbeiten kann. Diese Bemühungen können dadurch unterstützt werden, daß das thermomechanische Umformen mit einer beschleunigten Abkühlung kombiniert wird. Die Möglichkeiten des thermomechanischen Walzens werden – abgesehen von Stählen, für die es schon länger angewandt wird (s. D 4.1.2.1 u. D 25) – in Zukunft auch häufiger für Anwendungsbereiche in Betracht kommen, für die die Stähle dieses Kapitels vorgesehen sind [47b, 47c]. Dabei ist zu beachten, daß bei der Verarbeitung derartiger, thermomechanisch gewalzter Stähle eine Warmumformung oder Wärmebehandlung (z. B. Normalglühen) bei Temperaturen oberhalb etwa 600 °C unterbleibt, da sonst die erhöhten Festigkeitseigenschaften verlorengehen, ohne daß die Zähigkeit entscheidend verbessert wird.

Vergüten

Durch Vergüten läßt sich eine erhebliche Steigerung der Festigkeit bei guter Zähigkeit erreichen. Vergüten kommt allerdings nur für einige wenige Stähle dieses Kapitels in Betracht. Trotzdem werden in Ergänzung zu den Ausführungen in C 4 einige Zusammenhänge dargelegt, die für die hier behandelten Stähle typisch sind, da diese Stähle trotz hoher Festigkeit im Hinblick auf die Zähigkeit und Schweißeignung einen niedrigen Kohlenstoffgehalt haben.

Wie in C 4 ausführlich beschrieben, umfaßt die *Vergütung* zwei getrennte Wärmebehandlungsschritte. In der ersten Stufe, dem Härten, wird durch schnelles Abkühlen von Austenitisierungstemperatur dafür gesorgt, daß der Austenit nicht in Ferrit und Perlit umwandelt, daß vielmehr ein an Kohlenstoff übersättigtes Umwandlungsgefüge der α-Phase (Martensit) entsteht, aus dem in der zweiten Stufe, dem Anlassen, bei erhöhter Temperatur Karbide möglichst feinverteilt ausgeschieden werden.

Die Vermeidung der Ferrit-Perlit-Bildung ist gleichbedeutend mit der Unterdrückung einer diffusionsgesteuerten γ/α-Umwandlung. Die zur Umwandlung in Ferrit und Perlit führenden Diffusionsprozesse laufen üblicherweise im Temperaturbereich von 800 bis 600 °C ab. Durch Stabilisierung des Austenits muß erreicht werden, daß diese Temperaturspanne bei den gegebenen Abkühlverhältnissen durchlaufen werden kann, ohne daß es zur Umwandlung kommt. Bei tieferer Temperatur kommt es dann zu einem diffusionslosen Umklappen des kfz γ-Gitters in ein tetragonal verzerrtes α-Gitter, eine Phase mit hoher Härte. Entsprechend dem Bildungsmechanismus des Härtungsgefüges beruht die Legierungsbasis der vergüteten Stähle auf Elementen, die entweder austenitstabilisierend im Sinne einer Aufweitung des Homogenitätsgebietes für den γ-Mischkristall zu tieferen Temperaturen wirken (Nickel, Mangan) oder die die für das Ablaufen der Umwandlung erforderliche Diffusion, vor allem die Diffusion der Kohlenstoffatome, behindern (Chrom, Molybdän) [48].

Die chemische Zusammensetzung der vergüteten Baustähle dieses Kapitels muß also so sein, daß beim Abschrecken des Stahls von Austenitisierungstemperatur der

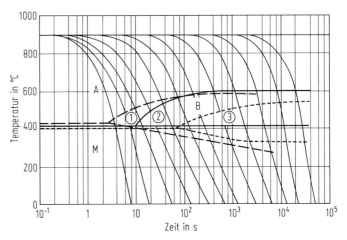

Bild D 2.26 Einfluß der chemischen Zusammensetzung auf das Umwandlungsverhalten von StE 690 (Stahl mit einer Mindeststreckgrenze von 690 N/mm^2, vgl. die Stähle 4 und 5 in Tabelle D 2.9).

Austenit in Martensit oder in Bainit umwandelt, also eine *Härtung* erfolgt. Bild D 2.26 beschreibt das Umwandlungsverhalten unterschiedlich legierter Stähle in Abhängigkeit von der Abkühlgeschwindigkeit. Bemerkenswert ist der Einfluß von Nickel auf das Umwandlungsverhalten. Die kritischen Abkühlgeschwindigkeiten lassen sich durch Nickel zu längeren Zeiten verschieben, d. h. von Nickel geht eine ausgeprägte γ-stabilisierende Wirkung aus (s. auch D 2.4.3). Aufgrund des niedrigen Kohlenstoffgehalts dieser Stahlart erfolgt die Martensitumwandlung bei hoher Temperatur (oberhalb 400 °C), und es entsteht ein Martensit, der nur wenig verspannt und infolgedessen gut verformbar ist [23]. Ähnlich günstige Eigenschaften zeigt der untere Bainit. Um Grobblech zu härten, werden Abkühlungsgeschwindigkeiten und Legierungsgehalt so aufeinander abgestimmt, daß der weniger zähe obere Bainit sowie Perlit und Ferrit während des Härtens nicht auftreten.

Die Gegenüberstellung von Zeit-Temperatur-Umwandlungs- und Zeit-Temperatur-Eigenschaftsschaubildern (ZTU- und ZTE-Schaubilder) erleichtert die Zuordnung von Umwandlungsgefügen und Eigenschaften. Beispielsweise läßt sich das ZTU-Schaubild für den Stahl St E 690 (Stahl Nr. 4 in Tabelle D 2.9) nach Bild D 2.27 in drei Abschnitte unterteilen. Bis zu einer Abkühlzeit $t_{8/5}$ (Abkühlzeit von

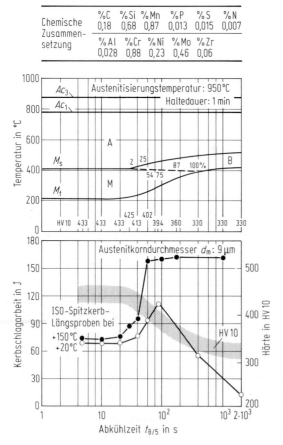

Bild D 2.27 Umwandlungsverhalten und mechanische Eigenschaften des Stahls StE 690 (s. Stahl Nr. 4 in Tabelle D 2.9). Abkühlzeit $t_{8/5}$ s. Bild D 2.21. M_f s. B 9.5.1.

800 bis 500 °C) von 30 s wandelt der Werkstoff vollständig in der Martensitstufe um. Bei Abkühlzeiten $t_{8/5}$ von mehr als 30 s beginnt die Umwandlung des Austenits bei etwas höheren Temperaturen. Sie setzt mit einer Bainitbildung ein, die im Zuge der weiteren Abkühlung in Martensitbildung übergeht. Bei höheren Abkühlzeiten wandelt der Austenit vollständig in der Bainitstufe um. Ferritbildung wird bis zu einer Abkühlzeit $t_{8/5}$ von 2000 s nicht beobachtet [48a].

Das ZTE-Schaubild läßt sich ebenfalls in drei Abschnitte unterteilen. Martensit hat die höchste Härte. Mit steigenden Bainitanteilen im Gefüge sinkt die Härte. Die Kerbschlagarbeit von Martensit ist relativ niedrig. Das trifft insbesondere auf die Hochlage der flachabfallenden Kerbschlagarbeits-Temperatur-Kurve zu. Der Übergangsbereich erstreckt sich bis zu tiefen Temperaturen. Dieses Bruchverhalten ist als „Low Energy Tear" bekannt [49]. Das Auftreten von Bainit bewirkt ein Ansteigen der Kerbschlagarbeit in der Hochlage der Kurve. Die Härtungsgefüge verlieren mit steigender Abkühlzeit an Härte, sie gewinnen an Verformungsvermögen, werden aber empfindlicher gegen Sprödbruch.

Nach dem Härten wird der Stahl unterhalb der Temperatur des unteren Umwandlungspunktes angelassen. Das *Anlassen* erfolgt im Temperaturbereich der Sekundärhärtung. Dabei ordnen sich die beim Härten entstandenen Gitterfehlstellen zu einer sehr feinkörnigen Substruktur. Gleichzeitig bilden sich hochdisperse karbidische und nitridische Ausscheidungen, die eine entsprechende Festigkeitssteigerung durch Ausscheidungshärtung bewirken. Feinkörnige Substruktur und Ausscheidungen sind maßgebend für den optimalen Gefügezustand vergüteter Stähle, die gleichzeitig hohe Festigkeit und gute Zähigkeit haben.

Entscheidende Einflußgrößen zur Steuerung der mechanischen Eigenschaften bei der Vergütung sind Anlaßtemperatur (Bild D 2.28) und Anlaßdauer. Beim Anlassen ändert sich die Fließspannung (Formänderungsfestigkeit) und das Formänderungsvermögen gegenläufig.

Das *Vergüten* von Grobblechen erfolgt in der Regel nach dem Erkalten des Walzgutes auf Raumtemperatur durch Wiedererwärmen zum Austenitisieren, Härten und Anlassen. Es besteht jedoch auch die Möglichkeit, das Wasservergüten direkt

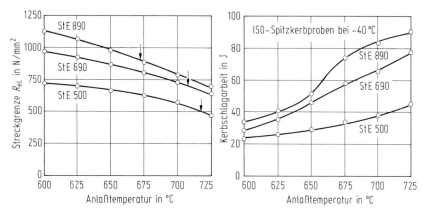

Bild D 2.28 Vergütungsschaubilder von wasservergüteten Feinkornbaustählen (Stähle Nr. 1, 4 und 6 in Tabelle D 2.9). Die Pfeile kennzeichnen die Mindestwerte für die Streckgrenze.

aus der Walzhitze vorzunehmen [50]. Neben energietechnischen Vorteilen ist der Anstieg der Streckgrenze bemerkenswert. Man führt die höheren Streckgrenzen darauf zurück, daß durch das Härten aus der Walzhitze eine höhere Versetzungsdichte im Ferrit erreicht wird. Die Anwendung dieser Vergütungsmethode auf niedrig mit Chrom und Molybdän legierte hochfeste Stähle führt ebenfalls zu höheren Festigkeitswerten als durch Vergüten, wie es nach Wiedererwärmen üblicherweise vorgenommen wird. Allerdings ist mit diesem Festigkeitsgewinn eine entsprechende Einbuße an Verformungsvermögen und Zähigkeit verbunden.

D 2.4.3 Beeinflussung der Eigenschaften durch die chemische Zusammensetzung mit ihrer Wirkung auf die Gefügeausbildung

Die chemische Zusammensetzung ist die Grundlage für die Möglichkeiten, verschiedene Gefüge mit den zugehörigen Eigenschaften einzustellen und die festigkeitssteigernden Mechanismen auszunutzen, wobei meistens die Wärmebehandlung eine maßgebende Rolle spielt. Unter diesen Gesichtspunkten werden im folgenden die bei Stählen dieses Kapitels in Betracht kommenden Legierungs- und Begleitstoffe behandelt. Wenn dabei von Fall zu Fall von einer Verbesserung der Härtbarkeit (oder der Vergütbarkeit) oder von einer Verringerung der kritischen Abkühlgeschwindigkeit (s. C 4) durch ein Element gesprochen wird, so ist das jeweils eine Kurzform für die Aussage, daß dieses Element die γ/α-Umwandlung beim Abkühlen verzögert, also die Entstehung eines Härtungsgefüges mit Wirksamwerden der Mischkristallverfestigung und Erhöhung der Versetzungsdichte sowie z.T. Kornfeinung begünstigt.

Bei *Behandlung des Einflusses der verschiedenen Elemente* wird entsprechend D 2.4.2 unterschieden nach Stählen, die im normalgeglühten Zustand oder die im vergüteten Zustand verwendet werden. Diese Zustandskennzeichnung ist immer zugleich auch eine *Kurzbeschreibung des* für die Eigenschaften maßgebenden *Gefüges:* beim normalgeglühten Zustand ein ferritisches Grundgefüge mit Perlitinseln, beim vergüteten Zustand ein Vergütungsgefüge (s. C 4).

In ungeglühten und normalgeglühten Stählen liefert der vom *Kohlenstoffgehalt* bestimmte Perlitanteil einen wesentlichen Festigkeitsbeitrag. Mit zunehmendem Perlitgehalt steigt neben der Festigkeit allerdings auch die Übergangstemperatur der Kerbschlagarbeit an (Bild D 2.29). Je nach Verwendung wird daher der Kohlenstoffgehalt begrenzt. Das gilt vor allem, wenn es auf Schweißeignung ankommt, da

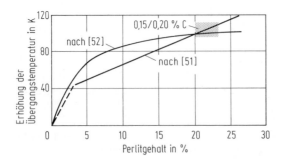

Bild D 2.29 Abhängigkeit der Übergangstemperatur der Kerbschlagarbeit (bei 85% Sprödbruchanteil im Bruchgefüge von ISO-Spitzkerbproben) vom Perlitgehalt.

beim Schweißen die Kaltrißneigung in der WEZ wegen des Zusammenhangs mit der Härtbarkeit bei Zunahme des Kohlenstoffgehalts ansteigt. Wenn dazu vielfach ein Grenzwert von etwa 0,25 % C angegeben wird, so ist zu beachten, daß sich ein solcher Grenzwert nicht aus metallphysikalischen Gesetzen ableiten läßt, sondern auf Erfahrungen beruht. Diese können je nach den schweißtechnischen Gegebenheiten unterschiedlich sein, so daß auch solch ein Wert in gewissen Grenzen variiert. Im übrigen gilt ein solcher Grenzwert für die chemische Zusammensetzung nach der Stückanalyse, da sie für das schweißtechnische Verhalten (z. B. in der WEZ) maßgebender ist als die chemische Zusammensetzung nach der Schmelzenanalyse. Der Kohlenstoffgehalt ist aber nicht allein ausschlaggebend für die Kaltrißneigung, andere Elemente (und auch schweißtechnische Daten) haben ebenfalls einen Einfluß, und man versucht, sie zur Abschätzung der Kaltrißneigung von Baustählen formelmäßig zu einem dem Kohlenstoffäquivalent (s. C 5) vergleichbaren Rißparameter zusammenzufassen. Dabei ist klar, daß auch solche Formeln keine metallphysikalischen Gesetzmäßigkeiten beinhalten, sondern auch wieder lediglich Erfahrungen berücksichtigen, so daß derartige Formeln immer wieder ergänzt oder geändert werden. Ein Beispiel für eine häufig angewendete Formel auf diesem Gebiet ist der Rißparameter nach Ito [53]:

$$P_C (\%) = \%C + \frac{\%Si}{30} + \frac{\%Mn + \%Cu + \%Cr}{20} + \frac{\%Mo}{15} + \frac{\%V}{10} + \frac{d}{600} + \frac{H}{60}.$$

Dabei ist d die Blechdicke in mm und H der Wasserstoffgehalt des Schweißguts in cm^3/100 g. Dieser Rißparameter verdeutlicht den im Vergleich zu anderen Legierungselementen starken Einfluß des Kohlenstoffs auf die Kaltrißneigung. Der starke Einfluß des Kohlenstoffs auf die Übergangstemperatur der Zähigkeit und die Kaltrißneigung macht die Bemühungen zur Entwicklung perlitarmer hochfester Baustähle mit einer Streckgrenze von mind. 355 N/mm^2 verständlich. Im Bild D 2.30 sind Ergebnisse des IIW-Tests [54] zur Ermittlung der maximalen Aufhärtung der WEZ bei einer Einlagenauftragsschweißung auf zwei Grundwerkstoffe mit

Stahl	Blechdicke mm	Streckgrenze N/mm^2	%C	%Mn	%Nb	%Mn/%C	C_E(%)
○ StE 355	32	376	0,17	1,24	0,03	7	0,38
△ Mn-Nb	34	369	0,07	1,87	0,04	27	0,38

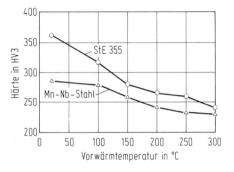

Bild D 2.30 Einfluß der Vorwärmtemperatur auf die Höchsthärte in der Wärmeeinflußzone von Einlagenauftragsschweißungen nach IIW [54]. StE 355 (s. Stahl Nr. 4 in Tabelle D 2.8) wurde mit Vorwärmung auf 150 °C, der Mangan-Niob-Stahl wurde ohne Vorwärmung geschweißt (C_E (%) = %C + %Mn/6).

unterschiedlichem Kohlenstoffgehalt dargestellt. Es ist zu erkennen, daß der kohlenstoffarme Mangan-Niob-Stahl ohne Vorwärmung nicht stärker aufhärtet als der gut schweißbare Baustahl St E 355 (Stahl-Nr. 4 in Tabelle D 2.8), der auf 150°C vorgewärmt worden ist.

Bei normalgeglühten Stählen mit Mindeststreckgrenzen von 420 bis 500 N/mm^2 kann man den Perlitanteil nicht soweit verringern, wie es bei Stählen mit einer Streckgrenze von mind. 355 N/mm^2 möglich ist. Um für einen normalgeglühten Stahl mit einer Streckgrenze von mind. 500 N/mm^2 den Kohlenstoffgehalt auf rd. 0,2% begrenzen zu können, müssen zur Mischkristallverfestigung außer Mangan auch Nickel und außerdem ausscheidungshärtende Elemente wie Vanadin und Niob legiert werden [54a].

Bei wasservergüteten Stählen ist die Mischkristallverfestigung durch zwangsgelösten Kohlenstoff nach dem Härten zunächst die Hauptursache für die hohe Festigkeit. Mit steigender Anlaßtemperatur kommt zunehmend eine Ausscheidungshärtung durch Karbide dazu. Beide überlagern jeweils die Härtungswirkung durch umwandlungsbedingte Gitterfehler, d. h. durch Erhöhung der Versetzungsdichte. Die Festigkeitswerte sind ähnlich wie nach dem Normalglühen abhängig vom Kohlenstoffgehalt (Bild D 2.31). Gegenüber dem normalgeglühten Zustand steigt durch Wasservergüten manganlegierter Stähle die Streckgrenze um 70 N/mm^2 und die Zähigkeit bei tiefen Temperaturen wird verbessert. Der Streckgrenzenanstieg ist bei höheren Kohlenstoffgehalten etwas ausgeprägter [55]. Zur Herstellung eines wasservergüteten Stahls mit einer Streckgrenze von mind. 500 N/mm^2 und mit Mangan (1,2%) als Legierungsgrundlage benötigt man 0,19% C

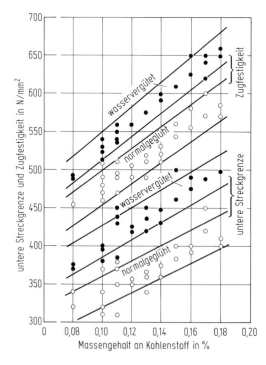

Bild D 2.31 Einfluß des Kohlenstoffgehalts auf die untere Streckgrenze und die Zugfestigkeit von Feinkornbaustählen mit rd. 0,25% Si und rd. 1,3% Mn nach Normalglühen und Wasservergüten.

für eine Blechdicke von rd. 25 mm. Um den Kohlenstoffgehalt herabsetzen zu können, müssen weitere Legierungselemente zugefügt werden.

Siliziumgehalte um 0,3% wirken sich durch Mischkristallverfestigung in ungeglühten und normalgeglühten Stählen auf die Festigkeit und Zähigkeit günstig aus [56]. Vergütete Stähle enthalten im allgemeinen 0,5 bis 0,8% Si, da dieses Element die kritische Abkühlgeschwindigkeit beim Härten herabsetzt und die Anlaßbeständigkeit erhöht. Trotz dieser günstigen Wirkung möchte man den Siliziumgehalt im Hinblick auf die Schweißeignung begrenzt wissen. Bei größeren Vergütungsquerschnitten wird man im Hinblick auf die Einhärtbarkeit auf die Zugabe höherer Siliziumgehalte nur verzichten können, wenn man beispielsweise höhere Gehalte an Molybdän vorsieht. Erfolgt die Umwandlung des Austenits zu Martensit oder unterem Bainit, so bleibt eine Erhöhung des Siliziumgehalts ohne Auswirkung auf die mechanischen Eigenschaften. Zwischen Stählen mit 0,2% Si und 0,7% Si besteht hinsichtlich der Festigkeit und auch der Zähigkeit praktisch kein Unterschied.

Ein wichtiges Legierungselement zur Verbesserung der mechanischen Eigenschaften ist das *Mangan*. Durch Mangan werden die Festigkeit und die Zähigkeit des Ferritmischkristalls erhöht. Bei gleichbleibender Festigkeit kann durch Zugabe von Mangan die Zähigkeit und die Schweißeignung eines normalgeglühten Stahls verbessert werden, da wegen der Mischkristallverfestigung durch Mangan der Kohlenstoffgehalt und damit der Perlitanteil im Gefüge abgesenkt werden kann. Den Vorteil eines hohen Verhältnisses von Mangangehalt zu Kohlenstoffgehalt zeigen die perlitarmen normalgeglühten Baustähle [57]. Im Bild D 2.32 ist der Einfluß dieses Verhältnisses auf die Streckgrenze und Zugfestigkeit sowie auf die Übergangstemperatur der Kerbschlagarbeit für normalgeglühte Stähle mit einer Streckgrenze von mind. 355 N/mm² dargestellt. In vergüteten Stählen beruht die Wirkung von Mangan im wesentlichen auf einer Verminderung der kritischen Abkühlgeschwindigkeit. Mangan trägt also zur Unterdrückung der γ/α-Umwandlung und damit zur Bildung von Härtungsgefügen mit ihren festigkeitssteigernden Mechanismen bei. Bei einem wasservergüteten Stahl mit rd. 0,16% C und 0,45% Si führt ein Anstieg

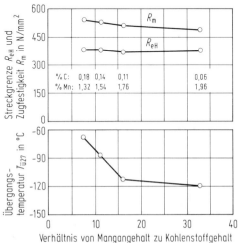

Bild D 2.32 Einfluß des Verhältnisses von Mangangehalt zu Kohlenstoffgehalt auf Streckgrenze R_{eH}, Zugfestigkeit R_m und Übergangstemperatur der Kerbschlagarbeit $T_{ü27}$ (s. Bild D 2.14) normalgeglühter Stähle mit einer Streckgrenze von min. 355 N/mm².

des Mangangehalts um 0,1 % zu einer Erhöhung der Streckgrenze um 20 N/mm² (Bild D 2.33). Bis rd. 1,7 % Mn wird zugleich mit der Erhöhung der Festigkeit auch die Zähigkeit verbessert, was in Bild D 2.33 durch Absinken der Übergangstemperatur der Kerbschlagarbeit mit steigendem Mangangehalt deutlich wird. Der günstige Manganeinfluß ist beim Vergüten ausgeprägter als beim Normalglühen. Legieren mit mehr als 1,7 % Mn führt jedoch im allgemeinen bei weiterer Festigkeitssteigerung zu einem Zähigkeitsabfall (Anstieg der Übergangstemperatur der Kerbschlagarbeit in Bild D 2.33).

Molybdän wird in normalfesten und hochfesten normalgeglühten Stählen im allgemeinen nicht verwendet, da es die in diesen Stählen unerwünschte Bainitbildung begünstigt. In vergüteten schweißgeeigneten Baustählen ist Molybdän dagegen ein sehr wichtiges Legierungselement, das die Härtbarkeit (s. o.) verbessert und als starker Karbidbildner Sekundärhärtung (Ausscheidungshärtung) bewirkt. Nach dem Härten und Anlassen beobachtet man mit Zunahme des Molybdängehalts einen ausgeprägten Anstieg der Streckgrenze. Die Zugfestigkeit verhält sich ähnlich. Gleichzeitig steigt die Zähigkeit geringfügig an.

Um beim Wärmebehandeln gleichmäßige Eigenschaften über den gesamten Querschnitt eines Werkstücks erzielen zu können, muß bis zum Kern des Erzeugnisses ein einheitliches Härtungsgefüge (Martensit und Bainit) erzeugt werden. Voraussetzung dafür ist, daß auch im Kern die Abkühlungsgeschwindigkeit, die für die Bildung eines Härtungsgefüges erforderlich ist, erreicht oder überschritten wird. Da die mögliche Abkühlgeschwindigkeit von der zum Härten verfügbaren Betriebsanlage bestimmt ist, muß man die chemische Zusammensetzung des Stahls so festlegen, daß die durch sie gegebene kritische Abkühlgeschwindigkeit durch die Abkühlung mit der gegebenen Anlage erreichbar ist. Dabei muß auch die

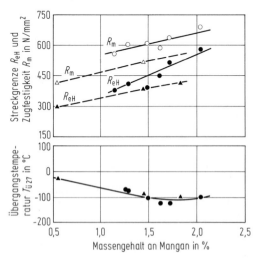

Bild D 2.33 Einfluß des Mangangehalts auf die Streckgrenze R_{eH}, Zugfestigkeit R_m und Übergangstemperatur der Kerbschlagarbeit $T_{ü27}$ (s. Bild D 2.14) von Baustählen.

Werkstückdicke beachtet werden, da ihre Zunahme den Einsatz eines Stahls mit herabgesetzter kritischer Abkühlgeschwindigkeit erforderlich macht. Sie erreicht man durch höhere Legierungsgehalte. Molybdän ist hierfür besonders geeignet. Die Frage des Zusammenhangs zwischen Molybdängehalt, Abkühlgeschwindigkeit beim Härten und Stahleigenschaften wird für Stähle mit einer Grundzusammensetzung von 0,15% C, 0,25% Si, 1,3% Mn und 0,5% Ni in Bild D 2.34 behandelt. Mit Zunahme des Molybdängehalts und Zunahme der Abkühlgeschwindigkeit (z.B. durch Abnahme der Blechdicke) steigt die Streckgrenze an, während die Übergangstemperatur der Kerbschlagarbeit zu tieferen Temperaturen hin verschoben wird. Je größer die Anforderungen an die mechanischen Eigenschaften dicker Werkstücke sind, um so höhere Gehalte an Molybdän sind erforderlich. Allerdings wirken sich Molybdängehalte oberhalb 0,5% infolge Ausscheidung der Mo_2C-Phase ungünstig auf die Anlaßversprödung (s. C 4) aus [48].

Nickel bewirkt in normalgeglühten Stählen eine Mischkristallverfestigung und erhöht ihre Zähigkeit bei tiefen Temperaturen. Im Hinblick auf die Wirtschaftlichkeit wird man im allgemeinen bei normalfesten Stählen für den Einsatz bei RT auf das Legieren mit Nickel verzichten. Demgegenüber weisen normalgeglühte hochfeste Feinkornbaustähle mit Streckgrenzen von mind. 420 bis mind. 500 N/mm² rd. 0,6% Ni auf, um in Verbindung mit den anderen Legierungselementen neben hoher Festigkeit auch eine gute Zähigkeit zu erzielen. Bei höheren Nickelgehalten ist mit zunehmender Bainitbildung zu rechnen, die in normalgeglühten Stählen unerwünscht ist. Bei wasservergüteten Stählen trägt dieses Element neben einer Verbesserung der Zähigkeit zur Verminderung der kritischen Abkühlgeschwindigkeit bei. Das bedeutet bei gleicher Abkühlgeschwindigkeit bessere Einhärtung mit steigendem Nickelgehalt. Aus Kostengründen wird man bei Stählen mit einer Streckgrenze unter 700 N/mm² und Blechdicken unter 50 mm im allgemeinen auf Nickelzusätze von mehr als 1% verzichten [57a].

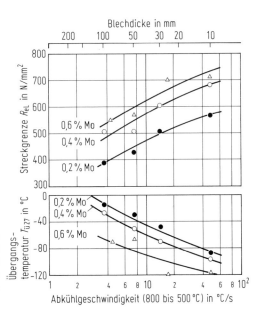

Bild D 2.34 Einfluß der Abkühlgeschwindigkeit im Temperaturbereich von 800 bis 500 °C auf die Streckgrenze R_{eL} und die Übergangstemperatur der Kerbschlagarbeit $T_{ü27}$ (s. Bild D 2.14) eines vergüteten Baustahls mit 0,2 bis 0,6% Mo und 0,5% Ni.

Chrom wird in normalgeglühten Stählen dieses Kapitels nicht verwendet, da die erzielbare Festigkeitssteigerung die Zähigkeitseinbuße und die Verminderung der Schweißeignung nicht aufwiegt. Bei vergüteten Stählen zählt Chrom ebenfalls zu den Elementen, die durch Karbidbildung und ausscheidungshärtende Wirkung die Festigkeitseigenschaften erhöhen. Außerdem erwartet man von Chrom in Verbindung mit einem erhöhten Mangan- oder Molybdängehalt eine Verbesserung der Härtbarkeit. Der Einfluß von Chrom wurde an einem wasservergüteten Baustahl mit hohem Verhältnis von Mangangehalt zu Kohlenstoffgehalt untersucht. Bild D 2.35 zeigt die mechanischen Eigenschaften, Bild D 2.36 veranschaulicht die Gefügeausbildung. Bis 3% Cr steigen Streckgrenze und Zugfestigkeit annähernd linear an, und zwar um 7 N/mm² je 0,1% Cr. Die Übergangstemperatur der Kerbschlagarbeit bleibt bis 1% Cr praktisch unbeeinflußt. Dagegen wirken sich Zugaben über 1% Cr nachteilig auf die Kerbschlagarbeit und ihre Übergangstemperatur aus. In wasservergüteten Baustählen sollte daher nicht mehr als 1% Cr enthalten sein [55]. Nachteile zu hoher Chromgehalte sind neben einer Beeinträchtigung der Zähigkeit die Gefahr einer Rißbildung beim Schweißen. Wie Untersuchungen im Tekken-Test [58, 59] zeigen, steigt die Rißempfindlichkeit oberhalb 1% Cr erheblich an (Bild D 2.37). Während Schmelzen dieser Versuchsreihe mit 0 und 1% Cr oberhalb +5 °C rißfrei geschweißt werden können, steigt die Rißempfindlichkeit bei Chromgehalten von 2 und 3% an, so daß Vorwärmtemperaturen von 70 bzw. 80 °C erforderlich sind.

Der Effekt der Ausscheidungshärtung durch *Kupfer* wird gelegentlich in normalgeglühten hochfesten Feinkornbaustählen ausgenutzt. Die durch Kupfer bedingte Härtesteigerung (Ausscheidung von ε-Cu) erlaubt es, den Kohlenstoffgehalt abzusenken, wodurch die Schweißeignung verbessert wird. In Stählen mit rd. 0,5 bis 1% Cu ist ein etwa ebenso hoher Nickelgehalt zur Vermeidung von Oberflächen-

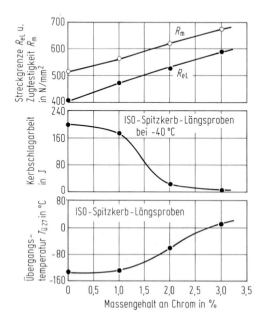

Bild D 2.35 Einfluß des Chromgehalts auf die mechanischen Eigenschaften eines vergüteten Baustahls mit 0,08% C und 1,65% Mn; Blechdicke: 15 mm.

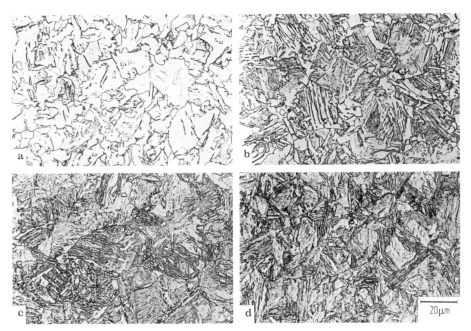

Bild D 2.36 Einfluß des Chromgehalts auf das Gefüge eines Baustahls mit 0,08 % C, 0,28 % Si und 1,65 % Mn im gehärteten Zustand; Blechdicke: 15 mm. **a** 0 % Cr: 65 % Ferrit + 35 % Bainit; **b** 1 % Cr: 8 % Ferrit + 32 % Bainit + 60 % Martensit; **c** 2 % Cr: 100 % Martensit; **d** 3 % Cr: 100 % Martensit.

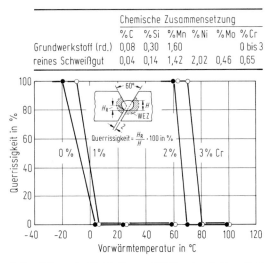

Bild D 2.37 Einfluß des Chromgehalts auf die Rißempfindlichkeit von Stählen im Tekken-Test [58, 59]. Wärmebehandlung der Stähle: 900 °C 1 h/Wasser. Blechdicke: 15 mm. Schweißung mit Stabelektroden S H Ni2 K 100 (Dmr. 3,25 mm); $U = 22$ V, $I = 115$ A, $E = 14{,}5$ kJ/cm.

fehlern (Lötbruchgefahr) beim Walzen erforderlich [60]. In wetterfesten normalgeglühten Stählen ist Kupfer neben Chrom ein wichtiges Legierungselement. Kupfer und Chrom bilden Phosphat- und Sulfatkomplexe, die sich als Deck- und Schutzschicht zwischen Metall und Rost anlagern. In flüssigkeitsvergüteten Stählen kann Kupfer ebenso wie in normalgeglühten Stählen zur Festigkeitssteigerung durch Ausscheidungen herangezogen werden.

In unberuhigten und mit Silizium und Mangan beruhigten Stählen ist der *Stickstoff* im Gitter gelöst und kann daher zur Alterung führen (s. B 6.2 und C 1.1.1.1). Durch Zugabe von *Aluminium*, z. B. bei der Desoxidation, wird neben dem Sauerstoff auch der Stickstoff abgebunden, und zwar zu Aluminiumnitrid. Mit ausreichenden Mengen an Aluminium desoxidierte Stähle sind daher mehr oder weniger alterungsunempfindlich. Als ausreichend wird bei den hier in Rede stehenden Stählen ein Gehalt an Aluminium über etwa 0,020% angesehen. Dieser Wert gilt für den (wegen des Analyseverfahrens) sogenannten Anteil an säurelöslichem Aluminium, denn das ist der für die Stickstoffabbindung verfügbare Anteil, auf den es in diesem Zusammenhang (Verringerung der Alterungsneigung) ankommt. Der Gesamtgehalt an Aluminium, der auch den zur Sauerstoffabbindung (Desoxidation) verbrauchten Anteil erfaßt, ist allerdings bei den heutigen technischen Gegebenheiten der Desoxidation (s. E 2) im allgemeinen nicht wesentlich höher, so daß dieser vielfach angegeben wird, da üblicherweise bei den anderen Begleit- und Legierungselementen ebenfalls nur die Gesamtgehalte genannt werden. Die Abbindung des Stickstoffs zu Aluminiumnitrid verringert nicht nur die Alterungsneigung des Stahls, sondern hat darüber hinaus eine weitere Wirkung: Die feinverteilten Aluminiumnitride wirken kornverfeinernd, da sie bei den im Zuge der Verarbeitung möglicherweise wirksamen Temperatur-Zeit-Folgen (z. B. beim Schweißen in der WEZ) ein Kornwachstum des bei der Wärmebehandlung des Stahls gebildeten feinen Korns hemmen. Mit Aluminium beruhigte Stähle sind daher Feinkornbaustähle mit den kennzeichnenden Eigenschaften einer erhöhten Streckgrenze, guter Zähigkeit und guter Schweißeignung.

Vanadin ist ein Legierungselement, das durch seine Verbindungen (z. B. Nitride und Karbide) Ausscheidungshärtung ermöglicht. Es wird aluminiumberuhigten Stählen, die durch Normalglühen oder entsprechendes temperaturgeregeltes (normalisierendes) Walzen ihre kennzeichnenden Werkstoffeigenschaften erhalten, zugegeben. Die Thermodynamik und die Kinetik der Ausscheidung von Teilchen in Stählen mit Aluminium, Vanadin und Stickstoff sind eingehend untersucht worden [61, 62]. Den Einfluß des Vanadins auf die Streckgrenze und die Übergangstemperatur der Kerbschlagarbeit normalgeglühter Stähle zeigt Bild D 2.38 [63]. Um das Vanadin gut auszunutzen, werden diese Stähle mit Stickstoffgehalten um 0,012% erschmolzen. Eine Alterungsempfindlichkeit ergibt sich nicht, da durch das vorhandene Aluminium und Vanadin in jedem Fall eine Abbindung des Stickstoffs erfolgt.

Vanadingehalte über 0,20% sind im Hinblick auf die Schweißeignung zu vermeiden, da sich dann durch die Temperatur-Zeit-Folgen des Schweißens ungünstige Verteilungen der Ausscheidungen ergeben, die zu einer Minderung der Zähigkeit in der WEZ führen können.

Ähnlich wie bei hochfesten normalgeglühten Stählen wird Vanadin auch in zahlreichen hochfesten wasservergüteten Werkstoffen als Legierungselement benutzt.

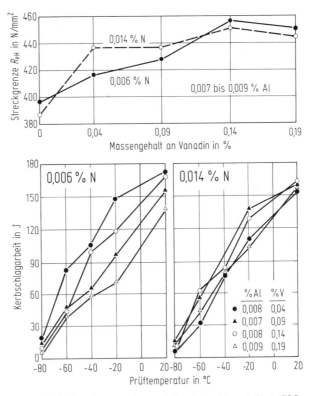

Bild D 2.38 Einfluß des Vanadingehalts auf die Streckgrenze R_{eH} und die Kerbschlagarbeit A_v (ISO-Spitzkerb-Längsproben) von *normalgeglühten* Versuchsstählen mit 0,23 % C, 0,43 % Si und 1,2 % Mn.

Es wirkt als Vanadinkarbid V_4C_3 über Ausscheidungshärtung durch starke Festigkeitssteigerung. Der Kohlenstoff kann in diesen Ausscheidungen teilweise oder auch ganz durch Stickstoff ersetzt werden, da V_4C_3 und VN isomorph sind [64]. Den stärksten Einfluß üben Vanadingehalte von weniger als 0,15 % aus. Durch 0,1 % V erreicht man eine Streckgrenzenzunahme von rd. 200 N/mm². Infolge dieser beträchtlichen Festigkeitssteigerung nimmt das Formänderungsvermögen ab. Man wird sich deshalb im Einzelfall sehr wohl überlegen müssen, ob eine Festigkeitssteigerung durch höhere Vanadingehalte wünschenswert ist [65].

Niob ist ein Mikrolegierungselement, das durch die Bildung von Niobcarbonitrid ebenso wie Vanadin sowohl kornfeinend als auch ausscheidungshärtend wirkt. Dabei liegt im Vergleich zum Vanadin der Schwerpunkt bei der Kornfeinung. In normalgeglühten Stählen erreicht man mit Gehalten um 0,03 % Niob die beste Wirkung.

In normalgeglühten Stählen wirken Niobgehalte bis zu 0,03 % und Vanadingehalte bis zu 0,14 % im Hinblick auf die mechanischen Eigenschaften additiv, ohne daß es zu negativen Auswirkungen beim Schweißen in der WEZ kommt. Das kann der Fall sein, wenn die Einstellung gleicher Festigkeitswerte mit entsprechend höheren Gehalten an Niob und Vanadin allein erfolgt [66].

Titan zeigt in hochfesten normalgeglühten Feinkornbaustählen eine starke kornwachstumshemmende und ausscheidungshärtende Wirkung, die auf die Bildung von TiN und TiC zurückzuführen ist. In Verbindung mit den in diesen Stählen üblichen Kohlenstoffgehalten um 0,15% können sich jedoch insbesondere bei Blechdicken über 20 mm beim Schweißen durch Bildung grober Titankarbide erhebliche Zähigkeitseinbußen in der WEZ ergeben. Dies ist insbesondere beim Schweißen mit höherem Wärmeeinbringen der Fall. Die Mikrolegierungselemente Vanadin und Niob reagieren in dieser Hinsicht nicht so empfindlich wie Titan. Titan läßt sich mit anderen Mikrolegierungselementen in diesem Zusammenhang nicht sinnvoll kombinieren.

Geringe Gehalte an Titan, die keine Ausscheidungshärtung bewirken, sollen unter Einhaltung bestimmter Herstellungsbedingungen das Kornwachstum in der wärmebeeinflußten Zone von Grobblechen beim Schweißen so stark behindern, daß zur Leistungssteigerung mit erhöhtem Wärmeeinbringen geschweißt werden kann [67, 67a].

Eine andere Bedeutung kommt Titan in wasservergüteten Stählen zu. Im Hinblick auf den Legierungsaufwand ist man bestrebt, in vergüteten Baustählen den Molybdängehalt zu begrenzen. Um nun bei herabgesetztem Molybdängehalt die gleichen Eigenschaften zu erreichen, versucht man, durch Titan, das sich in Form einer Titan-Aluminium-Silizium-Legierung zusetzen läßt, die Kennwerte positiv zu beeinflussen. Titan wirkt beim Härten umwandlungsverzögernd und bei der Anlaßbehandlung ausscheidungshärtend. Wie Untersuchungen gezeigt haben, wirkt sich Titan auf die Streckgrenze vergüteter Chrom-Molybdän-Stähle erst oberhalb 0,02% Ti aus. Der Streckgrenzenanstieg ist beträchtlich. Zusätzlich mit 0,05% V legierte Stähle lassen sich dagegen durch Titan bezüglich der Festigkeitswerte kaum beeinflussen; bereits geringe Titangehalte setzen die Zähigkeit herab [55].

Bor ist in normalgeglühten Stählen nicht enthalten, da es das Umwandlungsverhalten so beeinflußt, daß die Ferrit-Perlit-Bildung beeinträchtigt wird.

Bor setzt in ähnlicher Weise wie Molybdän und Nickel die kritische Abkühlgeschwindigkeit herab. Das Element kann sowohl in ungebundener als auch in gebundener Form im Stahl vorliegen. Da es aufgrund seines Atomradius von 0,097 nm (0,97 Å) sowohl auf Gitter- als auch auf Zwischengitterplätzen ungünstige Lösungsbedingungen in der Matrix vorfindet, reichert sich gelöstes Bor im Temperaturbereich des Austenits im starken Maße an den Korngrenzen an [68, 69]. Auf diese Weise wird Korngrenzenenergie abgebaut, wodurch die Umwandlungskeimbildung verzögert wird. Die Folge ist eine verbesserte Einhärtbarkeit und damit Durchvergütbarkeit des Stahls. Üblich sind Borgehalte unter 0,01%.

Neben einer geringen Löslichkeit im Eisen zeichnet sich das Bor durch eine hohe Affinität zum Sauerstoff und Stickstoff aus. Da das Bor nur dann eine Steigerung der Härtbarkeit bewirkt, wenn es im gelösten Zustand vorliegt, muß der in der Stahlschmelze vorhandene Stickstoff durch stärkere Nitridbildner als Bor abgebunden werden. Liegt das Bor als Nitrid vor, geht sein Einfluß auf die Keimbildung und somit auf das Umwandlungsverhalten verloren [70].

Schwefel zählt bei den Baustählen dieses Kapitels zu den unerwünschten Begleitelementen. Die Mangansulfide, die die Rotbrüchigkeit bei der Warmumformung vermeiden, tragen zur Anisotropie der Zähigkeit manganlegierter Stähle wesentlich bei, wenn sie während der Formgebung langgestreckt werden. Bild D 2.39 gibt den Einfluß des Schwefels auf die Kerbschlagarbeit an Längs- und Querproben von Grobblech aus St 52-3 (Stahl-Nr. 8 in Tabelle D 2.8) wieder [28, 71]. Durch Entschwefeln und/oder Sulfidformbeeinflussen lassen sich die Werkstoffeigenschaften und die Schweißeignung wesentlich verbessern [72]. Durch Verringerung des Schwefelgehalts läßt sich die Kerbschlagarbeit erhöhen und die Anisotropie der Zähigkeit herabsetzen (Bild D 2.39). Das Bild D 2.40 gibt einen Überblick über das durch verschiedene Behandlungen erreichbare Verformungsvermögen in Blechdickenrichtung (gekennzeichnet durch die Brucheinschnürung), das die Beständigkeit gegenüber Terrassenbruch beim Schweißen widerspiegelt.

Phosphor wirkt verspödend, so daß er weitgehend vermieden und aus dem Stahl entfernt werden muß. Dies geschieht durch den Einsatz entsprechender Roheisen-, Erz- und Schrottsorten sowie durch eine geeignete Schmelzenführung.

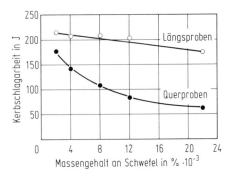

Bild D 2.39 Einfluß von Schwefel auf die Kerbschlagarbeit an ISO-Spitzkerb-Längs- und -Querproben bei Raumtemperatur von 50 mm dicken Blechen aus dem Baustahl St 52-3 (Stahl Nr. 8 in Tabelle D 2.5).

Bild D 2.40 Einfluß von Schwefelgehalt und Sulfidformbeeinflussung [64] auf die Brucheinschnürung in Dickenrichtung von Blech aus StE 355 (Stahl Nr. 4 in Tabelle D 2.8).

D 2.5 Kennzeichnende Stahlsorten mit betrieblicher Bewährung

Am Anfang der heute verfügbaren Reihe der normalfesten und hochfesten Baustähle steht ein Stahl, der seit Einführung der Verfahren zur Erzeugung von Flußstahl im Konverter (Windfrischen, s. E 2) auf dem europäischen Kontinent der Standardstahl war. Es ist ein Stahl, der – nach dem heutigen Stand – einen Kohlenstoffgehalt von rd. 0,15% und einen entsprechenden Perlitanteil in der ferritischen Grundmasse hat, so daß sich eine Streckgrenze von mind. 235 N/mm^2 bei einer Zugfestigkeit von mind. 340 N/mm^2 (früher mind. 37 kp/mm^2, daher der Name St 37) ergibt. Dieser Stahl ist ein so fester Bezugspunkt, daß trotz der Weiterentwicklung der metallurgischen Verfahren mit den damit verbundenen Änderungen der chemischen Zusammensetzung (z. B. Herabsetzung des Stickstoffgehalts) und Verbesserungen des Reinheitsgrades mit der Folge einer Erniedrigung der Streckgrenze immer wieder Maßnahmen ergriffen wurden, damit die überkommene Streckgrenze eingehalten wird.

Dieser Stahl kann über den Kohlenstoffgehalt, also über den Perlitanteil in der ferritischen Grundmasse in Richtung auf eine etwas geringere oder etwas höhere Streckgrenze variiert werden (wobei immer wieder als Zusatzbedingungen gute Zähigkeit und gute Schweißeignung zu beachten sind), ein grundsätzlich anderer Stahl entsteht aber nur durch andere festigkeitssteigernde Mechanismen nach C 1, die auch in D 2.4 beschrieben sind. Bei den Baustählen wird dabei primär die Mischkristallverfestigung durch Mangan und Silizium (s. D 2.4.3) und die Verringerung der Korngröße durch metallurgische Maßnahmen angewandt. So ist ein Stahl mit einer Streckgrenze von mind. 355 N/mm^2 bei einer Zugfestigkeit von mind. 490 N/mm^2 (früher mind. 52 kp/mm^2, daher der Name St 52) entstanden.

Beide Stähle mit ihren Abwandlungen (s. u.) sind gewissermaßen die Basis für die sogenannten *allgemeinen Baustähle* nach DIN 17100, die am häufigsten gebrauchten Baustähle (s. Tabelle D 2.5) [45, 73], sie werden in den in D 2.1 genannten Stahlanwendungsgebieten bevorzugt eingesetzt, da sie sich problemlos verarbeiten lassen.

Wie oben angedeutet, bedeuten in den Kurznamen der Stähle nach DIN 17100 (Tabelle D 2.5) die ersten Zahlen nach den beiden Buchstaben St (= Stahl) den eingebürgerten Mindestwert für die Zugfestigkeit in kp/mm^2, der früher der kennzeichnende Eigenschaftswert war. Die Zahlen wurden trotz gewisser Differenzierungen bei der Zugfestigkeit nicht geändert und auch nicht auf die heute gültige Einheit N/mm^2 umgestellt, da die Kurznamen in der alten Form in einer unüberschaubar großen Zahl von Unterlagen und Zeichnungen enthalten sind, deren Änderung einen erheblichen Aufwand erfordern würde. Im übrigen geht man heutzutage, nachdem i. a. die Streckgrenze der für die Festigkeitsrechnung gegenüber der Zugfestigkeit wichtigere Kennwert geworden ist, mehr und mehr dazu über, diesen Wert auch im Kurznamen erscheinen zu lassen. Als Beispiel sei der hochfeste schweißgeeignete Stahl St E 460 (s. u.) genannt, in dessen Namen der Buchstabe E darauf aufmerksam macht, daß die folgende Zahl für den Mindestwert der Streckgrenze (in N/mm^2) gilt.

Die Anhängezahlen 2 und 3 in den Kurznamen der allgemeinen Baustähle nach DIN 17100 kennzeichnen die sogenannten *Gütegruppen*, die neben dem Mindestwert für die Streckgrenze das wichtigste Unterscheidungsmerkmal dieser Stähle

Allgemeine Baustähle

Tabelle D 2.5 Chemische Zusammensetzung und mechanische Eigenschaften der allgemeinen Baustähle nach DIN 17100 [45] (zu Einzelheiten sind die Tabellen 1 und 2 der Norm zu beachten)

Lfd. Nr.	Stahlsorte Kurzname	Desoxidationsart[a]	Behandlungszustand[b]	Chemische Zusammensetzung nach der Schmelzenanalyse				Mechanische Eigenschaften an Längsproben			
				%C[c] max.	%P max.	%S max.	%N max.	Zusatz an stickstoffabbindenden Elementen	Zugfestigkeit[c] N/mm²	Streckgrenze[c] N/mm² min.	Bruchdehnung[c] A % min.	Kerbschlagarbeit[c,d] J min.	bei °C

Lfd. Nr.	Kurzname	Desox.	Behand.	%C max.	%P max.	%S max.	%N max.	Zusatz	Zugfest. N/mm²	Streckgr. N/mm² min.	A % min.	J min.	bei °C
1	St 33	e	U, N	-	-	-	-	-	≧ 290	185	18	-	-
2	St 37-2	e	U, N		0,050	0,050	0,009	-	340 … 470	235	26	-	+ 20
3	USt 37-2	U	U, N	0,17	0,050	0,050	0,007	-	340 … 470	235	26	27	+ 20
4	RSt 37-2	R	U, N	0,17	0,040	0,040	0,009	-	340 … 470	235	26	27	+ 20
5	St 37-3	RR	U / N	0,17	0,040	0,040	-	ja	340 … 470	235	26	27	± 0 / − 20
6	St 44-2	R	U, N	0,21	0,050	0,050	0,009	-	410 … 540	275	22	27	+ 20
7	St 44-3	RR	U / N	0,20	0,040	0,040	-	ja	410 … 540	275	22	27	± 0 / − 20
8	St 52-3	RR	U / N	0,20	0,040	0,040	-	ja	490 … 630	355	22	27	± 0 / − 20
9	St 50-2	R	U, N	-	0,050	0,050	0,009	-	470 … 610	295	20	-	-
10	St 60-2	R	U, N	-	0,050	0,050	0,009	-	570 … 710	335	16	-	-
11	St 70-2	R	U, N	-	0,050	0,050	0,009	-	670 … 830	365	11	-	-

[a] U = unberuhigt; R = beruhigt; RR = besonders beruhigt
[b] U = warmumgeformt, unbehandelt; N = normalgeglüht oder normalisierend warmumgeformt
[c] Die Angaben gelten jeweils nur für bestimmte (unterschiedliche) Grenzdicken; Einzelheiten dazu s. DIN 17100, Tabelle 1 und 2
[d] ISO-Spitzkerb-Längsproben
[e] Freigestellt

sind. Die beiden Gütegruppen unterscheiden sich bei den zum Schweißen vorgesehenen Stählen (bis einschließlich St 52-3 in Tabelle D 2.5) in der Sprödbruchunempfindlichkeit und damit in der Schweißeignung, bedingt u. a. durch Unterschiede im Höchstwert für den Phosphor- und Schwefelgehalt, im Gehalt an Stickstoff und in seiner Abbindung und damit in gewissem Zusammenhang stehend durch die Art der Desoxidation (die Stähle der Gütegruppe 3 sind besonders beruhigt). Bei der Sprödbruchunempfindlichkeit kommt als weitere Einflußgröße der Behandlungszustand (Walzzustand gegenüber dem normalgeglühten oder temperaturgeregelt (normalisierend) gewalzten Zustand) hinzu. Die Unterschiede zwischen den Gütegruppen und zwischen den Behandlungszuständen in derselben Gütegruppe werden durch die Anforderungen an die Kerbschlagarbeit (s. die unterschiedlichen Prüftemperaturen in Tabelle D 2.5) gekennzeichnet. Meßwerte finden sich in Bild D 2.41. In diesem Bild erscheint noch ein Stahl der Gütegruppe 1 (USt 37-1). In der gültigen DIN 17 100 gibt es Stähle dieser Gütegruppe 1 nicht mehr [74]: Die Sprödbruchunempfindlichkeit der Stähle dieser Gütegruppe entspricht in etwa der nach dem Thomas-Verfahren hergestellten Stähle. Dieses Erschmelzungsverfahren wird in der Bundesrepublik Deutschland nicht mehr angewandt, entsprechende Stähle werden daher in DIN 17 100 nicht mehr behandelt.

Aus diesem Grunde gibt es auch die Stähle St 50, St 60 und St 70 nach DIN 17 100 nur in der Gütegruppe 2 (s. Tabelle D 2.5), wobei hier die Gütegruppe weniger die Sprödbruchunempfindlichkeit als die Herstellung (Ausschluß des Thomas-Verfahrens) mit ihrem Einfluß auf die Eigenschaften kennzeichnet. Das hängt damit zusammen, daß diese Stähle vorwiegend im Maschinenbau eingesetzt werden, und zwar für Zwecke, bei denen es nicht auf Schweißeignung ankommt, so daß auch keine besonderen Anforderungen an die Sprödbruchunempfindlichkeit gestellt werden. Ihr Kohlenstoffgehalt bzw. ihr Perlitanteil im ferritischen Grundgefüge,

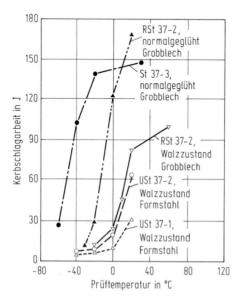

Bild D 2.41 Kerbschlagarbeits-Temperatur-Kurven (DVM-Längsproben) von St 37 verschiedener Gütegruppen (s. dazu Tabelle D 2.5) und Wärmebehandlungszustände.

dem sie im wesentlichen ihre höhere Festigkeit verdanken, ist daher auch nicht unmittelbar begrenzt (s. Tabelle D 2.5), aber mittelbar durch die einzuhaltende Bruchdehnung eingeschränkt.

Eng verwandt mit den allgemeinen Baustählen (Tabelle D 2.5) sind die Stähle für Spundbohlen [75], die im Erd- und Wasserbau eingesetzt werden. Es sind die Stahlsorten StSp 37 (Streckgrenze: mind. 235 N/mm^2), StSp 45 (Streckgrenze: mind. 265 N/mm^2) und StSp S (Streckgrenze: mind. 355 N/mm^2). Allerdings werden Anforderungen an die Sprödbruchunempfindlichkeit nicht gestellt, jedoch kann Eignung für das Schmelzschweißen vorausgesetzt werden, bei StSp 45 aber nur eingeschränkt. Im übrigen können in Sonderfällen Spundbohlen auch aus einigen Stählen nach DIN 17100 geliefert werden.

An dieser Stelle soll eine Stahlsorte kurz erwähnt werden, die zwar im Hinblick auf die Verwendung, nicht aber von der Gefügeausbildung her in die Darstellungsfolge paßt, es ist der *Stahl für Grubenausbau* nach den Festlegungen in DIN 21544 (siehe die überarbeitete Ausgabe von Februar 1985). Dieser beruhigt zu vergießende Stahl mit rd. 0,3 % C, 0,3 % Si und 1 % Mn (31 Mn 4), der in Form spezieller Profile geliefert wird, nimmt insofern eine besondere Stellung ein, als er in drei Behandlungszuständen in Betracht kommt, im warmgewalzten Zustand (U), im normalgeglühten Zustand (N) mit einem größeren Anteil an Perlit in der ferritischen Grundmasse entsprechend einer Streckgrenze von mind. 350 N/mm^2 sowie im vergüteten Zustand (V) mit Vergütungsgefüge und einer Streckgrenze von mind. 520 N/mm^2. Wesentlich ist, daß im Hinblick auf die Verarbeitung (durch Kaltumformen) in allen Lieferzuständen eine bestimmte Kerbschlagarbeit im gealterten Zustand vorhanden sein muß (U: 18, N: 34, V: 48 J bei 20 °C an gealterten DVM-Proben). Die Lieferung und der Einsatz im vergüteten Zustand setzt sich mehr und mehr durch.

Eine Nebenlinie der allgemeinen Baustähle stellen die *wetterfesten Stähle* WT St 37-2, WT St 37-3 und WT St 52-3 dar, die bei gleichem Gefüge wie die entsprechenden Stahlsorten durch ihre Gehalte an Chrom, Kupfer und z. T. Vanadin (beim WT St 52-3) einen erhöhten Widerstand gegen atmosphärische Korrosion aufweisen; ihre mechanischen Eigenschaften sind denen der entsprechenden Stahlsorten nach DIN 17100 gleich [76]. Beim Einsatz dieser Stähle sind die Hinweise in D 2.3.1 besonders zu beachten [77].

Von den allgemeinen Baustählen St 37 und St 52-3 leiten sich auch die normalfesten und höherfesten *Schiffbaustähle* her (Tabelle D 2.6 und D 2.7 [78]), die dementsprechend auch eine vergleichbare Gefügeausbildung haben. Der Mindestwert für die Streckgrenze der normalfesten Stähle ist einheitlich gleich dem des St 37; die Gütegrade A, B, D und E unterscheiden sich im wesentlichen durch die Herstellungsbedingungen und die durch sie wesentlich bedingte Sprödbruchunempfindlichkeit und Schweißeignung. Bei den höherfesten Schiffbaustählen gibt es zwei Festigkeitsstufen, von denen eine dem St 52-3 entspricht; die Gütegrade A, D und E sind bei beiden Festigkeitsstufen auch hier durch unterschiedliche Sprödbruchunempfindlichkeit gekennzeichnet. Weitere Einzelheiten finden sich in den Vorschriften der Klassifikationsgesellschaften, z. B. des Germanischen Lloyd. Im übrigen gelten die Ausführungen über allgemeine Baustähle sinngemäß auch für Schiffbaustähle. Die im Schiffbau am meisten verwendete Stahlsorte ist der normalfeste Schiffbaustahl, Gütegrad A. Sein Anteil beträgt mehr als 80 % der ge-

Tabelle D 2.6 Anforderungen an die normalfesten Schiffbaustähle nach den „Unified Rules" (Fassung 1980) der International Association of Classification Societies (I.A.C.S.). Zu einigen Einzelheiten, gekennzeichnet mit *), sind die I.A.C.S.-Regeln zu beachten

Güte-grad[a]	Desoxidation	Chemische Zusammensetzung nach der Schmelzenanalyse[b]						Mechanische Eigenschaften					Wärme-behandlung
		% C max.	% Si	% Mn min.	% P max.	% S max.	% Al min.	Zug-festigkeit N/mm^2	Streck-grenze N/mm^2 min.	Bruch-dehnung A*) % min.	Kerbschlag-arbeit[c] l J min.	q bei °C	
												q	
A	freigestellt, unberuhigt jedoch nur in Dicken $\leq$ 12,5 mm	0,23*)	–	2,5 · %C*)			–				–	–	Walz-zustand
B	freigestellt, unberuhigt jedoch nicht zulässig	0,21	$\leq$ 0,35	0,80*)	0,04	0,04	–	400 bis 490	235	22	27	20 0	
D	bei Dicken $\leq$ 25 mm halb-beruhigt oder beruhigt, > 25 mm vollberuhigt	0,21		0,60			–				27	20 –10	normal-geglüht[d]*)
E	vollberuhigt, Feinkorn-erschmelzung	0,18	0,10 bis 0,35	0,70			0,019[e]				27	20 –40	normal-geglüht*)

[a] Die Stähle sind nach dem Siemens-Martin-, dem Elektrolichtbogen- oder dem Sauerstoffblas-Verfahren oder nach sonstigen zugelassenen Verfahren zu erschmelzen
[b] Zusätzlich gilt für alle Gütegrade: %C + 1/6 · %Mn $\leq$ 0,40%
[c] An ISO-Spitzkerbproben; l = Längsproben, q = Querproben
[d] Bei Nachweis der geforderten Kerbschlagarbeit (je 25 t) darf das Normalglühen durch temperaturgeregeltes (normalisierendes) Walzen ersetzt werden
[e] Gehalt an säurelöslichem Aluminium. Falls der Gesamtgehalt bestimmt wird, muß er mind. 0,020% Al betragen

Schiffbaustähle

Tabelle D 2.7 Anforderungen an die höherfesten Schiffbaustähle nach den „Unified Rules" (Fassung 1980) der International Association of Classification Societies (I.A.C.S.). Zu einigen Einzelheiten, gekennzeichnet mit *), sind die I.A.C.S.-Regeln zu beachten

Gütegrad[a]	Desoxidation	Chemische Zusammensetzung nach der Schmelzenanalyse[b]								Mechanische Eigenschaften						Wärmebehandlung
		%C max.	%Si	%Mn	%P max.	%S max.	%Al min.	%Nb	%V	Zugfestigkeit N/mm²	Streckgrenze N/mm² min.	Bruchdehnung A^* % min.	Kerbschlagarbeit[c] l J min.	q J min.	bei °C	
A 32	beruhigt*	0,18	0,10 bis 0,50	0,90* bis 1,60	0,040	0,040	0,015[d*]	–	–	470 bis 590	315	22	31	22	0	normalgeglüht[e*]
D 32								–	–						–20	
E 32								–	–						–40	
A 36								0,02 bis 0,05	0,05 bis 0,10	490 bis 620	355	21	34	24	0	
D 36															–20	
E 36															–40	

[a] Die Stähle sind nach dem Siemens-Martin-, dem Elektrolichtbogen- oder dem Sauerstoffblas-Verfahren oder nach sonstigen zugelassenen Verfahren zu erschmelzen

[b] Zusätzlich gilt für alle Gütegrade: $\leq 0{,}35\%$ Cu, $\leq 0{,}20\%$ Cr, $\leq 0{,}40\%$ Ni und $\leq 0{,}08\%$ Mo

[c] Gehalt an säurelöslichem Aluminium. Falls der Gesamtgehalt bestimmt wird, muß er mind. 0,020% Al betragen

[d] ISO-Spitzkerbproben; l = Längsproben, q = Querproben

[e] Nach Vereinbarung mit der Klassifikationsgesellschaft kann bei A 32, D 32, A 36 und D 36 das Normalglühen durch temperaturgeregeltes (normalisierendes) Walzen ersetzt werden

samten Menge an Schiffbaustahl. Nur an besonders beanspruchten Stellen des Schiffskörpers werden feinkörnig erschmolzene normalfeste oder höherfeste Schiffbaustähle (z. B. in Gütegrad E: E 32 und E 36) eingesetzt.

Ausgehend von den mit St 52-3 gewonnenen Erkenntnissen wurden unter Einsatz der in C 1.1.1.3 und D 2.4 beschriebenen Mechanismen hochfeste normalgeglühte und hochfeste wasservergütete schweißbare Feinkornbaustähle entwickelt. Sie erfüllen die höchsten Anforderungen an Festigkeit und Sprödbruchsicherheit bei guter Schweißeignung und werden daher vielfach für solche Bauten eingesetzt, bei denen diese Eigenschaften im Vordergrund stehen, u. a. gilt das z. B. für die Offshore-Technik [78a].

Einzelheiten über die hochfesten *normalgeglühten schweißgeeigneten Feinkornbaustähle* sind in DIN 17 102 enthalten (siehe dazu Tabelle D 2.8) [79]. In der Norm wird nicht allgemein von hochfest gesprochen (s. D 2.1), da auch Stähle mit einer Mindeststreckgrenze unter 355 N/mm^2 behandelt werden. Von allen Stahlsorten gibt es neben der Grundreihe noch die warmfeste und die kaltzähe Reihe sowie die kaltzähe Sonderreihe. Die Stähle dieser letztgenannten Reihe sind allerdings vornehmlich für andere Einsatzzwecke als die hier besprochenen vorgesehen. Gegenüber den allgemeinen Baustählen nach DIN 17 100 weisen diese Feinkornbaustähle teilweise wesentlich höhere Zähigkeitseigenschaften auf. Die am häufigsten eingesetzten Stahlsorten nach DIN 17 102 sind StE 355 und StE 460.

Bei den normalgeglühten schweißgeeigneten Feinkornbaustählen wird nicht mehr in dem Maße wie bei den allgemeinen Baustählen vom Kohlenstoff zur Festigkeitssteigerung über die Erhöhung des Perlitanteils im Gefüge Gebrauch gemacht. Bereits die Stähle mit Mindeststreckgrenzen um 300 N/mm^2 enthalten rd. 1% Mn. Wegen der damit verbundenen Mischkristallverfestigung kann bei gleicher Streckgrenze der Perlitanteil gesenkt werden, wodurch eine gegenüber der Gütegruppe 3 der allgemeinen Baustähle höhere Zähigkeit erreicht wird. Aufbauend auf dem St 52-3, der stickstoffabbindende Elemente, z. B. Aluminium, enthält und damit gewisse Feinkörnigkeit aufweist, kann beim StE 355 durch Zugabe von Niob eine weitere Kornfeinung erzielt werden. Außerdem führt Niob durch Ausscheidungshärtung zur Erhöhung der Streckgrenze. Bei gleichen Anforderungen an die Streckgrenze läßt sich also der Kohlenstoffgehalt und damit der Perlitanteil im Gefüge erheblich absenken. Dadurch werden Zähigkeit, Sprödbruchunempfindlichkeit und Schweißeignung weiter verbessert (s. die Tabellen D 2.1 bis D 2.3). Eine konsequente Fortsetzung dieser Entwicklung führte zu den Baustählen mit verminderten Kohlenstoffgehalten, wie sie z. B. in Offshore-Konstruktionen wegen der sehr hohen Anforderungen an das Verarbeitungsverhalten eingesetzt werden [35, 47, 80].

Allerdings erfordern normalgeglühte Stähle mit hohen Mindeststreckgrenzen von etwa 460 N/mm^2 und mehr wegen der bei den in Betracht kommenden Verwendungszwecken gleichzeitig verlangten hohen Zähigkeit und guten Schweißeignung eine in mehrfacher Hinsicht ausgewogene chemische Zusammensetzung. Zur Erzielung ausreichender Festigkeit wird im wesentlichen der Mangangehalt auf rd. 1,5% erhöht und mit rd. 0,15% V oder anderen ausscheidungshärtenden Elementen legiert (Tabelle D 2.8). Weiterhin kann man die ausscheidungshärtende Wirkung von rd. 0,5% Cu nutzen, da der Stahl den in Verbindung mit Kupfer notwendigen Nickelgehalt [60] von rd. 0,6% ohnehin zum Sicherstellen der Zähigkeit enthält.

Tabelle D 2.8 Chemische Zusammensetzung und mechanische Eigenschaften der schweißgeeigneten Feinkornbaustähle, normalgeglüht (Grundreihe[a]) nach DIN 17 102 [79]

Stahlsorte		Chemische Zusammensetzung nach der Schmelzenanalyse[b,c]				Mechanische Eigenschaften[d]							
Lfd. Nr.	Kurz- name	% C max.	% Si	% Mn	% P max.	% S max.	Zug- festigkeit N/mm^2	obere Streck- grenze N/mm^2 min.	Bruch- dehnung A % min.	Kerbschlagarbeit[f] bei			
										$-20\,°C$		$0\,°C$	$+20\,°C$
										l	q	l q	l q
												J min.	
1	StE 255	0,18	≦ 0,40	0,50 ... 1,30	0,035	0,030	360 ... 480	255	25	39	21	47 31	55 31
2	StE 285	0,18	≦ 0,40	0,60 ... 1,40	0,035	0,030	390 ... 510	285	24	39	21	47 31	55 31
3	StE 315	0,18	≦ 0,45	0,70 ... 1,50	0,035	0,030	440 ... 560	315	23	39	21	47 31	55 31
4	StE 355	0,20	0,10 ... 0,50	0,90 ... 1,65	0,035	0,030	490 ... 630	355	22	39	21	47 31	55 31
5	StE 380	0,20	0,10 ... 0,60	1,00 ... 1,70	0,035	0,030	500 ... 650	380	20	39	21	47 31	55 31
6	StE 420	0,20	0,10 ... 0,60	1,00 ... 1,70	0,035	0,030	530 ... 680	420	19	39	21	47 31	55 31
7	StE 460	0,20	0,10 ... 0,60	1,00 ... 1,70	0,035	0,030	560 ... 730	460	17	39	21	47 31	55 31
8	StE 500	0,21	0,10 ... 0,60	1,00 ... 1,70	0,035	0,030	610 ... 780	500	16	39	21	47 31	55 31

[a] Alle Stahlsorten gibt es außer in der Grundreihe auch in einer warmfesten Reihe, in einer kaltzähen Reihe und in einer kaltzähen Sonderreihe
[b] Alle Stahlsorten müssen feinkörnig erschmolzen sein, enthalten also in der Regel mind. 0,020 % Al$_{ges}$, falls nicht andere stickstoffabbindende Elemente (z.B. Niob, Titan oder Vanadin) zusätzlich zugegeben werden
[c] Die Stahlsorten StE 355 bis StE 500 enthalten zusätzlich Legierungsmittel wie Kupfer, Nickel, Niob, Titan, Vanadin u. a., um die Festigkeitseigenschaften zu erzielen (Einzelheiten s. Tabelle 1 von DIN 17 102)
[d] Die Angaben gelten jeweils nur für bestimmte (unterschiedliche) Grenzdicken (Einzelheiten dazu s. Tabelle 3 und 5 von DIN 17 102)
[f] An ISO-Spitzkerbproben

Tabelle D 2.9 Chemische Zusammensetzung und Streckgrenze wasservergüteter schweißgeeigneter Baustähle

Lfd. Nr.	Stahlsorte		Chemische Zusammensetzung (Anhaltsangaben)							Streckgrenze[a]
	Kurzname	kennzeichnende Legierungselemente	% C max.	% Si	% Mn	% Cr	% Mo	% Ni	% B	% Sonstiges	N/mm² min.
1	StE 500 V	Ni-Mo	0,15	0,4	1,2		0,3	0,4			510
2	StE 550	Cr-Mo-Zr	0,20	0,6	0,8	0,7	0,2			0,07 Zr	550
3	[b]	Ni-Cr-Mo	0,18	0,3	0,3	1,4	0,4	2,5			560
4	StE 690	Cr-Mo-Zr	0,20	0,6	0,8	0,8	0,3			0,07 Zr	690
5	StE 690	Ni-Cr-Mo-B	0,20	0,3	0,8	0,5	0,5	0,9	0,004	0,05 V	690
6	StE 880	Ni-Cr-Mo-V	0,18	0,3	0,7	0,6	0,3	1,7		0,07 V	885
7	[c]	Ni-Cr-Mo-V	0,20	0,3	0,5	1,0	0,4	4,0		0,10 V	910

[a] Die Werte gelten im allgemeinen bis zu bestimmten Grenzdicken
[b] Bekannt als HY 80
[c] Bekannt als HY 130

Dadurch läßt sich der Kohlenstoffgehalt absenken. Dies kommt wiederum der Zähigkeit und vor allem der Schweißeignung zugute.

Schweißgeeignete Feinkornbaustähle hoher Sprödbruchsicherheit mit ferritisch-perlitischem Gefüge sind nur bis zu einer Streckgrenze von etwa 500 N/mm^2 herzustellen. Höhere Streckgrenzenwerte lassen sich wegen der bei den hier in Rede stehenden Verwendungszwecken immer gegebenen Forderungen nach hoher Zähigkeit und guter Schweißeignung nur mit einem Vergütungsgefüge, entstanden aus einem aufgrund des niedrigen Kohlenstoffgehalts und entsprechender Zugaben von Legierungselementen (s. D 2.4.2) „weichen" Martensit, erreichen. Einige *wasservergütete Stähle* dieser Art mit Mindeststreckgrenzen bis zu etwa 900 N/mm^2 sind in Tabelle D 2.9 genannt. Der Legierungsaufbau dieser wasservergüteten Stähle richtet sich im wesentlichen nach der gewünschten Streckgrenze und Zähigkeit, sowie nach der Erzeugnisdicke, damit Durchvergütung erreicht wird. Der Stahl mit einer Streckgrenze von mind. 500 N/mm^2 ist eine Alternative zu dem entsprechenden normalgeglühten Stahl. Von den wasservergüteten Stählen haben diejenigen mit einer Mindeststreckgrenze von 690 N/mm^2 die größte Bedeutung. Sie haben bei der hohen Streckgrenze die geforderte hohe Zähigkeit und gute Schweißeignung bei geringem Einsatz an Legierungsmitteln [81, 82].

Wie in D 2.4.2 angedeutet, kommen für die Verwendungsgebiete der Werkstoffe dieses Kapitels mehr und mehr auch thermomechanisch behandelte Stähle mit ihren spezifischen Eigenschaften (s. o.) in Betracht. Ihre Bedeutung hat in letzter Zeit so zugenommen, daß auch für die hier in Rede stehende Verwendung konkrete Stahlsorten geschaffen wurden; sie sind außer in einer Grundreihe, die in diesem Kapitel vornehmlich genannt werden muß, auch noch in einer kaltzähen Reihe und – jedoch nur für Flacherzeugnisse – in einer kaltzähen Sonderreihe zusammengefaßt [47b, 47c]. Die Stahlsorten der Grundreihe weisen bei Flacherzeugnissen Mindestwerte für die Streckgrenze von 355 bis 550 N/mm^2, bei Profilerzeugnissen von 255 bis 500 N/mm^2 auf. Kennzeichnend für diese TM-Stähle ist der niedrige Kohlenstoffgehalt, eine Grundlage für gute Schweißeignung; z. B. hat der Stahl mit einer Streckgrenze von min. 500 N/mm^2 in Form von Blech (BStE 500 TM) die gleichen mechanischen Eigenschaften wie der Stahl StE 500 nach Tabelle D 2.8, der Kohlenstoffgehalt beim TM-Stahl liegt aber bei $\leq 0,16\%$ gegenüber $\leq 0,21$ beim vergleichbaren normalgeglühten Stahl.

In diesem Kapitel wurde entsprechend dem Konzept von Teil D auf die Besprechung von Erzeugnisformen weitgehend verzichtet, im Vordergrund standen die Werkstoffeigenschaften. Nur in D 2.5 wurde bei den Ausführungen über die Stahlsorten in dem einen oder anderen Fall nach der Erzeugnisform Blech oder Profil unterschieden. Der Vollständigkeit halber muß gesagt werden, daß die hier in Rede stehenden Baustähle in großem Umfang auch zu nahtlosen oder geschweißten Rohren verarbeitet werden. Dabei sind die Stahlsorten in Form von Rohren weitgehend an die vorher genannten Stahlsorten angeglichen. Allerdings sind – bedingt durch die Erzeugnisform – einige Eigenschaftswerte geringfügig anders festgelegt, und die Art der nachzuweisenden Eigenschaften ist manchmal unterschiedlich. Einzelheiten zu den Rohren siehe [83–86].

D 3 Bewehrungsstähle für den Stahlbeton- und Spannbetonbau

Von Helmut Weise, Wilhelm Krämer, Wilhelm Bartels und
Wolf-Dietrich Brand

D 3.1 Allgemeines

Bewehrungsstähle sind die Stahleinlagen im Beton, die für Stahlbeton und für Spannbeton erforderlich sind [1]. Man unterscheidet die folgenden Arten:
Betonstähle, die im Stahlbeton spannungslos einbetoniert werden und Spannungen nur aus dem Eigengewicht und den Nutzlasten des Bauwerks sowie aus dem Kriechen und Schwinden des Betons erhalten. Hier wird unterteilt nach Betonstabstahl und Betonstahlmatten.
Spannbetonstähle, üblicherweise *Spannstähle* genannt, die im Spannbeton allein oder zusätzlich zu den Betonstählen eingelegt und zur Ausübung von Druckspannungen auf den Beton planmäßig vorgespannt werden, sie erhalten zusätzliche Spannungen aus dem Eigengewicht und den Nutzlasten des Bauwerks. Das Kriechen und Schwinden des Betons wirkt sich bei ihnen im Sinne einer Spannungsminderung aus.
Bewehrungsstähle werden praktisch ausschließlich für Bauwerke verwendet, die dem staatlichen Baurecht unterliegen. Dieses schreibt zur Wahrung der öffentlichen Sicherheit und Ordnung die Verwendung allgemein gebräuchlicher, bewährter (genormter) Baustoffe vor [2, 3]. Neue Baustoffe bedürfen einer allgemeinen *bauaufsichtlichen Zulassung*. Für Bewehrungsstähle ist der Nachweis einer ständigen ordnungsgemäßen Herstellung durch eine *Güteüberwachung* erforderlich. Sie besteht aus der Eigenüberwachung des Herstellers und der Fremdüberwachung durch Überwachungsgemeinschaften oder durch Prüfstellen. Die entsprechenden Überwachungsverträge bedürfen der Zustimmung der zuständigen Bauaufsichtsbehörden. Die Überwachung erfolgt an der Gesamtproduktion des Herstellers, nur in begründeten Ausnahmefällen an einzelnen Lieferlosen. Die einzuhaltenden Werkstoffkennwerte sind dabei als sogenannte Nennwerte definiert, das sind Werte, die im Gegensatz zu Mindestwerten in einem gewissen Umfang – z. B. von 5% der Werte (Produktionsmenge) – unterschritten werden dürfen (5%-Fraktile), wobei Prüfung auf statistischer Grundlage und Normalverteilung der Werte vorausgesetzt werden. Bei den Bewehrungsstählen war die Einführung solcher Werte und der entsprechenden Prüfverfahren im Gegensatz z. B. zu den allgemeinen Baustählen mit ihren unterschiedlichen Erzeugnisformen möglich, da hier aufgrund der weitgehend einheitlichen Erzeugnisform (Stabstahl und Draht) und Herstellungsart statistisch definierte, homogene Kollektive vorliegen.

Literatur zu D 3 siehe Seite 739, 740.

D 3.2 Betonstahl

D 3.2.1 Anforderungen an die Gebrauchseigenschaften

Als wesentliche Berechnungsgrundlage bei der Bemessung der Bewehrung von Stahlbetonteilen dient die *Streckgrenze* des Stahls.

Da Betonstähle auch in Bauwerken mit nicht vorwiegend ruhender Beanspruchung verwendet werden, wird genügende *Dauerfestigkeit* im Zugschwellbereich ebenfalls verlangt.

Als Verarbeitungseigenschaft ist die *Schweißeignung* von besonderer Bedeutung. Für die rationelle Herstellung von Bewehrungselementen wird Heftschweißung angewendet, außerdem sind konstruktionsbedingt auch kraftschlüssige Schweißverbindungen notwendig. Zur Anwendung kommen Preßschweißverfahren, wie Abbrennstumpfschweißen und Gaspreßschweißen, sowie Widerstandspunktschweißen, das vor allem für Betonstahlmatten wichtig ist, sowie die Schmelzschweißverfahren, besonders das Metall-Lichtbogen- und Metall-Schutzgas-Schweißverfahren. Wesentlich für das Schweißverhalten der Stähle ist, daß im Bereich der wärmebeeinflußten Zone genügend Dehnvermögen vorhanden bleibt.

Eine weitere wichtige Eigenschaft der Bewehrungsstähle ist die *Umformbarkeit*. So muß der Betonstahl Eignung zum Kaltbiegen besitzen, da bei der Bewehrungsführung oft Abbiegungen notwendig sind. Besonders bei Betonstahl für Matten ist die Eignung zum Umformen durch Ziehen oder Kaltwalzen wichtig, damit durch diese Vorgänge bei geringem Aufwand optimale Werkstoffeigenschaften erzielt werden.

Für das Zusammenwirken der Baustoffe Beton und Stahl sind die *Verbundeigenschaften* wesentlich, da im Verbundwerkstoff Stahlbeton eine Überleitung der Kräfte aus Dehnungen oder Beanspruchungsspannungen von einem auf den anderen Baustoff erforderlich ist. Die an der Oberfläche des Stahls aufzunehmenden Kräfte werden nur zum geringen Teil durch Haftverbund, im wesentlichen durch Scherverbund übertragen, der durch Schrägrippen, bei verwundenen Stählen zusätzlich auch durch Längsrippen erreicht wird. Die nach DIN 1045 [2] zulässigen Verbundspannungen für gerippte Betonstähle liegen weit über den höchsten Haftspannungen und müssen daher – wie schon angedeutet – durch Scherverbund zwischen den Rippen der Betonstähle und dem Beton aufgenommen werden. Als kennzeichnende Größe für die Verbundwirkung gerippter Stähle ist die bezogene Rippenfläche f_R definiert worden, das ist die Projektion der Rippen auf eine Ebene senkrecht zur Stabachse, bezogen auf die Oberfläche eines zylindrischen (glatten) Stabes vom Nenndurchmesser. Die für die genormten Betonstähle erforderlichen Mindestwerte für f_R liegen je nach Stabdurchmesser zwischen 0,039 und 0,056.

D 3.2.2 Kennzeichnung der geforderten Eigenschaften

Im *Zugversuch* werden die *mechanischen Eigenschaften*, besonders die *Streckgrenze* geprüft. Bei geschweißten Betonstahlmatten müssen die mechanischen Versuche an Stäben erfolgen, die mindestens einen quer aufgeschweißten Stab aufweisen, um die Beeinflussung des Grundwerkstoffs durch das Widerstandspunktschweißen zu erfassen.

Zur *Untersuchung des Dauerschwingverhaltens* wird der Stabstahl in Prüfbalken einbetoniert, die unter Dauerbiegebeanspruchung gesetzt werden, so daß der Stahl unter Zugschwellbeanspruchung kommt. Die Oberspannung beim Versuch beträgt 70% der Ist-Streckgrenze, bei einer von der Erzeugnisform und vom Prüfkörper abhängigen Schwingbreite sind $2 \cdot 10^6$ Schwingspiele zu ertragen.

Die *Prüfung der Schweißeignung* wird durch Zugversuche an Übergreifungs- und Laschenstößen sowie Zug-, Biege- und Scherversuche an Kreuzungsstößen vorgenommen. Aus den Ergebnissen sind gegebenenfalls Folgerungen für die einzuhaltenden Grenzwerte für die chemische Zusammensetzung zu ziehen. Bei diesen Schweißversuchen haben sich die Prüfungen im Biegeversuch an Kreuzungsstößen als besonders unterscheidungsfähig erwiesen [4, 5]. Aufhärtungen der wärmebeeinflußten Zone können einen vorzeitigen Bruch der Proben einleiten.

Durch den *Alterungsrückbiegeversuch* wird die *Eignung zum Kaltbiegen* geprüft. Dabei wird der Stahl mit einem vom Stabdurchmesser abhängigen Radius gebogen, gealtert (250 °C $^1/_2$ h, bei Schiedsversuchen 100 °C $^1/_2$ h) und dann zurückgebogen.

Der unmittelbare *Nachweis der Verbundeigenschaften* erfolgt nach Vereinbarungen im CEB (Commitée Européen du Beton) durch einen *Balkenbiegeversuch* („beam test"), bei dem der Schlupf eines in einen Betonbalken einbetonierten Betonrippenstahls als Funktion der wirksamen Biegespannung ermittelt wird. Im übrigen erfolgt der Nachweis auch durch Ausmessen des Rippenprofils und Errechnung der bezogenen Rippenfläche (s. o.).

D 3.2.3 Metallkundliche Maßnahmen zur Einstellung der geforderten Eigenschaften

Der Schwerpunkt der Anforderungen liegt bei der *Streckgrenze* und der *Schweißeignung*. Betrachtet man zunächst *Stabstahl* und sieht von einer Wärmebehandlung ab, so ist nach C1 die wirtschaftlichste Maßnahme zur Einstellung bestimmter Streckgrenzenwerte im Walzzustand die Erzeugung einer *ferritischen Grundmasse* mit einer durch Mangan gegebenen *Mischkristallverfestigung* und mit einem der geforderten Streckgrenze entsprechenden *Anteil an Perlit*, wobei der Perlitanteil über den Kohlenstoffgehalt gesteuert wird. Die Anwendung dieser Maßnahme (Erhöhung des Perlitanteils) ist allerdings begrenzt durch die Anforderungen an die Zähigkeit, an die Umformbarkeit und an die Schweißeignung. Wenn die Anforderungen an die Schweißeignung nicht sehr hoch sind, wie beim Abbrennstumpfschweißen und beim Gaspreßschweißen, kommen Stähle in Betracht, bei denen der Kohlenstoffgehalt verhältnismäßig hoch liegen darf, und zwar bis rd. 0,4 % C, so daß die Streckgrenze im wesentlichen über den Perlitanteil in der ferritischen Grundmasse erreicht wird. Werden, wie es heutzutage dem Stand der Technik entspricht, höhere Anforderungen an die Schweißeignung gestellt, also eine generelle Schweißeignung erwartet, muß der Kohlenstoffgehalt begrenzt werden. Dadurch sinkt der Perlitanteil im Gefüge. Zur Einhaltung der Anforderungen an die Streckgrenze muß dann der Mangangehalt zur Steigerung der Mischkristallverfestigung erhöht werden, vor allem aber müssen Elemente wie Niob und/oder Vanadin [6] zugefügt werden, die zum Ausgleich des geringeren Perlitanteils *Kornfeinung* und festigkeitssteigernde *Ausscheidungen* bewirken (Bild D 3.1). Eine weitere Möglichkeit zur Streckgrenzensteigerung bei guter Schweißeignung besteht in der *Erhöhung der Versetzungsdichte* durch Kaltverformung des ferritisch-perlitischen

Einstellung der Eigenschaften von Betonstahl

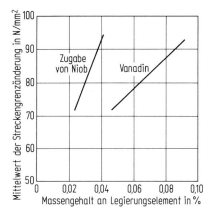

Bild D 3.1 Einfluß von Vanadin und Niob auf die Streckgrenze von Betonstabstahl (28 mm Dmr.) mit 0,18 % C, 0,30 % Si und 1,30 % Mn. Nach [7].

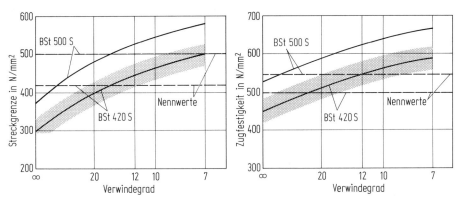

Bild D 3.2 Einfluß des Umformgrades auf Streckgrenze und Zugfestigkeit von durch Verwinden kaltverfestigtem Betonstabstahl. Der Verwindegrad ist gegeben als Schlaglänge einer Längsrippe, bezogen auf den Stabdurchmesser.

Ausgangsgefüges. Die warmgewalzten Stäbe werden durch Recken oder Verwinden kaltverfestigt und auf die geforderte Streckgrenze gebracht (Bild D 3.2).

Betonstabstähle mit höherer Streckgrenze können auch durch *Abkühlung mit geregelter Temperaturführung aus der Walzhitze* hergestellt werden [8]. Dabei wird der Stabstahl, der nach seiner chemischen Zusammensetzung im Walzzustand ebenfalls ein ferritisch-perlitisches Gefüge haben würde, aus der Walzhitze, also aus dem austenitischen Zustand, in einer Wasserkühlstrecke gerade so stark abgeschreckt, daß sich eine *martensitische Randzone* bildet, die anschließend durch die im Stabkern, der in ein ferritisch-perlitisches Gefüge umwandelt, vorhandene Restwärme bei einer Temperatur im Bereich von 600 bis 700 °C wieder angelassen wird. Diese „Ausgleichstemperatur" ist - neben der chemischen Zusammensetzung - wesentlich für die angestrebte Streckgrenze, so daß die Verfahrensparameter auf ihre Einhaltung abgestellt sein müssen. In Bild D 3.3 ist der Verlauf der Abkühlkurven für verschiedene Zonen des Querschnitts dargestellt. Die Ausgleichstemperatur von 660 °C wird in diesem Beispiel nach 8 s erreicht.

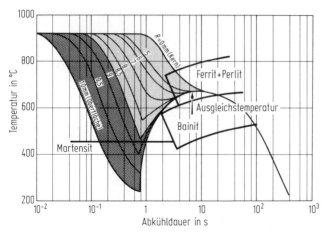

Bild D 3.3 Zeit-Temperatur-Umwandlungsschaubild eines Betonstahls mit 0,13 % C und 1,21 % Mn und Zeit-Temperatur-Folgen in verschiedenen Zonen (gekennzeichnet durch den Abstand R vom Kern) eines temperaturgeregelt abgekühlten Stabes mit 20 mm Dmr. Nach [8].

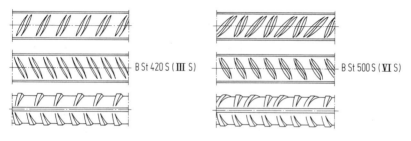

nicht verwundener Betonstabstahl

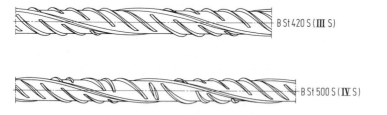

kalt verwundener Betonstabstahl

Bild D 3.4 Beispiele für die Oberflächengestaltung von gerippten Betonstabstahl nach DIN 488 [10].

Besondere Maßnahmen zur Erfüllung der Anforderungen an die anderen oben genannten Eigenschaften sind nicht erforderlich, da bei den bewährten Stahl-Fertigungsverfahren und bei den geschilderten Maßnahmen zur Einstellung von Streckgrenze und Schweißeignung die übrigen Eigenschaften im wesentlichen gegeben sind. Lediglich zur Verbundwirkung sei durch Bild D 3.4 noch ein Hinweis auf die Oberflächengestalt gegeben.

Die Maßnahmen zur Einstellung der geforderten Eigenschaften bei *Betonstahlmatten* sind im Grundsatz die gleichen wie bei kaltverfestigtem Betonstabstahl. Man verwendet unlegierte Stähle mit ferritisch-perlitischem Gefüge. Sie werden sowohl als Grobkorn- als auch als Feinkornstähle eingesetzt. Starke Seigerungen oder Gefügeunterschiede müssen wegen der Anforderungen an die Umformbarkeit vermieden werden. Der *Walzdraht* für die Fertigung der Betonstahlmatten wird im allgemeinen in einem Arbeitsgang bei hoher Arbeitsgeschwindigkeit auf einem Kaltrippwalzwerk profiliert und gerichtet. Den Einfluß des Umformgrades auf die mechanischen Eigenschaften zeigt Bild D 3.5. Diese Arbeitsweise ermöglicht es, bei geeigneter Wahl von chemischer Zusammensetzung, Umformgrad und Richtparametern die mechanischen und technologischen Eigenschaften des kaltprofilierten Drahtes so einzustellen, daß ein Erwärmen der Betonstahlmatte nach dem Verschweißen, das ohne diese Vorgehensweise zur Verbesserung der Bruchdehnung nötig wäre, nicht mehr erforderlich ist.

Nicht außer acht gelassen werden darf die örtlich hohe thermische Beanspruchung des kaltverfestigten Werkstoffs durch das Widerstandspunktschweißen. Um einerseits Versprödungen (Festigkeitssteigerungen) andererseits Festigkeitsverluste des kaltumgeformten Drahtes im wärmebeeinflußten Bereich zu vermeiden oder so gering wie möglich zu halten, muß das Schweißen mit möglichst geringem Wärmeeinbringen erfolgen.

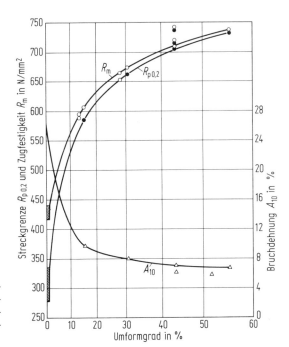

Bild D 3.5 Änderung der mechanischen Eigenschaften von warmgewalztem Draht mit rd. 0,15% C durch nachfolgendes Kaltwalzen mit unterschiedlichem Umformgrad. Nach [9].

D 3.2.4 Kennzeichnende Stahlsorten mit betrieblicher Bewährung [10]

Durch die oben geschilderten Maßnahmen ist es grundsätzlich möglich, eine Vielfalt von Betonstählen mit unterschiedlichem Gefüge und unterschiedlicher Streckgrenze und Schweißeignung (als wesentliche Eigenschaften) zu erzeugen. Die Maßnahmen zur Verbesserung der genannten Eigenschaften sind aber im allgemeinen gegenläufig. Daher muß eine gewisse Optimierung vorgenommen werden, wobei auch die Wirtschaftlichkeit (z. B. Kosten für Legierungselemente oder Nachbehandlung) eine maßgebende Rolle spielt. So haben sich in letzter Zeit aus der Vielfalt der möglichen Stähle die in Tabelle D 3.1 durch ihre mechanischen Eigenschaften gekennzeichneten Sorten durchgesetzt. Dieser Tabelle liegt DIN 488 Blatt 1 [10] zugrunde. Die Stahlsorten sollen generell schweißgeeignet sein (s. dazu auch DIN 4099 [11]). In Ergänzung zu Tabelle D 3.1 finden sich in Tabelle D 3.2

Tabelle D 3.1 Mechanische Eigenschaften von Betonstählen nach DIN 488 Teil 1 [10]

Erzeugnisform	Stahlsorte[a]		Nennwerte[b] für die mechanischen Eigenschaften		
	Kurzname[c]	Kurzzeichen[d]	Streckgrenze N/mm^2	Zugfestigkeit N/mm^2	Bruchdehnung A_{10} %
Betonstabstahl	BSt 420 S	III S	420	500	10
	BSt 500 S	IV S	500	550	10
Betonstahlmatten	BSt 500 M	IV M	500	550	8

[a] Beachte hierzu D 3.2.4
[b] Werte, die in einem gewissen Umfang – hier bei Normalverteilung von 5% der Werte (Produktionsmenge) – unterschritten werden dürfen (s. D 3.1)
[c] Die Zahl gibt den Nennwert für die Streckgrenze in N/mm^2 an.
[d] Für Zeichnungen und statische Berechnungen

Angaben über die Herstellung oder den Behandlungszustand und die chemische Zusammensetzung sowie über die Schweißeignung der Stähle. Die Tabelle veranschaulicht die Vielfalt der oben skizzierten Möglichkeiten zur Erfüllung der Anforderungen. Bei Betonstahl sind die erzielbaren mechanischen Eigenschaften stark abhängig vom Stabdurchmesser und von den Herstellungsbedingungen. So kann z. B. mit der gleichen chemischen Zusammensetzung im oberen Abmessungsbereich ein warmgewalzter mikrolegierter Stahl BSt 420 S, im unteren Abmessungsbereich ein Stahl BSt 500 S erzeugt werden. Gleiches ist bei wärmebehandeltem (d. h. mit geregelter Temperaturführung aus der Walzhitze abgekühltem) Stahl durch Variation der Kühlbedingungen möglich.

D 3.3 Spannbetonstähle

D 3.3.1 Anforderungen an die Gebrauchseigenschaften

Spannbetonstähle, im folgenden mit dem üblicherweise benutzten Ausdruck Spannstähle bezeichnet, werden in die Bereiche von Spannbetonbauteilen eingelegt, die unter dem Eigengewicht und den Nutzlasten Zugspannungen erhalten [12].

Betonstahlsorten

Tabelle D 3.2 Chemische Zusammensetzung und Schweißeignung von Betonstählen nach DIN 488 Teil 1 [10]

Erzeugnisform	Behandlungs-zustand	Richtwerte für die chemische Zusammensetzung[a]				Betonstahl-sorte[b]	Schweißeignung	In Betracht kommende Schweißverfahren[c]
		% C	% Si max.	% Mn	Zugabe von Mikrolegierungselementen			
Betonstabstahl	warmgewalzt, mikrolegiert	0,22	0,60	1,30	Nb und/oder V	III S und IV S	generell gegeben	RA, GP, RP, E, MAG
	kaltverformt			0,80	evtl. Nb und/oder V			
	wärmebehandelt[d]			0,80	evtl. Nb und/oder V			
Betonstahlmatten	kaltverformt	0,15	0,60	0,50	–	IV M	generell gegeben[e]	RP, E, MAG

[a] Nach der Schmelzenanalyse
[b] Bedeutung der Kurzzeichen s. Tabelle D 3.1
[c] RA = Abbrennstumpfschweißen, GP = Gaspreßschweißen, E = Metall-Lichtbogenhandschweißen,
    MAG = Metall-Aktivgasschweißen, RP = Widerstands-Punktschweißen
[d] Mit geregelter Temperaturführung aus der Walzhitze abgekühlt, s. D 3.2.3
[e] Soweit bei dieser Erzeugnisform fertigungsbedingt in Betracht kommend (s. nebenstehende Schweißverfahren)

Durch die eingebrachte Vorspannung werden diese Bereiche des Betons unter so hohe Druckvorspannung gesetzt, daß auch beim Zusammenwirken der ungünstigsten Lastspannungen keine Zugspannungen (Vollvorspannung) oder nur begrenzte Zugspannungen (beschränkte Vorspannung) im Beton auftreten können.

Das Einbringen und Vorspannen der Spannstähle erfolgt nach zwei unterschiedlichen Verfahren [13]. Entweder werden die Spannstähle zwischen Widerlagern gespannt und unmittelbar einbetoniert (Spannbettverfahren) oder sie werden in besonderen Hüllrohren verlegt (die einbetoniert werden) und später gegen den erhärteten Beton vorgespannt; die Hüllrohre werden abschließend mit einem Zementmörtel verfüllt (Vorspannung mit nachträglichem Verbund).

Die Spannstähle werden ruhend und u. U. mit bestimmten dynamischen (schwingenden) Anteilen beansprucht. Sie müssen primär eine hohe *Elastizitätsgrenze* (0,01%-Dehngrenze) haben, damit der auf die Anfangsvorspannung bezogene Spannkraftverlust infolge Kriechen und Schwinden des Betons gering bleibt. Dieser bezogene Spannkraftverlust ist um so kleiner, je größer die beim Vorspannen erreichbare elastische Dehnung des Stahls ist. Diese wiederum ist abhängig von der absoluten Höhe der Elastizitätsgrenze des Spannstahls.

Sehr hoch liegende *Streckgrenzen* bzw. *0,2%-Dehngrenzen* und Zugfestigkeiten sind erforderlich, damit auch nach dem Ablauf der Verkürzungsvorgänge des Betons infolge von Kriechen und Schwinden ausreichend hohe Stahldehnungen und damit Druck-Vorspannungen im Beton erhalten bleiben. Kennzeichnende Spannungs-Dehnungs-Kurven von Spannstählen sind in Bild D 3.6 dargestellt.

Bei Langzeitbeanspruchung durch statischen Zug treten schon bei niedrigeren Spannungen, verglichen mit kurzzeitiger Beanspruchung, unelastische Dehnungsbeträge auf. Das Ausmaß dieser Dehnungen hängt – außer von der Stahlart – von der Höhe der angelegten Spannung, der Temperatur und der Zeit ab. Dieses *Lang-*

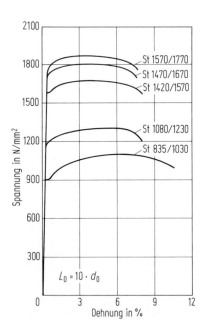

Bild D 3.6 Spannungs-Dehnungs-Kurven von Spannstählen (zu den Stahlsorten mit ihren Kurznamen s. Tabelle D 3.3).

zeitverhalten führt bei den Spannstählen in Spannbetonkonstruktionen zu einem Abfall der Anfangsvorspannung, der überlagert wird von der Verkürzung des Betons infolge Schwinden und Kriechen. Bezogen auf den Stahl kann das Langzeitverhalten daher entweder durch das Kriechen (Längenänderung bei gleichbleibender Spannung) oder durch die Relaxation (Abfall der Spannung bei gleichbleibender Meßlänge) beschrieben werden. Entsprechend dieser Bedeutung sind für Spannstähle bestimmte Anforderungen an das Kriechverhalten und die Relaxation einzuhalten.

Die Verkehrslasten führen in Spannbetonbauwerken zu einer Zugschwellbeanspruchung der Spannstähle, die sich der eingebrachten Vorspannung überlagert. Daher werden bestimmte Anforderungen an die *Dauerschwingfestigkeit* gestellt. Dabei ist zu beachten, daß bei allen Spannverfahren die zur Verankerung notwendigen Maßnahmen wie Biegen, Stauchen, Wellen und Verkeilen zu einem deutlichen Abfall der Dauerschwingfestigkeit der Spannstähle führen.

Bei den Spannstählen ist auch das *Verhalten unter korrosiven Bedingungen* von Bedeutung, denn sie unterliegen wie alle unlegierten und niedriglegierten Stähle an der Atmosphäre, also bei der Lagerung, einer abtragenden Korrosion. Solange es sich um Flugrost handelt, ist dieser Zustand unbedenklich. Kommt es aber im weiteren Verlauf zu einer Narbenbildung, werden das Verformungsvermögen und die Dauerschwingfestigkeit beeinträchtigt. Bei unter Spannung stehenden, ungeschützten Spannstählen, d. h. im Hüllrohr vor dem Verfüllen (Auspressen), kann durch zusätzliche Einwirkung bestimmter aggressiver Medien Spannungsrißkorrosion auftreten (s. C 3), die teilweise auch ohne stärkere abtragende Korrosion zu Rißbildung und bei weiterem Fortschreiten zu verformungslosen Brüchen führen kann.

Bis heute sind die Wirkungsmechanismen dieser Schädigung nicht vollständig geklärt [14]. Allerdings hat sich in der Praxis gezeigt, daß bei Einhaltung der vorgeschriebenen Anwendungs- und Verarbeitungsbedingungen alle zugelassenen Spannstähle die Anforderungen an den Widerstand gegen Spannungsrißkorrosion mit ausreichender Sicherheit erfüllen.

Für die *Verbundwirkung* [15] der Spannstähle gelten andere Anforderungen als bei den Betonstählen. Eine erhöhte Verbundwirkung ist bei Spannstählen nur bei Verankerung auf Haftung und Reibung im Spannbett und bei gewissen Sonderanwendungen (z. B. Erd- und Felsanker) erforderlich. Wegen der hohen in den Beton einzuleitenden Kräfte müssen die Verbundspannungen aber begrenzt werden, da sonst unzulässige Rißbildungen des Betons im Verankerungsbereich auftreten. Zur Erzielung dieses „weichen Verbundes" weicht die Geometrie der Rippen von der der Betonstähle ab und die bezogene Rippenfläche liegt unter den für Betonstahl gleicher Abmessung vorgeschriebenen Werten.

D 3.3.2 Kennzeichnung der geforderten Eigenschaften

Die Prüfung der *mechanischen Eigenschaften* im *Zugversuch* erfolgt analog wie bei Betonstählen (s. o.). Ergänzend wird bei der Prüfung von Spannstählen im Zugversuch die 0,01%-Dehngrenze ermittelt.

Das *Langzeitverhalten* unter statischen Spannungen kann entweder durch den Kriechversuch (Längenänderung unter konstanter Spannung) oder durch den Rela-

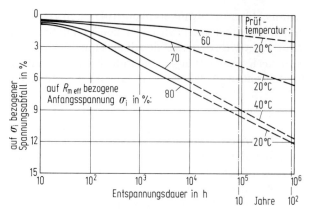

Bild D 3.7 Auf die Anfangsspannung σ_i bezogener Spannungsabfall bei Relaxationsversuchen an Spannstahl St 1420/1570 nach Tabelle D 3.3 (Draht mit 7 mm Dmr.). $R_{m\,eff}$ ist die tatsächliche, d. h. am Probenwerkstoff gemessene Zugfestigkeit (gestrichelt = extrapoliert).

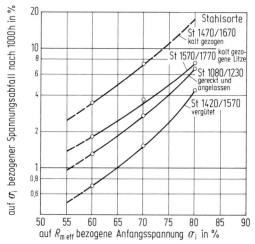

Bild D 3.8 Auf die Anfangsspannung σ_i bezogener Spannungsabfall bei Relaxationsversuchen mit einer Dauer von 1000 h an verschiedenen Spannstählen (s. Tabelle D 3.3) in Abhängigkeit von der Anfangsspannung σ_i, angegeben in % der tatsächlichen, d. h. am Probenwerkstoff gemessenen Zugfestigkeit $R_{m\,eff}$.

xationsversuch (Spannungsabfall bei konstanter Meßlänge) beschrieben werden. Der Relaxationsversuch setzt sich gegenüber dem Kriechversuch immer mehr durch, er wird mit Anfangsspannungen zwischen 60 und 80% der gemessenen Zugfestigkeit durchgeführt. Bild D 3.7 zeigt Ergebnisse von Versuchen über das Langzeit-Relaxationsverhalten an einem vergüteten Stahl bei unterschiedlichen Anfangsspannungen und Temperaturen. Die Relaxation nach 1000 h für verschiedene Stahlsorten und Anfangsspannungen ist in Bild D 3.8 dargestellt.

Das *Verhalten* der Spannstähle *unter schwingender Beanspruchung* wird sowohl für die Spannbetonstähle allein als auch im Zusammenwirken mit den Verankerungs- und Verbindungsteilen ermittelt. Bei Prüfung der Spannstähle allein wird im Zug-

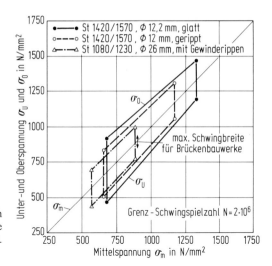

Bild D 3.9 Dauerfestigkeitsschaubild nach Smith (s. auch Bild C 1.136) für Spannstähle verschiedener Oberflächengestaltung (s. Bild D 3.10 und Tabelle D 3.3).

schwellbereich nach dem Wöhler-Verfahren ein Smith-Teilschaubild für Oberspannungen zwischen der zulässigen Spannung und 90% der Streckgrenze bzw. 0,2%-Dehngrenze ermittelt. Bild D 3.9 zeigt als Beispiel die Dauerschwingfestigkeit je eines glatten und gerippten Spannstahls sowie eines Stahls mit Gewinderippen in diesem Bereich.

Für die Prüfung des *Verhaltens* der Spannstähle *gegenüber Spannungsrißkorrosion* sind noch sehr unterschiedliche Prüfverfahren in Gebrauch und zwar solche, die zu einer anodischen oder zu einer kathodischen Spannungsrißkorrosion führen können. Auf Grund einer Empfehlung der Kommission „Spannstähle" der Fédération Internationale du Béton Précontraint (FIP) scheint sich nunmehr ein Versuch in Ammonium-Rhodanid von 45°C bei einer Spannung von 80% der Zugfestigkeit international durchzusetzen [16]. Aber auch dieser Versuch ist nicht geeignet, die im Hüllrohr in der Praxis auftretenden Verhältnisse so weitgehend zu simulieren, daß aus dem Ergebnis des Versuchs Folgerungen für das Verhalten der Spannstähle im Bauwerk oder für ihre Weiterentwicklung gezogen werden können.

Im Rahmen einer breit angelegten Gemeinschaftsuntersuchung [17] sind die Korrosionsbedingungen im Hüllrohr vor dem Injizieren in zahlreichen Fällen untersucht worden. Darauf aufbauend wurde ein praxisnahes Prüfverfahren in einem neutralen Elektrolyten entwickelt und erprobt, das die Prüfungen in konzentrierten Lösungen ersetzen soll.

D 3.3.3 Metallkundliche Maßnahmen zur Einstellung der geforderten Eigenschaften

Nach den Hinweisen auf die Anforderungen an die Eigenschaften ist die *primäre Zielgröße* bei der Fertigung von Spannstählen die *Streckgrenze* bzw. 0,2%-Dehngrenze. Die *Maßnahmen* zum Erreichen möglichst hoher Werte *richten sich nach der Erzeugnisform*: Spannstähle werden bis zu einer Dicke von rd. 16 mm auf Drahtstraßen gewalzt, zu Ringen aufgewickelt und als Drähte oder Litzen angewendet;

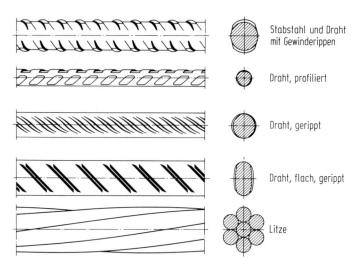

Bild D 3.10 Oberflächengestaltung und Querschnitt verschiedener Spannstahlsorten.

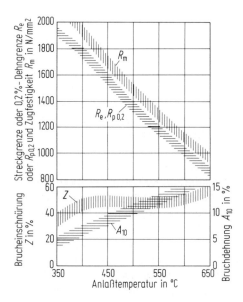

Bild D 3.11 Anlaßschaubild eines vergüteten Spannstahldrahtes St 1420/1570 (s. Tabelle D 3.3).

im Durchmesserbereich von 16 bis 36 mm werden sie als Stabstahl gewalzt und in dieser Form angewendet (Bild D 3.10).

Bei den *Drähten* stehen *zwei unterschiedliche Verfahren* zur Erzielung hoher Streckgrenzenwerte nebeneinander: das Vergüten niedriglegierter Stähle und das Kaltverfestigen durch Ziehen von unlegierten Stählen.

Bei dem einen Verfahren werden die in glatten oder gerippten Kalibern warmgewalzten Drähte aus niedriglegiertem Stahl durch *Vergüten* auf die gewünschten Eigenschaften gebracht (Bild D 3.11). Dazu werden endlos aneinandergeschweißte Ringe aus glatten oder gerippten Drähten im Durchlaufverfahren austenitisiert,

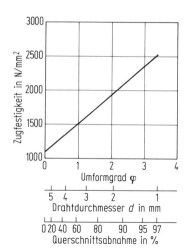

Bild D 3.12 Zugfestigkeit eines Drahtes für Spannstahl mit rd. 0,8% C in Abhängigkeit von der Querschnittsabnahme beim Ziehen.

gehärtet und so angelassen, daß sich ein feinkörniges Vergütungsgefüge mit feindispersen Ausscheidungen bildet.

Bei Anwendung der *Kaltverfestigung* werden in einem glatten Kaliber warmgewalzte Drähte mit ferritisch-perlitischem Gefüge bei Raumtemperatur durch eine Ziehdüse gezogen, wobei mit der Querschnittsverminderung des Drahtes durch Erhöhung der Versetzungsdichte eine Steigerung der Zugfestigkeit und der Streckgrenze bzw. 0,2%-Dehngrenze eintritt (Bild D 3.12). Teilweise werden die Drähte anschließend zusätzlich kalt profiliert. Alle gezogenen Drähte werden abschließend auf mäßige Temperaturen erwärmt (angelassene Drähte), zum Teil geschieht das unter Zugspannung (stabilisierte Drähte).

Bei der Herstellung von *Litzen* werden gezogene glatte Drähte auf Verlitzmaschinen mit einer bestimmten Schlaglänge verlitzt. Die auch hier notwendige Erwärmung (Anlassen) erfolgt nach dem Verlitzen, z. T. unter Zugspannung (stabilisierte Litzen). Durch versetzte Schweißung der Einzeldrähte ist es – ohne Beeinträchtigung der Tragfähigkeit – möglich, Litzen in nahezu unbegrenzter Länge herzustellen.

Bei den *Stabstählen* wird die hohe Streckgrenze durch eine *Kombination zweier Maßnahmen* erreicht. Die Stähle haben eine solche chemische Zusammensetzung, daß sie nach der Abkühlung aus der Walzhitze ein rein perlitisches Gefüge, zum Teil mit festigkeitssteigernden Ausscheidungen durch die Zugabe von Vanadin, und damit schon eine hohe Streckgrenze in diesem Zustand aufweisen. Zusätzlich werden die Stäbe durch Recken kaltverfestigt und anschließend auf 250 bis 350 °C erwärmt, wodurch Elastizitäts- und Streckgrenze gegenüber dem Walzzustand noch weiter angehoben werden.

In Ergänzung zu den Maßnahmen zur Einstellung hoher Streckgrenzenwerte werden zur Verbesserung des *Langzeitverhaltens unter statischen Dauerbeanspruchungen* alle kaltverformten Spannstähle auf mäßige Temperaturen erwärmt (angelassen). Bei den gezogenen Drähten und Litzen erfolgt dieser Vorgang zum Teil unter Zugspannungen, um das ungünstigere Relaxationsverhalten zu verbessern (vgl. Bild D 3.8).

Tabelle D 3.3 Spannstahl-Formen und -Sorten sowie ihre mechanischen Eigenschaften

Erzeugnis			Stahlsorte		Nennwerte[a] für die mechanischen Eigenschaften			
Form	Oberfläche	Durchmesser mm	Kurzname[b]	Behandlungszustand	Elastizitätsgrenze[c]	0,2%-Dehngrenze N/mm²	Zugfestigkeit	Bruchdehnung A_{10} %
Stabstahl, rund	glatt oder gerippt[d]	26 ... 36 15 26 ... 36	St 835/1030 St 885/1080 St 1080/1230	warmgewalzt, gereckt und angelassen	735 735 950	835 885 1080	1030 1080 1230	7 7 6
Draht, rund	gerippt[d] glatt oder gerippt glatt glatt oder profiliert glatt oder profiliert	16 6 ... 14 8 ... 12,2 5,5 ... 7,5 5,0 ... 5,5	St 1325/1470 St 1420/1570 St 1375/1570 St 1470/1670 St 1570/1770	vergütet kaltgezogen	1175 1220 1130 1225 1200 1325 1300	1325 1420 1375 1470 1570	1470 1570 1570 1670 1770	6 6 6 6 6
Draht, flach	gerippt	4,5 × 10 bis 7,9 × 15,5	St 1420/1570	vergütet	1220	1420	1570	6
Litze	(7-drähtig)	9,3 ... 18,3	St 1570/1770	kaltgezogen	1150	1570	1770	6

[a] Werte, die in einem gewissen Umfang – hier bei Normalverteilung von 5% der Werte (Produktionsmenge) – unterschritten werden dürfen (s. D 3.1), auch kennzeichnende Werte genannt
[b] Die beiden Zahlen geben die Nennwerte für die Streckgrenze und die Zugfestigkeit in N/mm² an
[c] Ermittelt als 0,01%-Dehngrenze
[d] Gewinderippen

Zur Einstellung einer hinreichenden *Dauerschwingfestigkeit* der gerippten und profilierten Stäbe sind besondere Vorschriften für die Geometrie der Rippen zu beachten, die sich insbesondere auf die Einhaltung von Mindestradien bei den Querschnittsübergängen beziehen, um an diesen Stellen größere Spannungskonzentrationen zu vermeiden.

Zur Einstellung eines hinreichenden *Korrosionswiderstandes*, insbesondere gegen anodische Spannungsrißkorrosion hat sich der Zusatz von Silizium bis zu rd. 2% zum Stahl bewährt. Wie bereits weiter vorn erläutert, wird darüber hinaus der Widerstand gegen Spannungsrißkorrosion metallkundlich noch nicht beherrscht, so daß umfassende werkstoffkundliche Maßnahmen noch nicht angegeben werden können. Der Widerstand gegen Spannungsrißkorrosion ist bei den gängigen Spannstählen aber ausreichend, wenn die vorgeschriebenen Maßnahmen bei der Lagerung und beim Einbau beachtet werden. Nach der Injektion der Hüllrohre bzw. nach dem Einbetten der Spannstähle in den Bauwerksbeton ist beim heutigen Stand der Erkenntnisse ein sicherer Schutz vor Spannungsrißkorrosion immer gegeben, wenn die Vorschriften für Zement, Zuschlagstoffe und Anmachwasser eingehalten werden und die Bauteile frei von Rissen kritischer Größe bleiben.

Für Stähle, die aus baulichen Gründen längere Zeit in unverfüllten, unausgepreßten Hüllrohren unter Vorspannung stehenbleiben müssen, sind in jüngster Zeit zahlreiche Mittel und Behandlungsverfahren vorgeschlagen und erprobt worden, um auch diese Stähle wirksam vor Korrosion zu schützen [18].

Zur *Verbundwirkung* sei auf walztechnische Maßnahmen zur Gestaltung der Oberfläche verwiesen (s. auch Bild D 3.10).

D 3.3.4 Kennzeichnende Stahlsorten mit betrieblicher Bewährung

Entsprechend den oben geschilderten unterschiedlichen Maßnahmen zur Erzeugung hoher Streckgrenzenwerte für Spannstahl-Stäbe, -Drähte und -Litzen werden diese Erzeugnisse in verschiedenen, im wesentlichen durch die Streckgrenze und Zugfestigkeit gekennzeichneten Festigkeitsstufen geliefert (s. auch [19]). Einzelheiten können aus Tabelle D 3.3 entnommen werden. Tabelle D 3.4 enthält Anhaltsangaben über die chemische Zusammensetzung der Spannstähle.

Tabelle D 3.4 Chemische Zusammensetzung der üblichen Spannstähle

Spannstahlart (Erzeugnisform)	Anhaltswerte für die chemische Zusammensetzung[a]				
	% C	% Si	% Mn	% Cr	% V
Draht, vergütet	0,5	1,6	0,6	0,4	-
Draht und Litzen, kalt gezogen	0,8	0,2	0,7	-	-
Stabstahl	0,7	0,7	1,5	-	0,3[b]

[a] Nach der Schmelzenanalyse
[b] Nur bei St 1080/1230

D 4 Stähle für warmgewalzte, kaltgewalzte und oberflächenveredelte Flacherzeugnisse zum Kaltumformen

Von Christian Straßburger, Bernd Henke, Bernd Meuthen, Lutz Meyer, Johannes Siewert und Ulrich Tenhaven

Flacherzeugnisse, nach der Geometrie dadurch definiert [1], daß sie einen etwa rechteckigen Querschnitt haben, dessen Breite viel größer als die Dicke ist, nehmen unter den vielfältigen Walzstahlerzeugnisformen einen stetig steigenden, heute bereits über 60% betragenden Anteil ein. In diesem Kapitel werden im wesentlichen warmgewalztes Blech und Band in einem Dickenbereich von $\geq 3{,}0$ bis 16 mm und warm- und kaltgewalztes Feinblech und Band mit Dicken < 3 mm behandelt. Dabei gelten Fertigerzeugnisse als kaltgewalzt, die ohne vorausgehende Erwärmung eine Querschnittverminderung um mindestens 25% durch Kaltwalzen erfahren haben.

Beim warm- und kaltgewalzten Feinblech und Band werden Erzeugnisse ohne und mit metallischem oder nichtmetallischem Überzug oder mit organischer Beschichtung besprochen. Auf kaltgewalztes Feinstblech, dessen Dicke im Bereich von 0,15 bis 0,49 mm liegt, wird ebenfalls eingegangen, besonders auf ein derartiges Erzeugnis mit Zinnüberzug = Weißblech (s. D 4.2.3.3).

Alle diese Erzeugnisse heißen nach EURONORM 79 [1] Flacherzeugnisse. Dieser Begriff soll in Zukunft auch in den betreffenden DIN-Normen benutzt werden; in ihnen wird zur Zeit meistens noch von Flachzeug gesprochen, daher wird dieser Ausdruck auch hier im folgenden hin und wieder noch angewandt.

D 4.1 Warm- und kaltgewalzte Flacherzeugnisse zum Kaltumformen

Bei warm- und kaltgewalztem Blech und Band, das für die Weiterverarbeitung durch Formgebung ohne Erwärmung bestimmt ist, steht als Verarbeitungseigenschaft die Kaltumformbarkeit (s. C 7.1 und C 8.1) im Vordergrund; erst in zweiter Linie ist die Schweißeignung von Bedeutung. In Ergänzung zu weichen unlegierten Stählen sind solche mit erhöhter Streckgrenze und Zugfestigkeit entwickelt worden.

D 4.1.1 Warm- und kaltgewalztes Blech und Band aus weichen unlegierten Stählen

D 4.1.1.1 Warmgewalzte Flacherzeugnisse

Anforderungen an die Gebrauchseigenschaften

Bei warmgewalztem Blech und Band aus weichen unlegierten Stählen ist zwischen 1) Blech und Band zur Direktverarbeitung durch Kaltumformung und 2) Band als Vormaterial für die Herstellung von Kaltband zu unterscheiden. Für beide liegt die

---

Literatur zu D 4 siehe Seite Seite 740–743.

größte walztechnisch darstellbare Breite derzeit bei 2200 mm, die geringste Dicke bei rd. 1,5 mm.

Die Anforderungen an die Eigenschaften der warmgewalzten Flacherzeugnisse werden durch die Art der Verarbeitung und Verwendung vorgegeben und beziehen sich (s. o.) vorwiegend auf die Eignung zum Kaltumformen. Bei Flachzeug zur Direktverarbeitung ist das allgemein zu verstehen (s. C 8), bei Warmband zur Herstellung von Kaltband bezieht sich das nur auf das Kaltwalzen.

In beiden Fällen müssen die Erzeugnisse (gegebenenfalls im Hinblick auf eine gute Haftung bei einer anschließenden Oberflächenveredlung) eine entsprechende Oberflächenbeschaffenheit haben. Das bedeutet, daß sie zur Entfernung der in der Walzhitze entstandenen Oxidschichten zuvor gebeizt oder in Einzelfällen gestrahlt werden müssen. Eine definierte Oberflächenstruktur, wie sie beim kaltgewalzten Feinblech vorliegt, ist hier nicht darstellbar. Aus diesem Grund ergeben sich für Warmband zur Direktverarbeitung überwiegend *Anwendungsgebiete*, bei denen die Oberflächenstruktur keine ausschlaggebende Rolle spielt, z. B. bei nicht sichtbaren Teilen im Automobilbau. Ausreichende Planlage und möglichst gute Maßhaltigkeit sind hierbei von großer Wichtigkeit. Zur Verbesserung der Planlage wird in manchen Fällen noch ein Dressierstich aufgebracht.

Wie schon angedeutet, liegen die Hauptanwendungsgebiete für warmgewalztes Flachzeug zur Direktverarbeitung im Automobilbau. Folgende Beispiele stehen stellvertretend für die Vielfalt der Verwendung: Fahrwerksteile, Querlenker, Längsträger, Achsträger, Radschüsseln und Stanzteile jeglicher Art, aber auch Spezialprofile und Aufprallträger. Andere Verwendungsbeispiele sind Gasflaschen, Kompressorgehäuse und Hydridspeicher sowie gezogene und gedrückte Böden für stationäre Behälter und Boiler. Kaltprofilierte Profile werden für Türzargen und den Regalbau, kaltgeformte und aufgeweitete Rohre für den Gerüstbau eingesetzt. Zu nennen sind auch Leitplanken und Profile für Mobilkranausleger.

Kennzeichnung der geforderten Eigenschaften

Wie oben gesagt, ist die wichtigste Eigenschaft von warmgewalztem *Flachzeug zur Direktverarbeitung* die *Kaltumformbarkeit*. Zu ihrer Kennzeichnung werden im wesentlichen dieselben Prüfverfahren wie bei kaltgewalztem Feinblech angewendet. Dazu sei auf D 4.1.1.2 verwiesen, wo die Prüfung entsprechend der Bedeutung dieser Erzeugnisse etwas eingehender beschrieben wird. Dementsprechend sei hier nur erwähnt, daß der *Zugversuch* zur Bestimmung von Streckgrenze, Zugfestigkeit und Bruchdehnung als wichtigstes Prüfverfahren gilt und daß einen Anhalt zur Kennzeichnung der Festigkeitseigenschaften auch die Ergebnisse einer Härteprüfung liefern können. Auch hier bedient man sich zur weiteren Beschreibung der Kaltumformbarkeit des *Tiefungsversuchs* nach Erichsen und in Sonderfällen der *Formänderungsanalyse* (s. C 8).

Für die Kaltumformbarkeit ist die *Gefügeausbildung* von ausschlaggebender Bedeutung; ihre Untersuchung einschließlich der Ermittlung des oxidischen Reinheitsgrads braucht in der Regel nur stichprobenweise vorgenommen zu werden, da alle Maßnahmen zur Einstellung des gewünschten Gefüges sehr genau überwacht werden.

Bei Beachtung der für eine bestimmte Stahlsorte vorgeschriebenen Fertigungsbedingungen genügt eine Beschreibung der Eigenschaften durch die Kenngrößen aus dem Zugversuch (s. o.). In Sonderfällen liefert der *Kerbzugversuch* Aussagen über die durch metallurgische Maßnahmen erreichte Sulfidmenge und -form, die sich durch Unterschiede in den Längs- und Quereigenschaften des Werkstoffs bemerkbar machen.

Zur Kennzeichnung von *Warmband zur Herstellung von Kaltband* wird im allgemeinen nur die *chemische Zusammensetzung* [2a] und – mit den oben genannten Einschränkungen – das *Gefüge* herangezogen.

Maßnahmen zur Einstellung der geforderten Eigenschaften

Nach den Ausführungen in C 8 ist eine gute Kaltumformbarkeit des Stahls gegeben, wenn das *Gefüge* möglichst weitgehend aus Ferrit besteht, der Kohlenstoffgehalt also niedrig liegt, so daß wenig Perlit im Gefüge vorhanden ist und sich der möglicherweise entstehende Zementit nicht in grober Form ausscheidet. Günstig ist auch eine gleichmäßige Kornausbildung. Zur Einstellung eines solchen Gefüges werden folgende Maßnahmen getroffen:

Die Endwalztemperatur sowohl für Warmband zur Direktverarbeitung als auch zur Weiterverarbeitung durch Kaltwalzen wird oberhalb des A_3-Punktes gehalten, um zu erreichen, daß die Austenitumwandlung vollständig nach der Warmumformung stattfindet.

Warmband zur Direktverarbeitung wird mit einer Temperatur aufgehaspelt, die um 650 °C liegt und einen Kompromiß zwischen höherer Temperatur (Stickstoffabbindung bei aluminiumberuhigten Stählen) und niedrigerer Temperatur (Einstellung bestimmter Festigkeitseigenschaften sowie Vermeidung festhaftenden Zunders) darstellt.

Warmband zur Weiterverarbeitung durch Kaltwalzen wird, wenn es aus beruhigtem Stahl gefertigt wird, mit niedrigeren Temperaturen von unter 600 °C gehaspelt, um Aluminium in Lösung zu halten und das Aluminiumnitrid über eine gesteuerte Ausscheidung bei der späteren Glühung des kaltgewalzten Bandes zur Einstellung einer günstigen Textur zu nutzen (s. C 8). Warmband aus unberuhigtem Stahl, dessen Bedeutung sehr zurückgeht, wird zur Einstellung eines im Hinblick auf die Kaltumformbarkeit günstigen gröberen Kornes mit Temperaturen um 620 °C gehaspelt.

Tabelle D 4.1 Stahlsorten und mechanische Eigenschaften von warmgewalztem Flachzeug zur unmittelbaren Kaltumformung (weitere Einzelheiten s. DIN 1614 Teil 2 [2])

Stahlsorte (Kurzname)	Desoxidationsart[a]	Zugfestigkeit N/mm^2 max.	Bruchdehnung A_{80mm} % min.	A
StW 22	freigestellt	440	25	29
UStW 23	U	390	28	33
RRStW 23	RR	420	27	31
StW 24[b]	RR	410	30	34

[a] U = unberuhigt; RR = besonders beruhigt
[b] Streckgrenze max. 320 N/mm^2

Kennzeichnende Stahlsorten mit betrieblicher Bewährung

In Tabelle D 4.1 sind die für warmgewalztes Flachzeug zur Direktverarbeitung gebräuchlichen Stahlsorten mit den zugehörigen Zugfestigkeits- und Bruchdehnungswerten als Anhaltswerte angegeben. In Ergänzung dazu ist in Bild D 4.1 ein Streubereich für die *r*- und *n*-Werte dieser Stähle eingezeichnet. Weitere Einzelheiten finden sich in DIN 1614 Teil 2 [2].

D 4.1.1.2 Kaltgewalzte Flacherzeugnisse

Anforderungen an die Gebrauchseigenschaften

Für kaltgewalztes Feinblech und Band stehen die Anforderungen an die *Kaltumformbarkeit* noch stärker im Vordergrund als bei warmgewalztem Flachzeug, da bei geringerer Blechdicke kompliziertere Formteile gefertigt werden müssen, z.B. für Pkw-Karosserien. In diesen Fällen sind je nach Beanspruchung eine besonders gute Tiefziehbarkeit und/oder Streckziehbarkeit des Flachzeugs erforderlich, die zum Teil nur durch besondere Stahlsorten oder durch besondere Maßnahmen im Fertigungsgang erbracht werden können. Dagegen werden bei der Herstellung anderer Teile, wie z.B. Büromöbel, Metalltüren, Außenverkleidungen und Haushaltsgeräte, keine sehr hohen Ansprüche an die Umformbarkeit gestellt. Hier sind vielmehr eine gute Planlage und die Eignung zur Oberflächenveredlung sicherzustellen.

Im Zusammenhang mit der Kaltumformbarkeit sind auch die Anforderungen an die Freiheit von Fließfiguren zu nennen, die in gewisser Weise von der Alterungsneigung des Stahls abhängt.

Die *Oberflächenbeschaffenheit* ist nach der Kaltumformbarkeit des Grundwerkstoffs im Hinblick auf die Einsatzmöglichkeiten von Feinblech und Band an zweiter Stelle zu nennen. Man unterscheidet zwischen Oberflächenart und Oberflächenausführung. Der Begriff Oberflächenart beinhaltet Klassen mit unterschiedlichem Ausmaß an zulässigen Oberflächenfehlern. Differenziert wird im wesentlichen zwischen üblicher kaltgewalzter Oberfläche, bei der kleine Fehler zulässig sind, und bester Oberfläche, bei der eine Seite so gut wie fehlerfrei sein muß. Zur Kennzeichnung der Oberflächenausführung werden die Begriffe besonders glatt, glatt, matt und rauh verwendet.

Die *Eignung zur Oberflächenveredlung* mit metallischen Überzügen oder organischen Beschichtungen ist, wie in C 8 beschrieben, eine weitere wichtige Eigenschaft der Feinbleche (s. auch C 12 und D 4.2).

Auf die Ansprüche an die *Sauberkeit* der Feinblechoberfläche ist ebenfalls hinzuweisen. Diese kann durch den auf der Blechoberfläche nach alkalischer Vorreinigung verbleibenden Restkohlenstoffgehalt und den Eisenabrieb gekennzeichnet werden. Es besteht ein Zusammenhang mit der Korrosionsbeständigkeit bei Karosserieblechen über eine Beeinflussung der Phosphatier- und Lackierbarkeit.

Im Hinblick auf die *Eignung zum Rollennahtschweißen*, einem empfindlich reagierenden Fügeverfahren, werden besonders saubere Feinblechoberflächen verlangt. Eine gute *Punktschweißeignung* ist aufgrund der chemischen Zusammensetzung mit niedrigen Kohlenstoffgehalten und geringen Gehalten an Legierungselementen bei den weichen Stählen gegeben.

Unter Berücksichtigung zunehmender Automation der Fertigungsverfahren bei

Verarbeitung von Feinblech besteht die Forderung nach günstigen Werten und höchster *Gleichmäßigkeit* der Kaltumformbarkeit, Oberflächenbeschaffenheit sowie Planlage und Maßhaltigkeit.

Kennzeichnung der geforderten Eigenschaften

Die *Kaltumformbarkeit* von Feinblech und Band wird im wesentlichen durch die Kenngrößen des *Zugversuchs*, d. h. durch Streckgrenze, Zugfestigkeit und Bruchdehnung beschrieben. Der Zugversuch gehört damit zu den wichtigsten betrieblich durchgeführten Prüfverfahren. Darüber hinaus wird zur Kennzeichnung der geforderten Festigkeitseigenschaften die *Härteprüfung* nach Rockwell B oder Rockwell F und T herangezogen, deren Ergebnisse jedoch als alleiniger Bewertungsmaßstab nicht ausreichen [3].

Die Kennzeichnung des *Alterungsverhaltens* erfolgt ebenfalls im Zugversuch, z. B. durch Beurteilung der Streckgrenzen-(Lüders-)Dehnung (s. C 1).

Zunehmende Anwendung erlangt die Bestimmung der *senkrechten Anisotropie r* und des *Verfestigungsexponenten n* im Zugversuch, die aber noch nicht genormt ist. Zur näheren Erläuterung dieser Kenngrößen wird auf C 8 verwiesen.

Die Kennzeichnung der *Oberflächenbeschaffenheit*, also besonders der Oberflächenart und Oberflächenausführung, wird durch visuelle Beurteilung vorgenommen. Jedoch kommt bei der Oberflächenausführung auch die Messung der Oberflächenrauheit in Betracht, sie wird nach dem Tastschnittverfahren (entsprechend EURONORM 49 [4]) ermittelt.

Für die oben genannten Möglichkeiten der Oberflächenausführung glatt, matt und rauh müssen für die Mittenrauheit R_a bestimmte Werte eingehalten werden (glatt: $R_a \leq 0{,}6\,\mu m$; matt: R_a von 0,6 bis 1,8 μm; rauh: R_a mind. 1,5 μm).

Für eine spätere Veredlung durch Aufbringen von dekorativen Metallüberzügen ist ein R_a-Wert $< 0{,}9\,\mu m$ einzustellen. Für Außenhautteile der Automobilkarosserien sind die R_a-Werte auf rd. $\leq 1{,}5\,\mu m$ mit Rücksicht auf den Lackglanz begrenzt. Für extrem tiefgezogene Erzeugnisse, wie z. B. Ölwannen, Kraftstoffbehälter oder Badewannen, werden R_a-Werte von 1,5 bis 2,8 μm angestrebt, wodurch sich das Schmiermittel beim Umformen besser auswirken kann.

Als zusätzliche Parameter zur vollständigeren Kennzeichnung der Oberflächenstruktur sind Spitzen- oder Tiefenzahl und Profiltraganteil zu nennen.

Als nachbildendes Prüfverfahren ist der *Tiefungsversuch* nach Erichsen als einziges Verfahren zur Kennzeichnung der Kaltumformbarkeit genormt. Ebenso wie bei anderen nachbildenden Prüfverfahren, z. B. dem Näpfchenziehversuch, überdecken bei diesem Versuch die Reibungseinflüsse das Werkstoffverhalten im starken Maße. In Sonderfällen wird daher die *Formänderungsanalyse* (s. C 8) entweder an bauteilähnlichen Preßteilen im Labor oder direkt im Preßwerk durchgeführt.

Die *Gefügeausbildung* einschließlich des oxidischen Reinheitsgrades bestimmt grundsätzlich die geforderten Feinblecheigenschaften im Zusammenwirken mit den Oberflächeneigenschaften. Trotzdem werden metallografische Untersuchungen zur Überprüfung der Fertigung nur stichprobenweise durchgeführt, da die vorgeschriebenen metallurgischen und werkstoffkundlichen Maßnahmen zur Einstellung des Gefüges sehr sorgfältig eingehalten werden. Auch erfolgt die Bestimmung der Sauberkeit der Feinblechoberfläche und der Befettung des versandfertigen

Kaltbandes mit einem Korrosionsschutzöl (Ölauflage) nicht im Rahmen einer laufenden Prüfung.

Maßnahmen zur Einstellung der geforderten Eigenschaften

In C 8 und hier in D 4.1.1.1 ist ausgeführt, welche Gefügeausbildung anzustreben ist, damit die Anforderungen besonders an die Kaltumformbarkeit erfüllt werden können. Bei kaltgewalztem Feinblech und Band sind die Anforderungen an die Gebrauchseigenschaften besonders hoch. Um ihnen entsprechen zu können, sind die für alle Fertigungsstufen aufgrund der metallurgischen und metallkundlichen Zusammenhänge festgelegten Vorgaben in möglichst engen Grenzen einzuhalten, um Erzeugnisse mit dem günstigsten Gefüge und der zweckmäßigsten Oberflächenbeschaffenheit zu erzielen:

Im Rahmen der *Stahlherstellung* haben die Einführung der Sauerstoffmetallurgie und des Stranggießens sowie der Pfannenmetallurgie und der Vakuumbehandlung für Stahlsorten mit besonderen Gütevorschriften beste Voraussetzungen für die Erzeugung gleichmäßiger und weiter verbesserter Stähle geschaffen. Diese Verfahren gestatten die Einstellung niedriger Kohlenstoff- und Mangangehalte bei geringen Anteilen anderer Stahlbegleitelemente mit der Folge der Erzeugung eines Gefüges aus Ferrit mit sehr geringen Anteilen an Perlit bzw. Zementit mit günstigen Verarbeitungseigenschaften.

Eine weitere Verbesserung der Kaltumformbarkeit kann durch eine den Kohlenstoffgehalt und damit den Perlit- oder Zementitanteil in der ferritischen Grundmasse noch weiter (bis auf rd. 0,01% C) absenkende Vakuumbehandlung erreicht werden. Zusätzlich wird eine (ungünstig wirkende) Einlagerung der Kohlenstoff- und Stickstoffatome auf Zwischengitterplätzen des Ferrits verhindert und zwar durch ihre Abbindung z. B. durch zugefügtes Titan oder Niob (IF-Stahl, s. auch C 8.3.2).

Die schon erwähnte Stranggießtechnik hat wesentlich zur Vergleichmäßigung der Stahlerzeugnisse beigetragen; sie macht es – u. a. auch dadurch, daß strangvergossener Stahl grundsätzlich beruhigt ist – möglich, die Gleichmäßigkeit der Verarbeitungseigenschaften über Bandlänge und Bandbreite weiter zu verbessern. Aufgrund besonderer Maßnahmen wird zusätzlich weitgehende Freiheit von nichtmetallischen Einschlüssen erreicht.

Bei unberuhigt, also nicht im Strang vergossenen Stählen läßt sich eine Begrenzung des unerwünschten Seigerungseffektes durch Einsatz sogenannter Flaschenhalskokillen erzielen, durch die eine Einschränkung des Kochvorgangs bewirkt wird.

Die Verfahrensbedingungen beim *Kaltwalzen*, insbesondere der angewandte Kaltwalzgrad, ermöglichen es, eine gleichmäßige Kornausbildung zu erreichen und Einfluß auf die Einstellung der für die Kaltumformbarkeit wichtigen Kenngrößen r-Wert und n-Wert zu nehmen. Beim Kaltwalzen des im Dickenbereich von rd. 1,5 mm bis 6 mm vorliegenden Warmbandes auf die vorgegebene Enddicke erfährt das Warmbandgefüge eine Kaltverfestigung, die in Abhängigkeit von der Stahlsorte zu Festigkeitszunahmen von 500 N/mm^2 führen kann. In der Regel liegt die Dickenabnahme zwischen 55 und 75%, wobei der Kaltwalzgrad die sich beim rekristallisierenden Glühen einstellenden Eigenschaftswerte beeinflußt (s. C 8). So ist z. B. bei einem Kaltwalzgrad von rd. 70% ein Höchstwert des r-Wertes nach Glühung im Haubenglühofen festzustellen. Für ein kontinuierliches Kurzzeitglühen (von beruhigtem Stahl) ist ein höherer Kaltwalzgrad anzustreben, um verarbeitungsgerechte r-Werte zu erreichen.

Durch Auswahl geeigneter Walzhilfsmittel und Walzbedingungen werden die Voraussetzungen zur Erzeugung einer sauberen Feinblechoberfläche geschaffen.

Um die durch das Kaltwalzen hervorgerufene Verfestigung zu beseitigen, wird das Band einer rekristallisierenden *Glühung* unterzogen. Die Glühung des Bandes als *Festbund* (Rolle) erfolgt vorwiegend in Haubenglühöfen. Die Glühtemperatur liegt dabei unterhalb der A_l-Temperatur. Bei beruhigtem Stahl erfolgt die Ausscheidung von Aluminiumnitrid während des langsamen Aufheizens bei ausreichender Verweilzeit im Bereich der Erholung und der beginnenden Rekristallisation. Aluminiumnitrid wirkt hier als Steuerphase zur Ausbildung der gewünschten (111)-Textur und eines guten r-Wertes. Das sich dabei einstellende Gefüge aus gestreckten Kristalliten gestattet eine Kontrolle, ob der beschriebene Mechanismus der Ausscheidung während der beginnenden Neubildung des Gefüges abgelaufen ist.

In besonderen Fällen, z. B. zur Entkohlung oder zur Beeinflussung der Oberflächenbeschaffenheit, werden Stähle *im offenen Bund* („open coil") geglüht. Hierbei werden die einzelnen Windungen durch Einwickeln eines Drahtes auf Abstand gehalten, um das verwendete Gas leichter an der Stahloberfläche reagieren zu lassen. Auf diese Weise sind Kohlenstoffgehalte von wenigen ppm zu erreichen. Derart entkohlte Bänder werden beispielsweise für die Einschicht-Weißemaillierung eingesetzt.

Anstelle des diskontinuierlichen Glühens im Haubenofen kann ein kontinuierliches *Glühen im Durchlaufglühofen* (D-Ofen) mit hoher Aufheiz- und Abkühlgeschwindigkeit bei wesentlich geringerer Haltedauer durchgeführt werden. Mit Hilfe einer in Linie durchgeführten Anlaßbehandlung bei rd. 400 °C zur Ausscheidung des bei der schnellen Abkühlung in Lösung verbliebenen Kohlenstoffs werden Alterungsverhalten und mechanische Eigenschaften des durchlaufgeglühten Bandes verbessert. Durch besondere Maßnahmen in den Vorstufen Stahlwerk (Einstellung niedriger Mangan-, Schwefel- und Sauerstoffgehalte), Warmwalzwerk (hohe Haspeltemperaturen $>$ 700 °C) und Kaltwalzwerk sind die Voraussetzungen für ein günstiges Rekristallisationsverhalten und die Ausbildung einer für die Tiefziehbarkeit günstigen Textur erfüllt [5].

Durch *Dressieren*, ein Nachwalzen mit kleinen Umformgraden ($<$ 2%), wird die ausgeprägte Streckgrenze beseitigt, die beim Kaltumformen zum Auftreten von unerwünschten Fließlinien führt. Durch das Nachwalzen wird auch die Oberflächenausführung eingestellt und eine Verbesserung der Planlage erreicht. Der Nachwalzgrad ist abhängig von der Blechdicke und liegt vornehmlich bei rd. 1%. Handelt es sich um Feinblech und Band aus Stahl, der wegen besonders niedriger Kohlenstoff- und Stickstoffgehalte oder wegen der Abbindung dieser Elemente durch Titan oder Niob (s. o. IF-Stahl) keine ausgeprägte Streckgrenze aufweist, so richtet sich der Nachwalzgrad ausschließlich nach der zu erzielenden Planlage und Rauheit.

Tabelle D 4.2 Sorteneinteilung und mechanische Eigenschaften der weichen unlegierten Stähle für kaltgewalztes Band und Blech (weitere Einzelheiten s. DIN 1623 Blatt 1 [6])

Stahlsorte (Kurzname)	Desoxidations-art[a]	Zugfestigkeit N/mm² max.	Obere Streckgrenze N/mm² max.	Bruchdehnung $A_{80\,mm}$ % min.	Härte HRB max.
St 12	freigestellt	370	240	32	55
USt 13	U	350	225	34	52
RRSt 13	RR	330	210	36	50
St 14	RR	320	195	39	45

[a] U = unberuhigt; RR = besonders beruhigt

Kennzeichnende Stahlsorten mit betrieblicher Bewährung

In Tabelle D 4.2 sind die wichtigsten unlegierten Stähle mit niedrigem Kohlenstoffgehalt für kaltgewalztes Band und Blech mit ihren mechanischen Eigenschaften genannt, und zwar nach DIN 1623 Blatt 1 [6].

Wegen des Einsatzes der Stranggießtechnik (s. o.) wird auch der Stahl St 13 (wie der Stahl St 14) besonders beruhigt hergestellt, was bei diesem Stahl auch durch den Kurznamen RR St 13 zum Ausdruck kommt. Dadurch sollen Verwechslungen mit der unberuhigten Ausführung U St 13 vermieden werden; dieser Stahl wird weiterhin für solche Verwendungsfälle erzeugt, bei denen man, z. B. bei der Oberflächenveredlung, auf die Besonderheiten des unberuhigten Stahls (Oberflächenschicht aus reinem Ferrit, s. auch E 3) nicht verzichten will. In Ergänzung zu Tabelle D 4.2 sind in Bild D 4.1 für die verschiedenen kaltgewalzten Flacherzeugnisse aus diesen weichen Stählen die Bereiche der senkrechten Anisotropie und des Verfestigungsexponenten gekennzeichnet. Der bewußt sehr ausgedehnt

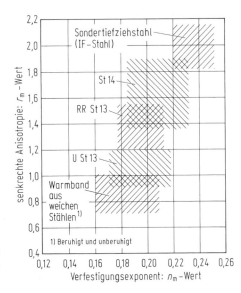

Bild D 4.1 Vergleich der *r*- und *n*-Werte von warm- oder kaltgewalzten Flacherzeugnissen aus weichen Stählen (Anhaltswerte).

eingestellte Wertebereich für den Stahl St 14 kennzeichnet die weiten Anwendungsmöglichkeiten dieser Stahlsorte.

Für besonders schwierige Formteile kommt der im Bild ebenfalls enthaltene oben beschriebene Sondertiefziehstahl (IF-Stahl) zum Einsatz, der neben den günstigen r- und n-Werten besonders niedrige Streckgrenzenwerte ($\leq 150\,\text{N/mm}^2$) aufweist. Weitere Einzelheiten zu diesem Stahl sind oben und in C 8 angegeben.

D 4.1.2 Flacherzeugnisse aus allgemeinen Baustählen und höherfesten Stählen

Für bestimmte Verwendungszwecke müssen Formteile, die aus Flachzeug durch Kaltumformen hergestellt werden, im Endzustand höhere Festigkeitseigenschaften aufweisen, als ein solches Teil aus unlegierten weichen Stählen erbringen kann. In diesen Fällen müssen Stähle eingesetzt werden, die eine höhere Streckgrenze und Zugfestigkeit haben; das gilt sowohl für warmgewalzte als auch für kaltgewalzte Bleche und Bänder.

D 4.1.2.1 Warmgewalzte Flacherzeugnisse

Anforderungen an die Gebrauchseigenschaften

Die Maßstäbe für die geforderten Eigenschaften setzt insbesondere die Automobilindustrie für Teile der Karosserie, sowie des Trag- und Fahrwerks, für die aus Gründen der Kraftstoffeinsparung eine verminderte Blechdicke zur Erzielung eines geringeren Fahrzeuggewichtes (Leichtbau) angestrebt wird. Für Nutzfahrzeuge, wie Mobilkrane, Muldenkipper usw., und auch für Schienenfahrzeuge wird eine Verbesserung des Verhältnisses von Nutzlast zu Eigengewicht angestrebt. Die Wanddickenverminderung muß dabei durch eine *Anhebung der Werte für die Festigkeitseigenschaften* kompensiert werden.

Die Festigkeitssteigerung beeinträchtigt die Verformbarkeits- und Zähigkeitseigenschaften, und damit das Verarbeitungsverhalten beim Umformen und auch beim Schweißen. Im Prinzip sind Festigkeits- und Zähigkeitseigenschaften gegenläufig miteinander verknüpft, so daß die Festigkeitssteigerung nur so weit getrieben werden kann, wie es die Mindestwerte der Verarbeitungseigenschaften, insbesondere der *Kaltumformbarkeit*, erlauben. Dieser Zusammenhang ist quantitativ sehr unterschiedlich je nach dem in Anspruch genommenen Verfestigungsmechanismus bei den verschiedenen Sorten der höherfesten Stähle (s. C 1).

Kennzeichnung der geforderten Eigenschaften

Die *Festigkeitseigenschaften* werden nach dem üblichen Vorgehen im *Zugversuch* geprüft. Wie bei den weichen unlegierten Stählen wird die Verarbeitungseigenschaft *Kaltumformbarkeit* durch eine Reihe verschiedener *Prüfverfahren* gekennzeichnet. Neben Prüfwerten aus dem Zugversuch (z. B. Streckgrenze, Zugfestigkeit, Bruchdehnung, r-Wert, n-Wert) und der Härteprüfung werden vor allem simulierende Prüfungen (Tiefung nach Erichsen, Näpfchenziehversuch) in vielen Abwandlungen angewandt. Auch die Form und Lage der Grenzformänderungskurve erlaubt Rückschlüsse auf das Umformverhalten (s. C 8).

Maßnahmen zur Einstellung der geforderten Eigenschaften
Die metallkundlichen Konzepte der Festigkeitssteigerung der Stähle sind bei warmgewalzten Erzeugnissen (vorwiegend Warmbreitband und Grobblech) beschrieben worden (s. C1 und D2). Alle in Betracht kommenden *Verfestigungsmechanismen* werden ausgenutzt: Mischkristallverfestigung (einschließlich der durch Härtung bewirkten), Erhöhung der Versetzungsdichte (Kaltverfestigung), Ausscheidungshärtung und Kornfeinung.

Es können sowohl einzelne Effekte als auch Kombinationen von zwei oder mehreren Mechanismen der metallkundlichen Einflußnahme in Anspruch genommen werden, wobei ihre Wirkungen additiv sind [7].

Bei den *allgemeinen Baustählen* im *warmgewalzten Zustand* [8] wird die Festigkeitssteigerung gegenüber den weichen Stählen nach D 4.1.1 durch einen erhöhten *Perlitanteil* in der ferritischen Grundmasse und ihre Verfestigung durch *Mischkristallbildung*, im wesentlichen durch Mangan, Silizium und Kohlenstoff, sowie – bei den mit Aluminium beruhigten Stählen – durch eine *Kornfeinung* infolge der gesteuerten Aluminiumnitridausscheidung in Verbindung mit einer Walztechnologie mit beschleunigter Abkühlung (Feinkornstähle) erzielt.

Das gleiche ist zu den *wetterfesten Baustählen* zu sagen, die gewissermaßen eine Nebenlinie der allgemeinen Baustähle darstellen und sich bei vergleichbarer Gefügeausbildung durch ihre Gehalte an Chrom, Kupfer und z. T. Vanadin unterscheiden. Dadurch bilden sich auf der Stahloberfläche unter Witterungseinfluß kompakte oxidische Deckschichten und die Stähle bekommen damit einen erhöhten Widerstand gegen atmosphärische Korrosion (s. D 2).

Gegenüber dem warmgewalzten Zustand günstigere Verarbeitungseigenschaften beim Kaltumformen können durch ein Normalglühen oder ein normalisierendes Umformen (früher: Walzen mit geregelter Temperaturführung) [9] erreicht werden [10–12], da durch diese Maßnahme das *Gefüge gleichmäßiger* und die *kornfeinende Wirkung* verstärkt wird.

Hinzu kann die Einstellung eines niedrigen Schwefelgehalts oder einer Sulfidformbeeinflussung durch Legierungs- und Walzmaßnahmen treten. Dadurch wird beim Walzen eine Ausstreckung der Sulfide zu langen Zeilen, die sich sehr ungünstig auf die Quer- und Senkrechteigenschaften auswirken, vermieden oder zumindest stark eingeschränkt.

Eine weitere Verbesserung der Umformbarkeit und der Schweißeignung bedingt ein Abgehen von den allgemeinen Baustählen und vergleichbaren Stahlsorten, sie kann durch eine Verringerung des Perlitanteils im Gefüge oder durch völlige *Eliminierung des Perlits* erreicht werden und zwar durch ein starkes Absenken des Kohlenstoffgehalts unter 0,10% (perlitarme oder perlitfreie Feinkornstähle) [13]. Der durch den verringerten Kohlenstoffgehalt verminderte Anteil an Festigkeitssteigerung durch eine härtere Zweitphase (Perlit) und an Mischkristallverfestigung wird sodann ersetzt durch ein Zusammenwirken von *Kornfeinung* und *Ausscheidungshärtung*, die sich auf die Wirkung der Karbide oder Karbonitride der Mikrolegierungselemente Vanadin, Niob oder Titan gründen. Die dabei in Warmbreitbandstraßen angewandte Temperaturführung beim Walzen und Haspeln und der gesteuerte Verformungsgrad (Stichplan) sind kennzeichnend für eine thermomechanische Behandlung (s. auch D 2.4.2). Auf diesem Wege können Streckgrenzenwerte bis über $500\,N/mm^2$ erzielt werden.

Die Gefügeausbildung der mikrolegierten, perlitarmen Stähle bewirkt trotz hoher Festigkeit ein günstiges Verhalten der daraus hergestellten Flacherzeugnisse bei der Verarbeitung hinsichtlich der Kaltumformbarkeit (Bild D 4.2), des Schweißens sowie der Zähigkeitseigenschaften im Gebrauch.

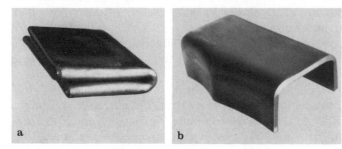

Bild D 4.2 Taschentuchfaltprobe (a) und praxisnahe Prüfung eines U-Profils (b) aus 6 mm dickem Warmband aus mikrolegiertem, thermomechanisch behandeltem Stahl mit einer Streckgrenze von mind. 380 N/mm².

Erheblich höhere Mindestwerte für die Streckgrenze von rd. 700 bis 1000 N/mm² können durch Flüssigkeitsvergüten der Bleche, das vor oder nach der Kaltumformung erfolgen kann, erreicht werden [14].

Daneben ist ein hochfester Stahl mit einem Gefüge aus nahezu *kohlenstofffreiem Bainit* nach einer thermomechanischen Behandlung entwickelt worden; die Umsetzung in die betriebliche Erzeugung ist allerdings noch nicht abgeschlossen. Dieser Stahl kann Streckgrenzenwerte bis zu 900 N/mm² erreichen [15, 16].

Stähle, die ein *rein ferritisches Grundgefüge* aufweisen und daher besonders gut kaltumformbar sind, können durch eine geeignete *zweite Phase* so verfestigt werden, daß die Kaltverarbeitbarkeit nur verhältnismäßig wenig eingeschränkt wird. Diese sogenannten *Dualphasen-Stähle* erhalten ihr optimiertes Gefüge [17–19], das aus Ferrit mit rd. 20 bis 30% inselartig eingelagertem Martensit besteht (Bild D 4.3), durch eine besondere Legierungs- und Herstellungstechnik beim Warmwalzen oder Glühen. Der Martensit wird durch beschleunigte Abkühlung eines sehr kohlenstoffarmen Stahls aus dem teilaustenitisierten Zustand, also aus dem α+γ-Zweiphasengebiet erhalten. Neben Martensit können sich auch geringe Mengen an Bainit bilden, auch sind Anteile an Restaustenit möglich. Je nach der Legierungszusammensetzung (Tabelle D 4.3), die die kritische Abkühlungsgeschwindigkeit bestimmt, kann der Dualphasen-Zustand aus der Walzhitze unmittelbar nach dem Warmbandwalzen [20] oder durch eine Warmbandglühung mit Schnellabkühlung in einem Durchlaufofen erzeugt werden.

Im Vergleich zu den warmgewalzten oder normalgeglühten bzw. normalisierend umgeformten bis rd. 5,0 mm dicken Warmbändern oder Blechen weisen die Dualphasen-Stähle bei gleicher Festigkeit eine deutlich bessere Umformbarkeit auf. Im verarbeiteten Zustand werden Zugfestigkeitswerte von 400 bis 1000 N/mm² erreicht bei gleichzeitig niedrigen Streckgrenzenwerten (Verhältnis von Streckgrenze zu Zugfestigkeit 0,4 bis 0,6). Die Dauerschwingfestigkeit und – bei den über Warmbandglühen hergestellten Stahlsorten – auch die Schweißeignung sind vergleichsweise verbessert.

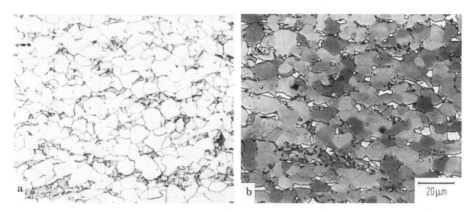

Bild D 4.3 Gefügeausbildung eines Warmbandes aus einem mit Molybdän legierten Dualphasen-Stahl. **a** HNO$_3$-Ätzung; **b** Natriumthiosulfat-Ätzung

Die günstigen Verarbeitungseigenschaften beruhen im wesentlichen auf dem ferritischen Grundgefüge, das feinkörnig, sehr kohlenstoffarm und durch Substitutionselemente verfestigt ist. Die chemische Zusammensetzung, insbesondere die Elemente Molybdän, Chrom, Mangan und Silizium bestimmen das Umwandlungsverhalten des Stahls und darüber hinaus zusammen mit dem Kohlenstoffgehalt die Härte des sich aus dem Restaustenit bildenden Martensits (s. auch C 8.3.2).

Der Herstellungsweg über die Abkühlung aus der Walzhitze erfordert eine chemische Zusammensetzung, die ein Umwandlungsverhalten entsprechend einer langen Inkubationszeit der Perlitbildung bewirkt. Bei Einstellung geringerer Legierungsgehalte, also bei Verwendung weniger umwandlungsträger Stähle wird beim Bandwalzen eine sehr niedrige Haspeltemperatur bis unter 400 °C erforderlich.

Im Durchlaufofen geglühte Warmbänder erlauben aufgrund sehr schneller Abkühlung die Wahl einer chemischen Zusammensetzung mit herabgesetzten Legierungsgehalten.

Kennzeichnende Stahlsorten mit betrieblicher Bewährung

Zu den allgemeinen Baustählen sei auf die Stahlsorten nach DIN 17 100 [8] verwiesen, die ausführlich in D 2 behandelt sind; Anhaltsangaben für die chemische Zusammensetzung finden sich der Vollständigkeit halber hier in Tabelle D 4.3. Festlegungen über die wetterfesten Stähle sind ebenfalls in D 2 enthalten.

In Tabelle D 4.3 sind auch die höherfesten Stähle gekennzeichnet. Angaben über die mechanischen und technologischen Eigenschaften der höherfesten warmgewalzten Feinkornstähle zum Kaltumformen in Dicken ≦ 16 mm sind in Tabelle D 4.4 aufgeführt [10]. Zu beachten sind die Unterschiede in den Eigenschaften der normalgeglühten und der thermomechanisch behandelten Stähle, die durch die in D 2.4.2 gegebenen Hinweise auf die metallkundlichen Zusammenhänge verständlich sind. Die Stähle finden Anwendung vor allem im Fahrzeugbau [21], z. B. für Pkw-Rahmen- und- Fahrwerksteile, Lkw-Längsträger oder Radscheiben. Ein Verwendungsgebiet, bei dem die Kaltumformbarkeit nicht die bestimmende aber eine notwendige Eigenschaft darstellt, ist z. B. der Bau von Fernleitungen aus

Tabelle D 4.3 Chemische Zusammensetzung (Anhaltswerte) einiger warmgewalzter bzw. kaltgewalzter (normalfester und) höherfester Stähle für Flachzeug zum Kaltumformen

Stahlart	Chemische Zusammensetzung				Bemerkungen
	% C	% Si	% Mn	% andere kennzeichnende Elemente	
Warmgewalzt (und ggf. wärmebehandelt)					
allgemeine Baustähle (St 37, St 44, St 52)	< 0,20	0,3…1,5	< 1,5	Al: 0,020	
perlitarme, mikrolegierte Stähle	< 0,10 < 0,22	0,8…1,4 1,2…1,7	< 0,5 < 0,5	Nb: < 0,1 Ti: < 0,2 (V, Al)	thermomechanisch behandelt normalgeglüht
wasservergütete Stähle	< 0,20	< 1,3	< 0,8	Cr: < 1,5 Mo: 0,6 Ni: 1,5 Zr: 0,1 (B, Co, V)	
Stähle mit kohlenstoffarmem Bainit	< 0,08	< 2,0 (3,0)	0,3 (0,6)	Mo: 0,3 B: 0,003 Ti: 0,02 (Nb, Cr)	
Dualphasen-Stähle	0,06 0,12…18	0,3 (2,0) 1,2…1,8	0,7 (1,5) 0,3…0,6	Cr: 0,6 Mo: 0,4 V: 0,15 (Nb)	erzeugt aus der Walzhitze geglüht im Durchlaufofen
kaltgewalzt (und ggf. wärmebehandelt)					
allgemeine Baustähle (St 37, St 44, St 52)	< 0,20	0,3…1,5	< 1,5	Al: 0,020	
Vergütungsstähle	< 0,7	< 0,8 (2,0)	< 0,5	Cr: rd. 1 Mo: 0,3 (Ni, V)	
mikrolegierte Stähle	< 0,1	0,8…1,8	< 0,5	Nb: < 0,1 Ti: < 0,2 (V)	
Stähle mit erhöhtem Phosphorgehalt	< 0,08	< 0,5	–	P: bis 0,1	
stark nachgewalzte Stähle	< 0,08	< 0,5	–		
teilrekristallisierte Stähle	< 0,08	< 0,5	–		
Dualphasen-Stähle	0,08 <0,06…0,1 < 0,1	1,3 0,3…1,0 2,2	0,5 0…1,0 0…0,3	Cr: 0,5 P: bis 0,15 N: bis 0,02 Ti: 0,1 B: 0,001	alternative Zusammensetzungen

Tabelle D 4.4 Sorteneinteilung sowie mechanische und technologische Eigenschaften *warmgewalzter* Feinkornstähle zum Kaltumformen in Dicken $\leq$ 16 mm (weitere Einzelheiten s. Stahl-Eisen-Werkstoffblatt 092 [10])

Stahlsorte (Kurzname)	Streckgrenze N/mm² min.	Zugfestigkeit N/mm²	Bruchdehnung für Dicken				Borndurchmesser D beim Faltversuch[a] (a = Probendicke)
			< 3 mm		$\geq$ 3 mm $\leq$ 6 mm	$\geq$ 3 mm	
			$A_{50\,mm}$	$A_{80\,mm}$	$A_{50\,mm}$ % min.	A	
QStE 260 N	260	370...490	26	24	28	30	$D = 0\,a$
QStE 340 TM	340	420...540	21	19	23	25	$D = 0{,}5\,a$
QStE 340 N		460...580	23	21	25	27	
QStE 380 TM	380	450...590	20	18	21	23	$D = 0{,}5\,a$
QStE 380 N		500...640	21	19	23	25	
QStE 420 TM	420	480...620	18	16	20	21	$D = 0{,}5\,a$
QStE 420 N		530...670	20	18	21	23	
QStE 460 TM	460	520...670	15	14	18	19	$D = 1\,a$
QStE 460 N		550...700	18	16	20	21	
QStE 500 TM	500	550...700	13	12	16	17	$D = 1\,a$
QStE 500 N		580...730	15	14	18	19	
QStE 550 TM	550	610...760	11	10	14	15	$D = 1\,a$

[a] Die Probe muß um 180° gebogen werden

geschweißten Großrohren für den Transport von brennbaren Gasen und Flüssigkeiten (s. D 25) [13, 22].

D 4.1.2.2 Kaltgewalzte Flacherzeugnisse

Anforderungen an die Gebrauchseigenschaften

Bei kaltgewalztem Feinblech und Band mit den hier in Rede stehenden höheren Festigkeiten werden Anforderungen an die gleichen Eigenschaften gestellt, die bei den kaltgewalzten Flacherzeugnissen aus weichen Stählen in D 4.1.1.2 behandelt wurden. Neben den Festigkeitseigenschaften steht also die *Kaltumformbarkeit* im Vordergrund. Auch hinsichtlich der Anforderungen an die Oberfläche (Oberflächenart und -ausführung sowie Sauberkeit der Oberfläche) und der Eignung zum Oberflächenveredeln bestehen keine Unterschiede gegenüber kaltgewalztem Feinblech und Band aus weichen unlegierten Stählen.

Kennzeichnung der geforderten Eigenschaften

Gegenüber kaltgewalztem Feinblech und Band aus weichen Stählen bestehen keine Unterschiede hinsichtlich der Prüfverfahren und der Art der zu ermittelnden Kennwerte; das gilt für die mechanischen Eigenschaften ebenso wie für die simulierenden Prüfverfahren und die Anwendung der Formänderungsanalyse oder die Erfassung der Gefügeausbildung (s. D 4.1.1.2).

Maßnahmen zur Einstellung der geforderten Eigenschaften

Der Erzeugungsweg von kaltgewalztem Feinblech und Band verläuft grundsätzlich über die Zwischenstufe Warmband. Es war deshalb naheliegend, im ersten Schritt der Entwicklung ein höherfestes Warmband für das nachfolgende Kaltwalzen, Glühen und Nachwalzen einzusetzen. Durch die Maßnahmen im Kaltwalzwerk werden jedoch die Festigkeitseigenschaften des warmgewalzten Zustandes beeinträchtigt, wie am Beispiel von mikrolegiertem Stahl aus Bild D 4.4 ablesbar ist. Allerdings werden trotz der hohen Streckgrenzenwerte zwar abfallende aber doch noch verhältnismäßig gute Bruchdehnungswerte erreicht (Bild D 4.5).

Der zweite Schritt in der Entwicklung von höherfestem kaltgewalzten Feinblech und Band bestand in der gezielten Einflußnahme im Kaltwalzwerk selbst.

Unter Anwendung und zum Teil kombinierter Nutzung der Verfestigungsmechanismen (s. C 1) bestehen heute mehrere Stahlgruppen mit unterschiedlichen Eigenschaften: Mangan-Silizium-Stähle, aufgephosphorte Stähle, mikrolegierte Stähle, stark nachgewalzte Stähle, teilrekristallisierte Stähle, vergütete Stähle, Dualphasen-Stähle und Bake-Hardening-Stähle.

Die erreichbaren Eigenschaften und die bestehenden Unterschiede der Eigenschaftskombinationen können aus einer Gegenüberstellung der Prüfwerte für die Bruchdehnung und die Zugfestigkeit in Bild D 4.6 entnommen werden. Zum Vergleich sind die Werte für den weichen unlegierten Tiefziehstahl St 14 (s. Tabelle D 4.2) mit eingezeichnet worden. Mit steigender Zugfestigkeit muß eine Abnahme der Bruchdehnung hingenommen werden, wobei hier die Bruchdehnung stellvertretend für die Kaltumformbarkeit steht.

Die für die verschiedenen Stahlgruppen gekennzeichneten Felder machen deutlich, welche breite Eigenschaftspalette abgedeckt werden kann. Für gleiche Zugfestigkeiten ergeben sich sehr unterschiedliche Bruchdehnungswerte $A_{50\,mm}$ von

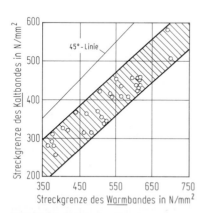

Bild D 4.4 Abfall der Streckgrenzenwerte von mikrolegierten Stählen in Form von warmgewalzten oder thermomechanisch behandeltem Band durch Kaltwalzen, Glühen und Nachwalzen. Nach [23].

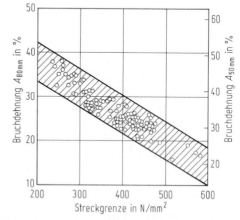

Bild D 4.5 Rückgang der Bruchdehnung von mikrolegierten Stählen in Form von Kaltband mit steigender Streckgrenze. Nach [23].

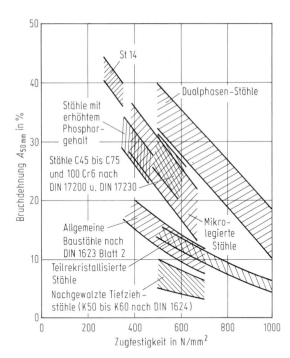

Bild D 4.6 Zusammenhang zwischen Zugfestigkeit und Bruchdehnung von kaltgewalztem Feinblech aus verschiedenen höherfesten Stählen im Vergleich zum weichen Stahl St 14 nach DIN 1623 Blatt 1 [6] (Zu den anderen im Bild genannten Stahlnormen s. [30, 32-34].)

rd. 5% bis rd. 35%. Das Interesse für die praktische Nutzung gilt heute einem Streckgrenzenbereich von rd. 260 bis über 350 N/mm², was einer Zugfestigkeit von rd. 400 bis 700 N/mm² entspricht.

Was die Einzelheiten der festigkeitssteigernden Mechanismen betrifft, so ist oben schon auf C 1 hingewiesen worden. Ihr Einsatz auf dem hier in Rede stehenden Gebiet hat zu folgenden Entwicklungen geführt:

Ausgehend von weichen Tiefziehstählen (s. D 4.1.1.2) kann die Festigkeit durch *Mischkristallbildung*, vor allem durch Mangan und Silizium, angehoben werden. Im Gefüge und nach ihrer chemischen Zusammensetzung sind die so entstandenen Stähle vergleichbar mit den Stählen nach D 4.1.2.1 (Tabelle D 4.3). Allerdings ergibt sich bei diesem kaltgewalzten und rekristallisierend geglühten Feinblech und Band eine geringere Festigkeitssteigerung als im warmgewalzten Zustand.

Zur Mischkristallverfestigung kann auch *Phosphor* herangezogen werden. Stähle mit entsprechend erhöhtem Phosphorgehalt (bis zu rd. 0,1%) haben Streckgrenzenwerte bis zu rd. 340 N/mm². Zusätzlich bewirkt Phosphor, daß die bei kaltgewalzten und geglühten Bändern vorliegende Rekristallisationstextur (s. C 8) noch ausgeprägter wird, wodurch sich eine durch hohe *r*-Werte ($r_m \cong 1{,}8$) gekennzeichnete gute Tiefziehbarkeit ergibt.

Kaltgewalztes Feinblech und Band aus Stählen, bei denen durch *Mikrolegierung* mit Vanadin, Niob oder Titan *Kornfeinung* und *Ausscheidungshärtung* wirksam gemacht werden, erzielen Streckgrenzenwerte von 260 bis 420 N/mm² und überstreichen damit einen weiten Bereich [23]. Dabei ergibt sich mit zunehmender Festigkeit ein Anstieg des Verhältnisses von Streckgrenze zu Zugfestigkeit (Bild D 4.7).

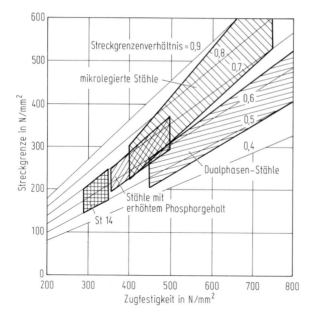

Bild D 4.7 Zusammenhang zwischen Zugfestigkeit und Streckgrenze von kaltgewalztem Feinblech aus verschiedenen Stählen (Streckgrenzenverhältnis = Streckgrenze/Zugfestigkeit).

Die Anwendung höherer Nachwalzgrade bis über 6% steigert die Streckgrenze über die des kaltgewalzten und rekristallisierend geglühten Zustandes hinaus, was durch eine Kaltverfestigung des Gefüges infolge *erhöhter Versetzungsdichte* bedingt ist. Je nach dem Verwendungszweck können mit noch weiter steigendem Nachwalzgrad höhere Festigkeitswerte bis 700 N/mm^2 erzielt werden.

Durch eine Zeit-Temperatur-gesteuerte Rekristallisationsglühung von kaltgewalztem Band, meistens im Durchlauf-Glühofen, kann ein Gefügezustand eingestellt werden, der sich aufgrund einer nur *teilweise abgelaufenen Rekristallisation* ergibt („Full-hard"-Zustand). Das kaltverformte und entsprechend verfestigte Gefüge bleibt dabei teilweise erhalten und bestimmt die höheren Festigkeitseigenschaften, die allerdings mit nur geringer Kaltumformbarkeit verbunden sind.

Bei Stählen mit einem Kohlenstoffgehalt bis zu 0,7% und erhöhten Gehalten an Legierungselementen kann ein *Vergütungsgefüge* eingestellt werden; dabei bewirken Mischkristallverfestigung durch zwangsgelösten Kohlenstoff und erhöhte Versetzungsdichte zusammen mit Feinkörnigkeit hohe Festigkeitswerte, die bei Feinblech und Band zum Kaltumformen allerdings nur ausgenutzt werden können, wenn durch eine gezielte Walz- und Glühbehandlung die Kaltumformbarkeit verbessert wird. Dazu wird, ausgehend von einem Warmband mit vorzugsweise bainitischem Gefüge, nach dem Kaltwalzen so geglüht, daß der Zementit zu 100% kugelig eingeformt wird [24, 25], das bewirkt eine stark verbesserte Bruchdehnung.

Für besondere Anwendungsfälle können niedriglegierte Stähle durch eine Vergütungsbehandlung mit isothermischem Umwandeln zur Einstellung eines bainitischen Gefüges auf Zugfestigkeiten bis 1500 N/mm^2 gebracht werden. Diese Stähle weisen gegenüber solchen mit angelassenem Härtungsgefüge bei gleicher Zugfestigkeit eine höhere Bruchdehnung $A_{50\,mm}$ von 5 bis 10% auf [26].

Die günstigen Umformungseigenschaften der *Dualphasen-Stähle* bei verhältnismäßig hohen Zugfestigkeitswerten sind im vorigen Abschnitt unter warmgewalztem Flachzeug bereits beschrieben worden. Für die Verwendung im Automobilbau, insbesondere für Abmessungen unter 1 mm Dicke, kommt kaltgewalztes Feinblech aus diesen Stählen in Betracht. Dieses wird nach dem Kaltwalzen über ein kontinuierliches Glühen im $\alpha+\gamma$-Zweiphasengebiet im Durchlaufofen bei 750 bis 900 °C mit abschließendem beschleunigten Abkühlen hergestellt. Dabei werden Zugfestigkeiten bis 1000 N/mm^2 erreicht.

Die günstige Kaltumformbarkeit der Dualphasen-Stähle in Form von kaltgewalztem Feinblech läßt sich aus folgendem Werkstoffverhalten ableiten [27-29]:
- Geringe (Ausgangs-)Streckgrenzenwerte (rd. 200 bis 500 N/mm^2), gemessen an hohen Zugfestigkeitswerten (rd. 400 bis 1000 N/mm^2) mit vergleichsweise günstigen Bruchdehnungswerten und damit geringer Rückfederung nach dem Verpressen.
- Fehlen einer ausgeprägten Streckgrenze (keine Streckgrenzendehnung) und damit Fließfigurenfreiheit.
- Starkes Verfestigungsvermögen (hoher Verfestigungsexponent), insbesondere im Bereich geringer Verformungsgrade von < 5%.
- Möglichkeit einer zusätzlichen Streckgrenzensteigerung um rd. 100 N/mm^2 beim Lackeinbrennen (bei rd. 200 °C) am fertigen Teil.

Eine metallkundliche Erklärung der günstigen Verfestigungs- und Verformbarkeitseigenschaften der Dualphasen-Stähle ist, daß aufgrund der Martensitumwandlung mit der daraus resultierenden Gefügeverspannung bewegliche Versetzungen im ferritischen Grundgefüge gebildet werden und darüber hinaus im Verlaufe einer Verformung durch nachträgliche Umwandlung noch vorhandenen Restaustenits in Martensit weitere bewegliche Versetzungen entstehen.

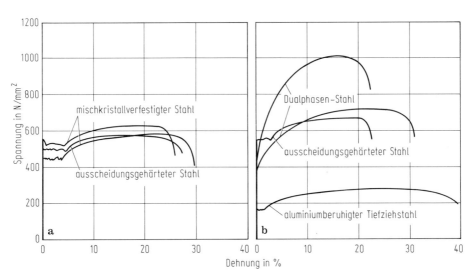

Bild D 4.8 Spannungs-Dehnungs-Kurven von kaltgewalztem Feinblech aus verschiedenen höherfesten Stählen. **a** nach Glühen im Haubenofen bei 650 °C 3 h langsam abgekühlt und **b** nach Glühen im Durchlaufofen bei 800 °C 4 min Luftabkühlung.

Die Spannungs-Dehnungs-Schaubilder (Bild D 4.8) von Feinblechen aus mischkristallverfestigten und ausscheidungsgehärteten Stählen zeigen nach rekristallisierendem Glühen im Haubenofen oder im Durchlaufofen ein ähnliches Verhalten mit starker Verfestigung im Vergleich zu den weichen Tiefziehstählen. Die Kurven für den Dualphasen-Stahl spiegeln das beschriebene besondere Verfestigungs- und Verformbarkeitsverhalten wider.

Im Durchlaufofen geglüht, weisen diese Stähle mehr oder weniger ausgeprägte Alterungseffekte auf, die durch den im Ferrit gelösten Anteil an Kohlenstoff bestimmt werden. Dieses besondere Merkmal bedeutet z. B. bei der Herstellung von Automobil-Karosserieteilen im Rahmen der üblichen Lackeinbrennbehandlung eine zusätzliche Streckgrenzensteigerung von bis zu 100 N/mm² („Bake-Hardening"). Eine gezielte Einflußnahme auf diesen Effekt erfolgt über die chemische Zusammensetzung, die Abkühlgeschwindigkeit und ggf. ein anschließendes Anlassen. Dabei gilt es, die Übersättigung des Kohlenstoffs im Ferrit so einzustellen, daß bei üblichen Lagerungszeiten des Feinblechs noch keine natürliche Alterung auftritt.

Auch bei weichen unlegierten Stählen und bei den höherfesten Stählen mit erhöhtem Phosphorgehalt kann der Bake-Hardening-Effekt ausgenutzt werden.

Kennzeichnende Stahlsorten mit betrieblicher Bewährung

Zu den Stahlsorten, deren höhere Festigkeit im wesentlichen auf Mischkristallverfestigung durch Mangan und Silizium beruht, sei auf die Stähle nach DIN 17100 [8] verwiesen, die als Feinblech mit den Eigenschaften nach DIN 1623 Teil 2 [30] geliefert werden. In dieser Form von kaltgewalztem und rekristallisierend geglühtem Feinblech und Band ergibt sich allerdings eine geringere Festigkeitssteigerung als im warmgewalzten Zustand (s. D 4.1.2.1).

Bei den Stählen mit Mischkristallverfestigung durch Phosphor wird nach dem gegenwärtigen Stand eine chemische Zusammensetzung von 0,03 bis 0,1% P eingestellt, die zu Streckgrenzenwerten von mindestens 260 N/mm² führt. Einen Anhalt für die mechanischen Eigenschaften vermitteln die Bilder D 4.6 und D 4.7.

Anhaltsangaben für die chemische Zusammensetzung von mikrolegierten Stählen für kaltgewalztes Feinblech und Band finden sich in Tabelle D 4.3. Die mechanischen und technologischen Eigenschaften sind in Tabelle D 4.5 angegeben [31]. Bei diesen Stählen ist darauf hinzuweisen, daß neben der Kaltwalzbarkeit auch die Kaltumformbarkeit mit zunehmender Festigkeit eingeschränkt wird, sie ist aber nach Anpassung der Ziehwerkzeuge grundsätzlich gegeben. Der Einsatz dieser Stähle erfolgt vorwiegend für tragende und funktionelle Teile mit nicht zu hoher Verformungsbeanspruchung. Das Widerstandsschweißen ist problemlos anwendbar, beim Schutzgasschweißen müssen die Parameter angepaßt werden.

Zu dem nach dem Rekristallisieren kalt nachgewalzten Band sei auf DIN 1624 [32] verwiesen. Für die in diesem Kapitel in Rede stehende Verarbeitung kommt der leicht nachgewalzte sowie auch der teilharte (K 40) bis federharte Zustand (K 60) in Betracht. Die Bruchdehnung $A_{50\,mm}$ fällt von den Werten des geglühten Zustandes, etwa 30%, bis unter 5% ab (Bild D 4.6). Es ist zu beachten, daß sich derartige höherfeste Feinbleche wegen eingeschränkter Kaltumformbarkeit nicht für Teile mit hoher Streckziehbeanspruchung eignen.

Tabelle D 4.5 Sorteneinteilung sowie mechanische und technologische Eigenschaften von *kaltgewalztem* Feinblech und Band (Dicke < 3 mm) mit gewährleisteter Mindeststreckgrenze zum Kaltumformen (weitere Einzelheiten s. Stahl-Eisen-Werkstoffblatt 093 [31])

Stahlsorte (Kurzname)	Streckgrenze N/mm² min.	Zugfestigkeit N/mm²	Bruchdehnung $A_{80\,mm}$ % min.	Dorndurchmesser D beim Faltversuch[a] (a = Probendicke)
ZStE 260	260	350...480	26	$D = 0\,a$
ZStE 300	300	380...510	24	$D = 0\,a$
ZStE 340	340	410...540	22	$D = 0,5\,a$
ZStE 380	380	440...580	20	$D = 0,5\,a$
ZStE 420	420	470...620	18	$D = 0,5\,a$

[a] Die Probe muß um 180° gebogen werden

Tabelle D 4.6 Qualitativer Vergleich einiger Verarbeitungseigenschaften von kaltgewalztem Flachzeug aus höherfesten Stählen mit einer Zugfestigkeit von 400 bis 450 N/mm²

Stahlart	Verarbeitbarkeit[a] beim		
	Kaltumformen		Widerstandsschweißen
	Tiefziehen	Streckziehen	
allgemeine Baustähle (s. DIN 1623 Teil 2 [30])	− bis ○	− bis ○	○
Stähle mit erhöhtem Phosphorgehalt	+ bis ++	○	○
perlitarme, mikrolegierte Stähle	○ bis +	○	+
Tiefziehstahl, stärker nachgewalzt	+	−	++
Dualphasen-Stähle	○ bis +	++	− bis ++[b]
Vergleichsstahl St 14 (s. DIN 1623 Blatt 1 [6])	++	++	++

[a] ++ = sehr gut; + = gut; ○ = mittelmäßig; − = eingeschränkt; −− = stark eingeschränkt
[b] Erhöhte Legierungsgehalte in Stählen, die aus der Walzhitze ein Dualphasen-Gefüge erbringen, bedingen eine stärkere Härtbarkeit und damit eingeschränkte Schweißeignung.

In Bild D 4.6 ist auch ein Streuband mit den Werten für die Zugfestigkeit und Bruchdehnung von teilrekristallisierten Stählen enthalten.

Für kaltgewalztes Feinblech und Band mit Vergütungsgefüge kommen im wesentlichen unlegierte Stähle mit Kohlenstoffgehalten von rd. 0,45 bis rd. 0,75% (Ck 45 bis Ck 75 nach DIN 17 200 [33]) in Betracht. Die mechanischen Eigenschaften sind ebenfalls dem Bild D 4.6 zu entnehmen. Es werden aber auch legierte Stähle eingesetzt, zu nennen ist ein in der Wälzlagertechnik verwendeter Stahl mit rd. 1% C und 1,5% Cr (100 Cr 6 nach DIN 17 230 [34]).

Bei den Dualphasen-Stählen gibt es je nach dem Vorgehen bei der Erzeugung des kennzeichnenden Gefüges mehrere Sorten, deren chemische Zusammensetzung als Anhaltsangaben aus Tabelle D 4.3 entnommen werden kann. Einen Überblick über die mechanischen Eigenschaften geben die Bilder D 4.6 und D 4.7. Für den Einsatz kaltgewalzter Dualphasen-Stähle bieten sich vor allem streckgezogene

Karosserieteile an, da hierbei auch die Zonen mit geringer Verformung eine hohe Verfestigung und damit die gewünschte Beulsteifigkeit erreichen.

Zu den höherfesten Stählen ist insgesamt zu sagen, daß die Erprobung und Einführung von kaltgewalztem Feinblech und Band aus diesen Stählen in der verarbeitenden Industrie noch nicht abgeschlossen ist, es kann deshalb auch noch keine gesicherte Wertung der verschiedenen Stahlsorten vorgenommen werden. Zur Abschätzung des Verarbeitungsverhaltens wird in Tabelle D 4.6 eine vergleichende Beurteilung gegeben.

In der Automobilindustrie werden zur Zeit folgende höherfeste kaltgewalzte Feinbleche versuchsweise eingesetzt: Mikrolegierte Stähle, phosphorlegierte Stähle, Dualphasen-Stähle und Bake-Hardening-Stähle. Die kennzeichnenden Werte des Zugversuchs sind der Vergleichsdarstellung in Bild D 4.9 zu entnehmen (Bezugspunkt $R_m = 415\,\text{N/mm}^2$); Eigenschaftswerte für Bake-Hardening-Stähle finden sich in [34a].

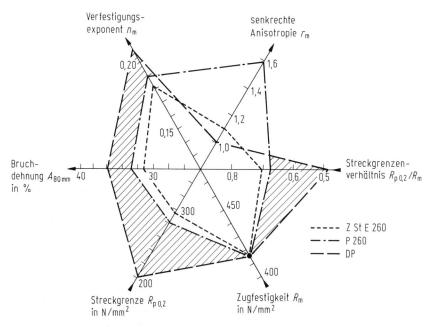

Bild D 4.9 Vergleich der Eigenschaften von kaltgewalzten Feinblechen aus mikrolegiertem Stahl (ZSt E 260, s. Tabelle D 4.5), phosphorlegiertem Stahl (P 260, s. Tabelle D 4.3) und Dualphasen-Stahl (DP, s. Tabelle D 4.3) (Zugfestigkeit R_m der Stähle = 415 N/mm^2).

D 4.1.3 Flacherzeugnisse aus nichtrostenden Stählen

Für Einsatzzwecke, die durch besondere Korrosionsbeanspruchung gekennzeichnet sind, steht kaltgewalztes Feinblech zur Kaltverarbeitung aus Stählen zur Verfügung, die nach ihrer chemischen Zusammensetzung – sie haben entsprechend hohe Gehalte an Chrom, Nickel und Molybdän – nichtrostend sind. Dabei ist zwischen ferritischen und austenitischen Stählen zu unterscheiden (s. D 13).

Die zahlreichen Anwendungsfälle in der Fahrzeug- und Bauindustrie, im chemischen Apparatebau- und in der Haushaltswarenindustrie belegen die große Bedeutung dieser Flacherzeugnisse für Kaltumformteile besonders aus den ferritischen Stählen.

Legierungsaufbau, Gefügeausbildung und Eigenschaften der Stähle sind aus D 13 zu entnehmen. Die angewandten Prüfverfahren zur Kennzeichnung der Kaltumformbarkeit unterscheiden sich grundsätzlich nicht von denen bei den unlegierten Stählen.

Aufgrund des besonderen Verfestigungsverhaltens der austenitischen Stähle ergeben sich gute Kaltumformeigenschaften, so daß im Gegensatz zu unlegierten Stählen kein Anlaß zur Entwicklung von Stahlsorten mit besonderer Eignung zum Kaltumformen bestand. Daher genügt hier der gegebene Hinweis auf die in D 13 behandelten Stähle. Ähnliches gilt für die ferritischen Stähle. Allerdings ist das unterschiedliche Verfestigungsverhalten von Stählen mit ferritischer und mit austenitischer Gefügeausbildung, das sich bereits beim Kaltwalzen, besonders aber beim Kaltverarbeiten durch Tiefziehen und Streckziehen auswirkt, zu beachten (s. C 8).

Neben Flacherzeugnissen, die vollständig aus nichtrostendem Stahl bestehen, kommen solche, die durch Plattieren nur an ihrer Oberfläche aus diesen Stählen bestehen, zum Einsatz (s. auch C 12.4.2 und D 4.2.3.5).

D 4.2 Oberflächenveredelte Flacherzeugnisse

Wegen des chemisch unedlen Charakters des Eisens können unlegierte und niedriglegierte Stähle an der Oberfläche oxidieren und Rost bilden. Um den Gebrauchswert von Gegenständen und Bauteilen aus solchen Stählen möglichst lange zu erhalten, müssen sie gegen den Angriff aggresiver Medien geschützt werden. Darüber hinaus kann dem Blech durch die Oberflächenveredlung ein dekoratives Aussehen verliehen werden. Wenn es technisch möglich und wirtschaftlich vertretbar ist, wird diese Oberflächenveredlung bereits beim Stahlhersteller vorgenommen, so daß seine Erzeugnisse bereits mit einer Schutzschicht auf der Oberfläche der weiteren Verarbeitung zugeführt werden. Bei der Herstellung von Flachzeug aus Stahl wird heute eine Vielzahl von Verfahren zum Oberflächenveredeln angewendet. Hierfür kommen je nach der Verarbeitungstechnologie und dem Verwendungszweck metallische Überzüge, nichtmetallische anorganische Überzüge oder nichtmetallische organische Beschichtungen infrage (Der Unterschied in der Nomenklatur ist nicht willkürlich: nach dem gegenwärtigen Stand wird „Beschichtung" nur im Zusammenhang mit organischen Stoffen benutzt).

Allgemeine Anforderungen an die Gebrauchseigenschaften

Bei den Anforderungen steht wie bei den Flacherzeugnissen ohne Oberflächenveredlung die *Kaltumformbarkeit* im Vordergrund, sie ist weitgehend durch den Grundwerkstoff gegeben. Das gilt auch für die mit der Kaltumformbarkeit in engem Zusammenhang stehenden *mechanischen Eigenschaften*. Die Kaltumformbarkeit des Grundwerkstoffs kann aber nur soweit ausgenutzt werden, wie der Überzug (metallisch oder anorganisch) oder die Beschichtung (organisch) durch die Umformung nicht überbeansprucht wird, also z.B. sich nicht stellenweise ablöst. Damit wird die *Haftung* ebenfalls eine wichtige Anforderung. Sie ist aber nicht nur für die Kaltumformbarkeit wesentlich sondern auch für die oben beschriebene ursprüngliche Aufgabe der Oberflächenveredlung, also für den Korrosionsschutz. Von oberflächenveredelten Flacherzeugnissen wird daher ausreichender *Korrosionswiderstand* gefordert. Zu diesen vier grundlegenden Anforderungen kommen je nach Erzeugnis und Verwendung weitere Anforderungen, besonders an die Verarbeitungseigenschaften, z.B. an die Schweißeignung, hinzu.

Diese Anforderungen werden bei den unterschiedlichen oberflächenveredelten Flacherzeugnissen im folgenden nicht jeweils neu genannt, sie werden aber, z.B. hinsichtlich der Maßnahmen zur Einstellung der geforderten Eigenschaften, in dieser Reihenfolge behandelt und – falls erforderlich – ergänzt.

Die Eigenschaften der oberflächenveredelten Flacherzeugnisse hängen, wenn man vom Korrosionswiderstand absieht, weitgehend von den Grundwerkstoffen und ihrer Vorbereitung für die Oberflächenveredlung ab (s. C12). Grundsätzlich kommen als Grundwerkstoffe alle Stähle in Betracht, die in D 4.1 behandelt worden sind, also vor allem die weichen Stähle zum Kaltumformen aber auch alle Arten der dort genannten höherfesten Stähle. Je nach Art der Oberflächenveredlung kann es allerdings notwendig sein, bei den Eigenschaften der Grundwerkstoffe die eine oder andere Einschränkung, z.B. hinsichtlich der chemischen Zusammensetzung, zu machen, damit die Anforderungen an die Eigenschaften der oberflächenveredelten Erzeugnisse erfüllt werden. Auf solche Einschränkungen wird im folgenden bei den einzelnen Erzeugnissen eingegangen.

Kennzeichnung der geforderten Eigenschaften

Zur Kennzeichnung der *Kaltumformbarkeit* werden im Grundsatz die gleichen Verfahren eingesetzt wie bei den Flacherzeugnissen ohne Oberflächenveredlung. Vielfach werden auch hier einfache technologische Prüfungen durchgeführt (Bild D 4.10) [35]. In Betracht kommt auch der Tiefungsversuch, aber auch andere Verfahren, z.B. die Messung des r- und n-Wertes sowie der Grenzformänderung, werden eingesetzt. Bei Ermittlung der Grenzformänderung sind allerdings u. U. andere Versagenskriterien, wie Abrieb oder Abblättern, maßgebend. Die *mechanischen Eigenschaften* werden durch die im Zugversuch nach dem üblichen Vorgehen (s. C 1) ermittelte Streckgrenze, Zugfestigkeit und Bruchdehnung gekennzeichnet. Vielfach wird der Versuch durch eine Härtemessung ersetzt, wobei je nach dem Erzeugnis und seiner Dicke bestimmte Verfahren zur Anwendung kommen. Die *Haftung* wird im Faltversuch geprüft, er kann in einfacher oder verschärfter Form (Taschentuchprobe) durchgeführt werden. Es kommen auch Prüfungen zur Anwendung, die die Beanspruchung bei der Verarbeitung im Betrieb simulieren.

Zur Kennzeichnung des *Korrosionswiderstandes* gibt es wegen der Vielfalt der in Betracht kommenden korrodierenden Medien und Beanspruchungsbedingungen (z.B. Temperatur) keine Verfahren, die für die verschiedenen möglichen Erzeugnisse in gleicher Weise in Betracht kommen. Meistens werden Versuche angewendet, bei denen die Korrosionsbeanspruchung derjenigen beim praktischen Einsatz

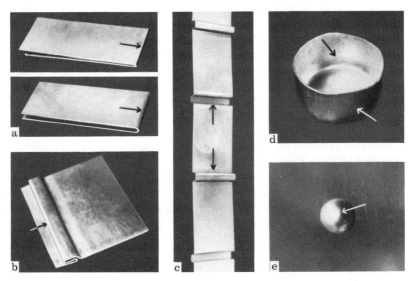

Bild D 4.10 Verschiedene Verfahren zur Prüfung des Umformverhaltens von Feinblech mit einem Zink- oder Aluminiumüberzug. **a** Falten; **b** Falzen; **c** Profilieren; **d** Näpfchenziehen; **e** Kugelschlag.

der Erzeugnisse mehr oder weniger entspricht. Allerdings kann ganz allgemein festgestellt werden, daß der Korrosionsschutz an sich, also ohne Betrachtung z. B. der Haftung und Kaltumformbarkeit, mit zunehmender Dicke des Überzugs oder der Beschichtung zunimmt. Daher wird zur Kennzeichnung des Korrosionswiderstandes bei den meisten Erzeugnissen die Dicke des Überzugs ermittelt, und zwar im allgemeinen durch Ablösung der Auflage und Wägung, wobei die Masse auf die Fläche bezogen und in g/m^2 angegeben wird. Die Verfahren zum Ablösen sind unterschiedlich und z. T. so gestaltet, daß zusätzliche Aussagen möglich werden. Neuerdings werden zerstörungsfreie und metallografische Verfahren zur Schichtdickenmessung eingesetzt.

Im folgenden wird auf Einzelheiten der möglichen Prüfungen nur eingegangen, wenn sie über das oben Gesagte hinaus für die betreffende Erzeugnisart wichtig und spezifisch sind.

D 4.2.1 Flacherzeugnisse mit metallischem Überzug

In der Praxis stehen zum Aufbringen metallischer Überzüge auf Stahl die Schmelztauch- und die elektrolytischen Verfahren (s. a. C 12.2 und C 12.3) im Vordergrund. Derartig erzeugtes Flachzeug weist ein übergeordnet gleichartiges Verhalten besonders bei Korrosionsbeanspruchung auf, dennoch ergeben sich – auch wegen der Unterschiede in den Eigenschaften der aufgebrachten Metalle – spezielle Unterschiede im Aufbau der Überzugsschicht und damit im Verarbeitungs- und Gebrauchsverhalten.

D 4.2.1.1 Verzinkte Flacherzeugnisse

Zink nimmt unter den zur Oberflächenveredlung verwendeten Metallen die erste Stelle ein [36–40]. Heute werden in der Welt jährlich rd. 20 Mio. t Stahl verzinkt.

Eine Übersicht über *Herstellungsverfahren* für verzinktes Flachzeug und Merkmale des Zinküberzuges gibt Tabelle D 4.7. Beim Schmelztauchverzinken (Feuerverzinken) ist zwischen dem diskontinuierlichen Stückverzinken und dem kontinuierlichen Verzinken von Band zu unterscheiden. Ebenso wie beim Feuerverzinken kann auch beim elektrolytischen Verzinken das Metall je nach Anordnung der Elektroden und Steuerung des elektrischen Feldes zweiseitig, einseitig oder auch in unterschiedlicher Dicke auf beiden Seiten (differenzverzinkt) abgeschieden werden. Im folgenden steht verzinktes *Band*, das durch Formgebung, Schweißen und weitere Oberflächenbehandlung weiterverarbeitet wird, im Vordergrund.

Als Grundwerkstoff zum Verzinken stehen beinahe alle gebräuchlichen Stähle, die als kaltgewalztes Band hergestellt werden, zur Verfügung. Eine Einschränkung

Tabelle D 4.7 Übersicht über die Herstellung und kennzeichnende Merkmale von Flachzeug mit Zink- und Aluminiumüberzügen

Verfahren zum Aufbringen des Zinks	Schichtdicke je Seite	*Verfahren zum Aufbringen des Aluminiums*	Schichtdicke je Seite
elektrolytisches Verzinken zweiseitig differenzverzinkt[a] einseitig	1...15 µm	Feueraluminieren Aluminiumplattieren	15...50 µm 1...10% der Blechdicke
Feuerverzinken Stückverzinken kontinuierliches Verzinken zweiseitig differenzverzinkt[a] einseitig	50...200 µm 10... 50 µm	Bedampfen im Vakuum	1...5 µm
Merkmale des Zinküberzugs Gesamte Dicke des Überzugs Anteil der Eisen-Zink-Legierungsschicht an der Überzugsdicke (bei Galvannealing beträgt der Anteil 100%) Zinkblumen-Ausbildung Blumengröße Oberflächenrelief kristallographische Orientierung		*Merkmale des Aluminiumüberzugs* Gesamte Dicke des Überzugs Anteil der Eisen-Aluminium-Legierungsschicht an der Überzugsdicke Zusammensetzung des Überzugs Reinaluminium (Typ 2)[b] Al + 5 bis 11% Si (Typ 1)[b] Oberflächenausbildung	

Grundwerkstoffe		
Sondertiefziehstahl Tiefziehstahl Stahl für Ziehzwecke Grundstahl höherfeste (warmfeste) Stähle für Ziehzwecke allgemeine Baustähle	↑ zunehmende Kaltumformbarkeit ↓	zunehmende Festigkeit

[a] Eine Seite hat einen größeren Nennwert der Zinkauflage als die andere Seite
[b] Siehe S. 110

gilt im Hinblick auf den Siliziumgehalt des Stahls, der beim Feuerverzinken zu unerwünschten Reaktionen führen kann (s. C 12.2.2). In Tabelle D 4.7 sind die wichtigsten Gruppen der Grundwerkstoffe, geordnet nach dem Gesichtspunkt der Kaltumformbarkeit und der Festigkeit des Stahls, aufgeführt.

Anforderungen an die Gebrauchseigenschaften

Zu den geforderten Eigenschaften wird auf S. 101 verwiesen. In Ergänzung dazu muß gesagt werden, daß von verzinktem Flachzeug i. a. Eignung zum Widerstandsschweißen verlangt wird.

Kennzeichnung der geforderten Eigenschaften

Die Ausführungen über die Verfahren zur Prüfung von oberflächenveredeltem Flachzeug auf S. 102 gelten in vollem Umfang für verzinkte Flacherzeugnisse. Was die zahlenmäßige Kennzeichnung des *Korrosionswiderstandes* angeht, so ist festzustellen, daß sie auch hier bei der Vielfalt der korrodierenden Medien problematisch ist. Im Labor auszuführende Kurzzeit-Versuche oder elektrochemische Prüfungen können deshalb nur Relativangaben erbringen. Aber auch die Ergebnisse von Naturversuchen, bei denen der Korrosionsverlust des Zinks im Verlauf der Auslagerung in bestimmten Umgebungsbedingungen verfolgt wird, sind mit einer relativ großen Streuung behaftet. Die im Schrifttum angegebenen und aus eigenen Untersuchungen abgeleiteten Werte zum Korrosionsverlust in verschiedenen Klimaten können deshalb nur als Anhaltswerte verstanden werden (Tabelle D 4.8) [41–43]. Kennzeichnend für das Korrosionsverhalten des Zinks ist der mit der Zeit proportional zunehmende Abtrag. Daraus folgt die längere Dauer des Korrosionsschutzes eines anfänglich dickeren Zinküberzugs.

Maßnahmen zur Einstellung der geforderten Eigenschaften

Die *Kaltumformbarkeit* und vor allem die *Festigkeit* des verzinkten Feinblechs und Bandes werden zwar maßgeblich vom Grundwerkstoff bestimmt, jedoch durchläuft im Unterschied zum nicht verzinkten, im Haubenofen geglühten Band das zu verzinkende Band einen Durchlaufglühofen, so daß sich am Ende hinsichtlich der Zähigkeit und Festigkeit deutliche Unterschiede gegenüber dem Stahl ohne

Tabelle D 4.8 Durchschnittlicher Korrosionsverlust von Zink (im Vergleich zu unlegiertem Stahl) in verschiedenen Klimaten

Klima	Zink	Stahl
	Abtrag in µm/Jahr	
Landluft	0,5...2[a]	5...25
Stadtluft	2...6	25...50
Meeresluft	2...10[b]	25...70
Industrieluft	3...12[c]	25...70

[a] In feuchter Luft sind höhere Abträge möglich
[b] In Brandungsnähe sind höhere Abträge möglich
[c] Unter besonders ungünstigen Bedingungen sind höhere Abträge möglich

Überzug einstellen. Geringere Korngröße, das Ausbleiben der Entwicklung einer erwünschten Kristallorientierung und die rasche Abkühlung, die zu einer Abschreckalterung führen kann, verleihen dem feuerverzinkten Band eine insgesamt höhere Festigkeit und geringere Kaltumformbarkeit. Für sehr hohe Anforderungen an die Umformbarkeit müssen deshalb Maßnahmen im Stahlwerk oder bei der Herstellung des Warmbandes, des Kaltbandes und beim Verzinken ergriffen werden, um das Umformvermögen demjenigen der klassischen weichen Feinblechsorten anzunähern.

Hinsichtlich der Herstellung von verzinktem *Feinblech und Band mit höherer Streckgrenze* gelten die gleichen Möglichkeiten wie bei unbeschichtetem Flachzeug (D 4.1.2.2). Die unten näher beschriebene Einschränkung der Verwendung von Stahl mit erhöhtem Silizium- oder Phosphorgehalt zur Festigkeitssteigerung muß allerdings hier besonders berücksichtigt werden. Bänder mit höheren Siliziumgehalten erfordern eine entsprechende Veränderung in der Fahrweise des Durchlaufglühofens und in der Zusammensetzung des Zinkbades [44].

Eine besondere Variante von hochfestem verzinktem Band stellt der sogenannte *„Full-hard"*-Werkstoff dar, bei dem die Glühung so geführt wird, daß vor dem Verzinken die Rekristallisation nur teilweise ablaufen kann, die Festigkeit des walzharten Bandes bleibt dadurch in etwa erhalten (s. D 4.1.2.2). An die Kaltumformbarkeit dieses Werkstoffs kann allerdings keine hohe Erwartung gestellt werden.

Für elektrolytisch verzinktes Feinblech und Band ergibt sich hinsichtlich des Grundwerkstoffs eine gleich gute Kaltumformbarkeit wie bei nicht verzinktem Flachzeug, zumal da wegen der notwendigen Herstellungsschritte die gleichen Stahlsorten zum Einsatz kommen. Das elektrolytisch niedergeschlagene Zink haftet bei sorgfältiger Vorreinigung des kaltgewalzten Flachzeugs so gut auf dem Untergrund, daß das verzinkte Blech und Band die gleichen Umformungen wie das Ausgangserzeugnis erträgt. Infolge der geringen Größe und gegenseitigen Verwachsung der Zinkkristalle ergibt sich erst bei stärkeren Umformungen ein Abrieb an Zinkstaub.

Bei feuerverzinktem Feinblech und Band ist die Kaltumformbarkeit eng mit der *Haftung* des Zinküberzugs bei der Umformung verknüpft. Eine gute Haftung setzt einerseits eine vollständige Benetzung der Stahloberfläche durch das flüssige Zink voraus. Diese führt andererseits selbst bei den sehr kurzen Verweilzeiten im Zinkbad, die mit rd. 5 s etwa 1 bis 2 Größenordnungen kürzer sind als beim Stückverzinken, zu metallurgischen Reaktionen zwischen Stahl und Zink (s. C 12.2.2). Die sehr schnell ablaufende Diffusion zwischen Eisen und Zink verursacht die Bildung spröder intermetallischer Verbindungen, die durch einen Zusatz von Aluminium zum Zinkbad so stark behindert werden kann, daß sich nur noch eine etwa 1 µm dicke Legierungsschicht ausbildet. Bild D 4.11 zeigt Beispiele für eine dickere und eine anzustrebende dünne Legierungsschicht. Der duktile Zinküberzug vermag auch starke Kaltumformungen ohne Ablösung zu überstehen. In stark verformten Bereichen kann es zwar zu mikroskopischen Aufreißungen der Zinkschicht kommen (Bild D 4.12), die Haftung des Überzugs bleibt aber dennoch erhalten.

Von Silizium ist bekannt, daß es im Konzentrationsbereich von rd. 0,03 bis 0,12% zu einem anomalen Legierungsschichtwachstum führt (Sandelin-Effekt, s. C 12.2.2). Mit der Einführung des Stranggießverfahrens hat der Anteil an in der Pfanne mit Aluminium beruhigtem Stahl, der zwangsläufig wenige Hundertstel

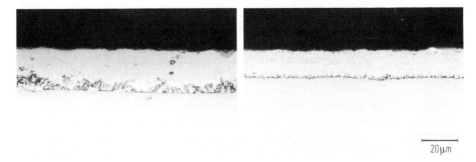

Bild D 4.11 Ausbildung einer dickeren und einer dünneren Eisen-Zink-Legierungsschicht beim Bandfeuerverzinken.

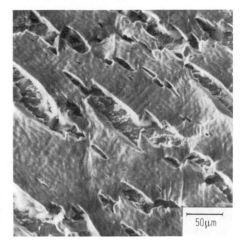

Bild D 4.12 Durch starke Umformung von feuerverzinktem Feinblech hervorgerufenes Aufreißen des Zinküberzuges bei sehr guter Zinkhaftung auf dem Stahl (Verformungsrichtung: ↕).

Prozent Silizium enthält, ständig zugenommen. Beim Verzinken von Kaltband aus Stranggruß kann sich daher unter ungünstigen Bedingungen eine nachteilige Wirkung des Siliziums auf die Haftung des Zinküberzuges bemerkbar machen. Da Phosphor einen ähnlichen Einfluß wie Silizium ausübt [45], ist es bei den neuerdings aus höherfesten Stählen mit angehobenem Phosphorgehalt hergestellten Flacherzeugnissen (s. D 4.1.2.2) erforderlich, die gemeinsame Wirkung von Silizium und Phosphor auf die Legierungsschichtbildung zu berücksichtigen.

Die Grundlage für die gute *Korrosionsbeständigkeit* von verzinktem Flachzeug besteht darin, daß Zink unter atmosphärischen Bedingungen schwer lösliche basische Salze bildet, die auf der metallischen Oberfläche gut haften und damit eine gute Schutzwirkung ausüben. Daneben bietet Zink dem Stahl einen kathodischen Schutz, indem es beim Angriff eines korrosiven Mediums – z. B. an Fehlstellen im Überzug – aufgrund seines elektrochemisch unedleren Charakters eher korrodiert als der freiliegende Stahl. Dabei wird das Potential der Oxidationsreaktion so verschoben, daß die Korrosion des Stahls zum Stillstand kommt oder stark verzögert wird. Dieser kathodische Schutz des Zinks wirkt sich noch im

Abstand bis zu rd. 3 mm vom Fehlstellenrand aus, so daß an Verletzungen der Korrosionsmechanismus des Zinks von besonderem Vorteil ist; das gilt insbesondere auch an Schnittkanten.

Bei durchlegiertem verzinkten Blech (Galvannealing, s. C 12.2.2) muß bedacht werden, daß wegen der Anwesenheit von Eisen in der Oberflächenschicht eine Korrosion auch zur Bildung von Rotrost führt, wodurch aber die gute Korrosionsbeständigkeit der gesamten Schutzschicht nicht beeinträchtigt wird.

Die Korrosionsbeständigkeit von Feuerverzinkungsüberzügen wird durch geringe Legierungszusätze zum Zink nur wenig beeinflußt; dagegen ändert sich das korrosionschemische Verhalten des Überzugs durch höhere Zusätze. Ein Beispiel hierfür ist das Flacherzeugnis Galfan, bei dem eine Legierung aus Zink und 5 % Al aufgebracht wird, sie verleiht dem oberflächenveredelten Feinblech eine größere Korrosionsbeständigkeit als ein Überzug aus unlegiertem Zink. Hier sei auch bereits das Flacherzeugnis Galvalume, bei dem der Überzug aus einer Legierung aus rd. 45 % Zn und 55 % Al besteht, erwähnt; es wird im Abschnitt über Aluminiumüberzüge beschrieben (s. D 4.2.1.2).

Für elektrolytisch erzeugte Überzüge sind neuerdings Legierungen mit rd. 10 % Ni entwickelt worden, die eine bessere Korrosionsbeständigkeit aufweisen.

Eine zusätzliche Oberflächenbehandlung von Bauteilen aus verzinktem Flachzeug ist dann erforderlich, wenn ein noch besserer Korrosionsschutz und/oder ein verbessertes dekoratives Aussehen angestrebt werden. Der häufigste Fall ist eine zusätzliche Lackierung, der in der Regel eine Phosphatierung und Grundierung vorhergeht.

Wichtig für das *Verhalten beim Widerstandsschweißen* von oberflächenveredeltem Feinblech ist die Wechselwirkung zwischen Überzug und Schweiß-Elektrode. Ziel der Optimierung der Schweißbedingungen ist neben der Sicherstellung einer einwandfreien Schweißverbindung die Erzielung einer ausreichenden Elektrodenstandzeit. Sie läßt sich durch Verwendung von Elektroden aus Kupfer-Chrom-Zirkon-Legierungen, eine geeignete Elektrodengestaltung, eine gute Elektrodenkühlung und eine Verkürzung der Schweißdauer erreichen.

Kennzeichnende Stahlsorten mit betrieblicher Bewährung

Bei Erörterung der wichtigsten Eigenschaften von verzinktem Flachzeug wurden bereits mehr allgemeine Hinweise auf bestimmte Stahlarten oder Stahlsorten gegeben. Hier sollen nochmals zusammenfassend kennzeichnende Stahlsorten für die Verwendung zum Oberflächenveredeln mit Zink genannt werden. Dazu sei auch auf Übersichten hingewiesen [46–48], in denen die für den Verarbeiter des elektrolytisch- oder feuerverzinkten Feinblechs oder Bandes wichtigen Merkmale zusammengestellt worden sind. Kommt das elektrolytische Verzinken infrage, so stehen grundsätzlich die gleichen Stahlsorten zur Verfügung, die auch als nicht oberflächenveredeltes Flachzeug verarbeitet werden. Als weiche, gut kaltumformbare Feinblechsorten sind diejenigen nach DIN 1623 Blatt 1 [6] zu nennen. Wird das Bandfeuerverzinken angewendet, so ergeben sich bei gleicher chemischer Zusammensetzung des Stahls höhere Festigkeitswerte und eine etwas geringere Kaltumformbarkeit. Bild D 4.13 zeigt am Beispiel von vier unterschiedlichen Feinblechsorten mit zunehmender Kaltumformbarkeit die Unterschiede in den Kennwerten des Zugversuchs, die sich bei Herstellung in einer Bandfeuerverzinkungslinie oder

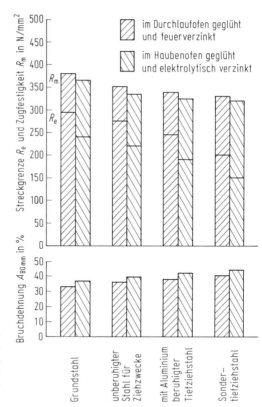

Bild D 4.13 Kennzeichnende Zugversuchswerte elektrolytisch verzinkter oder feuerverzinkter weicher Feinblechsorten (elektrolytische Verzinkung nach Glühung im Haubenofen, Feuerverzinkung nach Glühung im Durchlaufofen).

über Haubenglühen und elektrolytisches Verzinken einstellen. Für die konventionellen Stahlsorten sind Angaben über die mechanischen Eigenschaften, die Zinkauflage, sowie die Oberflächenausführung in DIN 17162 Teil 1 [49] zusammengefaßt.

Für Stähle mit erhöhter Streckgrenze kann sich die Auswahl des Grundwerkstoffs wiederum an die Stahlsorten für unbeschichtetes Flachzeug anlehnen, wenn eine elektrolytische Verzinkung vorgesehen ist. Es kommen also Baustähle nach DIN 17100 [8] oder Feinblechsorten nach dem Stahl-Eisen-Werkstoffblatt 093 [31] in Betracht (s. D 4.1.2.2). Für feuerverzinktes Band ist das verfahrensbedingte höhere Festigkeitsniveau (s.o.) von Vorteil, wenn eine erhöhte Mindeststreckgrenze verlangt wird.

Darüber hinaus stehen auch hier allgemeine Baustähle (s. DIN 17162 Teil 2 [50]) oder andere höherfeste Stahlsorten zur Verfügung. Die international gebräuchlichen Stahlsorten für elektrolytisch oder im Schmelztauchverfahren verzinktes Feinblech sind auch in mehreren EURO- und ISO-Normen beschrieben [48].

In den letzten Jahren hat der Einsatz von verzinktem Feinblech besonders im Automobilbau stark zugenommen. Entsprechend den besonderen Anforderungen und Herstellungsmöglichkeiten hinsichtlich Überzugsdicke, Oberflächenbeschaffenheit und Kaltumformbarkeit werden sowohl im Schmelztauchverfahren hergestellte als auch elektrolytisch verzinkte Blechsorten verwendet. Dabei finden neben den weichen, besonders gut umformbaren Stählen zunehmend auch höherfeste Stahlsorten Eingang in den Fahrzeugbau.

D 4.2.1.2 Flacherzeugnisse mit Aluminiumüberzug

Flachzeug mit Aluminiumüberzug wird in Bau- oder Konstruktionsteilen eingesetzt, bei denen die Festigkeit von Stahl und die Oxidationsbeständigkeit von Aluminium gleichzeitig ausgenutzt werden.

Eine Übersicht über Verfahren zum Aufbringen des Aluminiumüberzugs, über Merkmale der Aluminiumschicht und über die zum Oberflächenveredeln mit Aluminium verwendeten Grundwerkstoffe zeigt Tabelle D 4.7 [51–53]. Die größte Bedeutung unter den Verfahren zum Überziehen von Stahlblech mit Aluminium hat das Feueraluminieren erlangt. Für verschiedene Verwendungsbereiche haben sich zwei Varianten des Verfahrens bewährt: 1) Tauchen in eine Schmelze aus Reinaluminium (international als Typ 2 bezeichnet), wobei sich an der Grenzfläche eine Fe_2Al_5-Legierungsschicht bildet, und 2) Tauchen in eine Schmelze aus Aluminium mit einem Siliziumzusatz von 5 bis 11% (international als Typ 1 bezeichnet), wobei eine Legierungsschicht aus Aluminium-Eisen-Silizium-α-Mischkristallen entsteht [54] (s. auch C 12.2.3). Die Dicke dieser Schicht ist wesentlich geringer als die der Fe_2Al_5- Schicht, so daß das Umformvermögen von Flachzeug mit Aluminiumüberzug des Typs 1 wesentlich besser ist (s. Bild C 12.9 und C 12.10).

Aluminium läßt sich auch durch Walzplattieren auf unlegierten Stahl aufbringen (s. auch C 12.4.2). Dabei wird eine Aluminiumfolie auf Stahlband kontinuierlich im kalten Zustand aufgewalzt. Hinsichtlich Blech- und Auflagendicke sowie chemischer Zusammensetzung des Aluminiums ist dieses Verfahren recht flexibel. Beim Plattieren findet keine deutliche Legierungsbildung zwischen Grundwerkstoff und Auflage statt, was sich auf das Umformverhalten günstig auswirkt.

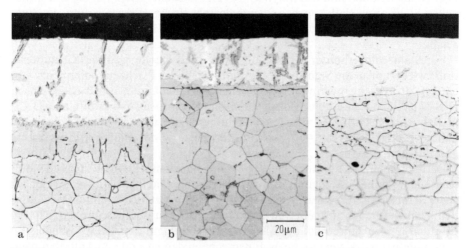

Bild D 4.14 Ausbildung von Aluminiumüberzügen auf Stahl im Querschliff. **a** feueraluminiert mit Reinaluminium (Typ 2); **b** feueraluminiert mit Aluminium-Silizium-Legierung (Typ 1); **c** mit Aluminium plattiert.

Das Bedampfen von Aluminium im Vakuum (s. auch C 12.4.3) ist wegen der geringen abscheidbaren Überzugsdicke nur für begrenzte Anwendungszwecke geeignet.

Bild D 4.14 zeigt die kennzeichnende Ausbildung von Aluminiumüberzügen, die durch Feueraluminieren oder Plattieren hergestellt wurden.

Hinsichtlich der Grundwerkstoffe für Aluminiumüberzüge gilt Ähnliches wie das für verzinktes Flachzeug Gesagte. Für feueraluminiertes Feinblech stehen sowohl weiche als auch höherfeste Stahlsorten zur Verfügung. Da nach dem Plattieren eine rekristallisierende Wärmebehandlung erforderlich ist, kommt hierfür als Grundwerkstoff nur unberuhigter Stahl infrage, da, wie die Erfahrung zeigt, beruhigte Stähle zu einer unerwünschten Diffusionsreaktion führen können.

Anforderungen an die Gebrauchseigenschaften

Zu den geforderten Eigenschaften wird auf S. 101 verwiesen. In Ergänzung dazu muß gesagt werden, daß die Erfüllung der Forderung nach Schweißeignung bei diesen Erzeugnissen zum Stand der Technik gehört.

Kennzeichnung der geforderten Eigenschaften

Die auf S. 102 genannten Verfahren zur Prüfung von oberflächenveredeltem Flachzeug werden auch für Flacherzeugnisse mit Aluminiumüberzug angewandt. Von den dort erwähnten Verfahren mit betriebsähnlicher Beanspruchung zur Kennzeichnung des Korrosionswiderstandes kommt hier z.B. eine Prüfung mit Beanspruchungszyklen in Betracht, die denen in einer Kraftfahrzeug-Abgasanlage angenähert sind.

Maßnahmen zur Einstellung der geforderten Eigenschaften

Die *Kaltumformbarkeit* von Flachzeug mit Aluminiumüberzug hängt im wesentlichen vom Grundwerkstoff und vom Verhalten des Überzugs ab. Beim mit Aluminium plattierten Flacherzeugnis muß auf eine gute adhäsive Verbindung zwischen Auflage- und Grundwerkstoff geachtet werden, während bei der Feueraluminierung eine vollständige Benetzbarkeit und eine ausreichende Reaktion zwischen Aluminium und dem Grundwerkstoff durch die optimierten Verfahrensparameter sicherzustellen ist. Dann sind alle einfachen Verfahren der Kaltumformung ohne Beeinträchtigung des Überzugs durchführbar. Stärkere Streck- und Tiefziehvorgänge führen allerdings zu einem Abreiben und Abschieben des Aluminiums, das durch die bekannte Neigung dieses Metalls zum Fressen im Werkzeug verstärkt wird. Deshalb sollte für starke Kaltumformungen die Überzugsdicke nach Möglichkeit gering gehalten werden. Bei nicht zu dicken Aluminiumüberzügen kann die gute Kaltumformbarkeit der Tiefzieh- und Sondertiefziehstähle als Grundwerkstoff ausgenutzt und die Herstellung auch komplizierter Ziehteile ermöglicht werden, wie es die Verwendung von feueraluminiertem Blech bei der Herstellung von Pkw-Abgasanlagen beweist. Andererseits läßt sich auch die Gestaltung der Bauteile dem eingeschränkten Umformvermögen von Feinblech mit dickeren Aluminiumüberzügen anpassen.

Die *Korrosionsbeständigkeit* von Flachzeug mit Aluminiumüberzug beruht auf der großen Beständigkeit der sich an der Oberfläche bildenden, weniger als 0,1 µm dicken Al_2O_3-Haut. Diese Oxidschicht ist sehr dicht und bildet sich bei Verletzungen unmittelbar neu. Sie verleiht der Aluminiumoberfläche bei atmosphärischer Korrosion einen großen Widerstand gegen abtragende Korrosion, so daß sich in unterschiedlichen Klimaten eine etwa um den Faktor 10 bessere Korrosionsbeständigkeit als bei verzinktem Stahl ergibt.

Die Korrosionsbeständigkeit nimmt ähnlich wie bei verzinktem Blech mit der Dicke der Auflage zu. Feueraluminiertes Feinblech des Typs 2, das grundsätzlich mit einem dickeren Überzug als Typ 1 hergestellt wird und darüber hinaus kein Silizium in der Auflage enthält, ist deshalb bei korrosiver Beanspruchung beständiger. Dieser Vorteil einer relativ dicken und aus Reinaluminium bestehenden Auflage kann auch bei aluminiumplattiertem Feinblech ausgenutzt werden.

Die Schutzwirkung der dünnen Tonerdehaut auf dem Aluminiumüberzug kommt besonders bei einer Beanspruchung bei höheren Temperaturen zum Tragen, wie Bild D 4.15 zeigt [55].

Eine hinsichtlich des Korrosionsverhaltens günstige Kombination aus feuerverzinktem und feueraluminiertem Feinblech stellt das z. B. unter dem Namen Galvalume bekanntgewordene Erzeugnis mit einem Überzug aus rd. 55% Al und 45% Zn dar (s. auch C 12.2.4). Unter besonders kritischen Beanspruchungen wie Korrosion mit Oxidation reicht seine Beständigkeit aber nicht an diejenige von Blech mit Aluminiumüberzügen heran.

Die *schweißtechnische Verarbeitung* von Flachzeug mit Aluminiumüberzug ist heute Stand der Technik und gestaltet sich wegen des Elektrodenverhaltens und der relativ hohen Verdampfungstemperatur des Aluminiums günstiger als bei verzinktem Blech.

Obwohl ein Aluminiumüberzug eine sehr wirksame und dekorative Oberflächenveredlung darstellt, kann eine *zusätzliche Oberflächenbehandlung* in Be-

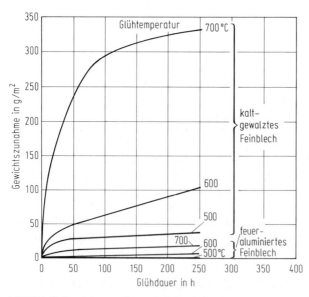

Bild D 4.15 Gewichtszunahme von kaltgewalztem Feinblech ohne Überzug und von feueraluminiertem Feinblech beim Glühen in oxidierendem Gas. Nach [55].

tracht kommen. Ein Nachwalzen des aluminierten Feinblechs, das zur Einebnung der Oberfläche des Aluminiums generell vorgenommen wird, wirkt sich auch für eine solche zusätzliche Oberflächenveredlung vorteilhaft aus. Der Aluminiumüberzug stellt für eine Lackierung einen sehr guten Untergrund dar.

Flachzeug mit Aluminiumüberzug läßt sich auch emaillieren. Im Vergleich zu den Emails, die für Stahl infrage kommen, zeichnen sich die Aluminiumemails durch niedrigere Brenntemperaturen und größere Umformbarkeit aus [56].

Kennzeichnende Stahlsorten mit betrieblicher Bewährung

Stähle für Flachzeug mit einem Aluminiumüberzug sind weiche Stahlsorten oder solche mit erhöhter Streckgrenze. Für aluminiumplattiertes Feinblech kommt, wie bereits erwähnt, unberuhigter weicher Stahl zum Einsatz. Bei der Beurteilung der mechanischen Eigenschaften ist zu berücksichtigen, daß bei feueraluminiertem Feinblech infolge der Herstellung in einem Durchlaufglühofen sich im Vergleich zu konventionell in Haubenöfen geglühtem unbeschichtetem Feinblech höhere Festigkeitswerte und geringere Umformbarkeitswerte einstellen (s. auch Bild D 4.13). Das spiegelt sich auch in den entsprechenden Festlegungen wider, die für feueraluminierte Feinblechsorten in EURONORM 154 [57] enthalten sind. Für hohe Anforderungen an die Kaltumformbarkeit stehen Sondertiefziehstähle, wie z. B. IF-Stahl (s. D 4.1.2.1 und D 4.1.2.2) zur Verfügung.

Für Verwendungszwecke mit erhöhter Streckgrenze kommen neben den allgemeinen Baustählen auch mikrolegierte Stähle infrage. Da die Mikrolegierungselemente dem Stahl eine hohe Anlaßbeständigkeit verleihen, kann die Warmstreckgrenze solcher Stähle in Verbindung mit der guten Oxidationsbeständigkeit des Aluminiums als Überzug für Beanspruchungen bei hohen Temperaturen ausgenutzt werden. Bild D 4.16 zeigt, daß ein mikrolegierter Sonderstahl bei zufriedenstellender Kaltumformbarkeit und gutem Schweißverhalten eine um den Faktor 2 höhere Streckgrenze als ein unlegierter weicher Stahl bis zu Temperaturen von 500 °C aufweist [56].

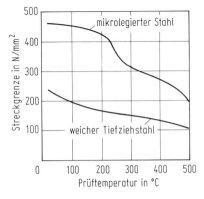

Bild D 4.16 Warmstreckgrenze von feueraluminiertem Feinblech aus weichen und höherfesten (mikrolegierten) Stählen (Weicher Tiefziehstahl: 0,063 % C und 0,26 % Mn; mikrolegierter Stahl: 0,115 % C, 0,53 % Mn und 0,03 % Nb). Nach [56].

D 4.2.1.3 Flacherzeugnisse mit zinn- und chromhaltigen Überzügen

Flachzeug mit einem *Zinnüberzug* wird als kaltgewalztes Band mit einer elektrolytischen Verzinnung hergestellt [58]. Liegt die Dicke des Bandes im Bereich von 0,15 bis 0,49 mm, so spricht man bei den aus ihm geschnittenen Tafeln von *Weißblech* [59], es ist das bei weitem wichtigste Flacherzeugnis mit einem Zinnüberzug.

Anforderungen an die Gebrauchseigenschaften

Die auf S. 101 allgemein genannten Anforderungen an oberflächenveredeltes Flachzeug, und zwar Anforderungen an Festigkeit, Kaltumformbarkeit und Korrosionswiderstand, werden auch bei Weißblech gestellt. Im Hinblick auf die Verwendung vorwiegend für universell verwendbare Verpackungen kommt die Forderung nach Dichtigkeit und Lichtundurchlässigkeit hinzu, die aber bei Stahl grundsätzlich gegeben sind. Zur Herstellung der Verpackungen muß die *Kaltumformbarkeit* von Weißblech so sein, daß man es falzen, sicken, börden und runden kann, auch muß die Herstellung von Stanz- und Ziehteilen, wie Deckel, Kronenkorken, Gläserverschlüsse und gezogene Dosen, selbst wenn das Weißblech vor der Verarbeitung zusätzlich lackiert wurde, möglich sein. Ausreichender *Korrosionswiderstand* ist insofern gegeben, als Zinn gegenüber den meisten Lebensmitteln korrosionsbeständig ist, es ist im übrigen ungiftig. Bei Weißblech muß *Lötbarkeit* gegeben sein.

Kennzeichnung der geforderten Eigenschaften

Von den auf S. 102 allgemein genannten Verfahren zur Prüfung der *mechanischen Eigenschaften* kommt für Weißblech vor allem die Bestimmung der Super Rockwell-Härte HR 30 T [3] in Betracht. Ergänzend müssen als für Weißblech *spezifische Prüfungen* die Spring-Back-Prüfung [60] und die Ermittlung der Zipfligkeit an Näpfchen [61] genannt werden, die zur Durchführung kommen, wenn nicht Eignungsprüfungen am herzustellenden Teil, wie z. B. bei Deckeln oder gezogenen Dosen, vorgenommen werden.

Im Hinblick auf den *Korrosionswiderstand* ist auch hier die Messung der Zinnschichtdicke wesentlich, die durch Bestimmung der Massenbelegung der Oberfläche mit Zinn durchgeführt wird [59]. Die Bestimmung erfolgt durch chemische Analyse des von der Oberfläche abgelösten Zinns [62, 63]. Es gibt verschiedene Varianten, auf die hier aber nicht näher eingegangen zu werden braucht [62–66]. Das gilt auch für die Ermittlung der Menge Öl (in mg/m^2), die zur Verbesserung der Verarbeitbarkeit auf das Weißblech aufgebracht wird [66–68], ohne die Verwendbarkeit für Lebensmittelpackungen zu beeinträchtigen. Die bei der Herstellung und Lagerung von Weißblech entstandenen Zinnoxidationsschichten können durch elektrochemische Reduktion gemessen werden, wobei es üblich ist, die zur Reduktion erforderliche Strommenge bezogen auf die Oberfläche anzugeben [69, 70]. Zur Vermeidung einer übermäßigen Oxidation wird Weißblech in Chromatlösungen passiviert. Die Dicke dieser Schichten wird durch chemische oder elektrochemische Analyse des auf der Oberfläche vorhandenen Chroms gekennzeichnet. Durch elektrochemische Verfahren ist auch der Anteil des abgeschiedenen metallischen Chroms feststellbar, das bei der kathodischen Passivierung entsteht [69, 71–73].

Maßnahmen zur Einstellung der geforderten Eigenschaften
Maßgebend für *Festigkeit* und *Kaltumformbarkeit* ist der Grundwerkstoff, weicher unlegierter Stahl. Für die Herstellung von Dosen, bei der sich nach dem Ziehen eines Napfes die Wanddicke des Rumpfes durch Abstrecken vermindert, wird die Kaltumformbarkeit durch den Zinnüberzug als Schmierschicht so verbessert, daß eine Verarbeitung bei hohen Geschwindigkeiten möglich ist. Derartige Dosen sind für Getränke und auch für Lebensmittel im Einsatz.

Im Hinblick auf die *Korrosionsbeständigkeit* von Weißblech ist darauf hinzuweisen, daß Zinn in Gegenwart von Luftsauerstoff edler als Eisen ist; daher kann die Forderung nach Korrosionsbeständigkeit für die Außenseite der Dose nur bei weitgehend trockener Lagerung erfüllt werden [74]. Unter Luftausschluß bleibt Zinn unedler als Eisen und schützt es daher bei den üblichen schwach sauren Füllgütern durch langsame Auflösung [75–78]. Dieser Reaktionsmechanismus ist auch bei sehr dünnen Zinnschichten unter einer Lackierung wirksam.

Für die Verbindungstechnik ist die *Lötbarkeit* (Weichlöten) die entscheidende Voraussetzung; diese wird durch eine gute Benetzbarkeit des Weißblechs durch den Pb-Sn-Lotwerkstoff und die durch vollständige Löslichkeit von Blei und Zinn schnell eintretende Legierungsbildung sichergestellt. Weißblech-Dosenrümpfe können auch durch Widerstands-*Rollennahtschweißen* hergestellt werden, wozu meist eine nur einmal benutzte Kupferdrahtelektrode verwendet wird, um Störungen der Schweißung durch Legieren zwischen Kupfer und Zinn zu vermeiden [79].

Weißblechsorten mit betrieblicher Bewährung
Die gängigen Weißblechsorten sind in DIN 1616 [80] genormt (s. auch EURONORM 145 [59]). Grundwerkstoff ist weicher unlegierter Stahl; die Sorten sind nach der Härte eingeteilt und werden durch geeignete Glühbehandlung eines Stahls mit entsprechender chemischer Zusammensetzung zur Einstellung eines Gefüges mit der angestrebten Härte erzeugt. Blech mit geringerer Dicke wird auch als „doppelt reduziertes" Weißblech geliefert, wozu ein zweiter Walzvorgang anstelle des Nachwalzens erfolgt [81]. Diese Werkstoffe werden nach der Festigkeit statt nach der Härte eingeteilt.

Die Zinnauflage wird durch die Zinnmasse in Gramm je Quadratmeter Oberfläche gekennzeichnet, sie liegt zwischen 2,8 und 11,2 g/m^2 [59]. Zinnauflagen unter 2,8 g/m^2 werden für besondere Zwecke geliefert. Wie bei anderen metallischen Überzügen ist auch ein differenzverzinntes Weißblech herstellbar, d. h. ein Weißblech, bei dem die Zinnauflage auf den beiden Seiten unterschiedlich dick ist.

Alle Zinnauflagen sind mit verschiedenen Nachbehandlungen erhältlich. Eingeführt ist die kathodische Passivierung mit einer Chrom-Chromoxid-Schicht und die Tauchpassivierung, bei der die Passivierungsschicht nur durch chemische Reaktion in einer Chromatlösung entsteht. Sie wird z. B. verwendet, wenn das lackierte Blech wie bei gezogenen Dosen nachträglich erheblich verformt wird.

Außer Weißblech wird auch kaltgewalztes Feinstblech verwendet, das mit einem elektrolytisch aufgetragenen *Chrom-Chromoxid-Überzug* versehen ist [81]. Dabei werden Schichten abgeschieden, die 50 bis 100 mg Cr/m^2 als Metall und 10 bis 30 mg Cr/m^2 in Form eines Oxidhydrats enthalten und damit wesentlich dünner als bei Weißblech sind. Der Werkstoff wird beidseitig lackiert zu Dosenteilen verarbeitet unter Ausnutzung des guten Haftgrundes und der Unterwanderungsbeständigkeit [82, 83]. Rümpfe können durch Schweißen nach Entfernung der Schicht an der Naht oder durch Kleben hergestellt werden. Besonders vorteilhaft ist die Herstellung lackierter Teile, die hohem Abrieb ausgesetzt sind oder nur durch schwierige Umformungen hergestellt werden können.

D 4.2.1.4 Flacherzeugnisse mit Bleiüberzug

Bleiüberzüge werden im allgemeinen nach dem Schmelztauchverfahren aufgebracht (s. C 12.2.6). Als Grundwerkstoff wird alterungsbeständiger Stahl verwendet. Verbleites Blech wird wegen der guten Beständigkeit gegen Benzin, Dieselkraftstoff und Mineralöl zur Herstellung von Kraftstofftanks, Ölfiltern und Rohren im Kraftstoffbereich verwendet. Auch über Anwendungen im Bauwesen wird berichtet [84].

Anforderungen an die Gebrauchseigenschaften

Bei den Anforderungen steht wie bei den anderen Flacherzeugnissen mit metallischem Überzug (s. S. 101) neben der Festigkeit und Kaltumformbarkeit der Korrosionswiderstand im Vordergrund. Es muß auch eine gewisse Schweißeignung und Lötbarkeit vorhanden sein.

Kennzeichnung der geforderten Eigenschaften

Zur Kennzeichnung der geforderten Eigenschaften wird auf S. 102 verwiesen. Auch hier wird zur Ermittlung des Korrosionswiderstands die Bleiauflage geprüft und zwar durch Messung der Massenbelegung der Oberfläche durch Differenzwägung vor und nach der Entfernung des Bleiüberzugs [85, 86]. Zur Überprüfung der Gleichmäßigkeit des Überzugs wird oft der Salzsprühnebeltest nach DIN 50 021 [87] verwendet, der eine für den Werkstoff geeignete Vorbehandlung erfordert.

Maßnahmen zur Einstellung der geforderten Eigenschaften

Träger der Festigkeit und der Kaltumformbarkeit ist der Grundwerkstoff (s. o.). Die Kaltumformbarkeit ist von besonderer Bedeutung, wenn komplizierte Ziehteile, z. B. Kraftstofftanks, gefertigt werden. Bei der Wahl des Grundwerkstoffs ist das zu beachten.

Für die Kaltumformbarkeit, aber auch für den Korrosionswiderstand ist auch hier die *Haftung* des Überzugs wichtig. Sie kann durch Zusätze von 8 bis 15% Sn und bis zu 3% Sb zur Bleischmelze verbessert werden, indem sich auf der Stahloberfläche haftungsvermittelnde Verbindungen bilden und bei höheren Zinngehalten der Überzug korrosionsbeständiger wird (Terne-Blech) [85].

Zum *Schweißen* von verbleitem Blech ist das Drahtschweißverfahren anzuwenden [88]. Hart- und Weichlötverbindungen können ausgeführt werden.

Kennzeichnende Stahlsorten mit betrieblicher Bewährung

Nur die im Schmelztauchverfahren verbleiten Feinbleche sind genormt [86, 88]. Abgesehen von den mechanischen Eigenschaften unterscheiden sich die Sorten durch die Bleiauflage, wobei die Klasse mit 100 mg/m^2 Blech wichtig ist. Elektrolytisch mit Blei(-legierungen) beschichtete Feinbleche werden mit Bleiauflagen in

Dicken zwischen 2,5 und 7,5 µm entsprechend 27,5 und 82,5 g/m² Oberfläche angeboten. Auch einseitige Überzüge sind möglich [89].

D 4.2.1.5 Flacherzeugnisse mit anderen metallischen Überzügen

In diesem Abschnitt werden Überzüge auf Stahl behandelt, die sich nicht nur in der Art des aufgetragenen Metalls sondern auch zum Teil in der Technik des Aufbringens von den vorher beschriebenen unterscheiden. Einen Überblick über die Metalle und Legierungen und über die Herstellungsverfahren sowie auch der kennzeichnenden Eigenschaften der Erzeugnisse gibt Tabelle D 4.9 [90]. Das elektrolytische Verfahren und das Walzplattieren haben den größten Anwendungsbereich.

Tabelle D 4.9 Besondere Eigenschaften und Herstellungsverfahren von Metallüberzügen auf Kaltband [90, 94]

Überzugsmetall	Besondere Eigenschaften					Herstellungsverfahren		
	Korrosionsschutz	Reflexion	dekoratives Aussehen	elektrische oder thermische Leitfähigkeit	Vorstufe für Weiterveredlung	Elektrolyse	Walzplattieren	Diffusionsverfahren
Kupfer			×	×	×	×	×	
Messing			×		×	×	×	
Nickel	×	×	×		×	×	×	
Chrom	×	×	×			×		×
Nichtrostender Stahl	×	×	×	×	×		×[a]	

[a] Auch Gießplattieren

Flacherzeugnisse mit elektrolytisch erzeugten Metallüberzügen

Tabelle D 4.10 zeigt einige Verwendungsbeispiele für galvanisch veredelte Kaltbänder, die von erheblicher wirtschaftlicher Bedeutung sind.

Wie oben schon gesagt, wächst die Korrosionsbeständigkeit von Metallüberzügen mit der Schichtdicke. Allerdings ist auch zu berücksichtigen, daß häufig zusätzlich Klarlacke verwendet werden oder mehrere Metallschichten aufgebracht werden. Ebenso ist die Rauhheit von großer Bedeutung, d. h. je glatter und gleichmäßiger die Oberfläche des Grundwerkstoffs und des veredelten Bandes ist, umso besser ist der Korrosionsschutz. Das für eine elektrolytische Veredlung vorgesehene kaltgewalzte und rekristallisierend geglühte Feinblech oder Band muß DIN 1623 bzw. 1624 [6, 32] entsprechen. Als Metalle oder Legierungen für elektrolytisch erzeugte Überzüge kommen vor allem Kupfer, Nickel und Messing in Betracht [90, 91].

Hervorzuhebende Eigenschaften sind: Korrosionswiderstand, Reflexionsvermögen für Licht- oder Wärmestrahlung, dekoratives Aussehen sowie elektrische und thermische Leitfähigkeit [92].

Tabelle D 4.10 Bewährte Verwendungen für elektrolytisch veredeltes Kaltband [90]

Überzugs-metall	Schicht-dicke µm	Verwendungsbeispiele	
Kupfer	2,5	Dichtungen, Tafelgeräte, Lampenteile	z. T. mit Klarlack
	3,5	Tabletts, Rauchtischgarnituren, Bundy-Rohre	
Messing	2,0	Scharniere, Schnellhefterzubehör, Tafelgeräte, Gardinenzugprofile	z. T. mit Klarlack
	10,0	Uhrengehäuse, Kofferbeschläge, Spielzeugautos, Blumenständer, Geldtaschenbügel	
	15,0	Lampenbaldachine, Damentaschenbügel, Möbelbeschläge, Herdbeschläge (Weiterveredelung am Stück)	
	2,5	Briefordnerzubehör, Bilderrahmen, Necessaireteile, Spiegeleinfassungen, Kofferbeschläge	
Nickel	4,5	Kabelband, Radioröhrenteile, Sinterplattenelektroden, Pinselzwingen, Taschenlampenhülsen, Metallbuchstaben, Aktentaschenbeschläge	
	6,0	Schokoladenformen, Grillergehäuse, Metallspiegel	
	10,0	Herdbeschläge, kaltgewalzte Profile Vorveredlung für nachfolgende Stückverchromung oder -versilberung	

Flacherzeugnisse mit durch Plattieren erzeugten Metallüberzügen

Die Grundzüge der verschiedenen Plattierverfahren sind in C 12.4.2 behandelt, sie kommen hier aber nur soweit in Betracht, als es sich um die Fertigung von Flachzeug zum Kaltumformen handelt. Als Plattierwerkstoffe dienen Nickel, Kupfer und deren Legierungen sowie nichtrostende und hitzebeständige Stähle.

Das Plattieren von weichen Stählen mit *Nickel, Kupfer und deren Legierungen* wird meist im Walzverfahren, ein- oder beidseitig, durchgeführt [93]. Üblicherweise verwendet man Stähle mit Kohlenstoffgehalten bis zu 0,12%. Die Dicke der Auflagen beträgt 5 oder 10% der Gesamtdicke und kann auf beiden Seiten unterschiedlich sein. Plattierte Bänder werden weich oder – zur Vermeidung von Fließfiguren – mit einer geringen Kaltverformung geliefert. Die Werte für die mechanischen Eigenschaften in Tabelle D 4.11 zeigen, daß eine gute Kaltumformbarkeit vorliegt.

Plattieren mit *nichtrostendem oder hitzebeständigem Stahl* erfolgt produktionsmäßig durch Walzplattieren oder auch durch Gießplattieren, wobei aber das Walzplattieren weitaus im Vordergrund steht. Aufgrund der hohen Korrosions- und Hitzebeständigkeit eignet sich der Verbundwerkstoff u. a. für Silos, Öfen, Pfannen, Töpfe, Schalldämpfer und Rohre [94].

Flacherzeugnisse mit durch Abscheiden aus der Gasphase erzeugten Überzügen

Durch Inchromieren, dessen Verfahrensgrundlagen in C 12.4.3 kurz beschrieben sind (s. auch [95]), wird Band erzeugt, dessen Oberfläche eine Diffusionsschicht mit Chromgehalten von rd. 25 bis 30% aufweist. Seine Korrosions- und Hitzebeständigkeit machen es für Abgas-, Heizungs- und Wärmetauscheranlagen geeignet.

Zu den üblichen *Prüfungen* der in diesem Abschnitt behandelten metallischen Überzüge zählen die auf S. 102 genannten Verfahren (s. auch [96, 97]).

Tabelle D 4.11 Mechanische und physikalische Eigenschaften von walzplattiertem Stahl [93]

Plattierwerkstoff	Beidseitige Plattierdicke [c] %	Streckgrenze N/mm²	Zugfestigkeit N/mm²	Bruchdehnung A_{10} %	Brinellhärte[a] HB 2,5	Erichsen-Tiefung[b] mm	Dichte g/cm³	Elastizitätsmodul N/mm²
Nickel	5	w 250 h 470	350 550	35 10	95 180	9…10	7,95	195000
Kupfer-Nickel-Legierung CuNi 15 CuNi 20 CuNi 25	5	w 250 h 470	350 550	35 10	90 170	9…10	7,95	195000
Kupfer	5	w 230 h 450	330 520	35 12	85 160	9…10	7,95	190000
Messing Ms 90	5	w 230 h 450	330 520	35 12	85 160	9…10	7,93	190000

[a] Bei rd. 1 mm Gesamtdicke und Prüfung auf der Plattierschicht
[b] Bei 0,5 mm Erzeugnisdicke
[c] w = weich, h = hart

D 4.2.2 Flacherzeugnisse mit anorganischem Überzug

Zu den anorganischen Überzügen zählen Email sowie Phosphat- und Chromatschichten (s. auch C 12.6). Die letztgenannten erfüllen entweder als Bestandteil der weiteren Oberflächenveredlung, z. B. durch Lackieren, die Rolle eines Haftvermittlers oder lediglich die eines temporären Korrosionsschutzes.

Phosphatierte und chromatierte Flacherzeugnisse

Das *Phosphatieren* der kaltgewalzten Oberfläche als Vorbehandlung für die Grundierung (anodische oder kathodische Elektrotauchgrundierung), auf die das Auftragen des Decklacks folgt, wird erst am verarbeiteten Blechwerkstoff (z. B. Karosserieteil) angewandt.

Bei metallisch oberflächenveredeltem Flachzeug ist das Aufbringen eines anorganischen Überzuges in der Regel der abschließende Herstellungsschritt.

Elektrolytisch verzinktes Flachzeug (s. D 4.2.1.1) wird im allgemeinen phosphatiert und chromatpassiviert und damit für eine spätere Lackierung vorbehandelt.

Ein *Chromatieren* wird bei Flachzeug mit metallischen Überzügen, die durch Feuerbeschichten aufgebracht werden, angewandt; es erfüllt dabei den Anspruch eines temporären Korrosionsschutzes. Bei verzinktem Blech wird dadurch die Gefahr einer Weißrostbildung bei Transport und Lagerung vermindert.

Emaillierte Flacherzeugnisse

Warmgewalztes oder kaltgewalztes Flachzeug wird für zahlreiche Verwendungszwecke durch Emaillierung oberflächenveredelt. In C 12.5 wurde gezeigt, daß die *Eignung zum Emaillieren* im wesentlichen von drei Eigenschaften, die das emaillierte Teil aufweisen muß, bestimmt wird: gute Haftung des Emails, hohe Oberflächengüte und Beständigkeit gegen Fischschuppen-Bildung. Daraus ergeben sich entsprechende *Anforderungen* an die chemische Zusammensetzung des Stahls und an die nichtmetallischen Einschlüsse im Stahl hinsichtlich Größe, Zahl und Verteilung. Die *Haftung* hängt maßgeblich vom Beizverhalten und von der Oxidationsneigung beim Einbrennen ab. Hier sind sowohl Stahlbegleitelemente wie Phosphor und Kupfer als auch Legierungselemente wie Titan von Einfluß. Fischschuppen-Beständigkeit setzt insbesondere bei beidseitiger Emaillierung voraus, daß für den rekombinierenden Wasserstoff durch nichtmetallische Einschlüsse gegebene Phasengrenzen und Hohlräume im Gefüge in ausreichendem Maß vorhanden sind.

Tabelle D 4.12 gibt eine Übersicht über Herstellungsmerkmale und mechanische Eigenschaften kennzeichnender Stahlsorten zum konventionellen Zweischicht-Emaillieren (Stähle EK 2 und EK 4 nach DIN 1623 Teil 3 [98]) und zum Einschicht-Emaillieren (Stahl ED 3). Anwendung finden emaillierte Stähle für eine große Vielzahl von Geräten und Bauteilen im Haushalt, in der Industrie und im Bauwesen.

In Ergänzung ist auf Entwicklungen hinzuweisen, die unter Ausnutzung von Vakuumentkohlung, Beruhigung mit Aluminium und Mikrolegierung mit Titan zu Stählen geführt haben, die für Einschicht-Emaillierung besonders gut geeignet sind [99].

Tabelle D 4.12 Kennzeichnende Werte für die mechanischen Eigenschaften von kaltgewalztem Feinblech zum Emaillieren

Stahlsorte (Kurzname)[a]	Angaben zur Herstellung	Mechanische Eigenschaften				
		0,2%-Dehngrenze N/mm^2	Zugfestigkeit N/mm^2	$A_{80\,mm}$ %	r_m	n_m
EK 2[b]	unberuhigt	220	345	39	1,1	0,19
EK 4	mit Aluminium kokillenberuhigt	180	335	41	1,5	0,21
ED 3[b]	unberuhigt, flaschenhalsvergossen entkohlt[c]	170	300	44	1,6	0,22

[a] Nach DIN 1623 Teil 3 [98]   [b] Ungealterter Zustand   [c] Durch Offenbund-Glühung

D 4.2.3 Flacherzeugnisse mit organischer Beschichtung

Organisch bandbeschichtetes Flachzeug aus Stahl (s. C 12.7) eignet sich für Verwendungszwecke, bei denen Widerstand gegen Korrosion und ein dekoratives Aussehen von vorrangiger Bedeutung sind. In diesem Sinne kommt es in der gesamten Flachzeug verarbeitenden Industrie zur Anwendung.

Das Erzeugnis wird als Band in Rollen in Breiten bis 1850 mm (auch längsgeteilt als Spaltband) und Dicken bis rd. 2 mm sowie als daraus abgelängte Bleche oder Stäbe geliefert.

Hinweise auf den Werkstoffaufbau, die wesentlichen Merkmale und deren Prüfung, die Verarbeitung sowie auf Einzelheiten zur Bestellung und Kennzeichnung können aus dem Schrifttum [100, 101] entnommen werden.

Tabelle D 4.13 Wichtige Trägerwerkstoffe für organische Beschichtung

Trägerwerkstoff	Nach DIN	Nach EURONORM
kaltgewalztes Flachzeug		
aus weichen unlegierten Stählen	1623 Blatt 1 [6]	130 [102]
aus unlegierten Baustählen	1623 Teil 2 [30]	149 [11]
feuerverzinktes Flachzeug		
aus weichen unlegierten Stählen	17 162 Teil 1 [49]	142 [103]
aus unlegierten Baustählen	17 162 Teil 2 [50]	147 [104]

Als Trägerwerkstoffe dienen vor allem kaltgewalztes Band nach DIN 1623 Blatt 1 [6] und DIN 1624 [32] oder feuerverzinktes Band nach DIN 17162 Teil 1 [49] sowie nach den entsprechenden EURONORMEN (s. Tabelle D 4.13). Feuerverzinktes Blech wird als Grundwerkstoff für eine Bandbeschichtung vor allem im Außeneinsatz verwendet.

Das dekorative Aussehen (Farbe, Glanz, Prägung, mehrfarbige Bedruckung) ist je nach Beschichtungsstoff variierbar. Das bandbeschichtete Flachzeug hat neben seinen dekorativen Eigenschaften vor allem funktionelle Eigenschaften, die seine Eignung bei der Verarbeitung und beim Gebrauch kennzeichnen und damit bei der anwendungsspezifischen Werkstoffwahl zu berücksichtigen sind.

Einseitig zinkstaublackierte Bleche weisen einen unterschiedlichen Aufbau des Überzugs auf [105]. Gemeinsam ist die durch hohen Zinkstaubanteil elektrisch leitende Epoxidharzschicht, durch die neben verbessertem Korrosionsschutz vor allem eine gute Schweißeignung bewirkt wird.

Tabelle D 4.14 Wichtige Eigenschaften von organisch beschichtetem Flachzeug und entsprechende Prüfverfahren

Eigenschaft	Prüfung nach ECCA[a]
Schichtdicke	T 1 - 1978
Glanz	T 2 - 1977
Farbabstand	T 3 - 1980
Bleistifthärte	T 4 - 1977
Buchholz-Eindruckhärte	T 12 - 1978
Widerstand gegen Metallmarkierung	T 11 - 1978
Haftung nach Tiefung	T 6 - 1977
Widerstand gegen Rißbildung bei Biegung	T 7 - 1977
Widerstand gegen Rißbildung bei schneller Umformung	T 5 - 1977
Salzsprühnebel-Beständigkeit	T 8 - 1977
Wassertauchbeständigkeit	T 9 - 1977
Beständigkeit gegen beschleunigte Bewitterung	T 10 - 1979
Kreidung (nach Helmen)	T 14 - 1982
Wärmebeständigkeit	T 13 - 1978
Eigenschaften bandbeschichteter Werkstoffe bei erhöhten Temperaturen (Härte, Spiegelglanz, Farbbeständigkeit)	T 15 - 1982
Zur Information: Korrosionsprüfung von bandbeschichteten Blechen in schwefeldioxidhaltiger Atmosphäre	T 16 - 1982

[a] European Coil Coating Association

Die Prüfung der mechanischen Eigenschaften entspricht der der Trägerwerkstoffe. Die Prüfung weiterer kennzeichnender Eigenschaften ist von der European Coil Coating Association (ECCA), Brüssel, in Anlehnung an ASTM- und ISO-Normen vereinheitlicht worden (Tabelle D 4.14).

Das bandbeschichtete Flachzeug hat im Anlieferungszustand meist schon die fertige Oberfläche. Werkzeuge und Verarbeitungsparameter beim Schneiden, Umformen und Fügen sind daher werkstoffgerecht zu wählen [106].

Der Werkstoff hat sich bei zahlreichen Industriezweigen und Verwendungszwecken durchgesetzt und bewährt. Zu nennen sind vor allem die Bauindustrie (z. B. für Außen- und Inneneinsatz: Dächer, Wände und Decken, Metalltüren), die Eisen-Blech-Metallwaren-(EBM)-Industrie (z. B. für Möbel, Regale und Geräteverkleidungen aller Art), die Fahrzeugindustrie (z. B. für Karosserieteile und Armaturenbretter), die Verpackungsindustrie (z. B. für Fässer, Aerosoldosen und Kronenverschlüssen) und Rohrisolierungen [107].

Eine weitere Einsatzmöglichkeit stellen Verbundwerkstoffe, wie sogenannte Sandwichbleche, bestehend aus zwei bandbeschichteten Deckblechen und einer Zwischenschicht entweder aus Polyurethan-Hartschaum für Bauteile oder aus einem thermoplastischen Stoff mit schwingungsdämpfenden Eigenschaften des Verbundes, dar.

D 5 Vergütbare und oberflächenhärtbare Stähle für den Fahrzeug- und Maschinenbau

Von Gerhard Tacke, Karl Forch, Karl Sartorius, Albert von den Steinen und Klaus Vetter

D 5.1 Allgemeines

Als vergütbare Stähle werden im folgenden besonders die Vergütungsstähle im engeren Sinne sowie die für schwere Schmiedestücke eingesetzten Stähle verstanden. Zu den oberflächenhärtbaren Stählen werden die Stähle für das Randschichthärten (Flammen-, Induktions- und Tauchhärten), die Nitrierstähle und die Einsatzstähle gerechnet. *Die Zusammenfassung der genannten Stähle ergibt sich durch die* kennzeichnende *Verwendung im Maschinen- und Fahrzeugbau*, durch ihre Eignung für hohe und dynamische Beanspruchung, sowie durch die grundsätzlich erforderliche, der jeweiligen chemischen Zusammensetzung, dem Querschnitt *sowie der Verwendung angepaßte Wärmebehandlung.*

Ihre *Verwendungseigenschaften* erhalten die *Vergütungsstähle* durch Austenitisieren, Abschrecken und Anlassen. Ihre chemische Zusammensetzung wird wesentlich durch die Arbeitsgänge und das Ziel bestimmt, beim Abschrecken Martensit und/oder Bainit zu erhalten. Eine zahlenmäßig festgelegte obere Grenze der Abmessung des Anwendungsbereichs von Vergütungsstählen gibt es nicht. In den maßgeblichen deutschen Normen werden Eigenschaften bis zu 250 mm Dmr. aufgeführt.

Die *Stähle für das Randschichthärten* erfahren meistens vor dem oft nur in Teilzonen vorgenommenen Oberflächenhärten eine Vergütung. Diese haben daher nach Aufbau und Verwendung die größte Ähnlichkeit mit den Vergütungsstählen. Auch die *Nitrierstähle* werden vor der abschließenden Oberflächenbehandlung, bei der eine Anreicherung der Oberflächenzone mit Stickstoff erfolgt, vergütet. Ihre chemische Zusammensetzung wird allerdings teilweise unter dem Gesichtspunkt der Nitrierung bestimmt.

Stähle für schwere Schmiedestücke werden grundsätzlich im vergüteten Zustand verwendet. (Einige hiervon abweichende Fälle werden in diesem Kapitel nicht besonders berücksichtigt.) Die Stähle werden in ihrem Aufbau grundsätzlich durch die besonderen abmessungs- und gewichtsbezogenen Probleme dieser Erzeugnisse bestimmt. Bei geringeren Beanspruchungen können allerdings auch für größere Bauteile Stähle eingesetzt werden, die zu den Vergütungsstählen im engeren Sinne zählen.

Einsatzstähle werden im nach Aufkohlung der Oberflächenzone gehärteten Zustand verwendet. Um in diesem Wärmebehandlungszustand im Kernbereich der Bauteile nicht zu hohe Härte und ausreichende Zähigkeit einzustellen, erhalten die Einsatzstähle bei ihrer Erschmelzung niedrigere Kohlenstoffgehalte als die Vergütungsstähle.

Literatur zu D 5 siehe Seite 743–747.

Vergütungsstähle, Stähle für Oberflächenhärtung und Nitrierstähle weisen im Verwendungszustand im allgemeinen Zugfestigkeiten zwischen 500 und 1300 N/mm^2 auf. Ihre hohe Beanspruchbarkeit wird auch unterstrichen durch die damit verbundene Zähigkeit. Im allgemeinen werden zu ihrer Kennzeichnung Kerbschlagarbeitswerte herangezogen.

Einsatzstähle weisen im Kern der Bauteile Zugfestigkeiten von 800 bis 1600 N/mm^2 auf.

Randschichthärtung durch Flammen-, Induktions- oder Tauchhärtung wird grundsätzlich ebenso wie die Einsatzhärtung angewendet zur Erhöhung des Verschleißwiderstands, zur Erhöhung der Dauerfestigkeit und/oder zur Verbesserung der Laufeigenschaften von Bauteilen. Die klassische Verwendung von Einsatzstählen ist bei höher beanspruchten Zahnrädern gegeben.

Stähle für Vergütung und Oberflächenhärtung finden bevorzugt Verwendung als Formteile, die durch Schmieden, spanabhebende Bearbeitung und/oder spanlose Kaltumformung aus Halbzeug und Stabstahl hergestellt werden. Nur in geringem Umfang erfolgt die Bauteilfertigung auch aus Flacherzeugnissen. Formstahl aus diesen Stahlsorten wird kaum verwendet.

Für die unterschiedlichen Verarbeitungsverfahren sind vielfach verschiedene *Verarbeitungseigenschaften* erwünscht. Daraus kann sich im Einzelfall bei gleichbleibendem Verwendungszweck ein unterschiedliches Anforderungsspektrum für den Stahl ergeben. Vielfach werden auch Stähle nach ihren Verarbeitungseigenschaften eingeordnet, wie etwa Kaltfließpreßstähle o. ä. Bei diesen kann es sich auch um Vergütungsstähle oder oberflächenhärtbare Stähle handeln.

Den Unterschieden in den Wärmebehandlungsarten und ihren Zielen folgt die *Gliederung dieses Kapitels*. Die den verschiedenen Stahlsorten gemeinsamen Anforderungen an Eigenschaften für Endverwendung und Verarbeitung werden zunächst behandelt; so brauchen allgemein gültige Angaben über gewünschte Eigenschaften, deren Kennzeichnung durch Prüfwerte und ihre Abhängigkeit von Gefüge und chemischer Zusammensetzung nicht wiederholt zu werden. Danach folgen besondere Angaben für die Vergütungsstähle, die Stähle für das Randschichthärten und die Nitrierstähle. Wegen der geringeren Gemeinsamkeit der Stähle für schwere Schmiedestücke und der Einsatzstähle mit der erstgenannten Gruppe von Stählen und untereinander erfordert deren dann folgende Darstellung etwas breiteren Raum.

Zu den in diesem Kapitel benutzten Begriffen der Wärmebehandlung, wie z. B. Vergüten usw., sei auf C 4 und DIN 17 014 [1] verwiesen.

D 5.2 Vergütungsstähle, Stähle für das Randschichthärten und Nitrierstähle

D 5.2.1 Allgemeine Anforderungen an die Gebrauchseigenschaften vergütbarer Baustähle, deren Kennzeichnung durch Prüfwerte und Erzielung

D 5.2.1.1 Für die Verwendung wichtige Eigenschaften

Die Stähle werden überwiegend für Bauteile eingesetzt, die hohen mechanischen Beanspruchungen unterliegen. Bei den Beanspruchungen kann es sich um Biegung, Zug, Druck, Verdrehung oder Scherung handeln. Entsprechend den jeweiligen Betriebsbedingungen ist die statische Beanspruchbarkeit an bestimmte Festigkeitseigenschaften, wie *Härte, Festigkeit* (Zug-, Druck-, Biege-, Verdreh-, Scherfestigkeit) und Streckgrenze (Dehngrenze) gebunden.

Ferner sind ausreichende *Zähigkeitseigenschaften* erforderlich, um Sicherheit gegen sprödes Versagen zu gewährleisten. Für Bauteile der Kraftübertragung werden oft zusätzlich hoher Verschleißwiderstand sowie gute Laufeigenschaften gefordert.

Im Maschinen- und besonders im Fahrzeugbau treten *schwingende Beanspruchungen* auf, die selbst bei Spannungen unterhalb der Zugfestigkeit zu Brüchen führen können. Schwingende, d. h. nach Größe und/oder Richtung sich ändernde Beanspruchungen müssen daher bei der Berechnung vieler Bauteile berücksichtigt werden. Dauerbrüche sind die Hauptschadensursache beim Ausfall von Maschinen- und Fahrzeugteilen. Nach Schätzungen machen sie 80 bis 95% der auftretenden Brüche aus [2, 3]. Nur in sehr wenigen Fällen sind Dauerbrüche auf den Werkstoff und in seiner Herstellung begründete Fehler zurückzuführen (s. Tabelle D 5.1 [4]). Dies ist vor allem damit erklärbar, daß die Dauerschwingfestigkeit von Bauteilen in hohem Maße von der Konstruktion, Gestaltung und Oberflächenausführung der Teile abhängt (s. C 1.2.2).

Die Eigenschaften ergeben sich aus dem Gefüge, das durch Abstimmung von chemischer Zusammensetzung und Wärmebehandlung eingestellt wird (vgl. C 1 und C 4).

Für die *Kennzeichnung des Vergütungszustands* werden die Prüfwerte des Zugversuchs sowie die Kerbschlagarbeit herangezogen. Im Gegensatz zu Zugfestigkeit und Streckgrenze sind die Zähigkeitswerte keine Berechnungsgrundlage, sie zeigen aber, ob die Eigenschaften erreicht wurden, die bei der gewählten Stahlsorte in Abhängigkeit von Zugfestigkeit und Abmessung erwartet werden können. Darüber hinaus erlauben die Zähigkeitswerte qualitative Rückschlüsse auf die Bauteilbeanspruchbarkeit, wenn Erfahrungen für vergleichbare Anwendungsfälle vorliegen.

Die Untersuchungsverfahren der Bruchmechanik sind bisher bei Vergütungsstählen allgemeiner Verwendung nur in begrenztem Umfang angewandt worden. Zur Ermittlung bruchmechanischer Kenngrößen dieser relativ zähen Werkstoffe hat sich noch kein einheitliches Prüfverfahren durchsetzen können (s. C 1).

Festigkeit bei statischer Beanspruchung

Die höchste Festigkeit haben die vergütbaren Stähle im vollmartensitischen Gefügezustand nach dem Härten. Härte und Festigkeit des nicht angelassenen Martensits werden durch den Kohlenstoffgehalt bestimmt und sind weitgehend vom Legierungsgehalt unabhängig (s. Bild D 5.1 [5]). Mischgefüge aus Martensit, Bainit und u. U. Ferrit + Perlit haben eine verminderte Härte, die nicht allein vom Kohlenstoff- und Martensitgehalt abhängt [6]. Für die Festigkeit von Mischgefügen ist die Festigkeit der einzelnen Gefügebestandteile und deren Volumenanteil bestimmend. Angenähert lassen sich die Festigkeitseigenschaften bestimmter Gefüge aus der Legierungszusammensetzung errechnen, wie Ergebnisse von Regressionsanalysen zeigen [7]. Bei stickstofflegierten Vergütungsstählen bewirkt der ungebunden vorliegende Stickstoff eine zusätzliche Härtesteigerung aller Gefügearten, s. Bild D 5.2 [8]. Die Streckgrenze von Ferrit-Perlit-Gefüge kann durch Zusatz von

Tabelle D 5.1 Aufgliederung der von 1957 bis 1961 in der Materialprüfstelle der Allianz-Versicherungsgesellschaft untersuchten Dauerbrüche nach Schadensursachen. Nach [4]

Art der beschädigten Maschine	Anzahl der untersuchten Schäden	Werkstofffehler	Konstruktionsfehler		Werkstattfehler bei				Betriebseinflüsse			Verschleiß u. ä.
			ungeeigneter Werkstoff	Gestaltungsfehler	Bearbeitung	Wärmebehandlung	Zusammenbau	Überholung, Reparatur	Überbelastung	Oberflächenfehler	Lockerung	
Elektrische Maschinen	14	–	–	1	4 (4)	1 (2)	–	3 (1)	2	1	2 (2)	
Dampferzeuger, Dampfmaschinen, Lokomobilen	12	1 (2)	–	1	3 (4)	–	–	1 (–)	4	1	1	
Dampfturbinen	52	1 (2)	1	9 (5)	10 (6)	2 (1)	3 (1)	–	2 (1)	13 (3)	11 (5)	
Verbrennungskraftmaschinen	25	2 (1)	–	– (2)	7 (4)	2 (3)	1 (1)	–	3	7 (1)	2	1
Wasserkraftanlagen	8	1	–	1	1 (–)	–	1 (–)	2 (–)	–	2 (1)	– (1)	
Hebe- und Förderanlagen	80	4 (7)	– (2)	9 (3)	18 (19)	10 (10)	8 (5)	6 (2)	17 (7)	3 (3)	3 (2)	2
Pumpen, Kompressoren	35	1 (3)	–	6 (2)	10 (4)	1 (7)	3 (2)	2 (–)	4	3 (1)	3 (1)	2
Werkzeugmaschinen	32	1 (3)	–	2 (1)	10 (5)	1 (3)	3 (1)	1 (–)	7 (5)	2 (2)	5 (4)	
Maschinen der Verbrauchsgütertechnik	34	–	–	4	8 (2)	6 (2)	6 (3)	3 (–)	3 (2)	3 (1)	1 (1)	1
Fahrzeuge	11	– (1)	– (1)	– (1)	2 (2)	3 (–)	– (2)	2 (–)	2	–	1	
Insgesamt	303	11 (19) 3,63 %	1 (3) 11,22 %	33 (14)	73 (50) 47,52 %	26 (29)	25 (16)	20 (3)	44 (15) 37,63 %	35 (12)	29 (16)	6 (–)

Hauptursachen der Dauerbrüche (Klammerwerte mitwirkende Ursache)

Härte und Festigkeit

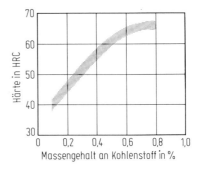

Bild D 5.1 Höchsterreichbare Härte von Martensit in Abhängigkeit vom Kohlenstoffgehalt. Nach [5].

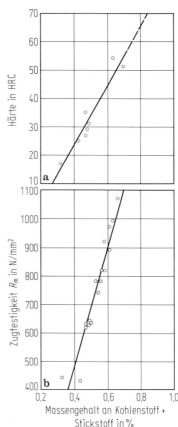

Bild D 5.2 Einfluß der Summe von Kohlenstoff- und Stickstoffgehalt auf Härte und Zugfestigkeit aufgestickter Stähle. Nach [8]. Zusammensetzungsbereich der untersuchten Stähle: 0,19 bis 0,53 % C, 0,04 bis 0,44 % Si, 0,26 bis 0,95 % Mn, 0,04 bis 0,24 % Cr, 0,001 bis 0,017 % Al und 0,10 bis 0,17 % N. **a** Proben von 10 mm Dmr. von 850 °C in Öl abgeschreckt: Perlit + Bainit + Martensit; **b** Proben von 20 bis 50 mm Dmr. warmgewalzt: Ferrit + Perlit.

zur Ausscheidungshärtung führenden Elementen wie Vanadin oder Niob bereits in Gehalten von rd. 0,1 % wirkungsvoll erhöht werden [9, 10].

Die endgültige Einbaufestigkeit von Vergütungsstählen wird durch das *Anlassen* eingestellt. Durch das Anlassen sollte eine deutliche *Festigkeitsverminderung* erreicht werden, d. h. die Anlaßtemperaturen dürfen insbesondere bei niedrigem Härtungsgrad (Verhältnis der erreichbaren zur höchstmöglichen Härte, s. u.) nicht zu tief gewählt werden. Schließlich muß die Anlaßtemperatur so sein, daß mögliche Anlaßversprödungen begrenzt werden.

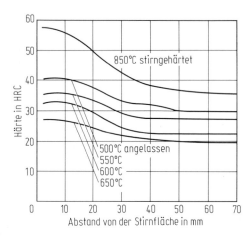

Bild D 5.3 Einfluß des Anlassens nach dem Stirnabschrecken auf den Härteverlauf bei einem Stahl 42 CrMo 4. Nach [8].

Die Verminderung der Härte beim Anlassen wird in Bild D 5.3 am Beispiel angelassener Stirnabschreckproben aus einem Stahl 42 CrMo 4 gezeigt [8]. Sie hängt vom Härtegefüge sowie von der chemischen Zusammensetzung ab. Silizium und Mangan sowie besonders die Sonderkarbidbildner Molybdän, Vanadin und Chrom verzögern den Härteabfall beim Anlassen. Mit der mathematischen Formulierung der Zusammenhänge zwischen den Anlaßbedingungen, der Stahlzusammensetzung und der Anlaßhärte bzw. -festigkeit von Stählen befassen sich verschiedene Autoren [11, 12]. Durch ein Anlassen bei genügend hoher Temperatur erfolgt ein Angleichen der möglicherweise über den Querschnitt unterschiedlichen Härtewerte.

Die Werte für *0,2%-Dehngrenze* und Elastizitätsgrenze von Vergütungsstählen sind vom Härtegefüge und von der Anlaßtemperatur abhängig. Während beide Größen für nicht angelassenen Martensit relativ niedrig liegen, erreichen sie bei Anlaßtemperaturen von 250 bis 300°C ihre Höchstwerte (s. Bild D 8.2).

Mischgefüge mit oberem Bainit, mit Ferrit + Perlit oder auch Restaustenitanteilen ergeben nur geringere *Streckgrenzenverhältnisse* (Verhältnis von Streckgrenze bzw. 0,2%-Dehngrenze zu Zugfestigkeit) auch bei höheren Anlaßtemperaturen. Die Abhängigkeit des Streckgrenzenverhältnisses vom Härtungsgrad zeigt Bild D 5.4 [13].

Zähigkeitseigenschaften

Auch auf die Zähigkeitseigenschaften der vergütbaren Stähle hat das Gefüge starken Einfluß; dies trifft besonders für die Kerbschlagarbeit zu. Bild D 5.5 zeigt beispielhaft für je einen unlegierten und einen niedriglegierten Vergütungsstahl den *Einfluß des Gefüges*, das durch verschiedene Wärmebehandlungen erreicht wurde [8]. Das Gefüge der Probenwerkstoffe nach Bild D 5.5 läßt sich wie folgt beschreiben.

Beim Ck 45 (Bild D 5.5a) liegt in allen Zuständen ein Perlit-Ferrit-Gefüge vor. Im unbehandelten (warmgewalzten) Zustand besteht es aus lamellarem Perlit mit netzförmig angeordnetem freien Ferrit. Das Normalglühen führte zur Verfeinerung und Vergleichmäßigung des Gefüges und besonders des Ferritanteils. Der

Einflüsse auf das Verhältnis von Festigkeit zu Zähigkeit 129

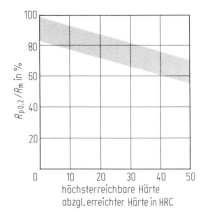

Bild D 5.4 Abhängigkeit des Verhältnisses von Dehngrenze $R_{p0,2}$ zu Zugfestigkeit R_m vom Härtungsgrad, ausgedrückt als Unterschied zwischen höchsterreichbarer und erreichter Härte. Nach [13].

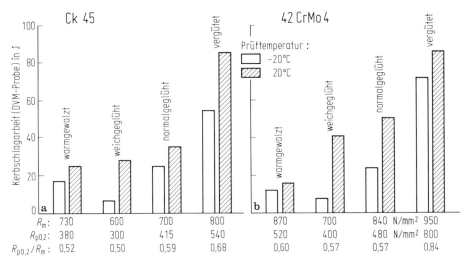

Bild D 5.5 Einfluß des Gefüges (des Wärmebehandlungszustandes) auf die mechanischen Eigenschaften von Vergütungsstählen: **a** Stahl Ck 45 mit rd. 0,45 % C; **b** Stahl 42 CrMo 4 mit rd. 0,42 % C, 1 % Cr und 0,2 % Mo. Nach [8]. Proben in einem Abstand von 12,5 mm vom Rand aus Stäben von 80 mm Dmr. entnommen.

weichgeglühte Zustand ist ähnlich dem unbehandelten, nur ist der Perlit etwa zur Hälfte eingeformt. Im vergüteten Zustand liegt abmessungsbedingt ein feinkörniges Gefüge aus lamellarem Perlit mit geringen Anteilen von saumartig angeordnetem Ferrit vor. Der 42 CrMo 4 (Bild D 5.5b) hat entsprechend der höheren Härtbarkeit im unbehandelten Zustand ein Gefüge aus Bainit mit Anteilen von Perlit; normalgeglüht ist das Gefüge feiner und enthält etwa gleiche Anteile an Bainit, lamellarem Perlit und freiem Ferrit. Im weichgeglühten Zustand sind die Karbide des Bainits und Perlits weitgehend eingeformt. Das Vergüten führte zu einem gleichmäßigen feinen Gefüge von angelassenem Martensit.

Es wird deutlich, daß die Mischgefüge mit Ferrit, Perlit oder mit eingeformten Karbiden eine geringere Kerbschlagarbeit – vor allem bei niedriger Prüftemperatur

– ergeben (s. C 4). Das Vergüten ergibt trotz hoher Streckgrenze und Zugfestigkeit bei beiden Stählen die weitaus beste Zähigkeit, obwohl beim Ck 45 eine martensitische Umwandlung nicht erreicht wurde. Vergüten ermöglicht generell die beste Kombination hoher Festigkeit mit hoher Zähigkeit.

Erfahrungsgemäß können Bauteile mit geringeren Anforderungen an die Zähigkeitseigenschaften mit Ferrit-Perlit-Gefüge verwendet werden, das bei unlegierten Vergütungsstählen im normalgeglühten oder im warmverformten (unbehandelten) Zustand erreicht wird. So wurden in den letzten Jahren mit Erfolg besonders Gesenkschmiedestücke aus Kostengründen ohne zusätzliche Wärmebehandlung nach gesteuerter Luftabkühlung aus der Warmumformhitze mit dem Verwendungszweck entsprechenden Verarbeitungs- und Gebrauchseigenschaften hergestellt und verwendet [14]. Bei höheren Anforderungen müssen die besseren Eigenschaften des martensitischen Gefüges genutzt, d. h. die Bauteile müssen gehärtet bzw. vergütet werden.

Abhängig vom Vergütungsquerschnitt und dem Abkühlmittel entscheidet die Einhärtbarkeit des Stahls über die Gefügezusammensetzung über dem Querschnitt (s. B 9 und C 4). Den beim Härten erreichten Martensitgehalt oder das Verhältnis der erreichten zur höchstmöglichen Härte kann man als *Härtungsgrad* bezeichnen; er muß um so höher sein, je höher die Bauteile beansprucht sind. Die im vergüteten Zustand erreichbaren Zähigkeitswerte hängen weitgehend von der Gefügeausbildung nach dem Härten ab; höchste Werte werden nur erreicht, wenn vor dem Anlassen ein möglichst hoher Martensitanteil im Gefüge und eine möglichst hohe Abschreckhärte vorliegen; so ist der Härtungsgrad bei gegebener chemischer Zusammensetzung die wichtigste Einflußgröße. Schon geringe Mengen anderer Gefügebestandteile, z. B. voreutektoidischer Ferrit, Perlit oder oberer Bainit, setzen die Zähigkeit empfindlich herab (s. beispielsweise Bild D 5.6 [15–17]). Bei höherlegierten Stählen, bei denen bevorzugt Gefüge der unteren Perlit- oder Bainitstufe gebildet werden, ist der schädigende Einfluß nichtmartensitischer Gefügeanteile geringer; mit zunehmender Anlaßtemperatur nimmt die Wirkung ebenfalls ab.

Auch ein vollständig bainitisches Gefüge kann günstige Zähigkeitseigenschaften aufweisen, besonders bei sehr niedrigen und bei höheren Kohlenstoffgehalten über etwa 0,5% (s. C 4). Für den hier interessierenden Bereich von Stählen mit mittleren Kohlenstoffgehalten und Zugfestigkeitswerten unter 1400 N/mm² bietet Bainit keine Vorteile gegenüber einem optimal angelassenen martensitischen Gefüge.

Gute Kerbschlagarbeitswerte, vor allem bei tiefen Temperaturen, werden *nur mit einem feinkörnigen Gefüge* erzielt. Weitere Untersuchungen über den Gefügeeinfluß bei Vergütungsstählen finden sich in [6, 18–21]. Die Kenntnisse über den Zusammenhang zwischen dem Feinstgefüge von Stählen und Metallen und den Bruchvorgängen bzw. Zähigkeitseigenschaften wurden wesentlich verbessert (s. C 1). Ihre Nutzung, z. B. durch Anwendung verschiedener thermomechanischer Behandlungen, ermöglicht auch bei Vergütungsstählen höhere Werte für das Zähigkeits-Festigkeits-Verhältnis als ein herkömmliches Vergüten [22] (s. C 4).

Als weitere Einflußgrößen für die Zähigkeit sind *Reinheitsgrad und Homogenität* zu nennen, die bei kritisch beanspruchten Bauteilen, bei hoher Vergütungsfestigkeit sowie besonders bei größeren Abmessungen beachtet werden müssen. Gestreckte nichtmetallische Einschlüsse, Seigerungen und Gefügezeilen beein-

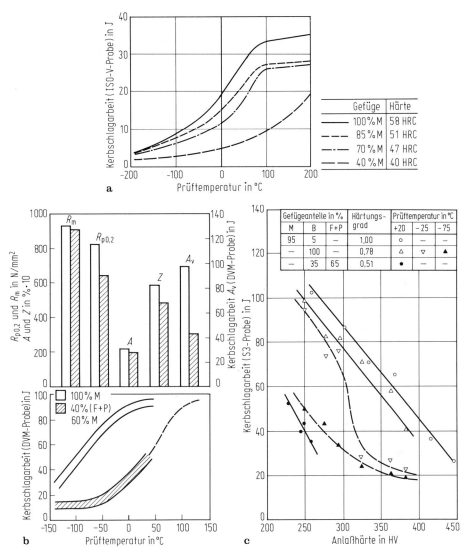

Bild D 5.6 Einfluß der Gefügezusammensetzung von Stahl auf die Zähigkeitseigenschaften im vergüteten Zustand: **a** Stahl SAE 1340, vergütet auf 35 HRC, nach [15]; **b** Stahl 50 CrV 4, nach [16]; **c** Stahl 42 CrMo 4, nach [17]. SAE 1340: Stahl mit 0,43 % C, 1,79 % Mn, 0,020 % Al und 0,006 % N. S 3-Probe ~ ISO-V-Probe mit 3 mm tiefem Kerb.

trächtigen vor allem die Eigenschaften quer zur Verformungsrichtung (s. C 1). Bei hohen Anforderungen an die Zähigkeitseigenschaften sowie an die Gleichmäßigkeit der Eigenschaften im gesamten Werkstück müssen besonders reine und homogene Stähle eingesetzt werden, zu deren Herstellung in den letzten Jahren mehrere metallurgische Verfahren entwickelt worden sind (s. E 4). Die negative Wirkung von nichtmetallischen Einschlüssen und Seigerungen auf die Betriebssicherheit von Bauteilen sollte jedoch nicht überbewertet werden.

Die Zähigkeitseigenschaften hängen zusätzlich von der *Vergütungsfestigkeit*, d. h. von der *Anlaßtemperatur*, ab. Während aber Härte und Zugfestigkeit bei Stählen ohne ausgeprägte Sekundärhärtung mit steigender Anlaßtemperatur stetig abfallen, ist die Abhängigkeit der Zähigkeit von der Anlaßtemperatur weniger einfach. Beim Anlassen können in bestimmten Temperaturbereichen Versprödungserscheinungen auftreten, die den direkten Zusammenhang zwischen Zähigkeit und Festigkeit stören (300°C- bzw. 500°C-Versprödung, Anlaßsprödigkeit (s. C4)).

Bei gleichem Gefügezustand und gleicher Festigkeit hängen die Zähigkeitseigenschaften der Vergütungsstähle von der *Legierung* ab. Dieser Einfluß ist nach Vergütung über vollständige Martensitbildung geringer. Ergebnisse von Großzahlversuchen mit durchgehärteten und angelassenen Proben unterschiedlicher Vergütungsstähle zeigen, daß für eine bestimmte Vergütungsfestigkeit die Werte für Streckgrenze, Brucheinschnürung, Bruchdehnung und Kerbschlagarbeit in begrenzten Streubereichen anfallen (s. z. B. Bild D 5.7 [23]). Die Verallgemeinerung dieser Ergebnisse führte vielerseits zu der Auffassung, daß die Eigenschaften von Vergütungsstählen ausschließlich durch die Härtbarkeit und Zugfestigkeit bestimmt werden. Zahlreiche Untersuchungen und Erfahrungen in der Praxis beweisen jedoch, daß es keineswegs gleichgültig ist, über welche chemische Zusammensetzung Härtbarkeit und Zugfestigkeit erreicht werden, und daß einzelne Legierungselemente oder -kombinationen ihre spezifischen Auswirkungen haben [15, 24]. Diese Unterschiede im Werkstoffverhalten werden nicht in allen Prüfverfahren erfaßt, sie können sich jedoch vor allem unter kritischen Betriebsbedingungen (hohe Beanspruchungsgeschwindigkeiten, mehrachsige Spannungszustände, Spannungskonzentrationen, Kälte) sowie bei höheren Vergütungsfestigkeiten auswirken.

Unter den Elementen ist der *Kohlenstoffgehalt* für die Zähigkeit *von besonderer Bedeutung*. Bei gleichen Gefügeanteilen und gleicher Zugfestigkeit haben Vergütungsstähle mit geringerem Kohlenstoffgehalt meist höhere Duktilität und Zähigkeit, s. beispielsweise Bild D 5.8 [16, 25]. Die Höhe des Kohlenstoffgehalts muß so abgestimmt werden, daß die geforderte Vergütungsfestigkeit mit günstigen, d. h. keine Versprödung hervorrufenden Anlaßtemperaturen eingestellt werden kann. Für den Festigkeitsbereich unterhalb 1400 N/mm^2 sind Kohlenstoffgehalte zwischen 0,25 und 0,5% am günstigsten.

Mangangehalte wesentlich über 1% setzen die Brucheinschnürung und Kerbschlagzähigkeit herab, besonders wenn durch Mangan ein Austausch von Chrom vorgenommen wird [26, 27]. Durch Mangan wird die Neigung zur Anlaßsprödigkeit erhöht. Ferner ist die Herstellung von Schmelzen mit gutem Reinheitsgrad und geringen Primärseigerungen bei höheren Mangan- oder Siliziumgehalten mit Schwierigkeiten verbunden. Vorwiegend mit Chrom legierte Stähle werden daher überwiegend manganlegierten Vergütungsstählen vorgezogen [26].

Durch Erleichterung der Quergleitprozesse verbessert *Nickel* die Tieftemperaturzähigkeit und erniedrigt die Übergangstemperatur [28]. Daher enthalten die kaltzähen martensitischen Vergütungsstähle bis zu 10% Ni und können dann bei Temperaturen bis zu −200°C verwendet werden (s. D 10). Wegen ihrer Neigung zur Bildung von Restaustenit und zur Anlaßversprödung sowie auch wegen des Kostenverhältnisses gegenüber anders legierten Stählen ist man jedoch von den Nickel-Chrom-Stählen mit über 3% Ni weitgehend abgekommen [29, 30].

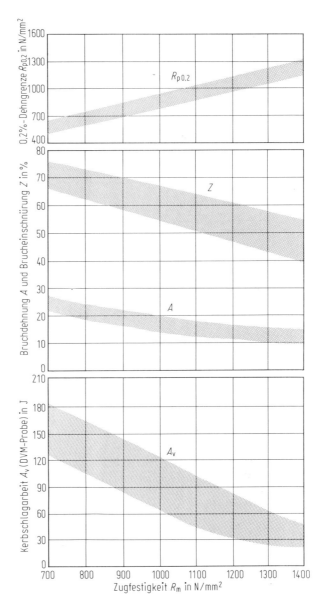

Bild D 5.7 Beziehungen zwischen der Zugfestigkeit und weiteren mechanischen Eigenschaften martensitisch vergüteter Stähle (Längsproben). Nach [23].

Bereits geringe *Molybdängehalte* steigern die Härtbarkeit und verringern die Neigung zur Anlaßsprödigkeit wesentlich. Vergütungsstähle der Legierungskombination *Nickel-Chrom-Molybdän* mit verschiedenen Gesamtlegierungsgehalten erfüllen heute in vielen Ländern die höchsten Ansprüche. Die Vorteile der mehrfach legierten Stähle werden aus den Bildern D 5.9 bis D 5.11 [15, 31] deutlich; vor allem bei einem Härtungsgrad < 1 werden die Unterschiede bedeutend, s. Bild D 5.10.

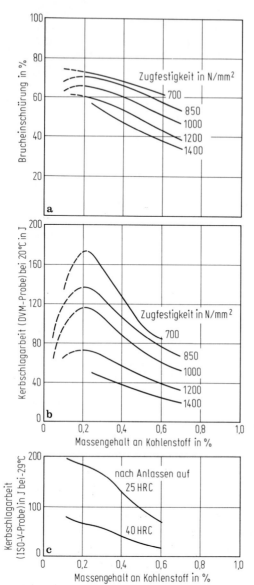

Bild D 5.8 Einfluß des Kohlenstoffgehalts auf die Zähigkeitseigenschaften von Vergütungsstählen gleicher Vergütungsfestigkeit.

a und **b** Ergebnis der Prüfungen bei + 20 °C an 82 Stahlsorten im Bereich von 0,12 bis 1,46 % C, bis 2,4 % Si, bis 2,1 % Mn, bis 3,4 % Cr, bis 5,2 % Ni, bis 0,6 % Mo, bis 0,4 % V und bis 3,5 % W nach Härten und Anlassen auf 450 bis 750 °C für 2 h, nach [16]; **c** Stähle der SAE 86xx-Reihe bei − 29 °C. Zusammensetzungsbereich: 0,15 bis 0,30 % Si, 0,70 bis 1,0 % Mn, 0,4 bis 0,6 % Cr, 0,15 bis 0,25 % Mo und 0,4 bis 0,7 % Ni. Die Proben wurden aus dem vollmartensitischen Zustand auf 25 oder 40 HRC angelassen, nach [25].

Dauerschwingfestigkeit

Die *Dauerschwingfestigkeit (Wechselfestigkeit)* von Vergütungsstählen läßt sich annähernd aus der Zugfestigkeit errechnen. Abweichungen von diesen Rechenwerten für kleine ungekerbte Längsproben ergeben sich durch zusätzliche Einflüsse wie Abmessung, Kerbwirkung, Oberfläche, Querschnittsform, Anisotropie.

Neben der Zugfestigkeit ist auch hier der *Gefügezustand* die wichtigste werkstoffbedingte Einflußgröße. Ein möglichst hoch angelassener Martensit ergibt bei

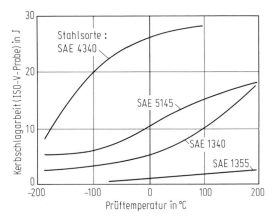

Bild D 5.9 Einfluß der Legierungsart auf die Kerbschlagarbeit nach Härten zu Martensit und Anlassen bis 200 °C. Untersuchungen an Stahlsorten nach Tabelle D 5.2. Nach [15].

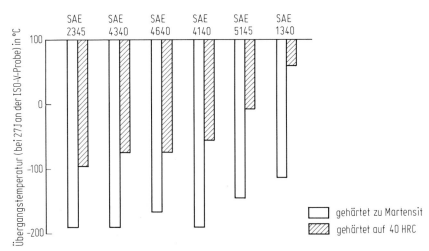

Bild D 5.10 Übergangstemperatur der Kerbschlagarbeit (für 27 J an ISO-V-Proben) verschieden legierter Stähle nach Tabelle D 5.3 unter dem zusätzlichen Einfluß des Härtungsgrades. Nach [15].

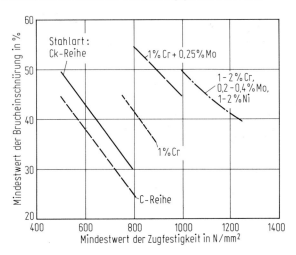

Bild D 5.11 Beziehungen zwischen Mindestwerten für Zugfestigkeit und Brucheinschnürung für den vergüteten Zustand bei den Stahlreihen der DIN 17 200. Nach [31].

Tabelle D 5.2 Chemische Zusammensetzung der nach Bild D 5.9 untersuchten Stähle

Stahl	% C	% Si	% Mn	% Cr	% Mo	% Ni	% Al	% N
SAE 1340	0,43	0,24	1,79	0,07	0	0,11	0,020	0,006
SAE 1355	0,56	0,29	1,82	(Grobkornstahl)				
SAE 4340	0,38	1,57	0,88	0,84	0,32	1,82	0,027	0,07
SAE 5145	0,45	0,17	0,68	0,95	0,02	0,04	0,024	0,001

Tabelle D 5.3 Chemische Zusammensetzung der nach Bild D 5.10 untersuchten Stähle

Stahl	% C	% Si	% Mn	% Cr	% Mo	% Ni	% Al	% N
SAE 1340	0,43	0,24	1,79	0,07	0	0,11	0,020	0,006
SAE 2345	0,44	0,26	0,83	0,06	0,03	3,55	0,055	0,010
SAE 4140	0,41	0,23	0,82	0,05	0,16	-	0,018	0,005
SAE 4340	0,40	0,29	0,82	0,85	0,25	1,72	0,017	0,010
SAE 4640	0,42	0,24	0,76	0,18	0,26	1,78	0,032	0,008
SAE 5145	0,45	0,17	0,68	0,95	0,02	0,04	0,024	0,001

hohem Härtungsgrad die beste Dauerfestigkeit (s. Bild D 5.12 [32]). Vor allem bei steigender Zugfestigkeit können *nichtmetallische Einschlüsse* durch Erleichterung der Rißeinleitung die Dauerfestigkeit beeinträchtigen. Eine schädigende Wirkung ist jedoch nur dann zu befürchten, wenn große Einschlüsse oder ihre Anhäufung an kritisch beanspruchten Stellen, z. B. an oder in Nähe der Oberfläche vorliegen. Bei hochbeanspruchten Teilen kann es vorteilhaft sein, sondererschmolzene Stähle einzusetzen (s. E 4), jedoch nur, so weit die zur Erzielung einer hohen Dauerschwingfestigkeit weitaus bedeutenderen Faktoren wie Konstruktion und Bauteilausführung werkstoffgerecht berücksichtigt werden.

Angesichts der zahlreichen Einflußgrößen ist es nicht möglich, für einzelne Werkstoffe zuverlässige Festigkeitswerte gegenüber bestimmten Schwingbeanspruchungen anzugeben. Bei gleichem Härtungsgrad, gleichem Reinheitsgrad, gleicher Homogenität und gleicher Vergütungsfestigkeit hat die chemische Zusammensetzung der Vergütungsstähle keinen direkten Einfluß auf die Dauerfestigkeit. Neben den bereits erwähnten Beziehungen zur Errechnung der Wechselfestigkeiten kleiner, gut bearbeiteter Proben aus der Zugfestigkeit sind *Dauerfestigkeitsschaubilder* für die genormten Vergütungsstähle aufgestellt worden, die näherungsweise die ertragbare Spannung in Abhängigkeit von der Mittelspannung angeben [3, 33-35].

Da in den meisten Beanspruchungsfällen die größten Spannungen an der Oberfläche der Teile wirken und außerdem die Oberfläche für Kerbwirkungen hervorrufende Verletzungen besonders anfällig ist, kann die Dauerschwingfestigkeit über den Wert für den vergüteten Zustand hinaus durch *besondere Oberflächenbehandlungen* gesteigert werden. Neben den Verfahren des Oberflächenhärtens (s. D 5.2.3, D 5.2.4 und D 5.4) sind z. B. das Kugelstrahlen oder das Festwalzen zu

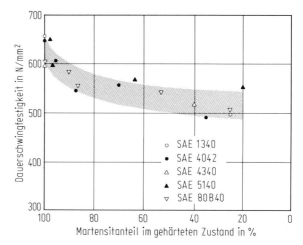

Bild D 5.12 Einfluß des Martensitanteils am Härtungsgefüge auf die Dauerschwingfestigkeit verschieden legierter Stähle nach Vergüten auf eine Härte von 36 HRC. Nach [32]. Bei SAE 80B40 (= AISI-TS 80B40) handelt es sich um einen Feinkornstahl mit 0,42% C, 0,98% Mn, 0,31% Cr, 0,13% Mo und 0,35% Ni, der unter Zusatz eines Aluminium, Bor, Titan und Vanadin enthaltenden Mittels erschmolzen wurde. Die Zusammensetzung der übrigen SAE-Stähle ist ähnlich den Angaben in den Tabellen D 5.2 und D 5.3.

nennen, die mechanische Verfestigungen und günstige Druckeigenspannungen in der Randschicht erzeugen [35a, 35b, 35c].

Verschleißwiderstand

Der Verschleißwiderstand der vergüteten Stähle hängt im wesentlichen von der Härte, d. h. von der Zugfestigkeit, ab. Werden höhere Anforderungen an den Verschleißwiderstand der Bauteile gestellt, muß eines der Oberflächenhärteverfahren angewandt werden (s. D 5.2.3, D 5.2.4 und D 5.4). Da der Verschleißwiderstand weniger eine Werkstoff- als vielmehr eine Systemeigenschaft darstellt, wird er hier nicht näher erörtert (s. [36–39], auch C 10).

D 5.2.1.2 Für die Verarbeitung wichtige Eigenschaften

Eignung zur Wärmebehandlung

Selbstverständlich müssen die Stähle für die vorgesehenen – u. a. namengebenden – Wärmebehandlungen geeignet sein (s. C 4). Für das allen Stahlgruppen gemeinsame Vergüten ist die *Härtbarkeit* eine wichtige Eigenschaft; die Härtbarkeitswerte aus dem Stirnabschreckversuch [40] erlauben wesentliche Rückschlüsse auf die Erreichbarkeit des Vergütungsziels im praktischen Einzelfall [41]. Das Verhalten beim Anlassen wird durch die Anlaßbeständigkeit sowie Unempfindlichkeit gegenüber einer Anlaßversprödung gekennzeichnet.

Zerspanbarkeit

Da die Stähle für Vergütung und Oberflächenhärtung meistens für Massivteile mit vielgestaltigen Formen Verwendung finden, die oft mit beträchtlichem Zerspanungsaufwand hergestellt werden, kommt ihrer Zerspanbarkeit eine hohe Bedeutung für die Herstellungskosten zu. Sie ist im vergüteten Zustand vor allem durch die *Zugfestigkeit* bestimmt, aber auch von der *Zähigkeit*, dem *Schwefelgehalt* sowie vom möglichen Zusatz weiterer die Zerspanung günstig beeinflussender Elemente wie Blei, Selen, Wismut, Tellur abhängig (s. C 9). Aus Gründen einer wirtschaftlichen und gleichmäßigen Zerspanbarkeit ist es üblich, für Großserien den Schwefelgehalt auf eine Spanne von etwa 0,020 bis 0,035% einzuengen. Bei höherbeanspruchten Teilen, für die Stähle beträchtlicher Legierungsgehalte verwendet werden, werden jedoch niedrigere Schwefelgehalte im Hinblick auf die Verbesserung der Zähigkeit und Dauerschwingfestigkeit bevorzugt. Dies ist ebenfalls zur Vermeidung von Einschlußzeilen an randschicht- oder nitriergehärteten Oberflächen zu empfehlen.

Kalt-Massivumformbarkeit

Das Kaltumformen dieser Stähle erfolgt meistens *im weichgeglühten Zustand*. Bei durchgreifender Vergütung auf niedrige Streckgrenzen kann das Umformen mit Vorteil aber auch in diesem Zustand vorgenommen werden.

Die Festigkeit eines ferritisch-perlitischen Gefüges hängt neben einigen Gefügeparametern vor allem von der *chemischen Zusammensetzung* des Stahls ab (s. C 4). Zugfestigkeit und chemische Zusammensetzung bestimmen auch die Fließkurve bzw. die bei unterschiedlichen Umformgraden erreichte Fließspannung (Formänderungsfestigkeit). Die chemische Zusammensetzung läßt sich jedoch nicht allein nach guter Kaltumformbarkeit ausrichten, sondern muß die Eignung für die nachfolgende Wärmebehandlung, d. h. das Vergüten und das Oberflächenhärten berücksichtigen. Bei höherlegierten Vergütungsstählen wie bei Nitrierstählen ergibt sich hierfür wenig Spielraum. Bei niedriger legierten Vergütungsstählen ist eine Optimierung der chemischen Zusammensetzung möglich, in dem die notwendige Härtbarkeit mit solchen Legierungselementen herbeigeführt wird, die sowohl die Glühfestigkeit (Festigkeit im weichgeglühten Zustand) als auch die Kaltverfestigung wenig erhöhen. Dazu müssen vor allem die Gehalte an Kohlenstoff und an Elementen, die den Ferrit besonders verfestigen, wie z. B. Silizium, möglichst abgesenkt werden. Günstig in diesem Zusammenhang wirkt das Element Bor, das im gelösten Zustand bei Gehalten von nur etwa 0,002% eine beachtliche Härtbarkeitssteigerung ermöglicht, ohne die Festigkeit im walzharten oder weichgeglühten Zustand zu beeinflussen.

Der Kalt-Massivumformbarkeit allgemein und den für das Kaltumformen besonders entwickelten Stahlsorten sind die Kapitel C 7, D 6 und D 29 gewidmet.

Nicht selten ergänzen sich bei den Stählen für Vergüten und Oberflächenhärten die Fertigungsverfahren Spanen und Kaltumformen.

Schweißeignung

Auch das Schweißen hat bei dieser Stahlgruppe eine gewisse Bedeutung erlangt, und zwar zum Fügen getrennt gefertigter Elementteile. Der für Vergütung und Randschichthärtung notwendige Kohlenstoffgehalt schränkt zwar die Möglichkeit des Schweißens ein, läßt aber den Einsatz von Verfahren mit geringem Energieeinbringen bzw. großer Energiedichte wie des Elektronenstrahl- und Reibschweißens vorteilhaft erscheinen. Für Anwendungen, in denen die Schweißeignung eine große Bedeutung hat, sind besondere kohlenstoffärmere Vergütungsstähle entwickelt worden, wie z. B. Stähle für Druckbehälter oder Ketten, die in D 9 und D 30 behandelt werden.

D 5.2.2 Vergütungsstähle

D 5.2.2.1 Allgemeine Auswahlkriterien

Wegen der vielfach entgegengerichteten Einflußgrößen sind bei der Stahlauswahl oft Kompromisse erforderlich; z. B. müssen gute Verarbeitungseigenschaften in manchen Fällen unter Einschränkung der Verwendungseigenschaften verwirklicht werden und umgekehrt. Wirtschaftliche Gesichtspunkte fordern, daß die Summe aus Werkstoff- und Verarbeitungskosten minimiert wird und nur der für eine bestimmte Anwendung notwendige Aufwand betrieben wird.

Die grundsätzliche Gegenläufigkeit von Festigkeit und Zähigkeit zwingt zu einem Kompromiß bei der Einstellung der Vergütungsfestigkeit und/oder zur Einstellung unterschiedlicher Eigenschaften in den Rand- und Kernzonen der Bauteile. Vielfach sind die Beanspruchungen über den Querschnitt nicht gleich sondern an der Oberfläche am größten, so daß ein optimales Gefüge im Kern nicht vorzuliegen braucht. Entsprechend dem unterschiedlichen Beanspruchungsgrad der Bauteile, ist die Verwendung *folgender Stahlgruppen* zu unterscheiden:

- unlegierte Stähle mittleren Kohlenstoffgehalts im schmiede- bzw. walzharten Zustand mit Ferrit-Perlit-Gefüge,
- unlegierte Stähle im normalgeglühten Zustand mit Ferrit-Perlit-Gefüge (Eigenschaften siehe DIN 17 200 [31]),
- unlegierte oder legierte Stähle mittleren Kohlenstoffgehalts im vergüteten Zustand mit
    a) gegebenenfalls unterschiedlichem Härtungsgrad (Martensitanteil) über den Querschnitt und
    b) in bestimmten Grenzen einstellbarer Vergütungsfestigkeit,
- unlegierte oder legierte Stähle, die durch Randschichthärten oder Nitrieren eine gezielte Verbesserung der Randschichten über den vergüteten bzw. normalgeglühten Zustand hinaus erfahren, wobei der Verbundkörper aus Grundwerkstoff und Randschicht besondere Eigenschaftsprofile erreicht.

D 5.2.2.2 Bewährte Stahlsorten

Aus den zahlreichen Einflußgrößen ist eine zwangsläufige *Schlußfolgerung auf wenige optimale Stähle kaum möglich*. Einmal besteht keine einheitliche Auffassung über die Bewertung der Stähle und ihre Auswahlkriterien, zum anderen sind Rohstoffverfügbarkeit und -kosten regional unterschiedlich. In den verschiedenen Ländern ist daher die Entwicklung der Stähle zu teilweise ähnlichen teilweise aber auch völlig verschiedenen Stahltypen gelaufen. Die nach dem Zweiten Weltkrieg einsetzende internationale Normung brachte noch keine weitgehende Angleichung oder Einigung auf bestimmte neue Stahlsorten [42, 43]. Durch großen Steuerungs- und Prüfaufwand lassen sich bei Großserienfertigung in bestimmten Fällen weniger leistungsfähige Stähle zur Erzielung ausreichender Gebrauchseigenschaften ausnutzen. Bei Fertigung von Einzelstücken und kleinen Serien dagegen ist es im allgemeinen wirtschaftlicher, Stähle größerer Sicherheit zu wählen und den Aufwand für Untersuchungen und Prüfungen einzusparen [44].

Als wichtigste Schlußfolgerung aus D 5.2.1 hat sich ergeben, daß die Eigenschaften der Vergütungsstähle vom Gefüge und – vor allem die Zähigkeit – zusätzlich von der Legierungszusammensetzung abhängen. Mit „Gefüge" ist hier besonders das nach dem Härten vorliegende Gefüge gemeint, das neben der Bauteilgröße – dem Vergütungsquerschnitt – und dem Härtemittel von der wichtigen Werkstoffeigenschaft „Härtbarkeit" abhängt. Die *Einteilung der vergütbaren Stähle nach steigender Härtbarkeit* entspricht bei gegebener Abmessung somit einer Gefügeabstufung. Je nach Vergütungsfestigkeit und besonderen Anforderungen an Zähigkeit und Dauerschwingfestigkeit muß ein bestimmter Härtungsgrad (s. o. D 5.2.1.1) bis zu einem bestimmten Abstand von der Oberfläche der Bauteile oder über den gesamten Querschnitt erreicht werden. Dabei ist zu berücksichtigen, ob Bauteile über den gesamten Querschnitt oder aber im wesentlichen nur an der Oberfläche beansprucht werden. Für hochbeanspruchte Teile muß der Härtungsgrad $> 0{,}9$ betragen, s. beispielsweise Bild D 5.13, bei dem die Zugfestigkeit als Beanspruchungsgröße gewählt wurde [45]. An anderer Stelle wird für hochbeanspruchte Automobilteile in einer Querschnittslage von $^3/_4$-Radius ein Martensitgehalt im Härtegefüge von $\geq 90\%$ gefordert [46].

In Tabelle D 5.4 sind einige kennzeichnende Sorten von Vergütungsstählen mit ihrer Bezeichnung, chemischen Zusammensetzung und ihrer Normzugehörigkeit aufgeführt. Die Spannen der Härtbarkeit im Stirnabschreckversuch sind in DIN 17 200 angegeben, soweit die Stahlsorten dort Berücksichtigung gefunden haben; Möglichkeiten für in der Höhe eingeengte Streubänder bzw. bei unlegierten Stählen eingeengte Spannen für bestimmte Stirnabstände sind dort ebenfalls enthalten [31].

Für weniger kritische Bauteile kann auf eine martensitische Härtung über den gesamten Bauteilquerschnitt verzichtet werden. Besonders in diesen Fällen finden

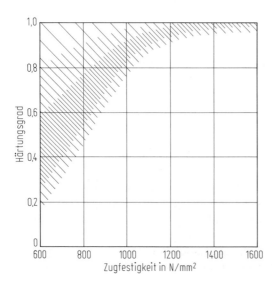

Bild D 5.13 Erforderlicher Härtungsgrad in Abhängigkeit von der zu erzielenden Vergütungsfestigkeit. Nach [45].

Tabelle D 5.4 Kennzeichnende Vergütungsstähle

Stahlsorte Kurzname	Vergleichbare Stahlsorten[a] in DIN 17 200 [31]	EURONORM 83 [42]	ISO/R 683[b] [43]	Chemische Zusammensetzung[c]					
				% C	% Mn	% Cr	% Mo	% Ni	% V
Ck 45[d]	+	2 C 45	I C 45 e	0,42...0,50	0,50...0,80	–	–	–	–
28 Mn 6	+	28 Mn 6	V 1	0,25...0,32	1,30...1,65	–	–	–	–
30 MnCrB 5[e]	–	–	–	0,28...0,33	1,10...1,40	0,20...0,45	–	–	–
41 Cr 4[d]	+	41 Cr 4	VII 3	0,38...0,45	0,60...0,90	0,90...1,20	–	–	–
42 CrMo 4[d]	+	42 CrMo 4	II 3	0,38...0,45	0,60...0,90	0,90...1,20	0,15...0,30	–	–
30 CrMoV 9	+	–	–	0,26...0,34	0,40...0,70	2,30...2,70	0,15...0,25	–	0,10...0,20
34 CrNiMo 6	+	35 CrNiMo 6	VIII 3	0,30...0,38	0,40...0,70	1,40...1,70	0,15...0,30	1,40...1,70	–
34 NiCrMo 16	–	34 NiCrMo 16	VIII 6	0,30...0,37	0,30...0,60	1,60...2,00	0,25...0,45	3,70...4,20	–

[a] + bedeutet: Stahl ist in der Norm aufgeführt; – bedeutet: Stahlart erscheint nicht in der Norm
[b] Römische Zahlen geben den in Betracht kommenden Teil der ISO-Norm, arabische Zahlen die Bezeichnung der Stahlsorte in dem betreffenden Teil
[c] Dazu ≦ 0,40% Si, ≦ 0,035% P und ≦ 0,030% S
[d] Entsprechende Stahlsorten mit 0,020 bis 0,035% S sind Cm 45, 41 CrS 4 und 42 CrMoS 4
[e] Dazu etwa 0,001 bis 0,004% B

Tabelle D 5.5 Mechanische Eigenschaften der in Tabelle D 5.4 aufgeführten Stahlsorten im vergüteten Zustand für zwei Durchmesserbereiche

Stahlsorte Kurzname	Mechanische Eigenschaften[a]								
	über 16 bis 40 mm Durchmesser					über 40 bis 100 mm Durchmesser			
	$R_{p\,0,2}$ N/mm² min.	R_m N/mm²	A % min.	Z % min.	A_v[b] J min.	$R_{p\,0,2}$ N/mm² min.	R_m N/mm²	A % min.	Z % min.	A_v[b] J min.
Ck 45	430	650...800	16	40	30	370	630...780	17	45	30
28 Mn 6	490	690...840	15	45	45	440	640...790	16	50	45
30 MnCrB 5	590	800...950	13	40	40	480	700...850	15	45	40
41 Cr 4	660	900...1100	12	35	40	560	800...950	14	40	40
42 CrMo 4	750	1000...1200	11	45	40	650	900...1100	12	50	40
30 CrMoV 9	1020	1200...1450	9	35	30	900	1100...1300	10	40	35
34 CrNiMo 6	900	1100...1300	10	45	50	800	1000...1200	11	50	50
34 NiCrMo 16	1050	1250...1450	9	40	40	950	1150...1350	10	45	45

[a] Gültig für Längsproben, deren Mittelachse 12,5 mm vom Rand entfernt liegt
[b] Gültig für DVM-Proben

die unlegierten Vergütungsstähle in einer Vielzahl von Härtbarkeitsvarianten breite Anwendung [47]. Bei rißanfälligen Bauteilen kann die Ermöglichung des Ölhärtens ein Vorteil gegenüber den nur in Wasser härtbaren Stählen geringer Härtbarkeit sein.

Den Übergang von den unlegierten zu Vergütungsstählen mittlerer Härtbarkeit bilden die nur mit *Mangan* legierten Stähle, z. B. 28 Mn 6, oder die Stahlsorten mit Mangan und Bor [48], die gegebenenfalls geringe Chromzusätze aufweisen können, z. B. 30 MnCrB 5.

Als Stahlsorten mittlerer Härtbarkeit haben sich die *Stähle mit 1% Cr*, z. B. 41 Cr 4, sowie besonders die *Stähle der Chrom-Molybdän-Reihe mit 1% Cr und 0,25% Mo*, z. B. 42 CrMo 4, bewährt. Wegen der günstigen Eigenschaften und wirtschaftlichen Erzeugung dieser Chrom-Molybdän-Stähle haben sich in Deutschland mehrfach legierte Vergütungsstähle mit Nickelzusatz mittlerer Härtbarkeit nicht so eingeführt wie in anderen westlichen Industrieländern. Als nickelfreier Stahl höherer Härtbarkeit, der für hohe Vergütungsfestigkeit und größere Abmessungen geeignet ist, kann die Stahlsorte 30 CrMoV 9 genannt werden.

Die mit Chrom, *Nickel* und Molybdän legierten Vergütungsstähle mit Kohlenstoffgehalten um 0,33% werden in Deutschland als Stähle mit höchster Leistungsfähigkeit verwendet, z. B. 34 CrNiMo 6. Im Ausland werden Vergütungsstähle dieser Legierungsart mit vergleichsweise niedrigerem Chromgehalt aber Nickelgehalten bis 4% eingesetzt, z. B. 34 NiCrMo 16.

In Tabelle D 5.5 sind Werte der mechanischen Eigenschaften im vergüteten Zustand für unterschiedliche Abmessungsbereiche aufgeführt; weitere Eigenschaften können den Normen entnommen werden [31, 42, 43].

D 5.2.3 Stähle für das Randschichthärten

D 5.2.3.1 Besonderheiten des Randschichthärtens

Zur Erzielung verbesserter Bauteileigenschaften durch Randschichthärten (Flammen- und Induktionshärten) sind gegenüber dem Vergüten einige *Besonderheiten* zu beachten. *In der Randschicht* wird eine *vollständige Martensitbildung* angestrebt, so daß die Oberflächenhärte vom Kohlenstoffgehalt des Stahls bzw. von dem beim Austenitisieren gelösten Kohlenstoffanteil abhängt (vgl. Bild D 5.1). Da das Erwärmen schneller erfolgt und die Austenitisierdauer kürzer ist als beim Vergüten, werden zur ausreichenden Austenitisierung meistens erhöhte Härtetemperaturen erforderlich, wobei ein Einfluß des Ausgangsgefüges besteht. Besonders schnelles und kurzzeitiges Erwärmen wird bei den Verfahren des Kurzzeit-Randschichthärtens angewandt, bei denen die kritische Abkühlungsgeschwindigkeit ohne zusätzliches Abschreckmittel nur durch Wärmeleitung in das kalte Werkstückinnere erreicht werden kann [49, 50].

Die Oberflächenhärte wird durch das vielfach durchgeführte, auch „*Entspannen*" genannte Anlassen bei etwa 140 bis 200 °C leicht abgesenkt; hierbei wird das Bauteil entweder ganz oder auf die gehärtete Randschicht beschränkt erwärmt. Dieses Anlassen dient hauptsächlich dem Abbau von Spannungsspitzen sowie der Verminderung der Rißanfälligkeit beim Richten und Schleifen.

Die beim Randschichthärten erreichte *Einhärtungstiefe*, die z. B. durch eine bestimmte Grenzhärte gekennzeichnet werden kann (z. B. Rht 550 HV [51]) hängt von der Tiefe der austenitisierten Schicht, der Abkühlungsgeschwindigkeit und der Härtbarkeit des Stahls ab. Im Vergleich zum Härten nach vollständiger Durchwärmung des Werkstücks werden beim Randschichthärten auch bei unlegierten Stählen größere Härtetiefen möglich, weil aus dem Kernbereich keine Wärme abgeführt werden muß und dieser im Gegenteil zur Abkühlung beiträgt, so daß in der Randschicht höhere Abkühlungsgeschwindigkeiten erreicht werden. Einhärtungstiefen von 3 mm können allerdings bei unlegierten Stählen kaum überschritten werden. Die grundsätzliche Abhängigkeit des Härteverlaufs nach Induktionshärten vom Ausgangsgefüge zeigt an einem Beispiel Bild D 5.14 [52].

Durch das Randschichthärten wird der Gefügezustand des Kernwerkstoffs nicht verändert, der in der Regel vergütet – bei unlegierten Stählen auch normalgeglüht – ist. Zur Eignung eines Stahls zum Randschichthärten gehört auch das Vermeiden von Rißbildung und Verziehen sowie der Kornvergröberung. Neben Überhitzungsunempfindlichkeit und angemessener Härtbarkeit ist eine Abstimmung der Härteverfahren (Austenitisier- und Abschreckmethode) auf die jeweilige Bauteilform und den angestrebten Härteverlauf erforderlich.

Die Zähigkeit der harten Randschichten ist gegenüber dem Kernwerkstoff niedriger; für den Gesamtquerschnitt wird sie von Festigkeit und Zähigkeit des Kerns mitbestimmt. Zähigkeitswerte randschichtgehärteter Proben sind wegen prüftechnischer Schwierigkeiten kaum verfügbar [36, 53].

Das *Randschichthärten* wird zur *Verbesserung des Verschleißwiderstands und der Dauerschwingfestigkeit* eingesetzt. Die Erhöhung der Oberflächenhärte, die Abstimmung der Härtetiefe auf den Gesamtquerschnitt des Bauteils und das Einbringen von Druckeigenspannungen in die Randschicht spielen dabei eine Rolle. Besser als beim Einsatzhärten und Nitrieren ist es beim Randschichthärten möglich, Bauteile nur partiell an den höchstbeanspruchten Stellen oberflächenzuhärten. Zu Angaben von Werten der Dauerschwingfestigkeit randschichtgehärteter Proben und Bauteile sei auf das umfangreiche Schrifttum verwiesen (z. B. [3, 53–56]).

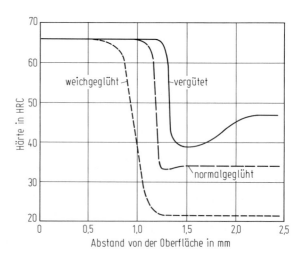

Bild D 5.14 Einfluß des Ausgangsgefüges beim Induktionshärten auf den Härteverlauf bei einem Stahl SAE 1070 mit rd. 0,70 % C, 0,20 % Si und 0,80 % Mn. Nach [52].

Bewährte Stahlsorten für das Randschichthärten 145

Tabelle D 5.6 Kennzeichnende Stahlsorten für das Induktions- und Flammhärten (Randschichthärten)

Stahlsorte Kurzname	Vergleichbare Stahlsorten[a] in			Chemische Zusammensetzung[c]			
	DIN 17 212 [57]	EURONORM 86 [58]	ISO/R 683[b] [59]	% C	% Si	% Mn	% Cr	% Mo
Cf 53	+	C 53	XII 5	0,50...0,57	0,15...0,35	0,40...0,70	—	—
45 Cr 2	+	45 Cr 2	XII 6	0,42...0,48	0,15...0,40	0,50...0,80	0,40...0,60	—
38 Cr 4	+	38 Cr 4	XII 7	0,34...0,40	0,15...0,40	0,60...0,90	0,90...1,20	—
49 CrMo 4	+	—	—	0,46...0,52	0,15...0,40	0,50...0,80	0,90...1,20	0,15...0,30

[a] + bedeutet: Stahl ist in der Norm aufgeführt; — bedeutet: Stahlart erscheint nicht in der Norm
[b] Die römische Zahl gibt den in Betracht kommenden Teil der ISO-Norm an, die arabischen Zahlen geben die Bezeichnung der Stahlsorte in diesem Teil an
[c] Dazu $\leq$ 0,025 % P und $\leq$ 0,035 % S, nach Wahl auch 0,020 bis 0,035 % S

Tabelle D 5.7 Mechanische Eigenschaften der in Tabelle D 5.6 aufgeführten Stahlsorten im vergüteten Zustand und Oberflächenhärte nach Randschichthärten

Stahlsorte Kurzname	Mechanische Eigenschaften[a]									Randschichthärte[b]	
	über 16 bis 40 mm Durchmesser				über 40 bis 100 mm Durchmesser						
	$R_{p\,0,2}$ N/mm² min.	R_m N/mm²	A % min.	Z % min.	A_v^c J min.	$R_{p\,0,2}$ N/mm² min.	R_m N/mm²	A % min.	Z % min.	A_v^c J min.	HRC min.	gültig bis mm Dmr.
Cf 53	430	690...830	14	35	—	400	640...780	15	40	—	57	100
45 Cr 2	540	780...930	14	45	42	440	690...830	15	50	42	55	100
38 Cr 4	630	830...980	13	45	42	510	740...880	14	50	42	53	100
49 CrMo 4	—	—	—	—	—	690	880...1080	12	50	35	56	250

[a] Gültig für Längsproben, deren Mittelachse 12,5 mm vom Rand entfernt liegt
[b] Gültig für den Zustand nach Vergüten (bei Cf 53 auch nach Normalglühen) und Randschichthärten mit anschließendem Entspannen bei 150 bis 180 °C für rd. 1 h
[c] Gültig für DVM-Proben

D 5.2.3.2 Bewährte Stahlsorten

Für das Randschichthärten sind grundsätzlich alle Vergütungsstähle brauchbar, deren *Kohlenstoffgehalt die gewünschte Oberflächenhärte und deren Härtbarkeit die benötigten Kerneigenschaften und Einhärtungstiefen* je nach Abmessung sicherstellen können. Da mit steigendem Kohlenstoffgehalt die Härterißempfindlichkeit zunimmt und die Zähigkeit des Kernwerkstoffs beeinträchtigt wird, sollte der Kohlenstoffgehalt des Stahls nicht höher sein, als es zum Erreichen der gewünschten Oberflächenhärte notwendig ist. Für die meisten Anwendungsfälle ist der Gehalt an Legierungselementen geringer als bei Einsatz- und Nitrierstählen.

Tabelle D 5.6 enthält einige kennzeichnende Vertreter der in *Deutschland gebräuchlichen Stahlsorten.* Unlegierte Stähle finden Anwendung mit Kohlenstoffgehalten zwischen 0,35 und 0,75%. Bei höheren Anforderungen werden Feinkornstähle eingesetzt, die in mehreren Härtbarkeitsstufen geliefert werden. Angaben zu den Härtbarkeitswerten können den Werkstoffnormen entnommen werden [31, 57-59]. Werden höhere Kernfestigkeitswerte auch bei größeren Bauteilabmessungen oder Einhärtungstiefen von mehr als etwa 3 mm gefordert, müssen legierte Stähle verwendet werden. Hierfür bieten sich die Stahlsorten mit 0,5 oder 1% Cr, z. B. 45 Cr 2 und 38 Cr 4, oder mit 1% Cr und zusätzlich 0,25% Mo, z. B. 49 CrMo 4, an. Die molybdänhaltigen Stähle haben den wesentlichen Vorteil einer höheren Anlaßbeständigkeit, so daß Restspannungen beim Vergüten verringert werden können. Bei hoher Rißempfindlichkeit der zu härtenden Teile können die legierten Stahlsorten bei ausreichender Härtbarkeit anstatt der üblichen Wasserabschreckung durch eine Ölemulsion schonend abgekühlt werden.

Die *mechanischen Eigenschaften* im vergüteten Zustand für zwei Abmessungsbereiche sowie die erreichbare Randschichthärte sind für die ausgewählten Stahlsorten in Tabelle D 5.7 angegeben.

D 5.2.4 Nitrierstähle

D 5.2.4.1 Besonderheiten des Nitrierens

Im allgemeinen Sprachgebrauch sowie in der Normung [60-62] ist es üblich, solche Stähle als Nitrierstähle zu bezeichnen, die eine besonders hohe Härte in der nitrierten Oberfläche (Nitrierhärte) erreichen und für das Gasnitrieren verwendet werden. Wegen der unterschiedlichen Anforderungen und Verbesserungen zahlreicher Eigenschaften wird das Nitrieren auch bei vielen anderen Stählen angewendet, wie z. B. bei Werkzeugstählen, Schnellarbeitsstählen, höchstfesten Stählen und nichtrostenden Stählen. Für Bauteile des Fahrzeug- und Maschinenbaus werden neben den sogenannten Nitrierstählen zahlreiche niedrig- und unlegierte Einsatz- und Vergütungsstähle nitriert, wobei man unter Verzicht auf höchste Oberflächenhärten eine gegenüber dem vergüteten Zustand erhöhte Beanspruchbarkeit bei befriedigender Zähigkeit erreicht. Für diese Stahlsorten kommt vor allem das Salzbadnitrieren infrage, jedoch findet auch das Gasnitrieren mit seinen zahlreichen Spielarten des Kurzzeitnitrierens mehr und mehr Anwendung.

Wie beim Randschichthärten wird auch beim Nitrieren der Zustand des Kernwerkstoffs nicht verändert. Ein *vergüteter Ausgangszustand* ist sowohl für eine gute Nitrierbarkeit als auch für ein optimales Zusammenspiel von Rand- und Kernwerkstoff im nitrierten Bauteil von Vorteil. Für das Vergüten von Nitrierstählen gelten die Grundsätze, die für Vergütungsstähle allgemein erörtert wurden. Unlegierte Vergütungsstähle werden auch im normalgeglühten Zustand nitriert. Die Festigkeit des Kernwerkstoffs wird durch seine Aufgabe festgelegt, die äußere Randschicht zu stützen und bei hohen Flächenpressungen ihr Eindrücken zu vermeiden. Die Anlaßbeständigkeit der Nitrierstähle muß sicherstellen, daß die Vergütungsfestigkeit auch nach dem Nitriervorgang beibehalten wird; durch Legierung mit Chrom, Molybdän und Vanadin ist dies auch bei höheren Festigkeitswerten zu erreichen. Zur Verminderung einer Versprödungsneigung beim langzeitigen Nitrieren bei Temperaturen um 500 °C wird den für das Gasnitrieren bestimmten Stählen meistens Molybdän in Höhe von etwa 0,2% zugesetzt.

Nitrierschichten bestehen aus der Verbindungs- und der Diffusionsschicht. In der Verbindungsschicht als äußerer Randschicht von einer Dicke bis zu 50 µm ist das Eisen durch Stickstoffaufnahme vollständig zu Eisennitrid bzw. -karbonitrid umgewandelt. Die nach innen angrenzende Diffusionsschicht enthält den Stickstoff im Eisen gelöst bzw. ausgeschieden in Form feinster Nitride [63]. Aufbau und Nitridphasen der Schichten werden über die Nitrierverfahren und -mittel gezielt beeinflußt, um bestimmte Eigenschaften zu optimieren [64]; u. a. werden mit den Nitriermitteln neben Stickstoff weitere Elemente, und zwar vor allem Kohlenstoff, angeboten.

Die *Härte von Verbindungsschicht und Diffusionsschicht* hängt wesentlich von der chemischen Zusammensetzung des Stahls, daneben von der Nitriertemperatur ab. Während unlegierte Vergütungsstähle Härtewerte von ca. 400 HV erreichen, ermöglichen Legierungselemente, die harte Sondernitride bilden, wie Chrom, Molybdän, Vanadin und Aluminium, Härtewerte bis zu 1100 HV, wie die Bilder D 5.15a und D 5.15b zeigen [65, 66]. Mäßig erhöht wird die Härte der Nitrierschicht auch durch Absenken des Kohlenstoffgehalts; gleiches gilt für die erreichbare Dicke der Nitrierschicht.

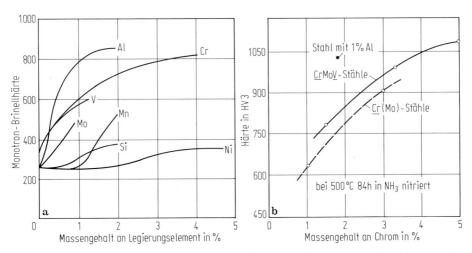

Bild D 5.15 Einfluß einiger Legierungselemente auf die Oberflächenhärte beim Gasnitrieren **a** nach [65], **b** nach [66].

Die Unterschiede zwischen den *verschiedenen Nitrierverfahren* sind grundsätzlich von geringem Einfluß auf die Oberflächenhärte [67]. Die Eindringtiefe des Stickstoffs und damit die Nitrierhärtetiefe sind hauptsächlich von der Nitriertemperatur und -dauer, aber auch von Art und Gehalt im Stahl gelöster Nitridbildner abhängig (s. Bild D 5.16 [67]). Starke Nitridbildner setzen die Eindringtiefe des Stickstoffs herab, und hochlegierte Stahlsorten, wie z. B. Warmarbeits- oder Schnellarbeitsstähle, ergeben nur dünne Diffusionsschichten. Oberflächenhärte und Nitrierhärtetiefe sind ferner vom Vergütungszustand abhängig. Bei höheren Anlaßtemperaturen werden Chrom, Molybdän und Vanadin weitgehend als Karbid abgebunden und stehen für eine Nitridbildung nicht mehr voll zur Verfügung, so daß die Nitrierhärte abnimmt [68, 69].

Bei der Prüfung der Oberflächenhärte und der Nitrierhärtetiefe [51] ist besonders bei dünnen Nitrierschichten die Abhängigkeit der Härtewerte von der Prüfkraft zu beachten [67].

Die harten Nitrierschichten weisen naturgemäß eine *geringere Zähigkeit* als der Grundwerkstoff auf. Mit zunehmendem Gehalt an Nitridbildnern und somit höherer Härte steigt die Sprödigkeit von Nitrierschichten an. Sie hängt zusätzlich von der Ausbildung der Nitridphasen ab. Wie bei Einsatzstählen ist die Zähigkeit oberflächennitrierter Proben im wesentlichen von der Festigkeit und Zähigkeit des Kernwerkstoffs sowie von der Härtetiefe der Randschicht abhängig (vgl. Bild D 5.17 [66, 70]).

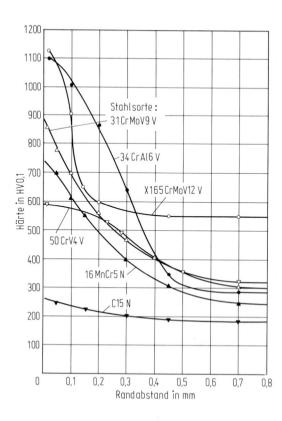

Bild D 5.16 Einfluß der Stahlzusammensetzung auf den Härteverlauf nach Gasnitrieren bei 500 °C für 60 h. Nach [67]. Ausgangszustand N = normalgeglüht, V = vergütet.

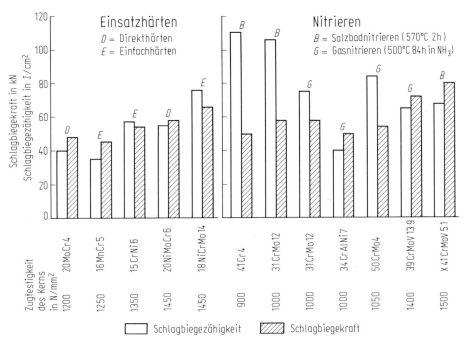

Bild D 5.17 Vergleich der Ergebnisse von Schlagbiegeversuchen an verschiedenen Stählen nach Einsatzhärten oder nach Nitrieren. Nach [66, 70].

Das Nitrieren ergibt wie andere Oberflächenhärteverfahren besonders bei gekerbten Proben, d. h. bei einem steilen Spannungsverlauf vom Rand zum Kern hin, hohe *Dauerfestigkeitssteigerungen*. Dieses Verhalten entspricht somit einer Verringerung der Kerbempfindlichkeit. Beim Nitrieren ist es vor allem die Diffusionsschicht, die die Dauerfestigkeitssteigerung bewirkt. Daher werden unlegierte Vergütungsstähle häufig salzbadnitriert, wobei nach der Nitrierbehandlung möglichst schnell abgekühlt werden muß, um den Stickstoff in übersättigter Lösung zu halten. Dieser instabile Werkstoffzustand kann durch plastische Umformung oder mäßig über Raumtemperatur ansteigende Temperaturen ausscheidungsbedingte Alterungserscheinungen mit nicht selten nachteiligen Auswirkungen auf die Dauerschwingfestigkeit und auf die Zähigkeitseigenschaften erfahren. Höhere Dauerfestigkeitswerte sind durch das Nitrieren von Stählen mit hoher Kernfestigkeit zu erreichen (s. D 5.8). Bei stoßbeanspruchten Bauteilen, die weniger häufige, aber oberhalb der Dauerfestigkeitsgrenze liegende Beanspruchungen ertragen müssen, ist zu beachten, daß die Zeitschwingfestigkeit durch die Verfahren der Oberflächenhärtung nicht im gleichen Maße erhöht wird wie die Dauerfestigkeit; dies kann vor allem für das Nitrieren zutreffen.

Insgesamt erfordert die Optimierung der Dauerschwingfestigkeit oberflächengehärteter Bauteile eine dem jeweiligen Beanspruchungsfall angepaßte Abstimmung des Härteverlaufs, der Festigkeit und Zähigkeit des Kernwerkstoffs sowie eine günstige Ausbildung der Randschicht; besonders für die Wälzfestigkeit ist der Schichtaufbau, z. B. die Verbindungsschicht nach dem Nitrieren, von Bedeutung [38, 64,

Tabelle D 5.8 Kennzeichnende Stahlsorten für das Nitrieren

Stahlsorte Kurzname	Vergleichbare Stahlsorten[a] in DIN 17 211 [60][d]	EURONORM 85 [61]	ISO/R 683[b] [62]	Chemische Zusammensetzung[c]						
				% C	% Mn	% Al	% Cr	% Mo	% Ni	% V
Ck 45	e	e	e	0,42...0,50	0,50...0,80	—	—	—	—	—
42 CrMo 4	e	e	e	0,38...0,45	0,50...0,80	—	0,90...1,20	0,15...0,30	—	—
15 CrMoV 5 9	+	—	—	0,13...0,18	0,80...1,10	—	1,20...1,50	0,80...1,10	—	0,20...0,30
31 CrMo 12	+	31 CrMo 12	X 1	0,28...0,35	0,40...0,70	—	2,80...3,30	0,30...0,50	—	—
39 CrMoV 13 9	—	39 CrMoV 13 9	X 2	0,35...0,42	0,40...0,70	—	3,00...3,50	0,80...1,10	—	0,15...0,25
34 CrAlNi 7	+	—	—	0,30...0,37	0,40...0,70	0,80...1,20	1,50...1,80	0,15...0,25	0,85...1,15	—

[a] + bedeutet: Stahl ist in der Norm aufgeführt; − bedeutet: Stahlart erscheint nicht in der Norm
[b] Die römische Zahl gibt den in Betracht kommenden Teil der ISO-Norm an, die arabische Zahl die Bezeichnung der Stahlsorte in diesem Teil
[c] Dazu ≦ 0,40% Si, ≦ 0,030% P und ≦ 0,030% S
[d] Nach Entwurf März 1985
[e] In den jeweiligen Normen für Vergütungsstähle enthalten (s. die Tabellen D 5.4 und D 5.5)

71]. Zu Werten über die Dauerschwingfestigkeit nitrierter Proben und Bauteile sei auf das Schrifttum verwiesen [37, 38, 54, 67, 70, 72, 73].

Der Phasenaufbau und die Porosität sind neben der Härte auch für das *Verschleißverhalten von Nitrierschichten* von Bedeutung; es hängt somit vom Nitrierverfahren und seiner Durchführung ab. Speziell zur Verringerung des Adhäsionsverschleißes (Fressen) bieten die Verbindungsschichten nitrierter Stähle besondere Vorteile.

D 5.2.4.2 Bewährte Stahlsorten

Tabelle D 5.8 enthält Beispiele für Stähle unterschiedlichen Legierungstyps, die für das Nitrieren verwendet werden; die beiden Stähle Ck 45 und 42 CrMo 4 sind stellvertretend für die große Gruppe üblicher Vergütungsstähle aufgeführt.

Tabelle D 5.9 macht Angaben über die *mechanischen Eigenschaften* des vergüteten Ausgangszustands sowie über die erreichbare Oberflächenhärte nach dem Nitrieren (vgl. Bild D 5.15b).

Der Stahl 31 CrMo 12 sowie besonders die *Chrom-Molybdän-Vanadin-Stähle* haben hohe Härtbarkeit und Anlaßbeständigkeit, so daß sie selbst bei großen Abmessungen Durchvergütung und hohe Kernfestigkeitswerte erlauben. Je nach Anforderungen aus Verwendung und Verarbeitung können die Werte für die Kernfestigkeit in bestimmten Grenzen variiert werden.

Der Werkstoff 34 CrAlNi 7 steht für die Gruppe der mit 1% Al legierten Stahlsorten, die speziell für das Gasnitrieren entwickelt wurden. Die Nitrierschichten dieser Stähle erreichen die höchste Oberflächenhärte, weisen jedoch andererseits die geringste Duktilität auf. Die mit Aluminium legierten Stähle haben dazu den Nach-

Tabelle D 5.9 Angaben für die in Tabelle D 5.8 aufgeführten Stähle über ihre mechanischen Eigenschaften im vergüteten Zustand und Oberflächenhärte nach Nitrieren.

Stahlsorte Kurzname	Durchmesser mm	Mechanische Eigenschaften[a]				Härte an der nitrierten Oberfläche HV etwa
		$R_{p\,0,2}$ N/mm² min.	R_m N/mm²	A % min.	A_v[b] J min.	
Ck 45	≤ 40	430	650...800	19	30	350
	> 40 ≤ 100	370	630...780	20	30	
42 CrMo 4	≤ 100	650	900...1100	12	40	600
	> 100 ≤ 160	550	800...950	13	40	
15 CrMoV 5 9	≤ 100	750	900...1100	10	35	800
	> 100 ≤ 250	700	850...1050	12	40	
31 CrMo 12	≤ 100	800	1000...1200	11	45	800
	> 100 ≤ 250	700	900...1100	12	45	
39 CrMoV 13 9	≤ 70	1100	1300...1500	8	25	900
34 CrAlNi 7	≤ 100	650	850...1050	12	35	950
	> 100 ≤ 250	600	800...1000	13	40	

[a] Gültig für Längsproben, deren Mittelachse 12,5 mm vom Rand entfernt liegt
[b] Gültig für DVM-Proben

teil, daß die Sicherung eines hohen Reinheitsgrades bei der Erschmelzung einen besonderen Aufwand erfordert.

D 5.3 Stähle für schwere Schmiedestücke

D 5.3.1 Geforderte Eigenschaften

Schwere Schmiedestücke finden vor allem Anwendung im Turbinen- und Generatorbau, im Druckbehälterbau, im Motoren- und Schiffbau sowie im sonstigen Schwermaschinenbau. Im allgemeinen übertragen sie Kräfte und/oder Momente, vielfach sind sie rotationssymmetrisch ausgebildet und bei schnellrotierenden Bauteilen hohen Fliehkräften ausgesetzt. Turbinen- und Generatorwellen für den Kraftwerkbau gehören dabei zu den größten und am stärksten beanspruchten Bauteilen. Die Stückgrößen stoßen an die Grenzen der heutigen Fertigungsmöglichkeiten. Die hierbei gegebenen Probleme waren und sind immer wieder Ausgangspunkt für Fortschritte und Innovationen in der Werkstoffentwicklung und Verfahrenstechnik.

Insgesamt hängen auch die von schweren Schmiedestücken geforderten Eigenschaften vom Verwendungszweck ab, wobei ausreichend hohe Streckgrenzenwerte in Verbindung mit für die großen Abmessungen hohen Anforderungen an die Zähigkeit im Vordergrund stehen. An den Verlauf dieser Werkstoffkennwerte über den Querschnitt können besondere Anforderungen gestellt werden. In Sonderfällen kommen als weitere erforderliche Eigenschaften Warmfestigkeit, Dauerfestigkeit, Oberflächenhärtbarkeit, magnetische Induktion oder Nichtmagnetisierbarkeit, Korrosionsbeständigkeit, Druckwasserstoffbeständigkeit, Schweißeignung und bestimmte Eigenspannungszustände hinzu.

Kennzeichnend für schwere Schmiedestücke sind die zusätzlichen *Anforderungen, die an die Integrität* des gesamten oder bestimmter Teile des Stahlvolumens gestellt werden, wobei der Maßstab der jeweiligen Beanspruchung zuzuordnen ist. Bei Turbinenläufern und Generatorwellen werden die Anforderungen vor allem an Zähigkeit und Fehlerfreiheit begründet durch das Sicherheitsrisiko und die außerordentlichen Schäden, die im Versagensfall [74] eintreten können.

D 5.3.2 Kennzeichnung der geforderten Eigenschaften durch Prüfergebnisse

Die großen Schmiedestücke für Verwendung im Schiff-, Motoren- und Maschinenbau weisen in Abhängigkeit vom Anlaßzustand deutliche Unterschiede der mechanischen Eigenschaften zwischen Oberflächenzone und Kernzone auf; man muß dabei berücksichtigen, daß Rohblockgewichte bis zu 500 t in Betracht kommen. Auch bei den stärker durchgehärteten höchstbeanspruchten Schmiedestücken für den Kraftwerkbau sind Unterschiede in den mechanischen Eigenschaften in Abhängigkeit von der Probenlage im Stück gegeben. Für die Festlegung der mechanischen Eigenschaften und deren Prüfung kommt daher der *Probenlage* besondere Bedeutung zu.

Bei vielen Bauteilen ist in den äußeren Teilen des Querschnitts die Beanspruchung größer als in den inneren Teilen. Daher ist es auch aus dem Gesichtspunkt der Verwendung zweckentsprechend, die Werkstoffeigenschaften im äußeren Bereich, im allgemeinen in einem Sechstel des Durchmessers von außen, zu ermitteln. Bei Beschreibung der Probenrichtung als längs, quer, tangential und radial ist es nicht sinnvoll, dies auf die äußeren Abmessungen des Werkstücks zu beziehen; hiermit ist vielmehr die Probenrichtung in Bezug auf die Faserrichtung des Werkstücks festgelegt. Für die auch in den inneren Querschnittsteilen hochbeanspruchten, schnell rotierenden Bauteile wird vielfach auch die Ermittlung der mechanischen Eigenschaften im Zentrum des Querschnitts und im Übergangsbereich an Proben aus Bohrkernen vorgesehen [74–76].

Die mechanische *Prüfung in Längsrichtung* an Proben aus der Längsachse weist die Eigenschaften nach, die in dieser im allgemeinen durch Seigerungen weniger beeinträchtigten Stelle mit der geringsten Abkühlungsgeschwindigkeit beim Härten erzielt werden. *Bohrkerne in radialer Richtung* werden zum Teil senkrecht als Sackbohrung bis zu vorgegebenen Tiefen, zum Teil durch die gesamte Dicke des Schmiedestücks durch das Zentrum, oder auch in bestimmtem Winkel von der Radialrichtung abweichend bis in die Hauptseigerungszone des Schmiedestücks geführt. Derartige Proben werden zum Teil in ganzer Länge und mehrfach zerrissen, so daß die schlechteste Stelle des Querschnitts und die in den verschiedenen Querschnittsbereichen unterschiedlichen mechanischen Eigenschaften nachgewiesen werden. Diese Prüfungen haben in der Vergangenheit erhebliche Bedeutung für die Erkennung der Zusammenhänge zwischen den mechanischen Eigenschaften und den Seigerungen sowie zur Auffindung von Flocken in Schmiedestücken gehabt. Auch heute müssen diese Proben als besonders geeignet zur Ermittlung der Seigerungen im Übergangsbereich des Querschnitts sowie der mechanischen Eigenschaften in diesem kritischen Bereich gelten.

Bei den Schmiedestücken für den Kraftwerkbau werden neben den herkömmlichen Kriterien, wie 0,2%-Dehngrenze und Übergangstemperatur der Kerbschlagwerte, weitere Kenngrößen herangezogen bis hin zur NDT-Temperatur (Nil Ductility Transition Temperature) und Rißzähigkeit (K_{Ic}-Wert) der Bruchmechanik, um ihre Betriebseignung zu beschreiben. Hinzu kommen u.U. Zeitstandversuche bei erhöhter Temperatur und Prüfung der magnetischen Induktion für Generatorwellen.

Die für schwere Schmiedestücke wichtigste *zerstörungsfreie Prüfung* erfolgt im allgemeinen mit *Ultraschall*. Sie dient zum Nachweis der Freiheit von Hohlräumen, größeren Einschlüssen und Rissen sowie gegebenenfalls zur Ermittlung der Lage und Abschätzung der Größe derartiger Fehler. Sie wird im allgemeinen nach dem Impulsechoverfahren mit einer der Ultraschalldurchlässigkeit angemessenen Frequenz durchgeführt. Bei Schmiedestücken mit langwierigen, aus vielen Schritten bestehenden Herstellungsverfahren wird die Ultraschallprüfung zum frühestmöglichen Zeitpunkt vorgenommen und späterhin mehrfach bis zur Ablieferungsprüfung wiederholt. Bedeutung haben auch Magnetpulverprüfungen und Prüfungen nach dem Farbeindringverfahren zur Absicherung der Fehlerfreiheit von bearbeiteten Oberflächen schwerer Schmiedestücke.

Für die *Messung der Eigenspannungen* in der Oberflächenzone der Schmiedestücke hat sich das Ring-Kern-Verfahren bewährt, bei dem eine kleine Ringnut in die Oberfläche eingefräst und die Entspannungsdehnung mit vorher aufgeklebten Dehnungsmeßstreifen gemessen wird [77].

Bei Mitteldruck- und Hochdruck-Turbinenwellen werden *Warmrundlaufprüfungen* [78] durchgeführt, um unwuchtfreien Lauf auch bei wechselnden Betriebstemperaturen sicherzustellen.

D 5.3.3 Maßnahmen zur Erzielung der geforderten Eigenschaften

Wenn auch bei großen Schmiedestücken Verfahrensschritte zur Herstellung und Erzielung der erforderlichen Eigenschaften grundsätzlich übereinstimmen mit denen, die bei Walz- und Schmiedeerzeugnissen mit kleineren Gewichten und Querschnitten aus Vergütungsstählen vorgenommen werden, so tritt doch eine Fülle andersartiger und zusätzlicher Probleme auf, die durch die Größenverhältnisse hervorgerufen werden. Vorwiegend diese zusätzlichen und anders gearteten Gegebenheiten sollen hier behandelt werden.

D 5.3.3.1 Erschmelzen und Vergießen

Die Schmelzen für den Abguß der bis zu 500 t schweren Schmiedeblöcke werden üblicherweise im Lichtbogenofen oder nach dem Sauerstoffaufblas-Verfahren und deren Kombinationen hergestellt.

Unter dem Gesichtspunkt einer günstigen Blockerstarrung und gleichzeitiger Beachtung der späteren schmiedetechnischen Verarbeitung spielt die *Blockgeometrie*, besonders das Längen-Durchmesser-Verhältnis und das Haubenvolumen, eine entscheidende Rolle. Verhältnisse von Länge zu Durchmesser von wesentlich mehr als 2 werden im allgemeinen vermieden; je größer der Blockdurchmesser ist, um so mehr wird ein Verhältnis nahe 1 angestrebt.

Um das Ausmaß der Seigerungen (Bild D 5.18) so gering wie möglich zu halten, um möglichst dichte, fehlerfreie Blöcke zu erhalten, und um die fehlerfreie Weiter-

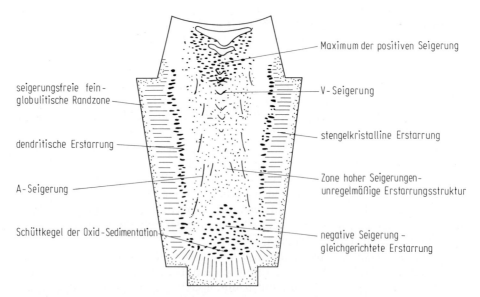

Bild D 5.18 Erstarrungsstruktur und Seigerungen in einem Stahlblock für Schmiedezwecke.

verarbeitung zu sichern, sind verschiedene metallurgische Sondermaßnahmen eingeführt worden.

Seit den ersten großtechnischen Versuchen Anfang der 1950er Jahre [79] ist die *Vakuumbehandlung* des Stahls oder das Vergießen der Blöcke im Vakuum für schwere Schmiedestücke zu weltweiter und fast lückenloser Anwendung gelangt. Von den zahlreichen technischen Ausführungsarten haben die Gießstrahlentgasungs-Verfahren für hochwertige Schmiedeblöcke aus legierten Stählen bevorzugte Verbreitung. Durch die Einstellung niedriger Wasserstoffgehalte sind wesentliche Vereinfachungen der Wärmebehandlung nach dem Schmieden unter Vermeidung von Flocken möglich. Durch Anwendung der Vakuum-Kohlenstoff-Desoxidation anstelle der klassischen Fällungsdesoxidation können Anzahl und Durchmesser der A-Seigerungslinien (s. Bild D 5.18) merklich herabgesetzt werden. Darüber hinaus werden die in den Linien gegebenen Konzentrationsabweichungen von der mittleren chemischen Zusammensetzung fühlbar verringert. Die Ausbildung der Mangansulfide verschiebt sich zu mehr kugeliger Form nach Typ 1, wodurch die Beeinträchtigung der mechanischen Eigenschaften verringert wird. Gleichzeitig werden die Voraussetzungen zur Verringerung des Gehalts an oxidischen Einschlüssen im Stahl verbessert [80–83].

Weitere Möglichkeiten zur Verbesserung der Blockbeschaffenheit sind das *Extrementschwefeln* und die *Beeinflussung der Sulfidform*, z. B. durch die Abbindung des Schwefels an Kalzium. Hierdurch wird gleichzeitig die Richtungsabhängigkeit der mechanischen Eigenschaften der Schmiedestücke verringert [84].

Die Herstellung möglichst fehlerfreier Blöcke, die ein gutes Schmiedeausbringen gestatten, wird auch gefördert durch Anwendung verschiedener Verfahren der *Blockkopfisolierung und -beheizung*, wobei besonders eine geschlossene Resterstarrung mindestens bis zur Haubenlinie erreicht wird [85]. Für das Gießen sehr großer Blöcke wird durch zeitlich gesteuerten *Nachguß* von kohlenstoff- und legierungsarmem Stahl während der Blockerstarrung der Ausbildung der Kernseigerung entgegengewirkt [86]. Aufwendigere Maßnahmen sind das Kernzonen-Umschmelzen [87] und das vollständige *Umschmelzen* schwerer Blöcke nach dem Elektro-Schlacke-Umschmelzverfahren [88], womit weitgehend seigerungsfreie und dichte Blöcke erzeugt werden können. Versuche, die Primärstruktur durch *Zwangskühlen* der Kokille *von außen* günstig zu beeinflussen, haben dagegen bisher nicht zu durchschlagendem Erfolg geführt.

Die *Warmformgebung* schwerer Schmiedestücke wird in E 6 berücksichtigt, so daß weitere Einzelheiten an dieser Stelle nicht aufzuführen sind.

D 5.3.3.2 Wärmebehandlung

Die Wärmebehandlung zur Erzielung eines Gefüges mit den erforderlichen Gebrauchseigenschaften ist meistens eine *Vergütung mit vorgeschaltetem*, teils mehrfachem *Normalglühen* und wird vor oder nach einer mechanischen Bearbeitung durchgeführt. Bei höherlegierten Stählen wird die Kornverfeinerung gehemmt, so daß mehrmalige Umwandlungsglühung (Bild D 5.19) erforderlich werden kann [89], u. a. um ausreichende Prüfbarkeit mit Ultraschall zu erreichen. Insbesondere neigen die A-Seigerungslinien dazu, grobkörniger zu bleiben. Die Abkühlung bei der Härtung wird in Abhängigkeit von chemischer Zusammensetzung, Stückgröße und erforderlichen Eigenschaften in Luft, Öl oder Wasser vor-

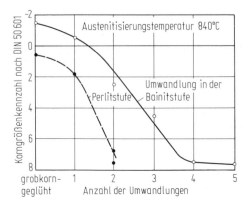

Bild D 5.19 Änderung der Korngröße eines vergüteten Stahls 26 NiCrMoV 14 5 mit der Zahl der Austenitumwandlungen (Laboratoriumsversuche). Nach [89].

genommen. Die Wasserabschreckung, sowohl als Tauch- als auch als Sprühbehandlung, gegebenenfalls mit Drehbewegung, ist heute bei großen Stücken mit Anforderungen an die Zähigkeit weithin üblich.

Bei den unlegierten Vergütungsstählen wird im Abmessungsbereich großer Schmiedestücke bei Wasserabschreckung eine *Härtung* über die Martensit- oder Bainitstufe auch in der Oberflächenzone nicht erreicht. Bei vielen der für schwere Schmiedestücke gebräuchlichen legierten Vergütungsstähle ist Martensitbildung nur in der Oberflächenzone der Werkstücke bei Wasserhärtung zu erwarten; meistens wird, besonders bei Ölhärtung, Bainitgefüge mit wechselnden Anteilen an Ferritgefüge im Kern erhalten. Ferritfreie Durchhärtung kann bei den großen Querschnitten nur mit höherlegierten Stählen erreicht werden. Hierbei handelt es sich bevorzugt um Stähle mit etwa 2 bis 4% Ni oder um Stähle mit höheren Chrom- und Molybdängehalten (s. Tabelle D 5.10).

Nicht in allen Fällen kann die technisch mögliche Abkühlungsgeschwindigkeit ausgenutzt werden, da sich beim Härten als *Folge der großen Temperaturunterschiede zwischen Rand und Kern* hohe Eigenspannungen aufbauen, die anfangs den Rand und zu einem späteren Zeitpunkt – nach der Spannungsumkehr – den Kern unter Zugspannung setzen. Bei ungenügender Führung der Wärmebehandlung können diese Spannungen zum Zerreißen der Stücke führen. Um das Risiko zu kontrollieren, sind Berechnungen des Spannungsverlaufs im Stück während der Abkühlung ein Ziel der Entwicklung.

Verschiedene der für schwere Schmiedestücke verwendeten Stähle können zur *Anlaßversprödung* neigen. Von besonderer Bedeutung ist diese Eigenschaft bei den am stärksten durchhärtenden Stählen mit 3,5% Ni, 1,5% Cr, 0,3% Mo und 0,1% V. Dies wird berücksichtigt, indem die Gehalte an den die Anlaßversprödung verstärkenden Elementen Phosphor, Antimon, Zinn und Arsen bei der Stahlherstellung möglichst niedrig gehalten werden [90, 91] und durch Anwendung der Vakuum-Kohlenstoff-Desoxidation auf das Zulegieren von Silizium verzichtet wird [89].

D 5.3.3.3 Zusammenhang zwischen Legierungsgehalt, Gefügeausbildung und mechanischen Eigenschaften

Der Zusammenhang zwischen Legierungsgehalt, Gefügeausbildung und mechanischen Eigenschaften ist im folgenden beispielhaft für die Nickel-Chrom-Molybdän-Vanadin-Stähle behandelt.

In den Bildern D 5.20 und D 5.21 ist der *Einfluß* unterschiedlicher Gehalte an *Chrom und Nickel auf die 0,2%-Dehngrenze und* auf die *Übergangstemperatur der Kerbschlagarbeit* dargestellt. Dabei sind zwei Gefügearten – Bainit und Martensit – zugrunde gelegt, die durch simulierende Glühung hergestellt wurden; der Martensit ist kennzeichnend für die Randzone, der Bainit für den Kernbereich großer Wellen. Eine Erhöhung des Chrom- oder Nickelgehalts bewirkt eine Absenkung der Übergangstemperatur der Kerbschlagzähigkeit sowohl beim Bainitgefüge als auch beim Martensitgefüge, wobei die Wirkung beim Bainitgefüge im Kern besonders groß ist. Außerdem werden aber auch die 0,2%-Dehngrenzen etwas erniedrigt, wobei die Wirkung auf das Martensitgefüge größer ist, so daß im Bereich der üblichen Gehalte die 0,2%-Dehngrenzen der beiden Gefügearten etwa gleich groß sind.

In Bild D 5.22 ist die Abhängigkeit der 0,2%-Dehngrenze und Kerbschlagarbeit-Übergangstemperatur vom *Molybdängehalt* dargestellt. Durch steigende Molybdänzusätze kann die Streckgrenze erheblich angehoben werden. Außerdem wird

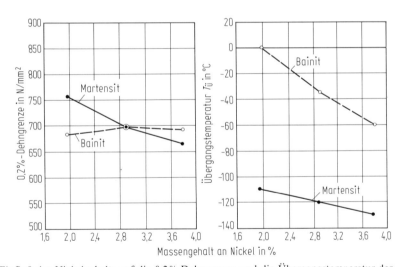

Bild D 5.20 Einfluß des Nickelgehalts auf die 0,2%-Dehngrenze und die Übergangstemperatur der Kerbschlagarbeit von Nickel-Chrom-Molybdän-Vanadin-Stählen. Nach [89].
Versuchsschmelzen mit 0,23% C, 0,29% Si, 0,39% Mn, 0,013% P, 0,012% S, 1,80% Cr, 0,47% Mo, 0,007% Sn und 0,14% V.
Wärmebehandlung
- der Proben vom Rand: 900°C/Öl + 610°C 30 h/Luft: Martensit, angelassen;
- der Proben aus dem Kern: 900°C/mit 50°C/h auf 610°C 30 h/Luft: Bainit und 10% Martensit, angelassen.
Als Übergangstemperatur $T_ü$ wurde die Temperatur gewählt, bei der der Querschnitt der gebrochenen ISO-V-Probe zu 50% kristallines Aussehen zeigte.

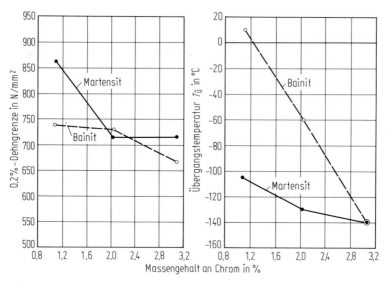

Bild D 5.21 Einfluß des Chromgehalts auf die 0,2 %-Dehngrenze und die Übergangstemperatur von Nickel-Chrom-Molybdän-Vanadin-Stählen. Nach [89].
Grundzusammensetzung der Versuchsschmelzen wie bei Bild D 5.20, jedoch mit 3,4 % Ni.
Für Wärmebehandlung der Proben und Übergangstemperatur gilt dasselbe wie bei Bild D 5.20.

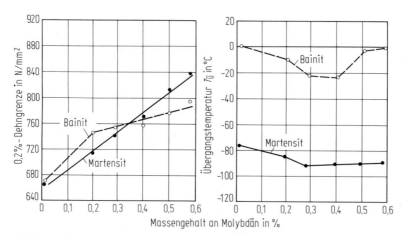

Bild D 5.22 Einfluß des Molybdängehalts auf die 0,2 %-Dehngrenze und die Übergangstemperatur von Nickel-Chrom-Molybdän-Vanadin-Stählen. Nach [89].
Grundsatzzusammensetzung der Versuchsschmelzen wie bei den Bildern D 5.20 und D 5.2, jedoch 1,85 % Cr und 3,46 % Ni.
Wärmebehandlung
– der Proben vom Rand: 910 °C/Öl + 640 °C 15 h/Öl: Martensit, angelassen;
– der Proben aus dem Kern: 910 °C/ mit 50 °C/h auf 640 °C 15 h/Öl: Bainit mit ≤ 10 % Martensit, angelassen. Zur Übergangstemperatur s. Bild D 5.20.

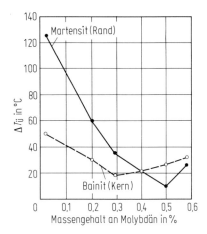

Bild D 5.23 Einfluß des Molybdängehalts auf die Anlaßversprödung der Versuchsschmelzen aus Bild D 5.22. Nach [89].
Auf die in Bild D 5.22 geschilderte Vergütung folgte eine Stufenglühung: 600 °C 4 h → 540 °C 15 h → 525 °C 24 h → 495 °C 48 h → 465 °C 72 h → 315 °C/Luft.
$\Delta T_{ü}$, der Unterschied zwischen der Übergangstemperatur $T_{ü}$ für den durch die Stufenglühung gezielt versprödeten Zustand und der Übergangstemperatur $T_{ü}$ bei Vermeidung der Anlaßversprödung (hier 600 °C 4h/Wasser) wurde als Maß der Versprödung gewählt.

bis zu etwa 0,3 bis 0,4 % Mo die Übergangstemperatur etwas verbessert. Besonders wichtig ist die durch Molybdän bewirkte Verringerung der Neigung zur Anlaßversprödung, gemessen als Verschiebung $\Delta T_{ü}$ der Übergangstemperatur der Kerbschlagarbeit zu höheren Werten, in Bild D 5.23. Auch hier zeigt sich ein Optimum im Bereich von etwa 0,3 bis 0,5 % Mo; bei Gehalten oberhalb 0,5 % deutet sich ein Nachlassen der Wirkung, also eine stärkere Versprödung an.

Die hier dargestellten Zusammenhänge sind bei den übrigen legierten Vergütungsstählen für große Schmiedestücke in ähnlicher Weise gegeben.

D 5.3.4 Bewährte Stahlsorten

Die Stahlauswahl für die verschiedenen Verwendungszwecke richtet sich in erster Linie nach den verlangten Werten für die Streckgrenze und Zugfestigkeit, den Anforderungen an die Zähigkeitseigenschaften und den Bauteilquerschnitten.

Bei Mindestwerten für die Streckgrenze bis etwa 300 N/mm² kommen im Abmessungsbereich bis etwa 500 mm Dmr. auch unlegierte Stähle zur Anwendung (s. Ck 45 und 28 Mn 6 in Tabelle D 5.10). Höhere Zähigkeitsansprüche werden im gleichen Abmessungs- und Festigkeitsbereich durch niedriglegierte Stähle erfüllt, für die als Beispiele in der Tabelle die Stähle 20 MnMoNi 4 5 und 42 CrMo 4 angeführt werden.

In dem Maße, in dem der Vergütungsquerschnitt größer wird und die Anforderungen an Festigkeit und Zähigkeit wachsen, muß auch die Legierung höher gewählt werden, bis man bei einem Durchmesser von 2000 mm zu Stählen mit 3,5 % Ni, 1,5 % Cr, 0,5 % Mo und 0,1 % V kommt, die eine Streckgrenze von etwa 700 N/mm² bei günstigen Zähigkeitseigenschaften ermöglichen.

In Deutschland sind die Stähle für schwere Schmiedestücke im wesentlichen in den Stahl-Eisen-Werkstoffblättern 550-Stähle für größere Schmiedestücke – [92], 555-Stähle für größere Schmiedestücke für Bauteile von Turbinen- und Generatoranlagen – [93] und 640-Stähle für Bauteile im Primärkreislauf von Kernenergie-Erzeugungsanlagen – [97] genormt. Ein Teil der in diesen Blättern aufgeführten Stähle ist auch für den Durchmesserbereich bis zu 250 mm als Vergütungsstahl in DIN 17200 [31] enthalten.

Tabelle D 5.10 Für große Schmiedestücke gebräuchliche Stahlsorten, ihre chemische Zusammensetzung und Kennzeichnung ihres Verwendungsbereichs durch größten Durchmesser, 0,2%-Dehngrenze und Kerbschlagarbeit

Stahlsorte Kurzname	Stahl-Eisen-Werkstoffblatt[a]	Chemische Zusammensetzung								Mechanische Eigenschaften			
		% C	% Si	% Mn	% P, % S[b]	% Cr	% Mo	% Ni	% V	Durchmesser[c] mm	$R_{p\,0,2}$ N/mm² min.	Probe	A_v J min.
Ck 45	550[d]	0,42...0,50	≦ 0,40	0,50...0,80	2					>250 ≦500	325	DVM	38
28 Mn 6	550[d]	0,25...0,32	≦ 0,40	1,30...1,65	2					>250 ≦500	345	DVM	41
20 MnMoNi 4 5	550	0,17...0,23	≦ 0,40	1,00...1,50	1		0,45...0,60	0,40...0,80		>250 ≦500	390	DVM	41
42 CrMo 4	550[d]	0,38...0,42	≦ 0,40	0,60...0,90	2	≦ 0,50	0,15...0,30			≦500 ≦750	390	DVM	38
23 CrMo 5	555	0,20...0,28	≦ 0,30	0,30...0,80	4	0,90...1,20	0,20...0,35	≦ 0,60		≦750	400	ISO-V	47
22 NiMoCr 37	640	0,17...0,25	≦ 0,35	0,50...1,00	4	0,30...0,50	0,50...0,80	0,60...1,20	≦ 0,03	≦700	420	ISO-V	41
28 NiCrMo 5 5	555	0,26...0,32	≦ 0,30	0,15...0,40	5	1,0...1,3	0,25...0,45	1,0...1,3	≦ 0,15	≦750	500	ISO-V	55
20 CrMoNiV 47	555	0,17...0,25	≦ 0,30	0,30...0,80	5	1,1...1,4	0,80...1,0	0,50...0,75	0,25...0,35	≦750	550	ISO-V	31
34 CrNiMo 6	550[d]	0,30...0,38	≦ 0,40	0,40...0,70	2	1,40...1,70	0,15...0,30	1,40...1,70		>500 ≦1000	490	DVM	41
30 CrNiMo 8	550[d]	0,26...0,34	≦ 0,40	0,30...0,60	2	1,80...2,20	0,30...0,50	1,80...2,20		>500 ≦1000	590	DVM	41
23 CrNiMo 747	555	0,20...0,26	≦ 0,30	0,50...0,80	5	1.7...2,0	0,60...0,80	0,90...1,2		≦1000	600	ISO-V	47
26 NiCrMoV 85	555	0,22...0,32	≦ 0,30	0,15...0,40	5	1,0...1,5	0,25...0,45	1,8...2,1	0,05...0,15	≦1000	600	ISO-V	63
32 CrMo 12	550	0,28...0,35	≦ 0,40	0,40...0,70	1	2,80...3,30	0,30...0,50			>750 ≦1250	490	DVM	34
30 CrMoNiV 511	555	0,28...0,34	≦ 0,30	0,30...0,80	5	1,1...1,4	1,0...1,2	0,50...0,75	0,25...0,35	≦1500	550	ISO-V	31
X 21 CrMoV 121	555	0,20...0,26	≦ 0,50	0,30...0,80	3	11,0...12,5	0,80...1,2	0,30...0,80	0,25...0,35	≦1500	600	ISO-V	24
26 NiCrMoV 115	555	0,22...0,32	≦ 0,30	0,15...0,40	5	1,2...1,8	0,25...0,45	2,4...3,1	0,05...0,15	≦1800	600	ISO-V	71
26 NiCrMoV 14 5	555	0,22...0,32	≦ 0,30	0,15...0,40	5	1,2...1,8	0,25...0,45	3,4...4,0	0,05...0,15	≦1800	700	ISO-V	71
33 NiCrMo 14 5	550	0,28...0,36	≦ 0,40	0,20...0,50	1	1,00...1,70	0,30...0,60	3,20...4,00	≦ 0,15	>1500 ≦2000	685	DVM	34

[a] Im Literaturverzeichnis findet sich die genaue Quelle für Stahl-Eisen-Werkstoffblatt (SEW) 550 unter [92], SEW 555 unter [93] und SEW 640 unter [97]
[b] Die Zahlen bedeuten die folgenden höchstzulässigen Gehalte:
 1: je ≦ 0,035% P und S, 2: ≦ 0,035% P, 3: ≦ 0,030% S, 4: je ≦ 0,025% P, ≦ 0,020% S, 5: ≦ 0,020% P und S, 5: ≦ 0,015% P, ≦ 0,018% S
[c] Der in der Norm für die jeweilige Stahlsorte angeführte größte Durchmesser mit den für ihn gültigen Werten für 0,2%-Dehngrenze und Kerbschlagarbeit bei +20 °C
[d] Für Abmessungen bis 250 mm Dmr. gilt DIN 17 200 [31]

Eine Auswahl der zur Zeit bevorzugt für große Schmiedestücke verwendeten Stähle ist in Tabelle D 5.10 aufgeführt. Sie sind dort geordnet nach steigenden Höchstdurchmessern, bis zu denen sie sich nach den Erfahrungen bewährt haben und die in den Stahl-Eisen-Werkstoffblättern genannt sind. Zur Kennzeichnung ihres empfohlenen Verwendungsbereichs sind nur die Werte der 0,2 %-Dehngrenze und der Kerbschlagarbeit bei Raumtemperatur jeweils für den größten Vergütungsquerschnitt nach den Stahl-Eisen-Werkstoffblättern angeführt. Zur genauen Unterrichtung über die Staffelung der mechanischen Eigenschaften mit dem Durchmesser des Vergütungsquerschnitts und über die Abhängigkeit der Werte für Bruchdehnung, Brucheinschnürung und Kerbschlagarbeit vom Faserverlauf, d. h. von der Probenlage im Schmiedestück, sei auf die Werkstoffblätter verwiesen.

Dem Legierungsaufbau nach werden für schwere Schmiedestücke unlegierte, mit Mangan, mit Chrom und Molybdän sowie mit Nickel, Chrom, Molybdän und Vanadin legierte Stähle verwendet, die zum Teil systematisch aufgebauten Legierungsreihen zugeordnet werden können. So ist bei den unlegierten Stählen eine nahezu geschlossene Reihe der Kohlenstoffgehalte von rd. 0,20 bis 0,65 % und bei den mit 1 % Cr und 0,25 % Mo legierten Stählen eine Reihe von 24 CrMo 4 bis zu 50 CrMo 4 gegeben. Bei den Nickel-Chrom-Molybdän-Vanadin-Stählen aus SEW 555 ist vor allem der Nickelgehalt von etwa 2 bis 3,5 % abgestuft.

Wegen der internationalen Bedeutung wird auch auf weitgehend chromfreie Stähle für schwere Schmiedestücke mit rd. 3,5 % Ni und 0,5 % Mo hingewiesen, wie sie in ASTM A 469 [94] genormt sind. Diese Stahlsorten erreichen nicht die günstigen Kombinationen von 0,2 %-Dehngrenzen und Zähigkeitswerten wie die Nickel-Chrom-Molybdän-Stähle nach SEW 555.

Aus der *Anwendung der Stähle* nach Tabelle D 5.10 und den für ihre Auswahl wichtigen Eigenschaften folgen einige Beispiele.

Für die nach Form, Gewicht und Funktion sehr unterschiedlichen größeren Schmiedestücke im *Maschinen- und Schiffbau* stehen besonders im Stahl-Eisen-Werkstoffblatt 550 [92] 18 verschiedene Stähle zur Verfügung, deren Auswahl im allgemeinen durch die zu erfüllenden Zähigkeitsanforderungen und die Stückabmessungen bestimmt wird. Zusätzliche Anforderungen, wie Schweißeignung, engen die Auswahl auf die Stähle mit niedrigeren Kohlenstoffgehalten ein. Sollen Teile des Schmiedestücks oberflächengehärtet werden, so wird der Mindestgehalt an Kohlenstoff durch die geforderten Randhärten bestimmt.

Bei *Kurbelwellen* richtet sich die Stahlauswahl vorwiegend nach der aus der Festigkeitsforderung abgeleiteten Durchvergütbarkeit, so daß für diese Verwendung unlegierte Stähle wie Ck 45, Chrom-Molybdän-Stähle wie 42 CrMo 4 und Chrom-Nickel-Molybdän-Stähle wie 34 CrNiMo 6 eingesetzt werden.

Für die Fertigung von *Niederdruckturbinen- und Generatorwellen* stehen in der Hauptsache die Nickel-Chrom-Molybdän-Vanadin-Stähle in den drei Grundtypen mit 2, 3 und 3,5 % Ni zur Verfügung. Bis zu den größten Abmessungen von etwa 2000 mm Dmr. kommt der Stahl 26 NiCrMoV 14 5 mit 3,5 % Ni zum Einsatz, der die höchsten Ansprüche an Festigkeits- und Zähigkeitseigenschaften erfüllt. Die in Tabelle D 5.11 aufgeführten Werte zeigen, welche Eigenschaften mit diesem Stahl im Kern großer Wellen erreicht wurden, für die eine Streckgrenze von mindestens 700 N/mm^2 einzustellen war. Ein Vergleich der Werte der ersten und vierten Welle läßt die Problematik erkennen, die mit der Einstellung guter Zähigkeitswerte im

Tabelle D 5.11 Prüfergebnisse an Proben aus dem Kern von Turbinen- und Generatorenwellen aus dem Stahl 26 NiCrMoV 14 5. Nach [89]

Art des Teils	Durchmesser mm	0,2%-Dehngrenze N/mm²	Übergangstemperatur der Kerbschlagarbeit[a] °C	NDT-Temperatur im Fallgewichtsversuch °C
46-t-Generatorwelle	1065	726	−45	−65
54-t-Turbinenwelle	1235	726	−25	−40
52-t-Turbinenwelle	1520	700	−10	−30
74-t-Turbinenwelle	1615	774	−5	−30
200-t-Generatorwelle	1809	657	−25	−55
Versuchskörper	890	1015[b]	+20[b]	−
		900[c]	−10[c]	−

[a] An ISO-V-Proben für 27 J
[b] Anlaßtemperatur 580 °C
[c] Anlaßtemperatur 590 °C

Kern von Schmiedestücken großen Durchmessers bei gleichzeitig hoher Streckgrenze besteht.

Aus langjährigen Untersuchungen vorliegende *bruchmechanische Kenngrößen* sind in Bild D 5.24 zusammenfassend dargestellt [95]. Diese K_{Ic}-Werte aus dem Kernbereich großer Turbinen- und Generatorwellen stellen den Stahl 26 NiCrMoV 14 5 deutlich über den Stahl 26 NiCrMoV 8 5 mit sowie über die chromfreie Variante 24 NiMoV 14 5.

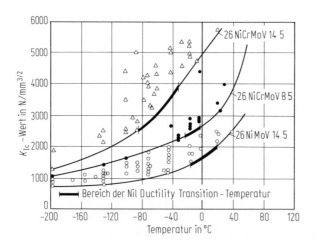

Bild D 5.24 Bruchzähigkeit (K_{Ic}-Wert) von Stählen für Turbinen- und Generatorwellen in Abhängigkeit von der Temperatur. Nach [95].

Für *Generatorwellen* sind außer den mechanischen Eigenschaften die magnetischen Kennwerte zu berücksichtigen, wobei möglichst hohe Werte der magnetischen Flußdichte, hohe Permeabilität und hohe Sättigungsmagnetisierung angestrebt werden. Bild D 5.25 zeigt den Verlauf der magnetischen Flußdichte in

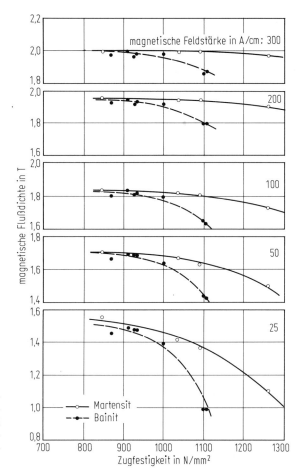

Bild D 5.25 Zusammenhang zwischen Zugfestigkeit und magnetischer Flußdichte bei Stahl 26 NiCrMoV 14 5 bei unterschiedlicher Gefügeausbildung und Feldstärke. Nach [96].

Abhängigkeit von der Zugfestigkeit bei bainitischer und martensitischer Gefügeausbildung für den Stahl 26 NiCrMoV 14 5 [96]. Er ist dem Stahl 26 NiCrMoV 8 5 in allen Gefügearten bei Festigkeitswerten bis etwa 1050 N/mm² überlegen.

Hochdruck-Turbinenwellen werden im Temperaturbereich bis etwa 550 °C betrieben. Die dazu benötigten *warmfesten Stähle* weisen mittlere Kohlenstoffgehalte von 0,25 % auf und sind auf der Basis Chrom-Molybdän(-Vanadin) legiert (s. dazu auch D 9). Martensitgefüge wird bei diesen Stählen nicht angestrebt, da das bainitische Vergütungsgefüge bessere Langzeit-Warmfestigkeitseigenschaften ergibt. Auf der anderen Seite bleiben aber die Zähigkeitseigenschaften bei Raumtemperatur dadurch fühlbar geringer.

Werden besondere Anforderungen an die *Schweißeignung* gestellt, so muß der Kohlenstoffgehalt merklich herabgesetzt werden. Das ist beispielsweise bei dem Stahl 23 CrNiMo 7 4 7 für geschweißte Turbinenwellen der Fall. Die Stähle 20 MnMoNi 5 5 und 22 NiMoCr 3 7 werden bevorzugt für Kernreaktor-Druckbehälter eingesetzt, wo umfangreiche Verbindungs- und Auftragsschweißungen auszuführen sind. Beide Stähle sind in Stahl-Eisen-Werkstoffblatt 640 [97] aufgeführt.

D 5.4 Einsatzstähle

Einsatzstähle sind für Bauteile bestimmt, deren Oberfläche ganz oder in bestimmten Bereichen aufgekohlt (eingesetzt) wird, die anschließend gehärtet und meist bei niedrigen Temperaturen angelassen, „entspannt" werden. Derart behandelte Bauteile haben demnach eine harte Randschicht und einen weniger harten, zäheren Kern. Die hohe Härte der Randschicht bedingt großen Widerstand gegen mechanischen Verschleiß, der zähere Kern ermöglicht die Aufnahme ruhender und schlagartiger Beanspruchungen, während die hohe Randfestigkeit in Verbindung mit dem bei der Härtung des Verbundkörpers sich ausbildenden Eigenspannungszustand eine Erhöhung der Dauerschwingfestigkeit bewirkt. Einsatzstähle haben deshalb einen Kohlenstoffgehalt von höchstens 0,3% und sind nach den jeweiligen Anforderungen an Festigkeit und Abmessungen unlegiert bis mittellegiert.

D 5.4.1 Anforderungen an den Grund- bzw. Kernwerkstoff aus Verwendung und Verarbeitung

D 5.4.1.1 Geforderte Eigenschaften

Der nicht aufgekohlte gehärtete Kernwerkstoff muß dazu beitragen, daß das einsatzgehärtete Bauteil ruhende oder schlagartige Beanspruchungen ohne starke bleibende Verformung und natürlich ohne zu brechen aufnehmen kann. Dazu muß er ausreichende Fließgrenze, Festigkeit und Zähigkeit aufweisen. Maßgebend für diese Eigenschaften sind das Gefüge und die chemische Zusammensetzung des Stahls.

Die *Anforderungen an die Härtbarkeit* sind je nach Verwendungszweck des Bauteils unterschiedlich groß. Sie sind gering bei Teilen, die in erster Linie nur gleitendem oder reibendem Verschleiß unterliegen, hoch bei solchen Bauteilen, die gleichzeitig hohen ruhenden, schlagartigen oder wechselnden Beanspruchungen ausgesetzt sind.

Die *Weiterverarbeitung* des in Form von Halbzeug oder Stabstahl (weniger Draht oder Blech) ausgelieferten Werkstoffs erfolgt durch Warmformen, Kaltformen und/oder spangebende Bearbeitung. Die meisten Bauteile aus Einsatzstählen werden in großen Serien, z. B. in der Fahrzeugindustrie, gefertigt, so daß sich die Forderung nach weitgehender Gleichmäßigkeit der für die Weiterverarbeitung wesentlichen Eigenschaften ergibt [98].

Zu den wichtigsten Forderungen an einen Einsatzstahl gehören die *Aufkohlbarkeit und Randhärtbarkeit* [99]. Daß der Stahl bei der Aufkohlungsbehandlung feinkörnig bleibt, gilt in erster Linie für die Anwendung der Direkthärtung, d. h. der Härtung unmittelbar von der Aufkohlungstemperatur.

D 5.4.1.2 Kennzeichnung der geforderten Eigenschaften durch Prüfwerte

Die Härtbarkeit von Schmelzen legierter Stähle wird im *Stirnabschreckversuch* (DIN 50191 [40]) geprüft unter Anwendung der in DIN 17 210 [100] genannten Härtetemperaturen. Diese Norm enthält, auch für die unlegierten Einsatzstähle, Anhaltswerte für die im Zugversuch ermittelten Eigenschaften an Proben aus blindgehärteten Rundproben verschiedener Durchmesser.

Im Hinblick auf die Weiterverarbeitung können *Härteprüfungen* und *metallographische Untersuchungen* Aufschluß geben, je nach Anlieferzustand des Werkstoffs.

Während Aufkohlbarkeit und Randhärtbarkeit weitgehend verfahrens- und stahlsortenabhängig sind, wird besonders bei vorgesehener Direkthärtung die bei der Aufkohlungsbehandlung zu erwartende *Austenitkorngröße* routinemäßig schmelzenweise überprüft [101].

Bei der Werkstoff- und Verfahrensentwicklung kann auch die Ermittlung mechanischer Kennwerte *einsatzgehärteter Proben* vorgesehen werden. Allgemein ist es bei der Serienfertigung unter Verwendung großer Lieferlose beim Verbraucher üblich, eine vorlaufende schmelzenweise Erprobung des Aufkohlungs-, Härte- und Verzugsverhaltens vorzunehmen.

D 5.4.1.3 Maßnahmen zur Erzielung der geforderten Eigenschaften

Bei Einsatzstählen mit Kohlenstoffgehalten von rd. 0,07 bis 0,30 % ergeben sich bei vollmartensitischer Härtung *Höchsthärten* [102, 103] von etwa 37 bis 55 HRC. Im Gegensatz zu den vorher erörterten Vergütungsstählen, bei denen die erforderliche Festigkeit und Zähigkeit durch Härten und nachfolgendes Anlassen bei höheren Temperaturen eingestellt wird, kann bei einsatzgehärteten Bauteilen mit Rücksicht auf möglichst hohe Härte der Randschicht ein *Anlassen* bzw. Entspannen *bei nur niedrigen Temperaturen* (um 200 °C) erfolgen. Dadurch ändern sich Härte und, wie Bild D 5.26 [104] am Beispiel des Stahls 20 MnCr 5 zeigt, auch 0,2-Dehngrenze, Zugfestigkeit und Kerbschlagarbeit des Grundwerkstoffs nur wenig, so daß das beim Härten eingestellte Gefüge die Eigenschaften des Kernwerkstoffs bestimmt. Damit gewinnt das Härtbarkeitsverhalten bei den Einsatzstählen einen unmittelbaren Einfluß auf die Verwendungseigenschaften.

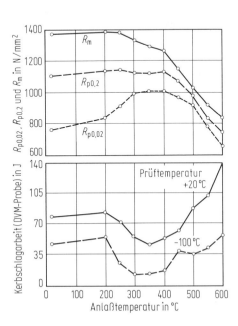

Bild D 5.26 Zugfestigkeit, 0,2%- und 0,02%-Dehngrenzen sowie Kerbschlagarbeit des Stahls 20 MnCr 5 nach Härten und Anlassen. Nach [104]. Wärmebehandlung der Proben von 25 mm Dmr.: 850 °C 0,5 h/Wasser; Anlaßdauer 2 h.

Nicht nur die Höhe der Härtbarkeit ist dabei wesentlich, sondern auch die *Wahl der Legierungselemente*. Die Zusammensetzung des Mischkristalls ist maßgebend für das unter dem Begriff Zähigkeit zusammengefaßte Verhalten des Werkstoffs im gehärteten Zustand. Mangan und Chrom führen bei Einsatzstählen zu etwa gleicher Härtbarkeitssteigerung, bei höher erforderlichem Gehalt ist im Hinblick auf Zähigkeit Chrom der Vorzug zu geben oder eine Kombination beider zweckmäßig. Molybdän anstelle von Mangan verbessert die Duktilität, und Nickel in Gehalten von 1,5% und mehr trägt zur weiteren Erhöhung bei. Ausreichende Zähigkeit bei höchster Kernfestigkeit wird mit Stählen erzielt, die mit Chrom, Nickel und Molybdän legiert sind.

Für Einsatzstähle ist die Kenntnis der *Temperaturabhängigkeit der Austenitkorngröße* notwendig im Zusammenhang mit der bei hohen Temperaturen durchzuführenden Aufkohlungsbehandlung. Grobes Austenitkorn erschwert einerseits die Kohlenstoffdiffusion, vergrößert andererseits den beim Härten auftretenden Verzug und vermindert die Schlagzähigkeit einsatzgehärteter Teile [105]. Für die Direkthärtung aus dem Kohlungsprozeß, bei der vor dem Härten keine Wärmebehandlungen zum Umkörnen eingeschaltet werden, sind bei entsprechenden Anforderungen an die mechanischen Eigenschaften von Kern und Rand feinkörnig bleibende Stähle zu verwenden.

Das gebräuchlichste Verfahren zur Herstellung von Stählen mit *verzögertem Kornwachstum* ist die Zugabe erhöhter *Aluminiumgehalte* zur Schmelze. Zusatz von *Titan oder Niob* zu aluminium- und stickstoffhaltigen Stählen kann die Temperatur beginnender Grobkörnigkeit weiter heraufsetzen [106, 107] – die Härtbarkeit allerdings auch etwas vermindern –, so daß solche Stähle eine aus wirtschaftlichen Gründen erwünschte Erhöhung der Aufkohlungstemperatur ermöglichen können.

Für die Weiterverarbeitung des vom Stahlwerk angelieferten Werkstoffs bieten sich bei Massenfertigung *Umformverfahren* (Gesenkschmieden, Kaltumformen) an, die Rohteile mit fertigteilnahen Abmessungen und einem der späteren Beanspruchung der Teile angepaßten Faserverlauf erzielen lassen. Durch Kaltumformen (z. B. Fließpressen), wozu sich die kohlenstoffarmen weichen Einsatzstähle gut eignen, entstehen bei bester Werkstoffausnutzung Rohteile mit sehr glatten Oberflächen.

Die Endform des Bauteils vor der Einsatzhärtung wird durchweg durch eine spangebende Bearbeitung hergestellt, so daß diesem Arbeitsvorgang in der Serienfertigung wesentliche wirtschaftliche Bedeutung zukommt. Dementsprechend werden an die Güte und die Gleichmäßigkeit der *Zerspanbarkeit* der Einsatzstähle hohe Anforderungen gestellt. Im allgemeinen läßt sich bei den bei Einsatzstählen vorliegenden Kohlenstoffgehalten beste Zerspanbarkeit bei einem ferritisch-perlitischen Gefüge in gleichmäßiger Verteilung (sog. Schwarz-Weiß-Gefüge) erreichen, das am sichersten durch eine *isothermische Umwandlung in der Perlitstufe* bei der Temperatur der kürzesten Umwandlungsdauer eingestellt wird.

Bei den Einsatzstählen mit hoher Härtbarkeit wird naturgemäß auch die zur vollständigen Umwandlung in der Perlitstufe erforderliche Zeit stark verlängert. Diese Stähle können zum Zerspanen einer *Weichglühbehandlung* unterzogen werden, wobei durch die aufgrund des Legierungsgehalts höhere Ferritfestigkeit gegenüber Kohlenstoff- und niedriglegierten Einsatzstählen die Gefahr des „Schmierens" nicht besteht. Andererseits sind durch *Abstimmung der Legierungselemente* [108, 109]

– Silizium, Mangan, Chrom, Molybdän und Nickel – Stähle entwickelt worden, die hohe Härtbarkeit mit einer möglichst kurzen Umwandlungsdauer in der Perlitstufe verbinden, so daß ihre isothermische Umwandlung in der Perlitstufe wirtschaftlich tragbar wird.

Durch Einstellen eines groben Korns kann die Zerspanbarkeit z. T. verbessert werden. Dazu sind höhere Austenitisierungstemperaturen [110] u. U. direkt aus der Verformungshitze [111] anzuwenden *(Grobkornglühung)*. Über den Einfluß einer Grobkornglühung auf die Zerspanbarkeit liegen unterschiedliche Erfahrungen vor, es werden Verbesserungen [105] oder, wie bei einer Großzahlauswertung von Betriebsversuchen [112], keine nennenswerte Vorteile festgestellt.

D 5.4.2 Von der Einsatzhärteschicht geforderte Eigenschaften und deren Erzeugung

D 5.4.2.1 Geforderte Eigenschaften

Die Randschicht soll höchsten *Verschleißwiderstand* aufweisen. Dafür ist ganz allgemein eine hohe Härte vorteilhaft, d. h. ein *martensitisches Gefüge* zweckmäßig, das über einen entsprechenden *Kohlenstoffgehalt* der Randschicht und darauf abgestimmte Härtung eingestellt werden kann. Bei unlegierten und legierten Stählen wird die Höchsthärte des Martensits bereits bei einem Kohlenstoffgehalt von 0,6% erreicht [102], so daß im Hinblick auf die Härte des martensitischen Mischkristalls die Aufkohlung auf höhere Kohlenstoffgehalte nicht notwendig erscheint. Bekanntlich kann aber der Verschleißwiderstand durch in die Grundmasse eingelagerte harte Partikel, wie z. B. Karbide, weiter erhöht werden. Aus diesem Grunde werden, besonders bei vorwiegend auf Gleitverschleiß beanspruchten Teilen, höhere Kohlenstoffgehalte im Rand eingestellt.

Höhere Gehalte an Kohlenstoff, je nach Stahllegierung mehr als 0,6 bis 0,9% C, führen, wenn der Kohlenstoff nach der Aufkohlungsbehandlung bzw. beim Austenitisieren zum Härten im Austenit gelöst vorliegt, zur Bildung von *Restaustenit*. Je nach Bauteilabmessung, Stärke der Einsatzschicht und vor allem der Beanspruchungsart des Bauteils wird dem Restaustenitgehalt unterschiedliche Bedeutung beigemessen. Bei reiner Gleitbeanspruchung können Restaustenitgehalte von 20%

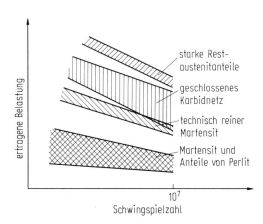

Bild D 5.27 Einfluß des Randgefüges einsatzgehärteter Zahnräder auf die Neigung zur Grübchenbildung (ausgedrückt durch die ertragene Belastung). Nach [114].

unbedenklich toleriert werden, bei bestimmter Stahlzusammensetzung können selbst höhere Gehalte vorteilhaft sein [113]. Bei rollendem Bewegungsablauf mit hoher, insbesondere wechselnder Flächenpressung wird der Widerstand gegen Grübchenbildung (pitting) durch steigende Restaustenitgehalte erhöht (Bild D 5.27 [114]). Die Dauerschwingfestigkeit kann in Abhängigkeit von der chemischen Zusammensetzung des in der Randschicht vorliegenden Restaustenits und von der Art der Beanspruchung bzw. Vorbeanspruchung des Bauteils verringert (Bild D 5.28 [115]) oder gesteigert [113] werden.

Eine Beeinträchtigung der *Dauerschwingfestigkeit* (Bild D 5.29 [116]) wird durch eine beim Aufkohlen entstandene Randoxidation [117–119] bewirkt; ebenso werden dadurch die Anriß- und Bruchspannung im statischen [118] und die Höchstkraft im Schlagbiegeversuch [116] vermindert.

Die *Dicke der Einsatzschicht*, die zwischen wenigen zehntel und einigen Millimetern betragen kann, ist der Funktion und der Abmessung des Bauteils anzupassen. Grundsätzlich kann sie klein gehalten werden bei vorwiegender Wechselbeanspruchung; sie muß größer sein bei Gleit- oder Rollbeanspruchung und bei Aufnahme hoher evtl. wechselnder Flächenpressungen. Die Dicke muß auch im Zusammenhang mit der Festigkeit des Kernwerkstoffs gesehen werden, weniger allerdings wegen der Gefahr des Durchdrückens der Einsatzhärteschicht, einer selten beobachteten Erscheinung, sondern aus weiter unten zu erörternden Gründen.

Zur *Kennzeichnung der Einsatzhärteschicht* genügen bei einfachen vorwiegend auf Abrieb beanspruchten Bauteilen deren Oberflächenhärte und ihre gesamte Dicke. Für weniger einfache komplex beanspruchte Bauteile (dies sind die weitaus

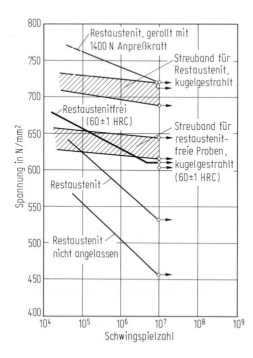

Bild D 5.28 Einfluß von Restaustenit auf die Biegewechselfestigkeit einsatzgehärteter gekerbter Proben. Nach [115].

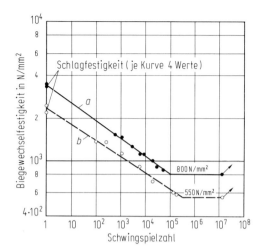

Bild D 5.29 Einfluß der Randoxidation auf Schlagfestigkeit und Biegewechselfestigkeit von Proben aus 15 CrNi 6 nach Einsatzhärtung bei Abtragen der Oberfläche um 0,08 mm (Kurve *a*) und ohne Oberflächenabtrag (Kurve *b*). Nach [116].

meisten der aus Einsatzstählen hergestellten) ist die Kenntnis der Härte an der äußersten Oberfläche (Messung mit kleinen Prüfkräften) und des Härteverlaufs in der Einsatzschicht und dabei die sog. Einsatzhärtungstiefe (Eht) [51] erforderlich, Meßgrößen, die unter dem Begriff der Randhärtbarkeit zusammenfassend betrachtet werden.

D 5.4.2.2 Die Aufkohlung

Zur Aufkohlung der Randschicht werden unterschiedliche *Verfahren* angewandt [120]. Aufkohlungstiefe und Randkohlenstoffgehalt werden durch die Parameter bei der Aufkohlungsbehandlung gesteuert, sie werden jedoch auch vom Grundwerkstoff beeinflußt. Auf den Einfluß der bei der Aufkohlungstemperatur vorliegenden Austenitkorngröße auf die Kohlenstoffdiffusion wurde schon hingewiesen. Ihr Einfluß ist größer als der durch die chemische Zusammensetzung der Stähle bedingte [121, 122].

Wesentlich für die Ausbildung der äußersten Randschicht einsatzgehärteter Bauteile ist der am Rand sich einstellende Kohlenstoffgehalt. Er ändert sich mit *Aufkohlungstemperatur und -dauer* und mit der Stahlzusammensetzung. Längere Aufkohlungszeiten können je nach verwendetem Kohlungsmittel zu starker Überkohlung [123], d. h. zur Karbidbildung führen. Dies gilt insbesondere für chromreiche Einsatzstähle, wie z. B. die Mangan-Chrom- oder die Chrom-Nickel-Stähle. Bild D 5.30 [124] gibt den Einfluß des Chromgehalts auf die Höhe des nach Aufkohlung sich einstellenden Randkohlenstoffgehalts von unterschiedlich legierten Stählen wieder.

Während der Aufkohlungsbehandlung kann es in einer dünnen *Oberflächenschicht* der Bauteile zu *Oxidationserscheinungen* kommen, die als innere oder Randoxidation bezeichnet werden [125, 126]. Voraussetzung dafür sind ein Mindestsauerstoffpotential im Kohlungsraum und Legierungselemente im Stahl, die eine höhere Sauerstoffaffinität als Eisen haben. Diese beiden Voraussetzungen sind sowohl bei der üblichen betrieblichen Aufkohlung als auch vom Stahl her immer gegeben. Neben Chrom wird besonders dem Silizium ein starker Einfluß zu-

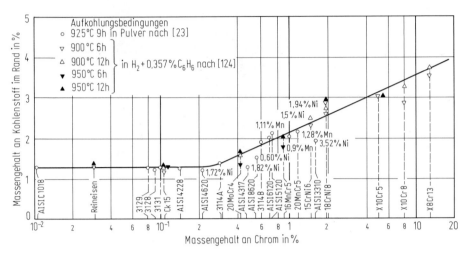

Bild D 5.30 Einfluß des Chromgehalts von Stählen auf die Kohlenstoffaufnahme der Randzone bei unterschiedlichen Aufkohlungsbedingungen. Nach [124].

geschrieben [127]. Unlegierte oder nickel- und molybdänlegierte Stähle sollten geringste Neigung zur Randoxidation aufweisen. Heute gibt es andererseits bereits Aufkohlungsverfahren unter Anwendung besonderer Schutzgase oder im Vakuum [128], die auch bei großtechnischer Anwendung eine weitgehend sauerstofffreie Atmosphäre im Kohlungsraum gewährleisten können.

D 5.4.2.3 Das Härten

Bei der Härtung des aufgekohlten Teils ist zu berücksichtigen, daß die *Randschicht* aus Werkstoffen mit kontinuierlich sich änderndem Kohlenstoffgehalt besteht, ihr *Umwandlungsverhalten* dementsprechend innerhalb der Schicht und *gegenüber dem Grundwerkstoff verschieden* ist. Bild D 5.31 [129] enthält ZTU-Schaubilder für kontinuierliche Abkühlung von Schmelzen des Stahls X MnCr 5 (mit rd. 1,1 % Mn und 1,0 % Cr) mit Kohlenstoffgehalten X von 0,13 bis 1,08 %. Der Stahl in Bild D 5.31a entspricht 16 MnCr 5, also einem genormten Grundwerkstoff; der Stahl in Bild D 5.31b mit 0,45 % C ist fast eutektoidisch, während es sich bei Bild D 5.31c um einen übereutektoidischen Stahl handelt, bei dem, da die Härtetemperatur mit 860 °C für alle Stähle gleichgehalten wurde, nichtgelöste Karbide vorliegen. Neben den Änderungen der Temperaturlage und der Anlauf- und Umwandlungszeiten von Perlit- und Bainitstufe nehmen mit steigendem Kohlenstoffgehalt die Ac_3- bzw. Ac_{1e}- und die M_s-Temperaturen ab.

Obwohl die beim Austenitzerfall in einer Zone der Einsatzschicht sich bildenden *Umwandlungsspannungen* die folgenden Umwandlungsreaktionen in Bereichen

Bild D 5.31 Zeit-Temperatur-Umwandlungs-Schaubilder für kontinuierliche Abkühlung von Schmelzen mit rd. 0,3 % Si, 1,1 % Mn und 1,0 % Cr – wie bei 16 MnCr 5 – bei unterschiedlichen Kohlenstoffgehalten (Härtetemperatur 860 °C): **a** 0,13 % C; **b** 0,45 % C; **c** 1,08 % C. Nach [129].

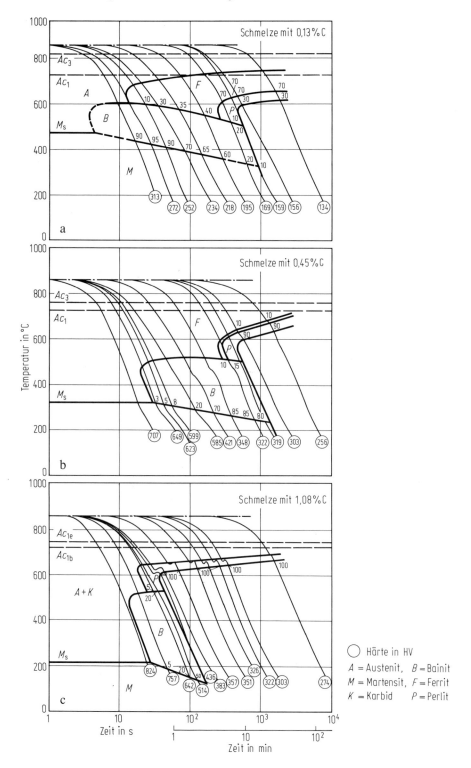

anderer Kohlenstoffgehalte beeinflussen [130] (Zugspannungen beschleunigen, Druckspannungen verzögern den Umwandlungsablauf), können die kennzeichnenden Unterschiede der Bilder D 5.31a bis c das Verhalten von aufgekohlten Bauteilen bei nachfolgenden Wärmebehandlungen aufzeigen.

Für *Einfach- und Doppelhärtung* (vgl. C 4 und DIN 17 210) kennzeichnen die mit zunehmendem Kohlenstoffgehalt sinkenden Temperaturen Ac_3 und Ac_{1e} die zweckmäßigen Härtetemperaturen für Grund- und aufgekohlten Werkstoff.

In Bild D 5.30 war gezeigt worden, daß der Randkohlenstoffgehalt von Stählen mit deren *Chromgehalt* ansteigt. Entsprechend nimmt auch nach Bild D 5.32, in dem Einsatzstähle über ihrem mittleren Gehalt an Chrom eingetragen sind, der *Gehalt an Restaustenit* trotz sonst unterschiedlicher Legierung mit dem Chromgehalt zu, insbesondere bei Temperaturen über 900 °C, wie sie aus wirtschaftlichen Gründen zum Aufkohlen (und anschließendem Direkthärten) angewendet werden. Folge der erhöhten Restaustenitgehalte ist ein Abfall der Härte zum Rand hin, wie es Bild D 5.33a für den Stahl 16 MnCr 5 [121] nach Direkthärtung erkennen läßt (vgl. dessen Härteverlauf nach Einfachhärtung von der Härtetemperatur 825 °C, bei der weniger Kohlenstoff im Austenit gelöst ist und demzufolge weniger oder kein Restaustenit verbleibt, in Bild D 5.33b). Bei Zuordnung des Härtehöchstwerts bzw. des Beginns des Härteabfalls zum jeweiligen Kohlenstoffgehalt zeigt sich, daß dieser Härtewert mit steigendem Chromgehalt des Stahls zu niedrigeren Kohlenstoffgehalten verschoben wird, Bild D 5.34 [131]. Gleichzeitig ist diesem Bild die Spanne des Kohlenstoffgehalts zu entnehmen, in dem eine Härte von z. B. 700 HV ($C^D_{700\,HV}$) einerseits infolge zu hohen Restaustenitgehalts (im Schemabild rechts vom Härtehöchstwert $C^D_{HV\,max}$), andererseits aufgrund abnehmender Härtbarkeit (links vom zum Härtehöchstwert gehörenden Kohlenstoffgehalt) nicht unterschritten wird. Diese Spanne des Kohlenstoffbereichs guter Randhärtbarkeit kann als *Maßstab für die Eignung eines Stahls zur Direkthärtung* angesehen werden [132].

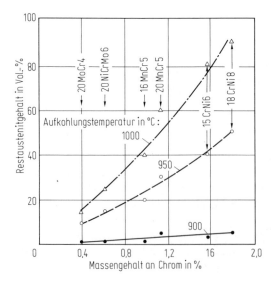

Bild D 5.32 Einfluß des Chromgehalts auf den Restaustenitgehalt in der Randschicht von Einsatzstählen nach Aufkohlen. (Aufkohlungszeit 3 h). Nach [122].

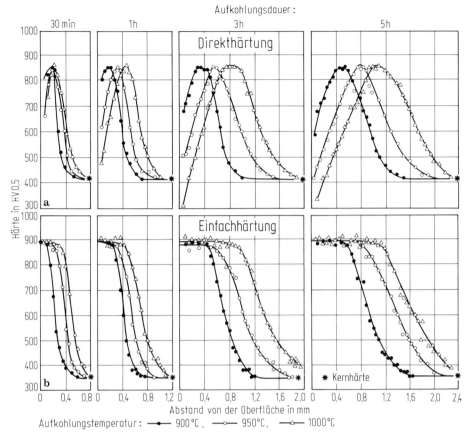

Bild D 5.33 Härteverlauf in der im Salzbad aufgekohlten Randschicht eines 16 MnCr 5 **a** nach Direkthärtung von der Aufkohlungstemperatur, **b** nach Einfachhärtung von 825 °C. Nach [121]. Härtung jeweils in Öl, 2 h.

Das anzuwendende Härteverfahren richtet sich auch nach den für die verschiedenartigen Bauteile zulässigen *Maßänderungen beim Härten* [133–135]. Grundsätzlich gilt, daß Maßänderungen mit zunehmender Härtbarkeit und Festigkeit des Grundwerkstoffs größer werden; in ähnlicher Weise wirken auch zunehmende Härtetemperatur und Häufigkeit des Aufheizens und Abkühlens des aufgekohlten Werkstücks. Wesentlich für eine reibungslose betriebliche Fertigung ist aber weniger die absolute Größe dieser Maßänderung, die durch entsprechende Vorgaben bei der Rohteilabmessung beherrscht werden kann, als vielmehr die Gleichmäßigkeit im Verzugsverhalten. Diese wird gefördert durch die Lieferung von Schmelzen mit eingeengtem Härtbarkeitsstreuband (s. DIN 17 210) und definierter Korngröße, da Schmelzen mit einer breiteren Schwankung der Austenitkorngröße größere Streuung des Verzugs im einsatzgehärteten Zustand aufweisen [105]. Zu ähnlichen Aussagen und zur Feststellung der Überlegenheit feinkörniger Schmelzen gegenüber solchen mit Mischkorn führen Geräuschmessungen an Verteilergetrieben von Lastkraftwagen [112].

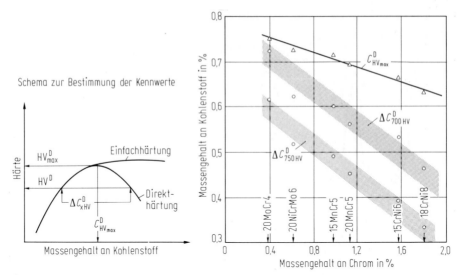

Bild D 5.34 Schaubild zur Beurteilung der Direkthärtbarkeit von Einsatzstählen unterschiedlichen Chromgehalts. Nach [131].

Neben den vorher erörterten vorwiegend auf die Oberfläche einsatzgehärteter Teile bezogenen Einflußgrößen ist die dem Verwendungszweck des Bauteils anzupassende *Aufkohlungstiefe* und damit der Härteverlauf unterhalb der Oberfläche eine wesentliche Kenngröße. Außer der Aufkohlungsbehandlung sind Stahllegierung und Härtung bzw. weitere Wärmebehandlungen bestimmend für den Härteverlauf, für den die sog. *Einsatzhärtungstiefe* (Eht) [51] eine kennzeichnende Größe darstellt. Bild D 5.35 [136] zeigt Härtekurven verschiedener Stähle, bei denen als Maß für die Einhärtungstiefe eine Grenzhärte von 615 HV gewählt wurde. Für eine betriebliche Kontrolle wird auch eine zerstörungsfreie Messung der Einhärtungstiefe angewendet [137].

D 5.4.2.4 Das Entspannen

Einsatzgehärtete Bauteile werden nach der Härtung meist einem *Entspannen bei Temperaturen zwischen 150 und 200°C* unterzogen. Bei sehr eng geforderten Toleranzen dient diese Behandlung einer Vermeidung von Maßänderungen des Bauteils infolge Alterung [138]. Die Entspannungsbehandlung ist auch notwendig für noch zu schleifende Teile, um Schleifrisse zu vermeiden [136], da der nach dem Härten vorliegende tetragonale Martensit einen höheren Wärmeausdehnungsbeiwert aufweist als der nach dem Entspannen kubisch-raumzentrierte Martensit [139]. Für die Bildung von Schleifrissen können rein thermische und auch Umwandlungsspannungen maßgebend sein, so daß den Bedingungen beim Schleifen ebenfalls Beachtung zukommt.

In Zusammenhang mit Bild D 5.26 war festgestellt worden, daß sich *Härte und Zugfestigkeit* des Grundwerkstoffs durch Anlassen bei Temperaturen bis 200°C praktisch nicht ändern. Wie Bild D 5.35 [136] und in allgemeiner Form Bild D 5.36 [121] zeigen, trifft dies für die Bereiche mit höherem Kohlenstoffgehalt nicht zu,

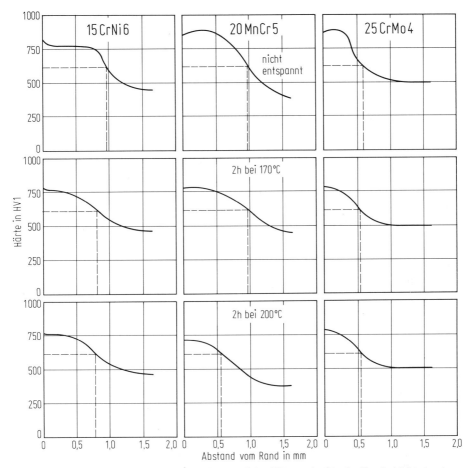

Bild D 5.35 Einfluß einer Entspannungsglühung auf den Härteverlauf in der Randschicht einsatzgehärteter Stähle. Nach [136].

Bild D 5.36 Änderung der Oberflächenhärte von aufgekohlten Einsatzstählen durch 2 h Anlassen bei 200 °C gegenüber dem gehärteten Zustand in Abhängigkeit vom Kohlenstoffgehalt. Nach [121]. Ergebnisse an 16 MnCr 5, 20 MnCr 5, 20 MoCr 4, 15 CrNi 6, 18 CrNi 8 und 20 NiCrMo 6; Aufkohlung: 0,5 bis 5 h bei 900 bis 1000 °C, Härtung: von 825 °C in Öl.

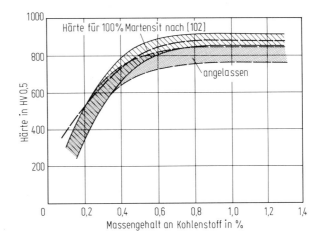

vielmehr werden Höchsthärte und Einhärtungstiefe vermindert. Hingegen werden wie beim Grundwerkstoff (Bild D 5.26) die Dehngrenzen für kleine Beträge plastischer Formänderung auch bei einsatzgehärteten Proben durch die Entspannungsbehandlung deutlich erhöht. Möglicherweise können diese Änderungen auch zur Erklärung der unterschiedlichen Neigung zur Schleifrißanfälligkeit von nur gehärteten und von entspannten Proben beitragen [136].

Weitere *Einflüsse der Entspannungsbehandlung* sollen im Zusammenhang mit der *Dauerschwingfestigkeit* erörtert werden. Da diese Eigenschaft, wie eingangs erwähnt, mit dem Eigenspannungszustand des einsatzgehärteten Bauteils eng zusammenhängt, sei nach Erörterung der Eigenschaften von Kern und von Rand zunächst auf das aus dem Verbund beider sich ergebende Verhalten eingegangen.

D 5.4.3 Verhalten des Verbundes von Einsatzhärteschicht und zähem Kern unter Betriebsbeanspruchungen

Es bietet sich an, die *für die Verwendung von einsatzgehärteten Bauteilen erforderlichen Eigenschaften* an einem typischen Beispiel, nämlich dem komplex beanspruchten *Zahnrad für Kraftfahrzeuggetriebe*, zu erläutern [116, 140].

Das bei jeder Umdrehung auf den Zahn wirkende Biegemoment erfordert im gefährdeten Zahnfuß ausreichende Festigkeit, und zwar genügende Dauerschwingfestigkeit, Überlastbarkeit im Zeitfestigkeitsbereich und Schlagfestigkeit (d. h. Zähigkeit) bei einzelnen auftretenden schlagartigen Beanspruchungen. Für die Flankentragfähigkeit wird ausreichende Wälzfestigkeit, also Widerstand gegen wechselnde Flächenpressungen (Grübchenbildung), und schließlich ausreichender allgemeiner Verschleißwiderstand gefordert, Eigenschaften, die schon erwähnt wurden.

Die die Zähigkeit eines metallischen Werkstoffs kennzeichnenden Bruchverformungswerte im Zugversuch oder die verbrauchte Arbeit im Kerbschlagbiegeversuch sind für den verwendeten Einsatzstahl im blindgehärteten und entspannten Zustand kennzeichnend, nicht jedoch für das Verhalten eines einsatzgehärteten Bauteils. Bild D 5.37 [141] läßt erkennen, wie stark sich die *Arbeit zum Abschlagen*

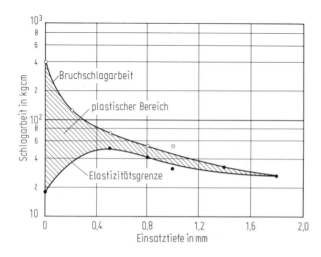

Bild D 5.37 Schlagzähigkeit von aufgekohlten Radzähnen in Abhängigkeit von der Einsatzhärtungstiefe. Nach [141].

eines Stirnradzahns nach Einsatzhärtung gegenüber dem blindgehärteten Zustand ändert, sie nimmt mit zunehmender Einsatzhärtungstiefe ab. Wesentlich in diesem Bild ist auch der Anteil der durch elastische Verformung aufgenommenen Arbeit (im Bild die mit Elastizitätsgrenze bezeichnete Kurve), der bei dieser Zahnabmessung bis zu einer Einsatztiefe von 0,5 mm zu-, darüber hinaus abnimmt. Daraus ergibt sich ein Einfluß des Verhältnisses von Tiefe der Einsatzschicht zu Dicke oder Durchmesser des Werkstücks bzw. des nicht aufgekohlten Grundwerkstoffs [142]. Von einem Radzahn wird gefordert, erhöhte Stoßbeanspruchungen möglichst im elastischen Bereich abzufangen, da bleibende Verformungen den störungsfreien Eingriff der Zahnräder verhindern und zum Einreißen der harten Randschicht im Zahnfuß führen können. Daneben soll allerdings eine kleine Reserve an plastischer Verformungsarbeit einen Sprödbruch des Zahnes vermeiden helfen [140].

Die *„Zähigkeit" dünner harter Randschichten zu messen*, bietet Schwierigkeiten [143], die Prüfung durchgekohlter Proben im Schlagversuch [142] oder mittels bruchmechanischer Untersuchungen [144] bringt keine für das Bauteil unmittelbar anwendbaren Ergebnisse. Rißzähigkeitsmessungen an (nur im Rand) einsatzgehärteten Proben bedürfen noch einer gültigen Interpretation. Nicht in Normen festgelegt sind statische oder dynamische Biegeversuche, bei denen die Anrißspannung [142, 145] oder die Bruchschlagkraft [116] gemessen wird. Diese Größen sind kennzeichnender als die früher bevorzugt gemessene Schlagarbeit. Die Höhe von Anriß- und Bruchkraft ist von der Einsatzhärtungstiefe bzw. ihrem Verhältnis zum gesamten Querschnitt und von der Kernfestigkeit stark abhängig [142, 145]. Werden, wie beim Zahnschlagversuch [116], Randkohlenstoff- und damit Restaustenitgehalt, Randoxidation, Härteverlauf in Oberflächennähe, Einhärtetiefe (Eht), Kerbgeometrie und Kernfestigkeit in für hoch belastete Zahnräder üblichen Grenzen gehalten, so sind Rückschlüsse auf deren Ermüdungsverhalten im Zeitfestigkeitsbereich (Bild D 5.29) und auf Einflüsse des Grundwerkstoffs möglich [116]. Die angeführten Begrenzungen lassen allerdings erkennen, daß die Prüfung für einen bestimmten Verwendungszweck zweckmäßig, für eine allgemeine Beurteilung von einsatzgehärteten Bauteilen oder des verwendeten Stahls aber weniger geeignet sein kann.

Sicher hängt das Ergebnis dieser Prüfung des Verbundwerkstoffs von der legierungsbedingten Zähigkeit des kohlenstoffarmen Mischkristalls des Grundwerkstoffs und der ebenfalls legierungsbeeinflußten Ausbildung der Einsatzzone ab. In diesem Zusammenhang ist auch *Bor* zu erwähnen, das *in Einsatzstählen in zweierlei Weise wirksam* werden kann. Bekannt ist, daß geringe Zusätze an Bor, wenn sie im Stahl gelöst vorliegen, die Härtbarkeit wesentlich erhöhen, demnach also zur Einsparung von Legierungselementen beitragen können [146]. Andererseits ist festgestellt worden [147, 148], daß im Stahl als Nitrid gebundenes Bor die Schlagfestigkeit und -zähigkeit einsatzgehärteter Teile verbessern kann, ohne daß bisher eine eindeutige Erklärung für diese nur bei der Einsatzhärtung auftretende Erscheinung gegeben werden kann. Die Beeinflussung der Eigenschaften durch Bor wird an Stählen unterschiedlicher Zusammensetzung genutzt.

Aus der Änderung der in Bild D 5.37 als Elastizitätsgrenze bezeichneten Größe ist zu folgern [140], daß der *Beginn bleibender Verformungen vom Eigenspannungszustand des Bauteils beeinflußt* wird. Beim Härten aufgekohlter Teile bilden sich hohe Druckeigenspannungen in der Einsatzschicht aus (s. C 4). Diese Spannungen in der Randschicht, in deren äußerstem Bereich die höchsten Zugspannungen bei Beanspruchung des Zahnes auf Biegung vorliegen, sind maßgebend für den erst bei höheren äußeren Spannungen einsetzenden Rißbeginn, eine Verringerung der Kerbempfindlichkeit und zusammen mit der hohen Härte bzw. Festigkeit der Randschicht für die hohe Biegeschwingfestigkeit einsatzgehärteter Zahnräder bzw. ähnlich beanspruchter Teile, wie ein Vergleich blind- und einsatzgehärteter Proben des Stahls 16MnCr5 in Bild D 5.38 [149] zeigt. Liegen höchste Härte und Druckeigenspannungen nicht in der äußersten Randschicht vor, z. B. infolge höherer Restaustenitgehalte (Bild D 5.28), infolge Randoxidation (Bild D 5.29) oder werden Härte und Druckeigenspannungen durch das übliche Entspannen vermindert (Bild D 5.35 [136]), so werden Zeit- und Dauerfestigkeit nachteilig beeinflußt. Andererseits kann durch mechanisches Einbringen von Druckeigenspannungen (z. B. durch Kugelstrahlen) die Dauerschwingfestigkeit erheblich verbessert werden [115, 136, 149].

Obwohl höchste Druckeigenspannungen im äußersten Rand und damit höchste *Dauerschwingfestigkeit* bei verhältnismäßig dünner Einsatzhärteschicht und niedrigerer Kernfestigkeit zu erwarten sind [140], müssen wegen der hohen Flächenpressung in der Zahnflanke und der damit gegebenen Gefahr der Grübchenbildung sowohl eine ausreichende Dicke der Einsatzschicht als auch genügende Kernfestigkeit unterhalb der Einsatzschicht vorliegen. Aus den Ergebnissen in Bild D 5.39 [150] und aus weiter gesammelten Erfahrungen bei der Zahnradfertigung und

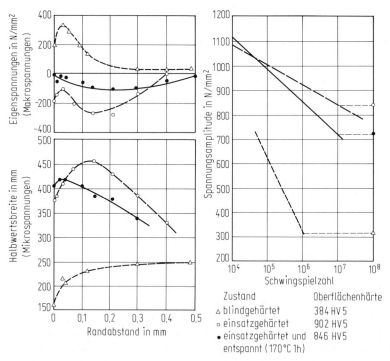

Bild D 5.38 Einfluß der Bedingungen der Einsatzhärtung und einer Entspannung (1 h bei 170 °C) auf Eigenspannungen und Biegewechselfestigkeit von Proben aus 16MnCr5. Nach [149].

-prüfung wird gefolgert [119, 140], daß unter den derart sich ergebenden Gesamtbeanspruchungen höchste Dauerfestigkeit des Zahns bei einer Kernfestigkeit von etwa 1000 bis 1400 N/mm² vorliegt. Aus neueren Untersuchungen geht allerdings hervor, daß bei schwach gekerbten im Gegensatz zu glatten einsatzgehärteten Proben keine Abhängigkeit der Dauerfestigkeit von der Kernfestigkeit (in offenbar den für Hochleistungszahnräder üblichen Grenzen) festzustellen ist [151].

Abschließend sei vermerkt, daß *diese Ausführungen speziell für hochbeanspruchte Zahnräder gelten*, für die die meisten Untersuchungen dieser Art vorliegen. Für die Vielzahl von Bauteilen aus einsatzgehärteten Stählen und deren Betriebsverhalten können durchaus nur einzelne der angeführten oder auch andere Gesichtspunkte maßgebend sein. Wie bei den Vergütungsstählen gilt auch für einsatzgehärtete Teile und deren Grundwerkstoff, daß die Haltbarkeit stark von der Bauteilgestaltung und -ausführung abhängig ist, dies in noch höherem Maße durch das Zusammenwirken von Grundwerkstoff und Einsatzhärteschicht, deren Ausbildung vom Grundwerkstoff weitgehend unabhängig erfolgen kann.

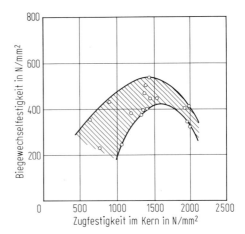

Bild D 5.39 Biegewechselfestigkeit von Zahnrädern (Modul $m = 3$) mit unterschiedlicher Zugfestigkeit im Kern. Nach [150].

D 5.4.4 Bewährte Stahlsorten

Tabelle D 5.12 [100, 153, 154] enthält die *chemische Zusammensetzung* von Einsatzstählen ohne Berücksichtigung des Zeitpunkts ihrer Einführung; sie soll einen Überblick über den Legierungsbereich geben. Mangan, Chrom, Molybdän und Nickel sind die wesentlichen Legierungselemente, daneben sind auch vanadin- und titanhaltige Stähle bekannt, außerdem solche mit Wolfram in den Ländern, in denen Molybdän weniger verfügbar ist. Zunehmende Kenntnisse über das Verhalten einsatzgehärteter Bauteile, Einsparung an teuren oder zeitweise knappen Legierungselementen, Vermeidung von Randüberkohlung und zu hohen Restaustenitgehalten, Einführung wirtschaftlicher, der Reihenfertigung angepaßter Aufkohlungs- und Härteverfahren und gleichzeitig geforderte ausreichende Randhärtbarkeit und Feinkörnigkeit auch bei höheren Aufkohlungstemperaturen beeinflußten die Entwicklung der Einsatzstähle sowohl in legierungstechnischer als auch in schmelzmetallurgischer Hinsicht.

Tabelle D 5.12 Beispiele für Legierungsarten von Einsatzstählen

Kennzeichnende Legierungselemente	Vergleichbare Stahlsorten in			Chemische Zusammensetzung[a]					
	DIN 17 210 [100]	EURONORM 84 [153]	ISO/R 683 [154]	% C	% Mn	% Cr	% Mo	% Ni	% B
unlegiert	Ck 15	2 C 15	C 15 E 4	0,12...0,18	0,30...0,60				
Chrom	17 Cr 3	(15 Cr 2)	–	0,14...0,20	0,40...0,70	0,60...0,90			
Mangan-Chrom	16 MnCr 5	16 MnCr 5	16 MnCr 5	0,14...0,19	1,00...1,30	0,80...1,10			
Molybdän-Chrom	20 MoCr 4	20 MoCr 4	–	0,17...0,22	0,70...1,00	0,30...0,60	0,40...0,50		
Chrom-Molybdän	22 CrMoS 35	–	–	0,19...0,24	0,70...1,00	0,70...1,00	0,40...0,50		
Chrom-Molybdän mit Borzusatz	(23 CrMoB 33)	–	–	0,20...0,25	0,70...0,90	0,70...0,90	0,30...0,40		×
Nickel-Chrom-Molybdän	21 NiCrMo 2	20 NiCrMo 2	20 NiCrMo 2	0,17...0,23	0,65...0,95	0,40...0,70	0,15...0,25	0,40...0,70	
Chrom-Nickel	15 CrNi 6	14 CrNi 6	–	0,14...0,19	0,40...0,60	1,40...1,70		1,40...1,70	
Chrom-Nickel-Molybdän	17 CrNiMo 6	17 CrNiMo 7	18 CrNiMo 7	0,15...0,20	0,40...0,60	1,50...1,80	0,25...0,35	1,40...1,70	
Nickel-Chrom	(14 NiCr 14)	14 NiCrMo 13	–	0,10...0,17	0,40...0,70	0,55...0,95		3,25...3,75	

[a] Dazu ≦ 0,40 % Si, ≦ 0,035 % P und ≦ 0,035 % S; ein Schwefelgehalt von 0,020 bis 0,035 % kann jedoch für verschiedene Stahlsorten vereinbart werden, wozu als Beispiel der Stahl 22 CrMoS 3 5 angeführt ist.

Die Festigkeit eines Bauteils wird bei gegebener Abmessung und Wärmebehandlung in erster Linie durch die *Härtbarkeit* des Stahls und damit durch die *Höhe der Legierungsgehalte* bestimmt. Wärmebehandlung sowie Auswahl der Legierungselemente Mangan, Chrom, Molybdän, Nickel – einzeln oder in Kombination – sind maßgebend für die Duktilität von Grundwerkstoff (vgl. unter Berücksichtigung der Festigkeitsspannen die Bruchverformungskennwerte der Stahlsorten in DIN 17 210), Einsatzschicht und Gesamtbauteil. Die in DIN 17 210 enthaltenen Streubänder der Härtbarkeit zeigen, daß mit diesen Stählen Werkstoffe für unterschiedliche Anforderungen an die Härtbarkeit zur Verfügung stehen. Zusätzlich können zwischen Verbraucher und Stahlwerk auf zwei Drittel der ursprünglichen Spanne eingeengte Streubänder der Härtbarkeit vereinbart werden.

Für die unlegierten Stähle sind Streubänder nicht enthalten, da sich die Prüfung mit der üblichen Stirnabschreckprobe für diese Stähle geringer Härtbarkeit nicht eignet. Etwas höhere Härtbarkeit, die niedrigste der legierten Stähle, weist der Chromstahl 17 Cr 3 auf.

Die Stähle 16 MnCr 5 und 20 MoCr 4 haben etwa gleiche Härtbarkeit. Während sich die Einführung des heute gängigen 16 MnCr 5 aus dem Mangel an Molybdän und Nickel ergab, ist der chromärmere 20 MoCr 4 für die Direkthärtung entwickelt worden [140, 152]; seine besondere Eignung für dieses Härteverfahren ergibt sich aus Bild D 5.34. Der höhere Chromgehalt des ebenfalls rd. 0,5 % Mo enthaltenden 22 CrMoS 3 5 bedingt dessen höhere Härtbarkeit, die vergleichbar ist mit der des 15 CrNi 6. Der Nickel-Chrom Stahl 14 NiCr 14 ist unter der Bezeichnung ECN 35 bereits 1928 genormt worden [155, 156]; später wurde zur Einsparung von Nickel [157] der Stahl 15 CrNi 6 mit gleicher Härtbarkeit eingeführt. Bei den dreifach legierten Stählen entstand der 21 NiCrMo 2 aus der nach dem Zweiten Weltkrieg gegebenen Schrottverfügbarkeit. 17 CrNiMo 6 ist in DIN 17 210 der Stahl höchster Härtbarkeit, der anstelle des früher mehr verwendeten 18 CrNi 8 eingesetzt wird. Mit 23 CrMoB 33 wird schließlich noch ein Vertreter der borbehandelten Stähle erwähnt, der bei etwas geringerem Legierungsgehalt in seiner Härtbarkeit dem 22 CrMoS 3 5 entspricht.

D 6 Stähle mit Eignung für die Kalt-Massivumformung

Von Hellmut Gulden und Ingomar Wiesenecker-Krieg

D 6.1 Allgemeines

Grundsätzliche Aussagen über das Wesen der Kalt-Massivumformung finden sich in C 7. Wichtige Verfahren sind das Kaltfließpressen und das Kaltstauchen. Wesentliche Vorteile der Kalt-Massivumformung sind gute Werkstoffausnutzung, große Maßgenauigkeit der Teile, gute Oberflächenbeschaffenheit und günstiger Faserverlauf, erhöhte Festigkeit im kaltumgeformten Zustand und die Möglichkeit zur automatisierten Verarbeitung in Großserien. Ein weiterer Vorteil gegenüber der Warmumformung ist der Wegfall der Erwärmung auf höhere Umformtemperatur. Diese Eigenschaften haben dazu geführt, daß durch Kaltfließpressen viele Bauteile für den Fahrzeug- und Maschinenbau gefertigt werden. Typische Teile sind Getrieberäder, Wellen, Kolbenbolzen, Rohre und Zylinder. Schraubenmuttern und Bolzen werden durch Kaltstauchen hergestellt.

D 6.2 Anforderungen an die Gebrauchseigenschaften

Die wichtigste Gebrauchseigenschaft der Stähle für Kalt-Massivumformung ist die *Kaltumformbarkeit* (Einzelheiten s. C 7). Sie beinhaltet eine möglichst niedrige *Fließspannung* (Formänderungsfestigkeit) und ein gutes *Formänderungsvermögen*. Wie der Name andeutet und wie in C 7 näher ausgeführt ist, stellt die Fließspannung die bei einem bestimmten Umformgrad zum Fließen erforderliche Spannung dar. Sie kennzeichnet den werkstoffbedingten Widerstand gegen die Umformung und ist maßgebend für die Kräfte, die über die Umformwerkzeuge aufgebracht werden müssen. Gutes Formänderungsvermögen ist für eine ausreichende Formfüllung und die Vermeidung von Werkstofftrennungen erforderlich. Bild D 6.1 zeigt am Längsschnitt eines kaltfließgepreßten Teils solche Innenfehler (Chevrons), wie sie bei ungenügendem Formänderungsvermögen oder bei zu großem Umformgrad auftreten können.

Darüber hinaus werden alle die Eigenschaften gefordert, die durch die Verarbeitung und Verwendung der Stähle für bestimmte Bauteile gegeben sind, das sind Anforderungen an die *Festigkeit*, auch Warmfestigkeit und Dauerschwingfestigkeit, *Zähigkeit, Korrosionswiderstand, Verschleißwiderstand* und Wärmebehandelbarkeit, insbesondere *Härtbarkeit*. Für die Verarbeitung der Stähle, die aus abgelängtem Stabstahl oder Draht zu Bauteilen geformt werden, sind neben der schon genannten Kaltumformbarkeit gegebenenfalls gute Zerspanbarkeit und weitgehende Freiheit von inneren Fehlern sowie gute *Oberflächenbeschaffenheit*, geringe Entkohlungstiefe und möglichst geringe Maßabweichungen der Stahlerzeugnisse

---

Literatur zu D 6 siehe Seite 747, 748.

Bild D 6.1 Längsschnitt durch einen Stab mit Werkstofftrennungen (Chevrons) nach Kaltfließpressen (1:1).

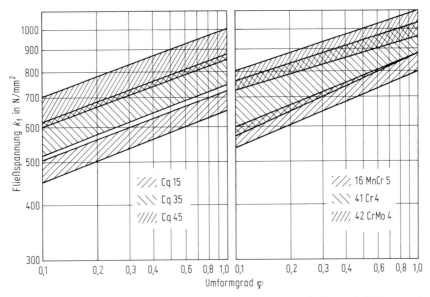

Bild D 6.2 Streubänder von Fließkurven unlegierter und niedriglegierter Stähle nach Glühung auf kugeligen Zementit (GKZ). Nach [5]. (Cq 15 und 16 MnCr 5: s. Tabelle D 6.2, Cq 35 und 41 Cr 4: s. Tabelle D 6.3, Cq 45: unlegierter Stahl mit rd. 0,45 % C, 42 CrMo 4: Stahl mit rd. 0,42 % C, 1 % Cr und 0,2 % Mo).

wesentlich. Für die Großserienfertigung muß eine möglichst hohe *Gleichmäßigkeit* des Werkstoffs gegeben sein.

Die oben genannten geforderten Eigenschaften sind teilweise gegenläufig. Für die Stahlauswahl entscheidend ist meist die Verwendung des Bauteils, weniger die Verarbeitung. In diesem Kapitel werden nur solche Eigenschaften behandelt, die bei Stählen für die Kalt-Massivumformung besonders gefordert werden.

D 6.3 Kennzeichnung der geforderten Eigenschaften

Die für die *Kalt-Massivumformbarkeit* maßgebende Kenngröße, die *Fließspannung* k_f für einen bestimmten Umformgrad, ist durch die Ausgangsfestigkeit und durch die verformungsbedingte Verfestigung gegeben. Sie wird meist im zylindrischen Stauchversuch gemessen [1-3] und in Abhängigkeit vom Umformgrad als *Fließkurve* dargestellt. Fließkurven für verschiedene Stähle sind in [3-7] enthalten. Bild D 6.2 zeigt Streubänder von Fließkurven für einige legierte und unlegierte Stähle [5] (s. auch C 1 und C 7). k_f kann für einen gegebenen Behandlungszustand mit ausreichender Genauigkeit auch aus der chemischen Zusammensetzung, ggf. zusätzlich aus der Zugfestigkeit, errechnet werden [3, 5, 8, 9] (s. auch Bild C 7.5).

Als Anhalt für die Eignung zur Kaltumformung wird in der Praxis meist nicht die Fließspannung sondern die einfacher zu bestimmende *Zugfestigkeit* des Werkstoffs benutzt. Sie wird im *Zugversuch* oder durch Härtemessung nach den bekannten Verfahren ermittelt.

Das *Formänderungsvermögen* wird durch die *Brucheinschnürung* im Zugversuch bewertet. Im Zusammenhang mit der Kaltumformbarkeit bedeuten Werte für die Brucheinschnürung von 60 bis 70% sehr gutes, von 50 bis 60% ein ausreichendes Formänderungsvermögen [10, 11]. Gelegentlich wird auch die Bruchdehnung zur Beurteilung herangezogen.

Fließspannung und Formänderungsvermögen eines Stahls werden durch das von der chemischen Zusammensetzung und der Wärmebehandlung abhängende *Gefüge* bestimmt, so daß entsprechende Kenngrößen ebenfalls zur Beurteilung herangezogen werden. Vom Gefüge sind die Anteile an Ferrit und Perlit und ihre Ausbildung entscheidend, wobei auch *Einformungsgrad* und Größe der Karbide bewertet werden. Dabei ist der Einformungsgrad der Anteil der (durch Glühung) kugelig eingeformten Karbide an der gesamten Karbidmenge. Die Beurteilung kann nach Stahl-Eisen-Prüfblatt 1520 [12, 13] erfolgen.

Die Kaltumformbarkeit von Draht und Stabstahl geringer Abmessung wird auch mit dem *Kaltstauchversuch* bewertet. Dabei wird eine zylindrische Probe auf $^1/_3$ oder $^1/_4$ ihrer Ausgangshöhe gestaucht. Einzelheiten finden sich z. B. in DIN 1654 Teil 1 [14]. Unter 45° zur Probenachse geneigte Scherrisse zeigen eine zu geringe Umformbarkeit des Werkstoffs an. Üblicherweise verwendet man aber diese Probe zur Ermittlung innerer und äußerer Fehler, die beim Kaltumformen zu Aufplatzungen führen (Bild D 6.3).

Schärfste Anforderungen werden an die *Oberflächenbeschaffenheit* der umzuformenden Stahlerzeugnisse gestellt. Zur Kennzeichnung dieser Eigenschaft werden die üblichen metallographischen und zerstörungsfreien Werkstoffprüfverfahren sowie der erwähnte Kaltstauchversuch herangezogen. Üblich ist bei Stabstahl die Festlegung von zulässigen Riß- oder Fehlertiefen nach Klassen (siehe z. B. die Klassen im Entwurf für die Stahl-Eisen-Lieferbedingungen 055 [16]) und die Vorgabe einer begrenzten Entkohlungstiefe (siehe z. B. DIN 1654 Teil 1 [14]). Bei spanend bearbeitetem Stabstahl kommen oft noch Vorgaben bezüglich der Oberflächenrauhheit und der Kaltverfestigung der Randschicht hinzu.

Viele Bauteile werden nach der Kaltumformung noch vergütet oder einsatzgehärtet. Die *Härtbarkeit* wird bei Vergütungs- und Einsatzstählen meist durch die

Bild D 6.3 Stauchproben mit Oberflächenfehlern. Nach [15]. **a** rißfrei; **b** Markierungen; **c** leichter Riß; **d** mittlerer Riß (aufgeplatzt); **e** starker Riß.

Härte im Stirnabschreckversuch [16a] oder durch die Festigkeit im blindgehärteten oder vergüteten Zustand gekennzeichnet. Darüber hinaus wird bei Stählen für die Kaltumformung die Härtbarkeit (als Durchhärtung) durch die Härte bewertet, die im Kern eines Rundstabes mit bestimmtem Durchmesser nach Ölhärtung vorliegt. (Je nach Stahl und Abmessung kommen Mindesthärten von 40 bis 48 HRC in Betracht; siehe auch die Mindestwerte für die Härte, die nach DIN 1654 Teil 4 [17] bei Vergütungsstählen in Abhängigkeit vom Durchmesser erreicht werden müssen).

D 6.4 Metallkundliche Maßnahmen zur Einstellung der geforderten Eigenschaften

D 6.4.1 Allgemeine Hinweise

Die einzustellenden Eigenschaften der Stähle für die Kalt-Massivumformung sind im wesentlichen durch die Verwendung der aus ihnen zu fertigenden Bauteile gegeben, z. B. durch die Forderung nach bestimmten Werten für die mechanischen Eigenschaften. Die entsprechenden Maßnahmen werden bei den in Betracht kommenden Stahlarten, z. B. den allgemeinen Baustählen oder den Vergütungsstählen, behandelt (s. D 2 und D 5). Die Kalt-Massivumformbarkeit, auf die es bei den Stählen dieses Kapitels besonders oder zusätzlich ankommt, wird, vereinfacht gesehen, so genommen, wie sie sich wegen des Vorrangs der Verwendungseigenschaften ergibt. Genauer gesehen, werden jedoch einige besondere Maßnahmen ergriffen, die sich unter Beachtung der Anforderungen an die anderen Eigenschaften günstig auf die Kalt-Massivumformbarkeit auswirken. Das gilt einerseits z. B. für die Einstellung bestimmter Gefüge und ihrer Ausbildung in den Stählen und von Feinheiten in der chemischen Zusammensetzung, z. B. im Hinblick auf die Festigkeit des Ferrits oder auf die Einformbarkeit der Karbide, so daß die *chemische Zusammensetzung* neben dem *Gefüge* als besondere Einflußgröße genannt wird. Das gilt andererseits aber auch für die Stahlerzeugnisse, z. B. für ihre Oberflächenbeschaffenheit. So entstehen letzten Endes doch besondere Stahlsorten (s. D 6.5).

Bei allen Maßnahmen zur Beeinflussung der Kalt-Massivumformbarkeit muß unterschieden werden, ob der Stahl nach der Umformung zum Bauteil im Endzustand vorliegt, dann muß er von vornherein, d.h. im Ausgangszustand, eine gewisse Kaltumformbarkeit haben, oder ob er nach der Umformung zum Bauteil zur Einstellung des Endzustandes wärmebehandelt wird, dann kann er vor der Umformung in einen dafür besonders günstigen, von den Endeigenschaften mehr oder weniger unabhängigen Zustand gebracht werden.

Es ist auch zwischen Stählen mit ferritischem Grundgefüge und Stählen mit austenitischem Grundgefüge zu unterscheiden.

Bei den ferritischen, unlegierten oder niedriglegierten Stählen ist wesentlich, daß sie ohne Rücksicht auf den durch die Anforderungen an die Verwendungseigenschaften gegebenen Endzustand (z. B. Zustand mit Vergütungsgefüge) meist in einem Zustand mit ferritisch-perlitischem (karbidischem) Gefüge kaltumgeformt werden. Auf diesen Zustand, der also ein Zwischenzustand sein kann, beziehen sich die folgenden Hinweise.

D 6.4.2 Chemische Zusammensetzung und Gefüge

Was die für die Gefügeausbildung und damit für die Gebrauchseigenschaften wichtige *chemische Zusammensetzung* der ferritischen Stähle angeht, so erhöhen alle Zusätze von Kohlenstoff und Legierungselementen die für die Kaltumformbarkeit maßgebende Fließspannung des Stahls (Bild D 6.2). Den Haupteinfluß übt der Kohlenstoff aus, der den für die Festigkeit und Brucheinschnürung maßgebenden Perlitanteil bestimmt (Bild D 6.4). Karbidbildende Elemente wie Chrom, Molybdän, Vanadin und Titan wirken in geringerem Maße über die Karbide ebenfalls in Richtung auf eine Erhöhung der Festigkeit und damit der Fließspannung. Andere Legierungselemente, wie Mangan, sind ebenfalls wirksam, und zwar durch Mischkristallverfestigung. Das ist allerdings nur bei Stählen mit niedrigerem Kohlenstoffgehalt und größeren Anteilen an Ferrit, z. B. bei Einsatzstählen, von Bedeutung [19-21]. Die Erhöhung der Streckgrenze des Ferrits durch die Legierungselemente ist in Bild C 1.37 dargestellt.

Der Einfluß der chemischen Zusammensetzung auf die Fließspannung von Stählen mit bis zu 0,6% C im weichgeglühten Zustand ist in Bild D 6.5 quantitativ angegeben. Die festigkeitssteigernde Wirkung des Kohlenstoffs ist überragend, der Beitrag der übrigen untersuchten Elemente Molybdän, Silizium, Nickel, Mangan und Chrom zur Fließspannung ist wesentlich geringer, er nimmt in dieser Reihenfolge ab. Die karbidbildenden Elemente Molybdän und Chrom tragen mit größerem Umformgrad weniger zur Fließspannung bei.

Aus diesen Zusammenhängen und Versuchsergebnissen haben sich folgende *Maßnahmen zur Verbesserung der Kaltumformbarkeit* ergeben: Bei Einsatz- und Vergütungsstählen wird in besonderen Fällen der Höchstgehalt an Silizium von normalerweise 0,40% auf höchstens 0,15% eingeschränkt. Die dadurch verringerte Ferritfestigkeit [20, 21] ergibt eine niedrigere Fließspannung und längere Werkzeugstandzeiten bei der Kaltumformung. Außerdem werden bei unlegierten Stählen gelegentlich Höchstgehalte für Begleitelemente, wie Kupfer, Nickel und Molybdän, festgelegt. Bei den heute üblichen niedrigen Gehalten dieser Elemente im Stahl ist

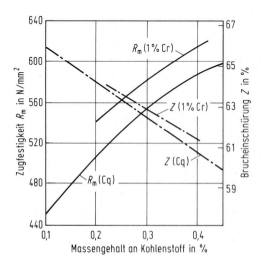

Bild D 6.4 Zugfestigkeit und Brucheinschnürung von unlegierten Cq-Stählen (Cq) und von mit 1% Cr legierten Vergütungsstählen (1% Cr), gewalzt und auf kugeligen Zementit geglüht (GKZ), in Abhängigkeit vom Kohlenstoffgehalt. Nach [18].

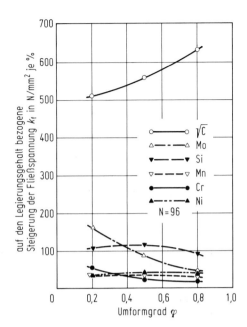

Bild D 6.5 Wirkung von Legierungselementen auf die Fließspannung von Stählen im weichgeglühten Zustand. Nach [8].

aber die Auswirkung auf die Kaltumformbarkeit gering [19]. Das Element Chrom wird sehr häufig in Stählen zulegiert, die nach der Kaltumformung noch wärmebehandelt werden. Chrom bietet den Vorteil, daß es bei Stählen im geglühten Zustand die Fließspannung nur wenig erhöht, während es die Härtbarkeit wesentlich verbessert [8, 18]. Hinzu kommt, daß chromhaltige Stähle leichter einformend geglüht werden können, so daß höhere Brucheinschnürungswerte erreicht werden (Bild D 6.4).

Auch Bor hat sich für Stähle zur Kalt-Massivumformung als günstig erwiesen. Dieses Element wird bei einigen Stählen zur Härtbarkeitssteigerung zugesetzt. Gelöstes Bor verzögert die Bildung von Ferrit und steigert dadurch die Härtbarkeit, es wirkt sich aber nicht auf die Festigkeit im geglühten Zustand aus [22, 23]. Trotz höherer Härtbarkeit ist also die Fließspannung des borhaltigen Stahls gleich oder sogar niedriger als bei borfreiem Stahl (Bild D 6.6). Bei der Verwendung von Bor können somit die Gehalte anderer härtbarkeitssteigernder Elemente verringert, die Kaltumformbarkeit kann also verbessert werden oder es können durch höhere Härtbarkeit größere Abmessungen vergütet werden [15, 24–26]. Mit steigendem Kohlenstoffgehalt nimmt die härtbarkeitssteigernde Wirkung des Bors ab, so daß borhaltige Stähle mit Kohlenstoffgehalten über 0,50 % C selten verwendet werden.

In Ergänzung zur chemischen Zusammensetzung ist die *Gefügeausbildung* die wichtigste Einflußgröße für die Kalt-Massivumformbarkeit. Stähle mit niedrigem Gehalt an Kohlenstoff und Legierungselementen werden häufig im *ferritisch-perlitischen Zustand*, wie er nach dem Warmwalzen oder Normalglühen vorliegt, umgeformt. Dieser Zustand mit lamellarem Perlit ist günstig, wenn nach der Kaltumformung noch umfangreich spanend bearbeitet wird. Sollen auch höherlegierte Stähle in diesem Gefügezustand kaltumgeformt werden, so wird ein besonders aus-

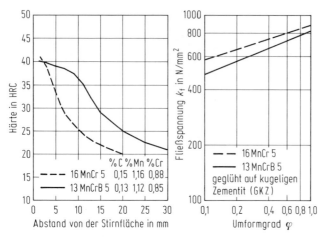

Bild D 6.6 Einfluß von Bor auf die Härtbarkeit (gekennzeichnet durch die Stirnabschreckhärtekurve) und auf die Fließkurve von Einsatzstahl mit rd. 1,3 % Mn und 0,9 % Cr (16 MnCr 5 und 13 MnCrB 5).

geprägtes Ferrit-Perlit-Gefüge, in dem die Perlitinseln gleichmäßig verteilt sind, durch Glühung bei etwa 900 bis 1000 °C mit geregelter Abkühlung und Umwandlung in der Perlitstufe eingestellt (BG-Glühung). Eine Fließkurve für diesen Zustand enthält Bild D 6.7, und zwar für einen Stahl mit rd. 0,16 % C, 1,2 % Mn und 1 % Cr (16 MnCr 5).

Eine wesentliche Verbesserung der Kalt-Massivumformbarkeit kann dadurch erreicht werden, daß durch Glühung die Karbide des Perlits *kugelig eingeformt* werden. Dadurch werden Zugfestigkeit R_m und Fließspannung k_f erniedrigt, die Brucheinschnürung Z erhöht (Bild D 6.7). Die meisten Stähle werden deshalb in diesem Zustand, d. h. geglüht auf kugeligen Zementit (GKZ), umgeformt.

Mit steigendem Kohlenstoffgehalt nimmt die Bedeutung der Karbidform für die Kaltumformbarkeit zu. Bei Stählen mit einem Kohlenstoffgehalt über etwa 0,35 % C ist sie die wichtigste Größe [27]. Vergütungsstähle werden deshalb fast ausschließlich im Zustand GKZ kaltumgeformt. Das GKZ-Glühen besteht aus längerem Halten auf Temperaturen unterhalb der A_1-Temperatur mit anschließendem langsamen Abkühlen. Zur schnelleren Einformung wird die Glühung gelegentlich auch anfangs im Zweiphasengebiet zwischen A_1- und A_3-Temperatur geführt oder es wird pendelnd um A_1 geglüht. Die Karbideinformung wird von der chemischen Zusammensetzung, der Glühtemperatur, der Glühdauer, der Dicke der Karbidlamellen und der Anzahl der Korngrenzen und Fehlstellen bestimmt [28–30].

Stähle mit höheren Legierungsgehalten sind leichter einformend zu glühen, da sie einen feinstreifigeren Perlit oder ggf. sogar martensitisch-bainitisches Ausgangsgefüge aufweisen. Bei unlegierten Stählen wird mit steigendem Kohlenstoffgehalt die Einformung begünstigt, wenn vorher kaltumgeformt wurde [30]. Allgemein wird durch vorheriges Kaltumformen die Einformung in Abhängigkeit vom Umformgrad wesentlich beschleunigt. Draht und Stabstahl werden deshalb häufig im vorgezogenen Zustand geglüht.

Bei gegebenem Werkstoff sind die Glühdauer und die Glühtemperatur maßgeblich für den Einformungsgrad, wie Bild D 6.8 für einen unlegierten Stahl mit

Wärmebehandlung und Gefüge

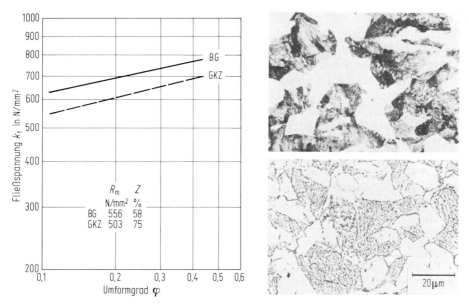

Bild D 6.7 Einfluß der Wärmebehandlung und des daraus folgenden Gefüges auf die Fließkurve eines Stahls mit rd. 0,16 % C, 1,2 % Mn und 0,9 % Cr (16 MnCr 5). BG = behandelt auf ein Gefüge mit gleichmäßiger Verteilung der Inseln lamellaren Perlits in der ferritischen Grundmasse („Schwarz-Weiß-Gefüge"), rechts oben; GKZ = geglüht auf kugeligen Zementit, rechts unten. R_m = Zugfestigkeit; Z = Brucheinschnürung.

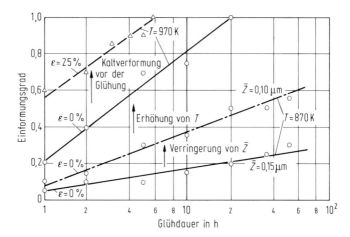

Bild D 6.8 Einflußgrößen für den Zusammenhang zwischen Glühdauer und Einformungsgrad bei der GKZ-Glühung (Glühung auf kugeligen Zementit) unterhalb A_1 von einem unlegierten Stahl mit rd. 0,45 % C (Ck 45). Nach [28]. T = Glühtemperatur, $\bar{Z}$ = Dicke der Zementitlamellen, ε = Grad der Kaltumformung vor der Glühung.

rd. 0,45% C (Ck 45) zeigt. Eine vollständige Einformung ist für die Kaltumformung oft nicht erforderlich; meist sind Einformungsgrade von 70% ausreichend. Dies sollte zugunsten einer wirtschaftlichen Glühweise beachtet werden.

Aus martensitisch-bainitischem Ausgangsgefüge wird aufgrund der gleichmäßigen Verteilung des Kohlenstoffs und damit kurzen Diffusionswegen durch GKZ-Glühen sehr schnell ein gut eingeformtes Gefüge mit gleichmäßig verteilten Karbiden erzielt. Wenn ein hoher Einformungsgrad von Bedeutung ist, wird deshalb gelegentlich vor der GKZ-Glühung gehärtet.

Das Ausgangsgefüge vor der GKZ-Glühung beeinflußt nicht nur die erforderliche Glühdauer sondern auch die Eigenschaften im geglühten Zustand [29]. Ferritisch-perlitische Gefüge mit freiem Ferrit ergeben niedrigste Fließspannungen. Aus martensitischem Gefüge entsteht Ferrit mit gleichmäßig verteilten Karbiden. Trotz höherer Festigkeit ergibt sich dabei ein verbessertes Formänderungsvermögen, wie die mit diesem Gefüge verbundenen höheren Brucheinschnürungswerte andeuten (Bild D 6.9).

Vergütungsstähle werden heute auch im Drahtring vergütet und in diesem Zustand kaltumgeformt [31, 32]. Dabei nutzt man die Kaltverfestigung zur Einstellung der erforderlichen Bauteilfestigkeit.

Bei den Stählen mit *austenitischem Grundgefüge* für die Kaltumformung handelt es sich hauptsächlich um Chrom-Nickel- und Chrom-Nickel-Molybdän-Stähle. Der Austenit mit kubisch flächenzentriertem Gitter weist bei geringen Umformgraden eine sehr niedrige Fließspannung auf, die aber mit dem Umformgrad durch Verfestigung stark zunimmt. Der Austenit wandelt während der Umformung teilweise in Martensit um und steigert dadurch zusätzlich die Festigkeit [18, 33, 34]. Dies führt zu Fließkurven mit gekrümmten Verlauf. Höhere Nickelgehalte stabilisieren den Austenit und verringern die Kaltverfestigung (Bild D 6.10). Deshalb werden für die Kaltumformung vorzugsweise Stähle mit stabil austenitischem Gefüge (z. B. Stähle mit Nickelgehalten über 10%) eingesetzt (s. dazu auch C 7.3.2 und C 8.3.2).

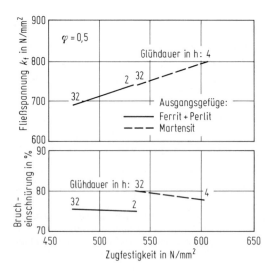

Bild D 6.9 Fließspannung k_f (für einen Umformgrad $\varphi = 0{,}5$) und Brucheinschnürung in Abhängigkeit von der Zugfestigkeit für unterschiedliche Dauer der Glühung auf kugeligen Zementit bei unterschiedlichem Ausgangsgefüge (Ferrit + Perlit oder Martensit). Nach [29].

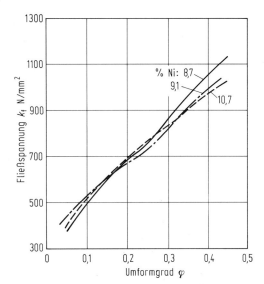

Bild D 6.10 Fließkurven austenitischer Stähle mit rd. 0,05 % C, 18 % Cr und unterschiedlichem Nickelgehalt von 8,7 bis 10,7 %. Nach [34].

D 6.4.3 Reinheitsgrad

Bei Stählen für schwierige Kaltumformungen sind die *nichtmetallischen Einschlüsse* zu beachten, da sie durch ihre Kerbwirkung zu Spannungsspitzen und Rißbildung führen können. Bei den üblichen Umformbedingungen sind die für die in Betracht kommenden Stähle festgelegten üblichen Höchstwerte für den Schwefelgehalt (z. B. $\leq 0{,}035\,\%$) meist nicht störend. Wird nach der Umformung noch zerspant, dann werden bei solchen Stählen häufig sogar Schwefelgehalte von 0,020 bis 0,035 % vorgeschrieben. In Sonderfällen werden aber auch Anzahl und Größe der sulfidischen Einschlüsse über den Schwefelgehalt begrenzt; Höchstgehalte von 0,010 % S sind einhaltbar. Eingeformte rundliche Sulfide können für die Kaltumformbarkeit günstiger sein als langgestreckte Mangansulfide [21], sie werden durch Zusätze von Kalzium, Selen oder Tellur erzeugt.

Für oxidische Einschlüsse gilt grundsätzlich ebenfalls, daß globulare Oxide die Umformung weniger behindern als zeilenförmige Oxide [21, 35]. Durch die heute üblichen metallurgischen Verfahren wird aber ein so guter oxidischer Reinheitsgrad erzielt, daß das Kaltumformvermögen in keiner Weise beeinträchtigt wird.

D 6.4.4 Oberflächenbeschaffenheit und Maßhaltigkeit der Stahlerzeugnisse

Für das wirtschaftliche Ergebnis und die Ausfallrate beim Kaltfließpressen ist die *Oberflächengüte* des eingesetzten Stabstahls von überragender Bedeutung. Am gewalzten Stabstahl sind fertigungsbedingte Oberflächenfehler nicht vollständig zu vermeiden. Üblich ist deshalb die Festlegung von zulässigen Riß- oder Fehlertiefen nach Klassen sowie die Vorgabe einer begrenzten Entkohlungstiefe (s. D 6.3). Bei besonders hohen Anforderungen wird spanend bearbeiteter Stabstahl eingesetzt. Dann kommen meist noch Vorgaben bezüglich der Oberflächenrauhheit und der Kaltverfestigung der Randschicht hinzu. Eine rauhere Oberfläche ist für die gute

Haftung einer Bonderschicht günstig. Die Rauhigkeit von blankem Stabstahl wird deshalb in manchen Fällen durch Strahlen erhöht.

Fast immer müssen am Stabstahl engste *Maßtoleranzen* eingehalten werden. Die zulässigen Maßabweichungen von schwarzgewalztem Stabstahl genügen deshalb häufig nicht, sie müssen eingeschränkt werden. Engere Maßtoleranzen werden durch neuartige Walzverfahren wie das Dreischeibenwalzen [36] erzielt. Durch Kaltziehen (Blankstahl) können die Toleranzen noch weiter eingeengt werden.

D 6.5 Kennzeichnende Stahlsorten mit betrieblicher Bewährung

Wie in D 6.4.1 dargelegt, werden die Stähle für die Kalt-Massivumformung im wesentlichen durch ihre Verwendungseigenschaften gekennzeichnet. Die Grundlage sind also Stähle, die sich auf anderen Verwendungsgebieten bewährt haben, an die aber im Hinblick auf die Kaltumformbarkeit zusätzliche Anforderungen gestellt werden; diese betreffen allerdings nicht nur den Werkstoff Stahl sondern auch die Stahlerzeugnisse. In D 6.2 und D 6.4 sind entsprechende Hinweise gegeben. Stähle, die die Gesamtheit der Anforderungen erfüllen, also für eine Kaltumformung besonders geeignet sind, werden in DIN 17111 [37], DIN 1654 [14, 17, 38–40] und EURONORM 119 [41] sowie in der ISO-Norm 4954 [42] behandelt.

Nach den unterschiedlichen Anforderungen an die Bauteile, d. h. an die Verwendungseigenschaften der Stähle, können diese in drei Gruppen eingeteilt werden:
1. Unlegierte Stähle mit ferritisch-perlitischem Gefüge, die durch Kaltumformung gleichzeitig die erforderlichen Bauteileigenschaften ohne Wärmebehandlung erhalten.
2. Unlegierte und niedriglegierte Stähle, die im allgemeinen zunächst in einen Gefügezustand guter Kaltumformbarkeit gebracht, dann kaltumgeformt und anschließend zur Einstellung der Verwendungseigenschaften wärmebehandelt werden. Hierunter fallen Einsatzstähle, Vergütungsstähle, aber auch Nitrierstähle und Wälzlagerstähle.
3. Hochlegierte Stähle mit ferritischem oder austenitischem Gefüge, die – dem jeweiligen Beanspruchungsfall angepaßt – Eigenschaften wie Warmfestigkeit, Hitzebeständigkeit und Korrosionsbeständigkeit aufweisen. Die ferritischen Stähle werden wie die Stähle unter 2. in einem Zwischenzustand, die austenitischen Stähle in diesem (angelieferten) Gefügezustand kaltumgeformt.

Nicht für eine Wärmebehandlung bestimmte Stähle für Kalt-Massivumformung sind *unlegiert* und werden für die Massenfertigung von Kaltformteilen, bevorzugt für Schrauben, Muttern und Nieten verwendet (s. DIN 17111 [37]). Eine Übersicht zeigt Tabelle D 6.1. Aufgrund des niedrigen Kohlenstoffgehalts haben diese Stähle nur einen geringen Perlitanteil in der ferritischen Grundmasse und deswegen bereits im unbehandelten Zustand eine geringe Ausgangsfestigkeit und ein hohes Formänderungsvermögen. Die Auswahl der entsprechenden Stahlsorte muß nach der Höhe des Kohlenstoff- und Mangangehalts erfolgen, da Ausgangsfestigkeit und örtlicher Umformgrad (Verfestigung) für die Endfestigkeit an definierten Stellen des Fertigteils maßgebend sind. Die Stähle werden unberuhigt oder beruhigt hergestellt. Das Gefüge der unberuhigten Stähle (z. B. UQSt 36 und UQSt 38 in

Tabelle D 6.1 Chemische Zusammensetzung und mechanische Eigenschaften von unlegierten, nicht für eine Wärmebehandlung vorgesehenen Stählen für Kalt-Massivumformung [37, 38]

Stahlsorte (Kurzname)	Chemische Zusammensetzung[a]			Mechanische Eigenschaften				
				im unbehandelten Zustand		im normalgeglühten Zustand		
	% C	% Si	% Mn	Zugfestigkeit N/mm^2 max.	Brucheinschnürung % min.	Streckgrenze N/mm^2 min.	Zugfestigkeit N/mm^2	Bruchdehnung A % min.	Kerbschlagarbeit[b] J min.
QSt 32-3[c]	≦ 0,06	≦ 0,10	0,20…0,40	400	60	170	290…400	30	27
QSt 34-3[c]	0,05…0,10	≦ 0,10	0,20…0,40	400	60	180	310…420	30	27
UQSt 36	≦ 0,14	Spuren	0,25…0,50	430	60	180	320…430[d]	30	27
QSt 36-3[c]	0,06…0,13	≦ 0,10	0,25…0,45	430	60	200	320…430	30	27
UQSt 38	≦ 0,19	Spuren	0,25…0,50	460	55	220	360…460[d]	25	27
QSt 38-3[c]	0,10…0,18	≦ 0,10	0,25…0,45	460	55	220	360…460	25	27

[a] Der Phosphor- und Schwefelgehalt beträgt je max. 0,40 %
[b] ISO-Spitzkerb-Längsproben bei 20 °C
[c] Statt mit Aluminium (≧ 0,02 % Al_{gesamt}) kann auch mit ähnlich wirkenden Elementen desoxidiert und Stickstoff abgebunden werden
[d] Der normalgeglühte Zustand ist nicht üblich.

Tabelle D 6.1) ist infolge der naturbedingten Seigerung über den Querschnitt nicht einheitlich, die Bauteile können deshalb größere Festigkeitsstreuungen aufweisen. Größere Gleichmäßigkeit der durch Kaltumformung erzielten Bauteileigenschaften kann durch den Einsatz besonders beruhigter Stähle (z. B. QSt 32-3 bis QSt 38-3 in Tabelle D 6.1) erreicht werden. Stähle dieser Art werden in großem Umfang zum Kaltfließpressen von niedrig beanspruchten Bauteilen im Maschinenbau und in der Autoindustrie, z. B. für Zündkerzensockel und Stoßdämpfer-Hülsen, verwendet.

Die *für eine Wärmebehandlung vorgesehenen Stähle* zur Kalt-Massivumformung umfassen ausgewählte *unlegierte* und *niedriglegierte* Stähle, die je nach Verwendung für eine Einsatzhärtung, Vergütung, zum Induktionshärten oder zum Nitrieren geeignet sind.

Eine Auswahl der gebräuchlichen *Einsatzstähle* enthält Tabelle D 6.2, die sich an DIN 1654 Teil 3 [39] anlehnt. Die Einsatzstähle sind für eine Kaltumformung besonders gut geeignet. Der niedrige Kohlenstoffgehalt dieser Stahlsorten und der dadurch gegebene geringe Perlitanteil in der ferritischen Grundmasse und damit die niedrige Ausgangsfestigkeit im unbehandelten Zustand aber auch nach Glühung auf kugeligen Zementit erlauben die Herstellung von kaltgeformten Bauteilen mit hohen Umformgraden. Für schwierig geformte Bauteile kann eine Optimierung der chemischen Zusammensetzung, z. B. Einstellung niedrigerer Gehalte an Silizium und Schwefel (s. D 6.4), zweckmäßig sein. Die Erleichterung der Umformbarkeit durch entsprechende Anpassung der chemischen Zusammensetzung kann allerdings nur soweit genutzt werden, als dies die Anforderungen an die Kernhärtbarkeit und Zerspanbarkeit erlauben. In der Regel erfolgt die Kaltumformung der unlegierten Einsatzstähle im unbehandelten Zustand, d. h. mit einem normalen ferritisch-perlitischen Gefüge. Die legierten Einsatzstähle werden bevorzugt im Zustand nach Glühung auf kugeligen Zementit (GKZ) umgeformt. Im Einzelfall kann je nach Bauteilform und Fertigungsablauf die Kaltumformung auch in einem Gefügezustand mit besserer Zerspanbarkeit erfolgen, der – wie in D 6.4.2 schon vermerkt – dadurch erreicht wird, daß der Stahl von einer Glühtemperatur zwischen 900 und 1000 °C geregelt abgekühlt wird, wodurch eine gleichmäßige Verteilung der Perlitinseln in der ferritischen Grundmasse erreicht wird (BG-Glühung). Das so erzeugte Gefüge wird auch Schwarz-Weiß-Gefüge genannt. Diese Möglichkeit wird bei den Stählen 16 MnCr 5, 13 MnCrB 4 und 20 MoCr 4 nach Tabelle D 6.2 genützt, wobei der Höchstwert für die Festigkeit dieses Gefügezustandes bei etwa 600N/mm^2 liegt. Die Anwendung der borlegierten Einsatzstähle (z. B. 13 MnCrB 4) für die Kaltumformung hat – wie in D 6.4.2 dargelegt – den besonderen Vorteil, daß Bor die Härtbarkeit erhöht, ohne die Kaltumformbarkeit wie bei konventionellen Legierungszusätzen zu beeinträchtigen.

Die Stähle Cq 15 und 17 Cr 3 werden bevorzugt zur Herstellung kaltfließgepreßter Kolbenbolzen, Ventilfederteller, Lagerhülsen und selbstschneidender Schrauben verwendet. Die legierten Einsatzstähle 13 MnCrB 4, 16 MnCr 5 (auch mit Borzusatz) und 20 MoCr 4 werden im Automobil- und Getriebebau für verzahnte Getriebe-, Schalt- und Kegelräder mittlerer Beanspruchung, der Stahl 21 NiCrMo 2 wird (neben anderen, s. DIN 1654 Teil 3 [39]) für höher beanspruchte Teile gleicher Art eingesetzt.

Gebräuchliche *Vergütungsstähle* für die Kalt-Massivumformung zeigt in Anlehnung an DIN 1654 Teil 4 [17] Tabelle D 6.3. Die Wahl des geeigneten Werkstoffs

Einsatzstähle

Tabelle D 6.2 Chemische Zusammensetzung und mechanische Eigenschaften von Einsatzstählen für Kalt-Massivumformung [39]

Stahlsorte (Kurzname)	Chemische Zusammensetzung[a]					im Zustand GKZ[b]		Mechanische Eigenschaften im blindgehärteten Zustand (Probendurchmesser 30 mm)			
	% C	% Si	% Mn	% Cr	% Mo	Zugfestigkeit N/mm² max.	Brucheinschnürung % min.	Streckgrenze N/mm² min.	Zugfestigkeit N/mm²	Bruchdehnung A % min.	Bruchschnürung % min.
Cq 15	0,12…0,18	0,15…0,35	0,25…0,50	–	–	470	65	355	590…790	14	45
17 Cr 3	0,14…0,20	0,15…0,40	0,40…0,70	0,60…0,90	–	530	60	450	700…900	11	40
16 MnCr 5	0,14…0,19	0,15…0,40	1,00…1,30	0,80…1,10	–	550	60	590	780…1080	10	40
20 MoCr 4	0,17…0,22	0,15…0,40	0,60…0,90	0,30…0,50	0,40…0,50	550	60	590	780…1080	10	40
21 NiCrMo 2[c]	0,17…0,23	0,15…0,40	0,60…0,90	0,35…0,65	0,15…0,25	590	59	590	830…1130	9	40
13 MnCrB 4[d]	0,12…0,16	$\leq$ 0,20	1,00…1,20	0,80…1,10	–	540	60	600	800…1100	10	40

[a] Der Phosphor- und Schwefelgehalt beträgt je max. 0,035 %, mit Ausnahme des Schwefelgehaltes beim Stahl 13 MnCrB 4, er beträgt 0,020 bis 0,035 % S
[b] GKZ = geglüht auf kugeligen Zementit (Karbid)
[c] Außerdem 0,40 bis 0,70 % Ni
[d] Außerdem 0,0010 bis 0,0030 % B

Tabelle D 6.3 Chemische Zusammensetzung, mechanische Eigenschaften und Härtbarkeit von Vergütungsstählen für Kalt-Massivumformung [17]

Stahlsorte (Kurzname)	Chemische Zusammensetzung[a]						im Zustand GKZ[c]		Mechanische Eigenschaften[b] im vergüteten Zustand ($> 16 \leqq 40$ mm Dmr.)					Härtbarkeit	
	% C	% Si	% Mn	% Cr		% B	Zugfestigkeit N/mm² max.	Brucheinschnürung % min.	Streckgrenze N/mm² min.	Zugfestigkeit N/mm²	Bruchdehnung A % min.	Brucheinschnürung % min.	Kerbschlagarbeit[e] J min.	Härte im Kern HRC min.	Dmr.[d] mm max.
Cq 22	0,18...0,24	0,15...0,35	0,30...0,60	–		–	500	60	295	490...640	22	50	39		
Cq 35	0,32...0,39	0,15...0,35	0,50...0,80	–		–	570	60	365	580...730	19	45	29	40	8
38 Cr 2	0,34...0,41	0,15...0,40	0,50...0,80	0,40...0,60		–	600	58	440	690...840	15	45	29	40	16
41 Cr 4	0,38...0,45	0,15...0,40	0,50...0,80	0,90...1,20		–	620	57	665	880...1080	12	45	29	40	26
34 CrMo 4[f]	0,30...0,37	0,15...0,40	0,50...0,80	0,90...1,20		–	610	58	665	880...1080	12	50	34	45	20
22 B 2	0,19...0,25	0,15...0,40	0,50...0,80	–		0,0008...0,0050	500	60	370	590...740	18	50	60	40	9
35 B 2	0,32...0,40	0,15...0,40	0,50...0,80	–			570	60	510	690...830	16	45	40	40	18
25 MnB 4	0,21...0,28	0,15...0,40	0,90...1,20	–		min. 0,0008	520	60	(580)	(750...900)	(14)	(55)	(40)	40	14
37 CrB 1	0,35...0,40	0,15...0,35	0,50...0,80	0,25...0,40			580	59	590	740...880	15	45	35	40	24

[a] Der Phosphor- und Schwefelgehalt beträgt je max. 0,035 %
[b] Eingeklammerte Zahlen sind Anhaltswerte
[c] GKZ = geglüht auf kugeligen Zementit (Karbid)
[d] Durchmesser, bis zu dem nach Härtung in Öl eine Härte im Kern von min. 40 oder 45 HRC (s. nebenstehende Spalte) erreicht wird
[e] ISO-Rundkerb-Längsproben bei 20 °C
[f] Außerdem 0,15 bis 0,30 % Mo

richtet sich nach der erforderlichen Zugfestigkeit im Verwendungszustand, wobei als Beurteilungskriterium die Härte im Stirnabschreckversuch bzw. bei unlegierten und niedriglegierten Stählen geringer Härtbarkeit die Kernhärte einer Rundprobe mit einem der Verwendung entsprechenden Durchmesser dient. Da der überwiegende Teil der Vergütungsstähle zur Herstellung kaltgeformter Schrauben und ähnlich geformter Bauteile, also als runder Stabstahl, verwendet wird, entspricht diese Härteprobe auch den praktischen Anforderungen.

Über das Gefüge der Stähle im vergüteten Zustand brauchen hier keine Einzelheiten genannt zu werden, sie finden sich in D 5. Hier soll nur etwas näher auf die Verwendung der Stähle für Schrauben, der wichtigsten Art von Bauteilen, für die diese Stähle in Betracht kommen, eingegangen werden. Die Hinweise sind als Ergänzung der Ausführungen in D 29 anzusehen.

Die Eigenschaften von Schrauben aus den hier in Rede stehenden Stählen sind in DIN 267 Teil 3 [43] und in DIN ISO 898 Teil 1 [44] nach Festigkeitsklassen festgelegt (s. auch D 29). Bis zur Festigkeitsklasse 6.8 (Zugfestigkeit mind. 600 N/mm^2) können die vorgeschriebenen mechanischen Eigenschaften über die Kaltverfestigung allein erreicht werden (siehe Stähle der Tabelle D 6.1). Zur Einstellung der Eigenschaftswerte für die Festigkeitsklassen 8.8 bis 14.9 (Zugfestigkeit von mind. 800 bis mind. 1400 N/mm^2) ist ein Vergüten erforderlich. Um dabei nach der Kaltumformung die mechanischen Eigenschaften auch bei unterschiedlichen Abmessungen einstellen zu können, sind Stähle ausreichender Härtbarkeit notwendig. Da mit steigenden Kohlenstoff- und Legierungsgehalten die Zugfestigkeit im unbehandelten und im geglühten Zustand zunimmt, die Kaltumformbarkeit jedoch verschlechtert wird, ist eine rationelle Anwendung der härtbarkeitssteigernden Zusätze in Abhängigkeit von der Bauteilabmessung zweckmäßig. Für Kaltstauchzwecke in der Schraubenindustrie werden deshalb unlegierte Stähle und legierte Bor-, Chrom- und Chrom-Molybdän-Stähle verwendet, die – nach Legierungsreihen aufgebaut – unterschiedliche Kohlenstoffgehalte aufweisen und so in ihrer Härtbarkeit den Anforderungen der verschiedenen Festigkeitsklassen und Verwendungsquerschnitten angepaßt sind. Die unlegierten Stähle (z. B. Cq 35 in Tabelle D 6.3) können in Bauteilen nach Festigkeitsklasse 8.8 (Zugfestigkeit mind. 800 N/mm^2) nur im dünnen Abmessungsbereich (Dmr. $\leq$ 12 mm) eingesetzt werden. Durch Chromzusatz von 0,5 % (z. B. Stahl 38 Cr 2 in Tabelle D 6.3) kann der Abmessungsbereich zu mittleren Querschnitten (Dmr. $\leq$ 18 mm) erweitert werden, wobei jedoch die Kaltumformbarkeit infolge des Legierungsanteils etwas verschlechtert wird. Durch Mikrozusätze von Bor (z. B. in den Stählen 35 B 2 und 37 CrB 1 in Tabelle D 6.3) wird die Härtbarkeit wesentlich erhöht, jedoch ohne Beeinträchtigung der Kaltumformbarkeit, so daß diese borhaltigen Stähle für Schrauben der Festigkeitsklasse 8.8 im mittleren Abmessungsbereich (Dmr. $\leq$ 18 mm) und der Festigkeitsklasse 10.9 (Zugfestigkeit mind. 1000 N/mm^2) im dünneren Querschnittsbereich (Dmr. $\leq$ 8 mm) anstelle der unlegierten Stähle und der niedrig mit Chrom legierten Stähle (mit rd. 0,35 oder 0,50 % Cr) verwendet werden. Mit unlegierten und borlegierten Stählen sowie mit dem Mangan-Bor-Stahl 25 MnB 4 (s. Tabelle D 6.3) kann die Kaltumformung gegebenenfalls auch im unbehandelten Zustand erfolgen, sofern der Umformgrad in bezug auf die Zähigkeitseigenschaften nicht zu hoch gewählt wird. Legierte Vergütungsstähle werden in der Regel geglüht auf kugeligen Zementit mit einem Einformungsgrad von mind. 70 % kaltgeformt.

Tabelle D 6.4 Chemische Zusammensetzung und mechanische Eigenschaften von nichtrostenden austenitischen Stählen für Kalt-Massivumformung [40]

Stahlsorte (Kurzname)	Chemische Zusammensetzung[a]					Mechanische Eigenschaften im abgeschreckten Zustand			
	% C max.	% Cr	% Mo	% Ni	% Sonstiges	Streck- grenze N/mm^2 min.	Zugfestigkeit N/mm^2	Bruchdeh- nung A % min.	Kerbschlag- arbeit[b] J min.
X 5 CrNi 19 11	0,07	17,0...20,0	–	10,5...12,0		185	500...700	50	60
X 5 CrNiMo 1810	0,07	16,5...18,5	2,00...2,50	10,5...13,5		205	500...700	45	60
X 2 CrNiMoN 1813	0,03	16,5...18,5	2,50...3,00	12,0...14,5	N: 0,14...0,22	300	600...800	40	60
X 10 CrNiMoTi 1810	0,10	16,5...18,5	2,00...2,50	10,5...13,5	Ti: $\geq 5 \times \%$ C	225	500...750	40	60

[a] Außerdem bei allen Stählen max. 1,0 % Si, max. 2 % Mn, max. 0,045 % P und max. 0,030 % S
[b] ISO-Rundkerb-Längsproben bei 20 °C

Die bisher genannten Vergütungsstähle werden für kaltgeformte Bauteile verwendet, die in der Regel bei Temperaturen unter 300° eingesetzt werden. Für höhere Temperaturen bis rd. 540 °C werden legierte *warmfeste Stähle*, z. B. mit rd. 0,24% C, 1,1% Cr und 0,3% Mo oder mit rd. 0,21% C, 1,3% Cr, 0,7% Mo und 0,3% V (Stähle 24 CrMo 5 und 21 CrMoV 5 7 nach DIN 17 240 [45], s. auch D 9), zur Herstellung kaltgeformter Schrauben und Muttern eingesetzt. Kaltumgeformt werden auch *Nitrierstähle* und *Wälzlagerstähle*. Der Nitrierstahl mit rd. 0,3% C, 2,5% Cr, 0,2% Mo und 0,15% Mo (31 CrMoV 9, s. Neuausgabe von DIN 17 211 [46], s. D 5) wird für kaltgeformte Kolbenbolzen verwandt; Wälzlagerstähle, z. B. mit 1,05% C und 1% Cr (105 Cr 4 nach DIN 17 230 [47]), werden für kaltgeformte Wälzkörper und Kugeln eingesetzt. Ausreichende Kaltumformbarkeit ist für diese Stahlgruppen nur im GKZ-geglühten Zustand mit möglichst vollständiger Karbideinformung gegeben.

Für Bauteile unter besonderen Einsatzbedingungen, wie z. B. höhere Temperaturen und aggressive Medien, müssen geeignete *hochlegierte Stähle* zum Kaltstauchen und Kaltfließpressen eingesetzt werden. Aus der großen Anzahl dieser nichtrostenden, hochwarmfesten oder hitzebeständigen Stähle ist nur eine kleine Gruppe für die Kalt-Massivumformung geeignet. Eine Auswahl gebräuchlicher Stähle enthält DIN 1654 Teil 5 [40]. Dort sind die Stähle nach ihrem Gefüge in ferritische, martensitische und austenitische Stähle eingeteilt. Das Gefüge kennzeichnet gleichzeitig das unterschiedliche Formänderungsvermögen. *Ferritische und martensitische Stähle* werden im GKZ-geglühten Zustand kaltumgeformt und verhalten sich dabei ähnlich wie die unlegierten Stähle. *Austenitische Stähle* haben im Vergleich dazu ein größeres Formänderungsvermögen, das durch den bei plastischer Formgebung nutzbaren größeren Bereich zwischen Streckgrenze und Zugfestigkeit im abgeschreckten Zustand gekennzeichnet ist. Diese Stahlgruppe wird deshalb bevorzugt zur Kaltumformung auch bei schwierigen Umformvorgängen eingesetzt. Tabelle D 6.4 zeigt einige Stahlsorten dieser Gruppe.

Die *austenitischen Chrom-Nickel-Stähle* ohne und mit Molybdän, z. B. mit rd. 0,05% C, 19% Cr und 11% Ni oder mit 0,05% C, 18% Cr, 2% Mo und 12% Ni (Stähle X 5 CrNi 19 11 und X 5 CrNiMo 18 10 in Tabelle D 6.4), werden für nichtrostende Schrauben, Muttern und Preßteile bei korrosivem Angriff durch Wasser, Atmosphäre und Säuren eingesetzt. Zur Verbesserung der Austenitstabilität und zur Festigkeitssteigerung wird diesen Stählen auch Stickstoff in höheren Gehalten von 0,12 bis 0,22% zulegiert. So ist es möglich, z. B. mit einem Stahl mit rd. 0,02% C, 18% Cr, 2,8% Mo, 13% Ni und 0,18% N (Stahl X 2 CrNiMoN 18 13 in Tabelle D 6.4), eine höhere Streckgrenze im abgeschreckten Zustand zu erreichen, obwohl der Kohlenstoffgehalt aus Gründen der Beständigkeit gegen interkristalline Korrosion mit 0,03% begrenzt ist: ULC-Stähle (ultra low carbon-Stähle, d. h. Stähle mit äußerst niedrigem Kohlenstoffgehalt). Diese Stähle sind deswegen auch für komplizierte Umformvorgänge besonders geeignet.

Die mit Titan oder Niob stabilisierten austenitischen Stähle, z. B. mit rd. 0,08% C, 18% Cr, 2,8% Mo, 12% Ni und Titan (Stahl X 10 CrNiMoTi 18 10 in Tabelle D 6.4), haben wegen ihres zur Abbindung des Kohlenstoffs und zur Verbesserung ihrer Beständigkeit gegen interkristalline Korrosion erforderlichen Legierungsgehalts an Titan oder Niob im Vergleich dazu eine schlechtere Kaltumformbarkeit.

D 7 Unlegierter Walzdraht zum Kaltziehen

Von Herbert Beck und Constantin M. Vlad

D 7.1 Anforderungen an die Gebrauchseigenschaften

Stähle können bei geeigneter Art und Reihenfolge von Verformung und Wärmebehandlung fast immer zu Stahldrähten umgeformt werden [1–4]. Der in diesem Kapitel behandelte unlegierte Walzdraht (nicht mikrolegiert) weist Kohlenstoffgehalte von höchstens 1% auf. Er wird im warmen Zustand unmittelbar von den Walzen aus in Ringen regellos aufgehaspelt und als Rundwalzdraht von 5,5 bis 30 mm Dmr. und darüber sowie mit Vierkant-, Flach- und anderen Querschnittsformen geliefert.

Beim Walzdraht zum Kaltziehen steht naturgemäß die Forderung nach guter Kaltumformbarkeit (s. C 7), und zwar nach *Kalt-Ziehbarkeit* im Vordergrund [5]. In engem Zusammenhang damit stehen Anforderungen an eine für das Ziehen günstige *Oberflächenbeschaffenheit* des Walzdrahtes.

Die weiteren Anforderungen werden im wesentlichen von den Eigenschaften bestimmt, die vom gezogenen Draht verlangt werden, da seine Endeigenschaften unter Berücksichtigung der vorhergehenden Kaltumformung, auch wenn Wärmebehandlungen zwischengeschaltet werden, weitgehend vom Walzdraht abhängen. Da an die gezogenen Stahldrähte hauptsächlich Forderungen nach bestimmten Werten für die *mechanischen* und die *technologischen Eigenschaften* gestellt werden, muß der Walzdraht darauf hinzielende Werte aufweisen.

Bei den *technologischen Eigenschaften* ist vor allem an die *Umformbarkeit* des gezogenen Drahtes bei der Weiterverarbeitung zu denken. Die vielfältigen Beanspruchungen durch Biegen, Verdrehen, Verseilen, Federwickeln, Flechten, Stauchen, Walzen, Weben bedingen Mindestanforderungen an den gezogenen Draht für die Bruchdehnung, die Brucheinschnürung, das Verhalten beim Hin- und Herbiegen, Verwinden und Stauchen. Dafür muß der Walzdraht schon eine genügende Verformbarkeit besitzen. Reicht diese nicht aus, muß im Laufe der Weiterverarbeitung wärmebehandelt werden, z. B. vor dem Flechten oder Weben durch Weichglühen oder bei harten Drähten für hochbeanspruchte Federn durch eine Patentierung (s. u.) mit nachfolgendem Ziehen.

Auch die *Schweißeignung* der Stähle spielt eine gewisse Rolle. Zum Ziehen werden allgemein die Enden der Walzdrahtringe stumpf aneinander geschweißt und nachgeglüht. Auch für Fertigerzeugnisse, wie z. B. für Betonstahlmatten, müssen die Drähte durch Widerstandspunktschweißung verbunden werden. Bei harten Stählen ist aber die Schweißeignung nicht mehr völlig gegeben, so daß beim Ziehen mit gelegentlichen Brüchen an der Schweißstelle gerechnet wird. Vor allem muß auf das an der Schweißstelle inhomogene Gefüge Rücksicht genommen werden.

Das *Umwandlungsverhalten* der Werkstoffe ist von Bedeutung, da ein Teil der harten Stahldrähte, wie bereits angedeutet, noch patentiert werden muß und da

---

Literatur zu D 7 siehe Seite 748–750.

Fertigdrähte, z. B. vor dem Wickeln, oder die aus ihnen gewickelten Federn vergütet werden.

Für dynamisch hoch beanspruchte Federn wird außer den einwandfreien Festigkeitswerten vor allem eine hohe *Dauerfestigkeit* verlangt. Diese läßt sich bei sehr gutem Reinheitsgrad besonders dadurch sicherstellen, daß die *Oberfläche* weitestgehend fehlerfrei ist.

D 7.2 Kennzeichnung der geforderten Eigenschaften

Die *Ziehbarkeit* von Walzdraht ist als diejenige Querschnittsabnahme zu verstehen, bei deren Überschreitung der Draht zu häufig bricht oder bei der seine Zähigkeit so weit absinkt, daß die weitere Verarbeitbarkeit gemindert wird. Eine Grenze wird also durch den Mindestdurchmesser gekennzeichnet, der unter Betriebsbedingungen noch erreicht werden kann (Bild D 7.1a). Sie hängt von der chemischen Zusammensetzung des Stahls, dem Gefüge und der Oberflächenbeschaffenheit ab. Die Verformung erfolgt vorwiegend im Ferrit. Der durch die Zusammensetzung, die Abmessung und die Abkühlung aus der letzten Wärmebehandlung (oder Walzhitze) bestimmte Anteil an Ferrit und Perlit, der Abstand und die Dicke der Zementitlamellen sowie die Korngröße sind die Haupteinflüsse auf die Ziehbarkeit [6], das Gefüge sollte möglichst fein ausgebildet sein. Eine hohe *Zugfestigkeit dient als Indikator*, für deren Beurteilung mit Bild D 7.2 ein Beispiel für die häufigste Abmessung gegeben wird. Auf die verschiedenen Parameter wird später noch eingegangen.

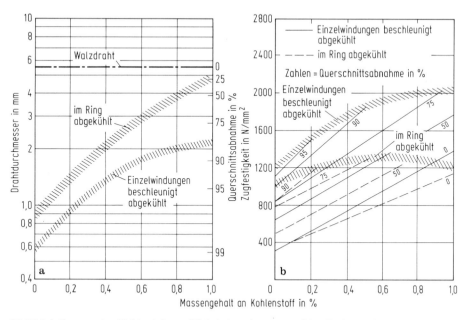

Bild D 7.1 Grenzen der Ziehbarkeit von Walzdraht. **a** bezogen auf den Drahtdurchmesser; **b** bezogen auf die Zugfestigkeit. Zu **a**: Grenzen für den Vorzug von Walzdraht mit 5,5 mm Dmr.; zu **b**: Erreichbare Zugfestigkeiten von Fertigdrähten aus Walzdraht in den Grenzen der Ziehbarkeit nach Bild **a**.

Grobe Einlagerungen von Karbiden (wie Tertiärzementit), von harten, unverformbaren Oxiden oder von Sulfiden, besonders in Anhäufungen, können Anlaß zu Brüchen geben.

Ob der Walzdraht nach geeigneter Abkühlung aus der Walzhitze direkt zum Fertigdraht gezogen wird oder ob während dieser Verarbeitung noch geglüht oder patentiert wird, hängt von dem verlangten Enddurchmesser, der Zugfestigkeit und den anderen mechanischen Eigenschaften ab und davon, ob nach dem Ziehen eine hohe Restverformbarkeit gefordert wird (s. o.). Die Extreme sind dadurch gekennzeichnet, daß in dem einen Fall ohne Rücksicht auf die Festigkeit an möglichst dünne Abmessungen gezogen wird (Bild D 7.1a) und daß im anderen Grenzfall aus dem Walzdraht Fertigdrähte ohne weitere Wärmebehandlung hergestellt werden, bei denen eine möglichst hohe Festigkeit (Bild D 7.1b) bei noch genügender Zähigkeit oder Restverformbarkeit erreicht werden soll. Der häufigste Fall ist in der Darstellung von Bild D 7.1b in der Nähe der 75%-Linien zu finden.

Die *Oberflächenbeschaffenheit* wird je nach Durchmesser und Kohlenstoffgehalt des Walzdrahts meist im Stauchversuch, im Wechselverwindeversuch, durch Beizen oder magnetisches Durchfluten mit nachfolgendem Anfeilen unter dem Mikroskop geprüft. Beim Stauchversuch wird ein gerades Walzdrahtstück, dessen Länge gleich dem 1,5fachen des Durchmessers sein soll, mit einer Anfangstemperatur von etwa 900 °C um 50 % seiner Länge gestaucht. Der Wechselverwindeversuch wird bis zu bestimmten Mindestzahlen der Hin- und Rückverwindungen durchgeführt; die Mindestzahlen richten sich ebenfalls nach dem Durchmesser und nach

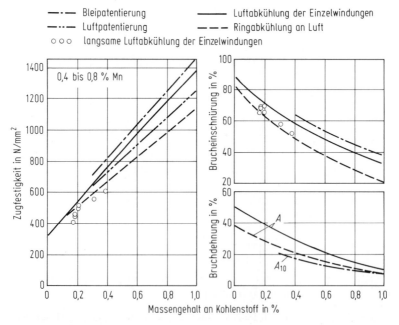

Bild D 7.2 Mechanische Eigenschaften von Walzdraht mit einem Durchmesser von 5,5 mm nach unterschiedlicher Behandlung. Nach [2, 5, 27].

dem Kohlenstoffgehalt (als Beispiel für die Einzelheiten sei auf die Festlegungen in DIN 17140 [7] verwiesen).

Wenn eine Prüfung der *mechanischen Eigenschaften* vorgenommen wird, so erfolgt sie i. a. nach den üblichen Verfahren, und zwar im wesentlichen durch den Zugversuch (s. C1). Es wird immer wieder versucht, die Eigenschaften formelmäßig, z. B. in Abhängigkeit von der chemischen Zusammensetzung zu kennzeichnen. Wenn das in bestimmten Grenzen und unter Beachtung entsprechender Einschränkungen geschieht, kann man dadurch zu einer sinnvollen Kennzeichnung und zu nützlichen Hinweisen auf den Einfluß der beteiligten Elemente kommen. So ergab eine Großzahlauswertung des für Walzdraht gängigsten Abmessungsbereichs von 5,5 bis 10,0 mm Dmr. für 0,1 bis 1,0 % C und für 0,3 bis 0,8 % Mn folgende Beziehung zwischen der Zugfestigkeit und den Begleitelementen:

$$R_m \text{ (in N/mm}^2) = 267 + 1015 \, (\%\,C) + 111 \, (\%\,Si) + 199 \, (\%\,Mn) + 1220 \, (\%\,P)$$
$$- 804 \, (\%\,S) - 264 \, (\%\,Al) + 104 \, (\%\,Cu) + 231 \, (\%\,Cr)$$
$$- 11,3 \, (\text{mm Dmr.}).$$

Diese Beziehung wurde aus Werten *eines* Herstellers für Walzdraht erhalten, der nach Ausfächern beschleunigt im Luftstrom abgekühlt wurde.

Der Einfluß weiterer Elemente auf die Festigkeitseigenschaften ist bei gleichbleibend niedrigen Gehalten, wie sie bei den Sauerstoffblasstählen heutzutage vorliegen, vernachlässigbar.

Zur Kennzeichnung der *Schweißeignung* kommen gegebenenfalls Verfahren in Betracht, die allgemein in C 5 behandelt sind.

Auch zur Kennzeichnung des *Umwandlungsverhaltens* und der *Härtbarkeit* sei auf die üblichen Verfahren verwiesen (s. C 4). Die Zusammenhänge werden für die

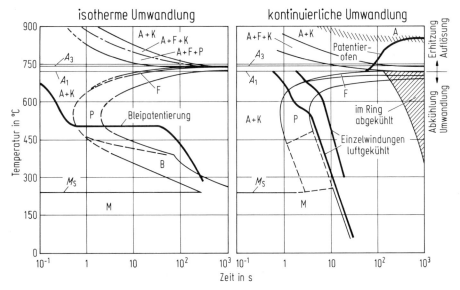

Bild D 7.3 Zeit-Temperatur-Umwandlungs-und-Auflösungs-Schaubilder von unlegiertem Stahl mit rd. 0,75 % C (D 75-2 nach DIN 17140 [7]) zur Kennzeichnung der Gefügeumwandlungen in Walzdraht beim Erhitzen und Abkühlen zum Patentieren und nach dem Walzen. Nach [5].

Erwärmung in Zeit-Temperatur-Austenitisierungs-Schaubildern wiedergegeben (Bild D 7.3). Für die anschließenden Vorgänge bei der Abkühlung müssen je nach Abkühlverfahren und Abmessung die Zeit-Temperatur-Umwandlungs-Schaubilder für isothermische Umwandlung oder kontinuierliche Abkühlung herangezogen werden (Bild D 7.3a und b).

D 7.3 Maßnahmen zur Einstellung der geforderten Eigenschaften

D 7.3.1 Allgemeines

Wenn zunächst von Einzelheiten abgesehen wird, kann gesagt werden, daß im Grundsatz die *Ziehbarkeit*, auf die es bei Walzdraht dieses Kapitels primär ankommt, mit zunehmender Verfeinerung der *Gefügeausbildung* verbessert wird. Da unlegierter Walzdraht mit Kohlenstoffgehalten von rd. 0,05 bis 1% in Betracht kommt, gilt diese Aussage von der Ausbildung des nahezu reinen Ferrits bei niedrigen Kohlenstoffgehalten bis zur Ausbildung des reinen Perlits bei hohen Kohlenstoffgehalten. Im Hinblick auf die Ziehbarkeit müssen also alle Maßnahmen ergriffen werden, um bei niedrigen Kohlenstoffgehalten eine möglichst geringe Ferritkorngröße und bei höheren Kohlenstoffgehalten einen möglichst feinstreifigen Perlit einzustellen, wobei für Mischgefüge das Entsprechende gilt. Die Maßnahmen sind von den Grundlagen her *metallkundlicher* Art, hängen in der Ausführung aber sehr stark von der *Verfahrenstechnologie* ab. Daher erscheint es berechtigt, bei den folgenden Darlegungen, in denen das oben gekennzeichnete Grundsätzliche durch Einzelheiten ergänzt wird, nach diesen beiden Gesichtspunkten nicht zu trennen, die Technologie vielfach sogar in den Vordergrund zu stellen, zumal da in den letzten 20 Jahren die mit der Herstellungstechnologie verknüpfte Wärmebehandlung eines bedeutenden Anteils der unlegierten Walzdrähte von der Zieherei in das Walzwerk zurückverlagert wurde [8], wodurch höhere Anforderungen an die Ziehbarkeit des Walzdrahtes gestellt wurden. Die mit diesem Schritt verbundenen technologischen Verfahren werden zunehmend auch auf legierte Stähle angewandt [9], was aber in diesem Kapitel nicht erörtert werden soll.

Vorab muß noch gesagt werden, daß der oben genannte weite Bereich des Kohlenstoffgehalts durch die sehr unterschiedlichen Anforderungen an die *mechanischen Eigenschaften* des gezogenen Drahtes bedingt ist, die über den Kohlenstoffgehalt mit seinem maßgebenden Einfluß auf den Perlitanteil im Gefüge unter Berücksichtigung der Geschwindigkeit der Abkühlung des Drahtes aus der Walzhitze am einfachsten und wirtschaftlichsten variiert werden können. Im übrigen kann allgemein festgestellt werden, daß sich die für die Ziehbarkeit günstige Feinheit der Gefügeausbildung in mancher Hinsicht auch auf die mechanischen Eigenschaften vorteilhaft auswirkt (s. C 1). Die Maßnahmen zur Einstellung guter Ziehbarkeit und bestimmter mechanischer Eigenschaften gehen daher vielfach ineinander über und können im allgemeinen nicht voneinander getrennt dargelegt werden.

D 7.3.2 Metallurgische und walztechnische Maßnahmen zur Einstellung von Gefügen mit den geforderten Eigenschaften

Die hier interessierenden metallurgischen *Grundlagen* und Maßnahmen werden in E 2 und E 3 behandelt. Wichtigstes Ziel der *metallurgischen Maßnahmen* ist eine möglichst treffsichere Einstellung der vorgegebenen chemischen Zusammensetzung bei genügender Gleichmäßigkeit innerhalb der Schmelzen. Die Möglichkeiten zur Beeinflussung der Gußstruktur sind beim Blockgießen über das Blockformat gering, werden aber beim Stranggießen verbessert, insbesondere wenn der Strang bei der Erstarrung elektromagnetisch gerührt werden kann [10]. Der Grad der Blockseigerung, die Verunreinigung mit exogenen nichtmetallischen Stoffen und mit Desoxidationsprodukten und die Oberflächengüte können auf diese Weise besser beherrscht werden.

Die metallurgischen Maßnahmen sollen zu geringen *Seigerungen* und hohem *Reinheitsgrad* führen (s. E 2 und E 3). Bei den Stählen mit hohen Kohlenstoffgehalten verringern Zonen mit Primärseigerungen, die je nach Erstarrungsgeschwindigkeit des Stahls gebildet werden können, die Verformbarkeit, da Primärzeilen zum Bruch führen können. Gleichartig wirken übrigens Seigerungen des Kohlenstoffs, wenn sie gelegentlich als übereutektoidische Zementitausscheidungen in eutektoidischen Stählen auftreten.

Der Schwefel wirkt als Verunreinigungselement besonders durch seine Anreicherung in Seigerungszonen. Für Verwendungszwecke mit höchster Verformung muß der Schwefelgehalt eingeschränkt werden, da Feindrahtziehen und Querverformungen, wie scharfes Biegen oder Flachwalzen, durch steigende Mengen an Sulfiden zunehmend behindert werden können [11, 12].

Der Sauerstoff ist je nach der Desoxidation und Abscheidung als Oxid abgebunden (s. E 2). Für die Ziehbarkeit wird der Gehalt an oxidischen nichtmetallischen Einschlüssen wesentlich, wenn die Abmessung der schlecht kaltverformbaren Oxidteilchen in die Größenordnung der Drahtdurchmesser kommt. In dieser Beziehung ist der unberuhigte Blockguß – dessen Bedeutung immer mehr abnimmt – vor allem den sehr weichen Drahtsorten vorbehalten, die bei fehlerfreier Oberfläche infolge der dicken und reinen „Speckschicht" außerordentlich weit verformbar sind.

Beim Aluminium ist an das Abbinden nicht nur des Sauerstoffs und die damit verbundene Verbesserung des Reinheitsgrades und der Oberfläche sondern auch an die Bindung des Stickstoffs [13] zu denken. Beim Patentieren von dicken Drahtabmessungen kann damit der Kornvergrößerung durch Bildung von Aluminiumnitrid mit seiner kornfeinenden Wirkung begegnet werden.

Die *chemische Zusammensetzung* muß so festgelegt werden, daß unter Berücksichtigung der Herstellungsparameter, besonders der Abkühlungsbedingungen nach dem Warmwalzen, ein Gefüge mit der angestrebten Ziehbarkeit und den geforderten mechanischen Eigenschaften eingestellt werden kann. Zum Grundsätzlichen der mechanischen Eigenschaften wird auf C 1 und C 4 verwiesen. Bei den hier in Rede stehenden unlegierten Stählen wird die Festigkeit im wesentlichen durch die Korngröße und den Perlitanteil in der ferritischen Grundmasse bestimmt, der wiederum vom Kohlenstoffgehalt abhängt; seine Höhe ist weitgehend durch die Anforderungen an die Festigkeit festgelegt.

Zur Festigkeitssteigerung ist es nicht angängig, höhere Mangangehalte zur Mischkristallverfestigung heranzuziehen, da solche Gehalte, z. B. von 1,5% Mn, die Umwandlung des Austenits in der Perlitstufe deutlich verzögern und bei beschleunigter Abkühlung eine teilweise Umwandlung zu Bainit und auch zu Martensit (unter Erhaltung von Restaustenit) bewirken können, so daß die Festigkeit erhöht, die Ziehbarkeit aber herabgesetzt wird. Die durch Phosphor mögliche Steigerung der Festigkeit (s. auch die Formel in D 7.2) wird bei weichen Stählen mit niedriger Verformung (z. B. für Baustahlmatten) genutzt.

Bei der chemischen Zusammensetzung sind auch die Härtbarkeit steigernde Elemente, wie Chrom und Molybdän, bei Gehalten über rd. 0,1% zu beachten, da sie ebenso wie höhere Mangangehalte bei beschleunigter Abkühlung nach dem Walzen (s. u.) zu Martensit führen können.

Zum *Walzen* werden heute zumindest für die Abmessungen bis etwa 12,5 mm Dmr. fast nur noch kontinuierliche Straßen betrieben [14]. Diese ergeben gegenüber den älteren offenen Straßen eine gleichmäßige Drahttemperatur über die gesamte Ringlänge. Durch die Anordnung der Walzen im Fertigblock wird das Drallen des Walzstabes vermieden [14] und damit bei geeigneter Kalibrierung für eine weitestgehend rißfreie Oberfläche [15] gesorgt. Hartmetallwalzringe verschleißen langsamer als solche aus Gußwerkstoffen und ermöglichen damit neben einer glatteren Oberfläche, die zulässigen Maßabweichungen über größere Walzlose einzuhalten, was sich wiederum in einer größeren Gleichmäßigkeit der Ziehabnahmen und damit der Fertigdrahtfestigkeit auswirkt.

Für die Einstellung eines Gefüges mit den geforderten Eigenschaften, besonders mit guter Ziehbarkeit, Festigkeit und Umformbarkeit, ist die *Abkühlung nach dem Walzen* von großer Bedeutung. Früher wurde im allgemeinen der aufgehaspelte Ring abgekühlt; das führte zu einem Gefüge, das je nach der chemischen Zusammensetzung des Stahls und je nach dem Durchmesser des Walzdrahtes im Hinblick auf die Ziehbarkeit im allgemeinen nicht optimal war.

In der Vergangenheit mußten daher Walzdrähte mit mittlerem und hohem Kohlenstoffgehalt vom Verarbeiter in einen Gefügezustand guter Ziehbarkeit gebracht werden, und zwar durch Patentieren [16], bei dem man den Stahl nach Austenitisieren möglichst isothermisch in einem Temperaturbereich (gegeben z. B. durch eine Bleischmelze), in dem sich sehr feinstreifiger Perlit bildet, umwandeln läßt. Siehe dazu das folgende Schema:

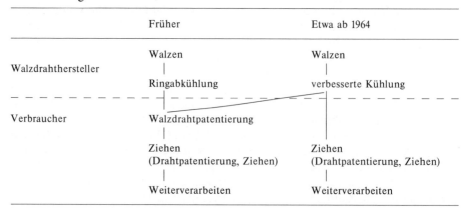

Heutzutage wird die Abkühlung nach dem Warmwalzen beim Walzdrahthersteller so geführt, daß sich dabei ein Gefüge mit vergleichbar guter Ziehbarkeit wie nach dem Patentieren einstellt. Eine beschleunigte Abkühlung bewirkt, daß bei der Austenitumwandlung die Vorferritausscheidung mehr und mehr unterdrückt und der Perlit mit feineren Lamellen ausgebildet wird [9], was sich günstig auf die Ziehbarkeit auswirkt. Bild D 7.2 zeigt Werte, die für die gängigste Abmessung von 5,5 mm Dmr. die heutigen Möglichkeiten im Vergleich zum Bleipatentieren kenntlich machen.

In die betriebliche Praxis wurde eine kaskadenartige Kühlung des Walzdrahtes bei den hohen Austrittsgeschwindigkeiten nach dem Fertigstich und vor dem Haspeln mit zwischen einzelnen Kühlabschnitten liegenden Ausgleichstrecken [17] eingeführt. Durch dieses Vorgehen lassen sich derart gleichmäßige Drahttemperaturen über die Ringlänge einstellen, daß das Gefüge und die damit verbundenen Eigenschaften über lange Zeiten hinweg in einem engen Streubereich gehalten werden können. Dabei ist natürlich mitentscheidend, daß die anschließende Schlußabkühlung ebenso gleichmäßig geführt wird. Bei der früher üblichen Abkühlung des Walzdrahtes auch in dünnen Abmessungen im Ring ist dies kaum möglich, da die Außenwindungen schnell, die Innenwindungen aber langsam abkühlen. Bei der neueren Entwicklung wird der Walzdraht nach dem Haspeln nicht mehr im Edenborn-Haspel als gewickelte kompakte Masse langsam sondern meist ausgefächert als Einzelwindung trotz der im Vergleich zur Walzgeschwindigkeit niedrigeren Transportgeschwindigkeit beschleunigt abgekühlt [18].

Unter etwa 8 mm Dmr. besteht die Möglichkeit, nicht nur die Zunderauflage durch eine schnelle Abkühlung zu vermindern sondern auch ein gleichmäßig gut ziehbares Gefüge bei beliebig großem Ringgewicht zu erhalten. Bei dickeren Abmessungen wird zunehmend die Wärmeleitung aus dem Kern an die Oberfläche langsamer, so daß bei allen Verfahren die Umwandlung bei höheren Temperaturen und nach längeren Zeiten stattfindet. Damit wird der Anteil an voreutektoidischem Ferrit größer, die Perlitlamellen bilden sich in breiterer Form aus und die Ziehbarkeit wird geringer. Durch das Einblasen von Luft oder Wasser in den Haspelkorb oder in den Ring hinter dem Haspel wurden Verbesserungen [19] angestrebt. Erst das Ausfächern des Walzdrahtes durch Ablegen auf ein Transportband mit anschließender Abkühlung durch Gebläseluft nach dem „Stelmor-Verfahren" [8] brachte eine eindeutige Verbesserung der Drahteigenschaften: Gefüge und Festigkeitswerte sind denen der Luftpatentierung mindestens gleichwertig wenn nicht überlegen [14, 20]. Das Verfahren hat wegen seiner betrieblichen Einfachheit und Unempfindlichkeit der Anlagen sowie seiner guten Ergebnisse die größte Verbreitung gefunden.

Im „Demag-Yawata-Verfahren" wird Luft auf den in einem senkrechten Schacht vereinzelten Walzdraht geblasen [21]. Im „Schloemann-Verfahren" [22] und im „Krupp-Verfahren" [23] kühlt der Walzdraht hinter einem horizontalen Windungsleger als stehende oder liegende Einzelwindung an ruhender Luft auf einem Transportband ab. Im „Wirbelschicht-Verfahren" wird der Walzdraht auf ein Transportband ausgefächert, das eine kühlbare Wirbelschicht mit Zirkonsand durchläuft [24]. Bei dem „ED-Verfahren" wird der Walzdraht durch ein Edenborn-Haspel in kochendes entspanntes Wasser gelegt und die relativ milde Abschreckwirkung der Dampfhaut genutzt [9, 25].

Im Gegensatz zu den bisher genannten Verfahren wird beim „Salzgitter-Verfahren" eine feinlamellar-perlitische Kernzone bewußt unter Bildung von Oberflächenmartensit angestrebt [26]. Der Martensit wird bei der nachfolgenden Abkühlung des Walzdrahtes im Edenborn-Haspel durch die Wärme aus dem Drahtkern wieder angelassen. Für die Verwendung als Draht ist der angelassene Martensit nicht nachteilig, wenn er nicht mehr als ein Drittel des Querschnitts einnimmt und gleichzeitig der voreutektoidische Ferritanteil nicht mehr als 1% ausmacht. Bezüglich anderer Abkühlverfahren sei auf das Schrifttum verwiesen [18].

Gegenüber den Stählen mit mittlerem bis hohem Kohlenstoffgehalt besteht bei einigen Stählen mit niedrigerem (und mittlerem) Kohlenstoffgehalt Interesse an einer geringeren Abkühlgeschwindigkeit, um die Umformbarkeit zu erhöhen. Durch Drosselung der Kühlung mit Wasser vor dem Haspeln und der Kühlung mit Luft auf dem „Stelmor"-Transportband ergeben sich bereits Möglichkeiten, die Festigkeit zu senken. Darüberhinaus wird eine langsame Abkühlung erprobt [27], bei der im Hinblick auf gute Umformbarkeit und auch Ziehbarkeit niedriglegierter Stähle eine möglichst weitgehende Ausscheidung von voreutektoidischem Ferrit angestrebt wird.

D 7.4 Kennzeichnende Stahlsorten mit betrieblicher Bewährung

Die Walzdrahtsorten [7] ergeben nach dem Kohlenstoffgehalt geordnet verschiedene Gruppen.

1. Weiche Sorten, also Walzdrähte aus Stählen mit niedrigem Kohlenstoffgehalt, werden *nach dem Ziehen* im weichgeglühten, teils auch im geglüht/gezogenen (halbharten oder harten) Zustand sowie mit besonderer Oberflächenbehandlung (durch Verzinken, Vernickeln, Verchromen, Beschichten) angewandt. Zu diesen Anwendungszwecken gehören Handelsdrähte auch mit hellblanker und weißblanker Oberfläche z. B. für Biegeteile, Stifte, Drahtkurzwaren. Eine Stahlsorte zur Zerspanung stellt der Draht für Stahlwolle dar, bei dem neben der geeigneten chemischen Zusammensetzung und gleichmäßigen Festigkeit vor allem der Reinheitsgrad, d. h. die Freiheit von nichtmetallischen Einschlüssen, hoch sein muß. Zu den sehr weichen Drahtsorten gehören die Fein- und Feinstdrähte z. B. für Geflechte und Gewebe mit höchstens rd. 0,06% C und niedrigen Gehalten an Begleitelementen, die unberuhigt aber seigerungsarm und mit guter Oberfläche erzeugt werden, um eine hohe Ziehbarkeit zu sichern. In diese Gruppe der sehr weichen Drähte gehört auch der in Glas eingewalzte Draht, der neben der Ziehbarkeit eine gute Schweißeignung und eine glatte, saubere Oberfläche aufweisen muß. Heftklammerdrähte haben insbesondere bei dickeren Abmessungen für automatische Klammermaschinen für den Möbel- und Wohnungsbau höhere Festigkeiten, die durch die gleichmäßige chemische Zusammensetzung der beruhigten Stähle, entsprechende Abkühlung und Kaltverformung durch Ziehen und Walzen sichergestellt werden müssen. Weitere auf Drahtstraßen gewalzte weiche Stahlsorten sind bestimmt für Betonstähle (s. D 3), Kaltstauch- und Kaltfließpreßteile (s. D 6), Automatenstähle (s. D 19), Telegraphendraht und Relais (s. D 24), Ketten (s. D 30) und Schweißdrähte und -elektroden (s. C 5).

2. Walzdrähte mit mittleren Kohlenstoffgehalten (etwa von 0,30 bis 0,60% C) werden, da sie gut härtbar sind, häufig weichgeglüht oder sonst hartgezogen z. B. für Schrauben oder fließgepreßte Teile eingesetzt. Kratzendrähte oder Profildrähte werden gezogen und meist kaltgewalzt. Für die Vergütung muß die chemische Zusammensetzung, besonders hinsichtlich der die Durchhärtung fördernden Elemente wie Mangan statt Chrom, sorgfältig ausgewählt sein, wenn anschließend noch weiter verformt werden muß. Zu dieser Gruppe gehören auch hartgezogene Drähte für gering beanspruchte Federn oder Speichen.

3. *Walzdrähte mit Kohlenstoffgehalten über 0,5%* werden wegen ihres großen Verfestigungsvermögens für hochfeste Drähte überwiegend mit Querschnittsverminderungen von über 70% gezogen. Der Verlauf der als Kennzeichen für die Verformbarkeit dienenden Eigenschaften während des Ziehens wird im Schrifttum [2–4] ausführlich in Abhängigkeit von den Betriebsbedingungen der Zieherei behandelt. In Bild D 7.4 wird ein Beispiel hierfür gegeben. Für eine Beurteilung des plastischen Formänderungsvermögens nach dem Ziehen stehen verschiedene Rechenverfahren zur Verfügung [3, 28, 29]. Als einige der wichtigsten Verwendungszwecke seien hier Stahldrähte für Litzen und Seile, Federn (s. a. D 18) und Gummibewehrung (Reifenwulstdraht und Stahlkord) erörtert.

Stahldrähte für Litzen und Seile [30] werden mit Ausgangs-Zugfestigkeiten von

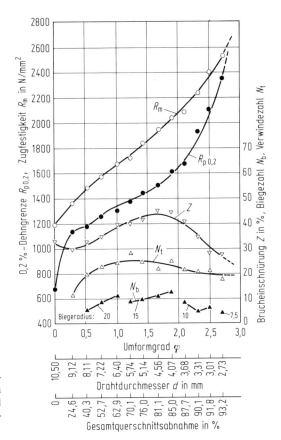

Bild D 7.4 Mechanische und technologische Eigenschaften von patentiertem Draht (10,5 mm Dmr.) mit 0,86% C und 0,75% Mn in Abhängigkeit vom Umformgrad $\varphi = \ln (d_0^2/d^2)$. Nach [10].

rd. 800 bis 1200 N/mm² an Zugfestigkeiten von mind. 1370 bis 1960 N/mm² gezogen (DIN 2078) [31]. Zum Verschließen der Tragseile für Brücken, Seilbahnen oder Kabelbagger werden Keildrähte, Form-, Z- und S-Drähte gezogen und gewalzt in etwa den gleichen Festigkeitsklassen geliefert (DIN 779) [32]. Die Kaltumformung besonders zu dem Z-Profil stellt hohe Anforderungen an den Stahl, der daher mit besonders großer Gleichmäßigkeit über den Querschnitt und die Länge hergestellt werden und niedrige Gehalte an Verunreinigungen aufweisen muß. Die Tragkraft der Seile wird weitgehend durch die Festigkeit der Seildrähte bestimmt, daneben auch vom Aufbau des Seiles und der Verseilung (DIN 3051) [33]. Für die Tragkraft von Seilen für Seilbahnen und von Förderseilen sowie für Seiltriebe im Hebezeugbetrieb gelten besondere einengende Vorschriften (vgl. a. DIN 21 254 [34] und DIN 15 020 [35]).

Zur Herstellung von Federdraht der Sorten A und B nach DIN 17 223 Blatt 1 [36] wird unlegierter Walzdraht nach DIN 17 140 Teil 1 [7] eingesetzt; für die Sorten C und D wird bevorzugt unlegierter Walzdraht angewandt, der diesem gegenüber einen besseren Reinheitsgrad sowie für die Sorte D eine verbesserte Oberfläche [37] aufweist. Daraus wird vorwiegend patentiert-gezogener Draht gefertigt, in geringerem Maße ölvergüteter Draht. Für diesen und für die vergüteten Federn werden meist legierte Stähle eingesetzt (s. D 18). (Diese stehen hier also nicht zur Erörterung, nur sei zum Walzdraht aus solchen legierten Stählen gesagt, daß sie mit Härtungsgefüge anfallen, also nicht mit Patentiergefüge weiterverarbeitet werden können sondern vorher weichgeglüht werden müssen.) Kriterien zur Auswahl der Federdrahtsorte, die je nach Verwendungszweck eingesetzt werden sollte, sind in DIN 2088 [38] und 2089 [39] aufgeführt [40].

Die Drähte werden mit steigender Zugfestigkeit an Durchmesser von 20 bis 0,07 mm gezogen. Für die Festigkeit müssen zwischen den Ringen und innerhalb der Ringe enge Toleranzen eingehalten werden. Zur Kennzeichnung der Verformbarkeit der gezogenen Drähte sind Mindestwerte für die Brucheinschnürung und die Verwindezahl oder für den Wickelversuch vorgeschrieben. Nach dem Federwinden, -wickeln oder -biegen werden die höher beanspruchten Federn mehrmals (Druckfedern z. B. bis zur Blocklänge) bis in Höhe der Gebrauchsspannung beansprucht. Da damit die Elastizitätsgrenze überschritten wird, erfolgt eine plastische Verformung, die Feder setzt sich. Das Anlassen (häufig vor dem Setzen) stellt eine beschleunigte Alterung mit einem Abbau der Eigenspannungen dar. Durch Erhitzen auf Temperaturen zwischen rd. 200 und 275 °C wird die Elastizitätsgrenze auf rd. 60 % der Zugfestigkeit angehoben und damit eine weitere Sicherung gegen eine bleibende Formänderung beim Gebrauch der Federn ermöglicht.

Reifenwulst- und Stahlkorddrähte sowie Bewehrungsdrähte für andere Gummierzeugnisse wie Hochdruckschläuche und Treibriemen haben meist rd. 0,7 % C. Der Reifenwulstdraht wird vom Walzdraht mit Zwischenpatentierung meist an 0,95 mm Dmr. gezogen. Neben den weitgehend eingeengten mechanischen und technologischen Eigenschaften, die im Verwinde- und Hin- und Herbiegeversuch ermittelt werden, muß vor allem wegen der guten Haftung im Gummi auf eine geeignete Kupfer- oder Bronzeauflage auf dem gezogenen Draht geachtet werden. Zur Herstellung der Reifenwulstbewehrung wird dieser Draht mit Gummi zu Ringen gewickelt, die nach Art eines Paralleldrahtkabels nebeneinander liegen und dann mit Gewebe ummantelt einvulkanisiert werden.

Stahlkorddrähte bilden die Bewehrung unter der Lauffläche und teils auch in der Seitenwand der Stahlgürtelreifen. Der geringe Durchmesser von 0,15 bis 0,35 mm erfordert eine außerordentlich weitgehende Freiheit von unverformbaren Oxiden [41]. Wegen der erforderlichen Gleichmäßigkeit muß eine sehr enge Spanne der chemischen Zusammensetzung bei allen Legierungs- und Spurenelementen eingehalten werden. Der Draht wird nach der letzten Patentierung auf Zugfestigkeitswerte von mehr als 2600 N/mm^2 gezogen, verlitzt, verseilt und bei einigen Kordmacharten mit einem Wendeldraht umwickelt. Auch bei diesen Verfahrensgängen wird wegen der hohen Geschwindigkeiten und Spannungen größter Wert auf Gleichmäßigkeit und Fehlerfreiheit gelegt. Die nach dem Patentieren aufgebrachte Messingauflage soll für eine gute Haftung im Gummi sorgen. Als weitere wichtige Gebrauchseigenschaft des gezogenen Drahtes ist eine hohe Biegedauerfestigkeit zu nennen, die wiederum mit der Zugfestigkeit, dem Oberflächenzustand und dem Reinheitsgrad in Verbindung steht.

D 8 Höchstfeste Stähle

Von Klaus Vetter, Ewald Gondolf und Albert von den Steinen

D 8.1 Begriffsbestimmung für höchstfeste Stähle

Höchstfeste Stähle verbinden sehr hohe Zugfestigkeit und Streckgrenze (über etwa 1200 N/mm^2) mit den unter den allgemeinen Begriff der Zähigkeit einzuordnenden Eigenschaften, wie sie von Konstruktionswerkstoffen gefordert werden [1]. Diesen besonderen Eigenschaften liegen unterschiedliche metallkundliche Vorgänge zugrunde; zu unterscheiden ist zwischen
- den über Kohlenstoffmartensit härtenden und anzulassenden Stählen, im folgenden kurz als Vergütungsstähle bezeichnet, und
- den über praktisch kohlenstofffreien Nickelmartensit härtenden und auszuhärtenden Stählen, kurz: martensitaushärtende Stähle.

D 8.2 Geforderte Eigenschaften und deren Prüfung

D 8.2.1 Anforderungen aus der Verwendung

Höchstfeste Stähle werden für Bauteile verwendet, die bei geringstmöglichem Querschnitt und niedrigem Gewicht ein hohes Tragvermögen haben sollen. Sie müssen demnach ein hohes *Festigkeits-Dichte-Verhältnis* (eine große „Reißlänge") aufweisen, das bei zumindest gleichartigem Zähigkeitsverhalten und gleichzeitig geringerem Raumbedarf das der z. Z. höchstfesten Legierungen der Leichtmetalle Magnesium, Beryllium, Aluminium und Titan erreicht, wenn die Zugfestigkeit der Stähle etwa 1600 N/mm^2 beträgt. Diese Stähle werden für besonders hoch beanspruchte Bauteile im Fahr- und Flugzeugbau, in der Raumfahrt, Kern- und Wehrtechnik sowie für Werkzeuge eingesetzt.

Die mit der hohen Festigkeit verbundene Verminderung des Formänderungsvermögens erschwert den Abbau von Spannungskonzentrationen an scharfen Querschnittsübergängen, Kerben und Rissen des Bauteils, so daß die *Zähigkeit* höchstfester Stähle eine andere Beurteilung und Prüfung erfahren muß als die von Baustählen üblicher Festigkeit. Die Bruchverformungswerte im Zugversuch und die verbrauchte Arbeit im Kerbschlagbiegeversuch sowie besonders die dabei auftretende Übergangstemperatur können nur noch bedingt als Kriterien gelten, ihre Aussagekraft nimmt mit höher werdender Streckgrenze ab [2]. Für vergleichende Bewertungen sowie zur Kontrolle der Gleichmäßigkeit von Erzeugnissen werden sie - auch wegen des geringen Prüfaufwandes - verwendet. Als qualitativer Maßstab für die Zähigkeit höchstfester Stähle ist die *Kerbzugfestigkeit* oder besser ihr Verhältnis zur Zugfestigkeit glatter Proben geeignet, wenn ausreichend scharfe Kerben verwendet werden.

Literatur zu D 8 siehe Seite 750, 751.

Die höchstfesten Stähle können eine als verzögerten Sprödbruch (delayed fracture) bekannte Erscheinung aufweisen, die auf ihre Anfälligkeit gegen Wasserstoffversprödung und Spannungsrißkorrosion zurückzuführen ist [3–5]. Eine wesentliche Auskunft geben Versuche mit gekerbten Proben unter andauernder Zugbeanspruchung. Die so ermittelte *Kerbzeitstandfestigkeit* verringert sich mit der Anfälligkeit des Werkstoffs, der Kerbschärfe und dem im Stahl schon enthaltenen oder während des Versuchs einwandernden Wasserstoff; sie hängt demnach von dem umgebenden Medium stark ab. Solche verzögerten Sprödbrüche können bei Beanspruchungen weit unterhalb der 0,2%-Dehngrenze der Stähle eintreten.

Da höchstfeste Stähle oft im Fahr- und Flugzeugbau verwendet werden, ist die Kenntnis ihres *Verhaltens unter schwingender Beanspruchung* erforderlich, dies um so mehr, als bei diesen Stählen das bei weicheren Werkstoffen annähernd gleichbleibende Verhältnis von Dauerschwingfestigkeit zu Zugfestigkeit nicht mehr besteht. Zum Unterschied von üblichen Baustählen zeigen die sehr harten Stähle keine scharf ausgeprägte Dauerfestigkeit; bei Beanspruchungen im Dauerfestigkeitsbereich können sehr unterschiedliche Bruch-Schwingspielzahlen auftreten [6]. Neben der Dauerfestigkeit ist, bedingt durch Beanspruchung und vorgesehene Lebensdauer der Bauteile, das Verhalten im Zeitfestigkeitsbereich von Interesse, das bei hoher und niedriger Schwingspielfrequenz bevorzugt an gekerbten Proben sowie auch unter gleichzeitigem Korrosionseinfluß und möglichst betriebsnahen Bedingungen ermittelt wird (s. C 1).

Die bisher erwähnten Versuchsarten und Kenngrößen erlauben eine qualitative oder vergleichende Beurteilung von Werkstoffen höchster Festigkeit. Für die Berechnung von Bauteilen oder die Abschätzung ihrer Lebensdauer sind bei Kenntnis der auftretenden Spannungsfelder sowie der vorhandenen Rißgrößen und -geometrien die *Kennwerte der linear-elastischen Bruchmechanik* anwendbar (s. C 1). Die Bruchzähigkeit K_{Ic} oder – bei gleichzeitig korrosiver Beanspruchung – die kritische Spannungsintensität unter Spannungsrißkorrosion K_{ISCc} sind die für die Auslegung von Bauteilen wesentlichen Werkstoffkenngrößen [7, 8]. Bei Schwingbeanspruchung ist zusätzlich die Rißausbreitungsgeschwindigkeit da/dN unter den jeweiligen Umgebungsbedingungen zu berücksichtigen.

Da die Bruchzähigkeitswerte und die Kennwerte herkömmlicher Prüfverfahren (Zug- oder Kerbschlagbiegeversuch) auf bestimmte Werkstoffeinflüsse nicht gleichsinnig ansprechen und nicht ineinander umzurechnen sind, müssen zur Zähigkeitsbeurteilung oft mehrere Verfahren herangezogen werden [9].

Aufgrund des Anwendungsbereichs der höchstfesten Stähle beschränken sich die Anforderungen an ihre Eigenschaften auf *Temperaturen*, wie sie auf der Erde und in der unteren Lufthülle vorkommen, mit dem Schwerpunkt Raumtemperatur. Höheren Temperaturen werden Bauteile aus höchstfesten Stählen nur in besonderen Fällen ausgesetzt.

Für die erwähnten Einsatzgebiete der höchstfesten Stähle ist eine gleichzeitige *Korrosions- und Rostbeständigkeit* und ein erhöhter Widerstand gegen Spannungsrißkorrosion von besonderem Vorteil. In idealer Weise kann jedoch diese Eigenschaftskombination nicht erreicht werden. Daher sind z. Z. nur solche Werkstoffe verfügbar, die eine gewisse Rostträgheit und Unempfindlichkeit gegenüber Industrie- oder feuchter Luft sowie gegen salzangereicherte Atmosphäre in Küstennähe oder über dem Meeresspiegel aufweisen.

D 8.2.2 Anforderungen aus der Verarbeitung

Höchstfeste Stähle werden zu Bauteilen mit unterschiedlichen Funktionen und entsprechend verschiedenartiger Gestalt verarbeitet. Für die Bauteilherstellung aus geeigneten Vor- und Zwischenerzeugnissen werden grundsätzlich die gleichen Verarbeitungsverfahren wie bei *Vergütungsstählen niedrigerer Festigkeit* (s. D 5) angewendet, wie Zerspanen, Kaltumformen, Fügen, Wärmebehandeln, Oberflächenbehandeln u. a. Vergleichbar sind daher auch die Anforderungen an die Verarbeitbarkeit. Hervorzuheben ist die Bedeutung der werkstoffgerechten Konstruktion und Verarbeitung für die sichere Betriebsbewährung der höchstfesten Stähle, bei denen sich Fehler in der Verarbeitung besonders ungünstig auswirken können. Da es sich in der Regel um hochbeanspruchte, kritische Bauteile handelt, stehen die Verwendungseigenschaften vielfach im Vordergrund, und es wird ein höherer Aufwand bei der Verarbeitung in Kauf genommen.

D 8.3 Verwirklichung der Anforderungen durch die chemische Zusammensetzung der Stähle und Maßnahmen bei ihrer Erzeugung

D 8.3.1 Grundsätzliche Möglichkeiten

Aufgrund der bisherigen Entwicklungsarbeiten und Erfahrungen werden zwei Stahlgruppen für die geschilderten Anforderungen verwendet: Vergütungsstähle und martensitaushärtende Stähle.

Bei der ersten Gruppe ist – wie bei allen *Vergütungsstählen* – der durch Härten erreichte Kohlenstoffmartensit die Grundlage der Festigkeit. Die hohen Betriebsbeanspruchungen der Bauteile erfordern eine martensitische Durchhärtung, so daß die Stähle eine angemessene Härtbarkeit und entsprechende Legierungshöhe aufweisen müssen. Da die Einbaufestigkeit durch das Anlassen festgelegt wird, sind Anlaßtemperatur und chemische Zusammensetzung so aufeinander abzustimmen, daß für den gewünschten Festigkeitsbereich ausreichende Zähigkeitseigenschaften erhalten werden. Für Werte der Zugfestigkeit von mehr als etwa 1400 N/mm² muß nach dem Härten entweder die Anlaßtemperatur niedrig gehalten oder eine hohe Anlaßbeständigkeit erzielt werden. Wenn das Gebiet der 300 °C-Martensitversprödung vermieden werden soll, kommen für das Anlassen die beiden Temperaturbereiche von 150 bis etwa 200 °C und oberhalb 500 °C in Frage. Für beide Anlaßbereiche wurden nach ihrer Zusammensetzung besonders geeignete Stahlgruppen entwickelt.

Bei den kohlenstoffarmen *martensitaushärtenden Stählen* wird durch Nickelgehalte um 18 % erreicht, daß sich bei der Abkühlung von rd. 800 °C bei Temperaturen um 200 °C beginnend ein weicher Martensit aus dem Austenit bildet (s. Bild D 8.1). Bei der Wiedererwärmung erfolgt die Rückumwandlung in Austenit erst oberhalb 500 °C. Diese Hysterese in den Umwandlungstemperaturen für Abkühlen und Erwärmen ist die Grundlage für die Aushärtbarkeit dieser Stähle. Während der Austenit eine hohe Löslichkeit für Legierungselemente wie Kobalt, Molybdän, Titan u. a. aufweist, ist diejenige des Martensits sehr klein. Bei der Martensitumwandlung um 200 °C können sich die Legierungselemente aus dem Martensit

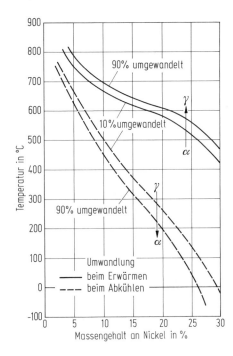

Bild D 8.1 Das Zustandsschaubild Eisen-Nickel für Nickelgehalte bis 30 %. Nach [10].

jedoch nicht mehr ausscheiden, da die Diffusionsgeschwindigkeit zu gering ist. Wird ein solcher übersättigter Martensit erwärmt, so treten insbesondere wenig unterhalb der Temperatur der Rückumwandlung bei rd. 450 bis 500 °C Ordnungsvorgänge und Vorausscheidungen auf, die eine beträchtliche Aushärtung bewirken (s. B 6.4 und C 1). Über die Natur der an der Aushärtung beteiligten Ausscheidungen liegen zahlreiche Veröffentlichungen vor, die nicht alle zu den gleichen Ergebnissen kommen [11-16]. Übereinstimmend wird angenommen, daß die Phasen FeTi, Ni_3Mo und Fe_2Mo an der Aushärtung beteiligt sind.

Der Legierungsgehalt der martensitaushärtenden Stähle muß so abgestimmt werden, daß
- keine Anteile an Delta-Ferrit vorhanden sind,
- keine unerwünschten (versprödenden) intermetallischen Phasen auftreten,
- eine Steigerung der Festigkeit durch Aushärten möglich ist, und,
- wenn eine Tiefkühlung als zusätzliche Behandlung vermieden werden soll, die Martensitumwandlung oberhalb der Raumtemperatur abgeschlossen ist.

Wird zur Verbesserung der Rostbeständigkeit Chrom zulegiert, sind die Gehalte der übrigen Legierungselemente entsprechend zu ändern.

D 8.3.2 Festigkeits- und Zähigkeitseigenschaften

D 8.3.2.1 Vergütungsstähle

Für Gefüge und Eigenschaften der höchstfesten Vergütungsstähle gelten grundsätzlich die gleichen Einflußgrößen, die bereits bei den Vergütungsstählen niedrigerer Festigkeit in D 5 besprochen wurden, wie Umwandlungsverhalten, Härtbarkeit, Anlaßversprödung.

Es ist einfach, durch Härten und niedriges Anlassen eine hohe Festigkeit einzustellen; dies wird z. B. bei den Federstählen durch hohe Kohlenstoffgehalte erreicht. Wenn jedoch höhere Zähigkeitseigenschaften erforderlich sind, bedarf es einer besonderen *Abstimmung der Kohlenstoff- und Legierungsgehalte*. In Bild D 8.2 ist für zwei Stähle, die sich im wesentlichen durch den Siliziumgehalt unterscheiden, die Änderung der Zugfestigkeit, der 0,2%- und der 0,01%-Dehngrenze sowie der Kerbschlagarbeit in Abhängigkeit von der *Anlaßtemperatur* dargestellt [17]. Für den Stahl 38 NiCrMoV 7 3 mit rd. 0,25% Si ergibt sich eine günstige Anlaßtemperatur von 200 °C. Der erhöhte Siliziumgehalt von 1,7% des Stahls 41 SiNiCrMoV 7 6 bewirkt eine Verzögerung der beim Anlassen ablaufenden Vorgänge [18] und damit auch eine Verschiebung der Martensitversprödung [19, 20] zu höherem Temperaturen, so daß derartige Stähle ohne Zähigkeitseinbuße bis rd. 330 °C angelassen werden können. Da die Festigkeit des Martensits nach dem Härten und nach dem Anlassen bei etwa 200 °C weitestgehend vom Kohlenstoffgehalt abhängt, können bei diesen Stählen Zugfestigkeit und 0,2%-Dehngrenze nur über den Kohlenstoffgehalt eingestellt werden (s. Bild D 8.3a). Für Siliziumgehalte über 1,5% und Anlassen bei etwa 300 °C ergeben sich ähnliche Beziehungen, doch liegen die beiden Festigkeitskenngrößen bei gleichem Kohlenstoffgehalt um rd. 100 bis 150 N/mm² höher als im Bild dargestellt.

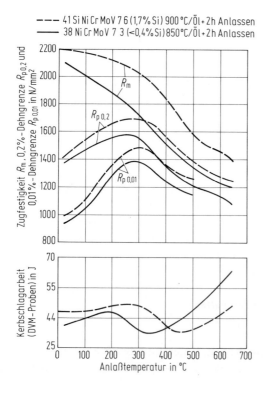

Bild D 8.2 Einfluß des Siliziumgehalts auf die Änderung der mechanischen Eigenschaften von höchstfesten Vergütungsstählen mit der Anlaßtemperatur. Nach [17].

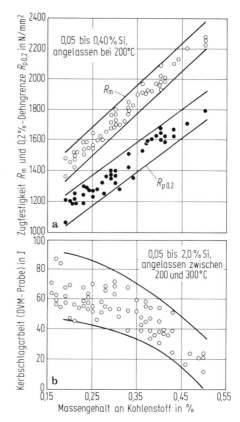

Bild D 8.3 Einfluß des Kohlenstoffgehalts auf die mechanischen Eigenschaften niedrig angelassener Vergütungsstähle nach martensitischer Härtung. **a** Zugfestigkeit und 0,2%-Dehngrenze. Nach [17, 21-23]. **b** Kerbschlagarbeit. Nach [17, 21].

Am Beispiel der Kerbschlagarbeit zeigt Bild D 8.3b für vergleichbare Stahlarten, daß, wie die Zugfestigkeit und Streckgrenze, auch die *Zähigkeit* stark vom Kohlenstoffgehalt abhängt. Mehr als bei der Festigkeit wirken sich bei ihr aber zusätzlich Legierungselemente aus. Die Kombination Nickel-Chrom-Molybdän – gegebenenfalls mit weiteren Zusätzen an Silizium, Kobalt und Vanadin – hat sich besonders bewährt; die Nickelgehalte liegen dabei im Bereich von 1,5 bis 8%. Die den Mischkristall verfestigenden Legierungselemente Mangan und Silizium sowie die Karbidbildner Molybdän und Chrom können die Zähigkeit dieser Legierungsgruppe vermindern, doch läßt sich aus Gründen der Härtbarkeit auf sie nicht vollständig verzichten [24]. Kobaltgehalte bis zu 5% sind bei den höchsten Nickelgehalten vorteilhaft, um eine zu starke Absenkung der M_s-Temperatur und unerwünschte Restaustenitgehalte beim Härten zu vermeiden [24].

Aus Bild D 8.2 geht hervor, daß der Stahl 38 NiCrMoV 7 3 bei *Anlaßtemperaturen oberhalb 500 °C* zwar hohe Zähigkeit aber nur relativ niedrige Zugfestigkeit hat. Um nach Anlassen bei solchen Temperaturen Werte für die Zugfestigkeit über 1400 N/mm² zu erreichen, müssen *weitere, die Anlaßhärte erhöhende Legierungszusätze* erfolgen. Hierzu kann eine Ausscheidungshärtung entweder über feine Sonderkarbide oder intermetallische Phasen bestimmter Legierungselemente beitragen. Vor allem für eine Zugfestigkeit über etwa 1700 N/mm² kommen nur Stähle mit höheren Gehalten an Sonderkarbidbildnern in Betracht, wie sie von Warmarbeitsstählen oder Nitrierstählen bekannt sind. In Bild D 8.4 ist beispielhaft die Abhängigkeit der mechanischen Eigenschaften von der Anlaßtemperatur für die beiden Stahlsorten X 41 CrMoV 5 1 und X 32 NiCoCrMo 8 4 dargestellt [25, 26]. Während bei dem letztgenannten Stahl lediglich eine Verzögerung des Festigkeitsabfalls vorliegt, tritt beim Chrom-Molybdän-Vanadin-Stahl bei Anlaßtemperaturen um 500 °C eine *Sekundärhärtung* auf. Für Anlaßtemperaturen größter Sekundärhärtung durchlaufen die Zähigkeitskennwerte dieses Stahls ein Minimum, weshalb sekundärhärtende Vergütungsstähle in der Regel bei Temperaturen oberhalb größter Härte angelassen werden.

Die Anlaßbeständigkeit der sekundärhärtenden Stähle beruht auf der beim Anlassen erfolgenden Ausscheidung von Sonderkarbiden der Legierungselemente Vanadin, Molybdän, Chrom, Wolfram, Titan oder Niob; auch Kupfer kann bei Gehalten über rd. 1% zur Ausscheidungshärtung beitragen. Die erreichbaren Festigkeitseigenschaften sind vom Kohlenstoff- *und* Legierungsgehalt [27–30] abhängig. Als Härtungsgefüge kommt Martensit oder Bainit in Frage. Bei der Austenitisierung nicht gelöste Karbide oder Nitride verringern den wirksamen Legierungsgehalt, so daß das Ausmaß der Sekundärhärtung von der Härtetemperatur

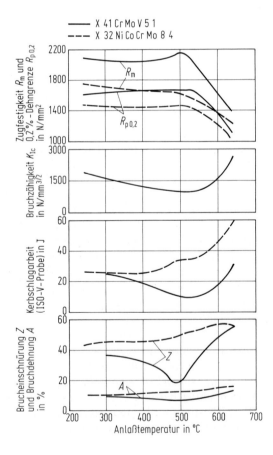

Bild D 8.4 Abhängigkeit der mechanischen Eigenschaften von der Anlaßtemperatur bei zwei anlaßbeständigen höchstfesten Stählen (Anlaßdauer 2 mal 2 h). X 41 CrMoV 5 1, gehärtet 1020 °C/Luft. Nach [25]. X 32 NiCoCrMo 8 4, gehärtet 840 °C/Öl + tiefgekühlt bei −75 °C 2 h. Nach [26].

abhängt. Der Ausscheidungszustand der Sonderkarbide beeinflußt maßgeblich die erreichbaren Zähigkeitseigenschaften. Ihre Abhängigkeit vom Kohlenstoffgehalt bzw. von der Zugfestigkeit ist weniger eindeutig als bei den niedrig angelassenen Vergütungsstählen [31, 32].

D 8.3.2.2 Martensitaushärtende Stähle

Die Festigkeit der martensitaushärtenden Stähle setzt sich aus derjenigen des im lösungsgeglühten Zustand vorliegenden *Martensits* (Zugfestigkeit etwa 1000 N/mm^2) und der *Erhöhung durch die Ausscheidungshärtung* zusammen. Diese wird bei Stählen mit 18% Ni vor allem durch Titan (s. Bild D 8.5 [33]), Molybdän (s. Bild D 8.6),

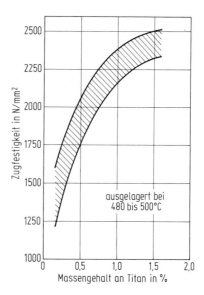

Bild D 8.5 Einfluß des Titangehalts auf die Zugfestigkeit martensitaushärtender Stähle mit 18% Ni, 8 bis 12% Co und 4 bis 5% Mo im ausgehärteten Zustand. Nach [33].

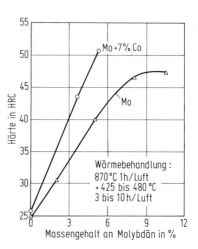

Bild D 8.6 Einfluß von Molybdän sowie von Molybdän + jeweils 7% Co auf die Höchsthärte von Stählen mit 18,5 bis 20,1% Ni. Nach [11].

sowie durch Aluminium oder Niob gesteigert [34–37]. Die Rolle des Kobalts bei der Aushärtung ist weniger überschaubar. Während es allein keine nennenswerte Aushärtung in Nickelstählen bewirkt, verstärkt es die Härtesteigerung durch Molybdän. Es wird vermutet, daß Kobalt über Ordnungszustände zu einer örtlichen Anreicherung von Nickel führt und die Molybdänlöslichkeit verringert. Aufgrund der Martensitumwandlung sind zahlreiche Fehlstellen im Gefüge vorhanden, welche beschleunigend auf die diffusionsgesteuerten Aushärtevorgänge wirken. So wird im Stahl X 2 NiCoMo 18 8 5 bei 525 °C innerhalb von 1 min eine Härtesteigerung von rd. 200 HV erzielt [1]. Für den Stahl X 2 NiCoMoTi 18 12 4 zeigt Bild D 8.7 die Abhängigkeit der Härte von Auslagerungsdauer und -temperatur [1]. Der Abfall der Härte bei höheren Temperaturen und längeren Zeiten ist sowohl auf die Austenitrückbildung als auch auf Überalterung zurückzuführen.

Die *Zähigkeit* der martensitaushärtenden Stähle hängt von der Legierungsart ab, d. h. sowohl von der Zusammensetzung der Matrix als auch von der Art und den Gehalten der die Aushärtung fördernden Elemente; sehr günstig haben sich die Stähle mit 18% Ni mit unterschiedlichen Zusätzen von Kobalt, Molybdän und Titan erwiesen.

Die *Auslagerung* der martensitaushärtenden Stähle erfolgt meistens im Bereich größter Ausscheidungshärtung. Falls die hier erreichte Zähigkeit nicht genügt, ist es vorteilhafter, eine Stahlsorte geringerer Höchstfestigkeit einzusetzen, als die Auslagerungstemperatur zu variieren. Einige Stähle mit hohen Kobalt- und Titangehalten erfahren nach Auslagern unterhalb der Höchsthärte (zwischen etwa 350 und 470 °C) eine starke Zähigkeitsminderung, deren Ursache derzeit noch ungeklärt ist [1, 33, 38].

D 8.3.2.3 Für beide Stahlgruppen zutreffende Erzeugungsmaßnahmen

Die gleichzeitigen Anforderungen an Festigkeit und Zähigkeit der höchstfesten Stähle sind nur von einem möglichst fehlerfreien und gleichmäßigen Gefüge zu erfüllen. Die Stähle müssen daher mit geringen Gehalten an Phosphor, Schwefel, Gasen und nichtmetallischen Einschlüssen und möglichst seigerungsarm *erschmolzen* und vergossen werden (s. E4).

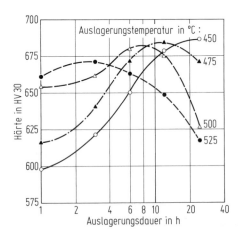

Bild D 8.7 Härte des Stahls X 2 NiCoMoTi 18 12 4 in Abhängigkeit von der Auslagerungstemperatur und -dauer; vor dem Auslagern von 820 °C 1 h an Luft abgekühlt. Nach [1].

Im allgemeinen ist ein *gleichmäßig martensitisches Gefüge*, das eine homogene Gleitung zuläßt, *am günstigsten*. Kleinere Gehalte stabilen Restaustenits können die Zähigkeitseigenschaften verbessern, besonders wenn sie als feine Säume die Martensitpakete einschließen. Zu hohe Restaustenitgehalte werden gegebenenfalls durch eine Tiefkühlung verringert (s. Stahl X 32 NiCoCrMo 84 in Bild D 8.4).

Wie bei allen Stählen wirkt ein *feines Korn* auch bei den höchstfesten Stählen zähigkeitssteigernd. Sogenanntes Superfeinkorn, das durch wiederholtes Härten nach Schnellerwärmen und Kurzzeitaustenitisieren erhalten werden kann, erhöht zusätzlich die Festigkeit, besonders die Streckgrenze [39, 40].

Eine Verbesserung der Zähigkeit und/oder Festigkeit sowie des Verhältnisses beider Eigenschaften ist durch verschiedene *thermomechanische Behandlungen* möglich. Höchste Festigkeitswerte ermöglichen die Verfahren des Austenitformhärtens [1, 41–44] sowie der Reckalterung [45] martensitischer oder bainitischer Ausgangszustände, die jedoch wegen der Beschränkung auf einfach gestaltete Teile sowie wegen Schwierigkeiten bei der Durchführung und in der Weiterverarbeitung keine breite Anwendung gefunden haben. Größere Möglichkeiten hierzu bietet die thermomechanische Behandlung bei hohen Temperaturen, bei der im Bereich der Ac_3-Temperatur warm umgeformt und nach dynamischer Polygonisation aber vor einer Rekristallisation gehärtet wird [46]. Die Verbesserung der Eigenschaften beruht auf der Bildung eines feinen und gleichmäßigen Gefüges sowie bestimmter Versetzungsstrukturen, die vom verformten Austenit auf den Martensit vererbt werden und die örtliche Konzentration der Verformung im Mikrobereich verringern (s. C 1 und C 4).

Vergleicht man die *Zähigkeitseigenschaften unterschiedlicher Gruppen* höchstfester Stähle, so ist festzustellen, daß sich bei gleicher Festigkeit die Werte für Bruchdehnung und Kerbschlagarbeit kaum unterscheiden, während die martensitaushärtenden Stähle in Brucheinschnürung und Bruchzähigkeit den anderen Legierungstypen überlegen sind (s. Bild D 8.8).

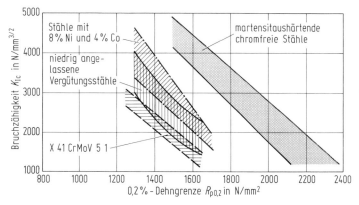

Bild D 8.8 Abhängigkeit der Bruchzähigkeit K_{Ic} von der 0,2%-Dehngrenze $R_{p\,0,2}$ für vier Legierungstypen höchstfester Stähle (nach Werten aus der Literatur und eigenen Versuchen).

D 8.3.3 Spannungsrißkorrosion, Wasserstoffversprödung und Rostbeständigkeit

Die höchstfesten Vergütungsstähle und die chromfreien martensitaushärtenden Stähle sind nicht korrosionsbeständig. Sie unterliegen mit zunehmender Zugfestigkeit, Kerbwirkung und äußerer Beanspruchung verstärkt der Spannungsrißkorrosion oder Wasserstoffversprödung. Bei höchstfesten Stählen können bereits *geringe Wasserstoffgehalte* aus nur schwachkorrosiven Medien, wie destilliertem Wasser, Leitungswasser, organischen Flüssigkeiten, feuchter Luft wirksam werden [5, 25, 47–51]. Als Hauptursache vieler verzögerter Sprödbrüche bei hochfesten Bauteilen hat sich der bei einer zum Korrosionsschutz durchgeführten Elektroplattierung eingedrungene Wasserstoff herausgestellt.

Innerhalb der einzelnen Werkstoffgruppen tritt der *Einfluß der chemischen Zusammensetzung* gegenüber dem der Festigkeitshöhe zurück. Die Rangfolge in der Anfälligkeit gegenüber bestimmten Medien wurde oft unterschiedlich gefunden. Da in der Regel die Beständigkeit unterschiedlicher Stähle gegen Spannungsrißkorrosion mit steigender Bruchzähigkeit zunimmt, verhalten sich die martensitaushärtenden Stähle gleicher Zugfestigkeit günstiger als die höchstfesten Vergütungsstähle. Die im Einzelfall zu treffenden Maßnahmen zur Vermeidung dieser Schadensart (Oberflächenschutz, Druckeigenspannung, Verminderung der Kerbwirkung) bedürfen einer sorgfältigen Abstimmung mit vorliegenden Erfahrungen.

Höhere Beständigkeit gegenüber Spannungskorrosion und geringere Rostanfälligkeit sind durch den Einsatz *chromlegierter martensitaushärtender Stähle* zu erreichen. Es hat sich gezeigt, daß bereits 9% Cr in Verbindung mit den übrigen Legierungselementen eine beachtliche Rostbeständigkeit erreichen lassen [52]. Die Entwicklung von Stahlsorten ähnlicher Korrosionsbeständigkeit mit gleichzeitig höheren Festigkeitswerten von z. B. über 1700 N/mm^2 ist bisher wegen anderer Nachteile nicht erfolgreich gewesen.

D 8.3.4 Dauerschwingfestigkeit

Grundsätzlich sind die Vorgänge der Werkstoffermüdung höchstfester Stähle gleich denen bei weniger harten Stählen. Eine Rangordnung in der Dauerschwingfestigkeit unter den verschiedenen höchstfesten Stählen oder Stahlgruppen kann nicht ohne weiteres aufgestellt werden. Die durch metallurgische und technologische Einflüsse verursachten Streuungen der Ergebnisse sind vielfach größer als die Unterschiede zwischen verschiedenen Stahlsorten. Anlassen bei möglichst hohen Temperaturen und damit die weitgehende *Beseitigung ungünstiger Restspannungen* ist *von Vorteil*, so daß in vielen Untersuchungen die anlaßbeständigen Chrom-Molybdän-Vanadin-Vergütungsstähle höchste Dauerfestigkeit erreicht haben. Die für eine hohe Schwingspielzahl von z. B. mehr als 10^6 erreichbare Dauerfestigkeit nimmt für ungekerbte Proben oder nur gering querschnittsgestörte Bauteile hoher Oberflächengüte mit ansteigender Zugfestigkeit zu.

Mit zunehmender *Kerbwirkung*, sei sie durch äußere Faktoren der Bauteilgestalt oder -ausführung oder aber durch Werkstoffinhomogenitäten bedingt, kann die Dauerfestigkeit erheblich abfallen; z. B. kann die Umlaufbiegewechselfestigkeit ungekerbter Proben bei einer Zugfestigkeit von 1600 bis 2100 N/mm^2 zwischen 600 und 1000 N/mm² schwanken. Es empfiehlt sich daher, bei Bauteilen aus höchstfesten Stählen durch Formgebung und Oberflächengestaltung niedrige Kerbfaktoren zu verwirklichen. Nur wenn diese Voraussetzung erfüllt ist, hat es Sinn, an die Werkstoffreinheit besonders hohe Anforderungen zu stellen.

Feinkörnige, homogene Gefüge aus Martensit oder Bainit, die eine hohe Beständigkeit gegen Überalterung sowie eine hohe Verfestigungsfähigkeit aufweisen, erreichen bei gleicher Zugfestigkeit die *beste Dauerschwingfestigkeit.*

Weiterhin wirken sich Druckeigenspannungen an der Oberfläche durch Kugelstrahlen, Kaltrollen oder auch Nitrieren günstig aus. Bild D 8.9 zeigt, daß durch ein Salzbadnitrieren anlaßbeständiger höchstfester Stähle unterschiedlicher Vergütungsfestigkeit die Umlaufbiegewechselfestigkeit gekerbter Proben wesentlich zu verbessern ist [17]. Im Vergleich zu Stählen üblicher Vergütungsfestigkeit läßt sich die hohe Zugfestigkeit der höchstfesten Stähle bei reiner Wechselbeanspruchung am besten nutzen, da unter höheren Zug-Mittelspannungen die Dauerfestigkeit relativ stark abfällt (Mittelspannungsempfindlichkeit) [53].

Wenn auch auf Dauerfestigkeit ausgelegte Bauteile aus höchstfesten Stählen durch Wirksamwerden des Kerbeinflusses nicht immer eine Verbesserung gegenüber herkömmlichen Stählen ergeben, können erhebliche *Vorteile im Bereich* geringerer Schwingspielzahlen bei auf *Zeitfestigkeit* ausgelegten Bauteilen erzielt werden.

Während bei weichen Stählen das Stadium der Rißausbreitung den überwiegenden Teil der gesamten Lebensdauer ausmacht, haben die höchstfesten Stähle einen *erhöhten Widerstand gegen Rißbildung*. Die Rißausbreitung hängt aber besonders stark von der Umgebung ab. Selbst für den chromhaltigen martensitaushärtenden Stahl X1NiCrCoMo 10 9 3 vermindert sich die Dauerfestigkeit unter gleichzeitiger Korrosionsbeanspruchung sehr stark: Unter Umlaufbiegung sinkt der bis zu 10^7 Schwingspielen ertragbare Spannungsausschlag in 3%iger Kochsalzlösung gegenüber Luft bei glatten Proben von 600 auf 380 N/mm² und bei gekerbten Proben von 280 auf 140 N/mm² [52].

Wegen weiterer Angaben zur Dauerfestigkeit auch anderer Stahlsorten sei auf das umfangreiche Schrifttum verwiesen [1, 25, 30, 34, 54–57].

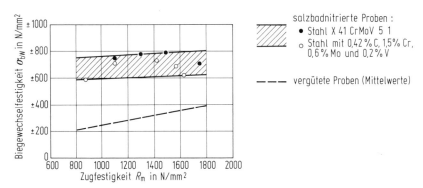

Bild D 8.9 Einfluß des Salzbadnitrierens auf die Umlaufbiegewechselfestigkeit (für 10^7 Schwingspiele) anlaßbeständiger Vergütungsstähle bei unterschiedlicher Zugfestigkeit (Probenform: abgesetzter Schulterstab mit Formfaktor $\alpha_k = 2$). Nach [17].

D 8.3.5 Verarbeitungseigenschaften

Die höchstfesten Stähle werden in der Regel nicht im Zustand der späteren Einbaufestigkeit verarbeitet, sondern vom Herstellerwerk in einem für die Zerspanung oder Kaltumformung günstigen Zustand ausgeliefert. Die beim Verbraucher vorzunehmenden Verarbeitungsgänge sind für Vergütungsstähle und martensitaushärtende Stähle unterschiedlich, wie das aus Tabelle D 8.1 hervorgeht. Die martensitaushärtenden Stähle haben dabei Vorteile durch eine geringere Anzahl von einfacheren und risikoärmeren Behandlungsgängen.

Tabelle D 8.1 Vergleich der üblichen Verarbeitungsgänge höchstfester Stähle

Martensitaushärtende Stähle	Vergütungsstähle
Walzen oder Schmieden	Walzen oder Schmieden
Abkühlung an Luft	Ablegen zur langsamen Abkühlung erforderlich
	Weichglühen
spanabhebendes Grobbearbeiten	spanabhebendes Grobbearbeiten
Lösungsglühen (rd. 830 °C/Luft)	Spannungsarmglühen, Normalglühen
Feinbearbeitung auf Fertigmaß	Feinbearbeitung, jedoch mit Aufmaß
Auslagern zur Härtesteigerung (rd. 500 °C/Luft) (geringer und gleichmäßiger Verzug (Kontraktion))	(Härten (840 bis 1040 °C/Öl oder Luft) (Verzug, Entkohlung, Rißgefahr)
	Anlassen (u. U. mehrfach)
	Bearbeiten auf Fertigmaß
u. U. Oberflächenbehandlung	u. U. Oberflächenbehandlung

Im Gegensatz zur Wärmebehandlung von Vergütungsstählen wird bei den martensitaushärtenden Stählen der hochfeste Einbauzustand durch ein einfaches Auslagern bei höchstens rd. 500 °C aus dem verhältnismäßig weichen bearbeitbaren Zustand erreicht. Bei dieser Auslagerung sind Verzunderung und Maßänderungen so gering, daß in der Regel ein Nachbearbeiten überflüssig ist.

Hervorzuheben sind noch die gute *Kaltumformbarkeit* und geringe Verfestigungsneigung der martensitaushärtenden Stähle. Sehr hohe Kaltwalz- oder Ziehgrade lassen sich ohne Zwischenglühen bei diesen Stählen aufbringen. Sie können zudem ohne erneutes Lösungsglühen nach der Kaltumformung ausgelagert werden, wodurch gegenüber dem nicht kaltumgeformten Zustand die Festigkeit erhöht, die Zähigkeit jedoch gemindert wird.

Auch beim *Schweißen* ist ein günstigeres Verhalten der martensitaushärtenden Stähle festzustellen, da sie bei der Abkühlung nach dem Schweißen – abgesehen von schmalen Zonen im Übergang, die leicht aushärten – weich anfallen, so daß kaum Rißgefahr besteht [58–61]. Dagegen erfordern die höchstfesten Vergütungsstähle mit ihrem für ein problemfreies Schweißen zu hohem Kohlenstoff- und Legierungsgehalt aufwendige Sondermaßnahmen, wie Vorwärmen, Entspannen, Glühen und erneutes Vergüten [1] (s. C 5).

Die *zerspanende Bearbeitung* bei Festigkeiten oberhalb 1400 N/mm^2 ist – für die verschiedenen Verfahren unterschiedlich – erschwert. Sie erfordert neben ausgewählten harten und scharfen Werkzeugen besondere Schnittbedingungen sowie starre Werkzeugmaschinen, Werkzeuge und Werkzeugeinspannungen [58, 62, 63]. Neue Bearbeitungsverfahren, wie elektroerosive oder elektrochemische Bearbeitung, Anwendung von Elektronen- oder Laserstrahlen, gewinnen an Bedeutung und Wirtschaftlichkeit.

D 8.4 Kennzeichnende Stahlsorten und ihre Eigenschaften

Trotz der mengenmäßig geringen Erzeugung sind *international zahlreiche höchstfeste Stahlsorten* bekanntgeworden, bei deren Entwicklung die in den vorhergehenden Abschnitten erörterten grundlegenden Erkenntnisse angewandt wurden. In den Tabellen D 8.2 bis D 8.5 sind kennzeichnende Eigenschaften für jeweils einige Vertreter der Stahlgruppen angegeben. In der Bundesrepublik Deutschland wurden höchstfeste Stähle bisher lediglich für die Luftfahrt genormt.

Tabelle D 8.2 Chemische Zusammensetzung ausgewählter höchstfester Stähle (Richtwerte)

Stahlsorte Kurzname	Werkstoffnummer	% C	% Si	% Mn	% Co	% Cr	% Mo	% Ni	% Ti	% V
Vergütungsstähle										
38 NiCrMoV 7 3	1.6926[a]	0,38	0,25	0,65	–	0,80	0,35	1,85	–	0,12
41 SiNiCrMoV 7 6	1.6928	0,41	1,65	0,55	–	0,80	0,40	1,50	–	0,10
X 32 NiCoCrMo 8 4	1.6974	0,32	0,10	0,25	4,5	1,0	1,0	7,5	–	0,09
X 41 CrMoV 5 1[b]	1.7783[c]	0,41	0,90	0,30	–	5,0	1,3	–	–	0,50
martensitaushärtende Stähle										
X 2 NiCoMo 18 8 5[d]	1.6359	0,02	0,05	0,05	7,5	–	4,8	18,0	0,45	–
X 2 NiCoMo 18 9 5[d]	1.6358[e]	0,02	0,05	0,05	9,0	–	5,0	18,0	0,70	–
X 2 NiCoMoTi 18 12 4[d]	1.6356	0,01	0,05	0,05	12,0	–	3,8	18,0	1,60	–
X 1 NiCrCoMo 10 9 3[f]		0,01	0,05	0,05	3,3	9,0	2,0	10,0	0,80	–

[a] Ähnlich LW 1.6944
[b] Sekundärhärtender Stahl
[c] Ähnlich LW 1.7784
[d] Außerdem rd. 0,1% Al
[e] Ähnlich LW 1.6354
[f] Nichtrostender Stahl

Die Stähle 38 NiCrMoV 7 3 und 41 SiNiCrMoV 7 6 gehören zu den höchstfesten *Vergütungsstählen*, die nach Ölhärten bei nur 200 (bzw. 300 °C bei höheren Siliziumgehalten) angelassen werden (vgl. Bild D 8.2). Es gibt eine Vielzahl ähnlich zusammengesetzter Stahlsorten, die eine entsprechend ihrem Kohlenstoffgehalt unterschiedliche Vergütungsfestigkeit erreichen. Vor allem im Ausland sind einige Stähle genormt, die einen bis auf 0,25% abgesenkten Kohlenstoffgehalt und eine Mindestzugfestigkeit zwischen 1400 und 1800 N/mm^2 aufweisen. Der Stahl X 32 NiCoCrMo 8 4 vertritt die in den Vereinigten Staaten von Amerika entwickelten Stähle mit 8% Ni und 4% Co, für die eine Reihe mit unterschiedlichen Kohlenstoffgehalten zwischen 0,20 und 0,45 % bekannt ist [24, 64, 65]. Während die Sorten im oberen Bereich der Kohlenstoffgehalte für niedrige Anlaßtemperaturen und höchste Vergütungsfestigkeiten vorgesehen sind, werden der X 32 NiCoCrMo 8 4 und kohlenstoffärmere Stahlsorten oberhalb 500 °C angelassen, da sie sich durch eine hohe Anlaßbeständigkeit und Gefügestabilität auszeichnen (s. Bild D 8.4).

Tabelle D 8.3 Kennzeichnende Werte der mechanischen Eigenschaften bei 20 °C[a] im vergüteten bzw. ausgehärteten Zustand für die Stahlsorten nach Tabelle D 8.2

Stahlsorte Kurzname	Zugfestigkeit R_m N/mm²	0,2%-Dehngrenze $R_{p\,0,2}$ N/mm²	Bruchdehnung A %	Brucheinschnürung Z %	Kerbschlagarbeit (DVM-Probe) A_v J	Bruchzähigkeit K_{Ic} [b] N/mm³/²
38 NiCrMoV 7 3	1850	1550	8	40	35	1600...2600
41 SiNiCrMoV 7 6	1950	1650	8	40	30	1600...2400
X 32 NiCoCrMo 8 4	1550	1350	10	50	40	2400...3800
X 41 CrMoV 5 1	1900	1600	8	40	30	1200...1800
X 41 CrMoV 5 1	1700	1400	9	45	35	2000...2500
X 41 CrMoV 5 1	1500	1300	10	50	40	2500...3000
X 2 NiCoMo 18 8 5	1850	1750	8	50	35	2800...3500
X 2 NiCoMo 18 9 5	2100	2000	7	45	25	1800...3000
X 2 NiCoMoTi 18 12 4	2400	2300	6	30	15	1000...1500
X 1 NiCrCoMo 10 9 3	1550	1500	10	55	45	3800

[a] Längsproben, aus Stäben von rd. 50 mm Dmr. entnommen
[b] Die oberen Wertebereiche werden bei sondererschmolzenen Werkstoffen erreicht

Der *sekundärhärtende Stahl* X 41 CrMoV 5 1 hat ebenfalls eine hohe Anlaßbeständigkeit und kann durch Anlassen bei entsprechenden Temperaturen oberhalb 540 °C auf Vergütungszustände unterschiedlicher Festigkeits- und Zähigkeitseigenschaften behandelt werden [25, 30, 50] (s. Bild D 8.4 und Tabelle D 8.3). Auch auf dieser Legierungsgrundlage mit Chrom, Molybdän und Vanadin wurden mehrere Stahlsorten entwickelt; sie sind für Nitrierhärtung besonders geeignet.

Seit der Einführung der *martensitaushärtenden Stähle* um 1962 haben verschiedene Zusammensetzungen vorübergehend Bedeutung erlangt. Langfristig haben sich die in Tabelle D 8.2 wiedergegebenen drei (chromfreien) Stahlsorten bewährt. Sie enthalten 18% Ni, 8 bis 12% Co, 4 bis 5% Mo und 0,4 bis 1,6% Ti und überdecken einen Zugfestigkeitsbereich von etwa 1750 bis 2450 N/mm² (s. Tab. D 8.3). Neuere Entwicklungen gelten Stahlsorten, die eine nutzbare Zugfestigkeit von über 2800 N/mm² bei höheren Gehalten an Kobalt und Molybdän aufweisen [37, 66-68].

Der letzte in Tabelle D 8.2 aufgeführte *nichtrostende Stahl* X 1 NiCrCoMo 10 9 3 stellt eine Neuentwicklung dar [52]. Gegenüber anderen rostträgen Stählen hat er einen Chromgehalt von nur 9%, was seinen Zähigkeitseigenschaften – auch bei tieferen Temperaturen – zugute kommt. Dauertauchversuche über mehr als 2000 h in Schwitzwasser und in einer Lösung mit 3% NaCl bei Raumtemperatur führten nicht zu Rostbildung. Bei Spannungsrißkorrosionsprüfungen an glatten und gekerbten Proben in künstlichem Meerwasser ist bis zu einer Zugbeanspruchung von 90 % der Streckgrenze bei keiner Probe in Versuchszeiten von 1600 bis 2000 h ein Bruch eingetreten. Auch der in der Natriumchloridlösung ermittelte K_{ISCc} Wert von 3200 N/mm$^{3/2}$ deutet auf eine hohe Beständigkeit gegen Spannungsrißkorrosion hin [52, 69].

Für die ausgewählten Stahlsorten enthält Tabelle D 8.3 Anhaltswerte der Zugfestigkeit, 0,2 %-Dehngrenze, Bruchdehnung, Brucheinschnürung, Kerbschlagarbeit und Bruchzähigkeit im vergüteten oder ausgehärteten Zustand.

Tabelle D 8.4 Kennzeichnende Werte für die Warmstreckgrenze einiger höchstfester Stähle

Stahlsorte Kurzname	0,2 %-Dehngrenze ($R_{p\,0,2}$) bei					
	20 °C	200 °C	250 °C	300 °C	350 °C	400 °C
			N/mm^2			
X 32 NiCoCrMo 8 4	1400	1350	1330	1300	1250	1170
X 41 CrMoV 5 1	1600	1500	1430	1390	1350	1300
X 2 NiCoMo 18 8 5[a]	1750	1600	1500	1450	1400	1330
X 1 NiCrCoMo 10 9 3	1500	1320	1270	1220	1180	1140

[a] Für die martensitaushärtenden Stähle mit 18 % Ni höherer Festigkeiten gelten die gleichen Verhältnisse von Warm- zu Kaltstreckgrenze

Die martensitaushärtenden Stähle und höher angelassenen Vergütungsstähle haben bis mind. 400 °C eine hohe *Warmfestigkeit* (s. Tabelle D 8.4), wogegen die niedrig angelassenen höchstfesten Vergütungsstähle für die Anwendung bei höheren Temperaturen nicht geeignet sind.

Während alle gängigen höchstfesten Stähle befriedigende Zähigkeitseigenschaften bis etwa −40 °C aufweisen, können die martensitaushärtenden Stähle – insbesondere der Stahl X 2 NiCoMo 18 8 5 – bei hoher *Kaltzähigkeit* auch bei wesentlich tieferen Temperaturen eingesetzt werden.

Tabelle D 8.5 Angaben zur Wärmebehandlung einiger höchstfester Stähle

Stahlsorte Kurzname	Weich- glühen °C	Normal- glühen °C	Härten[a] °C	Lösungs- glühen[a] °C	Anlassen bzw. Auslagern °C
38 NiCrMoV 7 3	670...720	880...920	850...880/Öl	–	180...220
41 SiNiCrMoV 7 6	700...740	900...940	880...910/Öl	–	280...320
X 32 NiCoCrMo 8 4	600...650	880...920	840...870/Öl, W[b]	–	530...570
X 41 CrMoV 5 1	820...860	(900...1000)	1000...1040/Öl, L	–	550...640
X 2 NiCoMo 18 8 5	–	–	–	800...840/L	470...490
X 2 NiCoMo 18 9 5	–	–	–	800...840/L	480...500
X 2 NiCoMoTi 18 12 4	–	–	–	800...840/L	490...510
X 1 NiCrCoMo 10 9 3	–	–	–	820...850/L	470...490

[a] Abkühlmittel: L = Luft, W = Wasser   [b] Tiefkühlung bei etwa −75 °C wird empfohlen

In Tabelle D 8.5 finden sich Angaben zur *Wärmebehandlung* der gebräuchlichsten Stahlsorten aus den beiden behandelten Gruppen.

D9 Warmfeste und hochwarmfeste Stähle und Legierungen

Von Heinz Fabritius, Dieter Christianus, Karl Forch, Max Krause, Horst Müller und Albert von den Steinen

D9.1 Geforderte Eigenschaften

Warmfeste und hochwarmfeste *Werkstoffe* werden überall dort verwendet, wo Bauteile oder Anlagen *bei höheren Temperaturen mechanischen Beanspruchungen ausgesetzt* sind. Beispiele hierfür sind Wärmekraftwerke zur Erzeugung elektrischer Energie, Gasturbinen und Flugtriebwerke, Chemieanlagen, z.B. der Petrochemie und der erdölverarbeitenden Industrie, sowie Industrie-Öfen. Beim Bau derartiger Anlagen werden Bleche, Rohre, Schmiedestücke und Gußteile oft in großen Mengen verarbeitet.

In Wärmekraftwerken wird gegenwärtig Dampf im *Temperaturbereich* von rd. 300 bis 650°C verwendet. Die Frischdampftemperaturen liegen bei konventionellen Kraftwerken zwar überwiegend im Bereich von 500 bis 560°C; vor allem in den fünfziger Jahren wurde aber schon eine Reihe von Anlagen mit Frischdampftemperaturen bis zu 650°C errichtet. Stationäre Gasturbinen z.B. von Lufterhitzern können Temperaturen von 700°C und mehr aufweisen. Schnelle Brüter oder Hochtemperaturreaktoren werden ebenfalls bei diesen oder noch höheren Temperaturen arbeiten. In einem Versuchsreaktor der zuletzt genannten Art wird als Kühlmittel Helium mit einer Betriebstemperatur von rd. 950°C verwendet [1]. Am oberen Ende der Temperaturskala stehen Flugtriebwerke und Chemieanlagen mit Betriebstemperaturen bis rd. 1100°C.

Ein großer Teil der warmgehenden Bauteile erfährt vorwiegend eine konstante *mechanische Beanspruchung* bei einer festen Betriebstemperatur. Ein Beispiel sind die Dampferzeuger und Dampfleitungen im Grundlastbetrieb eingesetzter Wärmekraftwerke. Die maßgebende mechanische Beanspruchung entsteht hier durch den Dampfdruck. Bauteile für konstante Beanspruchung werden mit *Kennwerten* berechnet, die durch statische Prüfungen ermittelt werden. Welche dies im Einzelfall sind, hängt von der Art des Bauteils und seiner Betriebstemperatur ab. Für Bauteile mit hohen Betriebstemperaturen sind Zeitdehngrenzen oder die Zeitstandfestigkeit von primärer Bedeutung. Für Bauteile mit niedrigen Betriebstemperaturen wird die Warmstreckgrenze als Berechnungskennwert herangezogen. Als Grenztemperatur, bei der man von einer Verwendung von Warmstreckgrenzen auf Langzeitwerte übergeht, hat sich aus Erfahrung der Schnittpunkt der Kurve der Warmstreckgrenze mit der der Zeitstandfestigkeit für 10^5 h ergeben.

Die kennzeichnende *Anforderung an warmfeste Stähle für Schrauben* ist ein *hoher Relaxationswiderstand*. Darüber hinaus ist eine wichtige Voraussetzung für die Verwendbarkeit von Schraubenstählen, daß sie bei Vergütung auf einen technisch interessanten Festigkeitsbereich frei bleiben von Langzeitversprödung.

Die Betriebszustände von warmgehenden Anlagen sind aber eher durch wech-

---

Literatur zu D9 siehe Seite 751–756.

selnde mechanische Beanspruchungen und Temperaturen gekennzeichnet. Sind Bauteile wechselnden Temperaturen des Betriebsmediums ausgesetzt, so entstehen zwischen ihrer Oberfläche und dem Innern Temperaturdifferenzen, die mit der Bauteildicke zunehmen und vom zeitlichen Verlauf der Oberflächentemperatur abhängen. Sie führen zu mechanischen Spannungen, die die Gesamtbeanspruchung bis in den überelastischen Bereich steigern können. Die Auslegung solcher Bauteile für eine möglichst wirtschaftliche, bedarfsangepaßte Betriebsweise bei optimaler Werkstoffausnutzung erfordert Kennwerte über das Werkstoffverhalten bis zum Dehnwechselanriß. Aufgrund der Ergebnisse betriebsähnlicher Wechselversuche [2] werden Auslegung und Fahrweise der Anlagen so gewählt, daß im Laufe der geplanten Lebensdauer eine Mindestanzahl von Anfahrvorgängen ohne Anriß möglich ist. Neben dieser Beanspruchung im Bereich niederfrequenter Schwingspiele können auch höherfrequente Wechselbeanspruchungen in Form von Schwingungen und Pulsationen des Betriebsmediums auftreten. Sie sind bei der Auslegung der betroffenen Bauteile ebenfalls zu berücksichtigen. Kenntnisse über das Werkstoffverhalten unter konstanter und wechselnder Beanspruchung werden ergänzt durch Messungen der Rißwachstumsgeschwindigkeit.

Bei warmfesten Stählen hat das *Verformungsvermögen* eine *besondere Bedeutung*, so z. B. zum Spannungsabbau in der Wärmeeinflußzone von Schweißungen, in Gebieten konstruktiv bedingter Spannungskonzentration oder in der Umgebung von Einschlüssen und Mikrorissen. In diesen Fällen soll der lokale Relaxationswiderstand niedrig sein, um einen Spannungsabbau zu ermöglichen. Darüber hinaus ist ein ausreichendes Verformungsvermögen im gesamten durchfahrenen Temperaturbereich erforderlich, um sicherzustellen, daß auch ein überbeanspruchtes Bauteil sich vor dem Bruch zunächst in einer langen Beanspruchungsphase zäh verformt, denn dies kann bei der laufenden Überwachung erkannt werden und erlaubt rechtzeitige Sicherungsmaßnahmen. Da eine Steigerung des Verformungsvermögens bei den warmfesten Stählen meist eine Verminderung des Kriechwiderstands mit sich bringt, kann ein eingestellter Werkstoffzustand nur einen Kompromiß darstellen. Da sowohl die Zähigkeit als auch der Kriechwiderstand sich mit der Beanspruchungsdauer ändern können, sind Kenntnisse über das Ausmaß dieser Änderung im Verlauf der geplanten Lebensdauer von großer Bedeutung.

Weiter ist zu berücksichtigen, daß bei Erzeugnissen aus warmfesten Stählen auch hohe *Beanspruchungen weit unterhalb der Betriebstemperatur* vorkommen. Dies gilt für die vom Hersteller von Turbinenwellen durchgeführte Schleuderprobe bei Raumtemperatur mit 25% Überdrehzahl; es gilt ebenso für den Turbinenkaltstart und die routinemäßig vom Anlagenbetreiber durchgeführte Überprüfung. Ähnliche Beanspruchungsfälle sind die Wasserdruckproben. Hierbei gewinnen bruchmechanische Kenngrößen wie das Rißeinleitungs- und das Rißwachstumsverhalten der Werkstoffe auch bei Raumtemperatur sicherheitstechnische Bedeutung.

Je nach Art des Bauteils ist auch das *Verhalten der Werkstoffe bei schlagartiger Beanspruchung* – sei es bei erhöhten, sei es bei atmosphärischen Temperaturen – wichtig. Dann wird ausreichende Kerbschlagarbeit nicht nur im Lieferzustand, sondern auch nach langer thermischer Beanspruchung im Betrieb verlangt.

Das hohe Sicherheitsbedürfnis bei Kernenergieanlagen hat dazu geführt, daß steigende Anforderungen an die Werkstoffzähigkeit für Reaktorkomponenten, insbesondere für Reaktorsicherheitsbehälter gestellt werden. Dabei besteht das Ziel, eventuell auftretende kleine Risse durch eine zähe Matrix zu entschärfen. Daher wurde Ende 1975 empfohlen, das in den Dampfkesselvorschriften der American Society of mechanical Engineers [3] enthaltene Konzept, die Übergangstemperatur der Versprödung in der Zähigkeitsprüfung – die Nil Ductility Transition Temperature (NDTT) – mit der Raumtemperatur zu begrenzen, auf Sicherheitsbehälter anzuwenden.

Die Anforderungen an die *Bedingungen für das Schweißen* von Stählen, besonders für den Bau von Druckbehältern, sind ebenfalls in den letzten Jahren gestiegen. Während früher die Überprüfung der Kerbschlagarbeit im Schweißnahtübergang nicht vorgeschrieben war, fordern die seit dem Jahre 1976 gültigen Merkblätter der Arbeitsgemeinschaft Druckbehälter für überwachungspflichtige Behälter, daß die Kerbschlagarbeit in der Wärmeeinflußzone (WEZ) wenigstens 50% des für den Grundwerkstoff festgelegten Wertes betragen muß. Im Zeitstandbereich ist das Langzeitverhalten der Schweißverbindungen im Hinblick auf Festigkeit und Zähigkeit von großer Bedeutung.

Eine weitere Forderung ist die Einstellung *möglichst gleichmäßiger Gefügeausbildung und Festigkeitseigenschaften über den Querschnitt* auch bei Bauteilen mit großen Wanddicken. Dies wird durch die Wahl einer günstigen chemischen Zusammensetzung, durch Maßnahmen bei der Schmiedeblockerzeugung (Desoxidations-, Gieß- bzw. Umschmelzverfahren) und durch unterstützende Maßnahmen bei der Wärmebehandlung angestrebt.

In allen bei höheren Temperaturen betriebenen Anlagen stehen die Werkstoffe in *Kontakt mit gasförmigen, flüssigen oder festen Medien.* Sie sollen gegenüber Reaktionen mit ihnen, also gegen Korrosionsvorgänge, gegen Aufnahme von Kohlenstoff und Stickstoff, gegen Entkohlung, gegen Einwirkung von Druckwasserstoff oder gegen Erosion möglichst beständig sein, da diese zu allgemeiner oder örtlicher Wanddickenschwächung, Rißbildung oder zu unzulässigen Veränderungen der Werkstoffeigenschaften führen können. Das Korrosionsverhalten kann im Einzelfall von so großer Bedeutung sein, daß es die Werkstoffauswahl und die anzustrebenden Streckgrenzenwerte maßgeblich bestimmt. Dann steht nicht die Warmfestigkeit im Vordergrund, sondern z. B. die Hitzebeständigkeit oder die Druckwasserstoffbeständigkeit. Die unter diesen Gesichtspunkten entwickelten Werkstoffe werden in D 14 und D 15 behandelt.

Die Anforderungen an die Warmstreckgrenzenwerte werden dadurch begrenzt, daß die unter Betriebsbedingungen auf der Behälterinnenwand aufwachsende Magnetitschutzschicht in der Abkühlphase bei Druckspannungen oberhalb etwa 600 N/mm^2 aufreißt. Die Folge ist starke örtliche Korrosion [4, 5]. Deswegen wurde unter Zugrundelegung eines Kerbfaktors von $a_K = 3{,}5$ die Begrenzung der Nennspannung auf 170 N/mm^2 gefordert [6]. Diese Begrenzung bewirkt, daß die *ausnutzbare Warmstreckgrenze* des verwendeten Stahls zumeist bei rd. 340 N/mm^2 liegt.

Auch die Kenntnis *physikalischer Eigenschaften,* z. B. zur Berechnung von Wärmespannungen, ist Bestandteil des Anforderungskataloges [7]. Maßgebliche Kriterien für Werkstoffe, die im Reaktorkern oder im Primärkreislauf nuklearer Anlagen eingesetzt werden, sind bestimmte kernphysikalische Eigenschaften sowie das Verhalten gegenüber der Einwirkung von Neutronenstrahlung [8].

D 9.2 Kennzeichnung der geforderten Eigenschaften durch die Ergebnisse bestimmter Prüfungen

Die zur Kennzeichnung der Eigenschaften der warmfesten Werkstoffe bei höheren Temperaturen *wichtigen Prüfungen* sind der *Zeitstandversuch* unter konstanter mechanischer Spannung und der *Entspannungsversuch* mit konstanter Dehnung. Grundlegende Ausführungen hierüber finden sich in C 1.3.3. Ferner sei auf die Darstellung von Schmidt [9] hingewiesen, in der über Prüfverfahren, Geräte und Auswertungsmethoden ausführlich berichtet wird. Auf der Basis langjähriger Erfahrungen mit Zeitstandversuchen sind sowohl für die Einzelheiten der zu verwendenden Prüfgeräte als auch für die Versuchsdurchführung DIN-Normen geschaffen worden [10].

In den *Zeitstandversuchen* werden die Beanspruchungsdauern bis zum Erreichen bestimmter bleibender Dehnungen und bis zum Probenbruch ermittelt. Die Ergebnisse werden je nach Auswertungsziel in unterschiedlichen Diagrammen zusammengefaßt, wie sie z. B. in den Bildern C 1.159 bis C 1.161 wiedergegeben sind.

Die Ermittlung gesicherter Werkstoffkennwerte für Auslegungszeiten von 200 000 bis 300 000 h, wie sie heute für warmfeste Bauteile zugrunde gelegt werden, erfordert außerordentlich langzeitige Versuche. Es sind daher vielfältige *Anstrengungen* unternommen worden, um *Kennwerte für große Beanspruchungsdauern* aus den Ergebnissen kurzzeitigerer Versuche zu *extrapolieren* [9, 11]. Bis heute ist kein Extrapolationsverfahren bekannt geworden, das sich allein aus der zahlenmäßigen Erfassung metallphysikalischer Veränderungen im beanspruchten Werkstoff ableitet. Alle rein mathematischen Verfahren haben den Nachteil, daß sie lediglich die im mit Meßpunkten belegten Bereich festgestellte Kurvenfunktion über diesen Bereich hinaus als gültig voraussetzen. Sie sind z. B. beim Auftreten eines Wendepunkts in der Zeitbruchlinie nicht anwendbar [12]. Das zuverlässigste Verfahren ist noch immer die manuelle graphische Auswertung unter sachverständiger Gewichtung der einbezogenen Punkte. Die Erfahrung hat gezeigt, daß jedoch auch dabei ein Extrapolationszeitverhältnis von 3 nicht überschritten werden sollte [10, 13].

Unter dieser Voraussetzung sind für die Ermittlung der Werkstoffkennwerte für die genannten Auslegungszeiten Versuchsdauern von rund 70 000 bis 100 000 h (d. h. von 8 bis 11 Jahren) erforderlich. Über diesen Zeitraum ist das Werkstoffverhalten bei mehreren Temperaturen mit ausreichend vielen Meßpunkten zu belegen; gängige und vielversprechende weiterentwickelte Werkstoffe sowie ihre Schweißverbindungen sind zu prüfen. Wegen des Umfangs und der Kosten werden solche Aufgaben in Deutschland zu einem großen Teil von zwei Arbeitsgemeinschaften der Stahlhersteller, Anlagenhersteller und Anlagenbetreiber wahrgenommen [14]. Über Ergebnisse wurde mehrfach berichtet [15-17].

Zur Ableitung gesicherter Langzeitwerte für einen Werkstoff bzw. Werkstoffzustand müssen Proben unterschiedlicher Herkunft geprüft werden, damit die *Streubreite der in der Praxis eingesetzten Erzeugnisse* angenähert berücksichtigt wird. Mit zunehmender Zahl der Meßpunkte zeichnet sich im allgemeinen ein begrenzter Streubereich der Werte deutlich ab. Erfahrungsgemäß streut z. B. die Zeitstandfestigkeit in Beanspruchungsrichtung ±20% um den Mittelwert. Infolge dieser Streubreite können sich nach Bild D 9.1 bei einem flach verlaufenden Zeitstandfestigkeitsdiagramm große Lebensdauerunterschiede ergeben. Ursachen für die

Streuungen liegen in geringfügigen Unterschieden der Probeneigenschaften und der Prüfbedingungen. Eigenschaftsunterschiede der Proben sind hauptsächlich durch zulässige Unterschiede der chemischen Zusammensetzung und Wärmebehandlung bedingt; Unterschiede der Prüfbedingungen fallen vor allem bei Abweichungen der Prüftemperatur vom Sollwert ins Gewicht.

Zur Umgehung des hohen Zeit- und Kostenaufwands von Langzeitstandversuchen wurden nicht nur viele Extrapolationsmethoden, sondern auch *Kurzzeit-Prüfverfahren* ersonnen. Bekannt geworden ist z.B. die Bestimmung der DVM-Kriechgrenze mit Hilfe von 45 h-Versuchen [18]. Dieses Verfahren mußte wieder aufgegeben werden, weil es zu Fehlentwicklungen und falscher Beurteilung der Werkstoffe führt. Noch nicht abgeschlossen erscheint die Bewertung des Kurzverfahrens nach Rajacovicz [19]. Hierbei werden die in Langsam-Warmzugversuchen mit vorgegebenen konstanten Dehngeschwindigkeiten auftretenden Fließspannungen gemessen und linear zu niedrigen Dehngeschwindigkeiten extrapoliert. Bild 9.2 zeigt als Beispiel die Ermittlung einer 1%-Zeitdehngrenze für eine Beanspruchungsdauer von 100 000 h für den Stahl X 22 CrMoV 12 1 [19].

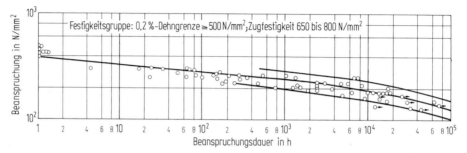

Bild D 9.1 Streuband der Zeitstandfestigkeit des Stahls X 20 CrMo(W)V 12 1 bei 550 °C. Nach [16]. Zusammensetzungsbereich: 0,17 bis 0,26 % C, 0,28 bis 0,46 % Si, 0,43 bis 0,60 % Mn, 11,5 bis 12,1 % Cr, 0,98 bis 1,12 % Mo, 0,28 bis 0,37 % V und 0,13 bis 0,59 % W.

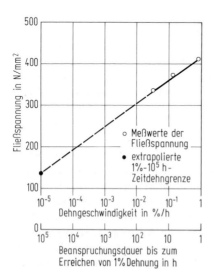

Bild D 9.2 Ermittlung der 1 %-100 000 h-Zeitdehngrenze bei 550 °C für den Stahl X 22 Cr MoV 12 1. Nach [19].

Während *Kurzzeitversuche* zur Vorhersage der Eigenschaften warmfester Werkstoffe nach langer Beanspruchung als ungeeignet angesehen werden, können sie *in Sonderfällen brauchbar* sein. Häufig geht es darum, unter festgelegten Bedingungen das Kriechverhalten von Proben gleichartiger Werkstoffe nach gleichartiger Wärmebehandlung zu vergleichen, wobei das Verhalten des als Maßstab benutzten Werkstoffs aus Langzeitversuchen bekannt ist. In solchen Fällen werden Zeitstandversuche bis zu 1000 h Dauer auch zu Abnahmezwecken durchgeführt.

Große Bedeutung hat die *Zeitstandprüfung von Schweißverbindungen* sowie zur Ergänzung die Prüfung von Proben, die aus niedergeschmolzenem Schweißgut bestehen. Da Rundnähte den überwiegenden Anteil der Konstruktionsschweißungen darstellen, ist die betriebsnahe Prüfung mit Rohrinnendruckversuchen wichtig. Die Ergebnisse stimmen gut mit den Werten für den Grundwerkstoff überein [20]. Bei Längsnähten innendruckbeanspruchter zylindrischer Hohlkörper liegt eine bedeutend schärfere Beanspruchung quer zur Naht vor. Zur prüftechnischen Beurteilung ist hier die häufig verwendete Zeitstandprobe mit einer Quernaht in der Meßstrecke geeignet. Eine umfassende Auswertung der Versuchsergebnisse [20] an solchen Proben ergab Zeitstandwerte im unteren Bereich des Streubandes des Grundwerkstoffs und besonders bei langdauernder Beanspruchung häufig Brüche in der wärmebeeinflußten Zone.

Bei der Auslegung von Anlagen mit anderen Betriebsmedien als Luft muß bekannt sein, ob an Luft gemessene Langzeit-Warmfestigkeitswerte verwendet werden können. Deshalb werden *Vergleichsuntersuchungen z. B. in Reaktor-Helium* [21] *oder in Turbinen-Heißgas* [22] durchgeführt, die einen beträchtlichen Zusatzaufwand erfordern. Sie werden entweder als Versuche mit konstanter Dehngeschwindigkeit [23] oder als Zeitstandversuche geführt.

Zur Prüfung des Verhaltens warmfester Schraubenwerkstoffe werden *isotherme Entspannungsversuche (Relaxationsversuche)* durchgeführt. Dazu werden Proben bei der Prüftemperatur um bestimmte Beträge gedehnt, diese Dehnung wird konstant gehalten und die allmählich abnehmende Spannung gemessen, die zum Aufrechterhalten der Dehnung erforderlich ist. Außerdem ist ein praxisnäheres Verfahren in Gebrauch, bei dem ein Schraubenbolzen mit zwei Muttern gegen eine Hülse verspannt wird [24]. Nach der vorgesehenen Beanspruchungsdauer wird die Verbindung gelöst und die Rückfederung des Bolzens gemessen. Isotherme Entspannungsversuche haben über die Ermittlung von Werkstoffeigenschaften hinaus auch Bedeutung z. B. beim Optimieren von Entspannungsglühungen [25].

Als *Maßzahlen für die Zähigkeit warmfester Stähle* dienen Bruchdehnung und -einschnürung im Zeitstandversuch, Brucheinschnürungswerte von Langsam-Warmzugversuchen, Vergleiche der Laufzeiten gekerbter und glatter Zeitstandproben gleicher Beanspruchung sowie das Kerbzeitstandfestigkeitsverhältnis. Zunehmend werden auch bruchmechanische Untersuchungen herangezogen [26]. Auch Bestimmungen der Kerbschlagarbeit sowie der Übergangstemperatur nach Langzeitglühungen sind häufig erforderlich.

Der *Vergleich der Laufzeit glatter und gekerbter Zeitstandproben* bzw. das Kerbzeitstandfestigkeitsverhältnis geben Hinweise auf den Einfluß einer mehrachsigen Spannungsverteilung. Bei einem zähen Werkstoffzustand weisen gekerbte Proben eine längere Laufzeit auf als glatte. Dagegen bildet sich bei einem versprödeten Zustand ein von der Werkstoffestigkeit, der Prüfbeanspruchung und -temperatur abhängiger Bereich aus, innerhalb dessen gekerbte Proben früher brechen als glatte; in diesem Bereich durchlaufen Bruchdehnung und Brucheinschnürung ein Minimum. Bild D 9.3 zeigt Ergebnisse an glatten und gekerbten Proben eines Chrom-Molybdän-Vanadin-Stahls in zwei Wärmebehandlungszuständen, von denen der eine zur Versprödung neigt [27]. Ergebnisse der beschriebenen Versuche, die überwiegend mit Kerbprobenformen nach DIN 50118 [10] durchgeführt werden, lassen nicht ohne weiteres auf das Zeitstandverhalten bei hoher Spannungskonzentration und Mehrachsigkeit, z. B. bei Vorliegen eines tiefen Risses schließen. So kann ein Werkstoff durch Ergebnisse an üblichen Kerbzeitstandproben noch als zäh gekennzeichnet sein, wenn Proben mit künstlichem Anriß bereits Versprödung anzeigen [27].

Zur Klärung des Zeitstandverhaltens rißbehafteter Proben wird der *Ermittlung bruchmechanischer Kennwerte* zunehmend Aufmerksamkeit geschenkt [9]. Die Kenntnis solcher Größen ist z. B. bei großen Freiformschmiedestücken von Bedeutung, wenn man von der Existenz von Rißkeimen oder Inhomogenitäten, die dazu werden könnten, in großen Stahlmassen ausgeht. Der meist verwendete Spannungsintensitätsfaktor K_I wird z. B. durch Rißöffnungsmessungen bestimmt. Eine nützliche Ergebniszusammenfassung geschieht, wie Bild D 9.4 zeigt, durch Auftragung von Bruchzähigkeitswerten K_{Ic} über der Differenz ΔT zwischen der K_{Ic}-Prüf-

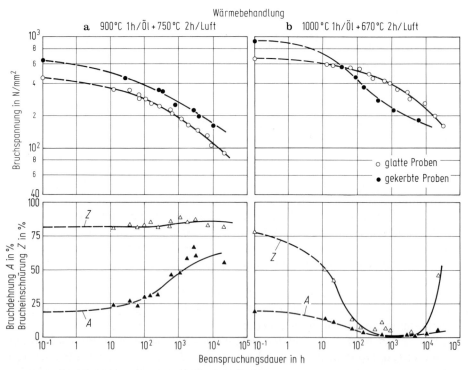

Bild D 9.3 Ergebnisse von Zeitstandversuchen mit glatten und gekerbten Proben bei 550 °C am 21 CrMoV 5 7 in zwei Wärmebehandlungszuständen. **a** mit 702 N/mm²; **b** mit 1062 N/mm² Zugfestigkeit bei Raumtemperatur. Nach [27].

temperatur und der Übergangstemperatur FATT (s. C 4.6.2) für 50 % kristallinen Bruch [28].

Bei der Auslegung von Hochtemperaturbauteilen gewinnen Daten über das *Langzeitverhalten* warmfester Werkstoffe *unter wechselnden Beanspruchungsbedingungen* zunehmende Bedeutung. So erfordern z. B. die Spannungs- und Dehnungsverläufe im Oberflächenbereich von Turbinenläufern während der An- und Abfahrvorgänge sowie bei Leistungsänderungen eine Ermittlung der bei vorgegebenen Dehnungsamplituden bis zum ersten Anriß ertragbaren Schwingspielzahlen. Die erforderliche Prüftechnik ist in Richtung einer möglichst weitgehenden Anpassung an die in der Praxis auftretenden zyklischen Beanspruchungsabläufe entwickelt worden. Auf eine zusammenfassende Darstellung dieses Problemkreises [29] sei hingewiesen.

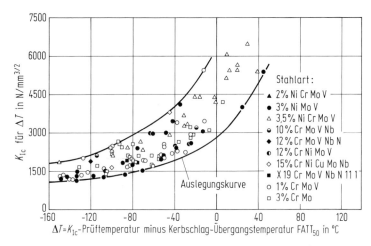

Bild D 9.4 Rißzähigkeitswerte K_{Ic} in Abhängigkeit von einer Referenztemperartur für wichtige Schmiedestähle. Nach [28].

D 9.3 Metallkundliche Maßnahmen zur Einstellung der geforderten Eigenschaften

D. 9.3.1 Ferritische Stähle

D 9.3.1.1 Ferritische Stähle für mäßig erhöhte Temperaturen

Für die Verwendung in einem Temperaturbereich bis etwa 400 °C sind die *warmfesten Feinkornbaustähle* bekannt geworden. Ihr wichtigstes Legierungselement ist Mangan, zu dem in Hinblick auf die gewünschte Festigkeit gegebenenfalls noch kleinere Gehalte an Nickel, Kupfer und Molybdän kommen, und zur Erzielung des Feinkorncharakters Elemente wie Aluminium, Stickstoff, Niob und Vanadin einzeln oder in Kombination treten. Die Stähle werden normalgeglüht, luft- oder flüssigkeitsvergütet.

Über die *Wirkungsweise der genannten Legierungselemente* wurde vielfach berichtet [30–33], so daß an dieser Stelle nur kurze Hinweise gegeben zu werden brauchen. Mangan und Nickel verlagern die Austenitumwandlung zu niedrigeren Temperaturen und längeren Zeiten. Hierdurch wird eine gewisse Kornfeinung erzielt. Außerdem wird die Bildung von Bainit begünstigt, weshalb besonders Nickel bei vergüteten Stählen zur Verbesserung der Durchvergütung zugesetzt wird. Beide Elemente erhöhen ferner Festigkeit und Zähigkeit des Ferritmischkristalls. Kupfer beeinflußt die Austenitumwandlung in ähnlicher Weise, ergibt aber auch eine Ausscheidungshärtung. Aluminium, Stickstoff, Niob und Vanadin erzeugen durch Bildung von Nitriden und Karbiden, die erst bei hohen Temperaturen in Lösung gehen, die für diese Stahlgruppe kennzeichnende Feinkörnigkeit, wodurch die Streckgrenze erhöht und die Zähigkeitseigenschaften verbessert werden. Niob und Vanadin bewirken daneben durch Ausscheidung von Karbiden und Karbonitriden eine Anhebung der Festigkeitswerte, speziell auch der Warmfestigkeitswerte. Molybdän wirkt darüber hinaus durch Mischkristallverfestigung und Bainitbildung in die gleiche Richtung.

Als grundsätzliche Maßnahme *zur Erzielung guter Schweißeignung* der Feinkornbaustähle sei die *Begrenzung des Kohlenstoffgehalts* erwähnt. Der Feinkorneffekt hat auch einen günstigen Einfluß auf das Sprödbruchverhalten der Wärmeeinflußzone.

In den letzten Jahren lag die Zielsetzung der Werkstoffentwicklung weniger in der Steigerung der Warmfestigkeitseigenschaften, sondern war bei den Stählen für warmgehende Druckbehälter mehr auf die Verbesserung der Schweißeignung und im Spezialfall der Stähle für die Kerntechnik zusätzlich auf die Anhebung der Zähigkeit gerichtet.

Initiativen zur *Verbesserung der Werkstoffzähigkeit* haben sich besonders deutlich bei den Stählen für die Fertigung von Reaktorsicherheitsbehältern abgezeichnet. Da hierfür keine hohen Warmstreckgrenzen gefordert werden (etwa 300 N/mm^2 bei 145 °C), können vergleichsweise niedrig legierte Feinkornbaustähle verwendet werden, die allerdings hohen Zähigkeitsanforderungen gerecht werden müssen. Mit Erfolg wurden deshalb Stähle auf Mangan-Nickel- und Mangan-Nickel-Vanadin-Basis eingesetzt. Bei der Verbesserung der Zähigkeitseigenschaften der hochfesten mit Vanadin legierten Stähle hat die richtige Abstimmung der Stickstoff- und Aluminiumgehalte sowie die Senkung des Schwefelgehalts besondere Bedeutung. Unter Anwendung der Pfannenmetallurgie zur Einstellung kleinster Schwefelwerte und Abbindung des Restschwefels in Form feiner, kugeliger Sulfide wurden die Zähigkeitswerte weiter gesteigert [34]. Darüber hinaus kann mit einem Umschmelzen der Vorteil eines niedrigen Schwefelgehalts mit geringen Seigerungen, hohem Reinheitsgrad und mit einer durch schnelle Erstarrung bewirkten feinkörnigen Primärstruktur verbunden werden. Die Werte für die Kerbschlagarbeit können dadurch noch einmal verbessert werden.

Ende 1976 wurde beschlossen, für die Auslegung der Reaktorsicherheitsbehälter die Nennspannung herabzusetzen. Dies bedeutet den Einsatz *besonders zäher Werkstoffe mit niedrigen Streckgrenzen- und Festigkeitswerten*. Ein im Hinblick darauf entwickelter normalgeglühter Mangan-Nickel-Stahl hat im Mittel 0,16% C, 1,5% Mn und 0,70% Ni. Er weist aufgrund seines verhältnismäßig niedrigen Kohlenstoffgehalts in Verbindung mit einer günstig abgestimmten Kombination von

Mangan- und Nickelgehalt gute Zähigkeitseigenschaften auf, die durch Anwendung des Elektro-Schlacke-Umschmelzens oder der Entschwefelung in der Pfanne weiter verbessert werden können.

Im Zusammenhang mit der Zähigkeit muß auch auf die Langzeit- und auf die Anlaßversprödung hingewiesen werden.

Die Ursache der *Langzeitversprödung im Temperaturbereich von 350 bis 400°C* ist bis heute nicht vollständig geklärt. Neben einem Einfluß der Spurenelemente Arsen, Antimon und Zinn sowie von Phosphor, der auf eine qualitative Verbindung mit der Anlaßversprödung hindeutet, wird in der Literatur [35] der Hinweis auf eine Versprödung durch Ausscheidung der Ni_3Al-Phase gegeben. Nach Auslagerung bei 370°C von Stählen mit 1 bis 3% Ni und 0,03 bis 0,06% Al ist diese intermetallische Phase nachgewiesen worden.

Die Erscheinung der *Anlaßversprödung* ist in C 4.2.1 und C 4.6.2 dargestellt worden. Die Ursache dieser Versprödungserscheinungen wird in einer Gleichgewichtsseigerung der im Stahl enthaltenen Spurenelemente, vor allem Phosphor und Zinn, an die Korngrenzen gesehen. Die Wirksamkeit dieser Elemente wird begünstigt durch zugesetzte Mischkristallbildner, vor allem Nickel, aber auch Mangan und Silizium, sowie durch das karbidbildende Element Chrom. Demgegenüber wirken Molybdängehalte um 0,4% der Versprödungsneigung entgegen, während höhere Molybdängehalte nachteilig sind [36, 37]. Die den hier behandelten Feinkornbaustählen zur Erreichung der Warmfestigkeitswerte zugesetzten Molybdängehalte sind durchweg auch im Hinblick auf die Unterdrückung der Anlaßversprödung im Grundwerkstoff und in der Wärmeeinflußzone von Schweißverbindungen günstig gewählt. Lediglich beim Stahl 22 NiMoCr 37 liegt die vorgesehene Molybdänspanne mit 0,50 bis 0,80% etwas hoch. Bei den niedrig legierten molybdänfreien Sorten muß beim Spannungsarmglühen von Schweißverbindungen mit einer Anlaßversprödung in der wärmebeeinflußten Zone (WEZ) gerechnet werden, der man durch zweckmäßige Wahl von Temperatur und Zeit entgegenwirken muß.

Die Grenzen in der schweißtechnischen Verarbeitung der eingeführten warmfesten Feinkornbaustähle zeichneten sich Ende der sechziger Jahre ab, als die technischen Erfordernisse im Apparatebau den Übergang zu immer größeren Wanddicken zwangen. *Bei Wanddicken oberhalb etwa 70mm* ergaben sich Schwierigkeiten durch Bildung *interkristalliner Risse* in der WEZ *während des Spannungsarmglühens* [38]. Diese Rißerscheinung wurde in der englischen Sprache als „stress-relief-cracking" oder „reheat-cracking" bezeichnet; in Hinblick auf ihre Ursache ist der deutsche Ausdruck „Ausscheidungsriß" für diese Erscheinung geprägt worden (s. C 5.4.4, S. 557). Eigenspannungen im Bereich der Schweißzone sind in Verbindung mit einer Behinderung des Verformungsvermögens des WEZ-Gefüges Ursache für die interkristalline Rißbildung. Besonders gefährdet sind martensitisch umgewandelte Grobkornzonen. Sonderkarbide oder Karbonitride, die unter der Wirkung der Schweißwärme in Lösung gebracht und beim Spannungsarmglühen im WEZ-Gefüge wieder ausgeschieden werden, setzen dort die Möglichkeit zur Gittergleitung so weit herab, daß die Relaxation im wesentlichen über Korngrenzengleitung erfolgen muß, wodurch ein interkristalliner Rißverlauf vorgezeichnet ist [39].

Den interkristallinen WEZ-Rissen gleichartig ist das Erscheinungsbild von *Unterplattierungsrissen*, die bei der austenitischen Schweißplattierung von Bauteilen für Reaktordruckgefäße aus dem Stahl 22 NiMoCr 3 7 in der WEZ dieses Grundwerkstoffs festgestellt wurden [38a].

Quantitative Angaben zu den wichtigsten Einflußgrößen für die Entstehung dieser Risse wurden zumeist über Relaxationsversuche nach Murray [40] oder mit Kurzzeitstandversuchen [41] gewonnen, bei denen Proben mit simuliertem WEZ-Gefüge bis etwa 80% der Kaltstreckgrenze beansprucht und zum Spannungsabbau einer Glühung zwischen 500 und 700°C ausgesetzt werden.

Grundsatzuntersuchungen [42, 43] zur Kennzeichnung des Einflusses der verschiedenen *Sonderkarbide bildenden Elemente* ergaben, daß *kritische Grenzkonzentrationen* bestehen, bei deren Überschreiten sich das Relaxationsvermögen des Stahls sprunghaft verschlechtert. Bei einer Grundzusammensetzung von etwa 0,20% C, 1,4% Mn und 0,70% Ni beträgt nach Bild D 9.5 dieser Grenzwert für Chrom und Molybdän etwa je 0,5%, für Vanadin und Niob liegen die Vergleichszahlen wesentlich niedriger [44]. Die metallkundliche Erklärung für das Auftreten scharf ausgeprägter Grenzkonzentrationen ist der Beginn der Ausscheidung von Karbidphasen des Typs MC, M_2C und M_7C_3 bzw. der entsprechenden Karbonitridphasen. Ihre relaxationshemmende Wirkung läßt nach, wenn sie hinreichend weit eingeformt sind. Fe_3C wird sehr schnell ausgeschieden und eingeformt und bewirkt daher keine Relaxationsbehinderung. Die Karbide und Karbonitride von Vanadin und Niob und die Mo_2C-Phase werden dagegen selbst nach langer Glühdauer nur wenig oder gar nicht eingeformt.

Da die Verformungsbehinderung auf die Ausscheidung der Sonderkarbide im Kornvolumen zurückgeht, bestimmt der Grad der Gitterfehlordnung im WEZ-

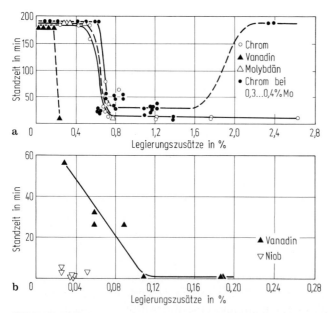

Bild D 9.5 Einfluß verschiedener Legierungszusätze auf das Relaxationsverhalten von zwei Stahlsorten bei 640°C im Versuch nach Murray [40]. Nach [44]. **a** Grundwerkstoff mit 0,14 bis 0,22% C, 0,20 bis 0,50% Si, 1,20 bis 1,50% Mn, < 0,02% Cr und 0,50 bis 0,90% Ni; **b** Grundwerkstoff mit 0,11 bis 0,19% C, 0,20 bis 0,50% Si, 1,40 bis 1,50% Mn, 0,10 bis 0,50% Cr und 0,10 bis 0,50% Ni.

Gefüge das Relaxationsverhalten mit. Bei gegebener Stahlzusammensetzung bietet *martensitisches Härtungsgefüge* wegen seiner hohen Zahl von Gitterbaufehlern und der dadurch bedingten guten Keimbildungsverhältnisse bei der Karbidausscheidung *ungünstige Voraussetzungen* für einen Abbau der Eigenspannungen während des *Spannungsarmglühens*. Mit zunehmenden Anteilen an Bainit und weiterem Übergang zu Bainit-Ferrit-Gefüge verbessert sich das Relaxationsvermögen, wie in Bild D 9.6 an einem Beispiel veranschaulicht ist [44].

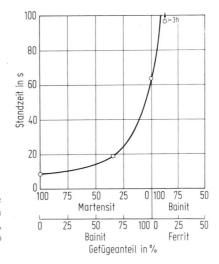

Bild D 9.6 Einfluß der Gefügeausbildung auf die Standzeit von 16 MnNiMoV 5 3 im Relaxationsversuch nach Murray [40] bei 640 °C. (Stahl mit 0,17 % C, 0,30 % Si, 1,90 % Mn, 0,26 % Mo, 0,74 % Ni und 0,15 % V.) Nach [44].

D 9.3.1.2 Ferritische Stähle für den Zeitstandbereich

Zur Erhöhung der Warmfestigkeit über die des unlegierten Stahls hinaus werden *legierungstechnische Maßnahmen* in Verbindung mit geeigneter Wärmebehandlung eingesetzt. Ein Legierungszusatz hat in jedem Fall mehrere Auswirkungen, wie z. B. die Veränderung der Eigenschaften der Grundmasse, des Umwandlungs- sowie des Ausscheidungsverhaltens und somit des Gefüges einschließlich der Korngröße und Versetzungsstruktur. Wegen der Einzelheiten dieser sich überlagernden Wirkungen von Legierungszusätzen auf das Gefüge und dadurch auf die mechanische Eigenschaften sei auf B 2, B 6 und C 1 verwiesen.

Der einfachste Weg, die Warmfestigkeit des unlegierten Stahls in bescheidenem Umfang zu verbessern, besteht in der Erhöhung des aus metallurgischen Gründen immer vorhandenen *Mangangehalts*. Die Wirkung dieses Elements beruht vorwiegend auf einer Mischkristallhärtung und auf seiner Wechselwirkung mit im Eisen-Mangan-Austauschmischkristall interstitiell eingelagertem Stickstoff [45]. Der Einfluß des *Stickstoffs* wird beseitigt, wenn dieser durch Nitridbildung aus dem Mischkristall entfernt wird. Dies ist in Bild D 9.7 für 450 °C dargestellt [46]. Die 10^4 h-Zeitstandfestigkeit der mit Silizium beruhigten Stähle ist größer als die der mit Aluminium behandelten, durch das der Stickstoff abgebunden wurde. Nach 10^5 h unterscheiden sich die Zeitstandfestigkeitswerte der beiden Stahlsorten nicht mehr, weil sich im Verlauf der Beanspruchung der Stickstoff auch als Siliziumnitrid ausscheidet [47]. Beim Anlassen oder Entspannungsglühen kann sich dieses Nitrid bereits in sehr kurzen Zeiten bilden und das Kriechverhalten beeinträchtigen [48]. Erhöhung des Mangangehalts über rd. 1,5 % hinaus bringt keine wesentlichen Vorteile mehr [46].

Ungleich größer ist nach Bild D 9.8 die Wirkung von *Molybdän*: Bereits Spuren in Höhe von 0,05 % erhöhen die Zeitstandfestigkeit des sonst unlegierten Stahls bei 400 und 450 °C um rd. 40 % [49]. Eine Erhöhung des Gehalts über 1 % hinaus verbessert die Warmfestigkeit nicht weiter [50]. Der Einfluß dieses Elements wird zum Teil durch Vorgänge im Mischkristall erklärt [45, 50]. Längere thermische Beanspruchung führt aber schon bei einem Legierungsgehalt von 0,3 % zur Ausschei-

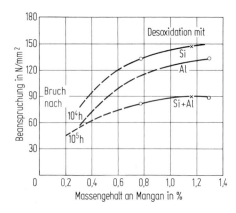

Bild D 9.7 Der Einfluß von Mangan und der Desoxidation mit Silizium oder Aluminium auf die Zeitstandfestigkeit bei 450 °C von unlegierten Stählen. Nach [46].

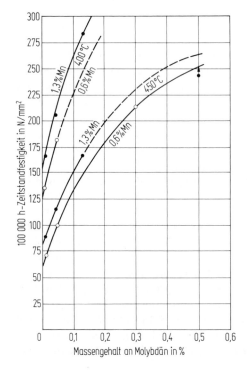

Bild D 9.8 Der Einfluß von Molybdän auf die 100 000 h-Zeitstandfestigkeit von aluminiumberuhigten Stählen mit 0,16 % C und 0,6 oder 1,3 % Mn bei 400 und 450 °C. Nach [49].

dung eines Molybdänkarbids der Art M_2C, so daß das Langzeitverhalten der Molybdänstähle hiervon mitbestimmt wird. Stickstoff hat einen günstigen Einfluß auf die Zeitstandwerte [45, 51].

Die Zähigkeitseigenschaften von Molybdänstählen werden bei Zeitstandbeanspruchung durch Ausscheidung des M_2C-Karbids verschlechtert, ein Stahl mit 1% Mo versprödet völlig [52]. Dies ist der Grund dafür, daß nur mit Molybdän legierte Stähle höchstens 0,5% Mo aufweisen. Ein anderer Nachteil besteht ebenso wie bei den unlegierten und den Manganstählen in der Neigung zur Graphitbildung bei Temperaturen über ungefähr 440 °C, ein Vorgang, der durch Aluminium gefördert wird und der zu Schäden führen kann [53].

Beide Nachteile können durch Zugabe von *Chrom* beseitigt werden. Bereits 1% Cr genügt, um selbst bei Gegenwart von 1% Mo im Zeitstandversuch wieder gute Zähigkeitswerte zu erreichen [52]. Die Beseitigung der Neigung zur Graphitbildung beruht auf der Entstehung stabilerer, chromreicher Karbide z. B. durch Anreicherung von Chrom im Zementit [53]. Die Molybdänkarbidbildung allein ist dagegen nicht in der Lage, diesen Vorgang zu verhindern [51].

Verglichen mit Molybdän ist der Einfluß des Chroms auf das Zeitstandverhalten gering, wie z. B. aus Untersuchungen an Stählen mit 1,1 und 2,4% Cr bei 550 °C hervorgeht [52]. Auch durch höhere Zusätze werden die Langzeitwerte nur unbedeutend angehoben, so daß für die vorwiegend umwandlungsfreien ferritischen hitzebeständigen Stähle mit 6 bis 26% Cr unabhängig vom Chromgehalt die gleichen Zeitstandwerte angegeben werden [54]. Obwohl bei umwandlungsfähigen Stählen mit z. B. rd. 13% Cr durch eine Vergütungsbehandlung eine Anhebung der Zeitstandfestigkeit erzielt werden kann, sind reine Chromstähle als warmfeste Werkstoffe ungebräuchlich.

Besonders wichtig und weit verbreitet sind die *Chrom-Molybdän-Stähle*, die mit 0,5 bis 2% Mo und 0,5 bis 12% Cr legiert sein können. Der große Zusammensetzungsbereich hat erhebliche Unterschiede im Umwandlungsverhalten der einzelnen Werkstoffe zur Folge [55]. Während die unlegierten Stähle nach dem Abkühlen von der Normalglühtemperatur ferritisch-perlitisches Gefüge aufweisen, wird mit steigendem Legierungsgehalt der Perlitanteil zugunsten des Bainits zurückgedrängt. Stähle mit 5 und 9% Cr sind bereits nach nicht zu langsamer Abkühlung teilweise oder ganz martensitisch. Beim Anlassen bilden sich Ausscheidungen, und zwar meist Karbide der Arten M_2X und $M_{23}C_6$, in einer Reihenfolge, Verteilung und Menge, die von der Zusammensetzung abhängt.

Das nach dem Abkühlen von Austenitisierungstemperatur vorliegende Grundgefüge aus unterschiedlichen Anteilen an Ferrit, Perlit, Bainit und Martensit bestimmt zusammen mit der Mischkristallhärtung und den vorwiegend beim Anlassen ausgeschiedenen Phasen die Zeitstandfestigkeit. Die Beiträge dieser Einflußgrößen sind von Stahl zu Stahl verschieden, aber bisher oft nicht ganz genau zu bestimmen und voneinander abzugrenzen. Erwähnt sei, daß der Einfluß der Korngröße bei ferritischen Stählen gering ist [56].

Die Wärmebehandlung soll mit einem vertretbaren technischen und wirtschaftlichen Aufwand zu einem Gefügezustand mit möglichst günstigen mechanischen Eigenschaften führen. Dabei soll neben angemessenen Zeitstandkennwerten ausreichendes Zähigkeitsverhalten erreicht werden. Die Ausscheidungen entfalten ihre größte kriemmhemmende Wirkung, wenn sie als sehr feine, eventuell kohärente

Teilchen in dichter Verteilung vorliegen. Solch ein Gefügezustand ist weit vom thermodynamischen Gleichgewicht entfernt. Die Ausscheidungen haben daher die Tendenz, bei höheren Temperaturen durch Wachstum und Koagulation, aber auch durch Umwandlung oder Wiederauflösung und Neuausscheidung in stabilere Gefügezustände mit gröberen Teilchen aus den ursprünglichen oder anderen Karbidarten überzugehen. Dabei kann die Warmfestigkeit beeinträchtigt werden. Deshalb wird versucht, *durch geeignete Legierung und Wärmebehandlung Gefügezustände* herbeizuführen, *die sich* bis zu den höchsten Anwendungstemperaturen der jeweiligen Stahlsorte *möglichst wenig verändern.*

Die *Spitzenstellung* in der Zeitstandfestigkeit nehmen unter den *Chrom-Molybdän-Stählen* höher legierte Werkstoffe mit *8 bis 12% Cr* ein, die zugleich eine verbesserte Zunderbeständigkeit aufweisen. Bei dieser Gruppe bewirkt eine Steigerung des Molybdängehalts über 1% hinaus noch eine merkliche Zunahme der Warmfestigkeit [57], die möglicherweise selbst bei 2% Mo ihren Höchstwert noch nicht erreicht hat. Das bei voll umwandlungsfähigen Stählen nach dem Abkühlen von der Lösungsglühtemperatur stets vorliegende martensitische Gefüge ist dabei keine notwendige Voraussetzung für hohe Warmfestigkeit, denn einige dieser Stähle sind nur noch teilumwandlungsfähig und weisen mehr oder weniger große Anteile an Delta-Ferrit auf [57].

Die Warmfestigkeit der *Chrom-Molybdän-Stähle* kann *durch Zusatz von Vanadin* – allein oder in Verbindung mit *Niob* – weiter *verbessert* werden [50]. Beide Elemente haben eine bedeutend höhere Affinität zu Kohlenstoff und Stickstoff als die bisher behandelten und führen zur Ausscheidung stabiler Karbide und Nitride der Art MX; wie wirksam sie hinsichtlich des Kriechwiderstands sind, hängt von ihrer Größe und Verteilung, d. h. von der Wärmebehandlung ab. Die besondere Bedeutung der Ausscheidungshärtung geht aus Untersuchungen über den Ausscheidungsvorgang [58] und über den Einfluß des Teilchenabstands [59] an einem Stahl mit 0,5% Cr, 0,5% Mo und 0,3% V hervor. Das Vanadin- und noch mehr das Niobkarbid [50] haben eine geringe Neigung zur Vergröberung, eine Eigenschaft, die für die Erhaltung der hohen Warmfestigkeit über lange Zeiten bei höheren Temperaturen wesentlich ist.

Chrom-Molybdän-Vanadin-Stähle mit rd. 1% Cr haben als Werkstoffe für Schrauben und Turbinen sowie als Stahlguß einen breiten Anwendungsbereich. Die metallkundlichen Grundlagen ihrer Eigenschaften, besonders ihres Kriechwiderstands, sind ausführlich untersucht worden. Entscheidend für Raumtemperaturzähigkeit und Zeitstandfestigkeit ist ihr Vergütungsgefüge (Bild D 9.9 [60]). Das Umwandlungsschaubild enthält fünf Abkühlungskurven von 950 °C. Nach dem Abkühlen wurden die Proben auf ungefähr gleiche Zugfestigkeit angelassen. Ferner sind für die verschiedenen Gefügezustände u. a. die Schlagarbeit bei RT und die Übergangstemperatur sowie das Verhältnis des Kriechwiderstands K zum Kriechwiderstand des Martensits K_M (Gefüge 1) angegeben. Je nach Abkühlungsgeschwindigkeit kann ein Gefüge mit hoher Raumtemperaturzähigkeit, aber niedriger Zeitstandfestigkeit (martensitisches Gefüge 1) oder mit niedriger Raumtemperaturzähigkeit, aber hoher Zeitstandfestigkeit (oberer Bainit 4) eingestellt werden. Der höchste Kriechwiderstand entsteht im oberen Bainit mit gleichförmiger Feinverteilung plättchenförmiger Vanadinkarbide bei mittleren Partikelabständen von höchstens 0,1 µm und Partikelgrößen zwischen rd. 0,005 und 0,03 µm [61].

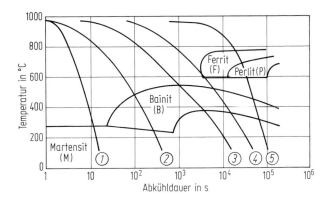

Bild D 9.9 Einfluß unterschiedlicher Abkühlungsgeschwindigkeiten von der Austenitisierungstemperatur auf Gefüge und Eigenschaften bei Raumtemperatur eines Chrom-Molybdän-Vanadin-Stahls mit rd. 1% Cr. Nach [60].

Die *Bruchduktilität von Chrom-Molybdän-Vanadin-Stählen* bei langzeitiger Beanspruchung kann durch eine zu hohe Austenitisierungstemperatur gefährdet werden. Bild D 9.3 zeigt dafür ein Beispiel. Als obere Grenze wird allgemein eine Temperatur von 960 bis 970 °C angesehen. Auch ein zu hoher Gehalt an Spurenelementen, wie Antimon, Zinn, Arsen, Kupfer und anderen, kann die Bruchduktilität ungünstig beeinflussen [62].

Zur Verbesserung der Durchhärtung und der Zähigkeit wird Chrom-Molybdän-(Vanadin-)-Vergütungsstählen mit rd. 1% Cr bis zu 4% Ni zugesetzt. Sie weisen dann im Gegensatz zu den nickelarmen Sorten gleicher Zugfestigkeit oberhalb rd. 340 °C schnell abfallende Zeitstandfestigkeitswerte auf. Dies ist einerseits auf die niedrigeren Molybdän- und Vanadingehalte der so legierten Stähle zurückzuführen, andererseits dürfte der Nickelgehalt eine schnellere Vergröberung der verfestigenden M_2X-Ausscheidungen bewirken ähnlich wie bei den Chrom-Molybdän-Vanadin-Stählen mit 12% Cr bei Nickelzusatz [63]. Außerdem ist bei diesen Stählen die Anlaßsprödigkeit zu beachten, worüber sich Näheres in C 4.6.2 findet.

In den Chrom-Molybdän-Vanadin-Stählen mit rd. 12% Cr liegt nach dem Vergüten mit Härtetemperaturen zwischen 1020 und 1070 °C und Anlassen zwischen 700 und 750 °C ein ehemals martensitisches Gefüge mit $M_{23}C_6$-Karbiden vor. Sie nehmen das gelöste Vanadin auf, weshalb in diesen Stählen kein Vanadinkarbid beobachtet wird [64]. Ein Zusatz des starken Karbidbildners Niob führt zur Bildung von stabilen Karbiden bzw. Karbonitriden der Art MX und damit zu langzeitig hohen Zeitstandfestigkeitswerten. Dasselbe gilt auch für die mit Vanadin und Niob legierten Stähle mit 8 bis 10% Cr [65].

Andere Legierungselemente, wie Silizium, Titan und Wolfram, werden seltener als wesentliche Zusätze in ferritischen warmfesten Stählen verwendet. *Wolfram* hat in seinen Wirkungen große Ähnlichkeit mit Molybdän. *Titan* hat zwar einen günstigen Einfluß auf die Warmfestigkeit [66], doch wurden titanhaltige Stähle bisher vorwiegend in Krisenzeiten mit Molybdänknappheit als Austauschwerkstoffe verwendet, die aber von den Chrom-Molybdän-Stählen später wieder verdrängt wurden. Auch Chrom-Molybdän-Titan-Stähle mit 7 bis 8% Cr und durchaus beachtlichen Zeitstandwerten konnten sich bisher nicht durchsetzen [67]. *Siliziumzusatz* zur Verbesserung der Zeitstandfestigkeit von Stählen ist nicht üblich, wohl aber gelegentlich zur Erhöhung der Zunderbeständigkeit.

Alle warmfesten Stähle, die langzeitig bei Temperaturen über rd. 550°C eingesetzt werden sollen, müssen eine ausreichende *Zunderbeständigkeit* aufweisen, was üblicherweise durch Legieren mit Chrom erreicht wird. Hierzu s. auch C 3.3.3 und D 15.

D 9.3.2 Austenitische Stähle

D 9.3.2.1 Bedeutung des kubisch-flächenzentrierten Gitters für die Warmfestigkeit des Austenits

Der *kfz-Gitteraufbau* des Mischkristalls *austenitischer Stähle* unterscheidet sich vom krz-Gitter der ferritischen durch die dichtere Packung der Metallatome. Der damit verbundene niedrigere Diffusionskoeffizient, der ungefähr zwei Zehnerpotenzen kleiner ist als beim α-Eisen, und die niedrige Stapelfehlerenergie sind *Ursache für ihre höhere Warmfestigkeit*.

Gittertyp und Legierung bedingen gegenüber den ferritischen Stählen geänderte physikalische, chemische und mechanische Eigenschaften. Hingewiesen sei auf den höheren Wärmeausdehnungsbeiwert und die geringere Wärmeleitfähigkeit, auf die verbesserte Oxidations- und Korrosionsbeständigkeit und die vergleichsweise niedrige 0,2-Grenze der einfacher legierten austenitischen Stähle.

Die Anfänge hochwarmfester Stähle reichen mehr als 60 Jahre zurück, ausgehend von den nichtrostenden Stählen mit rd. 18% Cr und 8% Ni. Mit Erweiterung der Kenntnisse über das Verhalten metallischer Werkstoffe bei höheren Temperaturen setzte vor etwa 40 Jahren eine Weiterentwicklung kriechfester austenitischer Stähle ein, die zu der Vielzahl heute verfügbarer Werkstoffe geführt hat [68]. Die Wirkung der Legierungsmaßnahmen insbesondere auf das Zeitstandverhalten wird im folgenden erörtert [69].

D 9.3.2.2 Wirkung von Chrom und Nickel

Gegenüber den nichtrostenden Stählen mit rd. 18% Cr und 8% Ni ist bei den meisten niedriger legierten hochwarmfesten Stählen der *Chromgehalt abgesenkt* und der *Nickelgehalt* auf 13 oder 16% *angehoben* worden. Diese Maßnahme dient der Vermeidung von Ferrit und der Erzielung einer größeren Austenitstabilität bei höheren Temperaturen.

Höhere *Ferritanteile* erschweren die Warmumformbarkeit. Ferner sind im Ferrit Elemente wie Chrom, Molybdän und Niob angereichert, und er zerfällt bei Temperaturen oberhalb 500 °C in das Karbid $M_{23}C_6$, chromärmeren Austenit und die intermetallische Sigma-Phase FeCr. Bei örtlichen Chromanreicherungen, die z. B. durch Auflösung von chromreichem Karbid $M_{23}C_6$ entstehen, kann sich die Sigma-Phase auch aus dem Austenit bilden. Bild D 9.10 zeigt, daß die Bildung der Sigma-Phase zunächst im Ferrit, später erst im Austenit beginnt, und zwar bei Stählen mit 16% Cr und 13% Ni wesentlich verzögert gegenüber den Stählen mit 18% Cr und 10% Ni [70].

Mit dem Chromgehalt nimmt der Anteil an *Sigma-Phase* zu; durch mechanische Beanspruchung wird ihre Bildung beschleunigt [71]. Am stärksten beeinflußt diese vorwiegend an den Korngrenzen sich ausscheidende Phase die Kerbschlagarbeit bei Raumtemperatur [72], während ihr Einfluß auf das Zeitstandverhalten anscheinend gering ist. Größere Anteile an Sigma-Phase bilden sich erst nach verhältnismäßig langer Beanspruchung, so daß die Frage der Versprödung für Stähle von Bauteilen in langlebigen Anlagen Bedeutung erhält.

D 9.3.2.3 Wirkung von Kohlenstoff und Stickstoff

Kohlenstoff und Stickstoff besetzen wegen ihres kleinen Atomdurchmessers Zwischengitterplätze und tragen damit und ebenso in Form feiner Ausscheidungen zur *Erhöhung des Kriechwiderstands* bei. Bild D 9.11 zeigt dies für Stahl mit rd. 19% Cr und 11% Ni [73]. Im Hinblick auf ausreichende Zeitstandfestigkeit wird für den Kohlenstoffgehalt ein Mindestwert von z. B. 0,04% unter Berücksichtigung des in diesen Stählen üblicherweise vorhandenen Stickstoffgehalts vorgesehen. Die in Bild D 9.11 eingetragenen Zeitstandwerte für 10^5 h sind zum größten Teil aus Zeitstandversuchen von nur 1000 h Dauer durch Extrapolation ermittelt worden. Deshalb ist die gezeigte Abhängigkeit nur mit Vorbehalten gültig. In dem Maße, in dem

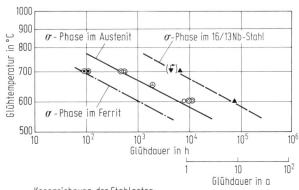

Bild D 9.10 Beginn der Bildung von Sigma-Phase in stabilisierten austenitischen Chrom-Nickel-Stählen. Nach [70-70c]. Ordinatenmaßstab: 1/T mit T in K.

Kennzeichnung der Stahlarten
- ○ 18/10 Ti nach [70a]
- ⓐ 18/10 Ti und 18/10 Nb nach [70b]
- ⊚ ● 18/10 Ti nach [70c]
- ⊙ ◉ 18/10 Nb nach [70c]
- ▲ 16/13 Nb nach [70a]
- (▼) 16/13 Nb ohne σ-Phase nach [70c]

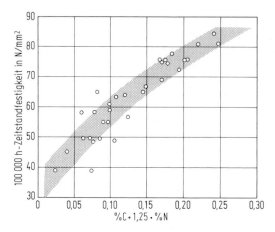

Bild D 9.11 Einfluß des Kohlenstoff- und Stickstoffgehalts auf die 100 000 h-Zeitstandfestigkeit bei 650 °C von nichtstabilisierten austenitischen Chrom-Nickel-Stählen. Nach [73]. Zeitstandwerte aus 1 000 h-Versuchen extrapoliert. Zusammensetzung der untersuchten Stähle: 0,018 bis 0,09 % C, 0,32 bis 0,79 % Si, 0,28 bis 2,05 % Mn, 18,38 bis 19,57 % Cr, 9,48 bis 11,3 % Ni und 0,028 bis 0,14 % N.

mit längerer Versuchszeit die $M_{23}C_6$-Karbide koagulieren, geht ihr Einfluß auf den Kriechwiderstand verloren.

In nichtstabilisierten austenitischen Stählen ist die *Löslichkeit von Stickstoff gegenüber Kohlenstoff* größer und seine Ausscheidungsneigung geringer, so daß sein Einfluß auf den Kriechwiderstand länger erhalten bleibt; das ist in Bild D 9.11 durch den Fakor 1,25 für Stickstoff angedeutet. Entsprechend sind austenitische Stähle mit höheren Stickstoffgehalten im Gebrauch. Am Beispiel eines molybdänlegierten Stahls zeigt Bild D 9.12 [74] die Erhöhung der Zeitstandfestigkeit durch einen Stickstoffzusatz von rd. 0,20 %; bei molybdänfreien Stählen ist die Wirkung ähnlich. Die größte Wirkung des Stickstoffs auf die Zeitstandfestigkeit von molybdänlegierten Stählen ist bereits bei 0,1 % erreicht [65].

Der Höhe des Stickstoff- und Kohlenstoffgehalts sind *Grenzen gesetzt durch eine bei zu starker Nitrid- oder Karbidbildung einsetzende Versprödung*. Nach Bild D 9.12a wird bei hohen Stickstoffgehalten die Zeitstandbruchdehnung vermindert. Deutlicher zeigt sich die Abnahme der Verformungsfähigkeit nach thermischer Beanspruchung in der bei Raumtemperatur gemessenen Kerbschlagarbeit (Bild D 9.12b). Ursache ist der gegenüber stickstoffärmeren Stählen veränderte Ausscheidungsablauf. Es bildet sich das Chromnitrid Cr_2N oder bei Anwesenheit von Niob das Mischnitrid $(Nb,Cr)N$, die die Verformungsfähigkeit des Mischkristalls beeinträchtigen. Daher wird in hochwarmfesten Stählen der Stickstoffgehalt auf etwa 0,15 % begrenzt.

Ein Stickstoffzusatz erhöht auch die Fließgrenze bei Raum- und höherer Temperatur [75]. Damit kann ein Nachteil der einfacher legierten austenitischen Stähle behoben werden.

Durch die Ausscheidung von Chromkarbiden an den Korngrenzen kann *Anfälligkeit gegen interkristalline Korrosion* auftreten. Um diese zu vermeiden, z. B. bei dickwandigen Bauteilen, die nach dem Lösungsglühen oder nach dem Schweißen langsam abkühlen, kann der Kohlenstoffgehalt gesenkt und zur Verbesserung der mechanischen Kennwerte der Stickstoffgehalt erhöht werden [76].

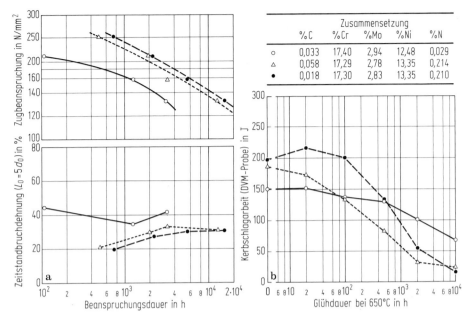

Bild D 9.12 Einfluß des Stickstoffgehalts bei nichtstabilisierten Chrom-Nickel-Molybdän-Stählen **a** auf die Zeitstandfestigkeit bei 650°, **b** auf die Kerbschlagarbeit bei +20 °C nach Glühen bei 650 °C. Nach [74].

D 9.3.2.4 Wirkung von Niob und Titan

Von den nichtrostenden austenitischen Stählen her ist es geläufig, die interkristalline Korrosion, die auf die Bildung und *Ausscheidung von Chromkarbid* zurückzuführen ist, durch Zusatz der im Vergleich zu Chrom kohlenstoffaffineren Elemente *Titan oder Niob zu verhindern*. Dieser Weg wird auch bei den hochwarmfesten austenitischen Stählen beschritten, wobei festgestellt wurde, daß diese Zusätze *gleichzeitig die Zeitstandfestigkeit erhöhen*. Bei den warmfesten Stählen erfolgt diese „Kohlenstoffstabilisierung" vorwiegend durch Niob, da sich erwiesen hat, daß Niob normalerweise stärker als Titan zur Erhöhung der Zeitstandfestigkeit beiträgt [77, 78].

Bei diesen Stählen liegt im Ausgangszustand, d. h. nach Abschrecken von 1050 °C, nichtgelöstes Niobkarbid in grober Form vor [79]. Obwohl die Bildung von Niobkarbid dem Gleichgewichtszustand entspricht, entsteht bei der Betriebstemperatur mit dem in Lösung befindlichen Kohlenstoff wegen der wesentlich zahlreicher vorhandenen Chromatome und ihrer größeren Beweglichkeit zunächst auch das chromreiche Karbid $M_{23}C_6$. Dabei kann es zu einer vorübergehenden Anfälligkeit gegen interkristalline Korrosion kommen [80], die im allgemeinen keine betrieblichen Nachteile bewirkt [81]. Im weiteren Verlauf der Beanspruchung wird dieses Karbid wieder gelöst, und es bildet sich das dem Gleichgewicht entsprechende Karbid NbC.

Bei höheren Temperaturen kann im Korninneren sich fein ausscheidendes Niobkarbid den Mischkristall derart verfestigen, daß es bei Verformungen zu Aufreißungen in den schwächeren Korngrenzen kommt. Solche Erscheinungen wurden bei geschweißten Bauteilen beobachtet [82], bei denen infolge der Schweißwärme Niobkarbid im benachbarten Grundwerkstoff gelöst wird, so daß bei der späteren Betriebstemperatur mehr Kohlenstoff und Niob zur Wiederausscheidung in feiner Form zur Verfügung stehen. Abhilfe läßt sich durch eine Schweißnachbehandlung bei 900 bis 950 °C schaffen, nach der die Niobkarbide in koagulierter Form vorliegen. Auch bei dickwandigen Bauteilen mit schroffen Querschnittsübergängen, die größeren Temperaturschwankungen und damit zusammenhängenden Verformungen ausgesetzt sind, können ähnliche Fehlererscheinungen durch spannungsinduzierte Niobkarbidausscheidung auftreten [83]. Langjährige Erfahrungen mit Anlagen aus niobstabilisierten Stählen [81, 84] zeigen aber, daß bei zweckmäßiger Konstruktion und einwandfreiem Betrieb Schäden nicht aufzutreten brauchen.

Das *Titan erfüllt* bei den *warmfesten nickelreichen Stählen* einen *weiteren Zweck*. Mit zunehmendem Nickelgehalt auf 25% und mehr nimmt die Löslichkeit des Kohlenstoffs in austenitischen Stählen ab; bei einem Stahl mit rd. 30% Ni beträgt sie etwa nur ein Drittel der von Stählen mit 18% Cr und 10% Ni. Dabei bildet sich unterhalb 800 °C bevorzugt $M_{23}C_6$, während die Ausscheidungsneigung der kubischen Karbide, also auch von Titankarbid, vermindert wird. Daher ist der Titangehalt in solchen Stählen nicht unter dem Gesichtspunkt der Stabilisierung zu betrachten. Bei ausreichend hohem Gehalt an Titan und Aluminium (%Ti + %Al > 0,5%) tritt vielmehr die sich kohärent ausscheidende intermetallische γ'-Phase $Ni_3(Al, Ti)$ auf. Ihr Gitterparameter unterscheidet sich nur wenig von dem des Mischkristalls. Daher ist die Kohärenzspannung niedrig, und Härte, Fließgrenze und Kriechwiderstand werden nur wenig erhöht. Bei Titangehalten über 1%, wie sie auch in hochwarmfesten Nickellegierungen (s. D 9.4.3) üblich sind, und bei höherem Verhältnis von Titangehalt zu Aluminiumgehalt werden Fehlpassung und Kohärenzspannung größer, somit auch Fließspannung und Kriechwiderstand besonders bei niedrigen und mittleren Temperaturen stärker erhöht. Andererseits wird die Vergröberung der Ausscheidungen beschleunigt, so daß mit längerer Beanspruchung bei höheren Temperaturen der zunächst sehr hohe Kriechwiderstand schneller abnimmt als bei den nicht über die γ'-Phase aushärtenden Werkstoffen.

Da der Mischkristall durch Ausscheidung der γ'-Phase an Nickel verarmt, kann in diesen Stählen auch die Sigma-Phase auftreten und bei nicht abgesenktem Siliziumgehalt die G-Phase $Ti_6Ni_{16}Si_7$ [85], die sich an den Korngrenzen ausscheidet und zu geringerer Bruchverformung führen kann [86].

D 9.3.2.5 Wirkung von Molybdän, Wolfram, Vanadin und Kobalt

Aufgrund der Größe ihrer Atome und ihrer im Vergleich zu Titan und Niob geringeren Affinität zu Kohlenstoff gehören Molybdän, Wolfram, Vanadin und Kobalt zu den Elementen, die Gitterplätze im austenitischen Mischkristall einnehmen und die Fließgrenze geringfügig heraufsetzen. Die außerdem bewirkte Erhöhung der Rekristallisationstemperatur und ein geänderter Ausscheidungsablauf führen zu einer Anhebung der Zeitstandfestigkeit.

Im einfachen, nichtstabilisierten Chrom-Nickel-Stahl wird bei höheren Temperaturen die Bildung intermetallischer Phasen durch Abstimmung der Gehalte an Chrom und Nickel weitgehend vermieden. Zusatz von *Molybdän* kann die Ausscheidung von Laves(Fe$_2$Mo)- und Chi-Phase (Fe$_{36}$Cr$_{12}$Mo$_{10}$) bewirken. Daneben können Sigma-Phase und außer M$_{23}$C$_6$ auch Karbide der Art M$_6$C auftreten [87, 88]. Bei Anwesenheit von Niob wird die Entstehung von Sigma- und Laves-Phase gegenüber der von Chi-Phase begünstigt [89].

Die besonders im Hinblick auf das Zähigkeitsverhalten unerwünschte Bildung intermetallischer Phasen könnte durch Herabsetzung des Molybdängehalts verringert oder vermieden werden. Neuere Untersuchungen zeigen, daß der Molybdängehalt von 2,0 bis 2,5% in nichtstabilisiertem Chrom-Nickel-Molybdän-Stahl bis auf etwa 0,75% [90] gesenkt werden kann, ohne die Zeitstandfestigkeit zu mindern.

Zusatz von *Wolfram* anstelle von Molybdän führt zur Bildung der Laves-Phase Fe$_2$W [91]. Diese hexagonale Phase scheidet sich bevorzugt im Korninneren aus [92] und kann so zur Erhöhung des Kriechwiderstands beitragen. Bei gleichen Massengehalten ist infolge seines höheren Atomgewichts der Stoffmengenanteil an Wolfram kleiner als der an Molybdän, weshalb die Neigung zur Bildung intermetallischer Phasen im wolframlegierten Stahl geringer ist.

Vanadin, als stärkerer Karbidbildner von den ferritischen Stählen her bekannt, bildet in den austenitischen Stählen kein stabiles Karbid. Es entsteht zwar vorübergehend Vanadinkarbid bzw. -karbonitrid, das sich jedoch nach längerer Glühdauer zugunsten von M$_{23}$C$_6$ wieder auflöst. Vanadin ist daher nicht zur Verhinderung der interkristallinen Korrosion geeignet. Es wird hingegen mit Niob stabilisierten Stählen mit höherem Stickstoffgehalt zugesetzt, wobei ein Teil als Niob-Vanadin-Karbonitrid ausgeschieden wird und so zur Erhöhung des Kriechwiderstands beiträgt. Vanadin beeinträchtigt die Zunderbeständigkeit, daher sollte vanadinhaltiger Stahl für langzeitige Anwendung bei Temperaturen über 650°C nicht eingesetzt werden.

Kobalt erhöht die Rekristallisationstemperatur und die Löslichkeit der Karbide bei der Lösungsglühbehandlung, so daß während einer Auslagerung oder Betriebsbeanspruchung eine verstärkte Karbidausscheidung gegeben ist. Entsprechend haben die mit 10 oder 20% Co legierten Stähle oft höhere Kohlenstoffgehalte und höhere Zusätze an karbidbildenden Elementen.

Da Legierungen mit 20% Co aufgrund ihrer sonstigen Legierungsgehalte in ihrem Zeitstand- und metallkundlichen Verhalten eher den Kobaltlegierungen (s. D 9.4.3) entsprechen, soll hier nur ein Stahl mit 10% Co (s. Bild D 9.13) erörtert werden, in dem Ausscheidungen auftreten, wie sie von den vorher besprochenen Stählen bekannt sind. Wegen seines hohen Kohlenstoffgehalts von 0,40% ist die Menge der ausgeschiedenen Karbide jedoch wesentlich größer. Karbide und die Laves-Phase Fe$_2$(Mo,W,Nb) sind die Träger der Warmfestigkeit. Trotz seiner Gehalte an Molybdän und Wolfram werden in diesem Stahl weder die Sigma- noch die Chi-Phase gefunden, da zu ihrer Bildung nach Abbindung von Chrom, Molybdän und Wolfram im Karbid und in der Laves-Phase die im Mischkristall verbleibenden Gehalte offenbar nicht mehr ausreichen.

In enger Beziehung zu den Ausscheidungsvorgängen stehen nach Bild D 9.13 die Änderung der Härte und der Kerbschlagarbeit bei Raumtemperatur [93]. Während die Härte, wie ihre Abnahme mit längerer Glühdauer bei den höheren Temperaturen zeigt, außer von der Menge an Ausscheidungen auch von deren Dispersionsgrad abhängt, ist für die Kerbschlagarbeit die Menge der Ausscheidungen maßge-

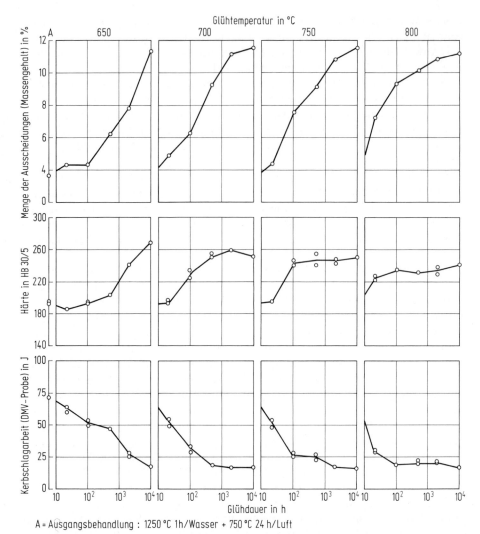

Bild D 9.13 Einfluß der Glühtemperatur und -dauer auf Ausscheidungsmenge, Härte und Kerbschlagarbeit bei einem Stahl mit 0,40 % C, 10 % Co, 17 % Cr und 13 % Ni. Nach [88].

bend. Dem entspricht, daß die Kerbschlagarbeit auch nach langen Glühzeiten, also stärkerer Koagulation der Ausscheidungen, nicht wieder ansteigt. Trotz niedriger Kerbschlagarbeit bei Raumtemperatur sind die kobalthaltigen Stähle durch gute Verformungskennwerte bei Langzeitbeanspruchung bei höheren Temperaturen gekennzeichnet.

D 9.3.2.6 Wirkung von Bor

Ein Vergleich der Atomradien von Kohlenstoff (0,082 nm), Stickstoff (0,086 nm) und Bor (0,095 nm) läßt erwarten, daß der *Einbau von Boratomen auf Zwischengitterplätzen erschwert* ist, sie sich daher bevorzugt an Störstellen im Korngrenzenbereich befinden, wodurch Korngrenzengleiten und Diffusionsvorgänge in diesem Bereich behindert werden. So werden Korngrenzenausscheidungen z. B. von $M_{23}C_6$ oder Sigma-Phase durch geringe Borgehalte stark zurückgedrängt. Da auf diese Weise an Legierungselementen verarmte Korngrenzensäume vermieden werden, kann ein z. B. durch kohärente Ausscheidung oder durch Kaltverfestigung bedingter höherer Kriechwiderstand des Mischkristalls zur Geltung kommen, ohne daß ein vorzeitiger Bruch durch Aufreißen der Korngrenzen eintritt.

Da bereits bei 0,0005 % B eine Beeinflussung der Diffusionsverhältnisse an den Korngrenzen austenitischer Stähle nachgewiesen wird [94], ist schon von geringen Borgehalten eine *Anhebung der Zeitstandfestigkeit* zu erwarten. Sie erfolgt bei stabilisierten ebenso wie bei nichtstabilisierten Stählen, doch ist die Steigerung bei Chrom-Nickel-Stählen ohne weitere Zusätze geringer als bei molybdän- oder wolframhaltigen [95]. Ferner wird festgestellt [95a], daß in nichtstabilisierten molybdänlegierten Stählen bei langdauernder Beanspruchung eine Abnahme der Wirkung infolge Ausscheidung des Bors im Karboborid $M_{23}(C,B)_6$ eintritt.

Im Zusammenhang mit Bor ist die Möglichkeit zur *Verbesserung der mechanischen Eigenschaften* von austenitischen Stählen *durch mechanische Vorverfestigung* zu erörtern, durch die die 0,2-Grenze und Zeitstandfestigkeit bis zu Temperaturen der beginnenden Erholung und Rekristallisation erhöht werden. Die Vorverfestigung erfolgt durch Kaltverformen oder durch Verformen knapp unterhalb der Rekristallisationstemperatur (Warmkaltumformen). Hierdurch wird die Zahl der Versetzungen im Kristallgitter erhöht, die Keimplätze für die Ausscheidung von $M_{23}C_6$ oder NbC im Korn während einer Glühung oder Zeitstandbeanspruchung darstellen. Der dadurch erhöhte Kriechwiderstand des Mischkristalls kann nur genutzt werden, wenn die Korngrenzen einen adäquaten Kriechwiderstand aufwei-

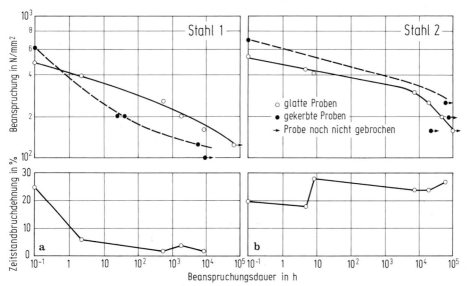

Bild D 9.14 Zeitstandverhalten bei 650 °C von austenitischen Stählen nach Kaltverfestigung. **a** Stahl X 8 CrNiNb 16 13 mit 0,065 % C, 16,74 % Cr, 0,61 % Mo, 12,31 % Ni und 0,76 % Nb, $R_{p,02}$ bei RT: 540 N/mm²; **b** Stahl X 8 CrNiMoBNb 16 13 mit 0,065 % Cr, 17,45 % Cr, 1,50 % Mo, 13,58 % Ni, 0,55 % Nb und 0,116 % B, $R_{p,02}$ bei RT: 600 N/mm². Nach [69].

sen und nicht vorzeitig reißen. Dazu trägt aber Bor im besonderen Maße bei. Bild D 9.14 läßt dies am Beispiel niobstabilisierter vorverfestigter Stähle erkennen [69]. Der Stahl ohne Bor in Bild D 9.14a zeigt niedrigere Werte für die Zeitstandbruchdehnung, und die Zeitstandbruchkurve für gekerbte Proben unterschneidet die für glatte Proben erheblich; ein solcher Stahl kommt für den Einsatz in langlebigen Anlagen nicht in Betracht. Demgegenüber weist der Stahl mit rd. 0,1% B in Bild D 9.14b ein wesentlich günstigeres Verhalten auf, das durch langjährige Betriebserfahrung bestätigt wird [82]: Neben hohen Bruchverformungswerten der glatten werden längere Laufzeiten für die gekerbten Proben gefunden.

D 9.3.3 Hochwarmfeste Nickel- und Kobaltlegierungen

In der Entwicklung von Stählen für die Anwendung bei hohen Arbeitstemperaturen haben von Anfang an Chrom, Nickel und Kobalt wesentliche Bedeutung gehabt, was dazu führte, daß die Stahlforschung in den Bereich der Nichteisenmetall-Legierungen vorstieß. Daraus ergab sich im Laufe der Jahre nicht nur aus technischen, sondern auch aus organisatorischen und volkswirtschaftlichen Gründen die Notwendigkeit, eine *Abgrenzung der Stähle von den Nichteisenmetall-Legierungen* zu vereinbaren. In EURONORM 20-74 ist sie durch die Begriffsbestimmung für „Eisenwerkstoffe als Metallegierungen, bei denen der mittlere Gewichtsanteil an Eisen höher als der jedes anderen Elements ist", gezogen worden. Da aber sowohl in der Herstellung als auch in der Anwendung von hochwarmfesten Werkstoffen der Übergang vom Stahl zum Nichteisenmetall fließend ist, scheint es in der Ordnung, in der Werkstoffkunde Stahl auch die hochwarmfesten Nichteisenlegierungen zu behandeln.

Nickel und Kobalt bilden *mit Chrom Legierungen mit kubisch-flächenzentriertem Gitter*, das eine Voraussetzung für gute Festigkeitseigenschaften auch bei höheren Temperaturen ist. Über die metallkundlichen und metallurgischen Grundlagen dieser Legierungen sowie über ihre Herstellung, Verarbeitung und Anwendung informieren mehrere Bücher und Übersichtsarbeiten [96–105].

Die hochwarmfesten Kobalt- und Nickellegierungen enthalten Eisen meist nur als Begleitelement, wenn es auch einige Legierungen dieser Art mit Eisengehalten bis zu 20% gibt. Chromgehalte zwischen 10 und 30% bewirken die notwendige Hochtemperaturkorrosionsbeständigkeit, die durch Zusatz seltener Erden noch verbessert werden kann. Gemeinsam sind beiden Werkstoffgruppen auch Gehalte an Molybdän und Wolfram, die im Mischkristall gelöst oder als Karbide die Warmfestigkeit erhöhen. Die Kobaltlegierungen enthalten Nickel zur Stabilisierung der kfz-Struktur. Ein Teil der Nickellegierungen enthält Kobalt, das die Stapelfehlerenergie des Mischkristalls erniedrigt und durch Änderung der Temperaturabhängigkeit der Löslichkeit für Aluminium und Titan die Aushärtbarkeit durch die γ'-Phase $Ni_3(Al, Ti)$ verstärkt. Beide Werkstoffgruppen unterscheiden sich durch die Höhe des Kohlenstoffgehalts, der bei den Nickellegierungen niedrig, bei den meisten Kobaltlegierungen höher ist.

Die Verfestigung durch Karbide steht bei den *Kobaltlegierungen* im Vordergrund. Bei Kobaltgußlegierungen mit hohem Kohlenstoffgehalt liegen die Primärkarbide $M_{23}C_6$ und MC in einer Ausbildungsform nach Bild D 9.15 vor [106]. Bei ihrer Größe

Bild D 9.15 Gefüge einer Kobalt-Feingußlegierung mit 0,6 % C, 21,5 % Cr, 10 % Ni, 3,5 % Ta, 0,2 Ti, 7,0 % W und 0,5 % Zr. Die Pfeile A weisen auf MC-Karbide, B auf $M_{23}C_6$-Karbidinseln (Eutektikum). Nach [105, 106].

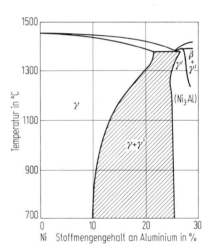

Bild D 9.16 Das Zustandsschaubild Nickel-Aluminium. Nach [105].

kann nicht damit gerechnet werden, daß sie eine Verfestigung durch Blockierung von Versetzungen bewirken; vielmehr wird angenommen, daß dieses Primärkarbidnetz als eine Art örtliche Faserverstärkung wirksam wird, wodurch auch die höhere Zeitstandfestigkeit gegossener gegenüber warmverformten Kobaltlegierungen gleicher Zusammensetzung erklärt wird. Bei den Schmiedelegierungen auf Kobaltbasis wird durch Lösungsglühen bei Temperaturen um 1200 °C und nachfolgendes Auslagern bei 750 bis 800 °C ein Gefüge mit feiner Verteilung der Sekundärkarbide eingestellt.

Nickellegierungen sind so zusammengesetzt, daß sie nach einer Lösungsglühung, wie aus Bild D 9.16 [105] abzuleiten ist, beim anschließenden Auslagern durch Bildung der intermetallischen γ′-Phase aushärten. Diese ist wie der Mischkristall kfz und scheidet sich kohärent aus. In mehrfach legierten technischen Nickellegierungen können weitere Elemente in die γ'-Phase eintreten; Titan, Niob oder Tantal können anstelle von Aluminium, dagegen Eisen oder Kobalt anstelle von Nickel eingebaut werden. Außerdem sind Wolfram, Molybdän und Chrom in der γ'-Phase löslich. Ihre unterschiedliche Zusammensetzung, Größe, Gestalt und Verteilung der ausgeschiedenen Teilchen, der Volumenanteil und die an den Phasengrenzflächen zwischen γ'-Phase und γ-Mischkristall vorhandene Verspannung, die Kohärenzspannung, deren Höhe vom Unterschied der Gitterparameter zwischen Mischkristall und γ'-Phase abhängt, beeinflussen den Kriechwiderstand der Nickellegierungen [96–98, 101–105]. Besonders soll auf den wesentlichen Einfluß des Volumenanteils der γ'-Phase auf die Zeitstandfestigkeit hingewiesen werden, der aus Bild D 9.17 [97] zu entnehmen ist. Der Anteil der Ausscheidungen ist wesentlich größer als z. B. in warmfesten Stählen. Nickellegierungen mit mehr als etwa 50 Vol.-% γ'-Phase sind nicht mehr nach üblichen Verfahren warmverformbar; sie werden im Feingußverfahren geformt.

Für das Zeitstandverhalten von Nickel- und Kobaltlegierungen ist deren *Gefügebeständigkeit ausschlaggebend.* Gefügeänderungen ergeben sich durch Alterungsvorgänge, d. h. Zusammenballung der Karbide und der γ'-Ausscheidung sowie durch Um- oder Neubildung von intermetallischen Phasen, Änderungen, die durch erhöhte Diffusionsmöglichkeiten bei den hohen Anwendungstemperaturen dieser Werkstoffe verhältnismäßig rasch ablaufen können. Bei Nickellegierungen mit höherem Chromgehalt kann durch den mit der γ'-Bildung verbundenen Entzug von Nickel aus der Grundmasse ein Zerfall des Mischkristalls in einen krz chromreichen α- neben dem kfz nickelreichen γ-Mischkristall eintreten. Auch kann die

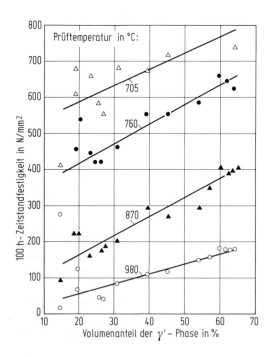

Bild D 9.17 Einfluß des Volumenanteils der γ'-Phase auf die 100 h-Zeitstandfestigkeit von unterschiedlichen warmfesten Nickellegierungen. Nach [97].

chromreiche Sigma-Phase (vgl. D 9.3.2) entstehen. Die titan- oder niobreiche γ'-Phase ist metastabil. Bei hohem Verhältnis von Titangehalt zu Aluminiumgehalt oder bei niobreichen Legierungen bilden sich inkohärent die Gleichgewichtsphasen Ni_3Ti (Eta-Phase, hexagonal) bzw. Ni_3Nb (Delta-Phase, orthorhombisch) nadelförmig oder auf den Korngrenzen. Sie fördern die Warmfestigkeit nicht und können zu spröden Brüchen führen. Infolge der größeren Fehlstellenhäufigkeit an den Korngrenzen können Diffusionsvorgänge dort schneller ablaufen; das hat zur Folge, daß sich hier Ausscheidungen bevorzugt bilden und der korngrenzennahe Bereich an Legierungselementen verarmt. Sowohl die Ausscheidungen, besonders bei filmartiger Belegung der Korngrenzen, als auch die legierungsverarmten Säume mit ihrem verminderten Kriechwiderstand können einen vorzeitigen Bruch des Werkstoffs verursachen.

Ähnlich wie bei den austenitischen Stählen kann der *Zusatz* geringer Mengen *von Bor*, teilweise auch *von Zirkon*, die Diffusion an den Korngrenzen hemmen und damit zur Beständigkeit dieses Bereiches beitragen. In diesem Zusammenhang ist auf die *gerichtete Erstarrung* [107] der *im Feingußverfahren* hergestellten Turbinenschaufeln hinzuweisen. Die Erstarrung erfolgt dabei vorwiegend in Schaufellängsrichtung, so daß Korngrenzen quer zur späteren Hauptbeanspruchungsrichtung weitgehend vermieden werden.

D 9.4 Kennzeichnende Werkstoffsorten mit betrieblicher Bewährung

D 9.4.1 Ferritische Stähle

D 9.4.1.1 Ferritische Stähle für mäßig erhöhte Temperaturen

In die Reihe der normalgeglühten schweißgeeigneten *Feinkornbaustähle* nach DIN 17 102 [108] ist eine Gruppe mit Festlegungen über die Streckgrenze bis 400 °C einbezogen worden. Da die Reihe insgesamt wegen ihrer allgemeinen Bedeutung in D 2 behandelt wird, können die Angaben hier auf die wesentlichen Merkmale beschränkt werden. Die Norm gilt für Flach- und Profilerzeugnisse in Dicken bis 150 mm. Die Mindestwerte für die Streckgrenze bis 16 mm Dicke – sie werden für die Kurznamen der Stahlsorten benutzt – liegen zwischen 255 und 500 N/mm^2; dieser Festigkeitsbereich wird von acht Sorten, beginnend mit WStE 255, in Staffeln von 35 bis 40 N/mm^2 bis zum WStE 500 abgedeckt. Für Temperaturen zwischen 100 und 400 °C werden Mindestwerte für die 0,2%-Dehngrenze in Abhängigkeit von der Erzeugnisdicke angegeben; sie lauten bei 400 °C für den WStE 255 auf 108 N/mm^2, für den WStE 500 auf 255 N/mm^2 für den kleinsten Dickenbereich unter 70 mm. Die chemische Zusammensetzung der Stahlreihe entspricht den Ausführungen in D 9.3.1.1; je nach der Festigkeitsstufe beträgt der höchstzulässige Kohlenstoffgehalt 0,18 bis zu 0,21%, die obere Grenze des Gehalts an Mangan 1,3 bis 1,7%, neben dem noch Zusätze an Chrom – ≦ 0,30% –, an Kupfer – ≦ 0,20% –, an Molybdän – ≦ 0,10% –, an Nickel – zwischen 0,2 und 1,0% – sowie an den Feinkorn ergebenden Elementen Aluminium, Niob, Titan und Vanadin vorgesehen sind.

Neben DIN 17 102 gibt es eine Reihe von warmfesten *Feinkornbaustählen für erhöhte Anforderungen*, von denen die gebräuchlichsten in Tabelle D 9.1 aufgeführt

Tabelle D 9.1 Übersicht über die gebräuchlichsten warmfesten ferritischen Stähle für mäßig erhöhte Temperaturen und erhöhte Anforderungen

Stahlsorte Kurzname	Chemische Zusammensetzung[a]						
	% C	% Mn	% Cr	% Mo	% Nb	% Ni	% V
13 MnNiMo 5 4	≦ 0,16	1,00…1,60	0,20…0,40	0,20…0,40	~ 0,01	0,60…1,00	
17 MnMoV 6 4	≦ 0,19	1,40…1,70		0,20…0,40		0,50…1,00	0,10…0,19
15 NiCuMoNb 5[b]	≦ 0,17	0,80…1,20	≦ 0,30	0,25…0,50	0,015…0,040	1,00…1,30	
12 MnNiMo 5 5	≦ 0,15	1,10…1,50	≦ 0,30	0,20…0,50		0,80…1,60	≦ 0,05
11 NiMoV 5 3	≦ 0,15	1,20…1,50		0,20…0,50		1,20…1,80	0,06…0,13
16 MnMoNi 5 4	≦ 0,18	1,10…1,65		0,20…0,50		0,50…1,20	
22 NiMoCr 3 7	0,17…0,25	0,50…1,00	0,30…0,50	0,50…0,80		0,60…1,20	≦ 0,03
20 MnMoNi 5 5	0,17…0,23	1,00…1,50	≦ 0,30	0,45…0,60		0,50…0,80	≦ 0,03
15 MnNi 6 3	0,12…0,18	1,20…1,65	≦ 0,15	≧ 0,08		0,50…0,85	≦ 0,02

[a] Für alle Stahlsorten: 0,10 bis 0,60% Si, ≧ 0,015% Al und ≦ 0,020% N
[b] 0,50 bis 0,80% Cu

sind. Bei ihnen handelt es sich sowohl um normalgeglühte als auch um normalgeglühte und angelassene Stähle. Ferner wurden die wasservergüteten Werkstoffe 16 MnMoNi 5 4, 22 NiMoCr 3 7 und 20 MnMoNi 5 5 aufgenommen. Sie alle sind bis auf den 15 MnNi 6 3 für Temperaturen bis 400 °C vorgesehen und decken bei 300 °C einen Warmstreckgrenzenbereich von 345 bis 430 N/mm^2 ab. Für die Kerbschlagarbeit (ISO-V-Probe, quer) bei 0 °C wird für diese Stähle ein Mindestwert von 31 J gewährleistet; nur für den 20 MnMoNi 5 5 wird ein höherer Wert von 41 J angegeben. Auf die Verbesserung der Zähigkeit bei Stählen auf der Mangan-Nickel-Vanadin-Basis durch verschiedene metallurgische Maßnahmen sei noch einmal hingewiesen (s. D 9.3.1.1). Ernsthafte Verarbeitungsschwierigkeiten durch Ausscheidungsrisse (reheat-cracking) in der Wärmeeinflußzone sind bei den nach 1974 verwendeten Vanadin oder Niob enthaltenden Stählen in den kennzeichnenden Blechdicken nicht aufgetreten.

Für einige warmfeste Feinkornbaustähle wie 13 MnNiMo 5 4, 16 MnMoNi 5 4, 15 NiCuMoNb 5 und 22 NiMoCr 3 7 liegen für Temperaturen von 400 bis 500 °C inzwischen auch Ergebnisse von Zeitstandversuchen vor.

Nachdem das Auftreten von Rissen in der WEZ beim Spannungsarmglühen mit kritischen Grenzkonzentrationen für einzelne Sonderkarbidbildner in ursächlichen Zusammenhang gebracht werden konnte, sind einfacher legierte Stähle eingeführt worden. Bei den warmfesten Feinkornbaustählen für erhöhte Ansprüche bei Temperaturen bis 400 °C hat man als erste Maßnahme zur Verbesserung der Schweißeignung bei großen Wanddicken auf das gleichzeitige Zulegieren von Molybdän und Vanadin verzichtet und statt dessen mit einem *Stahl auf Mangan-Molybdän-Nickel-Basis* die erforderlichen Festigkeitswerte durch *Wasservergüten* eingestellt. Der Molybdängehalt wurde der kritischen Grenzkonzentration (s. o.) angepaßt. Aus diesem wasservergüteten Stahl 16 MnMoNi 5 4 wurden dickwandige warmgehende Behälter mit Erfolg gefertigt.

Daneben wurde die *Entwicklung vorteilhaft zu verschweißender luftvergüteter Stähle* vorangetrieben. Auf der Basis der Legierung mit Mangan, Chrom, Molybdän, Nickel und Niob mit Chrom- und Molybdängehalten unterhalb der kritischen Konzentration und einem sehr geringen Niobzusatz von etwa 0,01 % sowie einem auf höchstens 0,16 % abgesenkten Kohlenstoffgehalt konnte der Stahl 13 MnNiMo 5 4 eingesetzt werden, dessen Warmstreckgrenze von 345 N/mm^2 bei 350 °C noch den nach TRD 301 [109] ausnutzbaren Bereich abdeckt [110]. Der Stahl ist bei Wanddicken bis 100 mm weiterhin durch eine Kaltstreckgrenze von mind. 400 N/mm^2, eine Zugfestigkeit zwischen 580 und 750 N/mm^2 und eine Kerbschlagarbeit (ISO-V) bei 0 °C von mind. 32 J gekennzeichnet. Der Stahl ist sicher gegen die Bildung von Unterplattierungsrissen. Zeitstandversuche im Temperaturbereich von 450 bis 550 °C ergaben bis 500 °C Werte, die mit denen des Stahls 13 CrMo 4 4 (in Tabelle D 9.2) vergleichbar sind. Ein Langzeitversprödung bei Temperaturen bis 400 °C ist nicht gegeben.

Parallel zur Anpassung der Gehalte an Sonderkarbide bildenden Elementen an die Grenzkonzentrationen, die als kritisch für das Entstehen von Ausscheidungsrissen festgestellt wurden, wurde auch im Hinblick auf die *Unterplattierungsrisse* beim Stahl 22 NiMoCr 3 7 versucht, die *Molybdänspanne* von 0,50 bis 0,80 % nur noch im unteren zulässigen Bereich auszunutzen und den *Kohlenstoffgehalt* so weit als möglich *abzusenken*. Zur weiteren Verwendung dieses Stahls für Bauteile im

Primärkreislauf von Kernkraftwerken wurden als Richtwerte für den Kohlenstoffgehalt 0,20% und für den Molybdängehalt 0,55% bei insgesamt sehr niedrigem Gehalt an Spurenelementen (Anlaßversprödung) vorgesehen. In der Kerntechnik wurde der Stahl 22 NiMoCr 3 7 durch den ebenfalls flüssigkeitsvergüteten Stahl 20 MnMoNi 5 5 weitgehend abgelöst, dessen schweißtechnische Verarbeitung wegen des auf 0,5% eingestellten Molybdängehalts bei gleichzeitig abgesenktem Kohlenstoffgehalt deutliche Vorteile im Hinblick auf das Problem der Ausscheidungsrisse beim Spannungsarmglühen bietet. Der geringfügig höhere Wert für die Kerbschlagarbeit darf nicht so verstanden werden, daß der 20 MnMoNi 5 5 bessere Durchvergütungseigenschaften aufweist als der 22 NiMoCr 3 7; eher bietet dieser Vorteile. Für die Zähigkeit gilt außer dem erwähnten Mindestwert von 41 J für den Stahl 20 MnMoNi 5 5 die Forderung einer NDT-Temperatur von $\leq 0\,°C$.

Auch bei dem Stahl 20 MnMoNi 5 5 sind für besondere Anwendungsfälle der Kerntechnik Einschränkungen der chemischen Zusammensetzung festgelegt worden [111]. Sie beziehen sich, wie beim 22 NiMoCr 3 7 im wesentlichen auf den Molybdängehalt und die Spurenelemente.

Der Stahl 15 MnNi 6 3 ist das Ergebnis einer neueren Entwicklung für die Fertigung von *Reaktorsicherheitshüllen*. An normalgeglühten Blechen mit Dicken bis zu 50 mm und zweckmäßigster Zusammensetzung, z. B. mit reduziertem Schwefelgehalt, werden eine Kaltstreckgrenze von 364 und eine Warmstreckgrenze bei 145 °C von 314 N/mm^2 erreicht. Die NDT-Temperatur liegt im Mittel bei $-40\,°C$, der Mittelwert der Kerbschlagarbeit (ISO-V-Proben) bei $-20\,°C$ über 100 J und bei $+5\,°C$ über 200 J. Die Werte für die seitliche Breitung erfüllen ohne weiteres das RT-NDT-Konzept [111]. Auch nach Spannungsarmglühen bei 560 bis 580 °C werden sehr günstige Ergebnisse erzielt. Warmzugversuche bei 145 °C, entsprechend der oberen Temperaturgrenze für Reaktorsicherheitshüllen, führten in diesem Zustand auf einen Streckgrenzenwert von mind. 385 N/mm^2.

D 9.4.1.2 Ferritische Stähle für Bleche und Rohre

Die Gütevorschriften und die technischen Lieferbedingungen der Stähle dieser Werkstoffgruppe sind in den einschlägigen *Normen* enthalten [112]. Die gebräuchlichsten von ihnen sind in Tabelle D 9.2 zusammengestellt. Die nicht aufgeführten unlegierten Stähle und die *Manganstähle* haben die niedrigsten Langzeitwerte und werden nur selten im Zeitstandbereich eingesetzt. Der günstige Einfluß des Stickstoffs im gelösten Zustand wird bei der Festlegung der Langzeitwerte in den deutschen Normen nicht berücksichtigt, da dieser durch Nitridbildung infolge Zugabe von Aluminium oder beim Spannungsarmglühen beseitigt werden kann [113]. Aluminium kann z. B. zur Erzielung eines feinkörnigen Gefüges hoher Zähigkeit zugesetzt worden sein.

Beim Übergang zum *Stahl 15 Mo 3* wird, verglichen mit dem geringen Legierungsaufwand, ein unverhältnismäßig großer Zuwachs an Warmfestigkeit erzielt (vgl. Bild D 9.8). Diese Sorte hat daher eine verbreitete Anwendung im Temperaturbereich zwischen 400 und 500 °C gefunden. Als älteste warmfeste Stahlsorte in Deutschland hat sie sich seit 1929 betrieblich bewährt, obwohl ihre Zähigkeit bei Zeitstandbeanspruchung merklich abfällt. Der ähnliche Stahl 16 Mo 5 mit höherem Molybdängehalt ist in dieser Hinsicht ungünstiger zu bewerten, zumal da er auch zur Kerbversprödung neigt [113].

Tabelle D 9.2 Gebräuchliche ferritische Stähle für Bleche und Rohre

Stahlsorte Kurzname	Chemische Zusammensetzung						
	% C	% Si	% Mn	% Cr	% Mo	% Ni	% V
15 Mo 3[a]	0,12...0,20	0,10...0,35	0,40...0,80		0,25...0,35		
13 CrMo 4 4[a]	0,10...0,18	0,10...0,35	0,40...0,70	0,70... 1,10	0,45...0,65		
10 CrMo 9 10[a]	0,08...0,15	≦ 0,50	0,40...0,70	2,00... 2,50	0,90...1,20		
14 MoV 6 3	0,10...0,18	0,10...0,35	0,40...0,70	0,30... 0,60	0,50...0,70		0,22...0,32
12 CrMo 19 5	≦ 0,15	≦ 0,50	0,30...0,60	4,0 ... 6,0	0,45...0,65		
X 12 CrMo 91	≦ 0,15	0,25...1,00	0,30...0,60	8,0 ...10,0	0,9 ...1,1		
X 20 CrMoV 121	0,17...0,23	≦ 0,50	≦ 1,00	10,00...12,50	0,80...1,20	0,30...0,80	0,25...0,35

[a] Der Stahl wird in DIN 17 155 (Ausg. Okt. 1983) teilweise mit etwas anderen Werten aufgeführt

Der seit etwa 1930 bekannte *Stahl 13CrMo44* wird, besonders im Dampfkesselbau, im Temperaturbereich von 500 bis 530 °C eingesetzt und weist gegenüber dem 15Mo3 erhöhte Zeitstandwerte und verbessertes Zähigkeitsverhalten auf. Er hat ein Gefüge aus Ferrit und Bainit, seltener Perlit, deren Mengenanteile von der Abkühlgeschwindigkeit nach dem Normalglühen abhängen. Das Zeitstandverhalten ist jedoch hiervon sowie von einer innerhalb der üblichen Grenzen durchgeführten Anlaßbehandlung weitgehend unabhängig [113, 114]. Auch Kaltverformung beeinflußt die Zeitstandfestigkeit nicht. Verschlechtert werden dagegen die Bruchverformungswerte im unteren Bereich der üblichen Anwendungstemperaturen. Durch Anlassen wird dieser Einfluß beseitigt [113].

Der *Stahl 10CrMo910* zeigt wegen seines höheren Chromgehalts eine verbesserte Zunderbeständigkeit; dadurch kann er bis zu Temperaturen von rd. 590 °C verwendet werden. Seine Zeitstandwerte sind ebenfalls höher, so daß er bei Temperaturen oberhalb von rd. 530 °C, wo der Stahl 13CrMo44 nicht mehr infrage kommt, noch wirtschaftlich einsetzbar ist. Der Stahl ist durch ein besonders gutes Zähigkeitsverhalten bei Zeitstandbeanspruchung gekennzeichnet. Er zeigt eine mannigfaltigere Gefügeausbildung als der Stahl 13CrMo44, wodurch auch die Langzeitwerte beeinflußt werden [113, 114]. Diese Veränderungen sind aber nur bei Temperaturen unter 550 °C von Bedeutung.

Der *Molybdän-Vanadin-Stahl 14MoV63* ist aus Gründen der Zunderbeständigkeit nur bis rd. 560 °C im Dauerbetrieb einsetzbar. Wegen seiner hohen Zeitstandwerte wird er besonders im Temperaturbereich um 540 °C für Dampfleitungen weit verwendet. Die Ausscheidungshärtung durch das Vanadinkarbid ist für die hohe Warmfestigkeit maßgebend [113], wirkt sich aber auf das Zähigkeitsverhalten nachteilig aus. So nehmen ähnlich wie bei den Molybdänstählen Bruchdehnung und Brucheinschnürung im Zeitstandversuch mit der Zeit ab [115], doch kann durch geeignete Wärmebehandlung [115] und durch Zusatz von rd. 0,5% Cr [116] dieser Abfall in tragbaren Grenzen gehalten werden. Durch Kaltverformung werden die Zähigkeitswerte beim Zeitstandversuch zusätzlich herabgesetzt [113]. Die Kerbschlagarbeit wird nach geeigneter Erschmelzung und zweckmäßiger Wärmebehandlung normalen Ansprüchen gerecht, und zwar sowohl im Lieferzustand glatter Rohre als auch nach deren Weiterverarbeitung durch Warmbiegen und Schweißen [116]. In der wärmebeeinflußten Zone der Schweißverbindungen liegt ein Bereich verminderter Zeitstandfestigkeit vor, der in ungünstigen Beanspruchungsfällen bei diesem Stahl, aber auch bei Chrom-Molybdän-Stählen, verschiedentlich zu Schäden geführt hat [113, 117]. Nur durch Innendruck beanspruchte Rundschweißnähte neigen nicht zum vorzeitigen Versagen [117].

Für den Einsatz bei *Temperaturen oberhalb 550°C* werden wegen der größeren Anforderungen an die Zunderbeständigkeit *Stähle mit erhöhtem Chromgehalt* vorgesehen. Die Sorten 12CrMo195 mit 5% Cr und 0,5% Mo und X12CrMo91 mit 9% Cr und 1% Mo sind im weichgeglühten Zustand vor allem als druckwasserstoffbeständige Stähle für die Erdölindustrie bekannt (vgl. D14). Der Werkstoff X12CrMo91 kommt im vergüteten Zustand aber auch für den Dampfkesselbau in Betracht, ist jedoch wegen seiner verhältnismäßig niedrigen Zeitstandwerte dem Stahl X20CrMoV121 mit 12% Cr unterlegen.

Dieser martensitische *Stahl X20CrMoV121* ist in Deutschland seit 30 Jahren bekannt und bewährt; er weist von allen ferritischen Stählen die höchste Warmfestigkeit auf. Eine unzureichende Auflösung der Karbide beim Lösungsglühen verschlechtert die Langzeitwerte, weshalb hierbei mindestens eine Temperatur von 1020 °C erreicht werden muß [113]. Die Umwandlung des Austenits erfolgt auch bei langsamem Abkühlen dicker Querschnitte mit Abkühldauern zwischen 800 und 500 °C in 1 h und mehr im allgemeinen noch vollständig in der Martensitstufe, zunehmende Gehalte an Kohlenstoff und vielleicht auch an Stickstoff bewirken jedoch eine Verkürzung der kritischen Abkühldauern [113]. Die vergleichsweise hohe Martensithärte kann zusammen mit der niedrigen Martensittemperatur von rd. 280 °C beim Schweißen vor allem dickerer Querschnitte zu Härterissen führen. Daher wird empfohlen, beim Schweißen vorzuwärmen und danach nur auf 150 bis 100 °C abzukühlen, damit die Umwandlung des Austenits in Martensit zwar weitgehend erfolgen kann, Härterisse aber vermieden werden; anschließend ist sofort anzulassen. Größere Anteile an Restaustenit dürfen nicht zurückbleiben, da dieser auch beim Anlassen unter Umständen nicht zerfällt und beim Abkühlen in Martensit umwandelt, der, wie erwähnt, zur Rißbildung neigt [113]. Werkstücke im nur lösungsgeglühten, martensithartem Zustand müssen vorsichtig gehandhabt werden und dürfen zur Vermeidung von Spannungsrißkorrosion nicht in feuchter Umgebung lagern.

D 9.4.1.3 Ferritische Stähle für Schmiedestücke und Stäbe

Die gebräuchlichen Stähle für Schmiedestücke sind in Tabelle D 9.3 aufgeführt. Die Stähle 26 NiCrMo 8 5, 26 NiCrMo 11 5 und 26 NiCrMoV 14 5 werden für *dickwandige Bauteile* mit erhöhten Festigkeitswerten und besonders für Niederdruckturbinenläufer großer Durchmesser verwendet. Die obere Grenztemperatur bei langzeitigem Einsatz liegt mit Rücksicht auf eine mögliche Zähigkeitsabnahme bei rd. 340 bis 350 °C. Die Eigenschaften dieser Werkstoffe sind im Stahl-Eisen-Werkstoffblatt 555 [118] zusammengestellt.

Für warmfeste *Schrauben und Muttern* sind die Stähle 24 CrMoV 5 5 und 21 CrMoV 5 11 in Gebrauch. Sie werden seit einigen Jahren ergänzt und allmählich ersetzt durch die Stähle 21 CrMoV 5 7 und 40 CrMoV 5 7 nach DIN 17 240 [119].

Für die Herstellung *großer Schmiedestücke in Dampfkraftwerken* stehen die Stähle 20 CrMoNiV 4 7, 28 CrMoNiV 4 9 und 30 CrMoNiV 5 11 nach Stahl-Eisen-Werkstoffblatt 555 zur Verfügung. Sie sind als vorläufige Endstufe einer längeren Optimierungsarbeit in engem Zusammenwirken von Stahlherstellern und -anwendern sowie als wirtschaftlichste warmfeste Stähle für diesen Verwendungszweck anzusehen, wenn man den niedrigen Legierungsgehalt und die mit ihm erzielten Festigkeitswerte betrachtet.

Die höchstlegierten nichtaustenitischen warmfesten Werkstoffe sind die *martensitischen Stähle mit rd. 12 % Cr* und weiteren Legierungszusätzen. Sie wurden zunächst im Chemieanlagenbau eingesetzt und später durch Zulegieren von Molybdän, Vanadin oder Wolfram weiterentwickelt [120]. Allmähliche Optimierung für unterschiedliche Anwendungen im Turbinenbau führte schließlich zu den Schmiedestählen X 21 CrMoV 12 1, X 11 CrNiMo 12 und X 19 CrMoVNbN 11 1 [121]. Der erste dieser Stähle wird nach Stahl-Eisen-Werkstoffblatt 555 seit 1950 für Hochdruckturbinenläufer im Kraftwerkbau, nach Stahl-Eisen-Werkstoffblatt 670 [122] für größere Schmiedestücke in unterschiedlichen Anwendungsbereichen und mit der Bezeichnung X 20 CrMoV 12 1 nach DIN 17 243 [123] als schweißgeeigneter Stahl

Tabelle D 9.3 Gebräuchliche Stähle für Schmiedestücke und Stäbe

Stahlsorte Kurzname	Chemische Zusammensetzung						
	% C	% Si	% Mn	% Cr	% Mo	% Ni	% V
26 NiCrMo 8 5	0,22...0,32	≦ 0,30	0,15...0,40	1,0... 1,5	0,25...0,45	1,8...2,1	≦ 0,15
26 NiCrMoV 11 5	0,22...0,32	≦ 0,30	0,15...0,40	1,2... 1,8	0,25...0,45	2,4...3,1	0,05...0,15
26 NiCrMoV 14 5	0,22...0,32	≦ 0,30	0,15...0,40	1,2... 1,8	0,25...0,45	3,4...4,0	0,05...0,15
24 CrMoV 5 5	0,20...0,28	0,15...0,35	0,30...0,60	1,2... 1,5	0,50...0,60	≦ 0,60	0,15...0,25
21 CrMoV 5 11	0,17...0,25	0,30...0,60	0,30...0,50	1,2... 1,5	1,0 ...1,2	≦ 0,60	0,25...0,35
21 CrMoV 5 7	0,17...0,25	0,15...0,35	0,35...0,85	1,2... 1,5	0,65...0,80		0,25...0,35
40 CrMoV 5 7	0,36...0,44	0,15...0,35	0,35...0,85	0,90... 1,2	0,60...0,75		0,25...0,35
20 CrMoNiV 4 7	0,17...0,25	≦ 0,30	0,30...0,80	1,1... 1,4	0,80...1,0	0,50...0,75	0,25...0,35
28 CrMoNiV 4 9	0,25...0,30	≦ 0,30	0,30...0,80	1,1... 1,4	0,80...1,0	0,50...0,75	0,25...0,35
30 CrMoNiV 5 11	0,28...0,34	≦ 0,30	0,30...0,80	1,1... 1,4	1,0 ...1,2	0,50...0,75	0,25...0,35
X 21 CrMoV 12 1	0,20...0,26	≦ 0,50	0,30...0,80	11,0...12,5	0,80...1,2	0,30...0,80	0,25...0,35
X 11 CrNiMo 12	0,08...0,15	0,10...0,50	0,50...0,90	11,0...12,5	1,5 ...2,0	2,0 ...3,0	0,25...0,40[a]
X 19 CrMoVNbN 11 1	0,16...0,22	0,10...0,50	0,30...0,80	11,0...11,5	0,50...1,0	0,30...0,80	0,10...0,30[b]

[a] Dazu 0,02 bis 0,05 % N
[b] Dazu 0,05 bis 0,10 % N und 0,15 bis 0,50 % Nb

für Formstücke verwendet. Der zweite Stahl ist ein Luftfahrtwerkstoff für Verdichterscheiben und -schaufeln, der dritte – nach DIN 17 240 – dient zur Herstellung von Schrauben und Muttern mit erhöhter Warmfestigkeit.

D 9.4.1.4 Ferritischer Stahlguß

Die Gütevorschriften und technischen Lieferbedingungen der warmfesten ferritischen Stahlgußsorten sind in DIN 17 245 [124] enthalten, die gebräuchlichsten davon sind in Tabelle D 9.4 zusammengestellt.

Die *Wahl der Legierungselemente* entspricht allgemein den Walz- und Schmiedestählen. Wegen der fehlenden Verformung ist die Karbidverteilung gröber als im Walzstahl; beim Austenitisieren wird daher ein geringerer Teil der Karbide in Lösung gebracht, so daß für die Sekundärkarbidbildung, die das Zeitstandverhalten bestimmt, weniger Kohlenstoff zur Verfügung steht. Aus diesem Grunde ist der Kohlenstoffgehalt des warmfesten Stahlgusses in der Regel etwas höher als beim Walzstahl; er wird durch die Anforderungen an die Schweißeignung nach oben begrenzt, so daß er im allgemeinen unter dem der vergleichbaren Schmiedestähle liegt.

Die Reihe der genormten Stahlgußwerkstoffe wird vom *unlegierten GS-C 25* angeführt. Seine Zeitstandfestigkeit ist gering, so daß er nur im Bereich der Warmstreckgrenze bis 400 °C eingesetzt wird. Seine Zeitstandwerte unterscheiden sich nicht von denen der unlegierten Walz- und Schmiedestähle.

Auch bei Stahlgußwerkstoffen wird der Weg beschritten, durch *Zugabe von Molybdän* die Zeitstandfestigkeit zu erhöhen. Ein im Vergleich zum Walzstahl 15 Mo 3 etwas höherer Molybdängehalt von 0,4% soll die verbesserten Zeitstandwerte durch ausreichende Sekundärkarbidbildung ohne die Gefahr einer Versprödung sicherstellen [125, 126]. Die Zeitstandfestigkeit von GS-22 Mo 4 liegt daher im Streuband des Stahls 15 Mo 3.

Durch *Zulegieren von Chrom* kann die Versprödung der Stähle bei einem Molybdängehalt über 0,4% aufgehoben werden; als gebräuchlich haben sich die Stähle GS-17 CrMo 5 5 und GS-18 CrMo 9 10 entwickelt. Ihre Zeitstandeigenschaften entsprechen denen der vergleichbaren Walz- und Schmiedestähle. Da das Zusammenwirken der Legierungselemente beim Werkstoff GS-18 CrMo 9 10 zu einem bainitischen Gefüge führt, werden hier die Forderungen nach hoher Zähigkeit und Sprödbruchunempfindlichkeit bei vergleichsweise hoher Zeitstandfestigkeit gut erfüllt.

Von den *mit Vanadin legierten Stahlgußsorten* wird weltweit der Stahlguß mit rd. 1% Cr – in Deutschland als GS-17 CrMoV 5 11 genormt – am meisten eingesetzt. Diese Sorte hat bei ausreichend guten Zähigkeitseigenschaften eine weit über den Chrom-Molybdän-Stählen liegende Zeitstandfestigkeit. Das durch Abschrecken in Öl oder durch beschleunigte Luftabkühlung einzustellende Gefüge besteht aus oberem Bainit mit höchstens 20% Ferrit. Bei Wanddicken über 300 mm kann der Mangangehalt zur Verbesserung der Durchvergütung auf rd. 1% angehoben werden. Manchmal wird auch Nickel zugesetzt [127]. Eine gelegentlich beobachtete Zeitstandversprödung hängt meist mit der Anwesenheit von Martensit nach zu schneller Abkühlung beim Härten zusammen [128].

Zum Schweißen werden gleichartige *Zusatzwerkstoffe* oder mit 2,25% Cr und 1% Mo legierte Elektroden verwendet. Die Zeitstandfestigkeit der mit artgleichen Elektroden hergestellten Schweißverbindung liegt an der unteren Grenze des

Tabelle D 9.4 Gebräuchliche ferritische Stahlgußsorten

Stahlsorte Kurzname	Chemische Zusammensetzung						
	% C	% Si	% Mn	% Cr	% Mo	% Ni	% V
GS-C 25	0,18...0,23	0,30...0,60	0,50...0,80	≦ 0,30			
GS-22 Mo 4	0,18...0,23	0,30...0,60	0,50...0,80	≦ 0,30	0,35...0,45		
GS-17 CrMo 5 5	0,15...0,20	0,30...0,60	0,50...0,80	1,20... 1,50	0,45...0,55		
GS-18 CrMo 9 10	0,15...0,20	0,30...0,60	0,50...0,80	2,00... 2,50	0,90...1,10		
GS-17 CrMoV 5 11	0,15...0,20	0,30...0,60	0,50...0,80	1,20... 1,50	0,90...1,10		0,20...0,30
G-X 22 CrMoV 12 1	0,20...0,26	0,10...0,40	0,50...0,80	11,30...12,20	1,00...1,20	0,70...1,00	0,25...0,35
G-X 8 CrNi 12	0,06...0,10	0,10...0,40	0,50...0,80	11,5 ...12,5	≦ 0,50	0,80...1,50	

Streubandes für den Grundwerkstoff [129]. Neuere Untersuchungen haben ergeben, daß eine Erhöhung des Kohlenstoffgehalts im Schweißzusatzwerkstoff die Zeitstandwerte von Schweißverbindungen der Stahlgußsorte GS-17 CrMoV 5 11 bis etwa in die Mitte des Streubandes anhebt [130]. Die Anlaßtemperatur bei der Wärmebehandlung muß über dem eine Versprödung bewirkenden Ausscheidungsbereich der Vanadinkarbide von 600 bis 650°C liegen. Bei größeren Schweißungen wird auch erneut vergütet. Für diesen Fall sind ebenfalls Schweißzusatzwerkstoffe mit erhöhtem Kohlenstoffgehalt geeignet.

In Großbritannien wird eine Chrom-Molybdän-Vanadin-Stahlgußsorte mit 0,12% C, 0,4% Cr, 0,5% Mo und 0,3% V bevorzugt. Durch Absenkung des Gehalts an Kohlenstoff und an den die Härtung fördernden Legierungselementen soll die Schweißeignung verbessert werden. Nach der Vergütung an ruhender Luft liegt ein Ferrit-Perlit-Gefüge [131, 132] vor mit einem Zeitstandverhalten, das dem des vorgenannten Stahls mit 1% Cr entspricht. Die Festigkeitswerte bei Raumtemperatur sind jedoch wesentlich niedriger und die Zähigkeitseigenschaften schlechter. Als Schweißzusatzwerkstoff wird der Stahl mit 2,25% Cr und 1% Mo gewählt. Bei der Wärmenachbehandlung ist die Neigung zur Bildung von Relaxationsrissen zu beachten [133].

Der *martensitische Stahlguß G-X 22 CrMoV 12 1* entspricht in Zusammensetzung und Eigenschaften dem gleichlegierten Walz- und Schmiedestahl. Nur die Zeitstandfestigkeit wird für den Stahlguß etwas niedriger angegeben. Noch nicht abgeschlossene Zeitstandversuche lassen jedoch erwarten, daß die Unterschiede bei längeren Laufzeiten verschwinden [134]. Bei ferritfreiem Gefüge werden ausreichende Zähigkeitswerte erhalten [135]. Der Stahlguß wird bei Temperaturen bis 650°C in Gas- und Dampfturbinen verwendet.

Für die im Naßdampfbereich arbeitenden Turbinen von Kernkraftwerken mit Leichtwasserreaktoren wurde ein *gegen Korrosion und Erosion beständiger* Stahlguß mit 12% Cr entwickelt, der wegen seines niedrigen Kohlenstoffgehalts und einer besonderen Wärmebehandlung eine sehr hohe Sprödbruchunempfindlichkeit hat. Dieser G-X 8 CrNi 12 wird nicht im Zeitstandbereich eingesetzt [136].

D 9.4.2 Austenitische Stähle

Die in Tabelle D 9.5 als Beispiele aufgeführten Stähle sind zum größten Teil in Regelwerken enthalten [119, 137]. Die für die Beanspruchbarkeit der Stähle maßgebenden Kennwerte sind in ihnen angegeben. Hier soll anhand von Bild D 9.18 nur auf ihre *100 000 h-Zeitstandfestigkeit* hingewiesen werden, in deren absoluter Höhe und Temperaturabhängigkeit sich die Sorten wesentlich unterscheiden.

Die nichtstabilisierten *Stähle X 6 CrNi 18 11 und X 6 CrNiMo 17 13* der Tabelle D 9.5 werden in Deutschland erst seit kurzem als warmfeste Werkstoffe angewendet. Sie entsprechen weitgehend den aus Nordamerika bekannten Stählen 304 und 316 des American Iron and Steel Institute, jedoch ist zur Erhöhung der Austenitstabilität der Chromgehalt auf niedrigere Werte begrenzt und der Nickelgehalt heraufgesetzt worden. Die Verwendung dieser Stähle ergibt sich vor allem durch gesteigerte Anforderungen an die Schweißeignung. Auf die möglichen Nachteile beim Schweißen großer Querschnitte aus niobstabilisierten Stählen war hingewiesen worden.

Tabelle D 9.5 Hochwarmfeste austenitische Stähle[a]

Stahlsorte Kurzname	%C	%Al	%B	%Co	%Cr	%Mo	%N	%Nb[c]	%Ni	%Ti	%V	%W
X 6 CrNi 18 11	0,06				18,0	≤0,50			11,0			
X 6 CrNiMo 17 13	0,06				17,0	2,25			13,0			
X 8 CrNiNb 16 13	0,07				16,0			≥10·%C[b]	13,0			
X 8 CrNiMoNb 16 16	0,07				16,5	1,8		≥10·%C[b]	16,5			
X 6 CrNiWNb 16 16	0,07				16,5		0,1	≥10·%C[b]	16,5			3,0
X 8 CrNiMoVNb 16 13	0,07				16,5	1,3	0,1	≥10·%C[b]	13,5	2,1	0,70	
X 10 NiCrMoTiB 15 15	0,10		0,005		15,0	1,15			15,5	0,45		
X 8 CrNiMoBNb 16 16	0,07		0,08		16,5	1,8		≥10·%C[b]	16,5			
X 40 CrNiCoNb 17 13[d]	0,40			10,0	16,5	2,0		3,0	13,0			2,5
X 12 CrCoNi 21 20	0,12			20,0	21,0	3,0	0,15	1,0	20,0			2,5
X 10 NiCrAlTi 32 20	≤0,12	0,35			21,0				32,0	0,35		
X 5 NiCrTi 26 15	≤0,08	≤0,35	0,007		14,5	1,25			26,0	2,1	0,30	

[a] Wenn nicht anders gekennzeichnet, sind die Zahlen bei den Angaben über die chemische Zusammensetzung Mittelwerte
[b] Zusätzlich Nb ≥ 10 · %C + 0,4% ≤ 1,2%
[c] Die Zahlen beziehen sich auf die Summe %Nb + %Ta
[d] Der Stahl wird auch mit 13 oder 19% Cr hergestellt

Austenitische Stähle

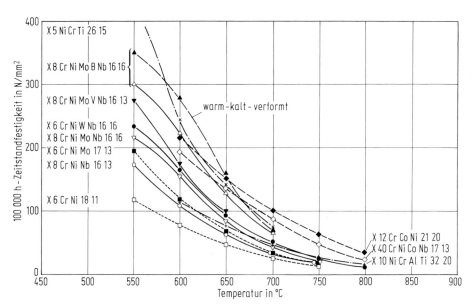

Bild D 9.18 100 000 h-Zeitstandfestigkeit der in Tabelle D 9.5 angeführten hochwarmfesten austenitischen Stähle (Mittelwerte).

Vollaustenitisches Schweißgut neigt infolge örtlicher Seigerungen an den Korngrenzen zur Bildung von Mikrorissen [138], ohne daß bisher dadurch bedingte Schäden bekannt wurden [139]. Diese Mikrorisse lassen sich vermeiden bei Verwendung von *Schweißzusatzwerkstoffen*, die zu einem Schweißgut mit etwa 3 bis 8% Ferrit führen. Dies kann bei molybdänhaltigem Schweißgut wegen Versprödung durch Bildung von Sigma-Phase zu Schwierigkeiten führen [140]. Es wurde daher vorgeschlagen [141], durch Verminderung der Gehalte an Chrom, Molybdän und Nikkel die Zusammensetzung des Schweißzusatzes so zu ändern, daß sich keine Sigma-Phase mehr bilden kann.

Zur Vermeidung von Anfälligkeit für interkristalline Korrosion geschweißter Bauteile aus nichtstabilisierten Stählen hat ein Austausch von Kohlenstoff durch Stickstoff zu den *Stählen X 3 CrNiN 18 11 und X 3 CrNiMoN 17 13* mit rd. 0,03% C und 0,1% N geführt. Langzeitversuche haben ergeben [142], daß der stickstoffhaltige Werkstoff im Vergleich zu X 6 CrNiMo 17 13 auch ein verbessertes Zeitstand- und Zähigkeitsverhalten aufweist.

Die höhere Zeitstandfestigkeit der nioblegierten *Stähle X 8 CrNiNb 16 13 und X 8 CrNiMoNb 16 16* ergibt sich gegenüber Bild D 9.18 deutlicher aus Bild D 9.19. Diese beiden Stähle und der X 8 CrNiMoVNb 16 13 haben sich in Deutschland seit 1951 im Dampfkesselbau bewährt, obwohl nach Bild D 9.20 [139] durch Ausscheidungsvorgänge ihre Kerbschlagarbeit bei Raumtemperatur nach Betriebsbeanspruchung zum Teil erheblich abfällt.

Eine Reihe von Stahlgußsorten entspricht in ihrer chemischen Zusammensetzung den bisher besprochenen Walz- und Schmiedestählen, so z. B. G-X 6 Cr-Ni 18 11, G-X 6 CrNiMo 17 13, G-X 7 CrNiNb 16 13 und G-X 8 CrNiMoVNb 16 13. *Bei*

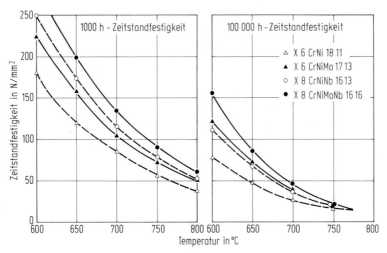

Bild D 9.19 Mittelwerte der Zeitstandfestigkeit von vier Stählen nach Tabelle D 9.5 mit unterschiedlichen Gehalten an Nickel, Molybdän und Niob.

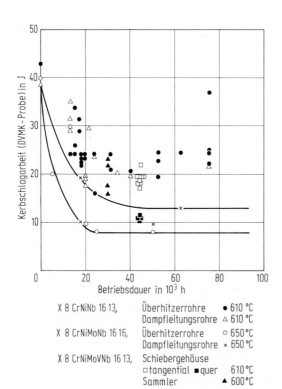

X 8 CrNiNb 16 13,	Überhitzerrohre	● 610 °C
	Dampfleitungsrohre	△ 610 °C
X 8 CrNiMoNb 16 16,	Überhitzerrohre	○ 650 °C
	Dampfleitungsrohre	× 650 °C
X 8 CrNiMoVNb 16 13,	Schiebergehäuse	
	□ tangential ■ quer	610 °C
	Sammler	▲ 600 °C

Bild D 9.20 Kerbschlagarbeit bei Raumtemperatur von Stählen aus Tabelle D 9.5 nach langzeitiger Betriebsbeanspruchung. Nach [139].

Stahlguß wid das *Gefüge*, insbesondere die endgültige Korngröße, wegen der nichtmöglichen Umkörnung infolge fehlender Verformung und Rekristallisation *durch die Erstarrungsbedingungen* in der Form *eingestellt*. Daher verbleiben auch die niedrigschmelzenden Bestandteile auf den Korngrenzen, so daß eine besonders sorgfältige Erschmelzung im Hinblick auf hohen Reinheitsgrad erforderlich ist [139]. Die Zeitstandfestigkeit von Stahlguß entspricht allgemein der der artgleichen geschmiedeten oder gewalzten Stähle [143, 144]. Durch Erhöhung des Kohlenstoffgehalts, also durch Vergrößerung der Zahl der Karbide, kann die Zeitstandfestigkeit verbessert werden, allerdings bei stark verminderter Zähigkeit. Dies wird vorzugsweise bei den hitzebeständigen Stahlgußsorten genutzt.

Mit Wolfram anstelle von Molybdän legiert sind die *Stähle X 6 CrNi WNb 16 16 und X 12 CrNiWTi 16 13*. Der letzte wird häufig mit einem geringen Borzusatz erschmolzen und für manche Anwendungszwecke, z. B. Turbinenschaufeln, im vorverfestigten Zustand verwendet. Der *höheren Stickstoffgehalt* aufweisende Stahl X 6 CrNiWNb 16 16 hat etwa die gleiche Zeitstandfestigkeit [145] wie der ebenfalls stickstofflegierte *Stahl X 8 CrNiMoVNb 16 13*. Der vanadinhaltige Stahl kann zu verstärkter Zunderbildung neigen, so daß bei Temperaturen oberhalb 650 °C bei gleicher Anforderung an die Zeitstandfestigkeit der wolframlegierte Stahl eingesetzt werden sollte.

Der titanstabilisierte borhaltige *Stahl X 10 NiCrMoTiB 15 15* [146] wird vakuumerschmolzen und hat demzufolge einen niedrigen Stickstoffgehalt. Dadurch scheidet sich Titan im wesentlichen als Karbid aus, und zwar bevorzugt an den Versetzungen. Durch eine vorhergehende Kaltverformung werden die Versetzungs- und Ausscheidungsdichte und damit auch der Kriechwiderstand erhöht [147]. Die im Korn feinverteilten Ausscheidungen bilden „Fallen" für das bei Bestrahlung im Kernreaktor bei Temperaturen oberhalb etwa 500 °C infolge (n, α)-Reaktionen entstehende Helium und verhindern dessen Wanderung an die Korngrenzen und damit die durch Heliumblasenbildung verursachte Hochtemperaturversprödung [148]. Gleichzeitig können die zahlreichen Versetzungen im kaltverfestigten Mischkristall das unter Bestrahlung einsetzende Wachsen von Poren, das sogenannte Schwellen, verzögern [148]. Dieser Stahl gilt daher im kalt vorverfestigten Zustand als Werkstoff für Brennelementhüllrohre mit hohen Temperaturen, z. B. des Schnellen Brüters.

Bei *niobstabilisierten Stählen mit Borgehalten* von etwa 0,007 % an können unter ungünstigen Umständen (bei großen Blöcken mit stärkeren Seigerungen, hohen Endtemperaturen bei der Formgebung) Korngrenzenrisse im Grundwerkstoff neben der Schweißnaht auftreten. Sie sind auf die Bildung einer später als der Mischkristall erstarrenden borreichen eutektischen Phase zurückzuführen. Niobfreie Stähle sind, da Niob an der Bildung des borreichen Eutektikums beteiligt ist, weniger schweißrißempfindlich.

Dementsprechend ist der X 8 CrNiMoBNb 16 16 aus Tabelle D 9.5 mit hohem Borgehalt nicht schmelzschweißbar. Er hat die höchste Zeitstandfestigkeit der bisher erörterten Stähle und im vorverfestigten Zustand hohe Zeitstandfestigkeit bei gleichzeitig hoher Zeitbruchverformung und Kerbzeitstandfestigkeit. In diesem Zustand wird er verwendet für Schaufeln und für hohe Relaxationsbeständigkeit erfordernde Teilfugenschrauben [119] im Turbinenbau. Die Verbesserung der Zeitstandfestigkeit und vor allem der 1%-Zeitdehngrenze bleibt bis nahezu 700 °C erhalten. Bis rd. 650 °C (vgl. Bild D 9.18) ist dieser Stahl nach Kalt-Warm-Umformung noch den kobaltlegierten Stählen überlegen.

Die *kobalthaltigen Werkstoffe*, von denen X 40 CrNiCoNb 17 13 und X 12 Cr-NiCo 21 20 in Tabelle D 9.5 erwähnt sind, haben die höchste Zeitstandfestigkeit aller austenitischen Stähle bei Temperaturen oberhalb 650 °C und langzeitiger Beanspruchung. X 40 CrNiCoNb 17 13 wird für Gasturbinenscheiben und -rotoren sowie für Ventilgehäuse benutzt, während der Stahl X 12 CrNiCo 21 20 auch für hochbeanspruchte Auslaßventile in Verbrennungskraftmaschinen [149], als Luftfahrtwerkstoff 1.4974 in Blechform im Triebwerkbau und mit Werkstoffnummer 1.4957 als Feinguß G-X 15 CrNiCo 21 20 20 verwendet wird.

Der nickelreiche *Stahl X 10 NiCrAlTi 32 20* ist ein vielseitig verwendbarer Werkstoff. Mit einem Kohlenstoffgehalt unter 0,03 % wird er als nichtrostend, mit höherem Kohlenstoffgehalt als hitzebeständig und warmfest [150] eingesetzt. Er weist bei Temperaturen um 900 °C noch verhältnismäßig hohe Zeitstandfestigkeit auf, so daß er in Anlagen zur Kohlevergasung und zur Nutzung nuklearer Prozeßwärme Anwendung finden kann.

Die hohe Zeitstandfestigkeit des *Stahls X 5 NiCrTi 26 15* (des letzten in Tabelle D 9.5) bei langzeitiger Beanspruchung bei niedrigen (vgl. Bild D 9.18) und bei kurzzeitiger Beanspruchung bei höheren Temperaturen ist maßgebend für seine Verwendung als Werkstoff für warmgehende Federn [151] und für Scheiben, Schrauben und Blechkonstruktionen in der kurzlebigeren Flugzeuggasturbine. Dieser in seiner Grundzusammensetzung bereits rd. 40 Jahre alte Werkstoff [152] ist der einzige unter den kobaltfreien austenitischen Stählen, der im ausgehärteten Zustand neben hoher Zeitstandfestigkeit auch hohe im Zugversuch gemessene Festigkeitswerte aufweist. Während die üblichen austenitischen Stähle bei Raumtemperatur eine 0,2-Grenze um 200 N/mm² oder wenig mehr haben, liegt sie bei diesem Werkstoff über 600 N/mm².

D 9.4.3 Hochwarmfeste Nickel- und Kobaltlegierungen

Hochwarmfeste Legierungen finden Anwendung beim Bau von Dampf- und Gasturbinen, von Flugtriebwerken (z. B. für Verdichter und Turbinenscheiben, Turbinenschaufeln und Wellen) sowie von Anlagen der chemischen Industrie mit Betriebstemperaturen bis 1100 °C.

Eine nützliche Zusammenstellung solcher Legierungen mit Angaben über die chemische Zusammensetzung und die Zeitstandfestigkeit wird jährlich von der American Society for Metals [153] veröffentlicht. Danach überwiegen zahlenmäßig die Nickelbasislegierungen:

	Nickel-legierungen	Kobalt-legierungen
Schmiedelegierungen	44	10
Feingußlegierungen	35	12

Legierungen mit betrieblicher Bewährung sind in Tabelle D 9.6 angegeben; die angeführten Schmiedelegierungen sind warm und kalt umformbar, die Feingußlegierungen dagegen nicht.

Tabelle D 9.6 Chemische Zusammensetzung von hochwarmfesten Nickel- und Kobaltlegierungen (Beispiele)

Legierungsbezeichnung[b]	AECMA[c]	Chemische Zusammensetzung[a]										
		% C	% Al	% Co	% Cr	% Fe	% Mo	% Nb	% Ni	% Ta	% Ti	% W	% Zr
Schmiedelegierungen													
NiCr19NbMo	Ni-P100-HT	0,05	0,5		18	18	3	5	54		1		
NiCr20TiAl	Ni-P95-HT	0,05	1,4		20				75		2,4		
NiCr20Mo		0,06	1,4		20		4,5		70		2,4		
NiCo19Cr18MoAlTi		0,03	1,4	14	20		4,5		56		3		
NiCr18CoMo	Ni-P94-HT	0,08	2,9	18,5	18		4		53		2,9		
NiCo18Cr15MoAlTi		0,08	4,3	18	15		5,2		53		3,5		
CoCr20Ni20W		0,40		42	20	< 4	4	4	20			4	
CoCr20W15Ni	Co-P92-HT	0,10		52	20	1			10			15	
Feingußlegierungen													
G-CoCr22Ni10WTa		0,60		54	22	1			10	3,5	0,2	7	0,5
G-NiCr13Al6MoNb	Ni-C98-HT	0,05	6		12		4,5	2	72		1		0,1
G-NiCr16Co8AlTiNb		0,17	3,4	8,5	16		1,8	1	62		3,4	2,5	0,1
G-NiCo15Cr10MoAlTi[d]	Ni-C104-HT	0,15	5,5	15	10		3		60		4,7		0,1
G-NiCo10W10CrAlTa		0,15	5,5	10	9		2,5		60	1,5	1,5	10	0,05

[a] Die Zahlen bei den Angaben über die chemische Zusammensetzung sind Mittelwerte
[b] In Anlehnung an das System der Bezeichnung von Nichteisenmetall-Legierungen in DIN-Normen, soweit sie in ihnen nicht schon stehen
[c] Association Européenne des Constructeurs de Material Aerospatial
[d] Außerdem 1% V

Kennzeichnend für die *schmiedbaren Legierungen auf Nickelbasis* ist der unterhalb 0,1% liegende Kohlenstoffgehalt. Chromgehalte zwischen 15 und 20% gewährleisten Beständigkeit gegenüber Oxidation und Heißgaskorrosion. Die Gehalte an den zur Bildung der aushärtenden γ'-Phase $Ni_3(Al,Ti)$ beitragenden Elemente Aluminium und Titan belaufen sich je nach Legierung auf 0,2 bis 4,3% Al und 1 bis 3,5% Ti. Mit zunehmenden Gehalten wird die Zeitstandfestigkeit angehoben und ein Einsatz bei höheren Anwendungstemperaturen ermöglicht. Eine weitere Steigerung dieser Eigenschaften ist bei den Feingußlegierungen auf Nickelbasis durch noch höhere Aluminium- und Titangehalte (zusammen rd. 7 bis 10%) und durch Zusätze von Molybdän, kombiniert je nach Legierung mit Niob, Tantal und Wolfram, zu erzielen.

Die in Tabelle D9.6 als Beispiele genannten schmiedbaren *Kobaltbasislegierungen* sowie die Feingußlegierung G-CoCr22Ni10WTa enthalten mindestens 0,1% C, 20% Cr, aber nur 10 bis 20% Ni; dafür hat CoCr20Ni20W je 4% an Molybdän, Niob und Wolfram, CoCr20W15Ni dagegen 15% W, während die Feingußlegierung noch 3,5% Ta, 0,2% Ti, 7% W und 0,5% Zr enthält. Die Elemente Bor und Zirkon, die in geringen Mengen den meisten Schmiede- und Feingußlegierungen zugesetzt werden, tragen wegen ihrer Wirkung an den Korngrenzen zur Verbesserung der Festigkeits- und Zeitstandseigenschaften der Legierungen bei.

Damit die an hochwarmfeste Werkstoffe gestellten Qualitätsforderungen erfüllt werden können, sind besondere *Maßnahmen bei der Herstellung* erforderlich. Vor allem muß die chemische Zusammensetzung innerhalb enger Grenzen sehr genau eingestellt werden. Eine möglichst hohe Freiheit von Oxiden und Nitriden und verminderte Gehalte an schädlichen Spurenelementen, wie z.B. Blei, Wismut und Tellur, sind anzustreben. Schwefel und Phosphor müssen weitgehend herabgesetzt werden. Aus möglichst reinen Einsatzstoffen werden die Legierungen meist im

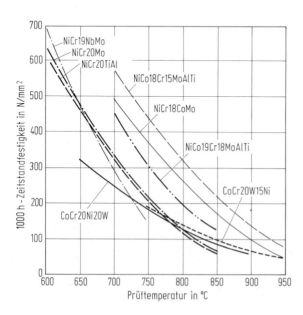

Bild D9.21 1000 h-Zeitstandfestigkeit vom warmverformten Nickel- und Kobaltlegierungen nach Tabelle D9.6. Nach [153].

Vakuuminduktionsofen erschmolzen; sofern sie warm umgeformt werden sollen, werden sie durchweg im Vakuumlichtbogenofen nochmals umgeschmolzen.

Die warm geschmiedeten oder gegossenen Bauteile erhalten zur Einstellung der bestmöglichen Eigenschaften eine *Wärmebehandlung*, die aus einem Lösungsglühen bei Temperaturen zwischen 900 und 1230 °C und einer ein- oder mehrstufigen Warmauslagerung zwischen 620 und 850 °C besteht. Bei einigen Feingußlegierungen ist eine Wärmebehandlung nicht erforderlich.

Die Festigkeit der schmiedbaren Nickellegierungen bei Raumtemperatur reicht von rd. 1180 bis 1400, die der Kobaltlegierungen von rd. 960 bis 1100 N/mm², die der Feingußlegierungen von rd. 800 bis 1100 N/mm².

Eine der wichtigen Kenngrößen von hochwarmfesten Legierungen ist die Zeitstandfestigkeit. In Bild D 9.21 ist die *Temperaturabhängigkeit der 1000 h-Zeitstandfestigkeit* der Schmiedelegierungen aus Tabelle D 9.6 und in Bild D 9.22 dasselbe für die Feingußlegierungen dargestellt. Offenbar weisen Schmiede- und Feingußlegierungen auf Kobaltbasis gegenüber Nickelbasislegierungen eine geringere Temperaturabhängigkeit der Zeitstandfestigkeit auf.

Weitere, für den Konstrukteur wichtige Kenngrößen sind die Zeitdehngrenzen, da nach längerer Beanspruchungsdauer Dehnungen von z. B. höchstens 0,1 bis 0,5 % oft nicht überschritten werden dürfen.

Die Legierungen müssen je nach den Betriebsbeanspruchungen noch *weitere Eigenschaften* aufweisen, wie Beständigkeit gegenüber Heißgaskorrosion, geringe Anfälligkeit für thermische Ermüdung durch rasche oder langsame Temperaturänderungen und hohe Schwingfestigkeit bei niedrigen und hohen Schwingspielfrequenzen [154, 155].

Die zukünftige Entwicklung von hochwarmfesten Legierungen hat zum Ziel, noch mehr Fertigungssicherheit unter Berücksichtigung der Wirtschaftlichkeit und der Verfügbarkeit der Einsatzstoffe, wie z. B. von Kobalt, Molybdän und Niob, zu erlangen [156]. Mit Hilfe neuer Verfahren sind leistungsfähigere Legierungen her-

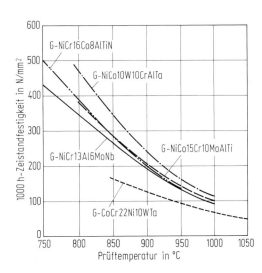

Bild D 9.22 1000 h-Zeitstandfestigkeit von Feingußlegierungen nach Tabelle D 9.6. Nach [153].

stellbar, z. B. durch *Anwendung der Pulvermetallurgie* [154-157]. Als Beispiel sei angeführt, daß Pulver aus NiCr20TiAl und Yttriumoxid Y_2O_3 nach intensiver Mischung in einem Mahlprozeß – mechanisches Legieren genannt – wie üblich durch Pressen und Sintern weiterverarbeitet werden kann und zu einer für den Einsatz bei mittleren Temperaturen ausscheidungsgehärteten und für den Einsatz bei hohen Temperaturen dispersionsgehärteten Legierung führt.

D 10 Kaltzähe Stähle

Von Max Haneke, Joachim Degenkolbe, Jens Petersen und Wilhelm Weßling

D 10.1 Anforderungen an die Gebrauchseigenschaften

Kaltzähe Stähle sind Baustähle, die durch gute Zähigkeitseigenschaften bei tiefen Temperaturen gekennzeichnet sind. Ihre Zähigkeit gestattet es, die Stähle in Konstruktionen, die bei tiefen Temperaturen (unter $-10\,°C$) betrieben werden, einzusetzen.

Solche Konstruktionen finden sich vor allem in der Kältetechnik, die durch Einführung neuer Verfahren bei der Energieversorgung, in der Chemie und in der Lebensmittelindustrie wesentlich an Bedeutung gewonnen hat. Für die Energieversorgung werden in großem Umfang Anlagen für die Verflüssigung von Kohlenwasserstoffen benötigt [1]. Die Siedetemperatur der leichten Kohlenwasserstoffe liegt im Bereich von $-42\,°C$ bis $-161\,°C$. Für metallurgische und chemische Prozesse besteht ein großer Bedarf an Sauerstoff, den man durch fraktionierte Destillation verflüssigter Luft erzeugt, hier sind Temperaturen um $-200\,°C$ erforderlich. Mit dem gleichen Prozeß gewinnt man Edelgase. Die petrochemische Industrie verwendet Verflüssigungsanlagen zur Trennung von Kohlenwasserstoffgemischen.

Weitere Anwendungsgebiete verflüssigter Gase sind Raketentechnik, Raumfahrt, Kernforschung und Elektrotechnik. Dabei treten Temperaturen bis $1,8\,K$ auf. Für die genannten Anwendungsgebiete werden Apparate, Anlagen, Vorrats- und Transportbehälter sowie Rohrleitungen aus kaltzähen Stählen benötigt [2-4].

Von den zu ihrer Fertigung verwendeten Stählen wird aber nicht nur ausreichende *Zähigkeit* bei den in Betracht kommenden *tiefen Temperaturen* (s. o.) gefordert. Wegen der vielfach vorliegenden Beanspruchung durch Innendruck, aber auch im Hinblick auf andersartige mechanische Beanspruchungen (z. B. bei Schrauben), werden auch Anforderungen an die *Festigkeitseigenschaften* gestellt. Es ist auch zu bedenken, daß die genannten Bauteile der Kältetechnik weitgehend durch Schweißen hergestellt werden, gute *Schweißeignung* gehört daher ebenfalls zu den Anforderungen an die meisten kaltzähen Stähle.

Die Beurteilung von Stählen für den Einsatz bei tiefen Temperaturen setzt die Kenntnis der Abhängigkeit der genannten mechanischen Eigenschaften, besonders der Zähigkeit, von der Temperatur voraus, um so durch eine entsprechende Werkstoffauswahl bei den jeweiligen Betriebstemperaturen eine ausreichende Zähigkeit und damit Bauteilsicherheit zu haben. Ein sprödes Verhalten des Werkstoffs und der Schweißverbindung im Bauwerk darf erst unterhalb der tiefsten Betriebstemperatur eintreten.

Als kaltzähe Stähle kommen – abhängig in der Hauptsache von den Anforderungen an die Zähigkeit – unlegierte und legierte ferritische sowie austenitische Stähle in Betracht. Bild D 10.1 gibt eine Übersicht über den Anwendungsbereich einiger

---

Literatur zu D 10 siehe Seite 756, 757.

Stahlsorte[1]	Streckgrenze bei RT N/mm² min.	Kerbschlagarbeit [2] Prüftemperatur °C	J min.
T StE 255 bis T StE 500	255 bis 500	-50	27
11 Mn Ni 5 3	285	-60	41
13 Mn Ni 6 3	355	-60	41
10 Ni 14	345	-100	27
10 Ni 14 V	390	-120	27
12 Ni 19	420	-140	35
X 7 Ni Mo 6	490	-170	39
X 8 Ni 9	490	-196	39
austenitische Stähle	240 bis 340	-196	55

Anwendung in der Technologie von Butan, Propan, Propen, Kohlendioxid, Äthan, Äthen, Methan, Sauerstoff, Argon, Stickstoff, Wasserstoff, Helium mit einer Siedetemperatur von ±0°C, -42°C, -47°C, -78°C, -89°C, -104°C, -164°C, -183°C, -186°C, -196°C, -253°C, -269°C

1) Chemische Zusammensetzung s. Tabelle D 10.3. 2) ISO-Spitzkerb-Längsproben; Mittelwert aus drei Einzelversuchen

Bild D 10.1 Anwendungsbereich kaltzäher Baustähle in der Flüssiggas-Technologie. Nach [2].

wichtiger kaltzäher Stähle. Bei Verwendung ferritischer Werkstoffe ist zu beachten, daß für das kubisch-raumzentrierte (krz) Gitter des Ferrits mit sinkender Temperatur ein Abfall der Kenntwerte für die Zähigkeitseigenschaften in einem bestimmten engen Temperaturbereich (Steilabfall, Übergangstemperatur) kennzeichnend ist. Die Lage einer kritischen Temperatur ferritischer Stähle hängt außer vom Werkstoff in erheblichem Maße vom Mehrachsigkeitsgrad des Spannungszustandes und von der Beanspruchungsgeschwindigkeit ab (s. C 1).

Beim kubisch-flächenzentrierten (kfz) Gitter des austenitischen Stahls sinken die Kennwerte für die Zähigkeitseigenschaften mit abnehmender Temperatur zwar auch, jedoch viel weniger als beim kubisch-raumzentrierten Gitter, und vor allem: es tritt kein Steilabfall (s. o.) auf.

Bei den oben genannten Anwendungsgebieten für die kaltzähen Stähle handelt es sich vielfach um überwachungsbedürftige Anlagen. Die dafür verwendeten Werkstoffe müssen dementsprechend durch nationale und internationale Organisationen überprüft und zugelassen sein, z. B. durch die Technische Überwachung oder durch die Schiffsklassifikationsgesellschaften (s. Tabelle D 10.1). Im Hinblick auf die Anwendung von kaltzähen Stählen im Druckbehälterbau sei auch auf das AD-Merkblatt W 10 hingewiesen [5].

D 10.2 Kennzeichnung der geforderten Eigenschaften

Die *Zähigkeit*, Grundlage zur Beurteilung der Eignung eines Stahls zum Einsatz bei tiefen Temperaturen, wird vorzugsweise im *Kerbschlagbiegeversuch* bewertet, der bei diesen Stählen gegebenenfalls bis zu tiefsten Temperaturen durchgeführt

Tabelle D 10.1 Kaltzähe Stähle nach verschiedenen Normen und Vorschriften [10–12, 24]

BR Deutschland[a] DIN 17 280	EURONORM EU 129	England BS 4360, BS 1501	Frankreich NF A 36-208, Bureau Veritas	Norwegen Det Norske Veritas	USA American Bureau of Shipping, ASTM
TSt E 355[b]	Fe E 355 KT	4360 Grade 50 E	–	NV E 36 S	–
11 MnNi 5 3	Fe E 245 Ni 2	–	0,5 Ni A	NV 2-4	V-051/060
13 MnNi 6 3	Fe E 355 Ni 2	–	0,5 Ni B	NV 4-4	–
14 Ni 6	Fe E 355 Ni 6	–	1,5 Ni	–	–
10 Ni 14	Fe E 355 Ni 14	1501-503	3,5 Ni	NV 20-0	A 203 Grade D
12 Ni 19	Fe E 390 Ni 20	–	5 Ni	NV 20-1	A 645
X 7 NiMo 6	–	–	–	–	–
X 8 Ni 9	Fe E 490 Ni 36	1501-509/510	9 Ni	NV 20-2	A 353/553

[a] Chemische Zusammensetzung der hier genannten Stähle s. Tabelle D 10.3
[b] Als Beispiel für einen Stahl aus der kaltzähen Reihe nach DIN 17 102 [10] von Stählen mit Mindeststreckgrenzen von 255 bis 500 N/mm^2

wird. Wegen der begrenzten Aussagefähigkeit dieses Prüfverfahrens für das *Bauteilverhalten* sind Versuche entwickelt worden, die den im Bauwerk auftretenden Beanspruchungsbedingungen besser entsprechen. Besondere Bedeutung hat die Anwendung von bauteilähnlichen Proben, sogenannten Type-Tests. Durch sie wird das Verhalten der Stähle bei der Rißauslösung und beim Rißauffangen getrennt erfaßt. Die wichtigsten Prüfverfahren sind der Scharfkerbbiegeversuch, der Kerbzugversuch und die Kohärazieprüfung (Kerbschlagbiegeversuch mit Scharfkerbproben) zur Ermittlung kritischer Temperaturen für die Rißauslösung sowie der Fallgewichtsversuch (nach Pellini), der Robertson-Versuch und ebenfalls die Kohärazieprüfung (hier mit einem anderen Prüfkriterium, s. u.) für das Rißauffangen. Einzelheiten zu den genannten Prüfverfahren s. C 1. Tabelle D 10.2 zeigt Versuchsergebnisse für einige wichtige kaltzähe Stähle.

Die *Festigkeitseigenschaften* werden wie üblich im *Zugversuch* geprüft (s. C 1). Mit abnehmender Temperatur steigen Streckgrenze und Zugfestigkeit von Stählen an. Da die Berechnung kaltzäher Behälter auf den Kennwerten bei Raumtemperatur beruht, können die Festigkeitseigenschaften bei Betriebstemperatur nicht voll genutzt werden.

In Bild D 10.2 ist die Streckgrenze einiger wichtiger kaltzäher Stähle als Funktion der Temperatur aufgetragen. Bei den genannten Anwendungstemperaturen sind die Streckgrenzen z. T. beträchtlich höher als bei Raumtemperatur. Es ist darauf hinzuweisen, daß bei austenitischen Stählen neben der Zugfestigkeit und Streckgrenze, bei ihnen im allgemeinen als 0,2%-Dehngrenze ermittelt, auch die 1%-Dehngrenze bei 20 °C gemessen wird, da man sie für viele Anwendungen als Berechnungskennwert heranzieht, um die Stähle unter Berücksichtigung ihrer großen Verformungsreserve besser ausnutzen zu können.

Allgemeingültige Prüfverfahren zur Kennzeichnung der *Schweißeignung* von kaltzähen Stählen stehen nicht zur Verfügung (grundsätzliche Ausführungen dazu s. C 5), Untersuchungen über ihre Schweißeignung werden meist mit betriebsähnli-

Tabelle D 10.2 Bruchverhalten kaltzäher Baustähle in einer Blechdicke von rd. 25 mm. Nach [6]

Prüfverfahren	Kennzeichnende Temperatur (Kriterium)	Prüfergebnisse, Lage der kennzeichnenden Temperatur (°C) beim Stahl[a]						
		TTStE 36 N	13 MnNi 6 3 N	10 Ni 14 N	10 Ni 14 V	12 Ni 19 NN	12 Ni 19 V	X 8 Ni 9 V
Rißausbreitung								
Kerbschlagbiegeversuch[b]	$T_{ü27}$[c]	−55	−100	−125	−160	−140	−170	<−196
Kohärazieprüfung[d]	T_{LK0}[e]	−10	−20	−65	−105	−	−90	<−196
Fallgewichtsversuch nach Pellini[f]	NDT[f]	−38	−60	−100	−120	−130	−130	<−196
Robertson-Versuch[g]	CAT[g]	−40	−	−	−	−	−	−
Rißauslösung								
Kohärazieprüfung[d]	T_{LB0}[h]	−30	−60	−95	−125	−	−150	<−196
Scharfkerbbiegeversuch[i]	T_i[i,j]	−70	−80	−90	−120	−	−150	<−196
Kerbzugversuch	T_i[j]	−70	−85	−	−	−	−	−

[a] N = normalgeglüht, V = vergütet
[b] ISO-Spitzkerbproben
[c] $T_{ü27}$ = Übergangstemperatur für eine Kerbschlagarbeit von 27 J
[d] Kerbschlagversuch mit Scharfkerbproben (s. z.B. [7], auch Bild C 1.65 in C 1.1.2.4
[e] T_{LK0} = Temperatur für 100% Scherbruch bei einer Schlaggeschwindigkeit von 5 m/s
[f] Siehe Bild C 1.75 in C 1.1.2.4
[g] Siehe Bild C 1.72 in C 1.1.2.4
[h] T_{LB0} = Temperatur für 100% Scherbruch bei einer Schlaggeschwindigkeit von 0,1 m/s
[i] Siehe z. B. [8]
[j] T_i = Rißauslösungstemperatur (Proben mittlerer Abmessung) T_i = Grenztemperatur, unterhalb der ein Bruch als instabiler Spaltbruch und bei niedrigen Spannungen entsteht, ohne daß eine Phase des quasistatischen Rißwachstums als Scherbruch vorausgeht.

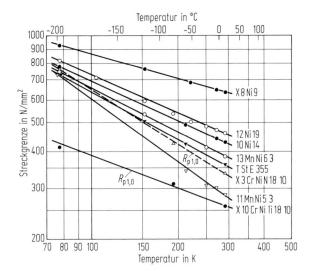

Bild D 10.2 Streckgrenze verschiedener kaltzäher Stähle (s. Tabelle D 10.3) in Abhängigkeit von der Temperatur. Nach [9].

chen oder betriebsgleichen Versuchsparametern durchgeführt. Einzelheiten zum Verhalten kaltzäher Stähle beim Schweißen, dem im Hinblick auf die Verwendung besondere Bedeutung zukommt, werden wegen des z. T. sehr unterschiedlichen Charakters dieser Stähle nicht grundsätzlich oder allgemeingültig und nicht hier, sondern in einem eigenen Abschnitt dieses Kapitels, gesondert für die wichtigsten einzelnen Stahlsorten, behandelt (s. D 10.5).

Als *weitere Gebrauchseigenschaften* sind u. a. Wärmeausdehnungsbeiwert, Wärmeleitfähigkeit, spezifische Wärme, elektrischer Widerstand und Elastizitätsmodul zu nennen, sie werden nach den üblichen Verfahren ermittelt; einige Hinweise dazu finden sich in C 2.

Bei den ferritischen Werkstoffen, d. h. bei den unlegierten und den mit Mangan und/oder Nickel legierten Stählen, unterscheiden sich die physikalischen Eigenschaften nur wenig voneinander. Lediglich der Stahl mit 9% Ni (s. X 8 Ni 9 in Tabelle D 10.3) zeigt gegenüber den anderen Stählen einen höheren elektrischen Widerstand und einen niedrigeren Elastizitätsmodul. Die Wärmeleitfähigkeit nimmt mit zunehmendem Nickelgehalt nahezu stetig ab.

Alle ferritischen kaltzähen Stähle weisen einen Elastizitätsmodul bei Raumtemperatur von 207 kN/mm^2 auf. Hiervon weichen der Stahl mit 9% Ni (mit 186 kN/mm^2) sowie die austenitischen Stahlsorten (mit 200 kN/mm^2) ab. Die Temperaturabhängigkeit des Elastizitätsmoduls ist gering. Für den Stahl mit 9% Ni wurde bei −196°C ein Wert von 207 kN/mm^2 gemessen.

D 10.3 Maßnahmen zur Einstellung der geforderten Eigenschaften

D 10.3.1 Ferritische Stähle

Chemische Zusammensetzung

Bei den Gebrauchseigenschaften steht, wie oben ausgeführt, die Zähigkeit – auch bei tiefen Temperaturen – im Vordergrund. Die wirksamste Maßnahme zu ihrer Einstellung bei ferritischen Stählen ist die Kornfeinung und überhaupt die allgemeine Gefügeverfeinerung, z. B. durch Erzeugung von feinstreifigem Perlit. Eine Verfeinerung der Gefügeausbildung kann durch den Einsatz verschiedener Legierungs- oder Begleitelemente erreicht werden, die meist indirekt durch Beeinflussung der Umwandlung oder der Rekristallisation wirksam werden. Die Wirkung verschiedener Legierungselemente auf die für die Kaltzähigkeit wichtige Feinheit der Gefügeausbildung wird im Folgenden zunächst besprochen, wobei jeweils zugleich auch Bemerkungen über den Einfluß auf andere Eigenschaften gemacht werden.

Begonnen wird mit dem *Kohlenstoff*, obwohl er die Zähigkeit eines Stahls i. a. herabsetzt (Bild C 1.80) [13], und zwar im wesentlichen durch Erhöhung des Perlitanteils mit zunehmendem Kohlenstoffgehalt. Um zähe Stähle herzustellen, muß also der Kohlenstoffgehalt niedrig sein, und zwar auf Werte unterhalb etwa 0,2% begrenzt werden, um den Perlitanteil gering zu halten. Gleichzeitig ist eine feine Ausbildung der Zementitlamellen anzustreben. Niedrige Kohlenstoffgehalte verbessern die Schweißeignung. Höhere Kohlenstoffgehalte können zur Bildung von Martensit in der wärmebeeinflußten Zone der Schweißnaht bei der Abkühlung aus der Schweißwärme und infolgedessen zu einer hier unerwünschten Härtung führen.

Silizium erhöht Streckgrenze und Zugfestigkeit, wirkt sich aber bei Gehalten oberhalb rd. 0,6% nachteilig auf die Zähigkeit aus. Geringe Zusätze verbessern die Übergangstemperatur der Zähigkeit leicht. Silizium beeinflußt im Gegensatz zu Kohlenstoff die Härtungsneigung nur unbedeutend, es bewirkt daher auch kaum eine Eigenschaftsveränderung im Schweißnahtbereich.

Ein wesentliches Legierungselement zur Verbesserung der Zähigkeit eines Stahls ist *Mangan*, das mit Eisen Substitutionsmischkristalle bildet. Im Bereich bis 2% bewirkt eine Erhöhung des Mangangehalts um 1% eine Verbesserung der kritischen Temperatur für den Übergang vom Verformungsbruch zum Sprödbruch um rd. 50 °C (Bild D 10.3). Ursache hierfür ist die Absenkung der Umwandlungstemperatur, die zu einer Verringerung der Sekundärkorngröße und zu einer Verfeinerung des Perlits führt. Bei niedrigen Kohlenstoffgehalten, d. h. bei hohen Verhältnissen von Mangangehalt zu Kohlenstoffgehalt, ist die Zähigkeit der Stähle mit Mangangehalten bis zu 2% besonders gut. Zugaben über 2% verringern im allgemeinen die Zähigkeit, da sich das Umwandlungsverhalten bei der Abkühlung ändert (Bildung von Bainit). Mit steigenden Gehalten an anderen Elementen, z. B. Nickel, wird diese Grenze herabgesetzt [1]. Streckgrenze und Zugfestigkeit steigen mit dem Mangangehalt durch Mischkristallverfestigung an; der Mischkristalleinfluß von Mangan auf die Zähigkeit ist gering.

Um zähes Verhalten bei deutlich niedrigeren Temperaturen sicherzustellen, sind zusätzlich zum Mangan weitere Legierungselemente erforderlich. Besonders geeignet zur Erniedrigung der Übergangstemperatur vom Verformungsbruch zum Sprödbruch ist *Nickel*. Die Wirkung von Nickel auf die Zähigkeit von Stählen mit niedrigem Kohlenstoffgehalt beruht bei geringen Nickelgehalten (< 2% Ni) auf der Absenkung der Umwandlungstemperatur und der dadurch bedingten Verringerung der Ferritkorngröße. In diesem Zusammenhang wird auch darauf hingewiesen, daß Nickel Quergleitungen (s. C 1.1.1 und Bild C 1.14) begünstigt, die Zähigkeit also verbessert. Höhere Nickelgehalte bewirken bereits beim Normalglühen die Bildung von Bainit und Martensit. Hohe Abkühlgeschwindigkeiten verstärken diesen Effekt, der durch nachfolgendes Anlassen zu einem fein ausgebildeten Gefüge mit sehr guter Zähigkeit führt (s. C 4). Bei Nickelgehalten um 9% wird die Zähigkeit zusätzlich durch geringe Mengen Austenit erhöht, der sich während der Anlaßbehandlung neu bildet und stabil bleibt. Bei der Wärmebehandlung dieser Stähle ist zu beachten, daß die Umwandlungstemperaturen Ac_1 und Ac_3 durch Nickel in starkem Maße herabgesetzt werden [14].

Nickel wirkt bis zu sehr hohen Gehalten zähigkeitsverbessernd und erzeugt schließlich – insbesondere in Verbindung mit höheren Chrom- und Mangangehalten – ein stabil-austenitisches Gefüge, das einen Steilabfall der Zähigkeitswerte in einem bestimmten Temperaturbereich (Übergangstemperatur) nicht aufweist, also keine Temperaturversprödung zeigt.

Bei ferritischen Stählen wird die Übergangstemperatur der Kerbschlagarbeit durch Nickel im normalgeglühten Zustand im Bereich von 1 bis 9% Ni je Prozent Nickel um rd. 7 °C, im wasservergüteten Zustand um rd. 11 °C erniedrigt (Bild D 10.4). Der Einfluß des Nickels auf die Zähigkeit wird bereits bei den mit Mangan legierten Stählen genutzt. Ein Gehalt um 0,6% Ni in Verbindung mit einem günstigen Verhältnis von Mangangehalt zu Kohlenstoffgehalt führt zu einem kaltzähen Stahl (13 MnNi 6 3, s. Tabelle D 10.3), dessen Überlegenheit ein Vergleich der Kerbschlagarbeits-Temperatur-Kurve mit derjenigen eines nur mit Mangan legierten Stahls (TSt E 355, s. Tabelle D 10.3) erkennen läßt (Bild D 10.5). Mit normalgeglühten Mangan-Nickel-Stählen (13 MnNi 6 3) lassen sich Übergangstemperaturen im Kerbschlagbiegeversuch (mit ISO-Spitzkerbproben) von rd. −80 °C einhalten.

Schließlich haben Nickelstähle mit 3,5%, 5% oder 9% Ni so gute Tieftemperaturzähigkeiten, daß sich mit ihnen der Einsatzbereich von −100 °C bis −200 °C abdecken läßt (s. D 10.4). Unterhalb dieser Temperatur werden austenitische Werkstoffe

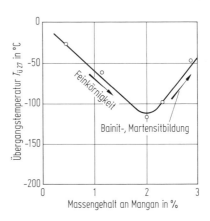

Bild D 10.3 Einfluß des Mangangehalts auf die Übergangstemperatur der Kerbschlagarbeit $T_{ü27}$, die Temperatur, bei der die Kerbschlagarbeit an ISO-Spitzkerbproben (hier Längsproben) 27 J beträgt. Stahl mit 0,05 % C, 0,25 % Si, 0,02 % P, 0,01 % S und 0,04 % Al). Nach [1].

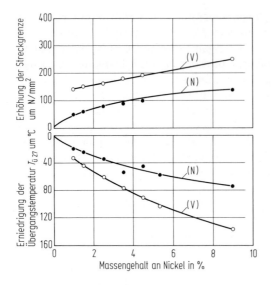

Bild D 10.4 Einfluß von Nickel auf die mechanischen Eigenschaften von Stahl mit rd. 0,14 % C, 0,3 % Si, 0,9 % Mn, 0,018 % P, 0,017 % S und 0,02 % Al als Blech mit einer Dicke von 30 mm im normalgeglühten (N) und im wasservergüteten (V) Zustand ($T_{ü27}$ s. Bild D 10.3; hier Querproben).

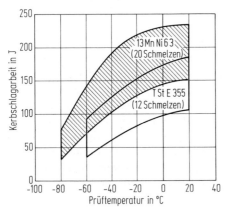

Bild D 10.5 Vergleich der Kerbschlagarbeit (ISO-Spitzkerb-Längsproben) der Stähle 13 Mn Ni 6 3 und TStE 355 (s. Tabelle D 10.3).

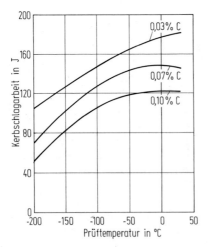

Bild D 10.6 Einfluß des Kohlenstoffgehalts auf die Kerbschlagarbeit an ISO-Spitzkerb-Längsproben von kaltzähen Stählen mit 9 % Ni.

eingesetzt. Der Einfluß von Kohlenstoff auf das Zähigkeitsverhalten ist auch bei hohen Nickelgehalten erkennbar (Bild D 10.6).

Eine weitere Erhöhung der Zähigkeit von mit Nickel legierten Stählen läßt sich auch durch geringe Gehalte an *Molybdän* erreichen, die eine weitere Verfeinerung der Mikrostruktur bewirken.

Feinkornerzeugung

Hinsichtlich seiner technischen Bedeutung gleichrangig dem Legieren mit den vorher besprochenen Elementen, durch die man zusammen mit einer Wärmebehandlung die Feinheit der Gefügeausbildung gewissermaßen indirekt beeinflussen kann, ist die mehr unmittelbare Erzeugung eines Gefüges mit geringer Ferritkorngröße. Die Feinkörnigkeit eines Stahls läßt sich durch bestimmte chemische Elemente und durch die Temperaturführung beim Walzen und Wärmebehandeln steuern. Als Legierungselemente zur Erhöhung der Feinkörnigkeit eignen sich nitrid- oder karbonitridbildende Elemente wie Aluminium oder Niob. Zusammen mit Stickstoff und/oder Kohlenstoff führen sie zu Ausscheidungen, die beim Glühen im Austenitgebiet das Wachstum des Austenitkorns verzögern und bei der Austenit-Ferrit-Umwandlung beim Abkühlen keimbildend wirken, so daß die Ferritkorngröße (Sekundärkorngröße) herabgesetzt wird. Die Verringerung der Ferritkorngröße bewirkt gleichzeitig eine Erhöhung der Streckgrenze (s. C 1.1.1.3).

Freiheit von nichtmetallischen Einschlüssen (Reinheitsgrad), Begleitelemente

Neben dem Gehalt an gezielt zugesetzten Legierungselementen ist der chemische und metallurgische Reinheitsgrad von maßgeblichem Einfluß auf die Zähigkeit. Ein Absenken des Schwefelgehalts führt zu einer wesentlichen Erniedrigung der Übergangstemperatur (s. D 2). Ähnlich wie Schwefel beeinträchtigt das Element Phosphor die Zähigkeitseigenschaften der ferritischen Stähle. Der Einfluß des Phosphorgehalts auf die Übergangstemperatur hängt von der Zusammensetzung des Stahls ab. In Bild D 10.7 sind die Auswirkungen von Phosphor bei verschiedenen Mangangehalten zu erkennen; 0,01 % P verschiebt die Übergangstemperatur im Mittel um 10 °C.

Wärmebehandlung

Zusammen mit der chemischen Zusammensetzung entscheidet die Wärmebehandlung über das Gefüge und damit über die Werkstoffeigenschaften. Ein Normalglühen bewirkt eine Verringerung der Korngröße und eine größere Gleichmäßigkeit des Gefüges. Die Folge sind bessere Zähigkeitseigenschaften. Eine weitere Verbesserung der Eigenschaften erreicht man durch ein beschleunigtes Abkühlen nach dem Glühen im Austenitgebiet. Ein beschleunigtes Abkühlen ist besonders wirkungsvoll, wenn der Stahl aufgrund eines ausreichenden Gehalts an Legierungselementen beim Abkühlen in der Martensit- oder unteren Bainitstufe umwandelt und anschließend angelassen wird. So entsteht ein sehr fein ausgebildetes Vergütungsgefüge, das besonders gute Zähigkeitseigenschaften aufweist.

Walztechnische Maßnahmen

Wegen der ausgeprägten Abhängigkeit der Zähigkeit von der Korngröße werden auch walztechnische Maßnahmen zur Kornfeinung und damit zur Erniedrigung

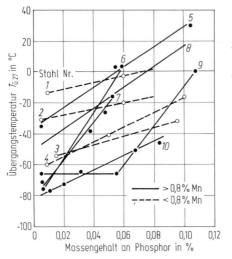

Bild D 10.7 Einfluß des Phosphorgehalts auf die Übergangstemperatur der Kerbschlagarbeit $T_{ü27}$ (ISO-Rundkerbproben) verschiedener Stähle.

der Übergangstemperatur der Kerbschlagarbeit ergriffen. Mit abnehmender Endwalztemperatur entstehen bei der Rekristallisation kleinere Austenitkörner. Die Folge ist ein feineres Ferritkorn bei der Umwandlung während des Abkühlens. Durch Walzen bei abgesenkten Temperaturen lassen sich Bleche mit ausgezeichneten Zähigkeitseigenschaften im Walzzustand herstellen (Bild D 10.8). Erst Walztemperaturen weit unterhalb des oberen Umwandlungspunktes können als Folge der Kaltverfestigung den Effekt umkehren.

Das feinkörnige Walzgefüge bildet auch eine günstige Ausgangsbasis für das Wärmebehandeln und verbessert die Zähigkeit des normalgeglühten Zustands. Deutlichen Einfluß auf die Zähigkeit hat außer der Walzendtemperatur der Verformungsgrad im unteren Temperaturbereich.

D 10.3.2 Austenitische Stähle

Der kubisch-flächenzentrierte Austenit-Mischkristall weist bei tiefen Temperaturen eine gute Umformbarkeit gleichbedeutend mit einer hohen Zähigkeit auf. Das hängt mit der Zahl der möglichen Gleitsysteme zusammen, die im kfz Gitter größer ist als im krz Gitter.

Daher beobachtet man bei austenitischen Stählen im Gegensatz zu den ferritischen Stählen keinen Temperaturbereich mit einem Steilabfall der Zähigkeit. Voraussetzung dafür ist aber, daß der Austenit auch bei Temperaturerniedrigung stabil bleibt, also nicht in das krz Gitter, d.h. nicht in Martensit umwandelt. Ein Maß für die Stabilität des Austenits ist die Temperatur, bei der Martensitbildung einsetzt (M_s-Temperatur, M_s-Punkt). Ein Austenit ist um so stabiler, je niedriger die M_s-Temperatur liegt. Alle für austenitische Stähle wichtigen Elemente bewirken eine Erniedrigung des M_s-Punktes, also eine Stabilitätsverbesserung, wie aus der

Austenitstabilität

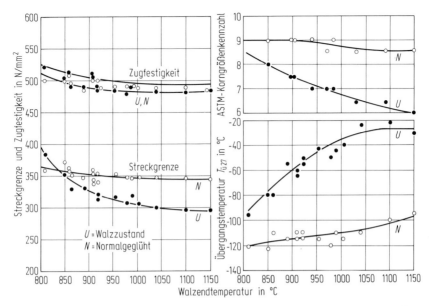

Bild D 10.8 Einfluß der Walzendtemperatur auf die Korngröße und die mechanischen Eigenschaften des kaltzähen Baustahls 11 MnNi 5 3 als Blech mit einer Dicke von 15 mm ($T_{ü27}$ s. Bild D 10.3).

folgenden Beziehung abzulesen ist, die aus Dilatometerversuchen bei sehr tiefen Temperaturen an austenitischen Stählen mit 18% Cr und 8% Ni abgeleitet wurde [15]:

$$M_s (°C) = 1305 - 1665 (\%C + \%N) - 28 (\%Si) - 33{,}5 (\%Mn) - 41{,}5 (\%Cr) - 61 (\%Ni).$$

Auch höhere Molybdängehalte tragen bei sehr tiefen Temperaturen zur Austenitstabilität bei und sind nicht von Nachteil für die Kaltzähigkeit, sofern die Legierungsabstimmung ein ferritfreies austenitisches Gefüge sicherstellt.

Ist das austenitische Gefüge nicht ganz stabil, man nennt es dann metastabil, kann auch noch oberhalb des M_s-Punktes durch Kaltverformung Martensit als sogenannter Schiebungsmartensit gebildet werden. Bestimmend für den dabei zu Martensit umgewandelten Gefügeanteil ist außer der chemischen Zusammensetzung der Verformungsgrad und die Temperatur. Es gibt eine Grenztemperatur M_d, oberhalb der keine Umwandlung mehr eintritt. Es ist eine Temperatur $M_d 30$ vorgeschlagen worden, bei der nach 30% Kaltverformung die Umwandlung von Austenit zu Martensit zu 50% abläuft [16]:

$$M_d 30 (°C) = 413 - 462 (\%C + \%N) - 9{,}2 (\%Si) - 8{,}1 (\%Mn) - 13{,}7 (\%Cr) - 9{,}5 (\%Ni) - 18{,}5 (\%Mo).$$

Bei Untersuchung der in diesem Zusammenhang unerwünschten Umwandlung des Austenits zu Martensit an kohlenstoffarmen, höherlegierten Stählen in verschiedener Kombination der Elemente Mangan, Chrom und Nickel wurde festgestellt, daß eine doppelte Reaktion vorliegt. Sobald Gehalte von über 15,5% Cr und 9% Ni bei niedrigem Mangangehalt sowie eine Temperatur von −10°C erreicht werden, wird die unmittelbare Umwandlung des Austenits zu Martensit abgelöst durch die Umwandlungsfolge Austenit-ε-Martensit-α-Martensit [17]. Die Umwandlung verläuft also umso vollständiger, je geringer der Kohlenstoff- und Stickstoffgehalt im Mischkristall ist, je tiefer die Temperatur unterhalb des jeweiligen M_s-Punktes liegt, je größer der Grad der plastischen Umformung ist und je niedriger diese Umformtemperatur liegt. Die hexagonale ε-Phase ist in den Manganstählen und in den Chrom-Nickel-Stählen isomorph [18]. In Bild D 10.9 sind die mechanischen Eigenschaften der untersuchten Legierungsreihe bei +20°C und bei −196°C

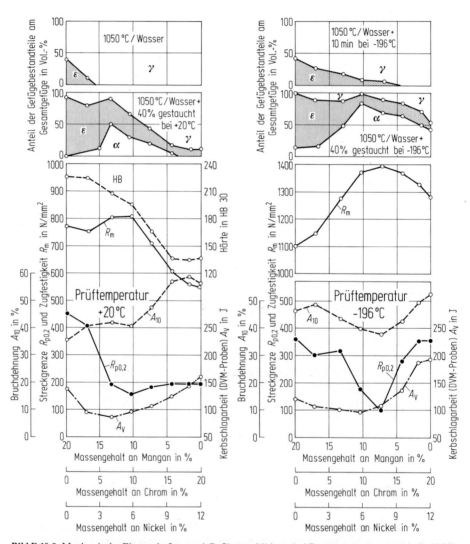

Bild D 10.9 Mechanische Eigenschaften und Gefügeausbildung bei Raumtemperatur und bei −196°C von Mangan- und Chrom-Nickel-Stählen mit rd. 0,03% C, 0,02% Si und 0,01% N nach Abschrecken von 1050°C in Wasser. Nach [18].

den Gefügemerkmalen gegenübergestellt [18]. Es ist darauf hinzuweisen, daß sich bei metastabilen austenitischen Stählen während des Prüfvorgangs selbst das Gefüge durch Bildung von Schiebungsmartensit noch ändert. Die hohe 0,2%-Dehngrenze und Kerbschlagarbeit der höher mit Mangan legierten Stähle ist auf den beträchtlichen Verformungswiderstand der ε-Phase zurückzuführen, die nach dem Abschrecken bereits teilweise im Gefüge vorliegt. Die hohe Kerbschlagarbeit der Chrom-Nickel-Stähle hingegen dürfte auf der spezifischen Legierungswirkung des Nickels in Verbindung mit einer umwandlungsbedingten Verfestigung beruhen. Besonders niedrige 0,2%-Dehngrenzen lassen sich als Folge einer Umwandlungsplastizität erklären, die bei Verformungen zwischen M_s- und M_d- Temperatur (s. o.) auftritt [18, 19], in diesem Temperaturgebiet werden die höchsten Bruchdehnungen gemessen.

Mit steigendem Nickelgehalt wird die Tieftemperaturzähigkeit der Chrom-Nickel-Stähle erhöht. Ein Teil des Nickels kann durch Stickstoff ersetzt werden, da

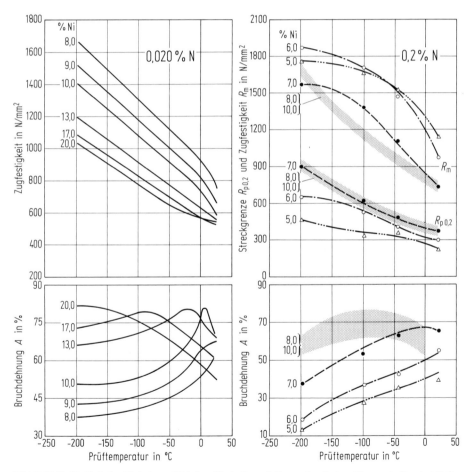

Bild D 10.10 Einfluß des Nickel- und Stickstoffgehalts auf die mechanischen Eigenschaften bei tiefen Temperaturen von unstabilisierten austenitischen Stählen mit 0,04% C, 0,40% Si, 1,60% Mn, 18% Cr und X% Ni. Nach [20].

Stickstoff die Tieftemperaturstabilität des Austenits verbessert (Bild D 10.10) [20]. Außerdem weisen diese Stähle bei Raumtemperatur höhere Streckgrenzen als die üblichen austenitischen Stähle auf, so daß auch der Berechnungskennwert entsprechend angehoben werden kann.

Die Wirkung höherer Mangangehalte in mit Stickstoff legierten austenitischen Stählen mit 18% Cr und 10% Ni ist unterschiedlich (Bild 10.11) [21]. Solange die Austenitstabilität noch nicht vollständig gegeben ist, wird mit zunehmendem Mangangehalt die Bildung von α-Martensit zurückgedrängt und die Kerbschlagarbeit nimmt zu (Bild D 10.11b). In einem stabil-austenitischen Gefüge hingegen führen weitere Manganzusätze zu einem leichten Rückgang der Kerbschlagarbeitswerte (Bild D 10.11b); dieses Verhalten setzt bei höheren Stickstoffgehalten schon mit geringeren Mangangehalten ein (Bild D 10.11c).

Der starke Einfluß des Kohlenstoffs auf die Austenitstabilität wurde bereits erwähnt. Durch die Ausscheidung von Chromkarbid $Cr_{23}C_6$ kann der Austenit metastabil werden, falls der Nickelgehalt für einen Ausgleich nicht genügend hoch ist. In kaltzähen austenitischen Stählen sollte daher der Kohlenstoff auf Gehalte begrenzt sein, die eine Ausscheidung von Chromkarbid bei langsamer Abkühlung

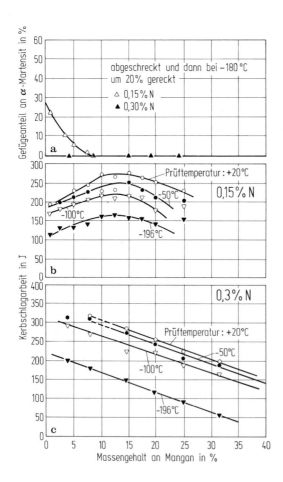

Bild D 10.11 Einfluß des Mangangehalts (**b** und **c**) auf die Kerbschlagarbeit an ISO-Spitzkerb-Längsproben und (**a**) auf den spannungsinduzierten Gefügeanteil an α-Martensit von austenitischen Chrom-Nickel-Stickstoff-Stählen mit 18% Cr und 10% Ni (Stabstahl mit 20 mm Dmr.) bei tiefen Temperaturen. Nach [21].

oder in der Wärmeeinflußzone einer Schweißverbindung nicht erwarten lassen (Bild D 10.12) [22].

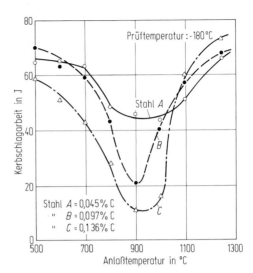

Bild D 10.12 Einfluß der Anlaßtemperatur bei einer Anlaßdauer von 1 h auf die Kerbschlagarbeit von austenitischen Chrom-Nickel-Stählen mit 18 % Cr und 10 % Ni sowie mit unterschiedlichem Kohlenstoffgehalt (14 mm vkt. Stäbe, Behandlung: 1250 °C/ Wasser zur Nachahmung der Verhältnisse an geschweißten Proben in der wärmebeeinflußten Zone. Probenform: Spitzkerbprobe; Kerb mit einem Öffnungswinkel von 60°, einer Tiefe von 5 mm und einem Radius im Kerbgrund von 0,2 mm). Nach [22].

D 10.4 Kennzeichnende Stahlsorten mit betrieblicher Bewährung

Für Verwendungszwecke, bei denen es auf Kaltzähigkeit ankommt, wird eine Vielzahl von Stählen eingesetzt [23]. Von diesen werden im Folgenden nur die wichtigsten Stahlsorten behandelt, deren chemische Zusammensetzung in Tabelle D 10.3 angegeben ist [10, 11, 24].

D 10.4.1 Ferritische Stähle

Durch Feinkornerzeugung, niedrige Kohlenstoffgehalte und Normalglühen lassen sich Manganstähle herstellen, die eine ausgezeichnete Zähigkeit bei tiefen Temperaturen haben. Ein kennzeichnendes Beispiel für diese Art von kaltzähen Stählen ist ein Stahl mit $\leq$ 0,18 % C und rd. 1,3 % Mn (TStE 355 in Tabelle D 10.3). Im normalgeglühten Zustand lassen sich Übergangstemperaturen der Kerbschlagarbeit (27 J an ISO-Spitzkerb-Längsproben) von rd. -50 °C einhalten. Thermomechanisches Walzen, ein verbesserter Reinheitsgrad und ein hohes Verhältnis von Mangangehalt zu Kohlenstoffgehalt machen es möglich, diese Grenze noch etwas zu verschieben.

Zum Bau von LPG-Tankern (*Liquid-Petrol-G*as) mit Betriebstemperaturen bis -50 °C wurden *Mangan-Nickel-Feinkornstähle* mit Nickelzusätzen von 0,5 bis 0,8 % entwickelt. Ein abgesenkter Kohlenstoffgehalt bewirkt einen verringerten Perlitanteil und damit eine erhöhte Zähigkeit sowie verbesserte Verarbeitbarkeit, also eine gute Schweißeignung. Mindestwerte für die Streckgrenze von 285, 315 und 355 N/mm^2 erlauben ein sicheres und Gewicht sparendes Konstruieren. Eine ausreichende Kerbschlagarbeit wird bis zu Prüftemperaturen von -60 °C erzielt. So

Tabelle D 10.3 Chemische Zusammensetzung kaltzäher Stähle (nach der Schmelzenanalyse)

Stahlsorte (Kurzname)	% C max.	% Si	% Mn	% P max.	% S max.	% Cr	% Mo	% Ni	% V max.
TStE 355[a, b]	0,18	0,10 bis 0,50	0,90...1,65	0,030	0,025				0,10
11 MnNi 5 3[c]	0,14	≦ 0,50	0,70...1,50	0,030	0,025			0,30...0,80[d]	
13 MnNi 6 3[c]	0,16	≦ 0,50	0,85...1,65					0,30...0,85[d]	
14 NiMn 6	0,18		0,80...1,50					1,30...1,70	
10 Ni 14 [e]	0,15	≦ 0,35	0,30...0,80	0,025	0,020			3,25...3,75	0,05
12 Ni 19	0,15		0,30...0,80					4,50...5,30	
X 7 NiMo 6	0,08		0,60...1,40				0,20...0,35	5,0...10,0	
X 8 Ni 9	0,08		0,30...0,80				≦ 0,10	8,0...10,0	
X 5 CrNi 18 10[f]	0,07						≦ 0,50	9,0...11,5	
X 3 CrNiN 18 10[g]	0,04					17,0...19,0	≦ 0,50	9,0...11,5	
X 6 CrNiNb 18 10[f, h]	0,08	≦ 1,0	≦ 2,0	0,045	0,030		≦ 0,50	9,0...12,0	
X 6 CrNiTi 18 10[f, i]	0,08						≦ 0,50	9,0...12,0	
X 3 CrNiMoN 18 14[g]	0,04					16,5...18,5	2,4...3,0	12,5...15,0	
Ni 36	0,10	≦ 0,50	≦ 0,50	0,030	0,030	—	—	35,0...37,0	

[a] Als Beispiel für einen Stahl aus der kaltzähen Reihe nach DIN 17 102 [10] von Stählen mit Mindeststreckgrenzen von 255 bis 500 N/mm²
[b] Weitere Einzelheiten s. DIN 17 102
[c] Niobgehalt bis max. 0,05 %
[d] Bei geringen Erzeugnisdicken darf die untere Grenze bis auf 0,15 % Ni unterschritten werden
[e] Weitere Einzelheiten s. DIN 17 280 [11]
[f] Weitere Einzelheiten s. DIN 17 440 und DIN 17 441 [12]
[g] Außerdem 0,10 bis 0,18 % N
[h] Niobgehalt bis max. 1,0 %
[i] Titangehalt bis max. 0,8 %

wird der zu dieser Reihe gehörende Stahl mit ≤ 0,16% C, rd. 1,3% Mn und 0,65% Ni (13 MnNi 6 3 in Tabelle D 10.3) bei voller Ausnutzung der Sicherheitsbeiwerte (Beanspruchungsfall I nach AD-Merkblatt W 10 [5]) bis zu Betriebstemperatur um −55 °C eingesetzt. Bei geringerer Beanspruchung sind auch tiefere Temperaturen zulässig.

Über das Umwandlungsverhalten dieses Stahls gibt das ZTU-Schaubild für kontinuierliche Abkühlung in Verbindung mit der Wiedergabe der wichtigsten Gefügezustände Auskunft (Bild D 10.13). Zu dieser Reihe gehören auch die Stähle mit ≤ 0,13% C, rd. 0,9% Mn und 0,65% Ni (11 MnNi 5 3) und mit ≤ 0,12% C, rd. 1,2% Mn und 0,65% Ni (12 MnNi 6 3).

Technisch und wirtschaftlich bedeutungsvoll ist ein Nickelstahl mit ≤ 0,12% C und rd. 3,5% Ni (10 Ni 14 in Tabelle D 10.3), der für die Herstellung, den Transport und die Lagerung von z.B verflüssigtem Kohlendioxid (−78,5 °C), Äthan (−88,6 °C) oder je nach Beanspruchungsbedingungen auch Äthen (−103,6 °C) verwendet werden kann. Unter der Voraussetzung eines hohen Reinheitsgrades sowie niedriger Gehalte an Phosphor, Schwefel und Sauerstoff lassen sich bei einer Prüftemperatur von −120 °C noch gute Kerbschlagarbeiten (≥ 27 J mit der ISO-Spitzkerb-Längsprobe) erzielen. Der Stahl wird üblicherweise normalgeglüht geliefert. Das Umwandlungsverhalten geht aus Bild D 10.14 hervor. Stärker verbreitet, vor allem beim Bau von Flüssiggasbehältern für Tankschiffe, ist für den Äthentransport ein Stahl mit ≤ 0,15% C und rd. 5% Ni (12 Ni 19 in Tabelle D 10.3), der normalgeglüht oder wasservergütet geliefert wird. Der Einfluß der unterschiedlichen Wärmebehandlung auf die Lage der Kerbschlagarbeits-Temperatur-Kurven kommt in

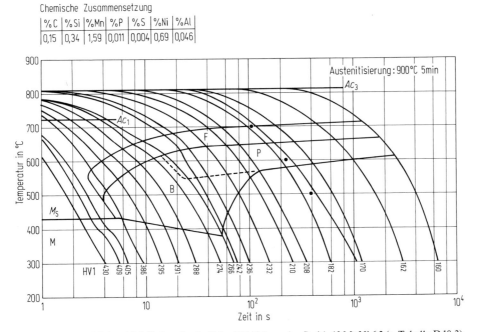

Bild D 10.13 ZTU-Schaubild für kontinuierliche Abkühlung des Stahls 13 MnNi 6 3 (s. Tabelle D 10.3).

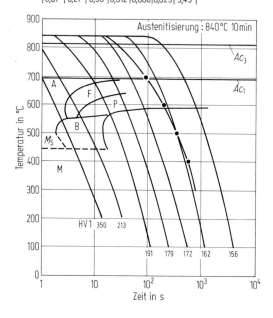

Bild D 10.14 ZTU-Schaubild für kontinuierliche Abkühlung des Stahls 10 Ni 14 (s. Tabelle D 10.3).

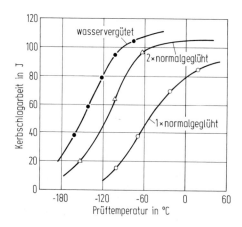

Bild D 10.15 Einfluß der Wärmebehandlung auf die Kerbschlagarbeit (ISO-Spitzkerb-Querproben) des Stahls 12 Ni 19 (s. Tabelle D 10.3).

Bild D 10.15 deutlich zum Ausdruck. Das Umwandlungsverhalten ist dem ZTU-Schaubild für kontinuierliche Abkühlung zu entnehmen (Bild D 10.16). Das Anwendungsgebiet des Stahls mit 5% Ni kann durch besondere Maßnahmen bis zur Siedetemperatur von Methan, d. h. bis − 161 °C, ausgeweitet werden.

Ausgehend vom oben genannten Stahl 12 Ni 19 läßt sich durch Erhöhung des Nikkelgehalts auf 5,5%, des Mangangehalts auf rd. 1,2%, durch Zulegieren von 0,2% Mo und Anwendung einer dreistufigen Vergütungsbehandlung mit zweimaligem Härten (860 °C/Wasser + 700 °C/Wasser) und Anlassen (620 °C/Luft) ein Gefüge

Ferritische Stähle, ihr Umwandlungsverhalten

mit sehr guter Zähigkeit einstellen. Für diese Stahlsorte X 7 NiMo 6 (s. Tabelle D 10.3) werden bei − 160 °C Kerbschlagarbeitswerte von mindestens 43 J an ISO-Spitzkerb-Längsproben und 27 J an ISO-Spitzkerb-Querproben, bei − 170 °C Werte von mindesten 29 J an ISO-Spitzkerb-Längsproben erreicht. Damit hat der Stahl Werte, die einen Übergang zu denen eines Stahls mit 9 % Ni bilden.

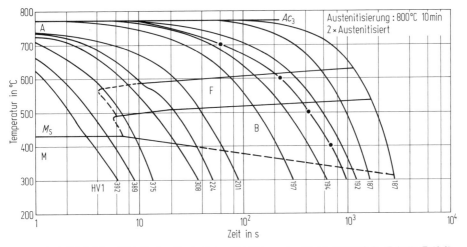

Bild D 10.16 ZTU-Schaubild für kontinuierliche Abkühlung des Stahls 12 Ni 19 (s. Tabelle D 10.3).

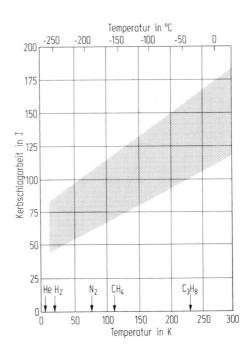

Bild D 10.17 Streuband der Kerbschlagarbeit (ISO-Spitzkerb-Längsproben) bis zu sehr tiefen Temperaturen des kaltzähen Stahls X 8 Ni 9 (s. Tabelle D 10.3) als Blech mit einer Dicke von 15 bis 20 mm.

Dieser Stahl mit einem Kohlenstoffgehalt ≤ 0,10% und mit einem Nickelgehalt von 9% (X 8 Ni 9 in Tabelle D 10.3) hat unter den ferritischen Stählen die höchste Zähigkeit. Sie wird durch ein Luft- oder Wasservergüten erreicht. In diesem Zustand erfüllt der Stahl alle Anforderungen, die für den Transport und die Lagerung von Erdgas und bei der Luftverflüssigung gestellt werden. Im Vergleich zu den austenitischen Stählen hat der Stahl mit 9% Ni wesentlich höhere Festigkeitseigenschaften, die eine Leichtbauweise mit geringen Wanddicken ermöglichen. Die Zähigkeit ist bis zu sehr tiefen Temperaturen gut. So findet man im Kerbschlagbiegeversuch bei − 196°C an der ISO-Spitzkerb-Längsprobe Kerbschlagarbeitswerte, die dazu geführt haben, den Stahl durch einen Mindestwert von 39 J zu kennzeichnen. Aus dem Verlauf der Kerbschlagarbeits-Temperatur-Kurven in Bild D 10.17 ist zu erkennen, daß der Stahl auch noch unterhalb − 200°C gute Zähigkeitswerte hat. Prüfungen bei − 240°C mit ISO-Spitzkerb-Längsproben haben Kerbschlagarbeitswerte über 40 J ergeben.

Die Zähigkeit der Stahlsorte X 8 Ni 9 wird entscheidend von geringen Mengen Austenit bestimmt, die sich während der Anlaßbehandlung bilden. Der Anteil des stabilen Austenits erhöht sich mit der Anlaßtemperatur von 550°C bis 625°C bei einer Haltezeit von 4 h von rd. 7 auf 43%. Mit der Zunahme der Austenitmenge wird die Zähigkeit verbessert. Bei der Wärmebehandlung muß dieser Sachverhalt berücksichtigt werden. Das Umwandlungsverhalten des Stahls X 8 Ni 9 zeigt Bild D 10.18. Die Höhe des Nickelgehalts sowie die Wärmebehandlung beeinflußt auch das Rißauffangverhalten des Stahls [23].

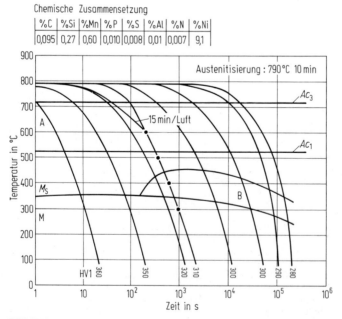

Bild D 10.18 ZTU-Schaubild für kontinuierliche Abkühlung des Stahls X 8 Ni 9 (s. Tabelle D 10.3).

D 10.4.2 Austenitische Stähle

Für den Einsatz bei tiefsten Temperaturen und bei sehr hohen Anforderungen an die Kaltzähigkeit haben sich die austenitischen Stähle [12, 25] bewährt. Ausschlaggebend ist hierfür die gute Zähigkeit sowie neben den Festigkeitseigenschaften die gute Verarbeitbarkeit im Behälter- und Armaturenbau. Auch nach Langzeitbetrieb bei tiefen Temperaturen sind die Zähigkeitseigenschaften gut [26]. Als kaltzäher Austenit findet am häufigsten ein mit Titan stabilisierter Stahl mit $\leq 0{,}08\%$ C, rd. 18% Cr und 10% Ni (X 6 CrNiTi 18 10 in Tabelle D 10.3) Verwendung. Ein hinsichtlich der Zähigkeit vergleichbarer, mit Stickstoff legierter Stahl mit $\leq 0{,}04\%$ C, rd.

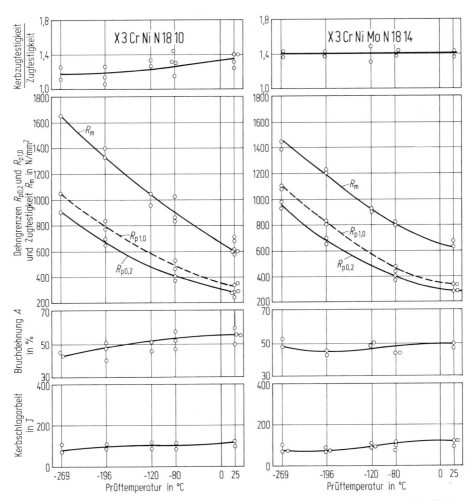

Bild D 10.19 Mechanische Eigenschaften bei tiefen Temperaturen von Blech und Stabstahl in Dicken von 12 bis 80 mm aus X 3 CrNiN 18 10 und X 3 CrNiMoN 18 14 nach Tabelle 10.3 (Zugproben aus den Blechen: Querproben; aus den Stäben (80 mm vkt.): Längsproben; Kerbschlagbiegeproben: ISO-Spitzkerb-Querproben; Kerbzugproben: $a_k = 4$). Nach [27].

18% Cr und 10% Ni (X 3 CrNiN 18 10 in Tabelle D 10.3) hat höhere Festigkeitswerte, die eine gewisse Wanddickenminderung ermöglichen. Dieser Stahl ist ebenso wie ein Stahl mit $\leq$ 0,04% C, rd. 17,5% Cr, 13,5% Ni, 2,7% Mo und 0,14% N (X 3 CrNiMoN 18 14 in Tabelle D 10.3) in den mechanischen Eigenschaften bis $-271{,}5\,°C$ überprüft und zugelassen (Bild D 10.19) [27].

Im Hinblick auf die Höhe der Kerbschlagarbeit sind die Stähle gleichwertig. Unterschiede ergeben sich jedoch im Zugversuch; der metastabile Gefügecharakter des molybdänfreien Stahls drückt sich in einer höheren Zugfestigkeit und einem niedrigeren Verhältnis von Kerbzugfestigkeit zu Zugfestigkeit aus. Der Einsatz eines mit Molybdän legierten austenitischen Stahls als kaltzäher Werkstoff kann durchaus notwendig sein, wenn ein weitgehend unmagnetisches Verhalten der Tieftemperaturanlage gefordert wird. Bei Verwendung eines rein austenitischen Schweißzusatzwerkstoffs zeigt ein solcher Stahl auch in der Wärmeeinflußzone weder Ferrit noch Warmrißbildung, da Molybdän neben Mangan die Warmrißbeständigkeit des rein austenitischen Gefüges erhöht.

Ein austenitischer Stahl mit 36% Ni (Ni 36 in Tabelle D 10.3) weist neben guter Zähigkeit bis zur Siedetemperatur des flüssigen Heliums einen sehr niedrigen Ausdehnungskoeffizienten von $1{,}5 \pm 0{,}5 \cdot 10^{-6}\,K^{-1}$ auf und kommt daher bei schockartiger Tieftemperaturbeanspruchung bevorzugt zum Einsatz, z. B. für vakuumisolierte Flüssiggasleitungen für hochenergetische Treibstoffe der Raumfahrt. Mit kaltgewalztem Band aus Ni 36 können die Innenwände der Membrantanks von Flüssiggastankern unter Einsatz automatischer Schweißverfahren eben ausgeführt werden, während bei Einsatz austenitischer Chrom-Nickel-Stähle die thermischen Spannungen durch wellenförmige Ausbildung der Blechpanelen (Blechsicken) ausgeglichen werden müssen [28].

D 10.5 Verarbeitung kaltzäher Stähle

Kaltzähe Stähle werden wie andere ferritische und austenitische Baustähle mit den bekannten Verfahren wie Warmumformen, Kaltumformen, thermisches Schneiden und Schweißen weiterverarbeitet. Dabei ist dem Einfluß auf Gefüge und mechanische Eigenschaften Rechnung zu tragen.

Aufgrund der niedrigen Kohlenstoffgehalte und, je nach Stahlsorte, auch Mangangehalte härten die höher mit Nickel legierten Stähle nur wenig auf. Die anwendbare Schneidgeschwindigkeit nimmt mit steigendem Nickelgehalt ab, da die Bildung eines leicht flüssigen Oxids mit zunehmendem Nickelgehalt erschwert wird. Die kaltzähen austenitischen Stähle können ohne Vorwärmung trenngeschliffen und plasma- oder pulverbrenngeschnitten werden. Eine Aufhärtung tritt nicht ein.

Besondere Bedeutung kommt dem *Schweißen* zu. Alle oben besprochenen *ferritischen kaltzähen Stähle* sind schweißgeeignet. Dies gilt für das Lichtbogenhandschweißen mit Stabelektroden (E), das Unterpulverschweißen (UP) und das Schutzgasschweißen (MAG oder MIG). Neben den üblichen Regeln der Technik ist zu beachten, daß bei den höher mit Nickel legierten Stählen eine Arbeitstemperatur von 80 °C nicht überschritten werden sollte, da die Wärmebeanspruchbarkeit der betreffenden hochlegierten Schweißzusätze begrenzt ist und Warmrisse entstehen können.

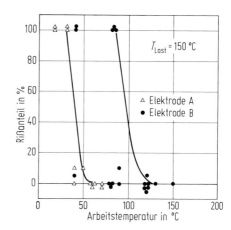

Bild D 10.20 Kaltrißverhalten reiner Schweißgüter im Implant-Versuch. Nach [29]. Elektrode A: 0,06 % C, 0,18 % Si, 1,31 % Mn und 1,05 % Ni; Elektrode B: 0,04 % C, 0,15 % Si, 1,65 % Mn, 0,51 % Cr, 0,39 % Mo und 1,73 % Ni.

Die *Schweißzusatzwerkstoffe* müssen in ihrer chemischen Zusammensetzung und damit in ihren Werkstoffkennwerten auf den Grundwerkstoff abgestimmt werden. Es kommen nur Stabelektroden mit kalkbasischer Umhüllung oder entsprechende Draht-Pulver-Kombinationen in Frage. Da Wasserstoff in nickellegierten Stählen gut löslich ist, muß der Wasserstoffgehalt durch die üblichen Maßnahmen begrenzt werden, um Kaltrisse zu vermeiden (Bild D 10.20).

Zur Erzielung einer guten Zähigkeit ist auch für das Schweißgut weitgehende Freiheit von oxidischen und sulfidischen nichtmetallischen Einschlüssen, also ein hoher Reinheitsgrad anzustreben. Soweit möglich sollten artgleiche Schweißzusatzwerkstoffe verwendet werden. Diese weisen zur Verbesserung der Zähigkeit Nickelgehalte von 1,0 bis 2,5 % auf (Tabelle D 10.4). Für das Schweißen des Stahls 10 Ni 14 mit 3,5 % Ni (s. Tabelle D 10.3) werden sowohl ferritische Schweißzusatzwerkstoffe mit Nickelgehalten um 2,5 % als auch austenitische Schweißzusatzwerkstoffe verwendet. Der Einsatz der ferritischen Schweißzusatzwerkstoffe wird durch die Betriebstemperatur des Bauteils, die Art der Beanspruchung der Verbindung

Tabelle D 10.4 Schweißzusätze für kaltzähe Stähle mit Nickelgehalten von rd. 0,6 %

Schweißverfahren	Mittlere chemische Zusammensetzung					Art der Umhüllung, Pulver oder Gase	Größter Elektrodendurchmesser mm	Stromart
	% C	% Si	% Mn	% Mo	% Ni			
Lichtbogen-Handschweißen (E)	0,05	0,3	1,0	—	1,0	basisch	5,0	Gleichstrom
Unterpulverschweißen (UP)	0,10	0,15	1,0	—	1,0 ... 2,5	basisch	4,0	Gleichstrom oder Wechselstrom
Metall-Aktivgas-Schweißen (MAG)	0,10	0,5	1,2	—	2,5	CO_2	1,6	Gleichstrom
	0,10	0,6	1,7	0,4	1,0	Mischgase		

– vorwiegend ruhend oder vorwiegend nicht ruhend – und die Schweißposition eingeschränkt.

Für Stähle mit Nickelgehalten von 5 bis 10% sowie für austenitische Stähle kommen nur austenitische Zusatzwerkstoffe in Frage, wobei sich zwei Legierungen mit hohem (~ 65% Ni) oder niedrigem Nickelgehalt (~ 13% Ni) durchgesetzt haben. Diese sind in der Regel an Gleichstrom und in besonderen Fällen an Wechselstrom verschweißbar. In Tabelle D 10.5 ist die mittlere chemische Zusammensetzung der austenitischen Zusatzwerkstoffe und die empfohlenen größten Elektrodendurchmesser wiedergegeben. Neben rd. 12% Ni enthalten die Elektroden noch Zusätze an Chrom, Mangan und Wolfram. Die Schweißgüter mit hohem Nickelgehalt sind darüber hinaus noch mit Molybdän legiert. Das Schutzgasschweißen erfolgt mit Gasen auf Argongrundlage, die Zusätze von Helium, Sauerstoff, Kohlendioxid und Stickstoff haben können.

Während die Schweißgüter mit hohem Nickelgehalt annähernd den gleichen Wärmeausdehnungskoeffizienten wie der Grundwerkstoff (X 8 Ni 9 nach Tabelle D 10.3) aufweisen (rd. 9,4 · 10^{-6} mm/°C), unterscheidet sich der Wärmeausdehnungskoeffizient der mit Chrom und Nickel legierten Schweißzusätze von dem des X 8 Ni 9.

Angaben zu den Wärmeausdehnungskoeffizienten unterschiedlicher Schweißzusatzwerkstoffe sind in Bild D 10.21 aufgeführt. Bei der Abkühlung von Raumtemperatur auf die Betriebstemperatur treten daher zusätzlich zu den beim Schweißen

Tabelle D 10.5 Austenitische Schweißzusätze für kaltzähe Stähle mit Nickelgehalten von 5 bis 10%

Schweiß-verfahren	Elektroden-bezeichnung	Mittlere chemische Zusammensetzung						Art der Umhüllung, Pulver, Gase	Größter Elektrodendurchmesser mm	Stromart
		% Cr	% Mn	% Mo	% Nb	% Ni	% W			
Lichtbogen-Handschweißen (E)	A	17	8	—	—	12	3,5	basisch	4,0	Gleichstrom Wechselstrom
Unterpulver-schweißen (UP)								basisch	3,0	Gleichstrom Wechselstrom
Metall-Inertgas-Schweißen (MIG)								Misch-gase	1,6	Gleichstrom
Lichtbogen-Handschweißen (E)	B	15	—	6,0	2,5	68	1	basisch	4,0	Gleichstrom Wechselstrom
Unterpulver-schweißen (UP)								basisch	2,0	Gleichstrom
Metall-Inertgas-Schweißen (MIG)								Misch-gase	1,2	Gleichstrom

entstehenden Eigenspannungen weitere Zugeigenspannungen in Längsrichtung der Naht auf. Da bei der Abkühlung die Streckgrenze stärker ansteigt als die zu erwartende Spannungserhöhung, dürften diese Eigenspannungen keine Auswirkungen haben. Untersuchungen bei Raumtemperatur und bei −165°C des Dauerfestigkeitsverhaltens entsprechend geschweißter Verbindungen haben gezeigt, daß sowohl die Werte des austenitischen Schweißguts mit hohem Nickelgehalt als auch die des Schweißguts mit niedrigem Nickelgehalt innerhalb *eines* Streubereichs liegen. Somit können auch mit Schweißzusatzwerkstoffen des Typs E 18 14 Mn 9 W 3 B 20 und UP-X 2 CrNiMnMoN 20 16 geschweißte Bauteile schwingenden Beanspruchungen unterworfen werden.

Beim Schweißen ist zu beachten, daß mit steigendem Nickelgehalt die Neigung zum Magnetisieren zunimmt. Im Schweißspalt bestehende Magnetfelder bewirken vor allem bei der Gleichstromschweißung ein Ablenken des Lichtbogens und damit Störungen im Schweißablauf, insbesondere beim Schweißen der Wurzellage. Dieser Erscheinung kann durch Verwendung von Stabelektroden, die an Wechselstrom verschweißbar sind und eine gute Spaltüberbrückung ermöglichen, begegnet werden. Wird jedoch an Gleichstrom geschweißt, können vorhandene Magnetfelder durch Aufbau örtlicher Gegenmagnetfelder, z. B. mit sogenannten Oerstiten, ausgeglichen werden.

Der Einfluß der Abkühlzeit auf die Kerbschlagarbeit in der Wärmeeinflußzone (WEZ) sowie eines zusätzlichen Spannungsarmglühens wird am Beispiel der Stahlsorten 13 MnNi 6 3 und X 8 Ni 9 (s. Tabelle D 10.3) in den Bildern D 10.22 und D 10.23 dargestellt. Kürzere Abkühlzeiten führen bei den ferritischen Manganstählen, auch wenn diese niedrige Nickelzusätze aufweisen, zu einer verbesserten Zähigkeit in der WEZ. In diesem Fall bewirkt ein Spannungsarmglühen eine weitere Erniedrigung der Übergangstemperatur der Kerbschlagarbeit. Demgegenüber ist der

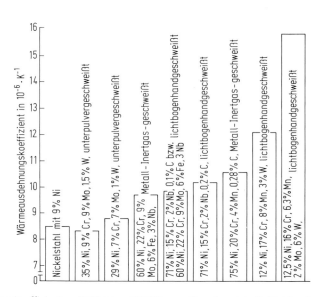

Bild D 10.21 Wärmeausdehnungskoeffizienten (+20 bis −196°C) von Grundwerkstoff (Stahl mit 9% Ni, s. Tabelle D 10.3) und Schweißgut aus unterschiedlichen Schweißzusätzen.

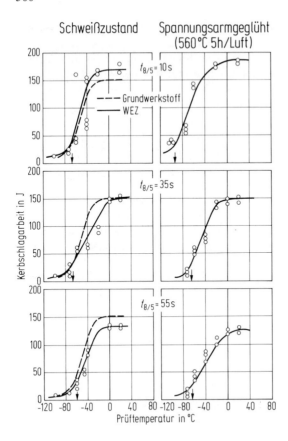

Bild D 10.22 Einfluß der Abkühlzeit $t_{8/5}$ (s. C 5) auf die Kerbschlagarbeit (ISO-Spitzkerb-Querproben) in der Wärmeeinflußzone (WEZ) von geschweißtem kaltzähem Stahl 13 MnNi 6 3 (s. Tabelle D 10.3). Die Pfeile kennzeichnen die Übergangstemperatur $T_{ü27}$ (s. Bild D 10.3).

Einfluß der Abkühlzeit beim X 8 Ni 9 auf die Kerbschlagarbeit der WEZ unbedeutend. Ein Spannungsarmglühen verschlechtert die Zähigkeit nur geringfügig und ist dadurch im Hinblick auf die Zähigkeitseigenschaften der Schweißverbindung nicht erforderlich. Bei Verwendung austenitischer Schweißzusatzwerkstoffe mit niedrigem Nickelgehalt kann das Spannungsarmglühen sogar schädlich sein, da eine Kohlenstoffdiffusion aus dem Grundwerkstoff in das austenitische Schweißgut und damit die Bildung von versprödend wirkenden Chromkarbiden auftreten kann. Üblicherweise wird das Zähigkeitsverhalten einer Schweißverbindung durch die Höhe der Kerbschlagarbeit bei unterschiedlichen Kerblagen im Nahtübergang gekennzeichnet. Übliche Kerblagen sind Mitte des Schweißguts, Schmelzlinie und 1 bis 5 mm neben der Schmelzlinie in der WEZ. Als Prüftemperatur wird in der Regel eine Temperatur gewählt, die etwa 5 bis 7 °C unterhalb der Betriebstemperatur liegt. Bild D 10.24 zeigt die Kerbschlagarbeit in der Verbindung eines 40 mm dicken Grobblechs aus dem Stahl 13 MnNi 6 3 (s. Tabelle D 10.3) unter Berücksichtigung der Prüfrichtung parallel und senkrecht zur Hauptwalzrichtung. Auch hier wird der Einfluß der Streckung der sulfidischen Einschlüsse noch deutlich. Niedrige Schwefelgehalte wirken sich verbessernd aus, so daß bei sehr hohem Reinheitsgrad der Stahl ein nahezu isotropes Verhalten der Zähigkeit besitzt. Ursache eines Abfalls der Kerbschlagarbeit in der WEZ ist eine sich beim Schweißen bil-

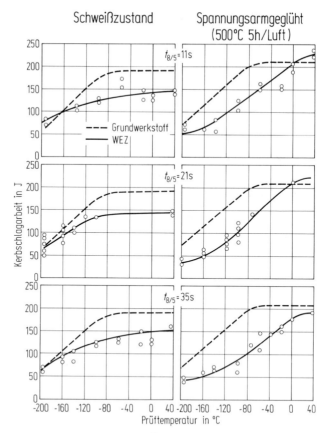

Bild D 10.23 Einfluß der Abkühlzeit $t_{8/5}$ (s. C 5) auf die Kerbschlagarbeit (ISO-Spitzkerb-Querproben) in der Wärmeeinflußzone (WEZ) von geschweißtem kaltzähem Stahl X 8 Ni 9 (s. Tabelle D 10.3).

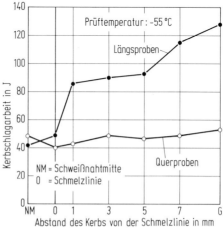

Bild D 10.24 Einfluß der Kerblage auf die Kerbschlagarbeit (ISO-Spitzkerbproben) in der Wärmeeinflußzone von Stahl 13 MnNi 6 3 (s. Tabelle D 10.3) als Blech mit einer Dicke von 40 mm (UP-Schweißung; Draht: S 2 Ni 2, Pulver: 8 B 536; X-Naht; Wannenlage; $t_{8/5}$: 14 s).

dende Grobkornzone im Nahtübergang. Ihre Breite ist abhängig von der Abkühlzeit $t_{8/5}$ (s. C5), sie nimmt mit kleiner werdendem $t_{8/5}$ ab. Beim Schweißen der Stähle mit höherem Nickelgehalt (z. B. X8Ni9) wird die Kerbschlagarbeit in der WEZ beim Schweißen verbessert (Bild D10.25). Dies gilt unabhängig von der Schweißposition (z. B. senkrecht steigende Naht oder Wannenlage).

Bei der Berechnung geschweißter Bauteile sind die Eigenschaften des Grundwerkstoffs und die des Schweißguts von gleicher Bedeutung. Dies ist vor allem beim Schweißen des X8Ni9 zu beachten, da die z. Z. bekannten Schweißzusatzwerkstoffe im Vergleich zum Grundwerkstoff in der Regel niedrigere Streckgrenzenwerte aufweisen. Durch Zusätze von Wolfram oder Stickstoff kann die Streckgrenze auf das Niveau des Grundwerkstoffs erhöht werden. Beispiele für die Eigenschaften des reinen Schweißguts sowie der Verbindung sind in Tabelle D 10.6 wiedergegeben. Die in der Wärmeeinflußzone von Nickelstählen gemessenen Härtewerte liegen üblicherweise unterhalb 360 HV10. Höhere Härten haben keine Auswirkungen, da der sich bildende kohlenstoffarme Nickelmartensit sehr zäh ist.

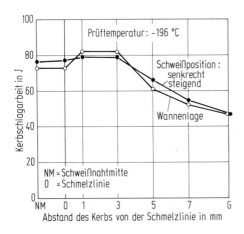

Bild D 10.25 Einfluß der Kerblage auf die Kerbschlagarbeit (ISO-Spitzkerbproben) in der Wärmeeinflußzone von Stahl X8Ni9 (s. Tabelle D 10.3) als Blech mit einer Dicke von 14,5 mm (Lichtbogen-Handschweißung mit einer Elektrode mit hohem Nickelgehalt; V-Naht; Wannenlage oder senkrecht steigende Naht; $t_{8/5}$: 5 s).

Tabelle D 10.6 Mechanische Eigenschaften des Schweißguts und der Schweißverbindung für den Stahl X 8 Ni 9 nach Tabelle D 10.3 (UP-Schweißung mit einer Streckenenergie von 11 kJ/cm)

Schweißzusatz mit	Mechanische Eigenschaften von					
	Schweißgut[a]			Schweißverbindung[b]		
	0,2%-Dehngrenze	Zugfestigkeit	Bruchdehnung A	0,2%-Dehngrenze	Zugfestigkeit	Bruchdehnung A
	N/mm²	N/mm²	%	N/mm²	N/mm²	%
17% Cr, 12% Ni, 3,5% W	420	590	40	495	650	16
15% Cr, 68% Ni, 2,5% Nb	390	575	44	410	600	18

[a] Längsproben aus dem Schweißgut der Naht
[b] Proben quer zur Schweißnaht mit dem Schweißgut in der Probenmitte

Bei der Beurteilung des Schweißfaltversuchs an Schweißproben aus X 8 Ni 9 ist zu berücksichtigen, daß bei diesem Stahl das Schweißgut eine geringere Festigkeit aufweist als der Grundwerkstoff und deshalb die gesamte Dehnung im Schweißgut erfolgt. Infolgedessen werden in der Regel nur kleine Biegewinkel bis zum Anriß der Probe erreicht. Bewertungskriterium ist in solchen Fällen nicht der Biegewinkel sondern die Dehnung in der Zugzone der Faltprobe.

Die *austenitischen* Chrom-Nickel-Stähle sind ohne Vorwärmung schweißgeeignet. Die oben genannten allgemeinen Voraussetzungen gelten einschließlich der Nahtvorbereitung auch für die austenitischen Stahlsorten. Als Schweißzusatzwerkstoffe werden Stähle artgleicher chemischer Zusammensetzung ausgewählt, die als Drähte für das Schutzgas- oder Unterpulverschweißen und vornehmlich als kalkbasisch umhüllte Stabelektroden zum Einsatz kommen. Diese Schweißzusatzwerkstoffe sind für Einsatztemperaturen bis $-196\,°C$ zugelassen und weisen im reinen Schweißgut mechanische Eigenschaften auf, die aus Tabelle D 10.7 zu entnehmen sind. Für die mit Stickstoff legierten austenitischen Stähle wurde der Schweißzusatzwerkstoff E 20 16 3 Mn 7 N nC B20 (s. auch X 2 CrNiMnMoN 20 16 in DIN 8556 [30]) entwickelt, der bis zur Temperatur des flüssigen Heliums ($-269\,°C$) zugelassen ist.

Tabelle D 10.7 Mechanische Eigenschaften bei Raumtemperatur des Schweißguts von kalkbasisch umhüllten Stabelektroden zum Schweißen kaltzäher austenitischer Stähle (Prüfung s. DIN 32 525 [32]).

Kurzzeichen der Stabelektrode nach DIN 85 56 [30]	0,2%-Dehngrenze N/mm^2 min.	1%-Dehngrenze N/mm^2 min.	Zugfestigkeit N/mm^2	Bruchdehnung A % min.	Kerbschlagarbeit (ISO-Spitzkerbproben) bei		
					20 °C J min.	$-196\,°C$	$-269\,°C$
19 9	330	350	500…600	35	70	32	–
19 9 L	375	390	490…640	35	95	30	–
19 12 3 L	390	410	540…640	33	95	30	–
20 16 3 MnL	450	470	600…700	35	80	50	40
S-NiCr 16 FeMn[a]	400	430	670…750	38	100	80	80

[a] Siehe DIN 17 36 T. 1 [31]

Austenitische Schweißverbindungen bedürfen im allgemeinen keiner Wärmebehandlung, da keine schädliche Gefügeumwandlung zu erwarten ist. Müssen jedoch, insbesondere bei dickeren Querschnitten, längere Glühzeiten zum Entspannen vorgesehen werden, so ist bei der Stahlauswahl zu beachten, daß durch Ausscheidung von Chromkarbid der Austenit metastabil werden kann. Für solche Fälle ist zu empfehlen, einen Stahl und einen Schweißzusatzwerkstoff mit niedrigem Kohlenstoffgehalt von höchstens 0,04 % auszuwählen, deren Nickelgehalt so abgestimmt ist, daß auch bei sehr tiefen Temperaturen das austenitische Gefüge stabil bleibt.

Der δ-Ferritgehalt des austenitischen Schweißguts, der als Träger der Warmrißsicherheit anzusehen ist, muß für kaltzähe Schweißungen eingeschränkt werden, so daß vornehmlich die Chrom-Nickel-Stähle als Schweißzusatzwerkstoffe Anwendung finden. Eine Ausnahme hiervon macht der zusätzlich mit Mangan, Molybdän und Stickstoff legierte Schweißzusatzwerkstoff E 20 16 3 Mn7 N nC B20 (s. o.), da Molybdän neben Mangan die Warmrißbeständigkeit des rein austenitischen Schweißgefüges erhöht. So empfiehlt es sich, zum Schweißen größerer Querschnitte einen molybdänlegierten stabil-austenitischen Stahl mit $\leq$ 0,04% C, rd. 17,5% Cr, 13,5% Ni, 2,7% Mo und 0,14% N (X 3 CrNiMoN 18 14, s. Tabelle D 10.3) einzusetzen und mit dem vorgenannten Schweißzusatzwerkstoff zu arbeiten, um im Schweißgut und in der Wärmeeinflußzone die notwendige Zähigkeit einzustellen. Diese Werkstoffpaarung ist bei den tiefen Anwendungstemperaturen von flüssigem Wasserstoff und flüssigem Helium auch bei kernphysikalischen Anlagen notwendig, um durch Nichtmagnetisierbarkeit die Hystereseverluste niedrig zu halten. Auch bei einer Wärmenachbehandlung entsprechen die Festigkeitswerte dieses Schweißzusatzwerkstoffs den Anforderungen an den Grundwerkstoff.

D 11 Werkzeugstähle

Von Siegfried Wilmes, Hans-Josef Becker, Rolf Krumpholz
und Walter Verderber

D 11.1 Vielfalt der Beanspruchung von Werkzeugen

Die *Bedeutung der Werkzeugstähle* geht weit über die jedem geläufige Anwendung zu Handwerkzeugen hinaus. Nahezu alle Gegenstände, mit denen wir täglich zu tun haben und die uns umgeben, sind mit Hilfe von Werkzeugstählen hergestellt worden. Ihr Anteil an der gesamten deutschen Stahlerzeugung beträgt etwa 1%, wenn man die Menge, und rd. 4%, wenn man den Wert betrachtet.

Die Breite der möglichen Beanspruchung ist für Werkzeugstähle außergewöhnlich groß. Das zeigen die unterschiedlichen Anwendungsbereiche der Werkzeuge, die vom Zerteilen durch Zerspanen und Schneiden über das Umformen durch Prägen, Pressen oder Schmieden bis zum Urformen von Glas, Kunststoffen oder Metallen beim Druckgießen reichen.

Die von Werkzeugart zu Werkzeugart erheblich wechselnden Beanspruchungen lassen sich nicht mit Stählen aus einem eng abgegrenzten Legierungsbereich erfüllen, sondern machen die Verwendung sehr verschiedener Stahlsorten erforderlich. Aus diesem Grunde ist die *Zugehörigkeit eines Stahls zur Gruppe der Werkzeugstähle* nicht eindeutig an der chemischen Zusammensetzung oder an charakteristischen Legierungselementen, wie es beispielsweise bei den nichtrostenden Stählen der Fall ist, zu erkennen. Die vielfältige Anwendung der Werkzeugstähle führt vielmehr zu Legierungsüberschneidungen mit Stählen anderer Anwendungsgebiete. So werden unlegierte Werkzeugstähle auch für Kolben in Druckluftmaschinen verwendet, Wälzlagerstähle findet man auch bei schneidenden Werkzeugen, Warmarbeitsstähle werden als hochfeste Stähle im Flugzeugbau eingesetzt, viele Kunststofformen haben den gleichen Legierungsaufbau wie Vergütungsstähle, und Glasformwerkzeuge haben oft die gleiche Zusammensetzung wie zunderbeständige Legierungen.

Auch bei der *Betrachtung der Eigenschaften* findet man *keine, die für alle Werkzeugstähle kennzeichnend* ist. Zwar haben Werkzeugstähle in vielen Fällen einen höheren Kohlenstoffgehalt und können dadurch hart und verschleißfest gemacht werden. Es gibt aber auch eine ganze Reihe von Werkzeugstählen, die mit sehr niedrigen Kohlenstoffgehalten und weicher eingesetzt werden, wie die bereits erwähnten Stähle für Glasformwerkzeuge, oder bei denen mit mittleren Kohlenstoffgehalten und Härtewerten gearbeitet wird, wie bei den Warmarbeitsstählen oder den Kunststoffformwerkzeugen.

Da man offenbar in der chemischen Zusammensetzung und bei den Eigenschaften kein allen Werkzeugstählen gemeinsames Merkmal findet, ist ein *Werkzeugstahl* wohl *nur an seiner Anwendung zu Werkzeugen zu erkennen*. Nach DIN 17 350 [1] sind deshalb alle Stähle, die zum Be- oder Verarbeiten von Werkstoffen sowie zum

---

Literatur zu D 11 siehe Seite 757–761.

Handhaben und Messen von Werkstücken geeignet sind, Werkzeugstähle und gehören nach der geschichtlichen Entwicklung und daraus erwachsenen Vereinbarungen zum Bereich der Edelstähle [2].

Die unterschiedlichen Anwendungsgebiete und Beanspruchungen der Werkzeugstähle machen es erforderlich, sie für die Beschreibung der Anforderungen und Eigenschaften weiter zu unterteilen. Bisher wurde diese Einteilung nach unterschiedlichen Gesichtspunkten, wie nach dem Legierungsgehalt – unlegierte Werkzeugstähle –, nach der Art der Wärmebehandlung – Wasser-, Öl- oder Lufthärter –, nach der Beanspruchung – Schnellarbeitsstähle – und insbesondere nach der Anwendungstemperatur – Warm- und Kaltarbeitsstähle – getroffen. Die modernen Fertigungstechniken haben nun zu vielen Überschneidungen in der Beanspruchung geführt und damit die Anwendungsbereiche dieser herkömmlichen Einteilungen verwischt.

In der folgenden Beschreibung der Werkzeugstahlsorten ist deshalb die in DIN 8580 [3] verwendete Definition nach Werkzeugarten mit engeren, überschaubaren Anforderungen gewählt worden. Sie führt zu einer *Einteilung der Werkzeugstähle nach ihrer Anwendung*

zum *Urformen*, wie sie bei Kunststofformen, Glasformen oder Druckgießformen vorliegt;

zum *Umformen*, für die Schmiede-, Preß- und Prägewerkzeuge Beispiele sind;

zum *Trennen*, wie sie als Zerspanungs- und Schneidwerkzeuge verwendet werden und

für *gemischte Beanspruchung*, wie sie besonders bei Handwerkzeugen vorliegt.

Tabelle D 11.1 zeigt in einer Übersicht diese hier gewählte Einteilung und gibt qualitative *Hinweise auf die in den einzelnen Anwendungsgruppen von den Werkzeugstählen geforderten Eigenschaften.*

Es soll vorab auf eine Besonderheit bei der Beurteilung der Werkzeugstähle hingewiesen werden. Während man bei der Anwendung der meisten Stahlgruppen aus Werkstoffkenngrößen das Verhalten unter Betriebsbeanspruchung vorhersagen kann, wie z. B. die Beanspruchbarkeit einer Konstruktion aus Festigkeitsprüfungen oder das Korrosionsverhalten aus Potentialmessungen, ist eine Leistungsvorhersage oder eine *Einteilung und Reihung von Werkzeugstählen nach steigender Leistung* im allgemeinen *nicht möglich*. Es gibt bisher für Werkzeugstähle kein Prüfverfahren, durch das die am Werkzeug während des Gebrauchs vorliegenden verschiedenen sich überlagernden Beanspruchungen so genau wiederholt werden können, daß sich seine Haltbarkeit aus ihnen verläßlich abschätzen läßt. Auch wenn man den praktischen Einsatz selbst als Verfahren zur Leistungsbeurteilung heranzieht, kommt man selten zu allgemeingültigen Ergebnissen. Das liegt einmal daran, daß der Einfluß des Werkstoffs oder des Werkstoffzustands von Einflüssen der Arbeitsbedingungen sehr stark überdeckt wird, und zum anderen daran, daß diese Einflüsse durch statistische Untersuchungen nicht sicher herausgefiltert werden können, weil Werkzeuge häufig Einzelteile sind und auch bei kleinen Werkzeugserien der Untersuchungsumfang für gesicherte statistische Ergebnisse nicht ausreicht. Angaben über die Werkzeughaltbarkeit oder Werkzeugleistung sind deshalb nicht frei von subjektiven Einflüssen.

Einteilung und Anforderungen an die Eigenschaften

Tabelle D 11.1 Von Werkzeugstählen geforderte Gebrauchseigenschaften

In Betracht kommende Gebrauchseigenschaften[a]	zum Urformen				zum Umformen				zum Umformen warm				zum Trennen kalt – warm		zu sonstigen Zwecken
	kalt	warm			kalt										
	Kunststoff-formen	Druck-gießen	Glas-formen	Prägen Stanzen	Fließ-pressen	Walzen	Schmieden Hammer	Schmieden Presse	Strang-pressen	Fließ-pressen	Zer-spanen	Schnei-den	Handwerk-zeuge
Härte	○	◐	○	●	●	●	◐	◐	◐	◐	●	●	◐
Warmhärte	–	●	●	–	–	–	●	●	●	●	○	○	–
Härtbarkeit	◐	●	●	–	●	–	●	●	●	●	●	◐	◐
Anlaßbeständigkeit	○	◐	◐	○	●	○	◐	◐	●	◐	◐	◐	–
Druckfestigkeit	◐	●	●	●	●	●	◐	◐	●	●	◐	●	○
Dauerschwingfestigkeit	◐	●	◐	●	●	●	◐	◐	●	◐	◐	●	○
Zähigkeit	◐	●	◐	–	●	●	●	●	●	●	●	●	●
Warmzähigkeit	–	●	●	–	–	–	○	○	○	○	–	–	–
Verschleißwiderstand	○	●	○	●	●	●	◐	◐	●	●	●	●	○
Warmverschleißwiderstand	–	–	–	–	–	–	◐	◐	◐	○	–	–	–
Schneidhaltigkeit	–	–	–	–	–	–	–	–	–	–	●	●	–
Wärmleitfähigkeit	◐	●	◐	–	–	–	◐	●	◐	◐	–	–	◐
Temperaturwechselbeständigkeit	○	●	–	–	–	–	○	○	○	○	–	–	–
Korrosionsbeständigkeit	–	–	–	–	–	–	–	–	–	–	◐	–	◐
Maßänderungskonstanz	●	●	–	●	●	–	●	●	●	●	●	–	●
Warmumformbarkeit	–	○	○	◐	○	○	○	○	○	○	◐	–	–
Kaltumformbarkeit	○	◐	◐	●	◐	–	○	○	◐	–	◐	–	○
Zerspanbarkeit	◐	●	○	◐	◐	●	●	●	●	◐	●	●	○
Schleifbarkeit	●	○	○	●	◐	●	○	○	◐	○	●	●	○
Polierbarkeit	●	–	◐	◐	○	●	○	○	–	–	○	○	–

[a] –: nicht gefordert, ○: von geringer Bedeutung, ◐: von mittlerer Bedeutung, ●: von hoher Bedeutung

D 11.2 Von Werkzeugstählen geforderte Eigenschaften, deren Kennzeichnung durch Prüfwerte und metallkundliche Maßnahmen zu ihrer Einstellung

Für alle Werkzeuge kann man allgemeine Forderungen aufstellen, die von dem für sie verwendeten Werkstoff erfüllt werden sollen. Der ausgewählte Werkstoff soll danach so beschaffen sein, daß
- das Werkzeug bei den vorkommenden Beanspruchungen nicht bricht,
- das Werkzeug sich während des Betriebes nicht bleibend verformt,
- die Werkzeugoberfläche während der Verwendung möglichst lange unverändert bleibt und nicht durch Verschleiß oder Korrosion abgetragen oder zerstört wird.

Um diese Forderungen zu erfüllen sind je nach Werkzeugart, wie es die Tabelle D 11.1 wiedergibt, Stahleigenschaften in unterschiedlicher Bedeutung notwendig. Für jede dieser Eigenschaften werden in den folgenden Abschnitten
1. die Gründe für die Forderung dieser Eigenschaft,
2. die Verfahren der Prüfung dieser Eigenschaft und
3. die metallkundlichen Maßnahmen, diese Eigenschaften zu beeinflussen oder herbeizuführen

in derselben Reihenfolge behandelt. Die Beschreibung der Stahlsorten, die sich in den verschiedenen Gebieten der Werkzeuganwendung besonders bewährt haben, wird in Hinblick auf die vielfältigen Beanspruchungen und die sich aus ihnen ergebenden Unterschiede in den Anforderungen an die Stahleigenschaften in D 11.3 nach Werkzeugarten zusammengefaßt.

D 11.2.1 Für die Anwendung wichtige Eigenschaften

D 11.2.1.1 Härte bei niedrigen und hohen Arbeitstemperaturen

1. Mit Werkzeugstählen verbindet man im allgemeinen die Vorstellung der hohen Härte. Bei der Betrachtung der verschiedenen Werkzeugarten kann man aber leicht erkennen, daß die *Härte eines Werkzeugs jeweils nur im Verhältnis zur Härte des zu be- oder des zu verarbeitenden Werkstoffs* hoch sein muß; absolut ist die Härte dagegen oft sehr niedrig oder liegt in einer Größenordnung, die man bei vergüteten Baustählen findet. Bild D 11.1 [4] zeigt diese Zusammenhänge. Für die notwendigen Härteunterschiede zwischen Werkstückstoff und Werkzeug lassen sich keine allgemeinen Regeln angeben. Die gebräuchlichen Härtewerte schwanken zwischen etwa 200 HV für Glasformenstähle auf der unteren Seite und 900 HV für Umform- und Zerspanungswerkzeuge auf der oberen Seite.

Wenn der Höhe der *Härte* eines Werkzeugs auch keine allgemeine und wertende Bedeutung zukommt, so ist sie dennoch die *wichtigste Eigenschaft eines Werkzeugs*, die seine Verwendungsmöglichkeit am besten erkennen läßt. Die Härte läßt Rückschlüsse zu auf die Belastbarkeitsgrenze und somit auf die *Formbeständigkeit* eines Werkzeugs. Wegen der Formbeständigkeit muß die Härte wenigstens so hoch sein, daß die mit ihr in gewissem Zusammenhang stehende Fließ- oder 0,2%-Dehngrenze über der höchsten Beanspruchungsspannung am Werkzeug liegt. Bild D 11.2 gibt diese für alle Werkzeugstähle gültige allgemeine Beziehung zwischen Härte und *Fließgrenze* wieder [5]. Der Forderung nach Formbeständigkeit könnte man

Einfluß der Härte auf andere Eigenschaften 309

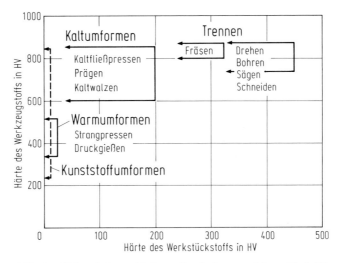

Bild D 11.1 Werkzeughärte und Werkstoffhärte bei verschiedenen Bearbeitungsverfahren. Nach [4].

also dadurch genügen, daß man die Werkzeuge immer möglichst hart macht. Dieser Weg ist in Wirklichkeit nicht gangbar, weil die Härte keine unabhängige Werkstoffeigenschaft ist und außer der Fließgrenze noch andere Kenngrößen beeinflußt. Unter anderem wird die *Zähigkeit* mit steigender Härte in der Regel verringert, so daß die Bruchanfälligkeit mit steigender Härte zunimmt. Aufgrund ihrer geringen Zähigkeit können niedrig angelassene Werkzeugstähle hoher Härte unterhalb der theoretischen Fließgrenze verformungslos brechen, so daß nach Bild D 11.2 der Eindruck entsteht, daß die Fließgrenze unterhalb einer für jeden Stahl charakteristischen Anlaßtemperatur mit steigender Härte abfällt. Davon unabhängig ist aber für alle Werkzeuge grundsätzlich eine hohe Härte von Vorteil, da mit ihr im allgemeinen der *Verschleißwiderstand* größer wird.

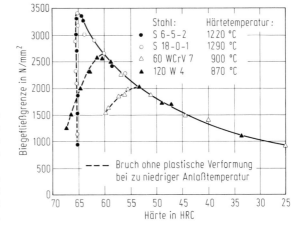

Bild D 11.2 Zusammenhang zwischen Härte und Biegefließgrenze gehärteter Werkzeugstähle. Nach [5]. Gestrichelte Linien zeigen ungenügendes Anlassen an.
(Zur chemischen Zusammensetzung der untersuchten Stahlsorten wird auf die Tabellen hier in D 11.3 und in DIN 17 350 [1] hingewiesen).

Die *Härte eines Werkzeugstahls* nimmt in unterschiedlichem Ausmaß *mit steigender Temperatur ab*. Für Werkzeuge, die bei Raumtemperatur oder niedrigen Temperaturen eingesetzt werden oder unter entsprechender Kühlung arbeiten, ist die Veränderung der Härte mit steigender Temperatur ohne Einfluß auf die Gebrauchseigenschaften. Bei Werkzeugen, die bei Temperaturen oberhalb rd. 200 °C arbeiten, ist es wichtig, daß eine möglichst hohe Warmhärte vorliegt, damit die Formbeständigkeit und der Verschleißwiderstand beim Einsatz der Werkzeuge ausreichend hoch bleiben. Bild D 11.3 zeigt, wie sich für einige Werkzeugstahlsorten die Härte mit der Beanspruchungstemperatur wenn auch unterschiedlich ändert [6, 7]. Auch die Festigkeitsbeanspruchung der Werkzeuge sinkt mit steigender Arbeitstemperatur, da ja die zu verarbeitenden Werkstoffe weicher werden. Dennoch genügen die Härtewerte der martensitisch härtbaren Stähle oberhalb rd. 600 °C Arbeitstemperatur der Beanspruchung nicht mehr. Bei diesen hohen Temperaturen findet man brauchbare Härtewerte nur noch bei einigen austenitischen Stählen und bei Nickel- und Kobaltlegierungen, die aber wiederum bei tiefen Arbeitstemperaturen wegen ihrer niedrigen Härte für Werkzeuge ungeeignet sind.

2. Die *Prüfung der Härte* von Werkzeugstählen erfolgt nach üblichen Verfahren: nach Brinell [8] für niedrige Härtewerte, wie sie im weichgeglühten oder vergüteten Zustand bis zu einer Vergütungsfestigkeit von rd. 1500 N/mm^2 vorliegen, nach Rockwell [9], die für die Messung höchster Härten in Betracht kommt, und nach Vickers [10], die für einen weiten Härtebereich angewendet werden kann. Wenn bei Härtemessungen Meßspuren nicht sichtbar sein dürfen, wie bei der Härtemessung an hochglanzpolierten Kaltwalzen, kommt auch die Prüfung der Rückprallhärte nach Shore in Betracht [11, 12].

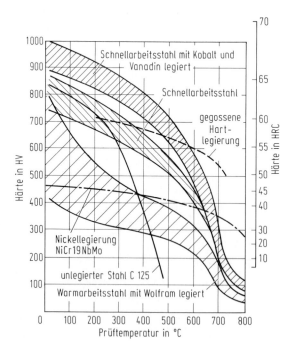

Bild D 11.3 Warmhärte verschiedener Werkzeugstähle. Nach [6, 7].

Härtemessungen bei Temperaturen oberhalb Raumtemperatur sind nicht genormt. Die Härteprüfung bei höheren Temperaturen erfordert einen großen Versuchsaufwand, der durch das Einstellen und Konstanthalten der Prüftemperatur und durch den Schutz der Oberfläche vor Oxidation entsteht. Warmhärteprüfungen werden deshalb meistens nur bei Forschungsaufgaben durchgeführt [13].

3. Härte und Festigkeit sind, wie aus den Umrechnungsmöglichkeiten nach DIN 50150 [14] ersichtlich ist, in gewissen Grenzen voneinander abhängig und verhalten sich gleichsinnig. Man kann deshalb alle *Maßnahmen zur Beeinflussung der Härte* auf die Möglichkeit der Festigkeitsänderung zurückführen.

Für das Bearbeiten von Werkzeugstählen durch Zerspanen sind Härtewerte zwischen 180 und 300 HB geeignet. Wenn die Fertigung der Werkzeuge durch Kalteinsenken erfolgt, soll die Härte unter 220 HB und für größere Umformarbeiten bis zu 120 HB abgesenkt werden. Dies wird durch *Weichglühen*, das zu einem Gefüge aus ferritischer Grundmasse und eingelagerten Karbiden führt, erreicht. Bild D 11.4 zeigt Beispiele von Weichglühgefügen verschiedener Werkzeugstahlsorten. Die Werkstoffhärte wird insbesondere durch die Form, Größe und Verteilung der Karbide im Ferrit beeinflußt. Sie ist um so niedriger, je größer die Abstände zwischen den Karbidteilchen sind und je größer der Durchmesser der kugelig eingeformten Karbide wird. Wenn besonders weiche Gefügearten herbeigeführt werden sollen, muß auch die Härte der ferritischen Grundmasse mit in Betracht gezogen werden. Sie hängt von der Menge an substitutiv und interstitiell gelösten Legierungselementen ab [15, 16]. Da Chrom von den die Härtbarkeit beeinflussenden Legierungselementen die Mischkristallhärte am wenigsten beeinflußt, wie Bild D 11.5 [17] zeigt, sind sehr weiche Werkzeugstähle nur mit Chrom legiert. Auch die Gehalte an Kohlenstoff und Begleitelementen werden absichtlich sehr niedrig gehalten. Damit man für den Verwendungszustand der aus den sehr weichen Werkzeugstählen hergestellten Werkzeuge ausreichend hohe Härten erzielen kann, müssen sie nach der Formgebung durch thermochemische Verfahren, insbesondere durch Aufkohlen, behandelt werden.

Grundsätzlich können *bei Werkzeugstählen* alle in C1 beschriebenen *Mechanismen zur Festigkeitssteigerung angewendet* werden: Kornfeinung, Erhöhung der Versetzungsdichte, Mischkristallbildung und Teilchenhärtung. Allerdings haben diese Mechanismen bei Werkzeugstählen unterschiedliche Bedeutung. So spielen die Kornfeinung und die Erhöhung der Versetzungsdichte durch Kaltverformung bei Werkzeugstählen keine nennenswerte Rolle. Auch die Festigkeitssteigerung durch „einfache" Mischkristallbildung (im Gegensatz zur Mischkristallverfestigung bei der Martensitbildung) reicht für die Einstellung sehr hoher Härtewerte nicht aus. Größere Bedeutung als die Substitutionselemente hat der im Ferrit nur in sehr geringen Mengen lösliche Kohlenstoff. Er liegt im allgemeinen in Form von Zementit oder Sonderkarbiden vor und beeinflußt durch deren unterschiedliche Ausbildung und Verteilung die Werkstoffhärte.

Die *wichtigste Möglichkeit der Härtesteigerung* ist bei Werkzeugstählen durch die beim Abschreckhärten durch *Martensitbildung* wirksam werdenden Mechanismen gegeben: eine starke Mischkristallverfestigung des mit Kohlenstoff übersättigten krz tetragonal verzerrten Eisengitters und eine Erhöhung der Versetzungsdichte bei der martensitischen Umwandlung. Die erzielbare Härte der Eisenmatrix steigt

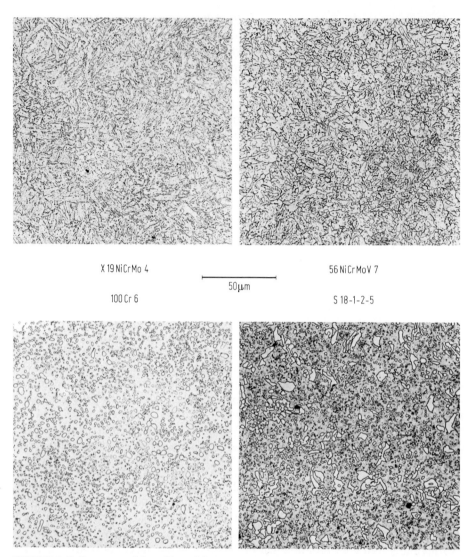

| X 19 NiCrMo 4 | 56 NiCrMoV 7 |
| 100 Cr 6 | S 18-1-2-5 |

50 μm

Bild D 11.4 Gefüge von weichgeglühten Werkzeugstählen.
(Zur chemischen Zusammensetzung der untersuchten Stahlsorten wird auf die Tabellen hier in D 11.3 und in DIN 17 350 [1] hingewiesen).

mit dem Gehalt an gelöstem Kohlenstoff an; sie erreicht bei rd. 0,6% C mit etwa 65 HRC den größten Wert (Bild D 11.6) [18–21]. Höhere Kohlenstoffgehalte tragen zur Karbidbildung bei; sie führen insbesondere bei legierten Werkzeugstählen beim Härten zu steigenden Restaustenitgehalten und dadurch zu einer Abnahme der Härte des Härtegefüges (Bild D 11.7).

Die *Teilchenhärtung* wird bei Werkzeugstählen durch heterogene *Ausscheidung feinverteilter Sonderkarbide des Molybdäns, Chroms und Vanadins* wirksam. Diese Sonderkarbide können sich in dem an Fehlstellen reichen Martensit leicht bilden, scheiden sich beim Anlassen im Temperaturbereich um 500°C aus übersättigter

Karbidverteilung in verschiedenen Werkzeugstahlsorten 313

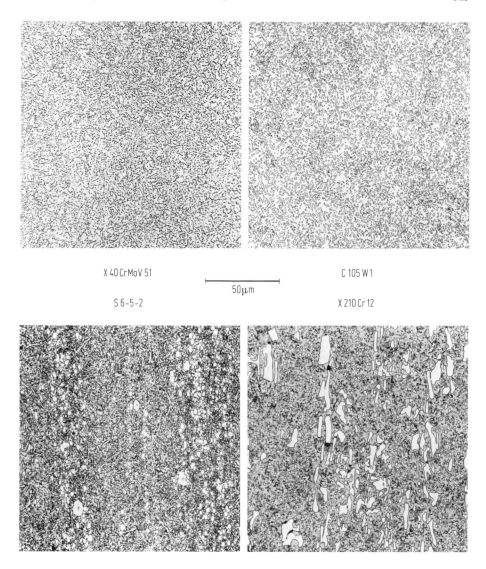

X 40 CrMoV 51   C 105 W 1
              50 μm
S 6-5-2   X 210 Cr 12

Lösung aus und bewirken ein Wiederansteigen der mit steigender Anlaßtemperatur zunächst abfallenden Härte. Im Zusammenhang mit der Anlaßbeständigkeit werden Einzelheiten in D 11.2.1.3 behandelt.

Die *Warmhärte*, die für die bei höheren Temperaturen betriebenen Werkzeuge wichtig ist, ist immer niedriger als die Härte bei Raumtemperatur. Der Härteabfall mit ansteigender Temperatur hängt direkt mit der Verbesserung der Diffusion im Metallgitter, insbesondere der besseren Beweglichkeit von Versetzungen zusammen. Er ist bei austenitischen Stahlsorten geringer, weil ihr dichter gepacktes kfz Gitter die Diffusion mehr behindert als das krz Gitter der martensitisch härtbaren

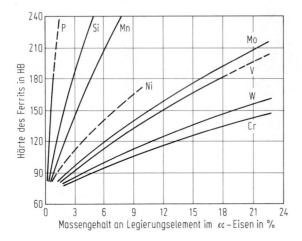

Bild D 11.5 Einfluß der Legierungselemente auf die Mischkristallverfestigung des Ferrits. Nach [17].

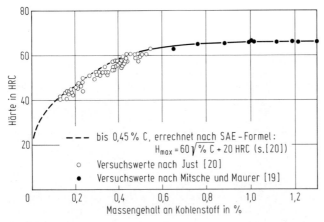

Bild D 11.6 Einfluß des Kohlenstoffgehalts auf die erzielbare Härte durch Abschrecken. Nach Schrifttumsangaben [18–21] zusammengefaßt.

Stähle. Die Warmhärte wird erhöht durch Legierungselemente, die zur Mischkristallhärtung beitragen oder durch Teilchenhärtung über die Ausscheidung von Sonderkarbiden oder intermetallischen Phasen wirksam werden. Beide Einflüsse erschweren die Beweglichkeit von Versetzungen. Solange die Temperaturbeanspruchung unterhalb der Anlaßtemperatur bleibt, ändert sich die Warmhärte bei der verhältnismäßig kurzen Einsatz- und Lebensdauer der Werkzeuge nicht. Nur wenn Werkzeuge längere Zeit bei Temperaturen von 500 °C oder höher eingesetzt werden, kann der Einfluß der Teilchenhärtung infolge des als Ostwald-Reifung (s. B 6.2.6) bekannten Teilchenwachstums [22] abnehmen, und die Warmhärte fällt ab.

D 11.2.1.2 Härtbarkeit

1. Der Bedeutung der Härte als der wichtigsten Eigenschaft von Werkzeugstählen entspricht die Bedeutung der Härtbarkeit, die die *Aufhärtbarkeit und die Einhärtbar-*

Einfluß von Legierungselementen auf die Härtbarkeit

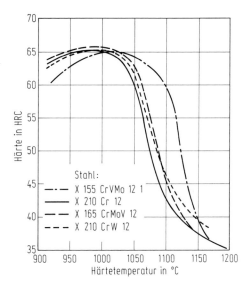

Bild D 11.7 Härteabfall bei hohen Härtetemperaturen durch Restaustenitanteile im martensitischen Gefüge von Werkzeugstählen mit 12% Cr.
(Zur chemischen Zusammensetzung der untersuchten Stahlsorten wird auf die Tabellen hier in D 11.3 und in DIN 17350 [1] hingewiesen).

keit zusammenfaßt (s. DIN 17014 T. 1 [23]). Die *Anforderungen* an die Härtbarkeit sind unterschiedlich; sie hängen von der Beanspruchung, vom Querschnitt und von der Gestalt des Werkzeugs ab. Häufig wird eine gute Härtbarkeit der Stähle gefordert, sie darf aber bei Werkzeugen mit kleineren Querschnitten durchaus geringer sein als bei Werkzeugen mit großen Querschnitten, wenn gleiche Beanspruchung vorausgesetzt wird. Werkzeuge mit hoher Druckbeanspruchung erfordern immer eine gute Härtbarkeit. Eine gute Einhärtbarkeit wird auch zur Verringerung des Verzugs beim Härten verlangt. Stähle guter Einhärtbarkeit erfordern keine schroffe Abkühlung von Austenitisierungstemperatur, so daß die durch Temperaturunterschiede zwischen Rand und Kern hervorgerufenen Wärmespannungen, die sich in Formänderungen umsetzen, gering sind.

Es muß erwähnt werden, daß die Härtbarkeit oder die Einhärtetiefe nur Hinweise auf den Härteverlauf über den Querschnitt eines Stückes geben, aber keine Rückschlüsse auf das Gefüge zulassen. Man darf also bei einem durchhärtenden Stahl nicht voraussetzen, daß auch das Gefüge gleichartig ist. *Für die Bewertung der Gleichmäßigkeit* der Eigenschaften ist also nicht die Härtbarkeit, sondern *das Gefüge maßgebend*. Bei gleicher Härte hat z. B. ein angelassener Martensit bessere Zähigkeitseigenschaften als ein bainitisches oder perlitisches Gefüge. Das gilt auch für die Zähigkeitseigenschaften bei höheren Temperaturen, bei denen Warmarbeitsstähle mit größeren Bainitgehalten zur Warmversprödung neigen, während Stähle gleicher Härte, die vollständig martensitisch umwandeln, mit steigender Temperatur zunehmende Einschnürungs- und Dehnungswerte aufweisen, also warmzäh sind [24].

Für einige Werkzeuge ist aus *Gründen der Bruchsicherheit* eine dünne Randzone mit sehr hoher Oberflächenhärte, aber weichem Kern, also ein Stahl mit guter Aufhärtbarkeit bei geringer Einhärtbarkeit, erforderlich. Diese als *Schalenhärter* bekannten Sorten, für die die Stähle 145 V 33 in Tabelle D 11.6 und C 105 W 1 in Tabelle D 11.11 Beispiele sind, haben im Gegensatz zu den durchhärtenden Stählen an der Oberfläche Druckspannungen, wie Bild D11.8 zeigt, und sind dadurch bei auf Biegung oder Schlag beanspruchten Werkzeugen besonders rißunempfindlich [25, 26]. Die Druckbelastbarkeit dieser Werkzeuge ist wegen ihres weichen Kernes allerdings gering. Einzelheiten zur Härtbarkeit siehe auch C4.

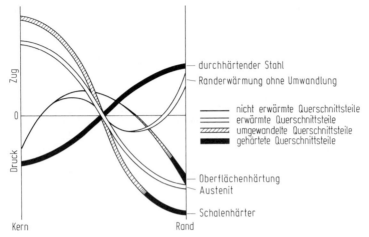

Bild D 11.8 Verlauf der Eigenspannungen bei Raumtemperatur für verschiedene Stahlarten nach der Wärmebehandlung. Nach [25].

2. Die *Prüfung der Härtbarkeit* wird bei Werkzeugstählen selten durchgeführt. Am gebräuchlichsten ist sie noch bei den Schalenhärtern, bei denen anhand von gehärteten Bruchproben die Einhärtetiefe bestimmt wird [27]. Die Breite des martensitischen feinen Bruchrandes ist ein Maß für die Einhärtetiefe. Die bei Baustählen übliche Härteprüfung durch Stirnabschreckversuche [28] ist für Werkzeugstähle in der Regel nicht geeignet, weil die gute Einhärtbarkeit dieser Stahlgruppe mit diesem Prüfverfahren keine Unterscheidbarkeit ermöglicht [29]. Die Einhärtbarkeit wird deshalb bei Werkzeugstählen in der Regel anhand von Zeit-Temperatur-Umwandlungs-Schaubildern unter Berücksichtigung der Stückgröße und der möglichen Abkühlgeschwindigkeit beurteilt (s. B9 und C4). Methoden, die Härtbarkeit zu berechnen [20], werden im allgemeinen nicht angewandt.

3. Zur *Steigerung der Härtbarkeit* sind alle *Legierungselemente*, die die Austenitstabilität erhöhen und damit die Umwandlungsneigung verringern, geeignet. Die Verbesserung der Härtbarkeit ist in diesem Punkt mit den Härtbarkeitssteigerungen bei Baustählen vergleichbar. Bei Werkzeugstählen hängt die Wahl der Legierungselemente jedoch wesentlich mehr von erwünschten oder nicht erwünschten Nebenwirkungen ab wie Karbidbildung, Karbidhärte, Entkohlungsneigung, Nitrierbarkeit, Verformbarkeit oder Beeinflussung der Umwandlungstemperatur. Will man z. B. eine gute Härtbarkeit ohne Karbidbildung erreichen, so ist das durch Nickel möglich mit dem Nachteil, daß die Umwandlungstemperatur absinkt und die Weichglühbarkeit erschwert wird. Wendet man stattdessen Silizium an, so wird der Stahl anfälliger gegen Entkohlung. Bei Anwendung von Chrom, Molybdän, Wolfram und Vanadin kommt es zur Karbidbildung; gleichzeitig sind die so legierten Stähle gut nitrierbar.

Die *Karbidmengen*, die man in Werkzeugstählen findet, machen bei Warmarbeitsstählen bis zu 5 Vol.-%, bei Schnellarbeitsstählen bis zu 20 Vol.-% und bei den ledeburitischen Stählen mit 12% Cr bis zu 25 Vol.-% aus. Die Härtbarkeit dieser Stähle kann man auch durch Erhöhung der Härtetemperatur oder Verlängerung der Austenitisierungsdauer erhöhen, durch die weitere Karbidmengen zur Verringerung der Umwandlungsneigung des Austenits aufgelöst werden. Bei Stählen mit Kohlenstoffgehalten über rd. 0,7% kann aber durch Erhöhung der Härtetemperatur der Austenit so stabil werden, daß bei Raumtemperatur größere Mengen Restaustenit vorliegen und ein Härteabfall gemessen wird.

D 11.2.1.3 Anlaßbeständigkeit

1. Durch Anlassen und den damit verbundenen Martensitzerfall fällt die Härte ab. Je geringer der Härteabfall ist, um so anlaßbeständiger ist der Stahl. Bei einer Reihe von Stählen fällt die Härte beim Anlassen kontinuierlich ab, wie Bild D 11.9 zeigt, bei anderen steigt die Härte aufgrund der Ausscheidung von Sonderkarbiden oberhalb von rd. 400 °C wieder an (Bild D 11.10). Bei kalt arbeitenden Werkzeugen, wie z. B. Schneidwerkzeugen, werden keine *Forderungen an die Anlaßbeständigkeit* gestellt. Wenn sich das Werkzeug aber beim Einsatz erwärmen kann oder das Werkzeug bei höheren Temperaturen arbeitet, wie z. B. ein Druckgießwerkzeug, muß die Anlaßbeständigkeit so geartet sein, daß durch die beim Arbeiten vorliegende Wärmeeinwirkung kein Härteabfall eintreten kann. Bei der Bewertung der Anlaßbeständigkeit ist nicht nur die Temperatur, sondern auch die Dauer der Temperaturbeanspruchung des Werkzeugs, die einer Anlaßwirkung gleichkommt, zu berücksichtigen. Der aus Anlaßtemperatur und -dauer bestimmte Anlaßzustand

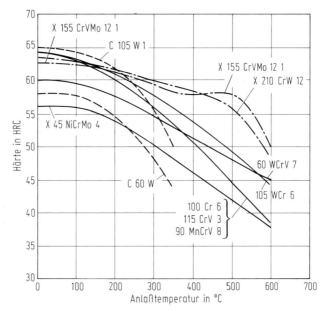

Bild D 11.9 Änderung der Härte gebräuchlicher Kaltarbeitsstähle (nach DIN 17 350) [1] mit der Anlaßtemperatur nach Abschrecken von mittleren Härtetemperaturen. Anlaßdauer 2 h.

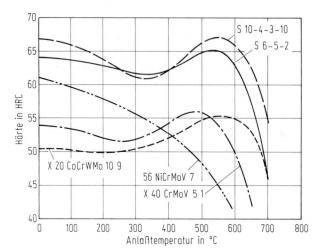

Bild D 11.10 Anlaßkurven gebräuchlicher Warmarbeits- und Schnellarbeitsstähle.
(Zur chemischen Zusammensetzung der untersuchten Stahlsorten wird auf die Tabellen hier in D 11.3 und in DIN 17350 [1] hingewiesen).

sollte gleich oder besser sein als der, der durch Betriebstemperatur und Beanspruchungsdauer zu erwarten ist. Bei Werkzeugen, die oberhalb rd. 500 °C arbeiten, kann die Anlaßwirkung einer längeren Betriebszeit auf die Härte dadurch vermieden werden, daß die Arbeitstemperatur 80 bis 100 K unterhalb der bei zweistündiger Anlaßdauer angewandten Anlaßtemperatur bleibt.

Die *Anlaßbeständigkeit hat auch* bei einigen Sonderverfahren der Wärmebehandlung *Bedeutung*. Wenn die Härte eines Werkzeugs zur Verbesserung des Verschleißwiderstands in der Randschicht durch *Nitrieren oder Beschichtungsverfahren* erhöht wird, soll die Anlaßbeständigkeit des Stahls so groß sein, daß die Härte durch das Erwärmen auf Nitrier- oder Beschichtungstemperatur, das ist in der Regel 450 bis 600 °C, nicht oder möglichst wenig abfällt, um der harten Oberfläche eine ausreichende Stützwirkung zu geben.

2. Die *Prüfung* der Anlaßbeständigkeit geschieht durch Aufstellen einer Anlaßkurve, die die *Abhängigkeit der Härte von der Anlaßtemperatur* bei etwa 2 h Anlaßdauer darstellt (s. Bilder D 11.9 und D 11.10). Der Zeiteinfluß auf die Anlaßhärte, der sich oberhalb rd. 450 °C durch diffusionsgesteuerte Veränderungen der Art und Form der ausgeschiedenen Sonderkarbide während der Lebensdauer von Werkzeugen bemerkbar machen kann, ist in den Anlaßkurven von Bild D 11.9 und D 11.10 also nicht berücksichtigt. Er kann die Anlaßkurven bei sehr langer Anlaßdauer in erheblichem Maße verschieben. Im Bereich von 450 bis 750 °C kann der wechselseitige Einfluß von Anlaßtemperatur *(T)* und Anlaßdauer *(t)* auf die Härte nach der Beziehung $P = T_{(K)} \cdot (20 + \lg t_{(h)})$ berechnet werden [30].

Diese *Wechselwirkung von Anlaßtemperatur und Anlaßdauer* wird hauptsächlich bei Warmarbeitsstählen mit Hilfe des Anlaßparameters *P* und auch durch Einführung von Anlaßhauptkurven [31] berücksichtigt, weil nur bei dieser Stahlgruppe Betriebsbedingungen vorliegen können, die einem langzeitigen Anlassen gleichkommen. Der Einfluß der Anlaßdauer macht sich bei höheren Temperaturen wegen der zunehmenden Diffusionsgeschwindigkeit stärker bemerkbar als bei tiefen Arbeitstemperaturen. Bei Werkzeugtemperaturen unterhalb 450 °C braucht man während der Lebensdauer des Werkzeugs Zeiteinflüsse auf die Anlaßbeständigkeit nicht zu berücksichtigen.

3. Die *Anlaßbeständigkeit* läßt sich *durch Legierungselemente, die den Martensitzerfall verzögern oder zur Ausscheidung von Sonderkarbiden führen, beeinflussen.* Zu den letzten gehören Molybdän, Wolfram, Vanadin und Chrom, die zu einer Verzögerung des Härteabfalls beim Anlassen und bei höheren Gehalten zu einem Wiederansteigen der Härte – der sogenannten Sekundärhärtung – mit einem Maximum zwischen 500 und 600 °C führen [32] (s. Bild D 11.11 [17]). Die Wirkung der Legierungselemente auf die Anlaßbeständigkeit nimmt in der Reihenfolge Wolfram, Molybdän, Vanadin zu, wie Bild D 11.12 am Beispiel eines Stahls mit 0,3 % C und

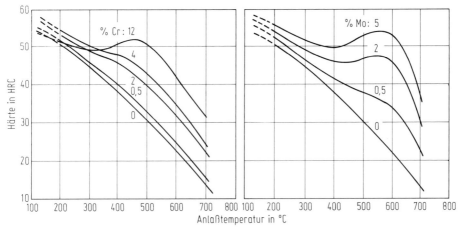

Bild D 11.11 Einfluß von Chrom und Molybdän auf die Anlaßhärte von Stählen mit rd. 0,35 % C. Nach [17].

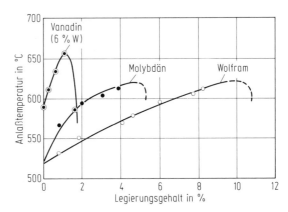

Bild D 11.12 Einfluß von Molybdän, Vanadin und Wolfram auf die Anlaßbeständigkeit von Stahl mit 0,3 % C und 2,5 % Cr, bei Vanadin mit zusätzlich 6 % W. Nach [33]. Die Anlaßtemperatur wurde jeweils so gewählt, daß sich die Zugfestigkeit zu 1500 N/mm^2 ergab.

2,5% Cr zeigt [33]. Der Einfluß des Chroms ist wesentlich geringer, wie ein Vergleich mit Bild D 11.11 erkennen läßt. Die Veränderung von Härte, Festigkeits- und Zähigkeitseigenschaften im Bereich des Sekundärhärtemaximums werden durch Karbidausscheidungen und deren Umwandlung in andere Karbidarten herbeigeführt [34–37]. Am Beispiel eines Stahls mit 0,32% C, 1,3% Mn, 1,0% Cr, 1,7% Mo, 1,5% Ni, 0,7% V und 2,6% W wird in Bild D 11.13 gezeigt, daß der Anstieg der Härte (Zugfestigkeit) zunächst durch das als kohärente Phase ausgeschiedene molybdän- und wolframreiche Karbid MC erfolgt. Dieses Karbid wandelt sich bei Temperaturen oberhalb des Sekundärhärtemaximums in nadelförmiges M_2C-Karbid um, aus dem sich dann weiter das koagulierte, sehr stabile M_6C-Karbid bildet. Mit der Entstehung des M_6C-Karbids fällt die Härte (Zugfestigkeit) rasch ab. Wenn die Anlaßtemperatur noch weiter erhöht wird und in den Bereich der Weichglühtemperatur kommt, bildet sich besonders bei chromreichen Stählen das $M_{23}C_6$-Karbid, das mit sehr niedrigen Härten verbunden ist.

Nickel, Silizium und vor allem Kobalt haben ebenfalls einen Einfluß auf die Anlaßbeständigkeit; ihre Wirkung beruht jedoch nicht auf der Bildung von Sonderkarbiden, sondern auf der Veränderung der *Löslichkeit des Kohlenstoffs* im Austenit und einer Verringerung der Diffusionsmöglichkeit beim Martensitzerfall.

Bei allen Stählen mit höheren Karbidgehalten wird die Anlaßbeständigkeit durch Erhöhung der *Härtetemperatur*, die zu einem legierungsreicheren Martensit führt, verbessert [38, 39].

D 11.2.1.4 Druckfestigkeit und Druckbeständigkeit

1. Die *Druckfließgrenze*, d.h. die Quetschgrenze oder gegebenenfalls die 0,2%-Stauchgrenze, eines Werkzeugstahls gibt *Auskunft über die Formbeständigkeit* bei

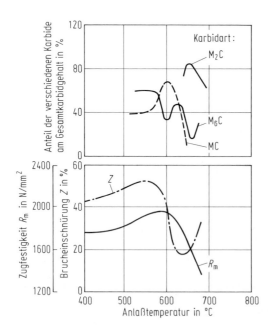

Bild D 11.13 Einfluß der Anlaßtemperatur auf den Karbidgehalt und die mechanischen Eigenschaften eines Warmarbeitsstahls mit 0,32% C, 1,3% Mn, 1,0% Cr, 1,7% Mo, 1,5% Ni, 0,7% V und 2,6% W. Nach [34–36].

Druckbeanspruchung; im Zusammenhang mit Werkzeugen spricht man hierbei häufig von Druckfestigkeit.

Die Anforderungen an die Druckfließgrenze von Werkzeugstählen *schwanken in weiten Grenzen*. Sehr niedrige Druckfließgrenzen sind notwendig, wenn die Werkzeugform durch Einsenken hergestellt wird (s. D 11.2.2.3). Von dieser Ausnahme abgesehen, wünscht man, daß Werkzeugstähle im Gebrauchszustand eine möglichst hohe Druckbelastbarkeit haben, die ohne plastische Verformung und ohne Bruch ertragen werden kann. Diese Forderung nach hoher Druckbelastbarkeit wird an alle schneidenden, spanenden und umformenden Werkzeuge gestellt. Die Anforderungen an die Druckfließgrenze der Werkzeuge liegen zwischen 1500 N/mm^2 für einfache Schneid- und Prägearbeiten und 3500 N/mm^2 bei Kaltfließpreßwerkzeugen, die für schwierige Umformarbeiten eingesetzt werden.

2. Die Belastbarkeit gehärteter Werkzeuge bei Druckbeanspruchung kann durch den in DIN 50106 [40] beschriebenen *Druckversuch* bestimmt werden. Die nach ihr ermittelte technische Elastizitätsgrenze wird aber im allgemeinen nicht zur Ermittlung der Druckbeanspruchbarkeit von Werkzeugen herangezogen. Man vergleicht und leitet die Druckbeanspruchungsgrenze im allgemeinen aus der im statischen Biegeversuch leicht meßbaren *Biegefließgrenze* ab; eine einfache Art, sie an Stählen geringen Verformungsvermögens zu ermitteln, ist im Stahl-Eisen-Prüfblatt 1320 beschrieben worden [41].

Ein Vergleich von verschiedenen Meßwerten für die Biegefließgrenze von Werkzeugstählen läßt erkennen, daß nach Anlassen bei ausreichend hohen Temperaturen alle Stähle dasselbe *Abhängigkeitsverhältnis von Härte und Fließgrenze* zeigen (Bilder D 11.2, D 11.14 und D 11.15); unabhängig von der Stahlsorte ist die Fließgrenze von Werkzeugstählen also bei einem bestimmten Härtewert nahezu gleich groß [42].

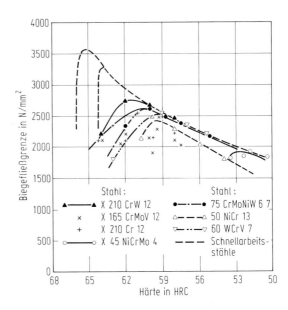

Bild D 11.14 Zusammenhang zwischen Biegefließgrenze und Härte bei gehärteten und angelassenen Werkzeugstählen. Nach [5] und eigenen Untersuchungen.
(Zur chemischen Zusammensetzung der untersuchten Stahlsorten wird auf die Tabellen hier in D 11.3 und in DIN 17350 [1] hingewiesen).

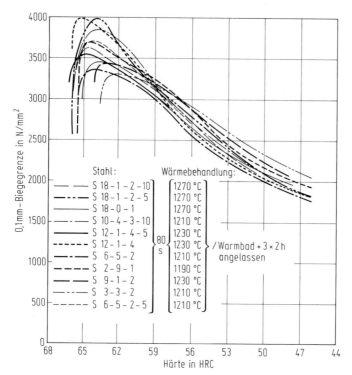

Bild D 11.15 Abhängigkeit der 0,1 mm-Biegegrenze von der Härte bei verschiedenen Schnellarbeitsstählen. Nach [42].
(Zur chemischen Zusammensetzung der untersuchten Stahlsorten wird auf die Tabellen hier in D 11.3 und in DIN 17 350 [1] hingewiesen).

Diese Abhängigkeit gilt jedoch nicht für niedrig angelassene Härtungszustände; bei sekundärhärtenden Stählen, z. B. bei Schnellarbeitsstählen, gilt sie nur, wenn oberhalb des Härtemaximums angelassen wurde. Bei niedrigeren Anlaßtemperaturen kann die durch die plastische Biegearbeit gekennzeichnete Zähigkeit der Stähle so gering sein, daß sie vor dem Erreichen der theoretischen Fließgrenze ohne sichtbare Verformung brechen. Die mit zunehmender Härte für alle Stähle zunächst ansteigende Biegefließgrenze fällt deshalb für jede Stahlsorte oberhalb eines für sie charakteristischen Härtewertes scheinbar wieder ab. Die Streuung der Meßwerte, die den Zusammenhang zwischen Härte und Fließgrenze wiedergeben, ist hauptsächlich darauf zurückzuführen, daß die Fließgrenze als erste Abweichung von der elastischen Geraden nicht genau genug bestimmt werden kann. Bei den ledeburitischen chromlegierten Stählen findet man darüber hinausgehende Streuungen; diese Stähle haben offenbar aufgrund ihres hohen Anteils sehr grober und eckiger Karbide eine so geringe Zähigkeit, daß sie auch unter idealen Anlaßbedingungen vor dem Erreichen der Fließgrenze brechen können (Bild D 11.14).

3. Werkzeuge, die eine hohe Druckbeanspruchbarkeit im Einsatz verlangen, wie Prägestempel, Schneidwerkzeuge, Fließpreßwerkzeuge und Zerspanungswerkzeuge, verlangen eine hohe Härte bzw. Festigkeit. Die betreffenden Stähle haben deshalb alle einen *Kohlenstoffgehalt von über 0,5%*. Hochbelastete Fließpreßwerk-

zeuge müssen einen nennenswerten *Karbidgehalt* haben und beim Anlassen ein *Sekundärhärtemaximum* aufweisen, weil nur auf diese Weise durch Teilchenhärtung die notwendigen hohen Fließgrenzen erreicht werden können.

Kohlenstoffgehalte und Legierungszusätze, die über die Zusammensetzung der Schnellarbeitsstähle oder der ledeburitischen Chromstähle hinausgehen, steigern die Druckbeanspruchbarkeit nicht weiter.

D 11.2.1.5 Dauerschwingfestigkeit

1. Werkzeuge sind nur in wenigen Fällen statisch beansprucht. In der Regel *wechselt die Beanspruchung*, die durch Zug, Druck, Biegung oder Verdrehung auftreten kann, ihre Größe und Richtung bei schlag- und stoßartiger Belastung *in rascher Folge*. Die Beanspruchungshöhe der Werkzeuge liegt häufig über ihrer Dauerschwingfestigkeit; auch durch Spannungen, die weit unterhalb der Fließgrenze liegen, können Brüche verursacht werden. Wenn Werkzeuge nicht durch Verschleiß oder durch Überbeanspruchung ausfallen, zeigen die Bruchflächen deshalb oft das Merkmal von Dauerbrüchen. Eine gute Dauerschwingfestigkeit wird besonders von Werkzeugen hoher Härte, hoher Beanspruchung und größerer Schwingspielzahl verlangt, für die Prägewerkzeuge, Schmiedegesenke und auch Walzen Beispiele sind. Es muß aber erwähnt werden, daß an Werkzeugstählen sehr hoher Härte keine ausgeprägte Dauerfestigkeitsgrenze nachweisbar ist, weil der *mit der Härte zunehmende Einfluß von Kerbspannungen* zu sehr streuenden Werten führt.

2. Die *Prüfung* der Dauerschwingfestigkeit erfolgt wie bei Baustählen; Einzelheiten dazu s. C 1.2.2.1.

3. Die Möglichkeiten der *Beeinflussung der Wechselfestigkeit* sind bei Werkzeugstählen ähnlich denen der Baustähle.

Da die *Kerbempfindlichkeit* mit steigender Festigkeit oder Härte zunimmt, sind *nichtmetallische Einschlüsse* bei Werkzeugstählen von wesentlich größerer Bedeutung als bei den Baustählen niedriger Festigkeit. Zur Verbesserung der Dauerschwingfestigkeit werden Werkzeugstähle deshalb oft über das Elektroschlackeumschmelzen hergestellt. Der verbessernde Einfluß dieser Behandlung auf die Biegewechselfestigkeit des Schnellarbeitsstahls S 6-5-2 geht aus Bild D 11.16 hervor [43]. Eine ähnliche Wirkung wie nichtmetallische Einschlüsse auf die Dauerschwingfestigkeit haben *Karbide*; kugelige Karbide sind vorteilhafter als eckige und gestreckte Karbidformen.

Entkohlungen müssen unbedingt vermieden werden, weil sie die Härte und damit die von ihr abhängige Wechselfestigkeit im Oberflächenbereich herabsetzen. Sie verringern die Wechselfestigkeit auch durch Zugspannungen, die in entkohlten Randzonen vorhanden sind und die sich den wechselnden Beanspruchungsspannungen überlagern.

Das *Gefüge* soll möglichst *homogen* sein. Ein rein martensitisches Gefüge hat im angelassenen Zustand eine höhere Wechselfestigkeit als ein Mischgefüge gleicher Härte.

Bei der Betrachtung des Dauerschwingverhaltens muß aber darauf hingewiesen werden, daß in der Praxis die Einflüsse der Werkstoffbeschaffenheit durch die der *Form des Werkzeugs und ihrer Oberflächenausführung* überdeckt werden. Dauerbrüche an Werkzeugen lassen sich deshalb in der Regel durch Veränderung der

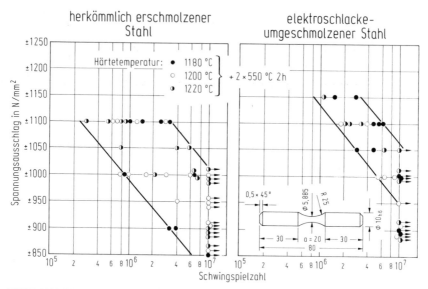

Bild D 11.16 Biegewechselfestigkeit von Schnellarbeitsstahl S 6-5-2 nach herkömmlicher Erschmelzung und nach Elektro-Schlacke-Umschmelzen Nach [43].

Werkzeugform und durch eine Verringerung der Oberflächenrauheit leichter verhindern als durch metallurgische Maßnahmen.

D 11.2.1.6 Zähigkeit bei den Arbeitstemperaturen

1. Bei statischer Beanspruchung und gleichmäßiger Spannungsverteilung könnte die Betriebsbeanspruchung eines Werkzeugs in der Nähe der Streckgrenze des Werkzeugwerkstoffs liegen. Diese Bedingungen liegen jedoch beim Arbeiten mit Werkzeugen praktisch nicht vor. Vielmehr treten meist dynamische Beanspruchungen mit unterschiedlicher Beanspruchungsgeschwindigkeit bis hin zur schlagartigen Beanspruchung, ungleichmäßige Spannungsverteilungen mit örtlichen Spannungsspitzen und mehrachsige Spannungszustände auf; diese Beanspruchungen können schon bei Nennspannungen, die weit unterhalb der Streckgrenze liegen, zu spröden Trennbrüchen führen. *Bei* derart beanspruchten *Werkzeugen* wird unter dem *Begriff „Zähigkeit"* die Eigenschaft eines Werkstoffs verstanden, Spannungsspitzen durch geringe örtliche plastische Verformungen abzubauen und dadurch eine Rißbildung zu verhindern. Zähigkeit ist aber keine spezifische Werkstoffkenngröße, sondern ein Sammelbegriff für alle Einflüsse, die die Bruchsicherheit eines Werkzeugs betreffen.

Mit zunehmender Härte nimmt das Fließvermögen der Stähle *überproportional schnell ab*. Bei Härten über 55 HRC ist es bereits so gering, daß sich unter den genannten Beanspruchungen leicht Anrisse bilden können, die zum Bruch führen. Um diese Gefahr möglichst gering zu halten, muß zwischen der Forderung nach Formbeständigkeit und somit hoher Härte einerseits und der Zähigkeit oder Bruchsicherheit andererseits häufig ein Kompromiß eingegangen werden. Dabei hat das Bestreben, durch hohe Härten und somit hohen Verschleißwiderstand eine lange

Bewertung der Zähigkeit   325

Lebensdauer der Werkzeuge herbeizuführen, häufig zur Folge, daß mit sehr geringen Zähigkeitsreserven gearbeitet wird. Der Zähigkeit von sehr harten Werkzeugstählen muß deshalb besondere Aufmerksamkeit geschenkt werden.

2. Wegen der oft unklaren Begriffsbestimmung ist auch die *Kennzeichnung der Zähigkeit* durch die Ergebnisse bestimmter Prüfverfahren *nicht einheitlich*. Von den zahlreichen Verfahren, die im Laufe der Zeit entwickelt worden sind [44], haben sich diejenigen als die brauchbarsten Vergleichsverfahren erwiesen, die auf der Ermittlung der plastischen Verformbarkeit beruhen. Bild D 11.17 zeigt schematisch, wie die Zähigkeit von Werkzeugstählen aufgrund ihres Verformungsverhaltens beurteilt werden kann [4]. Sprödes Verhalten zeigen die Werkstoffe, deren Fließvermögen so gering ist, daß Spannungsspitzen nicht abgebaut werden und der Stahl bereits bei Nennspannungen unterhalb der Fließgrenze bricht.

Bei *Werkzeugstählen*, die mit Gebrauchshärten *unter etwa 55 HRC* verwendet werden, ist es üblich, die Zähigkeit anhand der Bruchdehnung und der Brucheinschnürung aus Zugversuchen bei Raumtemperatur oder bei erhöhten Temperaturen zu beurteilen. Diese Daten sagen jedoch zum Werkstoffverhalten bei mehrachsiger Beanspruchung oder bei hohen Beanspruchungsgeschwindigkeiten nur begrenzt etwas aus; sie eignen sich daher mehr zur Bewertung der allgemeinen Werkstoffgüte, der Gleichmäßigkeit des Werkstoffs oder der durchgeführten Wärmebehandlung. Für die Beurteilung des Zähigkeitsverhaltens der Werkzeuge unter Gebrauchsbedingungen hat sich für diese Härtewerte die *Schlagarbeit an gekerbten und ungekerbten Proben* besser bewährt.

Für die *Prüfung von Stählen mit Härten über 55 HRC* sind die eben genannten Prüfverfahren ungeeignet, weil die Meßwerte wegen der geringen Verformbarkeit so niedrig sind, daß keine ausreichende Unterscheidung zwischen verschiedenen Werkstoffen und Werkstoffzuständen mehr möglich ist. Auch die früher zur Kennzeichnung der Zähigkeit von harten Stählen vorgeschlagenen und angewandten Prüfverfahren wie die Schlagbiegeprüfung mit ungekerbten Proben und der Schlagverdrehversuch, haben sich wegen der starken Streuung der dabei erhaltenen Meßwerte nicht durchgesetzt. Dagegen haben sich Verfahren, bei denen durch eine verringerte Verformungsgeschwindigkeit eine Begünstigung der plastischen Ver-

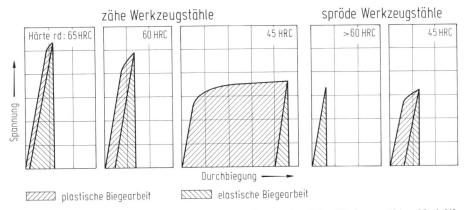

Bild D 11.17 Spannungs-Durchbiegungs-Kurven von zähen und spröden Werkzeugstählen. Nach [4].

formung vorliegt, als brauchbar erwiesen. Hier sind insbesondere der statische Biegeversuch [44, 45] und der statische Verdrehversuch [42, 46] zu nennen. Mit der so ermittelten *Fließgrenze und plastischen Biege- oder Verdreharbeit* (Bild D 11.18) kann die Zähigkeit harter Werkzeugstähle untereinander verglichen und relativ bewertet werden. Es hat sich nämlich gezeigt, daß unabhängig von der Stahllegierung die die maximale Beanspruchbarkeit kennzeichnenden Fließgrenzenwerte bei gleicher Härte nahezu übereinstimmen, wie die Bilder D 11.2, D 11.14 und D 11.15 zeigen. Beim Vergleich unterschiedlicher Werkstoffe, aber gleicher Härte braucht man aus diesem Grunde zur Zähigkeitsbeurteilung nur noch die plastische Biege- oder Verdreharbeit zu betrachten (Bild D 11.19 [6, 42]). Eine allgemeine Kennzeichnung des Werkstoffverhaltens unter Gebrauchsbedingungen ist jedoch auch mit diesen Werten nicht möglich, weil die am Werkzeug vorliegende Beanspruchung nicht hinreichend bekannt ist oder bestimmt werden kann und in der Regel nicht mit denen des statischen Biege- und Verdrehversuchs übereinstimmt. Dennoch sind der Biege- und der Verdrehversuch sehr gute Hilfsmittel bei der Festlegung des Werkstoffes oder des Wärmebehandlungszustandes.

3. Die Zähigkeitseigenschaften von Werkzeugstählen sind nur für den Gebrauchszustand der Werkzeuge, d. h. für den gehärteten oder gehärteten und angelassenen Zustand von Interesse. Neben den die Zähigkeit beeinflussenden Faktoren aus dem Ausgangsgefüge sind deshalb auch noch diejenigen der Wärmebehandlung zu beachten. Grundsätzlich kann gesagt werden, daß ein weitgehend *homogenes Gefüge* die *besten Zähigkeitseigenschaften* hat. Inhomogenitäten im Gefüge, gleichgültig ob sie bereits im Ausgangsgefüge vorliegen oder erst durch die nachfolgende Wärmebehandlung hervorgerufen werden, setzen die Zähigkeit herab.

Den Einfluß der chemischen Zusammensetzung auf das Zähigkeitsverhalten, beurteilt an der plastischen Bruchbiegearbeit, für harte Werkstoffzustände zwischen 55 und 65 HRC zeigt Bild D 11.20 [47]. Man erkennt, daß sich die Werkzeugstähle anhand dieses Zähigkeitsmaßes in *zwei Gruppen* teilen lassen, nämlich in die *karbidreichen ledeburitischen Stähle* mit geringen plastischen Bruchbiegearbeitswerten *und in Stähle, die im gehärteten Zustand nur geringe Karbidmengen* aufweisen. Bei den ledeburitischen Stählen sind bei gleicher Härte Schnellarbeitsstähle mit

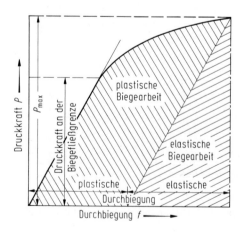

Bild D 11.18 Kraft-Durchbiegungs-Diagramm zur Ermittlung der plastischen Verformbarkeit nach Stahl-Eisen-Prüfblatt 1320 [41].

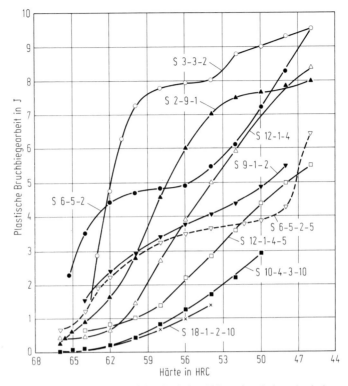

Bild D 11.19 Vergleich der Zähigkeit verschiedener Schnellarbeitsstähle anhand der plastischen Bruchbiegearbeit. Nach [42].
(Zur chemischen Zusammensetzung der untersuchten Stahlsorten wird auf die Tabellen hier in D 11.3 und in DIN 17 350 [1] hingewiesen).

kleineren eingeformten Karbiden zäher als die ledeburitischen Chromstähle, deren Karbide eine grobe eckige Form haben. Je höher die Härtewerte steigen, um so mehr gleichen sich die Zähigkeitseigenschaften aller Stähle in einem sehr niedrigen Niveau an.

Der Homogenitätsgrad des Ausgangsgefüges, d. h. das Ausmaß der *Block- und Kristallseigerungen*, und im weiteren Sinne auch die Art, Menge und Verteilung der *Einschlüsse* wie Oxide, Sulfide und Karbide, wird in sehr starkem Maße durch das Stahlherstellungsverfahren beeinflußt. Seiner Verbesserung sind bei den herkömmlichen Verfahren allerdings Grenzen gesetzt. Eine wesentliche Verringerung der Blockseigerungen ist durch Umschmelzen mit selbstverzehrender Elektrode möglich. In ledeburitischen Werkzeugstählen werden durch diese Umschmelzverfahren die Karbide über den Querschnitt gleichmäßiger verteilt.

Die Größe der Karbide hängt überwiegend von der Abkühlungsgeschwindigkeit bei der Erstarrung im Gußblock ab. Bei einer vorgegebenen Blockgröße läßt sie sich deshalb nicht nennenswert beeinflussen [48]. Sofern es sich nicht um ledeburitische Stahlsorten handelt, lassen sich auch die Kristallseigerungen durch *Diffusionsglühen* des Blockes weitgehend beseitigen. Den Zeit- und Temperatureinfluß auf den Abbau der Kristallseigerungen beim Diffusionsglühen zeigen die Bilder

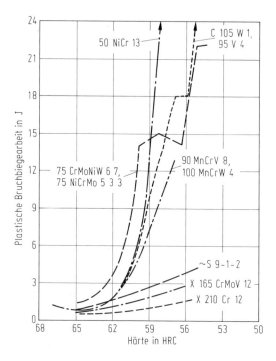

Bild D 11.20 Vergleich der plastischen Bruchbiegearbeit verschiedener Werkzeugstähle in Abhängigkeit von der Anlaßhärte. Proben von 5 mm Dmr., 75 mm Auflageabstand und Einpunktbelastung. Nach [47].
(Zur chemischen Zusammensetzung der untersuchten Stahlsorten wird auf die Tabellen hier in D 11.3 und in DIN 17 350 [1] hingewiesen).

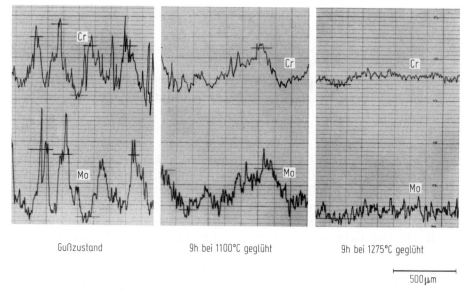

Bild D 11.21 Kristallseigerungen in der Mitte eines nach dem ESU-Verfahren umgeschmolzenen Blocks von 600 mm Dmr. aus X 40 CrMoV 5 1 nach Tabelle D 11.3 und deren Abbau durch Diffusionsglühen, mit der Mikrosonde gemessen. Nach [49].

Zähigkeitsbeeinflussung durch Abbau von Seigerungen

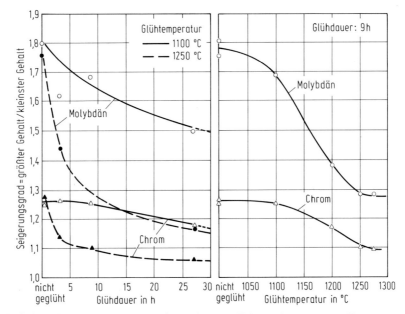

Bild D 11.22 Einfluß von Temperatur und Zeit auf den Abbau der Kristallseigerungen von Chrom und Molybdän durch Diffusionsglühen im Warmarbeitsstahl X 40 CrMoV 5 1 nach Bild D 11.21. Nach [49].

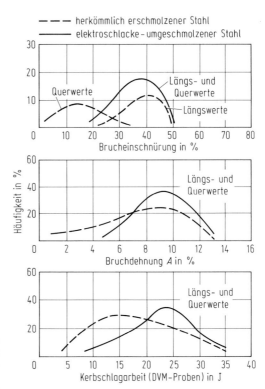

Bild D 11.23 Zähigkeitsmessungen an Warmarbeitsstahl X 40 CrMoV 5 1 nach Tabelle D 11.3 unterschiedlicher Erschmelzung. Nach [43].

D 11.21 und D 11.22 [49]. Die Verbesserung des Homogenitätsgrades durch *Umschmelzen* und Diffusionsglühen wirkt sich besonders bei großen quer zur Verformungsrichtung beanspruchten Werkzeugen aus. Aufgrund der Kristallseigerungen findet man nach der Warmumformung in Stäben eine ausgeprägte Längsfaser vor, die zu erheblichen Zähigkeitsunterschieden in Längs- und Querrichtung führt. Durch den Seigerungsabbau werden die Quereigenschaften, die besonders bei Werkzeugen aus herkömmlich erzeugten Stählen eine kritische Schwachstelle sind, bemerkenswert verbessert. Bild D 11.23 zeigt am Beispiel des Warmarbeitsstahles X 40 CrMoV 5 1 (s. Tabelle D 11.3), wie sich statistisch Bruchdehnung, Brucheinschnürung und Kerbschlagarbeit für den Zugfestigkeitsbereich von 1400 bis 1600 N/mm^2 durch Umschmelzverfahren verbessern lassen [43]. Umschmelzverfahren allein verbessern die Querzähigkeitseigenschaften jedoch nur im Kernbereich. Eine wünschenswerte Angleichung der Querzähigkeitseigenschaften an die Eigenschaften in Längsrichtung ist jedoch nur durch ein zusätzliches Diffusionsglühen möglich, durch das der Seigerungsgrad verringert wird (s. Bild D 11.24) [50].

Eine noch weitergehende Möglichkeit, die bei herkömmlicher Erzeugung besonders von ledeburitischen Werkzeugstählen auftretende Inhomogenitäten zu verringern, bietet die *pulvermetallurgische Verfahrenstechnik*. Sie hat bisher bei der Herstellung von Schnellarbeitsstählen eine gewisse Bedeutung erlangt, wird heute aber auch für karbidreiche, verschleißfeste Kaltarbeitsstähle angewandt [51]. Derart hergestellte Werkzeugstähle haben gegenüber herkömmlich erzeugten ein Gefüge mit kleineren und vollkommen gleichmäßig verteilten Karbiden. Aufgrund dieses nicht mehr zu verbessernden homogenen Gefüges (Bild D 11.25) weisen sie neben einem gleichmäßigen Formänderungsverhalten bei der Wärmebehandlung und der in D 11.2.2.5 erwähnten verbesserten Schleifbarkeit eine bessere, in allen Richtungen gleichmäßigere Zähigkeit auf.

Die Zähigkeitseigenschaften können auch durch die bei der Wärmebehandlung entstehenden voreutektoidischen Karbidausscheidungen [52], durch vormarten-

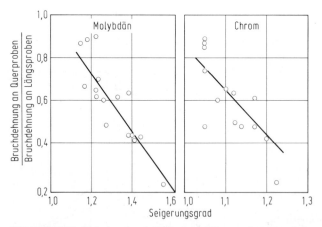

Bild D 11.24 Einfluß des durch Diffusionsglühen geänderten Seigerungsgrades auf das Verhältnis der Bruchdehnung an Querproben zur Bruchdehnung an Längsproben. Ergebnisse an Stahl X 40 CrMoV 5 1 nach Tabelle D 11.3, vergütet auf eine Zugfestigkeit von 1600 N/mm^2. Nach [50].

Zähigkeitsbeeinflussung durch homogene Gefüge   331

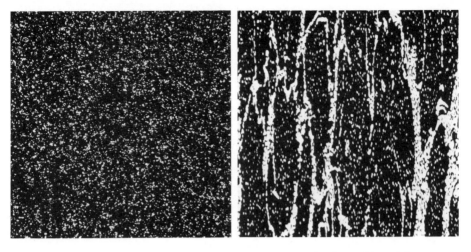

Stäbe pulvermetallurgisch hergestellt   Stäbe über Blockguß hergestellt

250 µm

Bild D 11.25 Gefüge in Stäben von 100 mm Dmr. aus Schnellarbeitsstahl S 6-5-3 (s. Tabelle D 11.8) unterschiedlicher Herstellung (Bewertungsstelle: 25 mm unter der Oberfläche).

sitische Umwandlungsprodukte, besonders durch oberes Bainitgefüge [24], und Versprödungserscheinungen beim Anlassen [34] ungünstig beeinflußt werden.

Die *Karbidausscheidungen an den Korngrenzen*, die beim Abkühlen von Austenitisierungstemperatur entstehen, kann man unterbinden oder einschränken, indem man die Abkühlung von der Härtetemperatur im Temperaturbereich der voreutektoidischen Karbidausscheidungen möglichst rasch ausführt. Voreutektoidische Karbidausscheidungen wirken sich jedoch nicht immer zähigkeitsmindernd aus, wie eine Untersuchung über den Einfluß der Abkühlgeschwindigkeit auf die Zähigkeit von Schnellarbeitsstählen zeigt [53].

Größere *Bainitanteile* im Härtegefüge haben bei den häufig verwendeten sekundärhärtenden Warmarbeitsstählen eine zähigkeitsmindernde Wirkung. Die Warmarbeitsstähle unterscheiden sich aber in ihrem Umwandlungsverhalten in der Bainitstufe untereinander erheblich, wie aus Bild D 11.26 ersichtlich ist [54]. Während bei den Stählen X 30 WCrV 5 3 und X 32 CrMoV 3 3 (s. Tabelle D 11.3) schon bei Durchmessern unter 50 mm erhebliche Anteile an Bainit auftreten, wird bei den Stählen X 38 CrMoV 5 1 und X 40 CrMoV 5 1 bis zu wesentlich größeren Durchmessern ein rein martensitisches Gefüge mit besseren Zähigkeitseigenschaften erreicht. Wesentlich ist dabei der Einfluß des Chroms, das den Beginn der Umwandlung in der Bainitstufe zu längeren Zeiten verschiebt. Aber auch der nicht an Karbid abgebundene Kohlenstoff verbessert die Möglichkeit der Herstellung eines rein martensitischen Gefüges beim Härten. Aus diesem Grund hat der Stahl X 38 CrMoV 5 1 beim Härten bei gleicher Abmessung einen höheren martensitischen Gefügeanteil als der Stahl X 40 CrMoV 5 1, bei dem ein größerer Teil des Kohlenstoffs an Vanadin abgebunden ist.

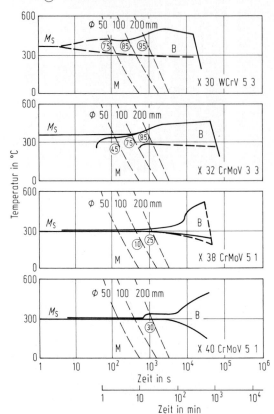

Bild D 11.26 Umwandlungsverhalten einiger Warmarbeitsstähle im Bereich der Bainitstufe bei kontinuierlicher Abkühlung. Nach [54]. (Zur chemischen Zusammensetzung der untersuchten Stahlsorten wird auf die Tabellen hier in D 11.3 und in DIN 17 350 [1] hingewiesen).

Bei Warmarbeitsstählen sind weniger die *Zähigkeitseigenschaften* bei Raumtemperatur als die *bei der erhöhten Arbeitstemperatur* von Interesse. Hier ist zu beachten, daß bei einigen Stählen – wie z.B. bei X 30 WCrV 5 3 und X 32 CrMoV 3 3 – bei rd. 600 °C Warmversprödungen auftreten. Diese sind bei niedrigen Vergütungsstufen von rd. 1300 N/mm² wenig ausgeprägt, machen sich aber bei sehr hohen Vergütungsstufen von rd. 1700 N/mm² durch einen sehr starken Abfall der Zähigkeitswerte unangenehm bemerkbar. Höhere Härtetemperaturen vergrößern die Warmversprödung. Warmarbeitsstähle mit rd. 5% Cr wie X 38 CrMoV 5 1 zeigen bei 600 °C keine Warmversprödung [24]. Die von anderen Stahlsorten, besonders die von Baustählen her bekannte 300 °C-Versprödung und die zwischen 500 und 650 °C ablaufende Anlaßversprödung hat dagegen bei Werkzeugstählen aufgrund ihres Legierungsaufbaues eine geringe Bedeutung. Bei sekundärhärtenden Stählen muß der im Bereich des Sekundärhärtemaximums auftretende Zähigkeitsabfall beim Anlassen beachtet werden. Schnellarbeitsstähle werden aus diesem Grunde rd.

20 °C oberhalb des Härtemaximums angelassen [42, 44]. Dieser Zähigkeitsabfall ist nicht nur eine Folge der bekannten Wechselwirkung zwischen Zähigkeit und Härte, sondern hängt darüber hinaus in starkem Maße von den ablaufenden Karbidreaktionen ab. So tritt z. B., wie aus Bild D 11.13 hervorgeht, bei einem Warmarbeitsstahl mit 0,32% C, 1,3% Mn, 1,0% Cr, 1,7% Mo, 1,5% Ni, 0,7% V und 2,6% W das Zähigkeitsminimum nicht im Bereich der höchsten Festigkeit, sondern im Bereich der MC-Karbidauflösung und der zunehmenden Bildung von M_2C-Karbiden auf [34].

D 11.2.1.7 Verschleißwiderstand

1. Der Grund für die begrenzte Lebensdauer von Werkzeugen ist in den meisten Fällen eine *unerwünschte Abnutzung der Arbeitsflächen und Schneiden* durch Verschleiß. Werkzeugwerkstoffe sollten daher einen der Beanspruchung angepaßten möglichst hohen Verschleißwiderstand haben.

Werkzeugverschleiß ist nicht einfach mechanischer, physikalischer oder chemischer Natur, sondern meist das *Zusammenwirken verschiedener Verschleißarten* (s. C 10). Bei der Bearbeitung fester Stoffe durch Schneiden, Zerspanen, Ziehen, Stanzen und ähnliche Verfahren erfolgt die Werkzeugabnutzung bevorzugt durch abrasiven (Mikrozerspanung) und adhäsiven (Kaltschweißen) Verschleiß. Werkzeuge mit wechselnd hoher Druckbeanspruchung wie Bördelwerkzeuge fallen in der Regel durch Zerrüttungsverschleiß aus [55, 56]. Die in formgebenden Werkzeugen zum Druckgießen und zur Glasverarbeitung durch den ständigen Temperaturwechsel entstehenden Brandrisse können als Zusammenwirken von Zerrüttungsverschleiß und Oxidationsverschleiß angesehen werden. Nach einer neueren Untersuchung soll die Brandrißbildung nicht auf Werkstoffzerrüttung, sondern auf das durch den Wärmespannungszustand in der Oberfläche hervorgerufene Kriechen verursacht werden [57]. Bei Druckgießformen findet man örtlich auch Strahlverschleiß und Kavitationsverschleiß vor. An Kunststofformen kann durch harte Beimengungen im Kunststoff, wie durch Glasfasern, ein großer abrasiver Verschleiß entstehen und bei einigen Kunststoffsorten durch Zersetzung auch ein chemischer Oberflächenangriff. Bei Warmarbeitswerkzeugen ist der Temperatureinfluß auf den Verschleißwiderstand zu beachten. In der Regel nimmt der Verschleißwiderstand mit steigender Temperatur ab. Hinzu kommt, daß bei der Warmumformung der Zunder auf dem umzuformenden Werkstoff den Verschleiß am Werkzeug stark erhöht.

In engem Zusammenhang mit dem Verschleißwiderstand ist die *Schneidhaltigkeit* (s. C 11) zu nennen. Bei der Formgebung durch Zerspanen z. B. Drehen, Bohren oder Fräsen und durch Schneiden wird die Schneidhaltigkeit zum überwiegenden Teil durch Verschleiß herabgesetzt. Besonders bei Zerspanungswerkzeugen können neben mechanischem Abrieb auch noch die Abtragung durch Preßschweißen, durch Erweichen des Schneidstoffs sowie chemische und elektrochemische Einflüsse die Abnutzung der Schneide fördern.

2. Wie in C 10 angedeutet, ist die *Prüfung des Verschleißwiderstands* durch Laboratorienuntersuchungen *problematisch*. Daher wird für die Beurteilung des Verschleißwiderstands dem Betriebsversuch der Vorzug gegeben.

Ein Beispiel für Betriebsversuche ist die *Ermittlung des Verschleißwiderstands von Gesenkstählen unter Betriebsbedingungen* durch das sogenannte *Stiftverfahren* [58]. Bei diesen Verfahren, bei dem Stifte aus den zu untersuchenden Stählen in ein Trägergesenk eingesetzt werden, lassen sich gleichzeitig mehrere Gesenkwerkstoffe prüfen. Es kann somit unter gleichen Betriebsbedingungen der Einfluß der chemischen Zusammensetzung, des Wärmebehandlungszustandes, der Härte und der Gesenktemperatur auf das Verschleißverhalten untersucht werden.

Die *Prüfung* des Verschleißwiderstands von *zerspanenden und schneidenden Werkzeugen* und im weiteren Sinne die Prüfung der Schneidhaltigkeit erfolgt in der gleichen Weise wie die Prüfung der Zerspanbarkeit. Als Maß für den Werkzeugverschleiß dient hier entweder der gemessene volumetrische Verschleißabtrag oder die linearen Verschleißgrößen wie Verschleißmarkenbreite, die Kolktiefe und ähnliche (s. C 9 und C 11). Bei schneidenden Werkzeugen ist es ebenfalls üblich, den Verschleiß durch geometrische oder volumetrische Messungen an der Schneide zu bestimmen [59].

3. Unter Hinweis auf die einschränkenden Bemerkungen über den Zusammenhang zwischen Härte und Verschleißwiderstand in C 10 kann gesagt werden, daß die Möglichkeiten zur *Verbesserung des Verschleißwiderstands* von Werkzeugstählen vor allem in der *Erhöhung der Matrixhärte* und in der Einlagerung von Hartstoffen in der Stahlgrundmasse liegen. Dabei ist jedoch zu beachten, daß sowohl eine Erhöhung der Härte als auch eingelagerte Hartstoffe die Zähigkeit verringern und die Bruchgefahr erhöhen (s. D 11.2.1.6). Je nach Bedeutung der Zähigkeit für das betreffende Werkzeug sind daher einer Erhöhung des Verschleißwiderstands Grenzen gesetzt.

Durch *Legieren mit karbidbildenden Legierungselementen* wie Chrom, Molybdän, Wolfram, Vanadin, Niob oder Titan bilden sich neben dem Eisenkarbid, dessen höchste erreichbare Härte nicht wesentlich über die des Martensits von rd. 900 HV hinausgeht, andere härtere Karbidarten. Das Chromkarbid M_7C_3 erreicht Härtewerte von rd. 1500 HV, das Molybdän-Wolfram-Karbid M_6C wird bis rd. 1650 HV hart. Die größten Härtewerte findet man bei den Vanadin-, Niob- und Titankarbiden, die mehr als 2000 HV erreichen [13, 60]. Die Karbide in den Werkzeugstählen enthalten in der Regel größere Mengen an Eisen, so daß man häufig niedrigere Härtewerte als die oben angegebenen Werte findet.

Der Verschleißwiderstand nimmt nicht nur mit der Härte, sondern auch mit der *Menge der Karbide* zu, wie Bild D 11.27 [61] zeigt. Die Karbidmenge liegt bei weichgeglühten eutektoidischen Stählen in der Größenordnung von 5 Vol.-% und kann bei ledeburitischen Stählen mehr als 20 Vol-% erreichen [61, 62]. Stähle mit wesentlich höheren Karbidgehalten kann man auf herkömmlichem Wege nicht herstellen, weil bei etwa 25 Vol.-% Karbidanteil die Verformbarkeitsgrenze erreicht ist (s. D 11.2.2.2). Außerdem wird die Bruchanfälligkeit bei Karbidgehalten oberhalb von 20 Vol.-% so groß, daß man diese Stähle nur für einfache Werkzeugformen, die keiner großen Zähigkeitsbeanspruchung unterliegen, einsetzen kann.

Die Karbide sind in herkömmlich hergestellten ledeburitischen Werkzeugstählen nicht gleichmäßig verteilt. Die Karbide des Chroms M_7C_3, des Wolframs und Molybäns M_6C und des Vanadins MC ordnen sich bei der Erstarrung der Schmelze in einem netzförmigen Eutektikum an, dessen Maschenweite bei langsamer Erstarrung, also mit zunehmender Blockgröße, größer wird. Durch Verformen wird

Verschleißbeeinflussung durch Karbide 335

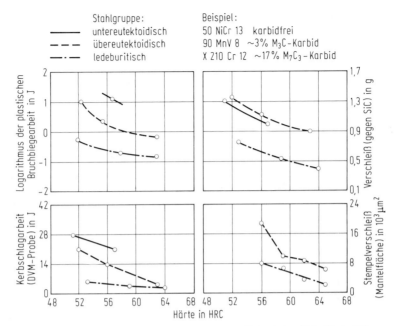

Bild D 11.27 Zähigkeit und Verschleiß unterschiedlich angelassener Kaltarbeitsstähle. Nach [61]. (Zur chemischen Zusammensetzung der untersuchten Stahlsorten wird auf die Tabellen hier in D 11.3 und in DIN 17 350 [1] hingewiesen).

das Karbidnetzwerk zwar zerstört und zu langen, immer dünner werdenden Zeilen gestreckt. Die unregelmäßige Verteilung der Karbide läßt sich dadurch aber nicht vollständig beseitigen. Sie ist von Nachteil, weil mit zunehmenden Karbidabständen die Verschleißbeständigkeit abnimmt [63, 64]. Nur Karbide des Titans TiC und des Niobs NbC verhalten sich günstiger; sie scheiden sich aus der Schmelze in regelloser Verteilung aus [64, 65].

Neben Art, Menge und Verteilung hat auch die *Form der Karbide* einen großen Einfluß auf den Verschleißwiderstand; bei gleicher Art und Menge nimmt er mit der Größe der Karbide ab. Dieser Zusammenhang ist leicht einzusehen. Wenn das Karbid beim Bearbeitungs- oder Verschleißvorgang durchschnitten werden muß, weil es seiner Größe wegen im Grundwerkstoff haftet, ist die verschleißhemmende Wirkung der Karbide groß. Umgekehrt wird bei einer äußerst feinen Verteilung der Karbide deren Wirkung auf den Verschleißwiderstand nahezu vollkommen verlorengehen. Dieser Einfluß der Karbidgröße erklärt auch das unterschiedliche Verhalten von pulvermetallurgisch und herkömmlich hergestellten Werkzeugstählen. Die pulvermetallurgischen Stähle sind wesentlich besser schleifbar, zeigen also einen geringeren Verschleißwiderstand als herkömmliche Stähle, deren Karbide im allgemeinen erheblich gröber sind. Liegen aber wie beim abrasiven Verschleiß Mikrozerspanungsverhältnisse vor, so gleicht sich ihr Verschleißverhalten dem der herkömmlich hergestellten Stähle an, weil hier für beide Fälle die Karbide im Vergleich zum Spanquerschnitt dick sind.

Da der Steigerung des Verschleißwiderstands über die chemische Zusammensetzung oder über die Wärmebehandlung Grenzen gesetzt sind, versucht man in zunehmendem Maße durch *Veränderungen in der Oberflächenschicht der Werkzeuge* deren Haltbarkeit zu verbessern. Bewährt haben sich chemische Beschichtungsverfahren wie das Hartverchromen und besonders thermochemische Behandlungsverfahren, bei denen Elemente wie Kohlenstoff, Stickstoff oder Bor in die Randzone von Werkzeugen eindiffundieren [66, 67]. Sie bilden dabei Hartstoffe in Form von Karbiden, Nitriden oder Boriden und erhöhen den Verschleißwiderstand in gleicher Weise wie die von Haus aus im Stahl enthaltenen Hartstoffe. Die wichtigsten und bewährtesten thermochemischen Verfahren sind das Aufkohlen [68] und das Nitrieren [69, 70]. Borierte Randschichten sind sehr hart, aber spröde [71–73] und werden deshalb nur für einfache Werkzeugformen verwendet. In den letzten Jahren werden daneben immer häufiger mit zum Teil sehr guten Erfolgen Beschichtungsverfahren eingesetzt, bei denen verschleißfeste Schichten aus Titankarbid und Titannitrid auf die Arbeitsfläche von Werkzeugen aufgebracht werden. Die Beschichtung von Werkzeugen mit Titankarbid und Titannitrid oder Kombinationen beider Hartstoffe kann durch chemisches Abscheiden (CVD-Verfahren, Chemical Vapor Deposition) oder durch physikalisches Abscheiden (PVD-Verfahren, Physical Vapor Deposition) aus der Gasphase erfolgen [74–81]. Große Erfolge in der Verbesserung des Verschleißwiderstands bringt insbesondere das Beschichten mit Titannitrid nach der PVD-Methode mit sich, durch das Leistungssteigerungen für schneidende und spanende Werkzeuge, die über das Vierfache hinausgehen, erreicht werden [82–87]. Da die meisten Oberflächenbehandlungsverfahren bei Temperaturen von wenigstens 500 °C durchgeführt werden, sind für diese Beschichtungsverfahren nur Stähle hoher Anlaßbeständigkeit verwendbar.

Mit steigender Werkzeugtemperatur sinkt der Verschleißwiderstand als Folge des mit der Temperaturerhöhung einhergehenden Härteabfalls. *Bei erhöhten Temperaturen* hat aber wie bei Raumtemperatur der *Stahl höchster Härte* (Zugfestigkeit) *den größten Verschleißwiderstand* (geringer Verschleißbetrag). Bild D 11.28 zeigt

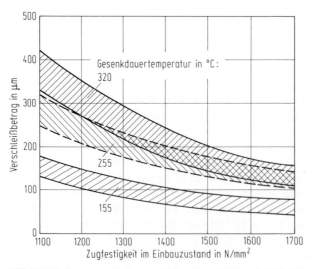

Bild D 11.28 Zusammenhang von Gesenkverschleiß, Zugfestigkeit und Arbeitstemperatur für den Stahl X 32 CrMoV 3 3 (s. Tabelle D 11.3). Nach [58].

anhand von Prüfergebnissen für den Stahl X 32 CrMoV 3 3 diese Abhängigkeit [58]. Aufgrund dieses Zusammenhangs haben alle Faktoren, die die Warmhärte und die mit ihr in engem Zusammenhang stehende Anlaßbeständigkeit erhöhen, auch einen positiven Einfluß auf den Warmverschleißwiderstand. Der Zusammenhang zwischen der Wirkung der Legierungselemente auf Warmhärte und Verschleißwiderstand geht aus Bild D 11.29 hervor [58]. Die größte Wirkung auf den Verschleißwiderstand bei höheren Temperaturen geht, wie aus den Faktoren zu erkennen ist, vom *Vanadin* aus. Wolfram und Molybdän erhöhen den Verschleißwiderstand ungefähr in gleicher Weise, allerdings ist für Wolfram aufgrund seines höheren Atomgewichtes die doppelte Menge erforderlich, um die gleiche Erhöhung des Verschleißwiderstands zu erzielen.

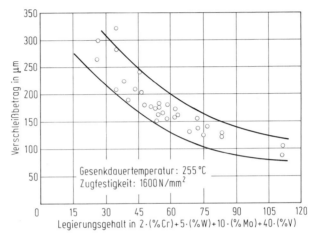

Bild D 11.29 Zusammenhang zwischen Legierungsgehalt und Verschleißwiderstand verschiedener Warmarbeitsstähle. Nach [58]. Ausgewerteter Zusammensetzungsbereich: 0,30 bis 0,44% C, 0,02 bis 0,38% Si, 0,31 bis 0,83% Mn, 1,18 bis 3,03% Cr, 0,08 bis 3,04% Mo, 0,26 bis 1,92% V und 1,42 bis 5,85% W.

D 11.2.1.8 Wärmeleitfähigkeit

1. Grundsätzlich ist *sowohl bei der Herstellung der Werkzeuge als auch für deren Gebrauchsverhalten* eine *hohe Wärmeleitfähigkeit wünschenswert*. Bei guter Wärmeleitfähigkeit werden örtlich eingebrachte Wärmemengen schnell abgeführt, so daß sich weniger große Temperatur- und Spannungsfelder aufbauen. Eine gute Wärmeleitfähigkeit verringert deshalb die Schleifrißempfindlichkeit. Bei der Wärmebehandlung kann man geringere Formänderungen erwarten. Werkzeugstähle mit guter Wärmeleitfähigkeit können im Einsatz mit geringerer Rißgefahr mit Wasser gekühlt werden. Eine gute Wärmeleitfähigkeit kann auch für die Werkzeugfunktion wichtig sein; durch sie kann z. B. die Taktzeit von Kunststoffverarbeitungsmaschinen erhöht werden, wenn die Temperatur des Kunststoffs durch Innenbeheizung oder Innenkühlung der Werkzeuge gesteuert wird.

2. Hinweise auf die Grundlagen der Wärmeleitfähigkeit und ihrer Prüfung finden sich in C 2, so daß hier nur auf die *maßgebende Bedeutung der chemischen Zusam-

mensetzung für die Wärmeleitfähigkeit hingewiesen werden soll. Nach einer statistischen Auswertung vieler Einzelmessungen kann die Wärmeleitfähigkeit hinreichend genau durch den Stoffmengengehalt der Legierungselemente bestimmt werden. Bild D 11.30 [88] zeigt die gefundenen Zusammenhänge.

3. Bei der Auswahl eines Stahls im Hinblick auf gute Wärmeleitfähigkeit genügt es, den aus der chemischen Zusammensetzung berechneten *Stoffmengenanteil der Legierungselemente zu betrachten*. Für eine gegebene Werkzeugart sind die Wahlmöglichkeiten zwischen den verschiedenen Stahlsorten sehr eingeschränkt, weil der Legierungsgehalt zur Einstellung anderer notwendiger Werkzeugeigenschaften wie Anlaßbeständigkeit, Warmhärte, Verschleißfestigkeit eine größere Bedeutung hat.

D 11.2.1.9 Temperaturwechselbeständigkeit

1. Bei bestimmten Werkzeugen wird die Werkzeugoberfläche einem *periodischen Temperaturwechsel* unterworfen. Zu ihnen gehören besonders Druckgießformen, Schmiedewerkzeuge, Glasformen und auch Kunststofformen. Bei Druckgießformen, Glasformen und Schmiedewerkzeugen ist der Temperaturwechsel im Laufe eines Arbeitstaktes so schroff und die Temperaturdifferenz so groß, daß das wiederholte Aufheizen und Abkühlen der Oberfläche mit der Zeit zu netzartig angeordneten Warmrissen führt.

Diese netzförmigen *Brandrisse* (s. Bild D 11.31) sind die häufigsten und auch die normalen Ausfallursachen von Druckgießwerkzeugen. Nach den in verschiedenen Untersuchungen [89-95] über ihre Entstehung in Druckgießformen entwickelten Vorstellungen wird die Oberflächenzone durch Berührung mit dem flüssigen Metall schockartig erwärmt. Die freie Ausdehnung der erwärmten Oberflächenschicht ist aber durch die darunterliegende kältere Schicht behindert, so daß es zu einer elastischen, meist auch plastischen Verformung der Oberfläche kommt, weil die entstehenden Wärmespannungen über der Fließgrenze liegen. Beim folgenden Abkühlen der Oberfläche bilden sich in der Oberfläche Zugspannungen aus, die zu elastischen, meist aber auch plastischen Dehnungen der vorher gestauchten Oberflächenschicht führen. Wie bei der Bildung von Dauerbrüchen kommt es durch

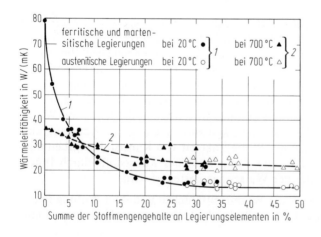

Bild D 11.30 Einfluß des Legierungsgehalts und des Gefüges auf die Wärmeleitfähigkeit von Stahl bei 20 und 700 °C. Nach [88].

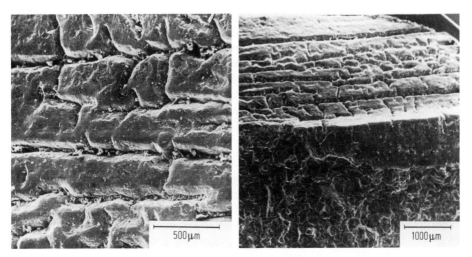

Bild D 11.31 Brandrißnetzwerk in einer Druckgießform und freigelegte Bruchfläche eines Brandrisses.

diesen Spannungswechsel, ausgehend von den Stellen örtlich höchster Beanspruchung oder mikroskopischer Fehler, zur Rißbildung und, da es sich hier um einen ebenen Spannungszustand handelt, zur Entwicklung eines ebenen Rißfeldes.

Nach dieser Vorstellung läßt sich die Rißbildung hinauszögern, wenn der verwendete Werkzeugstahl eine *hohe Warmfließgrenze* hat [95] *und* außerdem ein großes plastisches Verformungsvermögen, also eine *hohe Warmzähigkeit* vorhanden ist. Nach einer neueren Untersuchung kann man das Werkstoffversagen durch Brandrißbildung auf das Kriechverhalten des Formenwerkstoffs zurückführen [57]. Eine gute Temperaturwechselbeständigkeit ist danach mit geringen Werkstoffschädigungen beim Kriechversuch gleichzusetzen.

2. Es gibt zahlreiche Untersuchungen, die sich mit der Frage der wiederholbaren Erzeugung von Brandrissen und der Vergleichbarkeit der Ergebnisse aus Versuchsanordnungen mit denen des praktischen Betriebs beschäftigen [89–94]. Die *Brandrißneigung* wird dabei *durch die Zahl der Temperaturzyklen bis zum Erkennen der ersten Risse mit dem Auge* festgelegt. Man versucht dabei mit zum Teil sehr großem apparativen Aufwand [90, 91, 94], das Temperaturfeld und dessen zeitlichen Wechsel den Verhältnissen in der Oberfläche von Druckgießformen möglichst genau anzugleichen. Bisher hat sich gezeigt, daß es nicht nur einen Einfluß der mechanischen Eigenschaften des untersuchten Werkstoffs auf die Rißneigung gibt, sondern daß auch die Oxidationsbeständigkeit und damit die Zunderbildung unter atmosphärischen Einflüssen die Bildung und Ausbreitung der Brandrisse verändern [91, 92, 94]. Die Ergebnisse der Untersuchungen lassen sich deshalb nicht direkt auf die Verhältnisse im Druckgießbetrieb übertragen. Auch einzelne Einflußgrößen wirken nicht gleichförmig auf die Rißbildung. Sie soll z. B. mit höherer Fließgrenze hinausgezögert werden [95]. Für den Stahl X 38 CrMoV 5 1 wird das auch bestätigt [96], beim Stahl X 30 WCrV 5 3 wurden aber umgekehrte Verhältnisse gefunden [94]. Diese Widersprüche können wahrscheinlich mit der Warmversprödung, die

die Warmarbeitsstähle mit 2,5% Cr und höherem Wolframgehalt kennzeichnet und die mit steigender Festigkeit zunimmt, erklärt werden [97] (s. auch D 11.2.1.6).

In letzter Zeit gibt es Versuche, einen direkten Zusammenhang zwischen der Brandrißbeständigkeit und den Ergebnissen von Gefügeuntersuchungen oder technologischen Prüfungen, wie z. B. den Schlagbiegeversuch, herzustellen. Bei diesen Prüfungen untersucht man indirekt den Homogenitätsgrad, der sich in einem gleichmäßigen Gefüge oder in gleichmäßig hohen Schlagarbeitswerten ausdrückt. Man *schließt* also *von dem* über diese Prüfungen ermittelten *Homogenitätsgrad auf die Brandrißbeständigkeit.*

3. Da das Fortschreiten von Brandrissen mit Oxidationsvorgängen verbunden ist, ist es *sinnvoll, mit Chrom legierte Stähle zu verwenden, da es die Zunderbeständigkeit verbessert.* Bei höheren Werkzeugtemperaturen, wie sie z. B. Glasformen haben, sollte auch der Chromgehalt größer sein.

Die *Zugfestigkeit* sollte aus den geschilderten Gründen *möglichst hoch* sein, aber nicht höher als die, die sich durch die Anlaßwirkung der Arbeitstemperatur des Werkzeugs einstellt. Für Aluminium-Druckgießwerkzeuge sollte die Zugfestigkeit deshalb bei 1500 bis 1700 N/mm² liegen, für das Druckgießen von Schwermetalllegierungen bei 1300 bis 1500 N/mm² und für Glasformen zwischen 700 und 900 N/mm².

Man könnte sich auch vorstellen, daß die Brandrißneigung durch Wahl von Stählen mit besserer Wärmeleitfähigkeit herabgesetzt werden kann. Die *Wärmeleitfähigkeit* hat aber nach Berechnungen [95] nicht die erwartete Bedeutung, da zwischen den in Frage kommenden Warmarbeitsstählen nur Unterschiede in der Oberflächentemperatur von 20 °C zu erwarten sind.

Neuere Untersuchungen, die sich mit dem Einfluß des Seigerungsgrades und der Gleichmäßigkeit des Gefüges beschäftigen, zeigen, daß es vorteilhafter ist, *Stähle*

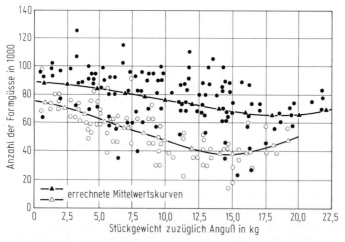

Bild D 11.32 Standzeit von Formen aus unterschiedlich erschmolzenen Stählen X 38 CrMoV 5 1 und X 40 CrMoV 5 1 nach Tabelle D 11.3 bei Aluminiumdruckguß auf Kaltkammer-Maschinen. Nach [98]. Formenstanddauer in Anzahl der Güsse bis zur 1. Hauptreparatur gemessen. (●: Stahl nach ESU-Verfahren umgeschmolzen, ○: herkömmlicher Elektrostahl.)

mit gleichmäßigem Vergütungsgefüge zu verwenden [98]. Dazu ist es notwendig, die Blockseigerungen durch Umschmelzen zu verringern und die Kristallseigerungen durch Diffusionsglühen weitgehend zu beseitigen (s. Bild D 11.32). In diesen Stählen sind weniger Stellen mit ungünstigen Eigenschaften, die die Rißbildung begünstigen, vorhanden, so daß die ersten sichtbaren Brandrisse wesentlich später entstehen. Eine Verbesserung der Homogenität und damit der Brandrißbeständigkeit ist bei Warmarbeitsstählen mit 5% Cr (s. Tabelle D 11.3) auch durch Erniedrigung des Kohlenstoffgehalts zu erwarten. Untersuchungen über die Schlagarbeit an diesen Stählen haben gezeigt [99], daß sie in Querrichtung wesentlich ansteigt, wenn der Kohlenstoffgehalt unterhalb des eutektoidischen Punktes – bei rd. 0,3% [100, 101] – liegt.

D 11.2.1.10 Korrosionsbeständigkeit

1. Beanspruchungsverhältnisse, die eine besondere Korrosionsbeständigkeit erfordern, liegen bei Werkzeugen selten vor. Zu den wenigen Ausnahmen gehören *Werkzeuge zum Verarbeiten von Kunststoffen*, die sich bei Fertigungsfehlern, z. B. bei zu hohen Formtemperaturen, zersetzen und aggressive Säuren freimachen. Ein Beispiel dafür ist die Verarbeitung von Polyvinylchlorid, bei der freiwerdende Salzsäure einen korrosionsbeständigen Formenstahl verlangt. Ebenso ist bei der Verarbeitung von synthetischen Textilfasern eine besondere Korrosionsbeständigkeit erforderlich, wenn die Verarbeitung in Stahl angreifenden Mitteln erfolgt oder wenn die Reinigung der Werkzeuge in aggressiven Salzschmelzen ausgeführt wird. Von Werkzeugen zum *Glasformen* wird wegen der hohen Arbeitstemperaturen eine gute Zunderbeständigkeit erwartet.

Notwendig ist die *Verwendung von korrosionsbeständigen Werkzeugen* auch *in der Lebensmittelindustrie*. Werkzeuge zum Dosenschließen müssen beständig gegen Fruchtsäuren sein. Auch Preßwerkzeuge, z. B. Tablettierstempel, müssen aus dem gleichen Grund oft korrosionsbeständig sein.

Beim Druckgieß- und Niederdruckgießverfahren können die *Werkzeuge* auch *durch das zu verarbeitende Metall angegriffen* werden. Der Angriff ist an Werkzeugteilen, die in direktem Kontakt mit dem flüssigen und strömenden Metall stehen, besonders groß. Aggressives Verhalten zeigen insbesondere flüssige Zink-, Magnesium- und Aluminiumlegierungen, gegen die die Werkzeugstähle beständig sein sollen.

2. Die Angriffsbedingungen auf die Werkzeugoberfläche sind bei den geschilderten Korrosionsmöglichkeiten nicht so gleichförmig und eindeutig, wie es z. B. in der chemischen Verfahrenstechnik der Fall ist. Es gibt deshalb *keine allgemeinen Prüfverfahren*, mit denen die Beständigkeit von Werkzeugstählen geprüft werden kann und die bei der Stahlauswahl herangezogen werden können. Die Beurteilung des Gebrauchsverhaltens bei korrosivem Angriff über Stromdichte-Potential-Messungen und Bestimmungen des Ruhepotentials haben daher bei Werkzeugstählen wegen der nicht vorhersehbaren Bedingungen keinerlei Bedeutung. Prüfungen des Korrosionsverhaltens werden deshalb hier immer nur unter Betriebsbedingungen durchgeführt.

3. Kaltarbeitende Werkzeuge erweisen sich *beim Verarbeiten von Lebensmitteln* hinreichend korrosionsbeständig, wenn sie einen freien *Chromgehalt* von rd. 12% auf-

weisen. Wenn sie mit Arbeitshärten um 60 HRC eingesetzt werden und deshalb 0,6 bis 1% C haben, müssen sie mit etwa 17% Cr legiert sein. Zur Verbesserung der Korrosionsbeständigkeit werden noch 0,5 bis 1% Mo zugesetzt. Bei kaltarbeitenden Werkzeugen haben diese Stähle die beste Korrosionsbeständigkeit im gehärteten oder nur niedrig angelassenen Zustand (Bild D 13.3 [102], das auch für den Werkzeugstahl X 42 Cr 13 gilt); bei höheren Anlaßtemperaturen über 400 °C wird der Grundmasse des Stahles durch Karbidbildung das zur Aufrechterhaltung der Korrosionsbeständigkeit notwendige Chrom entzogen.

Für Werkzeuge zur *Verarbeitung aggressiver Kunststoffe* benötigt man in der Regel nicht so hohe Härten. Die Stähle werden aus Gründen besserer Bearbeitbarkeit mit einer Vergütungsfestigkeit um 1000 N/mm² verwendet. Damit in diesen hoch angelassenen Zuständen nicht zu viel Chrom durch Kohlenstoff abgebunden wird, haben diese Stähle bei Chromgehalten von 12 oder 17% und Molybdänzusätzen bis zu 1% in der Regel nicht mehr als 0,35% C.

Die *Glasformwerkzeuge* erreichen ihre notwendige gute Zunderbeständigkeit durch Verwendung von ferritischen Stählen, die 17% Cr enthalten, oder durch austenitische Stähle, die mit 17 bis 25% Cr legiert sind und zur Verbesserung der Zunderbeständigkeit rd. 1% Si enthalten.

Spinndüsenwerkzeuge sind ähnlich legiert.

Die *Korrosion durch Metalle* muß für jede Legierung für sich betrachtet werden. Sie hängt von der gegenseitigen Löslichkeit, von möglichen Verbindungsbildungen, von der Temperatur, die diese Reaktionen beeinflußt, und von der Strömungsgeschwindigkeit des Metalls ab, durch die Grenzschichten abgespült werden können [103]. Hinsichtlich der Werkzeugeigenschaften liegt die Erfahrung vor, daß deren Festigkeit ohne Einfluß auf die Metallkorrosion ist [104].

Zinklegierungen haben im Bereich der Druckgießtemperaturen von 400 bis 450 °C eine so geringe Löslichkeit für Eisen, daß sie sich beim Werkzeugeinsatz nicht auswirkt. Es kommt auch nicht zur Bildung von Eisen-Zink-Legierungen auf der Werkzeugoberfläche [105], weil die verwendeten Trennmittel den Kontakt zwischen Werkzeug und Zinkschmelze einschränken und die Berührungszeiten während des Gießtaktes sehr kurz sind. Größere Korrosionserscheinungen sind aber an Gießmundstücken, die ständig mit der flüssigen Zinklegierung in Berührung stehen, bekanntgeworden. Die schützende Wirkung der sich auf der Werkzeugoberfläche bildenden Verbindungsschicht von Eisen und Zink, die nur durch Diffusion von Eisen und Zink durch diese Schicht langsam wächst [105], kann durch das strömende Zink abgetragen werden, so daß es zu einer schnellen Werkzeugauflösung kommen kann. Ein Mundstück aus X 32 CrMoV 33 nach Tabelle D 11.3 zeigte nach 30 000 Arbeitstakten die in Bild D 11.33 [106] erkennbaren Korrosionserscheinungen, der martensitaushärtende Stahl X 3 NiCoMo 18 8 5 ließ dagegen nach $1,2 \cdot 10^6$ Arbeitstakten noch keinen Metallangriff erkennen.

Magnesium hat zwar eine größere Löslichkeit für Eisen [107, 108]; sie macht sich aber erst von 800 °C an, d. h. oberhalb des üblichen Gießtemperaturbereiches von 600 bis 660 °C, störend bemerkbar. Stähle sind also in der Regel gegen flüssige Magnesiumlegierungen beständig, es sei denn, sie enthalten viel Nickel. Bei Tauchversuchen in Magnesiumlegierungen bei 700 °C hat eine Legierung mit 70% Ni eine etwa 30mal so große Metallauflösung gezeigt wie der mit 5% Cr legierte Warmarbeitsstahl X 38 CrMoV 5 1 aus Tabelle D 11.3. Die Beständigkeit von Stählen in

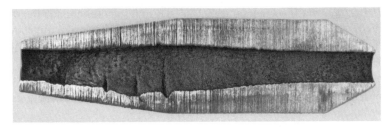

Bild D 11.33 Korrosion durch Zink nach 30 000 Schuß im Gießmundstück einer Warmkammer-Gießmaschine. Werkstoff X 32 CrMoV 3 3 (s. Tabelle D 11.3). ⅓ der natürlichen Größe. Nach [106].

Magnesiumschmelzen nimmt mit zunehmendem Chromgehalt zu; ebenso sind Molybdän-, Wolfram und Kobaltzusätze wegen deren sehr geringer Löslichkeit in Magnesiumschmelzen günstig [107].

Aluminium reagiert mit Eisen oberhalb 600 °C unter Bildung intermetallischer Eisen-Aluminium-Phasen [109]. Um die mögliche Korrosion durch Aluminium an den Werkzeugen bei den Druckgießtemperaturen zwischen 650 und 730 °C zu unterbinden, werden Aluminiumlegierungen nur nach dem sogenannten Kaltkammerverfahren verarbeitet, bei dem die Werkzeuge nicht im ständigen Kontakt mit flüssigem Aluminium stehen. Korrosion durch Aluminium beobachtet man aber beim Niederdruckkokillenguß, bei dem flüssiges Aluminium in die Werkzeugform gefüllt wird und längere Berührungszeiten mit der flüssigen Aluminiumschmelze vorliegen. Unter diesen Bedingungen haben sich bei Betriebsuntersuchungen in mit 12 % Si legierten Aluminiumschmelzen von 720 °C korrosionsbeständige Stähle wie X 20 Cr 13, aushärtbare Nickelstähle wie X 3 NiCoMo 18 9 5, aber auch austenitische Stähle wie X 5 CrNi 18 9 wesentlich schlechter verhalten als übliche Warmarbeitsstähle wie z. B. X 38 CrMoV 5 1. Niedriger legierte Vergütungsstähle wie 25 CrMo 4 zeigten die beste Korrosionsbeständigkeit; ihre Anlaßbeständigkeit und Warmfestigkeit reicht aber für die Anwendung im Werkzeug nicht aus. Eine befriedigende Werkstoffwahl ist hier bisher nicht gefunden worden.

D 11.2.2 Für die Verarbeitung von Werkzeugen wichtige Eigenschaften

D 11.2.2.1 Maßhaltigkeit bei der Wärmebehandlung

1. Im gehärteten Zustand ist das Bearbeiten von Werkzeugen schwierig und aufwendig. Man versucht deshalb, die endgültige Werkzeugform bereits bei der Bearbeitung im weichgeglühten Werkstoffzustand herzustellen. Da sich bei allen nachfolgenden Wärmebehandlungen Maße und Form eines Werkzeugs in nicht genau vorhersehbarer Weise ändern und dadurch häufig ein weiteres Bearbeiten am gehärteten Werkzeug notwendig wird, ist die *allgemeine Forderung nach guter Maßhaltigkeit* bei der Wärmebehandlung verständlich. Ungenügende Maßhaltigkeit wird auch Verzug genannt. Nach DIN 17 014 [23] und EURONORM 52–83 [110] ist Verzug die Summe aller Maß- und Formänderungen, die sich nach einer Wärmebehandlung gegenüber dem Ausgangszustand eingestellt haben.

Um die durch Wärmebehandlungen entstehenden Maß- und Formänderungen zu umgehen, führt man in einigen Fällen die *Wärmebehandlung des Stahls vor der*

Herstellung des Werkzeugs durch. Das ist durch spanabhebende Bearbeitung bei den niedriger beanspruchten Kunststofformen mit Härtewerten um 300 HB üblich. Bei hochharten Zuständen nutzt man die Möglichkeit, die Werkzeugform mit elektroerosiven Formgebungsverfahren herzustellen [111, 112].

2. Für die Prüfung der Maßhaltigkeit gibt es keine genormten Methoden. Man beschränkt sich darauf, *Maß- und Formänderungen* am Werkzeug *nach der Wärmebehandlung* durch *Messen* zu prüfen.

3. Möglichkeiten und Verfahren, Maß- und Formänderungen bei der Wärmebehandlung vollkommen auszuschließen, gibt es nicht. Bei den verschiedenen Untersuchungen [25, 26, 50, 113–119] haben sich *drei wesentliche Einflußgrößen* für die Maßhaltigkeit herausgestellt: das unterschiedliche spezifische Volumen der vor und nach der Wärmebehandlung vorhandenen Phasen, die Wärmespannungen, die durch die bei jeder Abkühlung vorhandenen Temperaturunterschiede zwischen Rand und Kern entstehen, und die Umwandlungsspannungen, die – ebenfalls verursacht durch die Temperaturunterschiede – die Folge der zeitlich verschobenen Gefügeumwandlung zwischen Rand und Kern sind; zu bemerken ist, daß stärkere Seigerungen ebenfalls Umwandlungsspannungen verursachen können. Die Volumenänderungen bei der Wärmebehandlung führen zu einer Vergrößerung oder Verkleinerung aller Maße, die Wärme- und Umwandlungsspannungen können durch Veränderung der Winkelbeziehungen die Form des Werkzeuges beeinflussen.

Die Größenordnung der *Maßänderungen durch Gefügeeinflüsse* zeigt am Beispiel unlegierter Stähle mit Kohlenstoffgehalten bis zu 2 % das Bild D 11.34 [119]. Zur Verringerung von Maßänderungen sucht man die positiven Volumenänderungen durch negative Volumenänderungen anderer Phasen auszugleichen. Das gelingt bei ledeburitischen Stählen mit rd. 12 % Cr (X 210 Cr(W) 12 und X 155 CrVMo 12 1 in

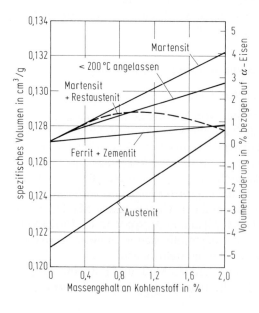

Bild D 11.34 Volumenänderung von unlegierten Stählen aufgrund der Änderung der Gefügeanteile beim Härten. Nach [119].

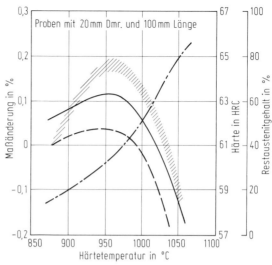

Bild D 11.35 Beeinflussung der Maßänderung durch die Härtetemperatur beim Stahl X 210 Cr 12 (s. Tabelle D 11.11). Nach [114].

——— Maßänderung in der Längsrichtung
— — Maßänderung in der Querrichtung
///// Härte in HRC
—·— Restaustenitgehalt

Tabelle D 11.11) in befriedigendem Maße. Man kann hier, wie Bild D 11.35 [114] zeigt, durch Wahl der Härtetemperatur die Gefügemengen so beeinflussen, daß die Volumenvergrößerung, die durch Martensitbildung gegenüber dem ursprünglichen ferritischen Gefüge entsteht, genau so groß ist wie die Volumenverkleinerung, die auf Anteile des Restaustenits zurückzuführen ist. Wenn man Maßänderungen nicht empirisch erfassen, sondern berechnen will, muß man neben den Gefügemengen von Ferrit, Martensit und Restaustenit auch Änderungen der Karbidmengen und deren spezifisches Volumen berücksichtigen.

Formänderungen entstehen, wenn *Wärmespannungen durch plastische Verformungen abgebaut* werden. Bei langsamer Abkühlung werden die Temperaturunterschiede und damit die Volumenunterschiede, die sich über den Querschnitt ausbilden, geringer, so daß sich zwischen Rand und Kern keine großen, die Form beeinflussenden Spannungen ausbilden können. Bei Stählen mit Legierungsgehalten, die die Einhärtbarkeit verbessern, die also von Härtetemperatur langsamer abgekühlt werden können, ist die Gefahr von Formänderungen geringer als bei Stählen, die man ihres niedrigen Legierungsgehalts wegen z. B. in Wasser härten muß. Die mit mehr als 2% Cr und mit Molybdän legierten Werkzeugstähle weisen im ZTU-Schaubild zwischen 400 und 600 °C einen umwandlungsfreien Temperaturbereich aus. Bei diesen Stählen kann man die beim Härten entstehenden Wärmespannungen durch Abkühlen in Stufen mit einem Temperaturausgleich bei 500 °C besonders wirksam verringern. Die Haltedauer bei rd. 500 °C ist ohne Einfluß auf das Gefüge und die Eigenschaften des gehärteten Werkzeugs [120].

Um den Einfluß von *Umwandlungsspannungen* auf Formänderungen zu *verringern*, ist es notwendig, die martensitische Umwandlung über den gesamten Querschnitt möglichst gleichzeitig ablaufen zu lassen. Das kann man dadurch erreichen, daß man die Abkühlung des Werkzeugs beim Härten wenige Grade oberhalb der Martensitbildungstemperatur zum Temperaturausgleich zwischen Rand und Kern unterbricht. Diese Verfahrensweise setzt aber voraus, daß es sich um einen Stahl guter Einhärtbarkeit handelt.

Die Einflüsse der unregelmäßigen *Gefügeumwandlungen in Seigerungsstrukturen* auf die Maßhaltigkeit lassen sich nicht durch Maßnahmen bei der Wärmebehandlung mildern oder beseitigen, sondern nur durch Verringerung des Seigerungsausmaßes. In niedrig- und mittellegierten Stählen lassen sich Blockseigerungen durch Herstellverfahren verringern und Kristallseigerungen durch Diffusionsglühen weitgehend beseitigen [121, 122]. Bei ledeburitischen Stählen, in denen die Karbide in Verformungsrichtung zeilig angeordnet sind, verursacht diese Karbidverteilung beim Härten eine Verlängerung des Werkzeugs in Verformungsrichtung [123]. Man kann solche Formänderungen bei plattenförmigen Körpern durch Walzverfahren, die eine regellose Karbidverteilung mit sich bringen (s. Bild D 11.36 [116]), weitgehend verhindern.

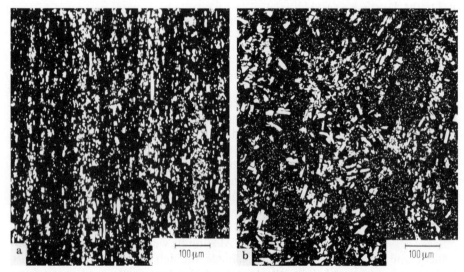

Bild D 11.36 Verteilung der Karbide in Stählen aus X 210 Cr 12 nach Tabelle D 11.11: **a)** wie üblich gewalzt: zeilige Anordnung der Karbide; **b)** nach besonderen Verfahren gewalzt: regellos angeordnete Karbide.

D 11.2.2.2 Warmumformbarkeit

1. Die Warmumformbarkeit von Werkzeugstählen spielt bei der Werkzeugherstellung im allgemeinen keine Rolle, weil Werkzeuge nur in Ausnahmen, z. B. beim Walzen oder Pressen von Spiralbohrern, durch Warmumformen hergestellt werden. Wesentlich bedeutungsvoller ist die Warmumformbarkeit von Werkzeugstählen für den Stahlhersteller beim Walzen oder Schmieden von Stäben oder Scheiben. Der Umformwiderstand soll bei allen Warmformgebungen möglichst gering sein. Diese Forderung kann man mit steigenden Umformtemperaturen nicht

immer erfüllen, weil sie zu unerwünschten Gefügeänderungen führen. Dazu gehören Kornwachstum, Auflösung von Karbiden und deren anschließende Abscheidung an den Korngrenzen und bei Schnellarbeitsstählen auch die Bildung grober Karbide durch Koagulation bei Umformtemperatur [6, 38] (s. Bilder D 11.37 und D 11.38). Von einem gut verformbaren Werkstoff verlangt man auch, daß er sich in einem möglichst großen Temperaturbereich ohne Rißbildung umformen läßt.

2. Die Verfahren zur *Prüfung der Warmumformbarkeit* sind in C 6 beschrieben. Bei Werkzeugstählen wird im wesentlichen der Verdrehversuch oder der Stauchversuch eingesetzt, und zwar in der Hauptsache für Grundsatzuntersuchungen [124–127].

3. Die Warmumformbarkeit hängt *wesentlich* von der *Homogenität* des Werkzeugstahls ab. *Korngrenzenbeläge* mit harten und spröden Karbidschichten oder mit niedrigschmelzenden Verbindungen können die Warmumformbarkeit erheblich verschlechtern. Stähle mit einem niedrigen *Schwefelgehalt* lassen sich besser warm umformen als Stähle, die zur Verbesserung der Zerspanbarkeit einen beabsichtigten Schwefelzusatz haben. Werkzeugstähle mit *ledeburitischer Zusammensetzung* haben eine besonders schlechte Warmumformbarkeit; sie wird durch ein homogeneres Gußgefüge, das man z.B. durch Umschmelzverfahren erreicht, verbessert. Ledeburitische Chromstähle mit einem Kohlenstoffgehalt von 3% an sind nicht mehr warm umformbar, weil sie im Gefüge eutektisch ausgeschiedene sehr grobe, stengelige Karbide aufweisen [128].

Größere Veränderungen der chemischen Zusammensetzung zur Verbesserung der Warmumformbarkeit kann man in der Regel nicht ausnutzen, weil die Zusammensetzung aus anderen Gründen vorgegeben ist. Es zeigt sich aber, daß oft *kleine Gehalte an Begleitelementen* wie Arsen, Kupfer oder Antimon die Warmumformbarkeit bei schwierigen Formänderungsverfahren *verschlechtern* können. Solche Erfahrungen sind manchmal beim Drallwalzen von Spiralbohrern aus Schnellarbeitsstahl gemacht worden.

Wichtig ist auch die Beachtung der Oberflächenrauheit bei schwierigen Verformungsvorgängen; von grob geschliffenen Oberflächen gehen dabei oft die ersten Anrisse aus.

D 11.2.2.3 Kaltumformbarkeit und Einsenkbarkeit

1. Werkzeugstähle werden nur in wenigen Fällen bei tieferen Temperaturen, d. h. unterhalb der Rekristallisationstemperatur, z. B. durch Ziehen, Prägen oder Einsenken, kalt umgeformt. Bei der Werkzeugherstellung ist die *Kaltumformbarkeit von Bedeutung, wenn die Form durch Einsenken hergestellt* wird. Das betrifft entweder Werkzeuge, die in großen Stückzahlen mit gleicher Kontur gebraucht werden, wie z. B. Prägestempel für Münzen und Schraubenköpfe, oder hohlgeformte Werkzeuge, deren Kontur sich durch einen positiv geformten Stempel einfacher herstellen läßt. Bei der Herstellung von Prägestempeln sind die Verformungswege klein. Vom Stempelwerkstoff wird deshalb nur ein niedriger Umformwiderstand, aber kein großes Umformvermögen verlangt. Bei tief einzusenkenden Formen ist aber außer einem möglichst niedrigen Umformwiderstand, der bei Härtewerten unter 120 HB vorliegt, auch ein gutes Formänderungsvermögen wichtig.

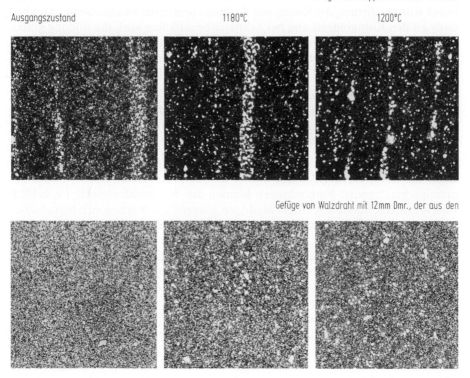

Gefüge der Knüppel von 70mm 4kt nach

Ausgangszustand　　　1180°C　　　1200°C

Gefüge von Walzdraht mit 12mm Dmr., der aus den

Bild D 11.37 Einfluß der Temperatur vor dem Walzen auf die Karbidausbildung in Knüppeln und in

2. Die Verfahren zur *Kennzeichnung der Kaltmassiv-Umformbarkeit* sind in C 7 behandelt.

Die *Kalteinsenkbarkeit* eines Stahls *hängt unmittelbar von seiner Brinellhärte* ab. Das ist leicht einzusehen, da das Eindrücken einer Stahlkugel in die Oberfläche bei der Härteprüfung dem Kalteinsenkverfahren sehr ähnlich ist. Nach verschiedenen Untersuchungen [129–131] hängt der den Umformwiderstand beschreibende Einsenkdruck P unmittelbar von der Härte und sein Anstieg mit zunehmender Einsenktiefe t vom Verhältnis von t zum Stempeldurchmesser d ab (s. Bild D 11.39 [131]). Die Übereinstimmung in der Kaltumformbarkeit bei Stählen gleicher Härte geht so weit, daß das Verhältnis des Einsenkdrucks P zur Brinellhärte HB des zu verformenden Stahls für ein bestimmtes Einsenkverhältnis t/d konstant ist (s. Bild D 11.40 [131]).

3. Die Kaltumformbarkeit wird durch *alle Maßnahmen, die zur Erniedrigung der Härte führen, verbessert*. Bei vorgegebener Zusammensetzung läßt sich die Kaltumformbarkeit nur durch Weichglühen auf möglichst niedrige Härtewerte beeinflus-

Kaltumformen, Kalteinsenken 349

jeweils 3h Halten bei einer Ofentemperatur von:

1220°C   1240°C   1250°C

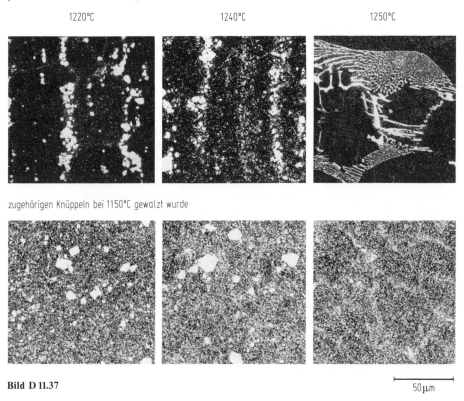

zugehörigen Knüppeln bei 1150°C gewalzt wurde

Bild D 11.37   ⊢──────┥ 50 μm

dem aus ihnen hergestellten Walzdraht bei Schnellarbeitsstahl S 6-5-2(s. Tabelle D 11.11). Nach [6].

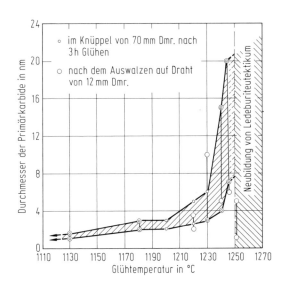

Bild D 11.38 Bildung grober Karbide in Schnellarbeitsstahl S 6-5-2 nach Tabelle D 11.11 durch Koagulation bei hohen Temperaturen. Nach [6].

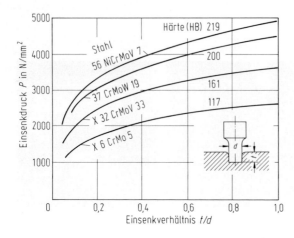

Bild D 11.39 Abhängigkeit des Einsenkdrucks P von der Härte des zu verformenden Stahls und dem Einsenkverhältnis t/d. Nach [131]. (Zur chemischen Zusammensetzung der untersuchten Stahlsorten wird auf die Tabellen hier in D 11.3 und in DIN 17 350 [1] hingewiesen).

sen. In diesem Zustand haben Werkzeugstähle ein Gefüge mit besonders großen, gut eingeformten Karbiden. Die Form der ledeburitischen Karbide läßt sich allerdings durch Weichglühen nicht nennenswert beeinflussen, so daß die Kaltumformbarkeit der sehr karbidreichen Werkzeugstähle begrenzt ist.

Über die chemische Zusammensetzung läßt sich die Kaltumformbarkeit dadurch beeinflussen, daß man den *Gehalt an Legierungselementen, die die Ferritfestigkeit erhöhen,* wie Kohlenstoff, Silizium, Phosphor, *möglichst klein* hält. Ebenso muß darauf geachtet werden, daß der Gehalt an Elementen, die den Umwandlungspunkt herabsetzen und damit die Glühbarkeit erschweren, niedrig ist. Stähle, die besonders gute Einsenkbarkeit aufweisen müssen, sind überwiegend mit Chrom legiert, das nur einen geringen Einfluß auf die Ferritfestigkeit hat (s. Bild D 11.5).

D 11.2.2.4 Zerspanbarkeit

1. Bei der Werkzeugherstellung werden in der Regel Zerspanungsverfahren angewandt. Mit Zerspanbarkeit sind alle Eigenschaften eines Werkstoffs gemeint, die bei einer Formgebung durch Abtrennen von Spänen mit schneidenden Werkzeugen eine Rolle spielen. *Werkzeugstähle sollen in jedem Falle gut zerspanbar sein*, d. h. sie sollen Eigenschaften haben, die es ermöglichen, in kurzer Zeit ein möglichst großes Spanvolumen abzutrennen. Dabei soll der erforderliche Energieaufwand gering, die Standzeit der Werkzeuge groß und die bearbeitete Oberfläche möglichst glatt und eben sein.

2. Hinweise auf die Verfahren zur *Beurteilung der Zerspanbarkeit* finden sich in C 9. Hier sei betont, daß keines der Verfahren es ermöglicht, eine Rangfolge der Werkzeugstähle nach ihrer Zerspanbarkeit aufzustellen. Allgemein läßt sich die Zerspanbarkeit immer nur unter bestimmten Zerspanungsbedingungen vergleichend betrachten; wegen weiterer Einzelheiten dazu sei auf C 9 verwiesen. Für die Be-

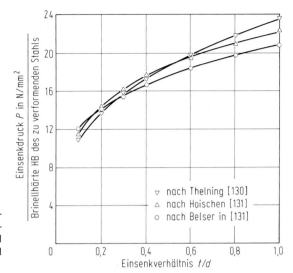

Bild D 11.40 Zusammenhang zwischen dem auf die Brinellhärte bezogenen Einsenkdruck P/HB und dem Einsenkverhältnis t/d (s. Bild D 11.39). Nach [131].

urteilung der Zerspanbarkeit von Werkzeugstählen muß man Verfahren anwenden, die den Zerspanungsbedingungen bei der Werkzeugherstellung ähnlich sind.

3. Grundsätzlich sind die Stähle im besonders weichen und im harten Gefügezustand schwer zerspanbar. Kohlenstoffarme Werkzeugstähle mit hohem Ferritgehalt lassen sich schwer zerspanen, weil es zum Kleben und Schmieren zwischen Werkzeug und Werkstück kommt. Werkzeugstähle mit niedrigem Kohlenstoffgehalt, das sind in der Regel die Einsatzstähle, werden aus diesem Grunde nicht weichgeglüht, sondern normalgeglüht mit einem Ferrit-Perlit-Gefüge zerspant. Die kohlenstoffreicheren Werkzeugstähle werden dagegen immer im weichgeglühten Zustand mit kugelig eingeformten Karbiden zerspant, weil nur in diesem Wärmebehandlungszustand die Härte so niedrig ist, daß Schneidendruck und Verschleiß an den Werkzeugen zu guten und befriedigenden Leistungen führt. Bereits kleine Karbidanteile, die aufgrund mangelhaften Weichglühens nicht kugelig eingeformt sind, setzen die Zerspanbarkeit herab. Die besten Zerspanungsleistungen werden bei Härten zwischen etwa 180 und 230 HB erreicht.

Die Zerspanbarkeit wird durch *harte verschleißende Gefügebestandteile* aus Tonerde oder Kieselsäure, die die Auskolkung auf die Spanfläche und den Abrieb auf der Freifläche erhöhen, verschlechtert. In gleicher Weise verringern harte Sonderkarbide in Werkzeugstählen die Zerspanbarkeit.

Zusätze von *Schwefel* verbessern ähnlich wie bei Automatenstählen durch ihren Einfluß auf die Spanbildung die Zerspanbarkeit von Werkzeugstählen [124, 132]. Der Schwefelgehalt wird im allgemeinen mit 0,1% begrenzt, um die Quereigenschaften nicht zu sehr herabzusetzen.

Die *zerspante Oberfläche* wird *mit zunehmender Härte des zu zerspanenden Werkzeugstahls glatter*. Das nutzt man in Sonderfällen aus, auch wenn die Zerspanungsarbeit dabei schwierig ist. So werden häufig Schnellarbeitsstahl-Fräser, die hinterdreht werden müssen, mit Härten von rd. 390 HB hinterdreht. Dabei erhält man eine so glatte Oberfläche, daß ein Nachschleifen nach der Wärmebehandlung nicht mehr notwendig ist. Die mit so hohen Härten hinterdrehten Werkzeugstähle sind in der Regel mit 0,1% S legiert.

D 11.2.2.5 Schleifbarkeit

1. Die durch die spanende Bearbeitung vorbearbeiteten Werkzeuge werden nach der Wärmebehandlung in der Regel durch Schleifen in ihre endgültige Form gebracht. Werkzeugstähle sollen deshalb gut schleifbar sein. Unter einer guten *Schleifbarkeit* versteht man, daß mit Schleifwerkzeugen in möglichst kurzer Zeit ein hoher Materialabtrag möglich ist, ohne daß dabei die Oberfläche geschädigt wird. Oberflächenschädigungen können durch zu große Erwärmung im Oberflächenbereich entstehen. Dadurch kann die Oberfläche angelassen oder sogar neu gehärtet werden (Bild D 11.41). Mit den bei diesen Erwärmungen ablaufenden Volumenänderungen sind Spannungen verbunden, die zu sogenannten Schleifrissen führen können (Bild D 11.42).

2. Die Schleifbarkeit läßt sich noch weniger als die Zerspanbarkeit anhand eines allgemein gültigen *Prüfverfahrens* mit absoluten oder relativen Werten messen.

Im allgemeinen werden bei der *Beurteilung der Schleifbarkeit* drei Meßwerte herangezogen, nämlich die *Abtragung am Werkstück*, der *Schleifscheibenverschleiß* oder

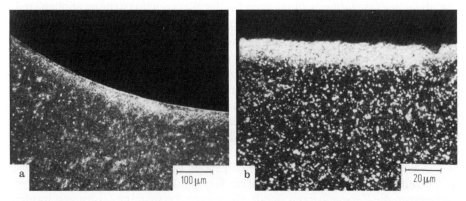

Bild D 11.41 Schädigung der Oberfläche von Gewindebohrern beim Schleifen durch zu große Erwärmung: **a)** starke Anlaßwirkung und Abfall der Härte bis 0,08 mm Tiefe; **b)** starke Neuhärtungen bis 0,03 mm Tiefe.

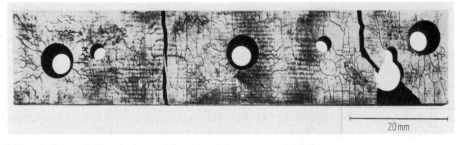

Bild D 11.42 Durch Magnetpulverprüfung deutlich gemachte Schleifrisse.

die Formtreue der Scheibe und das *Abtragsverhältnis* aus Schleifscheibenverschleiß und Werkstückabtrag. Eine gute Schleifbarkeit kann durch einen hohen Werkstückabtrag bestimmt sein, sie kann aber auch an einer hohen Formtreue der Schleifscheiben gemessen werden; beide Meßwerte hängen nicht voneinander ab. Auch durch die Beziehung des Werkstückabtrags auf den Schleifscheibenverschleiß, die Abtragsverhältnis genannt wird, läßt sich die Schleifbarkeit nicht befriedigend beschreiben. Wie Bild D 11.43 [133] zeigt, kann bei sehr unterschiedlichem Schleifscheibenverschleiß und Werkstückabtrag das Abtragsverhältnis gleich groß sein. Die Schleifbarkeit kann man deshalb nur individuell bewerten und als das Ergebnis aus dem Zusammenwirken eines Systems mit den Hauptfaktoren Werkzeug, Werkstück und Maschine, deren gegenseitige Einflußnahme zu wenig bekannt ist, ansehen.

3. Die Schleifbarkeit eines Stahls nimmt im allgemeinen mit zunehmender *Härte* ab, ebenso mit zunehmendem *Gehalt an Karbiden* und mit zunehmender Härte dieser Karbide. Da Härte und Karbidgehalt für die Gebrauchseigenschaften des betrachteten Werkstoffs notwendig vorgegeben sind, läßt sich die Schleifbarkeit in der Regel nicht durch Legierungsmaßnahmen oder durch andere Wärmebehandlungszustände beeinflussen.

Einen gewissen Einfluß hat bei gleicher Zusammensetzung und gleicher Härte die *Größe der Karbide*, und zwar nehmen die Schleifschwierigkeiten mit der Karbidgröße zu (s. a. D 11.2.1.7). Es ist deshalb wichtig, z. B. bei Schnellarbeitsstählen, darauf zu achten, daß die Karbide nicht koaguliert sind [6]. Ähnliche Verschlechterungen der Schleifbarkeit findet man bei allen ledeburitischen Stählen, wenn die Karbide unregelmäßig verteilt und in Zeilen oder Flecken angehäuft sind. Der Einfluß der Karbidgröße und -verteilung wird sehr deutlich, wenn man die Schleifbarkeit von herkömmlich gegossenen und über Pulver hergestellten Schnellarbeitsstählen vergleicht. Pulvermetallurgisch hergestellte Schnellarbeitsstähle haben wegen ihrer feinen und gleichmäßig verteilten Karbide unter gleichen Bedingungen eine etwa dreimal so große Werkstoffabtragung als herkömmlich über den Schmelzfluß hergestellte Stähle [134].

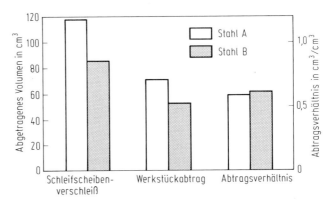

Bild D 11.43 Beispiel für die Schwierigkeit der Beurteilung der Schleifbarkeit von Stählen nach Schleifscheibenverschleiß, Werkstückabtrag oder Abtragsverhältnis. Nach [133].

Einflüsse unterschiedlicher Härte und Zusammensetzung des Stahls auf die Schleifbarkeit machen sich hauptsächlich *bei Verwendung von weichem Schleifscheibenmaterial* bemerkbar. Harte Schleifstoffe wie Bornitrid oder Diamant führen bei sehr unterschiedlichen Werkstoffzuständen zu nahezu gleichen Werkstoffabtragungen. Wenn die Möglichkeit besteht, bei Anwendung dieser Schleifmittel der Oberfläche ausreichende Mengen Kühlmittel zuzuführen, braucht man bei diesen Schleifmitteln Unterschiede in der Schleifbarkeit nicht mehr zu beachten.

D11.2.2.6 Polierbarkeit

1. Prägende, umformende und bei der Kunststoffverarbeitung auch urformende Werkzeuge werden häufig mit polierter Oberfläche hergestellt. Die für diese Werkzeuge verwendeten Stähle müssen zur Herstellung fehlerfreier glatter, möglichst hochglänzender Oberflächen geeignet sein. *An polierfähige Stähle* wird die *Forderung* gestellt, daß die Poliermittel die vom vorhergehenden Schleifen vorhandenen Rauhigkeitsspitzen gleichmäßig abtragen, und daß die beim Polieren über die Oberfläche rollenden und rutschenden Poliermittelteilchen die Oberfläche durch plastische Deformationen einebnen und glätten, ohne daß es örtlich zu Löchern oder zu Erhebungen kommt, oder daß sich Abweichungen von der ebenen Fläche herausbilden [135].

2. Allgemein gültige *Verfahren zur Beurteilung der Polierbarkeit* sind bisher nicht eingeführt worden. Zur Beurteilung der Erzeugnisse aus einzelnen Schmelzen hat sich jedoch bei vielen Stahlherstellern ein Prüfverfahren eingebürgert, bei dem eine Probe eine festgesetzte Zeit mit festgesetztem Anpreßdruck unter Zugabe eines Poliermittels mit einer Filz- oder Lappenscheibe poliert wird. Bei dieser Beanspruchung, bei der die Scheibe immer in gleicher Richtung über die Probenoberfläche einwirkt, ist eine mangelhafte Polierfähigkeit an langgezogenen Vertiefungen gut zu erkennen. Die Polierfähigkeit wird anhand von Musterproben beurteilt, in denen Größe, Tiefe und Verteilung von Oberflächenfehlern nach dem Polieren eine Zuordnung von sehr gut bis nicht polierfähig möglich macht.

3. *Ledeburitische Werkzeugstähle* sind aufgrund ihres Gehalts an harten Karbiden verständlicherweise *schlechter zu polieren* als die übrigen Werkzeugstähle.

Davon abgesehen zeigen alle Untersuchungen, daß Polierschwierigkeiten nur durch *Inhomogenitäten* im Stahl verursacht werden. Gute Aussagen über die Polierfähigkeit vermitteln deshalb Untersuchungen des mikroskopischen Reinheitsgrades. Dabei sind nicht immer nur die Größe und Anzahl, sondern auch die Art der Einschlüsse von Bedeutung. Besonders nachteilig auf das Polierergebnis sind oxidische Einschlüsse wie Silikate und Tonerdeverbindungen. Von Einfluß auf das Polierergebnis sind auch Block- und Kristallseigerungen, die zu Härteunterschieden in ebenen Flächen und damit zu unterschiedlichen Abtragungsraten beim Polieren führen können. In allen Fällen, in denen besonders hohe Anforderungen an die Polierfähigkeit gestellt werden, verwendet man Stähle, die zur Verbesserung des mikroskopischen Reinheitsgrades unter Elektroschlacke, im Vakuumlichtbogen- oder im Elektronenstrahl-Ofen umgeschmolzen worden sind. Dadurch wird nicht nur die Größe und Menge der nichtmetallischen Einschlüsse begrenzt, sondern es werden auch Block- und Kristallseigerungen soweit verringert, daß es beim

Polieren keine Störungen durch Härteschwankungen oder Anhäufungen karbidischer Phasen gibt.

Die Polierbarkeit nimmt mit der Härte des zu polierenden Werkzeugs zu. Die Möglichkeit der *Härtesteigerung* kann man aber nicht immer ausnutzen, weil die Härte oder Festigkeit durch andere an das Werkzeug gestellte Forderungen festgelegt sind.

D 11.3 Für die Anwendungsgebiete der Werkzeuge kennzeichnende Stahlsorten

D 11.3.1 Stähle für Kunststofformen

Kunststoffe werden unter Anwendung von Wärme und Druck durch Spritzgießen, Pressen, Extrudieren, Blasen, Walzen und andere Verfahren in Werkzeugen aus Stahl geformt. Die teigigen oder flüssigen Kunststoffmassen erstarren in den Werkzeugen, indem sie in ihnen um etwa 200 K abgekühlt oder zum Aushärten erwärmt werden. Die Werkzeuge werden dabei vor allem durch die Schließkräfte der Verarbeitungsmaschinen und in einigen Fällen auch durch den Kunststoff oder dessen Beimengungen beansprucht. Die Werkzeugtemperaturen gehen in der Regel nicht wesentlich über 250°C hinaus, so daß vom Formenstahl *keine besondere Anlaßbeständigkeit oder Warmhärte gefordert* wird. Gebräuchliche und bewährte Stähle sind in Tabelle D 11.2 zusammengestellt. Die Festigkeitsanforderungen an formgebende Werkzeuge für Kunststoffe sind im allgemeinen so gering, daß bereits sehr niedrige Vergütungszustände mit Zugfestigkeiten um 1000 N/mm^2 genügen. Nur wenn dem Kunststoff harte Füllstoffe wie Quarzmehl oder armierende Stoffe wie Glasfasern zugesetzt sind, treten Verschleißerscheinungen auf, die dann aber für die Formenhaltbarkeit so bestimmend werden können, daß nur mit sehr harten, karbidreichen Stählen oder besonderen Oberflächenbehandlungsverfahren brauchbare Standzeiten erreicht werden.

Bei der Wahl von Stählen für Kunststofformen sind wegen der oft aufwendigen Zerspanungsarbeiten und Oberflächenbearbeitungen die *Bearbeitungseigenschaften wichtiger als die* vom Werkzeug *im Betrieb gewünschten Eigenschaften*. Besonders für die Herstellung von Großformen ist deshalb wegen des meist großen Zerspanungsvolumens eine gute Zerspanbarkeit für die Stahlauswahl maßgebend. Es kommen verschiedene Stähle mit niedrigem bis mittlerem Kohlenstoffgehalt zur Anwendung. Des geringen Härteverzugs wegen werden mit Nickel legierte Stähle höherer Härtbarkeit sowohl als Einsatzstahl (X 19 NiCrMo 4) als auch als Vergütungsstahl (X 45 NiCrMo 4) bevorzugt. Um den Härteverzug ganz zu umgehen, verwendet man aber häufig 40 CrMnMo 7 und den besser zerspanbaren 40 CrMnMoS 8 6, die beide in einem auf 900 bis 1200 N/mm^2 Zugfestigkeit vergüteten Zustand unmittelbar ohne weitere Wärmebehandlung zu fertigen Formen verarbeitet werden. Für mittlere und kleine Formen ist der niedrig legierte Einsatzstahl 21 MnCr 5 sehr gebräuchlich. Für die Herstellung von Mehrfachformen durch Einsenken ist der besonders weiche Einsatzstahl X 6 CrMo 4 zu empfehlen.

Für verschleißende Kunststoffe werden Formen in der Regel aus den Stählen

Tabelle D 11.2 Chemische Zusammensetzung, Härtecharakteristik, Arbeitshärte und kennzeichnende Verwendungszwecke von Werkzeugstählen für Kunststoffformen

Stahlsorte Kurzname	Chemische Zusammensetzung								Härte weichgeglüht HB max.	Anhaltsangaben für		Arbeitshärte HRC	Häufige Verwendungszwecke	Vergleichbarer AISI-Stahl[c]
	%C	%Si	%Mn	%Cr	%Mo	%Ni	% Sonstiges	%P, %S[a]		Härtetemperatur °C	Abschreckmittel[b]			
X 6 CrMo 4	≦0,7	≦0,2	≦0,2	3,8	0,5	–	–	2	108	860...900	Ö	62[d]	einsenkbare Formen, Vielfachformen	~ P4
21 MnCr 5	0,21	0,3	1,3	1,2	–	–	–	2	212	810...840	Ö	62[d]	mittelgroße Formen, einsatzgehärtet	
X 19 NiCrMo 4	0,19	0,3	0,3	1,3	0,2	4,1	–	2	255	780...810 / 800...830	Ö / L	62[d]	große Formen, einsatzgehärtet	~ P6
X 45 NiCrMo 4	0,45	0,3	0,3	1,4	0,3	4,1	–	2	262	840...870	Ö	48...56	große Formen, gut härtbar	
40 CrMnMo 7	0,40	0,3	1,5	2,0	0,2	–	–	1	230[e]	830...880	Ö	32	große Formen, vorvergütet	~ P20
40 CrMnMoS 8 6	0,40	0,4	1,5	1,9	0,2	–	0,08 S	8	230[e]	830...880	Ö	32	große Formen, vorvergütet, gut zerspanbar	
X 36 CrMo 17	0,38	≦1,0	≦1,0	16,0	1,2	–	–	2	285	1000...1040	Ö	27...31	Verarbeitung von agressiven Kunststoffen	
X 3 NiCoMoTi 18 9 5	≦0,03	≦0,1	≦0,2	≦0,3	4,9	18,0	9,3 Co 1,0 Ti	6	330[f]	[g]		50...53	Formen größter Maßgenauigkeit	
90 MnCrV 8	0,90	0,3	2,0	0,4	–	–	0,2 V	2	229	790...820	Ö	60...62	kleine Formen verschleißfest, gut polierbar	~ O2
X 155 CrVMo 12 1	1,55	0,3	0,3	11,5	0,7	–	1,0 V	2	255	1020...1050	Ö, WB, L	60...64	sehr verschleißfeste Formen, gut nitrierbar	D 2
X 38 CrMoV 5 1	0,39	1,1	0,4	5,2	1,3	–	0,4 V	2	229	1000...1040	Ö, WB, L	40...45	Formen für Temperaturen über 300 °C	H 11

[a] In den Tabellen von D 11 werden die höchstzulässigen Phosphor- und Schwefelgehalte durch folgende Zahlen gekennzeichnet:
1 = ≦0,035 % P und ≦0,035 % S, 2 = ≦0,030 % P und ≦0,030 % S, 3 = ≦0,025 % P und ≦0,025 % S, 4 = ≦0,020 % P und ≦0,020 % S,
5 = ≦0,015 % P und ≦0,015 % S, 6 = ≦0,015 % P und ≦0,010 % S, 7 = ≦0,010 % P und ≦0,015 % S, 8 = ≦0,030 % P,
9 = ≦0,020 % P und ≦0,010 % S, 10 = ≦0,020 % P und ≦0,005 % S.
[b] L = Luft, Ö = Öl, W = Wasser, WB = Warmbad. [c] Stahlsorten nach Steel Products Manual des American Iron and Steel Institute 1978 [145].
[d] Auf der Oberfläche. [e] Diese Stähle werden üblicherweise im vergüteten Zustand mit einer Härte von rd. 300 HB geliefert. [f] Lösungsgeglüht.
[g] Lösungsglühen bei 800 bis 850 °C, Abkühlen an Luft, Auslagern bei 480 bis 550 °C, Abkühlen an Luft.

90 MnCrV 8 und X 155 CrVMo 12 1 hergestellt, von denen der erstgenannte Stahl einen geringeren Verschleißwiderstand hat, aber besser polierbar ist.

Wenn die Gefahr besteht, daß Zersetzungsprodukte des Kunststoffs die Formoberfläche chemisch angreifen, wie es z. B. beim Verarbeiten von Polyvinylchloriden möglich ist, hat sich der *korrosionsbeständige Stahl* X 36 CrMo 17 sehr gut bewährt.

Häufig erhalten Kunststofformen eine *Oberflächennarbung*, die durch fotochemisches Ätzen auf die Werkzeugoberfläche aufgebracht wird. Die Gleichmäßigkeit des Ätzangriffes beim Narbungsverfahren verlangt seigerungs- und karbidarme Stähle und einen niedrigen Gehalt an nichtmetallischen Verunreinigungen. Der mit Schwefel legierte 40 CrMnMoS 8 6 ist aus diesem Grunde für zu ätzende Formen nicht geeignet, weil die Sulfideinschlüsse im Ätzbild erkennbar sind.

Höchste Homogenität und Reinheit wird von *Formenstählen* gefordert, mit denen *glasklare Kunststoffteile* hergestellt werden. Die Wünsche an die Oberflächenpolitur lassen sich oft nur durch Verwendung umgeschmolzener Stähle erfüllen.

Wenn in Ausnahmefällen bei der Kunststoffverarbeitung *Arbeitstemperaturen* auftreten, die *wesentlich über 200 °C* hinausgehen, haben sich für die Formen Warmarbeitsstähle wie der X 38 CrMoV 5 1 bewährt.

Für Formen höherer Härte, an die aber *große Anforderungen an die Maßgenauigkeit* gestellt werden, wird auch hin und wieder der Stahl X 3 NiCoMoTi 18 9 5 erfolgreich eingesetzt, der im lösungsgeglühten Zustand mechanisch bearbeitet wird und seine Härte nur durch eine einfache Auslagerung bei 480 °C erhält.

Weitere Informationen über Werkzeugstähle für die Kunststoffverarbeitung können dem Schrifttum entnommen werden [136-144].

D 11.3.2 Stähle für Druckgießformen

Beim Druckgießen werden schmelzflüssige Metallegierungen z. B. aus Aluminium, Magnesium, Zink, Blei oder Kupfer mit hohem Druck in Stahlformen gepreßt und dabei geformt. Die je nach zu verarbeitender Metallegierung bis etwa 500 °C warmen Werkzeuge unterliegen durch die Druckkräfte einer größeren Festigkeitsbeanspruchung und sind durch das fließende Metall einem Erosions- und unter Umständen auch einem Metallkorrosionsangriff ausgesetzt. *Ausfallursache* für Druckgießformen sind aber in der Regel die sich an der Oberfläche *infolge des bei jedem Arbeitsspiel ablaufenden schroffen Temperaturwechsels* bildenden netzförmigen *Brandrisse*. Ihre Bildung läßt sich nicht verhindern; wohl kann man ihren Beginn hinauszögern, indem man die Arbeitshärte über die früher üblichen Werte von 44 bis 46 HRC hinauf auf 46 bis 48 HRC oder mehr erhöht. Es ist aber erforderlich, daß der Werkzeugstahl dann besonders seigerungsarm ist und ein martensitisches Härtungsgefüge hat. Wenn diese Voraussetzungen nicht gegeben sind, reißt das Werkzeug bei höheren Arbeitshärten schneller. Die Werkzeughärte soll auch der durch die Wanddicke des Gußteils beeinflußten Temperaturbelastung der Werkzeugoberfläche angepaßt sein. Bild D 11.44 [98] zeigt die aus empirischen Erhebungen an Werkzeugen guter Standzeit gewonnene Zuordnung der Werkzeughärte HRC zur Wanddicke S der Druckgußteile beim Aluminiumguß; sie läßt sich näherungsweise durch die Gleichung $HRC = 56 \cdot S^{-0,14}$ ausdrücken. Bewährte Werkzeugstähle für Druckgießformen sind in Tabelle D 11.3 zu finden.

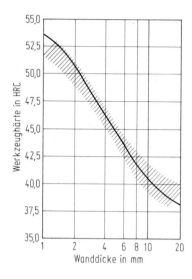

Bild D 11.44 Empfehlung zur zweckmäßigen Härte von Druckgießformen aus X 38 CrMoV 5 1 und X 40-CrMoV 5 1 nach Tabelle D 11.3 bei der Verarbeitung von Aluminium in Abhängigkeit von der Wanddicke des Gußteils aufgrund von Erfahrungen. Nach [98].

Standardstähle für Druckgießformen sind heute die sekundärhärtenden mit Chrom, Molybdän und Vanadin legierten Stähle X 38 CrMoV 5 1, X 40 CrMoV 5 1 und X 32 CrMoV 3 3. Sie haben die früher viel verwendeten mit Wolfram legierten Warmarbeitsstähle weitgehend ersetzt, weil sie bessere Zähigkeitseigenschaften haben, die Temperaturwechselbeständigkeit besser ist, so daß die Brandrißbildung später einsetzt, die Härtbarkeit besser ist, so daß die Formänderung bei der Wärmebehandlung geringer ist, und weil sie wegen ihrer niedrigen Glühhärte besser bearbeitbar sind. Die beiden erstgenannten Stähle werden ausschließlich zur Verarbeitung von Leichtmetallegierungen verwendet, wobei der erste Stahl eine bessere Härtbarkeit hat und dem zweiten Stahl ein etwas höherer Verschleißwiderstand nachgesagt wird. Der dritte Stahl mit dem höheren Molybdängehalt von fast 3% wird wegen seiner besseren Anlaßbeständigkeit und höheren Warmhärte bevorzugt für die Verarbeitung von Kupferlegierungen, die wegen ihres hohen Schmelzpunkts eine stärkere Wärmebeanspruchung des Werkzeugs verursachen, verwendet.

Neben diesen drei Standardstählen haben sich für thermisch besonders hoch beanspruchte Druckgießformenteile auch noch einige andere *anlaßbeständigere Stähle* eingeführt. Das sind besonders die kobalthaltigen Stähle X 45 CoCrWV 5 5 5 und X 20 CoCrWMo 10 9, aber auch die früher viel verwendeten Warmarbeitsstähle X 30 WCrV 9 3 und X 30 WCrV 5 3 mit hohem Wolframgehalt.

Wegen der guten Zähigkeitseigenschaften bei hoher Festigkeit und einer hohen Temperaturwechselbeständigkeit werden hin und wieder auch *martensitaushärtbare Stähle* für Druckgießformen verwendet, von denen besonders der X 3 NiCoMoTi 18 9 5 zu nennen ist [146]. Zu den guten Gebrauchseigenschaften kommt die einfache Wärmebehandlung durch Auslagern bei 480 bis 550 °C nach der mechanischen Bearbeitung im lösungsgeglühten Zustand als weiterer Vorteil hinzu. Bei dieser einfachen Wärmebehandlung entstehen noch keine nennenswerten unerwünschten Formänderungen.

Tabelle D 11.3 Chemische Zusammensetzung, Härtecharakteristik, Arbeitshärte und kennzeichnende Verwendungszwecke von Werkzeugstählen für Druckgießformen

Stahlsorte Kurzname	Chemische Zusammensetzung									Anhaltsangaben für			Häufige Verwendungszwecke	Vergleichbarer AISI-Stahl [145]
	%C	%Si	%Mn	%Cr	%Mo	%V	%W	% Sonstiges	%P, %S[a]	Härte weichgeglüht HB max.	Härtetemperatur[b] °C	Arbeitshärte HRC		
X 38 CrMoV 5 1	0,39	1,1	0,4	5,2	1,3	0,4	–	–	2	229	1000…1040	42…46	Druckgießformen	H11
X 40 CrMoV 5 1	0,40	1,1	0,4	5,2	1,4	1,0	–	–	2	229	1020…1060	42…46		H13
X 32 CrMoV 3 3	0,32	0,3	0,3	3,0	2,8	0,6	–	–	2	229	1010…1050	40…46	Druckgießformen für Schwermetalle	H10
X 45 CoCrWV 5 5 5	0,45	0,4	0,4	4,5	0,5	2,0	4,5	4,5 Co	3	250	1120…1160	44…48	Kerne, Formeneinsätze	H19
X 20 CoCrWMo 10 9	0,20	0,3	0,5	9,5	2,0	–	5,5	10,0 Co	1	320	1050…1100	50…55		–
X 30 WCrV 9 3	0,30	0,2	0,3	2,7	–	0,4	8,5	–	1	250	1100…1150	45…50	Kerne, Formenteile	H21
X 30 WCrV 5 3	0,30	0,2	0,3	2,4	–	0,6	4,3	–	1	240	1050…1100	45…50		–
X 3 NiCoMoTi 18 9 5	≤0,03	≤0,1	≤0,2	≤0,3	4,9	–	–	18 Ni 9,3 Co 1,0 Ti	6	330[c]	[d]	50…53	Druckgießformen für Leichtmetalle mit sehr guter Temperaturwechselbeständigkeit	–

[a] Siehe Fußnote a in Tabelle D 11.2
[b] Für alle Stahlsorten (außer der letzten) kommt Abkühlen vor der Härtetemperatur in Öl, Warmbad oder Luft in Betracht
[c] Lösungsgeglüht
[d] Lösungsglühen bei 800 bis 850 °C, Abkühlen an Luft, Auslagern bei 480 bis 550 °C, Abkühlen an Luft

Die Oberfläche von Druckgießformen kann insbesondere durch *Nitrieren*, für das alle Druckgießformenstähle der Tabelle D 11.3 hervorragend geeignet sind, verschleißfest gemacht werden. Es gibt jedoch keine gesicherten Erfahrungen über den Erfolg dieser Oberflächenbehandlungsmaßnahme.

Besonders groß ist die Werkzeugbeanspruchung im Bereich des einströmenden flüssigen Metalles. Hier hat man bemerkenswerte Verbesserungen der Werkzeughaltbarkeit durch Aufrauhen der Oberfläche mit einem Funkenschreiber erreicht [147, 148]. Die Wirkung dieser als *Elektrofunkenverfestigen* bezeichneten Oberflächenbehandlung beruht aber nicht, wie oft angenommen, auf einer Wolframkarbidaufnahme aus dem Funkenschreiber, sondern auf einer Aufrauhung der Oberfläche, durch die die Benetzbarkeit und damit der Wärmeübergang verringert wird.

Für weitere Informationen über Werkzeugstähle für Druckgießformen wird auf das Schrifttum hingewiesen [31, 99, 146, 149–157].

D 11.3.3 Stähle für die Glasverarbeitung

Bei der Glasverarbeitung werden geschmolzene Glasmassen in metallischen Dauerformen zu Hohlkörpern oder mit Walzen zu Tafelglas verarbeitet. Das Herstellen von Hohlkörpern geschieht in zwei Stufen, wobei die Werkzeugbeanspruchung der eines Druckgießwerkzeugs sehr ähnlich ist. Bei der Glasverarbeitung ist jedoch die *Belastung durch wechselnde Temperaturen der* vergleichsweise *sehr warmen Glasmasse* größer. An der Oberfläche von Glasformen treten *dadurch Oxidations- und Korrosionserscheinungen* auf, die die Formoberfläche zerstören und somit auch die Glasoberfläche verschlechtern und zum Kleben der Teile in der Form führen können. Für Glasformen ist daher neben einer guten Temperaturwechselbeständigkeit vor allem eine gute Oxidationsbeständigkeit von Bedeutung. Man findet deshalb bei Glasformen überwiegend Werkstoffe, die den korrosionsbeständigen und hitzebeständigen Stählen ähneln, wie Tabelle D 11.4 zeigt. Die früher häufig verwendeten Gußeisensorten werden nur noch für die Herstellung kleiner Stückzahlen verwendet.

Die *vergütbaren Stähle* X 21 Cr 13 und X 23 CrNi 17 werden für Matrizen und Stempel (Pegel) bei der Herstellung von Hohlgläsern verwendet, wenn keine zu hohen Anforderungen an die Glasoberfläche gestellt werden und die Wärmeeinwirkung niedrig ist. Wegen der hohen Temperaturbeanspruchung werden die Werkzeuge auf sehr niedrige Arbeitshärten von höchstens 300 HB vergütet. Der Stahl mit 17 % Cr wird häufig auch ohne zusätzliche Wärmebehandlung im weichgeglühten Zustand eingesetzt. Auch wenn die Werkzeuge zur Verringerung der Formtemperatur in vielen Fällen gekühlt werden, ist die Temperaturbeanspruchung der Werkzeugoberfläche sehr groß. Zur Erhöhung der Oxidationsbeständigkeit wird bei dem ersten Stahl deshalb der Chromgehalt häufig auf etwa 15 % angehoben. Beim Verarbeiten hochschmelzender Gläser genügen aber diese Stähle den Anforderungen nicht mehr. Die höheren Arbeitstemperaturen erfordern dann die Verwendung von austenitischen hitzebeständigen Stählen wie X 16 CrNiSi 25 20 und X 13 NiCrSi 36 16. Aufgrund der sehr guten Zunderbeständigkeit und geringen Reaktionen der Glasmassen mit der Werkzeugoberfläche weisen diese Stähle beim Arbeiten eine geringe Klebneigung auf. Sie gewährleisten dadurch auch bei der

Tabelle D 11.4 Chemische Zusammensetzung, Härtecharakteristik, Arbeitshärte und kennzeichnende Verwendungszwecke von Werkzeugstählen für die Glasverarbeitung

Stahlsorte Kurzname	Chemische Zusammensetzung								Anhaltsangaben für			Häufige Verwendungszwecke	Vergleichbarer AISI-Stahl [145]
	%C	%Si	%Mn	%Co	%Cr	%Ni	% Sonstiges	%P, %S[a]	Härte weichgeglüht HB max.	Härte- oder Lösungsglühtemperatur °C	Arbeitshärte HB		
X 21 Cr 13	0,20	0,4	0,3	–	13,0	–		1	220	980...1010[b]	250...300	Glasformen für niedrigschmelzende Gläser, Glaswalzen	~420
X 23 CrNi 17	0,18	≦1,0	≦1,0	–	17,0	2,0		1	275	1000...1050[b]	220...300	wie X 21 Cr 13, jedoch größere Stückzahlen	~431
X 16 CrNiSi 25 20	≦0,20	2,1	≦2,0	–	25,0	20,0		1	223[c]	1050...1100[d]	rd. 200	Glasformen für hochschmelzende Gläser und hohe Stückzahlen. Glaswalzen	
X 13 NiCrSi 36 16	≦0,15	1,8	≦2,0	–	16,0	35,5		1	223[c]	1050...1100[d]	rd. 200		~310
NiCr 20 Co 18 Ti	≦0,13	≦1,0	≦1,0	18,0	20,0	Rest	1,5 Al 2,5 Ti	7	277[c]	1050...1080[d]	rd. 300	Glaswalzen für kristalline Gläser	

[a] Siehe Fußnote a in Tabelle D 11.2
[b] Härten mit Abschrecken in Öl
[c] Lösungsgeglüht
[d] Lösungsglühen mit Abkühlen an Luft

Verarbeitung hochschmelzender Gläser nach langer Betriebsdauer noch glatte und klare Glasoberflächen.

Als Besonderheit ist zu erwähnen, daß für das Auswalzen kristalliner Gläser Nikkellegierungen wie die letzte in Tabelle D 11.4 – NiCr 20 Co 18 Ti – erfolgreich eingesetzt werden.

In der Regel werden die für Glasformen eingesetzten Werkzeugstähle an Luft erschmolzen. Für hohe Anforderungen an die Oberflächenausführung der Glaserzeugnisse, wie sie z. B. bei Fernsehbildröhren oder optischen Gläsern gestellt werden, müssen die verwendeten Stähle eine *besonders gute Polierbarkeit* aufweisen. Für diese Anwendungsfälle empfiehlt es sich, die *Stähle im ungeschmolzenen Zustand* anzuwenden.

Die vergütbaren Stähle mit rd. 0,2% C und 13 bis 17% Cr werden des öfteren zur Verbesserung der Gebrauchseigenschaften verchromt oder vernickelt.

Für weitere Informationen wird auf Literatur verwiesen [158-160].

D 11.3.4 Stähle für Kaltumformwerkzeuge

Nichteisenmetalle, unlegierte und legierte Stähle bis hin zu den nichtrostenden austenitischen Stählen werden in großem Maße industriell selbst zu komplizierten Formen kalt umgeformt. Das *Umformen* geschieht *in der Regel bei Raumtemperatur;* zur Verbesserung der Umformbarkeit der Werkstücke können diese *aber auch auf mehrere hundert °C erwärmt* werden. Die Vorteile der Kaltumformverfahren gegenüber anderen Formgebungen sind große Maßgenauigkeit und eine gute Oberflächenbeschaffenheit, die häufig eine zusätzlich spanende Bearbeitung der umgeformten Teile überflüssig macht. Die Umformverfahren sind als Tiefziehen, Prägen, Fließpressen, Biegen, Walzen und Ziehen bekannt. Eine systematische Gliederung der umformtechnischen Verfahren findet man in DIN 8580 [3]. Die Verfahren und Begriffe sind umfangreich und ausführlich in der Literatur beschrieben [161].

Die *Werkzeuge zum Kaltumformen* werden überwiegend *durch Druck und Reibung beansprucht*. Man findet deshalb, wie Tabelle D 11.5 zeigt, hier überwiegend hochharte, karbidreiche Stähle mit gleichen Zusammensetzungen und Härtezuständen, die auch als Schneidstähle gebräuchlich sind (vgl. Tabelle D 11.11). Wenn auf die Umformwerkzeuge Zug-, Schub- oder Biegekräfte wirken, ist eine Armierung durch Schrumpfringe zu empfehlen.

Sehr große Druck- und Verschleißbeanspruchungen liegen in *Fließpreßwerkzeugen* vor. Zur Aufnahme der Druckspannungen, die in Fließpreßstempeln häufig über 3000 N/mm^2 betragen, eignen sich nur Schnellarbeitsstähle[1], z. B. S 6-5-2 und S 10-4-3-10; bei Druckspannungen bis etwa 2000 N/mm^2 genügt noch der Stahl X 155 CrVMo 12 1 den Anforderungen. Auch Preßbüchsen werden wegen der großen Reibbeanspruchung und dazu wegen der durch die Verformungsarbeit entstehenden Erwärmung aus den beiden Schnellarbeitsstählen hergestellt. Zur Auf-

---

[1] Die Kurznamen der Schnellarbeitsstähle geben ihren Massengehalt an den kennzeichnenden Legierungselementen Wolfram, Molybdän, Vanadin und Kobalt (in %, auf ganze Zahlen gerundet) in der genannten Reihenfolge an.

Tabelle D 11.5 Chemische Zusammensetzung, Härtecharakteristik, Arbeitshärte und kennzeichnende Verwendungszwecke von Werkzeugstählen für Kaltumformwerkzeuge

Stahlsorte Kurzname	Chemische Zusammensetzung									Härte weichgeglüht HB max.	Anhaltsangaben für		Arbeitshärte HRC	Häufige Verwendungszwecke	Vergleichbarer AISI-Stahl [145]
	%C	%Si	%Mn	%Cr	%Mo	%V	%W	% Sonstiges	%P, %S[a]		Härtetemperatur °C	Abschreckmittel[b]			
90 MnCrV 8	0,90	0,3	2,0	0,4	–	0,1	–	–	2	229	790...820	Ö	60...64	Prägewerkzeuge, Niederhalter	~O2
60 WCrV 7	0,60	0,6	0,3	1,1	–	0,2	2,0	–	2	229	870...900	Ö	58...62	Prägewerkzeuge	~S1
75 NiCrMo 5 3 3	0,75	0,3	0,7	0,8	0,3	–	–	1,4 Ni	3	240	820...850	Ö	60...64	Prägewerkzeuge	
S 6-5-2	0,90	≦0,5	≦0,4	4,2	5,0	1,9	6,4	–	2	300	1140...1180	Ö, WB, L	62...65	Fließpreßstempel, Preßbüchsen,	M2
S 10-4-3-10	1,28	≦0,5	≦0,4	4,2	3,6	3,3	9,5	10 Co	2	300	1140...1180	Ö, WB, L	62...65	Gewinderollen, Kaltwalzen	
X 40 CrMoV 51	0,40	1,1	0,4	5,2	1,4	1,0	–	–	2	229	1020...1060	Ö, WB, L	48...52	Schrumpfring/ Zwischenring	H13
X 45 NiCrMo 4	0,45	0,3	0,3	1,4	0,3	–	–	4,1 Ni	2	262	840...870	Ö	44...48	Schrumpfring	
X 155 CrVMo 121	1,55	0,3	0,3	11,5	0,7	1,0	–	–	2	255	1020...1050	Ö, WB, L	59...62	Ziehstempel, Ziehringe, Gewinderollen, Arbeitswalzen in Vielrollengerüste	D2
C 60 W	0,60	0,3	0,7	–	–	–	–	–	1	231	800...830	Ö	[c]	Grundplatten, Aufbauteile	~W1
85 CrMo 7	0,85	0,3	0,3	1,8	0,3	–	–	–	2	230	820...850 / 830...860	Ö W	61...65	Kaltwalzen	
56 NiCrMoV 7	0,55	0,3	0,8	0,7	0,3	0,1	–	1,7 Ni	2	248	830...870	Ö	45...50	Schrumpfringe	~L6

[a] Siehe Fußnote a in Tabelle D.11.2
[b] Siehe Fußnote b in Tabelle D.11.2
[c] Stahl wird im allgemeinen weichgeglüht verwendet

nahme der Querkräfte in den Preßbüchsen werden diese durch vorgespannte Armierungsringe gehalten, für die sich die Stähle X 40 CrMoV 5 1, X 45 NiCrMo 4 und 56 NiCrMoV 7 bewährt haben.

Tiefziehwerkzeuge werden insbesondere durch Reibungskräfte beansprucht. Für Ziehstempel und Ziehringe zeigen die ledeburitischen Chromstähle, wie der schon genannte X 155 CrVMo 12 1 ein gutes Gebrauchsverhalten; zur Verringerung von Kaltaufschweißungen wird er häufig nitriert. Für Niederhalter von Tiefziehwerkzeugen genügt der karbidärmere 90 MnCrV 8, der auch für Auswerfer verwendet wird.

Bei *Prägewerkzeugen*, wie sie z. B. zur Herstellung von Münzen benötigt werden, sind die Druck- und Verschleißbeanspruchungen viel geringer als bei Fließpreßwerkzeugen, dafür ist aber die Wechselbeanspruchung erheblich. Für diese Betriebsbedingungen hat sich neben dem 90 MnCrV 8 der ebenfalls karbidärmere Stahl 60 WCrV 7 gut bewährt. Es werden aber auch ledeburitische Stähle, z. B. S 6-5-2, und der Stahl mit 1,5% C und 12% Cr verwendet, die allerdings für das Kalteinsenken des Prägebildes sorgfältig weichgeglüht werden müssen. Wenn besondere Anforderungen an das Prägebild gestellt werden, ist der karbidarme mit Nickel legierte Stahl 75 NiCrMo 5 3 3 besonders gut geeignet, weil er zum Einsenken hinreichend gut weichgeglüht werden kann, aufgrund seines Kohlenstoffgehalts eine hohe Härte erreicht und wegen seines geringen Karbidgehalts sehr gut poliert werden kann. Wenn man einen sehr guten Prägeglanz erreichen will, empfiehlt es sich, zur Verbesserung des Reinheits- und Seigerungsgrades umgeschmolzene Stähle einzusetzen.

Biegewerkzeuge unterliegen von allen Kaltumformwerkzeugen der geringsten Druck- und Verschleißbeanspruchung. Die Biegestempel werden deshalb häufig aus den karbidarmen, aber zähen beiden ersten Stählen der Tabelle D 11.5 hergestellt.

Viele *Umformarbeiten* werden *durch Walzverfahren* ausgeführt. Ein Beispiel dafür ist das Einwalzen von Gewinden, für das man Rollen oder Flachwalzen verwendet. Für große Gewinderollen setzt man überwiegend wieder den Stahl mit 1,5% C und 12% Cr ein, für kleine Gewinderollen bewähren sich Schnellarbeitsstähle, wie der S 6-5-2, besser. Durch Flachwalzen werden Bleche, Bänder und ähnliche Erzeugnisse auf kaltem Wege hergestellt. Für Arbeitswalzen in Duo- und Quartogerüsten hat sich der niedrig legierte 85 CrMo 7 bewährt, der wegen seines geringen Karbidgehalts gut polierbar ist. Für höher beanspruchte Arbeitswalzen in Vielrollengerüsten werden dagegen karbidreiche verschleißbeständige Werkstoffe, wie die schon erwähnten Stähle mit 1,5% C oder mit 6% W, 5% Mo und 2% V mit bestem Erfolg eingesetzt [162].

Zur weiteren Unterrichtung über Kaltumformwerkzeuge sei auf die Literatur verwiesen [163-171].

D 11.3.5 Stähle für Schmiede- und Preßgesenke

Durch Schmieden und Pressen werden sowohl Stähle als auch Nichteisenlegierungen warmgeformt. Über die hier gebräuchlichen Werkzeugstähle gibt Tabelle D 11.6 einen Überblick. Die Stahlauswahl für die formenden Werkzeuge hängt von der Art des Verformungsverfahrens ab.

Tabelle D 11.6 Chemische Zusammensetzung, Härtecharakteristik, Arbeitshärte und kennzeichnende Verwendungszwecke von Werkzeugstählen für Schmiede- und Preßwerkzeuge

Stahlsorte Kurzname	Chemische Zusammensetzung									Härte weichgeglüht HB max.	Anhaltsangaben für		Arbeitshärte HRC	Häufige Verwendungszwecke	Vergleichbarer AISI-Stahl [145]
	%C	%Si	%Mn	%Cr	%Mo	%Ni	%V	%Sonstiges	%P, %S[a]		Härte- oder Lösungsglühtemperatur °C	Abschreckmittel[b]			
55 NiCrMoV 6	0,55	0,3	0,8	0,7	0,3	1,7	0,1	–	2	248	830...870	Ö	32...40	Hammergesenke für Stahl, Vollgesenke	~L6
56 NiCrMoV 7	0,55	0,3	0,8	1,1	0,5	1,7	0,1	–	2	248	830...870 860...900	Ö L	32...40		~L6
145 V 33	1,45	0,3	0,4	–	–	–	3,3	–	2	230	800...950	W	45	Hammergesenke für flache Gravuren	
X 48 CrMoV 8 11	0,48	0,8	0,4	7,6	1,4	–	1,4	–	10	250	1040...1090	Ö	45	Verschleißfeste Preßgesenke höherer Warmhärte	
NiCr 19 NbMo	0,06	≦0,4	≦0,4	19,0	3,1	52,5	–	0,6 Al 0,004 B 5,1 Nb 0,9 Ti	5		960[c]	L	[d]	Vorpreßgesenke hoher Leistung für Stahl	
NiCr 19 CoMo	≦0,12	≦0,5	≦0,1	19,0	9,8	Rest	–	1,6 Al 11,0 Co 3,1 Ti	9		1080[c]	W	[d]		
X 38 CrMoV 5 1	0,39	1,1	0,4	5,2	1,3	–	0,4	–	1	229	1000...1040	Ö, WB, L	42...46	Preßwerkzeuge	H11
X 32 CrMoV 3 3	0,32	0,3	0,3	3,0	2,8	–	0,6	–	1	229	1010...1050	Ö, WB, L	40...46	Preßwerkzeuge	H10
X 38 CrMoV 5 3	0,38	0,4	0,5	5,0	3,0	–	0,6	–	1	230	1050...1080	Ö, WB, L	45...50	Preßwerkzeuge	

[a] Siehe Fußnote a in Tabelle D 11.2
[b] Siehe Fußnote b in Tabelle D 11.2
[c] Lösungsglühen
[d] Zugfestigkeit im lösungsgeglühten Zustand: 1300 N/mm²

Beim Schmieden mit Hämmern wird das Werkzeug wegen der kurzen Berührungszeit mit dem Schmiedeteil wenig erwärmt, so daß *keine großen Anforderungen an die Anlaßbeständigkeit und Warmhärte* gestellt werden. Wegen der hohen Aufschlaggeschwindigkeit der Werkzeuge beim Schmieden wird aber eine *große Bruchsicherheit* vom Werkzeug gefordert. Für diese Beanspruchung haben sich 55 NiCrMoV 6 und 56 NiCrMoV 7 bewährt; sie werden in der Regel als Vollgesenk eingesetzt und haben nur Arbeitshärten zwischen 350 und 400 HB, weil bei höheren Härten die Bruchgefahr zu groß wird. Für Hammergesenke mit flachen Gravuren hat sich auch der verschleißfeste karbidreiche Stahl 145 V 33 gut eingeführt, der als Schalenhärter ausreichend bruchsicher ist. Die Einhärtetiefe dieses Stahls kann im Gegensatz zu unlegierten Schalenhärtern in sehr weiten Grenzen über die Härtetemperatur gesteuert werden. Zur Verringerung des Oberflächenverschleißes können die *Hammergesenke nitriert* oder bei flachen Gravuren auch *hartverchromt* werden.

Beim Umformen auf Pressen werden die Gesenke wegen der längeren Berührungszeit mit dem Schmiedestück wärmer, so daß hier die anlaßbeständigeren, *warmfesten Warmarbeitsstähle* X 38 CrMoV 5 1, X 32 CrMoV 3 3 und X 38 CrMoV 5 3 angewandt werden. Wegen der geringeren Schlagbeanspruchung an Pressen können sie mit höheren Härten als 45 HRC eingesetzt werden. Zur Verminderung des Oberflächenverschleißes, durch den die Werkzeuge in der Regel unbrauchbar werden, sind noch verschleißbeständigere Stähle mit höherem Chrom-, Molybdän-und Vanadingehalt gebräuchlich, für die der X 48 CrMoV 8 11 ein Beispiel ist.

Wesentliche Verbesserungen der Gesenkhaltbarkeit erreicht man *beim Schmieden von Stahl* durch Verwendung der *aushärtbaren Nickellegierungen* NiCr 19 NbMo und NiCr 19 CoMo [172]. Die Leistungssteigerungen sind aber nur in den besonders temperaturbeanspruchten Vorgesenken erheblich. Für das Pressen in Fertigteilgesenken sind diese austenitischen Legierungen nicht geeignet, weil sie sich bei den dort vorliegenden Kräften wegen ihrer niedrigen Streckgrenze verformen. Die zugehörigen Fertigteilgesenke werden deshalb aus den schon genannten Chrom-Molybdän-Vanadin-Stählen hergestellt.

Nichteisenmetalle werden in der Regel nur *auf Pressen verformt*. Verwendet werden überwiegend X 38 CrMoV 5 1 und X 32 CrMoV 3 3. Wichtig für ein Hinauszögern der Brandrißbildung in Gesenken zum Pressen von Kupferlegierungen ist ein martensitisches Härtungsgefüge. Weitere Verbesserungen sind durch die Verwendung von Stählen, die durch Umschmelzen und Diffusionsglühen homogenisiert wurden, möglich.

D 11.3.6 Stähle für Strangpreßwerkzeuge

Beim Strangpressen werden erwärmte Metallblöcke aus einem Blockaufnehmer mit einem Stempel durch eine Matrize zu Profilen und Rohren gepreßt. Dabei sind die Berührungszeiten der Werkzeuge mit den umzuformenden Legierungen wesentlich länger, der Temperaturwechseleinfluß auf die Werkzeuge dagegen kleiner als bei den anderen Warmformgebungsverfahren. An Strangpreßwerkzeuge werden deshalb, abhängig von der Preßtemperatur, die zwischen rd. 200 °C für Blei und 1200 °C für Stahl liegen kann, vor allem *hohe Anforderungen an die Warmfestigkeit* gestellt. Hinzu kommt, daß die Festigkeitsbeanspruchung einzelner Werkzeugteile beim Strangpressen durch sehr hohe Preßkräfte groß ist. Eine Übersicht bewährter Werkzeugstähle für Strangpreßwerkzeuge gibt Tabelle D 11.7.

Tabelle D 11.7 Chemische Zusammensetzung, Härtecharakteristik, Arbeitshärte und kennzeichnende Verwendungszwecke von Werkzeugstählen für Strangpreßwerkzeuge

Stahlsorte Kurzname	Chemische Zusammensetzung									Härte weichgeglüht HB max.	Anhaltsangaben für Härte- oder Lösungsglühtemperatur °C	Abschreckmittel[b]	Arbeitshärte HRC	Häufige Verwendungszwecke	Vergleichbarer AISI-Stahl [145]
	%C	%Si	%Mn	%Cr	%Mo	%V	%W	%Sonstiges	%P, %S[a]						
X 38 CrMoV 5 1	0,39	1,1	0,4	5,2	1,3	0,4	–	–	2	229	1000...1040	Ö, WB, L	42...52	Strangpreßmatrizen, Rezipienten, Preßstempel, Preßdorne, Preßwerkzeuge	H 11
X 40 CrMoV 5 1	0,40	1,1	0,4	5,2	1,4	1,0	–	–	2	229	1020...1050	Ö, WB, L	42...52		H 13
X 32 CrMoV 33	0,32	0,3	0,3	3,0	2,8	0,6	–	–	2	229	1130...1160	Ö, WB, L	40...52	Preßwerkzeuge	H 10
X 45 CoCrWV 555	0,45	0,4	0,4	4,5	0,5	2,0	4,5	4,5 Co	3	250	1120...1160	Ö, WB, L	44...48	Preßmatrizen, Preßwerkzeuge	H 19
X 20 CoCrWMo 10 9	0,20	0,3	0,5	9,5	2,0	–	5,5	10,0 Co	1	320	1050...1150	Ö, WB, L	50...55	Preßmatrizen, Preßdorne	
X 30 WCrV 93	0,30	0,2	0,3	2,7	–	0,4	8,5	–	1	250	1100...1150	Ö, WB, L	45...50	Matrizen	H 21
X 30 WCrV 53	0,30	0,2	0,3	2,4	–	0,6	4,3	–	1	240	1050...1100	Ö, WB, L	45...50		
X 38 CrMoV 53	0,38	0,4	0,5	5,0	3,0	0,6	–	–	1	230	1030...1080	Ö, WB, L	45...48	Rezipiententeile	~H 13
X 6 NiCrTi 2615	≤0,8	≤1,0	1,5	14,8	1,3	0,3	–	26 Ni 2,1 Ti	2	200[c]	980[d]	W	1000[e]	Innenbüchsen zum Verpressen von Cu-Legierungen	
NiCr 19 CoMo	≤0,12	≤0,5	≤0,1	19,0	9,8	–	–	1,6 Al 11 Co 3,1 Ti Rest Ni	9		1080[d]	W	1300[e]	Matrizen, Dorne zum Verpressen von Schwermetall	
X 50 NiCrWV 1313	0,50	1,4	0,7	13,0	–	0,7	2,2	13 Ni	1		warm-kaltverfestigt		35...40	Matrizen zum Verpressen von Schwermetall	
40 CrNiMo 7	0,40	0,3	1,5	2,0	0,2	–	–	–	1	230	830...880	Ö	30...35	Rezipientenmäntel	
56 NiCrMoV 7	0,55	0,3	0,8	1,1	0,5	0,1	–	1,7 Ni	2	248	830...870	Ö	48...52	Preßstempel	~L 6

[a] Siehe Fußnote a in Tabelle D 11.2 [b] Siehe Fußnote b in Tabelle D 11.2 [c] Lösungsgeglüht [d] Lösungsglühtemperatur
[e] Zugfestigkeit nach Lösungsglühen in N/mm²

Die Kräfte in den *Blockaufnehmern* lassen sich bei den vorliegenden Temperaturen nur durch mehrteilige, vorgespannte Ausführungen beherrschen, die eine vorteilhafte Spannungsverteilung und Werkstoffausnutzung mit sich bringen. Für genaue Berechnungen der Schrumpfkräfte ist bei den hohen Rezipiententemperaturen und -spannungen und der Beanspruchungsdauer der Werkzeuge das Kriechverhalten der Werkzeugstähle zu berücksichtigen [173–175]. Für hochbeanspruchte *Innenbüchsen* in Rezipienten werden bei der Verarbeitung von Leichtmetallen überwiegend die beiden ersten Stähle mit rd. 0,40 % C, 5 % Cr, 1,4 % Mo und 0,4 oder 1 % V bei einer Zugfestigkeit um 1400 N/mm^2 eingesetzt. Beim Verpressen von Schwermetallegierungen hat sich für Innenbüchsen der austenitische ausscheidungshärtbare X 6 NiCrTi 26 15 bewährt, der bis zu Temperaturen von rd. 700 °C Streckgrenzenwerte von 600 N/mm^2 behält. *Zwischenbüchsen und -mäntel* der Rezipienten werden ebenfalls aus dem X 38 CrMoV 5 1 oder auch aus niedriger legierten Stählen, z. B. 40 CrNiMo 7 hergestellt, die jedoch mit rd. 1200 N/mm^2 für die Zwischenbüchse und etwa 1100 N/mm^2 für den Mantel niedrigere Festigkeit als die Innenbüchse haben.

Für *Preßstempel* sind bei geringerer Temperaturbeanspruchung der Stahl 56 CrNiMoV 7, in allen anderen Fällen die schon genannten X 38 CrMoV 5 1 und X 40 CrMoV 5 1 zu empfehlen. Die Stempel werden wegen der vorliegenden hohen Druckkräfte mit einer Festigkeit zwischen 1600 und 1800 N/mm^2 eingesetzt.

Beim Strangpressen von Rohren ist die Wärmebeeinflussung der *Preßdorne* außergewöhnlich groß. Sie werden deshalb aus den warmfesteren Stählen X 32 CrMoV 3 3, X 45 CoCrWV 5 5 5 und X 20 CoCrWMo 10 9 oder auch aus Nickellegierungen entsprechend NiCr 19 CoMo hergestellt [172]. In einigen Fällen lassen sich die Festigkeitsanforderungen an die Preßdorne nur durch die Anwendung einer starken Innenkühlung erfüllen.

Die *Preßmatrizen* zählen zu den thermisch und mechanisch am höchsten beanspruchten Werkzeugteilen beim Strangpressen. Beim Durchtritt durch die Matrize hat das Preßgut infolge der inneren Reibung nicht nur die höchste Temperatur, sondern es entwickelt sich auch eine zusätzliche beachtliche Reibungswärme an der Berührungsfläche der Matrize. Besonders beim Verpressen von Schwermetalllegierungen kommt es infolge der hohen Erwärmung an der Matrize zu Anlaßwirkungen, die deren schnellen Verschleiß sowie Verformungen und Verlust der Maßhaltigkeit zur Folge haben. Bei der Verarbeitung von Leichtmetallen genügen die drei ersten Stähle der Tabelle D 11.7 den Anforderungen; bei verwickelten Matrizendurchbrüchen erweist sich die Verwendung umgeschmolzener, seigerungsarmer Ausführungen mit besseren Quereigenschaften als vorteilhaft. Matrizen für die Verarbeitung von Leichtmetallen werden zur Verringerung des Reibverschleißes im allgemeinen nitriert. Für das Verpressen von Schwermetallen reicht der Stahl mit 3 % Cr und 3 % Mo oft nicht mehr aus, und man muß die anlaßbeständigeren und warmfesteren Sorten mit 4,5 oder 5,5 % W und 4,5 oder 10 % Co verwenden. Bei einfach geformten Matrizendurchbrüchen, z. B. zum Drahtpressen, arbeitet man mit Erfolg mit Hartlegierungen auf Kobaltbasis, oder man setzt auch ausscheidungshärtbare hochwarmfeste Nickellegierungen ein, wie z. B. den schon genannten NiCr 19 CoMo. Ein anderer erfolgreich angewandter Weg, die hohen Arbeitstemperaturen von Strangpreßmatrizen zu beherrschen, bietet die Verwendung kaltverformter austenitischer Stahlsorten, z. B. des Stahls X 50 NiCrWV 13 13. Die

Tabelle D 11.8 Chemische Zusammensetzung, Härtecharakteristik, Arbeitshärte und kennzeichnende Verwendungszwecke von Werkzeugstählen für Zerspanungswerkzeuge

Stahlsorte Kurzname	Chemische Zusammensetzung[a]								Anhaltsangaben für				Häufige Verwendungszwecke	Vergleichbarer AISI-Stahl [145]
	%C	%Si	%Mn	%Co	%Cr	%Mo	%V	%W	Härte weichgeglüht HB max.	Härtetemperatur °C	Abschreckmittel[b]	Arbeitshärte HRC		
S 6-5-2	0,90	≦0,5	≦0,4	–	4,2	5,0	1,9	6,4	300	1190…1230	Ö, WB, L	64	Spiralbohrer, Sägen	M 2
S 6-5-2-5	0,92	≦0,5	≦0,4	4,8	4,2	5,0	1,9	6,4	300	1200…1240	Ö, WB, L	65	Fräser, Gewindebohrer	~M 41
S 6-5-3	1,22	≦0,5	≦0,4	–	4,2	5,0	3,0	6,4	300	1200…1240	Ö, WB, L	65	Gewindebohrer, Senker, Reibahlen	M 3
S 7-4-2-5	1,10	≦0,5	≦0,4	5,0	4,2	3,8	1,8	6,9	300	1180…1220	Ö, WB, L	67	Werkzeuge zum Zerspanen von austenitischen Stählen und von Titanlegierungen	M 41
S 2-10-1-8	1,09	≦0,5	≦0,4	8,0	4,0	9,5	1,2	1,5	300	1170…1210	Ö, WB, L	67		M 42
S 10-4-3-10	1,28	≦0,5	≦0,4	10,0	4,2	3,6	3,3	9,5	300	1210…1250	Ö, WB, L	66	Drehlinge	T 15
S 12-1-4-5	1,38	≦0,5	≦0,4	4,8	4,2	0,9	3,8	12,0	300	1210…1250	Ö, WB, L	66	Formfräser	
S 6-3-2	0,90	≦0,5	≦0,4	–	4,2	3,0	2,1	6,0	300	1190…1230	Ö, WB, L	64	Spiralbohrer	
S 3-3-2	1,00	≦0,5	≦0,4	–	4,2	2,7	2,4	2,9	300	1170…1210	Ö, WB, L	64	Sägen	
X 155 CrVMo 12 1	1,55	0,3	0,3	–	11,5	0,70	1,00	–	255	1120…1150	Ö, WB, L	60…63	hochbeanspruchte Holzbearbeitungswerkzeuge	D 2
115 CrV 3	1,18	0,2	0,3	–	0,7	–	0,1	–	223	780…810 / 810…840	W / Ö	61…64	Spiralbohrer, Gewindebohrer ≧ 12 mm ⌀ Spiralbohrer, Gewindebohrer < 12 mm ⌀	~L 2
100 Cr 6	1,03	0,3	0,4	–	1,5	–	–	–	223	820…850	Ö	60…63	Holzbearbeitungswerkz.	
105 WCr 6	1,05	0,3	1,0	–	1,0	–	–	1,2	229	800…830	Ö	61…64	Spiralbohrer, Schneideisen	~L 3
75 Cr 1	0,75	0,4	0,7	–	0,4	–	–	–	238	810…840	Ö	42…48	Holzsägen	
80 CrV 2	0,80	0,3	0,4	–	0,6	–	0,2	–	248	810…840	Ö	42…48	Holzsägen	
C 125 W	1,28	0,2	0,2	–	–	–	–	–	213	760…790	W	63…66	Feilen	~W112

[a] Für alle Stahlsorten dieser Tabelle gilt ≦ 0,030 % P und ≦ 0,030 % S
[b] Siehe Fußnote b in Tabelle D 11.1

durch sehr kaltes Schmieden kaltverfestigten austenitischen Matrizenscheiben behalten ihren durch Kaltumformung entstandenen Festigkeitsanteil bis zur Rekristallisationstemperatur, die oberhalb 850 °C liegt, bei.

D 11.3.7 Stähle für Zerspanungswerkzeuge

Einfach geformte Zerspanungswerkzeuge, besonders Werkzeuge zum Drehen, werden überwiegend aus gesinterten karbidischen Hartstoffen oder aus oxidkeramischen Stoffen hergestellt. Da diese Schneidstoffe jedoch sehr schwierig zu formen und zu bearbeiten sind und im Vergleich zu Werkzeugstählen auch weniger Zähigkeit haben, werden *schwierigere, bruchanfällige Werkzeugformen* zum Bohren, Fräsen, Senken, Reiben, Räumen, Sägen, aber auch zum Drehen *aus Stählen* hergestellt. Wegen der großen Schnittgeschwindigkeit beim Zerspanen und der damit verbundenen Erwärmung, werden überwiegend Schnellarbeitsstähle, die in Tabelle D 11.8 aufgelistet sind, verwendet. Die Beanspruchung der Zerspanungswerkzeuge führt zu Veränderungen der Schneidengeometrie. Durch *Abriebverschleiß* an der Freifläche werden die Bearbeitungsgenauigkeit und das Bearbeitungsbild verändert, durch *adhäsiven Verschleiß* des ablaufenden Spans wird der Schneidkeil geschwächt und durch *Erwärmungsvorgänge* kann die Werkzeughärte so weit abfallen, daß das Zerspanen unmöglich wird. Für Zerspanungswerkzeuge ist also vor allem eine gute Schneidhaltigkeit bis zu Temperaturen der Rotglutwärme von rd. 600 °C erforderlich.

Tabelle D 11.9 Den heute gebräuchlichen Schnellarbeitsstählen zugrundeliegende Legierungsarten

Grundlegierung	Chemische Zusammensetzung				
	% C	% Cr	% Mo	% V	% W
I	0,80	4,0	–	1,0	18,0
II	0,90	4,0	9,0	1,0...2,0	–
III	0,90	4,0	5,0	1,0...2,0	6,0
IV	0,90	4,0	–	1,0...2,0	12,0

Die große Zahl der heute verwendeten Legierungsarten von *Schnellarbeitsstahl* läßt sich auf *drei nahezu gleichwertige Grundlegierungen* nach Tabelle D 11.9 zurückführen [6]. Neben ihnen ist für niedrige Temperaturbeanspruchung noch die Legierung IV, eine wolframärmere Variante der Legierung I, gebräuchlich. Die drei Grundlegierungen I bis III erfüllen in etwa gleicher Weise durch den Kohlenstoffgehalt zwischen 0,8 und 0,9% die Forderung nach einer Mindesthärte von 65 HRC; durch den Chromgehalt von 4% wird eine ausreichende Durchhärtung gewährleistet, durch äquivalente Wolfram- und Molybdängehalte liegen die Anlaßbeständigkeit und die Rotgluthärte in einer vergleichbaren Größenordnung. Da die drei Grundlegierungen nach dem Härten von mittlerer Härtetemperatur die gleichen Karbidmengen von rd. 8% und die gleichen Karbidarten M_6C und MC [176-179] aufweisen, haben sie auch nahezu den gleichen Verschleißwiderstand. Von diesen drei Grundlegierungen hat die Legierung III eine überragende Bedeutung und

Anwendung gewonnen; sie hat aufgrund ihrer Erstarrungsart im Block feinere Karbide als Legierung I, sie neigt bei hohen Verformungstemperaturen weniger zur Karbidvergröberung und entkohlt auch weniger als die nur mit Molybdän legierte Grundlegierung II [6]. Außerdem hängt die Grundlegierung III weniger von Schwankungen in der Verfügbarkeit einzelner Legierungselemente ab. Aus diesen Grundlegierungen lassen sich alle anderen auf bestimmte Beanspruchungsverhältnisse abgestimmte Schnellarbeitsstahlsorten herleiten, wie die Tabelle D 11.10, ausgehend von der Grundlegierung III als Beispiel, zeigt.

Tabelle D 11.10 Anpassung der Grundlegierung III aus Tabelle D 11.9 an bestimmte Beanspruchungsverhältnisse

Anforderung	Chemische Zusammensetzung					
	% C	% Co	% Cr	% Mo	% V	% W
(Grundlegierung)	0,90	–	4	5	2	6
höhere Warmhärte	0,90	5...12	4	5	2	6
höchste Härte	1,15	5...12	4	5	2	6
höherer Verschleißwiderstand	1,15...1,50	–	4	5	3...5	6
Warmhärte und hoher Verschleißwiderstand	1,35	10	4	5	4	6

Zu erwähnen ist, daß die mit Molybdän legierten Schnellarbeitsstähle hinsichtlich der Dichte Vorteile aufweisen. Während die Grundlegierung I mit 18 % W eine Dichte von 8,7 kg/dm^3 hat, hat die Grundlegierung II mit 9 % Mo nur eine Dichte von 7,95 kg/dm^3 und die Grundlegierung III eine Dichte von 8,2 kg/dm^3. Aus den molybdänhaltigen Schnellarbeitsstählen lassen sich aus diesem Grunde 5,7 bis 8,6 % mehr Werkzeuge herstellen als aus einer gleichen Menge der mit 18 % W legierten Schnellarbeitsstähle.

Die *Grundlegierung III* – in Tabelle D 11.8 als S 6-5-2 aufgeführt – wird überwiegend für einfache Spiralbohrer, Metallkreissägen und Sägeblätter eingesetzt. Wird eine höhere Härte oder auch Warmhärte gefordert, hat sich ein Kobaltzusatz zwischen 5 und 12 % bewährt; aus diesem Grunde wird für Fräser und Gewindebohrer häufig der S 6-5-2-5 angewandt. Bei starker Verschleißbeanspruchung ist gegenüber der Grundlegierung der Vanadingehalt auf 3 bis 5 % erhöht, wie das Beispiel des S 6-5-3 für Senker, Reibahlen und Gewindebohrer zeigt. Für das Bearbeiten sehr zäher, aber nicht zu harter Werkstoffe, haben sich die Schnellarbeitsstähle sehr hoher Härte – S 7-4-2-5 und S 2-10-1-8 – bewährt, die gegenüber den Grundlegierungen einen höheren Kohlenstoffgehalt aufweisen und mit Kobalt legiert sind. Für Werkzeugarten, die Verschleißwiderstand *und* Warmhärte verlangen, wie es bei Drehlingen der Fall ist, haben sich Legierungen, die gegenüber der Grundlegierung mehr Vanadin und zusätzlich Kobalt enthalten – Stahl S 10-4-3-10 – als brauchbar herausgestellt.

Für geringe Beanspruchungen sind auch die *niedriger legierten Sparstähle* S 6-3-2 und S 3-3-2 für Heimwerkerwerkzeuge oder Handsägenblätter gebräuchlich. Es gibt aber auch eine große Zahl von Zerspanungsarbeiten und -werkzeuge, für die die Anwendung von Schnellarbeitswerkzeugen nicht notwendig ist und *einfachere*

Werkzeugstähle genügen. So werden Spiralbohrer, Gewindeschneidwerkzeuge, Fräser u. a. zum Zerspanen metallischer Werkstoffe ohne besondere Anforderungen an die Lebensdauer der Werkzeuge aus 115 CrV 3 und 105 WCr 6 hergestellt. Für Feilen werden unlegierte oder niedriglegierte Stähle mit sehr hohem Kohlenstoffgehalt, wie C 125 W, verwendet. Holzbearbeitungswerkzeuge unterschiedlichster Art, wie Messer, Fräser, werden für geringere Beanspruchungen aus den Stählen 115 CrV 3 und 105 WCr 6, für hohe Verschleiß- und Temperaturbeanspruchungen aus ledeburitischen Stählen mit 12% Cr, dem schon mehrfach angeführten X 155 CrVMo 12 1, hergestellt. Für niedrig beanspruchte Holzkreissägen und Stammblätter gelten 75 Cr 1 und für hochbeanspruchte Holzsägen, wie Kreissägen, Gattersägen und Stammblätter, 80 CrV 2 als Standardstähle.

Zerspanungswerkzeuge erhalten ihre Form im allgemeinen durch Zerspanen im weichgeglühten Zustand und nach der Wärmebehandlung durch Schleifen; dünne Spiralbohrer werden auch durch Warmwalzen oder aus gehärteten Rohlingen durch Schleifen aus dem Vollen hergestellt. Zur *Verbesserung der Schleifbarkeit* und auch zur Verringerung der Formänderungen bei der Wärmebehandlung werden in geringem Umfang auch *pulvermetallurgisch hergestellte Stähle* für Gewindebohrer, Räumnadeln, Stoßmesser u. a. verwendet. Mit pulvermetallurgischen Stählen ist aber bei gleicher chemischer Zusammensetzung keine Verbesserung der Werkzeughaltbarkeit verbunden.

Zerspanungswerkzeuge werden in *Ausnahmefällen* zur Verringerung der Herstellkosten *auch gegossen* hergestellt. Die wesentlich größere Bruchanfälligkeit des Gußzustands begrenzt aber die Anwendung gegossener Zerspanungswerkzeuge [180].

Für weitere Informationen über Stähle zu Zerspanungswerkzeugen wird auf das Schrifttum verwiesen: zum Entwicklungsstand von Schnellarbeitsstählen [181], zur Bedeutung von Kohlenstoff [182], zum Einfluß von Stickstoff [183], zur Wirkung von Silizium [184, 185], zum Einfluß von Schwefel [124, 186], zum Einfluß von Kobalt [187, 188], zum Einfluß von Molybdän [189], zur Wirkung von Titan [190], Vanadin [191] und Niob [192], zu Einflüssen durch Herstellung [6] und Wärmebehandlung [193, 194].

D 11.3.8 Stähle für Schneidwerkzeuge

Unter dem Begriff Schneidwerkzeuge wird eine große Zahl von *Werkzeugarten zum Abschneiden, Ausschneiden, Lochen, Abgraten* oder – in Verbindung mit umformenden Arbeiten – zum *Stanzen* zusammengefaßt. Eine umfassende Verfahrensübersicht findet man in der Literatur [195].

Die Haltbarkeit eines Schneidwerkzeugs wird durch die *Formbeständigkeit der schneidenden Kanten* bestimmt. Sie werden *durch Druck und Verschleiß* und mit zunehmender Schneidspaltbreite auch durch *Biege- und Schubkräfte beansprucht*. Die Druckspannungen an den Schneidkanten sind wesentlich größer, als man aus der mittleren Stempelbelastung $P = s\,d\,\tau$ mit P = Stempelkraft, s = Schneidlinienlänge, d = Schneidgutdicke und τ = Scherfestigkeit des Schneidguts errechnet. Die Druckkräfte konzentrieren sich nämlich im Stempel und in der Matrize auf eine Zone an der Schneidkante, deren Breite etwa die Dicke des Schneidguts hat, während die Mitte des Schneidstempels oft sogar druckfrei ist, wie der linke Teil von

Bild D 11.45 am Beispiel eines normal schneidenden Werkzeugs mit breitem Schneidspalt, der 5 bis 10% der Schneidgutdicke beträgt, zeigt. Auch wenn die Druckbeanspruchung sich auf den Bereich der Schneidkante konzentriert, werden die Grenzen der Druckfestigkeit harter Werkzeugstähle aber nur dann erreicht, wenn die Schneidgutdicke der des Stempeldurchmessers nahekommt. Aus Bild D 11.46 kann man entnehmen, daß die Stempelbeanspruchung für diesen Grenzfall beim Schneiden eines Werkstoffs mit 700 N/mm² Zugfestigkeit rd. 2700 N/mm² beträgt. Bei dem im Vergleich zum Stempelquerschnitt oder auch zu Stempelquerschnittsteilen im allgemeinen dünnen Schneidgut ist deshalb in der Regel nicht die Druckfestigkeit, sondern die Verschleißfestigkeit des Werkzeugstahles für die Standzeit eines Schneidwerkzeugs maßgebend.

Für *Werkzeuge zum Schneiden von dünnem Material bis rd. 6 mm Dicke* werden deshalb überwiegend die karbidreichen ledeburitischen Chromstähle X 210 Cr 12, X 210 CrW 12 und X 155 CrMoV 5 1 aus Tabelle D 11.11, die einen Überblick über die

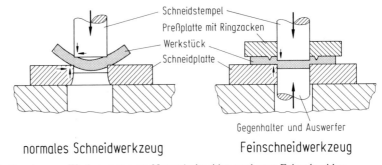

Bild D 11.45 Arbeitsweise von Werkzeugen zum Normalschneiden und zum Feinschneiden.

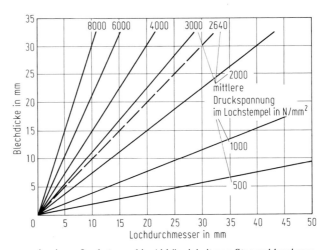

Bild D 11.46 Mittlere Druckspannung in einem Lochstempel in Abhängigkeit von Stempeldurchmesser (Lochdurchmesser) und Schneidgutdicke bei einer Zugfestigkeit des Schneidguts von 700 N/mm² (etwa St 60-2, s. Tabelle D 2.5).

Tabelle D 11.11 Chemische Zusammensetzung, Härtecharakteristik, Arbeitshärte und kennzeichnende Verwendungszwecke von Werkzeugstählen für Schneidwerkzeuge

Stahlsorte Kurzname	Chemische Zusammensetzung									Härte weichgeglüht HB max.	Anhaltsangaben für		Arbeitshärte HRC	Häufige Verwendungszwecke Werkzeuge		Vergleichbarer AISI-Stahl [145]
	%C	%Si	%Mn	%Cr	%Mo	%V	%W	% Sonstiges	%P, %S[a]		Härtetemperatur °C	Abschreckmittel[b]		Werkzeugart	für Blechdicken mm	
S 6-5-2	0,90	≦0,5	≦0,4	4,2	5,0	1,9	6,4	–	2	300	1100...1200	Ö, WB, L	62...65 / 61...63 / 59...61 / 58...60	Feinschneidwerkzeuge	≦3 / ≦6 / ≦12 / >12	M2
S 6-5-3	1,22	≦0,5	≦0,4	4,2	5,0	3,0	6,4	–	2	300	1180...1220	Ö, WB, L	62...65	Schneidwerkz.	≦3	M3
S 10-4-3-10	1,28	≦0,5	≦0,4	4,2	3,6	3,3	9,5	10 Co	2	300	1210...1250	Ö, WB, L	61...63	Feinschneidw.	≦6	
X 210 Cr 12	2,05	0,3	0,3	11,5	–	–	–	–	2	248	940...970	Ö, WB, L	58...64	Schneidwerkzeuge	≦3	D3
X 210 CrW 12	2,13	0,3	0,3	11,5	–	–	0,7	–	2	255	950...980	Ö, WB, L	58...64		≦3	D6
X 155 CrVMo 12 1	1,55	0,3	0,3	11,5	0,7	1,0	–	–	2	255	1020...1050	Ö, WB, L	58...64 / 58...60	Feinschneidwerkz.	≦6 / >12	D2
X 100 CrMoV 5 1	0,98	0,3	0,6	5,2	1,1	0,2	–	–	1	240	950...980	Ö, WB, L	58...64	Schneidwerkzeuge	≦6	A2
90 MnCrV 8	0,90	0,3	2,0	0,4	–	0,1	–	–	2	229	790...820	Ö	55...60		≦12	~O2
105 WCr 6	1,05	0,3	1,0	1,0	–	–	1,2	–	2	229	800...830	Ö	55...60		≦12	~O1
60 WCrV 7	0,60	0,6	0,3	1,1	–	0,2	2,0	–	2	229	870...900	Ö	50...55	Knüppelschermesser	>12	~S1
45 WCrV 7	0,45	1,0	0,3	1,1	–	0,2	2,0	–	1	225	890...920	Ö	48...50	Schneidwerkzeuge	>12	S1
X 45 NiCrMo 4	0,45	0,3	1,4	0,3	–	–	–	4,1 Ni	2	262	840...870	Ö	48...50	Schneidwerkz.	>12	
C 105 W 1	1,05	0,2	0,2	–	–	–	–	–	4	213	770...800	W	56...60	Lochstempel	>12	W110

[a] Siehe Fußnote a in Tabelle D 11.2
[b] Siehe Fußnote b in Tabelle D 11.2

gebräuchlichen Stähle für Schneidwerkzeuge gibt, verwendet. Der letztgenannte Stahl wird immer dann bevorzugt, wenn für eine verschleißmindernde Oberflächenbehandlung eine hohe Anlaßbeständigkeit erforderlich ist. Die ledeburitischen Chromstähle weisen auch sehr geringe und gut steuerbare Maßänderungen bei der Wärmebehandlung auf, die für die genaue Passung zwischen Stempel und Matrize bei Schneidwerkzeugen von großer Wichtigkeit sind (s. D 11.2.2.1).

In zunehmendem Maße werden anstelle der Chromstähle auch die Schnellarbeitsstahlsorten S 6-5-2, S 6-5-3 und S 10-4-3-10 verwendet. Bei ihnen ist aufgrund der möglichen höheren Arbeitshärte bis zu 65 HRC der Schneidenverschleiß geringer; sie sind darüberhinaus ebenso wie der kohlenstoffärmere Stahl mit 12% Cr aufgrund ihrer hohen Anlaßbeständigkeit hervorragend für das Aufbringen harter verschleißbeständiger Schichten geeignet. Bei gleicher Härte sind Schnellarbeitsstähle aufgrund ihrer feineren Karbide außerdem weniger bruchanfällig als die ledeburitischen Stähle mit 12% Cr; das macht sich insbesondere bei schwierigen Werkzeugformen vorteilhaft bemerkbar.

Mit zunehmender Schneidgutdicke werden *die Schneidkanten* von normal schneidenden Werkzeugen wegen ihres breiten Schneidspaltes mehr *durch Biege- und Schubkräfte beansprucht.* Wegen der damit zunehmenden Bruchgefahr werden mit steigender Schneidgutdicke die karbidärmeren zäheren Stähle vom X 100 Cr-MoV 5 1 bis zum 45 WCrV 7 der Tabelle D 11.11 eingesetzt, deren Härte bei Blechdicken über 12 mm zur weiteren Zähigkeitssteigerung bis auf rd. 48 HRC erniedrigt werden muß. Allerdings verringert sich dadurch die Schneidleistung der Werkzeuge erheblich. Mit der notwendigen Herabsetzung der Arbeitshärte der Werkzeuge für das Schneiden dicker Bleche verringert man auch deren Druckbeanspruchbarkeit, die für das Zerteilen dickerer Bleche eigentlich zunehmen sollte. Dadurch ergeben sich zwangsläufig Grenzen für die noch zerteilbaren Blechdicken und deren Festigkeitszustände.

Für Feinschneidwerkzeuge ist die Zähigkeitsbeanspruchung an den Schneidkanten aufgrund der sehr geringen Schneidspaltbreite, die hier meist deutlich unter 1% der Schneidgutdicke liegt, und der verfahrensbedingten Werkzeugführung wesentlich geringer (Bild D 11.45). Für diese Werkzeuge werden daher auch bei großen Werkstoffdicken über 12 mm noch ledeburitische Chromstähle und Schnellarbeitsstähle eingesetzt, deren Härte aber für die größeren Dicken auf 58 bis 60 HRC herabgesetzt werden muß. Bei dieser Werkzeugart ist aber die Verschleißbeanspruchung der Schneidkanten durch adhäsiven und abrasiven Verschleiß größer und die Werkzeugleistung entsprechend kleiner.

Für Feinschneidwerkzeuge haben sich *auch pulvermetallurgisch hergestellte Kaltbarkeits- und Schnellarbeitsstähle* gut bewährt [51]. Abgesehen davon, daß man dadurch sehr verschleißbeständige Stahlsorten mit hohem Karbidgehalt einsetzen kann, deren Herstellung nach herkömmlichen Verfahren nicht möglich ist, bieten pulvermetallurgische Stähle mehr Sicherheit bei der Werkzeugherstellung als herkömmlich hergestellte.

Wegen der geringen Schneidspaltbreite, die oft nur wenige μm beträgt, lassen sich Schneidplatten und -stempel nur durch Erodieren [112] von gehärtetem Vormaterial mit der notwendigen Genauigkeit herstellen. In herkömmlich hergestellten Stählen können die Spannungen im gehärteten Vormaterial so groß und so unregelmäßig verteilt sein, daß beim Erodieren durch freigesetzte Spannungen

Tabelle D 11.12 Stahlauswahl für Handwerkzeuge, deren Arbeitshärte und Härtecharakteristik

Werkzeug	Stahlsorte Kurzname	Chemische Zusammensetzung						Härte weichgeglüht HB max.	Härtetemperatur °C	Abschreckmittel[b]	Arbeitshärte HRC
		%C	%Si	%Mn	%Cr	%Mo	%V	%P, %S[a]			
Handhämmer	C 45 W	0,45	0,30	0,70	–	–	–	1	190	800…830	W	56…58 an Schlagkopf und Finne
Kugelhämmer	C 60 W	0,60	0,30	0,70	–	–	–	1	231	800…830	Ö	rd. 60 an Schlagkopf und Spitze
Äxte	C 45 W	0,45	0,30	0,70	–	–	–	1	190	800…830	W	54…56 an der Schneide
	C 60 W	0,60	0,30	0,70	–	–	–	1	231	800…830	Ö	
Sensen	C 60 W	0,60	0,30	0,70	–	–	–	1	231	800…830	W	42…46
Sicheln	C 85 W	0,85	0,35	0,60	–	–	–	3	222	800…830	Ö	
Sägen	80 CrV 2	0,80	0,35	0,40	0,55	–	0,20	2	220	800…830	Ö	
Scheren	C 60 W	0,60	0,30	0,70	–	–	–	1	231	800…830	W	56…60
	75 Cr 1	0,75	0,35	0,70	0,35	–	–	2	220	810…840	Ö	
	85 Cr 1	0,85	0,40	0,65	0,40	–	–	1	225	800…830	Ö	
Zangen	C 45 W	0,45	0,30	0,70	–	–	–	1	190	800…830	W	40…46 an Zangenschenkel
	C 60 W	0,60	0,30	0,70	–	–	–	1	231	800…830	Ö	Schneiden induktiv nachgehärtet auf 50…60 HRC
	31 CrV 3	0,31	0,35	0,50	0,60	–	0,10	2	220	830…860	W	
	51 CrV 4	0,51	0,25	1,05	0,95	–	0,15	2	231	830…860	Ö	
Schraubenschlüssel	31 CrV 3	0,31	0,35	0,50	0,60	–	0,10	2	220	830…860	Ö	50…56
	51 CrV 4	0,51	0,25	1,05	0,95	–	0,15	2	231	830…860	Ö	
Handmeißel	45 CrMoV 7	0,45	0,25	0,95	1,8	0,25	0,05	2	240	840…860	Ö	rd. 54
Schraubendreher	61 CrSiV 5	0,61	0,85	0,75	1,15	–	0,10	1	220	850…880	Ö	56…60 bei Schraubendreher
	73 MoV 52	0,73	1,20	0,50	–	0,55	0,20	4	220	800…830	Ö	rd. 62 bei Schraubendrehereinsätzen
Schneidkluppen	C 105 W 1	1,05	0,15	0,15	–	–	–	4	213	770…800	W	rd. 60
	145 Cr 6	1,50	0,25	0,60	1,40	–	–	1	234	830…870	Ö	

[a] Siehe Fußnote a in Tabelle D 11.2
[b] Siehe Fußnote b in Tabelle D 11.2

unregelmäßige Formänderungen oder auch Risse entstehen, die die Werkzeugteile unbrauchbar machen. In gehärtetem pulvermetallurgischen Vormaterial sind die Spannungen geringer und wesentlich gleichmäßiger verteilt, so daß es beim Erodieren die beschriebenen Schwierigkeiten nicht gibt.

Für *einfache Zerteilwerkzeuge*, wie Tafelschermesser oder Rollschermesser [196, 197], werden in Abhängigkeit von der Schneidgutdicke etwa die gleichen Werkzeugstähle und Arbeitshärten verwendet wie bei Normalschneidwerkzeugen, weil hier vergleichbare Schneidenbeanspruchungen vorliegen. Für das Lochen dicker Bleche mit geringerer Festigkeit bewährt sich auch der unlegierte Werkzeugstahl C 105 W 1. Lochstempel aus diesem Stahl haben zwar keine hohe Druckfestigkeit; sie haben jedoch eine ausreichende Schneidhaltigkeit und weisen wegen der bei Schalenhärtern im Oberflächenbereich vorhandenen Druckspannungen eine gute Bruchsicherheit auf.

Das Schneiden bei hohen Temperaturen ist in der Stanztechnik nicht üblich; es kommt nur beim Zerteilen von gewalzten Stäben in Walzwerken an Knüppelscheren vor. Bei der geringen Festigkeit der walzwarmen Knüppel genügen Werkzeughärten von rd. 50 HRC. Wegen der möglichen Werkzeugerwärmung werden hierfür jedoch die anlaßbeständigeren 60 WCrV 7 und 45 WCrV 7 oder auch der X 45 NiCrMo 4 verwendet.

D 11.3.9 Stähle für Handwerkzeuge

Handwerkzeuge sind nicht nur im privaten und Handwerksbereich, sondern auch in der industriellen Fertigung unentbehrliche Helfer. In diesem ältesten Anwendungszweig für Stähle werden für einige Werkzeugarten wie Hämmer, Äxte, Zangen, Sägen und Feilen unlegierte Werkzeugstähle, für andere Werkzeugarten wie Schraubenschlüssel, Schraubendreher, Meißel oder Bohrwerkzeuge niedriglegierte Werkzeugstähle und im Fall von Spiralbohrern sogar Schnellarbeitsstähle verwendet.

Neben den Gebrauchseigenschaften Härte und Bruchsicherheit werden von den Stählen für Handwerkzeuge auch eine einfache Härtbarkeit sowie eine gute Warmumformbarkeit gefordert, da viele Handwerkzeuge durch Schmieden oder Pressen ihre Form erhalten.

Die gebräuchlichsten Stähle und Arbeitshärten für die verschiedenen Werkzeugarten zeigt Tabelle D 11.12.

D 12 Verschleißbeständige Stähle

Von Hans Berns

Nach einer Schätzung [1] entstehen in der Bundesrepublik Deutschland jährlich rd. 5 Milliarden DM Gesamtverluste durch Verschleiß. Ein erheblicher Teil wird auf Stahl entfallen, der vielfach bei Verschleißbeanspruchungen eingesetzt wird. Die Entwicklung von geeigneten Stählen reicht deshalb weit zurück, wobei besonders die Beständigkeit gegen abrasive Beanspruchung durch körnige mineralische Stoffe eine Rolle spielt.

D 12.1 Geforderte Eigenschaften

Der Großteil des mineralischen Verschleißes entsteht an Apparaten und Fahrzeugen für die Aufbereitung und den Transport sowie an Werkzeugen für die Zerkleinerung und das Formpressen mineralhaltiger Güter. Für die Herstellung dieser Bauteile und Werkzeuge müssen die Stähle Verarbeitungseigenschaften wie Gießbarkeit oder Warmumformbarkeit haben, häufig sind auch Kaltumformbarkeit, Zerspanbarkeit und Schweißeignung gefordert. Bei der Endverwendung kommt es vor allem auf einen hohen Verschleißwiderstand an; bei ihm handelt es sich, wie in C 10 dargelegt wird, nur bedingt um eine Werkstoffeigenschaft. Da die auf Verschleiß beanspruchten Bauwerk- und Geräteteile meist noch einer mechanischen Beanspruchung des Querschnitts standhalten müssen, sind für die verschleißbeständigen Teile auch Festigkeit und Zähigkeit von Bedeutung.

D 12.2 Kennzeichnung der geforderten Eigenschaften

Zur *Prüfung des Verschleißwiderstandes* gibt es die Möglichkeit des Betriebsversuchs oder des Modellversuchs. Betriebsversuche ermöglichen durch Vergleich der Ergebnisse eine praxisgerechte Reihung von Werkstoffen nach ihrem Verschleißwiderstand innerhalb des vorgegebenen Verschleißsystems (s. C 10). Modellversuche im Laboratorium dienen der Ermittlung grundlegender Zusammenhänge [2]. Häufig benutzt werden das Schleifpapier- und Verschleißtopfverfahren sowie Strahlverschleißversuche [3, 4].

D 12.3 Metallkundliche Überlegungen zum Gefüge und zur chemischen Zusammensetzung geeigneter Eisenwerkstoffe

D 12.3.1 Verschleißwiderstand der Gefügearten

Zur Erzeugung des Verschleißwiderstandes bieten sich mehrere Gefügearten an, die sich unterschiedlich auswirken [5]: karbidarme Härtegefüge, Gefüge aus

---

Literatur zu D 12 siehe Seite 761.

Tabelle D 12.1 Auswahl von Eisenwerkstoffen für verschleißbeanspruchte Teile. (Zu den einzelnen Werkstoffen sind meist mehrere ähnliche gebräuchlich und zu den Stählen entsprechende Stahlgußsorten.)

Kenn-buchstabe	Werkstoff Bezeichnung (Kurzname)	Chemische Zusammensetzung % C	% Mn	% Cr	% Sonstige	Einbau-behandlungs-zustand[a]	Gebrauchshärte HV	Karbid-art	gehalt Vol.-%
A	St 52-3	≤ 0,2	≤ 1,5			N	160...180	M_3C	3
B	90 Mn 4	0,9	1,0			U, N	280...380	M_3C	14
C	StE 690	0,15	0,8	0,5	0,3 Cu, 0,5 Mo, 0,8 Ni, 0,06 V	V	215...240		n. b.
D	42 CrMo 4	0,42	0,7	1,0	0,2 Mo	V	250...400	M_3C	< 4
E	50 Mn 7	0,5	1,8			V	350...450	M_3C	< 4
F	100 Cr 6	1,0	0,4	1,5		H + A	600...800	M_3C	6
G	X 100 CrMoV 5 1	1,0	0,5	5,0	1,0 Mo, 0,2 V	H + A	500...750		n. b.
H	X 210 Cr 12	2,0	0,4	11,5		H + A	600...800	M_7C_3	18
I	X 155 CrVMo 12 1	1,55	0,4	12,0	0,7 Mo, 1,0 V	H + A	600...800	M_7C_3	12
K	Hartguß	3,3	1,0	2,0		U	400...550	M_3C	48
L	G-X 330 NiCr 4 2	3,3	0,5	15,0	4,0 Ni	(H) + A	550...750	M_3C	42
M	G-X 300 CrMo 15 3	3,0	0,7		3,0 Mo	H + A	800...900	M_7C_3	30
N	[b]	5,5	0,7	22,0	7,0 Nb	U	750...800	M_7C_3, MC	52
O	X 120 Mn 12	1,2	12,0			L	180...220	–	0

[a] A = angelassen, H = abschreckgehärtet, L = lösungsgeglüht, N = normalgeglüht, U = warmgewalzt, V = vergütet
[b] Fülldraht für Auftragsschweißung

karbidischen Hartstoffen in entweder weicher oder gehärteter Grundmasse und austenitische Abschreckgefüge. Im folgenden wird auf die Beispiele A bis O in Tabelle D 12.1 hingewiesen.

Die erste Gefügeart entsteht in unlegierten und legierten untereutektoidischen Stählen beim Abschreckhärten, nämlich *Martensit, Bainit* und *Restaustenit*. Die Härte und der Widerstand gegen Abrasion steigt bei ihr mit dem Kohlenstoffgehalt an. Durch Anlassen nimmt der Verschleiß [6], aber auch die Zähigkeit und damit die Bruchsicherheit [7] zu (D, E).

Die zweite Gefügeart – eine ungehärtete *ferritische Grundmasse mit eingelagerten Karbiden* – liegt in unlegierten oder niedriglegierten Stählen mit unter- oder übereutektoidischer Zusammensetzung nach einer Normalglühung oder auch im warmgeformten Zustand vor (A, B). In kohlenstoffreichen Stählen oder weiß erstarrtem Gußeisen (K) kommt Eisenkarbid in ledeburitischer Form hinzu; die Härte wächst mit dem Karbidgehalt.

Die dritte Gefügeart zeigen übereutektoidische (F) und vor allem ledeburitische legierte Stähle (H, I) nach dem Abschreckhärten. Dieses Gefüge besteht aus einer *gehärteten Grundmasse mit eingelagerten Karbiden*. In martensitischem weißen Gußeisen (L, M) wird die Härtung der Grundmasse zum Teil bereits während der Abkühlung nach dem Gießen erreicht [8, 9]. Mit dieser dritten Gefügeart läßt sich der höchste Widerstand gegen Abrasionsverschleiß erzielen, allerdings zu Lasten der Bruchsicherheit.

Die vierte Gefügeart erhält man durch Zulegieren von Mangan (O); ein Stahl mit z. B. 1,2% C und 12% Mn hat nach dem Lösungsglühen und Abschrecken ein *austenitisches Gefüge*. Eine niedrige Stapelfehlerenergie und die Bildung geringer Mengen feinverteilten Martensits geben diesen Manganhartstählen eine hohe Kaltverfestigungsfähigkeit. Besonders unter Prall- und Stoßverschleißbedingungen härtet die verformte Randschicht auf und bildet so eine selbsterneuernde verschleißbeständige Schale über einem weichen und bruchsicheren Kern.

D 12.3.2 Einfluß der chemischen Zusammensetzung auf verschleißfeste Gefügebestandteile

Der bei Härtetemperatur gelöste *Kohlenstoff* bestimmt die Aufhärtung nach dem Abschreckhärten und fördert die Restaustenitmenge. Der in einer gehärteten oder ungehärteten Grundmasse nicht gelöste Anteil des Kohlenstoffgehalts liegt in den

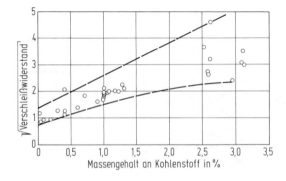

Bild D 12.1 Zusammenhang zwischen Kohlenstoffgehalt und Verschleiß bei Vergütungsstählen, austenitischen Mangan- und Chrom-Nickel-Stählen sowie bei martensitischem Gußeisen. Verschleiß gemessen an Brechbacken eines Modellbackenbrechers bei der Erzzerkleinerung (Auswertung nach [10]).

verschleißbeständigen Stählen als Karbid vor. Steigende Kohlenstoffgehalte erhöhen daher den Verschleißwiderstand sowohl durch die Aufhärtung der Grundmasse als auch durch den Karbidgehalt (Bilder D 12.1 bis D 12.3 [10–12]). Gleichzeitig nehmen Festigkeit und Zähigkeit im allgemeinen ab.

Durch Legierungselemente wird u. a. die Einhärtung, die Karbidhärte und die Warmhärte verbessert. Im Gegensatz zu Nickel und Silizium stehen *karbidbildende Legierungselemente* wie Chrom, Molybdän und Vanadin erst nach einer Karbid-

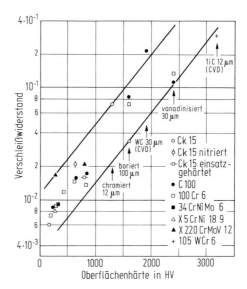

Bild D 12.2 Verschleißwiderstand von Stählen nach unterschiedlicher Wärmebehandlung einschließlich Randschichthärtung und Oberflächenveredlung (CVD = Chemical Vapor Deposition). Prüfung im Verschleißtopf gegen Elektrorubin (Auszug aus [11]; der Verschleißwiderstand wurde aus dem Volumenverschleiß (in mg) nach 4 h errechnet).

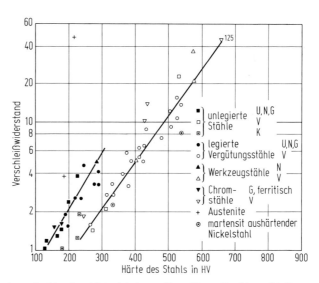

Bild D 12.3 Verschleißwiderstand von Stählen in Abhängigkeit von ihrer Härte. Strahlverschleißversuche mit Drahtkorn unter einem Anstrahlwinkel von 45°. U = Walzzustand, N = normalgeglüht, G = geglüht, V = vergütet, K = kaltverformt.

auflösung bei Härtetemperatur für die Einhärtung zur Verfügung. Ein karbidbildendes Legierungselement kann sich bis zu einem bestimmten Verhältnis von Legierungsgehalt zu Kohlenstoffgehalt im Eisenkarbid Fe_3C lösen, das dann als M_3C-Karbid bezeichnet wird. Bei Überschreitung eines Schwellenwertes kommt es zur Bildung eines Sonderkarbids [13, 14]. Die Steigerung der Karbidhärte vom Fe_3C in unlegierten Stählen über M_7C_3-Karbid in chromlegierten Stählen (H, I) zu MC-Karbid in niob- oder vanadinreichen Legierungen (N) bringt eine Erhöhung des Verschleißwiderstandes insbesondere gegenüber harten Mineralien wie z. B. Quarz und Korund mit sich (Bild D 12.4 [15]).

Neben ihrer Wirkung auf die Struktur und Härte verschleißmindernder Karbide führen karbidbildende Elemente wie Molybdän, Wolfram und Vanadin beim Anlassen im Bereich von 500 bis 600°C zur *Ausscheidung feiner Sonderkarbide*. Diese als Sekundärhärtung (vgl. C 4) bekannte Martensitaushärtung ermöglicht eine erhöhte Anlaßbeständigkeit und Warmfestigkeit bei Betriebstemperaturen bis zu 500°C [16]. Zusammen mit der hohen Warmfestigkeit der Karbide wird dadurch der Widerstand des Stahls gegen Warmverschleiß verbessert. Bei Naßverschleiß [17] und anderen Korrosionseinflüssen [18] wirken hohe Gehalte an Chrom in der Grundmasse verschleißmindernd.

In *austenitischen Manganstählen* heben Silizium, Chrom und Molybdän die 1%-Dehngrenze, Mangan und Nickel die Bruchdehnung an. Die Verfestigungsfähigkeit nimmt mit fallendem Kohlenstoffgehalt zu, die Stabilität des Austenits – auch durch geringeren Mangangehalt – ab [19].

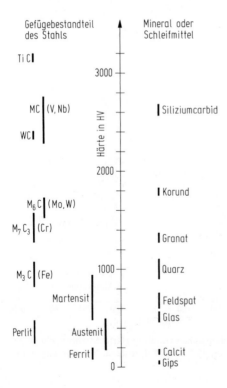

Bild D 12.4 Vergleich der Härte von Gefügebestandteilen des Stahls und von abrasiven Stoffen.

D 12.3.3 Einfluß der Wärmebehandlung

Unlegierte Stähle werden häufig *normalgeglüht*, um durch eine feine Ausbildung der Karbidlamellen im Perlit einen erhöhten Verschleißwiderstand zu erreichen. In langsamer abkühlenden größeren Querschnitten wird dieses Ergebnis durch geringe Zusätze der kostengünstigen Legierungselemente Chrom, Mangan und Silizium erreicht.

Neben der *Abschreckhärtung* mit tiefgreifender Einhärtung oder Durchhärtung kommen besonders für bruchanfällige Teile die verschiedenen Verfahren der *Randschichthärtung* zur Anwendung (vgl. Bild D 12.2 und C 4). Beim Härten übereutektoidischer Stähle steigt der Restaustenitgehalt mit der Härtetemperatur an, und der Verschleißwiderstand wird trotz fallender Härte verbessert. Die Ursache liegt in der Auflösung mikrorißfördernder Karbide. Eine wachsende Austenitkorngröße vermindert den Verschleißwiderstand [20]. In ledeburitischen Chromstählen kann der Restaustenitgehalt durch erhöhte Härtetemperaturen bis auf 100 % gesteigert werden [16, 21], wobei die Härte fällt, der Verschleißwiderstand aber wesentlich höher bleibt als bei gleicher Härte nach üblicher Härtung mit Anlassen [22].

Bei zu großer Stabilität des Restaustenits nimmt der Verschleißwiderstand ab [23], da die Bildung von Verformungsmartensit durch die Verschleißbeanspruchung erschwert wird [24].

Die *austenitischen Manganstähle* sind nach langsamer Abkühlung von Gieß- und Schmiedetemperatur durch Karbidausscheidungen stark versprödet und erhalten ihr zähes Austenitgefüge durch Lösungsglühen bei Temperaturen über 1000 °C mit anschließender Abschreckung in Wasser. Verschiedentlich wird über Wärmebehandlungen zur Verbesserung des Verschleißwiderstandes durch Ausscheidung von Karbiden mit Mangan [25], Molybdän [26, 27] oder Vanadin [28] berichtet sowie über eine Steigerung der Kaltverfestigung durch feines Korn [19, 29].

D 12.4 Beispiele für die Anwendung bestimmter Eisenwerkstoffe

Bei Blechkonstruktionen wie Rutschen, Bunkern und Staubabscheidern steht die *Schweißeignung* im Vordergrund (St 52-3, StE 690), wie auch bei Förderketten (15 Mn 3 Al, 23 MnNiMoCr 6 4 V, s. D 30).

Kostengünstig legierte *zähe Vergütungsstähle* (42 CrMo 4, 50 Mn 7) *mit guter Einhärtung* werden für mechanisch hochbeanspruchte Verschleißteile wie Schürfkübel, Greifer, Fahrwerkskettenglieder und brenngehärtete Laufrollen verwendet.

Für Auskleidungen, Mahlstäbe, -kugeln, Brechringe, Schaber, Rührwerke kommen niedrig legierte Stähle mit rd. 1 % C (90 Mn 4, 100 Cr 6) zur Anwendung, dagegen geht man für Pumpenteile vielfach auf höher legierte sekundärhärtende und damit spannungsärmere Stähle über (X 100 CrMoV 5 1).

Die gute Einhärtung und höhere Karbidhärte durch Chrom wird in den *ledeburitischen Stählen* (X 210 Cr 12) und Gußeisen (G-X 300 CrMo 15 3) für Steinpreßwerkzeuge und Mühlenteile genutzt und die höhere Warmbeständigkeit sekundärhärtender Sorten (X 155 CrVMo 12 1) bei der Zerkleinerung heißer Stoffe, wie z. B.

Sinter. Siebe und Abwurftische für Heißsinter werden dagegen wegen der hohen Temperatur meist aus *hitzebeständigen austenitischen Stählen* hergestellt.

Manganhartstähle sind wegen ihrer guten Zähigkeit bei Brechkegeln, -mänteln und -backen, Hämmern und Pralleisten, Baggereimern und -bolzen, Kettengliedern und Baggerspitzen im Einsatz. Vorteilhaft ist die Möglichkeit zur Verbindungs- und Ausbesserungsschweißung.

D 13 Nichtrostende Stähle

Von Winfried Heimann, Rudolf Oppenheim und Wilhelm Weßling

D 13.1 Anforderungen an die Gebrauchseigenschaften der Stähle

D 13.1.1 Anwendungsgebiete der nichtrostenden Stähle

Ihrer kennzeichnenden Eigenschaft entsprechend werden die nichtrostenden Stähle einerseits unter üblichen Umweltbedingungen eingesetzt, wenn Beständigkeit gegen Luftsauerstoff, feuchte Luft, wäßrige Lösungen, Fluß- und Brauchwasser sowie schließlich in chloridreichem Meer- und Brackwasser verlangt wird, des weiteren aber auch in stärkeren Angriffsmitteln wie in anorganischen und organischen Säuren oder Alkalien, wo chemische Beständigkeit erforderlich ist. Im Hinblick auf diese Beanspruchungen haben nichtrostende Stähle durchweg einen Chromgehalt von mehr als 12%, zu dem je nach den gewünschten Gebrauchseigenschaften noch andere Legierungszusätze kommen.

Als erster industrieller Anwender und lange Zeit wichtigster und größter Verbraucher setzte die chemische Industrie diese Stahlgruppe bereits frühzeitig und in steigendem Maße als bevorzugte metallische Werkstoffe für ihre Großanlagen ein. Energiegewinnung und in jüngerer Zeit auch neue Anforderungen in der Meerestechnik und im Umweltschutz sind weitere Bereiche, in deren Großanlagen den nichtrostenden Stählen wichtige Aufgaben zufallen. Als wertbeständiger Werkstoff wird nichtrostender Stahl auch im täglichen Umfeld verwendet, z. B. in der Architektur, im Automobilbau, für Geschirr sowie für Haushaltsmaschinen und -einrichtungen oder auch in der Medizin.

D 13.1.2 Beständigkeit gegen die verschiedenen Arten der Korrosion

Die Anforderungen beim Einsatz der Stähle ergeben sich durch die an den chemischen Reaktionen beteiligten Stoffe und Reaktionsprodukte sowie durch die verfahrenseigenen Bedingungen, Temperatur und mechanische Beanspruchung. Durch Zusammenwirken der möglichen Einflußfaktoren chemischer, thermischer und mechanischer Art stellen sich vielfältige Anforderungen ein, die bei der Werkstoffauswahl besonders zu berücksichtigen sind.

Während bei niedriglegierten Stählen vorwiegend die mechanischen Eigenschaften im Vordergrund stehen, ist für den Einsatz nichtrostender Stähle bei vergleichbaren mechanischen Eigenschaften überwiegend die *chemische Beständigkeit das Auswahlkriterium* (vgl. C 3). Aus einer Reihe von Gebrauchseigenschaften ergeben sich weitere Anforderungen besonders an die mechanisch-technologischen und physikalischen Eigenschaften.

Die vielfältigen Ansprüche an die chemische Beständigkeit sind dabei in einer *grundsätzlichen Forderung* zusammenfaßbar: Bei *möglichst geringem und gleichmäßi-*

Literatur zu D 13 siehe Seite 762, 763.

gem Flächenabtrag wird vornehmlich die Beständigkeit gegen örtlich begrenzte Korrosionserscheinungen gefordert. Dies setzt die Verwendung im passiven Zustand voraus. In Angriffsmedien wie beispielsweise in erwärmter Salzsäure oder Schwefelsäure sowie in Flußsäure ist dies gar nicht oder nur mit hohem Legierungsaufwand möglich. In diesen Fällen kann ein begrenzter Allgemeinangriff zugelassen werden, vorausgesetzt, daß die Abtragung während der Beanspruchungsdauer gleichmäßig und somit berechenbar bleibt. Durch entspechende Korrosionszuschläge kann das berücksichtigt werden. Allerdings verbieten sich in gewissen Fällen selbst geringfügige Metallabtragungen, und zwar dann, wenn das herzustellende oder zu verarbeitende Produkt nicht einmal durch Spuren gelöster Metallionen verunreinigt werden darf. Die Handhabung pharmazeutischer, photochemischer und hochreiner Chemikalien sowie die Lebensmittelchemie erheben diese Forderung. Hohe Ansprüche werden auch in der Medizin an chirurgische Instrumente und Implantate für den menschlichen Körper gestellt.

Gegenüber dem kontrollierbaren ebenmäßigen Allgemeinangriff *bedeuten begrenzt auftretende Korrosionserscheinungen eingeschränkte Haltbarkeit* und Betriebsbereitschaft technischer Großanlagen und Apparate. Der Angriff chloridhaltiger Wässer und Lösungen kann zu punktförmigem Lochfraß führen. Spaltkorrosion tritt infolge Konzentrationsänderungen und Sauerstoffmangel in engen Spalten auf und elektrolytische Kontaktkorrosion bei leitender Verbindung unterschiedlicher Metalle. Chromverarmung infolge Chromkarbidausscheidungen im Korngrenzenbereich führt zur interkristallinen Korrosion (IK), und Spannungsrißkorrosion (SRK) wird durch Zugspannungen bei gleichzeitiger korrosionschemischer Beanspruchung ausgelöst.

Exotherme Reaktionen oder von außen zugeführte Energie, durch die chemische Umsetzungen im Sinne eines wirtschaftlichen Betriebs von Anlagen beschleunigt werden sollen, bedeuten erhöhte Beanspruchungen für die eingesetzten Werkstoffe. So wird beispielsweise ein Korrosionsangriff in wäßrigen Lösungen durch höhere Temperaturen begünstigt oder erst in Gang gesetzt. Des weiteren muß bei mechanisch beanspruchten Bauteilen beachtet werden, daß Festigkeits- und Zähigkeitseigenschaften ebenfalls temperaturabhängig sind.

D 13.1.3 Mechanische und technologische Eigenschaften

Anforderungen an die *mechanischen Eigenschaften* richten sich vor allem auf Festigkeit und Zähigkeit unter üblichen Beanspruchungsbedingungen, wie ruhender, wechselnder oder schlagartiger Belastung in normaler Umwelt sowie auch bei tiefen und erhöhten Verwendungstemperaturen. So können z. B. Rohrleitungen und Pumpengehäuse unter Innendruck nicht nur statischer Last, sondern auch bei pulsierendem Medium einer wechselnden Beanspruchung unterliegen. Neben korrosivem Flächenabtrag kann Oberflächenverschleiß durch mechanische Beanspruchung wie Reibung oder Kavitation gegeben sein, beispielsweise bei Kolben und Rädern in Pumpen oder Rührern in Rührwerken sowie bei Leitungen, Ventilen und Pumpen im Bereich schnellströmender Flüssigkeiten. Hier bestehen weitgehende Ähnlichkeiten mit den Anforderungen und Einsatzbedingungen für Vergütungsstähle in vergleichbaren Anwendungsfällen.

Die kostengünstige Erstellung technischer Anlagen verlangt *gute Verarbeitungs-*

eigenschaften. Hierzu gehören neben der Zerspanbarkeit eine hinreichende Kalt- und Warmumformbarkeit und häufig unverzichtbar die Schweißeignung. Gute Tiefziehbarkeit ist eine wichtige Eigenschaft für die Herstellung von Geräten für den Haushalt, während die Massivumformung zu Schrauben eine besondere Kaltstauchbarkeit erfordert.

Somit sind für die Auswahl rost- und säurebeständiger Stähle als *wichtigste Werkstoffeigenschaften* zu nennen
- Korrosionsbeständigkeit in Gasen, wäßrigen Lösungen und Säuren,
- hinreichende Festigkeit und Zähigkeit auch unter thermischer Beanspruchung,
- Kalt- und Warmumformbarkeit sowie Zerspanbarkeit,
- Schweißeignung.

D 13.2 Kennzeichnung der geforderten Eigenschaften durch Prüfwerte

D 13.2.1 Prüfung der Korrosionsbeständigkeit

Die *Korrosionsbeständigkeit* von Stählen ist keine absolute Größe. Vielmehr sind die Voraussetzungen, unter denen Korrosionsanfälligkeit oder -beständigkeit von Werkstoffen allgemein gegeben ist, im Zusammenwirken der chemischen Zusammensetzung und des Behandlungszustandes anzugeben. Eine Aussage zur Korrosionsbeständigkeit eines Stahls kann demnach nur in Zusammenhang mit den jeweiligen Anforderungen gemacht werden. Es gilt, die Bedingungen zu ermitteln, unter denen ein Stahl korrosionschemisch nicht angegriffen wird oder die Korrosionsgeschwindigkeit eine zulässige berechenbare Größe darstellt. Der Vielfalt der Korrosionsbeanspruchung durch zahllose Angriffsmedien sowie die häufige Verknüpfung mit zusätzlicher mechanischer und thermischer Beanspruchung macht es notwendig, sich auf die Beschreibung einiger ausgesuchter Prüfungen zu beschränken.

Die häufigsten Arten von Korrosion, die teilweise auch nebeneinander und durch Zugspannung gefördert auftreten können, sind in Bild D 13.1 [1] beschrieben.

Die *chemische Beständigkeit* der nichtrostenden Stähle *beruht auf der Bildung einer Passivschicht* auf der Oberfläche (s. C 3.6). Unter reduzierenden Bedingungen – in Angriffsmedien wie z. B. in Salzsäure, Schwefelsäure und Phosphorsäure – wird der Aufbau dieser stabilen Schutzschicht erschwert oder auch ganz verhindert, wodurch die Stähle ebenmäßig aufgelöst werden. Dabei sind Temperatur und Konzentration der angreifenden Lösung und die Geschwindigkeit der Abtragung bestimmende Einflußgrößen. Die nach einem linearen Zeitgesetz verlaufende flächige Auflösung erlaubt die Heranziehung von Ergebnissen kurzzeitiger Versuche zur Beurteilung des Langzeitverhaltens (s. Bild D 13.2) [2]. Abtragungsraten von $1 g/m^2 h$ verringern z. B. die Wanddicke eines Behälters um 1 mm/Jahr. Bei Gewichtsverlusten von nicht mehr als $0,3 g/m^2 h$ gilt ein Stahl als praktisch beständig. Diese für einen weiten Anwendungsbereich zutreffende Richtgröße muß in anderen Fällen besonderen Anforderungen angepaßt, also niedriger angesetzt werden. Hiervon sind besonders Stähle für Behälter in der Lebensmittelindustrie und in der pharmazeutischen Industrie betroffen.

Neben der chemischen Zusammensetzung der Stähle ist auch ihr jeweiliger

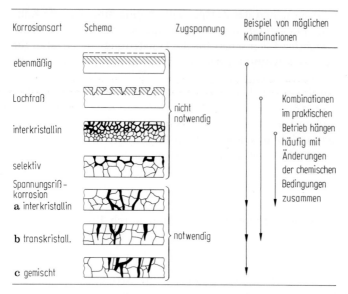

Bild D 13.1 Schematische Kennzeichnung häufiger Korrosionsarten. Nach [1].

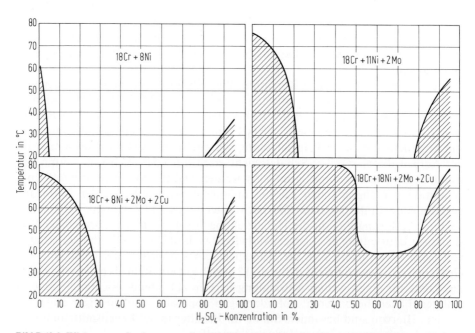

Bild D 13.2 Wirkung von Legierungszusätzen auf die Abtragung von Chrom-Nickel-Stählen in Schwefelsäure. In den schraffierten Feldern liegt die Werkstoffabtragung unter 0,1 mm/Jahr. Nach [2].

durch Wärmebehandlung beeinflußbarer *Gefügezustand von grundsätzlicher Bedeutung* für den ebenmäßigen Korrosionsangriff. Die nichtrostenden Vergütungsstähle – wie beispielsweise der Messerstahl X 40 Cr 13 mit rd. 0,45 % C und 13 % Cr – haben im gehärteten Zustand eine ihrer Zusammensetzung gemäße Korrosionsbeständigkeit. Durch Anlassen wird das korrosionschemische Verhalten deutlich verändert (Bild D 13.3 [3]). Durch die Auscheidungen von Chromkarbid und die damit verbundene örtlich begrenzte Reduzierung des Chromgehalts der Matrix werden die Gewichtsverluste teilweise um ein Mehrfaches erhöht; die größten Abtragsraten liegen dabei im Bereich des größten Härteabfalls.

Interkristalline Korrosion ist bei ferritischen und austenitischen nichtrostenden Stählen die Folge von Chromkarbidbildung auf den Korngrenzen [4]. Die Beständigkeit der Stähle gegen diese Form selektiver Korrosion hängt in starkem Maße von ihrem Kohlenstoffgehalt ab, durch dessen Abbindung mit Titan oder Niob zu stabilen Karbiden diese Korrosionsart vermieden werden kann (s. C 3.7.2). Sie wird in Schwefelsäure-Kupfersulfat-Lösungen geprüft [5] und in Abhängigkeit von Glühtemperatur und Glühdauer in sogenannten Kornzerfallsschaubildern gekennzeichnet (Bild D 13.4) [6]. Nach DIN 50914 [5] liegt Kornzerfall vor, wenn der Angriff an den Korngrenzen eine Eindringtiefe von 0,05 mm überschreitet. Höhere Chromgehalte lassen eine Chromverarmung im üblichen Versuch nach DIN 50914 nicht mehr erkennen. Zum Nachweis einer Sensibilisierung kommen bei solchen Stählen schärfere Prüfungen wie im Stahl-Eisen-Prüfblatt 1877 [7] beschrieben zur Anwendung. Für den Einsatz in Salpetersäure empfiehlt sich die Prüfung nach DIN 50921 [8].

In chloridhaltigen wäßrigen Lösungen können rost- und säurebeständige Stähle punktförmig durch *Lochfraß* angegriffen werden. An diesen Stellen ist der Schutz

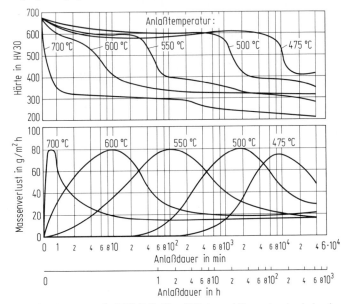

Bild D 13.3 Einfluß der Anlaßbehandlung von Stahl X 40 Cr 13 auf Härte und Korrosion in siedender 5 %iger Essigsäure. Der Stahl wurde nach 1030 °C 15 min/550 °C 1 min/Luft wie angegeben angelassen. Nach [3]. Nach dem Anlassen Abkühlung an Luft.

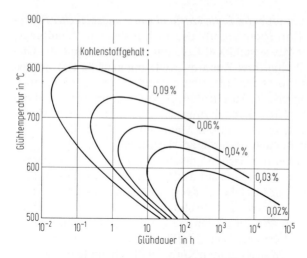

Bild D 13.4 Einfluß des Kohlenstoffgehalts auf die Lage der Kornzerfallsfelder bei unstabilisierten austenitischen Stählen mit rd. 18 % Cr und 9 % Ni. Nach [6].

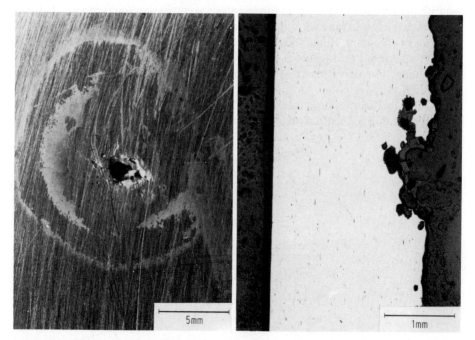

Bild D 13.5 Lochfraß an einem Lagerbehälter aus Stahl X 5 CrNi 18 9 (mit rd. 0,05 % C, 18 % Cr und 10 % Ni) für Cola-Konzentrat. Nach [9].

durch eine passive Deckschicht nicht mehr gegeben, der Stahl ist örtlich aktiv; es kommt zur Lokalelementbildung und zu anodischer Auflösung des aktiven Bereiches (Bild D 13.5 [9]). Durch Stromdichte-Potential-Messungen können die Bedingungen für die Aktivierung dieses elektrochemischen Vorgangs ermittelt werden. Als Kenngröße wird das elektrische Potential, bei dem ein Stahl in wäßriger Lösung Lochfraß bekommt, angegeben. Die Darstellung des Lochfraßpotentials in Abhängigkeit von der Prüftemperatur dient häufig zur Charakterisierung der Lochfraßbeständigkeit (Bild D 13.6 [10]).

Lochfraßstellen sind nicht selten Ausgangspunkt für eine weitere Art der selektiven Korrosion, der *Spaltkorrosion*. Fehlt nämlich der für die Repassivierung nötige Sauerstoff oder kann er nicht in ausreichender Menge herangebracht werden, ist fortlaufende Korrosion zu beobachten. Der Auslösung von Korrosion in engen Spalten liegen die gleichen elektrochemischen Vorgänge zugrunde. Eine gesicherte Aussage über die Beständigkeit eines Stahls liefert nur die langzeitige Auslegung im jeweiligen Korrosionsmedium, wobei ein künstlicher Spalt durch Auflegen einer Kunststoffscheibe geschaffen wird.

Tabelle D 13.1 Chemische Zusammensetzung der nach den Bildern D 13.6 und D 13.7 untersuchten Stähle

Stahlsorte Kurzname	Chemische Zusammensetzung					Gefüge
	$\leq$ % C	% Cr	% Mo	% Ni	% Sonstiges	
X 5 CrNi 18 9	0,05	18,5		9,5		austenitisch
X 2 CrNi 19 11	0,02	19		11		
X 2 CrNiMo 18 10	0,03	17	2,2	11,5		
X 2 CrNiMoSi 19 5	0,03	18,5	2,7	4,7	1,7 Si	ferritisch-austenitisch
X 2 CrNiMoN 22 5 3	0,02	22	2	5	0,15 N	
X 3 CrMnNiMoN 25 6 4	0,04	25,5	2,3	3,7	5,8 Mn, 0,37 N	
X 2 CrNiMoCuN 17 16	0,03	17	6,3	16	1,6 Cu, 0,15 N	austenitisch

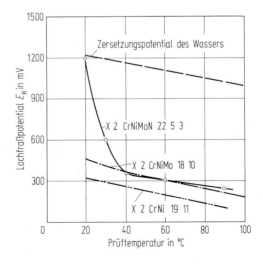

Bild D 13.6 Lochfraßpotential von drei nichtrostenden Stählen in künstlichem Meerwasser bei 20°C bis 100°C. Chemische Zusammensetzung der Stähle s. Tabelle D 13.1. Nach [10].

Durch ein Zusammenwirken von korrosionschemischer Beanspruchung und mechanischer Zugbeanspruchung kann es zum Auftreten von gefährlicher *Spannungsrißkorrosion* im Stahl kommen [11]. Neben der mechanischen Spannung wird der Rißfortschritt durch elektrochemische Reaktionen an der Rißspitze wie bei der Spaltkorrosion verursacht. Es ist eine von mechanischer Spannung und Potential abhängige Standzeit festzustellen. Unterhalb eines spannungsabhängigen Grenzpotentials ist keine Spannungsrißkorrosion mehr zu erwarten [12]. Eine gebräuchliche Kennzeichnung der Beständigkeit rost- und säurebeständiger Stähle gegen sie ist die Standzeit unter einer auf die Zugfestigkeit bezogenen Spannung (Bild D 13.7 [13]). Hinzuzufügen ist bei allen Angaben die Art des Elektrolyten, denn eine Übertragbarkeit von Ergebnissen aus einer Prüflösung auf eine andere ist nur bedingt gegeben und allgemein unzulässig.

Bei den mit Titan oder Niob stabilisierten Stählen kann bei der stärkeren thermischen Beanspruchung durch Mehrlagenschweißungen Anfälligkeit gegen interkristalline Korrosion in einem eng begrenzten Abstand von der Schweißnaht im Grundwerkstoff festgestellt werden. Diese als *„Messerlinienkorrosion"* bezeichnete Korrosionserscheinung wird durch Chromkarbidbildung nach vorausgegangener Auflösung der Titan- oder Niobkarbide verursacht (s. C 3.7.2) und durch eine Biegeprüfung aufgedeckt.

Während die Spannungsrißkorrosion unter statischer Zugbeanspruchung abläuft, tritt *Schwingungsrißkorrosion* unter wechselnder mechanischer Spannung auf. Die Dauerfestigkeit von Stählen wird üblicherweise durch die Aufstellung von Wöhler-Kurven bestimmt. Unter Korrosionsbeanspruchung, bei der eine Repassivierung nicht möglich ist, kann jedoch für die Dauerfestigkeit kein Endwert der Beanspruchbarkeit ermittelt werden, da die Bruchspannung mit höheren Lastwechselzahlen laufend weiter abfällt (Bild D 13.8 [14]).

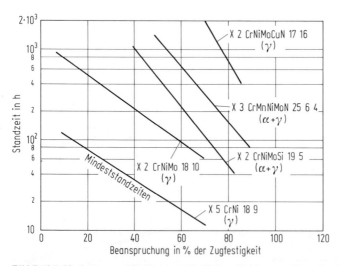

Bild D 13.7 Verhalten von fünf unterschiedlichen Stahlsorten (ihre chemische Zusammensetzung s. Tabelle D 13.1) gegen Spannungsrißkorrosion. Nach [13]. Bei den Versuchen wurden Zugproben in einer Kochsalzlösung mit 3% NaCl so weit elektrisch erhitzt, daß sich an der Wasserlinie auf ihnen eine Salzkruste bildete.

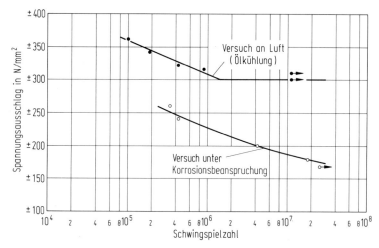

Bild D 13.8 Verlauf einer Wöhler-Kurve von Stahl X 10 CrNiNb 18 9 (mit 0,06 % C, 18 % Cr, 10 % Ni und 0,7 % Nb) an Luft und bei Korrosionsbeanspruchung (in wäßriger Lösung mit 44,7 g NaCl + 11,3 g FeSO$_4 \cdot$ 7 H$_2$O/l, auf p_H = 1,7 mit H$_2$SO$_4$ eingestellt. Nach [14].

D 13.2.2 Kennwerte für die mechanischen und technologischen Eigenschaften

Zur Ermittlung der mechanischen und technologischen Kennwerte der nichtrostenden Stähle sind ebenso wie auch bei anderen Stählen die üblichen Prüfungen anwendbar. So liefert der *Zugversuch* dem Konstrukteur bekanntermaßen Dehngrenzen wie die 0,2%-Grenze, die Zugfestigkeit und zur Charakterisierung der Zähigkeit Bruchdehnung und Brucheinschnürung. Als Berechnungsgrundlage ist bei Verwendung austenitischer Stähle im Druckbehälter- und Apparatebau die *1%-Dehngrenze* eingeführt worden, womit das größere Verformungsvermögen der Austenite berücksichtigt wird. Bei einer Reihe von nichtrostenden Stählen ist aber die Prüfung nicht auf Raumtemperatur beschränkt, sondern erstreckt sich auf den großen Bereich von 4 K (Siedetemperatur des flüssigen Heliums) bis in die Anwendungsgrenzen dieser Stahlgruppe bei rd. 550 °C.

Mit der Kerbschlagbiegeprüfung ist eine weitere Möglichkeit gegeben, Aussagen über die *Zähigkeit* von Stählen zu erhalten (Bild D 13.9 [15]). Sie liefert gute Aussagen, bei welcher Beanspruchungstemperatur die Werte der Kerbschlagarbeit bei Stählen mit krz Kristallgitter von der Hochlage zur Tieflage übergehen. Darüberhinaus bietet die Kerbschlagbiegeprüfung bei austenitischen Stählen die Möglichkeit, Werkstoffveränderungen wie z. B. Ausscheidungsvorgänge zu erkennen.

Im Hinblick auf die *Umformung von Feinblechen* können dem Zugversuch einige Kennwerte wie Streckgrenzenverhältnis und Gleichmaßdehnung entnommen werden. Die Gleichmaßdehnung dürfte bei austenitischen Stählen als Grenzwert für die Umformung durch reines Streckziehen angesehen werden. Sollen jedoch Aussagen über das Streckziehverhalten unter mehrachsiger Zugbeanspruchung gemacht werden, so bietet sich der Kalottenzug an, eine Einbeulprüfung ähnlich dem Erichsen-Versuch (Bild D 13.10 [16]); kennzeichnende Größen sind einerseits

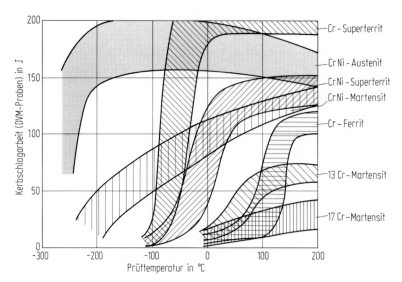

Bild D 13.9 Kerbschlagarbeit-Temperatur-Kurven verschiedener Sorten nichtrostender Stähle. Nach [15].

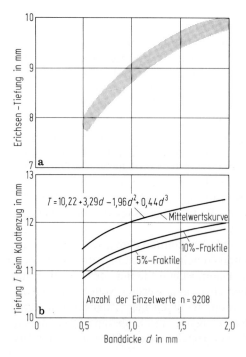

Bild D 13.10 Zusammenhang zwischen Dicke und Tiefziehbarkeit von Kaltbreitband aus nichtrostenden Stählen. Nach [16]. **a** Streuband der Erichsen-Tiefung für Band aus den ferritischen Stählen mit rd. 0,05% C, 17% Cr (X 8 Cr 17, X 6 CrMo 17, X 8 CrNb 17, X 8 CrTi 17 und X 5 CrTi 12). **b** Zusammenhang zwischen Tiefung T beim Kalottenzug und Banddicke d beim austenitischen Stahl X 5 CrNi 18 9. Großzahlauswertung.

$T = 10{,}22 + 3{,}29d - 1{,}96d^2 + 0{,}44d^3$

die erreichte Ziehtiefe bis zum Anriß, andererseits die Verformung in Rißnähe [17]. Zur Beurteilung des Tiefziehverhaltens ist es zweckmäßig, neben den Anisotropiewerten r, Δr und r_m auch das Grenzziehverhältnis als Kenngröße heranzuziehen [18] (Einzelheiten s. C 8).

Von Schweißverbindungen müssen grundsätzlich dem Grundwerkstoff vergleichbare Eigenschaften verlangt werden. Deshalb gehört zur *Beurteilung von Schweißgut und Schweißübergangszone* die Anwendung von Prüfungen wie des Zug- und des Kerbschlagbiegeversuchs. In einer Schweißverbindung liegt nicht wie bei einem lösungsgeglühten und abgeschreckten Grundwerkstoff ein homogener Gefügezustand vor, sondern vielmehr eine der Wärmebeeinflussung entsprechende recht unterschiedliche Gefügeausbildung. Ganz besonders trifft dies auf Mehrlagenschweißungen zu, wie sie an dicken Blechen notwendig sind. Das höhere Wärmeeinbringen kann Schädigungen wie Sprödigkeit und verminderte Korrosionsbeständigkeit bewirken. Es ist daher notwendig, durch Werkstoffauswahl und Prüfung die Güte einer Schweißverbindung sicherzustellen. Neben einer Kerbschlagbiegeprüfung hat sich zur Beurteilung der Zähigkeit der Biegeversuch mit Angabe des erreichten Biegewinkels und der Biegedehnung als Kenngrößen bewährt (Bild D 13.11 [19]). Schließlich ist noch daraufhinzuweisen, daß das Schweißgut und die wärmebeeinflußte Zone des Grundwerkstoffs einer Prüfung auf Risse zu unterziehen sind. Möglichkeiten sind beispielsweise durch Röntgen- und Farbeindringprüfung gegeben.

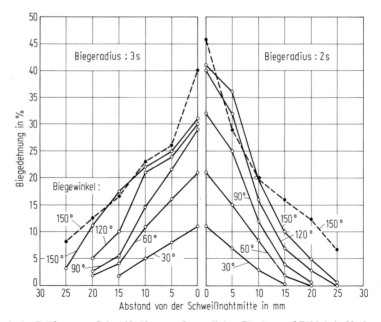

Bild D 13.11 Ergebnis der Prüfung von Schweißnähten an 8 mm dicken Blechen auf Zähigkeit. Nach [19]. Die ausgezogenen Kurven betreffen Stahl X 2 CrNiMoN 22 5 3, die gestrichelte Kurve gilt für X 2 CrNi 19 11.

D 13.3 Bedeutung des Gefüges und seiner chemischen Zusammensetzung für das Korrosionsverhalten

D 13.3.1 Die entscheidende Bedeutung des Chromgehalts

Die *Korrosionsbeständigkeit* der nichtrostenden Stähle wird *durch den Chromgehalt bewirkt*, wie in C 3.3 im einzelnen dargestellt ist. Bei einem Chromgehalt von etwa 12% an bildet eine metallisch-blanke Stahloberfläche an Luft oder in einem oxidierenden wäßrigen Elektrolyten den für Chrommetall charakteristischen passiven Zustand aus. Dieses auch bei Edelmetallen zu beobachtende chemische Verhalten beruht auf der Bildung einer submikroskopisch dünnen Oxidschicht – bei den nichtrostenden Stählen aus Chromoxid –, der sie ihre chemische Beständigkeit verdanken. Die Bildung und Aufrechterhaltung dieser Deckschicht setzt ein ausreichendes Angebot an Sauerstoff voraus. Das elektrochemische Standardpotential des Eisens gegenüber der Normal-Wasserstoffelektrode steigt durch Zusatz von etwa 12% Cr auf einen höheren Wert bis in den positiven Bereich an (Bild D 13.12 [20]). Bei weiter erhöhtem Chromgehalt wird der Korrosionsabtrag in verschiedenen korrosiv angreifenden Medien bis auf ein unbedeutendes Maß herabgesetzt.

Aus den Untersuchungen über die Ursachen der interkristallinen Korrosion bei den nichtrostenden Stählen hat man erkannt, daß für die Korrosionsbeständigkeit der *Gehalt an freiem* – nicht an Kohlenstoff oder Stickstoff gebundenem – *Chrom maßgebend* ist. Für den Fall, daß Chrom nur durch Kohlenstoff im Karbid $Cr_{23}C_6$ gebunden ist, errechnet sich nach [21] $Cr_{frei} = \%Cr - 14{,}54 \cdot \%C$. Bei den martensitischen Stählen, bei denen Härte- und Festigkeitseigenschaften im Vordergrund stehen und diese durch den Kohlenstoffgehalt bestimmt sind, liegt der freie Chromgehalt stets im Bereich der unteren Resistenzgrenze. Ausreichende Korrosionsbeständigkeit ist daher bei Stählen mit 13% Cr nur in milden Angriffsmitteln oder unter atmosphärischen Bedingungen gegeben; eine weitere Voraussetzung ist eine

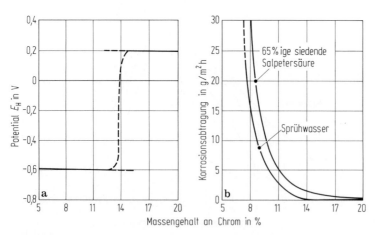

Bild D 13.12 Einfluß des Chromgehalts von Eisen **a** auf das elektrochemische Potential gegenüber der Normal-Wasserstoffelektrode in normaler Eisensulfatlösung, **b** auf die Korrosionsbeständigkeit in Sprühwasser und in siedender 65%iger Salpetersäure. Nach [20].

gute Oberfläche, die durch Schleifen oder Polieren erreicht wird. Im gehärteten und entspannten Zustand ist der Gehalt an freiem Chrom jeweils am höchsten und damit die Korrosionsbeständigkeit am besten (Bild D 13.13 [22, 23]). Bei Temperaturen von 400 bis 600 °C wird das chromreiche Karbid Cr_7C_3 ausgeschieden und die Korrosionsbeständigkeit nachteilig beeinflußt; dieser Anlaßbereich muß daher vermieden werden. Bei üblichen Anlaßtemperaturen von 650 bis 780 °C wird das Karbid $Cr_{23}C_6$ in feinster Verteilung ohne Beeinträchtigung der Korrosionsbeständigkeit ausgeschieden.

Bei den ferritischen und austenitischen Stählen, bei denen der Kohlenstoff nicht aus Gründen der Festigkeit benötigt wird, ist man in Hinblick auf den für die Korrosionsbeständigkeit maßgebenden Anteil an freiem Chrom bestrebt, den *Kohlenstoffgehalt* möglichst zu senken, da dann die Kornzerfallsfelder zu tieferen Temperaturen und zu längeren Inkubationszeiten verschoben werden (vgl. Bild D 13.4). Austenitische Stähle mit Kohlenstoffgehalten von höchstens 0,03% sind gegen interkristalline Korrosion hinreichend beständig, so daß Schweißungen selbst an dicken Werkstücken, Warmrichtarbeiten sowie auch Spannungsarmglühen bei zeitlicher Begrenzung durchgeführt werden können.

Bei den austenitischen Chrom-Nickel-Stählen führt *Stickstoff* selbst in Gehalten bis rd. 0,5% nachweislich zu keinem ungünstigen Verhalten in Hinblick auf Korn-

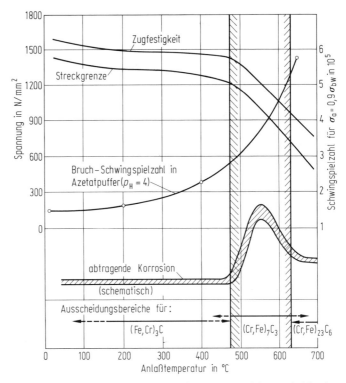

Bild D 13.13 Einfluß der Anlaßtemperatur bei Stahl X 20 Cr 13 auf die Art der sich ausscheidenden Karbide, auf die mechanischen Eigenschaften und auf die Beständigkeit gegen abtragende Korrosion (diese schematisch). Nach [22, 23].

zerfall; bei den austenitischen Stählen mit Molybdän erhöht er sogar den Widerstand gegen Lochfraß und geht in die ihn kennzeichnende „Wirksumme" [24] mit dem Faktor 30 ein [25]. Anders ist es bei den ferritischen Stählen, da die Löslichkeit von Kohlenstoff und Stickstoff im Ferrit sehr gering ist: Zu ihrer Beständigkeit gegen interkristalline Korrosion ohne Zusatz von stabilisierenden Elementen müßte der Gehalt an Kohlenstoff und Stickstoff zusammen deutlich unter 0,01% gesenkt werden; großtechnisch ist das nur unter besonderem Aufwand bei Erschmelzung im Vakuum darzustellen.

D 13.3.2 Einfluß der weiteren Legierungselemente auf das Korrosionsverhalten

Nickel ist nach Chrom das wichtigste Legierungselement bei den nichtrostenden Stählen. Neben Chromgehalten von 12 bis 30% verbessert es ganz besonders die Beständigkeit in Säuren, indem die Passivierungsstromdichte merklich herabgesetzt wird; bei Nickelgehalten oberhalb 20% wird sogar der Metallauflösung im aktiven Zustand entgegengewirkt, falls durch mangelnde Oxidationsfähigkeit des Angriffsmittels, das heißt unter reduzierenden Bedingungen, die Ausbildung einer schützenden Passivschicht nicht erfolgen kann.

Bei den martensitischen Chromstählen verbessert Nickel in höheren Gehalten dadurch die Korrosionsbeständigkeit, daß die Erzeugung martensitischen Gefüges auch bei herabgesetztem Kohlenstoffgehalt möglich ist, also der Anteil an freiem Chrom nahezu der chemischen Zusammensetzung entsprechen kann. Für den Widerstand gegen chloridinduzierte Spannungsrißkorrosion ist Nickel von unterschiedlicher Bedeutung. Sind reine Chromstähle gegen diese Sonderform der Korrosion noch beständig, so genügen schon geringe Nickelzusätze, um die rißauslösende Grenzspannung in starkem Maße herabzusetzen [26]. Ferritisch-austenitische Stähle mit 6 bis 8% Ni haben hingegen wieder eine gute Beständigkeit gegen Spannungsrißkorrosion in neutralen oder schwach sauren Medien. Mit Zunahme des austenitischen Gefügeanteils geht die Widerstandsfähigkeit erneut zurück; erst bei rein austenitischem Gefüge ist mit steigenden Nickelgehalten über 10% eine Verbesserung zu beobachten [27]. Die geringere Empfindlichkeit nickelreicher Stähle gegen Spannungsrißkorrosion in schwefelsauren Lösungen ist bekannt. Auf die Beständigkeit gegen Lochkorrosion übt Nickel nur zusammen mit Molybdän eine synergistische Wirkung aus.

Durch Zusatz von *Molybdän* wird nicht nur der Passivitätsbereich erweitert und die Passivierung erleichtert, sondern auch die Korrosionsbeständigkeit bereits im aktiven Zustand verbessert. Molybdängehalte bei ferritischen Stählen bis etwa 4% und bei austenitischen Stählen bis etwa 6,5% steigern im Zusammenwirken mit Chrom die Beständigkeit gegenüber den durch Chloride ausgelösten selektiven Korrosionserscheinungen, wie Lochfraß und Spaltkorrosion. Der Einfluß auf das Lochfraßpotential wird durch die Wirksumme (%Cr + 3,3 · %Mo) deutlich [24]. Bei den martensitischen Stählen wirkt Molybdän – wie schon beim Nickel erwähnt – auch dadurch günstig, daß die martensitische Umwandlung bei Senkung des Kohlenstoffgehaltes möglich bleibt.

Durch Zugabe von *Silizium und Kupfer* kann die Korrosionsbeständigkeit für Sonderanwendungen gezielt gesteigert werden. So vermindert Silizium die flächenmäßige Korrosion in überaceotroper Salpetersäure (Hoko-Säure) beträchtlich

[27]. Kupferlegierte Chrom-Nickel-Molybdän-Stähle eignen sich besonders für den Betrieb in Schwefelsäure [2].

Daß zur Vermeidung interkristalliner Korrosion, die bekanntlich durch Bildung von Chromkarbid und Chromnitrid auf den Korngrenzen hervorgerufen wird, Kohlenstoff und Stickstoff mit Hilfe von *Titan und Niob* stabil abgebunden werden können, wurde schon erwähnt. Die Zusätze werden in der Regel größer gewählt, als sich aus dem stöchiometrischen Verhältnis in den angestrebten Verbindungen ergibt. In Normen findet man als Mindestgehalt für Titan (oder Niob) in austenitischen Stählen $5 \cdot \%$C ($10 \cdot \%$C) und in ferritischen Stählen $7 \cdot \%$C ($12 \cdot \%$C).

Zur Verbesserung der Zerspanbarkeit wird nichtrostenden Stählen *Schwefel* – wie bei anderen Automatenstählen – bis zu Gehalten von 0,25% zugesetzt; eine Minderung der Korrosionsbeständigkeit nimmt man dabei in Kauf. Der Zusatz von Selen ist wegen der toxischen Wirkung dieses Elements aufgegeben worden.

Die beschriebenen Legierungsmaßnahmen sind geeignet, dem von außen auf den Stahl einwirkenden elektrochemischen Angriff in bestimmten Grenzen erfolgreich zu begegnen. Neben der richtigen Stahlzusammensetzung ist als weitere Vorbedingung ein möglichst *homogenes Gefüge notwendig*; Störstellen wie intermetallische Phasen, Sulfide oder Oxide mit abweichenden elektrochemischen Potentialen lösen in der Regel eine selektive Korrosion aus.

D 13.4 Einstellung gewünschter Gefüge durch chemische Zusammensetzung und Wärmebehandlung

D 13.4.1 Abhängigkeit der Gefügeart vom Gehalt an Ferrit- und Austenitbildnern. Gefügediagramm der nichtrostenden Stähle

Das wichtigste Legierungselement für nichtrostende Stähle – Chrom – schnürt das Gammagebiet im Zustandsschaubild mit Eisen ein (Bild D 13.14 [28]); in den Stählen mit 13 bis 50% Cr und höchstens 0,1% C liegt bei Raumtemperatur ferritisches Gefüge mit krz Gitteraufbau vor. Molybdän und Silizium sind ebenfalls Ferritbildner. Die karbid- und nitridbildenden Elemente Vanadin, Wolfram, Titan und Niob stabilisieren auf doppelte Weise den Ferritmischkristall, indem sie einmal selbst am Aufbau der ferritischen Mischkristalle beteiligt sind und des weiteren durch Abbinden von Kohlenstoff und Stickstoff deren austenitbildende Wirkung einschränken.

Nickel dagegen bildet mit Eisen eine lückenlose Reihe von kfz Mischkristallen (Bild D 13.15 [28]) und erweist sich damit als starker Austenitbildner. Bei Stählen mit genügend hohem Anteil an austenitstabilisierenden Legierungselementen – Mangan, Kohlenstoff, Stickstoff – ist das Gammagebiet so stark aufgeweitet und damit die A_3-Umwandlung so weit herabgesetzt, daß ein austenitisches Gefüge bei Raumtemperatur und auch noch tieferen Temperaturen erhalten bleibt. Solche Stähle liegen im Nickelgehalt zwischen 8 und 30%, wobei im einzelnen eine Abstimmung auf Chrom und die übrigen ferritbildenden Legierungselemente erfolgt.

Da Kohlenstoff und Stickstoff neben Nickel und Mangan im System Eisen-Chrom die Ausdehnung des Gammafeldes wesentlich bestimmen (Bild D 13.16 [29]) wird verständlich, daß in den gebräuchlichen ferritischen Stählen bei höheren

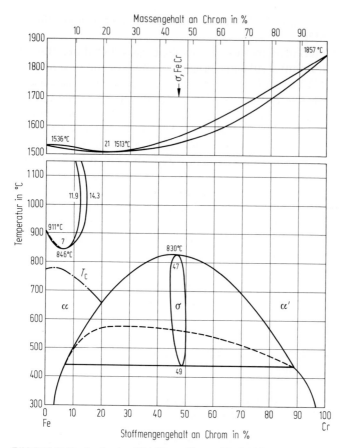

Bild D 13.14 Zustandsschaubild Eisen-Chrom. Nach [28].

Temperaturen vereinzelt Mischgefüge aus Ferrit und Austenit und demgemäß bei Raumtemperatur Spuren von Umwandlungsgefüge auftreten können. Stähle mit Kohlenstoffgehalten bis etwa 0,15 % sind daher nur noch teilweise ferritisch: Oberhalb 850 °C tritt eine Teilaustenitisierung ein, die bei Abkühlen auf Raumtemperatur eine martensitische Umwandlung zur Folge hat (Bild D 13.17 [30]).

Bei den Unterschieden in den Eigenschaften, die die nichtrostenden Stähle je nach ihrem Grundgefüge erhalten, und den Möglichkeiten, es durch die Legierungsart zu beeinflussen, lag es nahe, die Zusammenhänge in eine leicht übersehbare Form zu bringen. Strauß und Maurer haben als erste für Chrom-Nickel-Stähle mit etwa 0,2 % C angegeben, mit welchem Gefüge bei Abkühlung von 1100 °C an Luft zu rechnen ist (Bild 13.18 [31]). Die hieraus folgende *Einteilung in ferritische, martensitische, austenitische und ferritisch-austenitische Stähle* nach den vorherrschenden Gefügemerkmalen hat sich als dauerhaft erwiesen, da viele Gebrauchseigenschaften hiermit wesentlich festgelegt sind. Bei der grundsätzlichen Bedeutung dieses Gefügediagramms hat es nicht an Bemühungen gefehlt, die ferritbildenden und austenitbildenden Elemente in Wirksummen als Chromäquivalent

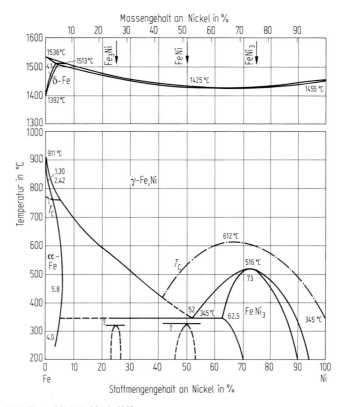

Bild D 13.15 Zustandsschaubild Eisen-Nickel. Nach [28].

und Nickeläquivalent zusammenzufassen. Hierbei sind die Wirkfaktoren der einzelnen Elemente ein Maß für die ferritbildende oder austenitbildende Kraft im Vergleich zu den Leitelementen Chrom bzw. Nickel. Das bekannteste Gefügeschaubild dieser Art ist das *Diagramm von Schaeffler* (Bild D 13.19 [32–34]). Es ist für niedergeschmolzenes Schweißgut von Chrom-Nickel-Stählen aufgestellt worden und beschreibt den Zustand nach der Abkühlung von sehr hohen Temperaturen. Es hat wegen seiner Anschaulichkeit und Bedeutung für die schweißtechnische Handhabung der höherlegierten Stähle eine weite Verbreitung gefunden. Durch Verbesserung der Analysentechnik konnte als letzte Entwicklung der Einfluß des Stickstoffgehalts auf die Ferritbildung erfaßt werden [34].

Für das Gefügediagramm in Bild D 13.19 ist errechnet worden das Chromäquivalent = %Cr + 1,4 · %Mo + 0,5 · %Nb + 1,5 · %Si + 2 · %Ti, das Nickeläquivalent = %Ni + 30 · %C + 0,5 · %Mn + 30 · %N_2.

D 13.4.2 Die Wärmebehandlung bei den kennzeichnenden Gefügegruppen

Es wurde schon erwähnt, daß *ferritisches Gefüge* bei den allein mit Chrom legierten Stählen im Bereich von 13 bis 30% Cr nur bis höchstens 0,1% C zu erzielen ist. Bei

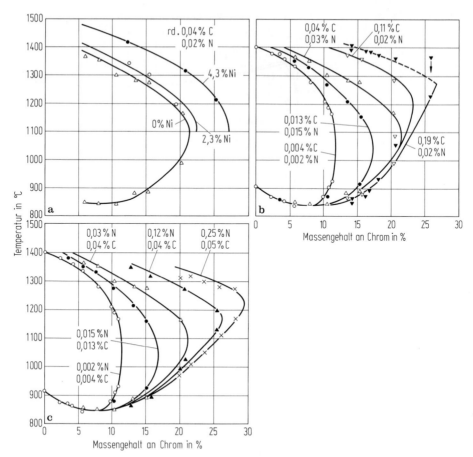

Bild D 13.16 Verschiebung der (γ + α)/α-Grenzlinie im System Eisen-Chrom durch wachsende Zusätze an Nickel, Kohlenstoff und Stickstoff. Nach [29].

dem großen Einfluß von Kohlenstoff und Stickstoff auf das Gammafeld ist bei höheren Kohlenstoffgehalten bei der Erwärmung mit einer Austenitisierung zu rechnen, die beim Abkühlen zumindest eine teilweise Umwandlung in Martensit zur Folge hat. Selbst bei Chromgehalten an der oberen Grenze bedarf es noch eines Zusatzes von Molybdän bis zu 5% und einer Senkung des Kohlenstoffgehalts auf höchstens 0,015%, gegebenenfalls sogar noch der Abbindung von Kohlenstoff und Stickstoff durch Niob, um zu einem vollkommen ferritischen Gefüge zu gelangen. Diese *superferritischen Stähle* werden für Sonderzwecke angewendet.

Auf der anderen Seite ist ein vollständig austenitisches Gefüge bei hohen Temperaturen und demzufolge ein *martensitisches Gefüge* nach dem Abschrecken auf Raumtemperatur bei den Chromstählen erst bei höheren Kohlenstoffgehalten zu erwarten. Stähle mit 13% Cr benötigen mehr als 0,15% C und ein Austenitisieren bei mindestens 950°C, solche mit 17% Cr sogar 0,3% C bei 1100°C (Bild D 13.20 [20]). Stähle mit 12 bis 17% Cr können also durch Zugabe von Kohlenstoff und

Einteilung der nichtrostenden Stähle nach Gefügearten

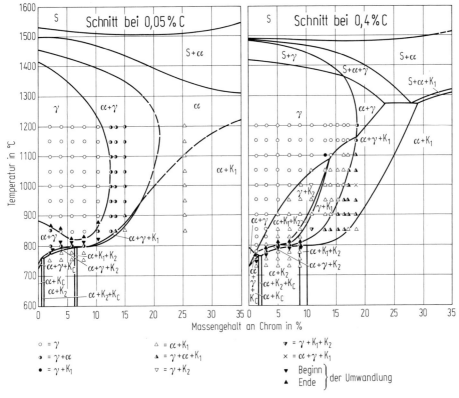

Bild D 13.17 Schnitte durch die Eisenecke des Systems Eisen-Chrom-Kohlenstoff bei 0,05 und 0,4 % C. Nach [30].

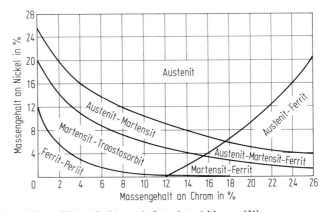

Bild D 13.18 Gefügeschaubild der Chrom-Nickel-Stähle nach Strauß und Maurer [31].

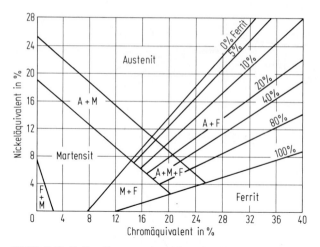

Bild D 13.19 Gefügediagramm der nichtrostenden Stähle nach Schaeffler [32-34]. Es ist für niedergeschmolzenes Schweißgut, d. h. für Abkühlung von sehr hohen Temperaturen aufgestellt. Dabei wurde errechnet für das
Chromäquivalent: % Cr + 1,4 · % Mo + 0,5 · % Nb + 1,5 · % Si + 2 · % Ti,
Nickeläquivalent: % Ni + 30 · % C + 0,5 · % Mn + 30 · % N_2.

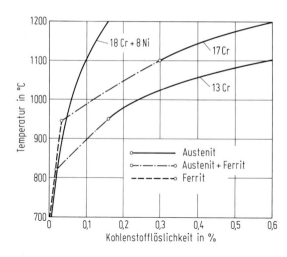

Bild D 13.20 Größte Löslichkeit von Kohlenstoff in Stählen mit 13 % Cr, 17 % Cr sowie mit 18 % Cr und 8 % Ni. Nach [20].

ebenso durch begrenzte Nickel- und Stickstoffzusätze umwandlungsfähig oder härtbar gemacht werden, da das Austenitfeld erweitert wird. Die martensitische Umwandlung ist Voraussetzung für ein Härte- oder Vergütegefüge. Mit Kohlenstoffgehalten von 0,10 bis 0,45 % können diese Stähle auf hohe Festigkeit bei gleichzeitig guter Zähigkeit vergütet werden. Bei Kohlenstoffgehalten über 0,40 % spricht man von härtbaren Chromstählen. Diese Werkstoffe werden für den Gebrauch gehärtet und lediglich bei 200 bis 350 °C entspannt, um bei hoher Härte ein Mindestmaß an Zähigkeit zu erhalten, indem die tetragonale Verzerrung des krz Gitters im gehärteten Zustand beseitigt wird. Die Härteannahme hängt vom Gehalt an freiem Kohlenstoff während des Austenitisierens ab; da die Löslichkeit der Chrom-

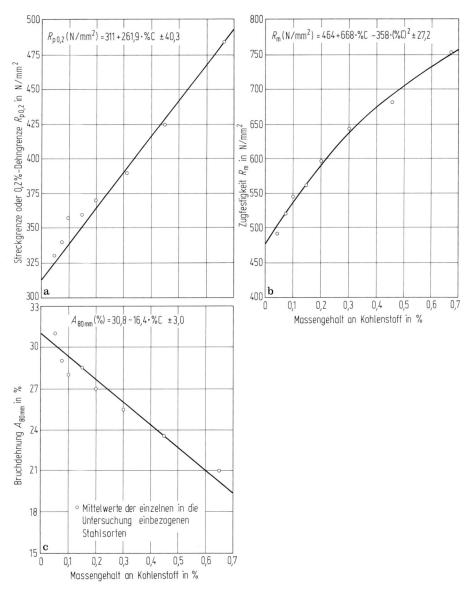

Bild D 13.21 Einfluß des Kohlenstoffgehalts auf **a** Streckgrenze oder 0,2 %-Dehngrenze, **b** Zugfestigkeit und **c** Bruchdehnung von geglühtem Kaltbreitband aus Stählen mit 13 % Cr. Nach [16]. In die laufende Prüfung wurden die Stahlsorten X 7 Cr 13, X 7 CrAl 13, X 10 Cr 13, X 15 Cr 13, X 20 Cr 13, X 30 Cr 13, X 40 Cr 13 und X 60 Cr 13 einbezogen.

karbide bei Härtetemperatur mit steigendem Chromgehalt abnimmt, erzielt man bei vergleichbarem Kohlenstoffgehalt und gleicher Härtetemperatur bei Stählen mit 13% Cr eine höhere Mindesthärte als bei gesteigertem Chromgehalt. Im geglühten Zustand hängen die einstellbaren Festigkeitseigenschaften ebenfalls von Kohlenstoffgehalt ab (Bild D 13.21 [16]).

Der Wunsch, die Schweißeignung der vergüteten Stähle mit etwa 13% Cr und 0,2% C zu verbessern, führte zu der Überlegung, einen Teil des Kohlenstoffs durch einen äquivalenten Nickelgehalt zu ersetzen, so daß die Vergütungsfähigkeit erhalten bleibt, aber die Schweißeignung infolge der verringerten Härteannahme wesentlich besser wird. Außerdem wird der Bereich hoher Festigkeit bei guter Zähigkeit auf Abmessungen über 400 mm Dmr. erweitert [35]. Damit war die Entwicklung der *nickelmartensitischen Gruppe* eingeleitet, der weitere Stähle mit Ausscheidungshärtung auf martensitischer Grundlage folgten.

Die *Ausscheidungshärtung* beruht auf der Eignung *des nickelmartensitischen Gefüges*, bei Warmauslagerung im Bereich von 400 bis 600 °C intermetallische Phasen auszuscheiden; man spricht daher vielfach von martensitaushärtenden Stählen [36]. Mit Titan ist der höchste Aushärteeffekt zu erzielen; es folgen Aluminium, Kupfer, Niob und Molybdän mit abnehmender Wirksamkeit. In Bild D 13.22 [37] ist durch einen Pfeil gekennzeichnet, von welchem Gehalt an die aushärtewirksamen Elemente entweder zur Bildung von Delta-Ferrit oder von Austenit beitragen und

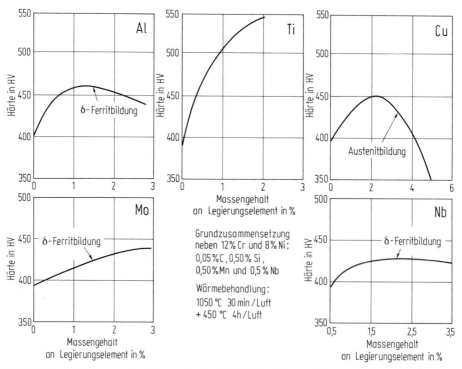

Bild D 13.22 Einfluß von Aluminium, Kupfer, Molybdän, Niob und Titan auf die Aushärtbarkeit martensitischer Stähle mit 12% Cr und 8% Ni. Nach [37].

damit auch bei der Festsetzung des Gehalts an Kohlenstoff, Chrom und Nickel berücksichtigt werden müssen, da ein Zuviel an Ferrit oder Austenit für die Festigkeit nachteilig ist, wie es der Härteverlauf andeutet. Bei einer Legierung mit 0,1% C und 17% Cr wird mit 4% Ni nach dem Lösungsglühen die höchste Härte erzielt (Bild D 13.23 [38]). Gleichzeitig ist zu erkennen, daß mit steigendem Nickelgehalt der Deltaferritanteil zunächst von 64% bis auf etwa 5% zurückgeht und parallel der Martensitpunkt auf etwa 100 °C sinkt. Oberhalb 4% Ni fällt die Härte infolge der nur noch teilmartensitischen Umwandlung steil ab, bis der Martensitpunkt bei etwa 7% Ni auf 0 °C sinkt. Es liegt nunmehr ein metastabiles austenitisches Gefüge vor, das selbst bei Tiefkühlen auf −78 °C nicht mehr vollmartensitisch umwandeln kann.

Mit diesen Ausführungen sollte gezeigt werden, daß die chemische Zusammensetzung der aushärtbaren nichtrostenden Stähle genau abgestimmt sein muß: Nach der martensitischen Umwandlung darf kein metastabiler Austenit im Gefüge verbleiben, da hierdurch die volle Aushärtefähigkeit beeinträchtigt wird und eine etwaige spätere Umwandlung unter mechanischem Einfluß zu unerwünschter Rißbildung führen kann (nicht angelassener Martensit, Wasserstoffaufnahme).

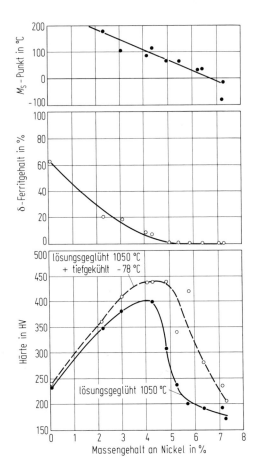

Bild D 13.23 Einfluß von 1 bis 7% Ni auf Gefüge, Härte und Martensittemperatur von Stählen mit 0,1% C und 17% Cr. Nach [38].

Die Stähle aus der *Gruppe des austenitischen Gefüges* werden im lösungsgeglühten und abgeschreckten Zustand eingesetzt. Die Lösungsglühtemperatur liegt je nach der Zusammensetzung zwischen 1000 und 1150 °C. Nach dem Abschrecken sind die Stähle mit weniger als 16 % Ni zwischen Raumtemperatur und der Temperatur des flüssigen Heliums in einem metastabilen Zustand. Unterhalb der Lösungsglühtemperatur können neben diffusionsgesteuerten auch diffusionslose Gefügeveränderungen eintreten; so kann instabiler Austenit durch Tiefkühlen und Kaltverformen in α'-Martensit umwandeln. Eine Erhöhung der Legierungsanteile, wobei auch die ferritbildenden Elemente den austenitischen Mischkristall bei tiefen Temperaturen stabilisieren, wirkt der Martensitbildung entgegen. Durch Messung der Sättigungspolarisation kann der magnetisierbare Martensit im paramagnetischen Austenit bestimmt werden; damit ist der Einfluß der Legierungspartner auf die Austenitstabilität zu ermitteln (Bild D 13.24 [39]). Die Martensitbildung ist verbunden mit einem Anstieg der Festigkeit und einer Verminderung der Zähigkeit. Die nähere Kenntnis dieser Vorgänge ist daher im Bereich der spanlosen Umformung von Bedeutung, wenn beispielsweise legierungstechnische Maßnahmen im Hinblick auf die Verbesserung des Verformungsvermögens dünner Bleche vorgenommen werden sollen. So weisen austenitische Stähle, die aufgrund ihrer chemischen Zusammensetzung eine gewisse Gefügeinstabilität haben und in begrenztem Umfang α'-Martensit zulassen, ein günstiges Streckziehverhalten auf [40]. Martensitbildung in Kraftübertragungszonen begünstigt das Umformverhalten, während in den Umformzonen selbst Gefügestabilität erwünscht ist, die mit einer geringeren Verfestigungsneigung einher geht.

Eisenlegierungen mit 5 bis 10 % Ni und mehr als 20 % Cr, allein oder im Zusammenwirken mit weiteren ferritbildenden Elementen wie Molybdän oder Silizium, wandeln nach der ferritischen Erstarrung nicht mehr vollständig zu Austenit um

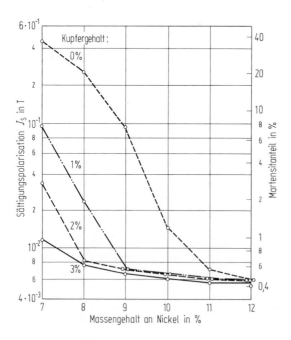

Bild D 13.24 Einfluß des Nickel- und Kupfergehalts auf den Martensitanteil am Gefüge von Stählen mit 0,02 % C und 18 % Cr nach Tiefkühlung auf −269 °C. Nach [39]. Wärmebehandlung: 1050 °C 10 min/Wasser + −196 °C 10 min + −269 °C 10 min. Prüftemperatur + 25 °C.

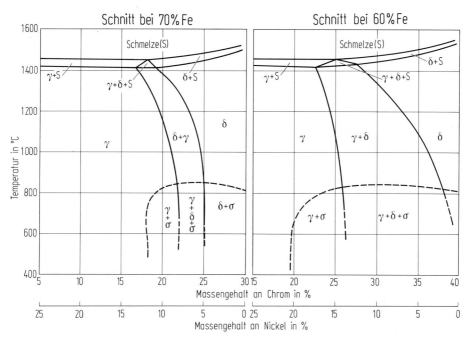

Bild D 13.25 Schnitte durch das Zustandsschaubild Eisen-Nickel-Chrom bei 70 und 60 % Fe. Nach [41].

(Bild D 13.25 [41]) und weisen somit ein *ferritisch-austenitisches Gefüge* auf. Unter 900 °C scheidet sich aus dem Ferrit Sigmaphase aus, die versprödend wirkt, aber durch einen Abschreckvorgang unterdrückt werden kann. Kohlenstoff und Stickstoff erweitern die Beständigkeit des Austenits unter Verengung des Deltaferritraums (Bild D 13.26 [42]). Sie bestimmen daher auch bei Abkühlung von der A_4- Temperatur nach vollständiger Ferritisierung den Beginn der Austenitbildung und beeinflussen bei gegebener Abkühlgeschwindigkeit und konstantem Verhälnis des Chrom- zum Nickelgehalt die Gefügeanteile von Ferrit und Austenit (Bild D 13.27 [36]); von der ursprünglichen Ferrit/Ferrit-Korngrenze ausgehend bildet sich der Austenit in Widmanstättenscher-Anordnung [42]. Wird jedoch ein übersättigter Ferritmischkristall, der von hoher Temperatur rasch abgekühlt wurde, beispielsweise bei 1050 °C geglüht, so bildet sich der Austenit auch als Einlagerung im ehemaligen Ferritkorn. Ein Gefüge mit nahezu gleichen Anteilen an Ferrit und Austenit bewirkt eine günstige Abstimmung von Festigkeit, Zähigkeit und Korrosionsbeständigkeit [10, 19].

Auch *austenitische und ferritisch-austenitische Stähle* können *ausscheidungshärtbar* hergestellt werden; derartige austenitische Stähle werden allerdings eher als hochwarmfest denn als nichtrostend eingesetzt. Die bei der Aushärtung an den Korngrenzen ausgeschiedenen Teilchen bewirken vielfach unter Korrosionseinwirkung einen interkristallinen Angriff, soweit keine stabile Abbindung des Kohlenstoffs und Stickstoffs gegeben ist, wie es beispielsweise für einen Stahl mit 0,06 % C, 15 % Cr, 25 % Ni und 2 % Ti zutrifft. Bei ferritisch-austenitischen Stählen beeinträchtigt eine Aushärtung die Zähigkeitseigenschaften, so daß nur Sonderanwendungen in Betracht kommen.

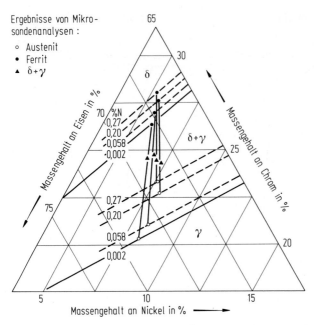

Bild D 13.26 Schnitt durch das System Eisen-Nickel-Chrom bei 1200 °C im Bereich der Zusammensetzung eines Stahls mit rd. 0,02 % C, 25 % Cr und 7 % Ni (X 2 CrNiN 25 7) zur Untersuchung des Einflusses von Stickstoff. Nach [42]. Die Proben wurden nach 1200 °C 52 h in Wasser abgeschreckt.

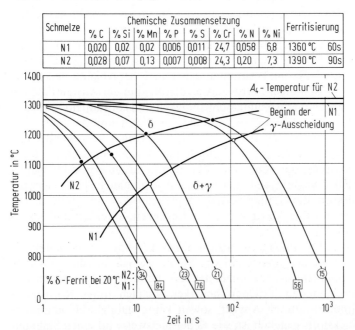

Bild D 13.27 Zeit-Temperatur-Umwandlungs-Schaubilder (kontinuierliche Abkühlung) für zwei Schmelzen des Stahls X 2 CrNiN 25 7: Einfluß kleiner Unterschiede in der chemischen Zusammensetzung und in der Lösungsglühtemperatur auf den Anteil an Delta-Ferrit bei Raumtemperatur. Nach [42].

Am Schluß der Ausführungen über die Bedeutung der Wärmebehandlung für nichtrostende Stähle braucht nicht besonders betont zu werden, daß zum Erreichen bestmöglicher Eigenschaften die Temperaturführung auf die jeweilige chemische Zusammensetzung abgestellt sein muß. Das *erzielte Gefüge wird nur selten dem thermodynamischen Gleichgewicht entsprechen.* Es ist daher zu beachten, daß bei höheren Anwendungstemperaturen, die Diffusionsvorgänge erlauben, ein Stahl das Bestreben hat, sich in Richtung auf den Gleichgewichtszustand zu verändern. Dadurch können ebenfalls wesentliche Veränderungen in den Eigenschaften bewirkt werden wie Versprödung durch Ausscheiden intermetallischer Phasen.

D 13.5 Kennzeichnende Stahlsorten mit betrieblicher Bewährung

Ausgelöst durch den wachsenden Bedarf an nichtrostenden Stählen mit den unterschiedlichsten Anforderungen ist eine umfangreiche Entwicklung dieser Stahlgruppe betrieben worden, deren Anfänge mehr als 70 Jahre zurückliegen [43]. Eine *Auswahl* eingeführter und *für die Gefügegruppen kennzeichnender Stahlsorten für vielfältige Beanspruchungen* ist in Tabelle D 13.2 zusammengestellt worden; sie ist entsprechend den Ausführungen in D 13.4 in ferritische, martensitische, austenitische und ferritisch-austenitische Stähle eingeteilt. In den Kurznamen werden die kennzeichnenden Elemente der chemischen Zusammensetzung wie Chrom, Nickel usw. mit ihren Gehalten (Zahlen am Schluß) sowie der Kohlenstoffgehalt (Zahlen am Anfang) angegeben. In Tabelle D 13.3 sind für dieselben Stahlsorten Festigkeitswerte im gebräuchlichen Behandlungszustand angeführt, so daß sie nicht immer in den folgenden Beschreibungen der Stähle einer Gefügegruppe genannt zu werden brauchen.

Zu den *Angaben über Warmfestigkeitseigenschaften* sei vorausgeschickt, daß sie bei allen betrachteten Stahlgruppen mit zunehmender Temperatur mehr oder minder gleichmäßig abnehmen. Wenn für die Streckgrenze ausnutzbare Grenztemperaturen angeführt werden, liegen sie unterhalb des sogenannten Kriechbereichs, in dem Zeitdehngrenzen und Zeitstandfestigkeitswerte der Berechnung von Bauteilen zugrunde gelegt werden müssen; in Hinblick auf korrosionschemischen Angriff und Gefügeänderungen im langzeitigen Einsatz müssen u. U. andere Grenztemperaturen gewählt werden.

D 13.5.1 Ferritische Stähle

Ausreichenden *korrosionschemischen Schutz* gegen Rostbefall in feuchter Umgebung bieten schon Stähle mit Chromgehalten um 12%. Einfache Haushaltsgegenstände und wenig beanspruchte Apparaturen der Erdölchemie werden beispielsweise aus dem Grundtyp X 6 Cr 13 mit 11 bis 15% Cr hergestellt. Für Kücheneinrichtungen wie Spülen und Waschmaschinen sowie im Automobilbau

Tabelle D 13.2 Kennzeichnende Legierungsarten nichtrostender Stähle

Stahlsorte Kurzname[a]	Chemische Zusammensetzung					Gefüge[b]
	% C	% Cr	% Mo	% Ni	Sonstige Elemente	
Ferritische Stähle						
X 6 Cr 13	$\leq 0{,}08$	10,5 ... 15	$\leq 1{,}3$	–	(Al, Ti)	F (TF)
X 6 Cr 17	$\leq 0{,}08$	15,5 ... 20	$\leq 2{,}3$	–	(Ti, Nb, S)	F (TF)
X 1 CrNiMoNb 28 4 2	$\leq 0{,}015$	25 ... 29	0,75 ... 4	$\leq 4{,}5$	Nb, Ti, (Zr, Al)	F
Martensitische Stähle						
X 20 Cr 13	0,08 ... 0,35	11,5 ... 15	$\leq 1{,}5$	$\leq 1{,}5$	(S)	M_V (TM)
X 20 CrNi 17 2	0,10 ... 0,43	15,5 ... 18,5	$\leq 1{,}3$	$\leq 2{,}5$	(S)	M_V (TM)
X 40 Cr 13 (X 45 CrMoV 15)	0,25 ... 1,15	12 ... 16	$\leq 1{,}5$	–	(Co, V)	M_H
X 105 CrMo 17 (X 90 CrMoV 17)	0,85 ... 1,20	15,5 ... 19	$\leq 1{,}3$	$\leq 0{,}3$	(Co, V)	M_H
Nickelmartensitische Stähle						
X 4 CrNi 13 4	$\leq 0{,}05$	12 ... 15	≤ 2	3 ... 5		NM_V
X 4 CrNiMo 16 5	$\leq 0{,}05$	15 ... 17	0,8 ... 1,5	4 ... 6		NM_V
Martensitaushärtende Stähle						
X 5 CrNiCuNb 15 5	$\leq 0{,}07$	14 ... 17		3 ... 5	Cu, Nb	NM_{AH}
X 7 CrNiMoAl 15 7	$\leq 0{,}07$	14 ... 16	2 ... 2,5	6,5 ... 8	Al	AM_{AH}
Austenitische Stähle						
X 5 CrNi 18 10	$\leq 0{,}07$	17 ... 20		8,5 ... 10,5		A
X 5 CrNiMo 17 12 2	$\leq 0{,}07$	16,5 ... 18,5	2,0 ... 2,5	10,5 ... 13,5		A
X 2 CrNi 19 11	$\leq 0{,}03$	18 ... 20		8,5 ... 11,5	(Ti, Nb, N)	A
X 2 CrNiMo 18 14 3	$\leq 0{,}03$	16,5 ... 18,5	2 ... 3	10,5 ... 14,5	(Ti, Nb, N)	A
X 2 CrNiMoN 17 13 5	$\leq 0{,}03$	16 ... 20	3 ... 5	12,5 ... 19	N	A
X 1 CrNiMoN 25 25	$\leq 0{,}02$	24 ... 26	2 ... 2,5	22 ... 26	N	A
X 1 NiCrMoCu 25 20 5	$\leq 0{,}02$	19 ... 28	3 ... 7	24 ... 32	Cu, (N)	A
Ferritisch-austenitische Stähle						
X 2 CrNiMoN 22 5 3	$\leq 0{,}03$	18 ... 28	1,3 ... 3	4 ... 7,5	N, (Si, Nb)	AF

[a] Im Kurznamen gibt die erste Zahl nach dem X den mittleren Kohlenstoffgehalt in 0,01 % an, es folgen dann die chemischen Symbole für die kennzeichnenden Legierungselemente, deren Gehalt angenähert in den weiteren Zahlen angegeben wird.
[b] A = austenitisch, AF = austenitisch-ferritisch, AH = ausscheidungshärtbar, AM = austenitisch-martensitisch, F = ferritisch, M = martensitisch, M_H = martensitisch (Härtungsgefüge), M_V = martensitisch (Vergütungsgefüge), NM = nickelmartensitisch, NM_{AH} = nickelmartensitisch (Ausscheidungshärtung), NM_V = nickelmartensitisch (Vergütungsgefüge), TF = teilferritisch, TM = teilmartensitisch.

Tabelle D 13.3 Mechanische Eigenschaften einiger nichtrostender Stähle

Stahlsorte (Kurzname)	Wärmebehandlungszustand	Streckgrenze (0,2%-Dehngrenze) N/mm²	Zugfestigkeit N/mm²	Bruchdehnung A^a % längs	Bruchdehnung A^a % quer	Härte HB oder HV	Kerbschlagarbeit[a] (ISO-V-Probe) J längs	Kerbschlagarbeit[a] (ISO-V-Probe) J quer
Ferritische Stähle								
X 6 Cr 13	vergütet	≥ 400	550...700	18	13	< 185		
X 6 Cr 17	geglüht	≥ 270	450...600	20	18	< 240		
X 1 CrNiMoNb 28 4 2	abgeschreckt	≥ 500	600...750	20	16		60	45
Martensitische Stähle								
X 20 Cr 13	vergütet, Stufe I	≥ 450	650...800	14	10		25	
	vergütet, Stufe II	≥ 550	750...950	12	8			
X 20 CrNi 17 2	vergütet	≥ 550	750...950	14	10		30	20
X 40 Cr 13 (X 45 CrMoV 15)	geglüht		≤ 800 (≤ 900)			≤ 285		
X 105 CrMo 17 (X 90 CrMoV 17)	gehärtet					≥ 58 HRC		
Nickelmartensitische Stähle[b]								
X 4 CrNi 13 4	vergütet, Stufe V1	≥ 550	760...900	17	16	240...290	90	70
	vergütet, Stufe V2	≥ 685	780...980	17	14	245...310	90	70
	vergütet, Stufe V3	≥ 850	900...1200	14	11	275...340	80	50
X 4 CrNiMo 16 5	vergütet, Stufe V1	≥ 550	830...1030	16	14	260...325	90	70
	vergütet, Stufe V2	≥ 685	850...1100	16	14	265...345	80	60
	vergütet, Stufe V3	≥ 850	900...1200	14	11	280...385	70	40
Martensitaushärtende Stähle								
X 5 CrNiCuNb 15 5	ausgehärtet	790...1170	960...1310	9...12	5...9	311...451	20...34	14...20
X 7 CrNiMoAl 15 7	ausgehärtet	700...1200	950...1350	5...15	4...8	311...451		
Austenitische Stähle								
X 5 CrNi 18 10	abgeschreckt	≥ 195	500...700	45	40		85	55
X 5 CrNiMo 17 12 2	abgeschreckt	≥ 205	510...710	40	35		85	55
X 2 CrNi 19 11	abgeschreckt	≥ 180	460...680	45	40		85	55
X 2 CrNiMo 18 14 3	abgeschreckt	≥ 190	490...690	35	30		85	55
X 2 CrNiMoN 17 13 5	abgeschreckt	≥ 285	580...800	35	30		85	55
X 1 CrNiMoN 25 23	abgeschreckt	≥ 255	540...740	40	30		70	40
X 1 NiCrMoCu 25 20 5	abgeschreckt	≥ 220	500...750	35	30	≥ 160	85	30
Ferritisch-austenitische Stähle								
X 2 CrNiMoN 22 5 3	abgeschreckt	≥ 450	680...880	30	25		100	70

[a] Die Werte sind erreichbare Mindestwerte (bei nickelmartensitischen Stählen sind die Kerbschlagarbeitswerte Mittelwerte), wobei allerdings die Erzeugnisart und -dicke zu beachten sind (siehe z. B. DIN 17 440 [44])
[b] Nach dem Entwurf von Januar 1985 für eine Neufassung von Stahl-Eisen-Werkstoffblatt 400. Nichtrostende Walz- und Schmiedestähle.

werden Stähle mit 17% Cr (wie X6Cr17) verwendet. Stähle mit 18% Cr, 2% Mo, niedrigen Kohlenstoff- und Stickstoffgehalten, die mit Titan und/oder Niob stabilisiert sind, finden aufgrund ihrer guten Korrosionseigenschaften gemessen am Legierungsaufwand aus wirtschaftlichen Überlegungen heraus ein breites Interesse, besonders für Kühlsysteme, die mit chloridhaltigem Flußwasser gespeist werden. Für sehr aggressive Bedingungen in Rohrwärmetauschern wurden Stähle mit 25 bis 29% Cr, bis zu 5% Mo und 2 bis 4% Ni geschaffen wie z. B. X1CrNiMoNb28 4 2, der trotz niedriger Gehalte an Kohlenstoff und Stickstoff noch mit

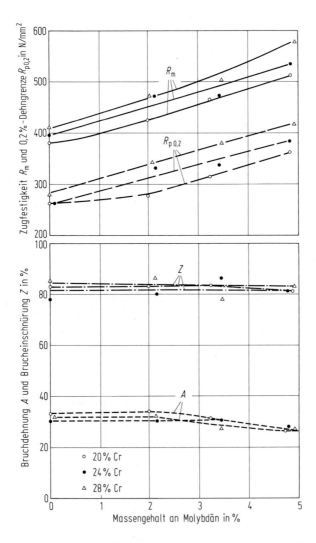

Bild D 13.28 Einfluß von 1 bis 5% Mo auf Zugfestigkeit, 0,2%-Dehngrenze, Bruchdehnung und Brucheinschnürung von drei Stählen mit 20, 24 und 28% Cr. Nach [46]. Wärmebehandlung: 1000°C 30 min/Wasser.

Niob stabilisiert werden muß [27, 45]. Die durch ihn gekennzeichnete Stahlgruppe wird gelegentlich auch *superferritisch* genannt.

Ebenso wie der kfz Mischkristall des Austenits kann auch der krz Kristall des ferritischen Chromstahls verfestigt werden. Aufgrund der geringen Löslichkeit von Stickstoff und Kohlenstoff in ihm ist jedoch nur eine Substitutionsmischkristall-Verfestigung möglich. Mit steigendem Chrom- und Molybdängehalt nehmen *Härte, Streckgrenze und Zugfestigkeit* ohne Beeinträchtigung von Bruchdehnung und Brucheinschnürung zu (Bild D 13.28 [46]). Auch Silizium erhöht die Festigkeit.

Im Kerbschlagbiegeversuch zeigt sich die Neigung der ferritischen Stähle zur *Kaltsprödigkeit* zumeist mit steilem Abfall der Werte im Bereich der Raumtemperatur; durch steigende Chromgehalte und Grobkornbildung wird der Übergang vom zähen Bruch zum Sprödbruch zu höheren Temperaturen verlagert.

Die Versprödung der ferritischen Stähle wird durch Chrom und in noch stärkerem Maße durch Molybdän beschleunigt. Der übersättigte Mischkristall zeigt unterhalb der Lösungsglühtemperatur *zwei Temperaturbereiche mit deutlich stärkerer Versprödungsneigung*: Bis etwa 550°C beruht sie auf der als 475°C-Versprödung bekannten einphasigen Entmischung des Alpha-Mischkristalls, oberhalb 550°C auf der Ausscheidung der Chi- und Sigma-Phase (Bild D 13.29 [46]). Außerdem muß bei unstabilisierten ferritischen Stählen noch mit einer Versprödung durch Karbid- und Nitridbildung gerechnet werden. Aus der 475°-Versprödung, die sich in einem Zeitraum von mindestens 10^5 h nicht nachteilig auf den Werkstoff auswirken soll, ergibt sich die obere Grenztemperatur für die Anwendung der Stähle. Sie nimmt im allgemeinen mit steigendem Chromgehalt ab. Die in der Praxis übliche Anwen-

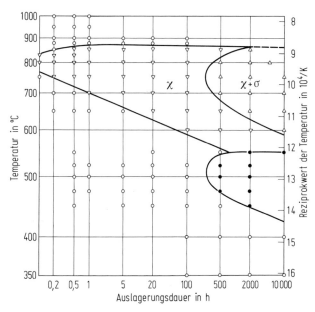

Bild D 13.29 Zeit-Temperatur-Auslagerungs-Schaubild eines Versuchsstahls mit 34% Cr und 3,5% Mo. Nach [46].

dung ferritischer Stähle geht jedoch kaum über 250°C hinaus, so daß die hier erwähnten metallkundlichen Vorgänge wohl unberücksichtigt bleiben können.

Die Versprödungsneigung führt auch zu *einschränkenden Maßnahmen bei Herstellung und Verarbeitung.* So muß bei hohem Legierungsgehalt nach Glühbehandlungen die Abkühlung genügend schnell sein, um ausreichende Zähigkeit zu erzielen. Demgemäß sind die Abmessungen der Fertigungsquerschnitte nach oben zu begrenzen [47].

Ebenso sind *Schweißarbeiten* nur unter Berücksichtigung der metallkundlichen Veränderungen, d. h. im eingeschränkten Maße, durchführbar. Das Schweißen der Superferrite verlangt eine besondere Sorgfalt, da sie infolge ihrer großen Gefügeinstabilität durch Wärmeeinbringen verspröden können. Aus diesem Grunde ist die Schweißeignung der hochlegierten ferritischen Stähle nur bis zu einer für jede Stahlsorte zu bestimmenden stahltypischen Grenzabmessung gegeben. Für den nickelhaltigen X1CrNiMoNb 28 4 2 sind warmgewalzte Bleche auch noch im Bereich von 10 bis 20 mm Dicke schweißbar.

D 13.5.2 Martensitische Stähle

Die nichtrostenden Stähle mit höherer Härte und Festigkeit hängen in ihrer Korrosionsbeständigkeit stark von dem durch eine Wärmebehandlung eingestellten Gefügezustand ab. Während die Messerstähle, wie X40Cr13 und X105CrMo17 (s. Tabellen D 13.2 und D 13.3) gehärtet und nur entspannt werden, kommen die Stähle X20Cr13 oder X20CrNi17 2 gehärtet und angelassen, d. h. im vergüteten Zustand, zum Einsatz. Diese Messerstähle werden nicht nur als Schneidwaren verwendet, sondern aufgrund der erzielbaren hohen Härte auch für Nadelventile, Düsen und Wälzlager. Aus den Vergütungsstählen X20Cr13 und X20CrNi17 2 wird eine Reihe von Maschinenbauteilen, wie Wellen, Spindeln, Ventile, Armaturen und Dampfturbinenschaufeln oder für die Kunststoffverarbeitung Preßbleche mit Oberflächenstrukturierungen hergestellt.

In *korrosionschemischer Hinsicht* bildet, wie schon erwähnt, der gehärtete und nur entspannte Stahl einen günstigen Gefügezustand, da die Karbide weitgehend in Lösung sind; es besteht jedoch die Gefahr der Rißbildung, wenn Wasserstoff aus einer kathodischen Teilreaktion aufgenommen wird. Mit steigender Anlaßtemperatur scheiden sich chromreiche Karbide aus, wodurch dem Mischkristall korrosionschemisch wirksames Chrom entzogen wird. Anlaßbedingungen, die zu einer interkristallinen Chromverarmung führen können, sind deshalb zu vermeiden (s. die Bilder D 13.3 und D 13.13). Auch beim Weichglühen ist die Ausscheidung von Chromkarbiden bei dieser Stahlgruppe zu beachten.

Für wesentliche Verwendungsgebiete der martensitischen nichtrostenden Stähle kommt es auf hohe Härte an. Zur Verbesserung der *Zähigkeit,* die nach der Abschreckhärtung naturgemäß niedrig liegt, bleibt dann nur ein Entspannen bei niedrigen Temperaturen, etwa bei 200 bis höchstens 300°C, übrig; mit den kohlenstoffreicheren Stählen wie X90CrMoV17 und X105CrMo17 kann bei dieser Behandlung eine Härte von 50 bis 60 HRC als Voraussetzung für den Verschleißwiderstand von Wälzlagern und Werkzeugen sowie für die Schneidhaltigkeit von Messern erreicht werden. Wenn den höherfesten Baustählen vergleichbare mechanische Eigenschaften angestrebt werden, ist dies mit den Stählen X20Cr13 und

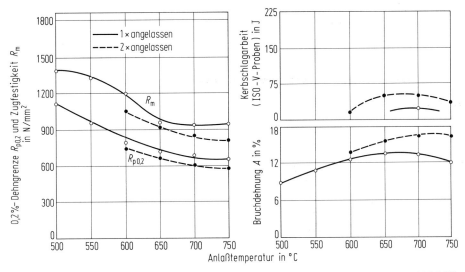

Bild D 13.30 Anlaßverhalten eines vergüteten Stahls mit 0,20% C, 16,5% Cr, 0,10% Mo und 1,7% Ni. Wärmebehandlung: 1050°C/Öl, 2 h angelassen. Längsproben. Nach [48].

X 20 CrNi 17 2 – u. U. noch mit einem kleinen Molybdänzusatz – nach Härten und Anlassen bei 650 bis 750 °C erreichbar, wie das Bild D 13.30 [48] zeigt und aus Tabelle D 13.3 hervorgeht. Die Anwendungstemperaturen dieser vergüteten Stähle liegen in der Regel 100 °C unter ihrer Anlaßtemperatur, also etwa bis 550 °C. Ihre Zähigkeit unterhalb Raumtemperatur ist nur gering.

Tabelle D 13.4 Mechanische Eigenschaften im Ausgangszustand der nach Bild D 13.31 untersuchten Stähle

Stahlsorte Kurzname	Ausgangszustand	Mechanische Eigenschaften			
		0,2%- 1%- Dehngrenze N/mm²	Zug-festigkeit N/mm²	Bruch-dehnung A %	Bruchein-schnürung %
X 4 CrNi 13 4	950 °C 30 min/Öl + 600 °C 2 h/Luft	789 807	864	20	70
X 4 CrNiMo 16 5	950 °C 30 min/Öl + 600 °C 2 h/Luft	763 812	909	20	76

Während der Martensit dieser vergütbaren Chromstähle (mit etwa 0,20% C) hart und spröde ist, bilden Chromstähle mit Kohlenstoffgehalten nur bis 0,05% durch Zulegieren von 3 bis 6% Ni (X 4 CrNi 13 4 und X 4 CrNiMo 16 5 in den Tabellen D 13.2 und D 13.3) bei der γ-α-Umwandlung einen zähen kubischen Martensit [35, 49, 50]. Lösungsglühen und Härten erfolgt dabei von Temperaturen zwischen 950 und 1050 °C, der Anlaßbereich erstreckt sich bis etwa 620 °C. Diese *nickelmartensitischen Stähle* bilden zwischen 500 und 600 °C in feindisperser Verteilung einen stabilen Austenit, dem sie ihre bemerkenswerte Zähigkeit (s. Bild D 13.31 [51]) bei gleich-

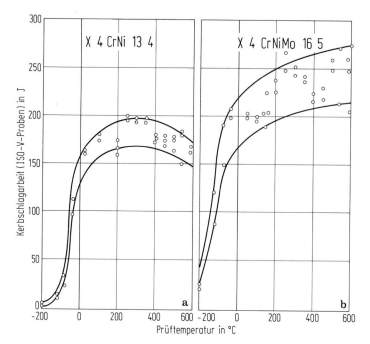

Bild D 13.31 Kerbschlagarbeit-Temperatur-Kurven von Längsproben der nickelmartensitischen Stähle a X 4 CrNi 13 4; b X 4 CrNiMo 16 5. Nach [51]. Mechanische Eigenschaften im Ausgangszustand s. Tabelle D 13.4.

zeitig hoher Anlaßfestigkeit verdanken (Bild D 13.32 [51]). Die Stähle bieten zudem aufgrund ihrer niedrigen Kohlenstoffgehalte eine bessere Korrosionsbeständigkeit als die Stahlgruppe mit rd. 0,20% C und 13 bis 17% Cr (s. Bild D 13.33 [35]). Ihre gute Zähigkeit, gepaart mit einer zufriedenstellenden Schweißeignung, hat sich bei Bauteilen, die korrosiver und wechselnder mechanischer Beanspruchung unterliegen, bewährt; Beispiele sind Wellen und Schaufeln von Wasserturbinen oder Pumpengehäuse. Die Durchvergütbarkeit auch dicker Werkstücke gewährleistet bei nickelmartensitischen Stählen gleichmäßige Festigkeitseigenschaften über den Querschnitt. Ihre Anwendungstemperaturen müssen jedoch auf höchstens 300 bis 350°C begrenzt werden, da feinste Karbidausscheidungen unter Langzeitbeanspruchungen bei höheren Temperaturen zu Zähigkeitsveränderungen führen [52]. Die Stähle bleiben aber bei Temperaturen bis herunter auf − 100°C noch zäh (Bild D 13.31).

Der Vergütungsbehandlung der nickelmartensitischen Stähle kann bei Zusätzen von Kupfer oder Aluminium noch eine Ausscheidungshärtung überlagert werden [49, 53]. Man kommt damit zu den *martensitaushärtenden Stählen* X 5 CrNiCuNb 15 5 und X 7 CrNiMoAl 15 7 in den Tabellen D 13.2 und D 13.3. Sie werden bei vergleichbarer Korrosionsbeanspruchung für mechanisch hoch belastete Teile eingesetzt, z. B. in der Luft- und Raumfahrt. Durch mehrstufige Wärmebehandlungen erreicht man bei dieser Stahlgruppe eine 0,2%-Dehngrenze von etwa 1000 bis 1200 N/mm^2, eine Zugfestigkeit von etwa 1100 bis 1300 N/mm^2 und eine Bruch-

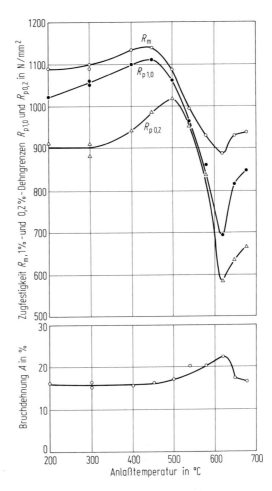

Bild D 13.32 Dehngrenzen, Zugfestigkeit und Bruchdehnung des nickelmartensitischen Stahls X 4 CrNiMo 16 5 in Abhängigkeit von der Anlaßtemperatur. Nach [51]. Austenitisierung wie in Bild D 13.31 (Tabelle D 13.4), Anlaßdauer 2 h.

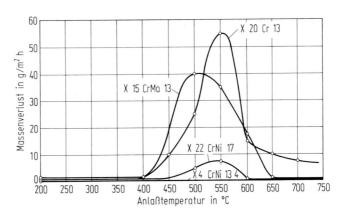

Bild D 13.33 Vergleich der Korrosionsbeständigkeit eines nickelmartensitischen Stahls (X 4 CrNi 13 4) mit drei anderen martensitischen Stählen nach Anlassen auf 200 bis 700 °C für jeweils 8 h. Prüfbedingungen: 2 h in siedender 20%iger (X 20 Cr 13 in 5%iger) Essigsäure. Nach [35].

dehnung von etwa 10%. Die obere Temperaturgrenze ihrer Anwendung liegt aber auch bei 300 bis 350 °C, da die Aushärtungsreaktionen bei diesen verhältnismäßig niedrigen Temperaturen durch Diffusion ablaufen.

D 13.5.3 Austenitische Stähle

Chrom-Nickel-Stähle mit austenitischem Gefüge werden bei der Verarbeitung und im Gebrauch den unterschiedlichsten Anforderungen gerecht und sind daher in allen Bereichen der modernen Technik und des täglichen Lebens zu unersetzbaren Werkstoffen geworden. Sie haben mengenmäßig den größten Anteil am Verbrauch der nichtrostenden Stähle. Mit Stählen vom Grundtyp X5CrNi1810 bis hin zum hochlegierten X1NiCrMoCu25205 (s. die Tabellen D13.2 und D13.3) kann man vielen korrosionschemischen Beanspruchungen begegnen.

Austenitische Chrom-Nickel-Stähle finden ihre *Verwendung* im Haushalt für Kücheneinrichtungen, im Bauwesen für Innen- und Außeneinrichtungen. Im Außenbereich und im Automobilbau sollte man ungünstigen Bedingungen, wie Industrieatmosphäre oder Meeresnähe, Einsatz von Streusalz im Winter, durch die Wahl molybdänlegierter Stähle Rechnung tragen. Höchste Forderungen des Chemiewesens sind mit Stählen wie X2CrNiMoN17135 oder X1NiCrMoCu25205 abzudecken, wenn es um den Einsatz in organischen Säuren oder in Schwefelsäure geht.

Stähle mit rein austenitischem Gefüge, geprüft bei Raumtemperatur, weisen mit 200 bis 250 N/mm^2 eine verhältnismäßig niedrige 0,2-Grenze auf, haben jedoch den Vorteil guter *Zähigkeit*. Hohe Bruchdehnungswerte von etwa 50%, d. h. doppelt so hoch wie die bei etwa 25% liegenden Werte der ferritischen und austenitisch-ferritischen Stähle, sind ein besonderer Vorteil der austenitischen Stähle, die damit und mit ihrem niedrigen Streckgrenzenverhältnis von weniger als 0,5 eine hohe plastische Verformungsfähigkeit haben (Tabelle D13.3).

Zur Erzielung höherer Festigkeitskennwerte wird mitunter die *Neigung der austenitischen Stähle zur Kaltverfestigung* ausgenutzt. Die Festigkeitssteigerung beruht dabei zum einen auf der Verfestigung des austenitischen Mischkristall nach den bekannten metallkundlichen Mechanismen, zum anderen auf der Bildung von α'-Martensit (Bild D13.34 [54]). Insbesondere wird für die Herstellung nichtrostender Federn von dieser Eigenschaft Gebrauch gemacht. In Bereichen der Massivumformung, z. B. bei der Schraubenherstellung, stört jedoch die starke Verfestigung des Austenits. Kupferlegierte Sorten zeigen in diesem Sinne ein günstigeres Verformungsverhalten (Bild D13.35 [55]). Der kaltverformte Zustand der austenitischen Stähle schließt Schweißoperationen allerdings aus.

Sowohl durch Substitution als auch durch interkristalline Einlagerung ist es möglich, Dehngrenzen und Festigkeit beträchtlich anzuheben (Bild D13.36 [56–59]). Die größte *Wirksamkeit* ist dabei den Elementen Kohlenstoff und *Stickstoff* auf Zwischengitterplätzen zuzuschreiben. Da höhere Kohlenstoffgehalte aus korrosionschemischen Gründen nicht in Betracht kommen, wird bevorzugt Stickstoff eingesetzt; bei abgestimmter chemischer Zusammensetzung des Stahls sind im lösungsgeglühten und abgeschreckten Zustand Stickstoffgehalte über 0,40% möglich [57]. Bei guter Zähigkeit kann so die 0,2%-Dehngrenze bei Raumtemperatur auf über 500 N/mm^2 angehoben werden, und die Zugfestigkeit erreicht Werte

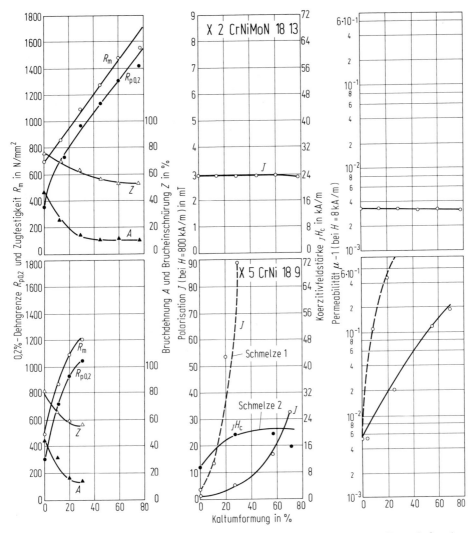

Bild D 13.34 Einfluß der Kaltumformung auf die mechanischen und magnetischen Eigenschaften der Stähle X 5 CrNi 18 9 und X 2 CrNiMoN 18 13. Nach [54].

zwischen 800 und 1000 N/mm². Der günstige Einfluß von Stickstoff ist auch bei erhöhten Temperaturen zu beobachten [58]. Sehr hohe Gehalte bis etwa 1% können durch Erschmelzung des Stahls unter Druck erzielt werden. Da sie nicht dem thermodynamischen Gleichgewicht – besonders nicht bei tieferen Temperaturen – entsprechen, muß bei Anwendungstemperaturen, welche Diffusionsvorgänge ermöglichen, wie auch beim Schweißen dickerer Stücke die Bildung von Chromnitrid beachtet werden.

Die molybdänlegierten austenitischen Chrom-Nickel-Stähle neigen infolge des hohen Legierungsgehalts zur Bildung intermetallischer Phasen, wie der Chi-, Sigma- und Laves-Phase mit Auswirkungen auf die Korrosionsbeständigkeit und

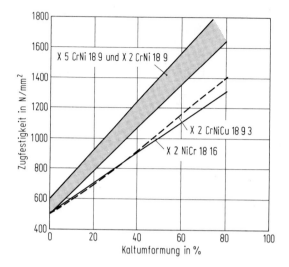

Bild D 13.35 Kaltverfestigung der nichtrostenden Kaltstauchstähle X 2 NiCr 18 16 und X 2 CrNiCu 18 9 3 im Vergleich zu der der üblichen austenitischen Stahlsorten X 5 CrNi 18 9 und X 2 CrNi 18 9. Nach [55].

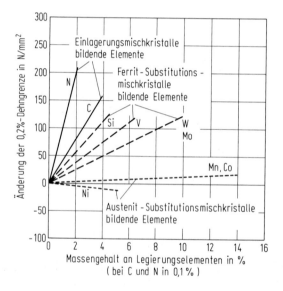

Bild D 13.36 Einfluß einiger Einlagerungs- oder Substitutionsmischkristalle bildenden Elemente auf die Änderung der 0,2%-Dehngrenze von Stahl. Nach [56].

Zähigkeit [59–62]. Durch Stickstoffzugabe wird die Bildungsgeschwindigkeit dieser Phasen herabgesetzt und der Phasenraum zu tieferen Temperaturen hin verschoben (Bild D 13.37 [63]). *Stickstoff trägt* also zur Gefügestabilität des Austenits *bei, so daß höhere Chrom- und Molybdängehalte* zur Verbesserung der Korrosionsbeständigkeit *genutzt werden können*, ohne die Ausscheidungsneigung der intermetallischen Phasen zu steigern [63–66]. Beispiele für diese Entwicklung sind X 2 CrNiMoN 17 13 5 und X 1 CrNiMoN 25 23 in den beiden Tabellen.

Für die austenitischen Stähle werden die *zulässigen höchsten Grenztemperaturen* aus den bekannten Kornzerfallsschaubildern abgeleitet. Danach sind alle stabili-

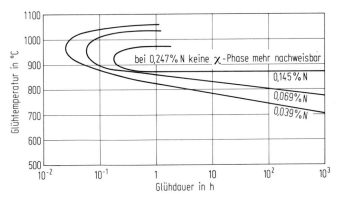

Bild D 13.37 Einfluß des Stickstoffgehalts auf den Beginn der Ausscheidung der Chi-Phase in Stahl X 5 CrNiMo 17 13. Nach [63].

sierten Austenite für eine obere Grenztemperatur von 400 °C im Langzeitbetrieb geeignet. Die kohlenstoffarmen sowie die mit Stickstoff legierten Stähle sind im allgemeinen für eine Dauerbeanspruchung bis 400 °C vorgesehen, während bei Kohlenstoffgehalten um 0,05 % die langzeitige Anwendungstemperatur 300 °C nicht überschreiten soll. Auch für die Stahlgruppe der Austenite gilt bei naßkorrosionsmäßiger Beaufschlagung unterhalb der genannten Grenztemperaturen, daß innerhalb von 10^5 h keine Sensibilisierung für interkristalline Korrosion eintreten darf (s. DIN 50 914 [5]). Werden die austenitischen Stähle in Betriebsmedien eingesetzt, die keine interkristalline Korrosion auszulösen vermögen, so dürfen höhere Anwendungstemperaturen bis 550 °C zugelassen werden, wobei der Berechnungskennwert die 1%-Dehngrenze ist. Es ist jedoch zu beachten, daß mit zunehmendem Legierungsgehalt, besonders an Chrom und Molybdän, die Neigung zur Bildung intermetallischer Phasen zunimmt, wodurch für den Langzeitbetrieb die zulässigen Anwendungstemperaturen herabgesetzt werden.

D 13.5.4 Ferritisch-austenitische Stähle

Aufgrund des zweiphasigen Gefüges liegt die *0,2%-Dehngrenze* bei dieser Stahlgruppe fast doppelt so hoch wie bei den üblichen ferritischen und austenitischen Stählen, nämlich über 450 N/mm² (s. Tabelle D 13.3). Das Gefüge des gut schweißbaren Stahls X 2 CrNiMoN 22 5 3 beispielsweise besteht etwa zu gleichen Anteilen aus Ferrit und Austenit.

Chrom und Molybdän bedingen eine gute *Beständigkeit gegen* Lochkorrosion und andere *selektive Korrosionsarten*. Die Beständigkeit gegen Spannungsrißkorrosion in chloridverunreinigten Kühlwässern und organischen Säuren ist bedeutend besser als bei den austenitischen Standardsorten. Wegen guter Verschleißfestigkeit unter korrosivem Angriff werden sie auch gern eingesetzt, wenn sich der Korrosion eine abrasive Beanspruchung überlagert. Den erhöhten Festigkeitseigenschaften in Verbindung mit einer guten Korrosionsbeständigkeit entspricht eine verbesserte Korrosionsschwingfestigkeit [67].

Das *Ausscheidungsverhalten* der ferritisch-austenitischen Stähle wird durch die beiden Gefügebestandteile bestimmt. Bedingt durch den Ferritgehalt tritt neben den intermetallischen Phasen noch die 475°-Versprödung auf. Der Stickstoffzusatz im Stahl X 2 CrNiMoN 22 5 3 bewirkt jedoch eine Verzögerung der Bildung von Sigmaphase. Die hohe Löslichkeit des Austenits für Kohlenstoff verhindert bei hinreichend rascher Abkühlung die Bildung von Chromkarbid an den Korngrenzen des Ferrits und damit eine Sensibilisierung für interkristalline Korrosion [68]. Gleichzeitig fördert Stickstoff die Bildung von Austenit ausgehend von der Ferrit/Ferrit-Phasengrenze. Dieser Vorgang muß insbesondere beim Abkühlen einer Schweißraupe kontrolliert werden, da auch im Schweißgut ein Gefüge mit angenähert gleichen Anteilen von Ferrit und Austenit Voraussetzung für das gewünschte Eigenschaftsbild hinsichtlich Festigkeit, Zähigkeit und Korrosionsbeständigkeit ist. Das Zulegieren von Stickstoff gestattet also auch bei dieser Stahlgruppe erst die sichere Erzeugung dickerer Querschnitte und begründet eine bessere Schweißbarkeit [19].

Der ferritisch-austenitische Stahl hat aus den eben erwähnten Gründen eine obere *Grenztemperatur der Anwendung* von 280 °C, von den Zähigkeitseigenschaften her kann er in der Kälte bis etwa − 60 °C eingesetzt werden.

D 14 Druckwasserstoffbeständige Stähle

Von Erich Märker

D 14.1 Schädigung von Stahl durch Wasserstoff in der Hochdrucktechnik

Nach der *Definition* des Stahl-Eisen-Werkstoffblattes 590-61 gelten die Stähle als *druckwasserstoffbeständig*, die gegen Entkohlung durch Wasserstoff bei höheren Drücken und hohen Temperaturen und gegen die mit ihr verbundene Versprödung und Korngrenzenrissigkeit wenig anfällig sind [1].

Der Wasserstoff kann aufgrund seines kleinen Atomradius in atomarer Form leicht in Metalle eindringen und in den verschiedensten Formen Schäden hervorrufen. Bei Raumtemperatur und wenig erhöhten Temperaturen – bis etwa 200°C – sind die Schädigungen von Stahl unter folgenden Begriffen bekannt: Flocken, Fischaugen, Beizblasen, Beizrisse, wasserstoffinduzierte Spannungsrißkorrosion, Unternahtrisse, verzögerte Brüche, Wasserstoffversprödung und Fischschuppenbildung.

Die *Schädigung von Stahl* bei Temperaturen *unterhalb von 200°C*, bekannt als „Wasserstoffversprödung" und wie sie heute benannt wird „wasserstoffinduzierte Spannungsrißkorrosion", ist im Mechanismus völlig verschieden von der Schädigung bei Temperaturen oberhalb 200°C. Mit den Grundlagen der Schädigung von Stählen durch Wasserstoff bei Temperaturen unterhalb 200°C, insbesondere deren Bedeutung bei Förderung, Transport und Reinigung von schwefelwasserstoffhaltigem Erdgas, beschäftigen sich ausführlich die Arbeiten von Reuter [2].

Im folgenden wird ausschließlich die Rede von Schäden sein, die *unter Einwirkung von hochgespanntem Wasserstoff* bei Temperaturen *oberhalb etwa 200°C* im Stahl auftreten können. Sie wurden hauptsächlich bekannt, als die chemische Industrie die Hochdrucktechnik als Mittel zur Ermöglichung und Lenkung von chemischen Prozessen großtechnisch anwendete. So barsten die beiden Rohre aus unlegiertem Stahl beim ersten großtechnischen Versuch der Synthese von Ammoniak aus Stickstoff und Wasserstoff nach dem Haber-Bosch-Verfahren im Jahre 1911 nach einer Betriebsdauer von 80 h bei 200 bar und einer Betriebstemperatur von etwa 500 bis 600°C [3]. Eine Untersuchung der Rohre ergab, daß der Perlit im Gefüge der inneren Rohrwand verschwunden war und dadurch der Stahl seinen Zusammenhalt verloren hatte, so daß auch die noch unbeeinflußte äußere Schicht der Rohrwand aufgerissen war. Offensichtlich war der Perlit unter Bildung von Methan bei der Beanspruchung unter Druckwasserstoff bei hoher Temperatur entkohlt worden. Das Problem wurde von Bosch zunächst konstruktiv gelöst, indem er das drucktragende Rohr durch ein inneres Futterrohr aus weichem, kohlenstoffarmen Eisen schützte. Der durch das Futterrohr diffundierte Wasserstoff konnte durch eine große Anzahl kleiner Entgasungslöcher in der drucktragenden Wand gefahrlos entweichen. Trotz dieser apparativen Lösung führten umfangreiche Versuche mit unlegierten sowie chrom- und wolframlegierten Stählen zu verschiede-

---

Literatur zu D 14 siehe Seite 763, 764.

nen Patenten der BASF, der Badischen Anilin- und Soda-Fabrik, A. G., bereits in den Jahren 1912, 1913 und 1916, welche die Herstellung und Verwendung von Sonderstählen beim Betrieb mit Wasserstoff unter hohem Druck und erhöhter Temperatur zum Gegenstand hatten.

Aber erst die an das Haber-Bosch-Verfahren anknüpfenden weiteren Hochdruckverfahren – die Synthese des Methanols und der höheren Alkohole sowie die Hydrierung von Kohle und Erdöl zu synthetischen Treibstoffen – führten in den zwanziger und dreißiger Jahren zur Entwicklung und betrieblichen Anwendung von druckwasserstoffbeständigen Stählen, wie sie zum Teil heute noch verwendet werden. Auch in Dampferzeugern sind Schäden aufgetreten, die auf eine Entkohlung durch Wasserstoff zurückzuführen sind [4].

Die Literatur über das Versagen von Stählen unter Druckwasserstoffeinwirkung ist sehr umfangreich. Ein Überblick über die Veröffentlichungen bis zum Jahre 1965 ist in [5-9] zu finden.

D 14.2 Metallkundliche Grundlagen zur Erzielung von Druckwasserstoffbeständigkeit bei Stahl

Die *Reaktionen*, die sich beim *Eindringen von Druckwasserstoff* oberhalb 200°C *in den Stahl* und mit dem Kohlenstoff des Zementits abspielen, sind in C 3.3 genau dargelegt worden. Es genügt, hier als Ergebnis festzuhalten, daß die im Stahl vorhandenen Karbide in Methan und Ferrit zersetzt werden und mit dieser Entkohlung eine Lockerung des Zusammenhalts der Kristallite im Gefüge des Stahls verbunden ist. Das sich in Lockerstellen ansammelnde Methan ruft aber auch eine Sprengwirkung mit Rißbildung hervor, da es kaum aus dem Stahl herausdiffundieren kann.

Bild D 14.1 zeigt derartige Gefügeauflockerungen an einem unlegierten Stahl durch Druckwasserstoffangriff in einer Ammoniakanlage. Aber auch in Dampferzeugern kann durch Reaktion des Wassers mit dem Stahl bei hohen Temperaturen und Drücken Wasserstoff entstehen und in den Stahl eindringen [10].

In beiden Fällen zeigen sich die schädigenden Folgen der chemischen Einwir-

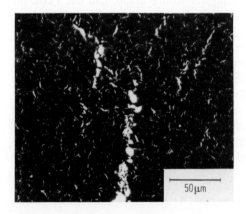

Bild D 14.1 Erscheinungsformen des Druckwasserstoffangriffs bei unlegiertem Stahl. Nach [10].

kung von Druckwasserstoff bei erhöhten Temperaturen in einer Herabsetzung aller mechanischen Eigenschaften – Zugfestigkeit, Bruchdehnung, Brucheinschnürung, Biegevermögen und besonders der Kerbschlagarbeit- sowie auch in einer Gewichtsabnahme, in Änderung des Volumens und der physikalischen Eigenschaften des Stahls [6].

Bild D 14.2 zeigt schematisch die *Schädigung eines Ammoniaksyntheserohrs* mit 120 mm Wanddicke durch Entkohlung nach *Wasserstoffangriff* [6]. Bei fortgeschrittener Entkohlung über zwei Drittel der Wanddicke fallen die Härte und die Zugfestigkeit zur beaufschlagten Innenoberfläche hin ab. Besonders bemerkenswert ist der Steilabfall der Werte für die Bruchdehnung, Brucheinschnürung und Kerbschlagarbeit, sobald eine Entkohlung eintritt.

Um eine Schädigung der Korngrenzen durch Druckwasserstoff zu vermeiden, sind zwei Wege möglich: Herabsetzen des Kohlenstoffgehalts des Stahls oder der Aktivität des Karbids im Stahl, d.h. entweder Einziehen eines Futterrohrs aus Weicheisen in ein drucktragendes Stahlrohr (wie zu Beginn bei der Ammoniaksynthese nach dem Haber-Bosch-Verfahren) oder Legieren des Stahls mit starken Karbidbildnern. Heute haben nur noch die legierungstechnischen Maßnahmen eine praktische Bedeutung.

D 14.3 Folgerungen für die chemische Zusammensetzung

D 14.3.1 Beständigkeit gegen Druckwasserstoff

Das Ergebnis systematischer Untersuchungen über den Einfluß von Legierungszusätzen auf die Beständigkeit von Stahl gegen Druckwasserstoff ist in Bild D 14.3 zusammengefaßt. Es zeigt den Einfluß verschiedener Legierungselemente auf die Wasserstoffbeständigkeit bei einem Druck von 300 bar von Stählen mit 0,1 % C während einer Versuchsdauer von 100 h.

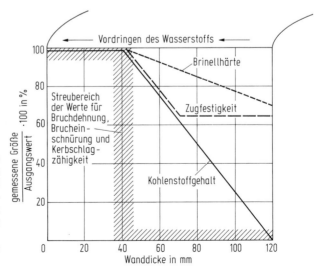

Bild D 14.2 Schematische Darstellung der Änderung des Kohlenstoffgehalts und der mechanischen Eigenschaften in Abhängigkeit von der Wanddicke in einem druckwasserstoffgeschädigten Rohr aus Stahl mit 0,26 % C und 3 % Ni. Nach [6].

Die Elemente *Silizium, Nickel und Kupfer* bilden keine Karbide; sie haben daher auch keinen Einfluß auf die Druckwasserstoffbeständigkeit.

Dagegen bewirken *Chrom, Wolfram und Molybdän* eine starke, stetige Steigerung der Beständigkeit. Da sich diese Elemente zunächst im Eisenkarbid lösen, beruht ihre Wirkung auf einer Stabilisierung des Eisenkarbids. Bei den Chromstählen tritt bei einem bestimmten, vom Kohlenstoffgehalt abhängigen Chromgehalt eine weitere unstetige Erhöhung der Beständigkeit ein. Dies ist auf den Ersatz von Eisen im M_3C durch Chrom und die Umwandlung in das Sonderkarbid M_7C_3 zurückzuführen. Aus Bild D 14.3 [11] kann auch abgeleitet werden, daß in der Praxis den Stählen mit etwa 3% Cr eine besondere Bedeutung zukommt.

Vanadin, Titan, Zirkon und Niob bewirken nach anfänglicher geringer Steigerung der Druckwasserstoffbeständigkeit zunächst keine weitere Verbesserung und werden in diesem Bereich durch Wolfram und Molybdän in ihrer Wirkung übertroffen. Die anfängliche Steigerung der Beständigkeit ist auf eine Lösung der Elemente im Eisenkarbid zurückzuführen. Da diese Löslichkeit jedoch sehr gering ist, erfolgt in diesem Bereich noch keine wesentliche Erhöhung der Beständigkeit. Erst bei Überschreitung eines bestimmten Gehalts, wenn das Eisenkarbid völlig verschwunden und nur noch das Sonderkarbid vorliegt, tritt eine sprunghafte Erhöhung der Druckwasserstoffbeständigkeit ein. Da diese Elemente sehr stabile Karbide bilden, werden außerordentlich hohe Werte erreicht.

In der *Verbindung von Chrom und Molybdän* wurde eine geeignete und wirtschaftliche Grundlage für die Stähle zur Verwendung in Hochdruckverfahren gefunden. Zusätze von Wolfram und Vanadin erhöhen die Druckwasserstoffbeständigkeit und die Warmfestigkeit.

D 14.3.2 Berücksichtigung der Verarbeitungseigenschaften

Zur Erzielung bester Druckwasserstoffbeständigkeit muß der verwendete Stahl nicht nur nach seiner chemischen Zusammensetzung zweckentsprechend ausgewählt werden, sondern auch sorgfältig so erschmolzen, gewalzt oder geschmiedet

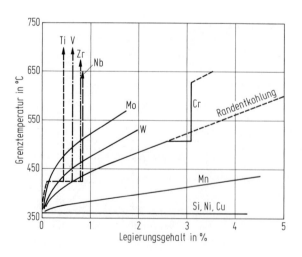

Bild D 14.3 Einfluß von Legierungselementen auf die Druckwasserstoffbeständigkeit von Stählen (Prüfung über 100 h in Wasserstoff bei 300 bar). Nach [11].

und wärmebehandelt werden, daß ein möglichst fehlerfreies gleichmäßiges Gefüge mit Karbiden erreicht wird, das einen hohen Widerstand gegen Wasserstoffangriff und eine gute Warmfestigkeit ergibt. Bei der Auswahl der Stahlzusammensetzung kommt es deshalb auf eine zweckmäßige Abwägung verschiedener Eigenschaften an.

Die Stahlindustrie wird dabei mit der *Lieferung von Hohlkörpern* mit Wanddicken über 200 mm, mit Längen bis 18 m und Blockgewichten mit *mehr als 300 t* vor *besondere Probleme* gestellt. Der Umformungsgrad spielt für die Bewährung der Stähle in den Bauteilen der Hochdrucktechnik eine ebenso große Rolle wie die Durchvergütung und Anlaßbeständigkeit bei der Wärmebehandlung. Die Herstellung von dickwandigen Hochdruckrohren aus den stark lufthärtenden chromlegierten Stählen durch Schrägwalzen und Pilgern muß ebenso berücksichtigt werden wie die Ausführung von Rundschweißungen.

Da eine Kaltverformung die Geschwindigkeit des Druckwasserstoffangriffs ganz beträchtlich erhöht, werden *druckwasserstoffbeständige Bauteile* fast ausschließlich *im vergüteten Zustand eingebaut*. Dabei muß zur Erzielung einer guten Druckwasserstoffbeständigkeit das Anlassen nach dem Härten bei hohen Temperaturen und mit langen Haltezeiten erfolgen.

Das Erstarrungsgefüge einer *Schweißnaht* ist *wesentlich anfälliger* als das Gefüge eines geschmiedeten oder gewalzten Bauteils. Ebenso ist das martensitische Härtungsgefüge, wie es z. B. in der wärmebeeinflußten Zone neben Schweißnähten von ferritisch-perlitischen Stählen auftreten kann, weniger beständig als das gleichmäßig durchvergütete Gefüge des Grundwerkstoffs. Die druckwasserstoffbeständigen Stähle müssen je nach Legierungsgehalt vor dem Schweißen mehr oder weniger hoch vorgewärmt werden und sollten nach dem Schweißen möglichst eine vollständige Vergütungsbehandlung erfahren. Das ist in der Praxis aufgrund der Bauteilabmessungen nur in wenigen Fällen möglich; dann sollte aber auf jeden Fall der Schweißnahtbereich genügend hoch und lange angelassen werden.

D 14.4 Auswahl der Stähle für den Betrieb

Wie in D 14.3.1 erläutert, ist die Grundlage der Stähle für eine Beanspruchung durch Druckwasserstoff die Legierung mit Chrom und Molybdän. Dementsprechend haben sich derartig legierte Stähle für den betrieblichen Einsatz seit langem durchgesetzt. Tabelle D 14.1 enthält Beispiele, und zwar nach der Ausgabe Dezember 1961 des Stahl-Eisen-Werkstoffblattes 590 [1]. Die Stähle mit 1 bis 3% Cr, die für die Herstellung von Rohren, Formstücken, Behältern und anderen Bauteilen im Hochdruckbau für den Temperaturbereich zwischen 200 und 400°C, bezogen auf einen Wasserstoffdruck von höchstens 700 bar, in Betracht kommen, haben sich seit vielen Jahrzehnten im Betrieb bewährt. Für den genannten Druck wird für den Stahl 20 CrMoV 13 5 sogar eine Betriebstemperatur bis etwa 480°C angegeben. Dieser Stahl mit rd. 3,25% Cr und je 0,5% Mo und V ist der Spitzenstahl aus der Reihe der niedriglegierten druckwasserstoffbeständigen Stähle.

Dieser Stahl ist im übrigen aus der Reihe der traditionellen druckwasserstoffbeständigen Stähle der einzige, der übriggeblieben ist, als in letzter Zeit begonnen wurde, die Festlegung der chemischen Zusammensetzung und der übrigen Eigen-

Tabelle D 14.1 Chemische Zusammensetzung traditioneller druckwasserstoffbeständiger Stähle nach Stahl-Eisen-Werkstoffblatt 590, Ausg. Dez. 1961 [1]

Stahlsorte (Kurzname)	Chemische Zusammensetzung				
	% C	% Cr	% Mo	% Ni	% V
16 CrMo 9 3	0,12...0,20	2,0...2,5	0,30...0,40		
20 CrMo 9	0,16...0,24	2,1...2,4	0,25...0,35	≦ 0,80	
17 CrMoV 10	0,15...0,20	2,7...3,0	0,20...0,30		0,10...0,20
20 CrMoV 13 5[a]	0,17...0,23	3,0...3,3	0,50...0,60		0,45...0,55
X 20 CrMoV 12 1[b]	0,17...0,23	11,0...12,5	0,80...1,2	0,30...0,80	0,25...0,35
X 8 CrNiMoVNb 16 13[c, d]	≦ 0,10	15,5...17,5	1,1...1,5	12,5...14,5	0,60...0,85

[a] Einzelheiten zu den Eigenschaften s. Tabelle D 14.2
[b] Weitere Eigenschaftsangaben auch in DIN 17 175 [12] und DIN 17 243 [13] sowie in den Stahl-Eisen-Werkstoffblättern 670 [14] und 675 [15]; s. auch D 9
[c] Außerdem 0,07 bis 0,13% N und % Nb ≧ 10 · % C
[d] Weitere Eigenschaftsangaben auch in den Stahl-Eisen-Werkstoffblättern 670 [14] und 675 [15]; s. auch D 9

schaften dieser Stähle auf den neuesten Stand zu bringen; die anderen Stähle haben bei den heutigen internationalen Verflechtungen im Chemie-Apparatebau ihre wirtschaftliche Bedeutung verloren. Hier haben sich die in der gesamten westlichen Welt gebräuchlichen Stähle vom Molybdänstahl mit etwa 0,5% bis zu den Chrom-Molybdän-Stählen mit von 1% auf 9% steigenden Chromgehalten und Molybdängehalten von 0,5% bis 1% durchgesetzt (s. auch die Normen der American Society for Testing and Materials [16]). Diese Stähle werden nicht nur in den Hochdruckverfahren der Chemietechnik, sondern auch für Energieerzeugungsanlagen sowie für die Erdöl- und Erdgasverarbeitung angewendet. Das hat den Vorteil, daß auch kleinere Mengen für Ersatzbedarf nach den gängigen deutschen und internationalen Normen für warmfeste Stähle, wie z.B. DIN 17 155 (Blech und Band) [17], DIN 17 175 (Rohre) [12] und DIN 17 243 (Schmiedestücke und Stabstahl) [13], geliefert werden können. Diese Stähle sind für die Schmelzschweißung geeignet, und ihr Verhalten beim und nach dem Schweißen ist im Anlagenbau bekannt. Das ist besonders wichtig, da die früher in der Hochdrucktechnik angewendete Flanschverbindung weitgehend durch die Schweißverbindung verdrängt worden ist.

Die Entwicklung von Katalysatoren hat zur Veränderung der Verfahrensparameter geführt, z.B. zur Absenkung der Reaktionstemperatur, so daß die Druckwasserstoffbeständigkeit der Stähle schon mit einem niedrigeren Legierungsgehalt erreicht werden kann.

Aus der Vielzahl der Stähle nach den oben genannten Normen werden als spezifisch druckwasserstoffbeständig die Stähle nach Tabelle D 14.2 herausgehoben, wie im Entwurf August 1984 für die Neuausgabe des Stahl-Eisen-Werkstoffblattes 590 [1] angegeben ist.

Im Stahl-Eisen-Werkstoffblatt 595 „Stahlguß für Erdöl- und Erdgasanlagen" sind ebenfalls die international verwendeten Stähle mit 2,25%, 5% und 9% Cr bei 0,5 bis 1,0% Mo (entsprechend auch den amerikanischen ASTM-Normen) enthalten (s. Tabelle D 14.3). Die hochlegierten Stahlgußsorten dieses Blattes zeichnen sich

Tabelle D 14.2 Chemische Zusammensetzung und mechanische Eigenschaften der druckwasserstoffbeständigen Stähle nach dem Entwurf Aug. 1984 für die Neuausgabe des Stahl-Eisen-Werkstoffblattes 590 [1] für die Erzeugnisform nahtlose Rohre im vergüteten Zustand als Beispiel

Stahlsorte (Kurzname)	Chemische Zusammensetzung						Mechanische Eigenschaften						
							bei 20 °C					bei 450 °C 0,2%-Dehngrenze	bei 500 °C 10^4 h-Zeitstandfestigkeit[e]
	% C	% Si	% Mn	% Cr	% Mo	% Sonstiges	Streckgrenze[b]	Zugfestigkeit	Bruchdehnung A^c		Kerbschlagarbeit[c,d]		
									l	q	l J	q	
							N/mm² min.	N/mm²	% min.		min.		N/mm² min.	N/mm²
25 CrMo 4	0,22...0,29	≤ 0,40	0,50...0,90	0,90...1,2	0,15...0,30		345	540...690	18	15	48	27	185	176
12 CrMo 9 10	0,10...0,15	≤ 0,30	0,30...0,80	2,0...2,5	0,90...1,10	0,010...0,040 Al ≤ 0,30 Ni, ≤ 0,20 Cu	355	540...690	20	18	64	48	275	191
12 CrMo 12 10	0,06...0,15	≤ 0,50	0,30...0,60	2,65...3,35	0,80...1,06		355	540...690	20	18	64	48	275	
12 CrMo 19 5	0,06...0,15	≤ 0,50	0,30...0,60	4,0...6,0	0,45...0,65		390	570...740	18	16	55	39	280	130
X 12 CrMo 9 1	0,07...0,15	0,25...1,0	0,30...0,60	8,0...10,0	0,90...1,10		390	590...740	20	18	55	34	295	215
20 CrMoV 13 5	0,17...0,23	0,15...0,35	0,30...0,50	3,0...3,3	0,50...0,60	0,45...0,55 V	590	740...880	17	13	55	34	420	186

[a] Der Phosphor- und Schwefelgehalt ist für alle Stähle je ≤ 0,030 %
[b] Falls sich die Streckgrenze nicht ausprägt, gelten die Werte für die 0,2%-Dehngrenze
[c] Die Kurzzeichen bedeuten: l = Längsproben, q = Querproben
[d] An ISO-V-Proben, jeweils Mittelwert von drei Proben
[e] Zugspannung, die nach 10 000 h zum Bruch führt (Mittelwerte)

Tabelle D 14.3 Chemische Zusammensetzung und mechanische Eigenschaften von druckwasserstoffbeständigen Stahlgußsorten nach Stahl-Eisen-Werkstoffblatt 595 [1]

Stahlgußsorte (Kurzname)	Chemische Zusammensetzung			Mechanische Eigenschaften					
				bei 20 °C				bei 450 °C	bei 500 °C
	% C	% Cr	% Mo	0,2%-Dehngrenze N/mm² min.	Zugfestigkeit N/mm²	Bruchdehnung A % min.	Kerbschlagarbeit[a] J min.	0,2%-Dehngrenze N/mm² min.	10^4-Zeitstandfestigkeit[b] N/mm²
GS-12 CrMo 9 10	0,08...0,15	2,0...2,5	0,90...1,1	345	490...690	18	55	245	200
GS-12 CrMo 19 5	0,08...0,15	4,5...5,5	0,45...0,55	410	640...840	18	34	295	145
G-X 12 CrMo 10 1	0,08...0,15	9,0...10,0	1,1...1,4	410	640...840	18	27	295	175

[a] DVM-Probe
[b] Zugspannung, die nach 10 000 h zum Bruch führt (Mittelwerte)

durch ihre größere Beständigkeit bei Hochtemperatur-Korrosionseinflüssen in derartigen Anlagen aus.

Die von Nelson aufgestellten *Grenzkurven für die Anwendbarkeit von druckwasserstoffbeanspruchten unlegierten und legierten Stählen* [18] haben in der Praxis für die Wahl des Werkstoffs bei bekanntem Wasserstoffdruck und Wandtemperatur eine ganz erhebliche Bedeutung erlangt. Besser als Einzelkurven wäre sicherlich die Angabe von Streubändern für den Beginn des Angriffs, um Einflüsse unterschiedlicher chemischer Zusammensetzung, Korngröße, Gefüge, Einwirkungsdauer usw. zu berücksichtigen. Die von Nelson gewählte Art der Darstellung hat aber den Vorteil der besseren Übersichtlichkeit. Die Kurven des „Nelson-Diagramms" werden in gewissen Zeitabständen dem inzwischen gewonnenen neuen Erfahrungsstand angepaßt [19]. Bild D 14.4 zeigt ein solches Diagramm. Die jeweiligen Grenztemperaturen sind über dem Wasserstoffdruck aufgetragen. Die durchgezogenen Linien geben die Grenze der Beständigkeit an, während die gestrichelten Linien den Beginn einer oberflächlichen Entkohlung zeigen. Aus dem Diagramm ist auch die geringere Beständigkeit von Schweißnähten von unlegierten Stählen zu ersehen.

Seit der Arbeit von Naumann [11] ist bekannt, daß *Titan, Vanadin und Niob* in Gehalten bis zu 0,1% den gleichen *Einfluß wie Molybdän* haben und daß Molybdän die vierfache Wirkung von Chrom hat. Es konnte verschiedentlich beobachtet werden, daß ein günstiges Verhalten von unlegierten Stählen oberhalb der für sie angegebenen Grenzen auf geringe Spuren von sonderkarbidbildenden Elementen zurückzuführen war. Diese Werte hat Nelson in einem besonderen Diagramm (Bild D 14.5) aufgezeichnet, wobei die Mengen der einzelnen Bestandteile auf den äquivalenten Molybdängehalt umgerechnet werden [19].

In Anlagen zur Kohlehydrierung wird der im Stahl-Eisen-Werkstoffblatt 590 genannte Stahl X 20 CrMoV 12 1 verwendet [20]. Der ebenfalls in diesem Blatt enthaltene austenitische Stahl X 8 CrNiMoVNb 16 13 hat unter allen technisch üblichen Bedingungen auch bei hohen Temperaturen eine noch größere chemische Beständigkeit [6].

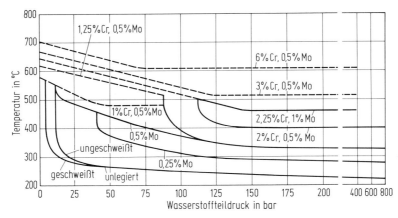

Bild D 14.4 Grenzbedingungen der Beständigkeit von Stählen in Druckwasserstoff: Nelson-Diagramm. Nach [18].

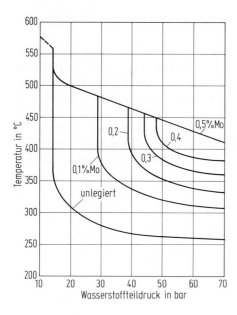

Bild D 14.5 Nelson-Diagramm (Grenzen der Beständigkeit von druckwasserstoffbeanspruchten Stählen) für Stähle mit Molybdängehalten bis zu 0,5%. Nach [19].

In den großtechnischen chemischen Prozessen tritt der Wasserstoff zusammen mit anderen Gasen auf. Bei *Wasserstoff-Stickstoff-Ammoniak-Gemischen* muß neben der Wasserstoffeinwirkung auch die *Nitrierung* durch Ammoniak berücksichtigt werden. Vergleichende Untersuchungen über die Aufstickung von niedrig- und hochlegierten Stählen und einer Nickelbasislegierung ergaben, daß im Gegensatz zu den niedriglegierten Stählen, die bei der Aufstickung keinen Materialabtrag, sondern eine mehr oder weniger starke Aufhärtung und Versprödung erfahren, die hochlegierten Chromstähle bei Temperaturen über 400°C wegen der abplatzenden Nitridschichten einen besonders großen Korrosionsangriff erleiden. Dagegen bilden die Nickelbasislegierung und der austenitische Chrom-Nickel-Stahl dünne rißfreie Nitridschichten, die eine Schutzwirkung übernehmen [21].

Als weiteres Beispiel wird hier noch die *Gefahr der Aufschwefelung* bei einigen Verfahren der Erdölverarbeitung erwähnt.

Bei der Auswahl der Stähle schließlich muß neben der Korrosionsbeständigkeit auch die *Versprödungsneigung* vor allem der hochlegierten Chromstähle durch Ausscheidung der Sigma-Phase berücksichtigt werden (s. D13).

Die Praxis hat gezeigt, daß die Prozesse der chemischen Hochdrucktechnik mit den schon seit Jahrzehnten bewährten Stählen bewältigt werden können.

D 15 Hitzebeständige Stähle

Von Wilhelm Weßling und Rudolf Oppenheim

D 15.1 Anforderungen an die Eigenschaften hitzebeständiger Stähle

In weiten Bereichen der Chemie und Petrochemie, in Metall erzeugenden und verarbeitenden Betrieben, des weiteren in der keramischen Industrie und nicht zuletzt für die Technologie der Abgasbehandlung werden hitzebeständige Stähle und Legierungen für Anlagen und Apparaturen benötigt, die bei hohen Temperaturen betrieben werden. Strahlungsrohre, Stütz- und Tragteile in Öfen, Schutzrohre für Temperaturfühler, Glühkästen und Blankglühmuffeln, Heißentstaubungsanlagen, Förderbänder und Emaillierroste sowie Abgasentgiftungsanlagen für Kraftfahrzeuge [1] sind einige *Anwendungsbeispiele.*

Definitionsgemäß [2] gilt ein Stahl als hitze- und zunderbeständig, wenn sich bei Temperaturen oberhalb 550°C auf seiner Oberfläche eine festhaftende Oxidschicht bilden kann, die gegen die schädigende Einwirkung heißer Gase und Flugasche sowie gegen Salz- und Metallschmelzen schützt. Die Bauteile, für die hitzebeständige Werkstoffe in Betracht kommen, werden durch hohe Umgebungstemperaturen mit aufgeheizt und sollen nicht nur eine zufriedenstellende Zunderbeständigkeit - auch als Heißkorrosionsbeständigkeit bezeichnet - aufweisen, sondern ebenso langzeitigen mechanischen Belastungen standhalten. Schroffe Temperaturwechsel können plötzliche Längenänderungen zur Folge haben, weshalb das Betriebsverhalten nur dann befriedigt, wenn der Werkstoff eine entsprechende Thermoschockbeständigkeit besitzt. Auch Versprödungen im Langzeitbetrieb müssen vermieden werden, damit die Sicherheit der Anlage erhalten bleibt.

Der chemische Angriff bei hohen Temperaturen beschränkt sich nicht nur auf Sauerstoff oder Stickstoff der umgebenden Atmosphäre. Hinzu kommt deren Wasserdampfanteil und die Frage, ob es sich unter dem überwiegenden Einfluß von Sauerstoff um oxidierende oder aber unter dem Einfluß von Kohlenstoff und Wasserstoff um reduzierende Bedingungen handelt. Während eine Blankglühatmosphäre, bestehend aus Stickstoff-Wasserstoff-Gemischen, unter Nitridbildung aufsticken kann [3], müssen in kohlenstoffhaltigen Gasen die Anteile an Kohlenmonoxid, Kohlendioxid und Kohlenwasserstoffen wie an Methan oder Propan beachtet werden, weil diese Gehalte den oxidierenden oder reduzierenden bzw. aufkohlenden Charakter des Gases bestimmen [4]. Ähnliche Unterscheidungsmerkmale gelten auch für schwefelhaltige Gase, die entweder durch Schwefeldioxid oder durch Schwefelwasserstoff gekennzeichnet sind. Letztlich ist noch der Angriff durch Halogene, wie z.B. Chlor, durch Salze, Emaillen, Keramikmassen und flüssige Metalle oder niedrigschmelzende Metalloxide wie Vanadin- und Molybdänoxid zu nennen.

Die Errichtung zuverlässiger Anlagen setzt für die gewählten Werkstoffe auch

---

Literatur zu D 15 siehe Seite 764.

hinreichende *Verarbeitungseigenschaften* voraus, d. h. besonders Warm- oder Kaltumformbarkeit und gutes Schweißverhalten.

Die *wesentlichen Eigenschaften* für die Auswahl hitzebeständiger Stähle und Legierungen sind also
- Zunder- und Heißkorrosionsbeständigkeit,
- Warmfestigkeit und gutes Langzeitverhalten bei hohen Temperaturen,
- Gefügestabilität bzw. Widerstand gegen Versprödung,
- Schweißeignung und Umformbarkeit.

D 15.2 Kennzeichnung der geforderten Eigenschaften durch Prüfwerte

Ein Stahl gilt vereinbarungsgemäß bei einer bestimmten Temperatur als *zunderbeständig*, wenn das Gewicht der abgezunderten Metallmenge bei dieser Temperatur rd. $1 g/m^2 h$ und bei einer um 50 °C höheren Temperatur rd. $2 g/m^2 h$ nicht überschreitet [5]. Die Prüfung hierfür erfolgt üblicherweise im 120 h-Versuch mit vier Zwischenabkühlungen, er kann jedoch – wie in Bild D 15.1 – ausgedehnt werden, um eine zuverlässigere Aussage zu erhalten. Bei derartiger zyklischer Versuchsdurchführung wird auch die Haftfähigkeit der Zunderschicht mit erfaßt. Gewichtsfehler beim Entzundern der Proben sind zu vermeiden (z. B. durch Verwendung einer Beize aus Natronlauge (NaOH) und Natriumhydrid (NaH) [6]). In Tabelle D 15.1 sind neben der chemischen Zusammensetzung nach dieser Vereinbarung ermittelte Grenztemperaturen für die Anwendung hitzebeständiger Werkstoffe in Luft angeführt.

Wichtig für die Beschreibung des Werkstoffverhaltens während der Verarbeitung und im Einsatz sind selbstverständlich die *Festigkeitseigenschaften* bei Raum- und erhöhten Temperaturen.

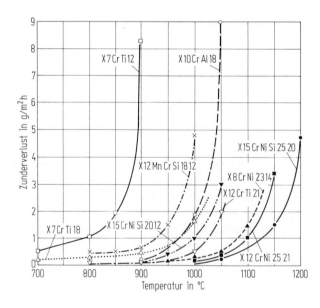

Bild D 15.1 Zunderverlustkurven hitzebeständiger Stähle an ruhender Luft bei zyklischer Versuchsführung (13 mal 24 h geglüht mit jeweiliger Zwischenabkühlung auf Raumtemperatur). (Die chemische Zusammensetzung einiger gängiger hitzebeständiger, hier untersuchter Stähle findet sich in Tabelle D 15.1)

Kennwerte für die Zunderbeständigkeit

Tabelle D 15.1 Chemische Zusammensetzung (Anhaltsangaben) hitzebeständiger Werkstoffe und Grenztemperaturen für ihre Zunderbeständigkeit an Luft.

Werkstoff Kurzname	Nr.	Chemische Zusammensetzung						Zunderbeständigkeit an Luft bis
		% C max.	% Al	% Cr	% Ni	% Si	% Sonstiges	
Ferritische Stähle								
X 10 CrAl 13	1.4724	0,12	1,0	13,0		1,0		850 °C
X 10 CrAl 18	1.4742	0,12	1,0	18,0		1,0		1000 °C
X 10 CrAl 24	1.4762	0,12	1,5	24,5		1,0		1150 °C
Austenitische Stähle								
X 12 CrNiTi 18 9	1.4878	0,12		18,0	10,0	1,0	0,4 Ti	850 °C
X 15 CrNiSi 20 12	1.4828	0,20		20,0	12,0	2,0		1000 °C
X 12 CrNi 25 21	1.4845	0,15		25,0	20,5	0,5		1100 °C
X 15 CrNiSi 25 20	1.4841	0,20		25,0	20,5	2,6		1150 °C
X 10 NiCrAlTi 32 20	1.4876	0,12	0,3	21,0	32,0	0,5	0,4 Ti	1100 °C
Nichteisenmetall-Legierungen								
NiCr 15 Fe	2.4816	0,12	(0,1)	15,5	75		0,2 Ti, 8,0 Fe	1150 °C
CoCr 28 Fe	2.4778	0,10		28,0			48,0 Co, 20,0 Fe	1250 °C

Tabelle D 15.2 Mechanische Eigenschaften hitzebeständiger Werkstoffe nach Tabelle D 15.1 bei Raumtemperatur

Werkstoff	0,2%-Dehngrenze N/mm²	Zugfestigkeit N/mm²	Bruchdehnung A %
ferritische Stähle	210...380	400...700	10...15
austenitische Stähle	210...330	500...750	30...35
NiCr 15 Fe	≧ 175	490...640	≧ 35
CoCr 28 Fe	≧ 350	650...900	≧ 5

Tabelle D 15.2 enthält Angaben über die *Raumtemperatureigenschaften*. Bei den ferritischen Stählen gelten sie nur für dünne Erzeugnisse; warmgeformte Erzeugnisse größeren Querschnitts mit folglich gröberem Korn neigen verstärkt zur Kaltsprödigkeit, weshalb Umformungen bei leicht angehobenen Temperaturen auszuführen sind. Verbessertes Umformverhalten bei ferritischen Stählen ist bei kaltgewalztem und daher feinkörnigerem Flachzeug gegeben.

Bild D 15.2 läßt den für ferritische und austenitische Werkstoffe kennzeichnenden Unterschied in der Abhängigkeit der Zugfestigkeit und 0,2-Dehngrenze von der Temperatur besonders im Anwendungsbereich oberhalb rd. 600 °C erkennen. Üblicher Berechnungskennwert für die Auslegung von langzeitig betriebenen Anlagen ist jedoch die 1%-Zeitdehngrenze für 10 000 h (Bild D 15.3). Sie liegt bei den ferritischen Stählen meist nur wenig unterhalb der 100 000 h-Zeitstandfestigkeit, bei den austenitischen Stählen ist der Unterschied nur wenig größer (Prüfverfahren vgl. C 1).

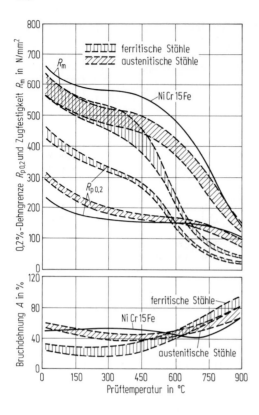

Bild D 15.2 Abhängigkeit der mechanischen Eigenschaften hitzebeständiger Werkstoffe von der Temperatur.

Zum *Nachweis einer möglichen Versprödung im Langzeitverhalten* dienen Härtemessungen, Kerbschlagbiegeversuche bei Raumtemperatur oder erhöhter Temperatur und auch der Biegeversuch. Die Ergebnisse sind Ausdruck für das zu erwartende technologische Verhalten, während metallographische und chemische Untersuchungen notwendig sind, um die jeweiligen Ursachen näher beschreiben zu können. Die u. a. zur Versprödung führende Ausscheidung intermetallischer Phasen bei ferritischen Chromstählen darf als bekannt vorausgesetzt werden (s. D 13) sie wird nach Dauerglühungen bei verschiedenen Temperaturen als Härteanstieg nachgewiesen [7]. Ähnliches gilt auch für die Gefügestabilität der austenitischen Stähle, deren Versprödungsneigung im Kerbschlagbiegeversuch an langzeitgeglühten Proben ermittelt wird [8]. Kennzeichnende Unterschiede sind vor allem dem Chromgehalt zuzuordnen (Bild D 15.4).

In Verbindung mit den Warmfestigkeitseigenschaften ist auch die thermische Ermüdung zu beachten. Wärmebehandlungseinrichtungen sind häufig schroffen Temperaturwechseln mit plötzlichen Längenänderungen unterworfen, weshalb gute *Beständigkeit gegen Thermoschock* [10] verlangt wird. Dies setzt ausreichende Duktilität bei erhöhten Temperaturen im Zusammenwirken mit hoher Warmstreckgrenze voraus. Gleichzeitig sind niedriger Ausdehnungskoffizient und eine günstige Wärmeableitung, um Überhitzungen zu vermeiden, mit Voraussetzungen für eine ausreichende Temperaturwechselbeständigkeit [1, 11].

Prüfwerte für die mechanischen Eigenschaften bei Raumtemperatur 439

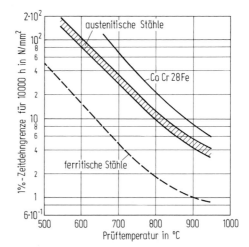

Bild D 15.3 Nach 10 000 h zu einer bleibenden Dehnung von 1% führende Beanspruchung hitzebeständiger Werkstoffe in Abhängigkeit von der Temperatur. Nach [2, 24].

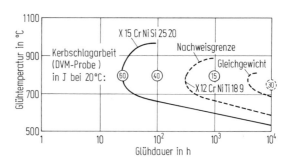

Bild D 15.4 Beständigkeitsbereiche der Sigma-Phase und Kerbschlagarbeit bei Raumtemperatur nach Langzeitbeanspruchung der austenitischen Stähle X 12 CrNiTi 18 9 und X 15 CrNiSi 25 20 (s. Tabelle D 15.1). Nach [9].

D 15.3 Folgerungen für die chemische Zusammensetzung und das Gefüge der verwendbaren Stähle

Die *Zunderbeständigkeit* beruht entsprechend C 3 auf der Ausbildung einer dichten Oxidschutzschicht, welche die Diffusion des angreifenden Mediums in den Werkstoff verhindert oder zumindest stark verzögert und die Oberfläche vor einem chemischen Angriff weitgehend schützt. Hierbei ist *Chrom* das wichtigste Legierungselement, denn bei Sauerstoffzutritt bildet sich an der Oberfläche eine dichte, festhaftende Schicht von Chromoxid aus. Mit steigendem Chromgehalt nimmt die Zunderbeständigkeit zu, und bei gegebener Betriebstemperatur setzt damit ausreichende Zunderbeständigkeit einen hinlänglichen Chromanteil voraus. Die Wirkung von Chrom wird durch *Silizium, Aluminium und Titan* verbessert; diese Elemente vermögen einen gewissen Chromanteil in der Deckschicht zu ersetzen. Die Haftfestigkeit der Oxidschicht wird durch die Zugabe von Cer-Mischmetall noch wesentlich gesteigert [12]. Im gleichen Sinne wirken steigende *Nickelgehalte* bei austenitischen Stählen, da sie die Unterschiede in der Wärmeausdehnung von Oxidschutzschicht und Grundmetall herabsetzen. Nickellegierungen haben eine geringere Wärmeausdehnung als Eisen-Chrom-Nickel-Stähle, und Nickel-Chrom-Spinelle auf eisenfreien Nickel-Chrom-Legierungen ergeben damit einen besseren Zunderschutz als Eisen-Chrom-Spinelle.

Eine weitere indirekte *Beeinflussung der Zunderbeständigkeit* durch Nickelzusätze ergibt sich *in aufkohlenden oder stickstoffreichen Atmosphären*, da allgemein die Diffusionsmöglichkeit in dem dichter gepackten kfz Austenitgitter erschwert ist und die Löslichkeit für Kohlenstoff und Stickstoff mit steigendem Nickelgehalt merklich abnimmt. Auch Silizium erhöht den Widerstand gegen Aufkohlung [4] und Aufstickung [13]. Weiter versucht man auch, den eindiffundierenden Kohlenstoff mit *Niob* abzubinden und damit unschädlich zu machen.

Die *an Luft ermittelte Zunderbeständigkeit* kann, wie sich aus diesen Erkenntnissen ergibt, *nicht verallgemeinert* werden; zu berücksichtigen ist vielmehr das Verhalten gegenüber speziellen Angriffsbedingungen der Heißkorrosion. Wird kein schützender Oxidfilm gebildet, so kommt es zu fortschreitender Oxidation mit stetig wachsenden und schließlich abplatzenden Zunderschichten. Deshalb erfordert wirksamer Oxidationsschutz auch eine genaue Temperaturüberwachung, um jegliche Überhitzung zu vermeiden; Zunderdurchbrüche infolge örtlicher Überhitzung führen in den meisten Fällen zum endgültigen mechanischen Versagen der Anlagenteile.

Bei nicht zu hohen Anforderungen an die Gesamtheit der Eigenschaften kommen meist *ferritische Chromstähle* (s. Tabelle D15.1) zum Einsatz, die zusätzlich mit Silizium oder Aluminium legiert sind. Der Legierungsgehalt bestimmt die Empfindlichkeit gegen 475°-Versprödung [14] oder die Ausscheidung von Sigma-Phase [15] (Bild D15.5). Bei Stählen mit 13% Cr verursacht Aluminium- oder Siliziumzusatz innerhalb von 1000 h bei 475 °C noch keinen Härteanstieg; er wird jedoch bei Stählen mit 18 bis 30% Cr mit und ohne Zusatz dieser Elemente beobachtet: Aluminium begünstigt die 475°-Versprödung, während Silizium eher verzögernd wirkt [17]. Silizium hingegen verkürzt bei Stählen mit 13 bis 30% Cr die Anlaufzeit bis

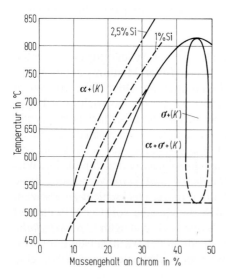

Bild D15.5 Beständigkeitsbereich der Sigma-Phase in reinen Eisen-Chrom-Legierungen und in Chromstählen mit 1 und 2,5% Si. $(K) = M_{23}C_6$. Nach [16].

zur Ausscheidung der Sigma-Phase erheblich, während hierbei Aluminium gegenteilige Wirkung zeigt [15]. Das ferritische Gefüge ist zudem durch Karbidablagerungen sowie Grobkornbildung nach kritischer Warmverformung und hoher Glühtemperatur gefährdet. Dies äußert sich als Kaltsprödigkeit, während mit zunehmender Beanspruchungstemperatur ein gewisses Zähverhalten zurückgewonnen wird, so daß selbst Ketten aus ferritischen Stählen bei hohen Temperaturen noch ein befriedigendes Verhalten zeigen (Bild D 15.6). Interkristalline Feinausscheidungen müssen nach der Wärmebehandlung durch möglichst schnelle Abkühlung vermieden werden.

Für hohe Anforderungen werden die günstigeren Eigenschaften *austenitischer Chrom-Nickel-Stähle* oder Nickel-Chrom-Legierungen ausgenutzt. Bei ihnen muß durch einen ausreichenden Nickelgehalt ein vollaustenitisches Grundgefüge gesichert werden, da ein etwaiger Gehalt an Delta-Ferrit insbesondere die Versprödung durch Ausscheidung von Sigma-Phase fördert und des weiteren zu einer vorzeitigen Aufkohlung Anlaß gibt, da die Kohlenstoffdiffusion bevorzugt im Ferrit erfolgt [9]. Durch Lösungsglühen bei ausreichend hoher Temperatur wird ein homogenes rekristallisiertes Gefüge erzielt, und im Hinblick auf ein möglichst günstiges Zeitstandverhalten sollte das Austenitkorn nicht feiner als Kenngröße 5 nach DIN 50601 sein.

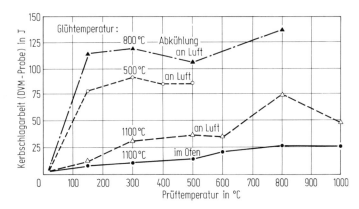

Bild D 15.6 Einfluß von 1000h-Glühungen auf die Kerbschlagarbeit des ferritischen Stahls X 10 CrAl 24 (s. Tabelle D 15.1) in Abhängigkeit von der Prüftemperatur.

D 15.4 Kennzeichnende Sorten hitzebeständiger Werkstoffe

Nach der in D 15.3 begründeten Gruppeneinteilung sind in Tabelle D 15.1 unter Angabe der Zundergrenztemperatur an Luft gebräuchliche Sorten von hitzebeständigen Stählen und Nichteisenmetall-Legierungen aufgeführt.

D 15.4.1 Ferritische Stähle

Die ferritischen hitzebeständigen Stähle rekristallisieren bereits bei 800 bis 850 °C. Wegen ihrer Grobkornempfindlichkeit werden diese Stähle vornehmlich nur in kleinen Querschnitten warmgewalzt oder als Kaltband hergestellt [18]. Kaltumformen ist unter gewissen Vorsichtsmaßnahmen und am besten im angewärmten Zustand vorzunehmen. Beim Schweißen der ferritischen Stähle sind Fragen der Vorwärmung, eines begrenzten Wärmeeinbringens zur Vermeidung von Grobkorn in der Wärmeeinflußzone und einer geeigneten Wärmenachbehandlung zu beachten. Empfohlen wird, die Schweißung mit austenitischen Zusatzwerkstoffen und lediglich die Decklage mit artgleichem Zusatz auszuführen.

Die ferritischen Stähle verfügen über eine gute Beständigkeit unter oxidierenden Bedingungen an Luft und in schwefelhaltigen Gasen. Während Aluminium gerade bei Schwefelangriff die Beständigkeit verbessert, kann es in stickstoffreicheren Gasen bei hohen Temperaturen infolge einer Stickstoffaufnahme über Aluminiumnitridbildung zu *„röschenartigen" Zunderausblühungen* kommen, die zu vorzeitigem Versagen infolge katastrophaler Zunderdurchbrüche führen [19]. In den Randzonen kann über Stickstoffaufnahme sogar austenitisches Gefüge entstehen. Aluminiumfreie Stähle mit 18 und 24% Cr bei rd. 2,2% Si sind dagegen zwar unempfindlicher, neigen jedoch verstärkt zur Sigmaversprödung und werden deshalb nur noch selten verwendet.

Ist der Gasstrom unter dem *Einfluß von Kohlenmonoxid oder Methan* reduzierend, so führt die kaum behinderte Kohlenstoffdiffusion im krz Gitter sehr schnell zur Ausscheidung von Chromkarbid an den Korngrenzen, wodurch außer Versprödung örtlich gleichzeitig eine Verarmung an freiem Chrom erfolgt und die Beständigkeit gegen Oxidation sowie gegen Schwefelangriff herabgesetzt wird (Bild D 15.7); der Einsatz ferritischer Stähle unter aufkohlenden Bedingungen muß daher unterbleiben. Auch unter reduzierenden Verhältnissen in Schwefelwasserstoff ist die Sulfidbeständigkeit der ferritischen Stähle geringer als bei einem Schwefelangriff unter oxidierenden Bedingungen.

Bild D 15.7 Gefüge des ferritischen Stahls X 10 CrAl 18 (s. Tabelle D 15.1) **a** im Lieferzustand, **b** nach einer Aufkohlung im Gebrauch bei mittleren Temperaturen.

D 15.4.2 Austenitische Stähle und Legierungen

Die austenitischen Stähle zeichnen sich demgegenüber durch eine gute Verformbarkeit, geringere Versprödungsneigung, höhere Warmfestigkeit und eine gute Temperaturwechselfestigkeit aus. Stähle mit über 30% Ni liegen außerhalb des Zustandsfeldes der Sigma-Phase, so daß solche Werkstoffe mit 15 bis 20% Cr bei guter Beständigkeit gegen Aufkohlung und Aufstickung in einem weiten Temperaturbereich ohne Versprödungsgefahr eingesetzt werden können (s. Bild D 15.8).

Die austenitischen Stähle bereiten im allgemeinen bei Anwendung der üblichen Schweißverfahren keine besonderen technischen Schwierigkeiten. Allerdings ist bei den vollaustenitischen Chrom-Nickel-Silizium-Stählen gelegentlich eine Neigung zur *Warmrißbildung* zu beobachten, die durch niedriges Wärmeeinbringen und Schweißen von Strichraupen zu beherrschen ist. Bei verwickelten Querschnitten und hohen Schweißeigenspannungen empfiehlt es sich, einen Schweißzusatz auf Nickelbasis mit 15 oder 20% Cr und Niobzusatz [20] zu wählen, mit denen bei geeigneter Streckenenergie und Zwischenlagentemperatur warmrißfreie Verbindungen zu erzielen sind.

Die austenitischen Stähle weisen sowohl bei Sauerstoffüberschuß als auch bei Sauerstoffmangel eine gute Zunderbeständigkeit auf, wobei wiederum der Chromgehalt die obere Anwendungstemperatur bestimmt. In überhitztem *Dampf* werden in größerem Umfang Stähle wie X 12 CrNiTi 18 9 und X 10 NiCrAlTi 32 20 eingesetzt, wobei auch die Warmfestigkeitseigenschaften zu beachten sind. In Trockendampf liegt eine bessere Zunderbeständigkeit vor als in feuchter Heißluft; bereits der Zusatz von nur 5% Heißdampf bewirkt eine erhöhte Oxidationsgeschwindigkeit. Zufriedenstellendes Verhalten in Dampf bei Temperaturen über 760 °C ist

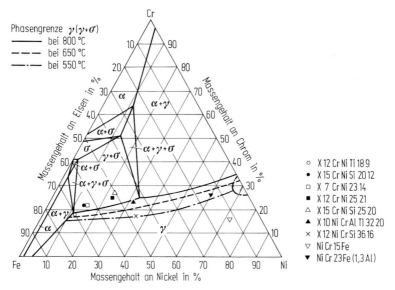

Bild D 15.8 Dreistoffsystem Eisen-Chrom-Nickel bei 800 °C. Nach [12]. (Zur Ergänzung s. auch Bild D 16.1).

bei Einsatz von Nickellegierungen mit einem Chromgehalt von mindestens 15% gegeben.

In *Wärmebehandlungsanlagen* mit abwechselnd reduzierender und oxidierender Atmosphäre kann es zu einer besonderen Hochtemperaturkorrosion kommen, die als *Grünfäule* bekannt ist. Über das Wärmebehandlungsgut werden vielfach Schmiermittelrückstände, Ziehfette u. dgl. eingebracht, die zu einer Verunreinigung der Ofenwandung mit Kohlenstoff führen. Unter reduzierenden Bedingungen erfolgt dann beim Glühgut zunächst eine Aufkohlung entlang den Korngrenzen mit Bildung von Chromkarbid. Die örtliche Chromverarmung in den Korngrenzenbereichen bewirkt nunmehr eine geringere Oxidationsbeständigkeit, so daß unter oxidierenden Bedingungen alsdann eine *„innere Oxidation"* entlang den Aufkohlungsbahnen erfolgen kann. Mit dem Grad der inneren Karbidbildung nimmt auch die Sprödbruchneigung zu [21]. Beständig gegen diese Art einer Heißkorrosion sind vor allen Dingen Stähle mit einem höheren Nickelgehalt (z. B. X 12 NiCrSi 36 16). Beispiele für die Gefügeausbildung bei einer Aufkohlung und starken Verzunderung vermitteln die Gefügeaufnahmen in Bild D 15.9.

Ebenso kann es auch durch Stickstoffaufnahme zur örtlichen Chromverarmung und damit zu einer Herabsetzung der Zunderbeständigkeit kommen. Auch die Gefahr einer gewissen Kaltsprödigkeit ist gegeben, weshalb für Nitriermuffeln vornehmlich nickelreiche Werkstoffe gewählt werden (Bild D 15.10). Aufstickung bei hohen Temperaturen führt zur *Bildung von* sogenanntem *„unechten" Stickstoffperlit* (Bild D 15.11).

Für *Blankglühmuffeln* mit langen Betriebszeiten bei hohen Ofenraumtemperaturen um rd. 1100 °C wählt man die Nickel-Chrom-Legierung NiCr 15 Fe (s. Tabelle D 15.1), weil in diesem Fall auf der Heißgasseite wie auf der Blankglühseite keine Beeinträchtigung der Zunderbeständigkeit zugelassen werden kann. Außerdem sind bei solchen Blankglühmuffeln auch die mechanischen Langzeiteigenschaften von Bedeutung.

Gegen *Schwefelangriff bei hohen Temperaturen* sind die nickelhaltigen austeniti-

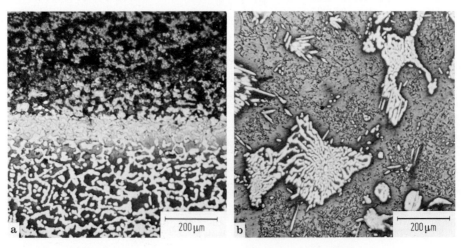

Bild D 15.9 Gefüge des austenitischen Stahls X 15 CrNiSi 25 20 (s. Tabelle D 15.1) **a** nach Aufkohlung, **b** nach Aufkohlung und zusätzlich starker Verzunderung infolge Überhitzung.

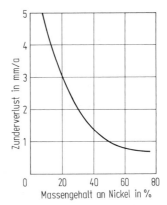

Bild D 15.10 Zunderverlust austenitischer Werkstoffe nach 586 h bei 540 bis 580 °C in einem Nitrierofen. Nach [22].

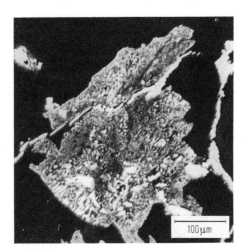

Bild D 15.11 Gefüge des Stahls X 15 Cr-NiSi 25 20 (s. Tabelle D 15.1) nach Stickstoffaufnahme bei sehr hohen Temperaturen: „unechter" Stickstoffperlit.

schen Stähle und Legierungen jedoch empfindlich. Während unter oxidierenden Bedingungen die Zunderschicht eine Schwefelabsorption zunächst noch hemmt, verläuft die Schwefelaufnahme bei reduzierenden Bedingungen unter Bildung von Chromsulfid sehr rasch ab. Es folgt die Zerrüttung des Werkstoffs durch Oxidation, da infolge einer Chromverarmung die Zunderbeständigkeit herabgesetzt ist. Bild D 15.12 zeigt deutlich das tiefe Eindringen einer Chromsulfidschicht in den metallischen Grundwerkstoff mit nachfolgend starker innerer Verzunderung. Da nickelhaltige Werkstoffe nur über eine Erhöhung des Chromgehalts gegen Schwefelverbindungen eine bessere Beständigkeit erhalten können, kam es zur Entwicklung einer *Nickellegierung mit 50% Cr*, die ausgezeichnetes Verhalten *gegenüber Ölaschenkorrosion* aufweist [23].

Auch durch *Aluminiumzusatz* kann die Sulfidbeständigkeit in begrenztem Umfang verbessert werden, wie Erfahrungen mit NiCr 23 FeAl gezeigt haben. Dieser Werkstoff ist besonders für Abgasanlagen von Kraftfahrzeugen geeignet [1].

Bild D 15.12 Verzunderung des austenitischen Stahls X 15 CrNiSi 20 12 (s. Tabelle D 15.1) nach Aufschwefelung der Oberfläche in einer reduzierenden Glühatmosphäre.

Allgemein kommen nickelhaltige Stähle und Legierungen nur für schwefelarme Atmosphären in Betracht, die allenfalls bis 0,02 Vol.-% Schwefeldioxid unter oxidierenden und 0,02 Vol.-% Schwefelwasserstoff unter reduzierenden Verhältnissen enthalten.

Während für den Einsatz in schwefelhaltigen Gasen bei Temperaturen bis 900 °C noch an *nickelarme Manganaustenite* (z. B. an Stahl mit 0,10% C, 18% Mn, 12% Cr und 2% Si) zu denken ist, kommt für sehr hoch beanspruchte Ofenbauelemente nur die *Kobaltlegierung* CoCr 28 Fe nach Tabelle D 15.1 zur Anwendung [24].

D 15.4.3 Kriterien für die Auswahl der hitzebeständigen Werkstoffgruppen

Für die Auswahl eines hitzebeständigen Werkstoffs läßt sich zusammenfassend der Schluß ziehen, daß zunächst die für die jeweilige Beanspruchung wichtigste Anforderung berücksichtigt werden muß. Zumeist steht die Hitzebeständigkeit, oft in Verbindung mit der Zeitstandfestigkeit, im Vordergrund. Das Werkstoffverhalten darf nicht durch eine Gefügeinstabilität bei Betriebstemperatur gefährdet werden, d. h., es ist die für den jeweiligen Temperaturbereich versprödungsunempfindlichste Werkstoffsorte zu wählen. Soweit nicht spezifische Anforderungen, wie z. B. Sulfidbeständigkeit, zu berücksichtigen sind, sollte man bei der Werkstoffauswahl immer das Langzeitverhalten in einem möglichst großen Temperaturbereich beurteilen.

Ferritische Stähle haben zwar eine gute Beständigkeit gegen Aufschwefelung unter neutralen bis oxidierenden Atmosphären, versagen jedoch in reduzierend und/oder aufkohlend wirkenden Gasen. Auch sind sie nur wenig warmfest, neigen zur Sigma-Phasen-Versprödung und geben infolge mäßiger Kaltverformbarkeit und möglicher Grobkornbildung Probleme bei der Verarbeitung auf.

Austenitische Stähle und Nickellegierungen lassen sich gut schweißen und kalt- oder warmverformen. Einer gewissen Sulfidempfindlichkeit stehen ihre hohe Beständigkeit gegen Aufkohlung und Aufstickung, die mit steigendem Nickelgehalt deutlich zunimmt, und ein günstiges Warmfestigkeitsverhalten gegenüber. Hohe Gefügestabilität in einem großen Temperaturbereich und gute mechanische Belastbarkeit kennzeichnen insbesondere Stähle und Legierungen mit mehr als 30% Ni.

D 16 Heizleiterlegierungen

Von Hans Thomas

D 16.1 Notwendige Eigenschaften und deren Prüfung

In der Praxis der Elektrowärmetechnik gibt es Heizelemente beispielsweise aus Platin oder Molybdän oder intermetallischen Verbindungen ($MoSi_2$). Aus Gründen der Zweckmäßigkeit und der Wirtschaftlichkeit aber wählt man in den meisten Fällen Legierungen (Mischkristalle) mit großem und wenig temperaturabhängigem elektrischem Widerstand – im Interesse einer einfachen Stromversorgung – und mit guter Oxidationsbeständigkeit – im Interesse einer großen Lebensdauer.

Die typischen Heizleiterlegierungen verdanken ihre hohe *Zunderfestigkeit* nicht etwa einer geringen Affinität zu Sauerstoff, vielmehr dem Vorgang, daß sich auf ihrer Oberfläche bei höheren Temperaturen schnell eine dichte festhaftende Deckschicht bildet, die das darunterliegende Metall vor einer weitergehenden Reaktion schützt (s. C 3 und D 15).

Ihr elektrischer *Widerstand* macht die Heizleiterlegierungen auch geeignet für Widerstandsgeräte, z. B. für Vorschalt-, Regel- und Bremswiderstände, Spannungsteiler. Durch gewisse Abwandlungen erhält man aus einigen von ihnen Werkstoffe für Meß- und Präzisionswiderstände.

Der elektrische Widerstand wird in üblicher Weise gemessen (Wheatstone- oder Thomson-Brücke, Spannungsvergleich, digitale Ohmmeter). Zur Bestimmung von dessen Temperaturabhängigkeit wird die Probe unter Schutzgas (zur Vermeidung oxidationsbedingter Querschnittsänderungen) im Elektroofen erhitzt. Der Temperaturkoeffizient der Werkstoffe für Meß- und Präzisionswiderstände wird in Flüssigkeitsbädern ermittelt.

Zur Untersuchung der *Oxidationsbeständigkeit* bzw. des Zunderverhaltens ist eine ganze Reihe von Verfahren bekannt [1]. Eine in der Praxis häufig angewandte Methode besteht darin, die Probe in Drahtform, gewendelt oder gestreckt, mit Stromdurchgang auf eine bestimmte Temperatur, z. B. 1200 °C, im Wechsel (je 2 min) aufzuheizen und abkühlen zu lassen. Als Kenngröße der „Lebensdauer" dient entweder die Zahl der Einschaltungen oder die Gesamtzeit bis zum Bruch. Dieses Verfahren hat folgende Vorteile: Es wird nur wenig Werkstoff gebraucht. Infolge der scharfen Beanspruchung erhält man in kurzer Zeit Ergebnisse, d. h. Vergleichswerte nicht nur für die Oxidationsgeschwindigkeit, sondern auch für die Haftfestigkeit der Zunderschicht, da infolge der verschiedenen Wärmeausdehnung von Metall und Zunder bei jeder Temperaturänderung mechanische Kräfte entstehen. Die Versuche können nicht nur in Luft, sondern auch in den verschiedensten Gasen und Gasgemischen durchgeführt werden [2].

So findet man Anhaltswerte für die *höchstzulässigen Gebrauchstemperaturen* und, daraus abgeleitet, Anhaltswerte für die elektrische *Belastbarkeit*. Von einem stromdurchflossenen Heizelement wird die entwickelte Wärme durch die Oberfläche

---

Literatur zu D 16 siehe Seite 765.

nach außen abgegeben. Daher ist die spezifische Oberflächenbelastung, d. h. die elektrische Leistung je Oberflächeneinheit des Heizleiters, eine zweckmäßige Größe für die Bemessung. Sie bestimmt ganz wesentlich die Temperatur des Heizelements unter den jeweiligen Einsatzbedingungen und kann um so höher gewählt werden, je mehr Wärme von der Umgebung aufgenommen und abgeführt wird und je höher die zulässige Gebrauchstemperatur, d. h. die Zunderbeständigkeit der Heizleiterlegierung, ist.

Eine besondere Ausführungsform sind *mineralisolierte Heizkabel*. Der stromdurchflossene Heizdraht ist in einem mineralischen Isolierpulver (MgO, Al_2O_3, SiO_2) innerhalb eines Metallrohrs eingebettet. Dieser Mantel ist elektrisch neutral, so daß bei nicht zu hohen Temperaturen im allgemeinen keine weitere Isolierung benötigt wird.

D 16.2 Metallkundliche Überlegungen zur chemischen Zusammensetzung

Die technisch wichtigen Heizleiterlegierungen sind auf der Grundlage Nickel-Chrom und Nickel-Chrom-Eisen (kubisch flächenzentrierte Mischkristalle – austenitisch) oder Eisen-Chrom-Aluminium (kubisch raumzentrierte Mischkristalle – ferritisch) aufgebaut.

D 16.2.1 Austenitische Heizleiterlegierungen

Im System Nickel-Chrom-Eisen liegen je nach dem Eisengehalt kfz Mischkristalle zwischen 0 und 18 bis 30 % Cr und zwischen 20 und 100 % Ni (Bild D 16.1) vor. Gute Zunderbeständigkeit ist erst oberhalb 15 % Cr gegeben [4], so daß für die austenitischen Legierungen nur eine verhältnismäßig schmale Zone im Zustandsdiagramm zur Verfügung steht, die von 20 % Ni bis zu eisenfreien Nickel-Chrom-Legierungen reicht.

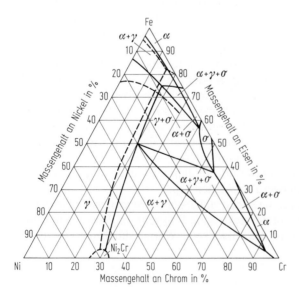

Bild D 16.1 Zustandsdiagramm der Nickel-Chrom-Eisen-Legierungen bei 650 °C (gestrichelte Kurven bei 550 °C). Nach [3]. (Zur Ergänzung s. auch Bild D 15.8).

Technologisch bieten diese Legierungen keine besonderen Probleme. Sie haben eine gute Warmfestigkeit, was sich bei der Warmumformung und auch im Gebrauch bemerkbar macht. Mit vielen anderen metallischen Werkstoffen teilen sie die Eigenart eines Dehnungs- und Einschnürungsminimums zwischen 500 und 700 °C im Zugversuch [5, 6]; es ist ganz allgemein auf ein in dem betreffenden Temperaturbereich auftretendes Abscheren entlang der Korngrenzen zurückzuführen, wobei in den unmittelbar anliegenden Kristallzonen Mikrorisse entstehen, die zu Makrorissen zusammenlaufen [7].

Die bei hoher Temperatur entstehenden Oxidschichten enthalten, je nach Bildungsbedingungen und Schichtdicke, verschiedene Metall-Sauerstoff-Verbindungen, nämlich Spinelle ($NiCr_2O_4$, $FeCr_2O_4$ u.a.) und Chromoxid [8, 9].

D 16.2.2 Ferritische Heizleiterlegierungen

Die ferritischen Heizleiterlegierungen gehen aus dem System Eisen-Chrom hervor, dessen Zustandsdiagramm [10] die wegen ihre Härte und Sprödigkeit problematische σ-Phase enthält und unterhalb 520 °C die Möglichkeit der Ausscheidung einer chromreichen Phase bietet, wodurch die sogenannte 475°-Versprödung hervorgerufen wird [11, 12]. Während Siliziumgehalte die Bildungsgeschwindigkeit der σ-Phase erhöhen und die Grenze α/(α+σ) zu kleineren Chromgehalten verschieben [13], verhindern Aluminiumzusätze von mehr als 1% die Entstehung der σ-Phase [14, 15], so daß unter den Bedingungen der Praxis zwischen 0 und 30% Cr und zwischen mehr als 1 und weniger als 10% Al umwandlungsfreie krz Mischkristalle vorliegen (Bild D 16.2).

Im Gebiet der ferritischen Chrom-Aluminium-Stähle liegen die Heizleiter mit besonders hoher Zunderbeständigkeit und Gebrauchstemperatur. Bei den aluminiumfreien Stählen sind zur Erzielung einer ausreichenden Oxidationsbeständigkeit mehr als 15% Cr erforderlich (Bild D 16.3). Andererseits verursachen hohe Chromgehalte im Verein mit Aluminiumzusätzen gewisse technologische Schwierigkeiten, wie Grobkornbildung und Übergang zu Sprödbruch [18, 19], wobei die Übergangstemperatur durch weitere Zusätze oder Verunreinigungen beträchtlich verschoben werden kann. Aus diesen Gründen geht man in der Praxis nicht über 25% Cr und 6% Al hinaus. Trotzdem erfordert die Neigung zur Kaltsprödigkeit gewisse Vorsichtsmaßnahmen bei der Herstellung der Legierungen und der Heizelemente. Bei hohen Temperaturen sind die Werkstoffe infolge ihrer verhältnismäßig geringen Warmfestigkeit leicht verformbar, worauf im späteren Gebrauch Rücksicht genommen werden muß.

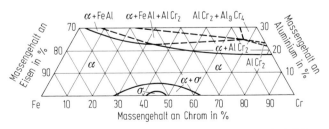

Bild D 16.2 Zustandsdiagramm der Eisen-Chrom-Aluminium-Legierungen bei 700 °C. Nach [16].

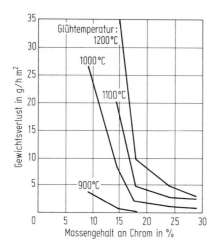

Bild D 16.3 Verzunderung von Chromstählen mit 0,5 % C beim Glühen über 220 h in Luft. Nach [17].

Bei längerer Erhitzung auf Temperaturen von mehr als 1000 °C in Luft entsteht auf der Oberfläche mehr oder weniger reine Tonerde (Al_2O_3), die eine weitere Oxidation des Metalls hemmt [20]. Um für diese Deckschichtbildung einen ausreichenden Vorrat zu haben, wird ein Mindestgehalt von 4 % Al nicht unterschritten.

D 16.2.3 Einfluß besonderer Legierungszusätze

Obwohl die Grundzusammensetzung der Legierungen eine wichtige Voraussetzung für das Oxidationsverhalten ist, werden die hohen, heute üblichen Zunderfestigkeiten und die sehr hohen zulässigen Anwendungstemperaturen erst durch weitere kleine Zusätze ermöglicht. Wirksam sind bei Nickel-Chrom-Legierungen und -Stählen Zusätze von Aluminium oder Silizium in der Größenordnung von 1 %, in sehr viel stärkerem Maße aber bei allen Heizleiterlegierungen Zusätze von Kalzium oder Cer (bzw. Cer-Mischmetall) von 0,01 bis 0,3 %. Die Wirkung der Zusätze besteht in einer wesentlichen Verbesserung der Haftfestigkeit der oxidischen Deckschicht; nur dadurch, daß diese auch bei Temperaturänderungen nicht abspringt, kann sie ihre Schutzwirkung ausüben. Der Mechanismus dieser Verbesserung der Haftung allerdings ist noch nicht im einzelnen geklärt. Über die Frage, ob die kleinen, die Lebensdauer verbessernden Zusätze in metallischer oder oxidischer Form ihre Hauptwirkung entfalten, bestehen unterschiedliche Auffassungen [21-24].

D 16.3 Technisch bewährte Heizleiterlegierungen

Die Heizleiterlegierungen sind genormt [25]. In Tabelle D 16.1 sind einige typische Werkstoffe aufgeführt.

Die angegebenen höchstzulässigen *Gebrauchstemperaturen* gelten für Drähte mit mindestens 2 mm Dmr.

Außer in der höchstzulässigen Anwendungstemperatur liegen nennenswerte Unterschiede im spezifischen *elektrischen Widerstand* und in dessen *Temperaturab-*

Tabelle D 16.1 Typische Heizleiterlegierungen (Nach DIN 17 470 [25] und Angaben der Hersteller)

Werkstoffsorte (Kurzname)	Chemische Zusammensetzung (Hauptbestandteile)					Anwendbar in Luft bis	Spezifischer elektrischer Widerstand bei 20°C
	% Al	% Cr	% Ni	% Si	Fe	°C	Ohm · mm^2/m
Austenitische Werkstoffe							
NiCr 30 20	–	19...22	30...35	0,5...2	Rest	1100	1,04
NiCr 80 20	–	19...21	77...80	0,5...2	≤ 2	1200	1,12
Ferritische Stähle							
CrAl 15 5	4 ...5	13...16	–	≤ 1	Rest	1050	1,25
CrAl 20 5	4,5...5,5	19...21	–	≤ 1	Rest	1300	1,37
CrAl 25 5	5 ...6	21...25	–	≤ 1	Rest	1350	1,44

hängigkeit (Bild D 16.4). Bei Raumtemperatur haben die ferritischen Legierungen, die ferromagnetisch sind, einen sehr hohen spezifischen elektrischen Widerstand, dessen Temperaturabhängigkeit, im Gegensatz zu vielen anderen ferromagnetischen Werkstoffen, sehr klein ist. Die Temperaturabhängigkeit des Widerstands der nicht ferromagnetischen austenitischen Legierungen bietet ebenfalls Besonderheiten. Die Widerstands-Temperatur-Kurve für NiCr 80 20 hat eine ausgeprägte S-Form; mit zunehmendem Eisengehalt verschwindet diese merkwürdige Form mehr und mehr, so daß die Kurve für NiCr 30 20 mit etwa 45 % Fe praktisch anomaliefrei ist [26].

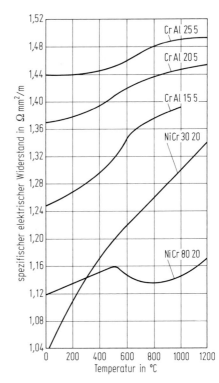

Bild D 16.4 Temperaturabhängigkeit des spezifischen elektrischen Widerstands der Heizleiterlegierungen aus Tabelle D 16.1.

Die kleine Anfangssteigung der Kurve des (praktisch) eisenfreien Werkstoffs NiCr 80 20 kann durch einen Zusatz von 2 bis 4% Al weiter verkleinert werden, so daß man, bei Zufügung noch weiterer Bestandteile – Silizium, Eisen, Kupfer – in kleinen Mengen *Werkstoffe* mit einem Temperaturkoeffizienten des Widerstands im Bereich von ± 10 · 10^{-6}/K für *Meß- und Präzisionswiderstände* erhält [27].

Mit den Aluminium- und Chrom-Aluminium-Stählen [28] teilen die Nickel-Chrom-Legierungen und die eisenarmen Nickel-Chrom-Eisen-Legierungen die Eigentümlichkeit, daß ihr spezifischer elektrischer Widerstand bei Raumtemperatur durch eine Kaltverformung nach Weichglühung um mehrere Prozente verkleinert, durch eine Wärmebehandlung bei 300 bis 500 °C verhältnismäßig stark erhöht wird [29]. Auf dieses Verhalten ist beim Einsatz zu achten [30].

In Tabelle D 16.2 sind Werte für *weitere Eigenschaften* der bisher erörterten Legierungen angeführt. Bei den mechanischen Eigenschaften gelten sie für den Zustand nach Weichglühung; sie hängen naturgemäß auch von der Gefügeausbildung ab. Daher werden hier nur Wertebereiche genannt. Aus der Gegenüberstellung geht die bessere Duktilität der austenitischen Legierungen bei Raumtemperatur hervor. Bei hohen Temperaturen ist deren Festigkeit (als Zeitdehngrenze im 1000-h-Versuch betrachtet) um rd. zwei- bis viermal höher als die der ferritischen Legierungen.

Tabelle D 16.2 Mechanische und physikalische Eigenschaften bei 20 °C der beiden Gruppen von Heizleiterlegierungen nach Tabelle D 16.1 (Nach DIN 17470 [25] und Angaben der Hersteller)

Gefügeart	Dichte	Zugfestigkeit	Bruchdehnung $A_{100\,mm}$	Spezifische Wärme	Wärmeleitfähigkeit	Wärmeausdehnungskoeffizient[a]
	g/cm^3	N/mm^2	%	J/g · K	W/cm · K	10^{-6}/K
austenitisch	7,9...8,3	600...750	20...35	rd. 0,46	rd. 0,14	17...19
ferritisch	7,1...7,3	600...800	12...20	rd. 0,46	rd. 0,13	15

[a] Zwischen 20 und 1000 °C

Der *Einsatz* der hier behandelten Legierungen in *anderen Gasen* als Luft oder in Berührung mit flüssigen oder festen Stoffen kann zu mancherlei Schäden führen und zur Herabsetzung der Gebrauchstemperatur zwingen. Zu den Einzelheiten wird auf die Literatur verwiesen [31].

Die *austenitischen Legierungen* sind mit steigendem Nickelgehalt zunehmend *empfindlich gegen Schwefelaufnahme*, wobei ein niedrigschmelzendes Eutektikum Nickel-Nickelsulfid entsteht und Versprödung eintritt. Die Aufnahme von Kohlenstoff erniedrigt die Schmelztemperatur; Anschmelzungen im Gefüge können dann zu plötzlichem Ausfall der Heizelemente führen.

Eine besondere Erscheinung ist die *„Grünfäule"*; bei ihr wird unter speziellen Einsatzbedingungen nur der Chrombestandteil oxidiert, wodurch ein schwammartiges Gefüge ohne jede Schutzwirkung gegen Verzunderung entsteht.

Bei den *ferritischen Legierungen* können Verletzungen der schützenden Al_2O_3-Oberflächenschicht zu *Stickstoffeinwanderung*, Abbindung des Aluminiums zu Nitrid und damit zu drastischer Verminderung der Zunderfestigkeit Anlaß geben.

D 17 Stähle für Ventile von Verbrennungsmotoren

Von Wilhelm Weßling und Friedrich Ulm

Bei Verbrennungsmotoren werden durch Öffnen und Schließen der Einlaß- und Auslaßventile die Zufuhr des Verbrennungsgemischs, der Ausstoß der Verbrennungsgase und der Abschluß des Verbrennungsraums im Arbeitstakt ermöglicht. Die typische Form eines Ventils und die für seine Merkmale gebräuchlichen Bezeichnungen gibt Bild D 17.1 an [1].

D 17.1 Gebrauchseigenschaften der Ventilwerkstoffe

D 17.1.1 Anforderungen aus dem Betrieb

Die höchsten *Temperaturen* treten im Ventilkopf auf, da dieser drucktragende Teil der Verbrennungsraumwandung nicht der üblichen Motorkühlung unterworfen ist. Besonders heiß – in Grenzfällen bis 900 °C – wird in der Öffnungsphase der von Verbrennungsgasen umströmte Kopf des Auslaßventils [2]. Dagegen werden bei Einlaßventilen Temperaturen bis annähernd 500 °C festgestellt. Dieser Unterschied begründet die höheren Anforderungen an Werkstoffe für Auslaßventile.

Höhe, Verteilung und zeitliche Änderung des Temperaturfeldes im Ventilkopf bestimmen wesentlich, ob der ausgewählte Werkstoff die mechanischen und korrosiven Beanspruchungen erträgt. Die für die Korrosion maßgeblichen Oberflächentemperaturen des Ventilkopfs sind bei Dieselmotoren durch Metallaufdampfversuche mit mindestens 950 °C gefunden worden [3].

Anforderungen an die Schwellfestigkeit [4] werden durch den Druckverlauf im Arbeitstakt und die Schließkraft der Ventilfeder gestellt. Hinzu kommt eine *thermische Wechselbeanspruchung* des Tellerrandes der Auslaßventile, der durch ausströmende Verbrennungsgase aufgeheizt und während des Schließens gegen den Ventilsitz gekühlt wird [5]. Zusätzliche Einflüsse dynamischer, teilweise stoßender Art verursachen unregelmäßige Betriebszustände, wie zu große Ventilspiele, Überdrehzahlen und außermittige Führung des Ventils im Ventilsitz [5, 6].

Die Abgase enthalten neben Stickstoff und Wasserdampf unterschiedliche Mengen von Kohlendioxid, Sauerstoff, Wasserstoff und Reste von Kohlenwasserstoffen [5]. Die stark *korrosive Beanspruchung* wird durch Zusätze zum Benzin, zum Öl und durch Verunreinigungen des Dieselkraftstoffs hervorgerufen. Benzin enthält als Antiklopfmittel eine organische Bleiverbindung, die bei der Verbrennung Bleioxid ergibt. Zur raschen Entfernung von Bleioxid werden dem Benzin teilweise organische Halogenverbindungen zugesetzt; dadurch entstehen Bleichlorid und Bleibromid, deren Gemenge mit Bleioxid niedrige Schmelztemperaturen um 500 °C aufweisen [5, 7]. Dieselkraftstoff ist hauptsächlich mit Schwefel und Vanadinverbindungen verunreinigt, die zu Schwefeldioxid und Vanadinpentoxid verbrennen.

Literatur zu D 17 siehe Seite 766.

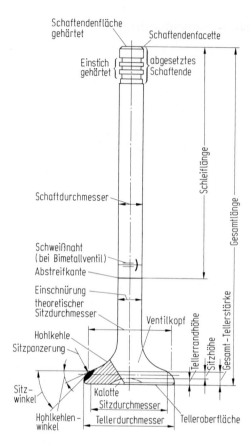

Bild D 17.1 Bezeichnungen der Teile eines Ventilkegels. Nach [1].

Weiter sind Alkali- und Erdalkalimetalle zu nennen, die als Sulfate oder Vanadate in den Verbrennungsrückständen erscheinen [8]. Auch Schmieröle haben metallische Zusätze, wie Kalzium, deren Produkte korrosiv wirken [3, 9].

Zunderbeständige Stähle (s. C 3 und D 15) sind gegen eine fortschreitende Oxidation beständig, da sie in sauerstoffhaltigen, sonst aber weitgehend neutralen Gasen dichte Schutzschichten ausbilden. Gerade diese Schutzschichten werden durch die angeführten, bei hoher Temperatur festen oder flüssigen Verbrennungsrückstände angegriffen oder bei ungünstigen Bedingungen zerstört. Ein häufiger Ventilschaden ist der Durchbläser, der durch Zusammenwirken von örtlichen Überhitzungen und damit auch gesteigerter Heißkorrosion an der Sitzfläche des Ventilkopfs entsteht (Bild D 17.2). Betriebsbedingungen, die zur Abbindung von Chrom als Karbid oder Sulfid beim Verbrennen von Dieselkraftstoff führen, schränken zusätzlich die Beständigkeit des Ventilwerkstoffs ein [4, 8].

Die Sitzfläche des Ventilkopfs ist durch die festen Verbrennungsrückstände einem *Verschleiß* ausgesetzt. Die Verringerung des Bleizusatzes im Benzin hat wegen Abnahme der schmierenden Wirkung von Bleiverbindungen zu einem höheren Verschleiß an den Dichtflächen geführt [2, 10]. Verschleiß tritt weiterhin

Bild D 17.2 Entwicklung eines Durchbrenners an einem Auslaßventil. Nach [9a].

am Schaftende durch die Übertragung der Öffnungskräfte und im Führungsteil des Schaftes auf [2, 5].

Für die Bewährung der Ventilwerkstoffe müssen auch die *physikalischen Eigenschaften* wie Wärmeleitfähigkeit und Wärmeausdehnung in ihrer Auswirkung auf die *thermischen Spannungen* beachtet werden. Es lassen sich daraus jedoch keine Anforderungen an die Stähle ableiten; vielmehr werden die physikalischen Eigenschaften bei der Auslegung der Ventile so berücksichtigt, wie es im Hinblick auf gute Warmfestigkeit und gutes Korrosionsverhalten erforderlich ist (s. C 2).

D 17.1.2 Anforderungen an die Verarbeitungseigenschaften

Die *Warmumformbarkeit* als Voraussetzung für das Anstauchen der Köpfe und das Warmfließpressen der Ventilschäfte oder die *Zerspanbarkeit* sind grundlegend in C 6 und C 9 dargestellt; beim Zerspanen ist allerdings die hohe Festigkeit der Vergütungsstähle und die Verfestigungsneigung der austenitischen Werkstoffe zu beachten.

Stabstahl für die Ventilkegelfertigung wird durchweg in geschliffener Ausführung, teilweise mit eingeschränkten zulässigen Maßabweichungen geliefert.

D 17.2 Kennzeichnung der Anforderungen durch Prüfwerte

Die endgültige Entscheidung über die Brauchbarkeit eines Ventilwerkstoffs ist nur in einem breit angelegten Motorversuch möglich. Wegen des hohen Aufwandes hat es immer Bemühungen gegeben, die Anforderungen durch geeignete Versuche kennenzulernen, aus ihnen Werkstoffmerkmale abzuleiten und verschiedene Ventilstähle oder deren Gefügezustände zu vergleichen.

Die Ventilbeanspruchung durch innere und äußere Kräfte zu kennzeichnen und daraus einen Prüfwert für *mechanische Eigenschaften* abzuleiten, bereitet Schwierigkeiten. Einfach ist die Warmfestigkeit im Zug- und Zeitstandversuch zu bestimmen. In den letzten 15 Jahren ist der Dauerschwingversuch bei hohen Temperaturen als maßgebend erkannt worden [4, 5, 11, 12]. Früher hielt man eine gute Kerbschlagarbeit [5] für wichtig; dann aber wurde festgestellt, daß Ventilstähle mit langjähriger Bewährung oft sogar schlechte Zähigkeit aufweisen [12].

Ebenso war der Ablauf der *Heißkorrosion* schwierig aufzudecken. Man hatte bald eine Vorstellung über die komplexen Vorgänge und mißtraute zu Recht der Aussage einzelner Prüfverfahren.

Eines der ersten war der *Bleioxidversuch* [5, 13], nachdem Bleiverbindungen in den Rückständen festgestellt worden waren [7]. Bei dieser Prüfung wird der Massenverlust einer Probe nach einer halbstündigen Glühung bei 915°C in Bleioxid ermittelt; das Verfahren wird heute noch zur angenäherten Kennzeichnung des Verhaltens verschiedener Stähle in Ottomotoren benutzt [4].

Bei weiteren Verfahren wurden *Verbrennungsgase und Rückstände mit in die Versuche einbezogen* [5]. Die Ergebnisse zeigten den stark negativen Einfluß von

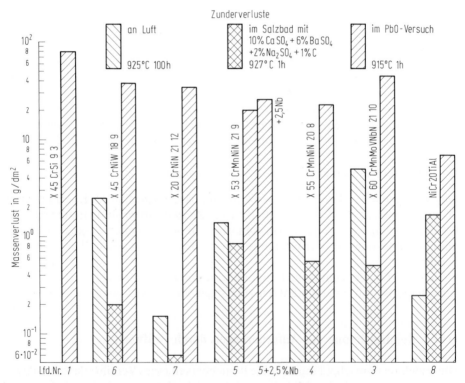

Bild D 17.3 Widerstand gegen Oxidation, Sulfidation und Bleioxidkorrosion einiger Ventilwerkstoffe nach Tabelle D 17.1. Die laufenden Nummern beziehen sich auf diese Tabelle. Nach [4].

Schwefeldioxid auf Nickellegierungen und die Bedeutung des Chroms (Bild D 17.3). Um den Korrosionsangriff auf den Ventilsitzen zu verfolgen, wurden Ventile mit durchbohrtem Teller in Versuchsmotore eingebaut [7], also das Durchblasen nachgeahmt. Die Ergebnisse haben einen guten Aussagewert, der Versuch ist jedoch aufwendig. Einblick in den Ablauf der Korrosion bei Dieselmotoren brachten Mikrosondenuntersuchungen [8]. Unter Benutzung von Arbeiten über die ähnliche Turbinenschaufelkorrosion wurde festgestellt, daß die Zunderdeckschicht von Schwefel durchsetzt wird und Chromsulfid entsteht. Der Grundwerkstoff verarmt an Chrom, und der Korrosionswiderstand wird herabgesetzt. Der Prozeß erhält sich durch Oxidation des Chromsulfids selbst. Nach weitgehender Abbindung des Chroms kommt es zur Nickelsulfidbildung, die eine erhebliche Beschleunigung der Korrosion bei Nickellegierungen verursacht. Ebenso beschleunigen Sulfate und Chloride den Prozeß. In einem anderen Versuchsaufbau [14] werden Proben aus Ventilwerkstoffen heißen Abgasen eines Dieselmotors ausgesetzt und zusätzlich mechanisch beansprucht.

Große Bedeutung für das Korrosionsverhalten haben *Temperatur und Luftfaktor*, während im Vergleich dazu der Einfluß des Vanadingehalts des Dieselkraftstoffs und der mechanischen Beanspruchung gering ist. Erst in den letzten Jahren hat die Entdeckung von „Pflastersteinstrukturen" und „Schmelzkugelbildung" neue Hinweise gebracht, die erkennen lassen, daß der Ablauf der Heißkorrosion noch nicht ausreichend geklärt ist [14, 15].

Einer wirklichkeitsgetreuen *Prüfung des Verschleißwiderstandes* (s. C 10) sind wegen der verwickelten Zusammenhänge enge Grenzen gesetzt. Durch die Wahl der Vergütungsfestigkeit und die Möglichkeit, verschleißfeste Schichten durch Oberflächenhärtung, Auftragsschweißung oder Hartverchromung zu erzeugen, sind ausreichend Hilfsmittel vorhanden, um eine brauchbare Verschleißbeständigkeit zu erzielen.

D 17.3 Maßnahmen zur Erfüllung der Anforderungen

D 17.3.1 Metallkundliche Maßnahmen

Die aufgezeigten Beanspruchungen fordern von Ventilstählen in erster Linie gutes Warmfestigkeitsverhalten und gute Korrosionsbeständigkeit bei hohen Temperaturen. Die Grundlage dieser Eigenschaften sind für die Warmfestigkeit in C 1 und für die Korrosionsbeständigkeit in C 3 behandelt.

In Hinblick auf die *Warmfestigkeit* sind für Verwendungstemperaturen bis etwa 550 °C Vergütungsgefüge mit ausreichenden Gehalten an Sonderkarbiden einzustellen; wegen des Korrosionswiderstandes kommen dabei Vergütungsstähle mit höheren Chromgehalten in Betracht. Über 550 °C reichen Vergütungsgefüge nicht mehr aus, da zunehmend Erholungsvorgänge in dem krz Gitter ablaufen. Es müssen nunmehr Werkstoffe mit austenitischem Grundgefüge (kfz Gitter) eingesetzt werden, die zugleich einen erheblich besseren *Korrosionswiderstand* haben.

Bei den Ventilstählen ist die erforderliche *Schweißeignung* im Vergleich zu den üblichen warmfesten Stählen (s. D 9) auch bei höheren Kohlenstoffgehalten noch gegeben, so daß dadurch die Härtbarkeit verbessert und der Anteil der die Warmfestigkeit beeinflussenden Karbide im Vergütungsgefüge wesentlich erhöht werden kann mit der Folge eines verbesserten *Verschleißwiderstandes*. Ähnliches gilt für die Werkstoffe mit austenitischem Grundgefüge.

Es gibt also *drei Gruppen von Werkstoffen*, deren Gefüge und chemische Zusammensetzung *die Anforderungen* an die Eigenschaften *erfüllen*:

1. *Vergütungsstähle*, die im Hinblick auf den Korrosionswiderstand besonders *mit Chrom und Silizium legiert* sind und zur Steigerung der Warmfestigkeit und Anlaßbeständigkeit noch Karbidbildner wie Molybdän, Vanadin und Wolfram enthalten; mit steigendem Kohlenstoff- und Chromgehalt nimmt der Anteil der Primärkarbide im Gefüge zu.

2. *Austenitische Chrom-Nickel- und Chrom-Mangan*(Nickel)-*Stähle*, deren Warmfestigkeit auf höheren Kohlenstoff- und Stickstoffgehalten beruht und deren Warmhärte durch *karbid- und nitridbildende Elemente* wie Wolfram, Molybdän, Vanadin und Niob angehoben wird.

3. *Nickellegierungen* mit austenitischem Grundgefüge, die z. B. durch *Ausscheiden von Titan und Aluminium* als γ'-Phase ausgehärtet werden.

D 17.3.2 Maßnahmen der Gestaltung und des Oberflächenschutzes von Ventilteilen

Die physikalischen Eigenschaften der Ventilwerkstoffe können als solche nicht werkstofftechnisch beeinflußt werden. Reicht die durch die Grundeigenschaften gegebene Wärmeleitfähigkeit nicht, muß an *konstruktive Maßnahmen* gedacht werden. So kann die *Wärmeableitung* zum Schaft hin durch Ausbildung als natriumgekühltes Hohlventil verbessert werden; die herabgesetzte Temperatur bedeutet gleichzeitig eine höhere Ausnutzung der Warmfestigkeit. Für die Ableitung zum Zylindergehäuse hin ist die Größe der Berührungsfläche, die Temperaturdifferenz zwischen Ventilsitz und Ventilring, die Berührungsdauer, die spezifische Wärmeleitfähigkeit der Sitzpanzerung und des Ventilsitzringes sowie das Ausmaß von oxidischen Belägen oder sonstigen wärmedämmenden Ablagerungen auf der Sitzfläche von Wichtigkeit. Auch die Passung des Ventilsitzes und das Führungsspiel des Ventilschaftes müssen sorgfältig bemessen werden. Bei Einlaßventilen aus niedriglegierten Vergütungsstählen, die ohnehin eine bessere Wärmeleitfähigkeit haben, kann durch Tauchaluminieren der Oberfläche die Wärmeableitung gefördert werden, so daß eine Temperatursenkung bis um 100 °C möglich wird [16].

Dem Heißkorrosions- und Verschleißwiderstand der Ventilwerkstoffe sind von den metallkundlichen Grundlagen her Grenzen gesetzt. Wenn diese überschritten werden müssen, sind *Hilfsmaßnahmen* erforderlich. So werden *zur Verbesserung der Heißkorrosionsbeständigkeit und des Verschleißwiderstandes* die Ventile häufig am Ventilsitz und am Ventilteller gepanzert. Voll- und Hohlventile werden auch als Bimetallventile ausgeführt, indem der Ventilkegel aus einem austenitischen Werkstoff und der Schaft aus einem Vergütungsstahl, z. B. durch Reibschweißen, miteinander verbunden werden. Diese Maßnahme gestattet es, für den hochtemperaturbeanspruchten Teil einen Werkstoff hoher Warmfestigkeit zu wählen, dem Schaft jedoch durch Oberflächenhärtung die notwendigen Gleiteigenschaften zu verleihen; gleichzeitig ist über den Schaft für eine gute Wärmeableitung gesorgt. Bei einem austenitischen Ventil wird der Schaft zur Erzielung der Gleiteigenschaften verchromt. Der Ventilfuß erhält eine Panzerung, um dem Verschleiß des Ventilstößels entgegenzuwirken; ist der Schaft dagegen aus einem vergütbaren Stahl, so wird der Verschleißwiderstand über eine Oberflächenhärtung eingestellt.

Nach dem Reibschweißen der Bimetallventile ist eine Anlaßglühung notwendig. Ebenso müssen schweißgepanzerte Chromvergütungsstähle sorgfältig entspannt werden.

D 17.4 Vorstellung der gebräuchlichen Ventilwerkstoffe

D 17.4.1 Vergütungsstähle

Für die temperaturmäßig wenig beanspruchten *Einlaßventile* werden niedrig legierte oder sogar unlegierte Vergütungsstähle, wie z. B. Ck 45 und 41 Cr 4 nach DIN 17 200, vergütet auf eine Zugfestigkeit von 800 bis 1000 N/mm^2, gewählt.

Für *Auslaßventile* kommen dagegen nur höher legierte Stähle und Nickellegierungen in Betracht. Einen Überblick über die eingeführten Werkstoffe, erfaßt in DIN 17 480 [17], vermittelt Tabelle D 17.1.

Die *Wärmebehandlung* der vergütbaren Stähle ist aus Zeit-Temperatur-Umwandlungs-Schaubildern für kontinuierliche Abkühlung abzuleiten (s. B 9 und C 4). Beispielhaft für einen *Chrom-Vergütungsstahl* ist in Bild D 17.4a das Umwandlungsverhalten des Stahls X 45 CrSi 9 3 aus Tabelle D 17.1 dargestellt. Chrom und Silizium bestimmen die Lage des Ac_3-Punktes. Bei hohen Gehalten an diesen beiden Elementen besteht eine Neigung zur voreutektoidischen Ferritausscheidung, die durch Anheben der Austenitisierungstemperatur auf 1050 bis 1100 °C zu unter-

Tabelle D 17.1 Chemische Zusammensetzung von Ventilwerkstoffen (Anhaltsangaben für Massengehalte)

Lfd. Nr.	Werkstoff Kurzname	Nr.	% C	% Si	% Mn	% Cr	% Mo	% N	% Ni	% Sonstiges
			Vergütungsstähle							
1	X 45 CrSi 9 3	1.4718	0,45	3,0	0,40	9,0				
2	X 85 CrMoV 18 2	1.4748	0,85	0,5	0,75	17,5	2,25			0,45 V
			Austenitische Stähle							
3	X 60 CrMnMoVNbN 21 10	1.4785	0,60	0,15	10,5	21,0	1,0	0,45	(1,0)	0,85 V
4	X 55 CrMnNiN 20 8	1.4875	0,55	0,5	8,5	20,5		0,3	2,3	
5	X 53 CrMnNiN 21 9	1.4871	0,53	0,15	9,0	21,0		0,42	3,8	0,15 V
6	X 45 CrNiW 18 9	1.4873	0,45	2,5	1,2	18,0			9,0	1,0 W
7	X 20 CrNiN 21 12		0,20	1,0	1,25	21,0		0,22	11,5	
8	X 12 CrCoNi 21 20	1.4971	0,12	0,5	1,0	21,0	3,0	0,15	20,0	20,0 Co, 2,5 W
			Nickellegierung							
9	NiCr 20 TiAl	2.4952	0,08	0,5	0,5	19,5			70,0	1,4 Al, 0,003 B, 2,2 Ti

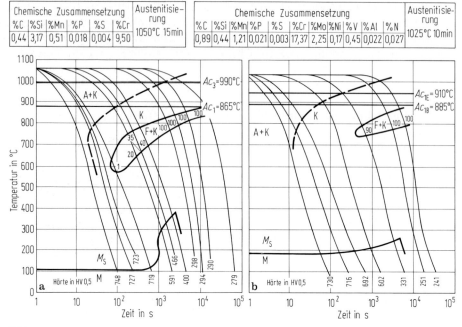

Bild D 17.4 ZTU-Schaubilder für kontinuierliche Abkühlung von den vergütbaren Ventilkegelstählen a X 45 CrSi 9 3; b X 85 CrMoV 18 2 (Stähle 1 und 2 nach Tabelle D 17.1).

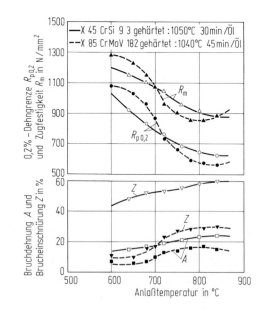

Bild D 17.5 Anlaßverhalten der Ventilkegelstähle X 45 CrSi 9 3 und X 85 CrMoV 18 2 (Stähle 1 und 2 nach Tabelle D 17.1). Anlaßdauer jeweils 2 h.

drücken ist; im gleichen Bereich muß die Endverformungstemperatur gewählt werden, da die kritische Verformung eines unterkühlten austenitischen Gefüges oder bereits bei etwa 750 °C umgewandelter Gefügeanteile zu einem erheblichen Kornwachstum bei Wiedererwärmung über diese Temperatur hinaus führt. Zur Kornrückfeinung ist eine Härtetemperatur oberhalb des Ac_3-Punktes nötig, während eine zu niedrige Härtetemperatur die Grobkornbildung nach kritischer Verformung fördert [18]. Das ausgeprägte Perlitfeld des X 45 CrSi 9 3 setzt einen niedrigen Nickelgehalt voraus. Bei Gehalten bis zu 0,6 % wird die perlitische Umwandlung erst nach langsamer Abkühlung erreicht; solche Schmelzen weisen einen niedrigeren Ac_{1B}-Punkt von etwa 800 °C auf, was beim Weichglühen und Anlassen zu beachten ist.

Der Chrom-Molybdän-Vanadin-Stahl X 85 CrMoV 18 2 (Bild D 17.4b) zeigt ebenfalls unterschiedliche Umwandlungspunkte, die ähnlich von der chemischen Zusammensetzung abhängen, besonders vom Gehalt an Chrom und Kohlenstoff.

Die Chrom-Vergütungsstähle werden von 1020 bis 1050 °C in Öl gehärtet und anschließend auf eine Zugfestigkeit von 900 bis 1100 N/mm² angelassen (Bild D 17.5). Die Stähle erreichen bei dieser Ölhärtung eine Härte von 56 bis 60 HRC; selbst bei Luftabkühlung ist die Härtung noch beträchtlich. Hieraus ergibt sich eine gewisse *Härterißempfindlichkeit*, die eine sorgfältige Handhabung bei der Warmformgebung und Wärmebehandlung notwendig macht.

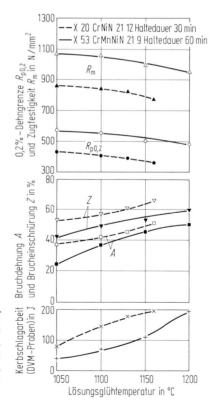

Bild D 17.6 Einfluß der Lösungsglühtemperatur auf die mechanischen Eigenschaften nach Abschrecken in Wasser der Stähle X 20 CrNiN 21 12 (0,22 % C, 0,89 % Si, 1,16 % Mn, 20,8 % Cr, 0,20 % Mo, 13,0 % Ni und 0,21 % N) und X 53 CrMnNiN 21 9 (0,49 % C, 0,14 % Si, 8,58 % Mn, 21,4 % Cr, 3,9 % Ni und 0,39 % N) (Stähle 7 und 5 nach Tabelle D 17.1).

Der Stahl X 45 CrSi 9 3 ist bei Siliziumgehalten über 3% merklich anlaßspröde, so daß sich nach Anlassen oder Weichglühen Abschrecken in Wasser empfiehlt. Durch Zugabe von Molybdän wird die *Anlaßsprödigkeit* vermieden; deshalb wird für größere Vergütungsquerschnitte gelegentlich ein Stahl mit 2,5% Si, 10,5% Cr und 1,0% Mo (X 40 CrSiMo 10 2) eingesetzt.

Das Warmfestigkeitsverhalten der Vergütungsstähle wird im Schlußabschnitt D 17.4.4 mit den Werkstoffen der beiden anderen Gruppen (s. o.) verglichen.

D 17.4.2 Austenitische Stähle

Die austenitischen Stähle (s. Tabelle D 17.1) werden bei 1000 bis 1200 °C lösungsgeglüht und alsdann abgeschreckt. Die Zugfestigkeit liegt in diesem Zustand bei 800 bis 1000 N/mm^2. Bei höheren Stickstoffgehalten wird die Lösungsglühtemperatur angehoben (Bild D 17.6). Die zunehmende Auflösung ausgeschiedener Phasen wird an der Zunahme von Bruchdehnung, Brucheinschnürung und Kerbschlagarbeit kenntlich; Zugfestigkeit und 0,2%-Dehngrenze gehen mit zunehmender *Lösungsglühtemperatur* nur geringfügig zurück.

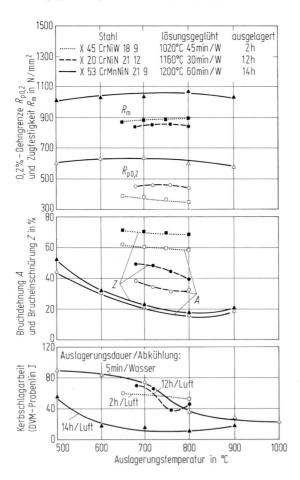

Bild D 17.7 Einfluß von Temperatur und Dauer der Ausscheidungshärtung auf die mechanischen Eigenschaften bei RT der Stähle X 53 CrMnNiN 21 9, X 45 CrNiW 18 9 und X 20 CrNiN 21 12 (Stähle 5, 6 und 7 nach Tabelle D 17.1)

Austenitische Stähle 463

Durch anschließendes *Warmauslagern* werden die Festigkeitswerte der Stähle X 45 CrNiW 18 9 und X 20 CrNiN 21 12 nur mäßig verbessert; selbst bei X 53 CrMn-NiN 21 9 ist der Festigkeitsanstieg infolge Aushärtung begrenzt (Bild D 17.7). Merklich beeinflußt werden jedoch die Zähigkeitsmerkmale des Stahls X 53 CrMnNiN 21 9 mit dem höheren Stickstoffgehalt von 0,4 %; bereits nach fünfminütiger Auslagerung geht die Zähigkeit des lösungsgeglühten Zustands um mehr als 50 % zurück. Im Temperaturbereich um 760 °C kommt es zu einer allgemeinen Ausscheidung im Korn und an den Korngrenzen (Bild D 17.8a). Oberhalb 900 °C wird eine lamellare Phase gefunden, die diskontinuierlich von den Korngrenzen her gebildet wird; nach längerer Haltezeit kommt es zu einer Einformung, und das Gefügebild nimmt die Erscheinung eines sehr fein rekristallisierten Austenits mit eingelagertem körnigen Perlit an (Bild D 17.8b und 8c). Die auch bei Stahlguß ähnlicher Zusammensetzung gefundene lamellare Phase besteht aus wechselweise abgeschiedenem Chromkarbid $Cr_{23}C_6$ und Chromnitrid Cr_2N [19, 20]. X 45 CrNiW 18 9 zeigt nach Warmauslagern bei 800 °C nur Karbidausscheidungen (Bild D 17.8d).

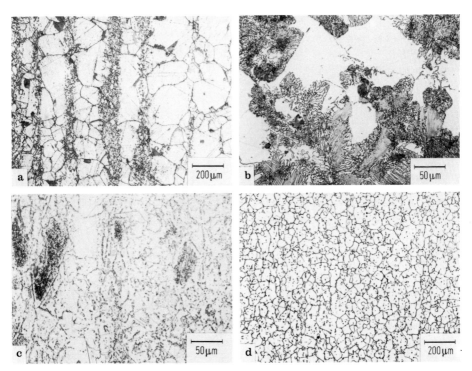

Bild D 17.8 Gefügeausbildung des stickstofflegierten Stahls X 53 CrMnNiN 21 9 (Stahl 5 nach Tabelle D 17.1) in verschiedenen Wärmebehandlungszuständen im Vergleich zu dem austenitisch-karbidischen Stahl X 45 CrNiW 18 9 (Stahl 6 nach Tabelle D 17.1).
a X 53 CrMNiN 21 9: ausscheidungsgehärtet bei 760 °C; **b** X 53 CrMnNiN 21 9: Stickstoffperlit nach kurzzeitigem Halt bei 1050 °C; **c** X 53 CrMnNiN 21 9: eingeformter Stickstoffperlit in einem austenitischen Gefüge nach 1050 °C 2h; **d** X 45 CrNiW 18 9: karbidisches Austenitgefüge nach Ausscheidungshärtung bei 800 °C.

Die Ausscheidungen machen sich im Zugversuch anhand der Bruchdehnung und Brucheinschnürung oder im Kerbschlagbiegeversuch deutlich bemerkbar.

D 17.4.3 Nickellegierungen

Als gebräuchlich ist in die Tabelle D 17.1 die Nickellegierung NiCr20TiAl aufgenommen worden. Sie wird bei einer Temperatur von 1050 °C – ähnlich der des austenitischen Stahls X 45 CrNiW 18 9 – unter Beachtung einer feinkörnigen Rekristallisation lösungsgeglüht und bei 700 °C auf eine Zugfestigkeit von mindestens 1000 N/mm^2 ausgehärtet.

Als Übergang zwischen austenitischen Stählen und Nickellegierungen ist der Werkstoff X 12 CrCoNi 21 20 anzusprechen. Wegen des Zusatzes von Stickstoff und Karbidbildnern muß er oberhalb 1120 °C lösungsgeglüht werden, während für die Warmauslagerung ähnliche Temperaturen und Zeiten wie für NiCr20TiAl gelten.

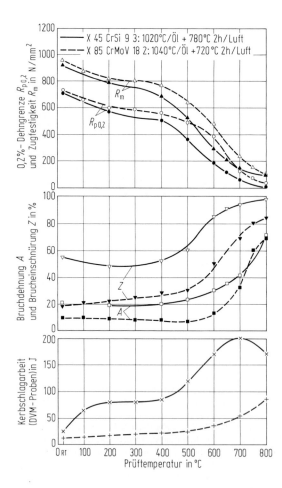

Bild D 17.9 Mechanische Eigenschaften bei höheren Temperaturen der vergütbaren Ventilkegelstähle X 45 CrSi 9 3 und X 85 CrMoV 18 2 (Stähle 1 und 2 nach Tabelle D 17.1).

D 17.4.4 Vergleich des Warmfestigkeitsverhaltens der drei Werkstoffgruppen

Die Warmfestigkeitsschaubilder der *Chrom-Vergütungsstähle* (Bild D 17.9) lassen einen merklichen *Festigkeitsabfall oberhalb 500°C* erkennen, so daß die vergütbaren Ventilstähle kaum über 600°C eingesetzt werden können. Im nur gehärteten Zustand verändert sich die Warmfestigkeit noch empfindlicher, so daß hierfür nur Anwendungstemperaturen bis 400°C möglich erscheinen (Bild D 17.10).

Oberhalb von 500 bis 600°C weisen die *austenitischen Ventilstähle* eine höhere Beanspruchbarkeit auf (Bild D 17.11). Aus dem Vergleich der Kurven für die Stähle X45CrNiW189, X20CrNiN2112 und X53CrMnNiN219 wird der Einfluß der chemischen Zusammensetzung auf die Warmfestigkeit deutlich. Kohlenstoff und Stickstoff wirken sich besonders günstig aus. Die Aushärtung ist jedoch von geringerem Einfluß als die chemische Zusammensetzung. Lösungsgeglühte Ventile werden daher nur kurz ausgelagert und die volle Aushärtung dem praktischen Einsatz im Motor überlassen.

In Bild D 17.11 ist für den Chrom-Mangan-Nickel-Stahl X53CrMnNiN219 auch die Änderung der Kerbzugfestigkeit im Temperaturbereich von 500 bis 900°C wiedergegeben. Das Verhältnis zur Zugfestigkeit an der glatten Probe liegt deutlich über 1. Es ist damit auch nach längerer Betriebsdauer keine Warmversprödung zu erwarten.

In Bild D 17.12 sind *Langzeitwerte* für 1000 h unter ruhender und schwellender Zugbeanspruchung für einige Ventilwerkstoffe dargestellt. Die Zugschwellbeanspruchung wurde an gekerbten Proben, die mit einer Unterlast von etwa 20 N/mm² vorgespannt waren, die Zeitstandfestigkeit an glatten Proben ermittelt [12]. Die Dauerfestigkeitswerte liegen durchweg oberhalb der Zeitstandfestigkeit, so daß Langzeitwerte unter ruhender zügiger Beanspruchung als Richtlinie für die Aus-

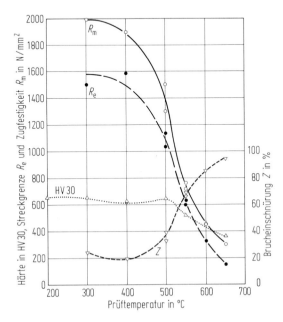

Bild D 17.10 Mechanische Eigenschaften des Stahls X45CrSi93 mit 0,43%C, 2,85%Si, 0,50%Mn, 9,5%Cr und 0,24%Ni (Stahl 1 in Tabelle D 17.1) im gehärteten Zustand bei Temperaturen von 300 bis 600°C. Die Proben wurden auf 57/58 HRC gehärtet (1000°C 30 min/Öl) und nach einstündigem Halten auf Prüftemperatur geprüft. Die Härte wurde danach bei RT gemessen.

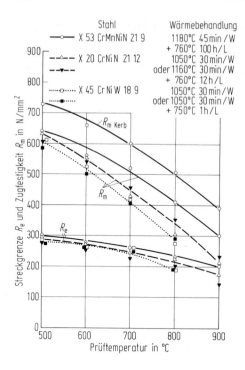

Bild D 17.11 Streckgrenze und Zugfestigkeit der austenitischen Stähle 4, 5 und 6 nach Tabelle D 17.1 bei 500 bis 900 °C nach unterschiedlicher Wärmebehandlung (s. a. Bild D 17.7). X 53 CrMnNiN 21 9 mit 0,51 % C, 0,12 % Si, 8,8 % Mn, 21,9 % Cr, 4 % Ni und 0,39 % N, X 45 CrNiW 18 9 mit 0,44 % C, 2,4 % Si, 1,3 % Mn, 17,1 % Cr, 8,8 % Ni und 0,81 % W, X 20 CrNiN 21 12 mit 0,22 % C, 0,89 % Si, 1,2 % Mn, 20,8 % Cr, 0,20 % Mo, 13,0 % Ni und 0,21 % N.

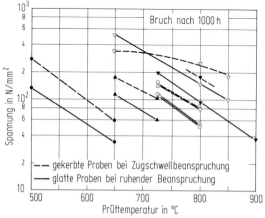

Bild D 17.12 Zum Bruch nach 1000 h bei 500 bis 900 °C führende Spannungen für sechs Ventilwerkstoffe nach Tabelle D 17.1, wobei glatte Proben unter ruhender Beanspruchung, gekerbte Proben unter Zugschwellbeanspruchung geprüft wurden.

Festigkeitseigenschaften bei Gebrauchstemperaturen

wahl eines Ventilstahls dienen können. Weitere Warmfestigkeitswerte sind Tabelle D 17.2 zu entnehmen.

Tabelle D 17.2 Anhaltswerte für 0,2%-Dehngrenze und Zugfestigkeit bei erhöhter Temperatur für einige Werkstoffe aus Tabelle D 17.1 im ausgehärteten Zustand

Werkstoff Kurzname	0,2%-Dehngrenze bei				Zugfestigkeit bei			
	500°C	600°C	700°C	800°C	500°C	600°C	700°C	800°C
	N/mm^2				N/mm^2			
X 60 CrMnMoVNbN 21 10	500	450	400	350	850	750	600	400
X 53 CrMnNiN 21 9	400	350	300	250	720	630	500	350
X 12 CrCoNi 21 20	260	240	210	150	550	520	450	350
NiCr 20 TiAl	550	550	540	350	900	850	680	400

Da die *thermischen Spannungen* für die Lebensdauer eines Ventilkegels bestimmend sind, müssen die physikalischen Eigenschaften der ausgewählten Werkstoffe (Tabelle D 17.3) in ihrer Wechselwirkung beachtet werden. So ist bei Übergang von einem Chrom-Vergütungsstahl auf einen austenitischen Werkstoff dessen geringere Wärmeableitung und der wesentlich höhere Ausdehnungskoeffizient zu berücksichtigen, weil hieraus höhere Anforderungen an die Warmfestigkeitseigenschaften folgen: Die Unterschiede in der Wärmeausdehnung eines Austenits im Vergleich zu Hartmetall ergeben Zugeigenspannungen in der Sitzpanzerung.

Tabelle D 17.3 Physikalische Eigenschaften der Werkstoffe nach Tabelle D 17.1

Werkstoff Kurzname	Dichte bei 20 °C kg/dm^3	E-Modul bei 20 °C 10^3 N/mm^2	Linearer Ausdehnungswert zwischen 20 °C und 10^{-6} K^{-1}				Wärmeleitfähigkeit bei 20 °C W/K · m	Wärmekapazität bei 20 °C J/K · kg
			100 °C	300 °C	500 °C	700 °C		
Vergütungsstähle								
X 45 CrSi 9 3	7,7	221	12,9	13,2	13,6	14,0	21	500
X 85 CrMoV 18 2	7,7	226	10,9	11,5	11,7	11,9	21	500
Austenitische Stähle								
X 60 CrMnMoVNbN 21 10	7,8	215	16,1	17,2	18,0	19,0	14,5	500
X 55 CrMnNiN 20 8	7,7	215	14,5	16,7	17,8	18,4	14,5	500
X 53 CrMnNiN 21 9	7,7	215	14,5	16,7	17,8	18,4	14,5	500
X 45 CrNiW 18 9	7,9	205	15,5	17,5	18,2	18,6	14,5	500
X 20 CrNiN 21 12	7,8	210	15,3	16,2	16,9	17,7	14,5	500
X 12 CrCoNi 21 20	8,2	205	14,2	15,5	16,5	17,6	12,5	460
Nickellegierung								
NiCr 20 TiAl	8,2	216	11,9	13,1	13,7	14,5	13	460

D 18 Federstähle

Von Dietrich Schreiber und Ingomar Wiesenecker-Krieg

D 18.1 Geforderte Eigenschaften

Federn haben im wesentlichen *die Aufgaben*, stoßartige oder schwingende Beanspruchungen aufzunehmen (z. B. Fahrzeugfedern) oder unter ruhender Belastung Arbeitsvermögen zu speichern (z. B. Bremszylinder). Ferner werden Federn in der Meßtechnik zur Kennzeichnung von Kräften eingesetzt. Da Stahl gegenüber anderen Werkstoffen neben hoher Zugfestigkeit besonders nach einer Kaltverfestigung und/oder einer Wärmebehandlung auch einen hohen Elastizitätsmodul hat, werden Federn bevorzugt aus diesen Legierungen des Eisens gefertigt. Art und Menge der zulegierten Elemente richten sich dabei ganz nach dem jeweiligen Verwendungszweck und den für ihn *geforderten Eigenschaften,* wie z. B. Warmfestigkeit bei erhöhten Temperaturen (Ventilfedern), Korrosionsbeständigkeit bei Anwesenheit agressiver Medien oder Nichtmagnetisierbarkeit für den Einsatz in physikalischen Geräten. Es gibt jedoch eine Anzahl von Faktoren, die unabhängig hiervon allgemeine Bedeutung haben und in der Literatur [1-3] ausführlich beschrieben werden. Hierzu zählen
- hohe Elastizitätsgrenze und hohe 0,2%-Dehngrenze, damit ein möglichst großer Bereich elastischer Verformbarkeit erzielt wird und das Setzen der Feder in tragbaren Grenzen bleibt;
- gute Zähigkeit, damit ein ausreichendes plastisches Formänderungsvermögen als Sicherheit gegen Bruch bei Überbeanspruchung der Feder und bei der Formgebung vorhanden ist;
- hohe Zeit- und Dauerfestigkeit, um ausreichende Lebensdauer zu erreichen.

Für die industrielle Fertigung der Federn werden an die Stähle *zusätzliche Anforderungen* gestellt. Eine gute Umformbarkeit ermöglicht zunächst einmal eine Formgebung, die den konstruktiven Gesichtspunkten Rechnung trägt. Bei kaltgeformten Federn tritt noch die Kaltumformbarkeit zu Draht oder Band sowie die Notwendigkeit einer anschließenden Formgebung zur endgültigen Feder hinzu. Die Scherbarkeit im kalten Zustand gestattet eine kostensparende Fertigung, hinzukommt die Möglichkeit einer durchgreifenden Wärmebehandlung, die in den meisten Fällen die Voraussetzung für das Einstellen der rechnerisch vorgegebenen Festigkeit ist.

D 18.2 Metallkundliche Maßnahmen zur Einstellung der geforderten Eigenschaften

Soweit bei der Herstellung der Federn eine Abschreckhärtung notwendig ist, gelten für die *Wahl der chemischen Zusammensetzung* die gleichen Überlegungen wie bei den Vergütungsstählen [4, 5] (s. auch D 5). Durch den Kohlenstoffgehalt wird die

---

Literatur zu D 18 siehe Seite 766, 767.

Härteannahme und damit die für Federn wesentliche Elastizitäts- und Streckgrenze sowohl im vergüteten als auch im kaltgezogenen Zustand vorgegeben. Legierungselemente lassen die notwendige Durchhärtung im Querschnitt erreichen und gewährleisten gegebenenfalls Warmfestigkeit, Kaltzähigkeit, Korrosionsbeständigkeit und Nichtmagnetisierbarkeit. Bei Federstählen wurde in früheren Jahren dem Silizium eine besondere Bedeutung im Hinblick auf eine Erhöhung der Elastizitäts- und Streckgrenze eingeräumt, die aber wegen seiner Wirkung auf die Randentkohlung stark zurückgegangen ist.

Die Einstellung eines martensitischen *Gefüges* über den Querschnitt nach dem Härten führt nach dem Anlassen zu gleichmäßigen Eigenschaften mit günstigen statischen und dynamischen Festigkeitswerten, die sowohl zur Vermeidung eines Setzens als auch zur Erzielung langer Lebensdauer wesentlich sind. In ähnlicher Weise gilt dies auch für die Einstellung eines homogenen Bainits im Bereich der unteren Umwandlungstemperaturen. Bei der Verwendung der einzelnen Stahlsorten für vergütete Federn sind deshalb die Grenzabmessungen, in denen noch Durchhärtung erreicht wird, zu beachten (s. z. B. DIN 17221). Die Steigerung der Härtbarkeit mit Hilfe von Legierungselementen sollte jedoch nur im Maße der jeweiligen Erfordernisse geschehen, da zu hoch legierte Stähle verstärkt zu Spannungsrissen neigen.

Die *Kontrolle der Härtbarkeit* kann entweder über die Ermittlung der Stirnabschreckhärtekurve und entsprechende Übertragung auf äquivalente Querschnitte [6] unter Berücksichtigung der Abschreckintensität oder durch die Prüfung der Härte im Kern allseitig abgeschreckter Proben erfolgen, aus der auf den Martensitanteil im Kern geschlossen werden kann. Zum Unterschied von Vergütungsstählen, bei denen allgemein ein Martensitanteil von 50% als ausreichendes Kriterium für Durchhärtung angesehen wird, muß bei Federstählen ein Anteil von mind. 80%, bei besonders hohen Beanspruchungen sogar von 100% Martensit [7] erzielt werden [7a].

Im Hinblick auf gute Zähigkeitseigenschaften ist es vorteilhaft, für Federn Feinkornbaustähle zu verwenden. Sie bieten geringere Überhitzungsempfindlichkeit, erleichtern dadurch die Warmformgebung und Wärmebehandlung und haben eine geringere Neigung zum Verziehen beim Härten. Zur Beurteilung der Feinkörnigkeit sollte die Austenitkorngröße nach betriebsüblicher Härtung ermittelt werden.

Auch die *mechanischen Eigenschaften* sind neben der Gefügeausbildung ein Kriterium für den Einsatz des Werkstoffs [8]. Durch geeignete Wärmebehandlung (Vergüten, Patentieren), durch Kaltumformung (Kaltziehen, Kaltwalzen) und auch durch Kombination beider Möglichkeiten, z. B. bei gezogenen Federdrähten [9] und Federbandstahl, eröffnet sich ein weites Feld für gezielte Maßnahmen.

Die *Zugfestigkeit* von vergüteten Federn liegt in der Regel im Bereich von 1000 bis 1900 N/mm^2 (Bild D18.1), bei anschließend kaltgeformten Federn und Federn aus aushärtbaren Stählen in Sonderfällen bis zu 3500 N/mm^2. Mit steigender Zugfestigkeit nimmt jedoch die *Zähigkeit* des Stahls ab und damit die Kerbempfindlichkeit [10] sowie die Geschwindigkeit der Rißausbreitung zu, wobei als Kerben jede Art von Beschädigungen der Oberfläche und in begrenztem Umfange auch nichtmetallische Einschlüsse in der Randzone angesehen werden müssen. Federstähle höchster Zugfestigkeit mit einer geringen Zähigkeit sollten deshalb wegen des

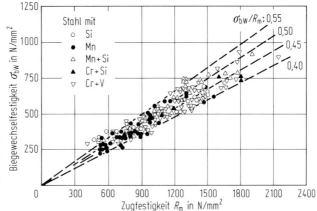

Bild D 18.1 Biegewechselfestigkeit gehärteter und angelassener Federstähle in Abhängigkeit von ihrer Zugfestigkeit. (Zusammengestellt nach Veröffentlichungen in [5]).

erforderlichen Reinheitsgrades und der weitgehenden Freiheit von Seigerungen nach Sonderverfahren, wie z. B. nach dem Vakuum- oder nach dem Elektro-Schlacke-Umschmelzverfahren erzeugt werden und vom Legierungsaufbau her ein ausreichendes plastisches Formänderungsvermögen als Sicherheit gegen Bruch bei Überbeanspruchung aufweisen. Bei den üblichen vergüteten Federstählen erwartet man eine Bruchdehnung von mind. 5% und eine Brucheinschnürung von mind. 25% im Verwendungszustand.

Als das herausstechendste Merkmal eines federnden Bauteils wird seine *Dauerschwingfestigkeit* angesehen. Für Baustähle mit einer Zugfestigkeit bis 1000 N/mm² haben umfangreiche statistische Betrachtungen den Nachweis erbracht, daß zwischen Zugfestigkeit, Brucheinschnürung und der Dauerschwingfestigkeit ein deutlicher Zusammenhang besteht [5, 8].

Unter den oben angeführten Voraussetzungen gewinnt die Güte der *Oberfläche* einer Feder besondere Bedeutung [11]. Stahl für Federn wird als Stab, Draht und auch Band durch Warmwalzen erzeugt. Bei der Warmformgebung ist eine Beeinträchtigung der Oberfläche durch Riefen, Falten und Risse, durch Verzunderung und Einwalzen von Zunder und Narben sowie durch Entkohlung möglich. Ein völlig abkohlungsfreies riß- und riefenfreies Walzmaterial ist nach dem Stand der Technik nicht zu erzeugen. Auch Oberflächenschädigungen mechanischer Art sind bei der Federnfertigung, bei der Montage und im Betrieb nicht auszuschließen.

Von erheblichem Einfluß auf die Dauerfestigkeit von Federn sind *chemische Veränderungen in der Oberfläche*. Eine ausgekohlte Oberfläche ist besonders abträglich, da diese beim Vergüten praktisch keine Festigkeitssteigerung erfährt. Der Verlust an Dauerfestigkeit ist unabhängig von der Dicke der Ferritschicht und kann bis zu 40% betragen [12]. Ähnliche Auswirkungen, wenn auch in wesentlich geringerem Maße, kann eine abgekohlte Randzone haben (Bild D 18.2) [13]. Besonders bei Silizium-Federstählen ist die Neigung zur Ent- und Auskohlung ausgeprägt. Dies ist zu beachten, wenn sie z. B. für warmgewalzte Blattfedern ohne spanabhebende Bearbeitung der Oberfläche verwendet werden.

Mit der Zunderbildung und Entkohlung kann eine Diffusion von Sauerstoff und innere Oxidation an den Korngrenzen unter der Oberfläche einhergehen und eine schuppige, rissige Oberfläche ergeben [3]. Hierdurch ist auch bei relativ geringer Abkohlung eine schwere Schädigung gegeben [14]. Jede Verbesserung der Oberflächenbeschaffenheit bewirkt daher eine Steigerung der Lebensdauer [15]. Für hochbeanspruchte Schraubenfedern erfolgt deshalb oft schon eine Bearbeitung der Oberfläche des Vormaterials.

Bild D 18.3 zeigt das Verhältnis m der Dauerfestigkeit von Proben mit einer vorgegebenen Rauhtiefe zu der von polierten Proben mit einer Rauhtiefe $R_t \approx 1\,\mu m$ [16]. Dieser Zusammenhang ergibt sich auch für eine größere Anzahl von Stählen unterschiedlicher Festigkeit sowohl für Zug-Druck- als auch für Umlaufbiegebeanspruchung. Man begegnet diesem Oberflächeneinfluß mit dem Aufbringen von Druckeigenspannungen durch Kugelstrahlen [14, 17-21].

Die zweite wichtige Einflußgröße für die Lebensdauer vergüteter Federn mit einer Zugfestigkeit über 1200 N/mm^2 ist der Gehalt an nichtmetallischen Einschlüssen [22-31]. Allgemein gilt, daß oxidische und silikatische Einschlüsse, und hier vor allen Dingen die scharfkantigen, wegen ihrer anderen Wärmeausdehnung gefährlicher sind als die langgestreckten dünnen Mangansulfide [32, 33]. Bei gleicher Größe der nichtmetallischen Bestandteile nimmt die Gefährlichkeit der Auslösung

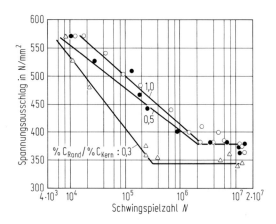

Bild D 18.2 Wöhler-Kurven von Stäben aus Stahl 50 CrV 4 unterschiedlicher Randentkohlung. Nach [13]. Proben von 5,8 mm Dmr. mit einer Zugfestigkeit von 1450 N/mm^2.

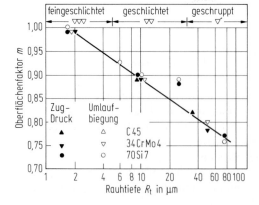

Bild D 18.3 Oberflächenfaktor m bei Zug-Druck- und Umlaufbiegebeanspruchung für vergütete Federstähle bei verschiedenen Arten der Oberflächenbehandlung. Nach [16]. m = Dauerfestigkeit an Proben mit vorgegebener Rauhtiefe zu Dauerfestigkeit an polierten Proben ($R_t \approx 1\,\mu m$).

eines Dauerbruchs mit deren Nähe zur Oberfläche zu. Risse entstehen z. B. in einer Tiefe von 0,4 mm unter der Oberfläche erst an Einschlüssen mit Durchmessern um 25 µm [34]; nichtverformbare runde Einschlüsse machen sich erst zwischen 30 und 100 µm Durchmesser, je nach Abstand von der Oberfläche, nachteilig bemerkbar [29-31].

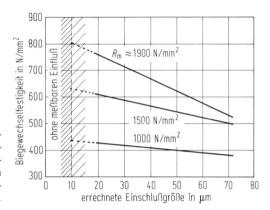

Bild D 18.4 Zusammenfassende Darstellung über den Einfluß der Größe von nichtmetallischen Einschlüssen auf die Dauerfestigkeit (im Umlaufbiegeversuch) von Stählen mit einer Zugfestigkeit R_m zwischen 1000 und 1900 N/mm². Nach [26-28].

In Bild D 18.4 wird der Einfluß der Größe von nichtmetallischen Einschlüssen auf die Dauerfestigkeit für verschiedene Festigkeitswerte dargestellt. Unter Einschlußgröße ist dabei nach [26, 27] der im Bruchausgang des Werkstücks ermittelte wirksame Querschnitt des Einschlusses (Länge × Breite in der Bruchebene) zu verstehen. Bei einem Vergleich der Zusammenhänge von Bild D 18.4 mit denen der Bilder D 18.2 und D 18.3 wird deutlich, daß die Lebensdauer einer schwingenden Feder weit stärker durch den Zustand der Oberfläche (Kerben, Riefen, Poren usw.) beeinflußt wird als durch die Größe nichtmetallischer Einschlüsse in den Federstählen, wie sie nach heute üblichen Verfahren erschmolzen werden [30].

D 18.3 Bewährte Federstahlsorten

Die Verwendungsgebiete, Formen und die Stahlsorten für Federn sind außerordentlich vielfältig [35]. Angaben über die genormte Stähle und ihre Eigenschaften sind in DIN 17 221, 17 222, 17 223, 17 224 und 17 225 [36] enthalten. Eine Übersicht über chemische Zusammensetzung, Zugfestigkeit und Verwendung jeweils kennzeichnender Sorten der legierten Stähle für Federn zeigt Tabelle D 18.1 [37].

D 18.3.1 Stähle für kaltgeformte Federn

Für kaltgeformte Federn werden größtenteils unlegierte Stähle verwendet.

Federn für untergeordnete Zwecke und niedrige Beanspruchungen werden aus Walzdraht nach DIN 17 140 [36a], aus gezogenem Draht oder aus Kaltband nach DIN 1624 [36b] mit Kohlenstoffgehalten zwischen 0,05 und 0,50% hergestellt. Bei der Auswahl der Stahlsorte ist zu beachten, daß die Härte der warmgewalzten Erzeugnisse wesentlich die Verarbeitbarkeit sowohl beim Ziehen und Kaltwalzen

Tabelle D 18.1 Chemische Zusammensetzung und Einsatzbeispiele von vergütbaren legierten Federstählen (nach Legierungsart geordnet) [36]

Gruppe	Legierungselemente	Chemische Zusammensetzung							Stahlsorten (Kurznamen)	Zugfestigkeitsbereich N/mm²	Verwendungszwecke
		% C	% Si	% Mn	% Cr	% Mo	% Ni	% V			
A	Si	0,35 bis 0,55	1,50 bis 2,0	0,50 bis 0,80					38 Si 6, 38 Si 7, 46 Si 7	1200 … 1600	Trag-, Spiral-, Pufferfedern für Eisenbahnen
									50 Si 7, 51 Si 7		Federringe, Federplatten, Vibrationsfedern, Tellerfedern, Blatt- und Kegelfedern
	Si (+ Cr)	0,55 bis 0,75	1,50 bis 2,0	0,60 bis 1,10	(0,20 bis 0,40)				55 Si 7, 60 Si 7, 65 Si 7	1300 … 1600	Fahrzeugfedern (Blattfedern)
									50 SiCr 7, 65 SiCr 7		Teller-, Ring- und Drehstabfedern
	Si + Cr	0,52 bis 0,72	1,20 bis 1,80	0,40 bis 0,90	0,40 bis 0,60				71 Si 7	1900 … 2400	Triebwerk-, Uhrfedern
									67 SiCr 5	1500 … 1700	Dichtungs- und Ventilfedern für Temperaturbeanspruchung bis 300 °C
									54 SiCr 6	1300 … 1700	Schraubenfedern
B	Mn	0,40 bis 0,55	0,15 bis 0,35	1,60 bis 1,90				(0,07 bis 0,12)	46 Mn 7, 50 Mn 7, 51 MnV 7	1200 … 1600	Fahrzeugfedern (Blattfedern)
C	Cr	0,50 bis 0,65	0,15 bis 0,40	0,70 bis 1,00	0,60 bis 0,90				55 Cr 3, 60 Cr 3	1300 … 1700	hochbeanspruchte Fahrzeugfedern (Schrauben-, Drehstab-, Blattfedern)
	Cr+(Mo)+V	0,45 bis 0,60	0,15 bis 0,40	0,70 bis 1,10	0,90 bis 1,20	(0,15 bis 0,30)		0,07 bis 0,20	50 CrV 4, 58 CrV 4 (51 CrMoV 4), (50 CrMo 4)	1300 … 1700	
D	Ni+Cr+Mo	0,55 bis 0,65	0,20 bis 0,35	0,95 bis 1,00	0,40 bis 0,60	0,15 bis 0,25	0,40 bis 0,70		55 NiCrMo 2, 60 NiCrMo 2	1300 … 1700	Fahrzeugfedern, Trag- und Schraubenfedern, Drehstabfedern

als auch beim Kaltwickeln der Feder beeinflußt. Ein ausreichendes Formänderungsvermögen nach dem Kaltziehen oder Kaltwalzen muß zur Formgebung der Feder erhalten bleiben. Zur Steigerung der Elastizitätsgrenze ist ein kurzzeitiges Anlassen der Federn auf 200 bis 300 °C nützlich.

Für kaltgeformte Federn kommen weiter unlegierte Stähle mit 0,40 bis 1 % C hauptsächlich als Draht im patentiert-gezogenen oder gezogenen-vergüteten Zustand nach DIN 17223 in Betracht. So werden weitgehend Stähle mit 0,60 bis 0,70 % C im vergüteten Zustand für kaltgeformte Ventilfedern verwendet, wie auch vergütete Roll- und Spiralfedern und hochbeanspruchte Triebwerkfedern aus Kaltband und Draht mit 0,70 bis 1,20 % C hergestellt werden.

D 18.3.2 Stähle für vergütbare Federn

Für warmgeformte vergütete Fahrzeugfedern niedriger Beanspruchung werden *unlegierte Stähle* mit Kohlenstoffgehalten von 0,40 bis 0,70 % eingesetzt.

Siliziumlegierte Stähle mit rd. 1 bis 2 % Si (Gruppe A in Tabelle D 18.1) werden zur Herstellung vergüteter biegebeanspruchter Federn, besonders für Fahrzeugfedern der Eisenbahn und im Kraftfahrzeugbau verwendet. Häufig wird auch ein geringer Chromzusatz von 0,20 bis 0,40 % zur Steigerung der Härtbarkeit angewendet. Silizium erhöht das Streckgrenzenverhältnis im vergüteten Zustand sowie die Anlaßbeständigkeit, fördert aber stark die Entkohlungsneigung. Deshalb ist es zweckmäßig, diese Stähle (Beispiele sind 55 Si 7 und 65 Si 7) nicht mehr für hochbeanspruchte Federn zu verwenden. Bei Schraubenfedern und Drehstabfedern kann die Entkohlung durch spanabhebende Bearbeitung weitgehend ausgeschaltet werden. Der Stahl 71 Si 7 wird als Kaltband für hochbeanspruchte Uhr- und Triebwerkfedern eingesetzt.

Manganlegierte Federstähle, z. B. 50 Mn 7, 51 MnV 7 (Gruppe B in Tabelle D 18.1) und 60 MnSi 5, werden heute auch noch in geringem Umfang für Fahrzeugfedern (hauptsächlich Blatt-, Teller- und Ringfedern) verwendet. Mangan erhöht zwar die Härtbarkeit und Durchhärtung auch in größeren Querschnitten, macht aber den Werkstoff überhitzungsempfindlich und damit rißanfällig. Deshalb werden auch Vanadin und Chrom zur Verbesserung der Überhitzungsunempfindlichkeit und zur Steigerung der Härtbarkeit zugesetzt. Die vor allem in Manganstählen anzutreffende ausgeprägte Längsfaser bringt nach den vorliegenden Erkenntnissen bei hohen Beanspruchungen keine Vorteile, im Falle von Torsionsbeanspruchung sogar Nachteile.

Chrom- und Chrom-Vanadin-Stähle (*Gruppe C* in Tabelle D 18.1) werden vielfach für Schrauben- und Drehstabfedern im Fahrzeugbau sowie für hochbeanspruchte Blatt- und Spiralfedern bevorzugt. Sie haben den Vorteil hoher und gleichmäßiger Härtbarkeit, sind problemlos bei der Wärmebehandlung und zeigen ein gutes Verhalten bei Biege- und Torsionsbeanspruchung. Ihr Abmessungsbereich geht bis zu 40 mm Dmr., bei noch größeren Querschnitten wird Molybdän zugesetzt. In diesen zwei Gruppen sind die Stähle 55 Cr 3, 50 CrV 4, 58 CrV 4, 51 CrMo 4 zu finden. Diese Werkstoffe und auch die mit Silizium und Chrom legierten Stähle wie 67 SiCr 5 können aufgrund ihrer hohen Anlaßbeständigkeit und Warmfestigkeit erforderlichenfalls bei Betriebstemperaturen bis 300 °C eingesetzt werden. Bild D 18.5 zeigt die Härtbarkeit dieser Stähle im Vergleich zu der von nur mit Silizium legierten Federstählen.

Federstähle mit rd. 0,6% C, 0,5% Cr, 0,6% Ni und 0,2% Mo (Gruppe D in Tabelle D 18.1), zu denen auch die amerikanischen Sorten SAE 8650 und 8660 gehören, werden für schwere Blatt- und Schraubenfedern, vor allem wegen ihrer hohen Härtbarkeit und guten Zähigkeitseigenschaften, für Durchmesser bis 45 mm eingesetzt. Auch bei tiefen Temperaturen können mit ihnen höhere Zähigkeitswerte als mit Stählen ohne Nickel- und Molybdänzusatz erreicht werden.

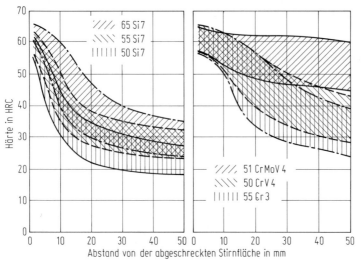

Bild D 18.5 Streubänder der Härtbarkeit im Stirnabschreckversuch von Silizium- und von Chrom-(Molybdän-Vanadin-) Federstählen. Nach [37].

D 18.3.3 Warmfeste Stähle für Federn

Bei Anforderungen an die Warmfestigkeit bis rd. 300°C kommen Chrom-Vanadin-, Silizium-Chrom- und Silizium-Chrom-Molybdän-Stähle in Betracht, bei höheren Temperaturen werden Chrom-Molybdän-Vanadin-, ggf. sogar wolframlegierte Warmarbeitsstähle verwendet und, sofern auch Korrosionsbeständigkeit verlangt wird, austenitische nichtrostende Stähle eingesetzt [38, 39]. Diese Stähle sind für temperaturbeanspruchte Ventil-, Dichtungs- und Rücklaufventilfedern in Motoren und im Lokomotivbau sowie in Triebwerken, Dampfturbinen u. dgl. notwendig.

Für die Werkstoffauswahl sind neben den Eigenschaften bei Raumtemperatur bis rd. 350°C die Warmstreckgrenzen, bei noch höheren Temperaturen die Zeitdehngrenzen, maßgebend. Dementsprechend ist die Beanspruchbarkeit niedriger anzusetzen, und es ist zu berücksichtigen, daß bei höheren Temperaturen die Neigung zum Kriechen und damit zum Setzen zunimmt und Elastizitätsmodul, Gleitmodul, Zugfestigkeit und Streckgrenze stark abfallen. Warmfeste Stähle für Federn, besonders der Stahl X 20 CrMoV 12 1 sowie die aushärtbaren Stähle X 7 CrNiMoAl 15 7 und X 5 NiCrTi 26 15, werden verhältnismäßig häufig verwendet, vor allem, wenn zusätzlich Korrosionsbeständigkeit erforderlich ist. Für sehr hohe Temperaturen finden hochwarmfeste Legierungen, z. B. der Werkstoff NiCr 20 TiAl, Verwendung (chemische Zusammensetzung dieser Werkstoffe s. D 9).

D 18.3.4 Stähle für kaltzähe Federn

Bei der Auswahl von Stählen für kaltzähe Federn [40] ist zu beachten, daß mit abnehmender Temperatur die Festigkeit, wegen des Zähigkeitsverlustes aber auch die Kerbempfindlichkeit [33, 41–43] zunimmt. Je nach der Beanspruchung und vor allem je nach der Verwendungstemperatur werden Chrom-Molybdän- und Chrom-Nickel-Molybdän-Vergütungsstähle oder austenitische Chrom-Nickel-Stähle verwendet.

D 18.3.5 Nichtrostende Stähle für Federn

Für Federn, die Korrosionseinflüssen, z. B. in der chemischen Industrie, ausgesetzt sind, ist Rost- und Säurebeständigkeit erforderlich. Hier erreichen nichtrostende Stähle mit mind. 12% Cr und ggf. mind. 6,5% Ni (X 30 Cr 13 bzw. X 12 CrNi 18 8) das notwendige elastische Formänderungsvermögen durch Kaltformgebung und/oder Wärmebehandlung [44, 45].

Härtbare Stähle, die höhere Festigkeitsbeanspruchung erlauben, jedoch geringere Korrosionsbeständigkeit haben, sind die Sorten X 30 Cr 13, X 20 CrMo 13 und X 35 CrMo 17, von denen die Stähle mit Molybdänzusatz für höhere Temperaturen bis 400 °C und auch in größeren Querschnitten verwendet werden können.

Austenitische Stähle haben eine höhere Korrosionsbeständigkeit, ihre Federungseigenschaften müssen aber durch zusätzliche Kaltverformung (Kaltziehen oder Kaltwalzen) eingestellt werden. Die erreichbaren Festigkeitswerte sind trotzdem wesentlich niedriger als die der vergütbaren Stähle. Auch ist zu berücksichtigen, daß diese Stähle niedrigere Elastizitäts- und Gleitmodule als die vergütbaren Stähle haben. Kennzeichnende Vertreter dieser Gruppe sind die Stähle X 12 CrNi 18 8 und X 5 CrNiMo 18 10 und, als Werkstoff mit höherer Festigkeit aber mit schlechterem Korrosionsverhalten, der Stahl X 12 CrNi 17 7. Durch eine Wärmebehandlung bei mäßig erhöhten Temperaturen bis rd. 400 °C nach der Kaltformgebung können die Festigkeitswerte und die Elastizitätsgrenze erhöht werden.

Durch die Verwendung *austenitischer ausscheidungshärtbarer Stähle* ist es möglich, den Vorteil guter Kaltumformbarkeit mit der durch Aushärten erreichbaren beträchtlichen Festigkeitssteigerung zu kombinieren. Als aushärtbar wird hauptsächlich die Sorte X 7 CrNiAl 17 7 verwendet [46]; der Aushärtungseffekt wird bei ihr durch Zusatz von Aluminium erzielt, anderen Stählen für Federn wird in der gleichen Absicht insbesondere Titan oder Niob zulegiert.

Chemische Zusammensetzung der hier genannten nichtrostenden Stähle: X 30 Cr 13: rd. 0,3% C und 13% Cr, X 12 CrNi 18 8: rd. 0,12% C, 18% Cr und 8% Ni, X 20 CrMo 13: rd. 0,2%, 13% Cr und 1,1% Mo, X 35 CrMo 17: rd. 0,35% C, 17% Cr und 1,1% Mo, X 5 CrNiMo 18 10: $\leq$ 0,07% C, 17% Cr, 2,2% Mo und 11% Ni, X 12 CrNi 17 7: rd. 0,12% C, 17% Cr und 7% Ni, X 7 CrNiAl 17 7 : $\leq$ 0,09% C, 17% Cr, 7% Ni und 1,2% Al.

D 19 Automatenstähle

Von Helmut Sutter und Günter Becker

D 19.1 Kennzeichnende Eigenschaften

Spanabhebende Formgebung bietet den Vorteil, fertige und in engen Maßtoleranzen liegende Oberflächen zu liefern, komplizierte Bauteilformen zu bewältigen und auch bei verhältnismäßig kleinen Stückzahlen noch wirtschaftlich zu sein. Die für die Serienfertigung notwendige Automatisierbarkeit des Bearbeitungsablaufs ist an die entscheidenden Voraussetzungen geknüpft, daß
- hohe Schnittgeschwindigkeiten bei geringem, mit dem Werkzeugwechseltakt zu vereinbarendem Verschleiß möglich sind;
- maßgenaue und glatte Bearbeitungsoberflächen entstehen;
- kurzbrechende Späne mit problemloser Abfuhr und geringem Volumen anfallen.

Die auf Erfüllung dieser Bedingungen zielenden metallkundlichen Maßnahmen stehen meist in direktem Widerspruch zu bestimmten physikalischen und technologischen Werkstoffkenngrößen, die für Folgebearbeitungen, Wärmebehandlungen und die verschiedensten praktischen Beanspruchungsarten maßgeblich sind. Hieraus leitet sich als technischer Kompromiß die Entwicklung der Automatenstähle als werkstoffkundlich eigenständiger Sortengruppe her [1], die vornehmlich auf bestmögliche Zerspanbarkeit gerichtet, aber an den gebräuchlichen Grundwerkstoffen orientiert ist. Dies gilt insbesondere im Hinblick auf die entsprechenden allgemeinen Baustähle, Einsatz- und Vergütungsstähle, wie sie in der Massenteilfertigung für Fahrzeug-, Maschinen-, Apparatebau, Feinmechanik, Verbindungstechnik usw. verwandt werden. Auch in verschiedenen anderen Sortenbereichen – vom Relaiswerkstoff bis zum nichtrostenden Stahl – werden einzelne Sondersorten mit dem Charakter von Automatenstahl hergestellt, auf die jedoch hier nicht eingegangen werden soll.

Die *Prüfung und Beurteilung* von Automatenstählen ist insofern problematisch, als sich Zerspanbarkeit nicht in Form einer einfachen und allgemeingültigen Kenngröße beschreiben läßt. Eine Bewertung anhand der üblichen labormäßigen Normprüfverfahren (s. C 9.1) ist deshalb erfahrungsgemäß durch Auswertung und Vergleich betrieblicher Ergebnisse zu ergänzen, als deren Kriterien außer Schnittleistung und Werkzeugstandzeit hier besonders Oberflächengüte, Maßhaltigkeit und Spanbild herangezogen werden. In der Zusammenarbeit zwischen Hersteller und Verbraucher bevorzugt man deshalb möglichst eng am betreffenden Verarbeitungsfall orientierte Langzeitprüfungen, während Verfahren mit geringerem Zeit- und Materialaufwand sich innerhalb der laufenden Qualitätsüberwachung bewährt haben. Eine zuverlässige Ableitung des Zerspanverhaltens aus technologisch und metallographisch ermittelten Hilfsgrößen ist trotz vielfacher Ansätze bislang nicht möglich.

Literatur zu D 19 siehe Seite 768.

D 19.2 Metallkundliche Folgerungen

D 19.2.1 Gefügebeschaffenheit

Entsprechend den in C 9 näher erörterten Bedingungen ist ein günstiges Zerspanungsverhalten grundlegend an die metallurgisch anzustrebende weitgehende *Freiheit von harten und abrasiven Gefügebestandteilen* sowie an die *ausgewogene Verbindung niedrigstmöglicher Festigkeit mit höchstmöglicher Sprödigkeit* geknüpft. Tatsächlich ist dies in den am allgemeinen Bedarf hauptsächlich beteiligten Schnellautomaten-Weichstählen verwirklicht. Sie enthalten bei rd. 0,10% C – etwa der Grundsorte St 37 vergleichbar – nur geringe Anteile des in Perlitinseln vorliegenden festigkeitstragenden Zementits, während der Zähigkeit des Ferrits durch abgestimmte Gehalte an versprödenden Begleitelementen – z. B. Stickstoff und Phosphor – begegnet wird, die besonders nach dem zur geometrischen Verfeinerung des Walzstahls notwendigen Blankziehen wirksam werden.

Von entscheidender Bedeutung und allen Automatenstählen wesensmäßig ist die Anwesenheit einer oder mehrerer *Einschlußarten* in geeigneter Beschaffenheit, Größe und Verteilung, *die* den Mechanismus von *Spanbildung und -bruch sowie gegebenenfalls* auch die *Kontaktreaktionen zwischen Werkzeug und ablaufendem Span* durch Schmierung und verschleißhemmende Ablagerungen auf dem Werkzeug *günstig beeinflussen.* Sulfideinschlüsse in erhöhter Anzahl und Größe, deren zerspanbarkeitsfördernde Wirkung um die Jahrhundertwende erkannt wurde, bildeten in der Folge die Entwicklungsgrundlage der Automatenstähle. Sie gelten noch immer als klassisches Merkmal, wenngleich heute auch nicht aufgeschwefelte Sorten mit anderen, Einschlüsse bildenden oder beeinflussenden Zusätzen zu den Automatenstählen zählen.

D 19.2.2 Wirkung der besonderen Legierungselemente bei Automatenstahl

Für *Schwefel* sind – selbst in nichtrostenden Automatenstahlsorten (s. D 13) – Gehalte von 0,1 bis 0,4 % üblich geworden. Der damit verbundene höhere Anteil an Sulfideinschlüssen (Bild D 19.1) beeinflußt die sonstige Gefügeausbildung und die Festigkeitseigenschaften – gleichgültig ob es sich um den warmgewalzten, kaltgezogenen oder einsatzgehärteten und vergüteten Zustand handelt – insgesamt nur unwesentlich. Das gilt jedoch nicht für die Zähigkeitseigenschaften in Querrichtung, die infolge der mehr oder minder ausgeprägten Streckung der Einschlüsse beim Warmwalzen zu Stab oder Draht und der dabei hervorgerufenen Gefügezeiligkeit deutlich geschwächt werden. Vorwiegend dieses Kriterium ist für die Wahl der für den jeweiligen Anwendungsfall geeigneten Schwefelspanne maßgebend und setzt den durch erhöhte Schwefelgehalte erzielbaren Zerspanbarkeitsgewinnen letztlich eine Schranke.

Von der *Zusammensetzung und Ausscheidungsart der Sulfide* gehen beträchtliche Einflüsse aus. Das in der Automatenstahl-Metallurgie durch Zugabe von Schwefelblüte beim Abguß in die Pfanne erzeugte Mangansulfid MnS befolgt die Stöchiometrie keineswegs streng und ist treffender als komplexe Substitutionsverbindung etwa der Form $(Fe, Mn, SiO)_xS$ zu beschreiben. Seine Größe, Anzahl, Verteilung sowie nicht zuletzt sein Formänderungswiderstand beim Warmwalzen bestimmen

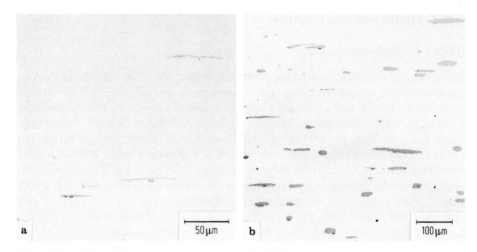

Bild D 19.1 Sulfidausbildung. **a** bei einem Stahl mit 0,020 % S, **b** bei einem Automatenstahl mit 0,25 % S sonst ähnlicher Zusammensetzung. Nach [17].

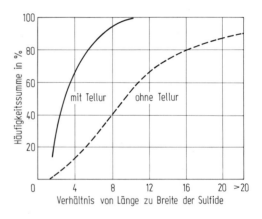

Bild D 19.2 Einfluß eines Tellurzusatzes auf die Sulfidverformung in Rundstäben von 25 mm Dmr. aus halbberuhigtem Automatenstahl beim Warmwalzen. Nach [1]. Zusammensetzung der untersuchten Schmelze: 0,09 % C, Spuren Si, 1,22 % Mn, 0,067 % P, 0,320 % S, 0,012 % N und Zusatz von 0,039 % Te.

die zerspantechnische Wirksamkeit. Eine entscheidende Rolle kommt dabei dem Desoxidationszustand der erstarrenden Schmelze zu. Von ihm hängt das jeweilige Auftreten dreier verschiedener Sulfidausscheidungsarten ab, von denen das bei Sauerstoffgehalten des Bades oberhalb etwa $200 \cdot 10^{-4}$ % gebildete globulare und beim Warmwalzen weniger plastische Oxisulfid vom so bezeichneten Typ 1 mit einem mittleren Teilchendurchmesser von einigen µm erwünscht ist [2-10].

Man kann diese Sulfidform über eine entsprechende metallurgische Schmelzenführung hinaus anhand einiger weniger Legierungshilfen fördern und stabilisieren, in erster Linie durch *Tellur*. Die gebildeten Telluride, vor allem MnTe, verbinden sich mit den Mangansulfiden teils als eingebaute, teils als umhüllende Phase. Sie führen zu einer verringerten Sulfidplastizität beim Warmwalzen [11] und somit zu einem auffällig globulisierten Einschlußbild (Bild D 19.2). Die Tellurzugaben liegen üblicherweise bei rd. einem Zehntel des jeweiligen Schwefelgehalts; eine beginnende Wirkung wird aber bereits bei wesentlich geringeren Gehalten erkennbar. Das Auftreten von niedrigschmelzenden Telluridphasen wie $FeTe_2$, die sich bereits bei rd. 850 °C verflüssigen, an den Primärkorngrenzen ist stark störend und gestaltet die metallurgische und vor allem walztechnische Beherrschung der Tellurstähle meist recht schwierig.

Schließlich sind als weitere sulfidglobulisierende Zusatzelemente das dem Tellur chemisch eng verwandte *Selen* und – für Automatenstähle allerdings kaum von technisch-wirtschaftlicher Bedeutung – *Cer, Zirkon und Kalzium* zu nennen. Zu ihrer Verwendung und Wirkung sei auf C 9 verwiesen.

In den Richtreihen des Stahl-Eisen-Prüfblattes 1572 [12] sind die in Automatenstählen vorkommenden Ausbildungsformen der Sulfide systematisiert. Der Aufklärung ihres Einflusses auf das Zerspanverhalten mit dem Fernziel der Ableitung von Zerspankennwerten mit Hilfe metallographisch ermittelter Parameter dürften die modernen Methoden der chemischen Einschlußbestimmung und die objektive geometrische Erfassung von Sulfiden – ebenso wie von Oxiden – anhand der quantitativen Bildanalyse neuerdings greifbare Aussichten eröffnen [13].

Blei spielt bei der Erzeugung von Automatenstählen neben Schwefel als zusätzlicher oder alternativer Einschlußbildner die bedeutendste Rolle. Man bringt es über seine bei Stahlschmelztemperatur gegebene Löslichkeit in Gehalten von rd. 0,15 bis 0,30 % als feindisperse metallische Phase in den Stahl. Die heute üblichen Methoden der Zulegierung stellen eine weitgehend homogene Verteilung sicher, die makroskopisch – ähnlich der von Schwefel – durch ein einfaches chemisches Abdruckverfahren sichtbar gemacht werden kann. Mikroskopisch finden sich die im Mittel kaum über 1 µm großen Bleipartikel entweder isoliert in der Matrix oder – insbesondere in aufgeschwefelten Stählen – mit den Sulfiden als deren zipfelförmige Ausläufer vergesellschaftet (Bild D 19.3), gegebenenfalls auch an Oxide angelagert. Anzeichen für eine visuell nicht erkennbare schützende Umhüllung der Sulfide durch Blei lassen sich aus dem gelegentlich beobachteten erhöhten Korrosionswiderstand herleiten [14]. Bei gleichzeitiger Anwesenheit von Tellur tritt zusätzlich eine PbTe-Phase auf, die sich ebenso wie reines Blei verhält.

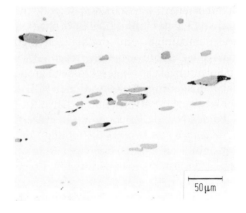

Bild D 19.3 Anlagerungen von metallischem Blei (Bleizipfel) an Mangansulfiden. Nach [25]. Zusammensetzung des Stahls: 0,09 % C, Spuren Si, 1,08 % Mn, 0,080 % P, 0,305 % S und 0,20 % Pb.

Wismut ist mit Blei chemisch eng verwandt und ihm sowohl in der metallurgischen Handhabung als auch im Einfluß auf die Zerspanbarkeit ähnlich. Zusätze von rd. 0,06% Bi in verschiedenen Automatenstahlsorten mit Blei zielen darauf ab, dessen Wirkung zugunsten weiter verbesserter Schnittleistung und Oberflächengüte zu verstärken. Neuere Erfahrungen lassen darüber hinaus erkennen, daß Blei durch Wismut in entsprechend angehobenen Gehalten von rd. 0,2% gänzlich ersetzt werden kann. Dies wird jedoch nur dann in Betracht kommen, wenn hohe Zerspanleistung angestrebt wird, aber etwa herstellungs- oder anwendungstechnische Gründe den Einsatz von Blei und/oder Tellur ausschließen. Ein Überblick über die Verwendung von Tellur, Selen und Wismut in Automatenstählen liegt im Schrifttum vor [15].

In jüngerer Zeit beginnt auch das Element *Bor* als Einschlußbildner in Schnellautomaten-Weichstählen eine Rolle zu spielen. In diesem Falle wird die Ausscheidung einer an bestimmte metallurgische Bedingungen geknüpften komplexen Oxidphase etwa des Typs $B_2O_3 \cdot MnO$ angestrebt, wozu geringe Gehalte von rd. 30 bis $50 \cdot 10^{-4}$% B genügen. Die Einschlüsse liegen vorwiegend feindispers in der Matrix bei Teilchengrößen $< 1\,\mu m$ vor, gelegentlich auch als Mangansulfid-Anlagerungen. Die Entstehung der harten Bornitridphase muß selbstverständlich unterdrückt werden [16].

D 19.3 Folgerungen für die Herstellung des Automatenstahls

Für eine Optimierung der kennzeichnenden chemischen Zusammensetzung besteht im Falle der für Einsatz- oder Vergütungszwecke und für besondere mechanische Beanspruchungen vorgesehenen Automatenstahlsorten naturgemäß wenig Spielraum.

Dagegen können Schnellautomaten-Weichstähle in einigen Punkten gezielt zugunsten ihrer zerspantechnischen oder auch sonstigen technologischen Eigenschaften beeinflußt werden. Im Hinblick auf den angestrebten weitestgehenden Ausschluß harter oxidischer Einschlußarten und die zur Erzeugung des verformungsarmen Sulfidtyps I notwendigen hohen Sauerstoffgehalte ist der *Desoxidationsverlauf von vorrangiger Bedeutung*. Die unberuhigte Vergießung kommt diesen Forderungen naturgemäß besonders entgegen. Da aber gerade Schwefel von allen Stahlbegleitern am stärksten seigert, muß dann mit beträchtlichen horizontalen und vertikalen Unterschieden in Struktur und Zusammensetzung der Gußblöcke und demzufolge sehr ungünstigen mechanischen Eigenschaften und ungleichmäßigem Zerspanverhalten gerechnet werden. Der im Übergang von Speckschicht zu Seigerungskern eingeschlossene grobe Gasblasenkranz führt überdies zu schädlichen Seigerungskonzentrationen [17], in denen das bereits bei 988 °C flüssige und Rotbruchgefahr auslösende Eisensulfid FeS auftreten kann.

Beiden Nachteilen kann mit dem Verfahren der *Halbberuhigung*, d. h. *mit erhöhten Zugaben von Mangan* als mildem und treffsicher zu handhabendem Desoxidationsmittel erfolgreich begegnet werden. Gehalte über rd. 1,00% sorgen für eine seigerungsarme „quasiberuhigte" Erstarrungsstruktur (Bild D 19.4), stören die Bedingungen für eine günstige Sulfidausscheidung nicht und bilden als Desoxidationsprodukt verhältnismäßig harmlose Manganoxide. Allenfalls erfordert der nun

0,50 % Mn   0,64 % Mn   0,81 % Mn

0,93 % Mn   0,99 % Mn   1,10 % Mn

Bild D 19.4 Wirkung steigender Mangangehalte auf die Ausbildung von Seigerungen in Automatenstählen mit rd. 0,10 % C und 0,25 % S. Nach [17].

näher an die Oberfläche gerückte Restgasblasenkranz erhöhten Aufwand zur Kontrolle und Behandlung der Oberfläche. Da der überschüssige Mangananteil sich ferritverfestigend auswirkt und die Zerspanbarkeit beeinträchtigen kann, ist eine vom Schwefelgehalt abhängige obere Grenze zu setzen. Hierfür wird ein Verhältnis von Mangan- zu Schwefelgehalt in der Stückanalyse von höchstens 4,5 genannt, das für Kohlenstoffgehalte > 0,12 % korrigiert als (C × Mn)/S-Verhältnis von höchstens 0,55 ausgedrückt wird [18]. Diese Grenzen werden zwar im allgemeinen nicht ausdrücklich zugesagt, entsprechen aber dem technischen Stand, zumal da höhere Schwefelgehalte selbst eine quasiberuhigte Erstarrungsstruktur unterstützen [19] (Bild D 19.5).

Die Zerspanbarkeit der halbberuhigten Automatenstähle reagiert nach umfangreichen Erfahrungen empfindlich auf mehr oder minder unvermeidliche kleine Gehalte von *Silizium*. Sie können sowohl durch entsprechende Oxidanteile im Gefüge als auch durch den nachteiligen Einfluß verringerter Badsauerstoffgehalte auf die Sulfidausbildung wirksam werden; es empfiehlt sich, niedrigstmögliche Siliziumgehalte anzustreben.

Dagegen sind bei der Erzeugung der vollberuhigten Sorten Silizium und gegebenenfalls *Aluminium* als die gängigen kräftigen Desoxidationsmittel nicht ganz zu

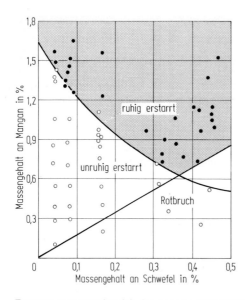

Bild D 19.5 Einfluß des Mangan- und Schwefelgehalts auf den Erstarrungsvorgang und das Walzverhalten von Stahl. Nach [19].

Zusammensetzungsbereich der untersuchten Stähle

	% C	% Si	% Mn	% P	% S	% N	% O
unberuhigt	0,04/0,10	Spuren	0,40/0,68	0,044/0,061	0,182/0,250	0,007/0,017	0,027/0,039
beruhigt	0,08/0,18	≦ 0,20	0,50/1,61	0,045/0,099	0,127/0,375	0,009/0,020	0,004/0,055
	teils mit weiteren Zusätzen von Al, Ca, Mg oder Zr						

umgehen. Wegen des von Silikaten und Tonerde ausgehenden Werkzeugverschleißes kommt es hier besonders darauf an, einen geringen Gehalt an derartigen Einschlüssen metallurgisch sicherzustellen.

Für die *Erschmelzung* der Automatenstähle kommen alle gebräuchlichen Verfahren in Betracht, sofern die grundlegenden metallurgischen Bedingungen im Hinblick auf die Einsatz-, Zuschlag- und Nachbehandlungsstoffe, Schmelzenführung und Desoxidation beachtet und u. U. gesondert angepaßt werden. So lieferte das Thomas-Verfahren die typischen Stahlbegleiter *Phosphor* und *Stickstoff*, deren ferritversprödende Wirkung Spanbruch und Oberflächengüte begünstigt, von Natur aus in passender Höhe, d. h. rd. 0,050 bis 0,090% P und rd. 0,008 bis 0,015% N. Bei den modernen Schmelzverfahren – vor allem den Sauerstoffblasverfahren – werden sie üblicherweise nach Bedarf zugesetzt und dabei mit geringeren Streubreiten eingestellt. Augenmerk verdient nicht zuletzt die Höhe von gegebenenfalls mit dem Schrott eingeschleppten Verunreinigungen wie vor allem Chrom, deren Höhe, um die Zerspanbarkeit nicht zu stören, deutlich unter den üblichen Grenzen liegen sollte. Zur Einbringung der Einschlüsse bildenden bzw. beeinflussenden Stoffe in technisch homogener Verteilung haben sich verhältnismäßig aufwendige Methoden des Legierens in der Pfanne bewährt, sie machen nämlich wegen der z. T. stark toxischen Elemente, wie z. B. Blei und Tellur, umfangreiche Gesundheits- und Umweltschutzvorkehrungen notwendig.

Die in der Stahlerzeugung auf breiter Ebene sich vollziehende Ausweitung des *Stranggießens* schließt auch die Automatenstähle ein. Ursprüngliche Bedenken, vornehmlich im Hinblick auf die Auswirkung eines vom herkömmlichen Blockguß beträchtlich abweichenden Erstarrungsablaufs auf Sulfidausbildung und Zerspanbarkeit, haben sich nicht bestätigt. Wie sich zeigt, bietet Strangguß teilweise sogar gewisse Vorteile aufgrund der insgesamt homogenen Werkstoffstruktur [19a].

D 19.4 Gebräuchliche Automatenstahlsorten und deren Eigenschaften

D 19.4.1 Den Verwendungsbereich kennzeichnende Sorten

Die auf dem Markt anzutreffende bemerkenswerte *Sortenvielfalt* spiegelt das laufende Bemühen von Herstellern und Verbrauchern, die in aller Regel bedeutsamen wirtschaftlichen Vorteile erhöhter Zerspanleistung konsequent zu nutzen und den die Automatenstähle charakterisierenden Kompromiß zwischen Verarbeitungs- und Verwendungseigenschaften flexibel auszufüllen.

Die davon ausgehende qualitative Weiterentwicklung wird vor allem im Bereich der im Bedarfsaufkommen dominierenden *Schnellautomaten-Weichstähle* sichtbar. War bis etwa 1965 noch die im 9 S 20 verkörperte unberuhigte Vergießungsart üblich, so hat sich seither – zunächst in Form des 9 SMn 23 mit 0,20 bis 0,27 % S und 0,90 bis 1,30 % Mn – die Halbberuhigung rasch durchgesetzt. Sie ermöglichte es erst, nicht nur die Anwendung von Blei und weiteren zerspanbarkeitsfördernden Zusätzen technologisch zu beherrschen, sondern auch der Verbrauchernachfrage in Richtung noch besserer Schnittleistung durch erhöhte Schwefelgehalte einen weiteren Schritt entgegenzukommen. Die unter Berücksichtigung einer – wenn auch begrenzten – Eignung für anspruchsvollere Verarbeitung und Verwendung notwendige Differenzierung kommt in Form der heute gebräuchlichen beiden Nachfolgesorten 9 SMn 28 mit 0,24 bis 0,32 % S und 9 SMn 36 mit 0,32 bis 0,40 % S zum Ausdruck, deren Varianten 9 SMnPb 28 und 9 SMnPb 36 im Bedarfsaufkommen deutlich überwiegen.

Tabelle D 19.1 nennt die wichtigsten Automatenstähle, es handelt sich in erster Linie um die in DIN 1651 [20] wie auch in der annähernd deckungsgleichen EURONORM 87 [21] festgelegten schwefelreichen Sorten und des weiteren um einige gängige Stähle für Einsatzhärtung und für Vergütung. Angesichts der beträchtlichen Anzahl von Sondersorten mit verschiedenen Zusatzkombinationen, „*Halbautomatenstählen*" wie etwa Kaltpreßstahl 10 S 10 nach DIN 17 111 [22], kann eine derartige Aufstellung nicht vollständig sein.

D 19.4.2 Zerspanbarkeit

In grober Näherung schreibt man bei den quasiberuhigten Sorten dem jeweils um 0,1 % erhöhten Schwefelgehalt eine Verbesserung der Schnittleistung um rd. 20 bis 30 % zu. Auch für Blei oder Tellur in üblichen Gehalten können derartige Anhaltswerte angegeben werden; ausgehend vom 9 SMn 28 darf für Blei mit rd. 15 bis 25 %, für Tellur mit rd. 25 bis 35 % und bei gemeinsamer Zugabe mit 35 bis 60 % gerechnet werden, da sich aufgrund der verschiedenartigen Wirkmechanismen auch die Lei-

Tabelle D 19.1 Kennzeichnende Sorten von Automatenstählen

Stahlsorte	% C	% Si	% Mn	% P	% S	% Pb	% Sonstige
Nicht für eine Wärmebehandlung bestimmte Stähle							
9 S 20	≦ 0,13	≦ 0,05	0,60…1,20	≦ 0,100	0,18…0,25		
9 SMn 28	≦ 0,14	≦ 0,05	0,90…1,30	≦ 0,100	0,24…0,32		
9 SMnPb 28	≦ 0,14	≦ 0,05	0,90…1,30	≦ 0,100	0,24…0,32	0,15…0,30	
9 SMn 36	≦ 0,15	≦ 0,05	1,00…1,50	≦ 0,100	0,32…0,40		
9 SMnPb 36	≦ 0,15	≦ 0,05	1,00…1,50	≦ 0,100	0,32…0,40	0,15…0,30	
9 SMnPbTe 28	≦ 0,10		~ 1,20	0,040…0,060	0,23…0,30	~ 0,25	~ 0,04 Te
9 SMnPbBi 28	0,05…0,12	Spuren	0,85…1,25	0,040…0,080	0,25…0,33	0,15…0,30	~ 0,06 Bi
Automaten-Einsatzstähle							
10 S 20	0,07…0,13	0,10…0,40	0,50…0,90	≦ 0,060	0,15…0,25		
10 SPb 20	0,07…0,13	0,10…0,40	0,50…0,90	≦ 0,060	0,15…0,25	0,15…0,30	
C 15 Pb	0,12…0,18	0,15…0,35	0,25…0,50	≦ 0,045	≦ 0,045	0,15…0,30	
16 MnCrPb 5	0,14…0,19	0,15…0,35	1,00…1,30	≦ 0,035	≦ 0,035	0,20…0,35	0,80…1,10 Cr
Automaten-Vergütungsstähle							
35 S 20	0,32…0,39	0,10…0,40	0,50…0,90	≦ 0,060	0,15…0,25		
45 S 20	0,42…0,50	0,10…0,40	0,50…0,90	≦ 0,060	0,15…0,25		
60 S 20	0,57…0,65	0,10…0,40	0,50…0,90	≦ 0,060	0,15…0,25		
C 35 Pb	0,32…0,39	≦ 0,40	0,50…0,80	≦ 0,045	≦ 0,045	0,15…0,30	
C 45 Pb	0,42…0,50	≦ 0,40	0,50…0,80	≦ 0,045	≦ 0,045	0,20…0,30	

stungssteigerung in etwa additiv verhält. Hiervon ausgehend wurde eine Reihe von *Hochleistungs-Automatenstählen* mit verschiedenen Legierungskombinationen wie vor allem Schwefel + Blei + Tellur entwickelt. Bei der Auswahl des dem jeweiligen Fertigungsfall angepaßten Stahls müssen nicht zuletzt wirtschaftliche Überlegungen den Ausschlag geben, da der Einsatz der Zusatzelemente, der meist auch Ausbringensminderungen bewirkt, deutlichen Mehraufwand bedeutet. Deshalb sind derartige Stähle einem festumgrenzten speziellen Verwendungsgebiet vorbehalten.

Um die mögliche relative Leistungssteigerung durch verschiedene Legierungszusätze und -kombinationen grobquantitativ zu verdeutlichen, sind im Bild D 19.6 (in Verbindung mit Tabelle D 19.2) die typischen Weichautomatenstähle einem unlegierten in der Zugfestigkeit etwa gleichen Stahl zugeordnet. Die Darstellung beruht auf Labor- und Praxiserfahrungen für das Längsdrehen mit Schnellarbeitsstahl bei etwa 8 h Werkzeugstandzeit und stimmt – soweit vergleichbar – mit den in der Literatur enthaltenen Angaben überein [1, 14, 16, 24, 25]. Entsprechende Werte von Vergütungsautomatenstählen sind in Bild D 19.7 (in Verbindung mit Tabelle D 19.3) angegeben. Die eingezeichneten Streubänder tragen den äußerst vielfältigen verfahrens- und werkstoffbedingten Einflüssen Rechnung.

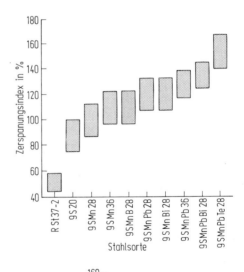

Bild D 19.6 Zerspanbarkeit verschiedener Automatenstähle. Als Zerspanungsindex ist das bei 8 h Werkzeugstandzeit zerspante Volumen mit 100 % für 9 SMn 28 gewählt worden (s. dazu Tabelle D 19.2).

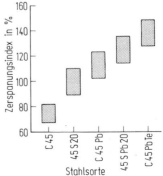

Bild D 19.7 Zerspanbarkeit verschiedener Vergütungsstähle. Zerspanungsindex wie bei Bild D 19.6, jedoch mit 100 % für 45 S 20 (s. dazu Tabelle D 19.3).

Tabelle D 19.2 Chemische Zusammensetzung der nach Bild D 19.6 untersuchten Stähle

Stahlsorte	Mittlere chemische Zusammensetzung				Zugfestigkeit
	% C	% Mn	% S	% Sonstiges	N/mm^2
R St 37-2	0,10	0,45	0,045	0,15 Si	400
9 S 20	0,10	0,90	0,210		420
9 SMn 28	0,10	1,10	0,280		430
9 SMn 36	0,12	1,30	0,360		440
9 SMnB 28	0,10	1,20	0,280	0,0030 B	430
9 SMnPb 28	0,11	1,10	0,280	0,20 Pb	430
9 SMnBi 28	0,11	1,10	0,280	0,25 Bi	430
9 SMnPb 36	0,12	1,30	0,360	0,20 Pb	440
9 SMnPbBi 28	0,11	1,10	0,280	0,20 Pb, 0,06 Bi	430
9 SMnPbTe 28	0,11	1,10	0,280	0,20 Pb, 0,035 Te	430

Tabelle D 19.3 Chemische Zusammensetzung der nach Bild D 19.7 untersuchten Stähle

Stahlsorte	Mittlere chemische Zusammensetzung				
	% C	% Si	% Mn	% S	% Sonstiges
C 45	0,45	0,15	0,60	0,035	
45 S 20	0,45	0,15	0,75	0,200	
C 45 Pb	0,45	0,15	0,60	0,035	0,20 Pb
45 SPb 20	0,45	0,15	0,75	0,200	0,20 Pb
C 45 PbTe	0,45	0,15	0,60	0,035	0,20 Pb, 0,035 Te

D 19.4.3 Mechanische Eigenschaften

In den mechanischen Kennwerten für Längsproben unterscheiden sich die Automatenstähle nicht nennenswert von den vergleichbaren Grundsorten. Die *ausgeprägte Anisotropie der schwefelhaltigen Sorten* schränkt die Verformbarkeit in Querrichtung und die Kerbschlagzähigkeit jedoch beträchtlich ein [5]. Daher kann eine beispielsweise für die Mutternfertigung aus Schnellautomaten-Weichstahl erwünschte Querdehnung von 5% nur bedingt eingehalten werden. Naturgemäß ermöglicht hier eine mehr globulare Sulfidausbildung, wie sie in erster Linie durch Tellurzugaben bewirkt wird, durchgreifende Verbesserungen [1] (Bild D 19.8).

Im *Vergleich zu Schwefel* nimmt *Blei* in gleichem Gewichtsanteil nur ein Achtel des Volumens ein und beeinträchtigt dementsprechend die mechanischen Eigenschaften insgesamt weit weniger. Dieser Vorteil hat ihm die grundsätzliche Anwendbarkeit auch in Fällen hochbeanspruchter oder Sicherheitskriterien unterliegender Bauteile aus unlegierten und legierten Einsatz- bzw. Vergütungsstählen gesichert, zumal da das Problem einer gleichmäßig feinen Bleiverteilung zugabe- und prüftechnisch beherrscht wird. Soweit bekannt, leitet sich eine Eignungseinschränkung lediglich aus einem zwischen rd. 200 und 450 °C beobachteten Warmsprödigkeitseffekt mit Maximum am Bleischmelzpunkt (327 °C) her [26].

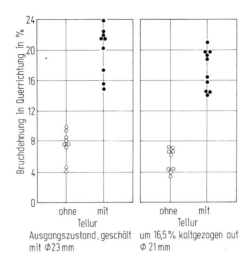

Bild D 19.8 Verbesserung der Querdehnbarkeit eines Automatenstahls im geschälten und im kaltgezogenen Zustand durch Tellur. Nach [1]. Zusammensetzung der Schmelze wie in Bild D 19.2.

D 19.4.4 Weiterverarbeitung und Wärmebehandlung

Aus Gründen der Maßgenauigkeit und Oberflächengüte werden Automatenstähle meist nach einem *Kaltzug* verarbeitet. Die damit verbundene Versprödung begünstigt die Zerspanbarkeit der weichen Sorten. Bei den Vergütungsstählen, d. h. oberhalb rd. 0,3 % C, ist allgemein keine Verbesserung erreichbar [27], da der optimale Festigkeitsbereich hier oft bereits überschritten wird. Definierte Querschnittsabnahmen sind jedoch nicht nur aus Festigkeitsgründen geboten. Aufgrund der von den Sulfiden ausgehenden Kerbwirkung neigen vor allem die kohlenstoffreicheren Sorten wie 45 S 20 und 60 S 20 bei zu scharfen Abzügen zur Spannungsrißempfindlichkeit. Eigenspannungen können aber durch geeignete ziehtechnische Vorkehrungen in Grenzen gehalten werden [28].

Vorsicht ist bei der mehr und mehr anzutreffenden *Warmverschmiedung* von Automatenstählen, auch der quasiberuhigten Sorten, angebracht. Es muß unbedingt auf genügend hohe Temperatur, möglichst geringe freie Breitung und ausreichende Bearbeitungszugabe geachtet werden. Auf die Sprödigkeit und die strukturbedingte Rißempfindlichkeit ist ebenso beim Warm- und Kaltabgraten Rücksicht zu nehmen, besonders wenn Restseigerungen in den Grat geschmiedet und dann angeschnitten werden können. Tellurhaltige Stähle sind zum Schmieden wegen ihrer Warmbruchneigung allgemein nicht geeignet.

Für Einsatzhärtung und Vergütung sind vollberuhigte Automatenstähle vorgesehen. Sie unterscheiden sich in den erzielbaren Eigenschaften praktisch nicht von den entsprechenden Stählen mit niedrigem Schwefelgehalt, die Querkennwerte selbstverständlich ausgenommen. Vielfach können die Einsatzstähle mit Erfolg durch wesentlich besser zerspanbare halbberuhigte Schnellautomaten-Weichstähle ersetzt werden, wenn ausreichende Erfahrungen über die geeigneten Behandlungsbedingungen vorliegen.

D 19.4.5 Sonstige Eigenschaften

Die *Oberflächenbeschaffenheit* der Automatenstähle ist infolge des beabsichtigt heterogenen Gefügeaufbaus und der Versprödungsneigung vergleichsweise fehleranfällig. Für die in DIN 1651 genormten Sorten wurden deshalb zulässige Längsrißtiefen für den geschälten und blankgezogenen Zustand in Form von Anhaltswerten angegeben. Auch die Erprobung „technisch rißfreier" Beschaffenheit anhand der üblichen Verfahren muß auf vorgetäuschte Fehler wie randnahe oder angeschnittene Einschlußzeilen und sogenannte „Schattenstreifen" Rücksicht nehmen. In die Oberfläche eingebettete Einschlüsse beeinträchtigen bei höherem Schwefelgehalt auch den Korrosionswiderstand bzw. den gleichmäßigen Aufbau galvanischer Schutzüberzüge. Porenfreie Glanzüberzüge erfordern darum verhältnismäßig aufwendige Schleif- und Poliergänge sowie erhöhte Vorsicht bei vorbereitenden Beizbehandlungen [29].

Die an eine homogene *Innenbeschaffenheit* gestellten Anforderungen reichen in der Anwendungspraxis – auch für die halbberuhigten Sorten – bis hin zur Eignung für hydraulisch druckdichte Teile. Dies läuft annähernd auf eine Durchmesserbegrenzung aller vorhandenen Einschlußarten im mikroskopischen Größenordnungsbereich hinaus, die man trotz aller Fortschritte in den metallurgischen Verfahren und in der Prüftechnik als problematisch ansehen muß. In der Praxis hat sich die insgesamt homogenere Werkstoffstruktur der im Strang vergossenen Automatenstähle als vorteilhaft erwiesen.

Die *Schweißeignung* der Automatenstähle ist im allgemeinen nicht gegeben. Dennoch wird beispielsweise zum Anschweißen von Drahtringen beim Ziehen oder auch zur Verbindung vorgefertigter Konstruktionsteile eine gewisse Schweißeignung erwartet. Unter entsprechenden Vorkehrungen sind brauchbare Ergebnisse besonders mit dem Kurzlichtbogenschweißen unter Kohlendioxid zu erreichen [30].

Weichmagnetische Eigenschaften werden in Einzelfällen von Automatenstählen zur Verwendung in der Elektrotechnik gewünscht. Hierfür liefern die halbberuhigten Sorten brauchbare Werte, auch mit den bekannten Sonderzusätzen [1]. Es ist jedoch auf die ausgeprägte Verfestigungs- und Alterungsneigung mit entsprechender Zunahme der magnetischen Härte Rücksicht zu nehmen.

Die *qualitative Entwicklung der Automatenstähle* scheint noch nicht abgeschlossen, wenngleich sich zumindest die Schnellautomaten-Weichstähle mit ihrer weit über die Normung hinausgehenden Sortenvielfalt und deren Bewährung in den verschiedensten Anwendungsbereichen allmählich ihren Grenzen nähern dürften. In der wirtschaftlichen Nutzung sind Fortschritte aufgrund weiter verbesserter Bearbeitungstechnologien zu erwarten. Auch optimierte Verknüpfungen von spanenden mit einfachen spanlosen Fertigungsschritten durch besondere Anpassung von Struktur und chemischer Zusammensetzung sind denkbar. Schließlich ist abzusehen, daß der in den Automatenstählen verwirklichte Kompromiß zwischen der Zerspanbarkeit und den sonstigen Gebrauchseigenschaften zunehmend auch von der Seite der Qualitäts- und Edelstähle her angestrebt werden wird, vorwiegend durch mehr oder weniger über die bisherigen Normgrenzen erhöhte Schwefelgehalte in Verbindung mit sulfidbeeinflussenden Sonderzusätzen [31].

D 20   Weichmagnetische Werkstoffe

Von Ewald Gondolf, Fritz Aßmus, Klaus Günther, Armin Mayer, Hans Günter Ricken und Karl-Heinz Schmidt

D 20.1   Bereich der weichmagnetischen Werkstoffe

Als weichmagnetisch ordnet man traditionell alle Werkstoffe ein, die *Koerzitivfeldstärken von weniger als 1000 A/m* aufweisen [1]. Deutlich dagegen abgesetzt sind die hartmagnetischen Werkstoffe (s. D 21) mit Koerzitivfeldstärken von mehr als 10 000 A/m. Der Bereich dazwischen wird weniger eindeutig zugeordnet.

Mit der *stofflichen Einteilung* der weichmagnetischen Werkstoffe hat sich in jüngster Zeit die International Electrical Commission (IEC) befaßt; sie kommt zu folgender Grobgliederung [2, 3]:

A: reines Eisen,   E: Nickel-Eisen-Legierungen,
B: kohlenstoffarmer Stahl,   F: Kobalt-Eisen-Legierungen,
C: Siliziumstahl,   G: andere Legierungen,
D: andere Stähle,   H: weichmagnetische Keramik.

An diese Einteilung wird sich das vorliegende Kapitel anlehnen und die Stähle mit besonderen Anforderungen an die magnetischen Eigenschaften, die vielfach mit ihrer Koerzitivfeldstärke zwischen 1 000 und 10 000 A/m liegen, in die Betrachtung mit einbeziehen. Die weichmagnetische Keramik wird nicht behandelt.

Eng verknüpft mit der *Forderung nach niedriger Koerzitivfeldstärke* bei weichmagnetischen Werkstoffen ist der Wunsch nach *hoher Permeabilität und hoher Sättigungsflußdichte.* Die weiteren Anforderungen ergeben sich aus den technischen Notwendigkeiten und den wirtschaftlichen und physikalischen Gegebenheiten [4–8].

Die Vielfalt der Ansprüche an die magnetischen Eigenschaften der Werkstoffe hat eine *große Anzahl von Entwicklungen* bewirkt, die zu sehr unterschiedlichen Ergebnissen und damit sehr unterschiedlichen weichmagnetischen Werkstoffen geführt haben. Dabei boten sich besonders die „strukturempfindlichen" magnetischen Eigenschaften wie Koerzitivfeldstärke, Anfangs- und Maximalpermeabilität und Ummagnetisierungsverlust für die Weiterentwicklung an. Um eine geschlossene Darstellung der einzelnen Werkstoffgruppen zu geben, werden diese in D 20.3 bis D 20.7 jeweils einzeln erörtert.

Zur theoretischen Deutung des Magnetismus und der einzelnen Kenngrößen sei über C 2 hinaus auf das Buch von Kneller [9] verwiesen. Zahlreiche Angaben über magnetische Eigenschaften des Eisens und seiner Legierungen sowie über Meßverfahren finden sich bei Bozorth [10].

Literatur zu D 20 siehe Seite 768–771.

D 20.2 Kenngrößen für die Beurteilung der weichmagnetischen Werkstoffe

Aufgrund der historischen Entwicklung sind die Bezeichnungen der *magnetischen Größen* und besonders ihrer Einheiten national und international durch eine große Vielfalt gekennzeichnet, die dem Nichtfachmann das Eindringen in dieses Gebiet erschwert. Die weltweite Anwendung der SI-Einheiten hat auch auf diesem Gebiet eine gewisse Beruhigung gebracht, und es ist zu hoffen, daß die national – in DIN 1325 [11] – und international – in IEC-Publication 50 (901) [12] – festgelegten Begriffe und Einheiten die alten cgs-Einheiten endgültig verdrängen. In Anlehnung an die genannten Normen werden für die wichtigsten magnetischen Kenngrößen die Begriffe und Einheiten nach Tabelle D 20.1 empfohlen. Die Zuordnung der magnetischen Größen zur Hystereseschleife geht aus Bild C 2.8 hervor.

Die Vielzahl der magnetisch bedeutsamen Kenngrößen führt zu einer hochent-

Tabelle D 20.1 Benennung der wichtigsten magnetischen Kenngrößen, ihre Maßeinheiten und ihr Zusammenhang untereinander

Begriff	Kurz-zeichen	Definition	SI-Einheit	Bemerkung
magnetische Feldstärke	H	s. DIN 1325	A/m	$1 \text{ A/m} \triangleq \frac{4\pi}{10^3}$ Oersted (Oe)
magnetische Flußdichte	B	s. DIN 1325	$\frac{Vs}{m^2} = $ Tesla (T)	$1 \text{ T} \triangleq 10^4$ Gauß (G)
magnetische Polarisation	J	$J = B - \mu_0 H$	$\frac{Vs}{m^2} = $ Tesla (T)	
Magnetisierung	M	$M = \dfrac{J}{\mu_0}$	A/m	
magnetische Feldkonstante (im leeren Raum)	μ_0	$\mu_0 = \dfrac{B}{H}$	$\dfrac{Vs}{Am} = \dfrac{Henry}{m} = \dfrac{H}{m}$	$1\,\dfrac{H}{m} \triangleq \dfrac{10^7}{4\pi}\,\dfrac{G}{Oe}$
Permeabilität (in einem Stoff)	μ	$\mu = \dfrac{B}{H}$	$\dfrac{Vs}{Am} = \dfrac{Henry}{m} = \dfrac{H}{m}$	
Permeabilitätszahl (relative Permeabilität)	μ_r	$\mu_r = \dfrac{\mu}{\mu_0}$	–	
magnetische Sättigung	J_s	$J_s = B - \mu_0 H$	$\dfrac{Vs}{m^2} = $ Tesla (T)	(nach Sättigung)
Remanenz	J_r	$J_r = B_r$ für $H \to 0$		
Ummagnetisierungsverlust je Zyklus	P	$P = \oint H\,dB$	$\dfrac{Ws}{m^3}$	
Ummagnetisierungsverlust bei Frequenz f und Dichte ρ	$P_{f\rho}$	$P_{f\rho} = \dfrac{f}{\rho} \oint H\,dB$	$\dfrac{W}{kg}$	
Koerzitivfeldstärke	$_JH_c$	H_c für $J = 0$	A/m	bei hartmagnet. Werkstoffen
	$_BH_c$	H_c für $B = 0$		bei weichmagnet. Werkstoffen (jeweils nach Sättigung)

wickelten *Meßtechnik*, durch die die Einhaltung der gestellten Forderungen gesichert werden soll [13-15]. In Einklang mit dem Wunsch nach schmaler *Hystereseschleife* nimmt die Messung des *Nulldurchgangs der magnetischen Polarisation*, d. h. der statischen Koerzitivfeldstärke einen breiten Raum ein. Sie ist eine der kennzeichnenden Eigenschaften magnetischer Werkstoffe; einerseits wird sie als magnetische Kenngröße benötigt, andererseits können ihr Betrag oder ihre Änderung unter jeweils bestimmten Bedingungen zu Rückschlüssen auf Härte, Korngröße, Alterungsneigung u. a. benutzt werden. Die Messung soll demnächst in einer DIN-Norm festgelegt werden. Da der Nulldurchgang der magnetischen Polarisation $_JH_c$ schwierig zu messen ist und sich bei weichmagnetischen Werkstoffen nur geringfügig von dem Nulldurchgang der magnetischen Flußdichte $_BH_c$ unterscheidet, wird in der Regel dieser als Koerzitivfeldstärke angegeben. Sie wird üblicherweise im offenen magnetischen Kreis nach ausreichender Sättigung der Probe im Gleichfeld ermittelt. Der Nulldurchgang von B bzw. J kann dabei entweder mit einer bewegten Spule oder mit Außensonden festgestellt werden.

Daneben ist die *magnetische Flußdichte* (Induktion) in Abhängigkeit von der magnetischen Feldstärke ein *häufig ermittelter Kennwert*. Hierzu können Ringproben oder Stabproben verwendet werden, die entweder bewickelt oder in fertige Spulen eingelegt werden. Neben der Neukurve kann in der gleichen Meßeinrichtung auch die Hystereseschleife mit der Remanenz und der Koerzitivfeldstärke bestimmt werden. Aus der magnetischen Feldstärke und der magnetischen Flußdichte läßt sich die Permeabilitätszahl ermitteln, die häufig als Prüfwert verwendet wird. Zwischen der Koerzitivfeldstärke und der Permeabilitätszahl besteht empirisch ein reziproker Zusammenhang, was vielfach Veranlassung ist, die aufwendigere Permeabilitätsmessung durch eine Messung der Koerzitivfeldstärke zu ersetzen.

Um die *zeitliche Stabilität der magnetischen Eigenschaften* zu ermitteln, wird z. B. die Koerzitivfeldstärke zusätzlich nach Erwärmung über 100 h auf 100 °C ± 5 °C ermittelt. Die prozentuale Änderung gegenüber dem nichtgealterten Zustand wird als *Alterungszahl* bezeichnet.

In besonderen Fällen wird auch die *Sättigungspolarisation* gemessen. Sie ist mit der Ring- oder Stabmeßmethode nicht zu ermitteln, da die dazu benötigte hohe Feldstärke nicht erreicht werden kann. Für die Messung der Sättigung reicht es aus, eine genügend hohe Feldstärke, (die aber nicht exakt bekannt zu sein braucht) z. B. mit einem starken Elektromagneten zu erzeugen und die magnetische Polarisation der Probe mit einem geeigneten Meßorgan, z. B. induktiv mit einem ballistischen Galvanometer, im Vergleich mit einer Probe mit bekannter Sättigung zu messen.

Wird der Werkstoff *im Wechselfeld* eingesetzt, so treten die entsprechenden *Prüfungen* an Stelle der statischen Verfahren. Hierfür wird üblicherweise der Epstein-Rahmen verwendet, ein Meßtransformator, bei dem die zu messenden Proben den Eisenkern bilden. Das Verfahren ist in DIN 50462 [16] genormt. Die wichtigsten Meßgrößen sind der Ummagnetisierungsverlust bei 1, 1,5 oder 1,7 T, die Polarisation bei verschiedenen Feldstärken und die Permeabilität in der Regel jeweils bei 50 Hz. Weitere Kenngrößen, wie spezifischer elektrischer Widerstand, Dichte, Richtungsabhängigkeit der magnetischen Eigenschaften u. a., werden von Fall zu Fall ermittelt. Ebenso werden je nach Anwendung des Werkstoffs die Eigenschaften auch bei anderen Frequenzen als 50 Hz bestimmt.

D 20.3 Weicheisen; Anwendungsgebiete, Eigenschaften, Herstellung und Sorten

D 20.3.1 Grundanforderungen

Unter Weicheisen wird für den hier zu erörternden Anwendungsbereich ein Stahl mit einem Minimum an unbeabsichtigten Verunreinigungen und nur kleinen Beimengungen bestimmter Elemente verstanden, die entweder für die Verarbeitung oder die Einstellung der gewünschten magnetischen Eigenschaften erforderlich sind. Dabei ist ein Kompromiß zwischen optimalen magnetischen Eigenschaften und wirtschaftlicher Herstellung zu finden.

Weicheisen wird überall dort eingesetzt, wo magnetische Gleichfelder erzeugt, verstärkt oder abgeschirmt werden sollen, z. B. in Schaltrelais, Kleinmotoren, Polschuhen und -spitzen, Gleichstrommagneten der kernphysikalischen Forschung und Abschirmungen von magnetischen Gleichfeldern.

Weicheisen kann gewalzt, gezogen, geschmiedet, gesintert und als Stahlguß vergossen werden.

Aus den verschiedenen Anwendungen des Weicheisens ergeben sich *folgende Anforderungen an die Werkstoffeigenschaften*, die teilweise miteinander gekoppelt sind: leichte und hohe Magnetisierbarkeit, d. h. hohe Werte der magnetischen Flußdichte (Induktion) schon bei schwachen Feldern, hohe Sättigungspolarisation, hohe Maximalpermeabilität, niedrige Koerzitivfeldstärke, zeitliche Konstanz der magnetischen Eigenschaften (Alterungsbeständigkeit), bei großen Teilen für Magnete magnetische Homogenität aller Einzelteile in sich und untereinander, gute mechanische Be- und Verarbeitbarkeit.

Werden – wie bei Elektroblech – geringe Ummagnetisierungsverluste verlangt, so kommt Weicheisen wegen seiner guten elektrischen Leitfähigkeit nur in Betracht, falls besondere Maßnahmen ergriffen werden können (z. B. hinreichende Absenkung der Blechdicke, Wärmeableitung). Gegebenenfalls werden für solche Anwendungsfälle Siliziumstähle (s. D 20.4) eingesetzt.

Beständigkeit gegen Korrosion kann mit Weicheisen ohne Schutzüberzüge nicht erreicht werden; zu nichtrostenden Stählen für Relais siehe D 20.5.3.

D 20.3.2 Physikalische und metallkundliche Erkenntnisse über Einflüsse auf die geforderten Eigenschaften

Die magnetischen Kennwerte von Eisen, wie überhaupt von weichmagnetischen Legierungen, hängen von zahlreichen Einflußgrößen ab. Aufgabe des Herstellers ist es, die jeweils günstigen Einflüsse optimal zu fördern und die schädlichen möglichst gering zu halten. Hierzu sind Einsichten in die Zusammenhänge zwischen Eigenschaften und inneren Werkstoffparametern erforderlich, von denen einige wichtige hier kurz behandelt seien (vgl. auch C 2 und [9]).

Sättigungspolarisation

Bei Eisen sinkt die magnetische Sättigungspolarisation mit dem Zusatz von nahezu allen Elementen außer Kobalt. Sie hängt mit den in Bild C 2.18 gegebenen mittleren magnetischen Momenten zusammen. Bild D 20.1 [1] zeigt den *Einfluß einiger*

Zusätze. Nach ihm bewirken Sauerstoff und Kohlenstoff besonders starke Minderungen; sie liegen überwiegend als Verbindungen in Einschlüssen oder Ausscheidungen vor, die unmagnetisch oder weniger magnetisch sind als die Matrix.

Koerzitivfeldstärke und Blochwand-Bewegungen

Die Koerzitivfeldstärke steigt mit dem Ausmaß der Störungen des idealen Kristallbaus, bei Eisen hauptsächlich mit dem Volumenanteil nichtmagnetischer oder im Vergleich zur Matrix schwächer magnetischer *Einschlüsse oder Ausscheidungen.* Dabei ist deren Größe wesentlich, wie Bild D 20.2 für Eisen mit 0,02% C zeigt [17].

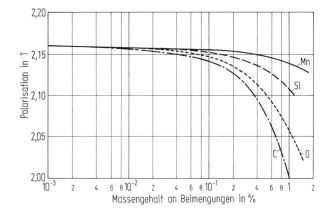

Bild D 20.1 Einfluß von Zusätzen an Kohlenstoff, Sauerstoff, Silizium und Mangan auf die Polarisation von Reineisen. Nach [1].

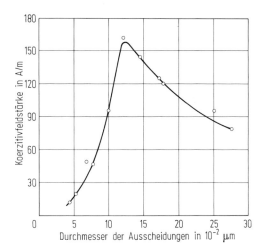

Bild D 20.2 Abhängigkeit der Koerzitivfeldstärke vom mittleren Durchmesser *d* der Ausscheidungen in Eisen mit 0,02% C bei konstantem Volumenanteil der Ausscheidungen. Nach [17].

Dieses Verhalten hängt mit den *Blochwänden* und ihren Verschiebungen durch ein Magnetfeld zusammen (vgl. C 2): Die Blochwände werden von bestimmten *Haftstellen* gehalten, bis sie durch ein wachsendes Magnetfeld losgerissen werden (irreversible Wandverschiebungen). Als Haftstellen wirken bei Eisen vor allem Einschlüsse oder Ausscheidungen, und zwar am stärksten, wenn sie etwa die Dicke der Blochwand haben (bei Eisen etwa 0,1 µm). Weitere Hemmungen der Blochwand-

Bewegung werden durch *Korngrenzen* bzw. die begrenzte Korngröße bewirkt. Bild D 20.3 zeigt am Beispiel eines sehr reinen Eisens mit 0,002 % C (sowohl Vakuum- als auch Zonenerschmelzung) die Abhängigkeit der Koerzitivfeldstärke von der Korngröße; sie ist etwa umgekehrt proportional zum Korndurchmesser [18]. Bei normalem Eisen ist dieser Einfluß klein gegenüber dem von Einschlüssen.

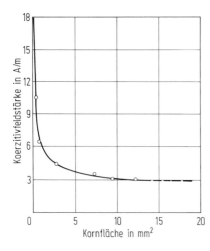

Bild D 20.3 Abhängigkeit der Koerzitivfeldstärke vom Mittelwert der Kornfläche für reines Eisen mit 0,002 % C und bis zu 0,07 % Si. Nach [18].

Außer durch eingelagerte Störungen wird die Blochwand-Bewegung auch durch *inhomogene Spannungen* sowie plastische und elastische *Verformungen* beeinflußt, in ähnlicher Weise wie durch Einschlüsse. Durch absichtlich aufgebrachte, dosierte Spannungen können aber auch positive Wirkungen erzielt werden (vgl. C 2). Als Werkstoffparameter geht bei Spannungseinflüssen die Sättigungsmagnetostriktion ein.

Anisotropie-Energien

In die beschriebenen Zusammenhänge geht als Werkstoffparameter noch die Kristallanisotropiekonstante K_1 ein. Sie bestimmt den Hauptteil der Anisotropie- energie, die erforderlich ist, um die Polarisationsrichtung im Kristall in eine andere als die Vorzugsrichtung zu drehen (vgl. C 2), besonders auch nach Abschluß der Wandverschiebungen beim restlichen Eindrehen der Polarisation in die Feldrich- tung (Drehprozesse). K_1 ist im Vergleich etwa zu Nickel und Nickellegierungen bei Eisen und seinen Legierungen besonders groß.

Analog gehen in diese Zusammenhänge noch die Konstanten der Sättigungs- magnetostriktion λ ein. Sie bestimmen zusammen mit den örtlichen Spannungen eine weitere Anisotropie. Hierzu und zu einer weiteren Anisotropie siehe auch D 20.6.2.

Folgerungen für die Herstellung

Die besten weichmagnetischen Eigenschaften bringt ohne Zweifel *ungestörtes ferri- tisches Gefüge* mit möglichst hohem *Reinheitsgrad* und *großem Korn*. Um die Sätti- gungspolarisation und die Koerzitivfeldstärke des Weicheisens nicht mehr als unvermeidbar zu beeinträchtigen, sind Zusätze oder Beimengungen und die unbeabsichtigte Aufnahme von Fremdstoffen so niedrig wie möglich zu halten. Das gilt vor allem für solche Elemente, die Ausscheidungen oder Einschlüsse bilden (z. B. Kohlenstoff, Stickstoff, Sauerstoff, Schwefel); sie müssen beim Erschmelzen weitestgehend entfernt oder in geeigneter Form abgebunden, unvermeidbare Restpartikel durch Koagulieren oder Auflösen weniger schädlich gemacht werden.

Zur Einstellung einer niedrigen Koerzitivfeldstärke ist die Anzahl der Korngrenzen zusätzlich möglichst klein, d. h. die Korngröße möglichst groß zu machen.

Innere Spannungen sind so weit wie möglich zu vermeiden und durch Glühen mit hinreichend langsamer Abkühlung abzubauen.

D 20.3.3 Herstelltechnik

Zur Verwirklichung der Forderungen in D 20.3.1 und D 20.3.2 sind die beiden folgenden Wege, entweder einzeln oder gemeinsam angewandt, zu begehen.

Erschmelzung und Desoxidation

Das nach den bekannten Erschmelzungsverfahren – heute meist durch Blasen mit reinem Sauerstoff – hergestellte Weicheisen enthält stets eine Anzahl der oben genannten Elemente, die gelöst sind oder in Verbindungen ausgeschieden vorliegen. Wie weit der Aufwand, ein möglichst reines Eisen herzustellen, getrieben wird, muß in Abhängigkeit vom Verwendungszweck und unter Berücksichtigung der Wirtschaftlichkeit entschieden werden. Mit der *Vakuummetallurgie* können Gehalte an Kohlenstoff $\leq$ 0,005%, an Stickstoff $\leq$ 0,003% und an Sauerstoff $\leq$ 0,001% in großtechnischer Fertigung eingehalten werden.

Wichtige *zur Desoxidation zugesetzte Elemente* sind Mangan und Aluminium. Durch Mangan in Gehalten bis zu rd. 0,20% werden die magnetischen Kennwerte nicht nennenswert beeinflußt, die Warmumformbarkeit jedoch wird zunehmend verbessert. Aluminium im Bereich von rd. 0,030% bindet u. a. den im Stahl befindlichen Stickstoff ab und verhindert dessen Verbindung mit Eisen und damit die magnetische und mechanische Alterung. Wird dem Stahl kein Aluminium zugesetzt, so gehen Eisennitridteilchen bei der Glühung in Lösung und scheiden sich im Bereich zwischen Raumtemperatur und 200 °C in feiner und damit magnetisch sehr schädlicher Form wieder aus. Die Koerzitivfeldstärke kann dadurch auf ein Mehrfaches des Ausgangsbetrages ansteigen. Bild D 20.4 zeigt als Beispiel die Zunahme der Koerzitivfeldstärke eines aluminiumfreien weichmagnetischen Stahls in Abhängigkeit von der Auslagerungstemperatur bei verschiedenen Temperaturen. In diesem Bild liegt der höchste gemessene Wert nach Alterung bei 100 °C um den Faktor 5 höher als der Ausgangswert. Die Prüfung der Alterungsbeständigkeit erfolgt nach DIN 17 405 [19] durch Messen der Koerzitivfeldstärke nach Erwärmen auf 100 °C und Halten über 100 h.

Weiterverarbeitung und Wärmebehandlung

Neben den metallurgischen Maßnahmen sind für die magnetischen Eigenschaften die Weiterverarbeitung und die Wärmebehandlung (wie Grobkornglühen, Reinigungsglühen und Spannungsarmglühen) von großer Bedeutung. Bei der Wahl von Temperatur, Abkühlgeschwindigkeit und Glühatmosphäre sind neben den Phasenbeziehungen im Werkstoff auch die Gasgleichgewichte zu beachten, ebenso die kinetischen Verhältnisse bei Ausscheidungsprozessen und Gasreaktionen, um zum Schluß ein Gefüge mit möglichst großem Korn, wenigen Ausscheidungen und geringen Eigenspannungen zu erzielen.

Bei *Erzeugnissen mit geringer Dicke* (bei Bändern, Stäben, Drähten) können beide genannten Wege beschritten werden, um ein störungsfreies Ferritgefüge zu erzielen. Zusätzlich werden sie in der Regel um 8 bis 12% kaltverformt, um bei der Schlußglühbehandlung durch Rekristallisation Grobkorn zu erreichen, wobei Werte für die Koerzitivfeldstärke $\leq$ 50 A/m erreicht werden. Die Schlußglühung ist eine Kombination von Reinigungs- und Grobkornglühung, sie wird bei 800 bis 850 °C unter Wasserstoff durchgeführt, um dem Stahl Kohlenstoff zu entziehen.

Der Einfluß von Glühtemperatur und -dauer auf die Koerzitivfeldstärke geht an einem Beispiel aus Bild D 20.5 hervor, wobei Kornwachstum und Reinigung einer-

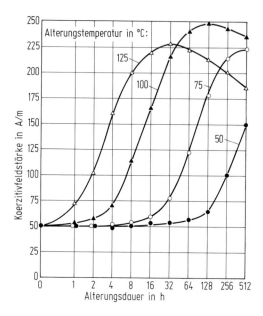

Bild D 20.4 Änderung der Koerzitivfeldstärke eines aluminiumfreien weichmagnetischen Stahls durch Alterung.

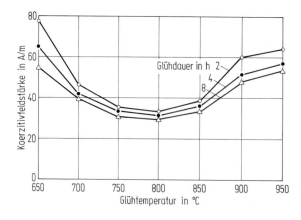

Bild D 20.5 Einfluß von Temperatur und Dauer des Glühens in Wasserstoff auf die Koerzitivfeldstärke eines Weicheisenbandes von 2 mm Dicke. Chemische Zusammensetzung des Bandes: 0,025% C, 0,01% Si, 0,16% Mn, 0,008% P, 0,007% S, 0,025% Al, 0,02% Cr und 0,02% Ni. Kaltverformung des Bandes: 10%.

seits und α-γ-Umwandlung andererseits gegenläufige Einflußgrößen sind. Eine Glühtemperatur um 800 °C ist am günstigsten. Um innere Spannungen, die sich ungünstig auf die magnetischen Eigenschaften auswirken, klein zu halten, sollte zumindest bis auf etwa 400 °C langsam mit 20 bis 30 °C/h abgekühlt werden.

Das Gefüge weist je nach Wirksamkeit der Glühung ein vom Rand her stengelförmig wachsendes Grobkorn mit einem feinkörnigen Rest im Kern auf oder aber, je nach Verformung, Glühtemperatur und -dauer, durchgehendes Grobkorn über den ganzen Querschnitt bis zu einer Mittellinie, auf der die Körner von beiden Bandseiten zusammengewachsen sind.

Bei *Werkstücken großer Abmessungen* ist allein eine möglichst reine Erschmelzung zur Vermeidung unerwünschter Elemente und Bestandteile anwendbar, da eine Reinigungsglühung wegen der großen Diffusionswege nicht möglich ist. Nach der Warmformgebung wird aber auch bei ihnen geglüht, und zwar zwischen 800 und 1000 °C, mit dem Ziel, Inhomogenitäten über den Querschnitt auszugleichen. Hier ist aber erst recht auf eine langsame Abkühlung nach dem Glühen, z. B. mit höchstens 20 °C/h, zumindest bis auf etwa 300 °C zu achten, um innere Spannungen zu vermeiden.

D 20.3.4 Magnetische Eigenschaften wichtiger Weicheisensorten

Relais-Werkstoffe

Weicheisen für Relais (s. DIN 17 405) [19] wird im allgemeinen in Form von warm- oder kaltgewalztem Band, geschmiedeten, gewalzten oder gezogenen Stäben, gewalztem oder gezogenem Draht, Formschmiedestücken oder Gußstücken in ungeglühter oder geglühter Ausführung hergestellt. Die Weiterverarbeitung (Biegen, Tiefziehen, Stanzen) wird im allgemeinen im ungeglühten feinkörnigen Zustand vor der Rekristallisationsglühung vorgenommen, da im grobkörnigen Zustand Verarbeitungsschwierigkeiten und Oberflächenmängel auftreten.

Die sieben Weicheisensorten der DIN 17 405 sind nach der Größe der Koerzitivfeldstärke von RFe 160 (mit $H_c \leq 160$ A/m) bis RFe 12 (mit $H_c \leq 12$ A/m) abgestuft. Je niedriger die Koerzitivfeldstärke ist, desto höher liegen die Werte für die magnetische Flußdichte (Induktion) bei niedrigen Feldstärken. Bei allen Sorten muß die Alterungszahl der Koerzitivfeldstärke $\leq 10\%$ sein. Die magnetischen Werte der DIN 17 405 gelten definitionsgemäß für den fertiggeglühten Zustand.

Der Aufwand für die Herstellung der einzelnen Sorten ist unterschiedlich groß. Die Werte für die höchstzulässige Koerzitivfeldstärke von RFe 20 und RFe 12 lassen sich z. B. nur mit einem Ferritgefüge größter Reinheit nach besonderen Glühbehandlungen im grobkörnig rekristallisierten und spannungsarmen Zustand erreichen.

Werden für die hier in Rede stehende Verwendung geringe Ummagnetisierungsverluste gefordert, so muß man auf die ebenfalls in DIN 17 405 [19] genormten Siliziumstähle RSi 48 bis RSi 12 oder auf Elektroblech nach DIN 46 400 [20] übergehen.

Schwere Schmiedestücke

Für Schmiedestücke aus Weicheisen, z. B. für Beschleunigermagnete, gibt es keine speziellen Normen oder Werkstoffblätter, wie auch über sie bisher wenig veröffentlicht worden ist [21]. Die *einzuhaltenden Eigenschaften* – Koerzitivfeldstärke, magnetische Flußdichte (Induktion), Streuung der Werte der Flußdichte, Alterungsbeständigkeit, mechanische Eigenschaften – werden in der Regel zwischen Stahlhersteller und Verbraucher vereinbart. Dabei kommt der Homogenität (gemessen durch die Streuung der Werte der Flußdichte) aller einzelnen Jochteile eines Magneten in sich und untereinander die größte Bedeutung zu, da sonst nur mit großem Aufwand zu korrigierende Feldunsymmetrien im Luftspalt die Folge sind [22].

Die Reinheit des Werkstoffs muß, wie schon erwähnt, durch die Erschmelzung aus ausgewählten Einsatzstoffen mit niedrigsten Gehalten an unerwünschten Begleitelementen – gegebenenfalls mit Hilfe der Vakuummetallurgie – sichergestellt werden [21]. *Erreichbar* ist dann ein *Reinheitsgrad des Weicheisens* von 99,5 bis 99,9%, der durch folgende Grenzgehalte an Begleitelementen gekennzeichnet ist:

0,002 bis 0,010% C, 0,002 bis 0,010% Si, 0,03 bis 0,20% Mn, $\leq$ 0,005% P, $\leq$ 0,005% S, 0,003 bis 0,040% Al, 0,010 bis 0,030% Cr, 0,010 bis 0,030% Cu, $\leq$ 0,010% Mo, 0,003 bis 0,006% N, 0,010 bis 0,030% Ni, 0,001 bis 0,003% O, $\leq$ 0,010% Sn. Bei Aluminium und Mangan beziehen sich die oberen Grenzen auf absichtliche Zugabe.

Eine Reinigungsglühung ist nicht möglich. Die durch den Guß des Blocks und das Schmieden bedingten Inhomogenitäten (ungleichmäßige Fremdstoffverteilung, unterschiedliche Korngröße usw.) werden durch eine Glühung bei relativ hohen Temperaturen (etwa zwischen 850 und 1000°C) über längere Zeiten ausgeglichen. Die notwendige Spannungsarmut wird durch langsame Abkühlung mit einer Abkühlungsgeschwindigkeit $\leq$ 20°C/h erreicht.

Die folgenden Zahlen sind ein Beispiel für die magnetischen Eigenschaften von Schmiedestücken aus 100-t-Schmelzen von Weicheisen mit einer Streckgrenze $\geq$ 120 N/mm² [23].

Koerzitiv-feldstärke	Magnetische Flußdichte bei einer Feldstärke von			
A/m	2500 A/m	5000 A/m	10 000 A/m	30 000 A/m
	T			
45	1,667	1,756	1,871	2,106

Bild D 20.6 zeigt beispielhaft die Streuung der Flußdichte an Polen für Beschleunigermagnete aus 80-t-Blöcken, die an Proben über Blockquerschnitt und -länge gemessen wurde. Mit $\Delta B/B \leq \pm 0,5\%$ bei $H = 2500$ A/m und $\Delta B/B \leq \pm 0,35\%$ bei $H = 30 000$ A/m sind die Streuungen sehr klein, und die Vorschrift $\Delta B \leq \pm 0,0175$ T, die in diesem speziellen Fall eine symmetrische Feldverteilung im Luftspalt sicherstellte und daher vorgeschrieben war, wird nur etwa zur Hälfte ausgenutzt. Es ist aber darauf hinzuweisen, daß bei Feldstärken $H \leq 2500$ A/m die Schwankungsbreite ΔB nicht unwesentlich größer wird.

Aus den beiden Beispielen ist zu entnehmen, daß es mit besonderen Maßnahmen möglich ist, auch an schweren Schmiedestücken aus Weicheisen hervorragende weichmagnetische Eigenschaften einzustellen.

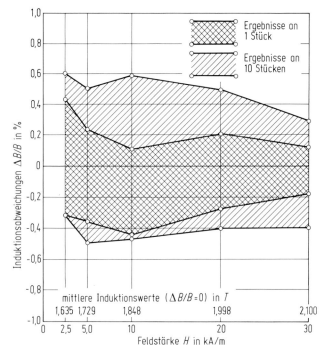

Bild D 20.6 Flußdichteabweichungen bei Schmiedestücken aus einem 80-t-Block. Chemische Zusammensetzung des untersuchten einzelnen Blocks: Kopf: 0,032 % C, < 0,01 % Si, 0,16 % Mn, 0,008 % P, 0,016 % S, 0,023 % Al, 0,006 % N und 0,001 % O, Fuß: 0,033 % C, 0,025 % Al, im übrigen wie Kopf. (Koerzitivfeldstärke $\leq$ 60 A/m, Streckgrenze 130 N/mm^2, Zugfestigkeit 260 N/mm^2.)

D 20.4 Elektroblech

D 20.4.1 Grundforderungen an Elektroblech

Elektrische Maschinen und Geräte wie Motoren, Generatoren, Transformatoren, Wandler, Drosselspulen, elektromagnetische Schalter usw. haben magnetische Kerne, die aus dünnen Lamellen zusammengesetzt sind. Die für sie verwendeten Feinbleche aus siliziumlegierten oder auch unlegierten Stählen faßt man unter dem Oberbegriff Elektroblech zusammen.

Das Elektroblech ist mengenmäßig die bedeutendste Gruppe unter den weichmagnetischen Werkstoffen, die in der Elektrotechnik benötigt werden. Den Hauptteil stellt das magnetisch weitgehend isotrope nichtkornorientierte Elektroblech, das in Kernen mit veränderlicher magnetischer Flußrichtung (rotierende Maschinen) verwendet wird. Daneben gibt es das kornorientierte Elektroblech, das eine gezielt ausgeprägte kristallographische Textur hat und besonders gute weichmagnetische Eigenschaften zeigt, wenn so magnetisiert wird, daß der magnetische Fluß parallel zur Walzrichtung verläuft. Dieses Blech wird hauptsächlich für Kerne von Transformatoren eingesetzt.

Als *Kernwerkstoff* hat das Elektroblech folgende *Grundforderungen* zu erfüllen. Es soll leicht magnetisierbar sein, d. h. die benötigte Polarisation J bzw. Flußdichte (Induktion) B bei einer kleinen Feldstärke H erreichen, um die Wicklungsströme und den Materialbedarf für Wicklung und Kern klein zu halten. Weiter soll es einen niedrigen Ummagnetisierungsverlust haben, d. h. einen nur kleinen Teil an elektrischer Leistung in Wärme umsetzen, um einen hohen Wirkungsgrad und eine konstruktiv leichte Wärmeabführung zu erreichen.

Das *wichtigste Auswahlkriterium* für den Kernwerkstoff ist bei Kleinmaschinen die nutzbare Polarisation. Mit zunehmender Leistung und Einschaltdauer kommt dem Verlust an elektrischer Energie und damit dem Problem der Wärmeabfuhr wachsende Bedeutung zu; bei Großmaschinen ist deshalb der Ummagnetisierungsverlust das entscheidende Kriterium.

Die Forderungen nach leichter Magnetisierbarkeit und niedrigem Verlust bedeuten, daß die zu den jeweiligen Anwendungsbedingungen gehörenden Magnetisierungskurven $J(H)$ bzw. $B(H)$ möglichst steil und hoch ansteigen und die bei zyklischem Magnetisieren durchlaufenen *Hystereseschleifen möglichst schmal* sein sollen. Der Flächeninhalt der Hystereseschleifen entspricht dem Energieaufwand je Zyklus und Volumeneinheit; technisch wird der Energieaufwand auf Zeit- und Masseneinheit bezogen. Diese Größe nennt man Ummagnetisierungsverlust (s. Tabelle D 20.1 und Bild C 2.8).

Neben den Anforderungen an die magnetischen Eigenschaften stellt der Verbraucher an das Elektroblech weitere Forderungen, die u. a. seine Verarbeitbarkeit, z. B. Stanzbarkeit, betreffen. Auf diese soll hier nicht eingegangen werden, vgl. [20].

D 20.4.2 Physikalische und metallkundliche Erwägungen

Bevor dargelegt werden kann, wie sich die aufgezeigten Anforderungen in der Praxis erfüllen lassen, muß besonders auf die Parameter und Vorgänge eingegan-

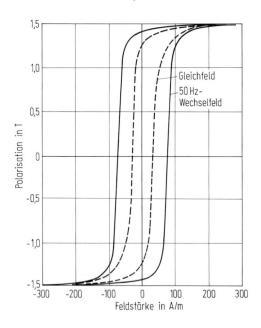

Bild D 20.7 Dynamische und statische Hystereseschleife eines nichtkornorientierten Elektroblechs aus Stahl mit 3,2% Si (Blechdicke 0,50 mm). Der Maximal- bzw. Scheitelwert der Polarisation J beträgt 1,5 T.

gen werden, welche die magnetischen Eigenschaften siliziumlegierten Eisens bestimmen.

Magnetisierungsvorgänge und Wirbelströme

Da der Siliziumzusatz die Gitterstruktur nicht grundlegend verändert, sind die Abläufe beim Magnetisieren weitgehend analog zu denen beim reinen Eisen (s. D 20.3.2). Das gilt sowohl für die Blochwand-Verschiebungen als auch für die Drehprozesse beim Annähern an die Sättigung, die zusammen den steilen Mittelteil und den oberen Übergangsteil der statischen Hystereseschleife bestimmen.

Elektroblech wird jedoch im allgemeinen mit Wechselfeldern technischer Frequenz beansprucht. Hierbei tritt zusätzlich zu dem aus der statischen Hystereseschleife folgenden *Hystereseverlust* P_H ein *Wirbelstromverlust* P_W auf, der die statische Hystereseschleife verbreitert. Bild D 20.7 zeigt eine 50-Hz-Schleife im Vergleich zur statischen Schleife. Der *Ummagnetisierungsverlust* ist die Summe aus P_H und P_W:

$$P = P_H + P_W = P_H + \eta\, P_{W,C}$$

$P_{W,C} = (\pi B f d)^2 / 6 \varrho_E \varrho$ (wobei d = Blechdicke, f = Frequenz, ϱ_E = spezifischer Widerstand, ϱ = Dichte und B = Flußdichte) ist der „klassische" Wirbelstromverlust [5, 6, 9]. Bei seiner Berechnung ist die Existenz der Blochwände nicht berücksichtigt. Der tatsächliche Wirbelstromverlust ist meist größer, was formal durch den Zusatzfaktor η (mit $\eta \geq 1$) ausgedrückt wird; denn die starke und schnelle Induktionsänderung bei der Bewegung einer Blochwand ruft größere Wirbelströme hervor, als bei dem in der Rechnung angenommenen gleichmäßigen Induktionsanstieg entstehen. Der hiermit verbundene zusätzliche Verlust wird als „anomaler Wirbelstromverlust" oder „Zusatzverlust" bezeichnet. Das *Verlustverhältnis* η hängt in verwickelter Weise von den Blochwand-Bewegungen ab. Es erscheint um so größer, je größer der Blochwand-Abstand im Verhältnis zur Blechdicke ist [24]. Große Blochwand-Abstände treten vor allem in grobkörnigen Werkstoffen wie kornorientiertem Elektroblech auf.

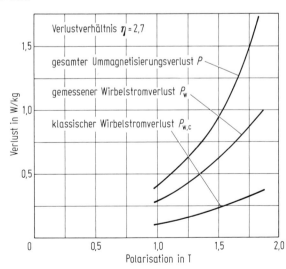

Bild D 20.8 Verlustanteile eines kornorientierten Elektroblechs aus Sorte 097-30-N5 (s. DIN 46 400 Teil 3 [20] und DIN IEC 68 (Co) 34 [40]) bei 50 Hz. Nach [25].

Das Bild D 20.8 vermittelt einen Eindruck über die Größenordnungen, in denen die *verschiedenen Anteile zum Gesamtverlust* beitragen. Das Bild bezieht sich auf ein kornorientiertes Elektroblech; das Verlustverhältnis beträgt 2,7. Der anomale Verlust tritt auch im nichtkornorientierten Elektroblech auf. Das Verlustverhältnis η kann dort eine ähnliche Größenordnung erreichen wie im kornorientierten Blech, obwohl die Korngröße vergleichsweise klein ist. Hierfür sind offenbar Korrelationseffekte zwischen den Blochwänden verantwortlich, die den effektiven Blochwand-Abstand erhöhen. Diese Effekte sind z. Z. noch nicht vollständig geklärt [26].

Legierungselemente

Hauptlegierungselement beim Elektroblech ist *Silizium*. Es bildet mit dem Eisen im fraglichen Bereich Substitutionsmischkristalle und *bewirkt* unter anderem:

- eine Einschnürung des Gamma-Gebiets, so daß oberhalb von rd. 2% Si keine Umwandlung mehr auftritt. Hierdurch werden Umwandlungsspannungen nach Hochtemperaturglühungen vermieden und die Möglichkeiten zur Texturbildung verbessert.
- eine Erhöhung des spezifischen elektrischen Widerstands (s. Bild C 2.17). Sie führt zur Verminderung des Wirbelstromverlustes.
- eine Erniedrigung der Kristallanisotropiekonstanten K_1, wodurch Drehprozesse erleichtert werden [9].
- eine Erniedrigung der Sättigungspolarisation (vgl. Bild D 20.1 und Bild C 2.18).

Diese Wirkungen sind mit Ausnahme der letzten günstig. Ein hoher Legierungsgrad wird angewandt, wenn die Forderung nach niedrigem Ummagnetisierungsverlust vorrangig ist (Großmaschinen), ein niedriger, wenn eine hohe Polarisation im Vordergrund steht. Für Kerne von Kleinmaschinen setzt man deshalb auch unlegiertes Elektroblech ein.

Das silizierte nichtkornorientierte Elektroblech enthält heute in der Regel einige zehntel Prozent Aluminium als zusätzlichen Legierungsbestandteil. Der Gesamtlegierungsgehalt ist mit Rücksicht auf die Kaltverarbeitbarkeit auf etwa 4% begrenzt.

Die *Wirkungen des Aluminiums* hinsichtlich Einschnürung des Gamma-Gebiets usw. sind ähnlich denen des Siliziums. Es verfügt jedoch über ein höheres Desoxidationspotential und trägt damit entscheidend zur Verbesserung des Reinheitsgrades bei (geringere Zahl schädlicher Oxidpartikel). Es ist ferner in der Lage, den Stickstoff in Form grober Aluminiumnitridteilchen fest abzubinden, die magnetisch weniger schädlich sind.

Textur, kornorientiertes Elektroblech

Im kaltgewalzten Elektroblech aus Stahl mit höherem Siliziumgehalt können die Kristallite so ausgerichtet werden, daß die Walzrichtung mit einer Richtung leichter Magnetisierbarkeit (Würfelkante <100>) und die Senkrechte zur Walzrichtung in der Blechebene mit einer Flächendiagonalen <110> der kubischen Elementarzelle zusammenfällt (s. Bild D 20.9a). Die *J(H)*-Kurven nähern sich daher denen eines Einkristalls in den entsprechenden Richtungen (vgl. Bild C 2.10). Nach ihrem

Einfluß der Textur auf den Ummagnetisierungsverlust

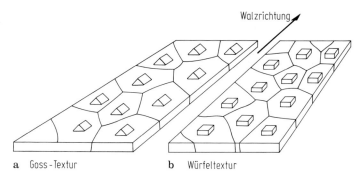

Bild D 20.9 Lage der Kristallgitter – Elementarwürfel **a** bei Goss- und **b** bei Würfeltextur. Nach [8].

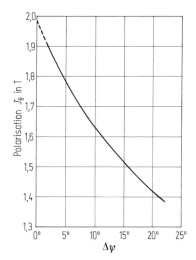

Bild D 20.10 Abhängigkeit der Polarisation J_8 von der mittleren Abweichung $\Delta\psi$ zwischen Würfelkanten- und Walzrichtung für kornorientiertes Elektroblech. Nach [33].

Entdecker heißt diese Textur „*Goss-Textur*" [27]. Sie entsteht durch eine Sekundärrekristallisation, während der die Feinkornmatrix von den Kristalliten mit Goss-Lage aufgezehrt wird. Zur Steuerung des Kornwachstums verwendet man sogenannte *Steuerphasen* oder *Inhibitoren*, deren wichtigste das Mangansulfid (MnS) ist [28]. Das durch Weiterentwicklung in neuerer Zeit entstandene kornorientierte Elektroblech mit hoher Permeabilität weist eine besonders vollkommene Goss-Textur auf, die mit einer zusätzlichen Steuerphase (z. B. Aluminiumnitrid [29, 30], Antimon und Manganselenid [31] oder Bornitrid [32]) erreicht wird. Bei dem neuen Erzeugnis beträgt die mittlere Abweichung zwischen Würfelkanten- und Walzrichtung höchstens 3°, beim herkömmlichen Elektroblech mit Goss-Textur bis zu 7°. Als Maß für die *Texturschärfe* wird die Polarisation in einem Magnetfeld von 8 A/cm verwendet (J_8-Wert); je vollkommener die Textur ist, desto mehr nähert sich der J_8-Wert der Sättigung (Bild D 20.10) [33]; er liegt im Mittel um 1,8 T beim herkömmlichen und um 1,9 T beim hochpermeablen Werkstoff.

Die schärfere Orientierung wird erkauft mit einem Anstieg des mittleren Korndurchmessers von 2 bis 5 mm beim herkömmlichen auf bis zu 10 bis 15 mm beim hochpermeablen Blech [34]. Der hochpermeable Werkstoff zeigt zwar gegenüber dem herkömmlichen einen erniedrigten Hystereseverlust; dem steht aber ein erhöhter anomaler Wirbelstromverlust gegenüber, verursacht durch größeren Blochwand-Abstand infolge größeren Korndurchmessers. Ein besonders niedriger Gesamtverlust wird erst durch eine spezielle Oberflächenbeschichtung erreicht, die eine permanente Zugspannung bewirkt, die ihrerseits die Wandabstände verkleinert (Bild D 20.11 [35] und Bild D 20.12 [36]). Auch beim herkömmlichen Material verringert eine Zugspannung den Blochwand-Abstand, was allerdings nicht zu einer nennenswerten Verlusterniedrigung führt [37].

Eine *weitere Verbesserung der Texturschärfe* beim kornorientierten Elektroblech ist heute nur sinnvoll in Verbindung mit Maßnahmen zur Begrenzung des anomalen Wirbelstromverlustes. Man versucht deshalb, am hochpermeablen Fertigerzeugnis die Blochwand-Dichte nachträglich durch Aufbringen lokaler Spannungen zu erhöhen. In der Praxis geschieht das durch mechanisches Ritzen oder Laser-Bestrahlen der Oberfläche senkrecht zur Walzrichtung (Bild D 20.12 [36]). Die deutlichste Verfeinerung der Bereichsstruktur wird durch die Kombination von Oberflächenbehandlung und Zugspannung erzielt. In Pilotanlagen hat man nach diesem Verfahren in jüngster Vergangenheit einen Werkstoff erzeugt, dessen Ummagnetisierungsverlust bei 1,7 T um eine volle Güteklasse unter dem der besten Sorte in Tabelle D 20.2 liegt.

Die Einführung des Elektroblechs mit Goss-Textur in den Transformatorenbau vor nunmehr 40 Jahren war ein sprunghafter Fortschritt hinsichtlich der Verminderung von Verlustleistung und Baugröße. In geschichteten Transformatorkernen stoßen die Schenkel rechtwinklig aufeinander. Eine Textur mit Vorzugsrichtung sowohl parallel als auch senkrecht zur Walzrichtung (Bild D 20.9b) sollte hier günstigere Voraussetzungen bieten als die Goss-Textur. In der Vergangenheit wurden große Anstrengungen unternommen, ein kornorientiertes Elektroblech mit

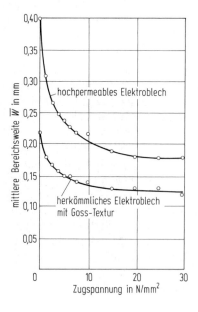

Bild D 20.11 Mittlere Bereichsweite $\bar{W}$ von 180°-Domänen als Funktion einer äußeren Zugspannung. Nach [35].

Würfeltextur zu erzeugen. Sie schlugen sich in einer umfangreichen Patentliteratur nieder. Das praktische Ergebnis war jedoch enttäuschend. Zum einen erwies sich die Blechherstellung als außerordentlich aufwendig, zum anderen versagte der Werkstoff hinsichtlich der beiden wichtigsten Anwendungskriterien (s. D 20.4.4), nämlich Verlustleistung und Geräuschentwicklung des Transformatorkerns. Bereits in den frühen 70er Jahren wurden Pilotfertigungen wieder aufgegeben. Konstruktive Anpassungen im Kernaufbau an nur eine Vorzugsrichtung hatten inzwischen das Interesse an einem Würfeltexturblech für Leistungstransformatoren erlöschen lassen.

Das Kernblech in rotierenden Maschinen soll isotrop und zugleich magnetisch weich sein. Die zweite Forderung besagt, daß in der Blechebene (in der der magnetische Fluß verläuft) die schwere Richtung (Würfeldiagonale) nicht vorkommen darf, d. h. alle Kristallite sollten so orientiert sein, daß eine Würfelfläche in der Blechebene liegt. Diese *Würfelflächentextur* ist heute für die Weiterentwicklung des nichtkornorientierten Elektroblechs von Bedeutung. Bei der Herstellung von Elektroblech aus hochlegiertem Stahl mit Spitzenwerten für die Eigenschaften sucht man nach geeigneten Maßnahmen, die den Anteil an Körnern in Würfelflächenlage deutlich erhöhen.

Folgerungen für die Herstellung

Allgemein gilt für die Herstellung das bei Weicheisen Gesagte (D 20.3.3) sinngemäß. Auf folgende Besonderheiten sei hingewiesen.
- Der *Siliziumgehalt* ist jeweils nach den Anforderungen an die magnetischen Eigenschaften und die Verarbeitbarkeit zu optimieren. Ein hoher Gehalt ist nützlich bezüglich Koerzitivfeldstärke sowie Hysterese- und Wirbelstromverlust, jedoch schädlich im Hinblick auf Sättigungspolarisation, Kaltwalzbarkeit und Stanzbarkeit.

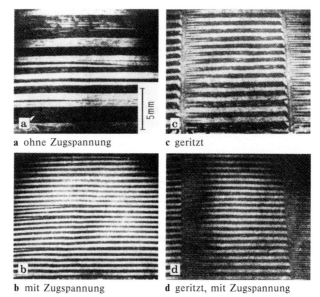

a ohne Zugspannung   c geritzt

b mit Zugspannung   d geritzt, mit Zugspannung

Bild D 20.12 Domänenstruktur eines Einkristalls mit (110) [001]-Orientierung. Nach [36].

- Bei der *Fertigblechdicke* ist ebenfalls ein Kompromiß zu schließen. Mit abnehmender Dicke erniedrigt sich zwar der Wirbelstromverlust, jedoch steigen die Verarbeitungskosten sowohl beim Erzeuger als auch beim Verbraucher an. Zunehmende Anforderungen an die magnetischen Eigenschaften bedeuten eine geringere Blechdicke. Die hochwertigsten Sorten von Elektroblech sind in ihrer Klasse jeweils die mit der kleinsten Nenndicke (Tabelle D 20.2).
- Das Elektroblech muß mit einer *Oberflächenisolation* versehen werden, damit die Lamellen des später daraus gefertigten magnetischen Kernes elektrisch gegeneinander isoliert sind, um zusätzliche Wirbelströme zu unterbinden.
- Bei der Fertigung von kornorientiertem Elektroblech hat das Hauptaugenmerk darauf gerichtet zu sein, daß die *Sekundärrekristallisation* ungestört, vollständig ablaufen kann. Unrekristallisierte Bereiche sind zu vermeiden.
- Für die Erzeugung von nichtkornorientiertem Elektroblech ist es vorrangig wichtig, ein ausreichend *grobkörniges Gefüge* zu erzielen. Deshalb sind Teilchen im Stahl, die das Primärkornwachstum behindern, unerwünscht. Andererseits darf die Gefügevergröberung nicht beliebig weit getrieben werden, da mit zunehmender Korngröße der anomale Wirbelstromverlust ansteigt (s. o.). Aus der Überlagerung von Hystereseverlust (H_c-Verlauf in Bild D 20.13) und Zusatzverlust ergibt sich ein aus magnetischer Sicht optimaler Korndurchmesser von rd. 100 µm, den es einzustellen gilt.

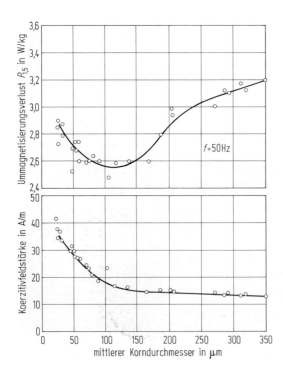

Bild D 20.13 Abhängigkeit des Ummagnetisierungsverlusts $P_{1,5}$ und der Koerzitivfeldstärke vom mittleren Korndurchmesser bei nichtkornorientiertem Elektroblech mit rd. 3,2% Si.

D 20.4.3 Verfahren zur Herstellung von Elektroblech

Die *Herstellungsstufen* für nichtkornorientiertes (NO) und für kornorientiertes (KO) Elektroblech sind in Bild D 20.14 zusammengestellt. Man erkennt, daß zur technischen Erfüllung der Anforderungen, die an die kornorientierten Werkstoffe gestellt werden, eine Vielzahl von Prozeßschritten erforderlich ist, besonders bei der Weiterverarbeitung des Vormaterials (Warmband) zum Fertigerzeugnis. Dieser Sachverhalt darf nicht darüber hinwegtäuschen, daß die weichmagnetischen Eigen-

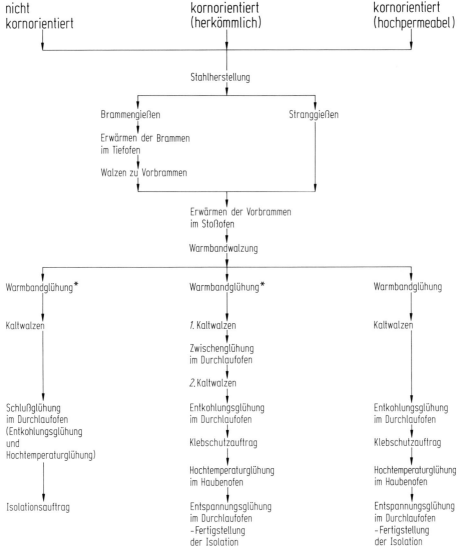

Bild D 20.14 Herstellungswege für schlußgeglühtes Elektroblech. Nach [38].

schaften des Enderzeugnisses in hohem Maße durch das Vormaterial vorgegeben sind. Für die Fertigung hochwertiger NO-Elektrobleche trifft diese Aussage ebenfalls uneingeschränkt zu.

Stahl- und Warmbandherstellung

Bei den Stählen für NO-Elektroblech wird mit steigenden Forderungen an die magnetischen Eigenschaften ein zunehmend besserer *Reinheitsgrad* verlangt. Bei den Sorten mit Spitzenwerten für die Eigenschaften schließlich müssen durch metallurgische Maßnahmen die Elemente Sauerstoff, Schwefel und Stickstoff möglichst weitgehend aus dem Stahl entfernt werden, da sie später zu schädlichen Einschlüssen und Ausscheidungen führen können, die im festen Zustand nicht zu beseitigen sind. Ebenfalls muß der Kohlenstoff möglichst weitgehend abgebaut werden, um die Entkohlungsarbeit bei der nachherigen Kaltverarbeitung klein zu halten. Kohlenstoff- und Sauerstoffabbau erfolgen heute in einer Vakuumanlage, in geringerem Umfang auch im AOD-Konverter.

Bei den Stählen für KO-Elektroblech steht die Einhaltung einer sehr *engen Vorschrift für die chemische Zusammensetzung* im Vordergrund. Dies trifft im besonderen Maße für die Steuerphasenelemente zu, bei denen die zulässigen Abweichungen wenige tausendstel Prozent betragen. Der Sauerstoffgehalt muß möglichst klein sein, weil oxidische Partikel die Steuerphasenverteilung im Warmband ungünstig beeinflussen. Die *Warmbandwalzung* hat aus metallphysikalischer Sicht die Aufgabe, eine günstige (d. h. feindisperse) Verteilung der Steuerphasen herbeizuführen, was durch Auflösen der Phasen bei der Brammenerwärmung im Stoßofen und durch Wiederausscheiden in der Walzstraße geschieht.

Weiterverarbeitung des Warmbandes

Die Fertigung hochpermeabler KO-Elektrobleche erfordert eine nachträgliche *Steuerphasenfeineinstellung*; sie erfolgt durch Glühung des Warmbandes mit vorgegebenem Heiz- und Abschreckzyklus. Daran schließt sich das „schwere Kaltwalzen" (direkt auf Enddicke) an. Es führt dazu, daß später (vor der Sekundärrekristallisation) eine ausreichende Zahl von Kristalliten in scharfer Goss-Lage vorhanden ist. Die zweite Steuerphase wird benötigt, um das durch den hohen Verformungsgrad begünstigte Primärkornwachstum – vor dem Start der Sekundärrekristallisation – zu unterbinden. Auf das Kaltwalzen folgt beim KO-Elektroblech der *Kohlenstoffabbau* zur Sicherung der Alterungsfreiheit. Bei diesem *aktiven Glühen* wird auch die Bandoberfläche anoxidiert. Die dünne Oxidschicht dient zur Verzahnung der späteren Isolierung mit dem Metall. Mit der Entkohlungsglühung verbunden ist in der Regel der Klebschutz (MgO)-Auftrag, der ein Zusammenbacken der Ringumgänge bei der nachfolgenden Hochtemperaturglühung verhindert. Während der Aufheizphase der Hochtemperaturglühung findet die Sekundärrekristallisation statt, und es bildet sich der Glasfilm (Forsteritschicht) an der Oberfläche aus. Zur Entfernung der Steuerphasenpartikel und restlicher Oxideinschlüsse aus der Stahlmatrix muß der Werkstoff über viele Stunden bei hoher Temperatur (rd. 1200 °C) gehalten werden. Wie in D 20.4.2 erwähnt (s. auch Bild D 20.11), soll die Oberflächenschicht eine permanente Zugspannung auf die Matrix ausüben. Dies wird im letzten Herstellungsschritt erreicht; hier wird eine spezielle Phosphatschicht auf die Bandoberfläche aufgebracht und unter Zug eingebrannt. Mit dieser Wärmebehandlung ist ein Richtvorgang verbunden, der durch Verbesserung der Planheit unerwünschten Druckspannungen bei der späteren Anwendung des Blechs entgegenwirkt.

Beim NO-Elektroblech ist das *Schlußglühen* der wichtigste Verfahrensschritt der Weiterverarbeitung. Es dient im wesentlichen zwei Zielen:

a) Dem weiteren *Absenken des Kohlenstoffgehalts* [39], um zu verhindern, daß der Kernwerkstoff im Einsatz durch Karbidausscheidungen infolge Erwärmung der elektrischen Maschine magnetisch altert. Am Beispiel des Blechs zu Bild D 20.15 mußte dazu der Kohlenstoffgehalt auf rd. 0,0015 % erniedrigt werden, wozu 8,5 min Glühdauer erforderlich waren. Der im fertigen Blech mit Rücksicht auf die Alterungsfreiheit noch zulässige Restkohlenstoffgehalt ist vom Legierungsgehalt abhängig (Bild D 20.16): Je geringer der Siliziumgehalt ist, desto schärfer wird die Forderung nach restlosem Kohlenstoffabbau.

b) *Einstellen der Korngröße* in den optimalen Bereich gemäß Bild D 20.13. Bei besonders hohen Anforderungen muß vor dem Kaltwalzen eine Warmbandglühung

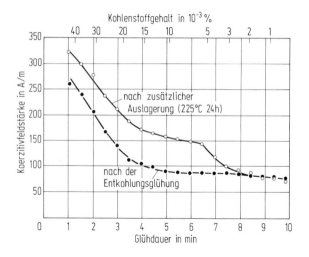

Bild D 20.15 Einfluß der Glühdauer bei der Entkohlungsglühung auf die Koerzitivfeldstärke und die magnetische Alterung von kaltgewalztem nichtkornorientiertem Elektroblech mit rd. 1% Si. Nach [25]. (Entkohlungsglühung bei rd. 800 °C in wasserdampfhaltigem Wasserstoff-Stickstoff-Gemisch).

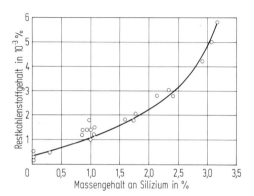

Bild D 20.16 Zulässiger Restkohlenstoffgehalt im nichtkornorientierten Elektroblech. Nach [25].

durchgeführt werden. Dadurch erreicht man im Fertigerzeugnis einen höheren Anteil an Körnern in der magnetisch günstigen Würfellage.

Wird der Werkstoff im nicht schlußgeglühten Zustand ausgeliefert, glüht der Verbraucher in speziellen Aggregaten die geschnittenen Lamellen. Bei diesem Verfahren ist die Glühtemperatur wegen der Gefahr des Verwerfens der Zuschnitte nach oben begrenzt. Damit der Verbraucher trotzdem günstige weichmagnetische Eigenschaften erreichen kann, muß der Erzeuger Maßnahmen ergreifen, die eine ausreichende Korngröße sicherstellen. Dies geschieht üblicherweise, wie unter D 20.3.3 für Band und Draht beschrieben, durch Zwischenglühen und anschließendes Nachwalzen. Vorteilhaft an diesem Verfahren ist, daß schädliche Spannungen, die beim Schneiden der Lamellen auftreten, ohne zusätzlichen Aufwand abgebaut werden, und auch eine Isolierschicht in Form eines Oxidfilms auf den Lamellen praktisch kostenlos erhältlich ist.

Tabelle D 20.2 Ummagnetisierungsverlust der handelsüblichen Elektrobleche

Erzeugnisart	Nenndicke mm	Zahl der Sorten	Maximalwert des Ummagnetisierungsverlustes bei der Polarisation		Norm
			1,5 T	1,7 T	
			W/kg		
nichtkornorientiert					
unlegiert, nicht schlußgeglüht[a, b]	0,50	3	6,60...10,50		DIN IEC 68 (CO) 35 [40]
	0,65	3	8,00...12,00		
legiert, nicht schlußgeglüht[a, b]	0,50	4	3,40... 5,60		DIN IEC 68 (CO) 36 [40]
	0,65	4	3,90... 6,30		
legiert bzw. unlegiert, schlußgeglüht	0,35	4	2,50... 3,30		DIN 46 400 Teil 1 [20]
	0,50	11	2,70... 8,00		
	0,65	9	3,30... 9,40		
kornorientiert					
übliches Erzeugnis[c, d]	0,27	1	0,89	1,40	DIN IEC 68 (CO) 34 [40]
	0,30	1	0,97	1,50	
	0,35	1	1,11	1,65	
hochpermeabel	0,30	2	1,10 und 1,20		

[a] Die Verlustwerte gelten für einen Bezugszustand, der mit einer in der Norm festgelegten Glühung der Probenstreifen erreicht wird.
[b] Siehe hierzu z. Z. auch noch DIN 46 400 Teil 2 [20]
[c] Der Ummagnetisierungsverlust ist nur für die Polarisation 1,5 T oder 1,7 T festgelegt, nicht für beide Polarisationswerte gleichzeitig
[d] Siehe hierzu z. Z. auch noch DIN 46 400 Teil 3 [20]

D 20.4.4 Handelsübliche Elektrobleche und ihre Eigenschaften

Die technischen Lieferbedingungen für Elektroblech sind in DIN 46400 [20] bzw. werden in entsprechenden DIN/IEC-Normen festgelegt [40]. Für die Meßverfahren gelten DIN 50462, 50465 und 50466 [16, 41]. Die verschiedenen Elektroblechsorten werden nach dem Ummagnetisierungsverlust und der Blechdicke klassifiziert. Tabelle D 20.2 gibt einen Anhalt für Wertebereiche und Zahl der genormten Sorten. Beim Vergleichen muß berücksichtigt werden, daß sich die Meßwerte bei KO-Blech auf die Vorzugsrichtung (Walzrichtung) beziehen, während bei NO-Blech Probensätze für die Messung verwendet werden, die je zur Hälfte aus Längs- und Querstreifen bestehen.

Das *NO-Elektroblech* ist in zwei verschiedenen Lieferformen erhältlich, und zwar im schlußgeglühten und nicht schlußgeglühten Zustand; darauf wurde in D 20.4.3 bereits hingewiesen. In beiden Lieferformen gibt es sowohl legierte als auch unlegierte Sorten, wenn auch in der schlußgeglühten Ausführung die legierten, und in der nicht schlußgeglühten die unlegierten Stähle mengenmäßig überwiegen. Die hochwertigsten Sorten werden durchweg aus Eisen-Silizium-Legierungen gefertigt und schlußgeglüht ausgeliefert. Noch vor 10 Jahren wurden diese Werkstoffe ausschließlich als warmgewalzte Bleche hergestellt; ihr Siliziumgehalt betrug rd. 4%. Erst nach mehrjähriger Entwicklungsarbeit war man in der Lage, NO-Elektroblech mit Spitzenwerten über das heute übliche Warmwalz-Kaltwalz-Verfahren zu erzeugen, bei dem der Siliziumgehalt auf rd. 3% begrenzt ist.

Bild D 20.17 zeigt den Ummagnetisierungsverlust in Abhängigkeit von der Polarisation, und zwar für zwei Spitzensorten von NO-Elektroblech und für ein her-

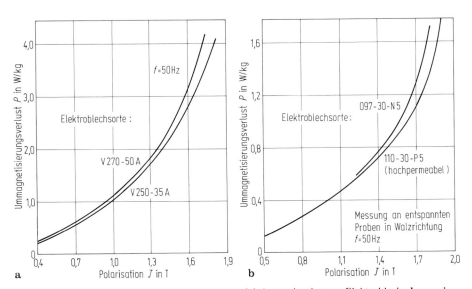

Bild D 20.17 Ummagnetisierungsverlust **a** von nichtkornorientiertem Elektroblech, **b** von herkömmlichem und von hochpermeablem kornorientiertem Elektroblech. Nach [42]. Bei den Sortenbezeichnungen (s. auch [20, 40]) ist hier die erste Zahl das Hundertfache des Höchstwertes für den Verlust $P_{1,5}$ (in W/kg) bzw. $P_{1,7}$ (beim hochpermeablen Werkstoff), die zweite Zahl ist das Hundertfache der Nenndicke (in mm), und die dritte Zahl ist ein Zehntel des Wertes für die Frequenz (in Hz).

kömmliches KO-Elektroblech sowie für ein hochpermeables kornorientiertes Blech. Dieses zeigt einen besonders kleinen Verlust oberhalb etwa 1,2 T; es ist für die Fertigung von Transformatorkernen hoher Aussteuerung besonders geeignet. Die Verlustminderung bei hoher Induktion ist nicht der einzige Vorteil, den die schärfere Orientierung mit sich bringt. Sie führt auch zu einer Verringerung der Magnetostriktion (in dem hochpermeablen Werkstoff treten weniger 90°-Blochwände auf als in dem herkömmlichen Elektroblech). Magnetostriktive Schwingungen des Transformatorkerns sind die Hauptquelle der unerwünschten Trafogeräusche (Brummen). Auch im Hinblick auf eine geringe Magnetostriktion (Bild D 20.18) ist es wichtig, daß die Oberfläche des kornorientierten Elektroblechs mit einer Beschichtung versehen ist, die eine hohe Zugspannung erzeugt („high stress coating"). Bei unvermeidlichen Druckspannungen, die mit der Kernfertigung verbunden sind, kann die Isolation in beachtlichem Umfang die Magnetostriktion herabsetzen.

Das *hochpermeable kornorientierte Elektroblech* ist dem herkömmlichen KO-Elektroblech in den wichtigsten Anwendungskriterien, nämlich Verlustleistung, Scheinleistungsbedarf und Geräuschentwicklung des Trafokerns, deutlich überlegen. Daß es das herkömmliche Blech bisher nicht verdrängen konnte, liegt allein an dem höheren Aufwand. Aus wirtschaftlichen Gründen, die letztlich den Werkstoffeinsatz bestimmen, werden auf absehbare Zeit beide Werkstoffe nebeneinander benötigt.

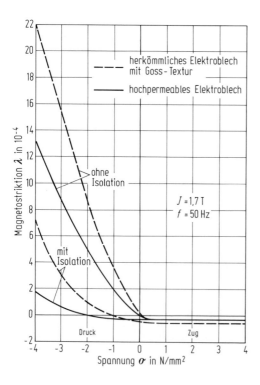

Bild D 20.18 Magnetostriktion von kornorientiertem Elektroblech im Wechselfeld (Spitzenwert). Proben mit und ohne Isolation unter Zug- und Druckspannung. Gemessen wurde parallel zur Walzrichtung an entspannten Epstein-Streifen [43].

D 20.4.5 Hinweise auf sonstige Werkstoffe

Neue Entwicklungen

Amorphe Metalle

Die amorphen Metalle (s. auch D 20.7.2) erregen wegen ihrer andersartigen Struktur und neuer Werkstoffeigenschaften derzeit nicht nur das Interesse wissenschaftlicher Institute. In den USA wird mit erheblichem Aufwand versucht, metallische Gläser auf der Grundlage Eisen-Bor-Silizium (z. B. $Fe_{78}B_{13}Si_9$) für die Fertigung von Verteilertransformatoren mit Wickelkernen einzusetzen. Der neue Werkstoff hat nach Temperung in einem Magnetfeld etwa die gleiche Koerzitivfeldstärke wie hochpermeables kornorientiertes Elektroblech, jedoch liegt sein Ummagnetisierungsverlust bei derselben Polarisation erheblich niedriger infolge der um eine Größenordnung geringeren Banddicke. Nachteilig für die Anwendung ist seine gegenüber den Siliziumstählen deutlich kleinere Sättigungspolarisation.

Siliziumstahl mit 6% Si

In der Vergangenheit ist versucht worden, zur weiteren Absenkung des Ummagnetisierungsverlusts den Legierungsgehalt im kaltgewalzten Elektroblech auf gut 6% Si anzuheben [44]. Bei einem vorgeschlagenen Verfahren wird die Kaltwalzbarkeit dadurch aufrecht erhalten, daß man die Ausbildung von Überstrukturen im Warmband verhindert. Dies geschieht durch rasches Durchlaufen des Temperaturbereichs von 650 auf 420°C bei der Abkühlung aus der Walzhitze oder durch ständiges Verformen während des Abkühlvorgangs. Auf heute üblichen Warmbreitbandstraßen erwies sich das Verfahren als praktisch nicht durchführbar. Mit der Entwicklung des Schmelz-Spinnverfahrens zur Herstellung amorpher Bänder erhielt aber der Stahl mit 6% Si erneut Aktualität. Durch die Abschreckung der Legierung aus dem schmelzflüssigen Zustand wird zwar die Kristallisation nicht unterbunden, jedoch eine Versprödung infolge Überstrukturbildung verhindert. Das erzeugte Band mit einer Dicke von 100 µm ist duktil. Günstige weichmagnetische Eigenschaften erreicht man erst durch eine Langzeit-Hochtemperaturglühung, bei der sich die Würfelflächentextur im Werkstoff einstellt. Nachteilig für die praktische Verwertung der Neuentwicklung bleibt neben der niedrigeren Sättigungspolarisation, daß diese Schlußglühung am Zuschnitt, d. h. beim Verbraucher, erfolgen muß, weil die Legierung nach der – notwendigerweise langsamen – Abkühlung nicht mehr bearbeitbar ist.

Siliziumlegierte Werkstoffe außer Elektroblech

Stahl mit Silizium als Hauptlegierungselement wird außer als Elektroblech (s. D 20.4.1 bis D 20.4.4) auch noch in anderen Lieferformen verwendet, z. B. für Relais und Flußführungen, wenn die im Vergleich zu Weicheisen bei gleichem Aufwand niedrigere Koerzitivfeldstärke ausgenutzt werden soll oder wenn Belastungen mit wechselnden oder kurzzeitig wirkenden Magnetfeldern erfolgen. Eine niedrigere Sättigung bei diesen Werkstoffsorten muß in Kauf genommen werden.

Für Herstellung und Behandlung dieser Erzeugnisse gilt das in D 20.4.1 bis D 20.4.4 Gesagte sinngemäß. Lieferformen sind Bleche mit größerer Dicke, weiter

Bänder, Drähte, Stäbe und Formteile, die im Herstellzustand oder auch vor- oder fertiggeglüht geliefert werden. Tabelle D 20.3 gibt nach DIN 17 405 [19] für die in ihr aufgeführten Siliziumstähle Werte für einige magnetische Eigenschaften wieder.

Tabelle D 20.3 Magnetische Eigenschaften siliziumlegierter Relaiswerkstoffe nach DIN 17 405 [19]

Stahlsorte (Kurzname)	Siliziumgehalt (Anhaltsangabe) %	Koerzitiv- feldstärke A/m max.	Magnetische Flußdichte bei einer Feldstärke von		
			100 A/m	300 A/m	500 A/m
			T min.		
RSi 48	\} 2,5…4	48	0,60	1,10	1,20
RSi 24		24	1,20	1,30	1,35
RSi 12		12	1,20	1,30	1,35

D 20.5 Sonstige Stähle mit besonderen Anforderungen an ihre magnetischen Eigenschaften

D 20.5.1 Verwendungszwecke und Anforderungen an die Werkstoffeigenschaften

Außer Weicheisen und Siliziumstahl werden zahlreiche andere Eisenwerkstoffe u. a. aufgrund ihrer magnetischen Eigenschaften eingesetzt. Aus der Vielzahl der Anwendungsfälle werden hier Stähle für Generatorwellen und Polbleche, Stahlguß für elektrische Apparate sowie nichtrostende Stähle für Relais erörtert. Sie liegen mit ihren bis 10 000 A/m reichenden Koerzitivfeldstärken an der oberen Grenze der als weichmagnetisch geltenden Stoffe. Für die Beurteilung ihrer magnetischen Anwendungseigenschaften werden praktisch nur die magnetische Flußdichte (Induktion), die Koerzitivfeldstärke und in Ausnahmefällen die Sättigung herangezogen. Die Auswahlkriterien für die einleitend genannten Hauptanwendungsbeispiele wechseln mit der jeweiligen Aufgabe, wie im folgenden dargelegt wird.

Obwohl bei *Generatorwellenstählen* vordergründig die mechanischen Eigenschaften unter Berücksichtigung der durch die Konstruktion bedingten Beanspruchungen bestimmend erscheinen, ist das weichmagnetische Verhalten der Werkstoffe Voraussetzung für deren Anwendung. Die diesbezüglichen Anforderungen erstrecken sich im wesentlichen auf möglichst hohe magnetische Flußdichten bei möglichst niedrigen magnetischen Feldstärken.

Weichmagnetischer Stahlguß wird in der Elektrotechnik bevorzugt für komplizierte Formteile eingesetzt. Wegen des Fehlens von Verformung und Rekristallisation können die magnetischen Anforderungen im allgemeinen nicht so hoch sein wie bei warmgeformten Stählen, wenngleich bei großen Werkstücken, z. B. bei Großmagneten, der Unterschied nur noch gering ist. Außer Mindestwerten für die Flußdichte bei bestimmten Feldstärken werden noch Festigkeitswerte gefordert (s. u.).

Nichtrostende Chromstähle kommen zum Einsatz, wenn in korrosiver Umgebung beschichtetes Weicheisen mechanisch oder chemisch nicht ausreichend beständig ist. Allerdings müssen im Vergleich mit ihm bei den weichmagnetischen Eigenschaften Abstriche gemacht werden; beispielsweise werden für die Koerzitivfeldstärke Werte bis zu 500 A/m zugelassen, die erheblich über denen von Weicheisen liegen. Weiter wird eine gute Zerspanbarkeit gefordert. Dem steht jedoch der Wunsch nach niedriger Koerzitivfeldstärke entgegen, was niedrige Festigkeitswerte bedingt, die wiederum der Zerspanbarkeit abträglich sind. Es sind somit Kompromisse erforderlich.

Der Vollständigkeit halber seien auch *Legierungen des Eisens mit Aluminium* (bis 16%) *und mit Silizium* (bis 10%) erwähnt, die wegen der erreichbaren Permeabilität und Koerzitivfeldstärke ähnliche Verwendung wie die Eisen-Nickel-Legierungen finden und deshalb in D 20.7 behandelt werden.

D 20.5.2 Zusammenhang zwischen geforderten Eigenschaften und Gefüge

Die Grundvorgänge beim Magnetisieren und die Haupteinflüsse auf die magnetischen Eigenschaften entsprechen denen der bereits in D 20.3.2 und D 20.4.2 behandelten Werkstoffe. Bei den nunmehr zu erörternden Stählen ist jedoch die Mannigfaltigkeit der Gefüge ungleich größer, weil – wie oben dargelegt – weitere Eigenschaften wie Festigkeit und Korrosionsbeständigkeit benötigt werden. Dadurch werden Zusammensetzung, Fertigungsvorgänge und Gefüge mit den magnetischen, mechanischen und chemischen Eigenschaften so verflochten, daß ihre Darstellung nur getrennt nach Verwendungszwecken möglich ist.

D 20.5.3 Kennzeichnende Beispiele für sonstige Stähle mit besonderen magnetischen Eigenschaften

Stähle für Generatorwellen

Unter dem Begriff „Generatorwellenstähle" werden im folgenden die magnetisch genutzten Werkstoffe für Wellen in elektrischen Maschinen verstanden. Das sind einerseits Stähle für Wellen mit integrierten Polen und in Nuten des Läuferballens liegenden Feldwindungen (Einstückwellen bzw. aus mehreren geschmiedeten Teilen zusammengesetzte Wellen für Turbogeneratoren, voll- und halbtourig). Das sind andererseits auch Stähle für mehrpolige Wellen in Schenkelpolmaschinen für Wasserkraftwerke und für die Polbleche von lamellierten Polen.

Je nach Höhe der Festigkeits- und Zähigkeitswerte, die aufgrund der Betriebsbeanspruchung notwendig sind, werden für Generatorwellen unlegierte oder legierte Stähle nach den Stahl-Eisen-Werkstoffblättern 550 und 555 [45] eingesetzt. Darüber hinaus finden – hauptsächlich außerhalb Europas – weitere Stähle Verwendung, die hier aber nicht behandelt werden sollen. Für Polbleche kommen Stähle nach DIN 17100 [46] oder Stahl-Eisen-Werkstoffblatt 092 [47] in Betracht. Eine Übersicht über die im wesentlichen in Frage kommenden Stähle, die maximal anwendbaren Durchmesser (für 2-polige Maschinen) und die Mindestwerte für die 0,2%-Dehngrenze gibt Tabelle D 20.4. Die Übergänge zwischen den einzelnen Stahlsorten, den Durchmessern und den 0,2%-Dehngrenzen sind fließend. Tabelle D 20.5 enthält Anhaltswerte für die magnetische Flußdichte (Induktion) der gebräuchlichsten Stähle.

Tabelle D 20.4 Übersicht über die wichtigsten, im europäischen Raum für Generatorwellen in Betracht kommende Stähle

Stahlsorte Kurzname	Chemische Zusammensetzung					Größter Ballen-Dmr. mm	0,2%-Dehngrenze N/mm² min.
	% C	% Cr	% Mo	% Ni	% V		
Ck 35	0,35					500	300
Ck 45	0,45					500	350
28 NiCrMo 5 5	0,28	1,15	0,40	1,15	(0,10)	750	500
28 NiCrMoV 8 5	0,28	1,30	0,40	1,95	(0,10)	1000	600
26 NiCrMoV 11 5	0,26	1,50	0,40	2,75	0,10	1250	700
26 NiCrMoV 14 5	0,26	1,50	0,40	3,60	0,10	1250	750

Tabelle D 20.5 Magnetische Flußdichte der Generatorwellenstähle nach Tabelle D 20.4

Stahlsorte Kurzname	Magnetische Flußdichte bei einer Feldstärke (in A/m) von						
	2500	5000	10 000	20 000	30 000	50 000	100 000
				T			
Ck 35	1,33	1,54	1,705	1,85	1,925		
Ck 45	1,23	1,49	1,65	1,80	1,89	1,97	2,07
28 NiCrMo 5 5	1,43	1,63	1,77	1,89	1,95		
28 NiCrMoV 8 5	1,47	1,66	1,80	1,91	1,97	2,03	2,11
26 NiCrMoV 11 5	1,53	1,70	1,83	1,94	1,99	2,05	2,13
26 NiCrMoV 14 5	1,57	1,74	1,86	1,965	2,015	2,07	2,145

Die *unlegierten Stähle* mit rd. 0,35% und 0,45% C (Ck 35 und Ck 45) werden wegen ihrer relativ niedrigen Werte der Festigkeitseigenschaften – 300 bzw. 350 N/mm² für die 0,2%-Dehngrenze – nur für niedrig beanspruchte Wellen mit kleinen Durchmessern eingesetzt. Die magnetischen Eigenschaften dieser Stähle sind, bedingt durch den hohen Kohlenstoffgehalt, nur mäßig gut. Darüber hinaus ist zu berücksichtigen, daß aufgrund der nur geringen Durchvergütbarkeit dieser Stähle Unterschiede in den magnetischen Eigenschaften zwischen Rand- und Kernbereich der Ballenkörper unvermeidlich sind.

Die hauptsächlich für Generatorwellen eingesetzten Stähle sind *legierte Vergütungsstähle*, und zwar die in den Tabellen D 20.4 und D 20.5 aufgeführten NiCrMoV-Stähle mit unterschiedlich hohen Gehalten an Nickel und Chrom [48, 49, 50].

Am Beispiel des Stahls 28 NiCrMoV 8 5 (s. Tabelle D 20.4) soll die Abhängigkeit der magnetischen Eigenschaften vom Gefüge dargestellt werden [51], die für alle hier genannten Vergütungsstähle in ähnlicher Weise gilt. Bild D 20.19 zeigt die Abhängigkeit der magnetischen Flußdichte von der Zugfestigkeit mit der Gefügeart als Parameter bei verschiedenen Feldstärken.

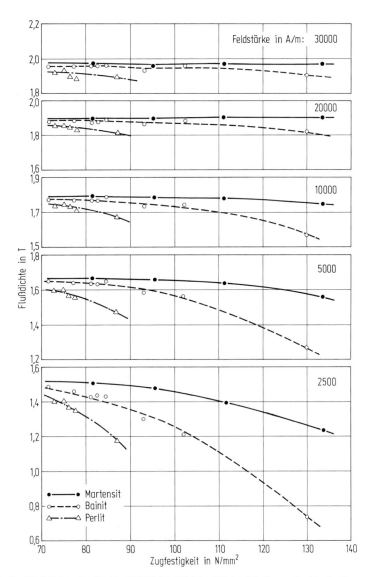

Bild D 20.19 Magnetische Flußdichte des Stahls 28 NiCrMoV 8 5 in Abhängigkeit von der Zugfestigkeit für Feldstärken von 2 500 bis 30 000 A/m und für verschiedene Gefügezustände. Nach [51].

Im einzelnen lassen sich aus dem Bild folgende Schlüsse ziehen:
- Das aus Martensit entstandene Vergütungsgefüge hat eine bessere Magnetisierbarkeit als das Gefüge aus angelassenem Bainit und dieses eine bessere als das angelassene Perlit-Ferrit-Gefüge.
- Die magnetische Flußdichte nimmt in allen betrachteten Gefügezuständen mit zunehmender Zugfestigkeit ab, und zwar beim angelassenen Perlit-Ferrit-Gefüge stärker als beim angelassenen Bainit und Martensit.
- Die Abhängigkeit der magnetischen Flußdichte von Zugfestigkeit und Gefüge ist bei niedrigen Feldstärken erheblich stärker ausgeprägt als bei hohen Feldstärken.

Dieses Verhalten ist durch die magnetischen Grundvorgänge bedingt. Bei hohen Feldstärken − im Sättigungsbereich − wird die Flußdichte überwiegend durch die chemische Zusammensetzung bestimmt, bei niedrigeren Feldstärken dagegen durch Wandverschiebungen, die aufgrund der homogenen Struktur im martensitischen Gefüge leichter ablaufen als im Bainit und erst recht im Perlit-Ferrit-Gefüge. Das allgemeine Absinken der Flußdichte mit steigender Festigkeit hängt mit veränderten Gefügestrukturen und Gittereigenspannungen zusammen, die bei den für höhere Festigkeiten nötigen niedrigeren Anlaßtemperaturen auftreten.

Die unterschiedliche chemische Zusammensetzung der in Tabelle D 20.4 aufgelisteten Stähle wirkt sich auch auf die *magnetische Flußdichte* aus. So bewirkt der Übergang von Stahl 28 NiCrMoV 8 5 auf den 26 NiCrMoV 14 5 infolge des niedrigeren Kohlenstoffgehalts eine Verbesserung der Flußdichte (s. Tabelle D 20.5).

Der Stahl 26 CrNiMoV 14 5 hat aufgrund seiner chemischen Zusammensetzung eine bessere Durchvergütbarkeit und erreicht dadurch gegenüber den anderen Stählen der Tabelle D 20.5 höhere Werte für die Flußdichte, da größere Querschnittsbereiche in die magnetisch günstigeren Gefügearten Martensit und Bainit umwandeln. Daneben wird durch den höheren Nickelgehalt des Stahles 26 NiCrMoV 14 5 gegenüber dem des Stahls 28 NiCrMoV 8 5 die Flußdichte zusätzlich verbessert, wie Bild D 20.20 über den Einfluß von Nickel auf die magnetische Flußdichte andeutet. Ergebnisse weiterer Untersuchungen über den Einfluß der chemischen Zusammensetzung auf die magnetischen Eigenschaften von Generatorwellenstählen sind in [49, 52−55] veröffentlicht worden.

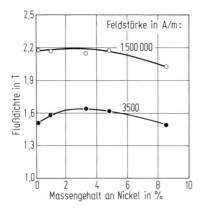

Bild D 20.20 Einfluß von Nickel auf die magnetische Flußdichte von Stahl mit 0,10 bis 0,16 % C. Nach [52].

Polbleche für im allgemeinen langsam laufende Wellen müssen auch entsprechend den mechanischen Beanspruchungen bestimmte Festigkeitseigenschaften und dazu möglichst gute magnetische Flußdichtewerte im gesamten Feldstärkenbereich aufweisen. Grundsätzlich können die beiden folgenden Werkstoffgruppen genutzt werden:

Stähle nach DIN 17 100 [46], wie etwa St 37-3, St 52-3 oder St 70-2, die im normalgeglühten Zustand Streckgrenzen $\geq$ 235, $\geq$ 355 oder $\geq$ 365 N/mm² haben. Die erreichbaren magnetischen Induktionswerte sind entsprechend dem relativ hohen Kohlenstoffgehalt nicht sonderlich hoch, aber in vielen Fällen ausreichend.

Stähle nach Stahleisen-Werkstoffblatt 092 [47], die im thermomechanisch behandelten Zustand einzusetzen sind. Je nach Stahlsorte sind Mindestwerte für die Streckgrenzen von 260 bis 550 N/mm² bei sehr guten magnetischen Eigenschaften erreichbar. Aufgrund der niedrigen Kohlenstoffgehalte dieser Stähle (i. allg. $\leq$ 0,10 % C) sind magnetische Induktionswerte wie bei Weicheisensorten mit gleichen Kohlenstoffgehalten bei wesentlich günstigeren, weil höheren Streckgrenzenwerten, erreichbar.

Stahlguß für magnetische Anwendungen

Auch beim Stahlguß spielt die chemische Zusammensetzung, die Wärmebehandlung und das sich aus ihnen ergebende Gefüge für die magnetischen Eigenschaften eine wichtige Rolle. Da für magnetische Anwendungszwecke überwiegend unlegierter Stahlguß in Betracht kommt, liegen die meisten Erfahrungen über den *Einfluß des Kohlenstoffs* vor [56–58]. Steigende Gehalte verschlechtern die magnetische Flußdichte, wie das für Gußstücke mit einer Dicke von rd. 60 mm aus Bild D 20.21 eindeutig hervorgeht. Das Bild läßt auch erkennen, daß das Normalglühen mit ungeregelter Abkühlung des Gußstücks an Luft gegenüber dem Gußzustand keine große Änderung der magnetischen Eigenschaften bringt, daß sie dagegen nach Glühen mit langsamer Abkühlung im Ofen merklich besser sind. Hierdurch wird eine gröbere Ausbildung des Perlits mit dickeren Ferrit- und Karbidlamellen bewirkt, was sich im allgemeinen positiv auf die magnetischen Eigenschaften auswirkt.

In D 20.5.2 wurde schon auf den großen Einfluß des Kohlenstoffgehalts auch beim Stahlguß, der für elektrische Geräte und Motoren eingesetzt wird, hingewiesen. Deshalb hat man neben den vier Sorten üblichen unlegierten Stahlgusses, für die in DIN 1681 [59] neben Festigkeitseigenschaften auch Werte für die magnetische Flußdichte festgelegt worden sind, Guß aus Reineisen entwickelt [60], das

Tabelle D 20.6 Magnetische und mechanische Eigenschaften von Stahlguß für elektrische Motoren nach DIN 1691 [59]

Stahlguß- sorte Kurzname	Magnetische Flußdichte bei einer Feldstärke von			Zug- festigkeit	Streck- grenze	Bruch- dehnung A	Bruchein- schnürung
	2500 A/m T min.	5000 A/m	10 000 A/m	N/mm² min.	N/mm² min.	% min.	% min.
GS 38	1,45	1,60	1,75	380	190	25	35
GS 60	1,30	1,50	1,65	600	300	15	–

sich in seiner chemischen Zusammensetzung nur wenig von warmgeformten Weicheisen nach D 20.3.1 unterscheidet. Um jedoch beste magnetische Eigenschaften zu erzielen, ist nach dem Guß eine geeignete *Wärmebehandlung* erforderlich [57, 58, 60]. Dann lassen sich Koerzitivfeldstärken von 50 bis 100 A/m bei Maximalpermeabilitäten von bis zu 8,7 mH/m (6900 G/Oe) einstellen; die Sättigungsmagnetisierung liegt bei 2,15 T. Bei höheren Ansprüchen an die mechanischen Eigenschaften muß man auf Stahlguß mit Kohlenstoffgehalten über 0,15% übergehen, für die beispielsweise zwei Sorten aus DIN 1681 in Tabelle D 20.6 aufgeführt sind.

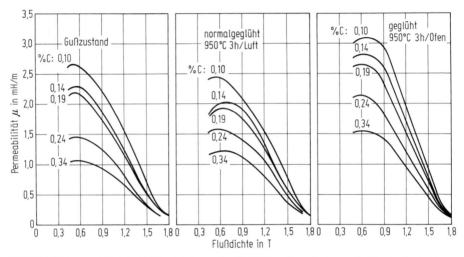

Bild D 20.21 Permeabilität in Abhängigkeit von der Flußdichte für unlegierten Stahlguß mit rd. 60 mm Wanddicke im Gußzustand und nach Glühen. Nach [58].

Nichtrostende Chromstähle für magnetische Anwendungen

Die besten magnetischen Eigenschaften bei den hier in Betracht kommenden Stählen mit etwa 13% Cr und 0,15% C werden durch *Glühen* oberhalb der Umwandlungstemperatur und langsames Abkühlen bis auf etwa 500°C – von dieser Temperatur an kann beliebig abgekühlt werden – erreicht. Hierbei wird neben dem Abbau von inneren Spannungen ein Zerfall des Austenits in Ferrit und Karbid bewirkt und damit die günstigsten magnetischen Eigenschaften erreicht. Bild D 20.22 zeigt für einen Stahl mit 0,15% C und 13% Cr, wieviel günstiger die Werte für Koerzitivfeldstärke, Induktion und Permeabilität im geglühten Zustand gegenüber dem nach Vergüten sind [61].

Unter *korrosiven Bedingungen* bieten die nichtrostenden ferritischen Stähle mit 12 bis 17% Cr eine Möglichkeit für den Einsatz als weichmagnetische Werkstoffe. Wenn die Teile mechanisch hoch beansprucht sind, wie z.B. Anker in Magnetventilen, dann kommen sie allein in Betracht, weil die auf Weicheisen erforderliche Schutzschicht durch die mechanische Beanspruchung leicht zerstört wird und die Korrosion einsetzt. Ausgewählt werden für dieses Anwendungsgebiet Stähle mit niedrigem Kohlenstoffgehalt (s. Tabelle D 20.7), wenn Wert auf Zerspanbarkeit gelegt wird, noch mit Schwefelzusatz. Von den hochreinen sogenannten superferritischen Stählen [62] werden besonders gute magnetische Eigenschaften erwartet; hierzu darf allerdings der Chromgehalt nicht zu hoch liegen, da sonst die Induktion merklich abfällt.

Bei allen nichtrostenden Stählen sind aber bei magnetischen Eigenschaften gegenüber dem gängigen Weicheisen erhebliche Abstriche vorzunehmen. Zudem wirkt sich auch hier der *Verarbeitungszustand* (z. B. nach Kaltumformung) erheblich aus; als Beispiel dafür sind in Tabelle D 20.7 die magnetischen Eigenschaften auch für verschiedene Behandlungszustände wiedergegeben [61].

In einem Werksbericht [63] finden sich geringfügig bessere Werte der Koerzitivfeldstärke für eine Sättigungsmagnetisierung von 1,6 bis 1,7 T und eine Remanenz von 0,8 bis 1,0 T. Durch aufwendigeres Glühen lassen sich noch tiefere Koerzitivfeldstärken erreichen als hier angegeben. Solche Behandlungen sind jedoch nur sinnvoll, wenn keine Verarbeitung mehr nachfolgt. Bei sehr hohen Ansprüchen wird es unumgänglich werden, daß zur Erzielung bester magnetischer Eigenschaf-

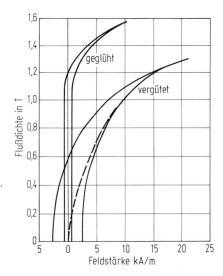

Bild D 20.22 Magnetische Eigenschaften eines nichtrostenden (Automaten-)Stahls mit 0,15 % C und 13 % Cr im geglühten und im vergüteten Zustand. Nach [61].

Tabelle D 20.7 Magnetische Eigenschaften von nichtrostenden Chromstählen in Abhängigkeit von der Behandlung. Nach [61]

Stahlsorte Kurzname	Chemische Zusammensetzung		Behandlungszustand	Koerzitivfeldstärke	Maximale Permeabilität
	% C	% Cr		A/m	mH/m
X 7 Cr 13	0,06	13	geglüht	400... 700	0,5...0,8
			gezogen	600... 800	0,4...0,6
			gehärtet	2500...3000	0,1...0,2
X 8 Cr 17	0,06	17	geglüht	400... 600	0,5...0,9
			gezogen	600... 800	0,3...0,5

ten das fertige Teil unter Schutzgas geglüht wird, wie dies bei Relaisteilen aus Weicheisen schon immer üblich ist.

D 20.6 Weichmagnetische Nichteisenmetall-Werkstoffe

D 20.6.1 Hauptanwendungen und Grundanforderungen

In der Elektrotechnik, besonders der Elektronik, werden oft höhere Anforderungen an die magnetische Weichheit gestellt, als mit den üblichen Werkstoffen auf Eisenbasis zu erfüllen sind. Solche Forderungen betreffen u. a. die Kleinheit der Koerzitivfeldstärke (siehe z. B. Tabelle D 20.8), die Höhe der Anfangspermeabilität und die Form der Hystereseschleife. Für solche Fälle stehen Legierungen mit hohen Gehalten (30 bis 80%) an Nickel oder Kobalt zur Verfügung; in Sonderfällen kommen noch Legierungen mit hohen Aluminium- und/oder Siliziumgehalten hinzu (zusammen bis rd. 15%) [3–6]. Aus der Vielzahl ihrer *Anwendungszwecke* seien erwähnt: hochempfindliche Relais, Übertrager und Drosseln in Nachrichten- und Datentechnik, Stromwandler hoher Genauigkeit und Empfindlichkeit (z. B. für Fehlerstromschutzschalter), Magnetkerne mit Schalt- und Speicherfunktionen, magnetische Abschirmungen für sehr kleines Restfeld. Mengenmäßig stehen die hierfür benötigten Werkstoffe zwar weit hinter den üblichen auf Eisenbasis zurück, jedoch sind sie wegen ihrer besonderen Wirkungen weithin unentbehrlich.

Die *Anforderungen* an diese Werkstoffe betreffen einmal statische Grundeigenschaften, z. B. hohe Werte der Sättigung und/oder der Permeabilität, niedrige Werte der Koerzitivfeldstärke, oder extreme Formen der Hystereseschleife; besonders wichtig sind Eigenschaften unter vielfältig variierenden dynamischen Beanspruchungen, vor allem hohe magnetische Flußdichte (Induktion) bzw. Permeabilität, niedrige Verluste, kurze Ummagnetisierungszeiten. Zusätzliche Anforderungen betreffen die thermische und zeitliche Stabilität und, je nachdem, die weitgehende Unabhängigkeit oder gezielte Abhängigkeit von der Temperatur, schließlich in Sonderfällen Kombination von magnetischer Weichheit und mechanischer Härte. Zu den Anwendungen und den spezifischen magnetischen Eigenschaften siehe besonders [3, 5, 6].

D 20.6.2 Physikalische und metallkundliche Zusammenhänge

Die hochlegierten Nickel-Eisen-Werkstoffe kristallisieren durchgehend kubischflächenzentriert (γ-Phase); nur bei den Werkstoffen mit rd. 30% Ni (s. u.) kann bei tiefer Abkühlung eine irreversible γ-α-Umwandlung eintreten, welche die magnetischen Eigenschaften ändert und daher zu vermeiden ist. Trotz dieser Beschränkung auf eine Phase zeigen die Nickel-Eisen-Legierungen eine außerordentliche Vielfalt an speziellen magnetischen Eigenschaften, weil die für die Magnetisierungsvorgänge maßgebenden physikalischen Konstanten in Abhängigkeit vom Gehalt an Nickel und Zusatzelementen und besonders auch vom Ordnungszustand der Legierungen stark variieren.

Die technisch verwendeten Kobalt-Eisen-Werkstoffe mit rd. 27 bis 50% Co liegen bei Anwendungstemperatur kubisch raumzentriert (α-Phase) vor; bei hoher

Temperatur (rd. 850 bis 950 °C) erfolgt jedoch Umwandlung in einen unmagnetischen γ-Zustand. Auch hier sind die magnetischen Eigenschaften vom Ordnungszustand abhängig.

Über die Zusammenhänge von metallkundlichen und physikalischen Gesichtspunkten s. [9, 64], über Probleme der wichtigsten Gruppen der Nickel-Eisen- und Kobalt-Eisen-Werkstoffe s. [65].

Magnetische Konstanten und Ordnungsvorgänge

Die *physikalischen Grundvorgänge* beim Magnetisieren entsprechen den oben geschilderten (s. D 20.3.2 und D 20.4.2). *Maßgebende Konstanten* für die magnetischen Eigenschaften sind auch hier zunächst die Sättigungspolarisation J_s und die Curie-Temperatur T_C, weiter die beiden Konstanten, durch welche die Anisotropie beschrieben wird: die Kristallanisotropiekonstante K_1 und die Sättigungsmagnetostriktionskonstante λ (für die Hauptrichtungen), die in die Spannungsanisotropie eingeht. Wichtig ist nun, daß diese Konstanten in einigen Legierungssystemen Nulldurchgänge aufweisen, deren Lage noch vom atomaren Ordnungsgrad der Legierungspartner im gemeinsamen Kristallgitter abhängt. Der Wert der Konstanten einer Legierung ist somit über den Ordnungsgrad durch Behandlungsschritte variierbar.

Bei kleinen Werten von Kristall- und Spannungsanisotropie gewinnt in Mehrstoffsystemen noch eine weitere Anisotropie Einfluß, die Diffusionsanisotropie (auch uniaxiale Anisotropie genannt), mit der maßgebenden Konstanten K_D (bzw. K_U). Sie entsteht unter der Einwirkung eines Magnetfeldes bei höherer Temperatur, aber unterhalb der Curie-Temperatur, zusammen mit einer speziellen einachsigen Nahordnung (Richtungsordnung). Sie wird darauf zurückgeführt, daß infolge von Diffusionsprozessen im Magnetfeld bestimmte atomare Nachbarschaften in Feldrichtung mit anderer Häufigkeit auftreten als etwa senkrecht dazu; in Nickel-Eisen-Legierungen denke man z. B. an Nickel-Nickel-Paare. Nach Abkühlen auf Raumtemperatur bleibt die Richtungsordnung und die mit ihr verbundene Anisotropie bestehen und beeinflußt mit den übrigen die Magnetisierungsvorgänge.

Kleine Absolutwerte der drei Anisotropiekonstanten sind für die magnetische Weichheit wesentlich (vgl. D 20.3.2). Sie bestimmen, wie stark die Blochwand-Bewegung durch in den Körnern vorhandene Einschlüsse und Spannungsbereiche sowie durch die Korngrenzen behindert wird. Bei den Blochwand-Hindernissen sind stoffliche Art bzw. Spannungsursache, weiter Konzentration bzw. Spannungsgröße und die Durchmesser der gestörten Gebiete wichtig; vgl. hierzu [66, 67].

Bild D 20.23 zeigt die oben genannten Konstanten für das System Nickel-Eisen, das die Basis für die meistbenutzten hochlegierten weichmagnetischen Werkstoffe bildet. Technische Legierungen nutzen teils das Maximum der magnetischen Sättigung I_s (bei 45 bis 50% Ni), teils die Nulldurchgänge bei K_1 und λ und deren Beeinflußbarkeit durch Ordnungsvorgänge (bei 65 bis 80% Ni) und schließlich die Möglichkeit von Richtungsordnung und zugehöriger Diffusionsanisotropie (bei 50 bis 65% Ni) aus. Insbesondere die Legierungen mit hohen Nickelgehalten erhalten meist ternäre und quaternäre Zusätze wie Molybdän, Chrom und Kupfer, einerseits zum Zusammenrücken der Nullstellen von K_1 und λ, andererseits zum Verbessern der dynamischen Eigenschaften durch Erhöhen des spezifischen elektrischen Widerstands und Beeinflussen der Blochwand-Strukturen (vgl. [9, 64–69]).

Besondere Formen der Hystereseschleife

Bei den normalen Eisenwerkstoffen hat die Hystereseschleife eine mehr oder weniger abgerundete Form mit Werten der Remanenz zwischen etwa 50 und 85% der Sättigung. Bei den hochlegierten Werkstoffen ist es nun möglich, extreme Remanenzwerte zu erreichen, einerseits weit über 90%, andererseits unter 10% der Sättigung, mit entsprechend „rechteckigen" oder „flachen" Hystereseschleifen (Z-Schleife oder F-Schleife).

Ein Weg zur ersten Schleifenform ist bei Nickel-Eisen-Legierungen die Ausbildung einer Würfeltextur (Bild D 20.9), bei der die Würfelkantenrichtungen <100> der Elementarzelle sowohl in Walzrichtung als auch quer dazu in der Blechoberfläche liegen. Bei positivem K_1 (vgl. Bild D 20.23) sind diese *beiden* Richtungen Vorzugsrichtungen, so daß in ihnen die Polarisation bereits in niedrigen Feldstärken nahe an die Sättigung herankommt; vgl. die [100]-Kurve in Bild C 2.10.

Ein anderer Weg ist das Einstellen einer einachsigen Antisotropie durch Magnetfeld-Wärmebehandlung (vgl. dazu [5]). Je nach Richtung des Feldes zur späteren Arbeitsrichtung können in ihr hohe oder niedrige Remanenzwerte und entsprechende Schleifenformen erreicht werden. Werkstoffe dieser Art neigen jedoch zu relativ hohen anomalen Wirbelstromverlusten (vgl. D 20.4.2).

Schließlich ist es noch möglich, ausgeprägte Rechteckschleifen ohne derartige Maßnahmen zu erreichen, indem bewirkt wird, daß die irreversiblen Wandverschiebungen in möglichst schmalen Feldstärkebereichen ablaufen; wegen des viel schwereren restlichen Magnetisierens bis zur Sättigung (Drehprozesse!) ergibt sich eine Pseudo-Rechteckschleife.

Folgerungen für die Herstellung

Die Anforderungen an Reinheit und Unschädlichmachen von Störungen, wie sie für Weicheisen in D 20.3.2 (sowie D 20.3.3) und für Elektroblech in D 20.4.2 (sowie D 20.4.3) geschildert worden sind, gelten bei den Nichteisenmetall-Legierungen verschärft.

Bei der Wahl der Zusammensetzung sind die magnetischen Konstanten zu beachten, die für die jeweils erstrebten Eigenschaften maßgebend sind und wie sie für die binären Nickel-Eisen-Legierungen in Bild D 20.23 wiedergegeben wurden.

Bei den Glühbehandlungen ist den Möglichkeiten der Bildung von Ordnungszuständen Rechnung zu tragen, die je nach Legierung und Ziel zu fördern oder zu hindern sind. Die magnetischen Eigenschaften reagieren oft außerordentlich empfindlich auf kleinste Anfänge dieser Art.

D 20.6.3 Allgemeines zum Herstellverfahren

Die Nichteisenmetall-Legierungen werden im allgemeinen in kleineren Elektroöfen (Fassungsvermögen 0,1 bis einige Tonnen) erschmolzen, die höherwertigen Sorten oft in Induktionsöfen unter Vakuum; in Sonderfällen wird auch die Sintertechnik verwendet. In anschließenden Walz- und Glühprozessen und einer abschließenden Wärmebehandlung werden einerseits die für die weichmagnetischen Eigenschaften maßgebenden inneren Zustände geschaffen, andererseits auch Walz- und Rekristallisationstexturen und somit makroskopische magnetische

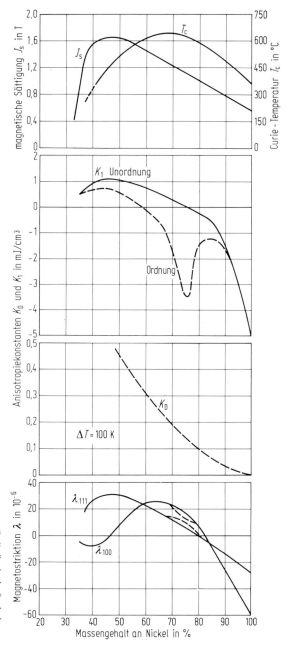

Bild D 20.23 Magnetische Konstanten im System Eisen-Nickel (J_s = magnetische Sättigung, T_C = Curie-Temperatur, K_1 = Kristallanisotropiekonstante, K_D = Diffusionsanisotropiekonstante nach Magnetfeld-Tempern bei $T_C - 100$ K, λ_{100} = Magnetostriktion in der $\langle 100 \rangle$-Richtung, λ_{111} = Magnetostriktion in der $\langle 111 \rangle$-Richtung (s. auch D20.6.2).

Anisotropien; diese können je nach den Umständen erwünscht oder unerwünscht sein. Auch Magnetfeld-Wärmebehandlungen werden benutzt.

Die *Einzelschritte in diesen Fertigungsvorgängen* variieren je nach Legierung und Anforderungen an die Abmessungen und Eigenschaften weit. Sie können angesichts der großen Zahl von Werkstoffen nicht im einzelnen behandelt werden; besonders charakteristische Einzelheiten werden jeweils in Zusammenhang mit den Werkstoffgruppen (D 20.6.4) genannt.

Enderzeugnisse bzw. Hauptlieferformen sind Massivmaterialien für Formteile, dann Bleche und Bänder für Kerne und andere Stanzteile, schließlich gewickelte Bandkerne und magnetische Abschirmungen. Die beiden letzten Formen werden meist fertig wärmebehandelt geliefert; die übrigen bedürfen nach der Fertigstellung der Teile einer Wärmebehandlung, mit Ausnahme der seltenen Fälle, in denen halbharte oder harte Zustände direkt verwendet werden (z. B. bei gewissen Telefonmembranen).

D 20.6.4 Die handelsüblichen Nichteisenmetall-Werkstoffe für magnetische Anwendungen

Die wichtigsten Gruppen von technisch verwendeten hochlegierten Werkstoffen und einige ihrer charakteristischen Daten zeigt Tabelle D 20.8. Die Eigenschaften innerhalb der Gruppen variieren weit, je nach Sorte, Erzeugnisdicke und -form sowie nach Beanspruchung. Tabelle D 20.8 und die folgenden Bilder dienen daher nur einer ersten Übersicht; sie beziehen sich stets auf den Zustand nach geeigneter Wärmebehandlung. Ausführliche Werkstoffangaben finden sich in [3, 5, 6], Mindestwerte für die Eigenschaften der wichtigsten Legierungen in DIN 41301 und DIN 41302 [70] sowie in DIN 17405 [19].

Bei der folgenden Besprechung der Legierungsgruppen werden ergänzende Hinweise auf physikalische, metallkundliche und herstelltechnische Besonderheiten eingeschlossen.

Eisen-Nickel-Legierungen mit Nickelgehalten zwischen 30 und 80% Ni

Eisen-Nickel-Legierungen mit 70 bis 80% Ni

Verbreitet sind Legierungen mit 78 bis 79% Ni und 4 bis 5% Mo oder 75 bis 77% Ni, 2 bis 4% Mo und 3 bis 5% Cu oder ähnliche Legierungen mit Chrom anstelle von Molybdän; den Rest stellen Eisen und die üblichen Begleitelemente. Bei der Herstellung ist für ein weitgehendes Fehlen von Hemmnissen für die Blochwand-Bewegung zu sorgen, ebenso für die Einstellung geeigneter Ordnungszustände.

Die Legierungen zeigen je nach Feinzusammensetzung und Aufwand verschiedenes Niveau. Bild D 20.24 gibt in den Permeabilitätskurven *1* und *2* Beispiele für Sorten mit hohen und mittleren Eigenschaftswerten.

In der Praxis bestehen meist zusätzliche Bedingungen, wie über statische oder dynamische Eigenschaften in bestimmten Feldstärke- oder Flußdichtebereichen oder über einen verminderten Temperaturgang der Permeabilität [65, 66, 68, 69]. Eine spezielle Bedingung ist eine hohe mechanische Härte, vor allem für Magnettonköpfe. Durch Zusätze (z. B. von Niob oder Titan) gelingt es, in hochpermeablen Legierungen äußerst feine Ausscheidungen zu erhalten, die eine Härtung bewirken aber die magnetische Weichheit wenig stören [71]. Über andere Lösungen wird

Tabelle D 20.8 Übersicht über hochlegierte weichmagnetische Werkstoffe

Legierungsbestandteile[a]	Haupt-Kennzeichen			Angaben über		Hilfsgrößen	
	Magnetische Sättigung	Magnetische Koerzitivfeldstärke (statisch)	Form der Hystereseschleife[b]	Allgemeines in Abschnitt	Permeabilität bzw. Flußdichte (Induktion) in Bild	Dichte	spezifischer elektrischer Widerstand
%	T	mA/cm				g/cm³	Ω · mm²/m
70 bis 80 Ni, (wk)[c]	0,75...0,95	3...40	N, Z, F		D 20.24...D 20.26	8,7	0,55...0,6
50 bis 65 Ni, (wk)[c]	1,25...1,50	10...100	N, Z, F		D 20.24...D 20.26	8,2...8,6	0,4...0,6
45 bis 50 Ni[c]	1,50...1,60	50...200	N, Z, F	D 20.6.4	D 20.24 und D 20.25	8,2...8,6	0,4...0,5
35 bis 40 Ni[c]	1,30...1,40	200...400	N		D 20.24	8,1...8,2	0,55...0,6
rd. 30 Ni[3]	abhängig von T		N		D 20.27	rd. 8,15	rd. 0,8
27 bis 50 Co, (wk)[c]	2,3...2,4	200...2000	N, Z		D 20.29	rd. 8,15	0,15...0,3
Fe + 16 Al	0,8...0,9	20...50	N, Z	D 20.7.1		rd. 6,5	rd. 1,4
Fe + 10 Si + 5 Al	rd. 1,1	15...100	N, Z			rd. 7	rd. 0,6
Ni, wk ⎫	rd. 0,8	5...100	N, Z, F				
Co, wk ⎬ metallische Gläser	1,6 (bis 1,9)	2...100	N, Z, F	D 20.7.2		rd. 7,5	1,4...1,8
Fe, wk ⎭	rd. 1,6	30...100	N, Z, F				

[a] wk = weitere Komponenten; ( ) = teilweise
[b] N = normal (rund), Z = rechteckförmig, F = flach
[c] Rest entfällt auf Eisen und die üblichen Begleitelemente

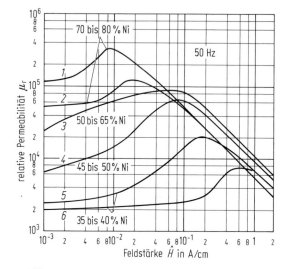

Bild D 20.24 Permeabilitätskurven von Eisen-Nickel-Legierungen. Nach [3].

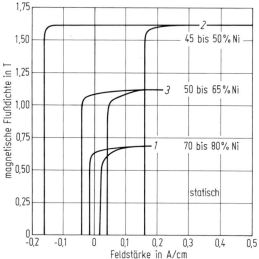

Bild D 20.25 Rechteck-Hystereseschleifen von Eisen-Nickel-Legierungen. Nach [3].

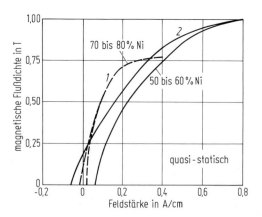

Bild D 20.26 Flache Hystereseschleifen von Eisen-Nickel-Legierungen. Nach [3].

Nickel-Eisen-Legierungen 531

in einem späteren Abschnitt über weitere kristalline Legierungen (D 20.7.1) hingewiesen.

Die bisher besprochenen Werkstoffe haben eine normale, d. h. abgerundete Hystereseschleife (N-Schleife). Durch spezielle Wahl von Zusammensetzung und Behandlung können auch rechteckförmige Schleifen (Z-Schleifen) oder flache Schleifen (F-Schleifen) erzielt werden. Hierbei ist das Einhalten bestimmter Bedingungen für die Konstanten aus Bild D 20.23 wesentlich [69, 72].

Beispiele zeigen die Kurven *1* in den Bildern D 20.25 und D 20.26.

Eisen-Nickel-Legierungen mit 45 bis 65% Ni

Legierungen dieses Bereichs sind wegen ihrer Lage nahe dem Sättigungsmaximum im System Eisen-Nickel technisch wichtig. Tabelle D 20.8 und Kurve *4* in Bild D 20.24 zeigen Eigenschaften einer Legierung mit 50% Ni und normaler Hystereseschleife.

Für hohe Sättigungswerte ist weitgehende Freiheit von allen Zusätzen erwünscht, wozu z. B. die Sintertechnik günstig ist. Andererseits weisen einige technische Legierungen auch Zusätze von Molybdän oder Silizium auf, um den spezifischen elektrischen Widerstand zu erhöhen, der bei den Zweistofflegierungen niedrig ist.

Hohe Permeabilität bei normaler Hystereseschleifenform wird im oberen Teil des Legierungsbereichs durch Magnetfeld-Wärmebehandlung erreicht [73] (s. Bild D 20.24, Kurve *3*). Maßgebend hierfür ist das Einstellen bestimmter Relationen von K_1 und K_D (s. Bild D 20.23) [74]. Obwohl diese Werkstoffe in der Anfangspermeabilität nicht die Werte der höher legierten Sorten mit 70 bis 80% Ni (s. o.) erreichen, sind sie wegen der höheren Sättigung technisch wichtig.

Neben den Werkstoffen mit normaler Hystereseschleifenform werden solche mit Z- und F-Formen hergestellt. Die Mittel hierfür sind einerseits Rekristallisation in Würfeltextur nach starker Kaltverformung (Z-Schleife, Kurve *2* in Bild D 20.25) andererseits Magnetfeld-Wärmebehandlung (Z-Schleife nach Kurve *3* in Bild D 20.25 oder F-Schleife nach Kurve *2* in Bild D 20.26) [72, 74].

Weiter seien Legierungen für Reed-Relais erwähnt, die magnetische Weichheit mit Einschmelzbarkeit vereinen. Näheres s. D 23.

Eisen-Nickel-Legierungen mit 35 bis 40% Ni

Gegenüber den Legierungen mit 45% bis 50% Ni werden bei niedrigerem Nickelgehalt für Sättigung und Maximalpermeabilität noch relativ hohe Werte erreicht, wie Kurve *5* in Bild D 20.24 für einen Werkstoff mit rd. 36% Ni zeigt. Vorteilhaft ist ein besonders hoher spezifischer elektrischer Widerstand, der für dynamische Anwendungen günstig ist. Weiterhin läßt sich eine besonders geringe Feldstärkenabhängigkeit der Permeabilität im Anfangsbereich erzielen, wie die Kurve *6* in Bild D 20.24 zeigt.

Schließlich sei noch erwähnt, daß in diesem Legierungsbereich eine besonders kleine Wärmeausdehnung vorliegt (vgl. C 2 und D 22).

Eisen-Nickel-Legierungen mit rd. 30% Ni

Bei diesen Legierungen liegt die Curie-Temperatur um 100 °C und tiefer (vgl. auch Bild D 20.23). Hiermit ist eine starke Temperaturabhängigkeit der Sättigung in technischen Arbeitsbereichen verbunden. Sie wird meist zur Kompensation anderer Temperaturgänge benutzt, besonders bei Dauermagnetsystemen. Je nach Zusammensetzung und Behandlung werden verschiedene Temperaturbereiche überstrichen. Zum Beispiel verschieben Änderungen des Nickelgehalts um 0,25% die Curie-Temperaturen um rd. 10 K [5]; Änderungen des Kohlenstoffgehalts wirken noch erheblich stärker. Bild D 20.27 zeigt einige Beispiele aus den Systemen Eisen-Nickel und Nickel-Kupfer.

Im erstgenannten System können solche Kennlinien bei Legierungen mit etwa 30% Ni erreicht werden, wobei z. B. in Bild D 20.27 der Nickelgehalt von der unteren zur mittleren Kurve und von dieser zur oberen Kurve um jeweils etwa 0,7% steigt.

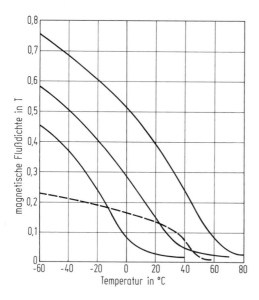

Bild D 20.27 Temperaturabhängigkeit der magnetischen Flußdichte im Sättigungsbereich bei drei Nickellegierungen mit rd. 30% Ni (ausgezogen) und bei einer Nikkel-Kupfer-Legierung (gestrichelt) (Feldstärke 80 A/cm). Nach [5].

Ähnliche Wirkungen werden u. a. auch mit Nickel-Kupfer-Legierungen erzielt, z. B. mit einer Zusammensetzung von 66% Ni, 30% Cu und 2,2% Fe (vgl. [5]). Vorteilhaft ist ihre Stabilität bei Abkühlen auf tiefe Temperaturen, nachteilig die geringe Steilheit und Arbeitsinduktion (Bild D 20.27).

Eisen-Kobalt-Legierungen mit 27 bis 50% Co

Mit Eisen-Kobalt-Legierungen lassen sich Werte der Flußdichte erreichen, welche die des Eisens bedeutend übertreffen. Das liegt einmal an der höheren Sättigung, aber auch an der niedrigeren Anisotropiekonstante K_1 (s. Bild D 20.28), durch welche hohe Flußdichten bei niedrigen Feldstärken erreicht werden; das zeigt Bild D 20.29 mit besonders reinem Eisen als Vergleichsmaterial [75].

Technisch verwendet werden Legierungen mit rd. 27, 35 und 50% Co, je nach Anwendungsfeldstärke und tragbarem Kobaltgehalt. Weitere Komponenten dienen zum Erhöhen des in Zweistofflegierungen niedrigen spezifischen elektrischen Widerstandes und zum Verringern der großen Sprödigkeit, welche ein Herstellen dünner Bänder erschwert. Eine vielbenutzte Legierung enthält rd. 49% Co und 2% V; für sie gilt Kurve *1* in Bild D 20.29. Verbesserungen in Richtung auf hohe Flußdichten lassen sich durch Magnetfeld-Wärmebehandlung erzielen, bei der eine Z-Schleife entsteht (Kurve *2* in Bild D 20.29).

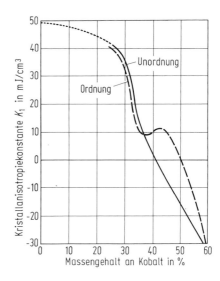

Bild D 20.28 Kristallanisotropiekonstante K_1 von Eisen-Kobalt-Legierungen (Nach [75].

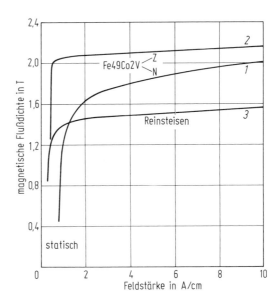

Bild D 20.29 Induktionskurven einer Eisen-Kobalt-Legierung mit 49% Co und 2% V (1 und 2) im Vergleich zu Reinsteisen (3). Nach [3]. (Kurve *1* gilt für den üblichen Zustand mit normaler (runder) Hystereseschleife, Kurve *2* für den Zustand nach Wärmebehandlung im Magnetfeld mit rechteckiger Hystereseschleife.)

D 20.7 Hinweis auf kristalline Sonderlegierungen und metallische Gläser

Neben den allgemein gebräuchlichen Werkstoffen mit bekannten magnetischen Eigenschaften gibt es Metallegierungen, die für Sonderzwecke entwickelt wurden und dadurch ihre technische Bedeutung haben. Welche Anwendungsmöglichkeiten die erst in letzter Zeit gefundenen metallischen Gläser, d. h. Metallegierungen mit amorphem Gefüge, haben werden, ist nicht vorauszusehen. Es ist aber angebracht, beide Werkstoffgruppen in diesem Abschnitt des Buches zu erwähnen.

D 20.7.1 Legierte Sondersorten des Weicheisens

Ein mit *16 % Al legiertes kohlenstoffarmes Eisen* (vgl. [5] reicht in Permeabilität und Koerzitivfeldstärke an die Eisen-Nickel-Legierung mit 50 % Ni heran, bei allerdings niedrigerer Sättigung. Nachteilig ist die schlechte Verformbarkeit bei großer Härte, die andererseits Anwendungsmöglichkeiten für Magnettonköpfe bietet.

Ähnliches gilt für eine *Eisenlegierung mit etwa 6,5 % Si*, deren Anwendung neuerdings häufiger empfohlen wird, besonders für Frequenzen über der Netzfrequenz. Hinderlich ist auch hier neben der niedrigen Sättigung die schwierige Verformung zu den benötigten dünnen Bändern [76] (vgl. auch D 20.4.5).

Eisen-Silizium-Aluminium-Legierungen erreichen in Permeabilität und Koerzitivfeldstärke Werte der hochprozentigen Nickel-Eisen-Legierungen. Am bekanntesten ist die Eisenlegierung mit 5,5 % Al und 9,5 % Si (vgl. [5]). Wegen der großen Härte ist die Verarbeitung (besonders zu Tonköpfen) sehr schwierig; kleine Zusätze sollen eine gewisse Besserung bringen.

D 20.7.2 Neuentwicklung „metallischer Gläser"

Die neuerdings in Erscheinung tretenden amorphen Metallegierungen, auch metallische Gläser genannt, entstehen in einem vom Herkömmlichen gänzlich abweichenden Verfahren, nämlich durch ultraschnelle Abkühlung eines feinen, auf eine bewegte Fläche gerichteten Schmelzstrahls, und zwar unmittelbar in Form dünner Bänder (mit einer Dicke um 0,05 mm). Die Zusammensetzung liegt meist bei etwa $T_{80}M_{20}$ (bis $T_{70}M_{30}$), wobei T magnetische Übergangsmetalle (Eisen, Kobalt, Nickel) und M Metalloide und teilweise auch nichtmagnetische Metalle (z. B. Phosphor, Bor, Kohlenstoff, Silizium, Molybdän) sind. Die Elemente beider Gruppen treten jeweils einzeln oder auch kombiniert auf. Als Beispiele seien genannt $Fe_{80}B_{20}$, $Fe_{40}Ni_{40}P_{14}B_6$ und $Co_{66}Fe_4 (MoSiB)_{30}$.

Die Entwicklung ist noch stark im Fluß [77, 78]. Trotzdem seien einige Hinweise auf Eigenschaft und Anwendungsmöglichkeiten gegeben, wozu besonders der Bericht [79] erwähnt sei (s. auch Tabelle D 20.8).

Die Sättigung liegt allgemein unter der von kristallinen Werkstoffen, in Nickel-Eisen-Legierungen meist bei Werten um 0,8 T, in Eisenlegierungen um 1,6 T, in Eisen-Kobalt-Legierungen bis zu 1,8 T. Koerzitivfeldstärke und Maximalpermeabilität erreichen in vielen Systemen die Werte der kristallinen Legierungen; auch für die Anfangspermeabilität werden in letzter Zeit an die kristallinen Legierungen heranreichende Werte genannt. Die Hystereseschleifen zeigen die gleiche Vielfalt.

Diese weichmagnetischen Eigenschaften beruhen auf den Besonderheiten der für den Magnetisierungsablauf maßgebenden Anisotropiekonstanten: Die Kristallanisotropie fehlt wegen der amorphen Struktur ganz, die Sättigungsmagnetostriktion zeigt in manchen Legierungssystemen Nulldurchgänge und kann somit auf sehr kleine Werte gebracht werden. Eine Diffusionsanisotropie kann wie bei den kristallinen Stoffen durch eine Magnetfeld-Wärmebehandlung eingestellt werden.

Demgemäß zeigen die metallischen Gläser bereits im Herstellzustand vielfach eine ausgezeichnete magnetische Weichheit, die durch gezielte Wärmebehandlung (mit oder ohne Magnetfeld) noch verbessert werden kann. Hierbei werden wie bei den kristallinen Werkstoffen runde oder rechteckige (Z) oder auch flache (F) Hystereseschleifen erhalten.

Die Temperaturen für die Wärmebehandlung sind jedoch durch die oft schon bei einigen 100 °C eintretende Kristallisation begrenzt; bereits unterhalb dieser Temperaturen und noch im Bereich der oberen Anwendungstemperaturen können jedoch u. U. innere Umwandlungen ablaufen, welche die magnetischen Eigenschaften langsam ändern. Neben den unmittelbar interessierenden Eigenschaften ist deshalb stets der thermischen Langzeitstabilität besondere Aufmerksamkeit zu widmen.

Härte und Streckgrenze der metallischen Gläser liegen im Herstellzustand unvergleichlich hoch über denen kristalliner Werkstoffe mit entsprechenden weichmagnetischen Qualitäten. Es können daher zugleich gute weichmagnetische und Federeigenschaften erzielt werden. Im wärmebehandelten Zustand besteht aber oft Sprödigkeit.

Die Anwendungsmöglichkeiten sind z. Z. noch nicht absehbar. Laufende Erörterungen reichen vom Leistungstransformator bis zu subtilen elektronischen Funktionselementen (vgl. dazu besonders [79]).

D 21 Dauermagnetwerkstoffe

Von Helmut Stäblein und Hans-Egon Arntz

D 21.1 Geforderte Eigenschaften

Von Dauermagnetwerkstoffen, auch Hart- oder Permanentmagnetwerkstoffe genannt, ist zu fordern, daß sie in einem Nutzraum einen magnetischen Fluß ohne Energiezufuhr aufrechterhalten. In vielen Fällen soll dieser Fluß, bezogen auf die benötigte Werkstoffmenge, möglichst groß sein. Weiterhin kann eine hohe Konstanz oder doch zumindest ein reversibles Verhalten des Flusses gegenüber schwankenden Umgebungsbedingungen (Temperatur, Magnetfeld, Luftspaltlänge usw.) gefordert sein. Werkstoffe, die solche auf lange Zeit gleichbleibende Magnetflüsse liefern können, werden in einer großen Zahl von statisch oder dynamisch beanspruchten Magnetsystemen, „magnetischen Kreisen", technisch genutzt. Beispiele hierfür finden sich im Text, besonders in D 21.4.

Welche physikalischen Eigenschaften qualifizieren einen Werkstoff, der die Forderungen nach einem möglichst hohen und konstanten Magnetfluß erfüllen soll, als geeignet für Dauermagnete?

Ein hoher magnetischer Fluß Φ bedeutet bei gegebenem Querschnitt A, daß die Flußdichte (Induktion) $B = \Phi/A$ im Magnetwerkstoff hoch sein soll. Diese setzt sich nach $B = \mu_0 H + J$ aus dem materialunabhängigen Anteil $\mu_0 H$, der von der magnetischen Feldstärke H herrührt, und dem materialbedingten Anteil der magnetischen Polarisation J zusammen ($\mu_0 = 4\pi \cdot 10^{-7}$ H/m = magnetische Feldkonstante). Bei gegebener Feldstärke ist die erreichbare Flußdichte daher durch die maximale Polarisation, die *Sättigungspolarisation J_s*, gegeben. Sie *sollte bei Dauermagnetwerkstoffen* daher grundsätzlich *hoch sein*. Ferner ist auch eine nur geringe Abhängigkeit der Sättigungspolarisation von der Temperatur erwünscht, was eine genügend hoch liegende Curie-Temperatur T_C erfordert. Werte von J_s und T_C sind in Tabelle D 21.1 für verschiedene Werkstoffe zusammengestellt.

Damit ein magnetischer Fluß – nach einmaliger Aufmagnetisierung – ohne ständige Energiezufuhr erhalten bleibt, soll sich der eingestellte Magnetisierungszustand nicht oder höchstens reversibel, möglichst aber nicht irreversibel, unter der Wirkung schwankender Umgebungsbedingungen ändern (vgl. C 2.4.2), d. h. der Werkstoff muß „magnetisch hart" sein, er muß eine genügend *hohe Koerzitivfeldstärke $_jH_c$* haben. Der Magnetisierungszustand kann sich durch zwei Grundprozesse ändern: durch die Verschiebung von Bloch-Wänden oder durch Drehprozesse (= Drehung der Polarisationsrichtung eines magnetischen Elementarbereichs). Beide Prozesse müssen also ausgeschlossen, zumindest aber hinreichend erschwert werden. Hierzu sind verschiedene Mechanismen wirksam und brauchbar.

Die *Verschiebung von Bloch-Wänden* läßt sich durch *Inhomogenitäten* im Werkstoff, z. B. durch Ausscheidungen, *behindern*, und zwar besonders wirkungsvoll,

---

Literatur zu D 21 siehe Seite 771–773.

wenn ihre Dicke etwa so groß ist wie die der Bloch-Wand. Auf diesem Mechanismus beruht die magnetische Härte der früher gebräuchlichen kohlenstoffreichen Magnetstähle.

Ein zweiter Mechanismus beruht darauf, die *Existenz von Bloch-Wänden* erst gar *nicht zuzulassen*. Man erreicht dies durch eine Dispergierung magnetischer Teilchen in einer unmagnetischen Matrix, sofern die Teilchen hinreichend klein sind, weil dann die homogene Polarisation eines solchen „Einbereichsteilchens" weniger Energieaufwand erfordert als ein Zweidomänenzustand mit Bloch-Wand. Zusätzlich muß dafür gesorgt werden, daß die Drehprozesse erschwert sind. Dies ist dann der Fall, wenn die freie Energie von der Richtung der atomaren magnetischen Momente in bezug auf geometrische oder kristallographische Vorzugsrichtungen der Teilchen abhängt. Bei einem länglichen Teilchen ist die Längsachse die Vorzugsrichtung („Formanisotropie"); bei einer hexagonal kristallisierenden Substanz mit positiver Kristallenergieanisotropie ist es die c-Achse („Kristallanisotropie"). In beiden Fällen bedeutet das Herausdrehen der atomaren magnetischen Momente aus der Vorzugsrichtung durch ein magnetisches Feld Energieaufwand und damit magnetische Härte für den Werkstoff. Die Formanisotropie ist z. B. bei den AlNiCo-, CuNiFe- und CrFeCo-Werkstoffen (s. u.) wirksam.

Ein dritter Mechanismus besteht darin, die *Bildung von Bloch-Wänden bis zu möglichst hohen Gegenfeldern zu verhindern*. Gute Aussichten, auf diese Weise zu hoher magnetischer Härte zu kommen, haben Werkstoffe mit hoher positiver Kristallenergieanisotropie wie Seltenerdmetall-Kobalt- und Hartferritwerkstoffe (s. u.).

Die genannten Mechanismen kommen wahrscheinlich in allen realen Dauermagnetwerkstoffen nicht einzeln, sondern mehr oder weniger stark kombiniert vor. Empirisch gesehen *bedeutet* das *Wirksamwerden* eines oder mehrerer *dieser Mechanismen* das Erreichen einer *hohen Koerzitivfeldstärke*. Die Koerzitivfeldstärken $_JH_c$ verschiedener Dauermagnetwerkstoffe sind in Tabelle D 21.1 zusammengestellt. Es ist klar, daß die Mechanismen im gesamten für den Einsatz erforderlichen Temperaturbereich wirksam sein müssen, die Werkstoffe also strukturell und chemisch hinreichend stabil sein müssen. Dies ist bei gewissen Dauermagnetwerkstoffen durchaus nicht a priori der Fall, weil sie sich bei Raumtemperatur in einem eingefrorenen, metastabilen Gefügezustand befinden und bei höheren Temperaturen zu strukturellen Änderungen mit ungünstiger Auswirkung auf die Dauermagneteigenschaften neigen.

Zusammenfassend kann man sagen, daß die Forderung nach hohem und konstantem Magnetfluß bei solchen Werkstoffen günstige Voraussetzung zur Realisierung hat, die eine hohe Sättigungspolarisation, eine hohe Curie-Temperatur und eine hohe (Form- oder Kristall-)Anisotropieenergie haben.

Zusammenfassende Darstellungen über Dauermagnetwerkstoffe allgemein finden sich in [1–8] und über die theoretischen Grundlagen der magnetischen Härte in [2, 3, 9–12].

Tabelle D 21.1 Magnetische und andere Kennwerte von einigen Dauermagnetsorten[a]

Werkstoff[b]	B_r	$(BH)_{max}$	B_a	H_a	$_BH_c$	$_JH_c$	$(B_pH)_{max}$
	mT	kJ/m³	mT	kA/m	kA/m	kA/m	kJ/m³
Kobaltstahl[d]	950	7,2	600	12	20	21	10,4
ESD-Magnet[e]	750	28	500	56	84	89	
AlNiCo 9/5 (isotrop)	550	9,0	350	25	44	47	15
AlNiCo 35/5 (anisotrop)	1120	35,0	900	39	47	48	44
AlNiCo 52/6 (anisotrop, stengelkristallis.)	1250	52,0	1050	50	55	56	62
AlNiCo 30/10 (anisotrop)	800	30,0	550	55	100	104	45
FeCoVCr 11/2	800	11,0	700	16	24	24	12,5
Cr-Fe-Co-Legierung (anisotrop)	1250	40,0	1050	38	48	50	
Cu-Ni-Fe (anisotrop)	500	10	350	28	40	41	
Hartferrit 7/21 (isotrop)	190	6,5	90	70	125	210	24
Hartferrit 25/14 (anisotrop)	380	25,0	177	141	130	135	53
Hartferrit 25/25 (anisotrop)	370	25,0	177	141	230	250	80
Hartferrit 3/18 p (in Kunststoffbindung) (isotrop)	135	3,2	50	70	85	175	10
Hartferrit 9/19 p (in Kunststoffbindung) (anisotrop)	220	9	75	110	145	190	25
SECo 112/100 (anisotrop)	750	112,0	375	290	520	1000	375
SECo 200 (kommerziell, typische Werte)	1030	200	500	400	750	>1200	740
Nd-Fe-B (kommerziell, typische Werte)	1220	280	600	465	860	940	1000
PtCo 60/40 (anisotrop)	600	60,0	290	210	350	>520	190
Mn-Al-Legierungen	600	50	360	140	230	270	100

[a] B_r Remanenzinduktion, $(BH)_{max}$ statisches Energieprodukt, B_a Flußdichte im $(BH)_{max}$-Punkt, H_a Feldstärke im $(BH)_{max}$-Punkt, $_BH_c$ Koerzitivfeldstärke der magnetischen Flußdichte, $_JH_c$ Koerzitivfeldstärke der magnetischen Polarisation, $(B_pH)_{max}$ dynamisches Energieprodukt, μ_p permanente Permeabilität, $\frac{1}{B}\frac{dB}{dT}$ Temperaturkoeffizient der Flußdichte, $\frac{1}{_JH_c}\frac{d_JH_c}{dT}$ Temperaturkoeffizient der Koerzitivfeldstärke $_JH_c$, T_C Curie-Temperatur, J_s magnetische Sättigungspolarisation, R_m Zugfestigkeit, α linearer Ausdehnungskoeffizient, λ Wärmeleitfähigkeit, ρ elektrischer Widerstand, γ Dichte

Wesentliche Kennwerte einiger Dauermagnetwerkstoffe

μ_p	$\dfrac{1}{B}\dfrac{dB}{dT}$ [c]	$\dfrac{1}{_jH_c}\dfrac{d_jH_c}{dT}$ [c]	T_C	J_s	R_m	α	λ	ρ	γ
	%/K	%/K	°C	mT	N/mm²	10⁶/K	W/mK	nΩ·m	g/cm³
10			890	1500	1600	12		800	8,15
	−0,015		980	820					8,6
4,5	−0,03	−0,06	760	950	~300[f]	13		630	6,9
4,2	−0,02	+0,03	890	1400	~250[f]	12		470	7,3
2,3	−0,02	+0,03	890	1400				470	7,3
2,2	−0,02	−0,02	850		~400[f]	10	~22	500	7,2
4	~0	~0						600	8,2
3,5	−0,02								
4			410		800	12		180	8,6
1,2	−018	+0,40	450	460	~30	9	~5	>10¹³	4,9
1,1	−0,18	+0,50	450	460	~40	∥ : 12	~5	>10¹³	5,0
1,1	−0,18	+0,27	450	460	~40	⊥ : 7	~5	>10¹³	4,8
1,1	−0,18	+0,40	450	460					3,3
1,1	−0,18	+0,40	450	460					3,8
1,1	−0,05	−0,3	724	1120	−	5,6	12	600	8,1
1,1	−0,035	−0,25	820	1,2	~45	∥ : 8 / ⊥ : 11	12	850	8,3
1,1	−0,13	−0,65	310	~1,4	~80	∥ : 3,4 / ⊥ : −4,8		1440	7,4
1,1	−0,01	−0,35	500	720	12				15,5
1,1	−0,12	−0,4	300	710	290	17,8		800	5,1

[b] Die durch eine Kombination zweier Zahlen gekennzeichneten Werkstoffe sind in [1] erfaßt. Die Werte für B_r, $(BH)_{max}$, $_BH_c$ und $_jH_c$ bedeuten in diesen Beispielen Mindestwerte; dies ist beim Vergleich mit den anderen Beispielen zu beachten.
[c] Werte mindestens im Bereich von 0 bis 100 °C gültig
[d] Mit 1% C, 35% Co, 4,5% Cr und 4,5% W
[e] Werkstoff mit 15% Fe, 10% Co, 66% Pb und 9% Sb; anisotrop
[f] Biegefestigkeit; nach [88]

D 21.2 Dauermagnetische Kenngrößen

Bei Dauermagneten interessiert vor allem der im zweiten bzw. vierten Quadranten der Hystereseschleife gelegene Kurventeil, die *Entmagnetisierungskurve* [2-8, 13]. Dieser repräsentiert genau die in realen Magnetsystemen vorhandenen magnetischen Zustände, bei denen das magnetische Feld H antiparallel zur Polarisation J bzw. Flußdichte B ausgerichtet ist. Möglich sind die beiden prinzipiell gleichwertigen Darstellungen $B(H)$ bzw. $J(H)$. In Bild D 21.1 ist für einen Zustand (B_1, J_1, H_1) dargestellt, wie sich die Flußdichte B_1 aus dem „Materialanteil" J_1 und dem „Luftanteil" $\mu_0 H_1$ zusammensetzt, d. h. $B = J + \mu_0 H$. Nach dem Aufmagnetisieren des Magneten, bei dem mindestens annähernd die magnetische Sättigungspolarisation J_s erreicht werden muß, werden beim allmählichen Vergrößern eines Gegenfeldes die auf der „Entmagnetisierungskurve" gelegenen magnetischen Zustände durchlaufen, insbesondere die Remanenzflußdichte B_r bei $H = 0$ und die beiden Koerzitivfeldstärken $_BH_c$ bei $B = 0$ bzw. $_JH_c$ bei $J = 0$. Auf der $B(H)$-Kurve gibt es ein Koordinatenpaar (B_a, H_a) mit einem (negativen) Maximum des Produkts BH, dem $(BH)_{max}$-Wert. Nimmt von einem Zustand (B_F, H_F), d. h. Punkt F, der Betrag der Gegenfeldstärke um ΔH ab, so wächst die Flußdichte um $\Delta B = \mu_p \mu_0 \Delta H$, wobei die relative permanente Permeabilität μ_p verhältnismäßig wenig von Aufpunkt (B_F, H_F) und ΔH abhängt. Die bei $|\Delta H| = |H_F|$, also bei $H = 0$, erreichte Flußdichte heißt Permanenz B_p. Es gibt ein Koordinatenpaar (B_F, H_F), für das das (negative) Produkt $B_p H_F$ ein Maximum hat; dies wird als $(B_p H)_{max}$-Wert bezeichnet. $(BH)_{max}$- und $(B_p H)_{max}$-Wert werden auch „*statisches*" bzw. „*dynamisches Energieprodukt*" genannt und *gehören zu den wichtigsten Kenngrößen* eines Dauermagnetwerkstoffs (wegen der Messung vgl. [14]). Sie sind reine Werkstoffkennwerte.

Dagegen erhält man die *Formkenngrößen* magnetischer Fluß Φ und magnetische Spannung (= Durchflutung) Θ bei homogenen Verhältnissen aus $\Phi = BA$ und $\Phi = Hl$, bei inhomogenen aus entsprechenden Integralbeziehungen (A = Querschnitt, l = Länge) [15].

Alle *magnetischen Werkstoffkenngrößen* sind *von der Temperatur abhängig*, z. T. reversibel und z. T. irreversibel [16].

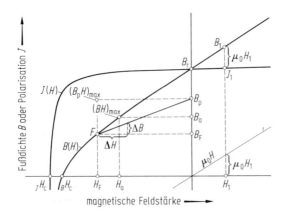

Bild D 21.1 Entmagnetisierungskurven und charakteristische Punkte zur Kennzeichnung von Dauermagneten.

Neben den magnetischen Kenngrößen spielen auch die mechanischen, thermischen und elektrischen Kennwerte eine Rolle (vgl. Tabelle D 21.1). Zum Korrosionsverhalten siehe [2].

D 21.3 Metallkundliche Grundlagen und Herstellung

D 21.3.1 Werkstoffe mit hohem Eisengehalt

D 21.3.1.1 Stähle

Dauermagnetisch brauchbare Stähle enthalten rd. 1% C sowie bis 6% Cr, bis 6% W und bis 40% Co. Die Formgebung erfolgt durch Formguß oder Schmieden und Warmwalzen zu Bändern und anschließendes Schneiden, Stanzen, Bohren usw. Die die magnetische Härtung bewirkende Wärmebehandlung besteht mindestens aus einem Abschrecken von 800 bis 1000 °C auf etwa Raumtemperatur, wobei sich der kfz Austenit in den ziemlich instabilen, raumzentrierten, tetragonal verzerrten Martensit umwandelt (s. B 6.4). Infolge ihrer niedrigen Kennwerte und ihrer geringen Gefügestabilität sind Stähle heute kaum noch in Gebrauch. In Tabelle D 21.1 sind nur Kennwerte des höchstwertigen Stahls mit 35% Co als Beispiel aufgeführt. Die Magnete sind isotrop.

D 21.3.1.2 ESD-Magnete

ESD-Magnete (von „*e*longated *s*ingle *d*omain") bestehen aus submikroskopisch kleinen, bis zu einigen 10^{-5} mm dicken, länglichen Einbereichsteilchen aus reinem Eisen oder aus Eisen mit 30% Co. Auf dieser Formanisotropie beruht die hohe Koerzitivfeldstärke der ESD-Werkstoffe. Man stellt sie durch Elektrolyse in einer Quecksilberkathode, Wärmebehandeln bei rd. 200 °C, Überziehen mit einer nichtmagnetisierbaren Schicht (aus Zinn, Blei oder Antimon), Entfernen des Quecksilbers und Formpressen her; das letzte gegebenenfalls unter Anwesenheit eines Magnetfeldes zur Erzeugung von anisotropen Magneten [17]. Die magnetische Qualität wird hauptsächlich durch Legierungszusammensetzung und Packungsdichte bestimmt. Die Werkstoffe werden wegen ihrer komplizierten Herstellung nur beschränkt in der Praxis genutzt. In Tabelle D 21.1 sind Kennwerte einer anisotropen, remanenzbetonten Sorte aufgeführt.

D 21.3.2 Werkstoffe mit mittlerem Eisengehalt

D 21.3.2.1 Aluminium-Nickel- und Aluminium-Nickel-Kobalt-Legierungen

Praktisch bedeutsam sind Legierungen mit 27 bis 60% Fe, 6 bis 13% Al, 13 bis 28% Ni, 2 bis 6% Cu, bis zu 42% Co, bis zu 9% Ti und bis zu 3% Nb. Die Formgebung erfolgt auf schmelz- oder pulvermetallurgischem Weg.

Bei der schmelzmetallurgischen Herstellung werden die Ausgangsstoffe in offenen Mittelfrequenzöfen erschmolzen und in Sand- oder Feingußformen abgegossen. Je nach den vorliegenden Bedingungen bilden sich beim Erstarren globulare oder stengelige Kristalle aus. In stengelkristallisiertem Gefüge lassen sich optimale Magnetwerte einstellen [18]. Beim pulvermetallurgischen Verfahren mischt man die Ausgangspulver Eisen, Kobalt, Nickel und Kupfer sowie Vorlegierungen des Aluminiums und Titans gründlich miteinander, verpreßt sie bei Raumtemperatur mit einem Druck von einigen Kilobar zu Formkörpern und sintert diese in sauerstoff- und feuchtigkeitsfreier Atmosphäre dicht unterhalb des Erweichungspunktes, der in Abhängigkeit von der Zusammensetzung zwischen etwa 1250 und 1400 °C liegt. Dabei tritt eine Verkleinerung der Linearabmessungen von etwa 10 % entsprechend einer Dichtesteigerung von etwa 5 auf etwa 7 g/cm^3 ein.

Die notwendige *Wärmebehandlung* ergibt sich aus den Existenzbereichen und der Bildungskinetik der möglichen Phasen. In Tabelle D 21.2 sind als Beispiel die Phasen der Legierungen AlNiCo 500 und 450 dargestellt [19]. Nach einer Homogenisierung im Gebiet der homogenen α-Phase wird durch genügend schnelles Abkühlen die Bildung der schädlichen $γ_1$-Phase weitgehend vermieden. Die Kinetik dieser Reaktion wird von der Grundzusammensetzung und eventuellen Zusätzen (z. B. Silizium) bestimmt und kann im ZTU-Schaubild dargestellt werden [20]. Grundlage der magnetischen Härtung ist der anschließende spinodale Zerfall α → α + α′ in eine stark und eine schwach oder nicht magnetisierbare Phase [18, 21–25], wobei sich längliche formanisotrope Fe- bzw. Fe-Co-reiche Teilchen mit Querabmessungen von einigen 10^{-5} mm und eine an Aluminium, Nickel, Kupfer und Titan reiche Matrix bilden (vgl. Bild D 21.2).

Bei den hochwertigen AlNiCo-Sorten liegt die Curie-Temperatur der stark magnetisierbaren Phase oberhalb der Zerfallstemperatur. In diesem Fall kann die *Orientierung durch ein während der Reaktion anliegendes Magnetfeld* (von mehreren hundert kA/m) beeinflußt werden, und zwar scheiden sich dann die Teilchen mit ihren langen Achsen bevorzugt in oder nahe der dem Magnetfeld benachbarten <100>-Richtung jedes Kristalls aus. Es entsteht ein anisotroper Magnet mit einer

Tabelle D 21.2 Kristallstruktur der Phasen in AlNiCo 450 und AlNiCo 500 bei Temperaturen zwischen 1250 und 600 °C

Temperatur °C	Vorhandene Phasen	Kristallstruktur Art	Gitterkonstante a nm
	AlNiCo 450		
> 1250	α	α = krz[a]	0,286
1250…845	α + $γ_1$	α′ = krz	0,290
845…800	α + α′ + $γ_1$	$γ_1$ = kfz	0,365[b]
< 800	α + α′ + $γ_2$	$γ_2$ = kfz	0,359
	AlNiCo 500		
> 1200	α	α = krz[a]	0,287
1200…850	α + $γ_1$	α′ = krz	
< 850	α + α′	$γ_1$ = kfz	
600	α + α′ + $γ_2$	$γ_2$ = kfz	0,356

[a] ♦ Mit Überstruktur
[b] Bei 800 °C

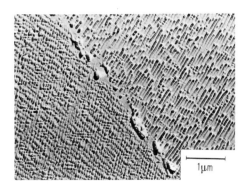

Bild D 21.2 Elektronenmikroskopische Aufnahme von AlNiCo 450. In der Mitte verläuft eine Korngrenze. Die unterschiedliche Orientierung beider Kristallite verursacht die unterschiedliche Richtung der $(\alpha + \alpha')$-Ausscheidungen.

makroskopischen Vorzugsrichtung parallel zur späteren Magnetisierungsrichtung. Am besten gelingt das Ausrichten bei stengelkristallisiertem Gefüge, weil die Stengelrichtung parallel zu <100> verläuft. Nach dem spinodalen Zerfall folgt eine ein- oder mehrstufige Wärmebehandlung zwischen 650 und 550 °C, bei der sich die Differenz der Sättigungspolarisation von α und α' durch Atomaustausch bei ungeänderter Form des Gefüges und damit auch die Koerzitivfeldstärke erhöht [26].

AlNiCo-Magnete sind in der Regel in allen Herstellungsstadien hart und ziemlich spröde und *nur durch Schleifen bearbeitbar*. Ausnahmen bilden heiß stranggepreßte Magnete (vgl. [27]).

AlNiCo-Werkstoffe werden technisch *in großem Umfang eingesetzt*; die wichtigsten Sorten sind genormt [1] bzw. klassifiziert [28]. Die Kennwerte einiger ausgewählter Sorten sind in Tabelle D 21.1 aufgeführt. Hervorgehoben sei, daß AlNiCo-Legierungen mit hohem Kobaltgehalt eine sehr gute Gefügestabilität bis mindestens 500 °C haben [29] und daher für den Einsatz bei höheren Temperaturen besonders geeignet sind.

D 21.3.2.2 Eisen-Kobalt-Vanadin-Chrom-Legierungen

Die Zusammensetzung gebräuchlicher Legierungen liegt etwa im Bereich von 51 bis 54 % Co, 3 bis 15 % V und 0 bis 6 % Cr [1, 28]. Bei den höheren Gehalten an Vanadin und Chrom ergeben sich koerzitivfeldstärkebetonte Sorten. Die Formgebung erfolgt durch Gießen, Schmieden, Warm- und Kaltwalzen oder -ziehen. Isotrope Legierungen werden bei etwa 1200 °C (im γ-Zustand) homogenisiert, abgeschreckt und bei rd. 600 °C (im Zweiphasengebiet) angelassen. Anisotrope Legierungen benötigen eine Kaltverformung von über 90 % Querschnittsabnahme, wobei das kfz in ein krz Gitter übergeht, mit anschließendem Anlassen, wobei eine teilweise Rückumwandlung stattfindet. Die makroskopische Vorzugsrichtung liegt dann in Richtung der Kaltverformung. Vor dem Anlassen ist das Material bieg- und stanzbar, danach ist es sehr hart und nur noch schleifbar. Die Grundlage der magnetischen Härte könnte in der blättchenförmigen Gestalt der Teilchen des $(\alpha + \gamma)$-Zweiphasengefüges begründet sein [30–33]. Von wissenschaftlichem Interesse ist, daß durch Anlegen einer Zugspannung die Magnetwerte merklich erhöht werden können [34, 35].

Eisen-Kobalt-Vanadin-Chrom-Legierungen (häufig auch Vicalloy-Legierungen genannt) werden vor allem für längliche Kleinmagnete und für Hystereseanwendungen wegen der wirtschaftlich günstigen Formgebungsmöglichkeit technisch in größerem Umfang eingesetzt [36]. In Tabelle D 21.1 ist eine Sorte mit relativ hoher Koerzitivfeldstärke aufgeführt. Hinzuweisen ist auf die gute Temperaturstabilität der Magnetwerte.

D 21.3.2.3 Chrom-Eisen-Kobalt-Legierungen

Bevorzugte Legierungsbereiche sind 10 bis 23% Co bei 23 bis 33% Cr, gegebenenfalls mit geringen Zusätzen von Silizium, Molybdän, Niob, Tantal, Aluminium, Titan u. a. [37–40]. Nach dem Gießen, Schmieden und der etwaigen Warmformgebung erfolgt bei 950 bis 1300 °C die Einstellung des einphasigen Zustandes in der krz α-Phase. Diese bleibt bei schneller Abkühlung erhalten. In diesem Zustand ist der Werkstoff gut kaltverformbar. Ziel der nachfolgenden mehrstufigen Wärmebehandlung ist es, formanisotrope Einbereichsteilchen zu erzeugen. Man bedient sich dazu (wie bei den AlNiCo-Magneten) des Prozesses der spinodalen Entmischung, der in diesem Fall z. B. durch 30 min Erhitzen auf 600 bis 650 °C zur Bildung einer Eisen-Kobalt- bzw. einer chromreichen Phase führt, sowie weiterer Wärmebehandlungen zwischen 600 und 500 °C, die infolge Atomaustauschs zwischen beiden Phasen zu einem ausgeprägten Unterschied in deren Sättigungspolarisation und damit zu einer Erhöhung der Koerzitivfeldstärke des Werkstoffs führen [41, 42].

Anisotrope Werkstoffe erhält man entweder dadurch, daß der Spinodalzerfall im Magnetfeld erfolgt, so daß sich ausgerichtete formanisotrope Einbereichsteilchen bilden. Oder man benutzt die Spinodalentmischung nur zur Bildung kugeliger Einbereichsteilchen, die man dann anschließend durch Walzen und Ziehen länglich und damit formanisotrop macht [43]. Es hängt im wesentlichen von der Zusammensetzung ab, welcher dieser Wege zum Ziel führt.

Formteile lassen sich auch pulvermetallurgisch herstellen. Dabei ist es möglich, enge Toleranzen durch Kalibrieren zu erreichen.

In Tabelle D 21.1 sind die Kennwerte einer derartigen Legierung wiedergegeben.

D 21.3.2.4 Kupfer-Nickel-Eisen-Legierungen

Die Zusammensetzung dieser Werkstoffe liegt im Bereich von 20 bis 30% Fe, 50 bis 60% Cu und etwa 20% Ni, u. U. noch einige % Co. Die Legierungen werden oberhalb von 1050 °C homogenisiert, abgeschreckt, gegebenenfalls stark kaltverformt (zur Erzeugung einer Anisotropie) und bei 550 bis 600 °C angelassen. Dabei scheiden sich formanisotrope Fe-Ni-reiche Teilchen in einer kupferreichen Matrix aus, wodurch die magnetische Härtung bewirkt wird [44]. Diese Werkstoffe lassen sich auch noch nach dem Härten gut bearbeiten.

In Tabelle D 21.1 sind Kennwerte einer stark kaltverformten, anisotropen Sorte angegeben. Der Werkstoff wird derzeit nur wenig verwendet.

D 21.3.2.5 Oxidische Werkstoffe (Hartferrite)

Eine gewisse Sonderstellung unter den Dauermagnetwerkstoffen nehmen die oxidischen Magnetmaterialien ein, da es sich hierbei nicht um metallische, sondern um sinterkeramische Erzeugnisse handelt. Heute wird der größte Mengenanteil des

Dauermagnetbedarfs durch solche oxidischen Werkstoffe, die Hartferrite, gedeckt. Träger der magnetischen Eigenschaften der Hartferrite sind die Phasen $BaFe_{12}O_{19}$ bzw. $SrFe_{12}O_{19}$, deren hexagonaler Aufbau dem des Minerals Magnetoplumbit [45] entspricht und ziemlich komplex ist [8]. Die atomaren magnetischen Momente der Eisenionen sind z.T. parallel, z.T. antiparallel zur kristallographischen c-Achse gekoppelt. Aus dieser ferrimagnetischen Ordnungseinstellung ergibt sich einerseits die relative niedrige Sättigungspolarisation der Hartferrite (vgl. Tabelle D 21.1). Andererseits ist diese Kopplung sehr stark und führt zu einer hohen einachsigen Kristallanisotropie als Grundlage der magnetischen Härte. Die Magnetwerkstoffe haben ein polykristallines Gefüge mit mittleren Kristallitgrößen von etwa 2 µm [46]. Sind die c-Achsen der Kristallite hierbei regellos angeordnet, ist der Werkstoff isotrop. Demgegenüber weisen die c-Achsen der Kristallite in anisotropen Hartferritsorten vorzugsweise in eine gemeinsame Richtung [2].

Außer diesen sinterkeramischen Werkstoffen haben noch Magnetwerkstoffe eine Bedeutung, bei denen *Ferritpulver* in eine *Matrix aus Kunststoff oder Gummi* isotrop oder anisotrop eingebracht wird.

Hartferrite werden *industriell nur pulvermetallurgisch hergestellt*, da sich die Oxide in Luft schon weit unterhalb ihres Schmelzpunkts zersetzen. Der Hartferrit bildet sich durch eine Festkörperreaktion aus den üblicherweise verwendeten Rohstoffen Barium- bzw. Strontiumkarbonat und Eisenoxid [47–49]. Das anschließende Zerkleinern und Feinmahlen muß die Sinteraktivität und gegebenenfalls auch die Einbereichsteilchengröße < 1 µm sowie die Einkristallinität der Teilchen sicherstellen [8, 46]. Die Formgebung findet durch Pressen in einer Matrize statt, wobei ein gleichzeitig angelegtes magnetisches Richtfeld, falls erwünscht, für das Ausrichten der Teilchen sorgt [50, 51]. Durch Sintern bei 1100 bis 1300 °C in Luft erzielt man 90 bis 98% dichte Körper. Interessant ist, daß sich dabei der Ausrichtungsgrad anisotroper Magnete durch Kristallwachstum verbessert [50–52]. Infolge ihrer Härte und Sprödigkeit lassen sich die Ferrite spanabhebend nur durch Schleifen, Läppen und Honen bearbeiten [2, 53]. Der Zusammenbau zu Magnetsystemen kann durch Kleben [54], Wirbelsintern [55] oder Um- bzw. Einspritzen geschehen.

In Tabelle D 21.1 sind einige typische Sorten aufgeführt. Die Sorte Hartferrit 25/14 (vorzugsweise Bariumferrit) wird vor allem für Lautsprechersysteme, die hochkoerzitive Sorte Hartferrit 25/25 (vorzugsweise Strontiumferrit) besonders in Motoren eingesetzt. Bei Hartferriten ist die relativ starke Temperaturabhängigkeit sowohl der Remanenz als auch der Koerzitivfeldstärke zu beachten. Wegen irreversibler Verluste infolge Abkühlens unterhalb Raumtemperatur siehe [56].

Eine ausführliche Darstellung über Hartferrite, ihre übliche und besondere Technologie sowie ihre technischen Eigenschaften findet sich in [57].

D 21.3.2.6 Neodym-Eisen-Bor-Werkstoffe

Im Jahre 1983 wurde diese bisher leistungsfähigste, energiereichste Klasse von Dauermagnetwerkstoffen bekannt. Träger der dauermagnetischen Eigenschaften ist die tetragonale Phase $Nd_2Fe_{14}B$ mit der c-Achse als magnetischer Vorzugsrichtung. Basierend auf der sehr hohen Sättigungspolarisation dieser Phase (J_s rd. 1,6 T) und ihrer recht hohen Kristallenergieanisotropie, die einer Anisotropiefeldstärke von $H_A = 5{,}2\,MA/m$ entspricht (alle Werte für Raumtemperatur), wurden mit Laborproben Spitzenwerte für das statische Energieprodukt von $(BH)_{max} =$

360 kJ/m³ erreicht. Der Vergleich zur theoretischen Grenze $J_s^2/4\mu_0$ von rd. 500 kJ/m³ zeigt, daß man in den nächsten Jahren sicherlich mit weiteren Verbesserungen rechnen darf.

Diese Werkstoffklasse wird auch als die „3. Generation" der Seltenerdmetall-3d Übergangsmetall-Magnete bezeichnet, im Anschluß an die in D 21.3.3.1 beschriebenen Werkstoffe auf SmCo₅- bzw. Sm₂Co₁₇-Basis („1." bzw. „2. Generation"). Außer den höheren Energiewerten spricht die breitere, d. h. wirtschaftlichere Rohstofflage für die neue Werkstoffklasse: Die Häufigkeit des Neodyms in den natürlichen Fundstätten beträgt ein Mehrfaches der des Samariums, und der Ersatz des Kobalts durch Eisen befreit von einem teureren und zudem strategisch empfindlichen Element. Ein weiterer Vorteil ist die geringere Sprödigkeit und Bruchempfindlichkeit, was die Handhabung der Magnete erleichtert. Als Nachteile sind die hohen negativen Temperaturkoeffizienten der Remanenz und besonders der Koerzitivfeldstärke $_JH_c$ zu nennen, die den derzeitigen Einsatzbereich der Magnete auf maximal etwa 100 bis 120 °C beschränken. In Tabelle D 21.1 sind einige Kenngrößen aufgeführt.

Für die Herstellung dieser Werkstoffe gibt es zwei Wege. Der eine schließt eng an die für SE-Co-Werkstoffe beschriebene pulvermetallurgische Verfahrensweise [57a] an (vgl. D 21.3.3.1) und führt zu den vorher genannten magnetischen Größen. Der zweite Weg [57b] nutzt die für die Herstellung amorpher oder mikrokristalliner Werkstoffe entwickelte Schmelzspinnmethode aus, bei der ein Strahl der Schmelze auf eine schnell rotierende Walze trifft und dort sehr rasch in Form dünner Bänder oder kleiner Flocken erstarrt. Es ist derzeit nicht bekannt, ob und wie sich daraus kompakte anisotrope Proben herstellen lassen.

In [57c] findet man eine Zusammenstellung wichtiger Aspekte zur Rohstofflage, Technologie, Kristallchemie und zu den physikalischen Eigenschaften der neuen Werkstoffklasse sowie im Hinblick auf ihre Anwendung.

D 21.3.3 Werkstoffe ohne Eisen oder mit nur geringem Eisengehalt

D 21.3.3.1 Seltenerdmetall-Kobalt-Werkstoffe

Seltenerdmetalle (SE), vor allem Samarium, bilden mit Kobalt intermetallische Verbindungen [58, 59]. Bekanntgeworden sind als Dauermagnetwerkstoffe die Verbindungen SECo₅ (SE = Yttrium und die leichten Seltenerdmetalle Lanthan bis Samarium) sowie SE₂(Co,M)₁₇ mit M = Kupfer, Eisen, Zirkon o. ä. Die hexagonale Kristallstruktur des CaCu₅ - bzw. Th₂Ni₁₇-Typs bewirkt eine sehr hohe magnetokristalline Anisotropie. Diese ist verantwortlich für die sehr hohen Koerzitivfeldstärken, die mit diesen Verbindungen erreicht werden können. Die parallele Ausrichtung der atomaren magnetischen Momente von Seltenerdmetall- und Kobaltatomen führt darüber hinaus zu verhältnismäßig hohen Remanenzflußdichten. Die hexagonale c-Achse ist die Vorzugsrichtung [59]. Aus gerichteten polykristallinen Gefügen dieser Verbindungen lassen sich deshalb Dauermagnete mit besonders guten magnetischen Werten erzeugen [60-71].

Zur Herstellung von SECo₅-Magneten werden die Metalle zusammen erschmolzen oder die Oxide im Koreduktionsverfahren reduziert [67]. Das so hergestellte Material wird zerkleinert und auf etwa 5 µm mittleren Korndurchmesser feingemahlen [68]. Bei dieser Korngröße erhält man einerseits gut ausrichtfähiges Pulver und andererseits die Voraussetzung, am gesinterten Teil eine hohe Koerzitivfeldstärke zu erzielen. Das SECo$_5$-Pulver muß wegen der hohen Affinität der Seltenerdmetalle zum Sauerstoff vor Oxidation geschützt werden [63, 64]; es kann bei genügender Feinheit selbstentzündlich an Luft sein.

Das SECo$_5$-Pulver wird zu Formlingen gepreßt, gegebenenfalls in einem starken Magnetfeld, um die c-Achsen der Pulverteilchen kristallographisch auszurichten. Der Preßling wird im Vakuum oder unter Schutzgas bei etwa 1150 °C gesintert und dann geregelt abgekühlt. Dabei muß besonders der Zerfall des oberhalb etwa 800 °C stabilen SmCo$_5$ in die bei tieferen Temperaturen stabileren Verbindungen Sm$_2$Co$_7$ und Sm$_2$Co$_{17}$ vermieden werden [63, 69-74]. Eine Nachbearbeitung der so erhaltenen Magnete durch Naßschleifen und Naßschneiden mit Diamantscheiben ist möglich. Der Werkstoff ist spröde und hart. Die starke Oxidationsneigung macht gegebenenfalls Schutzüberzüge erforderlich [63], und die Anwendungstemperatur sollte etwa 200 °C nicht überschreiten, da sonst irreversible Änderungen im Gefüge eintreten können. Die magnetischen und elektrischen Eigenschaften einer genormten Sorte sind in Tabelle D 21.1 gezeigt.

Dauermagnete auf der Grundlage der SE$_2$Co$_{17}$-Verbindungen, deren Entwicklung in neuerer Zeit gelungen ist, werden ähnlich wie die SECo$_5$-Werkstoffe hergestellt. Im Vergleich zu ihnen haben sie einige Vorteile: Ihre Rohstoffbasis ist wegen der geringeren Anteile an Seltenerdmetallen und Kobalt günstiger; ihre Sättigungspolarisation J_s ist höher, wodurch höhere $(BH)_{max}$-Werte erreicht werden können, derzeit bis zu 240 kJ/m^3 [75]; und schließlich sind die erlaubten Einsatztemperaturen mit 300 bis 350 °C erheblich höher [71, 76]. In Tabelle D 21.1 sind typische Zahlen für eine hochwertige kommerzielle Sorte genannt.

Wegen der anders nicht erreichbaren hohen Energiedichte und der hohen Koerzitivfeldstärken haben sich die Seltenerdmetall-Kobalt-Werkstoffe trotz ihrer hohen Preise überall dort ein beachtliches Anwendungsfeld geschaffen, wo es auf Miniaturisierung und die Erfüllung höchster magnetischer Leistungen ankommt.

D 21.3.3.2 Platin-Kobalt-Werkstoffe

Die intermetallische Verbindung PtCo bildet oberhalb etwa 825 °C eine ungeordnete kfz Phase, die in abgeschrecktem Zustand bei Raumtemperatur sehr gute magnetische Kennwerte aufweist. Bei etwa 580 °C ordnet sich das Gitter zum Cu-Au-Typ und ist nicht mehr ferromagnetisch [77]. Von oberhalb der Ordnungstemperatur abgeschreckte Werkstoffe weisen eine hohe Remanenz auf, die mit zunehmender Anlaßzeit unterhalb der Ordnungstemperatur abnimmt, während die Koerzitivfeldstärke stark zunimmt [2]. Beste magnetische Eigenschaften erhält man in einem teilweise geordneten Zustand, wobei die günstigste Anlaßtemperatur bei 600 °C liegt. Die Koerzitivfeldstärke wird außerdem beeinflußt von der Geschwindigkeit der Abkühlung aus dem Gebiet der Hochtemperaturphase auf die Anlaßtemperatur; bei langsamem Abkühlen ist eine wesentlich höhere Koerzitivfeldstärke als beim Wasserabschrecken erreichbar [78]. In Tabelle D 21.1 sind die magnetischen Kennwerte aufgeführt.

D 21.3.3.3 Mangan-Aluminium-Werkstoffe

Die Magnete aus dieser Legierung basieren auf dem Ferromagnetismus einer metastabilen Phase (τ-Phase) mit geordnetem tetragonalem Cu-Au-Gitter. Diese Phase erhält man bei definierten Abkühlungsbedingungen oder durch Anlassen aus der bei hohen Temperaturen vorliegenden ε-Phase. Die ε-Phase existiert bei 1000°C im Zusammensetzungsbereich von 69 bis 75% Mn [79, 80]. Die Legierungen weisen eine hohe Remanenzflußdichte, aber geringe Koerzitivfeldstärken auf [81, 82]. Durch Einbau von Kohlenstoff im Bereich von 0,5 bis 1,5% in das Kristallgitter und durch Erzeugen einer Vorzugsrichtung durch mechanisches Verformen (Walzen oder Fließpressen) bei Temperaturen um 600 bis 700°C wird jedoch eine merkliche Anisotropie mit hohem $(BH)_{max}$-Wert erreicht [83–85]. Auch kleinere Zusätze weiterer Metalle, z. B. von Germanium [86] oder Titan und Zink [87], verbessern die Koerzitivfeldstärke. Der Werkstoff ist in Grenzen duktil und läßt sich spanabhebend bearbeiten. Die z.Z. erreichten magnetischen, elektrischen und mechanischen Werte einer hochwertigen Magnetprobe sind in Tabelle D 21.1 aufgeführt.

D 21.4 Anwendungsbereiche der Werkstoffgruppen

Für die Werkstoffauswahl bei technischen Anwendungen von Dauermagneten sind normalerweise die Kosten des Magneten im Vergleich zur erreichbaren magnetischen Energie, seine Beständigkeit gegen entmagnetisierende Einflüsse und die Abhängigkeit seiner magnetischen Kennwerte von der Temperatur entscheidend. Wegen der gut verfügbaren billigen Rohstoffe sowie der relativ einfachen Herstellung sind *Barium- und Strontiumferrite* am kostengünstigsten. Sie werden deshalb überall dort eingesetzt, wo keine besonderen Anforderungen an geringe Temperaturabhängigkeit der magnetischen Eigenschaften gestellt werden. Außerdem ist ein Einsatz dort sinnvoll, wo nicht besonders kleine Bauformen benötigt werden und keine hohen oder tiefen Gebrauchstemperaturen vorliegen. Daher werden diese Werkstoffe vorzugsweise in elektroakustischen Wandlern (wie z. B. Lautsprecher) eingesetzt. Wegen der hohen Koerzitivfeldstärke besonders des Strontiumferrits und der geraden Entmagnetisierungskurve sind diese Werkstoffe auch für dynamische Anwendungsfälle geeignet. Zu nennen sind hier elektrische Kleinmaschinen (z. B. Gleichstrommotoren, Synchronmotoren, Generatoren), Kupplungen und Haftsysteme.

Sollen sich die magnetischen Kennwerte bei Temperaturänderung möglichst wenig ändern, so werden vorzugsweise die aufgrund der Rohstoffe sowie der Herstellbedingungen teureren *Aluminium-Nickel-Kobalt-Werkstoffe* eingesetzt. Als Beispiel seien hier elektrische Meßgeräte (z. B. Elektrizitätszähler, Drehspulmeßwerke) genannt. Ein weiterer Vorteil dieser Werkstoffgruppe liegt in der hohen erreichbaren Flußdichte. Aus diesem Grunde wird diese Werkstoffgruppe z. B. dort eingesetzt, wo eine hohe Luftspaltflußdichte verlangt wird und keine flußkonzentrierenden Polschuhe verwendet werden können (z. B. Kernmagnete für eisenlose Gleichstrommotoren). Außerdem können AlNiCo-Werkstoffe bis rd. 500°C (Dauertemperatur) gebraucht werden.

Wegen der sehr hohen Energiedichten, der geraden Entmagnetisierungskurve, der sehr hohen Koerzitivfeldstärke und der hohen Flußdichte liegen die Anwendungen der *Seltenerdmetall-Kobalt-Werkstoffe* vorzugsweise bei den Fällen, in denen relativ kleine Bauformen notwendig sind (z. B. Uhrenmagnete, Kleinstmotoren, Luft- und Raumfahrt, Medizin) sowie dort, wo der Werkstoff sehr hohen

Gegenfeldern ausgesetzt ist (z. B. Wanderfeldröhren, magnetische Lager, Kupplungen, Ionenstrahllinsen). In Zukunft werden sich hier auch zunehmend die Neodym-Eisen-Bor-Werkstoffe ihren Anteil erobern.

Die *Eisen-Chrom-Kobalt-Vanadin-Legierungen* eignen sich vor allem für kleinere, aus Band oder Draht hergestellte Magnete, weil der Werkstoff gut verformt, gebogen und gestanzt werden kann und relativ gute und temperaturunempfindliche magnetische Kennwerte aufweist. Anwendungen mit teilweise beträchtlichen Stückzahlen sind in Drehmagnetmeßwerken, Tachometern, Hysteresemotoren, Kompassen und Magnetogrammträgern gegeben. Verformbare Eisen-Chrom-Kobalt-Legierungen könnten in diesen Anwendungsbereichen aufgrund ihrer geringeren Rohstoffkosten und ihrer höheren magnetischen Kennwerte in Zukunft die Eisen-Chrom-Kobalt-Vanadin-Legierungen teilweise ersetzen.

D 22 Nichtmagnetisierbare Stähle

Von Wilhelm Weßling und Winfried Heimann

D 22.1 Erforderliche Eigenschaften

Allgemein gelten Stähle als *nichtmagnetisierbar*, wenn in einem Feld von 80 A/cm die relative magnetische Permeabilität $\mu_{rel} \leq 1{,}01$ bis 1,05 ist [1]. Wie bei den physikalischen Eigenschaften der γ-Eisenmischkristalle in C 2.3 dargelegt wird, ist diese *Forderung mit der kfz Gitterstruktur der austenitischen* Chrom-Nickel-(Mangan-) *Stähle zu erfüllen*, solange eine martensitische Umwandlung nicht eintritt. Hierbei ist zu beachten, daß durch Anlaß- oder Glühvorgänge, Kaltumformen und zusätzliche Abkühlung auf tiefe Temperaturen die γ-α-Umwandlung und folglich ferromagnetisches Verhalten eintreten kann. Die Bemessung der notwendigen Legierungszugabe muß sich allerdings auch daran ausrichten, daß bei etwa 20 At.-% Ni im Bereich des absoluten Nullpunkts der Übergang in den ferromagnetischen Grundzustand erfolgt und die Curie-Temperatur mit zunehmendem Nickelgehalt stark ansteigt.

Nichtmagnetisierbare Stähle werden benötigt, wenn eine störende Wechselwirkung mit magnetischen Feldlinien der Umgebung vermieden werden muß. Solche *Anwendungen* finden sich in einem weiten Bereich von der Temperatur des flüssigen Heliums (4,2 K) bis oberhalb der Raumtemperatur; Beispiele sind Uhrengehäuse, Schiffsaufbauten um die Kompaßzone oder der Sonderschiffbau; dann Schwerstangen zur magnetischen Richtungskontrolle bei Tiefbohrungen des Bergbaus; des weiteren wassergekühlte Tragarme der Stromzuführungen oder Elektroden an Elektroschmelzöfen; Induktorkappenringe an den Ballenenden von Generatorenwellen zur Sicherung der Erregerwicklungen sowie Tieftemperatureinrichtungen der Plasmaphysik auf dem Gebiet der Teilchenbeschleuniger und Fusionsreaktoren wie Kryostaten für supraleitende Magnetfeldspulen oder letztlich der Generator mit supraleitender Erregerwicklung. In den genannten Fällen sollen magnetische Felder nicht beeinträchtigt, aber auch Wirbelstromerwärmung und Hystereseverluste im Nahbereich hoher elektrischer Ströme oder magnetischer Nebenschluß unterdrückt werden.

Aus den Einsatzbereichen ergibt sich, daß neben der Nichtmagnetisierbarkeit hohe mechanische Festigkeit verbunden mit ausreichendem Formänderungsvermögen, aber auch eine den Umgebungseinflüssen angemessene Korrosionsbeständigkeit zu fordern ist. Für geschweißte Bauteile knüpft sich hieran die Bereitstellung geeigneter Schweißzusätze und der Nachweis ausreichender Schweißeignung der Grundwerkstoffe.

Literatur zu D 22 siehe Seite 773.

D 22.2 Kennzeichnung der magnetischen Eigenschaften durch Prüfwerte

Maßgebend für nichtmagnetisierbare Stähle ist eine *niedrige magnetische Permeabilität* oder eine *niedrige Polarisation* bei hohen Feldstärken. Die Permeabilität wird mit magnetinduktiven Meßverfahren zerstörungsfrei geprüft, während die magnetische Polarisation an eigens entnommenen Proben in geeigneten Jochen mit Hilfe von Vibrationsmagnetometern oder ballistisch gemessen wird.

Natürlich muß eine niedrige Polarisation je nach Anwendung über einen weiten Temperaturbereich und unabhängig von einer Kaltumformung, die unter Umständen ein in diesem Zusammenhang ungünstiges Gefüge bewirkt, erhalten bleiben.

In Bild D 22.1 sind für vier Stähle Meßwerte für die relative magnetische Permeabilität wiedergegeben, die bei +20 °C in der Bruchzone von Zugproben, nachdem sie entweder auf tiefe Temperaturen abgekühlt oder bei ihnen gerissen worden waren, bestimmt wurden. Sie spiegeln den stabilisierenden Einfluß eines steigenden Legierungsgehalts auf den Austenit trotz hoher Verformung auch bei tiefsten Temperaturen wieder; die etwas höheren Permeabilitätswerte des X 5 CrNi 18 11 oberhalb Raumtemperatur beruhen auf seinem geringen Anteil von Delta-Ferrit im Gefüge.

In Bild D 22.2 ist für den Stahl X 3 CrNiMnMoN 19 16 5 die Abhängigkeit der magnetischen Polarisation J von der Magnetisierungsfeldstärke dargestellt. Sie sollte bei nichtmagnetisierbaren Stählen nahezu linear sein; aus dem gekrümmten Verlauf der Kurven für 40, 30 und 4 K muß auf eine Veränderung im magnetischen Verhalten bei diesen tiefen Temperaturen geschlossen werden. Noch stärker ändert sich die Polarisation mit der Prüftemperatur beim Stahl X 5 NiCrTi 26 15, wie das Bild D 22.3 zeigt. Das Auftreten von Antiferromagnetismus bei austenitischen Gefügen mit höheren Nickelgehalten ist bekannt und läßt sich zur Deutung der Kurven verwenden. Nach beiden Bildern nimmt die magnetische Polarisation mit steigender Temperatur, wenn auch sehr unterschiedlich, zu; bei RT ist sie für

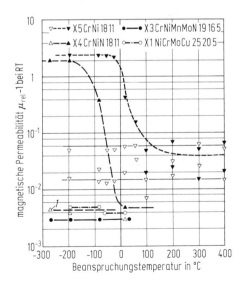

Bild D 22.1 Magnetische Permeabilität (bei RT) einiger nichtmagnetisierbarer Stähle nach Abkühlen auf tiefe Temperaturen (leere Symbole) und nach Ausführung des Zugversuchs bei tiefen Temperaturen (volle Symbole). (I = Probe nach 2000 Schwingspielen zwischen 96 und 676 N/mm² bei 4,2 K bei RT geprüft.) Chemische Zusammensetzung von X 1 NiCrMoCu 25 20 5: ≦ 0,02 % C, rd. 25 % Ni, 20 % Cr und 5 % Mo, von X 5 CrNi 18 11: ≦ 0,07 % C, rd. 18 % Cr und 10 % Ni; X 3 CrNiMnMoN 19 16 5 und X 4 CrNiN 18 11 s. Tabelle D 22.1.

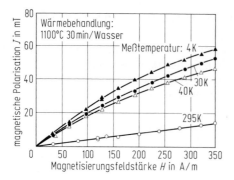

Bild D 22.2 Abhängigkeit der magnetischen Polarisation von der Magnetisierungsfeldstärke bei mehreren Temperaturen des Stahls X 3 CrNiMn-MoN 19 16 5 (s. Tabelle D 22.1). Nach [2].

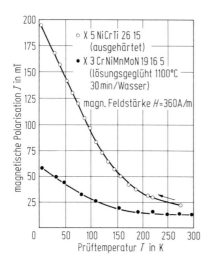

Bild D 22.3 Magnetische Polarisation der Stähle X 5 NiCrTi 26 15 ($\leq$ 0,08 % C, rd. 15 % Cr, 1,2 % Mo und 25 % Ni) und X 3 CrNiMoN 19 16 5 (s. Tabelle D 22.1) in Abhängigkeit von der Temperatur. Nach [2].

X 5 NiCrTi 26 15 um etwa 50 % höher als für den X 3 CrNiMoN 19 16 5, bei 4 K dagegen um etwa 200 %. Aus Bild D 22.2 geht auch hervor, daß zu Meßwerten über die Polarisation aus Gründen der Vergleichbarkeit die Angabe der Meßfeldstärke notwendig ist, die für die Versuche zu Bild D 22.3 360 A/m betrug.

D 22.3 Folgerungen für die chemische Zusammensetzung und das Gefüge

Nichtmagnetisierbare Stähle müssen nach den bisherigen Darlegungen bei ihrer tiefsten Anwendungstemperatur ein *stabilaustenitisches Gefüge* behalten. Ein Maß hierfür ist die *Martensittemperatur* M_s, die sich gleichbedeutend mit dem Beginn der α'-Martensitbildung näherungsweise wie folgt berechnen läßt [3]:

$$M_s\ (°C) = 1305 - 1665\ (\%\,C + \%\,N) - 28 \cdot \%\,Si - 33 \cdot \%\,Mn - 41 \cdot \%\,Cr - 61 \cdot \%\,Ni$$

Aus dieser Gleichung ist deutlich der *starke Einfluß von Kohlenstoff und Stickstoff* zu erkennen, von denen 0,1 % etwa 2 bis 2,5 % Ni in ihrer Wirkung ersetzen. Durch entsprechende Legierungsabstimmung läßt sich der Martensitpunkt so weit absenken, daß selbst bei 4,2 K, dem Siedepunkt des flüssigen Heliums, kein α'-Martensit mehr gebildet wird. Der Beginn der Martensitbildung kann umgekehrt durch eine aufgebrachte Kaltverformung vor oder während einer Tiefkühlung zu höheren Temperaturen hin verschoben werden. So wird bei ungünstiger Zusammensetzung ein Stahl schon durch Kaltverformung bei Raumtemperatur martensitisch, wohingegen andere Stähle selbst bei einer Kaltverformung in flüssigem Helium bis zum Bruch keine α'-Martensitbildung erfahren.

Mit steigenden Gehalten an austenitstabilisierenden Elementen wie Nickel, Mangan, Kohlenstoff und Stickstoff, aber auch der Ferritbildner Chrom, Molybdän und Silizium nimmt die Magnetisierbarkeit ab und die Stabilität des Austenitgitters gegen Kaltverformung und/oder Tiefkühlung zu. Der *Existenzbereich der nichtmagnetisierbaren Stähle* ergibt sich im Überblick aus dem *Eisen-Chrom-Nickel-System* in Bild D 22.4. Eine Ausnahme bilden Legierungen mit Nickelgehalten über 30%, die trotz eines kfz Austenitgitters bei Raumtemperatur ferromagnetisch sind, ähnlich wie reines Nickel. Für die ebenfalls notwendige Abgrenzung des homogenen Austenitgebiets zum heterogenen Delta- und Gamma-Gebiet in Eisen-Chrom-Vielstoff-Lösungen liegt eine nähere Untersuchung des Verlaufs der Phasengrenze bei 1050°C vor (Bild 22.5). Mit Hilfe der mathematischen Statistik wurde nach Untersuchungen an Stählen mit 0,02 bis 0,51% C, 0,08 bis 2,74% Si, 0,5 bis 24,8% Mn, 12,7 bis 28,2% Cr, 0 bis 3,5% Mo, 0,02 bis 0,65% N und 0 bis 21,6% Ni folgende Formel aufgestellt, die den zulässigen Chromgehalt für ein noch ferritfreies Gefüge angibt: $(\%Cr_{zul})^2 = 695 \cdot \%C + 474 \cdot \%N + 30 \cdot \%Ni - 46 \cdot \%Si - 37 \cdot \%Mo + 30$. Die Prozentangaben beziehen sich dabei auf Massengehalte.

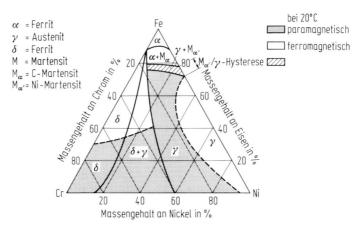

Bild D 22.4 Abhängigkeit der Magnetisierbarkeit von der Zusammensetzung im System Eisen-Chrom-Nickel. Nach [4]. (Ergebnisse an Proben mit 0,03% C, 0,3% Si und 1,2% Mn nach 150 h bei 1100°C in Wasser abgeschreckt.)

Demnach verschieben die Austenitbildner Kohlenstoff, Stickstoff und Nickel den Bereich des homogenen Austenitmischkristalls zu höheren, die Ferritbildner Molybdän und Silizium zu niedrigeren Chromgehalten hin. Mangan läßt hier keinen kennzeichnenden Einfluß erkennen; offenbar nimmt es keinen besonderen Einfluß auf die Austenitbildung bei hohen Temperaturen, stabilisiert aber das austenitische Gefüge bei tieferen Temperaturen [5, 6].

Austenitische Chrom-Nickel-Stähle weisen im allgemeinen verhältnismäßig niedrige *Streckgrenzenwerte* auf. Für manche Zwecke sind höhere Werte der Streckgrenze erforderlich. Dazu lassen sich im lösungsgeglühten Zustand die mechanischen Eigenschaften nur durch Mischkristallverfestigung – im wesentlichen über ein Zulegieren von Kohlenstoff und Stickstoff, gegebenenfalls in Verbindung mit einem begrenzten Niobzusatz – verbessern [5, 7]. Bei linearem Anstieg der Streckgrenze mit dem Stickstoffgehalt lassen sich auf diese Weise 0,2%-Dehngrenzen von über 500 N/mm^2 einstellen. Sollen die Stähle im geschweißten Zustand gegen interkristalline Korrosion beständig sein, so ist der Kohlenstoffgehalt auf höchstens 0,03% einzuschränken [8, 9]. Nur für ungeschweißte Werkstücke läßt sich daher die festigkeitssteigernde Wirkung des Kohlenstoffs ausnutzen.

Eine weitere Möglichkeit zur *Streckgrenzensteigerung* ist *durch Kaltumformung* gegeben, vorgenommen an den Kappenringen durch Kaltaufweiten (Bild D 22.6) oder an den Enden der Schwerstangen durch ein Warm-Kalt-Verfestigen [11]. Um die Rückbildung der Kaltverfestigung zu vermeiden, darf eine obere Temperaturgrenze von etwa 300 °C während der Verarbeitung oder des Betriebs nicht überschritten werden.

Für Ansprüche an die *Korrosionsbeständigkeit*, z. B. in Seewasser, ist die Korrosionswirksumme % Cr + 3,3 · % Mo $\geq$ 26% vorzugeben [8, 9] (s. a. C 3.5).

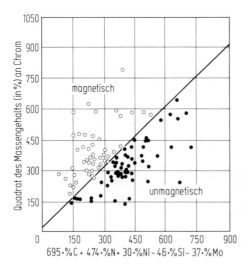

Bild D 22.5 Trennung magnetischer und unmagnetischer Stähle aufgrund ihrer chemischen Zusammensetzung. Nach [5].

Die Passivbeständigkeit der ausreichend mit Chrom legierten Stähle ist an den metallisch blanken Zustand gebunden. Es ist jedoch zu beachten, daß auch austenitische Mangan(-Nickel)-Stähle mit Chromgehalten unter 12% im metallisch blanken Zustand ein minder passives Verhalten zeigen können [12, 13] und deshalb während der Lagerung oder für die Anwendung einen geeigneten Oberflächenschutz erhalten müssen (korrosionsabweisender Schutzanstrich, Verzinnen oder Versilbern). Liegen bei höheren Kohlenstoffgehalten an den Korngrenzen ausgeschiedene Chromkarbide vor, die sich auch bei einer Aushärtebehandlung ergeben können, so müssen die Stähle entsprechend ihrer Empfindlichkeit gegen interkristalline Korrosion gehandhabt werden.

D 22.4 Kennzeichnende Stahlsorten mit betrieblicher Bewährung

Der *wirtschaftlichste Weg* zur Erzielung eines nichtmagnetisierbaren Stahls ist, üblichem unlegierten Stahl *Mangan* in ausreichender Menge zuzusetzen; bei 0,5% C müssen mindestens 10% Mn zulegiert werden, um den Martensitpunkt unter Raumtemperatur zu senken und damit die Nichtmagnetisierbarkeit zu erreichen [15]. Weitergehende Anforderungen, wie Gefügestabilität im Tieftsttemperaturbereich und bei Kaltumformung, gute Zerspanbarkeit, Rostbeständigkeit und Korrosionsbeständigkeit in wässrigen Lösungen sowie hohe Festigkeitskennwerte, verlangen zusätzliche legierungstechnische Maßnahmen. In den bekannten Einsatzbereichen haben sich gemäß den Anforderungen Stähle mit unterschiedlicher Legierungshöhe bewährt (Tabellen D 22.1 und D 22.2).

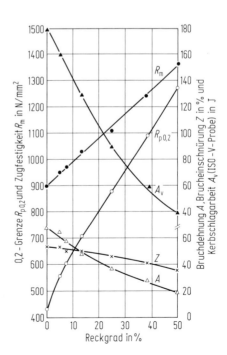

Bild D 22.6 Abhängigkeit der mechanischen Werkstoffkennwerte vom Reckgrad bei Stahl X 55 MnCrN 18 5 (s. Tabelle D 22.1). Nach [10].

Tabelle D 22.1 Chemische Zusammensetzung (Mittelwerte) nichtmagnetisierbarer Stähle und Beispiele für ihren Einsatz

Stahlsorte Kurzname	Werkstoff-Nr.	% C	% Si	% Mn	% Cr	% Mo	% N	% Nb	% Ni	Einsatzbereich
X 35 Mn 18	1.3805	0,35	0,4	18,0						Kompaßzone im Schiffbau
X 55 MnCrN 18 5 K	1.3818	0,52	0,7	18,0	4,5		0,10			Kappenringe
X 5 CrMnN 18 18 K	-	0,05	0,5	18,0	18,0		0,60		(1,0)	Kappenringe, beständig gegen Spannungsrißkorrosion
X 15 CrNiMn 12 10	1.3962	0,12	0,3	6,0	11,5				10,0	Ankerbandagendrähte
X 5 MnCr 18 13	1.3949	0,04	0,5	18,0	13,0	0,5	0,15		2,5	Schwerstangen, Gestängeteile
X 4 CrNiN 22 13	-	0,04	0,5	1,0	22,0		0,30		12,5	Schwerstangen, Gestängeteile
X 4 CrNiN 18 11	1.3945	0,04	0,5	1,5	18,0		0,14		11,0	Tieftemperaturmagnete
X 3 CrNiMoN 18 14	1.3952	0,03	0,5	1,5	18,0	2,8	0,16		14,0	Kryostate, Wasserstoffblasenkammer
X 3 CrNiMnMoN 21 15 7 3	1.3914	0,03	0,5	7,5	21,0	3,2	0,45	0,15	14,5	Sonderschiffbau, Schwerstangen
X 3 CrNiMnMoN 19 16 5	1.3964	0,03	0,5	4,5	19,5	3,2	0,30	0,15	15,5	Sonderschiffbau, Tieftemperaturanlagen
X 3 CrNiMoNbN 23 17	1.3974	0,03	0,5	5,5	23,0	3,2	0,40	0,20	16,5	Sonderschiffbau, Seildrähte, Kryo-Generatorläufer

Tabelle D 22.2 Mechanische Eigenschaften (Anhaltsangaben für Mindestwerte) der Stähle nach Tabelle D 22.1 bei Raumtemperatur

Stahlsorte		Mechanische Eigenschaften				Kerbschlagarbeit	
Kurzname	Zustand	0,2%-Dehngrenze N/mm^2	Zugfestigkeit N/mm^2	Bruchdehnung A %	Brucheinschnürung %	J	Probenform
X 35 Mn 18	abgeschreckt	245	700	30	–	70	DVM
X 55 MnCrN 18 5 [a]	kaltverformt	1100	1250	25	40	55	ISO-V
X 5 CrMnN 18 18 [b]	kaltverformt	1136	1197	24	63	100	ISO-V
X 15 CrNiMn 12 10 [c]	kaltgezogen	1200	1400	($\geqq$ 1,0)	–	–	–
X 5 MnCr 18 13 [d]	warm-kalt-verfestigt	760	910	40	70	120	ISO-V
X 4 CrNiN 22 13 [e]	warm-kalt-verfestigt	835	915	23	64	120	ISO-V
X 4 CrNiN 18 11	abgeschreckt	270	580	40	50	85	ISO-V
X 3 CrNiMoN 18 14	abgeschreckt	300	600	40	50	85	ISO-V
X 3 CrNiMnMoN 21 15 7 3	abgeschreckt	500	850	35	45	70	DVM
X 3 CrNiMnMoN 19 16 5	abgeschreckt	400	740	35	45	70	DVM
X 3 CrNiMoNbN 23 17	abgeschreckt	500	850	35	45	70	DVM

[a] Siehe Bild D 22.6   [b] Nach [12, 13]   [c] Draht mit 0,5 bis 2,0 mm Dmr.   [d] Nach [10]   [e] Nach [1]

Manganstähle wie X 45 Mn 18 haben infolge ihres hohen interstitiellen Gehalts an Kohlenstoff sowie der Erniedrigung der Stapelfehlerenergie durch Mangan eine für sie kennzeichnende Neigung zu starker Kaltverfestigung. Das Formänderungsvermögen ist dadurch begrenzt und unter Bedingungen, wie sie beispielsweise beim Ziehen vorliegen, bei rd. 40 bis 50% Kaltverformung erschöpft [4]. Als Folge der starken Kaltverfestigung ist im positiven Sinne der hohe Verschleißwiderstand der Manganstähle zu erwähnen, aber auch eine dadurch bedingte schlechte Zerspanbarkeit. Durch Zusatz von etwas Chrom kann das Zerspanungsverhalten verbessert und außerdem das Gefüge durch weiteres Absenken des Martensitpunkts stabilisiert werden [15].

Mit *Chromgehalten* von mindestens 12% wird eine weitgehende Rostbeständigkeit der Stähle an Luft erreicht. Werden höhere Anforderungen an die korrosionschemischen Eigenschaften gestellt, so ist eine weitere Anhebung des Chromgehalts und eine Reduzierung des Kohlenstoffgehalts auf 0,05% erforderlich. Durch diese legierungstechnische Maßnahme wurde mit dem X 5 CrMnN 18 18 K (Tabelle D 22.1) ein Stahl geschaffen, der bei Verwendung für Generatorkappenringe als beständig gegen Spannungsrißkorrosion gilt [13]. Seine hohe Festigkeit von etwa 1200 N/mm² (Tabelle D 22.2) wird mittels Mischkristallverfestigung durch rd. 0,60% N sowie über zusätzliche Kaltumformung herbeigeführt. Die besonderen Anforderungen an die Zähigkeit von Kappenringen, die sich aus dem Einsatz an schnellaufenden Bauteilen ergeben, verlangen eine möglichst große Homogenität des verwendeten Stahls. Dieser Forderung wird durch Elektro-Schlacke-Umschmelzen des Rohstahls Rechnung getragen.

Bei größeren Walz- oder Schmiedequerschnitten ist eine Festigkeitssteigerung durch Kaltverformung aufgrund des hohen Kraftbedarfs anlagentechnisch begrenzt. So werden die Stähle X 5 MnCr 18 13 und der korrosionsbeständigere X 4 CrNiN 22 13 für Schwerstangen und Gestängeteile bei erhöhten Temperaturen von 700 bis 1000 °C unterhalb der Rekristallisationstemperatur „warm-kalt-verfestigt" [14]. Bei guter Zähigkeit wird eine Zugfestigkeit von rd. 900 N/mm² erreicht.

Im lösungsgeglühten und abgeschreckten Zustand haben die austenitischen *Chrom-Nickel-Stähle* ohne Sonderzusätze bekanntermaßen nur eine niedrige 0,2%-Dehngrenze. Ausgehend von dem Grundtyp des nichtrostenden Stahls wurden für besondere Anwendungen Stähle mit entsprechenden Eigenschaften entwickelt. Im Hinblick auf den Einsatz im Sonderschiffbau wurden beispielsweise bei den Stählen X 3 CrNiMoN 18 14, X 3 CrNiMnMoN 19 16 5 und X 3 CrNiMoNbN 23 17 die Festigkeit (Tabelle D 22.2) und die Korrosionsbeständigkeit in Meerwasser durch Legierungsoptimierung auf die erforderliche Höhe gebracht [16]. Unter Ausnutzung der mit ihrer Gefügestabilität verbundenen Kombination von guter Zähigkeit und Nichtmagnetisierbarkeit im gesamten Temperaturbereich bis 4 K werden sie in der Tieftemperaturtechnik z. B. für Magnetsysteme und Kryostate eingesetzt.

Während für die Mangan-Chrom-Stähle mit Kohlenstoffgehalten über 0,03% die *Schweißeignung* nur mit Einschränkung gegeben ist, können die austenitischen Chrom-Nickel-Stähle mit weniger als 0,03% C grundsätzlich mit vollaustenitischem, teilweise sogar mit arteigenem Schweißzusatz ohne Qualitätsminderung verbunden werden.

D 23 Stähle mit bestimmter Wärmeausdehnung und besonderen elastischen Eigenschaften

Von Hans Thomas und Herbert Haas

D 23.1 Eigenschaften und Prüfung

D 23.1.1 Ermittlung des Ausdehnungskoeffizienten

Die *kennzeichnende Eigenschaft* von Werkstoffen mit bestimmter Wärmeausdehnung ist der *lineare thermische Ausdehnungskoeffizient (AK)*. Dieser ist in kubisch kristallisierenden Metallen isotrop, d. h. unabhängig von der Richtung im Kristallgitter und daher auch unabhängig von bestimmten Orientierungen oder Texturen. Mit in jedem Falle ausreichender Genauigkeit beträgt der thermische Volumenausdehnungskoeffizient das Dreifache des linearen Ausdehnungskoeffizienten.

In der Reihe der austenitischen Eisen-Nickel-Legierungen findet man außerordentlich unterschiedliche Ausdehnungskoeffizienten, je nach Zusammensetzung Werte zwischen annähernd 0 und $200 \cdot 10^{-7}/K$. Die Meß-, Regel- und Apparatetechnik macht hiervon ausgedehnten Gebrauch.

Tabelle D 23.1 Beispiele für die Anwendung von Werkstoffen mit bestimmten Wärmeausdehnungskoeffizienten

Bereich des Wärmeausdehnungskoeffzienten $10^{-7}/K$	Anwendungsbeispiele
0 ... 20	Meßgeräte, geodätische Meßbänder, Ausdehnungsregler, Kompensationsglieder, Komponenten von Thermobimetall, Kryotechnik
50 ... 80	Ausdehnungsregler, Komponenten von Thermobimetall, Verschmelzungen mit Hartglas, Keramik-Metall-Verbindungen, Kernmaterial von Kupfermanteldraht
80 ... 110	Verschmelzungen mit Weichglas
180 ... 210	Ausdehnungsregler, Komponenten von Thermobimetall

Tabelle D 23.1 zeigt die *technisch wichtigen Bereiche der Ausdehnungskoeffizienten* und einige Beispiele von Anwendungen.

In der technischen Praxis wird der AK so ermittelt, daß die Verlängerung einer Probe relativ zu der eines Quarzglasaufnehmers in Abhängigkeit von der Temperatur gemessen wird, im einfachsten Falle in einem Meßuhr-Dilatometer zwischen 0 und 100 °C, für größere Temperaturbereiche durch Auswertung optisch oder elektrisch registrierter Ausdehnungskurven, wobei sich die Probe in einem elektrischen

---

Literatur zu D 23 siehe Seite 773, 774.

Ofen oder auch in einem Kryostaten befindet. Die so erhaltenen Ergebnisse sind natürlich mit der Ausdehnung des Quarzglases [1, 2] zu korrigieren.

Zur Beurteilung der Verwendbarkeit eines Werkstoffs reicht im allgemeinen die Kenntnis des dilatometrisch bestimmten AK aus. Zur Prüfung der Brauchbarkeit für Glas-Metall-Verbindungen wendet man ein *empfindlicheres* Verfahren an, nämlich die *Messung der in Probeeinschmelzungen vorhandenen* elastischen *Spannungen* im polarisierten Licht [3–5]. Bild D 23.1 zeigt einen Vergleich der Ausdehnungskurven von zwei verschiedenen Glassorten und der zugehörigen metallischen Partner und ein Beispiel einer sogenannten Polarimeterkurve (Gangunterschied der beiden Hauptstrahlen in Abhängigkeit von der Temperatur), woraus man zuverlässig die Güte der Anpassung beurteilen kann.

Weitere für die Anwendung *wichtige Eigenschaften*, wie elektrischer Widerstand, Zugfestigkeit, Streckgrenze und Bruchdehnung, Wärmeleitfähigkeit, werden mit üblichen Verfahren bestimmt.

D 23.1.2 Ermittlung des Elastizitätsmoduls

In den Legierungsreihen mit außergewöhnlicher Wärmeausdehnung befinden sich auch Stähle mit besonderen elastischen Eigenschaften. Der Elastizitätsmodul liegt zwischen etwa 130 und 200 kN/mm^2; seine Temperaturabhängigkeit läßt sich bei gewissen Zusammensetzungen praktisch zum Verschwinden bringen. Die Anwendungsgebiete solcher Konstantmodul-Legierungen bilden zwei Gruppen:

statische Anwendungen: In erster Linie Federn mit temperaturunabhängiger Kraftwirkung.

dynamische Anwendungen: Vor allem Schwingkörper mit temperaturunabhängiger Eigenfrequenz.

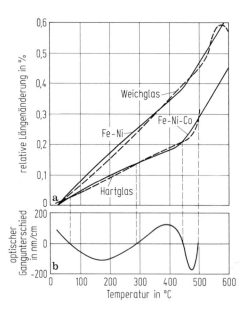

Bild D 23.1 **a** Ausdehnungskurven von Weich- und Hartglas und angepaßten Eisen-Nickel- und Eisen-Nickel-Kobalt-Legierungen. **b** Polarimeterkurve der Kombination Hartglas/Eisen-Nickel-Kobalt-Legierung.

Während die statische Ermittlung der elastischen Eigenschaften verhältnismäßig aufwendig ist, stellt die dynamische Messung eine bequeme und zuverlässige Methode dar (Bestimmung der Eigenfrequenz, Aufnahme der Resonanzkurve). Da die Konstantmodul-Legierungen eine gewisse Wärmeausdehnung haben, ist es für die Anwendung wichtig, daß der Temperaturkoeffizient des Elastizitätsmoduls so eingestellt werden kann, daß er die durch die Wärmeausdehnung allein hervorgerufenen Änderungen der Federkraft oder der Eigenfrequenz gerade kompensiert.

D 23.2 Metallkundliche Überlegungen

In den kfz *austenitischen* Eisen-Nickel-*Legierungen* führt die während der Abkühlung von höherer Temperatur entstehende spontane Magnetisierung zu einer anomal großen positiven Volumenmagnetostriktion [6] (s. C 2.3.2). Diese kompensiert die gleichzeitige thermische Schrumpfung mehr oder weniger stark, woraus sich unterhalb der Curie-Temperatur ein kleiner AK ergibt (Bild D 23.2). Hat sich die spontane Magnetisierung weitgehend eingestellt, so wird bei weiterer Abkühlung der AK allmählich wieder größer.

Bild D 23.3 zeigt einen Ausschnitt aus den umfangreichen systematischen Untersuchungen von Chevenard [7]. Im Gebiet der austenitischen Legierungen laufen die Isothermen von recht hohen Werten bei weniger als 30% Ni durch ein ausgeprägtes Minimum bei etwa 36% Ni und streben dann dem Verhalten des reinen Nickels zu. Die AK der nickelarmen ferritischen Legierungen liegen in der Nähe des AK von Eisen.

In der Umgebung der Raumtemperatur hat der AK ein recht scharfes *Minimum bei 35 bis 36% Ni* („Invar-Legierungen") (s. C 2.3.2). Durch Verunreinigungen oder

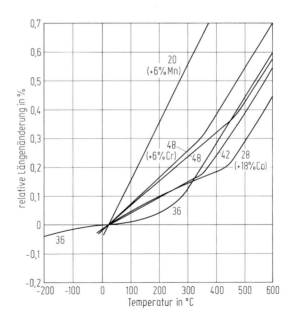

Bild D 23.2 Ausdehnungskurven verschiedener Eisen-Nickel-, Eisen-Nickel-Kobalt- und Eisen-Nickel-Chrom- und Eisen-Nickel-Mangan-Legierungen. Die beigeschriebenen Zahlen bedeuten den Nickelgehalt in %.

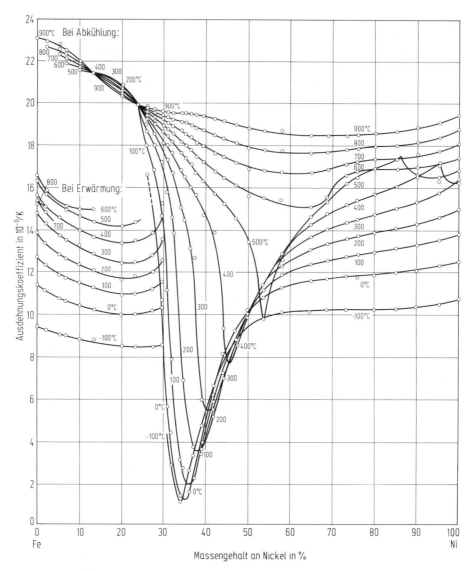

Bild D 23.3 Isothermen der Wärmeausdehnung von reinen Eisen-Nickel-Legierungen. Nach [7].

Zusätze von Mangan, Silizium, Kohlenstoff, Chrom, Titan und anderen wird dieser Kleinstwert des AK erhöht [8] (Bild D 23.4) und auch das Minimum zu etwas anderen Nickelgehalten verschoben. Um den Einfluß kleiner Kohlenstoffgehalte auf die Stabilität der Eigenschaften möglichst auszuschalten, wurde eine kombinierte Wärmebehandlung vorgeschlagen [9].

Auch bei einem reinen Eisen-Nickel-Werkstoff mit 36% Ni ist der *AK von der Vorbehandlung abhängig*. Durch schnelle Abkühlung von mindestens 800°C oder durch Kaltverformung wird er erniedrigt, durch Kombination beider Behandlun-

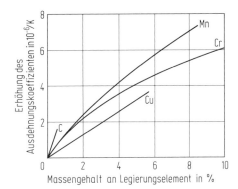

Bild D 23.4 Einfluß verschiedener Begleitelemente auf den Ausdehnungskoeffizienten von Eisen mit 36% Ni. Nach [8].

gen sogar annähernd auf Null gebracht. Auch unvermutet eintretende zeitliche Änderungen von Volumen und AK [10] sind hier zu nennen. Solche Instabilitäten lassen sich im weichen und im harten Zustand durch eine thermische Alterung bei 300 bis 500 °C beseitigen, wobei allerdings ein leicht erhöhter AK in Kauf genommen werden muß. Die Erscheinungen werden auf Gitterfehler und Atomumlagerungen [11, 12] zurückgeführt.

Der AK läßt sich völlig auf Null bringen, indem man 4 bis 6% Ni durch die gleiche Menge Kobalt ersetzt („Superinvar") [13]. Allerdings besteht gerade auch bei dieser Legierung eine beträchtliche Abhängigkeit des AK von der Vorbehandlung.

Bei *Nickelgehalten über 36%* steigen AK und Curie-Temperatur an. Die Ausdehnungskurve besteht aus einem flacheren Teil unterhalb der Curie-Temperatur und einem steileren Teil bei höheren Temperaturen. Der flachere Teil läßt sich bis zu höheren Temperaturen verlängern, indem man durch größere Kobaltzusätze die Curie-Temperatur nach oben verschiebt (Bild D 23.2) (s. C 2.3.1). Hierbei muß allerdings die Stabilitätsgrenze der kfz Struktur der Eisen-Nickel-Kobalt-Legierungen beachtet werden [14], da bei deren Überschreitung ein martensitisches Gefüge mit deutlich geänderten Eigenschaften entsteht [15, 16]. Als „optimal" gilt ein Kobaltgehalt, bei dem die Curie-Temperatur für einen gegebenen AK ihren höchsten Wert erreicht und die Martensittemperatur unterhalb − 100 °C liegt [17].

Im Gegensatz zu Kobaltzusätzen erniedrigen *Chromzusätze zu Eisen-Nickel-Legierungen* die Curie-Temperatur, wodurch man eine gute Anpassung der Ausdehnungseigenschaften an die von bestimmten Weichglassorten erhält.

An sich besteht im *System Eisen-Nickel* eine mit sinkender Temperatur stark zunehmende Mischungslücke, die jedoch bei den Legierungen mit mehr als 33% Ni wegen der außerordentlich langsamen Gleichgewichtseinstellung nicht in Erscheinung tritt [18]. Unterhalb 33% Ni findet man anstelle des zweiphasigen Gleichgewichtsgefüges eine martensitische Umwandlung (s. C 2.3.1) mit großer Hysterese („irreversible Legierungen"), die sich auch in der Wärmeausdehnung stark bemerkbar macht [19]. Stabilisiert man bei Nickelgehalten von 14 bis 25% die flächenzentrierte Struktur durch Zusätze (von Mangan, Molybdän, Kohlenstoff), findet man sehr hohe AK-Werte [20] (s. auch C 2.3.2).

Im *System Eisen-Kobalt-Chrom* [21] gibt es Legierungen mit sehr kleiner Wärmeausdehnung, die eine verhältnismäßig gute Korrosionsbeständigkeit aufweisen („Stainless Invar"). Andere ferromagnetische Werkstoffe mit kleiner Wärmeausdehnung sind Eisen-Platin-Legierungen [22], wo bei 56% Pt sogar ein negativer AK gefunden wurde [23], und Eisen-Palladium-Legierungen, bei denen der kleinste AK bei 50% Pd liegt [24]. Auch eine Reihe antiferromagnetischer Eisenlegierungen (Eisen-Mangan, Eisen-Mangan-Nickel, Eisen-Mangan-Chrom) weist einen mehr oder weniger ausgeprägten „Invar-Effekt" auf [25–28], was jedoch in erster Linie von wissenschaftlicher Bedeutung ist. Für die metallphysikalischen Grundlagen wird auf zusammenfassende Darstellungen [29–31] und auf C 2.3.2 verwiesen.

Zwischen der Wärmeausdehnung und der Temperaturabhängigkeit der elastischen Eigenschaften besteht ein *ursächlicher Zusammenhang* [29–31]. Bei positiver Volumenmagnetostriktion bewirkt eine Zunahme der spontanen Magnetisierung eine Vergrößerung der Atomabstände und dadurch eine Verkleinerung des Elastizitätsmoduls (Moduldefekt ΔE_A). Elastische Gitterverzerrung ändert die spontane Magnetisierung und erzeugt dadurch eine zusätzliche Volumenmagnetostriktion (ergibt ΔE_ω). Ein weiterer Moduldefekt (ΔE_λ) entsteht als Folge der Gestaltsmagnetostriktion, indem sich unter dem Einfluß einer elastischen Spannung die Weißschen Bezirke so orientieren, daß sich eine Zusatzdehnung ergibt. Der gesamte Moduldefekt setzt sich also aus drei Anteilen zusammen:

$$\Delta E = \Delta E_A + \Delta E_\omega + \Delta E_\lambda,$$

wobei für die technische Anwendung das erste Glied die wesentliche Rolle spielt. Seine Temperaturabhängigkeit ist in bestimmten Legierungen so groß, daß der normale Abfall des Elastizitätsmoduls mit steigender Temperatur kompensiert (Konstantmodul-Legierungen) und sogar überkompensiert wird.

Die technisch wichtigen *Konstantmodul-Legierungen* leiten sich von den Eisen-Nickel-Legierungen ab. Das grundlegende Verhalten ist in Bild D 23.5 dargestellt [32]. Der Abfall des Elastizitätsmoduls unterhalb der Curie-Temperatur stellt den gesamten Moduldefekt dar. Dieser wird kleiner, wenn der Anteil ΔE_λ durch hohe Härte oder in starken Magnetfeldern unterdrückt wird. Eine Begradigung und Anhebung dieses Kurventeils auf einen waagerechten Verlauf gelingt durch Zusätze von Chrom [33] oder Molybdän [34] (Bild D 23.6).

Zur Erzielung guter Federeigenschaften (für statische) oder hoher Schwinggüte (für dynamische Beanspruchungen) verwendet man in solchen Eisen-Nickel-

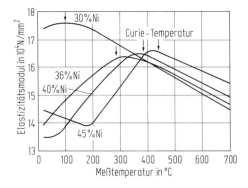

Bild D 23.5 Temperaturabhängigkeit des Elastizitätsmoduls weichgeglühter Eisen-Nickel-Legierungen. Nach [32].

Chrom- oder Eisen-Nickel-Molybdän-Legierungen weitere Zusätze [35], die teils unmittelbar härten (Kohlenstoff, Wolfram), teils eine Aushärtung ermöglichen (Beryllium oder Titan + Aluminium), wodurch gleichzeitig ein Feinabgleich des Temperaturkoeffizienten bei der Schlußwärmebehandlung bewirkt wird (Bild D 23.7). Die elastischen Eigenschaften sind hier nicht isotrop; daher ist auf Textureinflüsse besonders zu achten [36].

Da der Konstantmodul-Effekt dieser Legierungen auf deren Ferromagnetismus beruht, werden die Eigenschaften durch äußere Magnetfelder beeinflußt [37, 38]. Um diesen Einfluß gering zu halten oder ganz auszuschalten, versucht man einerseits durch geeignete Wahl der Zusammensetzung die Curie-Temperatur nahe an Raumtemperatur zu legen, um eine quasi-nichtmagnetisierbare Legierung zu erhalten, andererseits zieht man antiferromagnetische Legierungen (Eisen-Mangan-, Eisen-Mangan-Nickel-, Eisen-Chrom-Mangan-Legierungen und andere) in Betracht [39–41]. Doch stehen hier Verarbeitungsschwierigkeiten einem großtechnischen Einsatz entgegen.

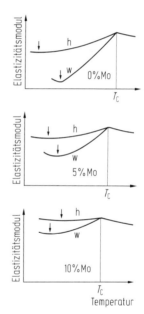

Bild D 23.6 Einfluß von Molybdänzusätzen auf die Temperaturabhängigkeit des Elastizitätsmoduls von Eisenlegierungen mit rd. 40% Ni (schematisch, nach [34]. h = hart (kaltverformt), w = weichgeglüht, T_c = Curie-Temperatur). Die Pfeile zeigen die Lage der jeweiligen Kurvenminima.

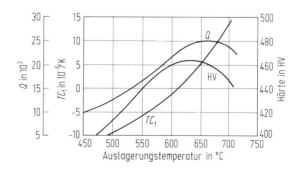

Bild D 23.7 Beispiel für den Einfluß der Schlußwärmebehandlung auf den Temperaturkoeffizienten der Eigenfrequenz (TC_f), die Schwinggüte (Q) und die Härte (HV) einer Konstantmodul-Legierung. Auslagerungsdauer 30 min. Nach [38].

D 23.3 Technisch bewährte Werkstoffe

D 23.3.1 Werkstoffe mit besonderer Wärmeausdehnung

Wegen ihrer hervorragenden Verarbeitbarkeit und der Vielfalt ihrer Eigenschaften haben die Legierungen des Eisens mit Nickel, Nickel und Kobalt sowie mit Nickel und Chrom als Werkstoffe mit bestimmter Wärmeausdehnung weite Verbreitung in der Technik gefunden. Daneben spielen Eisen-Kobalt-Chrom-Legierungen wegen ihrer verhältnismäßig guten Korrosionsbeständigkeit eine gewisse Rolle. Für weniger anspruchsvolle Glas-Metall-Verbindungen werden außerdem ferritische Chromstähle herangezogen. Die Tabellen D 23.2, D 23.3 und D 23.4 beruhen

Tabelle D 23.2 Gebräuchliche Legierungen für bestimmte Bereiche des Ausdehnungskoeffizienten

Bereich des Wärmeausdehnungskoeffizienten 10^{-7}/K	Lfd. Nr.	Legierungsgehalte[a]					
		% C	% Si	% Mn	% Co	% Cr	% Ni
0…20	1	< 0,05	< 0,5	< 0,5	–	–	35…37
50…80	2	≤ 0,05	≤ 0,3	≤ 1,0	–	–	41…43
	3	≤ 0,10	≤ 0,5	≤ 1,0	–	< 1	45…47
	4	< 0,05	≤ 0,3	≤ 0,5	17…19	–	28…30
80…110	5	< 0,05	≤ 0,3	≤ 0,6	–	–	50…52
	6	< 0,05	≤ 0,3	≤ 1,0	–	5,5…6,5	47…49
	7	< 0,1	< 1,0	< 1,0	–	24…26	–
180…210	8	0,55…0,65	≤ 1,0	6…7	–	–	12,5…14,5
	9	≤ 0,20	≤ 1,0	6…7	–	–	19…21

[a] Rest Eisen

Tabelle D 23.3 Wärmeausdehnungskoeffizienten der technisch gebräuchlichen Legierungen nach Weichglühung und langsamer Abkühlung (ungefähre Mittelwerte)

Lfd. Nr. aus Tabelle D 23.2	Wärmeausdehnungskoeffizient		
	zwischen 20 und 200 °C 10^{-7}/K	zwischen 20 und 400 °C 10^{-7}/K	zwischen 20 und 600 °C 10^{-7}/K
1	22[a]	75	107
2	52	63	95
3	74	75	99
4	55	49	78
5	98	97	106
6	94	103	123
7	105	109	112
8	197	205	205
9	201	207	211

[a] Zwischen 20 und 100 °C: $15 \cdot 10^{-7}$/K

Tabelle D 23.4 Mechanische Eigenschaften der Legierungen nach Tabelle D 23.2

Eigenschaft	Zustand			
	weichgeglüht		um 50% kaltverformt	
	austenitische Legierungen	Chromstahl 7	austenitische Legierungen	Chromstahl 7
Zugfestigkeit in N/mm²	450...550	550...650	750...800	900...1000
Streckgrenze in N/mm²	300...400	350...450	700...750	700...850
Bruchdehnung in %	30...35	15...25	5	5
Härte in HV	130...150	140...160	200...250	200...250

im wesentlichen auf Angaben in Handbüchern [42], zusammenfassenden Darstellungen [43–45], Normblättern [46, 47] und einzelnen Firmenschriften. Die großtechnisch eingesetzten Stähle und Legierungen sind nach den Gruppen in Tabelle D 23.1 geordnet.

Von Einzelfällen abgesehen, ist es wichtig, den *Kohlenstoffgehalt möglichst klein* zu halten. Dies gilt in besonderem Maße für die Legierung 1, im Interesse eines kleinstmöglichen AK und einer größtmöglichen Stabilität der Abmessungen [48] und der Eigenschaften. Auch die Desoxidationszusätze sind so zu beschränken, daß gerade noch keine Rotbrüchigkeit auftritt.

Bei den *austenitischen Legierungen 4 bis 6* für Metall-Glas-Verbindungen führt ein zu hoher Kohlenstoffgehalt zu Entwicklung von Kohlendioxid während des Einschmelzens und damit zu Blasenbildung im Glas. Da diese Legierungen häufig in Vakuumgeräten eingesetzt werden, ist auch eine weitgehende Gasfreiheit erforderlich. Daher ist die Herstellung in Vakuumschmelzöfen vorteilhaft. Doch ist auch der pulvermetallurgische Weg (Mischen, Pressen, Hochtemperatursintern) erfolgreich, wobei im allgemeinen eine gewisse Modifizierung der Grundzusammensetzung notwendig ist, da die Desoxidationszusätze und deren Einflüsse auf die Eigenschaften und gegebenenfalls auf die Gefügestabilität fehlen.

Bei dem *ferritischen Chromstahl 7* ist die Freiheit von Austenitstabilisatoren besonders wichtig, da schon kleine Austenitanteile im Gefüge die Eigenschaften wesentlich verändern können.

Die Werte des AK in Tabelle D 23.3 *gelten für den weichen Zustand*, d. h. nach einer Glühung bei etwa 900 °C mit nachfolgender langsamer Abkühlung. Nach stärkerer Kaltverformung liegen sie um einige Prozent niedriger. Durch Kaltverformung kann der AK für den Bereich von 20 bis 100 °C bei Legierung 1 auf etwa $5 \cdot 10^{-7}/K$ erniedrigt werden. Die Legierungen 1 bis 7 sind ferromagnetisch. Die Curie-Temperaturen werden durch Richtungsänderungen der Ausdehnungskurven („Knicktemperaturen") angezeigt (s. Bild D 23.2).

Alle in Tabelle D 23.2 aufgeführten Legierungen sind ohne besondere Schwierigkeiten heiß und kalt verarbeitbar. Zwischen- und Schlußglühungen werden bei 800 bis 1000 °C durchgeführt mit beliebiger Abkühlungsart. Bei zu hoher Glühtemperatur oder zu langer Glühdauer kann die allmählich eintretende Kornvergrößerung das Tiefziehverhalten beeinträchtigen.

Die *mechanischen Eigenschaften* der austenitischen Legierungen sind einander so ähnlich, daß Pauschalangaben genügen (Tabelle D 23.4). Werte für den ferritischen Chromstahl 7 sind gesondert beigefügt.

Etwas stärker differenziert ist der *Elastizitätsmodul* der austenitischen Legierungen, der bei 36% Ni ein Minimum von etwa 135 kN/mm^2 hat, bei den übrigen Legierungen zwischen etwa 140 und 180 kN/mm^2 liegt, während der Elastizitätsmodul der ferritischen Legierung um 200 kN/mm^2 beträgt. Im allgemeinen wird der Elastizitätsmodul durch starke Kaltverformung um einige Prozent erhöht.

Der *elektrische Widerstand* der binären Eisen-Nickel-Legierungen hat einen Größtwert bei 36% Ni [49]; bei 20°C hat die Legierung 1 einen spezifischen Widerstand von 0,76 Ωmm^2/m.

Die *Wärmeleitfähigkeit* dieser Legierung ist recht klein (0,13 W/cm K) [50]. Dies und der kleine AK machen die Legierung auch geeignet für Geräte und Vorrichtungen in der Tieftemperaturtechnik, unter anderem als Baustoff für die Behälter in Flüssiggastankschiffen [51].

D 23.3.2 Werkstoffe für Thermobimetalle

Stähle mit bestimmter Wärmeausdehnung dienen auch zur Herstellung von Thermobimetallen, indem man eine Schicht mit kleiner Wärmeausdehnung („passiv") mit einer zweiten Schicht mit großer Wärmeausdehnung („aktiv") durch Walzplattieren verbindet. In erster Linie verwendet man die Legierungen 1 bis 3 (je nach Arbeitsbereich des Thermobimetalls) als passive, die Legierungen 8 und 9 (oder auch eine Variante mit 0,6% C, 22% Ni und 3% Cr) als aktive Komponenten. Bei Temperaturänderung krümmt sich ein Thermobimetall, wobei die spezifische Krümmung proportional der Ausdehnungsdifferenz der beiden Schichten ist [52].

Der Vollständigkeit halber sei erwähnt, daß man durch zusätzliche Schichten aus Nickel oder Kupfer den elektrischen Widerstand der Thermobimetalle in weiten Grenzen verändern kann; ferner, daß man durch Verwendung einer manganreichen Mangan-Kupfer-Nickel-Legierung [53] mit einem AK von rd. 280 · 10^{-7}/K, die vorzugsweise mit Legierung 1 kombiniert wird, ein Thermobimetall mit einer besonders großen spezifischen Krümmung erhält.

D 23.3.3 Konstantmodul-Legierungen

Die technischen Konstantmodul-Legierungen auf Eisen-Nickel-Basis enthalten stets weitere Bestandteile (Chrom, Molybdän und andere) und sind häufig durch Zusätze von Titan und Aluminium oder von Beryllium aushärtbar. Tabelle D 23.5 gibt Beispiele solcher Legierungen [35, 38].

Grundsätzlich bestehen die Schlußbehandlungen zur Einstellung des gewünschten thermoelastischen Koeffizienten aus einer Kaltumformung (häufig um 50%) und einer Wärmebehandlung von unterschiedlicher Dauer bei einer jeweils ganz bestimmten Temperatur im Bereich zwischen 400 und 700°C [54]. Bei den höchstwertigen Legierungen läßt sich hierdurch der Temperaturkoeffizient der Kraftwirkung einer Feder oder der Eigenfrequenz eines Schwingkörpers auf Werte um $\pm 5 \cdot 10^{-6}$/K (im Bereich von -30 bis 70°C) einstellen.

Der *spezifische elektrische Widerstand* der Konstantmodul-Legierungen liegt bei 1 Ωmm^2/m, der Koeffizient der Wärmeausdehnung bei 70 bis 80 · 10^{-7}/K.

Tabelle D 23.5 Zusammensetzung gebräuchlicher Konstantmodul-Legierungen

Lfd. Nr.	Hauptbestandteile[a]					
	% Ni	% Cr	% Mo	% Ti	% Al	% Be
1	36	12	–	–	–	–
2	38	8	–	1	–	1
3	40	–	9	–	–	–
4	40	–	9	–	–	0,5
5	42	5,3	–	2,5	0,5	–

[a] Rest Eisen

D 24 Stähle mit guter elektrischer Leitfähigkeit

Von Karl Werber und Herbert Beck

D 24.1 Anwendungsbereiche der Stähle und die von ihnen erwarteten Gebrauchseigenschaften

Neben Kupfer, Bronze, Aluminium und Aluminiumlegierungen wird aus Ersparnis- und Festigkeitsgründen auch Stahl zur Fortleitung elektrischer Ströme eingesetzt, obwohl seine spezifische Leitfähigkeit aus physikalischen Gründen niemals auf die hohen Werte der Wettbewerber gebracht werden kann. Selbstverständlich wird auch vom Stahl die günstigste elektrische Leitfähigkeit gefordert, weil die im Leiter entstehenden Energieverluste sich mit ihr direkt proportional verringern. Den heutigen Verwendungszwecken entsprechend lassen sich verschiedene Stahlgruppen, bei denen gute elektrische Leitfähigkeit gefordert wird, unterscheiden.

In *Freileitungen für Fernmelde- und andere Signalübermittlungszwecke* werden weiche, zum Schutz gegen Korrosion verzinkte *Drähte* mit einer Mindestzugfestigkeit überwiegend im Bereich zwischen 300 und 400 N/mm^2 verwendet, für die nach Normen, Kunden- oder Werksvorschriften Mindestwerte der Leitfähigkeit zwischen 7 und 9,4 Sm/mm^2 verlangt werden (Tabelle D 24.1). Weiche verzinkte Drähte mit einer Leitfähigkeit $\geq$ 7 Sm/mm^2, die zusätzlich kunststoffummantelt sein können, werden auch für Erdung und Stromrückleitung bei elektrischen Bahnen eingesetzt [1].

Für isolierte *Leitungen und Kabel in Fernmelde- und Starkstromanlagen* sind Drähte niedriger Festigkeit aus einem fest mit dem Stahlkern verbundenen Kupfermantel genormt, deren Leitfähigkeit entsprechend einem Kupferanteil von 23 oder 30% mind. 14,7 oder 18,2 Sm/mm^2 betragen soll [2].

Neben diesen weichen Drähten werden für den *Freileitungsbau* härtere *Drähte* benötigt, und zwar sowohl in verzinkter Ausführung mit Mindestwerten für die Zugfestigkeit zwischen 585 und 1540 N/mm^2 und entsprechenden Mindestwerten für die Leitfähigkeit zwischen etwa 8,3 und 5 Sm/mm^2 für Fernmeldeleitungen als auch mit Ummantelung aus Kupfer, reinem oder legiertem Aluminium für Leitungsseile zum Starkstromtransport, wobei Mindestzugfestigkeiten des Gesamtleiters zwischen 579 und 1370 N/mm^2 und Mindestleitfähigkeiten zwischen 23,2 und 11,79 Sm/mm^2 gefordert werden. Bei den letztgenannten Drähten dient der Stahlkern im wesentlichen nur als den elektrischen Leiter tragendes Element. Die Entwicklungsrichtung dieser Leiterwerkstoffe wurde kürzlich beschrieben [3].

Die Verfahren zur Ummantelung des Stahldrahts, besonders mit Aluminium, wurden ebenfalls ausführlich erläutert [4]. Über die Ziehbarkeit von Stahlwalzdraht allgemein siehe D 7.

Für die genannten Drahtgruppen liegen neben den *Vorschriften* einzelner Hersteller und Verarbeiter in- und ausländische *Normen* vor. Einige davon sind in Tabelle D 24.1 mit Angaben über Mindestforderungen an Leitfähigkeit und Festig-

---

Literatur zu D 24 siehe Seite 775.

keit aufgeführt. Daneben enthalten die Normen noch Vorschriften über Eigenschaften wie Biegezahl, Dehnung, Verhalten beim Wickel- oder Verdrehversuch.

Neben den in der Regel kaltgezogenen Drähten werden aus Stählen mit guter elektrischer Leitfähigkeit auch warmgewalzte *Stromschienen für elektrische Bahnen* [11] mit einer Leitfähigkeit bei 15°C von $\geq 8{,}5\,\text{Sm/mm}^2$, einer Zugfestigkeit von $\geq 290\,\text{N/mm}^2$ und einer Bruchdehnung von $\geq 29\%$ sowie *Stromleitschienen für die Aluminiumelektrolyse* gefertigt.

Tabelle D 24.1 Normen über Stahldrähte mit guter elektrischer Leitfähigkeit

Norm	Drahtart	Verwendung	Mindestleitfähigkeit bei 20°C Sm/mm^2	Mindestzugfestigkeit N/mm^2
		Drähte mit niedriger Festigkeit		
DIN 48 300 [5]	gezogen, verzinkt 2...5 mm Dmr.	Fernmeldefreileitungen	7	383
ASTM A 111-66 [6]	gezogen, verzinkt 2,1...6,05 mm Dmr.	Telefon- und Telegrafendraht	7,69...9,36[a]	313...353[b]
GOST 4231-48 [7]	warmgewalzt 5,5...7,0 mm Dmr.	Telegrafendraht	7,09 oder 7,52	314
VDE 0203/XII.44 [2]	Stahldraht mit Kupfermantel von 23 oder 30% Cu	isolierte Leitungen und Kabel in Starkstrom- und Fernmeldeanlagen	14,7 oder 18,2	441 (Höchstwert)
		Drähte mit höherer Festigkeit		
ASTM A 326-67 [8]	verzinkt 2,11...3,76 mm Dmr.	Telefon- und Telegrafendraht	6,85...8,28[a]	585...1328[b]
DIN 48 300 [5]	verzinkt 2...5 mm Dmr.	Fernmeldefreileitungen	5	677...1540[b]
DIN 48 200 T7 [9]	mit Kupfermantel 1...5 mm Dmr.	Leitungsseile	17,4 oder 23,2[c]	579...1207[b]
DIN 48 200 T8 [10]	mit Aluminiummantel 2...5 mm Dmr.	Leitungsseile	11,79	1080...1370[b]

[a] Abhängig von der Güte- bzw. Festigkeitsklasse, der Schichtdicke des Zinks und vom Drahtdurchmesser
[b] Abhängig von der Güte- bzw. Festigkeitsklasse, vom Drahtdurchmesser und vom Kupferanteil
[c] Leitfähigkeit 30 oder 40% von der eines Drahtes aus weichgeglühtem Kupfer gleichen Durchmessers mit einer Leitfähigkeit von 58 Sm/mm^2

Für den Apparate- und Maschinenbau, z. B. zur Herstellung von Kathodenteilen für Alkalichloridelektrolyse-Zellen und von Wirbelstrombremsen, werden *Grobbleche* benötigt, die neben ausreichend guter Leitfähigkeit auch Mindestwerte für die Festigkeit und die Zähigkeit aufweisen sowie gut schweißbar sein sollen. Wegen ihrer gleichermaßen guten magnetischen Eigenschaften werden die Bleche auch unter diesem Gesichtspunkt eingesetzt, z. B. in Großmagneten für die Kernforschung, für die auch entsprechende Schmiedestücke in Betracht kommen.

D 24.2 Messung der elektrischen Leitfähigkeit

Zur Ermittlung der Leitfähigkeit oder ihres Kehrwerts, des spezifischen elektrischen Widerstands, werden bei den in Frage kommenden Anwendungsfällen vor allem *Strom-Spannungs- oder Brückenmessungen* (Thomson-Brücke) an Proben durchgeführt, bei denen die Meßlänge durch aufgesetzte Schneiden oder, bei höheren Temperaturen, aufgepunktete Drähte für den Spannungsabgriff festgelegt und der über die Meßlänge konstante Querschnitt durch unmittelbare Messung oder die Bestimmung aus Länge, Gewicht und Dichte der Probe ermittelt wird [12]. Bei Stromschienen erfolgen die Messungen an fertigen Schienenabschnitten von mindestens 4 m Länge.

Ist die Temperatur des Prüflings nicht zu sehr von der festgelegten Bezugstemperatur (meistens 20°C) verschieden, so kann mit dem linearen *Temperaturbeiwert* α_{t_0} gemäß der Beziehung $\rho_{t_0} = \rho_t/(1 + \alpha_{t_0}(t - t_0))$ vom bei der Temperatur t gemessenen Widerstand ρ_t auf den Widerstand ρ_{t_0} bei der Bezugstemperatur t_0 umgerechnet werden. Mit steigendem Gehalt an Verunreinigungen nimmt mit dem Rückgang der Leitfähigkeit auch der Temperaturbeiwert gemäß der Matthiesenschen Regel ab. Er hängt außerdem von herstellungsbedingten Einflüssen wie Kaltumformung und Wärmebehandlung ab. In Tabelle D 24.2 sind einige verwendete Werte aufgeführt [7, 11, 13, 14].

Tabelle D 24.2 Temperaturbeiwerte der elektrischen Leitfähigkeit

Werkstoff	Leit- fähigkeit Sm/mm²	Bezugs- temperatur °C	Temperatur- beiwert 1/K	Temperatur- bereich °C	Schrifttum
Reineisen	10,3	0	0,00651	0...100	[13]
Weichstahl M 2	9,585	0	0,0060	0...100	
Weichstahl M 2	9,585	20	0,0057	20...100	[14]
Weichstahl M 2	9,585	20	0,0051	18...22	
Telefondraht	9,45...9,49	20	0,0057	20...100	eigene Messungen
Stromschienen	8,5	15	0,005	Umgebungs- temperatur	DIN 17122 [11]
Telegrafendraht	7,09...7,52	20	0,00455	Raum- temperatur	GOST 4231-48 [7]

D 24.3 Metallurgische und metallkundliche Maßnahmen zur Erzielung guter Leitfähigkeit

Wie in C 2 im einzelnen ausgeführt wird, erhöhen alle Abweichungen vom idealen Gitterbau eines reinen Metalls den elektrischen Widerstand. Die wichtigste *Veränderung* erfolgt *durch die Legierungs- und Begleitelemente*. Bei kleinen Zusätzen kann die Zunahme des Widerstands näherungsweise proportional zur Konzentration des Fremdelements angesetzt werden. Bild D 24.1 zeigt, wie einzelne Elemente als jeweils alleiniger Zusatz den Widerstand des reinen Eisens bei Raumtemperatur erhöhen, für den im Schrifttum ein niedrigster Wert von 0,0971 Ω mm²/m angegeben wird [13].

Nach Bild D 24.1 erhöht der im Eisen gelöste *Kohlenstoff* am stärksten den elektrischen Widerstand. Seine Wirkung hängt jedoch stark von der *Gefügeausbildung* ab. Dies wird in Bild D 24.2 deutlich, in dem der Widerstand als Funktion des Kohlenstoffgehalts nach einer Abschreckbehandlung und für verschiedene Formen des Zementits dargestellt ist. Nach Abschrecken von Temperaturen dicht unterhalb A_1 nimmt der Widerstand bis zur Grenze der Löslichkeit von 0,02% C im Ferrit geradlinig um etwa 2,5% je 0,01% gelösten Kohlenstoff zu [17]. Für den perlitischen Zustand sind der Literatur Erhöhungen zwischen 0,046 und 0,052 Ω mm²/m und für

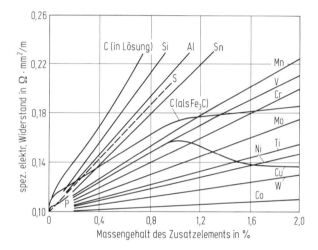

Bild D 24.1 Einfluß von Gehalten an anderen Elementen auf den elektrischen Widerstand von Eisen. Nach [15].

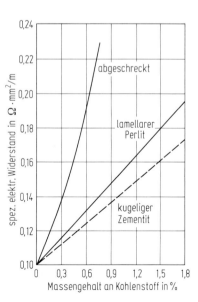

Bild D 24.2 Einfluß des Kohlenstoffs und des Gefüges auf den elektrischen Widerstand von unlegiertem Stahl. Nach [16].

den körnigen Zementit Zunahmen um 0,024 bis 0,043 Ω mm^2/m je Massenprozent Kohlenstoff zu entnehmen [18–21]. Sofern keine Normalglühung vorgenommen wird, muß die Abkühlung nach dem Walzen der Stähle so langsam erfolgen, daß ein ferritisch-perlitisches Gefüge erzielt wird, bei dem der Kohlenstoff möglichst vollständig als Karbid ausgeschieden ist.

Ist mehr als ein Zusatzelement vorhanden, können die einzelnen Widerstandserhöhungen bei niedrigen Gesamtgehalten in erster Näherung addiert werden. Hierbei kann es jedoch zu größeren Abweichungen kommen, z. B. durch Ausscheidung von chemischen Verbindungen in Form von Teilchen, die um mehrere Ordnungen größer sind als die einzelnen Gitteratome und deshalb weniger zur Streuung der Elektronen beitragen. So ergibt sich bei Einflußgrößenrechnungen für Stähle ein negativer Beitrag des Schwefels zum Gesamtwiderstand, der auf die Bildung und Ausscheidung von Mangansulfiden zurückzuführen ist. Im Schrifttum [22, 23] sind die Ergebnisse derartiger Einflußgrößenrechnungen aufgeführt, in denen der *gleichzeitige Einfluß mehrerer Elemente* unter Voraussetzung einer linearen Beziehung für den Gesamtwiderstand untersucht wurde. Die Größe und die Bedeutsamkeit der Beiwerte für die einzelnen Elemente hängen jedoch stark von den jeweils der Rechnung zugrunde liegenden Stahlgruppen ab. Die Übertragbarkeit auf Stähle abweichender Zusammensetzung und Herstellungsbedingungen ist daher nur mit Einschränkungen möglich.

Die *Wirkung der* vor allem beim Drahtziehen aufgebrachten *Kaltverformung auf die elektrische Leitfähigkeit* ist neben dem Einfluß der chemischen Zusammensetzung nur von untergeordneter Bedeutung. Bei reinem Eisen steigt der elektrische Widerstand mit dem Kaltverformungsgrad, wobei dem Schrifttum eine Erhöhung bis zu rd. 6% bei höchsten Verformungsgraden zu entnehmen ist [24]. Mit zunehmendem Kohlenstoffgehalt wird die Widerstandserhöhung bei der Kaltverformung geringer [19, 25] und ist bei kohlenstoffreicheren Stählen oft praktisch nicht festzustellen [26]. Der Widerstandszunahme durch Anstieg der Zahl der Gitterbaufehler und Verspannungen des Gitters überlagert sich dabei eine Widerstandsabnahme durch Umlagerung und Ausrichtung der Ferrit- und Zementitlamellen in Verformungsrichtung im Sinne einer Parallelschaltung ihrer Einzelwiderstände. Dieser Effekt kann bei höheren Kohlenstoffgehalten die Widerstandszunahme durch Kaltverformung ausgleichen oder sogar zu einer Steigerung der Leitfähigkeit [27, 28] führen.

Bei längerem Lagern oder beim Anlassen auf Temperaturen bis zu 300 °C kann sich besonders nach der Kaltverformung gegebenenfalls ein *Einfluß der Alterung* bemerkbar machen, wobei durch Einlagerung von Kohlenstoff- und Stickstoffatomen in Versetzungen oder durch Ausscheidungen von feinen Karbiden oder Nitriden der Widerstand abnimmt [17, 27, 29, 30].

Eine durch Kaltverformung bewirkte Widerstandserhöhung kann beim nachträglichen *Glühen* durch *Erholung und Rekristallisation* rückgängig gemacht werden, wobei die günstigste Temperatur in der Regel etwa im Bereich zwischen 500 und 600 °C liegt [24, 27, 31]. Durch Einformung der Karbide ist beim Anlassen eine zusätzliche Steigerung der Leitfähigkeit möglich, die mit zunehmendem Kohlenstoffgehalt besonders in Erscheinung tritt. Da durch Kaltverformung eine Unterteilung der Zementitlamellen erfolgt und dadurch günstige Voraussetzungen für die Ausbildung von körnigem Zementit geschaffen werden, nimmt die Leitfähig-

Tabelle D 24.3 Zusammensetzung und Verwendung von Stählen mit guter elektrischer Leitfähigkeit

Bezeichnung	Chemische Zusammensetzung					Leitfähigkeit Sm/mm²	Schrifttum	Verwendungsbeispiele
	% C	% Si	% Mn	% P max.	% S max.			
Weichstahl M 2	≦ 0,015	Spuren	≦ 0,08	0,020	0,015	rd. 9,2	eigene Werte	elektromagnetische Teile
Telefondraht	≦ 0,03	Spuren	≦ 0,25	0,015	0,015	≧ 9,3	eigene Werte	verzinkter Draht mit 0,4…6 mm Dmr.
STRS	rd. 0,10	Spuren	rd. 0,25	0,030	0,040	≧ 8,5		Stromschienen
Ck 7	≦ 0,08	≦ 0,15	≦ 0,50	0,035	0,035	rd. 6,4	[32]	u. a. größere Schmiedestücke und Grobbleche für Elektromagnete
Ck 5	≦ 0,07	≦ 0,10	≦ 0,35	0,025	0,025	rd. 7,2		
Sonderbaustahl SHL	≦ 0,07	≦ 0,10	≦ 0,35	0,020	0,020	rd. 6,7		Grobbleche für Alkalichlorid-Elektrolyse, Wirbelstrombremsen

keitssteigerung beim Anlassen von kaltverformtem Gefüge mit lamellarem Zementit mit dem Verformungsgrad zu [20].

Durch ein *entkohlendes Glühen* in feuchtem Wasserstoff kann eine weitere Erhöhung der Leitfähigkeit erreicht werden.

D 24.4 Kennzeichnende Stahlsorten

Aus den vorstehenden Ausführungen geht die Notwendigkeit hervor, daß zur Einhaltung der geforderten Mindestwerte der Leitfähigkeit die Gehalte an Begleit- und Legierungselementen bestimmte Grenzen nicht überschreiten. In Tabelle D 24.3 sind Werte für einige kennzeichnende Elemente zusammengestellt. Für die Erzeugung der Stähle muß je nach Höhe der gewünschten Leitfähigkeit bereits die Auswahl der Rohstoffe besonders kritisch erfolgen. Sofern nicht andere Gesichtspunkte, z. B. die Erleichterung der Fertigung und Verarbeitung von Grobblechen und Schmiedestücken, stärker als die Anforderungen an die Leitfähigkeit berücksichtigt werden müssen, ist *am günstigsten* die Erzeugung eines *unberuhigten* Stahls (zur Ausschaltung von Silizium und Aluminium) *mit niedrigen Kohlenstoff- und Mangangehalten*. Die Absenkung des Kohlenstoffgehalts und weiterer Begleitelemente findet jedoch ihre Grenze vor allem bei denjenigen Werkstoffen, bei denen gewisse Mindestgehalte zur Erzielung höherer Festigkeitswerte erforderlich sind.

D 25 Stähle für Fernleitungsrohre

Von Gerhard Kalwa, Konrad Kaup und Constantin M. Vlad

D 25.1 Anforderungen an die Gebrauchseigenschaften

Die Anforderungen an die Eigenschaften der Rohrstähle werden im wesentlichen durch die Art des zu transportierenden Stoffes und durch die Umgebungs- und Betriebsbedingungen der Rohrfernleitungen unter besonderer Beachtung des Sicherheitsaspekts bestimmt.

Als Fördergüter für den Transport durch Rohrleitungen über größere Entfernungen haben neben den überaus wichtigen Primärenergieträgern Öl und Gas Chemieerzeugnisse verschiedener Art, Trink-, Brauch- und Abwasser sowie Feststoffe wie Kohle und Erz besondere Bedeutung. Die Feststoffe werden üblicherweise als Wasseraufschlämmung befördert. Der Transport von Erdgas ist außer im gasförmigen Zustand auch im verflüssigten oder teilverflüssigten Zustand möglich.

Fernleitungen werden sowohl als landverlegte Leitungen in normalem Klima (bis $-10\,°C$) und in arktischen Klimazonen (bis $-60\,°C$) als auch als seeverlegte Leitungen betrieben. Es kommen geschweißte und nahtlose Rohre zum Einsatz, wobei geschweißte Rohre mit größeren Durchmessern hergestellt werden können als nahtlose Rohre. So werden in den heutigen Anlagen z. B. längsnahtgeschweißte Rohre bis zu einem Außendurchmesser von 1600 mm gefertigt.

Der in den letzten Jahren zu beobachtende Trend im Fernleitungsbau zeigt, daß aus wirtschaftlichen Gründen hohe Betriebsdrücke und große Verhältnisse von Rohrdurchmesser zu Wanddicke angestrebt werden. Hieraus entsteht die Forderung nach Stählen mit hohen *Streckgrenzen* und *Zugfestigkeiten*. Die geforderten Streckgrenzenwerte gelten für eine Prüfung am fertigen Rohr. Eine möglicherweise durch das Rohrherstellungsverfahren bedingte Verminderung der am glatten Blech oder Band ermittelten Streckgrenze des Stahls muß daher bei der Werkstoffwahl berücksichtigt werden.

Es ist bekannt, daß sich unter bestimmten Bedingungen von einmal eingeleiteten kritischen Anrissen instabile Risse mit konstanter Geschwindigkeit über größere Längen in Gasfernleitungen ausbreiten können. Um die Bauteilsicherheit der hochbeanspruchten Leitungen zu gewährleisten, wird von den Stählen eine gute *Zähigkeit* gefordert, so daß ein ausreichender Widerstand gegen Rißeinleitung und -ausbreitung sichergestellt ist. Die Rißeinleitung an Ungänzen unterkritischer Länge kann vermieden werden, auch wenn die Stähle relativ geringe Kerbschlagarbeitswerte aufweisen. Ist jedoch ein Riß überkritischer Länge durch äußere Einwirkung entstanden, so sind zur Verhinderung der Rißausbreitung neben dem vollplastischen Verhalten des Werkstoffs bei Betriebstemperatur wesentlich höhere Kerbschlagarbeitswerte als für die Verhinderung der Rißeinleitung erforderlich [1, 2].

Literatur zu D 25 siehe Seite 775, 776.

Große Leitungsrohre werden im Herstellerwerk überwiegend unter Pulver in Lage und Gegenlage mit Ein- oder Mehrdrahtverfahren geschweißt (UP-Verfahren). Die verwendeten Stähle müssen eine entsprechende *Schweißeignung* haben. Die Rohre werden als Längsnaht- und Spiralnahtrohre geliefert. Ausreichende Festigkeitseigenschaften, Fehlerfreiheit und einwandfreie Nahtgeometrie sind wichtige Kriterien für die *Rohrfertigungsschweißung*. Da aufgrund der geometrischen Verhältnisse ein laufender Riß aus der Schweißeinflußzone in den unbeeinflußten Grundwerkstoff abbiegt, sind die Zähigkeitseigenschaften in der Wärmeeinflußzone (WEZ) von relativ geringer Bedeutung.

Bei der *Feldschweißung* der Rohrrundnähte kommt bevorzugt die Fallnahtschweißung mit zelluloseumhüllten Stabelektroden zum Einsatz. Daneben wird in zunehmendem Maße die halb- und vollmechanisierte Schutzgasschweißung angewendet. Üblicherweise wird die Baustellenschweißung in Viellagentechnik von der Rohraußenseite her durchgeführt. Der Stahl muß sich problemlos mit den für den Einsatzzweck üblichen Verfahren und Zusatzwerkstoffen schweißen lassen, seine Schweißeignung muß dieser Anforderung entsprechen. Abhängig von der Handhabung, den Schweißbedingungen und der Stahlzusammensetzung können hohe Abkühlgeschwindigkeiten, hohe Spannungen, Härtungsgefüge und hohe Wasserstoffgehalte auftreten. Über die Abschätzung der Aufhärtungsneigung des Stahls durch das Kohlenstoffäquivalent hinaus (s. u.) müssen auch die übrigen Faktoren bei der Beurteilung der Schweißeignung Berücksichtigung finden (s. C 5).

Während des Betriebs einer Rohrleitung können Schäden durch *Korrosion* auftreten, wenn nicht geeignete Gegenmaßnahmen getroffen werden. Korrosionsangriffen von der Rohraußenseite wird im allgemeinen durch Aufbringen von Beschichtungssystemen und Anlegen von kathodischem Schutz begegnet. Zusätzlich zu der Korrosion von außen kann bei einer Rohrleitung Korrosion von innen, d. h. durch das transportierte Medium verursacht werden. Bereits vor der Inbetriebnahme können im drucklosen Zustand Schädigungen durch wasserstoffinduzierte Korrosion auftreten, wenn z. B. schwefelwasserstoffhaltige Medien auf den Stahl einwirken. Während des Betriebs unter Druck kann bei Vorliegen der spannungs- und korrosionsmäßigen Voraussetzungen wasserstoffinduzierte Spannungsrißkorrosion zum Schaden führen [3]. Beide Korrosionsarten können durch Entfernen der Bestandteile des zu befördernden Mediums, die die Korrosion hervorrufen, oder durch Trocknen der Leitung und des transportierten Mediums (Gases) am wirksamsten bekämpft werden. Auch der Zusatz geeigneter Inhibitoren wird erfolgreich angewendet. Wo diese Maßnahmen nicht möglich sind, müssen von der Konstruktions- und Werkstoffseite die notwendigen Voraussetzungen für die Beständigkeit geschaffen werden.

D 25.2 Kennzeichnung der geforderten Eigenschaften

Die *Festigkeitseigenschaften* werden wie üblich durch die im *Zugversuch* (s. C 1) zu ermittelnde Zugfestigkeit und Streckgrenze gekennzeichnet. Die Proben werden im allgemeinen in der Hauptbeanspruchungsrichtung, der Rohrumfangsrichtung, entnommen. Ein Richten des Probenrohlings kann den Streckgrenzenwert durch Auftreten des Bauschinger-Effekts (s. C 1.2.1) erheblich verfälschen. Zur Ermittlung

Anforderungen an die Eigenschaften, ihre Kennzeichnung 579

der Festigkeitseigenschaften wäre die Prüfung ganzer Rohrringe auf Ringprüfpressen sinnvoll. Dieses Vorgehen ist aber bei der laufenden Prüfung (Abnahme) zu aufwendig. Als vernünftige Alternative bietet sich zur Messung der Streckgrenze die ungerichtete, quer aus der Rohrwand entnommene Rundprobe an.

Zur Kennzeichnung der *Zähigkeit* wird im *Kerbschlagbiegeversuch* nach DIN 50 115 die Kerbschlagarbeit mit ISO-Spitzkerbproben ermittelt. In vielen Fällen wird für die Prüfung von Großrohren zusätzlich der Fallgewichtsversuch nach Battelle (BDWT) [4, 5] durchgeführt, bei dem scharfgekerbte, ungeschweißte Proben, die die gesamte Erzeugnisdicke (Blechdicke) erfassen, bei verschiedenen Temperaturen gebrochen werden. Man ermittelt auf der Bruchfläche der zerschlagenen Probe den Gleitbruchanteil. Als Kennwert wird bei dieser Prüfung meist die Temperatur angegeben, bei der im Bruchgefüge der zerschlagenen Proben ein festgelegter Gleitbruchanteil auftritt, z. B. 50 oder 85%. In Bild D 25.1 sind die Bruchflächen von vier bei verschiedenen Temperaturen geschlagenen BDWT-Proben nebeneinander gestellt. Die Zunahme des Gleitbruchanteils mit steigender Prüftemperatur ist in dieser Probenreihe deutlich erkennbar.

Um das *Bruchverhalten* von Rohrleitungen zu untersuchen, werden mit großem Aufwand bauteilähnliche Proben und ganze Rohrleitungsabschnitte geprüft. In Versuchsstrecken bis über 200 m Länge wird an Rohren in Originalabmessung versucht, die zur Vermeidung der Rißfortpflanzung und damit Ausbildung langlaufender Risse erforderliche Mindestzähigkeit zu ermitteln. Dabei wird in der unter Druck stehenden Versuchsleitung ein Riß gestartet, seine Ausbreitungsgeschwindigkeit durch die Prüfrohre gemessen und der Rißverlauf beurteilt. Die bisher an verschiedenen Stellen durchgeführten Großversuche [6] ergaben den gleichen

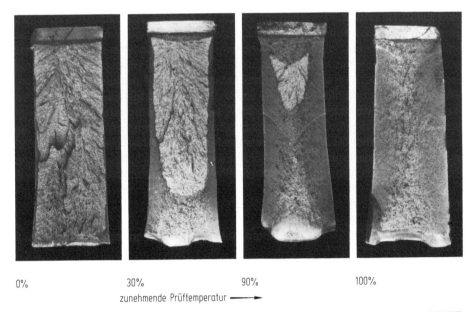

Bild D 25.1 Bruchflächen von im Fallgewichtsversuch nach Battelle [4, 5] geprüften Proben (BDWT-Proben). Die Prozentzahlen kennzeichnen den Gleitbruchanteil an der Bruchfläche.

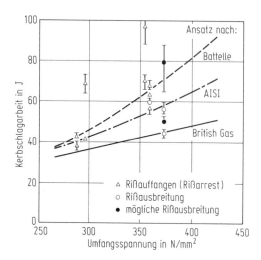

Bild D 25.2 Vergleich verschiedener Theorien des Bruchverhaltens von Großrohren zur Festlegung der Anforderungen an die Kerbschlagarbeit. Untersuchter Stahl: X 65 nach API-Norm 5 LX [7] vergleichbar mit Stahl St E 445.7 TM mit einer Streckgrenze bei RT von mind. 445 N/mm² (s. DIN 17 172 [8]). Rohrabmessungen: Dmr.: 48″ (rd. 1220 mm), Wanddicke: 0,625″ (rd. 16 mm). Zu den verschiedenen Ansätzen s. [6]. Probenform: ISO-Spitzkerb-Querprobe mit einer durch Verringerung der Probenbreite auf ²/₃ des Normwertes reduzierten Schlagquerschnittsfläche.

Trend, daß mit zunehmender Beanspruchung der Rohrwand höhere Kerbschlagarbeitswerte zur Vermeidung langlaufender Risse notwendig sind (Bild D 25.2). Da es in diesem Bild nur auf die Kennzeichnung der Tendenz ankommt, wird auf Einzelheiten zu den verschiedenen Ansätzen nicht eingegangen sondern dazu auf [6] verwiesen. Bei gleichem Trend sind jedoch die quantitativen Aussagen der Versuchsergebnisse sehr unterschiedlich. Zur Klärung dieser offenen Fragen werden z. Z. durch eine europäische Forschungsgruppe (EPRG) weitere Großversuche durchgeführt [9, 10].

Zur Abschätzung der *Schweißeignung* eines Stahls kann die durch das Kohlenstoffäquivalent gekennzeichnete Aufhärtungsneigung verwendet werden, wobei hier das Verhalten der Stähle bei der Baustellenschweißung im Vordergrund steht. Die Höhe der Aufhärtung wird in erster Linie durch den Kohlenstoffgehalt bestimmt. Die anderen Elemente haben keinen oder nur einen sehr geringen Einfluß. Die bisher üblichen Kohlenstoffäquivalente beschreiben die Wirkung verschiedener Legierungselemente, wie z. B. Mangan, Molybdän und Nickel, bei Stählen mit niedrigem Kohlenstoffgehalt nicht richtig [11]. Ihr Einfluß auf das Aufhärtungsverhalten wird in den von verschiedenen Autoren aufgestellten Kohlenstoffäquivalenten unterschiedlich bewertet. Diese Unterschiede beruhen auf jeweils anderen Erfahrungswerten für nicht vergleichbare Verwendungszwecke und Legierungsbereiche. Umfangreiche Auswertungen haben für die hier behandelten kohlenstoffarmen Stähle ein neues Kohlenstoffäquivalent ergeben, das die Aufhärtungsneigung gut wiedergibt [12]:

$$CE\,(\%) = \%\,C + \frac{\%\,Si}{25} + \frac{\%\,Mn + \%\,Cu}{20} + \frac{\%\,Cr}{10} + \frac{\%\,Ni}{40} + \frac{\%\,Mo}{15} + \frac{\%\,V}{10}.$$

Die höchsten Anforderungen an das Verhalten des Rohrstahls bei Baustellenschweißung werden beim Einbringen der ersten Schweißraupe, der Wurzellage, gestellt. Bei einem ungünstigen Zusammenwirken von Schweißbedingungen und chemischer Zusammensetzung des Stahls besteht die Gefahr der Kaltrißbildung.

Die Kaltrißempfindlichkeit wird nach verschiedenen Prüfverfahren, wie z. B. dem Implant-Test [13], untersucht.

Zur Prüfung der Beständigkeit gegen *wasserstoffinduzierte Korrosion* im drucklosen Zustand werden rechteckige Proben mit abgedeckten Seitenflächen ohne mechanische Beanspruchung für 96 h in schwefelwasserstoffhaltige Lösung gebracht. Metallographische Schliffe dieser Proben werden dann auf Werkstofftrennungen, die durch Wasserstoffaufnahme an Einschlüssen aufgetreten sind, untersucht [14]. Es zeigt sich eine eindeutige Abhängigkeit der Anzahl, Länge und Anordnung der Werkstofftrennungen von der Menge, Ausbildung und Verteilung der Einschlüsse, insbesondere der Sulfide [15].

Zur Vermeidung der *wasserstoffinduzierten Spannungsrißkorrosion* ist eine möglichst spannungsarme Konstruktion anzustreben. Die Spannungen durch den Innendruck sollen bei der Auslegung der Rohre, d. h. bei Festlegung von Rohrdurchmesser und Wanddicke, so gering gehalten werden, daß ein kritischer Grenzwert nicht überschritten wird. Dieser kritische Grenzwert hängt von der Art der transportierten Medien bzw. von der Art des sich aus ihnen abscheidenden schwefelwasserstoffhaltigen Kondensats (p_H-Wert) ab. So sind je nach Art des Mediums zulässige Ausnutzungsgrade der Streckgrenze von 20 bis 50 % ermittelt worden. Ein weiterer Beitrag kann durch Maßnahmen bei der Herstellung der Rohre, wie Expandieren oder Vergüten, geleistet werden, um zusätzlich die Eigenspannungen in den Rohren auf ein niedrigeres Niveau zu bringen [16].

Wenn auch bei der *wasserstoffinduzierten Korrosion* und der *wasserstoffinduzierten Spannungsrißkorrosion* der Wasserstoff eine auslösende Funktion besitzt, müssen doch die grundlegenden Unterschiede beider Korrosionsarten beachtet werden. So kann bei Beständigkeit eines Stahls gegenüber wasserstoffinduzierter Korrosion nicht auf ein ähnliches Verhalten bei der wasserstoffinduzierten Spannungsrißkorrosion geschlossen werden [17].

D 25.3 Metallkundliche Maßnahmen zur Einstellung der geforderten Eigenschaften

Durch die chemische Zusammensetzung und die Behandlungsart, wie Normalglühen, thermomechanische Behandlung oder Vergüten, lassen sich das *Gefüge* und damit die Eigenschaften von Stählen entsprechend den Anforderungen an Rohre für Fernleitungen einstellen. Dabei werden alle metallkundlich möglichen Mechanismen genutzt; über ihre Wirkungsweise unterrichten die Kapitel C 1 und C 4; Stichworte für die Mechanismen sind: Mischkristallverfestigung, Kornfeinung, Ausscheidungshärtung und Erhöhung der Versetzungsdichte.

Eine ganz besondere Bedeutung hat die *thermomechanische Behandlung* zur Herstellung von Grobblech und Band für die Produktion von Großrohren erlangt [18, 19], durch die Umwandlungsgefüge bis hin zum Bainit erzeugt werden, sie sind durch hohe Feinkörnigkeit gekennzeichnet. An einem Beispiel werden in Bild D 25.3 die nutzbaren metallkundlichen Vorgänge beim thermomechanischen Walzen schematisch verfolgt [20]. In der Vorwalzphase wird das Gußgefüge der Bramme durch dynamische Rekristallisation homogenisiert. Durch statische Rekristallisation wird in der Zwischenwalzphase eine Kornfeinung erreicht, wobei

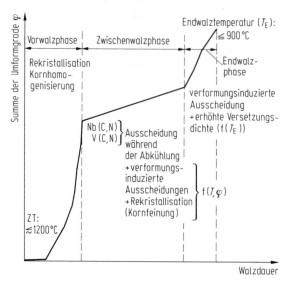

Bild D 25.3 Metallkundliche Vorgänge beim thermomechanischen Walzen in Abhängigkeit von der Summe der Umformgrade φ bei den verschiedenen Walzphasen, der Walzdauer und der Walztemperatur T. (ZT = Ziehtemperatur).

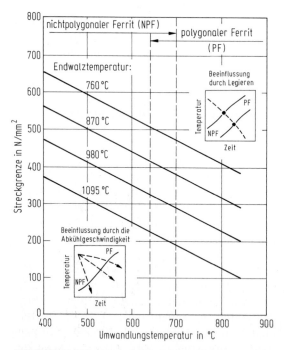

Bild D 25.4 Abhängigkeit der Streckgrenze von der Endwalztemperatur und der durch Legieren oder Verändern der Abkühlgeschwindigkeit beeinflußten Umwandlungstemperatur für einen kohlenstoffarmen, mit Niob legierten Stahl. Nach [21].

gleichzeitig Ausscheidungen erfolgen. Schließlich wird in der Endwalzphase die Versetzungsdichte erhöht, feine verformungsinduzierte Ausscheidungen werden erzeugt, und es kommt zu einer weiteren Kornfeinung. In Bild D 25.4 ist für einen kohlenstoffarmen, mit Niob legierten Stahl die Streckgrenzensteigerung mit abnehmender Endwalztemperatur und Umwandlungstemperatur zahlenmäßig dargestellt [21].

Eine über die beim thermomechanischen Walzen erreichbare Kornfeinung hinausgehende Gefügeverfeinerung kann durch *Vergüten* erreicht werden. Die für Rohrfernleitungen entwickelten kohlenstoffarmen, niedriglegierten Vergütungsstähle erhalten beim Abschrecken ein bainitisches Gefüge, bei dem die Abstände der Bainitplatten geringer sind als die Korndurchmesser der thermomechanisch gewalzten Stähle. Durch die beim Härten erzeugten zahlreichen Gitterbaufehler und die Mischkristallverfestigung durch die Legierungselemente Mangan, Molybdän, Chrom und Nickel wird die Streckgrenze erheblich erhöht. Beim anschließenden Anlassen kann eine weitere Streckgrenzensteigerung über eine Ausscheidungshärtung durch metallische Phasen oder Karbonitride erreicht werden. Die Ausführung der Vergütung kann in unterschiedlichen Fertigungszuständen erfolgen. Gegenüber der Vergütung des Blechs hat die Vergütung des fertig geschweißten Rohrs den Vorteil der Mitvergütung der Schweißverbindung und der Homogenisierung des Eigenspannungszustands des Rohrs. Auch die Direktvergütung der Bleche aus der Walzhitze wird erwogen.

Unabhängig von der Art des Stahls und seiner Behandlung kann die Kerbschlagarbeit in der Hochlage, vor allem quer zur Walzrichtung, durch eine *Entschwefelung* erheblich verbessert und damit die Anisotropie der Zähigkeit verringert werden (Bild D 25.5) [20]. Bei Schwefelgehalten unter 0,003 % sind im Stahlgefüge gestreckte Mangansulfide metallographisch kaum noch zu erkennen.

Eine Stahlentschwefelung, die Abbindung des Restschwefels zu schwer verformbaren Sulfiden, Verhinderung flächig angeordneter Einschlüsse und die grundsätzliche Verbesserung des Reinheitsgrades sind geeignete Maßnahmen zur Vermei-

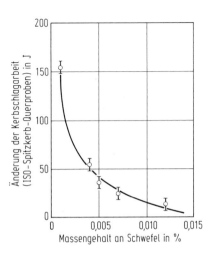

Bild D 25.5 Verbesserung der Querkerbschlagarbeit in der Hochlage mikrolegierter Feinkornstähle durch Absenkung des Schwefelgehalts. Nach [22].

dung von Rekombinationszentren für eindiffundierten Wasserstoff. Dadurch wird die Beständigkeit gegenüber wasserstoffinduzierter Rißkorrosion wesentlich erhöht (Bild D 25.6) [15].

D 25.4 Kennzeichnende Stahlsorten mit betrieblicher Bewährung

Bis zum Ende der 50er Jahre wurden Manganstähle im normalgeglühten Zustand für nahtlose und geschweißte Leitungsrohre eingesetzt. Die erreichbare Mindeststreckgrenze dieser Stähle lag bei 360 N/mm^2. Durch Mikrolegieren mit Elementen wie Vanadin und/oder Niob konnte später auch im normalgeglühten Zustand eine Erhöhung der Streckgrenze erreicht werden. Hierbei machte man sich die Effekte der Kornfeinung und der Ausscheidungshärtung zunutze. Mindeststreckgrenzen bis zu 420 N/mm^2 wurden auf diese Weise erreicht [22] (Bild D 25.7).

Die zunehmenden Anforderungen an die Festigkeits- und Zähigkeitseigenschaften konnten mit normalgeglühten Stählen bald nicht mehr erfüllt werden, da eine Erhöhung der Gehalte an Legierungselementen im Hinblick auf die Feldschweißbarkeit nicht sinnvoll war. Hier eröffnet die thermomechanische Behandlung der Stähle eine neue Möglichkeit mit geringeren Gehalten an Legierungselementen und abgesenktem Kohlenstoffgehalt höhere Streckgrenzen und höhere Zähigkeitswerte zu erreichen. Die für die Festlegung der tiefsten Betriebstemperatur einer Rohrleitung besonders wichtige BDWT-Übergangstemperatur (s. o. D 25.2) wird gegenüber den normalgeglühten Stählen beträchtlich abgesenkt. Gleichzeitig wird durch den niedrigen Gehalt an Kohlenstoff das Verhalten beim Feldschweißen wesentlich verbessert.

Mit dem thermomechanischen Walzen gelingt es, Stähle mit einer Mindeststreckgrenze von 490 N/mm^2 zu erzeugen. Zum Erreichen einer optimalen Kombination von hoher Streckgrenze und niedriger Kerbschlagarbeits-Übergangstemperatur sind folgende Einflußgrößen sorgfältig aufeinander abzustimmen [21]: Die

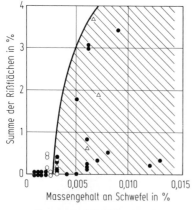

Bild D 25.6 Einfluß des Schwefelgehalts des Stahls auf die wasserstoffinduzierte Rißbildung. (Die Summe der Rißflächen ist auf die rißbehafteten Querschnittsanteile der Proben bezogen [14]). Nach [15].

△ Stranggluß mit Sulfidformbeeinflussung
● Stranggluß   ○ Blockguß

Stahlsorten

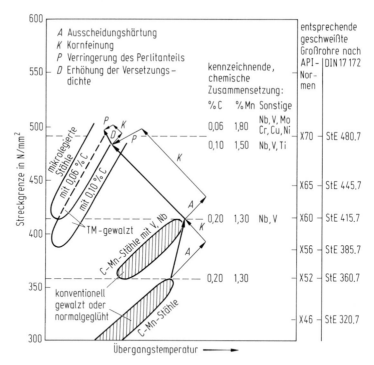

Bild D 25.7 Entwicklung der Stähle für Fernleitungsrohre. (Auf der Abszisse sind keine Zahlenwerte für die Temperatur abgetragen, da die tatsächliche Übergangstemperatur je nach den verschiedenen möglichen Prüfverfahren unterschiedlich sein kann.)

chemische Zusammensetzung des Stahls, die Ziehtemperatur, die Temperaturführung während des Walzvorgangs und die Abfolge der Verformungsstufen (s. D 25.3).

Weitere Streckgrenzenerhöhungen bei guten Zähigkeitseigenschaften können durch eine Vergütung der Großrohre bzw. eine Vergütung der Bleche für Großrohre erreicht werden. Die Stähle enthalten als Legierungselemente in erster Linie Mangan, Molybdän und Nickel. Aber auch Mikrolegierungselemente, wie z. B. Niob, können wegen ihrer kornfeinenden Wirkung auf das Ausgangs-(Austenit-)-korn zulegiert werden. Mit diesen Stählen sind Streckgrenzen bis 700 N/mm² zu erreichen. Der Einsatz wasservergüteter Rohre bietet sich dort an, wo besonders hohe Anforderungen gestellt werden.

Einzelheiten über die chemische Zusammensetzung sowie die mechanischen und technologischen Eigenschaften der nahtlosen oder geschweißten Rohre aus diesen Stählen finden sich in DIN 17 172 [8]. In diesem Zusammenhang muß auch auf die Normen 5L, 5LS, 5LX und 5LU des American Petroleum Institute (API) hingewiesen werden [7]. Vielfach stellen die Anwender aber Forderungen an die Rohre, die über die Festlegungen in den genannten Normen hinausgehen.

D 26 Wälzlagerstähle

Von Klaus Barteld und Anita Stanz

D 26.1 Geforderte Eigenschaften

Wälzlager haben die Aufgabe, Maschinenteile zu führen. Dabei unterliegen sie hohen Zug-, Druck-, und Schub-Wechselbeanspruchungen. Die Belastbarkeit ist somit eine Funktion der *Härte* und der *Elastizitätsgrenze* des Werkstoffs. Nicht nur die Werkstoffeigenschaften bestimmen die Lebensdauer eines Lagers, sondern auch die Güte und Konstruktion des Lagers und die äußeren Betriebsbedingungen, wie Schmierung, Verschmutzung, Verschleiß, Korrosion, äußere Gewalt usw. Nur bei richtig bemessenen und gut gewarteten Lagern ist die Lebensdauer durch die *Dauerfestigkeit* des Werkstoffs bestimmt; wird sie überschritten, treten Anrisse auf, die im weiteren Verlauf zu Ausschalungen (Pittings) führen. Da kleinste Fehlstellen im Wälzlagerstahl bei hoher Beanspruchung schon Keimzellen für Ausbrüche sein können, müssen an die Gleichmäßigkeit *des Gefüges*, vor allem an die Freiheit von nichtmetallischen Einschlüssen sehr hohe Ansprüche gestellt werden. Durch die ständige Kaltverformung der Werkstoffoberfläche werden feinste Metallteilchen von den Lagerlaufflächen abgelöst, die als schmirgelnde Bestandteile wirken und die Dauerhaltbarkeit durch Verschleiß senken. Auch eine zu geringe Festigkeit, hohe Belastung und schlechte Schmierung wirken verschleißfördernd. Am günstigsten ist ein martensitisches Grundgefüge mit Einlagerungen von kugeligen Karbiden.

Auch die *Temperaturbeanspruchung* ist zu berücksichtigen. Sie kann sowohl durch die in Wälzlagern auftretende Reibung und elastische Verformung als auch durch äußere Temperaturbelastungen, wie z. B. in Lagern von Öfen oder Motoren, entstehen.

Für den Einsatz von Lagern in korrodierenden Medien, z. B. in Seewasser, Säuren oder Laugen, darf die *Neigung zur Korrosion* nicht vernachlässigt werden. Auch Eigenspannungen durch Wärmebehandlung, Bearbeitung und besonders durch Wälzbeanspruchung beeinflussen die Anstrengung des Werkstoffs [1].

Stähle, die für Wälzlager eingesetzt werden, müssen sich demnach durch eine hohe Härte, möglichst geringe Strukturschwankungen in der Zone mit hohen Beanspruchungen, eine den konstruktionsbedingten Abmessungen entsprechende Härtbarkeit, Verzugsarmut und guten Verschleißwiderstand auszeichnen. Darüber hinaus werden für Speziallager gute Korrosionsbeständigkeit oder hohe Warmhärte verlangt.

Zu beachten sind weiterhin die *Verarbeitungseigenschaften*. Für eine wirtschaftliche Teilung des angelieferten Stahls in Stücklängen zur Warmumformung reicht die Kaltscherbarkeit durch Einhaltung einer maximalen Festigkeit aus. Die Kaltumformung erfordert ein zu kugeligen Karbiden eingeformtes Gefüge. Desgleichen ist die Zerspanung auf Automaten nur bei Vorliegen von vollständig kugelig

---

Literatur zu D 26 siehe Seite 776, 777.

eingeformten Karbiden möglich. Durch Anwendung höherer Schwefelgehalte im Bereich von 0,025 bis 0,100% - z. T. mit Selen-, Tellur- und Bleizusätzen - kann die Zerspanung weiter verbessert werden; ob aber ein höherer Anteil an sulfidischen Einschlüssen die Gefahr vorzeitigen Ausfallens der Lager durch Pittingbildung mit sich bringt, ist umstritten [2].

D 26.2 Kennzeichnung der geforderten Eigenschaften durch Prüfwerte

Als wichtige Eigenschaften der Wälzlagerstähle kommen also Härte, Gefüge, Wechselfestigkeit und Verschleißwiderstand in Betracht.

Die *Härte* wird im allgemeinen nach Rockwell-Verfahren geprüft.

Für die Ermittlung von *Wechselfestigkeit* sind zwei Verfahren gebräuchlich. Bild D 26.1 gibt die Auswertung von Biegewechselversuchen mit Stahlproben bei der hohen Umdrehungsgeschwindigkeit von 6000/min wieder [3]. Ein der Praxis besser angepaßtes Verfahren ist das von Weibull entwickelte statistische Ausfalldiagramm (Bild D 26.2) [4]. Hierfür werden fertige Lager unter bestimmten Bedingungen geprüft und der sogenannte B_{10}-Wert ermittelt; unter ihm ist die Lebensdauer zu verstehen, bei der 10% der geprüften Lager ausgefallen sind.

Genormte Verfahren zur Überprüfung des *Verschleißwiderstands* existieren noch nicht. Es ist jedoch bekannt, daß eine hohe Härte und eine hohe Zähigkeit den Verschleiß vermindern (s. C 10 und D 12).

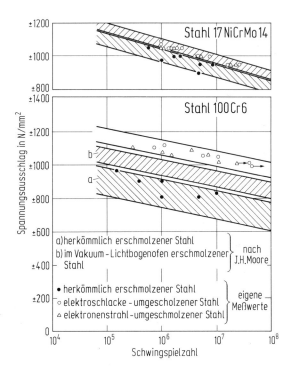

Bild D 26.1 Einfluß des Erschmelzungsverfahrens auf die Biegewechselfestigkeit der Stähle 17 NiCrMo 14 und 100 Cr 6 nach Tabelle D 26.1 (Schwingspielfrequenz 6000 min^{-1}). Nach [3].

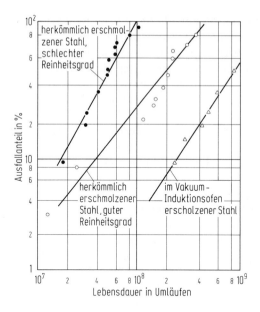

Bild D 26.2 Weibull-Diagramm von Wälzlagern aus unterschiedlich erschmolzenem Stahl 100 Cr 6 (800 kg Radialkraft, Schwingspielfrequenz 2750 min^{-1}). Nach [4].

Wesentlich für Wälzlagerstähle ist die *metallographische Untersuchung*. Reinheitsgrad [5], Karbidverteilung [6], Entkohlung [7] und Gefügeart werden stets ermittelt.

Für die metallographischen Auswertungen sind dementsprechend schon frühzeitig Richtreihen [8] entwickelt worden, nach denen die Prüfungen vereinheitlicht durchgeführt wurden. Zur Kennzeichnung des Reinheitsgrades sind in DIN 50 602 [5] die sulfidischen und oxidischen Einschlüsse nach Typ und Größe klassifiziert. Die in einer Einheitsfläche ab einer festgelegten Größe ermittelte Einschlußanzahl kann nach Anwendung von flächenproportionalen Bewertungsfaktoren als Kennwert K in Zahlen ausgedrückt werden [9]. Angaben über höchstzulässige Gehalte sind in der Wälzlagerstahlnorm DIN 17 230 [10] enthalten. Zur Abschätzung der Karbidverteilung ist das Stahl-Eisen-Prüfblatt 1520-78 – Mikroskopische Prüfung der Karbidausbildung in Stählen mit Bildreihen – aufgestellt worden [6]. Nach ihm läßt sich die Karbidgröße im Zustand nach Glühung auf kugeligen Zementit, der Anteil von lamellarem Perlit in diesem Zustand, die Ausbildung von Karbidnetzwerk und Karbidzeiligkeit in geschlossener und aufgelockerter Form zahlenmäßig festhalten [11]. Nach den Richtlinien können auch Grenzwerte für die Ergebnisse der metallographischen Prüfungen auf einheitlicher Grundlage vereinbart werden, wobei die Abmessungen der jeweiligen Erzeugnisse eine ausschlaggebende Bedeutung haben.

Über die Gefügeuntersuchungen hinaus werden auch die *Härtbarkeit* anhand der Stirnabschreckprobe, die Härteannahme oder die Einhärtung an einheitlich dimensionierten Proben unter festgelegten Wärmebehandlungsbedingungen geprüft [12].

Einschmelzung und Reinheitsgrad 589

D 26.3 Metallkundliche Maßnahmen zur Einstellung der geforderten Eigenschaften

Chemische Zusammensetzung, Erschmelzung und Wärmebehandlung sind für das im Gebrauchszustand erzielbare Gefüge und damit für die erforderlichen Eigenschaften der Wälzlagerstähle maßgebend. Aus der Forderung einer Härte von 50 bis 65 HRC und eines guten Verschleißwiderstands, durch ein rein martensitisches Gefüge mit eingelagerten feinen Karbiden erzielbar, ergibt sich die chemische Zusammensetzung der *durchhärtenden Stähle* mit 1% C und 1,5% Cr. Je nach Größe des Lagers und damit der notwendigen Durchhärtung werden die Chromgehalte variiert und durch Mangan- und Molybdängehalte ergänzt. Bild D 26.3 zeigt den Einfluß dieser Elemente auf die Durchhärtbarkeit einiger Wälzlagerstähle. Für größere Lagerabmessungen müssen demnach höher legierte Stähle benutzt werden.

Die *Erschmelzung* erfolgt heute im allgemeinen in Elektroöfen oder nach dem Sauerstoffblasverfahren mit anschließender Pfannenmetallurgie und Vakuumbehandlung. Hierdurch wird ein guter oxidischer Reinheitsgrad erzielt, wie er zur Gewährleistung der Lebensdauer von Wälzlagern notwendig ist. Es muß jedoch festgehalten werden, daß der Anteil an oxidischen Einschlüssen von der chemischen Zusammensetzung des Metalls abhängt [14]. Bild D 26.4 gibt die Häufigkeitsverteilung des oxidischen Reinheitsgradkennwerts $K4$ verschiedener Stahlgruppen wieder. Es ist deutlich der Einfluß des Kohlenstoffgehalts auf den Kennwert für den Gehalt an nichtmetallischen Einschlüssen abzulesen. Rostbeständige Wälzlagerstähle und Warmarbeitsstähle aus Erschmelzung unter Luft enthalten zusammensetzungsbedingt noch wesentlich höhere Anteile an oxidischen Einschlüssen.

Bei höchsten Anforderungen an den Reinheitsgrad ist ein *Umschmelzen* des üblich erzeugten Stahls *unter Elektroschlacke* (ESU) *oder im Vakuum* (VU) erforderlich. Die Abhängigkeit der Reinheitsgradkennzahl vom Sauerstoff- und Schwefel-

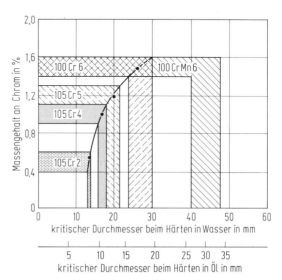

Bild D 26.3 Durchhärtbarkeit einiger Wälzlagerstähle. Nach [13].

gehalt nach unterschiedlichen Erschmelzungs- oder Umschmelzverfahren ist in Bild D 26.5 dargestellt [3]. Unter Luft erschmolzener Stahl hat im Vergleich zu ESU-erzeugtem Stahl bei vergleichbaren Sauerstoffgehalten beträchtlich höhere Reinheitsgradkennzahlen, bedingt durch gröbere Verteilung der Einschlüsse, während im Elektronenstrahlofen umgeschmolzener Stahl bei niedrigeren Sauerstoffgehalten noch niedrigere Reinheitsgradkennzahlen erhält. Für die feinere Verteilung und Ausbildung der nichtmetallischen Einschlüsse ist auch die andere Erstarrung der umgeschmolzenen Blöcke verantwortlich. Es soll an dieser Stelle auch der Einfluß der Verformung auf die Kennzahl der nichtmetallischen Einschlüsse erwähnt werden [15].

Eine weitere metallkundliche Maßnahme zur Steigerung der Lebensdauer ist in der *Beeinflussung der Karbidverteilung* gegeben. Bei den durchhärtenden übereutek-

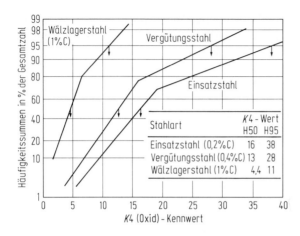

Bild D 26.4 Summenhäufigkeitskurven für den oxidischen Reinheitsgrad K 4 nach DIN 50 602 [5], ermittelt an Knüppeln von 90 bis 130 mm 4 kt aus Einsatz-, Vergütungs- und Wälzlagerstählen. Nach [14].

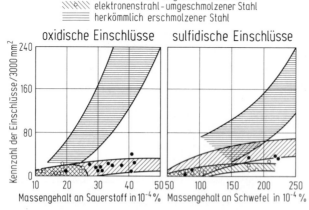

Bild D 26.5 Zusammenhang zwischen der Einschlußkennzahl nach DIN 50 602 [5] und dem analytisch ermittelten Sauerstoff- und Schwefelgehalt bei unterschiedlich erschmolzenem Stahl 100 Cr 6. Nach [3].

toidischen Stählen, besonders ausgeprägt bei den ledeburitischen Stählen, tritt vor allem bei langsamerer Erstarrung der Kernbereiche Karbidseigerung im Gußblock oder Strang auf. Dies kann bei der anschließenden Warmverformung zur Bildung übereutektoidischer oder ledeburitischer Karbidzeilen führen. Diffusionsglühungen bei hohen Temperaturen verbessern die Gefügeausbildung, bedeuten aber eine unerwünschte Zunahme der Randentkohlung und eine starke Kostensteigerung, auch für ihre Beseitigung. Eine weitere Verbesserung wird auch hier durch das mit wesentlich zeitverkürzter und anders gerichteter Erstarrung arbeitende Umschmelzen erreicht. Nach der Warmformgebung kann sich bei der Abkühlung ein Karbidnetzwerk ausbilden (Bild D 26.6); dieses ist im gewissen Umfang durch Sondermaßnahmen, wie Absenken der Endwalztemperatur, zusätzlichen Aufwand zur raschen Abkühlung des Stabstahls oder Drahts zu verringern. In Bild D 26.7 sind die zur Auflösung des Karbids notwendigen Haltezeiten und Temperaturen dargestellt [13, 16]. Neuere Untersuchungen berichten über die Verbesserung der Karbidverteilung und die damit verbundene Streckgrenzenerhöhung durch thermomechanische Behandlung [18]. Zeiligkeit und Netzwerk bleiben als Inhomogenitäten unerwünscht, sind aber nicht ganz vermeidbar.

D 26.4 Bewährte Stahlsorten

Tabelle D 26.1 gibt die Wälzlagerstahlsorten in der Gruppenunterteilung wieder, wie sie für die erste Fassung einer DIN-Norm (DIN 17 230) [10] nach jahrelanger Erörterung zustande gekommen ist. Da in ihr auch die Ergebnisse der Verhandlungen über eine Norm der Europäischen Gemeinschaft für Kohle und Stahl [19] und

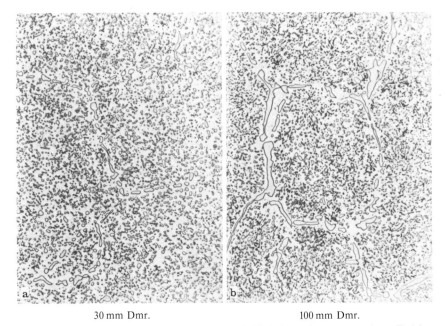

30 mm Dmr. 100 mm Dmr.

Bild D 26.6 Abhängigkeit des Karbidnetzwerks bei 100 Cr 6 von der warmgewalzten Endabmessung.

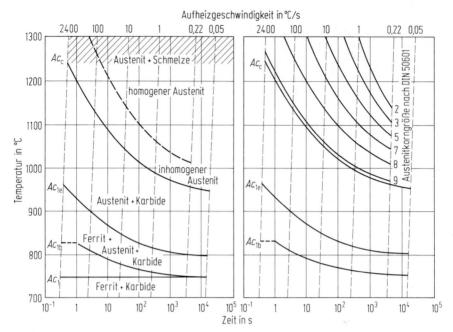

Bild D 26.7 ZTA-Schaubild von Stahl 100 Cr 6 für kontinuierliche Erwärmung (Austenitkorngröße nach EURONORM 103-71 [17] bzw. DIN 50 601 [17]).

über die Empfehlung der International Organisation for Standardisation [20] berücksichtigt worden sind, kann man Tabelle D 26.1 als Übersicht über weltweit gebräuchliche Sorten ansehen. Während in Deutschland überwiegend die *durchhärtenden Stähle* verwendet werden, wird in den Vereinigten Staaten von Amerika weitgehend die Gruppe der *Einsatzstähle* verarbeitet; ihr Vorteil beruht auf dem bei verschleißfester Oberfläche vorhandenen weichen Kern, wodurch Stoßbelastungen besser aufgenommen werden können. Der Verarbeitungsgang ist jedoch durch die notwendige Einsatzbehandlung für größere Aufkohlungstiefen umständlicher und teurer als der der durchhärtenden Stähle. Wie aus Bild D 26.3 hervorgeht, verändert sich mit zunehmendem Legierungsgehalt die Durchhärtbarkeit. Das bedeutet, daß größere Lager aus den höher legierten Stahlsorten hergestellt werden müssen.

Die *Vergütungsstähle* werden ebenfalls vor allem für größere Teile, z. B. für Laufbahnen für Wälzkörper (u. a. im Kranbau) im vergüteten und oberflächengehärteten Zustand verwendet. Die in Tabelle D 26.1 aufgeführten *nichtrostenden Stähle* ergeben wegen des erhöhten Kohlenstoffgehalts keine vollständige Rostbeständigkeit und haben aufgrund der höchstens erzielbaren Härte von 55 bis 58 HRC eine verminderte Beanspruchbarkeit.

Wird eine hohe Anlaßbeständigkeit benötigt, so ist ein Stahl aus der Gruppe der *warmharten Stähle* zu verwenden. Hiermit ist ein Einsatz der Lager bis 540 °C möglich, während der 100 Cr 6 nur bis 150 °C verwendet werden kann, ohne durch zu starken Härteabfall zum Ausfall zu führen.

Tabelle D 26.1 Chemische Zusammensetzung der gebräuchlichen Wälzlagerstähle (nach der Schmelzenanalyse). Nach [10]

Stahlsorte Kurzname	% C	% Si	% Mn	% P max.	% S max.	% Cr	% Mo	% Ni	% V	% W	Cu max.
						Durchhärtende Stähle					
100 Cr 2	0,90...1,05	0,15...0,35	0,25...0,45	0,030	0,025	0,40...0,60	–	max. 0,30	–	–	0,30
100 Cr 6	0,90...1,05	0,15...0,35	0,25...0,45	0,030	0,025	1,35...1,65	–	max. 0,30	–	–	0,30
100 CrMn 6	0,90...1,05	0,50...0,70	1,00...1,20	0,030	0,025	1,40...1,65	–	max. 0,30	–	–	0,30
100 CrMo 7	0,90...1,05	0,20...0,40	0,25...0,45	0,030	0,025	1,65...1,95	0,15...0,25	max. 0,30	–	–	0,30
100 CrMo 73	0,90...1,05	0,20...0,40	0,60...0,80	0,030	0,025	1,65...1,95	0,20...0,35	max. 0,30	–	–	0,30
100 CrMnMo 8	0,90...1,05	0,40...0,60	0,80...1,10	0,030	0,025	1,80...2,05	0,50...0,60	max. 0,30	–	–	0,30
						Einsatzstähle					
17 MnCr 5	0,14...0,19	max. 0,40	1,00...1,30	0,035	0,035	0,80...1,10	–	–	–	–	0,30
19 MnCr 5	0,17...0,22	max. 0,40	1,10...1,40	0,035	0,035	1,00...1,30	–	–	–	–	0,30
16 CrNiMo 6	0,15...0,20	max. 0,40	0,40...0,60	0,035	0,035	1,50...1,80	0,25...0,35	1,40...1,70	–	–	0,30
17 NiCrMo 14	0,15...0,20	max. 0,40	0,40...0,70	0,035	0,035	1,30...1,60	0,15...0,25	3,25...3,75	–	–	0,30
						Vergütungsstähle					
Cf 54	0,50...0,57	max. 0,40	0,40...0,70	0,025	0,035	–	–	–	–	–	0,30
44 Cr 2	0,42...0,48	max. 0,40	0,50...0,80	0,025	0,035	0,40...0,60	–	–	–	–	0,30
43 CrMo 4	0,40...0,46	max. 0,40	0,60...0,90	0,025	0,035	0,90...1,20	0,15...0,30	–	–	–	0,30
48 CrMo 4	0,46...0,52	max. 0,40	0,50...0,80	0,025	0,035	0,90...1,20	0,15...0,30	–	–	–	0,30
						Nichtrostende Stähle					
X 45 Cr 13	0,42...0,50	max. 1,00	max. 1,00	0,040	0,030	12,5...14,5	–	max. 1,00	–	–	0,30
X 102 CrMo 17	0,95...1,10	max. 1,00	max. 1,00	0,040	0,030	16,0...18,0	0,35...0,75	max. 0,50	–	–	0,30
X 89 CrMoV 181	0,85...0,95	max. 1,00	max. 1,00	0,045	0,030	17,0...19,0	0,90...1,30	–	0,07...0,12	–	0,30
						Warmharte Stähle					
80 MoCrV 4216	0,77...0,85	max. 0,25	max. 0,35	0,015	0,015	3,75...4,25	4,00...4,50	–	0,90...1,10	–	–
X 82 WMoCrV 6 5 4	0,78...0,86	max. 0,40	max. 0,40	0,030	0,030	3,80...4,50	4,70...5,20	–	1,70...2,00	6,00...6,70	–
X 75 WCrV 1841	0,70...0,78	max. 0,45	max. 0,40	0,030	0,030	3,80...4,50	max. 0,60	–	1,00...1,20	17,5...18,5	–

[a] Zu einigen weiteren Einzelheiten ist DIN 17 230 [10] zu beachten

D 27 Stähle für den Eisenbahn-Oberbau

Von Wilhelm Heller, Herbert Schmedders und Heinz Klein

Im Eisenbahn-Oberbau werden Stähle für Schienen, Weichen, Schwellen, Verbindungs- und Befestigungselemente verwendet. Die größte Bedeutung in technischer und wirtschaftlicher Sicht kommt den Schienen zu. Die Schienenstähle bilden deshalb den Schwerpunkt dieses Kapitels.

D 27.1 Anforderungen an die Gebrauchseigenschaften

Die wesentlichen Eigenschaften der Schienenstähle ergeben sich aus den Funktionen der Schiene als Träger und Fahrbahn [1].

Die vom Rad auf die Schiene einwirkenden Kräfte - Radlasten sowie Spurführungs-, Beschleunigungs- und Bremskräfte - führen im unmittelbaren Einwirkungsbereich zu sehr hohen dynamischen Beanspruchungen und zu starken Verformungen und Kaltverfestigungen des Schienenstahls (Bild D 27.1). Wesentliche Eigenschaften im Einwirkungsbereich der Räder sind deshalb die *mechanischen Eigenschaften* Streckgrenze, Zugfestigkeit und Dauerschwingfestigkeit, das *Verfestigungsverhalten* und das *Verformungsvermögen*.

Der durch die Reibberührung zwischen Rad und Schiene auftretende Verschleiß bestimmt im allgemeinen die Lebensdauer der Schienen. Der *Verschleißwiderstand* des Schienenstahls ist daher eine wichtige Gebrauchseigenschaft.

Aus der Notwendigkeit hoher Fahrwegsicherheit, insbesondere bei Schnellverkehr, ergibt sich die Forderung nach ausreichender *Bruchsicherheit* der Schienen [2]. Um auch Dauerbrüchen infolge der Beanspruchung als Träger vorzubeugen, ist auf eine genügende *Gestaltfestigkeit* zu achten.

Da Schienen heute in der Regel durchgehend verschweißt werden, müssen sie eine ausreichende *Schweißeignung* aufweisen.

Schienen müssen *frei sein von Spannungsrissen*, aus denen sich im Gleis Dauerbrüche (Nierenbrüche) entwickeln können, und sollen zur Vermeidung von Fahrkantenausbrechungen einen guten *Reinheitsgrad* haben [3-5].

Mit dem Übergang auf höhere Fahrgeschwindigkeiten ist für die Schienen die Forderung nach besonderer *Gradheit* verbunden, die nur durch ein Rollenrichten unter sorgfältig eingestellten Bedingungen erfüllt werden kann.

Riffeln, periodische Unebenheiten auf der Fahrfläche, die zuweilen im Gleis nach bestimmten Betriebsbeanspruchungen entstehen, sind als systembedingte Erscheinung anzusehen, die über den Schienenwerkstoff kaum beinflußbar ist [1].

Literatur zu D 27 siehe Seite 777.

D 27.2 Kennzeichnung der geforderten Eigenschaften

In diesem Abschnitt werden nur die Eigenschaften behandelt, die für Schienenstähle und Schienen spezifisch sind und deren Kennzeichnung spezielle Prüfverfahren erfordert. Wegen der anderen in D 27.1 genannten Eigenschaften und ihrer Prüfung sei auf die entsprechenden Kapitel von Teil C verwiesen, z. B. auf C 1 im Hinblick auf die *mechanischen Eigenschaften*.

Die *Gestaltfestigkeit* wird an rd. 2 m langen ganzen Schienenabschnitten mit einer Versuchsanordnung entsprechend Bild D 27.2 ermittelt [6].

Zum Nachweis der *Bruchsicherheit* wird in Lieferbedingungen ein Schlagversuch an ganzen Schienenabschnitten vorgeschrieben. Es handelt sich dabei um eine technologische Prüfung mit einer qualitativen Aussage [7]. Neuere Untersuchungen haben gezeigt, daß die Bruchsicherheit von Schienen unter Anwendungsbedingungen mit den Gesetzen der Bruchmechanik quantitativ beschrieben werden kann [8]. Der Zusammenhang ist vereinfacht in Bild D 27.3 wiedergegeben und ist gekennzeichnet durch
- die Rißzähigkeit K_{Ic} des Schienenwerkstoffs, bei perlitischen Stählen rd. 1000 N/mm$^{3/2}$;
- die in der Schiene wirkende Spannung σ, einschließlich der beim Rollenrichten entstehenden Eigenspannung;
- den an einer Schiene vorliegenden Fehler (z. B. Daueranriß) mit einer Tiefe t.

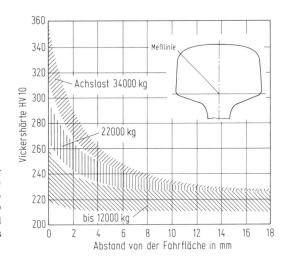

Bild D 27.1 Kaltverfestigung (gekennzeichnet durch die Vickershärte HV 10) unter der Fahrfläche befahrener Schienen (Stahlsorte UIC 70 nach Tabelle D 27.1). Bei den Achslasten von 34 und 22 t: Profil UIC 60, bei Achslasten bis 12 t: Rillenschiene.

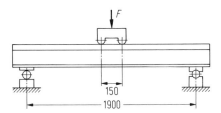

Bild D 27.2 Prüfanordnung für Biegeschwellversuche an Schienen.

Bei einer hohen Gleisspannung von 200 N/mm², die sich einer Eigenspannung von 240 N/mm² überlagert, bricht die Schiene bereits ausgehend von einem 2 mm tiefen Fehler. Unter derselben Gleisspannung erträgt die Schiene um so größere und damit leichter erkennbare Fehler, je höher die Rißzähigkeit ist und je niedriger die Eigenspannungen sind.

Da die Verschleißbeanspruchungen von Schienen örtlich und zeitlich sehr unterschiedlich sein und auch die Verschleißmechanismen in unterschiedlichem und sich änderndem Maße wirksam werden können, gibt es bis heute kein Standardprüfverfahren zur Bestimmung des *Verschleißwiderstandes* (s. auch C 10).

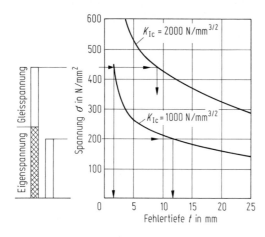

Bild D 27.3 Bruchsicherheit von Schienen in Abhängigkeit von Spannung und Fehlertiefe (K_{Ic} = Rißzähigkeit der Schienenstähle).

D 27.3 Metallkundliche Maßnahmen zur Einstellung der geforderten Eigenschaften

Die wesentliche Verwendungseigenschaft von Schienenstählen, mit der andere Gebrauchseigenschaften wie Streckgrenze, Dauerfestigkeit und Verschleißwiderstand eng verbunden sind, ist die *Zugfestigkeit*, die bei den Schienenstählen in einem Bereich von 700 bis 1300 N/mm² liegt.

Bei den überwiegend verwendeten naturharten, d. h. im Walzzustand verwendeten Schienen handelt es sich um unlegierte oder niedrig mit Mangan legierte Stähle, die z. T. zusätzlich Chrom und geringe Gehalte an Vanadin und Molybdän enthalten können.

Die Schienenstähle wandeln bei der üblichen Abkühlung auf dem Warmbett in der Perlitstufe um und weisen im Zugfestigkeitsbereich von 700 bis 900 N/mm² ein *ferritisch-perlitisches Gefüge* und bei Zugfestigkeiten über 900 N/mm² ein *perlitisches Gefüge* auf. Ihre wesentlichen Eigenschaften werden durch die entsprechenden Gefügeanteile und deren morphologische Ausbildung bestimmt.

Im ferritisch-perlitischen Bereich wird die Zugfestigkeit vor allem über den durch den Kohlenstoffgehalt gegebenen Perlitanteil beeinflußt (Bild D 27.4). Daneben besteht jedoch auch ein Effekt der Ferritkorngröße, der Mischkristallverfestigung und des Lamellenabstandes im Perlit [9,10].

Gefüge zur Einstellung der Festigkeitseigenschaften

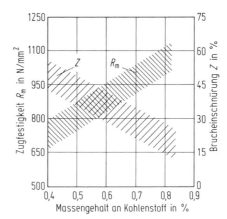

Bild D 27.4 Zugfestigkeit und Brucheinschnürung eines Stahls mit 1,2 % Mn in Abhängigkeit vom Kohlenstoffgehalt.

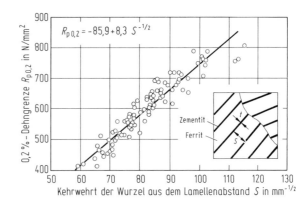

Bild D 27.5 Zusammenhang zwischen der 0,2 %-Dehngrenze und dem Zementitlamellenabstand bei perlitischen Stählen.

$R_{p0,2} = -85,9 + 8,3 \, S^{-1/2}$

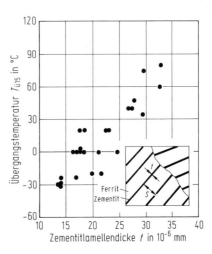

Bild D 27.6 Zusammenhang zwischen der Übergangstemperatur der Kerbschlagarbeit $T_{ü15}$ und der Zementitlamellendicke bei perlitischen Stählen ($T_{ü15}$ bei einem Zähbruchanteil von 15 % an DVMF-Proben).

Bei den perlitischen Stählen ist die *Ausbildung des Perlits* weitgehend für die mechanischen Eigenschaften bestimmend [10, 11]. Streckgrenze (Bild D 27.5) und Zugfestigkeit nehmen mit abnehmendem Lamellenabstand zu.

Die *Zähigkeitseigenschaften* verbessern sich mit abnehmender Zementitlamellendicke (Bild D 27.6) und abnehmender Austenitkorngröße (Bild D 27.7). Daneben besteht noch ein geringer zusätzlicher Einfluß von Silizium; es steigert die Zugfestigkeit und erhöht die Übergangstemperatur der Kerbschlagarbeit.

Wegen der unterschiedlichen Wirksamkeit des Lamellenabstandes auf Zugfestigkeit und Streckgrenze steigt das Verhältnis Streckgrenze zu Zugfestigkeit von rd. 0,5 bei Zugfestigkeiten von 900 N/mm^2 auf über 0,6 bei Zugfestigkeiten von 1200 N/mm^2 an (Bild D 27.8).

Aus den metallkundlichen Zusammenhängen ergibt sich die Empfehlung, die angestrebte Festigkeit ausgehend von Stahl mit kleinem Austenitkorn auf der Grundlage eines feinkörnigen Ferrit-Perlit- oder Perlitgefüges bei geringem Lamellenabstand und geringer Zementitlamellendicke im Perlit einzustellen [13].

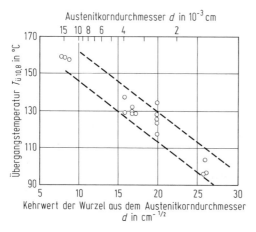

Bild D 27.7 Zusammenhang zwischen der Übergangstemperatur der Kerbschlagarbeit $T_{ü10,8}$ und der Austenitkorngröße ($T_{ü10,8}$ bei einer Kerbschlagarbeit von 10,8 J an ISO-Spitzkerb-Querproben). Nach [12]. Die Austenitkorngröße wurde bei dem untersuchten Stahl mit 0,51% C, 0,17% Si, 0,87% Mn, 0,018% P und 0,013% S durch unterschiedliche Wärmebehandlung variiert.

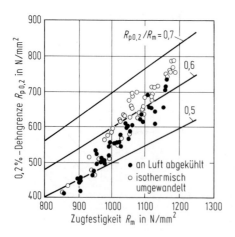

Bild D 27.8 Zusammenhang zwischen 0,2%-Dehngrenze und Zugfestigkeit bei Schienenstählen.

Gefüge zur Einstellung der Zähigkeit. Dauerfestigkeit, Gestaltfestigkeit 599

Der *Verschleißwiderstand* erhöht sich mit steigender Zugfestigkeit. Eine Festigkeitssteigerung um 200 N/mm² entspricht nach Labor- und Betriebserprobungen in Kurvenstrecken von Bahngesellschaften und Industriebahnen bei den in Betracht kommenden Schienenstählen (s. D 27.4) in etwa einer Verdoppelung des Verschleißwiderstandes [14, 15].

Die *Biegewechselfestigkeit* verbessert sich mit steigender Zugfestigkeit entsprechend Bild D 27.9. Ein Anstieg der Zugfestigkeit von 700 auf 1200 N/mm² hat eine Verbesserung der Biegewechselfestigkeit um fast 70% zur Folge [1].

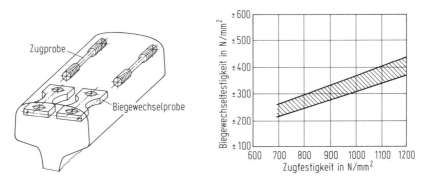

Bild D 27.9 Biegewechselfestigkeit von Schienenstählen unterschiedlicher Zugfestigkeit.

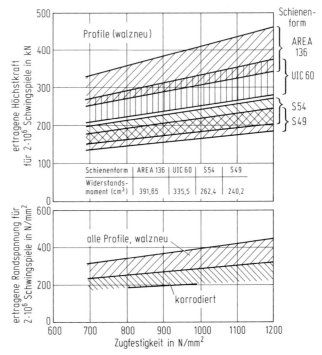

Bild D 27.10 Gestaltfestigkeit bei Biegeschwellbeanspruchung von Schienen unterschiedlicher Form und Oberflächenbeschaffenheit (die Randspannung bezieht sich auf die Schienenfußunterseite).

Die *Gestaltfestigkeit* von Schienen hängt, wie am Beispiel der Biegeschwellfestigkeit in Bild D 27.10 zu erkennen ist, weniger von der Zugfestigkeit als vom Schienenprofil und der Oberflächenbeschaffenheit der Schienen ab [6]. Dem unteren Teil des Bildes kann man entnehmen, daß ein Einfluß des Schienenprofils nur über das Widerstandsmoment der Schiene besteht. Bei entsprechenden Anforderungen an die Gestaltfestigkeit sind diese bei der Profilauswahl zu berücksichtigen.

Die *Schweißeignung* der Schienenstähle ist bei den vorliegenden hohen Kohlenstoffgehalten durch die Herstellung kaum zu beeinflussen. Bei besonderen Schienenstahlsorten sollten höhere Gehalte an Mangan und Chrom und anderen Elementen, die die Umwandlung in der Perlitstufe stark verzögern, vermieden werden, damit es nach dem Schweißen nicht zu einer ausgeprägten Martensitbildung kommt. Bild D 27.11 zeigt ZTU-Schaubilder für kennzeichnende Schienenstähle mit 1 und 1,5% Mn sowie mit 1% Mn und 1% Cr. Die Schweißbedingungen müssen dem Umwandlungsverhalten durch entsprechendes Vorwärmen oder Vor- und Nachwärmen Rechnung tragen, damit die Umwandlung in der Perlitstufe erfolgt [1, 16, 17].

Der *Wärmebehandlung* von Schienen kommt bisher nur eine mengenmäßig begrenzte Bedeutung zu. Sie erfolgt bevorzugt zur Einstellung eines feinlamellaren perlitischen Gefüges, indem durch beschleunigte Abkühlung die Umwandlung im Perlitbereich zu tieferen Temperaturen verlagert wird [18]. Es gelten die geschilderten metallkundlichen Zusammenhänge. Bei gleicher Festigkeit sind derart wärmebehandelte und naturharte Schienen im Gebrauchsverhalten weitgehend gleich. Beim Schweißen solcher Schienen ist sicherzustellen, daß die Entfestigung im Wärmeeinflußbereich nach Höhe und Ausdehnung begrenzt bleibt.

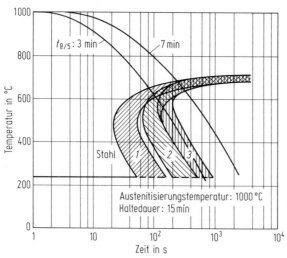

Stahl	Chemische Zusammensetzung								
	%C	%Si	%Mn	%P	%S	%Cr	%N	%Al$_{gesamt}$	%Al$_{lösl.}$
1	0,71	0,32	1,00	0,016	0,019	0,06	0,006	0,009	—
2	0,64	0,35	1,50	0,020	0,020	0,02	0,006	0,003	—
3	0,71	0,47	0,98	0,018	0,022	1,00	0,003	0,003	0,003

Bild D 27.11 Zeit-Temperatur-Umwandlungs-Schaubilder für kontinuierliche Abkühlung von drei Schienenstählen.

D 27.4 Kennzeichnende Stahlsorten und ihre Anwendung

Als Schienenstähle haben sich die in Tabelle D 27.1 zusammengestellten naturharten Stahlsorten international durchgesetzt. Die Zugfestigkeit der in D 27.3 kurz gekennzeichneten wärmebehandelten Schienen liegt im Fahrflächenbereich über 1150 N/mm^2 (aus Härtemessungen ermittelt) und fällt zum Schieneninnern hin ab.

Tabelle D 27.1 Zugfestigkeit und chemische Zusammensetzung von Schienenstählen

Stahlsorte[a]	Zugfestigkeit N/mm^2	% C	% Si	% Mn	% Cr	% V max.	% Mo max.
UIC 70	680... 830	0,40/0,60	0,05/0,35	0,70/1,25	–	–	–
UIC 90 A	880...	0,60/0,80	0,10/0,50	0,80/1,30	–	–	–
UIC 90 B	880...	0,55/0,75	0,10/0,50	1,30/1,70	–	–	–
AREA/ASTM-A-1	850... 1000[b]	0,67/0,82	0,10/0,23	0,70/1,00	–	–	–
Sonderstahl 110	1080...	0,60/0,80	≤ 0,90	0,80/1,30	0,70/1,20	0,2	0,1

[a] UIC = Union Internationale des Chemins de Fer (Internationaler Eisenbahnverband).
  AREA = American Railway Engineering Association
  ASTM = American Society for Testing and Materials
[b] Aus der chemischen Zusammensetzung ermittelte Anhaltswerte

Bei *Streckenschienen* für geringe Achslasten, wie sie bei Nahverkehrsbetrieben in Betracht kommen, und bei geringer Streckenbelastung (≤ 10 000 BRT/Tag) wird häufig die Stahlsorte UIC 70 eingesetzt.

Höhere Streckenbelastungen machen, insbesondere in Verbindung mit kurvenreicher Linienführung, den Einsatz der Stahlsorten UIC 90 A, UIC 90 B oder AREA/ASTM-A-1 wirtschaftlich. Bei hohen Achslasten (≥ 25 t), hohen durchschnittlichen Streckenbelastungen und engen Kurven (Radien ≤ 600 m) empfiehlt sich der Einsatz von Schienen aus dem Sonderstahl 110.

Falls unter gegebenen Betriebsbedingungen erhöhter Verschleiß, Verquetschungen oder Fahrkantenausbrechungen am Schienenkopf auftreten, bringt der Einsatz eines höherfesten Schienenstahls in der Regel Vorteile.

Im *Weichenbau* werden in erster Linie ebenfalls die Stahlsorten nach Tabelle D 27.1 eingesetzt. An besonders beanspruchten Weichenteilen, z. B. Herzstückspitzen für die Deutsche Bundesbahn, wird auch eine Wärmebehandlung auf ein feinperlitisches Gefüge (s. D 27.3) mit einer Zugfestigkeit von 1100 bis 1350 N/mm^2 vorgenommen [19]. Es kommt auch der Einsatz von Vergütungsstahl mit rd. 0,5% C, 1% Cr und 0,2% Mo oder 0,15% V (50 CrMo 4 oder 50 CrV 4) mit einer Zugfestigkeit von 1200 bis 1400 N/mm^2 in Betracht. In dem Zusammenhang ist auch Manganhartstahl mit rd. 0,7% C und 14% Mn (X 70 Mn 14) zu nennen.

Stahlschwellen werden aus allgemeinen Baustählen, bevorzugt aus St 37-2 hergestellt [20]. Werden die Rippenplatten auf die Stahlschwelle aufgeschweißt, muß eine entsprechende Schweißeignung gegeben sein [21].

Für *Laschen* sind nach den UIC-Bedingungen [22] zwei Festigkeitsstufen für naturharte Stähle vorgesehen. Die in Arbeit befindliche ISO-Empfehlung berücksichtigt zusätzlich auch eine wärmebehandelte Ausführung (s. Tabelle D 27.2).

Tabelle D 27.2 Mechanische Eigenschaften von Stählen für Laschen

Zugfestigkeit N/mm²	Bruchdehnung A % min.
470...550	20
550...640	18
$\geq 710^a$	–

[a] Wärmebehandelt

Tabelle D 27.3 Mechanische Eigenschaften von Stählen für Unterlagsplatten

Zugfestigkeit N/mm²	Bruchdehnung A % min.
360...440	24
410...490	23
470...540	20

Unterlagsplatten werden nach den UIC-Bedingungen [23] in den drei Festigkeitsbereichen nach Tabelle D 27.3 geliefert.

Die metallkundlichen Maßnahmen zur Einstellung der geforderten Eigenschaften der Stähle für diese Teile des Eisenbahn-Oberbaus sind in D 2 und D 5 behandelt.

D 28 Stähle für rollendes Eisenbahnzeug

Von Klaus Vogt, Karl Forch und Günter Oedinghofen

D 28.1 Allgemeines

Unter dem Oberbegriff „Stähle für rollendes Eisenbahnzeug" werden die Werkstoffe für die Fertigung von Achswellen, Radscheiben und Radreifen sowie von Vollrädern (im internationalen Sprachgebrauch auch „Monoblock-Räder" genannt) behandelt.

Eine jahrzehntelange Entwicklung im Schienenverkehr der Eisenbahnen hat zu Lieferbedingungen für das rollende Eisenbahnzeug geführt, die in den verschiedenen Ländern weitgehend ähnlich sind. So gelten für den europäischen Raum und darüber hinaus die Vorschriften des Internationalen Eisenbahnverbandes (UIC) mit Sitz in Paris. Diese Vorschriften beziehen sich sowohl auf die zur Anwendung kommenden Stahlsorten wie auch auf Herstellungsverfahren und Eigenschaften der Stahlerzeugnisse. Darüber hinaus wird eine weitere weltweite Vereinheitlichung der Bedingungen im Rahmen der Internationalen Organisation for Standardization (ISO) angestrebt.

D 28.2 Anforderungen an die Gebrauchseigenschaften

An alle für die oben in D 28.1 genannten Bauteile verwendeten Stähle werden entsprechend der Funktion und der betrieblichen Beanspruchung Anforderungen an die *mechanischen Eigenschaften* (Festigkeit einschl. Dauerfestigkeit und Zähigkeit) gestellt. Bei den Stählen für Radreifen und Vollräder kommt die Forderung nach *Verschleißwiderstand* und Widerstand gegen Laufflächenschäden, der in einem gewissen Zusammenhang mit der *Wärmerißunempfindlichkeit* steht, hinzu. Die Erfüllung dieser letztgenannten Anforderungen ist schwierig, da diese Eigenschaften gegenläufig sind.

Zum wichtigen Komplex der erwähnten Laufflächenschäden bei Radreifen und Vollrädern wird auf die einschlägigen Veröffentlichungen hingewiesen [1-4].

Von maßgeblichem Einfluß auf die erreichbare Laufleistung sind – unabhängig vom Stahl – auch die *Profilgestaltung* von Laufkranz und Schiene und die Laufeigenschaften der Fahrzeuge [5]. Für die beanspruchungsgerechte Formgebung und Dimensionierung der Komponenten des Radsatzes sind in den letzten Jahren neue Verfahren entwickelt worden, die es ermöglichen, auf rein rechnerischem Weg Bauteile mit günstiger Spannungsverteilung zu gestalten [6-8].

Literatur zu D 28 siehe Seite 778.

D 28.3 Kennzeichnung der geforderten Eigenschaften

Die *mechanischen Eigenschaften* der Stähle für Radscheiben, Radreifen, Vollräder und Achswellen werden nach dem üblichen Vorgehen im *Zugversuch* und im *Kerbschlagbiegeversuch* geprüft (s. C 1). Wegen der Besonderheiten dieser Erzeugnisformen sind die Zug- und Kerbschlagproben in bestimmten Lagen und Richtungen zu entnehmen. Darüber hinaus kommt zur Ergänzung oder als Ersatz der vorgenannten Versuche auch eine Anfertigung von Baumannabdrucken mit bestimmten Grenzwerten, Härteprüfung über den Laufkranz- oder Radquerschnitt, Ermittlung der Wechselfestigkeit, Fallgewichtsprüfung sowie Ultraschall- und Magnetpulverprüfung in Betracht. Die typische Härteverteilung über den Querschnitt eines laufkranzvergüteten Vollrades (s. u.) mit rd. 0,5% C, 0,3% Si und 0,8% Mn ist in Bild D 28.1 wiedergegeben.

Zur Kennzeichnung der Empfindlichkeit der Stähle gegen die Ausbildung von *Wärmewechselrissen* werden grundsätzliche Versuche mit „Thermoschockbehandlung" an Proben durchgeführt, die im Oberflächenbereich induktiv auf Temperaturen von rund 600 bis 900 °C, entsprechend der möglichen Wärmebeanspruchung z. B. beim Klotzbremsen oder bei hohem Schlupf zwischen Rad und Schiene, erwärmt und unmittelbar darauf in Wasser abgekühlt werden. Gemessen wird die Anzahl der Thermozyklen bis zum Auftreten von Anrissen in der Probenoberfläche.

Abschließende eindeutige Folgerungen für die günstigste chemische Zusammensetzung, das zweckmäßigste Gefüge und die Auswahl der Stahlsorten für die Betriebspraxis haben sich aus den Ergebnissen bisher noch nicht ableiten lassen [9].

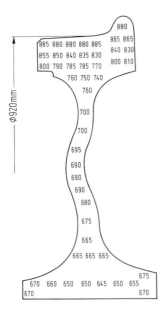

Bild D 28.1 Aus der gemessenen Brinell-Härte errechnete Zugfestigkeit (in N/mm^2) und ihre Verteilung über den Querschnitt eines laufkranzvergüteten Vollrades aus einem Stahl mit rd. 0,5% C, 0,3% Si und 0,8% Mn.

D 28.4 Maßnahmen zur Einstellung der geforderten Eigenschaften

Zur Erfüllung der Anforderungen an die mechanischen Eigenschaften der Stähle werden die Maßnahmen ergriffen, die auf den in C1 in Einzelheiten behandelten metallkundlichen Grundlagen beruhen. Zur Erzielung der *Festigkeit* und *Zähigkeit* wird entweder ein *Gefüge* aus einer ferritischen Grundmasse mit Einlagerungen von Perlit in Anteilen, die dem Kohlenstoffgehalt entsprechen, eingestellt, also ein Gefüge, wie es bei unlegierten Stählen mit nicht zu hohem Kohlenstoffgehalt nach dem Warmumformen oder – in gleichmäßigerer und feinkörnigerer Ausbildung – nach einem Normalglühen vorliegt, oder es wird ein Vergütungsgefüge angestrebt. Für die verschiedenen Bauteile gilt im einzelnen folgendes:

Bei *Radscheiben* für bereifte Räder, die – neben den noch in geringem Umfang verwendeten Stahlgußradsternen für elektrische Lokomotiven und Dampflokomotiven – als geschmiedete Körper mit geradem oder gewelltem Scheibenteil (Blatt) hergestellt werden, kommen Stähle mit Warmumform- oder mit Normalglühgefüge zum Einsatz.

Für die gewichtsparende Ausführung als doppeltgewellte Leichtradscheibe für Wagen kommt unter Verwendung niedriglegierter Vergütungsstähle ein Zustand mit Vergütungsgefüge in Betracht.

Radreifen werden im unteren Bereich der geforderten Festigkeit (s. u.) im Walzzustand eingesetzt oder es wird ein Normalglühgefüge eingestellt. Radreifen im Bereich der höheren Festigkeiten werden durchweg einer Wärmebehandlung zur Erzeugung eines Vergütungsgefüges unterzogen.

Vollräder im unteren Festigkeitsbereich (s. u.) werden normalgeglüht oder verbleiben im Walzzustand. Dabei ergibt sich für die unlegierten Stähle eine weitgehend perlitisch-ferritische Gefügeausbildung. Im höheren Festigkeitsbereich und bei legierten Stählen kann eine Vergütungsbehandlung des gesamten Vollrades mit Abschrecken in Öl durchgeführt werden. Bei den unlegierten Stählen ergibt sich dabei in den oberflächennahen Bereichen und bei den legierten Vergütungsstählen über tiefere Bereiche des Querschnitts eine Gefügeausbildung aus Bainit und Martensit, während in der Kernzone Perlit mit Ferritanteilen vorliegt. Wegen der auftretenden Schwierigkeiten ist für Vollräder aus unlegierten Stählen und legierten Stählen mit niedrigem Kohlenstoffgehalt ein besonderes Verfahren der Wärmebehandlung, das sogenannte *Laufkranzvergüten*, entwickelt worden, das heute in großem Umfang angewendet wird. Dabei wird das Rad in eine besondere Härtemaschine im allgemeinen horizontal eingelegt und unter langsamer Drehung im Bereich der Lauffläche und des Spurkranzes mit Wasser unter Druck durch kreisförmig angeordnete Düsen von Austenitisierungstemperatur abgekühlt. Die Radscheibe wird von der Wasserbeaufschlagung ausgenommen, so daß in diesem Bereich angenähert ein Normalglühen erfolgt. Anschließend wird das gesamte Rad angelassen, und zwar je nach chemischer Zusammensetzung im allgemeinen bei mind. 500 °C. Zweck dieser Wärmebehandlung ist es, bei hohen, für das Verschleißverhalten günstigen Festigkeiten im Laufkranzbereich im Scheibenteil deutlich niedrigere Festigkeiten und damit ein besseres Verformungsvermögen einzustellen. Sie bietet außerdem die Möglichkeit, im Radkranz hohe Festigkeit mit guter Zähigkeit zu verbinden. Die Laufkranzvergütung ist als Standardwärmebehandlung der Vollräder aus unlegierten Stählen mit höheren Festigkeiten international weitgehend eingeführt.

Neben der in Europa üblichen Fertigung durch Vorpressen im Gesenk unter Schmiedepressen und Fertigwalzen mit kalibrierten Walzen werden nach in den USA entwickelter Technologie Vollräder auch im Druckgußverfahren hergestellt. Diese Ausführung ist insbesondere im nordamerikanischen Raum für Güterwagenräder verbreitet.

Bei Radreifen und Vollrädern ist besonders auf die gegenläufige Forderung nach *Verschleißwiderstand* und *Wärmerißunempfindlichkeit* einzugehen (s. D 28.2). Bei den hier in Rede stehenden Stählen und der Art ihrer Verschleißbeanspruchung kann, ohne Einzelheiten zu erörtern (s. dazu C 10), gesagt werden, daß der Verschleiß im allgemeinen um so geringer ist, je härter der Werkstoff, je höher seine Zugfestigkeit ist. Da diese wesentlich vom Kohlenstoffgehalt abhängt, weisen Stähle mit höherem Kohlenstoffgehalt im allgemeinen einen geringeren Verschleiß im Fahrbetrieb auf. In gewissem Umfang kann der Kohlenstoffgehalt durch Legierungselemente kompensiert werden. Mit der Erhöhung der Laufflächenfestigkeit durch Anwendung höherer Kohlenstoffgehalte ist andererseits eine größere Anfälligkeit gegen die Entstehung bestimmter Laufflächenschäden verbunden. Durch Reibungswärme, insbesondere durch rasche örtliche Erwärmung beim Bremsen oder bei hohem Schlupf auf Temperaturen, die oberhalb der Austenitisierungstemperatur liegen [10], können in der äußeren Zone der Lauffläche Gefügeumwandlungen auftreten. Infolge des schnellen Wärmeflusses in Richtung auf den kalten Teil des Rades bildet sich eine martensitische Zone von hoher Härte und Sprödigkeit. Diese thermischen Aufhärtungen verursachen feine, meist kurze Oberflächenrisse, aus denen sich bei weiterer Beanspruchung durch den Fahrbetrieb Materialausbrüche bis hin zu Daueranbrüchen entwickeln können.

Es besteht also die Notwendigkeit, diese gegenläufigen Einflußgrößen bestmöglich zu verbinden. Der Kohlenstoffgehalt und der über ihn gesteuerte Karbidhaushalt darf, wie schon angedeutet, nicht allein unter dem Gesichtspunkt der Minderung von Abriebverschleiß festgelegt werden. Vielmehr muß die ungünstige Wirkung hoher Kohlenstoffgehalte auf die Thermoschockbeständigkeit und die Reibmartensitbildung beachtet werden. Es hat daher nicht an Bemühungen gefehlt, als Ersatz für den herkömmlichen Manganstahl mit Kohlenstoffgehalten zwischen rd. 0,40 und 0,70 % kohlenstoffärmere Radstähle zu entwickeln, bei denen zur Festigkeitssteigerung Sonderkarbidbildner oder mischkristallbildende Legierungselemente zugesetzt wurden. So werden im Rahmen eines Vorhabens zur Erforschung der Grenzen des Rad-Schiene-Systems neben konventionellen Stahlsorten auch bisher nicht übliche Werkstoffe, wie z. B. verhältnismäßig kohlenstoffarme Stähle mit rd. 0,25 % C und auch austenitische Stähle, untersucht. Es laufen auch Versuche mit einem Stahl, dessen Kohlenstoffgehalt bis auf Werte unter 0,10 % abgesenkt ist. Durch die Verwendung niedriglegierter Stähle anstelle der reinen Manganstähle bietet sich zudem die Möglichkeit, in Verbindung mit hoher Festigkeit auch die Werte der Kerbschlagarbeit anzuheben und damit die Sprödbruchsicherheit weiter zu erhöhen.

Als *günstige Gefügeausbildung im Laufflächenbereich* von Rädern und Radreifen wird allgemein ein feinstreifiger Perlit angesehen. So führt die oben erwähnte Radkranzvergütung von Manganstählen zu einem Gefüge, das neben Bainitanteilen

Gefügeausbildung. Stahlsorten 607

weitgehend aus solch feinstreifigem Perlit besteht. Bei der entsprechenden Wärmebehandlung von legierten kohlenstoffarmen Stählen wird ein Bainit-Martensit-Gefüge erzeugt, das durch Anlassen in ein Vergütungsgefüge übergeführt wird. Gesicherte Ergebnisse über den Gefügeeinfluß auf die Höhe des Abrasivverschleißes liegen noch nicht vor.

Dasselbe gilt auch bei Einbeziehung der übrigen Verschleißarten wie Rißbildung durch Thermoschock oder Ermüdung und Rißausbreitung unter der herrschenden Wechselbeanspruchung. Neuere Ergebnisse [11] zeigen, daß bei gleicher chemischer Zusammensetzung der Rißfortschritt da/dN (a = Rißlänge, N = Schwingspielzahl bei der Wechselbeanspruchung) im Bereich mittlerer Geschwindigkeiten nicht von der Art des Gefüges abhängt. Der Restbruchanteil ist um so kleiner, je höher die Zähigkeit des Stahls ist.

Eine Verbesserung der Kerbschlagarbeit ist auf der Grundlage eines unlegierten Stahls unter Beibehaltung eines fein perlitischen Gefüges kaum zu erreichen. Es laufen Versuche, die Zähigkeit derartiger Stähle durch besondere Feinkörnigkeit des Gefüges zu erhöhen, wobei Zusätze von sonderkarbidbildenden Elementen verwendet werden. Insgesamt betrachtet erscheint die Entwicklung niedriglegierter Vergütungsstähle mindestens ebenso aussichtsreich.

Radsatzwellen werden je nach den Lieferbedingungen und den vorhandenen Fertigungseinrichtungen entweder durch Schmieden oder durch Walzen oder auch durch Walzen mit anschließendem Schmieden hergestellt. Im Hinblick auf die Eigenschaften der Stähle wird ein Normalglüh- oder ein Vergütungsgefüge eingestellt. Bei Treibradsatzwellen kommt allein eine Vergütung der Stähle in Betracht.

Bei den Radsatzwellen hat die Dauerfestigkeit (Biegewechselfestigkeit) große Bedeutung. Sie hängt nicht nur von den mechanischen Eigenschaften des Stahls sondern auch von der Form der Wellen ab. Auf ihre konstruktive Gestaltung ist daher besonders zu achten, sie ist eine der Maßnahmen zur Sicherstellung der Dauerhaltbarkeit unter den Beanspruchungen des Fahrbetriebs.

D 28.5 Kennzeichnende Stahlsorten mit betrieblicher Bewährung

Für *Radscheiben* finden im allgemeinen unlegierte Stähle mit Kohlenstoffgehalten zwischen rd. 0,22 und 0,45 % (z. B. Ck 22, Ck 35 und Ck 45) Verwendung. Sie haben im normalgeglühten Zustand Zugfestigkeiten von rd. 400 bis 750 N/mm^2. Eine Werkstoffentwicklung ist hier weder notwendig noch erkennbar.

Für die in D 28.3 genannten, doppelt gewellten Leichtradscheiben kommt ein Stahl mit rd. 0,46 % C, 1 % Mn und 0,8 % Si (46 MnSi 4), der auf Zugfestigkeiten von 750 bis 850 N/mm^2 vergütet wird, in Betracht.

Die für die Fertigung von *Radreifen* hauptsächlich eingesetzten unlegierten Stähle sind durch Kohlenstoffgehalte zwischen 0,4 und 0,7 % und Mangangehalte bis rd. 1 % gekennzeichnet. In Sonderfällen werden übliche legierte Vergütungsstähle, z. B. mit rd. 0,50 % C, 1 % Cr und 0,20 % Mo (50 CrMo 4) oder auch niedriglegierte kohlenstoffarme Vergütungsstähle mit z. B. Chrom-, Molybdän-, Silizium- und auch Borzusätzen im normalgeglühten oder im vergüteten Zustand (wie der Stahl 26 MnMoB 6 4 mit rd. 0,26 % C, 1,5 % Mn, 0,4 % Mo und 0,003 % B) eingesetzt.

Für die Fertigung von *Vollrädern* werden im wesentlichen die gleichen Stahlsorten wie für Radreifen verwendet. Es handelt sich um unlegierte Stähle mit Kohlenstoffgehalten zwischen rd. 0,4 und 0,7% und Mangangehalten bis rd. 1%. Gelegentlich werden auch Stähle mit höherem Kohlenstoffgehalt bis rd. 0,77% – z. B. für Räder von Eisenbahnen im nordamerikanischen Raum – eingesetzt. In Sonderfällen werden legierte Stahlsorten, z. B. mit rd. 0,50 oder 0,58% C sowie 1% Cr und 0,25% Mo (50 CrMo 4 oder 58 CrMo 4) gewählt. Je nach Wärmebehandlung und Gefügezustand kommen Zugfestigkeiten von 600 bis 1200 N/mm^2 in Betracht. Im übrigen werden im Fahrbetrieb und in Fahrversuchen in größerem Umfang verschiedene legierte Vergütungsstähle mit z. T. abgesenktem Kohlenstoffgehalt zwischen rd. 0,2 und 0,3% verwendet (s. D 28.3). Die notwendige Festigkeit wird hier über Legierungszusätze von beispielsweise Chrom, Mangan und Silizium erreicht.

Insgesamt reicht der gegenwärtige Stand der Entwicklung noch nicht aus, um die herkömmlichen Stähle in bedeutendem Umfang durch neue Werkstoffe zu ersetzen [12–15].

Für *Laufradsatzwellen* mit Durchmessern von rd. 150 mm werden üblicherweise unlegierte Stähle mit rd. 0,35 oder 0,45% C (z. B. Ck 35 oder Ck 45), verwendet. Der Einsatz erfolgt im unbehandelten, normalgeglühten oder vergüteten Zustand. Je nach dem entsprechenden Gefüge liegt die Zugfestigkeit zwischen rd. 500 und 700 N/mm^2 bei Werten für die Kerbschlagarbeit bis rd. 30 J (an ISO-Rundkerb-Längsproben bei 20 °C). Für die höher beanspruchten *Treibradsatzwellen* mit Durchmessern bis rd. 250 mm werden legierte Vergütungsstähle eingesetzt. Es haben sich Stahlsorten mit rd. 0,25% C, 1% Cr und 0,20% Mo (25 CrMo 4) und mit rd. 0,34% C, 1,5% Cr, 0,20% Mo und 1,5% Ni (34 CrNiMo 6) und andere eingeführt und bewährt. Die Wärmebehandlung wird hier als Flüssigkeitsvergütung durchgeführt. Die chemische Zusammensetzung der Vergütungsstähle für Treibradsatzwellen gewährleistet im vergüteten Zustand über den gesamten Querschnitt eine weitgehend ferritfreie Gefügeausbildung aus Bainit und Martensit. Dagegen weisen die unlegierten Stähle für Laufradsatzwellen in allen Wärmebehandlungszuständen eine Gefügeausbildung aus Perlit und Ferrit auf. In Abhängigkeit vom Gefüge lassen sich Zugfestigkeiten im Bereich zwischen rd. 650 und 1000 N/mm^2 bei Werten für die Kerbschlagarbeit von rd. 30 bis 60 J (an ISO-Rundkerb-Längsproben bei 20 °C) einstellen.

Weitere allgemeingültige Angaben über die meisten der oben genannten Stahlsorten finden sich in DIN 17 200 [16]. Zu Einzelheiten der Stähle und Erzeugnisse sei auf die internationalen Festlegungen der ISO und UIC (s. D 28.1) verwiesen [17, 18].

D 29 Stähle für Schrauben, Muttern und Niete

Von Klaus Barteld und Wolf-Dietrich Brand

D 29.1 Anforderungen an die Gebrauchseigenschaften

Für die Stähle zur wirtschaftlichen Herstellung der Massenteile Schrauben, Muttern und Niete in Großserienfertigung, aber auch für Spezialfertigungen zur Erfüllung höchster Ansprüche, ist die *Eignung zum Kalt-Massivumformen* (s. C 7) die maßgebende Gebrauchseigenschaft, an die entsprechende Anforderungen gestellt werden [1]. Dabei ergeben sich hohe Ansprüche an die Gleichmäßigkeit des Gefüges und an das Formänderungsvermögen, aber auch an die Oberflächenbeschaffenheit der Stahlerzeugnisse (Stabstahl oder Draht [2]). Bild D 29.1 verschafft einen Eindruck von den Verarbeitungsschritten beim Kaltumformen des Stahls zu Schrauben unterschiedlicher Gestalt.

Bei großen Abmessungen der Bauteile wird je nach Herstellungsverfahren auch gute *Warmumformbarkeit* (s. C 6) verlangt.

In Abhängigkeit von der Herstellung der Bauteile, u. a. bei der Verarbeitung der Stähle in kleineren Stückzahlen, aber auch bei Verbindungselementen aus Stählen mit hohen Anforderungen, z. B. an die mechanischen Eigenschaften (s. u.), erfolgt die Formgebung durch spanabhebende Bearbeitung. Deshalb werden zusätzlich Anforderungen an die *Zerspanbarkeit* (s. C 9) gestellt. Können sie nur von Automatenstählen erfüllt werden (s. D 19), so ist zu beachten, daß ihnen Stoffe zulegiert sind, die allein oder in Form von Verbindungen spanbrechend wirken, wodurch die Verwendungseigenschaften der Stähle und der aus ihnen gefertigten Verbindungselemente ungünstig beeinflußt werden können. Daher sind nach entsprechenden Vorschriften (z. B. in DIN ISO 898 Teil 1 [3]) Automatenstähle für Schrauben und Muttern nur in einem eingeschränkten Umfang zugelassen.

Die einzuhaltenden Werte für die *mechanischen Eigenschaften*, nach denen die Verbindung ausgelegt ist, müssen in engen Streubereichen erreicht werden, wobei die Dauerhaltbarkeit von entscheidender Bedeutung ist. Bei den Stählen für Schrauben ist vielfach als maßgebende Grundlage für die Anforderungen an die mechanischen Eigenschaften die DIN ISO 898 Teil 1 anzusehen [3, 4].

Zur Einstellung der geforderten mechanischen Eigenschaften ist bei Teilen, die durch Kalt-Massivumformung gefertigt werden, die Kaltverfestigung zu berücksichtigen und mit den anderen in Betracht kommenden Eigenschaften sinnvoll zu kombinieren (s. C 7) [5].

Hochfeste Schrauben und Muttern werden nach der Formgebung einer Wärmebehandlung unterzogen. Daher müssen die Werkstoffe eine große Gleichmäßigkeit in der Härteannahme über den Querschnitt des Befestigungselements aufweisen und entsprechende Anforderungen an die *Härtbarkeit* erfüllen [6]. Schrauben mit geringen Umformgraden, z. B. Langschaftschrauben und Langschaftkugelbolzen, werden in zunehmendem Maße aus vergütetem Walzdraht oder Stabstahl gefertigt.

Literatur zu D 29 siehe Seite 778, 779.

| Reduziert Kopf-gestaucht | Sechskant abgegratet | Abgeschert Kalibriert | Vorgestaucht | Formgestaucht | Innensechsk. genapft | Innensechsk. fertiggepreßt |

Sechskantschraube aus 41 Cr 4   Innensechskantschraube aus 34 CrMo 4

Bild D 29.1 Kennzeichnende Beispiele für die Vorgänge beim Kaltumformen von Stahl zu Schrauben (41 Cr 4: rd. 0,41 % C und 1,1 % Cr; 34 CrMo 4: rd. 0,34 % C, 1,1 % Cr und 0,25 % Mo).

Hierfür sind keine weiteren Wärmebehandlungen mehr erforderlich, verlangen aber Vergütungswerte in einem engen Streuband über die gesamte Länge des Drahtrings. Die für Spezialschrauben und Niete gebrauchten Einsatzstähle müssen meist für Direkthärtung aus dem Einsatz geeignet und daher feinkörnig sein (mit Korngrößenkennzahlen größer 5, s. DIN 50601 [7]) [8, 9].

Bei den nichtrostenden Stählen für Verbindungselemente wird neben bestimmten Werten für die mechanischen Eigenschaften und die Kaltumformbarkeit der *Korrosionswiderstand* gegen unterschiedliche Angriffsmedien und Korrosionsarten gefordert [10].

In nicht unerheblichem Umfang werden unlegierte Stähle zu Schweißmuttern, z. B. im Karosseriebau verarbeitet. Daher müssen diese Stähle *Eignung zum Widerstandsschweißen* haben. Sie ist bei den für Schrauben, Muttern und Niete im allgemeinen eingesetzten kohlenstoffarmen Stählen gegeben. Dabei darf die örtlich hohe thermische Beanspruchung des Widerstandsschweißens mit ihren Auswirkungen auf die mechanischen Eigenschaften des kaltverfestigten Werkstoffs nicht außer acht gelassen werden.

An die *Erzeugnisse* aus den in Betracht kommenden Stählen werden im Hinblick auf die zu fertigenden Teile Anforderungen an die *Oberflächenbeschaffenheit* und *Maßhaltigkeit* gestellt. So werden für die Fertigung von Schrauben, Muttern und Niete gewalzte Drahtringe oder Stäbe mit den Maßen und zulässigen Maßabweichungen nach DIN 1013, 59115 oder 59130 eingesetzt [11-13]. Die Verarbeitung erfolgt bei Stählen mit niedrigem Kohlenstoffgehalt im unbehandelten Zustand, bei Vergütungsstählen nach einer Glühung auf kugelige Zementitausbildung (GKZ), in Sonderfällen im vergüteten Zustand, bei umwandlungsfreien Stählen nach Abschrecken von Lösungsglühtemperatur, gegebenenfalls entzundert oder auch zur besseren Schmiermittelhaftung beschichtet. Bei hohen Anforderungen an die Maßhaltigkeit gelangt Blankstahl mit gezogener, geschälter, geschliffener oder geschliffener und polierter Oberfläche mit entsprechend eingeengten, genormten Maßtoleranzen zur Verarbeitung, gegebenenfalls beschichtet und schwach nachgezogen. Walzdraht und Blankdraht werden vorwiegend kaltumgeformt, Stabstahl wird meist warmumgeformt oder spanend bearbeitet.

D 29.2 Kennzeichnung der geforderten Eigenschaften

Grundsätzliches zur Kennzeichnung der *Kalt-Massivumformbarkeit* von Stahl findet sich in C 7. Für die Stähle dieses Kapitels haben sich die *Zugfestigkeit und Brucheinschnürung*, ermittelt im *Zugversuch*, zur einfachen Kennzeichnung der Kalt-Massivumformbarkeit als sinnvoll erwiesen. Angestrebt wird in diesem Zusammenhang eine niedrige Zugfestigkeit und eine hohe Brucheinschnürung [14]. Obwohl damit meistens ein gutes Formänderungsvermögen erreicht wird, erschweren extrem niedrige Festigkeitswerte das Scheren der Drahtabschnitte auf den Kaltumformmaschinen. Hier kann jedoch durch eine gezielte, leichte Kaltverfestigung des oberflächennahen Bereichs Abhilfe geschafft werden. Ferner wird durch diese Kalibrierung die Maßhaltigkeit des Vormaterials verbessert.

Da Stähle mit höherem Perlitanteil im Gefüge, d. h. Stähle mit mehr als rd. 0,2 % C, für die Kaltumformung meist auf kugelige Karbide geglüht werden (s. Bild D 29.2), wird häufig auch die *Gefügeausbildung* als Bewertungsgröße für die Kalt-Massivumformbarkeit herangezogen. Die Gefügebeurteilung erfolgt nach metallographischen Verfahren (siehe z. B. Stahl-Eisen-Prüfblatt 1520 [15]).

Zur Kennzeichnung der *Warmumformbarkeit* sei auf C 6 verwiesen. Angaben über die Kennzeichnung der *Zerspanbarkeit* von Stählen finden sich in C 9.

Bei den *mechanischen Eigenschaften* sind neben der schon genannten Zugfestigkeit nach der Umformung und gegebenenfalls Wärmebehandlung die *Streckgrenze* und ihr Verhältnis zur Zugfestigkeit wichtige Werkstoffkenngrößen, dazu gehört ferner die Zähigkeit der Stähle, weil die hergestellten Teile durch das Gewinde und den Querschnittsübergang Schaft/Kopf vielfach gekerbt sind. Einen Anhalt für die Zähigkeit gibt die im schon erwähnten *Zugversuch* ermittelte *Bruchdehnung*. Vielfach wird auch im *Kerbschlagbiegeversuch* die *Kerbschlagarbeit* der Stähle ermittelt. Wegen ihrer Bedeutung für das betriebliche Verhalten der Schrauben wird die

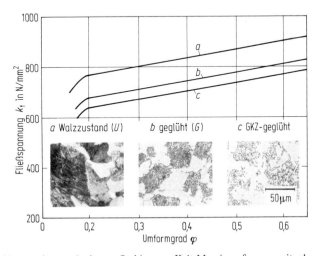

Bild D 29.2 Änderung der Fließkurve eines unlegierten Stahls zum Kalt-Massivumformen mit rd. 0,35 % C (Cq 35) durch Glühen auf höchstzulässige Zugfestigkeit (G) und auf kugelige Zementitausbildung (GKZ).

Zähigkeit auch am fertigen Teil nachgeprüft: Der *Schrägzugversuch* (z. B. nach DIN ISO 898 Teil 1 [3]) ist für die Betriebskontrollen hinsichtlich Zähigkeit und auch Zugfestigkeit ein aussagekräftiges Prüfverfahren für Schrauben (Bild D 29.3).

Die *Härtbarkeit* wird gegebenenfalls im *Stirnabschreckversuch* geprüft (s. dazu C 4.6.1).

Die Oberfläche des zur Verarbeitung kommenden Stahls darf beim Kaltstauchen nicht aufplatzen. Die *Oberflächenbeschaffenheit* der Stahlerzeugnisse wird durch den *Stauchversuch* überprüft, wobei ein Abschnitt von der Länge 1,5 × Durchmesser auf 0,5 × Durchmesser gestaucht wird (s. auch Bild D 6.3). Risse, Walznähte, Poren und Narben auf der Oberfläche sowie randnahe nichtmetallische Einschlüsse können zu Aufplatzungen führen, sie müssen daher, soweit wie herstellungstechnisch und wirtschaftlich erforderlich, vermieden werden [16]. Bei geringeren Durchmessern der Stahlerzeugnisse (z. B. < 5 mm) kommt statt des Kaltstauchversuchs der *Wechselverwindeversuch* in Betracht, bei dem Proben mit einer Länge von 50 × Durchmesser in wechselnder Richtung verwunden werden (siehe z. B. DIN 51212 [17]). Zur Kennzeichnung der Oberflächenbeschaffenheit können auch *Magnetpulver-oder Ultraschallverfahren* eingesetzt werden. Die zulässige Tiefe von Oberflächenfehlern wird unter Berücksichtigung einer gegebenenfalls erforderlichen Wärmebehandlung und nach der vorgesehenen Verarbeitung (durch Kaltstauchen oder mechanische Bearbeitung) nach Klassen festgelegt (siehe z. B. die Klassen im Entwurf für die Stahl-Eisen-Lieferbedingungen 055).

Ein weiteres Gütemerkmal für die Oberflächenbeschaffenheit der Stahlerzeugnisse für die Schrauben-, Muttern- und Nietfertigung ist die *Randentkohlung*. Sie wird mit *metallographischen Verfahren* untersucht. Die Randentkohlung soll möglichst gering sein. Solange keine Abtragung der Oberfläche vorgenommen wird, werden alle Stähle bei der Warmumformung zu Stäben oder Draht mehr oder weniger stark entkohlt. Deswegen müssen Werte für die zulässige Entkohlung jeweils festgelegt werden (siehe z. B. die Werte für die zulässige Abkohlungstiefe für Vergütungsstähle in DIN 1654 Teil 1 [18]). Insbesondere würde z. B. bei Schrauben mit angerolltem Feingewinde die Tragfähigkeit des Gewindes in einer abgekohlten Oberflächenschicht nicht der angegebenen Festigkeitsklasse entsprechen.

Einen wichtigen Einfluß auf die Verarbeitbarkeit zu Befestigungselementen sowie auf deren mechanische Eigenschaften nach der Kaltumformung hat die *Maß-*

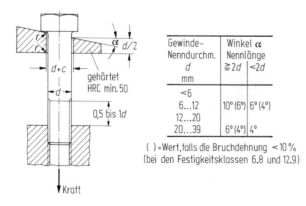

Bild D 29.3 Schrägzugversuch zur Prüfung der Zähigkeit und Zugfestigkeit von Schrauben (Nach DIN ISO 898 Teil 1 [3]).

haltigkeit der gewalzten oder gezogenen Stahlerzeugnisse (Draht oder Stabstahl). Maßschwankungen bedingen ungleichmäßige Verfestigung, nicht Ausfüllen oder ein Zuvollgehen der Matrizen, was Werkzeugbruch zur Folge haben kann. Für die meisten Anwendungsbereiche sind die in D 29.1 genannten Maßnormen ausreichend.

D 29.3 Metallkundliche Maßnahmen zur Einstellung der geforderten Eigenschaften

Damit die beschriebenen Eigenschaften der Stähle für Verbindungselemente erreicht werden, muß bei der Stahlerschmelzung und der anschließenden Weiterverarbeitung zu Walzdraht, Stabstahl und Blankstahl besondere Sorgfalt angewendet werden. Chemische Zusammensetzung und Reinheitsgrad müssen im Hinblick auf die Anforderungen an die Eigenschaften (s. o.: u. a. Zugfestigkeit, Streckgrenze, Bruchdehnung, Kaltumformbarkeit oder Zerspanbarkeit) optimiert werden.

Bei den Stählen für kalt zu fertigende Teile, bei denen es also auf die *Kalt-Massivumformbarkeit* (s. C 7) ankommt, ist ein *Gefüge* aus Ferrit und geringen Anteilen an Perlit, also unlegierter Stahl mit niedrigem Kohlenstoffgehalt, anzustreben. Solche Stähle können ohne besondere Behandlung, d. h. im Walzzustand, kaltumgeformt werden. Steigende Kohlenstoff- und Legierungsgehalte setzen das Formänderungsvermögen herab und erhöhen die Fließspannung. Neben Kohlenstoff verschlechtern auch Mangan und die Stahlbegleitelemente, wie z. B. Phosphor, Schwefel und Stickstoff, das Formänderungsvermögen und vermindern die Zähigkeit, so daß eine Begrenzung oder Einschränkung dieser Elemente im Stahl anzustreben ist.

Feinkornerschmelzung führt gegenüber Grobkornerschmelzung zu besserer Zähigkeit. Daher werden Feinkornstähle trotz ihres etwas geringeren Formänderungsvermögens und ihrer geringeren Härtbarkeit bevorzugt für die Fertigung von Verbindungselementen eingesetzt. Feinkörnigkeit wird durch Zugabe von Elementen erreicht, durch die bei zweckentsprechender Abkühlung aus der Walzhitze oder von der Glühtemperatur Ausscheidungen gebildet werden; diese bewirken feinkörnige Rekristallisation oder behindern das Kornwachstum im Austenitgebiet.

In Stählen mit erhöhtem Kohlenstoff- und Legierungsgehalt müssen vor der Kaltumformung die lamellar ausgebildeten *Karbide* des Perlits durch ein Glühen *kugelig eingeformt* werden, um eine niedrige Fließspannung und ein besseres Formänderungsvermögen zu erreichen (Bild D 29.2). Ein optimales Glühgefüge wird je nach der chemischen Zusammensetzung durch geeignete Wahl der Glühbedingungen erreicht, wobei das Ausgangsgefüge im Walzzustand berücksichtigt werden muß. So kann durch ein schnelles Abkühlen nach dem Walzen die Glühbarkeit auf kugelige Karbide erleichtert werden. Hierbei dürfen die Eigenheiten der Karbidausscheidung und Einformbarkeit in normalen Glühzeiten nicht übersehen werden. Im allgemeinen werden Langzeitglühungen auf kugelige Zementitausbildung (GKZ) durchgeführt, wobei ein Anteil an kugelig eingeformtem Perlit im Gefüge, gleichmäßig verteilt, von über etwa 70% ausreichend ist (Bild D 29.4). Höhere Einformungsgrade werden erzielt, wenn zuvor eine Kaltumformung zum Brechen von Karbidlamellen, z. B. durch Ziehen, vorgenommen wird. Neben der kugeligen Ein-

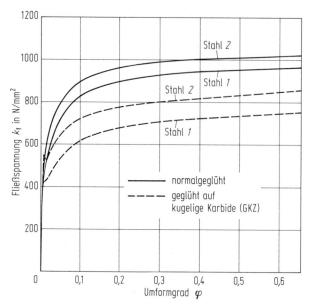

Bild D 29.4 Einfluß einer Langzeitglühung zur Überführung des Zementits bzw. der Karbide in eine kugelige Form (GKZ) auf die Fließkurve von zwei Einsatzstählen (Stahl *1*: rd. 0,16 % C, 1,2 % Mn und 1 % Cr: 16 MnCr 5; Stahl *2*: rd. 0,20 % C, 0,8 % Mn, 0,4 % Cr und 0,45 % Mo: 20 MoCr 4).

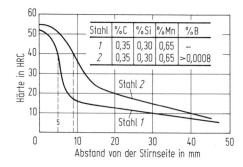

Bild D 29.5 Härtbarkeit, gekennzeichnet durch Stirnabschreck-Härtekurven (Mittelwerte), von zwei Vergütungsstählen zum Kalt-Massivumformen mit gleichem Kohlenstoffgehalt aber unterschiedlichem Borgehalt (Stahl *1*: Cq 35, Stahl *2*: 35 B 2).

formung des Perlits ist die *Verteilung der Karbide* maßgebend. Es muß erreicht werden, daß sie nicht vorwiegend auf den Korngrenzen sondern gleichverteilt im Gefüge liegen.

Nichtrostende, austenitische Stähle werden lösungsgeglüht und abgeschreckt. Dabei werden die umformungsbehindernden Ausscheidungen im Gefüge gelöst.

Bei den Stählen für Schrauben und Muttern der höheren Festigkeitsklassen steht im Hinblick auf die Einhaltung der Anforderungen an die mechanischen Eigenschaften die *Härtbarkeit* im Vordergrund. Allgemein sei dazu auf C 4 und D 5 verwiesen. Im besonderen hat sich bei Stählen dieses Kapitels Bor als sehr nützlich zur Härtbarkeitssteigerung ergeben, wie Bild D 29.5 erkennen läßt. Trotz Verbesserung der Härtbarkeit durch Bor wird die Umformbarkeit kaum verschlechtert

(s. die Kurven für die Stähle *2* und *3* in Bild D 29.6). Unlegierte Stahlsorten werden durch Borzusatz auch bei dickeren Drahtabmessungen für Ölhärtung geeignet, während sie ohne Bor nur in Wasser zu härten wären [19-21]. Die die Kaltumformbarkeit kennzeichnende Fließkurve eines Stahls mit rd. 0,38% C und 0,5% Cr (38 Cr 2) liegt wesentlich höher, also ungünstiger, als die eines in der Härtbarkeit vergleichbaren Borstahls mit gleichem Kohlenstoffgehalt (35 B 2) (Bild D 29.6). Die Fließkurven für einen nicht mit Bor legierten Stahl mit rd. 0,35% C (Cq 35), also mit gleicher Grundzusammensetzung aber geringerer Härtbarkeit, und für einen kohlenstoffärmeren unlegierten Stahl mit rd. 0,15% C (Cq 15) sind zum Vergleich eingetragen.

Die Maßnahmen zur Einstellung der übrigen wichtigen Eigenschaften (s. D 29.1) der Stähle dieses Kapitels stimmen mit den bei vergleichbaren Stählen in anderen Kapiteln beschriebenen überein (siehe z. B. C 1 und C 9).

D 29.4 Kennzeichnende Stahlsorten mit betrieblicher Bewährung

Nach den Ausführungen in D 29.3 haben Stähle mit einer ferritischen Grundmasse und nur geringen Anteilen an Perlit, im wesentlichen also *unlegierte Stähle mit niedrigem Kohlenstoffgehalt*, ohne besondere Behandlung eine gute Kalt-Massivumformbarkeit, sind daher für kaltzufertigende Schrauben besonders gut geeignet. Tabelle D 29.1 führt zwei Beispiele für solche Stähle auf, die beiden Sorten UQSt 36 und UQSt 38, die auch schon in Tabelle D 6.1 enthalten sind, hier aber noch einmal genannt werden, da es zwei für die Schraubenfertigung typische, unlegierte Stähle sind, an die höchste Anforderungen an die Oberfläche und das Formänderungsvermögen gestellt werden können. Für Schrauben oder Niete einfacher Gestalt und

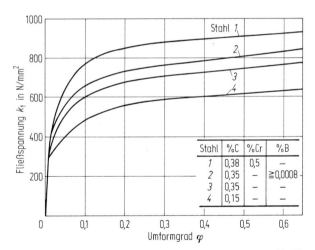

Bild D 29.6 Fließkurven von zwei Stählen (*1* und *2*) mit etwa gleicher Härtbarkeit aber unterschiedlichem Borgehalt. (Zum Vergleich sind die Fließkurven von zwei unlegierten Stählen zum Kalt-Massivumformen (*3* und *4*) zusätzlich eingetragen). Alle Stähle wurden nach Glühung zur Überführung des Zementits bzw. der Karbide in eine kugelige Form (GKZ) geprüft (Stahl *1*: 38 Cr 2, *2*: 35 B 2, *3*: Cq 35, *4*: Cq 15).

Tabelle D 29.1 Chemische Zusammensetzung sowie mechanische und technologische Eigenschaften von kohlenstoffarmen, unlegierten, nicht für eine Wärmebehandlung vorgesehenen Stählen für Schrauben, Muttern und Niete (weitere Einzelheiten s. [22])

Stahlsorte (Kurzname)	Chemische Zusammensetzung					Mechanische und technologische Eigenschaften im warmgewalzten Zustand[a]				
	%C max.	%Si	%Mn	%P max.	%S max.	Zug-festigkeit N/mm^2	Streck-grenze N/mm^2 min.	Bruch-dehnung A % min.	Kerbschlagarbeit (ISO-V-Probe) Mittelwert bei J min. °C	Stauchversuch $h_1 : h_0 = 1 : 3$ bei °C
USt 36	0,14	Spuren	0,25…0,50	0,050	0,050	330…430	205	30	27 +20	900
UQSt 36	0,14	Spuren	0,25…0,50	0,040	0,040				27 +20	20
RSt 36	0,14	≦ 0,30	0,25…0,50	0,050	0,050				27 +10	900
USt 38	0,19	Spuren	0,25…0,50	0,050	0,050	370…460	225	25	27 +20	900
UQSt 38	0,19	Spuren	0,25…0,50	0,040	0,040				27 +20	20
RSt 38	0,19	≦ 0,30	0,25…0,50	0,050	0,050				27 +10	900
U 7 S 6	0,10	Spuren	0,30…0,60	0,050	0,04…0,08	(310…440)	(205)	–	– –	–
U 10 S 10	0,15	Spuren	0,30…0,60	0,050	0,08…0,12	(340…470)	(225)	–	– –	–

[a] Die eingeklammerten Werte dienen nur zur Unterrichtung

begrenzter Dicke, an die keine so hohen Oberflächenansprüche gestellt werden müssen, kommt u. a. der Stahl USt 36 nach Tabelle D 29.1 in Betracht. Da bei diesen unberuhigten Stählen durch die naturbedingten Seigerungen die Eignung zur Einsatzbehandlung beeinträchtigt ist, gelangen für diesen Verwendungszweck häufig die beruhigten Stähle RSt 36, RSt 38 oder, bei besonderen Ansprüchen an die Fertigteile, die für eine Wärmebehandlung besser geeigneten und gut kaltstauchfähigen Stähle wie Cq 15 (s. Tabellen D 29.2 und D 6.2) zur Anwendung. Diese kohlenstoffarmen Stähle sowie besonders beruhigte Stähle (z. B. QSt 32-3 in Tabelle D 6.1) verfestigen bei Kaltumformung relativ wenig, so daß mit ihnen hohe Umformgrade, wie z. B. bei Schrauben oder Niete mit besonders flachem und breitem Kopf, erzielbar sind.

Die Tabellen D 29.2 und D 29.3 stellen eine Auswahl aus den in DIN 1654 Teil 3 bis 5 genormten *Einsatz-, Vergütungs- und nichtrostenden Stählen* [23, 24, 26] mit ihren Kenngrößen für die beiden Lieferzustände 1. geglüht auf kugeligen Zementit (GKZ) bei den Stählen mit γ/α-Umwandlung und 2. abgeschreckt bei den umwandlungsfreien Werkstoffen vor. Bei den hier angegebenen Werten für die mechanischen Eigenschaften handelt es sich nicht um Grenzwerte der Norm, sondern um beispielhafte Anhaltswerte, die sich in der Praxis bewährt und eingeführt haben. Dadurch ergeben sich in dem einen oder anderen Fall Unterschiede zu den Werten in den Tabellen D 6.2 bis D 6.4, in denen einige dieser Stähle schon genannt sind, hier aber wegen ihrer Bedeutung für Schrauben noch einmal aufgeführt werden. In den Tabellen D 29.2 und D 29.3 werden für jede Stahlsorte Verwendungshinweise gegeben, die keinen Anspruch auf Vollständigkeit haben, sondern die richtige Zuordnung und Stahlauswahl für die Erreichung der erforderlichen Festigkeitsklassen nach DIN ISO 898 Teil 1 [3] erleichtern sollen.

Steigende Bedeutung, jedoch nicht auf die Mengen bezogen, haben *warmfeste Stähle* für die Fertigung von Schrauben und Muttern (siehe z. B. die Stähle nach DIN 17 240 [28] und DIN 267 Teil 13 [29]). Zum größten Teil werden diese Stahlsorten als Stabstahl geliefert und daraus die Befestigungselemente durch Warmformgebung und spanende Bearbeitung hergestellt. Für die wenigen Fälle, in denen die Stähle auch für eine Kaltumformung vorgesehen werden, gelten dieselben Merkmale wie für Vergütungsstähle.

Beispiele für die Fließkurve typischer *nichtrostender Stähle* sind in Bild D 29.7 gezeigt. Man erkennt die stärkere Steigung der Kurven für die *austenitischen Stähle 1* bis *3* im abgeschreckten Zustand, besonders z. B. für den häufig eingesetzten Stahl X 5 CrNiMo 18 10 (Stahl *2*, s. Tabelle D 29.3) gegenüber niedrig legierten Stählen (vgl. Bild D 29.6), die die stärkere Verfestigungsneigung der Austenite zum Ausdruck bringt. Die Neigung zum Kriechen ist bei diesen Stahlsorten zu berücksichtigen [30]. Der titanlegierte Stahl X 10 CrNiTi 18 9 (Stahl *1* in Bild D 29.7) zeigt vergleichsweise die höchste Fließspannung bei der Formänderung und wird deshalb für Befestigungselemente nicht eingesetzt, weil an Schrauben nicht geschweißt wird. Werden höhere Umformgrade gefordert, bieten sich die ELC-Stähle (*extra low carbon*-Stähle) an, d. h. Stähle mit besonders niedrigem Kohlenstoffgehalt, z. B. der Stahl X 2 CrNi 18 9 mit rd. 0,02 % C, 18 % Cr und 11 % Ni. Die neue, als ELA-Ferrit (*extra low additions*-Ferrit), d. h. als nichtrostender ferritischer Stahl mit besonders geringen Gehalten an Legierungs- und Begleitstoffen entwickelte Stahlsorte X 1 CrMo 18 2 mit rd. 0,01 % C, 18 % Cr und 2 % Mo, die neben

Tabelle D 29.2 Chemische Zusammensetzung, mechanische Eigenschaften und Härtbarkeit von Einsatz- und Vergütungsstählen für Verbindungselemente [23, 24]

Stahlsorte (Kurzname)	Chemische Zusammensetzung[a]						Mechanische Eigenschaften im Zustand GKZ[c]		Härtbarkeit			Verwendungsbeispiele[b]
	% C	% Si	% Mn	% Cr	% Mo	% Ni	Zugfestigkeit N/mm² max.	Brucheinschnürung % min.	Härte im Kern HRC min.	Dmr.[d] mm max.		
Cq 15	0,12...0,18	0,15...0,35	0,25...0,50	–	–	–	440	65	–	–		Niete, Blech- und Bohrschrauben
16 MnCr 5	0,14...0,19	0,15...0,40	1,00...1,30	0,80...1,10	–	–	550	62	–	–		Niete, Muttern, Spezialschrauben
Cq 35	0,32...0,39	0,15...0,35	0,50...0,80	–	–	–	550	60	40	8		Muttern für die Festigkeitsklassen 8 und 10; 8.8-Schrauben bis M 8
35 B 2[e]	0,32...0,40	0,15...0,40	0,50...0,80	–	–	–	530	62	40	18		Muttern für die Festigkeitsklassen 10 und 12; 8.8-Schrauben bis M 20
34 Cr 4	0,30...0,37	0,15...0,40	0,60...0,90	0,90...1,20	–	–	580	60	42	24		8.8-Schrauben bis M 24 10.9-Schrauben bis M 18
37 Cr 4	0,34...0,41	0,15...0,40	0,60...0,90	0,90...1,20	–	–	600	60	44	24		10.9-Schrauben bis M 20 12.9-Schrauben bis M 8
41 Cr 4	0,38...0,45	0,15...0,40	0,50...0,80	0,90...1,20	–	–	610	59	45	26		10.9-Schrauben bis M 26 12.9-Schrauben bis M 8
34 CrMo 4	0,30...0,37	0,15...0,40	0,50...0,80	0,90...1,20	0,15...0,30	–	600	60	45	22		10.9-Schrauben bis M 24 12.9-Schrauben bis M 16
42 CrMo 4	0,38...0,45	0,15...0,40	0,50...0,80	0,90...1,20	0,15...0,30	–	630	59	48	28		10.9-Schrauben bis M 30 12.9-Schrauben bis M 24
34 CrNiMo 6	0,30...0,38	0,15...0,40	0,40...0,70	1,40...1,70	0,15...0,30	1,40...1,70	680	62	48	30		12.9-Schrauben bis M 32 14.9-(Sonder)Schrauben bis M 12
30 CrNiMo 8	0,26...0,33	0,15...0,40	0,30...0,60	1,80...2,20	0,30...0,50	1,80...2,20	700	62	48	36		12.9-Schrauben, 14.9-(Sonder)Schrauben bis M 16

[a] Der Phosphor- und Schwefelgehalt beträgt je max. 0,035 %
[b] Die Festigkeitsklassen bei den Schrauben und ihre Kennzeichnung entsprechen den Festlegungen in DIN ISO 898 Teil 1 [3] und DIN 267 Teil 3 [25], danach bedeutet die erste Zahl 1/100 der Nennzugfestigkeit der Schrauben, die zweite Zahl gibt das 10fache des Verhältnisses der Nennstreckgrenze (bzw. Nenn- 0,2%-Dehngrenze) zur Nennzugfestigkeit der Schrauben an; in der weiteren Kennzeichnung, z. B. M 8, bedeutet die Zahl den Gewindedurchmesser in mm
[c] GKZ = Geglüht auf kugeligem Zementit (Karbid)
[d] Durchmesser bis zu dem nach Härten in Öl eine Härte im Kern von min. 40 bis 48 (s. nebenstehende Spalte) erreicht wird.
[e] 0,0008 bis 0,0050 % B

Tabelle D 29.3 Chemische Zusammensetzung und mechanische Eigenschaften von nichtrostenden Stählen für Verbindungselemente [26]

Stahlsorte (Kurzname)	Gefüge	Chemische Zusammensetzung[a]				Mechanische Eigenschaften im Zustand GKZ[b]		abgeschreckt		Verwendungsbeispiele[c]
		% C	% Cr	% Mo	% Ni	Zugfestigkeit N/mm² max.	Brucheinschnürung % min.	Zugfestigkeit N/mm² max.	Brucheinschnürung % min.	
X 10 Cr 13	martensitisch	0,08...0,12	12,0...14,0	–	–	600	60	–	–	Schrauben u. Muttern C 1
X 22 CrNi 17	martensitisch	0,15...0,23	16,0...18,0	–	1,5...2,5	850	55	–	–	Schrauben u. Muttern C 3
X 12 CrMoS 17	martensitisch	0,10...0,17	15,5...17,5	0,20...0,30	–	650	55	–	–	Schrauben u. Muttern C 4
X 8 Cr 17	ferritisch	≦ 0,10	15,5...17,5	–	–	–	–	570	63	Schrauben u. Muttern für besondere Verwendung
X 1 CrMoNb 18 2[d]	ferritisch	≦ 0,015	17,0...19,0	1,8...2,3	≦ 0,25	–	–	550	70	Schrauben, Muttern, Niete für besondere Verwendung, auch statt A2 und A4[f]
X 5 CrNi 19 11	austenitisch	≦ 0,07	17,0...20,0	–	10,5...12,0	–	–	680	55	Schrauben u. Muttern A 2
X 5 CrNiMo 18 10	austenitisch	≦ 0,07	16,5...18,5	2,0...2,5	10,5...13,5	–	–	680	55	Schrauben u. Muttern A 2
X 10 CrNiMoTi 18 10[e]	austenitisch	≦ 0,10	16,5...18,5	2,0...2,5	10,5...13,5	–	–	680	55	Schrauben u. Muttern A 4

[a] Außerdem bei den martensitischen und ferritischen Stählen max. 1% Si, max. 1% Mn, max. 0,045% P und max. 0,030% S (außer beim Stahl X 12 CrMoS 17, für den max. 1,5% Mn und 0,15 bis 0,35% S gilt), bei den austenitischen Stählen max. 1% Si, max. 2% Mn, max. 0,045% P und 0,030% S
[b] GKZ = Geglüht auf kugeligen Zementit (Karbid)
[c] Die Kurzzeichen beziehen sich auf DIN 267 Teil 11 [27]
[d] Nb ≧ 15 × (% C + % N) ≦ 30 × (% C + % N), % C + % N ≦ 0,025
[e] Ti ≧ 5 × % C
[f] Eine solche Austauschmöglichkeit ist normenmäßig bisher noch nicht festgelegt

dem sehr niedrigen Kohlenstoffgehalt auch extrem niedrige Stickstoffgehalte aufweist, ergibt weitere Vorteile hinsichtlich der Kaltumformbarkeit (Stahl 4 in Bild D 29.7). Die Verfestigung dieser Stahlsorte bei höheren Umformgraden ist bei gutem Korrosionswiderstand wesentlich geringer als bei austenitischen Stählen.

Werden die Teile nicht durch Kaltumformen sondern durch *Zerspanen* hergestellt, so bieten sich z. B. die nur bedingt kaltumformbaren, aufgrund des erhöhten Schwefelgehalts jedoch gut spanabhebend bearbeitbaren, unberuhigt vergossenen Stähle U 7 S 6 oder U 10 S 10 in Tabelle D 29.1 an, die auf Wunsch auch beruhigt vergossen hergestellt werden. Sie finden vorwiegend für Muttern [31], in beschränktem Umfang aber auch für spanabhebend bearbeitete Schrauben Anwendung.

In einem sehr beschränkten Umfang wird der unlegierte Stahl 6 P 10 mit rd. 0,06% C und 0,10% P für Warmpreßmuttern eingesetzt. Der hohe Phosphorgehalt verbessert die Fließeigenschaften des Stahls bei Temperaturen oberhalb 1000°C wesentlich. Ferner führt dieser Phosphorgehalt zu einer für das Gewindeschneiden günstigen Kurzbrüchigkeit des Spanes.

Hinweise auf die Anwendung der in diesem Abschnitt D 29.4 besprochenen Stähle für Schrauben und Schraubenverbindungen, auch unter Berücksichtigung von Oberflächenbehandlungen, finden sich u. a. in [32–40].

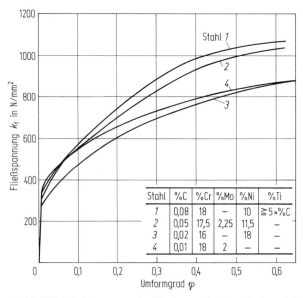

Bild D 29.7 Fließkurven von ferritischen und austenitischen nichtrostenden Stählen im abgeschreckten Zustand (Stahl *1*: X 10 CrNiTi 18 9, *2*: X 5 CrNiMo 18 10, *3*: X 2 NiCr 18 16, *4*: X 1 CrMo 18 2).

D 30 Stähle für geschweißte Rundstahlketten

Von Hans-Heinrich Domalski, Herbert Beck und Helmut Weise

D 30.1 Anforderungen an die Gebrauchseigenschaften

Die Anforderungen an die Stähle zur Herstellung von Rundstahlketten werden durch die Fertigung und die Fertigteileigenschaften bestimmt [1–4].

Da Ketten als Fertigteile im wesentlichen tragende und kraftübertragende Funktionen haben, sind bei den Anforderungen an die Kettenstähle an erster Stelle die *Festigkeitseigenschaften* zu nennen. Dabei ist zu berücksichtigen, daß Ketten nicht nur bei Raumtemperatur, sondern auch in der Kälte und bei erhöhten Temperaturen zum Einsatz kommen und daß die Beanspruchung nicht nur statisch ist, sondern auch schlagartig oder schwingend sein kann. Entsprechend kann es zu speziellen Anforderungen an die Festigkeitseigenschaften der Stähle kommen.

Die Höhe der geforderten Festigkeit richtet sich nach der Kettenart. Ketten ohne besondere Güteanforderungen (früher Handelsketten) werden eingesetzt, wenn niedrige Betriebsbeanspruchungen zu erwarten sind und wenn bei einem Kettenbruch nur ein geringes Risiko vorhanden ist [3].

Güteketten kommen in Normalgüte, als vergütete, hochfeste oder verschleißfeste Ketten sowie, falls erforderlich, mit besonderen physikalischen und chemischen Werkstoffeigenschaften zur Verwendung, sie unterliegen besonderen Prüfungen [5–7] (s. DIN 685 [8]). Die Festigkeitswerte der Ketten nach den Forderungen der Kettenhersteller (s. Tabelle D 30.1) werden bestimmt durch die Tragkraft, die Prüfspannung und die Bruchspannung. Für die Kettenfertigung hat sich bei Verwendung von Stählen mit ferritisch-perlitischem Gefüge oder mit Vergütungsgefüge ein Kettenfaktor von rd. 0,7 als Richtwert herausgestellt, d. h. die Bruchkraft der *Kette* beträgt rd. 70% der aus Zugfestigkeit und Stabquerschnitt des *Stahls* zu errechnenden Bruchkraft [4, 13]. Für geschweißte Rundstahlketten aus stabil-austenitischen Stählen kann aufgrund der stärkeren Verfestigung des Werkstoffs im Vergleich zu den ferritischen Stählen ein Richtwert von rd. 0,8 angesetzt werden. Eine Begründung für den Unterschied zwischen der Bruchkraft der Kette und der des Stahlstabs gibt die Spannungsverteilung im Kettenglied: Bild D 30.1 zeigt die an bestimmten Stellen auftretenden Spannungsspitzen vom Mehrfachen der Normalspannung, wobei je nach Form der Kette (Teilung, Breite, Steg) erhebliche Unterschiede in Verteilung und Höhe der Spannungen beobachtet werden [4, 5, 14, 15]. Zur Einstellung der Festigkeitseigenschaften werden die Güteketten nach dem Schweißen je nach Stahlsorte normalgeglüht oder vergütet.

Bei den Güteketten ist aber nicht nur die Festigkeit zu beachten, von großer Bedeutung sind im Hinblick auf die Funktionssicherheit, vor allem also im Hinblick auf die Vermeidung spröder Brüche, eine ausreichende *Verformbarkeit, Zähigkeit* und *Alterungsunempfindlichkeit* der Stähle. Eine Mindestverformbarkeit des Kettenwerkstoffs im Gebrauch soll einerseits sicherstellen, daß durch die gegebe-

---

Literatur zu D 30 siehe Seite 780.

Tabelle D 30.1 Festigkeit von Ketten im Vergleich zur Zugfestigkeit des Kettenstahls

Kettenart[a]	Gütevorschrift	Güteklasse		Tragspannung σ_{Tr} N/mm² max.	Prüfspannung σ_{Pr} N/mm² min.	Kette Bruchspannung σ_{Br} min.	Spannungsverhältnis σ_{Tr}/σ_{Br}	Spannungsverhältnis σ_{Pr}/σ_{Br} %	Stahl erforderliche Zugfestigkeit[b] $\sigma_{Br}/0{,}7$ N/mm² min.
A	DIN 766 [9]	2[c]		63	125	250	1:4	50	360
A		3[d]		63	200	320	1:5	62,5	460
H$_M$		5		106	315	530	1:5	59,4	760
H$_H$				125	315	530	1:4,2	59,4	760
H$_M$	DIN 5684 [10]	6		125	400	630	1:5	63,3	900
H$_H$				160	400	630	1:4	63,3	900
H$_M$		8		160	500	800	1:5	62,5	1140
H$_H$				200	500	800	1:4	62,5	1140
F	DIN 22 252 [11]	1		rd. 341[e]	487	670	rd. 1:2	72,7	960
F		2		rd. 421[e]	602	800	rd. 1:2	75,3	1140
S		K1	mit Steg	–	161	230	–	70,0	400[h]
S			ohne Steg	–	123	246	–	–	–
S	GL[f]	K2	mit Steg	–	230	321	–	–	490[h]
S			ohne Steg[g]	–	225	322	–	71,4	–
S		K3		–	321	492	–	65,3	690[h]

[a] A = Anschlagkette, H$_M$ = Hebezeugkette für Motorbetrieb, H$_H$ = Hebezeugkette für Handbetrieb, F = Förderkette, S = Schiffskette
[b] Unverbindliche Richtwerte
[c] Nach DIN 766: Normalgüte
[d] Nach DIN 766: Vergütet
[e] Unverbindliche Annahmen
[f] Vorschriften des Germanischen Lloyd [12]
[g] Für die Gütegrade K2 und K3 der Schiffsankerketten-Klassifikation [12] sind Kerbschlagarbeitswerte an ISO-V-Proben von mind. 27 J bei K2 und von mind. 59 J bei K3 jeweils bei 0°C anzusetzen
[h] In der Lieferbedingung für Kettenstahl geforderter Wert

Spannungsverteilung in einem Kettenglied

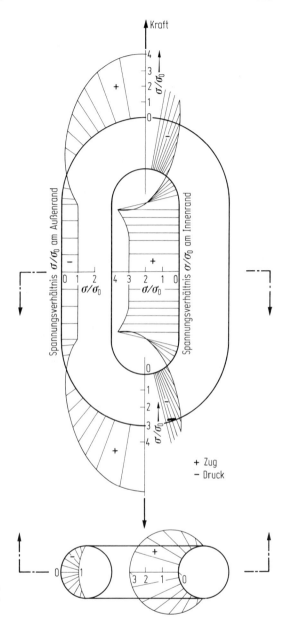

Bild D 30.1 Spannungsverteilung in einem Kettenglied mit geraden Schenkeln. Nach [14].

nen Verformungsreserven Überbeanspruchungen, die zu Gewaltbrüchen führen können, aufgefangen werden. Übermäßig gedehnte Kettenglieder werden andererseits durch schlechtes Zusammenarbeiten mit dem Kettenrad verbogen und können bei ungeeignetem Stahl und unsachgemäßer Verarbeitung zu Sprödbrüchen vor allem im Bereich der Schweißnaht führen [16]. Daher soll bei motorisch angetriebenen Ketten die Verformbarkeit der Stähle nicht zu groß sein, damit unter der bei Beanspruchung auftretenden Dehnung die gleichmäßige Teilung und damit der ruhige Lauf über die Kettenräder gewährleistet bleibt [5]. Bei Prüfung der Kette mit der vorgegebenen Prüfkraft darf daher eine bestimmte Gesamtdehnung nicht überschritten werden. Die genannten Verbiegungen und auch Verquetschungen der Kettenglieder durch die betrieblichen Beanspruchungen können eine Verformungsalterung bewirken. Die Stähle müssen daher einen ausreichenden Widerstand gegen einen entsprechenden Zähigkeitsabfall aufweisen.

Je nach Stahlsorte, Durchmesser des Stahlerzeugnisses und Verwendung der Ketten können die geforderten mechanischen Eigenschaften nur durch eine Wärmebehandlung eingestellt werden. Dadurch ergeben sich Anforderungen an die *Härtbarkeit* der Stähle.

Im Zusammenhang mit der Tragfähigkeit der Ketten wird auch ein gewisser *Verschleißwiderstand* der Kettenstähle gefordert. Dabei ist nicht nur an eine mehr flächige Abtragung und damit Schwächung zu denken, vielmehr muß beachtet werden, daß sich an der Oberfläche von Kettengliedern vor allem aus Stählen mit höheren Kohlenstoffgehalten, die im allgemeinen einen entsprechend erhöhten Widerstand gegen flächenhaften Verschleiß haben, als Folge der punktuellen Belastung bei starker Verschleißbeanspruchung Reibmartensit bilden kann. Dieser Reibmartensit verursacht infolge geringer Verformbarkeit Risse, die Ausgangspunkt von Dauer- oder von Sprödbrüchen werden können [17, 18]. Andere Verschleiß- und Bruchursachen sind durch Abrieb, Korrosion, ungeeignete Konstruktion oder Ausführung der Transportanlage oder auch Fehler bei der Kettenherstellung gegeben [19–22].

Im übrigen müssen, wie bei Besprechung der Güteketten schon erwähnt, die Stähle je nach dem Verwendungszweck der Ketten bestimmte *physikalische Eigenschaften* oder *Korrosionswiderstand* aufweisen.

Im Hinblick auf die Fertigung der Ketten ist zu bedenken, daß die Kettenstähle, die als Walzdraht oder Stabstahl mit Durchmessern von 1 bis 160 mm hergestellt und – je nach den Anforderungen an die Maßgenauigkeit – warmgewalzt oder blankgezogen eingesetzt werden, zunächst durch Scheren (oder – bei großen Durchmessern – durch Sägen) abgelängt werden, so daß sich in der Regel vor allem die Forderung nach *Kaltscherbarkeit* ergibt. Nach dem Ablängen der Rohlinge werden die zu schweißenden Enden geformt, es wird gebogen und geschweißt. An die Stähle werden dementsprechend Forderungen an die *Umformbarkeit* durch Kalt- oder Warmbiegen und vor allem an die *Schweißeignung* gestellt. Diese kann allerdings, bedingt durch die Kettenfertigung, auf die Eignung zum Abbrennstumpfschweißen und das Preßstumpfschweißen, das für kleinere Abmessungen (z. B. bei Edelstählen unter rd. 20 mm Dmr.) in Betracht kommt, beschränkt werden [23].

D 30.2 Kennzeichnung der geforderten Eigenschaften

Die *Festigkeitseigenschaften* (Streckgrenze und Zugfestigkeit) der Stähle werden im *Zugversuch* ermittelt (s. C 1). Im allgemeinen kommt nur eine Prüfung bei Raumtemperatur in Betracht. Der Zugversuch kann mit den Werten für die Bruchdehnung und Brucheinschnürung auch einen Anhalt für die Verformbarkeit und in gewisser Hinsicht auch für die Zähigkeit liefern. Die Festigkeitsprüfung im Zugversuch kann, wenn lediglich Anhaltswerte ermittelt werden sollen, durch eine *Härteprüfung* ersetzt werden, die häufig angewendet wird, um den weichgeglühten Zustand und besonders auch den Zustand nach Glühen zur kugeligen Einformung der Karbide (s. u.) zu kennzeichnen.

Die *Zähigkeit*, die je nach Stahlsorte im üblichen *Kerbschlagbiegeversuch* (s. C 1) geprüft wird, ist wegen des möglichen Einsatzes von Ketten auch bei tieferen oder höheren Temperaturen (z. B. als Hebezeug- und Anschlagketten) auch für solche von Raumtemperatur abweichende Temperaturen interessant. Daher seien zum Vergleich mit den Eigenschaften anderer Stähle (s. z. B. D 2) Untersuchungen erwähnt, bei denen das Verhalten von Kettenstahl bei Temperaturen bis etwa 400 °C geprüft wurde [16, 24, 25]. Bild D 30.2 zeigt den Einfluß der Temperatur auf die Kerbschlagarbeit eines Stahls mit rd. 0,21 % C, 1 % Mn und 0,035 % Al (21 Mn 4 Al).

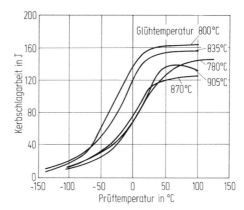

Bild D 30.2 Kerbschlagarbeit (DVM-Proben) eines bei verschiedenen Temperaturen geglühten Stahls mit rd. 0,21 % C, 1 % Mn und 0,035 % Al (21 Mn 4 Al) in Abhängigkeit von der Prüftemperatur.

Die *Alterungsunempfindlichkeit* der Kettenstähle wird ebenfalls im Kerbschlagbiegeversuch geprüft, und zwar mit künstlich gealterten Proben. Diese künstliche Alterung besteht aus einer Kombination von Kaltverformung (durch Querschnittsverminderung um rd. 5 bis 15 %, bezogen auf den Ausgangsquerschnitt) und Auslagerung (i. allg. 30 min bei 250 °C). Kennzeichnend ist der Unterschied der Kerbschlagarbeitswerte im ungealterten und im künstlich gealterten Zustand. In Bild D 30.3 sind für zwei gängige Werkstoffe an je 30 Schmelzen die Unterschiede zwischen dem Zustand ungealtert und gealtert aufgeführt. Dabei liegt hier die maximale Abweichung zwischen beiden Behandlungszuständen bei höchstens 20 %.

Je nach der Stahlsorte kann die *Härtbarkeit* im Stirnabschreckversuch geprüft werden. Zu der aus den Versuchsergebnissen abzuleitenden Härte über den Querschnitt des Kettenstahls wird auf das Schrifttum [26] hingewiesen. Die Härtecharakteristik zusammen mit den Werten des Anlaßschaubildes ist die Grundlage für die Festlegung der Behandlungsdaten für die Vergütung der Kette. Bei sachgerechter Werkstoffauswahl sind damit die Trag- und Prüfspannungen, sowie – unter Vorbehalt – die Werte der Bruchspannung gegeben. Nach den Ausführungen in D 30.1 ist nochmals auf die Bedeutung der Verformbarkeit vor einem möglichen Bruch hinzuweisen; dabei ist jedoch die enge Toleranzspanne einer möglichen Längung der Kette zu beachten. Auf jeden Fall ist ein verformungsloser Bruch unter allen Umständen zu vermeiden. Zu dieser Frage sind auch bruchmechanische Überlegungen (s. C 1.1.2.6) von Bedeutung [27].

Eine Kennzeichnung des *Verschleißwiderstands*, der – von Sonderfällen abgesehen (Einsatzhärtung von Ketten) – bei Kettenstählen so akzeptiert wird, wie er sich aufgrund der maßgebenden anderen Eigenschaften ergibt, ist schwierig; mit Einschränkungen (s. C 10) gibt die Härte einen Anhalt.

Eine Beurteilung der *Kaltscherbarkeit* ist durch die Werte für die Zugfestigkeit und Härte, die in diesem Zusammenhang meist nach Brinell gemessen wird, möglich. Zugfestigkeit bzw. Härte geben auch einen Anhalt zur Bewertung des Verhaltens der Stähle beim Biegen zum Kettenglied. Im übrigen kann die *Umformbarkeit* außer durch die oben genannten, im Zugversuch zu ermittelnden Größen auch durch technologische Versuche, z. B. durch das Verhalten im Faltversuch, gekennzeichnet werden.

Die *Schweißeignung* wird im wesentlichen nach dem Kohlenstoffgehalt der Stähle beurteilt. Der Einfluß von Legierungselementen kann durch ein Kohlenstoffäquivalent berücksichtigt werden (s. C 5).

D 30.3 Maßnahmen zur Einstellung der geforderten Eigenschaften

Bei den Überlegungen, wie die Stähle im Hinblick auf die Anforderungen beschaffen sein müssen, sind primär zwei mehr oder weniger gegenläufige Eigenschaften zu berücksichtigen: die Stähle sollen eine gewisse, z. T. hohe Festigkeit haben oder ihre Einstellung an der Kette ermöglichen, was am einfachsten und wirtschaftlichsten sowohl nach Normalglühen als auch nach Vergüten mit der entsprechenden Gefügeausbildung über einen mehr oder weniger hohen Kohlenstoffgehalt zu erreichen ist, und sie sollen eine ausreichende Schweißeignung aufweisen, die am sichersten durch niedrige Kohlenstoffgehalte gegeben ist, da dann die Aufhärtbarkeit und damit die Neigung zur Rißbildung in der Wärmeeinflußzone gering ist. Die Forderung nach Schweißeignung bedeutet also eine Begrenzung des Kohlenstoffgehalts. Wenn dadurch die geforderten Festigkeitseigenschaften, sei es ohne oder mit Vergüten, nicht erreichbar sind, so muß bei einer vorgegebenen Erzeugnisdicke legiert werden, um durch die damit gegebenen Möglichkeiten zur Festigkeitssteigerung (zu den Mechanismen s. C 1) zum Ziel, d. h. zu Gefügen mit den angestrebten Eigenschaften zu kommen. Diesen grundsätzlichen Überlegungen ordnen sich im allgemeinen die anderen Gesichtspunkte, z. B. zur Einstellung ausreichender Verformbarkeit oder Alterungsunempfindlichkeit, unter.

Im einzelnen ist folgendes zu sagen: Die skizzierte Gegenläufigkeit der Anforderungen bringt es mit sich, daß der Kohlenstoffgehalt der Kettenstähle im Hinblick auf die *Schweißeignung* unter rd. 0,25% liegt (Einzelheiten s. D 30.4). Mit Rücksicht auf das Verhalten beim Schweißen werden auch möglichst niedrige Gehalte an Phosphor und Schwefel angestrebt. Für geringe *Festigkeiten* werden die Stähle mit Normalglühgefüge eingesetzt, also mit einem Gefüge aus Ferrit mit gleichmäßig verteilten Inseln aus streifigem Perlit, wobei die Gefügebestandteile mehr oder weniger fein ausgebildet sind (s. u.). Der Durchmesser wird durch geringe Legierungsgehalte berücksichtigt, die eine Mischkristallverfestigung und – durch eine Verlagerung der Umwandlungstemperatur und -zeit – z. T. eine Gefügeverfeinerung bewirken. Bei Forderung hoher Festigkeiten muß durch entsprechende Legierung der Stähle für ausreichende *Härtbarkeit* gesorgt werden. Durch Wärmebehandlung der Ketten kann dann ein Vergütungsgefüge eingestellt werden, wodurch nicht nur eine hohe Festigkeit, sondern auch im Verhältnis zur Festigkeit gute Zähigkeit erreichbar ist, so daß sich die günstigste Ausnutzung der eingesetzten Legierungselemente ergibt.

Die *Neigung zur Alterung*, die nach Verformen und Auslagern (Verformungsalterung) oder nach Abschrecken und Auslagern (Abschreckalterung) auftreten kann, und die durch einen Zähigkeitsabfall gekennzeichnet ist (s. D 30.2), wird im wesentlichen durch Stickstoff (aber auch Kohlenstoff) mit seiner geringen Löslichkeit im α-Mischkristall verursacht. So erniedrigen z. B. Eisennitride, die sich bei der Abkühlung nach der Warmumformung ausscheiden können, die Zähigkeit der Stähle. Die Abschreckalterung kann auch bei der Abkühlung nach dem Schweißen auftreten. Die Alterungsneigung kann also vor allem dadurch verringert werden, daß zur Vermeidung der schädlichen Eisennitride der Stickstoffgehalt niedrig ist oder – besser – der Stickstoff z. B. an Aluminium gebunden wird, da das den Vorteil hat, zugleich Feinkörnigkeit zu bewirken. Ausreichende Alterungsbeständigkeit wird üblicherweise durch einen Aluminiumgehalt von mind. 0,020% in Verbindung mit einer dem Stahl angepaßten Wärmebehandlung erreicht. Unter Verweis auf Bild D 30.3 kann festgestellt werden, daß bei gut abgestimmtem Verhältnis von Aluminiumgehalt zu Stickstoffgehalt die alterungsbeeinflußte Abnahme der Kerbschlagarbeitswerte in der Regel bei rd. 15% liegt; Verringerungen bis 30% sind möglich. Die dem Bild zugrundeliegenden Kerbschlagarbeitswerte für die untersuchten Stähle mit einer Zugfestigkeit von rd. 1200 N/mm^2 kennzeichnen gleichzeitig die für diese Stähle übliche Streubandbreite bei Prüfung mit DVM-Proben. Niedrige Kohlenstoffgehalte tragen zur Verringerung der Alterungsneigung bei.

Auf die *Scherbarkeit* wird über die Festigkeit oder Härte Einfluß genommen. Sie kann im Regelfall bei einer Zugfestigkeit ≤ 850 N/mm^2 als gegeben angesehen werden. In bestimmten Fällen sind je nach den Abmessungen der Stahlerzeugnisse und den verfügbaren Scherkräften Stähle mit Zugfestigkeiten bis ≤ 1050 N/mm^2 scherbar. Bei höheren Werten muß vor dem Scheren weichgeglüht werden. Ähnliches gilt für das *Kaltbiegen*, das bis zu einer Zugfestigkeit von höchstens rd. 700 N/mm^2 möglich ist; im Einzelfall ist dies von der Abmessung des Stahls und den vorhandenen Verarbeitungsbedingungen abhängig. Stahlsorten höherer Festigkeit müssen grundsätzlich weichgeglüht werden. Die Weichglühung gestattet bei modernen Schweißautomaten einen schnelleren Durchsatz, indem der Rückfedereffekt bei den kaltgebogenen Kettengliedern verringert wird. Dadurch kann das geschweißte Glied sofort nach beendetem Schweißvorgang aus dem Biege- und Kontaktwerkzeug freigegeben werden. Den ZTU-Schaubildern (s. C 4)

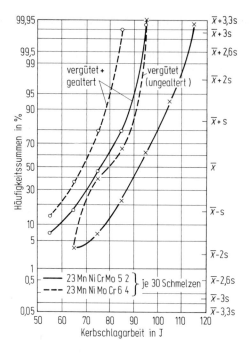

Bild D 30.3 Häufigkeitssummen-Kurven für die Kerbschlagarbeit (DVM-Proben) der Stahlsorten 23 MnNiCrMo 5 2 und 23 MnNi MoCr 6 4 (s. Tabelle D 30.2), vergütet sowie vergütet + gealtert.

der legierten Stähle kann entnommen werden, daß in jedem Falle die Zeitspanne bis zum Umwandlungsende größer ist als die Verweilzeit im Schweißautomaten. Während der nach Verlassen des Automaten erfolgenden Luftabkühlung von Schweißtemperatur findet die Umwandlung des Austenits statt. Die geringe Zähigkeit des entstehenden Gefüges erhöht die Rißanfälligkeit bei der gleichzeitig vorhandenen Zugspannung. Eine zu hohe Rückfederung würde die Warmstreckgrenze des Werkstoffs im Bereich der Schweißnaht überschreiten. Stähle für hochfeste Ketten werden deswegen zur Zeit je nach den verfügbaren Anlagen ab rd. 25 mm Durchmesser nicht kalt sondern nach Widerstandserwärmung gebogen.

Bei den Maßnahmen sei abschließend darauf hingewiesen, daß die Qualität der geschweißten Kette direkt von der Homogenität des Werkstoffs und dem Faserverlauf des Erzeugnisses abhängig ist. Zur Erhöhung der Gleichmäßigkeit sind die zur Seigerung neigenden Elemente Phosphor und Schwefel in ihren Konzentrationen niedriger angesetzt als in ähnlichen Werkstoffen für andere Einsatzzwecke. Dies ist bei den manganhaltigen Stahlsorten besonders wichtig, um die zeilige Anordnung des Ferrits möglichst gering zu halten. Die Gefügeprüfung an geschweißten Kettengliedern zeigt einen direkten Zusammenhang zwischen der chemischen Zusammensetzung und dem Grad der Gleichmäßigkeit der Verteilung verschiedener Gefügephasen. Je nach Höhe des Anpreßdrucks beim Schweißen wird der Faserverlauf in der Schweißnaht verschieden stark umgelenkt.

D 30.4 Kennzeichnende Stahlsorten mit betrieblicher Bewährung

Als Kettenstähle werden unlegierte und niedriglegierte Stähle eingesetzt, von denen Tabelle D 30.2 eine Auswahl bringt. Der erstgenannte Stahl kommt im wesentlichen für nicht wärmebehandelte Ketten ohne besondere Güteanforderungen (s. D 30.1) in Betracht, aber auch für die Verwendungszwecke, die für ihn und die anderen Stahlsorten in Tabelle D 30.2 angegeben sind. Maßgebend für die Wahl der Legierungselemente und ihre Kombination ist neben der Wirtschaftlichkeit ihre Wirkung auf die Schweißeignung einerseits und auf die Härtbarkeit andererseits, wobei Molybdän auch zur Unterdrückung der Anlaßversprödung eingesetzt wird.

Im Hinblick auf die für die Kettenherstellung wichtigen Eigenschaften Kaltscherbarkeit und Biegbarkeit werden die Stähle je nach ihrer chemischen Zusammensetzung und der davon bei Abkühlung aus der Walzhitze abhängigen Gefügeausbildung, die eine unzweckmäßige, d. h. zu hohe Härte zur Folge haben kann, in folgenden Behandlungszuständen geliefert.

1. Unbehandelt, wenn die Stähle eine solche chemische Zusammensetzung haben, daß ein ausreichend weiches Ferrit-Perlit-Gefüge nach dem Abkühlen aus der Walzhitze vorliegt.
2. Kaltscherfähig, das bedeutet für die Kettenherstellung in der Regel, daß die Zugfestigkeit höchstens 1050 N/mm^2 beträgt.
3. Geglüht auf kugelig eingeformten Zementit, wobei Gefüge und maximale Zugfestigkeit kennzeichnend sind; diese GKZ-Glühung kommt besonders bei mehrfach legierten Stählen zur Anwendung. – Bei einfachen Verarbeitungsgängen kann eine normale (kurzzeitige) Weichglühung (G) – zur Einhaltung eines Höchstwerts der Zugfestigkeit durchgeführt werden.

In keinem der drei Zustände sollte im Hinblick auf das Verhalten beim Schweißen der Zementit in grober Ausbildung vorliegen.

Nach der Kettenfertigung wird normalgeglüht oder vergütet. Je nach Stahlsorte kann auch eine Kombination beider Behandlungsarten in Betracht kommen. Dazu sei aus der Vielzahl der Möglichkeiten für die Wärmebehandlung in der Praxis ein Beispiel aus dem Bereich der dreifachlegierten martensithärtbaren Nickel-Chrom-Molybdän-Stähle gezeigt (s. Bild D 30.4). Für diese Werkstoffe sind Zugfestigkeiten im vergüteten Zustand von 1200 N/mm^2 anzusetzen. Mit folgendem typischen Vorgehen kann dem entsprochen werden:
– Normalglühung bei 860 bis 940 °C mit Abkühlung an ruhender Luft;
– Austenitisieren bei 870 bis 890 °C; nach Erreichen dieser Temperatur im Kern und vollständiger Karbidauflösung Wasserabschreckung;
– Anlassen zwischen 450 und 550 °C.

Die Kombination dieser Verfahrensschritte läßt die vorhandenen Legierungsgehalte in optimaler Weise zur Geltung kommen. Abweichungen davon, vor allem eine Absenkung der Anlaßtemperatur, verringern die Qualität der Vergütung [29]. Die wesentliche Beeinflussung der mechanischen Eigenschaften, in Sonderheit der Kerbschlagarbeit, durch das Anlassen wird in Bild D 30.4 aufgezeigt. Der Verlauf der Kurve für die Kerbschlagarbeit zeigt für Anlaßtemperaturen ab 420 °C einen deutlichen Anstieg, der erst oberhalb von 450 °C ein gutes Verhältnis von Festigkeit

Tabelle D 30.2 Chemische Zusammensetzung und Beispiele für die Verwendung einer Auswahl gebräuchlicher Stähle für die Herstellung geschweißter Rundstahlketten (Weitere Einzelheiten s. auch DIN 17 115 [28])

Stahlsorte	Chemische Zusammensetzung[a]						Verwendung bevorzugt für		Gebräuchliche Verwendung im Zustand
	% C	% Si	% Mn	% Cr	% Mo	% Ni			
St 35-3	0,06...0,12	≦ 0,25	0,40...0,60				Schiffs-ketten	Anschlagketten	normalgeglüht[i]
15 Mn 3 Al[b,c]	0,12...0,18	≦ 0,20	0,70...0,90						
21 Mn 4 Al	0,16...0,24	≦ 0,25	0,80...1,10				Bergbauketten		vergütet[k]
27 MnSi 5	0,24...0,30	0,25...0,45	1,10...1,60						
20 NiCrMo 2[d]	0,17...0,23	≦ 0,25	0,60...0,90	0,35...0,65	0,15...0,25	0,40...0,70	Anschlag- und Hebezeugketten		vergütet
20 NiMo 7 3	0,17...0,24	≦ 0,25	0,60...0,90		0,20...0,30	1,60...1,90			
23 MnNiCrMo 5 2[c,e]	0,20...0,26	≦ 0,25	1,10...1,40	0,40...0,60	0,20...0,30	0,40...0,70	Bergbauketten, Anschlag- und Hebezeugketten		
23 MnNiMoCr 6 4[f]	0,20...0,26	≦ 0,25	1,40...1,70	0,20...0,40	0,40...0,55	0,90...1,10			
15 CrNi 6[d]	0,12...0,17	≦ 0,25	0,40...0,60	1,30...1,60		1,30...1,60	Reifen- u. Gleitschutzketten		einsatzgehärtet
X 10 CrAl 18[h]	≦ 0,12	0,70...1,40	≦ 1,0	17,0...19,0			Hitzebeständige Ketten (z. B. in Drehrohröfen)		geglüht
X 20 CrNiSi 25 4[g]	0,10...0,20	0,80...1,50	≦ 2,0	24,0...27,0		3,50...5,50			abgeschreckt
X 15 CrNiSi 25 20[c]	≦ 0,20	1,50...2,50	≦ 2,0	24,0...26,0		19,0...21,0			

[a] Nach der Schmelzenanalyse
[b] Je max. 0,040 % P und 0,040 % S
[c] 0,020 bis 0,050 % Al
[d] Die Unterschiede in der chemischen Zusammensetzung, besonders in den Gehalten an Phosphor, Schwefel und Aluminium, gegenüber den vergleichbaren Einsatzstählen nach DIN 17 210 sind zu beachten
[e] Je max. 0,020 % P und 0,020 % S
[f] Soll in Zukunft ersetzt werden durch den Stahl 23 MnNiMoCr 5 4 mit 0,20...0,26 % C, ≦ 0,25 % Si, 1,10...1,40 % Mn, 0,40...0,60 % Cr, 0,50...0,60 % Mo und 0,90...1,10 % Ni
[g] Je max. 0,040 % P und 0,030 % S
[h] 0,70 bis 1,20 % Al
[i] Je nach Verwendung u. U. unbehandelt
[k] Je nach Verwendung u. U. normalgeglüht

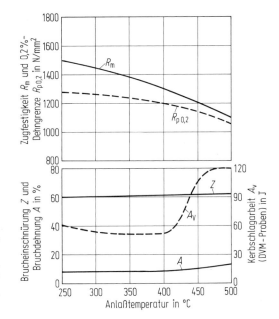

Bild D 30.4 Anlaßschaubild (Anlaßdauer 2 h) für den Stahl 23 MnNiMoCr 6 4 (s. Tabelle D 30.2) für Anschlag- oder Bergbauketten. Wärmebehandlung: 880 °C/ Luft + 880 °C/Wasser; Stabstahl mit 26,5 mm Dmr.

zu Zähigkeit aufweist. Zur Ausnutzung dieses für die Werkstoffgruppe der hochfesten, vergütbaren Stähle wesentlichen Behandlungszustands ist die Einhaltung dieser Mindestanlaßtemperatur unerläßlich. Diese Werte wurden nach einer Anlaßbehandlung von zweistündiger Dauer erreicht. Unter Hinweis auf die in C 4 gemachten Angaben ist die Wechselbeziehung zwischen Anlaßtemperatur und Anlaßdauer hier von besonderer Bedeutung; eine willkürliche Verringerung der Anlaßdauer führt selbst bei erhöhter Temperatur nicht zu den angestrebten optimalen Eigenschaften an der Kette.

Teil E
Einfluß der Erzeugungsbedingungen auf die Eigenschaften des Stahls

E1 Allgemeine Übersicht über die Bedeutung der Erzeugungsbedingungen für die Eigenschaften der Stähle und der Stahlerzeugnisse

Von Alfred Randak

In den vorhergehenden Teilen B bis D dieser „Werkstoffkunde Stahl" sind unsere heutigen Kenntnisse über die *Abhängigkeit der Stahleigenschaften vom Gefüge und* dessen Abhängigkeit wiederum *von der chemischen Zusammensetzung*, Wärmebehandlung und Formgebung dargelegt worden. Zur Vollständigkeit gehört ein Überblick über die Maßnahmen des Eisenhüttenmannes, mit denen er aus den verfügbaren Rohstoffen einen Stahl mit der für den Endverbrauch notwendigen chemischen Zusammensetzung zuverlässig und wirtschaftlich erzeugen kann. Schon die natürlichen Rohstoffe, Energieträger und Zuschlagsstoffe – z. B. Eisenerze und Kohle –, erst recht der Schrott, bringen Bestandteile in den zu erschmelzenden Stahl, die unerwünscht oder gar schädlich sind. Im Laufe der Herstellung kommt der Stahl immer wieder mit der Luft in enge Berührung, aus der er bei den unvermeidbar hohen Arbeitstemperaturen Sauerstoff, Stickstoff und Wasserstoff – auch wieder meist zum Schaden der angestrebten Eigenschaften – aufnimmt. Hinzu kommen die Einflüsse der Umformung zum Enderzeugnis auf das Gefüge des Stahls. In diesem Teil E sollen deshalb in der gebotenen kurzen Form die Auswirkungen der wesentlichen Herstellungsbedingungen auf die Eigenschaften der vom Hütten- oder Walzwerk zu liefernden Erzeugnisse behandelt werden. Dabei ist nicht nur an die Werkstoffeigenschaften zu denken. In vielen Fällen kommt zusätzlich der Oberflächenbeschaffenheit der Stahlerzeugnisse eine besondere Bedeutung zu, die ebenfalls sehr stark von der Herstellung beeinflußt wird.

Die für die Gefügeausbildung vielfach entscheidende Wärmebehandlung wird hier nur so weit besprochen, wie sie bei der Herstellung der Erzeugnisse in den Hüttenwerken angewendet wird, um den Lieferzustand einzustellen; andere z. B. bei der Weiterverarbeitung eingesetzte Wärmebehandlungsverfahren sind – zumindest in den Grundlagen – in C 4 und D 5 beschrieben.

Die Kenntnis der wesentlichen Zusammenhänge zwischen den Herstellungsbedingungen und den Eigenschaften der Stähle bzw. der Stahlerzeugnisse ist für alle in der Stahl erzeugenden wie auch in der Stahl verbrauchenden Industrie tätigen Ingenieure von großer Bedeutung.

In den folgenden Kapiteln werden die wichtigsten Vorgänge beim Schmelzen und Gießen, bei der Warm- und Kaltumformung sowie bei der Wärmebehandlung, soweit sie vom Stahlerzeuger als Lieferzustand vorzunehmen ist (s. o.), erörtert. Hieraus wird deutlich, daß die *Festlegung bestimmter Eigenschaften von Stahlerzeugnissen* gleichzeitig die *Festlegung bestimmter Herstellungsgänge* mit entsprechendem Aufwand bedeutet. Diese zwangsläufige Verknüpfung von Eigenschaften, Herstellungsbedingungen und Aufwand macht es erforderlich, die Festlegung von Eigenschafts- bzw. Qualitätsmerkmalen und die Auswahl von Stahlsorten in engem Erfahrungsaustausch zwischen Erzeuger und Verbraucher vorzunehmen, um eine für den jeweiligen Verwendungszweck technisch und wirtschaftlich beste Lösung zu finden.

Dabei muß berücksichtigt werden, daß die *Verfahrenstechnik in der Stahlindustrie* wie auch die Verarbeitungs- und Behandlungsbedingungen bei den Stahlverbrauchern einem *ständigen Wandel und einer Weiterentwicklung unterliegen.* Auch zwischen den Forderungen der Stahlverbraucher an die Eigenschaften der Stahlerzeugnisse und den technologischen Entwicklungsarbeiten und Fortschritten in der Verfahrenstechnik der Stahlindustrie besteht eine enge Wechselwirkung. Die Entwicklungsarbeiten in der Stahlindustrie sind grundsätzlich immer darauf ausgerichtet, unter Berücksichtigung der jeweils verfügbaren Rohstoffe und Energieträger Herstellung und Weiterverarbeitung so kostengünstig wie möglich durchzuführen und zugleich die verlangten Eigenschaften der Stahlerzeugnisse möglichst treffsicher einzustellen.

Anhand einiger Beispiele soll noch einmal in Erinnerung gerufen werden, wie sich Fortschritte in der Verfahrenstechnik auf die Herstellungstechnologie und damit auf die Erzielbarkeit bestimmter Eigenschaften auswirken.

Die heutigen Arbeitsweisen zur Erzeugung und Warmformgebung von Stahl sind im Grunde erst durch die Erfindungen zu seiner *Gewinnung im flüssigen Zustand* möglich geworden. Bis in die Mitte des vorigen Jahrhunderts wurde Stahl fast nur durch das sogenannte Puddeln von Roheisen in teigigem Zustand hergestellt; er fiel also in kleinen Stückeinheiten, die mit Schlackenresten durchsetzt waren, an. Das Windfrischen nach den Patenten von Bessemer, später auch von G. Thomas, die mit der Entwicklung des basisch zugestellten Konverters die Voraussetzungen für das Frischen von phosphorreichem Roheisen und damit die Grundlage für eine moderne Stahlherstellung schufen, sowie das Herdfrischen nach den Patenten von F. Siemens, E. und P. Martin, ergaben Stähle mit größerer Reinheit und Gleichmäßigkeit und boten viele Möglichkeiten zur Beeinflussung der chemischen Zusammensetzung der einzelnen Schmelzen. Deren Gewichte wurden im Laufe der Entwicklung immer größer, was sich auf die Lieferbarkeit von Walzerzeugnissen in ständig wachsenden Stückgewichten und Abmessungen auswirkte. Aus Erfahrungen lernte man, daß das Herdfrischen Stahl mit günstigeren Gebrauchseigenschaften und einem weiteren Verwendungsbereich als das Windfrischen ergab. Im Lauf der Jahre kam die Erkenntnis, daß dies im wesentlichen auf die Aufnahme von Stickstoff aus der Luft beim Windfrischen zurückzuführen war. Der Gedanke, mit reinem Sauerstoff den Überschuß an Kohlenstoff, Phosphor und auch an Silizium und Mangan aus dem Roheisen herauszufrischen, ließ sich wirtschaftlich erst durchführen, nachdem Linde und Fränkl die Gewinnung chemisch reinen Sauerstoffs aus der Luft durch entsprechende Arbeitsbedingungen erheblich verbilligt hatten. Seitdem haben in der kurzen Zeit, seit etwa 1950, die Sauerstoffblasverfahren nicht nur das Windfrischen vollständig verdrängt, auch die Bedeutung des Siemens-Martin-Verfahrens nimmt ständig ab. Der Sauerstoffblasstahl weist für wichtige Verwendungszwecke günstigere Gebrauchseigenschaften, vor allem durch kleinere Gehalte an Stickstoff auf.

Die Umstellung der bisherigen Standgießverfahren auf das *Stranggießen* schreitet rasch voran. Auch hierbei sind die Antriebskräfte sowohl in wirtschaftlichen und ergonomischen Vorteilen als auch in qualitativen Verbesserungen der Erzeugniseigenschaften zu suchen.

Die Entwicklung der Vakuum- und Spülgasbehandlung, die heute allgemein unter dem Begriff der Stahlnachbehandlung, Pfannen- oder *Sekundärmetallurgie* angesprochen wird, war ein weiterer großer technologischer Schritt nach vorn. Er hatte wesentliche Verbesserungen auf dem Gebiet der Einstellung der chemischen Zusammensetzung, der Einhaltung niedriger Wasserstoffgehalte, einer Beeinflussung der nichtmetallischen Einschlüsse sowie einer Homogenisierung der Schmelze in Zusammensetzung und Temperatur zur Folge.

Die Einführung von *Sonderschmelz- und Umschmelzverfahren* ermöglicht die Herstellung von Stählen mit besonders hohen Anforderungen an die Homogenität und die Freiheit von nichtmetallischen Einschlüssen.

Auch im Bereich der *Warm- und Kaltumformung* sowie der *Wärmebehandlung* haben technologische Entwicklungen zu wesentlichen Verbesserungen der Erzeugniseigenschaften geführt. Vor allem sei hier an die Einführung kontinuierlicher Prozesse erinnert, von denen Warmbreitbandstraßen, Kaltwalztandemstraßen und Durchlauföfen für Profil- und Flachprodukte besonders erwähnt werden sollen. Diese modernen Verfahren haben in hohem Maß zu einer Verbesserung der Gleichförmigkeit wichtiger Erzeugniseigenschaften geführt. Erwähnt werden sollen auch die Wärmebehandlung aus der Umformhitze sowie die thermomechanischen Verfahren.

Die Kenntnisse über die Zusammenhänge zwischen den Fertigungsbedingungen und den Erzeugniseigenschaften müssen in der täglichen betrieblichen Praxis in eine treffsichere Fertigung umgesetzt werden. Seit langem führen zu diesem Zweck die Hüttenwerke planmäßig *qualitätssichernde Maßnahmen* durch, die den Erfordernissen der jeweiligen Erzeugungsprogramme angemessen sind. Der Bedeutung der Qualitätssicherung Rechnung tragend wurde im Anschluß an die Schilderung des Einflusses der Erzeugungsbedingungen auf die Eigenschaften ein Kapitel diesem Thema gewidmet. Es verdeutlicht, daß in der Stahlindustrie hochentwickelte, effizient arbeitende Stellen zur Qualitätssicherung tätig sind, deren Aufgabenstellung auf die jeweiligen durch die einzuhaltenden Qualitätsmerkmale bestimmten Anforderungen zugeschnitten ist.

Es ist eine volkswirtschaftlich außerordentlich bedeutende gemeinsame Aufgabe von Verbrauchern und Erzeugern, die jeweils benötigten Qualitätsmerkmale so festzulegen, daß die erforderlichen Eigenschaften mit ausreichender Sicherheit eingestellt werden, ohne daß überzogene Forderungen mit ihren negativen Auswirkungen auf die Kosten festgeschrieben werden. Die Fertigung fehlerfreier Erzeugnisse wäre bei den heute verfügbaren Verfahren und Mitteln nicht unmöglich, würde aber einen erheblichen Aufwand erfordern, der meist eine wirtschaftliche Unsinnigkeit bedeuten würde. Bei dieser Problematik entsteht wieder die Aufgabe, Lösungen zu suchen und zu finden, durch die allen Überlegungen und Belangen möglichst weitgehend Rechnung getragen wird. Entscheidende Beiträge dazu hat seit Jahren die Normung der Stähle geleistet. Mit ihrer Anwendungsorientierung kann sie in unserem Land auf eine lange Tradition zurückblicken. Hierauf fußend und weiter aufbauend sollte eine stetige Überprüfung der jeweils für bestimmte Stahlerzeugnisse gültigen Qualitätsmerkmale erfolgen, um sicherzustellen, daß der technische Fortschritt bei Erzeugern und Verbrauchern ggf. durch Neufestlegung der Vorschriften berücksichtigt wird.

Die folgenden Kapitel machen deutlich, daß die Technologie der Erschmelzung, der Formgebung und der Wärme- und Oberflächenbehandlung von Stahl einen hohen Stand erreicht hat. Sie zeigen aber auch, daß bei der Herstellung eine große

Zahl von Einflußgrößen wirksam ist, zwischen denen vielfach auch Zusammenhänge bestehen. Deswegen kann es bei verschiedenen Verfahrensschritten zu Zweifeln kommen, welche Wahl zu einem Erzeugnis führt, das mit Sicherheit die gestellten Anforderungen erfüllt. Aufgabe der beteiligten Ingenieure ist es, aus den vielfältigen technischen Möglichkeiten Lösungen zu erarbeiten, die für den jeweiligen Verwendungszweck technisch und wirtschaftlich sinnvoll sind. Die folgenden Kapitel sollen die Notwendigkeit hierfür verdeutlichen und dabei, ausgehend von dem letzten Stand der Technik, die wichtigsten Zusammenhänge zwischen der Herstellung und den Eigenschaften aufzeigen.

E 2 Rohstahlerzeugung

Von Hermann Peter Haastert

Ziel der Rohstahlerzeugung ist es, Stahl bestimmter chemischer Zusammensetzung möglichst homogen und weitgehend frei von störenden Verunreinigungen herzustellen. Der Erzeugungsweg des Rohstahls (Bild E 2.1) richtet sich nach den verfügbaren Rohstoffen und den an den Stahl gestellten Anforderungen hinsichtlich seiner Gebrauchseigenschaften.

E 2.1 Einsatzstoffe für die Stahlherstellung

Eisen kommt in der Natur nicht in metallischer Form vor; es muß zur Herstellung von Stahl primär aus seinen Erzen durch Reduktion gewonnen und dann im schmelzflüssigen Zustand durch Raffination und Legieren auf die jeweils gewünschte Zusammensetzung des Stahls gebracht werden.

Die Reduktion der für die Stahlherstellung wichtigen eisenreichen Erzsorten im *Hochofen* mit Koks führt zu *Roheisen* mit etwa 3,2 bis 4,5% C, 0,20 bis 1,2% Si, 0,3 bis 1,5% Mn, 0,02 bis 0,12% S und – je nach Phosphorgehalt der Erze – mit 0,06 bis 0,30 oder 1,5 bis 2,2% P. Die weiteren Begleitelemente des Roheisens wie Kupfer und Titan variieren nach der Zusammensetzung der Einsatzstoffe; ihre Gehalte sind nur in begrenztem Maß durch das Verfahren steuerbar. Bei Verwendung reiner Einsatzstoffe liegen weitere Roheisenbegleiter nur in Spuren vor, doch ist ihre Verfügbarkeit nicht immer und überall gegeben.

Roheisen wird zur Verbesserung der Stahlgüte und zur Entlastung des Hochofen- und des Stahlwerks häufig auf dem Transport zwischen beiden Werken nachbehandelt [1]. Das kann zur Entschwefelung durch Zugabe von Soda während des Umfüllvorgangs unter gleichzeitigem Abbau von Silizium und Stickstoff [2-4] oder durch Einblasen [5], Einrühren [6, 7] oder Tauchen von Entschwefelungsgemischen auf der Basis von Kalziumkarbid, Magnesium oder Feinkalk geschehen; hierdurch sind Schwefelgehalte bis unter 0,002% einstellbar [8]. Roheisenschmelzen können ebenfalls entsiliziert und entphosphort werden; bei der Entphosphorung sind jedoch die benötigten hohen Behandlungsmengen an Soda oder Kalk-Flußspat-Eisenoxid-Zusätzen problematisch [8, 9].

Bei der *Direktreduktion* von Erzen mit festen oder gasförmigen Reduktionsmitteln entsteht fester *Eisenschwamm*. Die Reduktionstemperaturen liegen im Bereich von 700 bis 1200°C, je nach Verfahren und eingesetzter Erzsorte, auf jeden Fall unterhalb des Erweichungspunkts des Erzes. Eisenschwamm ist als sauberer Eisenträger für die Stahlherstellung [10, 11] besonders in Ländern ohne Kokskohlenvorräte von Bedeutung. Von seinem Eisengehalt liegen mindestens 80%, üblich 90 bis 95%, metallisch vor. Im Gegensatz zum Roheisen ist der Kohlenstoffgehalt mit variabel einstellbaren Werten von 0,5 bis 2,5% niedrig. Die Gangart des Erzes wird

---

Literatur zu E 2 siehe Seite 780, 781.

I. Reduktionsstufe
Gewinnung von Eisenerzeugnissen aus Eisenerzen

Rohstoffe:	Eisenerz, Kohle, Öl*, Gas*			
Zuschläge:	Kalkstein, Kies*			

Reduktionsprozeß:	Hochofenverfahren	Direktreduktionsverfahren		
Rohstoffe:	Eisenträger / Energie und Reduktionsmittel	Eisenträger / Energie und Reduktionsmittel		
	Stückerze, klassiert / Koks	Stückerze, klassiert / Kohle		
	Sinter* / Öl*	Pellets / Gase		
	Pellets* / Gase*	Feinerz / Öl		
	Schrott* / Kohlenstaub*			
Verfahrensweisen	Hochofen	Schachtofen	Drehrohrofen	Wirbelschichtofen
Reduktionsaggregat:				
Zwischenerzeugnis	Roheisen	Eisenschwammprodukte		

II. Raffinationsstufe
Herstellung von Rohstahl Schmelzen und Frischen

Einsatzstoffe:	Roheisen, Schrott, Eisenschwamm*, Erz*
Zuschläge und Zusatzstoffe	gebrannter Kalk; Flußmittel; Desoxidations- und Legierungsstoffe
Sauerstoffträger	Luft, technisch reiner Sauerstoff, Erz

Einsatzvorbereitung	Entschwefelung (Entsilizierung, Entphosphorung) mit Entschwefelungs- / Entsilizierungs- / Entphosphorungsmitteln			
Roheisen				
Verfahrensweisen	Umfüllen	Injektion	Tauchen	Rühren
Schrott	Aufbereitung durch Klassifizierung, Kompaktieren, Schreddern			

Erzeugungswege des Rohstahls

1. Verfahrensweisen zur Rohstahlerzeugung							
Schmelz- und Frischverfahren	Windfrischverfahren	Sauerstoffblasverfahren				Herdschmelzverfahren	
Ofenaggregate	Bessemer-/Thomas-konverter	Aufblaskonverter	Bodenblas-konverter	Aufblas-Bodenblas-/rühr-Konverter	Durchblaskonverter	Siemens-Martin-Ofen	Lichtbogenofen	Induktionsofen
Desoxidieren und Legieren ggf. zusätzliches Homogenisieren	Zugabe von Desoxidations- und Legierungsstoffen in Ofenaggregat und Pfanne						
	Spülgas-/Rührbehandlung in der Pfanne						
Erzeugnis	Rohstahl für Grundsorten oder für besondere Verwendungszwecke						
	Zwischenerzeugnis zur Stahlnachbehandlung						

2. Verfahrensweisen zur Nachbehandlung von Rohstahlschmelzen						
Zusatzstoffe	Inerte Gase (Argon*, Stickstoff*), Sauerstoff, Kalzium, Magnesium-Legierungen, basische Schlackengemische, Desoxidations- und Legierungsstoffe					
Stahlnachbehand-lungsverfahren	Spülgas-/Rühr-behandlung	Injektions-behandlung	Heizen		Vakuumbehandlung	
Behandlungsaggregate	Boden- oder Lanzen-spülung, induktiv Rühren	Feststoff einblasen oder Fülldrahteinspülung	Pfannenofen	Gießstrahlbehandlung	Pfannenbehandlung elektrisch beheizt	Vakuumfrischen	Teilmengenbehandlung Umlaufverfahren	Heberverfahren
Erzeugnis	Rohstahl für besondere Verwendungszwecke und hohe Beanspruchungen					

*wahlweise

Bild E 2.1 Der Erzeugungsweg des Rohstahls.

bei der Direktreduktion nicht wie beim Hochofenprozeß reduziert, sondern liegt unverändert im Eisenschwamm vor und kann erst bei der Stahlherstellung abgeschieden werden. Die Schwefelgehalte lassen sich bei der Verwendung schwefelarmer Reduktionsmittel auf $< 0{,}010\%$ einstellen. Bei Einsatz reiner Erze liegen unerwünschte Begleitelemente des Eisens in ihrer Konzentration an der Grenze der Nachweisbarkeit.

Bei der Stahlherstellung werden als weitere Eisenträger *Stahlschrott, Gußbruch und Eisenerz* zum Umschmelzen und zum Kühlen verwandt. Schrott und Gußbruch sind Umlauf- oder Abfallstoffe, die nach ihrer Herkunft und Beschaffenheit in Güteklassen eingeteilt werden. Sorten unbekannter Herkunft, vor allem Sammelschrott, können hierbei unerwünschte Verunreinigungen in den Schmelzprozeß bringen. Zur Verbesserung des Schrotts sind Aufbereitungsanlagen, z. B. Schredderanlagen und Schrottmühlen, im Einsatz.

Weitere Einsatzstoffe für die Stahlherstellung sind Sauerstoff und Sauerstoffträger zum Frischen, unterschiedliche, meist inerte Gase zum Rühren der Schmelze sowie Zuschläge für die Schlackenbildung und Desoxidations- und Legierungsmittel.

E 2.2 Auswirkungen der Einsatzstoffe bei der Stahlherstellung

Die mit den Einsatzstoffen in die Eisenschmelze eingebrachten Begleitelemente müssen durch metallurgische Verfahrensschritte auf die gewünschten Gehalte gebracht oder, wenn sie für den Stahl schädlich und daher unerwünscht sind, in wirtschaftlich vertretbarer Weise auf möglichst niedrige Werte gesenkt werden. Ihre temperatur- und druckabhängige Löslichkeit in der Metallschmelze sowie ihre Affinitäten – besonders zum Sauerstoff [12] – legen hierbei die erreichbaren Konzentrationen im Stahlbad fest. Mit dem Legierungszusatz bestimmen sie die Zusammensetzung des Stahls, die letztlich mit den Bedingungen bei der Erstarrung, Verformung und Wärmebehandlung das Gefüge und damit die Eigenschaften des erzeugten Stahls und die Oberflächenqualität des Stahlerzeugnisses festlegt.

Als *unerwünschte Begleitelemente* des Stahls sind die Elemente und Verbindungen zu verstehen, die überwiegend und in besonders negativer Weise die Eigenschaften des Stahls beeinflussen können. Hierzu gehören Sauerstoff, Schwefel, Phosphor, Stickstoff, Wasserstoff und einige Nichteisenmetalle, soweit sie nicht als Legierungskomponenten zur Erreichung bestimmter Stahleigenschaften benötigt werden. So bestimmen Sauerstoff und Schwefel weitgehend den Reinheitsgrad und beeinflussen dadurch die Eigenschaften des Stahls allgemein in negativer, in bestimmten Anwendungsfällen aber auch in günstiger Richtung (Zerspanung). Beide Elemente verschlechtern in starkem Maß die Warmverformbarkeit (Rotbruch) und setzen vor allem die Zähigkeitseigenschaften sowie die Oberflächengüte und die Schweißbarkeit herab. Phosphor erhöht die Sprödbruchanfälligkeit und führt zur Warmversprödung des Stahls, während Stickstoff die Ursache von Alterungsvorgängen sein kann. Phosphor, Schwefel, Sauerstoff und Stickstoff können trotz Einstellung unter der „Gefahrengrenze" in der Schmelze durch ihre hohe Seigerungsneigung Ursache lokaler Defektstellen sein. Ist Wasserstoff in hinreichender Konzentration vorhanden, kann er sich bei zu schneller Abkühlung aus der Verformungshitze – im wesentlichen an den Korngrenzen – ausscheiden und zu Spannungsrissen (Flocken) führen. Als schädliche Auswirkung von Nichteisenmetallen sei z. B. das Aufreißen von Korngrenzen im Oberflächenbereich (Lötbruch) infolge überhöhter Kupfer- und Zinngehalte genannt.

Neben unerwünschten Begleitelementen können *nichtmetallische Verunreinigungen*, die z. B. über die Einsatzstoffe oder die Feuerfest-Zustellungen von Öfen, Pfannen und Gießeinrichtungen – exogene Einschlüsse – oder als Reaktionsprodukte z. B. der Desoxidation – endogene Einschlüsse – in den Stahl gelangen, zu mannigfachen Werkstofffehlern infolge ungenügender Reinheit führen.

E 2.3 Stahlherstellung

Zur Erzeugung von Stahl muß die Roheisenschmelze durch Raffination und Legieren auf die vorgegebene Zusammensetzung und die notwendige Temperatur zum Vergießen gebracht werden. Hierfür werden je nach der zu erzeugenden Stahlsorte die Verfahrensschritte nach Tabelle E 2.1 durchgeführt.

Tabelle E 2.1 Verfahrensschritte der Stahlherstellung und metallurgische Zielsetzung. (Kombinationen pfannenmetallurgischer Verfahren werden je nach Zielsetzung und Aufgabenstellung angewendet. Häufig sind hierfür auch betriebliche und wirtschaftliche Anwendungsgründe maßgebend.)

Verfahrensschritte		Metallurgische Zielsetzung
1. Schmelzen und Frischen	übliche Verfahrensschritte	Entfernung von Kohlenstoff, Silizium, Mangan, Phosphor, Schwefel, Stickstoff, Wasserstoff, Chrom, Zink, Vanadin, Titan, Aluminium, Magnesium, Tantal, Niob, Wolfram, Blei
2. Desoxidieren und Legieren		Entfernung von Sauerstoff, Legierungseinstellung
3. Pfannenmetallurgische Nachbehandlungsverfahren	Sonderbehandlungen	
a) Spülgas-/Rührbehandlung		Homogenisierung, Verbesserung des Reinheitsgrades, Feinlegierung, Entfernung von Schwefel[a]
b) Injektionsbehandlung		Entfernung von Sauerstoff und Schwefel, Einschlußbeeinflussung, Homogenisierung, Verbesserung des Reinheitsgrades, Feinlegierung
c) Heizen über Zuführung elektrischer Energie		Stahlerhitzung, Legieren, Homogenisierung, Feinlegierung, Verbesserung des Reinheitsgrades[a], Entfernung von Schwefel[a]
d) Vakuumbehandlung		Entfernung von Wasserstoff, Kohlenstoff, Sauerstoff, Stickstoff, Homogenisierung, Verbesserung des Reinheitsgrades, Feinlegierung, Entfernung von Schwefel[a]

[a] Unter Mitwirkung reaktiver Schlackengemische

Das Verhalten der Begleitelemente bei der Raffination läßt sich in folgende Gruppen einordnen:
1. Elemente, die gasförmig entweichen: Kohlenstoff, Zink, Blei, Wasserstoff, Stickstoff, Schwefel (teilweise);
2. Elemente, die vollständig als Oxide in die Schlacke übergehen: Silizium, Aluminium, Titan, Bor, Magnesium, Wolfram, Tantal, Niob;
3. Elemente, die sich auf Metall- und Schlackenbad verteilen: Mangan, Phosphor, Schwefel (teilweise), Chrom, Vanadin;
4. Elemente, die im Metallbad verbleiben: Kupfer, Nickel, Zinn, Arsen, Wismuth, Antimon, Selen, Tellur, Kobalt, Molybdän.

E 2.3.1 Schmelzen und Frischen

Zur Entfernung sauerstoffaffiner Begleitelemente werden dem schmelzflüssigen Eisenbad Schlackenbildner und gasförmige und feste Sauerstoffträger – *zum Frischen* – zugegeben. Die entstehenden gasförmigen Oxidationsprodukte entweichen als Abgas, die flüssigen werden in die aus den Reaktionsprodukten und den Zuschlagstoffen gebildete Schlacke übergeführt. Mit dem Frischen wird besonders die notwendige Entkohlung und die Entfernung unerwünschter Begleitelemente der Eisenschmelze – üblicherweise von Phosphor und Schwefel aber auch von Silizium und Mangan sowie von Wasserstoff und Stickstoff – verfolgt.

Die *Entkohlung* des Schmelzbades läuft über Eisenoxid- und Kohlenmonoxidbildung ab. Verfahrensbedingte Einflußgrößen bestimmen dabei deren Geschwindigkeit und die erreichbaren Endgehalte.

Bei den *bodenblasenden Konverterverfahren* ist am Ende der Frischperiode die Einstellung von 0,02% C, beim *Sauerstoffaufblasverfahren* (LD-Verfahren) von rd. 0,05% C üblich. Wegen der besseren Gleichgewichtsannäherung der Metall-Schlacken-Reaktionen beim Bodenblasen und der hierdurch weitergehenden und wirtschaftlicher durchzuführenden Entkohlung werden heute beim dominierenden Aufblasverfahren ebenfalls Frisch- oder Rührgase durch den Konverterboden geleitet und das Verfahren als *kombiniertes Lanzen-Bodenblasen/-rühren* geführt. – Bei den *Herdschmelzverfahren* (Siemens-Martin- und Elektroofen-Verfahren) sind niedrige Kohlenstoffgehalte nur mit hohem Frischaufwand erreichbar. Höhere Gehalte lassen sich bei den Herdschmelz- und den Sauerstoffblasverfahren durch Abfangen der Schmelze bei den gewünschten Kohlenstoffkonzentrationen im Bad einstellen.

Mit der Einstellung des Kohlenstoffgehalts ist gesetzmäßig der *Sauerstoffgehalt* des Bades verknüpft [13, 14]. Die bei den Konverter- und Herdschmelzverfahren am Ende der Frischperiode sich einstellenden Sauerstoffgehalte zeigt Bild E 2.2. Im Bereich niedriger Kohlenstoffgehalte steigen die Sauerstoffgehalte infolge zunehmender Löslichkeit des Sauerstoffs im Stahl stark an (*Vacher-Hamilton-Beziehung* [13]). Zur Vermeidung von Fehlern im Stahl müssen die Sauerstoffgehalte durch Desoxidation (s. E 2.3.2) wieder gesenkt werden.

Der *Phosphor* wird durch Oxidation und Abbindung zum Phosphat in kalkaktiver Schlacke entfernt. Steigende Schlackenmengen, zunehmender Basengrad und Eisenoxidgehalt der Schlacke sowie fallende Schmelzentemperaturen fördern die Phosphorverschlackung. Bei phosphorarmem Einsatz ist die Einstellung von Phosphorgehalten ≤ 0,020% im Stahl üblich. Gehalte < 0,010% P im Stahl lassen sich durch weiteres Absenken des Phosphoreintrages in die Schmelze und durch zusätzliches Arbeiten mit Zweitschlacken im Schmelzgefäß erreichen. Auch bei Verwendung phosphorhaltiger Eisenträger sind niedrige Gehalte über die Bildung von Zweitschlacken erzielbar.

Die *Entschwefelung* von Eisenschmelzen setzt ein möglichst niedriges Sauerstoffpotential des Metall-Schlacken-Systems voraus; hohe Schmelztemperaturen und große Schlackenmengen mit hoher Basizität sind dabei förderlich. Bei den oxidierenden Stahlherstellungsverfahren ist infolge der hohen Sauerstoffpotentiale die Entschwefelung ungünstig und im allgemeinen nur bis höchstens 50% zu erreichen. Der Schwefel wird dabei überwiegend durch Diffusion in die Schlacke übergeführt und an Kalk gebunden; eine Teilmenge entweicht gasförmig. Bei Verarbeitung schwefelarmer Einsatzstoffe läßt sich bei den Konverterverfahren der Schwefelgehalt im Stahl auf rd. 0,005% senken. Bei den schrottintensiven Herdschmelzverfahren werden in Abhängigkeit vom Schwefeleinbringen durch den Schrott und die Brennstoffe Gehalte von 0,015 bis 0,075% S erreicht. Schwefelgehalte ≤ 0,005% sind im basischen Lichtbogenofen in der Feinungsperiode unter eisenoxidarmen Reduktionsschlacken möglich. Durch pfannenmetallurgische Nachbehandlungsverfahren (s. E 2.3.3) können Schwefelgehalte < 0,003%, in Sonderfällen sogar < 0,001%, erzielt werden.

Beim Frischen wird das im Einsatz befindliche *Silizium* oxidiert und verschlackt. *Mangan* wird dagegen nur teilweise – bis zur Einstellung der jeweils geltenden Verteilungsgleichgewichte zwischen Metall und Schlacke – aus dem Metallbad entfernt.

Die *Stickstoff-* und *Wasserstoffgehalte* werden durch Ausspülung fester Phasen, z. B. von Nitriden, oder durch Diffusion in die das Schmelzbad durchspülenden Kohlenmonoxidblasen gesenkt. Hierbei hängt der Endgehalt von der Löslichkeit der Gase im Metallbad, vom Eintrag über die Einsatzstoffe und den Frischgasen, von der Intensität der Kochreaktion sowie von ihrer Konzentration in der Ofenatmosphäre bzw. in der Ofenschlacke ab [16, 17]. Bei den Sauerstoffblasverfahren liegen am Ende des Blasprozesses Stickstoffgehalte von etwa 0,002% und Wasserstoffgehalte < 0,0002% vor. Das Lichtbogenofen-Verfahren führt infolge der im Lichtbogen vorliegenden günstigen Bedingungen für die Aufstickung zu höheren Stickstoffgehalten des Stahls.

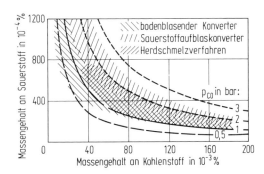

Bild E 2.2 Beziehung zwischen Sauerstoff- und Kohlenstoffgehalten bei den Konverter- und Herdschmelzverfahren. Nach [15].

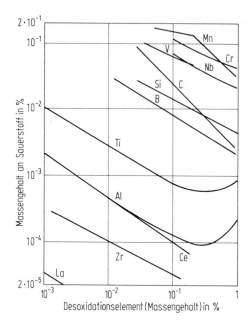

Bild E 2.3 Desoxidationsvermögen verschiedener Elemente bei 1600 °C. Nach [18].

Der beim Abstich, Nachbehandeln und Vergießen übliche Anstieg der Gehalte an gasförmigen Elementen kann durch Inertgasschutz oder Vakuumbehandlung in Grenzen gehalten werden. Eine Absenkung des Wasserstoffgehalts ist über nachgeschaltete Vakuumverfahren möglich (s. E 2.3.3).

E 2.3.2 Desoxidieren und Legieren

Desoxidation

Am Ende der Frischperiode ist im allgemeinen der Gehalt des im Stahlbad gelösten Sauerstoffs zu hoch. Zur Vermeidung von Stahlschäden muß die Sauerstoffkonzentration im Metallbad gesenkt werden durch Desoxidation
- über Schlacken mit verminderter FeO-Aktivität – Diffusionsdesoxidation – oder
- durch Zugabe sauerstoffaffiner Elemente durch Gleichgewichtsannäherung – Fällungsdesoxidation – z. B. über die druckabhängige Kohlenstoffdesoxidation oder die druckunabhängige Reaktion mit Desoxidationsmetallen (Bild E 2.3).

Entstehende Desoxidationsprodukte müssen vor dem Erstarren der Stahlschmelze weitgehend abgeschieden werden; verbleibende Oxide verschlechtern den Reinheitsgrad und beeinträchtigen die Güte des Stahls. Zur Desoxidation nicht benötigte Metallanteile sind als Legierungskomponenten bei der Einstellung der geforderten Stahlzusammensetzung durch Zugabe von Legierungsmetallen in Rechnung zu stellen.

Zur Gewährleistung enger Spannen in der Stahlzusammensetzung und bei Zugabe kleiner Legierungsmengen – u. a. bei der Mikrolegierung – werden Nachbehandlungsverfahren (s. E 2.3.3) angewandt.

Desoxidieren und Legieren im Stahlherstellungsgefäß

Bei der Erzeugung hochlegierter Stahlgüten im Elektroofen ist nach beendetem Frischen die Desoxidation des Stahlbades durch Abziehen der sauerstoffreichen Frischschlacke und Aufbau einer eisenoxidarmen Feinungsschlacke ($\leq 1\%$ FeO) üblich. Die desoxidierende Wirkung der Schlacke wird durch Aufgabe von Kalk mit Zusätzen von Aluminium, Ferrosilizium, Kalziumsilizium und/oder Kohlenstoffträgern erreicht. Die Endgehalte an Sauerstoff liegen für 0,05% C bei rd. 0,004 bis 0,008%. Im allgemeinen wird die Desoxidation durch eine Fällungsdesoxidation in der Pfanne oder durch eine Vakuumbehandlung – Vakuumdesoxidation – abgeschlossen. Der Gehalt der Schmelze an Oxiden und Sulfiden wird in der Feinungszeit erheblich gesenkt, da die kalkaktive Feinungsschlacke ein hohes Aufnahmevermögen für Suspensionen hat. Intensive Badbewegung oder Durchmischung des Bades mit dünnflüssiger Feinungsschlacke beim Abstich in die Pfanne – *Perrin-Effekt* – fördert die Abscheidung störender Suspensionen.

Das Legieren von Stählen mit hohen Anteilen an Legierungselementen erfolgt weitgehend in der Feinungsperiode. Zur Feineinstellung werden häufig Nachbehandlungsverfahren angewandt. Mit dem Einbringen von Legierungsmitteln (z. B. Kohlenstoff, Ferrolegierungen, Rein- oder Mischmetallen) und dem Aufbau der Feinungsschlacke ist in der Regel eine Zunahme der Stickstoff- und Wasserstoffgehalte verbunden. Der Gehalt an Wasserstoff kann – wie schon erwähnt – mit Hilfe von Vakuumverfahren unter die Gefahrengrenze abgesenkt werden.

Desoxidieren und Legieren in der Pfanne

Unlegierte und niedrig legierte Stahlsorten werden in der Regel ohne Desoxidation oder nach Teildesoxidation/-legierung mit Mangan im Herstellungsgefäß in die Gießpfanne abgestochen. Zur vollständigen Desoxidation werden Aluminium, Ferrosilizium, Kalziumsilizium oder Desoxidationsgemische und zur Einstellung der vorgegebenen Stahlzusammensetzung die erforderlichen Legierungszusätze fest oder flüssig in die Pfanne gegeben. Das Mitlaufen von Frischschlacke führt bei beruhigten Schmelzen zu Rückphosphorung und Legierungsabbrand. Die Einstellung enger Spannen in der chemischen Zusammensetzung ist schwierig; hierzu werden im allgemeinen Spül- und Rührbehandlungen durchgeführt.

E 2.3.3 Pfannenmetallurgische Nachbehandlungsverfahren

Zur Erzeugung von Stählen für Verwendungszwecke mit besonderen Anforderungen an die Eigenschaften, vor allem an die Reinheit, und zur Verfahrensoptimierung kommen Nachbehandlungen in Betracht, wie das Spülen oder Rühren der Schmelze, die Injektion von Gasen und Feststoffen, das Heizen und die Anwendung von Vakuum in getrennten oder kombinierten Verfahrensschritten [19, 20]. Praktische Anwendungsbeispiele für die in Bild E 2.4 in einem Modellreaktor zusammengefaßten verfahrenstechnischen Elemente der Stahlnachbehandlung sind Bild E 2.1 zu entnehmen. Hiermit bezweckte metallurgische Zielsetzungen sind in Tabelle E 2.1 angegeben.

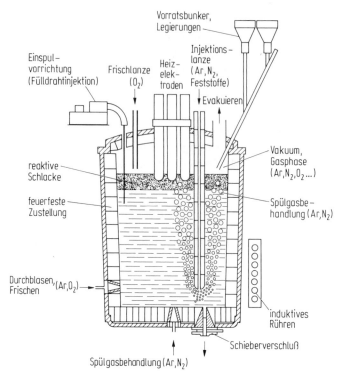

Bild E 2.4 Anlagen- und Verfahrensteile zur Stahlnachbehandlung (Modellreaktor). Nach [8].

Spülgas-/Rührbehandlung

Das Spülen ist die einfachste Art der Nachbehandlung; es ist heute als üblicher Verfahrensschritt der Stahlherstellung anzusehen. Hierbei werden Inertgase (Argon oder Stickstoff) durch einen oder mehrere poröse Bodensteine oder über eine Tauchlanze in das Stahlbad eingeblasen. Dabei wird die Gleichmäßigkeit der Zusammensetzung und der Temperatur sowie der Reinheitsgrad verbessert. Die Feineinstellung der Zusammensetzung der Schmelze erfolgt mit hoher Treffsicherheit, wenn die Legierungsmittel in den Spülfleck zugegeben werden. Die Bestimmung des Oxidationsgrades der Schmelze über die elektrochemische Messung der Sauerstoffaktivität mit sauerstoffionenleitenden Festelektrolyten (EMK-Meßzellen) [21] ist dabei von Nutzen.

Mit induktivem Rühren von Stahlschmelzen in der Pfanne werden gleiche Zielsetzungen verfolgt.

Durch Zusatz von Kalk-Flußspat-Gemischen in desoxidierten Schmelzen ist eine Absenkung des Schwefelgehalts, durch Zusatz eisenoxidhaltiger Kalk-Flußspat-Gemische in nicht desoxidierten Schmelzen eine Absenkung des Phosphorgehalts in begrenztem Ausmaß möglich.

Injektionsbehandlung

Ein weitgehender Abbau von Sauerstoff und Schwefel sowie die Beseitigung qualitätsmindernder Einschlüsse werden in desoxidierten Schmelzen durch Zugabe von Feststoffen auf der Basis von Kalzium [22], Magnesium oder durch basische Schlakkengemische erzielt. Der Zusatz erfolgt durch Einblasen, Einschießen oder Einspulen ummantelter Kalzium-Verbunddrähte. In der Praxis hat sich besonders das Einblasen pulverisierter Feststoffe mit Argon mittels einer Tauchlanze in die Gießpfanne (z. B. TN: Thyssen-Niederrhein-Verfahren) [23–25] bewährt. Die Sauerstoff- und Schwefelgehalte können hierbei bis zur Nachweisgrenze im Bereich von $10 \cdot 10^{-4}\%$ abgesenkt werden. In der Stahlschmelze verbleibende und in der Walzhitze leicht verformbare Suspensionen, z. B. Mangansulfide und Tonerdesilikate werden bei der Behandlung mit Kalzium in globulare, aus der Schmelze besser abscheidbare und in der Walzhitze unverformbare Einschlußtypen wie Kalziumaluminat umgewandelt. Hierdurch werden die Zähigkeitseigenschaften des Stahls verbessert und eine weitgehende Isotropie der Werkstoffkennwerte erzielt, was besonders für flachgewalzte Produkte von großer Bedeutung ist. Durch Verlegung metallurgischer Arbeit aus dem Schmelz- und Frischgefäß in die Gießpfanne kann die Nachbehandlung des Stahls zur Verbesserung der Wirtschaftlichkeit der Stahlherstellung beitragen.

Einer Wasserstoffaufnahme der Schmelze bei Zugabe von kalkbasischen Schlakkengemischen ist bei wasserstoffempfindlichen Stahlsorten mit einer Vakuumbehandlung oder mit Wasserstoffabscheidung durch langsames Abkühlen aus der Walzhitze zu begegnen.

Heizen

Bei der Behandlung von Stahl in der Pfanne entstehen abhängig von der Behandlungsart und -zeit unterschiedlich hohe Temperaturverluste, die entweder durch Überhitzung der Schmelze im Schmelzaggregat oder durch Beheizung der Schmelze in der Behandlungspfanne auszugleichen sind. Durch Pfannenbeheizung z. B. über Lichtbogen in einem Pfannenofen (LF: Ladle Furnace) können die wirtschaftlichen und metallurgischen Nachteile einer Schmelzüberhitzung vermieden werden und qualitative Verbesserungen beim erzeugten Stahl durch Schmelzen unter aktiven Raffinationsschlacken und unter Inertgasatmosphäre erzielt werden. Die Einstellung sehr niedriger Sauerstoff- und Schwefelgehalte im Stahl ist möglich; Wasserstoff- und Stickstoffgehalte steigen nicht an und können bei Behandlung unter Vakuum abgesenkt werden. Bei der Erzeugung hochlegierter Schmelzen können hohe Legierungsmittelmengen ohne Temperaturverlust der Schmelze zugegeben werden.

Vakuumbehandlung

Die Behandlung des schmelzflüssigen Stahls unter Vakuum [26] wird im wesentlichen zur Absenkung des Wasserstoffgehalts, zur Feinentkohlung, Desoxidation und Feinlegierung durchgeführt. Hierbei ergibt sich auch eine Homogenisierung und Reinigung der Schmelze. Für den Zusatz größerer Legierungsmengen oder zur Durchführung von Metall-Schlacken-Reaktionen (VAD-Verfahren: Vacuum Arc Degassing) sind Vakuumanlagen mit zusätzlicher elektrischer Beheizung in

Betrieb. In der Praxis haben die Gießstrahl-, die Pfannen- und in besonderem Maße die Teilmengenbehandlung, das Umlaufverfahren (RH: Ruhrstahl Heraeus-Verfahren) und das Heberverfahren (DH: Dortmund Hörde-Verfahren) größere Bedeutung erlangt. Um das Stahlbad auf Wasserstoffkonzentrationen unterhalb der Gefahr der Flockenbildung – z. B. $2 \cdot 10^{-4}\%$ Wasserstoff – zu senken, wird mit Drücken um 1 mbar gearbeitet.

Bei der Vakuumbehandlung werden löslicher Sauerstoff unter Bildung von Kohlenmonoxid rückstandslos aus der Schmelze entfernt, oxidische Einschlüsse teilweise reduziert und günstigere Abscheidungsbedingungen für nichtmetallische Phasen geschaffen. Hierdurch lassen sich sehr niedrige Sauerstoffgehalte und ein hoher Reinheitsgrad des Stahls erzielen. Bei Herstellung schwerer Schmiedestücke trägt die *Vakuum-Kohlenstoff-Desoxidation* zur seigerungsärmeren Erstarrung [27] bei (s. auch E 6).

Die Druckabhängigkeit der Entkohlungsreaktion ermöglicht eine Entkohlung von Stahlschmelzen bis auf 0,001% C, ggf. unter Zusatz von Sauerstoff. Diese Möglichkeit wird u. a. zur weitergehenden Entkohlung von Konverterschmelzen durch die Teilmengenverfahren (light treatment) und zur Erzeugung kohlenstoffarmer oder hochchromhaltiger rost-, säure- und hitzebeständiger Stähle genutzt. Für das *Frischen im Vakuum* [28–30] gibt es mehrere Verfahren (VOD: Vacuum Oxygen Decarburisation, VODC: Vacuum Oxygen Decarburisation Converter, RHO: Ruhrstahl Heraeus Oxygen, RH-OB: Ruhrstahl Heraeus-Oxygen Blowing). Mit diesen Verfahren können die geforderten Kohlenstoffgehalte von $\leq 0{,}03\%$ bei üblichen Schmelzentemperaturen unter weitgehender Vermeidung einer Verschlackung von Chrom erreicht werden. Gleiche Ergebnisse lassen sich auch durch Partialdruckerniedrigung mit den *Durchblasverfahren* [31] (AOD: Argon Oxygen Decarburisation, CLU: Creusot Loire Uddeholm) unter Verwendung von Sauerstoff-Argon- oder Sauerstoff-Wasserdampf-Gemischen als Frischgase erzielen.

E3 Gießen und Erstarren

Von Peter Hammerschmid

E3.1 Kennzeichnung der gebräuchlichen Vergießungsarten

Der flüssige Stahl wird je nach verfügbaren Betriebsanlagen und nachgeschalteten Verformungsstufen als Standguß oder Strangguß vergossen. Beim *Standguß* wird der Stahl in Kokillen zu Blöcken von 100 kg bis 500 t im Ober- oder Unterguß, d. h. fallend oder steigend, vergossen (Bild E 3.1). *Fallender Guß* wird überwiegend bei Blöcken mit größerem Gewicht (> 20 t) angewandt und in Fällen, in denen ein hoher Reinheitsgrad erforderlich ist, vorgezogen. *Steigender Guß* weist eine bessere Oberfläche als Oberguß auf, da der Stahl von unten ruhig hochsteigt, während beim fallenden Guß der flüssige Stahl auf die Kokillenwände spritzen kann. Hiergegen können jedoch Maßnahmen wie schnelles Gießen oder Anbringen von Spritzschutz ergriffen werden.

In der Kokille erstarrt der flüssige Stahl je nach dem im Stahl gelösten Sauerstoff *unberuhigt, halbberuhigt* oder *beruhigt*. Je niedriger der Sauerstoffgehalt ist, um so weniger Sauerstoff setzt sich mit dem Kohlenstoff des Stahls um, und um so ruhiger, d. h. ohne Blasenbildung und damit ohne „Kochbewegung", läuft die Erstarrung ab. Der Sauerstoffgehalt des flüssigen Stahls ist durch den Gehalt an Kohlenstoff, Mangan, Silizium und Aluminium vorgegeben. Je nach Gasentwicklung erstarrt der Stahl unter Blasen- oder Lunkerbildung (Bild E 3.2). Der beruhigte Standguß ist gegenüber dem unberuhigten Standguß praktisch blasenfrei, kann jedoch Schwindungshohlräume, sogenannte Lunker, aufweisen, die durch den aus aufgesetzten Hauben nachfließenden Stahl so weit aufgefüllt werden, daß beim umgekehrt konischen Block kein Lunker, beim normal konischen Block nur noch ein Sekundärlunker auftreten kann, der allerdings bei ausreichender Verformung verschweißt. Die Seigerungen nehmen in der Reihenfolge beruhigt umgekehrt konischer, beruhigt normal konischer, halbberuhigter, unberuhigter Block zu.

Das kontinuierliche Vergießen des Stahls im Strang, Stranggießen genannt (entsprechend: Strangguß), hat gegenüber dem Standgießen (entsprechend: Standguß) folgende Vorteile: Die Erstarrung verläuft rascher, die nachfolgende Verformungsarbeit ist geringer, eine oder zwei Verformungsstufen können eingespart werden, und das Ausbringen ist wesentlich höher.

Verschiedene Forderungen und Überlegungen in der Geschichte des Stranggusses führten zur Entwicklung von unterschiedlichen Typen der *Stranggießmaschinen*. Die wichtigsten sind die Senkrechtanlage, die Senkrechtabbiegeanlage, die Kreisbogenanlage mit entweder gerader oder Kreisbogenkokille und die Horizontalanlage (Bild E 3.3). Der Trend geht wegen der Kapitalkosten zu Anlagentypen mit niedriger Bauhöhe. So werden nur noch selten Senkrechtanlagen und dann nur noch bei extremen Anforderungen an den Reinheitsgrad und für rißempfindliche Stähle in Betrieb gehalten oder gebaut. Bei Kreisbogenanlagen unterscheidet man

---

Literatur zu E 3 siehe Seite 781, 782.

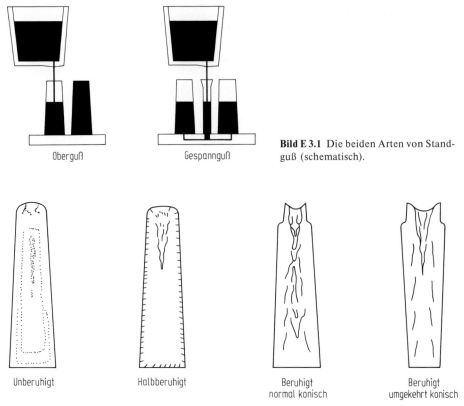

Bild E 3.1 Die beiden Arten von Standguß (schematisch).

Bild E 3.2 Längsschnitt durch Standgußblöcke aus unberuhigtem, halbberuhigtem und beruhigtem Stahl.

Anlagen mit senkrechter Kokille und anschließender progressiver Abbiegung aus der Senkrechten in den Kreisbogen und Anlagen mit Kreisbogenkokille. Horizontalstranggießanlagen sind bisher nur für Querschnitte bis 150 mm vierkant und 200 mm Dmr. gebaut worden und werden vorzugsweise für höherlegierte Stähle mit kleinen Schmelzeinheiten genutzt.

E 3.2 Vorgänge beim Vergießen und Erstarren des Stahls im Standguß

E 3.2.1 Reoxidation, Strömung und Überhitzung

Während des Gießens kommt der Gießstrahl mit Luft in Berührung, wodurch es je nach Form des Gießstrahls zu einer *Reoxidation und Aufstickung* des Stahls kommen kann. Durch Gießstrahlabschirmung und Schutzgaszufuhr können diese Effekte zurückgedrängt oder ganz vermieden werden [1]. Beim Standguß ist jedoch der Aufwand, die Luft vollständig abzuschirmen, im Vergleich zum Strangguß zu groß. Der Gießstrahl der Pfanne wird deshalb nur bei Stählen mit höchsten Reinheitsgradanforderungen abgeschirmt.

Vorgänge beim Gießen und Erstarren von Standguß 653

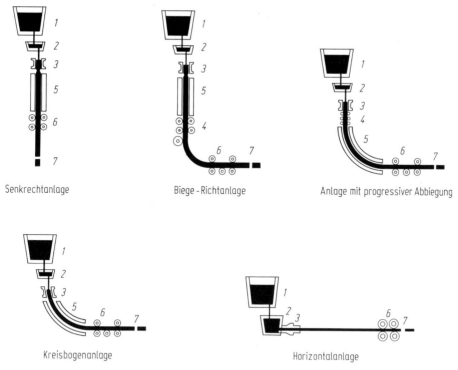

Bild E 3.3 Typen von Stranggießanlagen (1: Pfanne, 2: Verteiler, 3: Kokille mit Primärkühlung, 4: Biegezone und 5: Rollenführung mit Sekundärkühlung, 6: Treiben und Richten, 7: Brennschneiden).

Strömungen des Stahls in der Kokille werden während des Gießens im wesentlichen vom einfließenden Strahl und nach Gießende von der freien Konvektion, von Ansaugvorgängen, die infolge der Erstarrungsschrumpfung entstehen, und vom Herabsinken erstarrter Stahlpartikel vor der Erstarrungsfront verursacht [2].

Beim steigenden Guß kann die Richtung des einfließenden Strahls beträchtlich von der Kokillenachse weggeneigt sein, wodurch Turbulenzen an der Kokillenwand entstehen, die eine Schwächung und Überspülung der erstarrten Stahlhaut verursachen können [3]. Beim fallenden Guß entstehen beim Auftreffen des Gießstrahls auf die Bodenplatte Stahlspritzer an der Kokillenwand. Sie bilden die Schalen, die die Oberflächenqualität vermindern können [4].

Die *Überhitzung* ist die Differenz zwischen Gießstrahl- und Erstarrungstemperatur des flüssigen Stahls. Sie darf während des Gießverlaufs einen bestimmten Wert nicht unterschreiten, wenn untragbar viele nichtmetallische Einschlüsse mit Sicherheit vermieden werden sollen. Durch Argonspülung des Stahls in der Pfanne vor Gießbeginn und Abdeckelung der Pfanne sinkt die Temperatur während des Gießens nur wenig ab. Zu hohe Überhitzungen, die Oberflächenrisse des Rohblocks und verstärkt Seigerungen verursachen können, lassen sich durch Argonspülen und ggf. durch Kühlung mit Schrott während des Spülens abbauen. Durch Vergießen mit niedriger Überhitzungstemperatur läßt sich ein weitgehend globulitisches Erstarrungsgefüge einstellen.

E 3.2.2 Ablauf der Kristallisation

Da sich Standguß und Strangguß im Ablauf der Kristallisation nur durch die Intensität der Wärmeabfuhr unterscheiden, gelten die folgenden Ausführungen für beide Gießarten.

Die Schmelze wird an der Kokillenwand so stark unterkühlt, daß die Kristallisation schon während des Gießens spontan einsetzt. Es entsteht dabei eine globulitische Randschicht von 5 bis 10 mm Dicke [5]. Hohe Überhitzungen können die Keimbildung an der Wand nicht verhindern, wohl aber das Wachstum verzögern (Bild E 3.4).

Nachdem die Unterkühlung durch freiwerdende Kristallisationswärme ausgeglichen ist, schließt sich mit weiter fortschreitender Erstarrung an die feinglobulitische Randschicht ein nach innen gerichteter Erstarrungsbereich an: die Zone der Stengelkristalle [5]. Durch die zunehmende *konstitutionelle* Unterkühlung der Schmelze zum Blockinnern hin wird die ursprünglich glatte Erstarrungsfront instabil, und es entsteht eine heterogene Schicht aus gerichteten Stengelkristallen und Schmelze [6]. Bei geringer Wärmeleitung der Kokille können Stengelkristalle auch unmittelbar von der Oberfläche her wachsen, so daß die übliche feine globulitische Abschreckschicht fehlt und Oberflächenrisse entstehen können (Bild E 3.5).

Weiter im Innern des Blockes entsteht durch Bildung von Seitenästen an den Kristalliten eine ausgeprägte Dendritenstruktur. Im weiteren Verlauf der Erstarrung können schließlich frei bewegliche Kristallite vor der Erstarrungsfront durch Bildung von heterogenen Keimen oder auch durch das Abschmelzen und Abbrechen von Dendritenarmen gebildet werden. Sie sinken im Block in den sogenannten Schüttkegel ab. Bedingt durch Konvektion in der Schmelze finden Kollisionen zwischen den frei beweglichen Kristalliten statt, wodurch u. U. Klumpen (Cluster) gebildet werden können (Bild E 3.6).

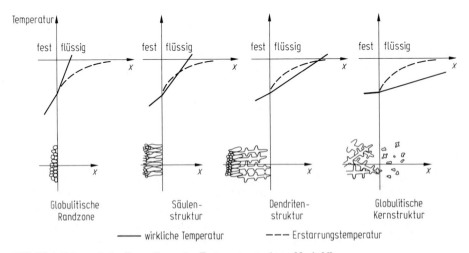

Bild E 3.4 Schematische Darstellung der Erstarrungsstruktur. Nach [6].

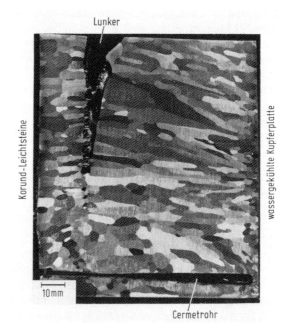

Bild E 3.5 Erstarrungsgefüge einer ferritischen Eisenlegierung mit 2,85 % V nach Abkühlen im Vakuum; Längsschnitt durch die obere Blockhälfte. Nach [7].

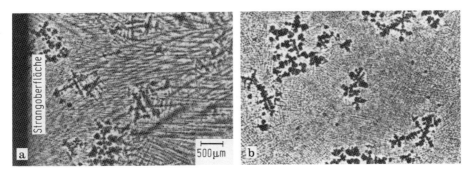

Bild E 3.6 Dendritische und globulitische Schwebekristalle in einer Stahlschmelze mit rd. 0,37 % C und 1,25 % Mn. **a** Querschliff im Abstand 1,5 mm von der Strangoberfläche; **b** Längshorizontalschliff. Nach [8].

E 3.2.3 Wärmeübergang und Erstarrung

Wärmetransport und Erstarrung sind eng miteinander verknüpft. Der größte Teil der aus dem Block abgeführten Wärme wird in der Kokille gespeichert. Der Hauptwärmewiderstand ist die Grenzfläche zwischen Block und Kokille. Wegen des nicht vollständigen thermischen Kontakts aufgrund von Mikrounebenheiten und der nicht vorhandenen Konstanz der Temperatur an der Blockoberfläche sowie des stärkeren Wärmeabflusses in die Blockecken ist die Dicke der erstarrten Schale geringer als die formal nach dem $\sqrt{t}$-Gesetz beschriebene. Im weiteren Verlauf der

Erstarrung ergeben sich Abweichungen vom $\sqrt{t}$-Gesetz zu kürzeren *Erstarrungszeiten* für Quadratblöcke und Brammen bis zu einem Seitenverhältnis $< 1{,}7$. Das liegt an der Zunahme des Verhältnisses Oberfläche:Volumen im Verlauf der Erstarrung und der dadurch beschleunigten Abfuhr der restlichen Wärme (Bild E 3.7).

Der Wärmeübergang zur Kokille wird darüber hinaus durch den während der Erstarrung entstehenden Spalt verringert. Schnelles und heißes Gießen kann dazu führen, daß zu Beginn der Erstarrung sich die erstarrte Schale nach dem ersten Anheben unter weiter steigendem ferrostatischem Druck wieder anlegt und die stehenbleibenden Kanten zum Einreißen bringt.

E 3.2.4 Entstehung der Seigerungen

Makroseigerung

Im Fuß des *beruhigten Blocks* entsteht durch Sedimentation von Globuliten, die eine geringere Konzentration an Legierungs- und Begleitelementen als die Schmelze aufweisen, eine negative Seigerung [10]. Die die Globuliten umgebende, an Begleit- und Legierungselementen angereicherte Restschmelze wird beim Sedimentieren der Globuliten abgetrennt und in den oberen Teil des Blocks verdrängt. Dort entsteht eine positive Seigerung, die in Zusammenhang mit Schwindungsvorgängen eine V-förmige Struktur nach beendeter Erstarrung annimmt (Bild E 3.8). Umgekehrt konische Blöcke weisen eine geringere positive Seigerung als normal konische auf. Die Seigerung bei den ersten ist geringer und das Ausbringen höher, wenn der Block schlank ist und eine große Konizität aufweist [11]. Die Ursache der

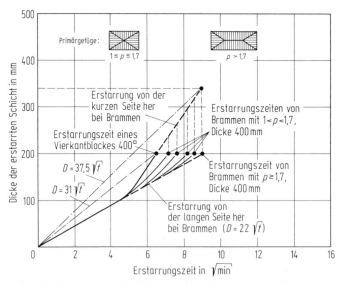

Bild E 3.7 Erstarrungsverlauf bei Vierkantblöcken und bei Brammen mit einem Seitenverhältnis $p > 1$ von den langen und den kurzen Seiten her. Nach [9]. (D = Dicke der erstarrten Schicht; p = Verhältnis von Blockbreite zu Blockdicke.)

bei großen Blöcken vorliegenden A-Seigerungen ist noch nicht eindeutig geklärt. Ihre Stärke hängt von der chemischen Zusammensetzung, der Höhe der Überhitzung, von der Blockgröße und der Blockform ab.

Unberuhigter Stahl weist stärkere Seigerungen als beruhigter auf. Die Seigerung ist durch die Schleppströmung der Gasblasen an der Erstarrungsfront bedingt [12]. Die vor der Erstarrungsfront angereicherte Schmelze wird durch die Strömung in der noch nicht erstarrten Schmelze verteilt und erhöht deren Konzentration an Begleitelementen, was dann zu einer Seigerung führt. Auch hier hängt die Stärke der Seigerung von der chemischen Zusammensetzung, der Kochdauer sowie von der Blockgröße und -form ab (Bild E 3.9).

Mikroseigerung

Diese Kristallseigerung entsteht bei der Erstarrung durch die niedrigere Löslichkeit der Zusatzelemente im Festen gegenüber der im Flüssigen. Bei globulitischer Erstarrung fallen die Zonen größter positiver Seigerung mit den Korngrenzen der Kristallite zusammen, während bei dendritischer Erstarrung die interdendritischen Zonen an geseigerten Elementen angereichert sind [13]. Im Verlauf der Abkühlung bildet sich bei der $\gamma\rightarrow\alpha$-Umwandlung untereutektoidischer Stähle durch zeilenförmige Ausscheidung von Ferrit und Perlit ein sogenanntes sekundäres Zeilengefüge, das die Güte des Stahls wie z. B. die Zerspanbarkeit und die Kaltumformbarkeit beeinträchtigen kann.

Bild E 3.8 Schematische Darstellung von A- und V-Seigerungen. Nach [12].

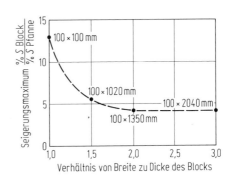

Bild E 3.9 Einfluß des Blockformats auf die maximale Seigerung in Blöcken aus unberuhigtem Stahl. Nach [12]. (Ausgangsdicke 680 mm. Maßangaben = Abmessungen nach dem Walzen.)

E 3.2.5 Bildung von Oxideinschlüssen

Man unterscheidet im erstarrten Stahl endogene und exogene oxidische Einschlüsse.

Endogene Einschlüsse können im Gießstrahl und/oder vor der Erstarrungsfront durch Reaktion der im Stahl gelösten Desoxidationselemente mit übersättigt gelöstem Sauerstoff entstehen. Die Übersättigung an Sauerstoff kann durch Aufnahme im Gießstrahl, Verringerung der Löslichkeit infolge fallender Temperatur und Anreicherung bei der Erstarrung erfolgen. Die während der Erstarrung entstehenden Einschlüsse unterscheiden sich von denen, die primär bei der Desoxidation entstehen. So bilden sich z. B. bei der Desoxidation von hoch sauerstoffhaltigem Stahl mit Aluminium grobkugelige Herzyniteinschlüsse und Tonerdedendriten, während bei der Erstarrung bei niedrigen Sauerstoffgehalten Korallen aus Tonerde entstehen (Bild E 3.10), die in der Erstarrungsfront eingeschlossen werden und deshalb nicht wie die bei der Desoxidation gebildeten in der Pfanne oder im Block aufsteigen. Sie beeinträchtigen als sogenannte Tonerdezeilen im ausgewalzten Zustand die Verarbeitungseigenschaften des Stahls. Sie können durch Einstellen niedriger Sauerstoffgehalte im flüssigen Stahl und durch weitgehende Ausschaltung der Reoxidation vermindert werden.

Exogene Einschlüsse entstehen aus der Reaktion mit feuerfesten Massen oder Schlacken. In großen Schmiedeblöcken stammt der größte Teil der sogenannten Makroeinschlüsse aus feuerfesten Verschleißprodukten und aus der Reaktion von Stahlbegleitelementen mit feuerfestem Material, das während des Gießens in die Kokille gelangt [15]. Während der sehr schnellen Erstarrung bei Kontakt mit der Kokillenbodenplatte finden sich diese Einschlüsse angehäuft in einer Zone im

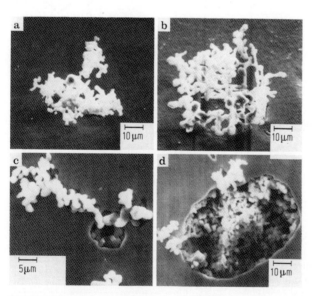

Bild E 3.10 Formen von Aluminiumoxideinschlüssen in einem 7 t-Rohblock aus Stahl RSt 38. **a** Blockrand; **b** bis **d** transkristalline Zone. Nach [14].

Fußbereich des Blocks (Bild E 3.11) und können außerdem mit Dendritenansammlungen in die flüssige Restschmelze absinken. Niedrige Sauerstoffausgangsgehalte, geeignete Gießtechnik, Schutz vor Reoxidation und hochwertige feuerfeste Stoffe tragen zur Verringerung dieser Einschlüsse bei.

Bei unberuhigtem Stahl kann Blockschaum, der überwiegend aus Mangan- und Eisenoxiden besteht, beim Kochen des Stahls infolge der dabei entstehenden Umlaufströmung eingesaugt werden und für die Verarbeitung des Stahls nachteilig sein. Durch Einstellung der richtigen Temperatur sowie abgestimmter Kohlenstoff- und Mangangehalte und Abschöpfen des Blockschaums können diese Fehler vermieden werden [16].

E 3.2.6 Bildung von Sulfideinschlüssen

Bei hohen Sauerstoff- und relativ niedrigen Manganaktivitäten werden flüssige (Fe, Mn)-Oxide oder bei Gegenwart von Schwefel flüssige (Fe, Mn)-Oxisulfide (Typ I) gebildet. Mit zunehmender Mangan- und damit abnehmender Sauerstoffaktivität scheiden sich Sulfide in Restschmelzen der interdendritischen Zwischenräume als weitreichend verzweigte „Korallen" aus (Bild E 3.12), die üblicherweise im Schliff als Sulfid-„Ketten" (Typ II) angeschnitten werden. Bei stabiler Abbin-

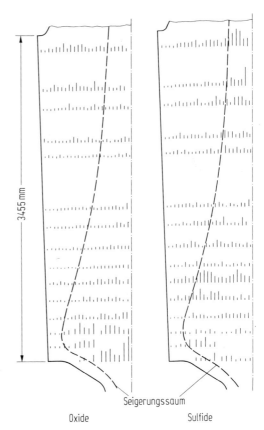

Bild E 3.11 Verteilung oxidischer und sulfidischer Einschlüsse in einem 105-t-Block aus einem Stahl mit 0,21% C, 0,27% Si, 0,85% Mn, 0,011% P, 0,008% S, 0,46% Cr, 0,69% Mo, 1,27% Ni, 0,03% V, 0,021% Al. Nach [15].

dung des Sauerstoffs zu sehr niedrigen Restgehalten bilden sich Sulfiddendriten mit flächiger Ausbildung bis zum kompakten, flächigen Sulfid (Typ III). Diese verschiedenen Typen wirken sich unterschiedlich auf die Eigenschaften des verformten Stahls aus. Typ I ist vor allem für eine gute Zerspanbarkeit erwünscht, während Typ II die Umformbarkeit und Kerbschlagzähigkeit beeinträchtigt [17, 18]. Allgemein verringern Sulfide besonders bei hohen Gehalten die Querzähigkeit und Umformbarkeit des Stahls [18]. Selbst nach einer Entschwefelung in der Pfanne auf sehr niedrige Gehalte wird sich dennoch der im Stahl verbleibende Schwefel aufgrund von Mikro- und Makroseigerung während der Erstarrung häufig bis zur Sättigungslöslichkeit anreichern und als Mischsulfid ausscheiden [19]. Durch Zusatz von Elementen wie Zirkon, seltene Erdmetalle, Kalzium, Titan und Tellur können sich statt Mangansulfid Zirkonsulfide bzw. Mischsulfide bei Tellurzusatz bilden, die gegenüber Mangansulfid eine geringe Warmverformbarkeit haben. Dadurch wird die Querzähigkeit des Stahls deutlich verbessert [20].

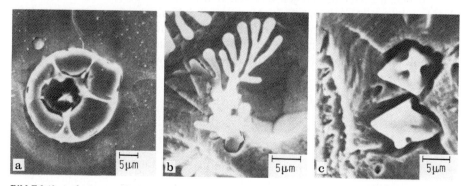

Bild E 3.12 Aufnahmen mit dem Rasterelektronenmikroskop von Proben mit < 0,1% S. **a** Manganoxid, eingefaßt von Oxisulfid bei 0,4% Mn; **b** korallenförmig ausgebildetes Sulfid vom Typ II, 2,1% Mn; **c** in den Flächenmitten noch unvollständige Sulfide des Typs III, 13,2% Mn und 0,16% Al. Nach [17].

E 3.2.7 Entstehung von Gasblasen

Bei der Erstarrung reagiert auch der Kohlenstoff der Schmelze mit dem Sauerstoff zu Blasen aus Kohlenmonoxid infolge Anreicherung vor der Erstarrungsfront. Entsprechend der Desoxidation ergeben die Ausgangsgehalte an Sauerstoff unterschiedliche Kohlenmonoxidmengen, und der Stahl erstarrt unberuhigt, halbberuhigt oder beruhigt (Bild E 3.13). Von der Stärke der Kohlenmonoxidentwicklung hängt die Anordnung der bei der Erstarrung eingeschlossenen Gasblasen ab. Die nahe unter der Oberfläche liegenden Gasblasen können bei der Erwärmung im Tiefofen freigelegt werden und verursachen beim Walzen Oberflächenrisse. Eine zu geringe Kohlenmonoxidbildung ergibt beim halbberuhigten Stahl wegen der nicht ausreichenden Kompensation der Schwindung durch die Gasblasen Lunker. Auch beruhigter Stahl kann sogar bei Aluminiumgehalten > 0,020% Randblasen infolge der Bildung von Kohlenmonoxid an rauhen Kokillenwänden aufweisen; sie kann durch Glättung der Kokillenoberfläche vermieden werden [22].

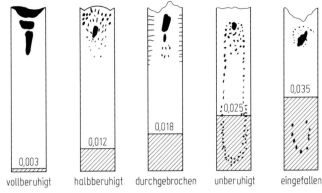

Bild E 3.13 Erstarrungsstruktur von Blöcken aus Stahl mit unterschiedlichen Sauerstoffgehalten (schematisch). Nach [21].

E 3.2.8 Lunkerbildung

Während der Erstarrung des Stahls tritt eine sprunghafte Verringerung des spezifischen Volumens um 4 % auf. Dies hat besonders bei beruhigtem Stahl eine Lunkerbildung zur Folge, wenn das freie Nachfließen flüssigen Stahls während der Erstarrung behindert wird. Dabei ist die Wärmeabstrahlung von der Blockkopffläche besonders nachteilig. Die Lunkerbildung hängt von der Blockform, d.h. vom Seiten/Höhen-Verhältnis und der Art der Konizität (normal oder umgekehrt) ab. Durch bevorzugt axiale vom Blockfuß zum Blockkopf gerichtete Wärmeableitung, durch Beheizung oder Zugabe wärmeentwickelnder Abdeckmittel und Kontrolle der Gießtemperatur und -geschwindigkeit kann die Lunkerbildung vermieden werden. Lunker sind für die Verarbeitung und das Betriebsverhalten der Werkstücke schädlich. Sie stellen Schwachstellen mit Einschlüssen dar, die bei der Beanspruchung oder Bearbeitung zum vorzeitigen Versagen des Werkstoffteils führen können.

E 3.2.9 Behandlung des gegossenen Stahls

Die gegossenen Blöcke werden nach dem Gießen so rasch wie möglich in Tieföfen oder Stoßöfen eingesetzt. Die Mindestkokillenstehzeit richtet sich nach dem Beruhigungsgrad und der Blockgröße. Beruhigter mit Haube vergossener Stahl muß wegen der Schwindung des Stahls vor Einsatz in die Wärmeöfen durchgehend erstarren. Brammen und Blöcke aus Standguß, die nicht direkt eingesetzt werden, kühlen, je nach Legierungsgehalt, an Luft oder verzögert ab. Bei unsachgemäßer Abkühlung können durch Spannungsrisse Innen- und Oberflächenfehler entstehen, die bei der Warmumformung nicht mehr beseitigt werden können.

E 3.3 Vorgänge beim Strangguß

E 3.3.1 Reoxidation, Strömung und Überhitzung

Der beruhigte flüssige Stahl *reoxidiert* beim Stranggießen durch Sauerstoffaufnahme des Gießstrahls aus der umgebenden Luft zwischen Pfanne und Verteiler sowie Verteiler und Kokille. Außerdem können Verteilerabdeckmassen und -auskleidungen sowie Gießpulverschlacken den Stahl reoxidieren. Die Reoxidation zeigt sich besonders am Aluminiumabbrand beruhigter weicher Stähle und kann bei sehr ungünstig ausgebildetem Pfannengießstrahl bis rund ein Drittel des Aluminiumgehalts des Stahls in der Pfanne betragen. Durch das feuerfeste „Schattenrohr" oder eine Überdruckkammer – zwischen Pfanne und Verteiler – und das „Tauchrohr" oder eine Abschirmung mit Argongas oder flüssigem Stickstoff – zwischen Verteiler und Kokille – wird der flüssige Stahl vor Reoxidation geschützt (Bild E 3.14). Diese Maßnahmen, wie vor allem das in den flüssigen Stahl eintauchende Schattenrohr, verbessern den Reinheitsgrad entscheidend [23].

Außer aus der Luft kann der flüssige Stahl auch aus der Verteilerabdeckschlacke und aus der feuerfesten Verteilerauskleidung Sauerstoff aufnehmen. Durch den Einsatz von basischen Verteilerplatten und basischen Schattenrohren wird der makroskopische und mikroskopische Reinheitsgrad verbessert.

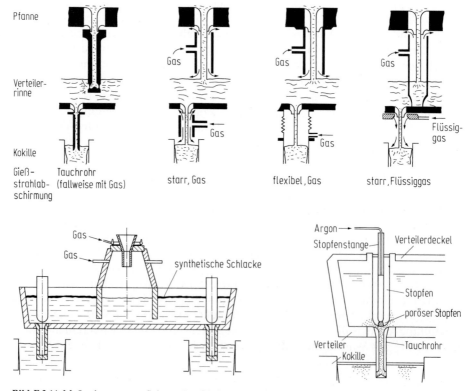

Bild E 3.14 Maßnahmen zum Schutz des Gießstrahls vor Reoxidation beim Stranggießen.

Bei der Reoxidation beeinflußt die Höhe der *Stoffstromdichte* des Sauerstoffs die Einschlußmodifikation – Kugeln, Dendriten, Korallen, Platten oder Kompaktformen –. Daraus lassen sich Rückschlüsse auf die Reoxidationsquelle ziehen und Möglichkeiten zur Verfahrensverbesserung ableiten [24].

Die *Strömung* in Verteiler, Kokille und flüssigem Teil des Strangs ist beim Stranggluß von wesentlichem Einfluß auf die Freiheit von oxidischen Einschlüssen. Im Verteiler soll die Strömung so ausgebildet sein, daß der Stahl eine möglichst lange Aufenthaltszeit im Verteiler aufweist und an der Oberfläche entlangströmt, damit mitgerissene oder mitgelaufene Schlacke und Oxide von der Abdeckschlacke aufgenommen werden können. Diese Strömung wird durch eine geeignete Verteilerform (T-Verteiler) und Dämme am Boden des Verteilers erzwungen [23]. Die Gefahr des Mitlaufens von Schlacke vom Verteiler in die Kokille kann durch eine ausreichende Füllstandshöhe des Stahls vermieden werden [25].

Der in die Kokille einfließende Stahl kann aufgrund seines Impulses so tief in den flüssigen Teil des Stranges eindringen, daß Oxide bei Abbiege- oder Kreisbogenanlagen beim Aufsteigen an die obere, geneigte Erstarrungsfront stoßen und dort von dem erstarrenden Stahl eingeschlossen werden können. Die Folge ist ein Oxidband, welches z. B. beim Tiefziehen von Kaltband Dopplungen und Aufreißungen verursachen kann [26]. Wird der einfließende Stahl durch ein Tauchrohr mit seitlichen Austritten geführt, was bei Brammen- und Vorblockanlagen möglich ist, und wird dem Stahl zur Verringerung des Impulses noch Argongas durch den Verteilerstopfen oder in das Tauchrohr selbst zugesetzt, so verringert sich die Eindringtiefe derart, daß die Oxide ohne an die Erstarrungsfront am inneren Radius zu stoßen aufsteigen und von der Gießpulverschlacke größtenteils aufgenommen werden. Die seitlichen Austritte des Tauchrohres sind nach oben, unten oder horizontal gerichtet. Die nach oben ausgerichteten, oder horizontalen Austrittsöffnungen verursachen eine gleichmäßige Temperaturverteilung in der Gießpulverschicht. Dadurch kann eine bessere Stranggußoberfläche erzielt werden [26].

Die *Überhitzung* wird im Verteiler gemessen und darf beim Stranggießen geringer sein als beim Standguß. Bei geringeren Überhitzungen besteht keine Gefahr, daß in und unterhalb der Kokille die Strangschale wieder aufschmilzt und durchbricht. Außerdem werden Mittenseigerungen und Innenrisse bei niedrigen Überhitzungen verringert, da die globulitische Erstarrungsstruktur durch niedrige Überhitzung im Kernbereich eine größere Ausdehnung aufweist [25, 27]. Sehr niedrige Überhitzungen können auch zum Einfrieren der Verteilerausgüsse führen. So stellt man eine Überhitzung beim Stranggießen von rd. 15 bis 30°C ein, während Standguß im Gespann 40 bis 70°C und Oberguß 30 bis 50°C aufweist.

Im Ablauf der *Kristallisation* des Stahls unterscheidet sich der Stranggluß vom Standguß nur durch die Intensität der Wärmeabfuhr, also in der Erstarrungsgeschwindigkeit. Für den Stranggluß gelten somit auch die Ausführungen in E 3.2.2.

E 3.3.2 Wärmeübergang bei der Erstarrung

Beim Stranggießen wird dem erstarrenden Stahl durch die intensivere Kühlung in der Zeiteinheit mehr Wärme als beim Standguß entzogen. Das zeigt sich in der höheren *Erstarrungskonstanten* des Stranggusses von durchschnittlich $\sim 26\,\text{mm}\,\text{min}^{-0,5}$ [28] gegenüber $\sim 22\,\text{mm}\,\text{min}^{-0,5}$ des Standgusses (Bild E 3.7).

Der Wärmeübergang in der Kokille hängt von der Dicke des Gießschlackenfilms und der Länge der Strecke ab, auf der der Strang an der Kokille anliegt. Die Strecke wiederum wird von der auf die Gießgeschwindigkeit abgestimmten *Konizität* bestimmt. Bei Brammenstrangguß ist deshalb die exakte Einhaltung der Konizität der Schmalseiten wegen des großen absoluten Schwindungsmaßes der Breitseiten von Bedeutung.

Der *Wärmeentzug in der Sekundärkühlstrecke* darf bei rißempfindlichem Stahl nicht zu hoch sein, da zu hohe Wärmespannungen Risse verursachen können. Die Zweistoffkühlung, die aus Preßluft und Wasser einen Nebel erzeugt, kühlt den gesamten Strangbereich zwischen den Rollen, also auch in dem Zwickel zwischen Rolle und Strang, und vermeidet aufgrund der gleichmäßigen Kühlung Spannungsspitzen. Dadurch wird die Vergrößerung der in der Kokille u. U. gebildeten Anrisse zu Oberflächenlängsrissen verhindert [29].

E 3.3.3 Entstehung der Seigerungen

Aufgrund der besonderen Erstarrungs- und Querschnittsverhältnisse bilden sich beim Strangguß andere *Makroseigerungen* als bei Standguß.

Bei den Strangguß*brammen* kann als wesentlich die *Mittenseigerung* auftreten. Sie wird durch Strömungen im Bereich der Resterstarrung des Sumpfes verursacht, die wiederum im wesentlichen Folge des Ausbauchens des Stranges zwischen den Rollen sind [30, 31] (Bild E 3.15). Entsteht keine Ausbauchung, so treten nur geringe Seigerungen durch Strömungen infolge der Erstarrungsschrumpfung auf [32]. Eine globulitische Erstarrung über einen größeren Kernbereich führt zur Verteilung der angereicherten Restschmelze, d. h. zu einer schwächeren Mittenseigerung, während eine transkristalline Kernerstarrung zur Erstarrung der angereicherten Restschmelze fast in einer Ebene führt, d. h. zu einer ausgeprägten Mittenseigerung [27].

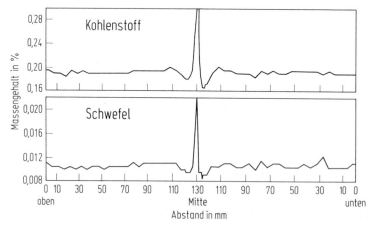

Bild E 3.15 Kohlenstoff- und Schwefelverteilung über den Brammenquerschnitt einer im Strang vergossenen Bramme aus Stahl St 52-3 mit gerichtet dendritischer Erstarrung. Nach [27].

Mittenseigerungen lassen sich zurückdrängen, wenn die Überhitzung niedrig und das Ausbauchen durch richtige Kühlung und Vermeidung von Rollenschlag gering gehalten wird, oder wenn das Zusammendrücken der Erstarrungsfronten im Sumpfbereich (soft reduction) angewandt wird. Ebenso verringert elektromagnetisches Rühren und der Einbau von geteilten Rollen mit kleinerem Rollendurchmesser (entsprechend kleinerem Rollenabstand) die Mittenseigerung [33].

Seigerungen in kontinuierlich vergossenen *Knüppeln* und *Vorblöcken* entstehen durch periodische Abschnürung des Querschnittes infolge örtlich voreilender Erstarrung (Bild E 3.16). Dabei bilden sich sogenannte „Miniblöcke", d. h. die Seigerung läuft zwischen den abgeschnittenen Bereichen wie in einem beruhigten Stahlblock ab. Niedrige Überhitzung und elektromagnetisches Rühren vermeiden auch hier die Seigerung.

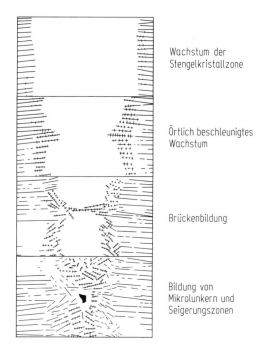

Bild E 3.16 „Miniblock"-Bildung beim Stranggießen von Knüppeln und Vorblöcken. Nach [34].

Wachstum der Stengelkristallzone

Örtlich beschleunigtes Wachstum

Brückenbildung

Bildung von Mikrolunkern und Seigerungszonen

E 3.3.4 Einfluß des elektromagnetischen Rührens auf die Seigerungen

Beim *Brammen*stranggießen hat sich das *Rühren mit einem elektromagnetischen Wanderfeld* in der Sekundärkühlzone als wirksamste Rühreinrichtung herausgestellt. Durch dieses Rühren wird bei Stählen mit $\geq 0{,}1\%$ C in den meisten Fällen eine globulitische Kernerstarrung unabhängig von der Überhitzungstemperatur erreicht. Bei unlegierten Stählen mit kleineren Kohlenstoffgehalten wird die Erstarrungsstruktur nicht beeinflußt. Bei höheren Kohlenstoff- und/oder Legierungsgehalten kann die zur Erzielung der ungerichteten Mittenerstarrung notwendige Rührkraft abgesenkt werden. Durch die globulitische Mittenerstarrung wird unter sonst gleichen Bedingungen die Mittenseigerungsausbildung gegenüber dendritischer Mittenerstarrung verbessert.

Die durch das Rühren entstehenden *„weißen Bänder"* („white bands"), d. h. Zonen mit negativen Seigerungen, an Stellen, an denen durch das Rühren angereicherte Restschmelze ausgewaschen wird, haben nach bisherigen Erfahrungen keine Auswirkung auf die Eigenschaften des aus elektromagnetisch gerührten Brammen gewalzten Materials [35].

Bei *rost-, säure-* und *hitzebeständigen Stählen* wird durch elektromagnetisches Rühren ebenfalls immer eine globulitische Mittenerstarrung erreicht. Dies ist vor allem bei nichtstabilisierten ferritischen Stählen von Bedeutung, da bei globulitischer Mittenerstarrung keine Rilligkeitsprobleme mehr auftreten [36].

Beim *Knüppel-* und *Vorblockstranggießen* werden *Rühreinrichtungen* in und unterhalb der Kokille mit elektromagnetischem Drehfeld und in der Sekundärkühlstrecke bis kurz vor der Sumpfspitze mit elektromagnetischem Wanderfeld einzeln oder in Kombination eingesetzt. Mit Hilfe des elektromagnetischen Rührens kann eine globulitische Erstarrung erreicht und die „Miniblockbildung" beim Knüppelstrangguß unterdrückt werden. Dadurch kann die Seigerung weitgehend vermieden werden [35]. Weiterhin kann die Stärke und Häufigkeit der Hauptfehler, wie Porosität, Einschlüsse, Schlackenstellen, Randblasen, vermindert und dadurch eine Verbesserung der Oberfläche und des Verarbeitungsverhaltens erreicht werden. Die Bildung von „weißen Bändern" kann mit einem System von mehreren elektromagnetischen Rührern vermieden werden, wobei der einzelne Rührer mit geringerer Stärke betrieben wird [35].

Während bei Vorblockanlagen mit großen Querschnitten sowohl eine Erhöhung der Gießgeschwindigkeit als auch eine Verbesserung der Strangstruktur zu verzeichnen ist, sind bei Brammenanlagen die Aussagen über den Erfolg des elektromagnetischen Rührens je nach den Randbedingungen sorgfältig zu gewichten [37].

E 3.3.5 Entstehung von Innenrissen

Während des Stranggießens unterliegt die Strangschale vielfältigen Verformungen, wodurch Spannungen und Dehnungen entstehen, die beim Erreichen kritischer Werte an der Erstarrungsfront Risse auslösen können [34]. Die Risse werden mit der vor der Erstarrungsfront liegenden angereicherten Schmelze aufgefüllt und heilen dabei aus. Die Innenrißbildung steht in engem Zusammenhang mit den Werkstoffeigenschaften bei hohen Temperaturen, der Anlagenauslegung und dem Anlagenzustand. In Bild E 3.17 ist die *Wirkung verschiedener Legierungselemente* und ihrer Gehalte dargestellt [38]. Die Zusammensetzung kann zwar im Rahmen der Anforderungen an den jeweiligen Stahl nur in sehr engen Grenzen beeinflußt werden. Die Entschwefelung auf niedrigste Gehalte ($\leq 0{,}010\%$) bedeutet jedoch einen großen Fortschritt in der Vermeidung von Innenrissen [39].

Die *Auslegung von Stranggießanlagen* mit mehrstufigem Biegen und Richten sowie engen Rollenabständen bei Einsatz geteilter Stützrollen nimmt weitgehend Rücksicht auf die Probleme der Innenrißbildung. Durch die Anwendung des „compression casting", bei dem der Druck angetriebener Rollen vor dem Biegepunkt die Spannung in der Strangschale verringert, können Innenrisse mit Erfolg vermieden werden, so daß das „compression casting" an mehreren Kreisbogenanlagen angewandt wird [40].

E 3.3.6 Oberflächenfehler

In Bild E 3.18 sind die wichtigsten Oberflächenfehler sowie in der Gußhaut auftretende Fehler für Brammen- und Vorblock- bzw. Knüppelformate schematisch dargestellt [41].

Oberflächenrisse können durch ferrostatischen Druck, mangelhafte Ausrichtung der Strangführung, zu schroffe Temperaturgradienten und zu hohe Reibungskräfte verursacht werden. Längsrisse befinden sich bevorzugt im mittleren Drittel der Breitseite, Querrisse überwiegend in Randnähe der Breitseiten. Zu unterscheiden sind weiterhin Kantenrisse sowie Längsrisse an den Kanten, die eher bei kleineren Formaten vorkommen. Netzrisse werden hauptsächlich durch Kupferinfiltration gebildet. Weiterhin können Blasen unmittelbar unterhalb der Oberfläche (Pinholes), Poren und Schlackeneinschlüsse festgestellt werden. Oszillationsmarken

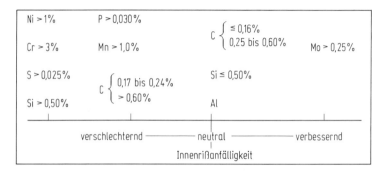

Bild E 3.17 Wirkung verschiedener Legierungselemente auf die Innenrißanfälligkeit von Stranggruß. Nach [38].

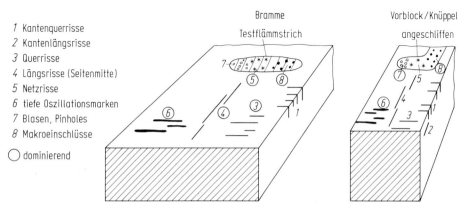

Bild E 3.18 Im Stranggruß mögliche Oberflächenfehler (schematisch). Nach [41].

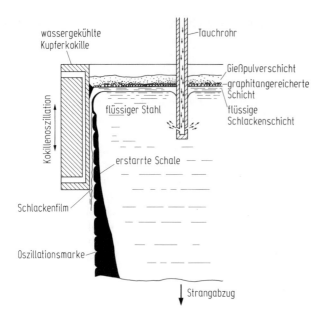

Bild E 3.19 Verhalten von Gießpulver bei Strangguß (schematisch). Nach [43].

können je nach Hubfrequenz, Hubhöhe, Stahlsorte und Gießpulverschlackenviskosität in verschiedener Ausbildungsform und Stärke auftreten [42] und führen von einer gewissen Intensität an zu Querrissen.

E 3.3.7 Bedeutung des Stranggießpulvers

Stranggießpulver sind synthetische Schlacken in Pulverform; sie decken durch ihr Aufschmelzen den Stahl in der Stranggießkokille ab. Aus Bild E 3.19 geht das Verhalten des Gießpulvers in einer Stranggießkokille hervor [43]. Es soll bei der Temperatur des Stahls aufschmelzen und dient dann zur Schmierung der Grenzfläche von Kokille und Stahl. Darüber hinaus schützt es den Stahl vor Luftzutritt, wirkt als Flußmittel für die sich aus dem flüssigen Stahl abscheidende Oxide, schützt den Stahl vor merklichem Temperaturverlust und beeinflußt den Wärmeübergang in der Kokille sowie in der Sekundärkühlzone.

Je nach Stahlsorte, Stranggießanlage, Stranggußformat und Gießgeschwindigkeit gelangen Gießpulver verschiedener Zusammensetzung zum Einsatz. Aufschmelz- und Erstarrungsverhalten, Viskosität, Wärmeleitung, Ausbreitung u. a. werden zur Charakterisierung und Eingangsprüfung der Gießpulver herangezogen [44]. Bisher liegt noch keine geschlossene Theorie zur Voraussage des Gießpulververhaltens vor, so daß letztlich das Betriebsverhalten der Gießpulver die zusammenfassende entscheidende Eingangsprüfung darstellt.

E 3.3.8 Unmittelbarer Einsatz von warmem Stranggruß

Zur *Energieeinsparung* werden Stranggußabschnitte in zunehmendem Maße nicht mehr abgekühlt, sondern unmittelbar in den Stoß- oder Hubbalkenofen eingesetzt oder sogar bereits in Einzelfällen unmittelbar über einem Ausgleichsofen ausgewalzt. Bei diesem Verfahren wird der Wärmeinhalt des Strangs durch verringerte Kühlung und Strahlungsreflexion des Strangs höher gehalten.

Voraussetzung für den Direkteinsatz ist die Fehlerfreiheit, welche durch umfangreiche verfahrenstechnische Maßnahmen und Kontrolleinrichtungen während des Gießens sichergestellt werden muß, sowie eine Heißinspektion der Strangoberfläche [45]. Die Heißinspektion ist jedoch noch nicht weit genug entwickelt, so daß bisher nur grobe Fehler festgestellt werden können [46, 47].

E 3.4 Vergleich von Standguß und Strangguß

Strangguß läßt sich für die ganze Breite der Stahlsorten und Verwendungszwecke einsetzen und ist dem Standguß mindestens ebenbürtig [48]. Es gibt nur wenige Anwendungsfälle, wo noch Standguß erforderlich ist. Das ist z. B. der Fall, wenn unbedingt unberuhigter Stahl mit der an Kohlenstoff und Begleitelementen armen Speckschicht erforderlich ist (z. B. für Emaillierung) und z. Zt. noch im Bereich bestimmter legierter Edelstähle (z. B. hochlegierte Werkzeugstähle).

Strangguß weist gegenüber Standguß andere, stranggußspezifische Fehlermöglichkeiten auf, z. B. beim Seigerungsverhalten (s. E 3.3.3), bei der Innenrißbildung (s. E 3.3.5) sowie bei Längs- und Querrissen an der Oberfläche (s. E 3.3.6). Sie können jedoch durch geeignete verfahrenstechnische Maßnahmen und entsprechende Meß- und Kontrolleinrichtungen vermieden werden.

E4 Sonderverfahren des Erschmelzens und Vergießens

Von Hans Völge

Infolge physikalischer Gesetzmäßigkeiten und aus wirtschaftlichen Gründen sind den verfahrenstechnischen Möglichkeiten herkömmlicher Stahlherstellungsverfahren zur Beeinflussung der Stahleigenschaften Grenzen gesetzt. Dies gilt im Hinblick auf die chemische Zusammensetzung (einschl. der Gehalte an Gasen), auf die Reinheit von nichtmetallischen Einschlüssen sowie auf die Seigerungen (Homogenität) und damit auf die mechanischen Eigenschaften.

An Stähle für bestimmte Verwendungszwecke, z. B. in der Luft- und Raumfahrt sowie für besondere Schmiedestücke für den Energiemaschinenbau müssen häufig so hohe Anforderungen gestellt werden, daß diese durch die üblicherweise ausreichenden und wirtschaftlich angemessenen Stahlherstellungsverfahren nicht erreicht werden können. Im wesentlichen kommt es darauf an, den Gehalt an Sauerstoff, Stickstoff, Wasserstoff und an unerwünschten nichtmetallischen Einschlüssen so niedrig wie möglich zu halten. Hierfür sind Voraussetzungen erforderlich, die von Umschmelzverfahren und/oder von Vakuumumschmelzverfahren erfüllt werden. Wegen des großen wirtschaftlichen Aufwands können diese Verfahren nur zur Erzeugung von Stählen für solche Anwendungsfälle eingesetzt werden, für die die herkömmliche Stahlerzeugung keine befriedigenden Stahleigenschaften gewährleistet.

E4.1 Umschmelzverfahren

Man versteht unter Umschmelzverfahren heute alle Verfahren, bei denen ein in seiner wesentlichen chemischen Zusammensetzung vorliegender im Sauerstoffkonverter oder im Elektroofen erschmolzener Block durch kontinuierliches Abschmelzen unter Ausschluß der Luft (Vakuum, Schlacke) und Wiedererstarren in einem wassergekühlten Kristallisator (Kokille) zu einem Rohblock gewünschter Form und Größe umgeschmolzen wird [1]. Bei richtig gewählter Abschmelzgeschwindigkeit entsteht ein nach dem Wärmefluß in der Kokille gerichtetes Primärgefüge ohne Blockseigerungen und ohne örtliche Anreicherung nichtmetallischer Verunreinigungen. Auch die unvermeidliche Kristallseigerung ist durch das Fehlen einer Zone globularer Erstarrung in der Blockmitte geringer als im herkömmlichen Gußblock. Für die großtechnische Herstellung von Stählen haben sich hierfür (Bild E4.1) das *Elektro-Schlacke-Umschmelzverfahren (ESU)*, das *Vakuum-Lichtbogen-Umschmelzverfahren (VLU)* sowie das *Elektronenstrahl-Verfahren (ES)* eingeführt.

Bild E4.2 zeigt in einer zusammenfassenden Darstellung schematisch den Einfluß der genannten Umschmelzverfahren auf verschiedene Stahleigenschaften im Vergleich zu den Stahleigenschaften üblicher Erzeugung.

Literatur zu E4 siehe Seite 783.

Umschmelzverfahren

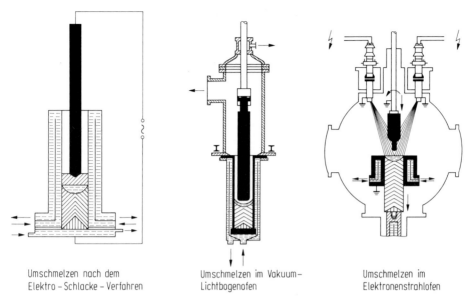

Umschmelzen nach dem Elektro-Schlacke-Verfahren

Umschmelzen im Vakuum-Lichtbogenofen

Umschmelzen im Elektronenstrahlofen

Bild E 4.1 Darstellung verschiedener Umschmelzverfahren (schematisch). Nach [2].

Bild E 4.2 Einfluß des Umschmelzens auf die Stahleigenschaften. Nach [3].

	ver- schlechtert	gleich bleibend	ver- bessert	stark verbessert
Blockzustand:				
Oberfläche			↔	
Porosität und Dichte			↔	
Ausbringen			→	
chemische Zusammensetzung:				
Basismetalle	←		→	
Wasserstoff	←		→	
Sauerstoff			→	→
Schwefel			→	→
Spurenelemente			→	→
Reinheitsgrad:				
mikroskopisch				↔
makroskopisch			↔	
Blockstruktur:				
Blockseigerungen			→	
Kristallseigerungen			→	
mechanische Eigenschaften:				
Zugfestigkeit			↔	
Streckgrenze			↔	
Zähigkeit				↔
Isotropie				↔

Die *chemische Zusammensetzung* der Stähle wird je nach Art des Umschmelzverfahrens unterschiedlich beeinflußt. Während im ESU-Verfahren infolge von Schlackenreaktion oder durch Flotation hochsauerstoffaffiner Elemente wie Aluminium und Titan, bevorzugt Sauerstoff und Schwefel aus der Schmelze ausgeschieden werden, führen die Vakuumschmelzverfahren zur Verminderung von Metallen und Eisenbegleitern mit hohem Dampfdruck sowie von Gasen. Der größere Unterdruck des Elektronenstrahlofens begünstigt zwar den Abbau unerwünschter Begleitelemente, wie z. B. Kupfer, Antimon und Zinn, aber auch Mangan, so daß das Einstellen definierter Mangangehalte schwierig ist. Während das Umschmelzen unter Vakuum zu so niedrigen Wasserstoffgehalten führt, daß die Entstehung von Flocken vermieden wird, kann beim ESU-Verfahren der Wasserstoffgehalt gegenüber dem Elektrodenwerkstoff ansteigen. Die richtige Auswahl

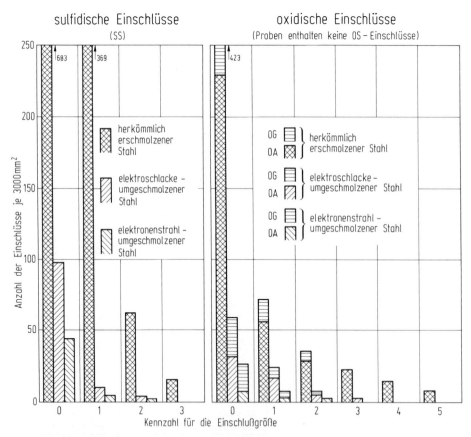

Bild E 4.3 Nichtmetallische Einschlüsse bei unterschiedlich hergestelltem Stahl 100 Cr 6, ermittelt an 240 Proben aus 60 Schmelzen. Bewertung nach Stahl-Eisen-Prüfblatt 1570-71 - Mikroskopische Prüfung von Edelstählen auf nichtmetallische Einschlüsse mit Bildreihen -. Nach [5]. (SS = Sulfide, Strichform; OS = Oxide, Strichform (Silikattyp); OA = Oxide, aufgelöste Form (Tonerdetyp); OG = Oxide, globulare Form). (Chemische Zusammensetzung: 0,95 bis 1,10 % C, 0,15 bis 0,35 % Si, 0,25 bis 0,45 % Mn, ≦ 0,030 % P, ≦ 0,030 % S, 1,35 bis 1,65 % Cr).

der Arbeitsschlacke sowie ihre sorgfältige Vorbehandlung vermeiden die Flockenbildung ebenfalls beim ESU-Verfahren [4].

Der *Reinheitsgrad* von Stählen hinsichtlich *oxidischer* und *sulfidischer Einschlüsse* wird durch das Umschmelzen erheblich verbessert. Bild E 4.3 zeigt als Beispiel den Reinheitsgrad von ESU- und ES-umgeschmolzenen Stählen im Vergleich zu Stählen üblicher Herstellung. Das ESU-Verfahren führt über die Reaktion mit der Arbeitsschlacke zu einer weitgehenden Abscheidung der Oxide und Sulfide. Die im Stahl verbleibenden oxidischen und sulfidischen Einschlüsse liegen wegen der allen Umschmelzverfahren eigenen Erstarrungsbedingungen in sehr fein verteilter Form vor. Bei allen Verfahren wird jeglicher Kontakt der flüssigen Schmelze mit dem Sauerstoff der Luft sowie mit Feuerfeststoffen ausgeschlossen, so daß sich im Vergleich zur herkömmlichen Stahlerzeugung keine makroskopischen Einschlüsse bilden können.

Das kontinuierliche langsame Aufwachsen des Blocks und die sich daraus ergebende Gußstruktur führen bei allen Umschmelzverfahren zu stark verminderter *Blockseigerung*, die sich genau wie die Makrostruktur über die Blocklänge praktisch nicht verändert. Bei sachgerechter Führung des Umschmelzprozesses wird wegen der im Vergleich zum Blockguß geringeren dendritischen Zone auch die Bildung von *Kristallseigerungen* stark vermindert. Die mit der Mikrosonde ermittelten Konzentrationsprofile (Bild E 4.4) lassen am Beispiel des Chromgehalts die geringeren Mikroseigerungen von umgeschmolzenen Blöcken des Warmarbeitsstahls

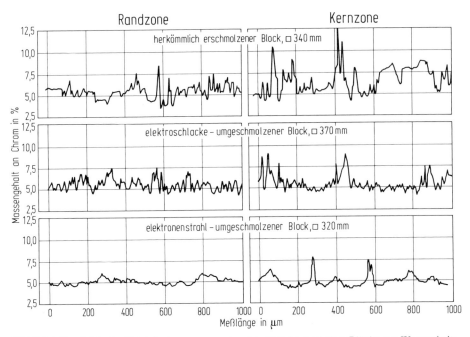

Bild E 4.4 Vergleich der Kristallseigerungen unterschiedlich hergestellter Blöcke aus Warmarbeitsstahl X 40 CrMoV 5 1 im Gußzustand. Nach [5]. (Chemische Zusammensetzung: 0,37 bis 0,43 % C, 0,90 bis 1,20 % Si, 0,30 bis 0,50 % Mn, $\leq$ 0,030 % P, $\leq$ 0,030 % S, 4,8 bis 5,5 % Cr, 1,2 bis 1,5 % Mo, 0,90 bis 1,1 % V).

Tabelle E4.1 Seigerungsverhalten unterschiedlich hergestellter Blöcke aus Warmarbeitsstahl X 40 CrMoV 51 im Gußzustand. Nach [5]

Erzeugungsart und Abmessung	Mittlere chemische Zusammensetzung								Probenlage	Seigerungsgrad Prozentgehalt$_{max.}$ des Elements i / Prozentgehalt$_{min.}$ des Elements i (Mittelwerte)			
	% C	% Si	% Mn	% P	% S	% Cr	% Mo	% V		Mn	Cr	Mo	V
herkömmlich gegossener Block, 340 mm vkt.	0,42	1,10	0,35	0,020	0,006	5,23	1,41	1,08	Rand	1,8	2,1	11,0	6,4
									Kern	2,3	2,7	13,0	18,4
elektroschlacke-umgeschmolzener Block, 370 mm vkt.	0,41	1,00	0,35	0,020	0,003	5,21	1,40	1,06	Rand	1,6	1,6	3,8	4,1
									Kern	1,6	1,9	4,5	6,7
elektronenstrahl-umgeschmolzener Block, 320 mm vkt.	0,42	0,95	0,06	0,008	0,008	5,03	1,35	0,95	Rand	1,5	1,4	3,0	2,0
									Kern	1,8	1,8	7,5	3,6

X 40 CrMoV 5 1 erkennen. Auch die Elemente Mangan, Molybdän und Vanadin weisen geringere Seigerungen auf (Tabelle E 4.1).

Tabelle E 4.2 zeigt als Beispiel Bruchdehnungs- und Brucheinschnürungswerte für herkömmlich und nach dem ESU-Verfahren erzeugte hochfeste Baustähle der Sorte X 41 CrMoV 5 1. Es ist zu erkennen, daß besonders in Querrichtung erhebliche Verbesserungen erzielt werden.

Infolge der größeren Gefügehomogenität und der Verringerung nichtmetallischer Einschlüsse haben die nach dem Umschmelzverfahren hergestellten Stähle verbesserte Eigenschaften. Die Vorteile des umgeschmolzenen Stahls, z. B. bessere Warmumformbarkeit, kleinerer notwendiger Mindestverformungsgrad, geringere Empfindlichkeit bei der Wärmebehandlung, geringere Verzugsneigung, bessere Polierbarkeit und verbesserte mechanische Eigenschaften, können für die verschiedenen Stahlgruppen und Anwendungsfälle unterschiedlich genutzt werden.

Nach dem ESU-Verfahren hergestellte chemisch beständige Stähle weisen infolge der weitgehenden Freiheit von sulfidischen Einschlüssen zusätzlich eine wesentlich bessere *Beständigkeit gegen Lochfraß* und gegen allgemeine Korrosion auf [7].

E 4.2 Sonderschmelzverfahren für schwere Schmiedestücke

Mit der steigenden Leistung von Kraftwerken, besonders der Kernkraftwerke, nehmen auch die Abmessungen und Gewichte der Kraftwerksbauteile zu. Zur Herstellung der für diese Bauteile verwendeten Schmiedestücke sind Rohblöcke erforderlich, die auch bei großen Abmessungen hinsichtlich der Seigerungen, der Kerndichtigkeit und der nichtmetallischen Einschlüsse die Gewähr für ein einwandfreies betriebliches Verhalten bieten [8, 9]. Zur Erfüllung dieser Forderungen wurde eine Reihe von metallurgischen Sonderverfahren entwickelt. Nach dem ESU-Verfahren können Rohblöcke mit Querschnitten bis zu 2300 mm hergestellt werden [10]. Durch den Vorteil der geringen Sumpftiefe und der dadurch bedingten gleichmäßigeren und schnelleren Erstarrung werden die Größe und die Verteilung der nichtmetallischen Einschlüsse auch bei größeren Blöcken günstig beeinflußt und die makroskopischen Seigerungen nahezu unterdrückt.

In abgewandelten Formen wird das ESU-Verfahren auch bei der Herstellung schwerer, konventionell gegossener Schmiedestücke zur Blockkopfbeheizung *(Blockkopf-Umschmelzverfahren)* eingesetzt. Die zur Betriebsreife entwickelten Verfahren (BEST: Böhler Electroslag Topping [11] und TREST: Terni Refactory Electroslag Topping [12]) lösen die bei der Erstarrung der Blöcke auftretenden Probleme (Schrumpfung, Seigerung und Bildung grober Einschlüsse) durch Umschmelzung einer Elektrode in den Blockkopf. Dazu wird der flüssige Stahl mit einer vorgeschmolzenen Schlacke abgedeckt und die Elektrode in den Schlackensumpf eingefahren. Das wie beim ESU-Verfahren von der Elektrode abschmelzende Metall vermischt sich während der Erstarrung mit der Restschmelze des Gußblocks. Die Schlacke wird bis zur restlosen Erstarrung flüssig gehalten, so daß die Lunkerbildung vollständig vermieden, die Blockseigerung und Seigerstreifen vermindert und der Reinheitsgrad wesentlich verbessert werden können.

Eine weitere Möglichkeit zur Erzielung einer fehlerarmen Kernzone in schweren

Tabelle E 4.2 Mechanische Eigenschaften vergüteter Schmiedestäbe mit Durchmessern von 230 bis 350 mm aus unterschiedlich erschmolzenem Stahl X 41 CrMoV 5 1[a]. Nach [6]

Probenlage im Block	Erschmelzungsart	Bruchdehnung A		Brucheinschnürung Z		Verhältnis der Werte von Quer- und Längsproben	
		längs %	quer %	längs %	quer %	A	Z
Rand	herkömmlich erschmolzener Block (Elektroofen)	12	6	45	12	0,5	0,27
	elektroschlacke-umgeschmolzener Block	12	12	45	43	1,0	0,97
½ Radius	herkömmlich erschmolzener Block (Elektroofen)	10	2	34	5	0,2	0,15
	elektroschlacke-umgeschmolzener Block	10	10	40	38	1,0	0,95
Mitte	herkömmlich erschmolzener Block (Elektroofen)	10	2	30	4	0,2	0,13
	elektroschlacke-umgeschmolzener Block	10	9,5	40	36	0,95	0,90

[a] Bereich der Zugfestigkeit rd. 1550 bis 1700 N/mm^2; Mittelwerte von rd. 200 Schmelzen

Schmiedeblöcken stellt das *Kernzonen-Umschmelzverfahren* dar [13]. Hierbei wird ein konventionell abgegossener Rohblock auf Schmiedehitze erwärmt und unter der Presse gelocht, so daß aus seiner Mitte ein Butzen mit dem größten Teil der V-Seigerungen entfällt. Der so entstandene Hohlkörper dient dann wie beim herkömmlichen ESU-Verfahren als Schmelzgefäß, in dem eine Elektrode eingeschmolzen wird. Es ist geplant, nach diesem Verfahren Blöcke bis zu einem Gewicht von 300 t herzustellen.

Vornehmlich bei Schmiedeblöcken mit Gewichten über 300 t wird durch Nachgießen einer kohlenstoffärmeren Schmelze die Anreicherung im geseigerten Bereich ausgeglichen („After-pouring"). Nach dem „Multi-pouring"-Verfahren werden Schmelzen aus mehreren Öfen nacheinander zu einem großen Block vergossen, wobei der Kohlenstoffgehalt von Schmelze zu Schmelze abgesenkt wird. Durch diese Verfahrenstechnik gelang es, an einem 570-t-Block die Unterschiede im Kohlenstoffgehalt zwischen Kopf- und Fußteil verhältnismäßig gering zu halten [14].

E 4.3 Vakuumschmelzverfahren

Hochwarmfeste Werkstoffe und hochfeste Stähle, z. B. für die Anwendung in Flugtriebwerken und Gasturbinen, die größere Anteile sauerstoffaffiner Elemente, besonders Aluminium und Titan, enthalten, werden im allgemeinen unter Vakuum erschmolzen. Als wirtschaftlich zu betrachtendes Schmelzaggregat hat sich der *Vakuum-Induktionsofen* durchgesetzt.

Die Metallurgie im Vakuum-Induktionsofen wird im wesentlichen durch den im System herrschenden Unterdruck sowie durch den kinetischen Einfluß der induktiven Badbewegung und des Oberflächenzustands von Bad und Tiegel auf den Reaktionsablauf bestimmt [3]. Das üblicherweise bis Einschmelzende erreichte Vakuum zwischen 10^{-2} und 10^{-4} mbar genügt zum weitgehenden Abbau des Wasserstoffs auf unter 0,0001 % (1 ppm), sowie auch des Stickstoffs auf Gehalte unter 0,0020 %, wobei eine gleichzeitige stärkere Kohlenmonoxidbildung diesen Reaktionsablauf begünstigt. In niedriglegierten Stählen lassen sich über die Kohlenmonoxidreaktion selbst noch im Bereich von 0,001 bis 0,003 % C Sauerstoffgehalte um 0,001 % erreichen. Während sich Phosphor bei den niedrigen Sauerstoffgehalten im Vakuum-Induktionsofen nur sehr schwer entfernen läßt, ist der Abbau des Schwefels relativ gut über die Gasphase möglich.

Von praktischer Bedeutung, vor allem für die Auswahl der metallischen Einsatzstoffe dieses Verfahrens, ist die partielle Verdampfung metallischer Verunreinigungen, z. B. Blei, Arsen, Antimon, Zinn und Kupfer während des Schmelzens [15, 16].

E 5 Warmumformung durch Walzen

Von Klaus Täffner

E 5.1 Warmwalzverfahren

Abgesehen vom Stahlformguß sind alle durch Vergießen des flüssigen Stahls entstehenden Roh- und Halbfertigerzeugnisse zu einer Warmformgebung bestimmt. Diese Formgebung besteht wegen der besonderen Wirtschaftlichkeit fast durchweg aus Warmwalzen. Dessen Ziel ist,
- den Erzeugnissen eine bestimmte Form unter Beachtung der in den technischen Regelwerken festgelegten zulässigen Maßabweichung zu geben;
- das Gußgefüge zu verdichten, um damit die innere und äußere Beschaffenheit zu verbessern;
- das Gefüge sowie die mechanischen und technologischen Eigenschaften über die Steuerung der Umformungs- und Abkühlungsbedingungen zu beeinflussen.

Die Umformung findet im Walzspalt zwischen den sich drehenden Walzen statt. Aufgrund der Reibungskräfte zwischen Walzgutoberfläche und Walze wird der Werkstoff kontinuierlich in den Walzspalt gezogen und gestreckt. Die Spannungsverhältnisse im Walzspalt bewirken auch ein Fließen des Werkstoffs quer zur Walzrichtung, die Breitung. Das Ausmaß der Breitung wird durch verschiedene Faktoren bestimmt, von denen die Dickenabnahme am wichtigsten ist. Beim Walzen mit unbehinderter Breitung, z. B. beim Walzen auf der Flachbahn, wird das Walzgut gestreckt (Längenzunahme), gestaucht (Dickenabnahme) und gebreitet (Breitenzunahme).

Auch beim formschlüssigen Walzen mit geschlossenen Kalibern muß die Breitung bei der Auslegung der Kaliber berücksichtigt werden; zu stark gefüllte Kaliber können die Ursache schwerwiegender Walzfehler sein.

Das Walzen erfolgt in aller Regel in mehreren Stichen. Werden an einem Walzgerüst mehrere Stiche gefahren, so muß die Walzrichtung nach jedem Durchgang umgekehrt werden: *reversierendes Walzen*. Walzgerüste mit nur zwei Arbeitswalzen werden als Duogerüste bezeichnet. Wegen der großen Walzkräfte kann eine Abstützung der Arbeitswalzen gegen Durchbiegung durch Stützwalzen notwendig sein; Quarto-Gerüste mit je zwei Stütz- und Arbeitswalzen sind in diesem Fall häufig anzutreffen. Typische Vertreter schwerer Reversierwalzwerke sind Block-Brammen-Walzwerke in Duoanordnung und Grobblechwalzwerke als Quartogerüste.

Kontinuierliche Walzstraßen bestehen dagegen aus mehreren hintereinander stehenden Gerüsten, in denen jeweils nur ein Stich gefahren wird; das Walzgut befindet sich gleichzeitig bei mehreren Gerüsten im Eingriff, was voraussetzt, daß jedes Gerüst je Zeiteinheit das gleiche Walzgutvolumen durchsetzt. Beispiele solcher Anordnungen sind Fertigstaffeln von Warmbreitbandstraßen oder vollkontinuierliche Drahtwalzwerke.

Das Warmwalzen schließt sich an die in den vorangegangenen Kapiteln beschrie-

---

Literatur zu E 5 siehe Seite 783, 784.

benen Stahlherstellungs- und Gießverfahren an. Dieser Verbund ist unterschiedlich gestaltet, je nach dem, ob von Standguß oder Strangguß ausgegangen wird, oder ob Flachzeug oder Profile erzeugt werden sollen.

Bei der Herstellung von *Flachzeug* werden entweder Rohblöcke oder im Strang gegossene Vorbrammen eingesetzt. Die Einzelstückgewichte betragen dabei üblicherweise bis zu rd. 40 t. Rohblöcke müssen zunächst zu Vorbrammen vorgewalzt werden, während die stranggegossenen Vorbrammen unmittelbar den Fertigstraßen (Band- und Grobblechwalzwerke) zugeführt werden.

Bei den *Profilfertigerzeugnissen*, einschließlich Draht, sind die möglichen Verfahrenswege vielfältiger, da man einerseits zwischen Stand- und Strangguß im Einsatz und andererseits zwischen Fertigprodukten ein- und zweihitziger Walzung unterscheiden muß. Wegen der oft sehr kleinen Fertigquerschnitte geht man sowohl beim Standguß als auch beim Strangguß von kleineren Ausgangsquerschnitten aus, als es beim Flachzeug üblich ist. Dementsprechend sind die Einzelstückgewichte im allgemeinen kleiner als 10 t. Der Standgußblock wird bei kleinen Fertigquerschnitten (Walzdraht, Stabstahl < 50 mm Dmr.) im allgemeinen zweihitzig ausgewalzt, während beim Einsatz von Strangguß eine Stufe der Warmumformung übergangen werden kann. Große Fertigquerschnitte (Schienen, Träger, Spundwand, Stabstahl > 50 mm Dmr.) werden auch als Standguß einhitzig oder zweihitzig erzeugt.

Bei der Herstellung von Fertigprodukten mit hohen Anforderungen an die Oberfläche und an die Homogenität kann auch beim Strangguß eine zweistufige Walzung notwendig sein.

In Tabelle E 5.1 sind die verschiedenen Wege beim Warmwalzen von *Flacherzeugnissen, Halbzeug* und *Profilerzeugnissen* schematisch dargestellt.

In den folgenden Abschnitten wird der Einfluß der Erwärmung, der Umformung und der Zurichtung auf die Gebrauchseigenschaften der Erzeugnisse weiter ausgeführt.

E 5.2 Erwärmung

E 5.2.1 Erwärmungsbedingungen

Vom Stahlwerk warm angeliefertes Vormaterial wird im allgemeinen in *Tieföfen* eingesetzt, um die durch die Abkühlung in der Kokille und während des Transports sich ergebende ungleichmäßige Temperaturverteilung auszugleichen und die benötigte Walztemperatur einzustellen. Dabei sind folgende Randbedingungen zu berücksichtigen:

1. Um Materialtrennungen in dem zuletzt erstarrenden Blockkopf während der Walzung zu vermeiden, muß eine bestimmte Temperatur in diesem Bereich unterschritten werden.

2. Die geforderten Querschnittsverminderungen müssen ohne Überschreitung der Beanspruchungsgrenzen der Walzstraßen erzielt werden. Deshalb dürfen bestimmte Temperaturen im kältesten Bereich der Blöcke – im allgemeinen im Kern des Blockfußes – nicht unterschritten werden.

3. Die sich bei der Abkühlung und Wiederaufheizung der Blöcke ausbildenden

Tabelle E5.1 Fertigungswege beim Warmwalzen

	Flacherzeugnisse			Halbzeug, Profilerzeugnisse, Stabstahl und Walzdraht				
Ausgang	Strangguß	Standguß		Strangguß			Standguß	
				einhitzig	zweihitzig	Direkteinsatz als Halbzeug	einhitzig	zweihitzig
Erwärmung		Tiefofen		Stoßofen, Hubbalkenofen	Stoßofen Hubbalkenofen		Tiefofen	Tiefofen
Vorwalzung		Brammen- walzwerk (Heißflämmen)		Halbzeugwalzwerk, Walzwerk für schwere Profile	Halbzeug- walzwerk		Blockwalzwerk (Heißflämmen)	Halbzeugwalzwerk, Blockwalzwerk (Heißflämmen)
Zurichtung	Kaltflämmen, Schleifen, Brennen, Ultraschallprüfung			Richten, Rißprüfung, Ultraschallprüfung, Ober- flächenbearbeitung, Glühen, Freigabeprüfung			Richten, Rißprüfung, Ultraschallprüfung, Oberflächenbearbeitung, Glühen, Freigabeprüfung	
Erwärmung	Stoßofen, Hubbalkenofen			Stoßofen, Hubbalkenofen			Stoßofen, Hubbalkenofen	
Fertig- walzung	Bandwalzwerk, Blechwalzwerk			Profil-, Stabstahl-, Drahtwalzwerk			Profil-, Stabstahl-, Drahtwalzwerk	
Zurichtung	Entzundern, Richten, Ultraschall- prüfung, Oberflächenbearbeitung, Glühen (Blech), Freigabeprüfung			Richten, Rißprüfung, Ultraschallprüfung, Oberflächenbearbeitung, Sortieren, Glühen, Schälen				
Weiter- verarbeitung	Kaltwalzen, Glühen, Umformen, Schweißen, u. a.			Umformen, Schmieden, Schweißen, Ziehen				

E 5 Warmumformung durch Walzen

Spannungen dürfen bestimmte Werte nicht überschreiten, da andernfalls Risse entstehen können.

Die Erwärmung von Stranggußß und Edelstahlblockguß sowie von Halbzeug zur Fertigwalzung wird üblicherweise in *Stoß- oder Hubbalkenöfen* vorgenommen. Hauptziel bei der Wahl und Auslegung der Verfahren ist die Reduzierung der benötigten Wärmeenergie auf ein Minimum. Ein besonderes Problem stellt dabei die Vermeidung von Spannungsrissen dar, da sich über den Querschnitt ein steiler Temperaturgradient einstellen kann, durch den an der Oberfläche Druck- und im Kern Zugspannungen entstehen. Diese Zusammenhänge sind in Modellrechnungen beschrieben worden (Bild E 5.1).

Da sowohl die Oberflächeneigenschaften als auch das Gefüge der Walzerzeugnisse maßgebend durch die Erwärmung beeinflußt werden, müssen bei ihr stets die Möglichkeiten der Verzunderung, Randentkohlung, Lötbrüchigkeit und Beeinflussung des Gefüges beachtet werden.

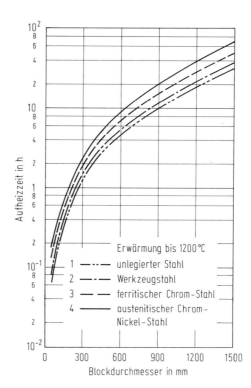

Bild E 5.1 Kürzest mögliche Aufheizzeit für Blöcke verschiedener Durchmesser und unterschiedlicher Stahlsorten bei allseitiger Erwärmung. Nach [1].

Chemische Zusammensetzung der untersuchten Stähle

Stahl	% C	% Si	% Mn	% Cr	% Ni	% W
1	0,08	0,08	0,31	–	–	–
2	1,22	0,16	0,35	0,11	0,13	–
3	0,13	0,17	0,25	12,95	0,14	–
4	0,08	0,68	0,37	19,11	8,14	0,60

E 5.2.2 Verzunderung

Das Ausmaß der Verzunderung in Walzwerkswärmöfen wird durch die Wanderungsgeschwindigkeit der Phasengrenze Eisen/Wüstit bestimmt, die einem $\sqrt{\text{Zeit}}$-Gesetz [2] folgt (s. auch C 3).

Bild E 5.2 zeigt, daß die Verzunderungsgeschwindigkeit des Stahls D 75-2 mit rd. 0,75% C deutlich niedriger ist als diejenige der Sorten D 9-1 und 9 S 20 mit rd. 0,09% C. Mit steigender Glühtemperatur, mit steigendem Wasserdampfgehalt des Verbrennungsgases und mit steigendem Luftüberschuß nimmt die Verzunderungsgeschwindigkeit zu [3].

Für das Walzen ist es von Bedeutung, daß die gebildete Zunderschicht durch Verformung (im 1. Stauchstich) und/oder durch Druckwasserentzunderung leicht entfernt werden kann. Fest haftender Zunder – „Klebzunder" – wird eingewalzt und führt zu Oberflächenfehlern. Einige Legierungselemente, z. B. Schwefel [3] und Nickel [4] fördern eine Verzahnung zwischen Zunder und Grundwerkstoff und erschweren daher die Entzunderung.

E 5.2.3 Randentkohlung

Entkohlung und Verzunderung der Oberfläche sind eng miteinander verknüpft, da beide Reaktionen unter Mitwirkung von Kohlendioxid ablaufen. Der geschwindigkeitsbestimmende Teilschritt ist dabei die Diffusion des Sauerstoffs durch die sich bildende Eisenoxidschicht zur metallischen Phase. Der Sauerstoff wird dort zur Oxidation des Eisens und des Kohlenstoffs verbraucht [2]. Für die Ausbildung des Profils der Kohlenstoffkonzentration in der randentkohlten Schicht ist die Diffu-

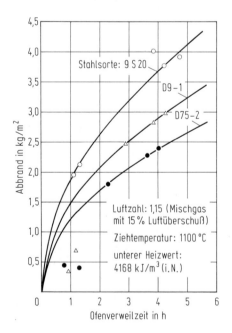

Bild E 5.2 Abbrand (Verzunderung) in Abhängigkeit von der Ofenverweilzeit. Nach [3]. (○: 9 S 20, △: D 9-1, ●: D 75-2).

sionsgeschwindigkeit des Kohlenstoffs im γ-Eisen maßgebend. Ebenso wie die Verzunderung gehorcht die Entkohlung einem $\sqrt{\text{Zeit}}$-Gesetz. Maßgebend ist die Glühdauer oberhalb 900 °C.

Legierungselemente können die Randentkohlung in unterschiedlicher Weise verändern. Maßgebend ist dabei ihr Einfluß auf die Kohlenstoffaktivität, auf die Diffusionskonstante des Kohlenstoffs im Eisen und auf die Verzunderungsgeschwindigkeit. Nickel und Chrom reduzieren im allgemeinen die Randentkohlung, während Silizium eine deutliche Erhöhung bewirkt [5], die z. B. bei der Herstellung von Federn aus derart legierten Stählen Probleme aufwirft.

Enthält die Ofenatmosphäre *Wasserdampf*, so wird über die Wassergasreaktion zusätzlich Kohlendioxid gebildet, wodurch die Randentkohlung erheblich beschleunigt wird.

Ebenfalls von Bedeutung für das Ausmaß der Randentkohlung ist die *Vorbehandlung der Knüppeloberfläche* vor dem Einsatz in die Wärmöfen. Durch Schleifen der Knüppel kann z. B. eine Randentkohlung, die während der ersten Walzung entstanden ist, vor dem Einsatz beseitigt werden. Wie Bild E 5.3 zeigt, wird dann im Vergleich zu geflämmten oder gestrahlten Knüppeln eine etwas geringere Entkohlung gemessen. Aus wirtschaftlichen Gründen ist das Schleifen im allgemeinen nur bei hochwertigen Stahlsorten zu rechtfertigen.

Randentkohlung führt bei der Vergütung der Fertigerzeugnisse zu einer ungleichmäßigen und unvollständigen Härteannahme. Bei dynamisch beanspruchten Bauteilen kann hierdurch die Dauerfestigkeit erheblich herabgesetzt werden. Des-

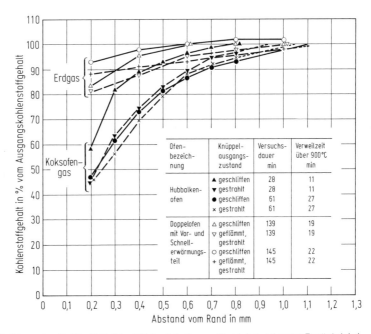

Bild E 5.3 Randentkohlung des Stahls 41 Cr 4 in Abhängigkeit vom Randabstand unter Berücksichtigung der Versuchsdauer, der Verweilzeit über 900 °C, der Art des Brennstoffs und der Vorbehandlung der Knüppeloberfläche. Nach [3].

halb wird je nach Verwendungszweck und Beanspruchungsart die *höchst zulässige Entkohlungstiefe* festgelegt. Nach DIN 17221 ist z. B. für Federn eine vollständige Auskohlung unzulässig und die Abkohlung auf ungefähr 1% des Querschnitts begrenzt.

E 5.2.4 Lötbrüchigkeit

Bei der Verzunderung werden Eisen und die unedleren Begleitelemente Silizium, Mangan, Aluminium u. ä. oxidiert. Für die edleren Elemente *Kupfer*, *Nickel* und *Zinn*, die dem Stahl entweder als Legierungselemente zugefügt oder als Verunreinigungen z. B. durch den Schrott eingebracht werden, trifft dies nicht zu; sie reichern sich daher in den oberflächennahen Bereichen an. Da die Diffusion ins Werkstoffinnere wegen der niedrigen Diffusionsgeschwindigkeit nur einen geringen Konzentrationsabbau bewirkt, kann die Löslichkeitsgrenze dieser Elemente im Eisen überschritten werden. In diesem Fall bilden sich flüssige Phasen aus, die während des Walzens zu einer Korngrenzenschädigung führen [6]. Dieser als „Lötbrüchigkeit" bezeichnete Vorgang führt zu einer erheblichen Verminderung der Oberflächenqualität.

Kupfer, Nickel und Zinn beeinflussen sich gegenseitig hinsichtlich der Löslichkeit im γ-Eisen und des Schmelzpunkts der gebildeten flüssigen Phasen. Während Nickel die Löslichkeit von Kupfer im γ-Eisen erhöht, wird sie durch Zinn stark erniedrigt.

Die zulässigen Gehalte von Kupfer und Zinn im Stahl zur Vermeidung von Lötbrüchigkeit können nach folgenden Faustformeln ermittelt werden: % Cu + 8 · % Sn $\leq$ 0,4 oder % Cu + 6 · % Sn $\leq$ 9/E, wobei E einen Anreicherungsfaktor bedeutet [7]. Durch Legieren mit Nickel sind höhere Kupfergehalte zulässig.

E 5.2.5 Beeinflussung des Gefüges

Die *Korngröße des Austenits* vor dem Walzen nimmt mit zunehmender Glühtemperatur und -dauer zu. Besonders ausgeprägt ist das Kornwachstum, wenn vor dem Glühen vorhandene Ausscheidungen aufgelöst werden [8]. Sehr hohe Glühtemperaturen können, besonders wenn sich flüssige Filme wie z. B. Sulfide auf den Korngrenzen bilden, zu einer Auflösung des Kornverbands führen. Man spricht dann von *Verbrennungserscheinungen*. Ein derart fehlerhaft erwärmtes Material neigt bei der Warmumformung zu starker Brüchigkeit.

Sollen warmgewalzte Erzeugnisse ohne nachfolgende besondere Wärmebehandlung (also im Zustand U, N oder TM) geliefert werden, so ist die Beeinflussung der Gefüge und der mechanisch-technologischen Eigenschaften durch das Erwärmen besonders zu beachten. Für thermomechanisch zu behandelnde Erzeugnisse z. B. muß wegen der Forderung nach kleiner Austenitkorngröße die maximale Erwärmungstemperatur begrenzt werden [9]. Andererseits kann die gewünschte Ausscheidungshärtung nur eintreten, wenn ausreichende Gehalte an ausscheidungsfähigen Elementen durch Überschreiten von Mindesttemperaturen in Lösung gebracht werden. Bei mit Niob legierten thermomechanisch behandelten Rohrstählen nach DIN 17172 kann z. B. das Erreichen der geforderten Streckgrenzenwerte bei Unterschreitung der Lösungsglühtemperaturen in den Wärmöfen der

Umformvorgänge 685

Flachwalzstraßen gefährdet sein. Mit Aluminium beruhigte Sondertiefziehstähle zeigen dagegen bei unvollständiger Auflösung der Nitride unzulässig hohe Streckgrenzen als Folge von Feinkornbildung.

E 5.2.6 Heißeinsatz und Direktwalzen

Die Verbesserung der Stranggießtechnik und der Zwang zur Energieeinsparung haben seit 1981 zur Entwicklung des Heißeinsatzes bzw. des Direktwalzens geführt [10]. Mit Hilfe dieser Technologien gelingt es, das Stranggußhalbzeug ohne Zurichtungsmaßnahmen heiß in die Wärmöfen der Walzstraßen einzusetzen – Heißeinsatz – oder aus der Gießwärme nur unter Einschaltung von selektiven Wärmevorrichtungen (z. B. der induktiven Kantenerwärmung) unmittelbar auszuwalzen – Direktwalzen –. Voraussetzung für diese Verfahren sind eine fehlerfreie Stranggußfertigung und eine enge Programmabstimmung zwischen Stahlwerk und Walzwerk. Diese Verfahren lassen wesentliche Energieeinsparungen erwarten, denen notwendige Investitionen gegenüberstehen. Darüber hinaus wird durch weitgehenden Wegfall der Verzunderungsverluste das Ausbringen bis zu 1% gegenüber der üblichen Erwärmung gesteigert [10].

E 5.3 Umformung

Die Wahl des Walzverfahrens richtet sich nach der jeweiligen Aufgabenstellung: Walzen auf der Flachbahn, Walzen mit Streckkaliberreihen, Walzen mit Profilkalibern, 2- oder 3-Walzenkaliber, Walzen mit und ohne Längszug u. a. [11]. Im Rahmen des hier interessierenden Zusammenhangs zwischen Erzeugungsbedingungen und Eigenschaften der Stähle können jedoch die verschiedenen Umformarten gemeinsam unter den folgenden Punkten behandelt werden.

E 5.3.1 Umformwiderstand

Die Warmumformung wird im allgemeinen oberhalb der Rekristallisationstemperatur durchgeführt (s. C 6). Dies bedeutet, daß während und unmittelbar nach dem Umformschritt *Verfestigungs- und Entfestigungsvorgänge gleichzeitig* ablaufen [12]: Unterhalb eines Grenzwertes des Umformgrades φ_{ver} verfestigt sich der Werkstoff. Die Verfestigung nimmt in diesem Bereich mit steigendem Umformgrad φ ab und erreicht bei $\varphi = \varphi_{ver}$ den Wert Null. Oberhalb von φ_{ver} steigt die dynamische Entfestigungsgeschwindigkeit an. Als Folge dieser Vorgänge wird bei der Warmumformung verschiedener Werkstoffe eine im allgemeinen geringe, aber durchaus unterschiedliche Abhängigkeit der Fließspannung k_f vom Umformgrad φ beobachtet. Kohlenstoffreiche Stähle, mikrolegierte Stähle und Stähle mit Phasenumwandlung sind stärker verfestigungsfähig als einphasige oder kohlenstoffarme Stähle.

Maßgebend für die *Auslegung von Warmwalzwerken* ist nach der Festlegung auf die Erzeugnisform der vom jeweiligen Walzgut abhängige *Umformwiderstand k_w* [11], der aus der Fließspannung k_f durch Berücksichtigung der geometrischen Bedingungen und Reibungsverhältnisse zwischen Walzgut und Walze berechnet werden kann. Bild E 5.4 zeigt die Einordnung verschiedener Walzwerkstypen und die Abhängigkeit des Umformwiderstands vom Walzspaltverhältnis l_d/h_m.

Die dargestellten Zusammenhänge sind sowohl für die Auslegung von Walzwerken als auch für die Durchführung der Prozesse von Bedeutung. Zu schwache Auslegung der Walzwerke in bezug auf die zu walzenden Stähle kann zu erheblichen mechanischen und elektrischen Störungen führen. Die Einhaltung der in den technischen Regelwerken geforderten engen zulässigen Maßabweichungen setzt voraus, daß die Prozeßrechner bei der automatischen Einstellung der Walzstraßen die beschriebenen Zusammenhänge berücksichtigen.

E 5.3.2 Umformvermögen

Unter dem Umformvermögen versteht man den bis zur Erschöpfung der Verformungsfähigkeit ertragbaren Umformgrad. Er hängt sowohl von der Art des eingesetzten Werkstoffs als auch von den Umformbedingungen wie Temperatur, Spannungszustand und Umformgeschwindigkeit ab [11] (s. auch C 6).

Während für die Beschreibung der Abhängigkeit der Fließspannung von den Umformbedingungen mathematische Beziehungen entwickelt werden konnten [12, 13], ist man beim Umformvermögen weitgehend auf graphische Darstellungen der Zusammenhänge angewiesen. Die Bewertung unterschiedlicher Werkstoffe erfolgt weitgehend mit Hilfe des Warmtorsionsversuchs [14]. In Bild E 5.5 ist das Umformvermögen einiger legierter Stähle in *Abhängigkeit von der Temperatur* dargestellt. Im allgemeinen nimmt das Umformvermögen mit fallender Temperatur ab. Hochlegierte Werkstoffe weisen oft sehr ungünstige Werte auf. Als weitere wichtige bzw. ungünstige Einflußgrößen wurden erkannt
- der Gußzustand gegenüber dem vorverformten Zustand [14];
- Ausscheidungen von Aluminiumnitrid bei rd. 1000 °C [15];
- niedrige Verhältnisse von Mangan zu Schwefel bei rd. 900 °C [16];

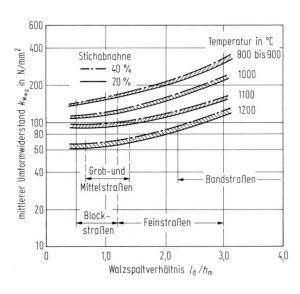

Bild E 5.4 Abhängigkeit des Umformwiderstands vom Walzspaltverhältnis bei verschiedenen Temperaturen für ein Walzgut mit 0,1% C, 0,47% Mn, 0,063% P, 0,026% S. Nach [11]. (l_d = gedrückte Länge, h_m = mittlere Walzspaltöffnung).

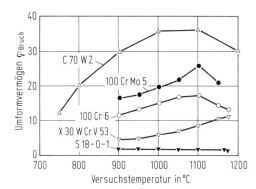

Bild E 5.5 Abhängigkeit des Umformvermögens (ermittelt im Torsionsversuch) von der Temperatur bei legierten Stählen. Nach [14]. (Chemische Zusammensetzung der Stähle s. auch D 11).

- Umformung im Zweiphasengebiet bei Stählen mit 1,5% Si [17] und bei nichtrostenden Stählen [18];
- bestimmte Spannungszustände wie z. B. Zugspannungen bei freier Breitung im Vergleich zu allseitigem Druck bei geschlossenen Kalibern [19, 20].

Wird beim Warmwalzen das Umformvermögen überschritten, so können Fehler in vielfältiger Ausbildung entstehen. Am bekanntesten sind die *Kantenbrüche* und *Kantenrisse* beim Brammen- und Bandwalzen sowie die *Querrisse* beim Kaliberwalzen von Stählen mit niedrigem Formänderungsvermögen.

E 5.3.3 Einstellung des Gefüges und der Werkstoffeigenschaften

Je nach Art der Weiterverarbeitung der warmgewalzten Erzeugnisse – Warmpressen, Wärmebehandeln, Kaltwalzen, Kaltziehen, Kaltumformen u. a. – werden an das Gefüge sowie die mechanischen und technologischen Eigenschaften bestimmte Anforderungen gestellt. Bei nachgeschalteter Wärmebehandlung sind im allgemeinen keine besonderen Vorschriften zu beachten. Erfolgt die Weiterverarbeitung durch Kaltwalzen oder Ziehen, so müssen durch Steuerung der Prozeßparameter bestimmte Gefügezustände eingestellt werden: feinstreifiger Perlit bei unlegierten Stählen durch Steuerung der Abkühlgeschwindigkeit in Band- und Drahtstraßen, Vermeidung der Ausscheidung von Aluminiumnitrid bei besonders beruhigtem Tiefziehstahl St 14 durch niedrige Haspeltemperaturen bei der Bandwalzung.

In *vielen Fällen* werden die *mechanischen und technologischen Eigenschaften* der warmgewalzten Erzeugnisse in Bauteilen *unmittelbar genutzt*. Dies betrifft unlegierte Baustähle im unbehandelten Zustand, Betonstahl, normalisierend gewalzte Feinkornbaustähle und thermomechanisch umgeformte Großrohrstähle. Bei den unlegierten Baustählen ist das Anforderungsprofil so festgelegt, daß die Eigenschaften bei „normaler" Führung des Walzprozesses eingestellt werden können. Die Erzeugung von Betonstahl nach dem sogenannten Tempcore-Verfahren setzt gut abgestimmte Kühlbedingungen zur Einstellung der Kern- und Randgefüge aus Ferrit/Perlit bzw. angelassenem Martensit voraus [21]. Beim normalisierenden Umformen wird die Normalglühung durch die Einhaltung bestimmter Umformgrade bei den letzten Stichen und einer zugeordneten Walzendtemperatur ersetzt [22]. Beim thermomechanischen Umformen gelingt es schließlich, durch geeignete Abstimmung der chemischen Zusammensetzung der Werkstoffe und genaueste Steuerung zahlreicher Walzparameter (Erwärmungstemperatur, Umformgrade und Temperaturen bei der Vorwalzung, Stichpläne und Walzendtemperatur bei der Fertigwalzung, Abkühlgeschwindigkeit und gegebenenfalls Haspeltemperatur) gegenüber anderen möglichen Verfahren verbesserte Eigenschaften zu erzielen [22] (s. auch D 2 und D 25). Allen Verfahren gemeinsam ist als Voraussetzung eine hochentwickelte Walzwerkstechnologie und Prozeßkontrolle, da jede Abweichung von den engen Verfahrensvorschriften zu unbrauchbaren Erzeugnissen führt.

Eine besondere Aufgabe stellt die *Vermeidung von Flocken* bei der Abkühlung von warmgewalzten Erzeugnissen mit großen Querschnitten – z. B. bei Halbzeug – dar. Bei der Abkühlung kann Wasserstoff beim Überschreiten bestimmter kritischer Gehalte zu Gefügetrennungen, den sogenannten Flocken führen. Wenn es nicht gelingt, den Wasserstoffgehalt durch geeignete Maßnahmen bei der Stahlherstellung unter diese Grenzwerte zu bringen, muß der Gefahr der Flockenbildung durch eine verzögerte Abkühlung der Walzerzeugnisse in besonderen Einrichtungen begegnet werden. Eine verzögerte Abkühlung erweist sich auch bei spannungsrißempfindlichen Werkstoffen als notwendig.

E 5.3.4 Verbesserung der Oberflächeneigenschaften

Die Oberflächeneigenschaften können durch den Walzprozeß erheblich verändert werden. Zwar werden vom Vormaterial herrührende Fehler gestreckt und in ihrer absoluten Fehlertiefe verringert [23] (Bild E 5.6), jedoch können durch den Walzprozeß neue Fehler, z. B. Kantenrisse oder Überwalzungen, aufgebracht werden. Es hat sich daher in vielen Fällen als zweckmäßig erwiesen, in den Walzprozeß ein Verfahren zum Beseitigen von Oberflächenfehlern – das *Heißflämmen* – einzubeziehen. Dieses führt zwar zu einem Materialverlust, beseitigt jedoch auf sichere Weise die vor oder während des Walzens entstandenen Oberflächenfehler bis zu einer Tiefe von 2 bis 4 mm.

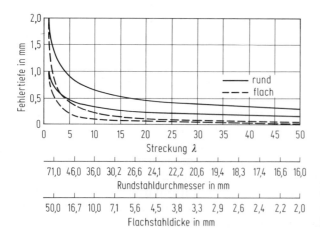

Bild E 5.6 Beispiele für die Verminderung der Fehlertiefe beim Walzen von Rund- und Flachstahl. Nach [23].

Bei Stählen, die das Heißflämmen aufgrund ihrer chemischen Zusammensetzung nicht zulassen, kann eine Oberflächenbearbeitung des Rohblocks oder eines vorgewalzten Erzeugnisses durch *Schleifen* notwendig werden.

Beim Warmwalzen muß der Ausbildung des vor, während und nach dem Walzen gebildeten *Zunders* besondere Beachtung geschenkt werden. Dies gilt besonders für die Feinblech- und Weißblechherstellung mit höchsten Anforderungen an die Oberfläche. Ungünstige Zunderausbildung führt zu schwerwiegenden Oberflächenfehlern. Deshalb muß sie durch Wahl geeigneter Umformtemperaturen, durch Walzenkühlung, Zunderabspritzen und Kontrolle der Walzenoberfläche überwacht werden [24].

Schließlich muß darauf hingewiesen werden, daß die *Oberfläche der Walzen* einem mechanischen und thermischen Verschleiß unterliegt sowie mechanischen Verletzungen ausgesetzt ist. Die hierdurch entstehenden Oberflächenfehler (Abdrücke, Aufrauhungen) müssen durch die Wahl geeigneter Walzenwerkstoffe und die Festlegung von Walzenwechselperioden möglichst gering gehalten werden.

E 5.3.5 Ausbringen

Das Ausbringen wird bestimmt durch den auf den Einsatz bezogenen Anteil der Fertigung, der die geforderten Werkstoff- und Oberflächeneigenschaften erfüllt sowie die zulässigen Maßabweichungen einhält. Hohes Ausbringen ist für die *Wirtschaftlichkeit* entscheidend. Verluste entstehen durch Verzunderung, Abwertungen wegen ungenügender Werkstoff- und Oberflächeneigenschaften und vor allem durch Nichteinhaltung der Anforderungen an die Geometrie, d. h. durch Schopfverluste, Unterlängen und Toleranzüberschreitungen.

Besonders beim einhitzigen Walzen von schweren Blöcken zu Vorbrammen ist die *Ausbildung der Kopf- und Fußenden* von erheblicher Bedeutung für das wirtschaftliche Ergebnis. Durch die Folge von Horizontal- und Vertikalstichen bilden sich an den Enden der Vorbramme sogenannte Fischschwänze und Dopplungen aus, die durch Schopfen beseitigt werden müssen (Bild E 5.7). Zahlreiche Untersuchungen wurden mit dem Ziel durchgeführt, diese Materialverluste zu verringern; eine geschlossene Darstellung der walztechnischen Möglichkeiten findet sich in

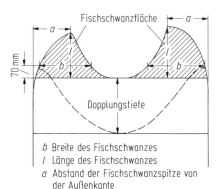

Bild E 5.7 Unterteilung des Verfahrensschrotts in: „Fischschwanz" durch Vertikalstiche und „Dopplung" durch Horizontalstiche. Nach [25].

b Breite des Fischschwanzes
l Länge des Fischschwanzes
a Abstand der Fischschwanzspitze von der Außenkante

[25]. Auch beim Kaliberwalzen entstehen an den einzelnen Walzstäben nicht verwendungsfähige Enden, deren Gewichtsanteil im allgemeinen wesentlich unter den Werten des Brammenwalzens liegen.

Besondere Anforderungen an *Profil* und *Planheit* werden an *Warmbreitband* gestellt. Welche umfangreichen meß- und prozeßtechnischen Maßnahmen zur Erfüllung dieser Forderungen notwendig sind, zeigt ein Bericht in [26].

E 5.4 Zurichtung

Zurichtungsarbeiten müssen sowohl an Halbzeug als auch an Fertigerzeugnissen zur Prüfung und Beseitigung von Werkstoff- und Formfehlern, zur Bereitstellung des gewünschten Versandzustands und zur Freigabe bei Erfüllung der Anforderungen an die Eigenschaften durchgeführt werden.

Da es nicht möglich ist, wirtschaftlich für alle Verwendungszwecke ausreichend fehlerfreie Produkte im Hinblick auf *Oberflächen-, Innen- und Formfehler* zu erzeugen, müssen zwischen Hersteller und Verarbeiter die jeweils zulässige Zahl und Größe der Fehler vereinbart werden. Beispielhaft seien die Stahl-Eisen-Lieferbedingungen für die Oberflächenbeschaffenheit von Grob-, Mittelblech und Breitflachstahl [27], von warmgewalztem Stabstahl und Walzdraht [28] und von Halbzeug zum Gesenkschmieden [29] erwähnt.

Die Fehlerprüfung erfolgt entweder automatisiert mit Rißprüfanlagen, Ultraschallprüfgeräten, Dicken-, Breiten- und Formmeßgeräten im Stoffluß oder in Inspektionslinien mit erheblichem Personalaufwand [30 bis 32]. Zur Beseitigung von Oberflächenfehlern (innerhalb der zulässigen Maßabweichungen) stehen Flämmgeräte, Schleif- und Schälmaschinen, Handputzgeräte usw. zur Verfügung. Teile mit Innenfehlern müssen abgetrennt und verschrottet werden. Gewisse Formfehler können durch Richt- oder Dressiervorgänge beseitigt werden. Bei Über- oder Unterschreitung der vorgeschriebenen Abmessungen kann gegebenenfalls unter Materialverlust umgeplant werden.

Der gewünschte *Versandzustand* wird weitgehend vom Verbraucher bestimmt. Als Beispiele hierfür seien genannt der Oberflächenzustand: entzundert durch Beizen oder Strahlen, geschält oder gezogen, korrosionsgeschützt; die Form: besäumt, gespalten, abgelängt, in Ringen oder Paketen; sowie die Kennzeichnung, die Verpackung und die Versandart.

E6 Warmformgebung durch Schmieden

Von Hans Günter Ricken

E 6.1 Ziele des Schmiedens

Das Schmieden von Stahl hat im wesentlichen die Aufgaben,
- dem Schmiedestück die gewünschte Form zu geben;
- den Werkstoff zu verdichten, indem die im Rohblock vorhandenen Hohlräume geschlossen werden;
- ein günstiges Gefüge als Grundlage für die nachfolgende Wärmebehandlung oder allgemein für die weitere Verarbeitung zu schaffen.

E 6.2 Schmiedeverfahren

Beim Umformen unterscheidet man – ohne auf Einzelheiten einzugehen – das *Freiformschmieden* mit nach den Seiten offenen Werkzeugen und freiem Werkstofffluß und das *Gesenkschmieden* mit geschlossenen Werkzeugen und allseitig begrenztem Werkstofffluß. Für bestimmte Schmiedestücke werden auch beim Freiformschmieden Werkzeuge benutzt, die mehr oder weniger geschlossen sind, oder Verfahren angewandt, die auf bestimmte Schmiedestückformen zugeschnitten sind.

Zur Entscheidung für den *Einsatz des Freiformschmiedens oder des Gesenkschmiedens* sind technische und wirtschaftliche Überlegungen maßgebend. Freiformschmiedestücke werden als Einzelstücke oder auch in Serien mit Rohgewichten von einigen Kilogramm bis zu einigen 100 t gefertigt. Die Grenzen für Gesenkschmiedestücke liegen zwischen einigen Gramm und einigen Tonnen, wobei bestimmte Mindeststückzahlen die wirtschaftliche Voraussetzung sind. Freiformschmiedestücke finden in fast allen Bereichen der Technik Anwendung, in denen Teile mit großen Querschnitten, mit großen Gewichten und hohen Anforderungen an die Eigenschaften benötigt werden. Gesenkschmiedestücke haben ihren typischen Anwendungsbereich im Kraftfahrzeug- und Maschinenbau.

E 6.3 Einsatzmaterial für das Schmieden

Für Freiformschmiedestücke werden Rohblöcke von etwa 1 t bis zu 500 t Gewicht [1] und gewalztes Halbzeug eingesetzt. Für das Gesenkschmieden kommen gewalztes Halbzeug und gewalzter Stabstahl, im Bereich größerer Dicken auch geschmiedetes Vormaterial, sowie in Sonderfällen stranggegossenes Halbzeug in Betracht.

Für die Herstellung von *Schmiedeblöcken* spielen die Bedingungen der *Erschmelzung* und des *Vergießens* und damit der *Erstarrung* eine große Rolle [1–3] (s. auch D 5 u. E 4). Ebenso kommt der *geometrischen Gestalt* der Blöcke große Bedeutung zu.

Literatur zu E 6 siehe Seite 784.

Schmiedeblöcke haben in der Regel Achtkant- oder Vielkantquerschnitte, im Bereich kleiner Blockgewichte werden auch Vierkantblöcke eingesetzt. Für Sonderzwecke sind darüberhinaus Rundblöcke gebräuchlich. Achtkant- und Vielkantquerschnitte werden bevorzugt, weil sie aufgrund der an den Blockkanten unterbrochenen Stengelkristallisation weniger zur Rißbildung beim ersten Überschmieden neigen als andere Blockformen. Schmiedeblöcke sind im allgemeinen umgekehrt konisch, vereinzelt aber auch normalkonisch. Die Konizität schwankt zwischen 6 und 15 %, wobei der Bereich von 8 bis 10 % bevorzugt ist. Das Verhältnis von Höhe zu Durchmesser liegt bei großen Blöcken üblicherweise zwischen 1,0 und 1,8. Je größer der Blockdurchmesser ist, um so mehr wird für dieses Verhältnis ein Wert nahe 1,0 angestrebt. Das Haubenvolumen schwankt sehr stark; es liegt je nach Art und Geometrie der Haube (feuerfeste Haube, Isolierhaube, exotherme Haube) und der Art der Blockkopfbehandlung zwischen 10 und 25 % des gesamten Blockgewichts.

Bei Rohblöcken wird grundsätzlich vom Kopf und vom Fuß ein gewisser Teil abgeschopft bzw. abgeschlagen. Für die Größe des *Ausbringens*, das von qualitativen und wirtschaftlichen Überlegungen bestimmt wird, gibt es keine allgemeingültigen Zahlen; hierfür sind die Blockgröße, die Stahlsorte sowie die Art und Gestalt der zu fertigenden Schmiedestücke und die Anforderungen an die Fehlerfreiheit bei der Volumen- und Oberflächenprüfung maßgebend. Bei gegebenem Blockformat (Querschnittsgestalt, Höhen-Durchmesser-Verhältnis, Konizität, Haubenvolumen) wird das Ausbringen von den Verhältnissen im Blockfuß („Sand") und im Blockkopf (Seigerungen, chemische Inhomogenität) beeinflußt. Es ist im allgemeinen bei kleinen Blöcken höher als bei großen; so kann es z. B. bei einfachen Erzeugnissen aus kleinen Blöcken 75 bis 90 %, dagegen bei hochwertigen Teilen aus schweren Blöcken nur etwa 50 bis 75 % betragen, wobei der Fußabfall dann etwa 5 bis 15 %, der Kopfabfall rd. 15 bis 30 % ausmachen kann. (In den Ausbringenszahlen ist der unvermeidbare Materialverlust durch Verzunderung der Blöcke beim Schmiedeprozeß (Abbrand) mit größenordnungsmäßig 5 % berücksichtigt; Schwankungen der Größe des Abbrands hängen von der Anzahl der Hitzen und der Verweilzeit bei hohen Temperaturen ab.) Zu klein bemessenes Abschlagen des Kopf- und Fußabfalls führt zu qualitativen Risiken, zu große Abfälle sind andererseits unwirtschaftlich. Durch die in D 5 genannten Verfahren der Blockkopfbehandlung kann das Ausbringen verbessert werden.

E 6.4 Arbeitsbedingungen beim Schmieden

E 6.4.1 Aufheizen

Beim Aufheizen der Blöcke auf Schmiedetemperatur müssen die großen Querschnittsabmessungen durch geringe *Aufheizgeschwindigkeiten* – vor allem im Bereich niedriger Temperaturen – und durch lange Ausgleichszeiten berücksichtigt werden; die Zeiten, die notwendig sind, um den Kern der Blöcke durchgreifend zu erwärmen, werden entweder empirisch oder rechnerisch ermittelt.

Der *Temperaturbereich für das Schmieden*, das im γ-Gebiet erfolgt, ist aus mehreren Gründen eingeengt. Nach oben ist der Bereich durch die Schmelztemperatur niedrig schmelzender Phasen begrenzt, im unteren Temperaturbereich steht die steigende Fließspannung (Formänderungsfestigkeit) entgegen. Aus qualitativer Sicht sollten hohe Schmiedetemperaturen vermieden werden, was auch durch wirtschaftliche Gründe gestützt wird; bei kleinerer Korngröße nach dem Schmieden wird nämlich der Aufwand zur Wärmebehandlung auf gute mechanische Eigenschaften geringer. Besonders wichtig ist dieser Zusammenhang bei umwandlungsfreien Stählen, weil bei ihnen die Schmiedeparameter und die Schmiedetemperatur bzw. die Schmiedeendtemperatur die im Schmiedestück verbleibende Austenitkorngröße bestimmen.

E 6.4.2 Umformungsbedingungen

Auswirkungen auf die allgemeinen Güteeigenschaften

Wichtigste Aufgabe des Schmiedens ist neben der Formgebung das Schließen der im Rohblock vorhandenen Hohlräume und Lockerstellen. Es gilt allgemein als gesichert, daß die genannten Inhomogenitäten im Kern der Blöcke liegen und in der Regel auf rd. 60% der Blockhöhe und bis zu 13% des Blockdurchmessers beschränkt sind [4]. Zur Frage des Schließens von Hohlräumen durch Schmieden und allgemein des Verhaltens von Blockfehlern beim Schmieden liegen einerseits in vielen Jahrzehnten gesammelte Erfahrungen, andererseits Ergebnisse zahlreicher betrieblicher und labormäßiger Untersuchungen vor [4-6].

Im folgenden sollen einige Aspekte zum *Schließen von Hohlstellen* dargestellt werden, ohne dabei auf die in dem angegebenen Schrifttum aufgeführten Einzelheiten einzugehen. Der Verschmiedungsgrad gilt als Maßzahl für die an einem Schmiedestück durch Recken, Stauchen oder eine Kombination beider Verfahren vorgenommene Umformung. Zur Frage der Definition des Verschmiedungsgrades bei Verfahrenskombinationen sei auf die Literatur verwiesen [6].

Zum Schließen von Hohlstellen ist ein bestimmter Mindestverschmiedungsgrad notwendig, dessen Größe vom Werkstoff, von den Block- und Schmiedestückgegebenheiten und den Schmiedebedingungen abhängt, für den es also keine allgemeingültige Maßzahl gibt. So kann ein zweifacher, in anderen Fällen aber erst ein vierfacher Verschmiedungsgrad für das Schließen der Hohlstellen ausreichend sein. Für Umschmelzblöcke und andere nach einem Sonderverfahren hergestellte Blöcke sind auch zweifache oder geringere Verschmiedungsgrade ausreichend. Zur Abhängigkeit der mechanischen Eigenschaften vom Verschmiedungs-/Reckgrad s. weiter unten.

Der größte Teil aller Schmiedestücke wird nur gereckt, ein kleiner Teil wird aus Gründen der Formgebung oder auch aus gütemäßigen Gründen gestaucht oder mit beiden Verfahren kombiniert geschmiedet. Die *Anwendung der verschiedenen Sattelformen* (Flachsättel, Winkelsättel, Rundsättel) und Sattelbreiten hängt von Form und Abmessung des Schmiedestücks, vom Werkstoff und dessen Umformeigenschaften sowie von der Größe des zur Verfügung stehenden Umformaggregats ab.

Ganz allgemein sind breite *Flachsättel* für eine gute Durchschmiedung der Kernzone und für das Schließen von Hohlräumen besser als schmale. Bei zu großer Sattelbreite kann es aber aufgrund von Materialschiebungen zusammen mit den in Querrichtung auftretenden Spannungen um so eher zu Rissen kommen, je größer das Verhältnis von Bißbreite s_b zu Ausgangshöhe h_0 des Schmiedestücks ist [7]. Um sowohl gute Durchschmiedung und Schließung der Hohlräume als auch Vermeidung von Rissen zu erreichen, ist ein Verhältnis s_b/h_0 von 0,35 bis 0,50 günstig; ein Verhältnis > 0,5 verbessert die Durchschmiedung nur unwesentlich, begünstigt aber das Auftreten von Innenrissen, ein zu kleines Verhältnis ergibt eine schlechtere Durchschmiedung. Beim Herunterschmieden großer Rundabmessungen auf kleine Durchmesser sind also, um beste Schmiedeverhältnisse zu haben und während des Schmiedens beizubehalten, ein oder mehrere Werkzeugwechsel unumgänglich. Da die Formänderungen in der Kernzone von der Bißmitte bis zum -rand sehr stark abfallen, ist darauf zu achten, daß der Sattel bei erneutem Überschmieden – auch nach einem Drehen des Schmiedestücks – so aufgesetzt wird, daß die Bißmitte etwa dort liegt, wo beim vorherigen Hub die Sattelkante gelegen hat. Tabelle E6.1 enthält eine Reihe von Hinweisen auf die zweckmäßige Wahl der Sattelbreite s und der Bißbreite s_b und die Begründung für ihre Anwendung.

Eine *andere Möglichkeit*, eine *gute Durchschmiedung des Kerns* unter Vermeidung von Auflockerungen und Rissen im Kern zu erreichen, ist das Schmieden von Rund- und Vielkantquerschnitten über eine zwischengeschaltete Vierkantabmessung. Dieses Verfahren wird bevorzugt für Stähle mit geringem Formänderungsvermögen empfohlen [7]. Besonders bei großen Blöcken mit häufig stärker ausgebildeter Porosität im Kern wird eine gute Durchschmiedung auch dadurch erreicht, daß man die Außenzonen vor dem Schmieden abkühlen läßt [7, 8].

Das Schmieden mit *Winkelsätteln* ist oft untersucht worden. In vielen Arbeiten wird auf die mangelhafte Tiefenwirkung von Winkelsätteln und der Kombination von Flach- und Winkelsätteln hingewiesen. Es hat sich gezeigt, daß bei Anwendung von Winkelsätteln mit kleinen Öffnungswinkeln, z. B. 90°, die Durchschmiedung im Kern unvollkommen ist. 135°-Winkelsättel haben den Vorteil, daß sie Blöcke mit Achtkantquerschnitt bei Kombination eines Winkelsattels mit einem Flachsattel auf drei Seiten, bei Anwendung von zwei Winkelsätteln auf vier Seiten umschließen.

Die für das Freiformschmieden dargestellten Arbeitsweisen können grundsätzlich nicht das gesamte Volumen des Schmiedestücks unter allseitigen Druck bringen, jedenfalls nicht gleichzeitig. Das *Schmieden im geschlossenen Gesenk* dagegen bewirkt allseitigen Druck im gesamten Schmiedestück während eines Pressendrucks oder Hammerschlags. Allerdings beabsichtigt man beim Gesenkschmieden nur im Ausnahmefall die Schließung innerer Hohlräume, da man üblicherweise bereits von dichtem Vormaterial ausgeht. Hier verfolgt man vielmehr mit dem aufgebrachten Druck das Ziel, durch Fließen des Stahls die Form vollständig auszufüllen.

Auswirkungen auf die mechanischen Eigenschaften

Die mechanischen Eigenschaften von *Freiformschmiedestücken* hängen nicht nur von der physikalischen Beschaffenheit und der chemischen Zusammensetzung des Rohblocks ab, sie werden auch durch die Umformung und deren Bedingungen beeinflußt.

Freiformschmiedestücke haben trotz der geringen Umformgrade eine deutliche *Richtungsabhängigkeit ihrer Eigenschaften* (Anisotropie). Dies wird auch bei der Entnahme von Proben dadurch berücksichtigt, daß die Probenlage verschiedene

Tabelle E.6.1 Sattel- bzw. Bißbreite im Verhältnis zu den Abmessungen des Schmiedestücks. Nach [7]

Schrifttum[a]	Werkstoff	Sattel- bzw. Bißbreite/Schmiedestückabmessung[b]	Begründung
P. M. Cook	–	$s_b/h_0 = 0{,}25$ bei $\varepsilon_h = 5\%$ $s_b/h_0 = 0{,}33$ bei $\varepsilon_h = 15\%$	gleichmäßige Verteilung der örtlichen Formänderungen
I. Ja. Tarnowskij u. a.	wenn φ_{Br} klein, s/h größer und umgekehrt	$s/h = 0{,}5 \div 0{,}7$ (Flachsättel – Vierkant)	$s/h < 0{,}4$ gleichmäßigere Formänderungsverteilung, aber Gefahr der Rißbildung durch Längszugspannungen $s/h > 1{,}0$ Längsrisse durch Schubspannungen
M. Kroneis und T. Skamletz	Stahl	$s_b/h_0 \approx 0{,}4$ (Flachsättel – Vierkant)	kleines $s_b/h_0 \to$ Zugspannungen und ungenügende Durchschmiedung
A. Chamouard	φ_{Br} klein (wie Duraluminium) Bronze (mit Nickel oder Eisen) Stahl	s_b/h_1 bzw. $s_b/d_1 \approx 0{,}33$ (135°-Winkelsättel) $s_b/h_0 > 0{,}75$; $s_b/h_1 < 1{,}33$ $s_b/h_0 > 0{,}66$; $s_b/h_1 < 1{,}5$ } Flachsättel; Vierkant $s_b/h_0 > 0{,}6$; $s_b/h_1 < 2$	ε_h klein $\to s_b/h_1$ bzw. $s_b/d_1 \approx 0{,}5$ s_b/h_0 zu klein $\to$ Kernrisse s_b/h_1 zu groß $\to$ Oberflächenrisse s_b/h_n größer $\to$ bessere Durchschmiedung
P. F. Ivanuškin	–	$s_b/d_0 = 0{,}5 + 0{,}8$ (Rundsättel)	$s_b/d_0 < 0{,}5 \to$ Risse; $s_b/d_0 > 1$ zu große Schubformänderungen
B. E. Vachtanov und Ja. M. Ochrimenko	Chrom- und Chrom-Nickel-Stähle	s/d bzw. $s/h \approx 0{,}8 + 1{,}0$ (Hammer) s/d bzw. $s/h \approx 0{,}3 + 0{,}5$ (Presse)	nur kleine ε_h möglich } Verschweißen ε_h bis 20% möglich } innerer Fehler
H. Heßler G. Richter u. H. G. Lotze		$s/d_1 \approx 0{,}5$ $s/d_0 \approx 0{,}5$	– schwere Stücke
L. Jílek u. B. Sommer		$s_b/h \approx 0{,}5 + 0{,}7$ (Vierkant)	fast keine Querzugspannungen, Längsfehler schließen sich
A. Witte	} Stahl	$s/d_0 > 0{,}5$	schwere Stücke > 100 t; $d_0 \approx 2300$ mm Dmr.
H. Rothäuser		$s/d_0 = 0{,}25 + 0{,}33$	30-MN-Presse
J. G. Wistreich u. A. Shutt		$s_b/h > 0{,}33$	–
M. Kroneis u. a.		$s/h_n = 0{,}33$	Scheiben $l_n/d_n < 1 \to$ Recken

Zusätzlich: gute Durchschmiedung (zusammengefasst für H. Heßler bis A. Witte)

[a] Quellenangaben für das Schrifttum siehe [7]
[b] $s =$ Sattelbreite, $s_b =$ Bißbreite; $h_0 =$ Ausgangshöhe, $d_0 =$ Ausgangsdurchmesser des Schmiedestücks, $h_1 =$ Endhöhe, $d_1 =$ Enddurchmesser des Schmiedestücks.

Richtungen, bezogen auf die Hauptumformrichtung, aufweist. Nur durch Verwendung äußerst reiner Stähle, namentlich solcher mit besonders niedrigen Schwefelgehalten, kann die Richtungsabhängigkeit vom Werkstoff her günstig beeinflußt werden. In Bild E 6.1 ist die Abhängigkeit der mechanischen Eigenschaften vom Reckgrad $R = F_0/F_1$ für Längs- und Querproben und dazwischenliegende Probenrichtungen schematisch dargestellt. Das Bild zeigt, daß ein 2- bis 3,5facher Reckgrad bei mehrachsig beanspruchten Schmiedestücken günstige Eigenschaften ergibt. Nach Untersuchungen und praktischen Erfahrungen reicht ein solcher Reckgrad auch aus, Hohlräume im Kern zu schließen, vorausgesetzt, daß die richtige Schmiedetechnologie angewandt wird [9, 10].

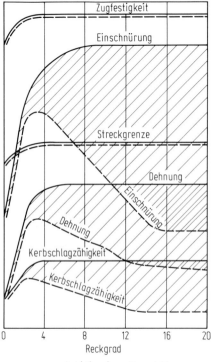

——— parallel (längs) zur Faserrichtung
----- quer zur Faserrichtung
▨▨▨ Übergangsrichtungen längs-quer

Bild E 6.1 Mechanische Eigenschaften in Abhängigkeit vom Reckgrad $R = F_0/F_1$ (schematisch). Nach [6]. (F_0 = Ausgangsquerschnitt, F_1 = Endquerschnitt).

Die Abhängigkeit der mechanischen Eigenschaften von *kombiniert angewandten Stauch- und Reckoperationen* ist ebenfalls vielfach untersucht worden [7, 11–15]. In einer Reihe von Veröffentlichungen wird in der Anwendung des Stauchens kein entscheidender Vorteil gesehen. Dazu ist festgestellt worden [16, 17], daß das Stauchen nur dann die mechanischen Eigenschaften verbessert, wenn vor und nach dem Stauchen gereckt wird. Im Hinblick auf das Schließen von Hohlräumen besteht aber die Gefahr, daß bei zu geringem Stauchgrad die Hohlräume nicht nur nicht geschlossen, sondern sogar vergrößert werden [9]. Von diesen Ausführungen unberührt bleibt das Stauchen zur Erzielung von bestimmten Schmiedestückformen und -abmessungen, z. B. von Scheiben.

Gesenkschmiedestücke weisen in ihren mechanischen Eigenschaften, speziell in den Verformungseigenschaften, eine besondere Art der *Richtungsabhängigkeit* auf. Bedingt durch die Walzverformung des Vormaterials in Längsrichtung und das Fließen des Werkstoffs in die Gesenkgravur ergibt sich ein der Form des Schmiedestücks angepaßter, in vielen Fällen beanspruchungsgerechter Faserverlauf. Beim Schmieden wird im allgemeinen senkrecht zu der vorliegenden Längsverformung eine Querverformung aufgebracht, die sich allerdings nur auf einen geringen Volumenanteil in der Gratnaht beschränkt. Die nichtmetallischen Einschlüsse, besonders die Mangansulfide, erfahren in diesem Volumen eine Breitung, wodurch die mechanischen Eigenschaften senkrecht zu der genannten Ebene je nach der Höhe des Einschlußgehalts beeinträchtigt werden können.

Der durch das Fließen des Werkstoffs in die Form erzielte günstige *Faserverlauf* wird auch bei Freiformschmiedestücken, z. B. bei Kurbelwellen, dadurch nachgeahmt, daß die einzelnen Hübe mit entsprechenden Werkzeugen („im Gesenk") geformt werden, wodurch eine deutliche Verbesserung der Gestaltfestigkeit erreicht wird [18].

E 6.4.3 Abkühlen aus der Schmiedehitze

Das Abkühlen nach dem Schmieden ist in zweierlei Hinsicht wichtig:
1. Das fertige Schmiedestück muß riß- und fehlerfrei erkalten.
2. Die Abkühlung muß als Vorbedingung für eine erfolgreiche Wärmebehandlung zu einer vollständigen $\gamma \to \alpha$-Umwandlung führen.

Deshalb erfolgt das Abkühlen in Abhängigkeit von der chemischen Zusammensetzung des Stahls, vom angewendeten Entgasungsverfahren und vom vorliegenden Querschnitt durch geregelte Ofenabkühlung in der Perlitstufe oder durch gezielte Luft- und Ofenabkühlung in der Bainitstufe so, daß zu große Temperatur- und Umwandlungsspannungen vermieden werden.

Nichtentgaster Stahl muß – fast unabhängig von der Stahlsorte – nach dem Schmieden langsam abgekühlt werden, um den Wasserstoff nach außen diffundieren zu lassen, die Gefügespannungen zu minimieren und damit die Bildung von Flockenrissen zu vermeiden. Durch die langsame Abkühlung werden die Temperaturunterschiede im Schmiedestück und damit die Gefahren der Spanungsrißbildung verringert.

Bei *vakuumentgastem Stahl* besteht wegen des verringerten Wasserstoffgehalts im allgemeinen keine Flockengefahr. Hier ist lediglich darauf zu achten, daß sich keine Spanungsrisse ausbilden können. Bei einer Reihe von Stählen kann, wenn sie vakuumbehandelt sind, die Abkühlung bedenkenlos an Luft erfolgen. Unlegierte Stähle erfahren bei dieser Abkühlung eine Umwandlung in der Perlitstufe, höherlegierte Vergütungsstähle, besonders solche, die für schwere Schmiedestücke eingesetzt werden, wandeln dabei in Abhängigkeit vom Durchmesser überwiegend in der Bainitstufe um.

Es ist *wichtig*, bereits bei der ersten Abkühlung nach dem Schmieden eine *vollständige Umwandlung auch in den geseigerten Bereichen* des Schmiedestücks zu erreichen. *Übereutektoidische Stähle* müssen nach dem Schmieden durch schnelle

Abkühlung an Luft bis unter den Temperaturbereich der Perlitumwandlung abgekühlt werden. Dadurch werden Karbidausscheidungen auf den Korngrenzen, die den Stahl versprören und die bei der anschließenden Wärmebehandlung nicht mehr zu beseitigen sind, vermieden. In gleichem Sinn sind Stähle zu behandeln, bei denen sich bei langsamer Abkühlung andere schädliche Ausscheidungen ausbilden, die bei einer nachfolgenden Wärmebehandlung nicht mehr aufgelöst werden.

E 6.5 Fehlstellen

Grundsätzlich ist eine Prüfaussage über den inneren Zustand eines Schmiedestücks, d. h. über vorhandene oder nicht vorhandene Hohlräume, nichtmetallische Einschlüsse und Risse und deren Größe und Lage, zu einem möglichst frühen Zeitpunkt der Fertigung erwünscht. Eine große Zahl von Schmiedestücken ist für eine erste Information nach dem Erkalten von Schmiedetemperatur mit zu diesem Zeitpunkt ausreichender Fehlererkennbarkeit mit Ultraschall prüfbar. Bei einer kleineren Zahl von Schmiedestücken – das sind im besonderen schwere Schmiedestücke mit großen Querschnitten – ist es jedoch notwendig, zur Kornverfeinerung und damit zur Verringerung der Ultraschallschwächung eine oder mehrere Umwandlungsbehandlungen durchzuführen, um eine ausreichende Fehlererkennbarkeit zu erreichen, wie Bild E 6.2 [19] anhand von simulierend wärmebehandelten Proben zeigt. In Abhängigkeit von der Prüffrequenz und der Ultraschallschwächung sind bei geeigneter Oberflächenbearbeitung Fehlstellen mit einem Kreisscheibenreflektor von 1 mm Dmr. und kleiner nachweisbar. Zur Prüfung mit Ultraschall und zum Stand der Prüftechnik s. [20].

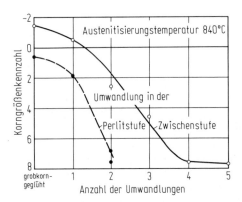

Bild E 6.2 Korngröße in Abhängigkeit von der Anzahl der Umwandlungen bei Stahl 26 NiCr-MoV 14 5 mit 0,22 bis 0,32 % C, $\leq$ 0,30 % Si, 0,15 bis 0,40 % Mn, $\leq$ 0,015 % P, $\leq$ 0,018 % S, 1,2 bis 1,8 % Cr, 0,25 bis 0,45 % Mo, 3,4 bis 4,0 % Ni, 0,05 bis 0,15 % V. Nach [19].

In großen Schmiedestücken sind Fehlstellen, z. B. nichtmetallische Einschlüsse, nicht grundsätzlich und nicht immer zu vermeiden. Für hochbeanspruchte Schmiedestücke, wie Wellen des Energiemaschinenbaus, sind deshalb die Zusammenhänge zwischen makroskopischen Fehlstellen und den Gebrauchseigenschaften – beispielsweise der (Bruch-)Zähigkeit, dem Wachsen von Fehlstellen unter zyklischer Beanspruchung, der Beeinflussung des Kriechwiderstands – Gegenstand intensiver Forschung.

E 7 Kaltumformung durch Walzen

Von Jürgen Lippert

E 7.1 Begriff und Zweck des Kaltwalzens

Als kaltgewalzt gelten nach EURONORM 79-82 alle Flacherzeugnisse, die ohne vorausgehende Erwärmung eine Querschnittsverminderung um mindestens 25% durch Kaltwalzen erfahren haben. Das Kaltwalzen erlaubt die Herstellung von dünneren Blechen und Bändern mit größerer Maßgenauigkeit, mit höherwertigen Oberflächen und durch eine entsprechende nachfolgende Glühbehandlung auch mit besseren Umformeigenschaften als es durch Warmwalzen möglich ist.

E 7.2 Verfahrensschritte beim Kaltwalzen

Welche *Anlagen* für die Herstellung der verschiedenen Gruppen kaltgewalzter Flacherzeugnisse üblicherweise verwendet werden, geht aus Bild E 7.1 a bis d hervor; ihr Einsatz hängt im einzelnen von den erforderlichen Umformkräften sowie von den spezifischen Qualitätsmerkmalen des jeweiligen Endprodukts ab. Die *Grundlagen des Kaltwalzens* sind u. a. in [1] ausführlich dargelegt.

Vor dem Kaltwalzen ist eine *Entzunderung* des Walzguts erforderlich. Sie erfolgt überwiegend in Säurebädern bei teilweise zusätzlicher mechanischer Behandlung.

Ferritische Stähle mit hohem Chromgehalt werden vor dem Kaltwalzen üblicherweise *weichgeglüht*.

Während Feinblech und Vormaterial für Weißblech sowie Elektroblech auf *Umkehrgerüsten* oder *Tandemstraßen* gewalzt wird, bevorzugt man wegen der höheren Walzkräfte und der besonders guten Beeinflußbarkeit des Bandprofils für rost- und säurebeständige Stähle *Mehrrollenwalzgerüste*, z. B. nach Bauart Sendzimir.

Der Walzvorgang und die verwendeten Hilfsstoffe (z. B. Walzemulsion) müssen ständig überwacht werden, um Ursachen für eventuelle Qualitätseinbrüche frühzeitig erkennen zu können. Dies gilt besonders für Abdrücke von den Walzen, Emulsionsflecken, hervorgerufen durch nicht restlos von der Kaltbandoberfläche entfernte Walzemulsionstropfen, aber auch für Dicken- und Planheitsabweichungen, die ihre Ursache in einer Veränderung der Konzentration und Reinheit der Walzemulsion bzw. des Walzöls haben können, so daß der eingestellte Walzdruck nicht mehr optimal ist.

Werden Kaltbänder nach dem Kaltwalzen in Haubenöfen rekristallisierend geglüht, ist neben der gewählten *Glühtemperatur und -dauer* auch das Kaltbandquerschnittsprofil im Zusammenwirken mit den aufgebrachten Bandzügen und Oberflächenstrukturen (Rauheit) von Bedeutung für das etwaige Auftreten von Klebern. Die günstigsten Verhältnisse müssen für jedes Kaltwalzwerk empirisch

---

Literatur zu E 7 siehe Seite 785.

700 E 7 Kaltumformung durch Walzen

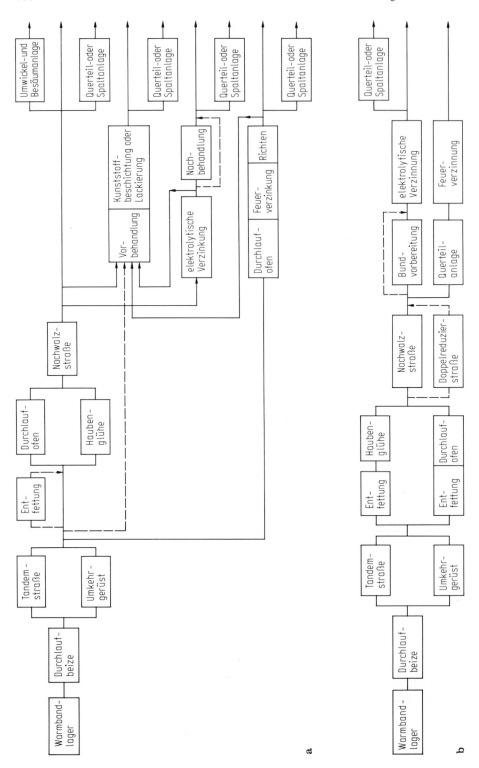

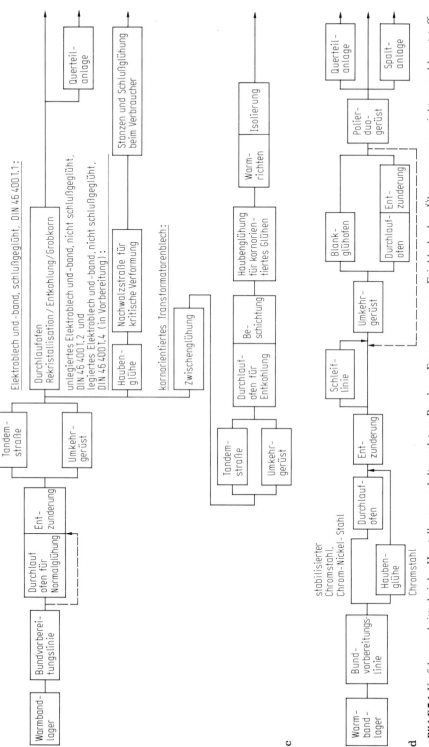

Bild E 7.1 Verfahrensschritte bei der Herstellung von kaltgewalztem Band zur Erzeugung: **a** von Feinblech ohne Überzug, von verzinktem und kunststoffbeschichtetem Blech; **b** von Weißblech; **c** von Elektroblech und -band; **d** von Band aus nichtrostendem Stahl.

ermittelt werden. Als Faustregel gilt, daß mit steigender Härte und Dicke der Kaltbänder die Gefahr der Kleberbildung abnimmt.

Von großem Einfluß auf die Maßgenauigkeit einschließlich der Planheit des fertigen Kaltbands ist die *Abstimmung von Walzemulsion bzw. -öl* auf die angewandten Walzkräfte und Bandzüge, die Größe und Qualitätszusammensetzung des Walzloses und auf die äußere Beschaffenheit des verwendeten Vormaterials (Warmband).

E 7.3 Einfluß der Arbeitsbedingungen beim Kaltwalzen auf die Eigenschaften

Der Wunsch der Verbraucher nach einem „idealen" Kaltband mit gleicher *Dicke* über Länge und Breite und sehr guter *Planheit* – auch bei der Weiterverarbeitung – kann grundsätzlich nie ganz erfüllt werden. Solange das als Vormaterial zum Kaltwalzen eingesetzte Warmband gewisse Dickenunterschiede über die Breite aufweist, die aus Gründen der Warmwalztechnik praktisch unvermeidbar sind, gilt es, zwischen den Wünschen nach Dickenkonstanz und Planheit einen Kompromiß zu schließen (s. auch Bild E 7.2). Entsprechende Festlegungen über zulässige Maß- und Formabweichungen sind in den einschlägigen Maßnormen festgelegt (z. B. für unlegiertes Feinblech in DIN 1541; für nichtrostende Stähle in DIN 59 382). Bei höherfesten Stählen sind größere Abweichungen von der Dicke und Ebenheit in Kauf zu nehmen.

Kaltgewalzte Stahlbänder können auch eine zunächst kaum wahrnehmbare *Feinwelligkeit quer zur Walzrichtung* aufweisen, die verschiedenen Ursprungs sein kann. Die häufigsten Ursachen sind Schwingungen in den Walzgerüsten beim Walzen, Schwingungen der elektrischen Antriebe und polygon geschliffene Arbeits- bzw. Stützwalzen. Diese Erscheinungen rühren wiederum von Schwingungen der Schleifvorrichtungen beim Überarbeiten der Walzen her.

Auch die innere Struktur des Walzguts und damit die *Gebrauchseigenschaften* der fertigen Kaltbänder können *durch den Kaltwalzprozeß* wesentlich *beeinflußt* werden. Mit wachsenden Stichabnahmen beim Walzen wird das Gefüge nach dem rekristallisierenden Glühen feiner, wie aus den verschiedenen Rekristallisationsschaubildern ersichtlich ist. Damit ist eine Festigkeitssteigerung verbunden. Bei den mit Aluminium beruhigten unlegierten Stahlsorten wird außerdem durch Texturbeeinflussung eine Erhöhung der *senkrechten Anisotropie* (*r*-Wert) bewirkt, welche einerseits die Tiefziehbarkeit des Materials begünstigt, andererseits aber zu erhöhter *Zipfelbildung* führen kann.

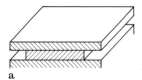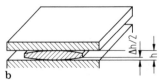

Bild E 7.2 Begriff der Planheit von gewalztem Band. Nach [2]. **a** ideale Planheit; **b** walztechnisch mögliche Planheit (Δh = Dickenabweichung).

E 7.4 Für Kaltband übliche Wärmebehandlungsarten

E 7.4.1 Allgemeine Angaben

Kaltgewalzte Bänder werden üblicherweise *rekristallisierend geglüht*, um die Kaltverfestigung abzubauen und damit die Umformbarkeit wieder herzustellen. Ausgenommen hiervon sind Bänder aus nichtrostendem Stahl, die einer *Lösungsglühung* unterzogen werden, Bänder zum Verzinken nach Sendzimir, für das verfahrensbedingt zur Vorbehandlung der Bandoberfläche eine Glühung bei Temperaturen über Ac_3 erfolgt und Bänder für die Herstellung von Elektroblech, bei denen die Glühung auch auf ein Entkohlen oder in Abhängigkeit von der chemischen Zusammensetzung der Stähle auf bestimmte Texturen hinzielt.

Beim *rekristallisierenden Glühen unter Schutzgas* [3] zur Vermeidung der Verzunderung besteht die Gefahr einer Entkohlung der Bänder, die jedoch durch ständige Überwachung und Regelung der Schutzgaszusammensetzung nahezu vollständig verhindert werden kann. Auch das Einbringen von Feuchtigkeit durch das Glühgut muß weitestgehend vermieden werden, da diese zu einer Erhöhung des Taupunkts im Glühofen führt, die unerwünschte Oberflächenbeläge nach sich ziehen kann. Zur Absenkung des Taupunkts wird deshalb z. B. bei Haubenöfen in der Anfangsphase einer Glühung ein teilweiser oder vollständiger Wechsel des Schutzgases vorgenommen.

Auch die *Abkühlung nach dem Glühen* muß überwacht werden. Zu frühes Öffnen der Schutzhaube führt zu Anlauffarben im Randbereich (Glühränder). Die gleiche Erscheinung kann jedoch auch auftreten, wenn die Glühsockel oder Schutzgasleitungen undicht sind, so daß Luft eintreten kann.

E 7.4.2 Glühen im Durchlaufofen

Wenn mit *Aluminium beruhigte Sondertiefziehsorten* unter wirtschaftlichen Bedingungen in Durchlauföfen geglüht werden sollen, sind eine Reihe von Sondermaßnahmen bei der chemischen Zusammensetzung und beim Warmwalzen erforderlich. Die Entwicklung hat hier noch keinen Abschluß gefunden.

Das *Vormaterial für Weißblech* wird vorwiegend in Durchlauföfen rekristallisierend geglüht, es bestehen jedoch keine wesentlichen qualitativen Einwände, hierfür auch Haubenöfen einzusetzen.

Rost- und säurebeständige Bänder müssen nach dem Kaltwalzen in Durchlauföfen rekristallisierend geglüht werden, da nach der Glühung eine schnelle Abkühlung (Abschreckung) erforderlich ist, um Karbidausscheidungen, die eine verminderte Korrosionsbeständigkeit verursachen, zu unterdrücken. Es wird dabei zwischen einem *Blankglühen unter Schutzgas* (Wasserstoff + Stickstoff) und einem *offenen Glühen* mit anschließendem Beizen unterschieden. Zur Vermeidung unerwünschter Auswirkungen auf Gefüge und Oberflächengüte der Bänder müssen die Glühbedingungen (Durchlaufgeschwindigkeit, Temperatur) der jeweiligen Banddicke möglichst genau angepaßt werden.

Das Glühen von *Elektroband* hat neben dem Abbau der durch das Walzen hervorgerufenen Kaltverfestigung auch für diese Gütegruppe spezifische Eigenschaften (z. B. Kornorientierung) zum Ziel. Man arbeitet deshalb sowohl mit Durchlauf- als auch mit Haubenöfen (Bild E 7.1).

Da bei der offenen Glühung sowohl eine ausreichende Entzunderung sicherzustellen ist als auch eine Überbeizung verhindert werden muß, ist eine beiden Anlagenteilen gerechte Durchlaufgeschwindigkeit zu wählen. Auch beim Durchlaufofen erfordert die Blankglühung niedrigste Taupunktwerte der Schutzgase zur Vermeidung von Anlauffarben.

E 7.4.3 Glühen im Haubenofen

Kaltbänder aus weichen, unlegierten Stählen sowie aus allgemeinen Baustählen werden überwiegend noch in Haubenöfen rekristallisierend geglüht. Über den Einfluß der Temperaturführung bei dieser Glühbehandlung auf Texturen und auf die mechanischen und technologischen Eigenschaften von Kaltband liegen zahlreiche Veröffentlichungen [4] vor. Die für Tiefziehvorgänge günstige Textur bei mit Aluminium beruhigten Stählen entsteht bevorzugt bei langsamerem Aufheizen (etwa $\leq 40\,°C/h$). Die Korngröße nimmt mit höheren Temperaturen und längeren Glühzeiten zu. Die obere Grenze für die Glühtemperatur wird bei Festbunden durch die zunehmende Neigung zur Kleberbildung und letztlich durch den A_1-Punkt gesetzt. Die oberhalb A_1 einsetzende Gefügeumwandlung sollte bei Kaltband für höhere Verformungsansprüche vermieden werden.

E 7.5 Nachwalzen

Das nach dem rekristallisierenden Glühen übliche Nachwalzen erfolgt im allgemeinen zur Glättung der Bänder, Beseitigung der Streckgrenzendehnung im Hinblick auf Fließfiguren beim Umformen des Kaltbands und zum Aufbringen einer bestimmten Oberflächenstruktur (Rauheit), wobei eine gewisse Erniedrigung des n-Werts in Kauf genommen wird (Bild E 7.3).

Beim Nachwalzen („Dressieren") von *unlegierten* und *mikrolegierten* Stählen, sowie unter gewissen Voraussetzungen auch von *ferritischen Chromstählen*, wird mit zunehmendem Nachwalzgrad die Streck- bzw. Dehngrenze zunächst er-

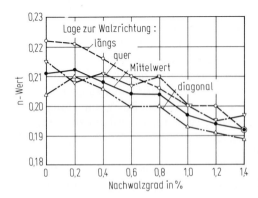

Bild E 7.3 Einfluß des Nachwalzgrads auf den Verfestigungsexponenten n von kaltgewalztem Feinblech aus mit Aluminium beruhigtem Stahl. Nach [5].

niedrigt, um nach Durchlaufen eines Tiefstwerts wieder anzusteigen. Gleichzeitig verschwindet der ausgeprägte Fließbereich. Diese Erscheinungen werden durch die Bildung neuer Versetzungen hervorgerufen, welche die Verformung zunächst erleichtern, bis mit zunehmendem Nachwalzgrad die Fließspannung infolge des Verfestigungsvorgangs wieder ansteigt. Beim *IF-Stahl* (s. C 8 und D 4) ist eine ausgeprägte Streckgrenze nicht vorhanden, weil hier die Kohlenstoff- und Stickstoffatome vollständig durch Niob oder Titan abgebunden sind. Bereits geringe Verformungsgrade führen somit zu einer stetigen Zunahme der Dehngrenzenwerte. Ähnlich verhält es sich bei den *austenitischen Chrom-Nickel-Stählen* (Bild E 7.4).

Bei den halbfertigen (nicht schlußgeglühten) *Elektrobandsorten* wird durch das Nachwalzen eine kritische Verformung aufgebracht, die bei der Schlußglühung zu einer besonderen Gefügeausbildung führt.

Für die Verwendung von *Kaltband zum Tiefziehen und Aufbringen von Oberflächenüberzügen* ist die *Oberflächenfeinstruktur* (Rauheit) von besonderer Bedeutung. Die bisher eingeführten Rauheitskennwerte (z. B. R_t, R_a und R_p) beschreiben nur die Tiefe der Oberflächenstruktur, keine dieser Größen vermag aber die gesamte Rauheitsstruktur einer Bandoberfläche zu kennzeichnen. Die Oberflächenfeinstruktur eines Kaltbands ist das Ergebnis einer Addition der Grundstruktur des Bands vom Kaltwalzen und der beim Nachwalzen aufgebrachten (abgedrückten) Struktur der Dressierwalzen. Daraus resultiert eine Vielzahl von Möglichkeiten für das Rauheitsprofil [6]. Das Ergebnis wird außerdem vom Verformungsgrad (Bild E 7.5), von der Banddicke, vom Walzendurchmesser, von der Nachwalzgeschwindigkeit und den Bandzügen beim Nachwalzen beeinflußt. Außerdem ist nicht zu verhindern, daß bei üblichen Walzlosgrößen die Bandrauheit durch Verschleiß der Walzenoberfläche im Verlauf einer Walzreise ständig abnimmt.

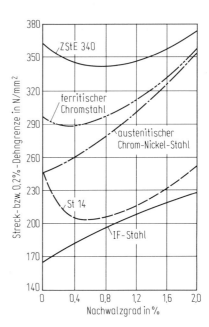

Bild E 7.4 Einfluß des Nachwalzgrads auf die Streck- bzw. 0,2 %-Dehngrenze. (Zu den Stählen s. D 4).

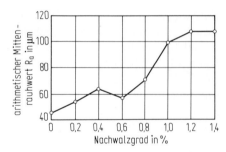

Bild E 7.5 Einfluß des Nachwalzgrads auf die Rauheit von kaltgewalztem Feinblech aus mit Aluminium beruhigtem Stahl. Nach [5].

Ähnlich wie beim Kaltwalzen wird auch beim Nachwalzen die Planheit durch den Anlieferungszustand des Bands, den Walzenschliff und die aufgebrachten Walzkräfte beeinflußt. Auch die Ursachen für eine etwaige Feinwelligkeit sind die gleichen wie beim Kaltwalzen.

Die Betrachtung der hier dargelegten Zusammenhänge macht deutlich, daß die für die Verwendung von z. B. unlegiertem Kaltband wichtigen Kenngrößen bzw. Eigenschaften, wie n-Wert, r-Wert, Dehngrenze, Oberflächenfeinstruktur (Rauheit) und Planheit, in gewisser Weise miteinander verknüpft sind und nicht beliebig unabhängig voneinander verändert werden können.

E 7.6 Zurichten für Ablieferung und Versand

Durch zusätzliche Maßnahmen beim Zurichten können bestimmte Eigenschaften – z. B. die Planheit – verbessert und durch Prüfungen die im Produktionsablauf unvermeidbaren Materialfehler ermittelt und weitestgehend ausgeschieden werden. Außerdem wird hier das Fertigerzeugnis im gewünschten Versandzustand bereitgestellt.

Beim Durchsatz an den Spalt-, Inspektions- und Scherenanlagen gilt es, Beschädigungen des Materials zu verhindern. Durch technologische und physikalisch-chemische Prüfverfahren wird sichergestellt, daß der Materialzustand den Kundenanforderungen entspricht. Von den Materialeigenschaften kann hier nur noch die Planheit durch Nachrichten beeinflußt werden.

Bei der Materialinspektion dürfen keine unzulässigen Oberflächenverletzungen aus Vorstufen übersehen werden. Die möglichen Fehler sind dabei sehr vielfältig [7].

Die Hauptmenge der erzeugten Kaltbänder oder der daraus geschnittenen Tafeln wird für den Versand mit einem Korrosionsschutzöl versehen.

E 8 Wärmebehandlung

Von Hans Vöge

Von Qualitäts- und Edelstählen werden Verarbeitungs- und Verwendungseigenschaften gefordert, die in vielen Fällen nur durch eine gesonderte Wärmebehandlung nach dem Walzen oder Schmieden zu erreichen sind. Je nach Stahlsorte (Kohlenstoff- und Legierungsgehalt) ist die Wärmebehandlung anzuwenden, die zu dem für den jeweiligen Verwendungszweck – z. B. spanabhebende Bearbeitung, Kaltumformung – geeigneten Gefüge und Festigkeitsbereich führt. Dementsprechend sind folgende *Lieferzustände für Erzeugnisse der Eisenhütten- und Walzstahlwerke* vorgesehen [1]:
- unbehandelt (U),
- spannungsarmgeglüht (S),
- weichgeglüht (G),
- geglüht auf kugelige Karbide (GKZ),
- normalgeglüht (N),
- normalisierend umgeformt (N),
- thermomechanisch umgeformt (TM),
- wärmebehandelt auf Ferrit-Perlit-Gefüge (BG),
- behandelt auf Scherbarkeit (C),
- wärmebehandelt auf bestimmte Zugfestigkeit (BF),
- wärmebehandelt auf verbesserte Bearbeitbarkeit (B),
- vergütet (V),
- abgeschreckt,
- gehärtet und angelassen (H + A),
- warm-kalt-verfestigt und ausgelagert (WK + AL),
- lösungsgeglüht (L),
- ausgehärtet (AH).

Die Wärmebehandlung und ihr Einfluß auf das Gefüge und die Stahleigenschaften sind in den vorhergehenden Teilen dieses Buches ausführlich beschrieben. An dieser Stelle werden deshalb nur beispielhaft gewisse Nebenwirkungen aufgezeigt, z. B. Ungleichmäßigkeiten im Gefüge und in den Eigenschaften, Verzunderung (s. auch E 5.2.2) oder Randentkohlung (s. auch E 5.2.3), die einige der betrieblichen Wärmebehandlungen zur Folge haben können. Zum ausführlichen Studium der Auswirkungen der betrieblichen Wärmebehandlung auf die Stahlerzeugnisse sei auf das Schrifttum verwiesen [2, 3]. Angaben zur Wärmebehandlung, besonders zur Auswirkung des *Spannungsarmglühens, Normalglühens* sowie des *Luft- und Wasservergütens* auf die Eigenschaften von *Flach- und Profilerzeugnissen aus normalfesten und hochfesten Baustählen* findet man in D 2.

Beim *Weichglühen* (s. auch C 4), durchgeführt bei Temperaturen um A_1, mit anschließendem langsamen Abkühlen soll ein für den jeweiligen Verarbeitungszweck hinreichend weicher Zustand erzielt werden. Durch *Glühen auf kugelige*

Literatur zu E 8 siehe Seite 785.

Karbide (s. auch D 5, D 6, D 29), ebenfalls wenig unter- oder oberhalb A_1, mit anschließender definierter Abkühlung soll ein Gefügezustand erreicht werden, mit dem eine Umformung – vor allem bei Raumtemperatur – leichter durchführbar ist, d. h. es soll die Fließspannung (Formänderungsfestigkeit) verringert und das Formänderungsvermögen, soweit wie möglich, gesteigert werden. Hierzu ist ein Gefüge erforderlich, das möglichst weitgehend aus dem duktilen Ferrit besteht, in dem die harten Bestandteile kugelig eingelagert sind, so daß sie an der Verformung nur wenig beteiligt werden.

Die für eine weitere Verarbeitung notwendigen Festigkeitseigenschaften erfordern eine um so sorgfältigere Glühung, je höher der Kohlenstoff- und der Legierungsgehalt der Stähle ist. Bei z. B. den übereutektoidischen Wälzlagerstählen mit rd. 1,0 % C und 1,5 % Cr wird dieses Ziel durch eine Glühung nach Connert [4] erreicht. Dabei wird die Forderung nach äußerst genauer Einstellung der Glühbedingungen für das gesamte Fertigungslos nur in Durchlauföfen erfüllt. Eine möglichst weitgehende Einformung der Karbide erfordert oft so lange Glühzeiten, daß die dabei entstehende Verzunderung und Entkohlung beachtet werden muß. Die Glühung von Drähten aus Wälzlagerstahl, bei denen die Randzone nicht durch spanabhebende Bearbeitung entfernt wird, erfolgt deshalb unter Schutzgasen.

Das *Normalglühen* (s. auch C 4) hat den Sinn, das Gefüge zu verfeinern und möglichst weitgehend zu vergleichmäßigen. Zur Beseitigung von Unregelmäßigkeiten im Gefüge ist eine Erwärmung auf Temperaturen oberhalb A_3 mit anschließender γ→α-Umwandlung erforderlich. Die gleiche Wirkung wird auch durch das *normalisierende Umformen* (s. auch D 2.4.2) erreicht, bei dem die Endumformung im Bereich der Normalglühtemperatur mit vollständiger Rekristallisation des Austenits erfolgt. Das Abkühlen von Austenitisierungstemperatur geschieht üblicherweise außerhalb des Wärmebehandlungsofens an Luft, so daß je nach Abmessung und chemischer Zusammensetzung des Wärmebehandlungsguts nicht nur ein ferritisch-perlitisches, sondern auch ein ferritisch-bainitisches bis martensitisches Gefüge entstehen kann. Zur Vermeidung von grobem Sekundärkorn sollte beim Austenitisieren untereutektoidischer Stähle die obere Umwandlungstemperatur nicht mehr als 30 bis 50 °C überschritten werden.

Das Austenitkornwachstum wird bei Feinkornstählen mit abgestimmten Gehalten, z. B. an Aluminium, durch kornwachstumshemmende Teilchen, wie Aluminiumnitride, behindert. Örtliches Kornwachstum kann aber auch bei genauer Einhaltung der Normalglühbedingungen gelegentlich auftreten, wenn die Aluminiumnitride aufgrund der Vorgeschichte des Fertigloses, z. B. wegen ungünstiger Warmumformbedingungen, in einer für die Kornwachstumshemmung unwirksamen Menge und Größe vorliegen.

Einsatzstähle werden zur Verbesserung der spanabhebenden Bearbeitbarkeit üblicherweise *wärmebehandelt auf Ferrit-Perlit-Gefüge* (s. auch D 6), indem der Austenitisierung eine isothermische Umwandlung im Bereich der kürzesten Umwandlungsdauer in der Perlitstufe folgt. Bei Stählen, die mit Molybdän und Nickel legiert sind, kann diese Wärmebehandlung zu starker Zeiligkeit führen, die die spanabhebende Bearbeitbarkeit bei Zerspanung parallel zu den Gefügezeilen nachteilig beeinflußt. Die Gefügezeilen als Folge der Kristallseigerung bei der Erstarrung der Rohblöcke lassen sich meistens auch durch eine aufwendige Homogenisierungsglühung auf wirtschaftlich vertretbare Art nicht beseitigen [5]. Der Zeiligkeit ist z. B. dadurch zu begegnen, daß man die Ferrit-Perlit-Umwandlung auf Kosten der Bainitbildung nicht vollständig durchführt und den Stahl anschließend anläßt oder aber, indem man die Austenitisierung bei so hohen Temperaturen durchführt, daß Grobkornbildung eintritt.

Alle Wärmebehandlungen, die eine Austenitisierung voraussetzen, führen zu mehr oder weniger starker Verzunderung und Entkohlung, so daß anschließend eine Entzunderung durch Sandstrahlen und zur Entfernung der Entkohlung eine spanabhebende Bearbeitung notwendig werden kann. Die Wärmebehandlung von Knüppeln und Stabstahl unter Schutzgas kann nur in Ausnahmefällen durchgeführt werden, weil der Bau entsprechender Wärmebehandlungseinrichtungen im Durchlauf sehr aufwendig ist.

Noch höhere Wärmebehandlungstemperaturen, die z. B. bei der Homogenisierungsglühung zum Ausgleich von Konzentrationsunterschieden oder in geringem Umfang für eine Grobkornglühung (z. B. bei 950 bis 1000 °C) angewandt werden, bewirken eine so starke Verzunderung, daß dadurch eine beträchtliche Dickenverminderung und damit u. U. eine Maßabweichung in Kauf genommen werden muß, sofern nicht ohnehin eine spanabhebende Bearbeitung durch Schälen oder Schleifen vorgegeben ist.

Stähle, die für die Weiterverarbeitung (z. B. Zerspanung, Kaltumformung, Kaltscheren) in einer definierten Festigkeitsspanne anfallen – *behandelt auf Scherbarkeit* (s. z. B. D 30) oder *wärmebehandelt auf bestimmte Zugfestigkeit* (s. auch D 30) – werden bei Temperaturen von etwa 500 bis 700 °C angelassen, bei denen noch keine Probleme durch Entkohlung und Verzunderung entstehen. Gleiches gilt für das *Spannungsarmglühen* (s. auch C 4, C 5), das dem Abbau von inneren Spannungen dient, die z. B. durch ungleichmäßige Erwärmung, Formänderung oder Abkühlung, beim Richten, Zerspanen und Kaltumformen entstanden sein können. Das Spannungsarmglühen wird bei Temperaturen durchgeführt, die keine Beeinträchtigung der Eigenschaftswerte zur Folge haben dürfen.

Vergüten (s. auch C 4, D 5), besonders bei Stahlsorten für den Fahrzeug- und Maschinenbau, wird nach der Warmformgebung in stationären Öfen oder in Durchlauföfen schon vor der Bearbeitung zum Fertigbauteil durchgeführt, wenn der vergütete Zustand eine wirtschaftliche Weiterverarbeitung zuläßt. Wesentliche Hinweise für den Austenitisierungszustand und die zu erwartende Korngröße des Austenits können den Zeit-Temperatur-Austenitisierungsschaubildern entnommen werden (s. B 9). Bei vorgegebener Abkühlung und den vorliegenden Werkstückabmessungen sind die zu erwartenden Gefügeausbildungen im Rand und Kern, unter Berücksichtigung der Austenitisierungsbedingungen, den Zeit-Temperatur-Umwandlungsschaubildern (s. ebenfalls B 9) zu entnehmen.

Eine ausreichende Durchvergütung – die Wahl der richtigen Stahlzusammensetzung vorausgesetzt – erfordert eine gleichmäßige Austenitisierung vor dem Abschrecken, die weder bei zu hohen noch bei zu niedrigen Temperaturen erfolgen darf [6]. Eine zu hohe Härtetemperatur („Überhitzen") oder eine zu lange Erwärmungszeit im Austenitbereich („Überzeiten") führt zur Bildung groben Austenitkorns und nach dem Abschrecken zu grobem Martensit, der besonders spröde ist und beim Härten zur Rißbildung neigt. Zu niedrige Härtetemperaturen können unter Umständen nicht zur vollständigen Umwandlung zum Austenit oder zum vollständigen Auflösen der Karbide ausreichen und deshalb zu ungleichmäßiger

Härteabnahme (Weichfleckigkeit) führen. Ähnliche Erscheinungen entstehen durch unvollständige Härtung infolge schlechter Wärmeableitung beim Abschrekken, bedingt durch Zunderreste oder Dampfblasenbildung an dem zu härtenden Werkstück.

Bei der *Abschreckung* zum Härten ist die Wahl des Härtemittels und ein möglichst gleichmäßiges Abkühlen (starke Bewegung im Härtemittel) entscheidend. Zu schroff wirkende Härtemittel und ungleichmäßige Abkühlung führen zu erhöhtem Verzug und zu Rißgefahr. Zur Vermeidung von Spannungsrissen muß außerdem die Oberfläche des zu härtenden Werkstücks weitgehend fehlerfrei sein.

Die Härterißempfindlichkeit eines Stahls hängt im wesentlichen von seiner chemischen Zusammensetzung ab; dabei kommt dem Kohlenstoff neben den anderen, die *Härtbarkeit* begünstigenden Elementen, die wichtigste Bedeutung zu. Das Schrifttum bietet eine Reihe von Formeln zur Berechnung der Härtbarkeit an, über die sich die Härterißempfindlichkeit abschätzen läßt [2, 7, 8].

Bei der Wärmung in oxidierender Atmosphäre muß, wie für die übrigen Wärmebehandlungen bei Temperaturen über A_1, eine Entkohlung der Randzone in Kauf genommen werden, die zu einer verminderten Festigkeit in der Randzone des Walzguts führt.

Die Zusammensetzung des Stahls muß auch bei der Festlegung der Bedingungen für die Abkühlung nach dem *Anlassen* berücksichtigt werden. Durch Mangan, Chrom und Nickel wird ohne Zusatz von Molybdän oder Wolfram die Anlaßsprödigkeit begünstigt, d. h., daß solche Stähle eine schlechte Zähigkeit aufweisen, wenn sie nach dem Anlassen zu langsam abkühlen; sie müssen deshalb in Wasser, mindestens aber in Öl oder Luft abgekühlt werden [2]. Der für die Versprödung gefährlichste Temperaturbereich liegt zwischen 450 und 550 °C, so daß eine Anlaßbehandlung zwischen diesen Temperaturen ebenfalls vermieden werden sollte.

Die Wärmebehandlung der austenitischen Chrom-Nickel- und Chrom-Nickel-Molybdän-Stähle besteht in einem *Lösungs- oder Rekristallisationsglühen*. Es ist bei der Behandlung unstabilisierter Sorten unbedingt darauf zu achten, daß in Abhängigkeit vom Kohlenstoffgehalt die Temperaturen außerhalb der Kornzerfallbereiche liegen [9]. Zur Verhinderung der Ausscheidungsvorgänge, die zur interkristallinen Korrosion führen, ist ein möglichst schroffes Abschrecken erforderlich, wobei Verzug nicht immer völlig vermieden werden kann (s. auch D 12).

Einflüsse der Wärmebehandlung von kaltgewalzten Blechen werden in D 4 beschrieben.

E 9 Qualitätssicherung bei der Herstellung von Hüttenwerkserzeugnissen

Von Walter Rohde, Richard Dawirs, Friedrich Helck und Karl-Josef Kremer

E 9.1 Begriff der Qualitätssicherung

In den vorausgegangenen Abschnitten sind die vielfältigen Möglichkeiten zur Beeinflussung der Eigenschaften von Hüttenwerkserzeugnissen dargestellt worden. Die Kenntnis der Zusammenhänge versetzt den Hersteller in den Stand, unter Berücksichtigung der ihm zur Verfügung stehenden Einrichtungen die Arbeitsschritte vorzugeben, die zu einem Erzeugnis mit der geforderten Qualität führen.

Die *Gesamtheit aller Maßnahmen*, die zur Sicherung der Qualität eines Erzeugnisses unter Berücksichtigung wirtschaftlicher Gegebenheiten aufgewandt werden, bezeichnet man als *Qualitätssicherung*. Ihre organisatorische Verwirklichung führt zum *Qualitätssicherungssystem*. (Die hier benutzten Begriffe und Definitionen zur Qualitätssicherung folgen weitgehend DIN 55350, Teil 11: „Begriffe der Qualitätssicherung und Statistik").

In diesem Abschnitt werden Maßnahmen zur Qualitätssicherung, beginnend bei den Einsatzstoffen für die Erschmelzung des Stahls bis zur Ablieferung des bestellten Hüttenwerkserzeugnisses, behandelt [1-8], wobei die Qualitätsplanung, die Qualitätsprüfung und die Qualitätslenkung im Vordergrund stehen. Auf Fragen im Zusammenhang mit
- dem Nachweis der qualitativen Beschaffenheit,
- der Dokumentation qualitätssichernder Maßnahmen,
- dem Aufbau von Qualitätssicherungssystemen,
- der Qualitätsrevision,
- der Qualifizierung von Mitarbeitern,
- der Qualitätsförderung

wird nur soweit eingegangen, wie dies zur Erläuterung erforderlich erscheint; darüber hinaus wird auf das Schrifttum verwiesen [9-11].

E 9.2 Maßnahmen zur Qualitätssicherung

E 9.2.1 Qualitätsplanung

Die Qualitätssicherung beginnt mit der Qualitätsplanung (Bild E 9.1). Ihr fällt die Aufgabe zu,
- die einzustellenden Erzeugniseigenschaften zu definieren (Qualitätsziel),
- die zur Einstellung der geforderten Qualität notwendigen Fertigungsparameter vorzugeben,
- die qualitätssichernden Maßnahmen festzulegen,

Literatur zu E 9 siehe Seite 785, 786.

- die geforderten Nachweise über die qualitative Erzeugnisbeschaffenheit und die Durchführung qualitätssichernder Maßnahmen (Dokumentation) festzuschreiben.

Der Umfang der Qualitätsplanung, der im allgemeinen von Mitarbeitern des Qualitätswesens festgelegt wird, ergibt sich aus den Vereinbarungen mit dem Besteller; er sollte die Risiken berücksichtigen, die mit der Herstellung des Erzeugnisses und seinem Einsatz verbunden sein können.

Voraussetzungen für die objektive Beurteilung der Qualität eines Erzeugnisses sind die möglichst zahlenmäßig meßbaren *Qualitätsmerkmale* und die Vereinbarung von Grenzwerten. Beides ist im allgemeinen in den einer Bestellung zugrunde liegenden technischen Lieferbedingungen vorgegeben. Sollten die dort genannten Werkstoff- und Maßnormen keine ausreichenden Regelungen enthalten, empfiehlt es sich, die einzustellenden Qualitätsmerkmale und ihre Grenzwerte für den Lieferzustand zwischen dem Besteller und dem Hersteller zu vereinbaren. Zu beachten ist, daß die meisten Erzeugnisse der Hüttenwerke bei der Weiterverarbeitung durch Warm- und Kaltumformen, Schweißen und gegebenenfalls zusätzliches Wärmebehandeln Änderungen ihrer Eigenschaften erfahren. Die Werte der Qualitätsmerkmale der Stahlerzeugnisse im Lieferzustand können sich deshalb von denjenigen der Bauteile unterscheiden. Falls ausreichende Erfahrungen nicht vorliegen, empfiehlt sich ein Verarbeitungsvorlauf beim Besteller, um das Ausmaß möglicher Eigenschaftsänderungen abschätzen zu können.

E 9.2.2 Qualitätsprüfung

Unter dem Begriff Qualitätsprüfung werden alle Prüf- und Kontrollvorgänge zusammengefaßt, mit denen die Beschaffenheit der Erzeugnisse festgestellt wird.

Fertigungsbegleitende Prüfungen geben Aufschluß darüber, ob die angewendeten Fertigungsmaßnahmen zum erwarteten Erfolg geführt haben. Sie sollen möglichst frühzeitig Abweichungen von den vorgegebenen Qualitätszielen aufzeigen und eine sichere und kurzfristige Entscheidung über die Weiterführung der Fertigung ermöglichen. Weiter dienen ihre Ergebnisse zur Optimierung der Fertigung. Mit

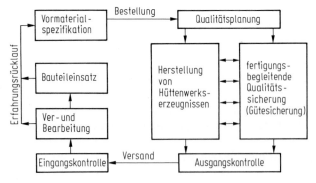

Bild E 9.1 Regelkreis der Qualitätssicherung bei der Herstellung und Verarbeitung von Hüttenwerkserzeugnissen.

Prüfungen an den Enderzeugnissen kann eine Aussage darüber gewonnen werden, ob die vorgegebenen Qualitätsmerkmale erreicht worden sind.

Ein Schwerpunkt der Qualitätsprüfung ist die Entnahme und Untersuchung von Proben nach vorgegebenen Erprobungsplänen, die auf das Erzeugnis und seinen Fertigungsgang abgestimmt sind.

Bei der Erschmelzung und Nachbehandlung des flüssigen Stahls sowie beim Vergießen und gegebenenfalls beim Umschmelzen gibt die Entnahme von Proben aus der Schmelze die nahezu einzige Möglichkeit, über die qualitative Beschaffenheit Aussagen zu erhalten. Vielfach müssen die Prüfungen an den entnommenen Proben außerhalb der Fertigungsbetriebe in entsprechend ausgestatteten Prüfstellen vorgenommen werden. Probenahme, Transport der Probenabschnitte, Herstellung der Proben und Durchführung der Prüfungen sind zeitaufwendig. Wenn die Prüfergebnisse zur Ableitung fertigungsbezogener Entscheidungen notwendig sind, ist ein im allgemeinen unerwünschtes Anhalten des Fertigungsflusses häufig nicht vermeidbar.

Die Entwicklung der Prüftechnik hat für die Stahlherstellung, vor allem aber für die Weiterverarbeitung, zu verfahrenstechnischen Lösungen geführt, mit denen eine ausreichend kurzfristige Feststellung der Eigenschaften und damit eine rasche Entscheidung für den Fortgang der Fertigung möglich ist.

E 9.2.3 Qualitätslenkung

Durch Zuordnung der Ergebnisse der Qualitätsprüfung zu den angewandten Fertigungsbedingungen gewinnt der Hersteller die Grundlagen für wirtschaftliche Qualitätsplanung und wirkungsvolle Qualitätslenkung.

Die Erkenntnis, daß bei dieser Zuordnung die *Anwendung statistischer Auswertungsverfahren* einen beachtlichen Beitrag zur Steigerung der Wirtschaftlichkeit in der industriellen Fertigung zu leisten vermag, ist in Deutschland im Jahre 1922 von Karl Daeves vorgetragen worden [12]. Seine Überlegungen haben sich in der Folgezeit für die Arbeit auf dem Gebiet der Qualitätssicherung in den Hüttenwerken als sehr fruchtbar erwiesen. Heute sind statistische Auswertungsverfahren für die Aufgaben der Qualitätssicherung unverzichtbar [13-20].

In der Regel wird bei der statistischen Aufbereitung von Meßergebnissen die Gaußsche Normalverteilung angewendet. Kommt die hierbei zugrunde gelegte Modellvorstellung den tatsächlich vorliegenden Verhältnissen nahe, ergeben die in das Wahrscheinlichkeitsnetz für Normalverteilung eingetragenen Meßergebnisse schon bei verhältnismäßig geringer Anzahl in guter Näherung eine *Summenhäufigkeitsgerade* (Bild E 9.2). Anhand einer solchen Geraden lassen sich leicht Grenzwerte abschätzen, die mit ausreichend geringer Wahrscheinlichkeit unter- oder überschritten werden. Zu den zugehörigen Vertrauensbereichen vgl. [16].

Ergeben die in das Wahrscheinlichkeitsnetz für Normalverteilung eingetragenen Meßergebnisse keine Gerade, so kann dies darauf beruhen, daß die Meßergebnisse aus einem nicht homogen zusammengesetzten Wertekollektiv (Mischverteilung) stammen, für das z.B. unterschiedliche Erzeugungs- oder Prüfbedingungen vorgelegen haben.

Vielfach ergeben die Summenhäufigkeiten im Wahrscheinlichkeitsnetz aber auch dann keine Gerade, wenn die Meßergebnisse aus einem homogen zusammen-

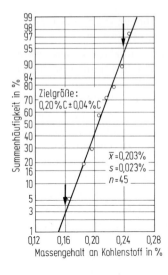

Bild E 9.2 Summenhäufigkeit der Kohlenstoffgehalte in 45 Schmelzen der Stahlsorte 21 Mn 4 mit 0,16 bis 0,24 % C, 0,10 bis 0,25 % Si, 0,80 bis 1,1 % Mn, ≦ 0,040 % P, ≦ 0,040 % S.

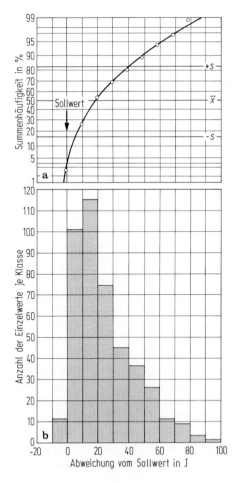

Bild E 9.3 Summenhäufigkeit der Abweichungen vom Sollwert für die Werte der Kerbschlagarbeit (ISO-V-Proben) bei -60 °C für einen Feinkornbaustahl. **a** Summenhäufigkeitskurve für die Meßwerte; **b** Häufigkeitsverteilung der Meßwerte in Klassen von jeweils 10 J.

gesetzten Wertekollektiv stammen. Die Abweichungen sind mitunter groß und schnell feststellbar (Bild E 9.3). In anderen Fällen ist die gesicherte Feststellung von Abweichungen erst möglich, wenn eine große Anzahl von Prüfwerten vorliegt (Bild E 9.4). Als Ursachen für derartige verhältnismäßig häufig beobachtete Abweichungen von einer Normalverteilung sind vor allem zu nennen:
1. Die Gesamtstreuung enthält Anteile, die nicht einer Zufallsverteilung folgen, sondern durch bewußte Zuordnung und Steuerung der Fertigung verursacht werden.
2. Das angewendete Fertigungsverfahren führt hinsichtlich des zu überprüfenden Merkmals auf einen verfahrenseigenen Grenzwert (Bild E 9.5).
3. Zwischen der Zielgröße und den Einflußgrößen bestehen nichtlineare Zusammenhänge.

Die zuletzt genannte Ursache soll am Beispiel der Streckgrenze unlegierter Stähle erläutert werden. Die Streckgrenze unlegierter Stähle ist u. a. sowohl vom Kohlenstoffgehalt als auch von der Abkühlungsgeschwindigkeit im Temperaturbereich der $\gamma \rightarrow \alpha$-Umwandlung abhängig.

Kohlenstoff erhöht die Streckgrenze unlegierter Stähle. Mit zunehmendem Gehalt läßt die Wirkung jedoch nach. Unterstellt man, daß der Kohlenstoffgehalt in einer Großzahl von Schmelzen bei sonst gleicher chemischer Zusammensetzung normalverteilt vorliegt (Bild E 9.6a), so ergibt sich aus dem nichtlinearen Zusammenhang zwischen Streckgrenze und Kohlenstoffgehalt entsprechend Bild E 9.6b eine Häufigkeitsverteilung für die Streckgrenzenwerte nach Bild E 9.6c. Die Sum-

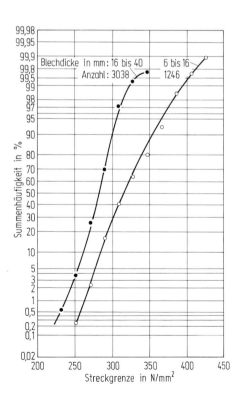

Bild E 9.4 Summenhäufigkeitskurven für die Werte der Streckgrenze für den Stahl St 37-3 in zwei Dickenbereichen.

menhäufigkeitskurve (Bild E 9.6d) nimmt dann einen von der Normalverteilung nach unten abweichenden Verlauf (rechtssteil) ein.

Je größer die Abkühlungsgeschwindigkeit ist, um so größer sind unter sonst gleichen Bedingungen die Werte der Streckgrenze. Bei abnehmendem Verhältnis von Oberfläche zu Volumen wird die Abkühlungsgeschwindigkeit kleiner. Wenn dieses Verhältnis nur von der Erzeugnisdicke abhängt, so ergibt sich eine Verringerung der Abkühlungsgeschwindigkeit und damit der Streckgrenze bei zunehmender Erzeugnisdicke. Unterstellt man, daß die Erzeugnisdicke über einen bestimmten

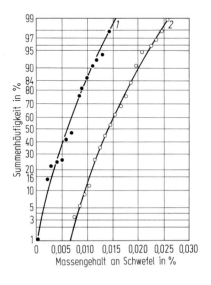

Bild E 9.5 Summenhäufigkeitskurven für die Werte des Schwefelgehalts in Feinkornbaustählen (nach DIN 17 102). Einfluß des Herstellungsverfahrens auf die Verteilung der gemessenen Werte. *1* = Stähle der kaltzähen Sonderreihe mit ≦ 0,015 % S; *2* = Stähle der kaltzähen Reihe mit ≦ 0,025 % S.

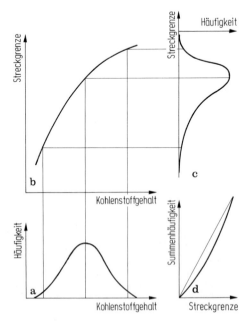

Bild E 9.6 Abhängigkeit der Streckgrenze vom Kohlenstoffgehalt (schematisch). **a** Häufigkeitsverteilung des Kohlenstoffgehalts; **b** Zusammenhang zwischen Kohlenstoffgehalt und Streckgrenze; **c** Häufigkeitsverteilung der Streckgrenzenwerte; **d** Summenhäufigkeit der Streckgrenzenwerte.

Dickenbereich normalverteilt vorliegt (Bild E 9.7a), so folgt aus dem nichtlinearen Zusammenhang zwischen Streckgrenze und Erzeugnisdicke gemäß Bild E 9.7b die in Bild E 9.7c dargestellte Häufigkeitsverteilung der Streckgrenzenwerte. Die Summenhäufigkeitskurve (Bild E 9.7d) nimmt dann einen von der Normalverteilung nach oben abweichenden Verlauf (linkssteil) ein.

Die sich im Einzelfall tatsächlich ergebende Verteilungsform hängt davon ab, welche der beiden wirksamen Einflußgrößen (Kohlenstoffgehalt oder Erzeugnisdicke bzw. Abkühlungsgeschwindigkeit) das Auswertungsergebnis stärker beeinflußt.

Bei kleinen Erzeugnisdicken wird im allgemeinen der Einfluß der Abkühlungsgeschwindigkeit stärker wirksam als derjenige des Kohlenstoffgehalts, so daß man für ein Kollektiv, in dem der Kohlenstoffgehalt und die Erzeugnisdicke normalverteilt vorliegen, eine linkssteile Summenhäufigkeitskurve für die Werte der Streckgrenze erhält. Bei größeren Erzeugnisdicken überwiegt der Einfluß des Kohlenstoffgehalts und es ergibt sich demgemäß in der Regel eine rechtssteile Summenhäufigkeitskurve für die Streckgrenze.

Die aufgeführten Beispiele sollen zeigen, daß *mathematisch definierte Modellverteilungen* bei statistischen Auswertungen als *Hilfsmittel* dienen. Ihre zur Vereinfachung der Auswertungen meist vorausgesetzte strenge Gültigkeit ist im Anwendungsfall nur selten eindeutig gegeben. Verzichtet man auf mathematisch definierte Modellverteilungen, wird die Auswertung zwar erschwert, man gelangt aber zu einer vorurteilsfreien Betrachtung der Meßwertverteilung und bei Berücksichtigung der metallurgischen und metallkundlichen Zusammenhänge zu zuverlässigeren Schlußfolgerungen.

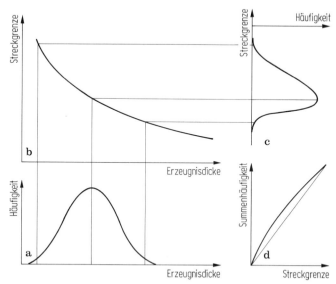

Bild E 9.7 Abhängigkeit der Streckgrenze von der Erzeugnisdicke bei Auswertungen über größere Dickenbereiche (schematisch). **a** Häufigkeitsverteilung der Erzeugungsdicke; **b** Zusammenhang zwischen Erzeugungsdicke und Streckgrenze; **c** Häufigkeitsverteilung der Streckgrenzwerte; **d** Summenhäufigkeit der Streckgrenzenwerte.

Will man auf der Grundlage einer statistischen Auswertung wirklichkeitsnahe zulässige Grenzwerte festlegen, so sollte man der im jeweiligen Einzelfall als kennzeichnend erkannten Meßwertverteilung (Bild E 9.3) im allgemeinen den Vorrang vor der Modellverteilung geben, auch wenn der statistische Anpassungstest mathematisch zufriedenstellend ausfällt.

Moderne Datenverarbeitung ermöglicht heute eine wirksame statistische Verknüpfung von Ergebnissen der Qualitätsprüfung mit zugehörigen Fertigungsparametern [21]. Hierdurch lassen sich quantitativ die Zusammenhänge zwischen Fertigungsbedingungen und Erzeugniseigenschaften ableiten, Schwachstellen aufspüren sowie die Fertigung und die Erzeugnisse nach qualitativen und wirtschaftlichen Gesichtspunkten optimieren. Die Treffsicherheit bei der Herstellung von Stahlerzeugnissen, d. h. die Einstellung der verlangten Qualitätsmerkmale innerhalb vorgegebener Streubänder, kann hierdurch wesentlich unterstützt werden. Die bei der Datenverarbeitung gewonnenen Vorinformationen erhöhen die Aussagekraft der Prüfungen der Erzeugnisse im Endzustand [22, 23].

Bei Einhaltung der als richtig erkannten Fertigungsbedingungen und angemessener Qualitätslenkung zum Ausgleich zufälliger Abweichungen ist zu erwarten, daß die vorgegebenen Qualitätsmerkmale der Erzeugnisse mit größtmöglicher Sicherheit erreicht werden. Die Prüfung der Erzeugnisse im Endzustand dient dann im wesentlichen der Bestätigung dieser Erwartung.

E 9.3 Qualitätssicherung bei der Herstellung des Rohstahls

Beim Erschmelzen und Vergießen des Rohstahls sind die Grundeigenschaften so einzustellen, daß bei der nachfolgenden Weiterverarbeitung die angestrebten Erzeugniseigenschaften treffsicher erreicht werden können [24]. Dies bedeutet in erster Linie
- die Einstellung der vorgegebenen Spannen in der chemischen Zusammensetzung,
- die kontrollierte Aus- und Abscheidung von nichtmetallischen Phasen,
- die Herstellung eines möglichst gleichmäßigen, seigerungsarmen Erstarrungsgefüges,
- die Vermeidung von Innen- und Oberflächenfehlern, soweit sie vom Erschmelzen, Vergießen und Erstarren abhängen.

Aus dem Blickwinkel der Qualitätssicherung sind hierzu der Auswahl der Einsatzstoffe, der Stahlnachbehandlung sowie dem Vergießen und – bei besonderen Ansprüchen an das Erstarrungsgefüge und den Reinheitsgrad – dem Umschmelzen besondere Aufmerksamkeit zuzuwenden.

Für die Ermittlung der Eigenschaften von *Einsatzstoffen* und *Schmelzen* sowie zur Steuerung der metallurgischen Prozesse ist heute eine umfassende Meß- und Erprobungstechnik verfügbar [24]. Nach wie vor sind für die Umwandlung der Rohstoffe in Stähle gewünschter chemischer Zusammensetzung die Ergebnisse der Erprobung maßgebend. Die eingeführten Verfahren der Probenahme sowie zur Vorbereitung der Probe und ihrer Untersuchung sind im Schrifttum ausführlich beschrieben [25].

Bei der *Nachbehandlung des flüssigen Stahls* sind neben der Schnellanalytik zur

Ermittlung der chemischen Zusammensetzung [26, 27] und der Temperaturmessung die elektrochemische Messung des Sauerstoffpotentials der Schmelze [28] und die rechnergeführte Legierungszugabe zu nennen.

Eine genaue Steuerung des Sauerstoffpotentials der Schmelze ist maßgebend für die Einstellung der Gehalte an sauerstoffaffinen Legierungselementen. Sie ist auch entscheidend für die gesteuerte Bildung sowie die Aus- und Abscheidung der oxidischen und sulfidischen Einschlüsse.

Die *Legierungsrechnung* verfolgt den Zweck, die chemische Zusammensetzung innerhalb der vorgegebenen Spannen bei Berücksichtigung der jeweiligen Abbrandverhältnisse einzustellen. Soweit zuverlässige Regressionsgleichungen für den Zusammenhang zwischen der chemischen Zusammensetzung und den Stahleigenschaften bestehen, kann – ausgehend von der jeweiligen Schmelzenanalyse – eine Sollanalyse errechnet werden, mit der die verlangten Stahleigenschaften erreicht werden. Diese Möglichkeit wird z. B. bei der Herstellung von Einsatz- und Vergütungsstählen genutzt, bei denen die Zielgröße „Härtbarkeit" als ein Maß für die Wärmebehandelbarkeit in die Legierungsrechnung eingeführt worden ist.

Bei den verschiedenen Gießverfahren richten sich die Gießbedingungen nach dem Erstarrungsverhalten der zu vergießenden Stähle sowie nach der Art und den Abmessungen des zu fertigenden Erzeugnisses und nach den Anforderungen an das Erzeugnis. Anzustreben ist:
- die durch den Erstarrungsvorgang bedingten Inhomogenitäten des Erstarrungsgefüges (vor allem der Seigerungen) so gering wie möglich zu halten,
- die Bildung von Lunkern, Kernungänzen und anderen Innenfehlern zu vermeiden,
- eine gleichmäßige Verteilung nichtmetallischer Einschlüsse zu erreichen,
- eine fehlerarme Gießhaut zu erzeugen.

Beim *Standgießen* (s. E 3.2) ist besonders auf die Einhaltung der Vorgaben für die Gießtemperatur und die Gießgeschwindigkeit, die Blockkopfbehandlung sowie die Abkühlung der abgegossenen Blöcke oder Brammen zu achten. Eine Prüfung muß sich in der Regel auf eine Sichtkontrolle beschränken, bei der grobe Oberflächenfehler erkannt und die Kopf- und Fußausbildung beurteilt werden können. Ein Nacharbeiten durch Abtrennen und die Beseitigung von Oberflächenfehlern mittels Flämmen, Schleifen oder spanender Bearbeitung ist möglich, jedoch aufwendig und mit Ausbringensverlusten verbunden. Daher muß durch sorgfältige Vorbereitung des Gießsystems und strikte Beachtung der Gießvorschriften für einen der verlangten Stahlsorte angemessenen Qualitätsstandard gesorgt werden.

Beim *Stranggießen* (s. E 3.3) ist neben der Einhaltung der vorgegebenen Gießtemperatur und Gießgeschwindigkeit besonders auf die Vermeidung von Reoxidation, auf die Badspiegelschwankung, die Gießpulverzugabe, die Kühlung in der Kokille, die Strangkühlung, gegebenenfalls die elektromagnetische Rührbehandlung, die Strangführung und auf das Schopfen der Anfangs- und Endstücke zu achten. Durch den Einsatz moderner Rechnertechnik lassen sich wesentliche qualitätsbeeinflussende Gießparameter für jeden Strang lückenlos verfolgen und für die Qualitätslenkung nutzen.

Ein wesentlicher Haltepunkt ist die *Rohstahlbeurteilung* (Bild E 9.8) für eine Freigabe des Rohstahls zur Weiterverarbeitung (Warmumformung). Sie stützt sich auf die Ergebnisse von Erprobungen und Kontrollen sowie auf eine Beurteilung der

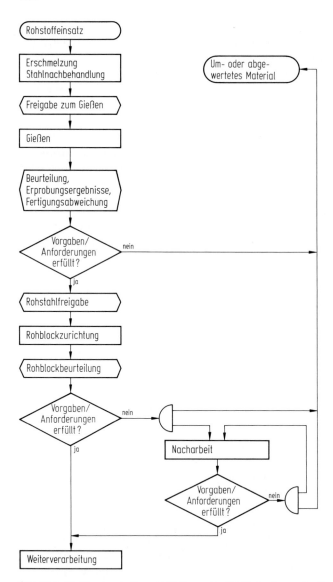

Bild E 9.8 Fertigungsschritte und Haltepunkte für Maßnahmen der Qualitätssicherung bei der Erzeugung von Rohstahl.

Abweichungen in den für die Qualität maßgebenden Prozeßparametern. Derartige Unregelmäßigkeiten können zusätzliche qualitätssichernde Maßnahmen auslösen, z. B. die Fertigung eines Vorlaufs oder zusätzliche Prüfungen am Zwischen- oder Enderzeugnis.

E 9.4 Qualitätssicherung bei der Umformung des Rohstahls

Durch eine Reihe von Warmumformungen (s. E 5 und E 6) und Kaltumformungen (s. E 7) sowie gegebenenfalls zusätzlichen Wärmebehandlungen entsteht aus den gegossenen Roherzeugnissen wie Rohblöcken oder Rohbrammen das bestellte Liefererzeugnis. Die wesentlichen Fertigungsstrecken der Hüttenwerke führen zu den Erzeugnisformen Halbzeug, Flacherzeugnis, Profilerzeugnis und Freiformschmiedestück. Der Schwerpunkt der Qualitätslenkung liegt bei der Vorgabe und Verfolgung der für die Qualität maßgebenden Parameter. Ihnen kommt für die Einstellung der Erzeugniseigenschaften eine zentrale Bedeutung zu.

Die zur Steuerung der Fertigung unerläßliche Ermittlung von Eigenschaftsmerkmalen wie
- Gefügeausbildung,
- makroskopischer und mikroskopischer Reinheitsgrad,
- Randentkohlung,
- Härtbarkeit,
- mechanische und technologische Eigenschaften,
- chemische und physikalische Eigenschaften

erfolgt auch heute noch weitgehend durch Erprobung [29, 30].

Die Probenahme sollte den Fertigungsablauf nicht aufhalten, was technisch nicht immer in befriedigender Weise möglich ist. Dies bietet besondere Anreize zur Entwicklung zerstörungsfreier Verfahren, mit denen die Beschaffenheit und die Eigenschaften von Erzeugnissen unmittelbar im Fertigungsfluß festgestellt werden können. Derartige Verfahren werden heute für die Feststellung der Form- und Maßhaltigkeit sowie der äußeren und inneren Beschaffenheit eingesetzt [31, 32]. In vielen Fällen können die festgestellten Ergebnisse unmittelbar für eine automatische Sortierung nach vorgegebenen Auswahlkriterien genutzt werden.

Eine wichtige Aufgabe der Qualitätssicherung besteht darin, die *Werkstoffidentität* über den gesamten Fertigungsfluß hinweg zu wahren und dadurch Werkstoffverwechslungen zu vermeiden. Hierzu bedarf es sowohl organisatorischer als auch prüftechnischer Maßnahmen. Zu den ersteren zählt ein Informationssystem, mit dem sichergestellt wird, daß die wesentlichen Erkennungsdaten eines Erzeugnisses, z. B. die Stückzahl eines Fertigungsloses oder die kennzeichnende Abmessung, den Werdegang des Erzeugnisses in geeigneter Weise, etwa durch mitlaufende Karten (z. B. Rohrpost) oder Fernmeldeeinrichtungen, begleiten und damit eine eindeutige Identifizierung in jeder Fertigungsstufe ermöglichen. Äußerst wichtig ist eine ausreichende Kennzeichnung der Erzeugnisse. Die versandfertige Lieferung kann auf folgende Art gekennzeichnet werden [33]:
- Warm-, Kalt- oder Farbstempelung,
- Farbmarkierungen,

- witterungsfeste Etiketten, die an Bunden angebracht werden und in der Regel über die Werkstoffbezeichnung hinaus weitere Zuordnungskriterien, wie die Auftragsnummer, die Positionsnummer oder die Bestellnummer enthalten.

Bei unmittelbarem Nachweis der Werkstoffidentität für jede abzuliefernde Einheit, wie z. B. bei Blech und Band aus legierten warmfesten Stählen nach DIN 17155, wird jedes Einzelstück auf mögliche Werkstoffverwechslungen geprüft und gekennzeichnet, gegebenenfalls sogar hinsichtlich seiner ursprünglichen Lage im Block oder Strang. Im Rahmen der betrieblichen Identitätsprüfung leisten schnell und einfach durchzuführende halbquantitative Prüfverfahren, wie die Schleiffunkenprüfung [34] und spektroskopische oder elektromagnetische Verfahren, gute Dienste. Darüber hinaus sind bewegliche Betriebsspektrometer verfügbar, die über eine Ermittlung der chemischen Zusammensetzung die Werkstoffidentifizierung sicherer gestalten [35].

Für zwei wesentliche Erzeugnisgruppen – Stabstahl und Grobblech – sollen im folgenden beispielhaft die dem jeweiligen Fertigungsablauf angepaßten Maßnahmen der Qualitätssicherung beschrieben werden.

E 9.5 Qualitätssicherung bei der Herstellung von Stabstahl

Als Beispiel für die Qualitätssicherung bei Profilerzeugnissen [4] sind in Bild E 9.9 die entsprechenden Maßnahmen bei der Herstellung von Stabstahl dargestellt.

Nach der Freigabe des Rohstahls zur Weiterverarbeitung erfolgt die Zuteilung zum Walzen. Hierbei müssen die auf die Stahlsorte sowie den Einsatz und den Endquerschnitt abgestimmten Wärm- und Umformbedingungen laufend überwacht werden. Durch Steuerung der Endwalztemperatur und der Abkühlung der Stäbe aus der Walzhitze ist eine gleichmäßige Gefügeausbildung über die Walzaderlänge und das Walzlos hinweg anzustreben.

Da mit zunehmendem Stabdurchmesser die Möglichkeit für die Einstellung gewünschter Gefügeausbildungen unmittelbar aus der Walzhitze abnimmt, wird häufig eine nachfolgende Wärmebehandlung erforderlich, deren Bedingungen sorgfältig zu kontrollieren sind.

Die Einhaltung der zulässigen Grenzen für Form- und Maßabweichungen ist während der Walzung laufend zu überwachen. Ferner ist auf Walzfehler (z. B. Risse oder Schalen) zu achten. Hierfür sind zerstörungsfreie Verfahren verfügbar, die eine Prüfung der heißen Walzader ermöglichen.

Die Erprobung des Walz- oder Wärmebehandlungszustands stellt einen Haltepunkt der Fertigung dar, der mit einer Freigabe für die Zurichtung abschließt. An dieser Stelle werden üblicherweise alle Proben genommen, die für die Feststellung der bereits einleitend genannten Eigenschaftsmerkmale, wie
- Gefügeausbildung,
- makroskopischer und mikroskopischer Reinheitsgrad,
- Randentkohlung,
- Härtbarkeit,
- mechanische und technologische Eigenschaften,
- chemische und physikalische Eigenschaften
notwendig sind.

Qualitätssicherung bei der Stabstahlfertigung

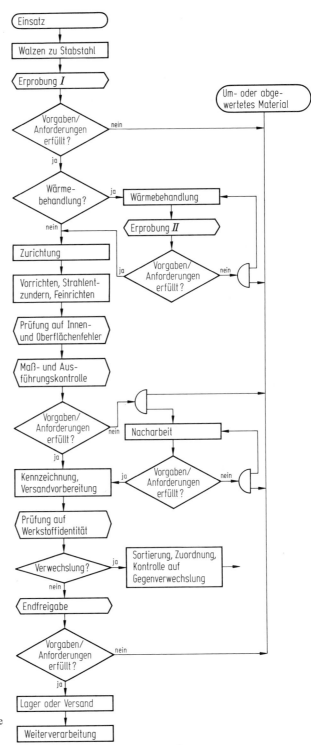

Bild E 9.9 Fertigungs- und Prüffolge bei der Herstellung von Stabstahl.

Das bei entsprechenden Anforderungen erforderliche Zurichten des Stabstahls erfolgt meist in Fertigungslinien. Nach dem Vorrichten, Strahlentzundern und Feinrichten wird im Durchlauf eine Prüfung auf Innen- und Oberflächenfehler sowie eine Längenkontrolle nach vorgegebenen Sortiermaßstäben vorgenommen. Die Sortierung der fehlerhaften Stäbe sowie die Markierung der aufgedeckten Innen- und Oberflächenfehler mittels Farbspritzung erfolgen automatisch bei hohen Durchsatzgeschwindigkeiten. Die fehlerhaften Stäbe laufen in eine Nacharbeitsstation.

Die Innenfehlerprüfung erfolgt mittels automatischer Ultraschallprüfung, bei der die prüfmäßige Erfassung eines möglichst großen Volumenanteils anzustreben ist. Die Prüfung auf Oberflächenfehler wird heute meistens mit einem elektromagnetischen Sondenverfahren vorgenommen, bei dem die Fehlersignalgewinnung über umlaufende Sonden erfolgt. Die mit derartigen Prüfverfahren aufdeckbare kleinste Fehlertiefe hängt von der Oberflächenbeschaffenheit und dem durch sie bedingten Signaluntergrund ab.

Bei besonderen Anforderungen an die Fehlerarmut der Oberfläche sowie die Form- und Maßhaltigkeit kann ein Bearbeiten des Stabstahls durch Schälen oder Schleifen mit entsprechendem Materialabtrag notwendig sein. In diesem Fall besteht der Fertigungsweg nach dem Walzen und Wärmebehandeln des Stabstahls aus den Schritten Richten, Schälen (oder Schleifen), Prüfen auf Innen- oder Oberflächenfehler sowie Kontrolle auf Form- und Maßhaltigkeit (s. auch Tabelle E 5.1).

Sowohl bei nur entzundertem als auch bei bearbeitetem Stabstahl wird im Rahmen der betrieblichen Endkontrolle die Erzeugnisausführung und die Kennzeichnung geprüft. Die letzte qualitätssichernde Maßnahme vor der Endfreigabe ist üblicherweise eine Kontrolle auf Werkstoffidentität.

Die *Endfreigabe* schließt eine Prüfung der Ergebnisse aller durchgeführten Kontrollen ein. Entspricht ein Fertigungslos der Spezifikation, kann es zum Versand freigegeben werden. Sofern bei der Bestellung vorgeschrieben, folgt der werkseigenen Endfreigabe die Abnahmeprüfung durch einen Beauftragten des Bestellers oder eine unabhängige Überwachungsorganisation. Diese Abnahmeprüfung kann je nach Lieferbedingung eine zusätzliche Erprobung auf vorgegebene Qualitätsmerkmale sowie besondere Prüf- und Kontrollmaßnahmen umfassen.

Abnahmeprüfungen sind daher nicht mehr ausschließlich Bestandteil der Qualitätssicherung des Herstellers, sondern stellen vielmehr *eine in das Herstellerwerk verlagerte Eingangsprüfung des Kunden* dar. Zur Bestätigung der vorgenommenen Prüfungen kommen die in DIN 50049 genannten Bescheinigungen über Materialprüfungen in Betracht. Hierbei sind die Bedingungen zu beachten, die in der genannten DIN-Norm als Voraussetzungen für die Ausstellung der *Prüfbescheinigungen* festgelegt sind. Die Art der auszustellenden Bescheinigung ist bei der Bestellung zu vereinbaren.

E 9.6 Qualitätssicherung bei der Herstellung von Grobblech

Als Beispiel für die Qualitätssicherung bei Flacherzeugnissen gibt Bild E 9.10 die qualitätssichernden Maßnahmen für die Fertigung von Grobblech wieder [5]. Die in den nachfolgenden Erläuterungen eingeklammerten Zahlen beziehen sich auf die in dem Bild genannten Schritte der Auftragsabwicklung.

Qualitätssicherung bei der Grobblechherstellung

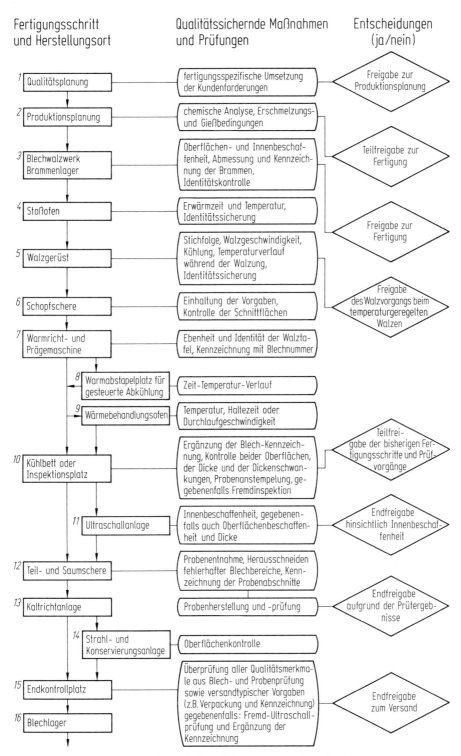

Bild E 9.10 Fertigungs- und Prüffolge bei der Herstellung von Grobblech.

Vor Beginn der Fertigung muß, wie bei allen Erzeugnissen, ein technisch eindeutiger und vollständiger Auftrag vorliegen, dessen Durchführbarkeit von der Qualitätsplanung *(1)* überprüft wurde. Unter Beachtung der Lieferbedingungen werden dann von der Produktionsplanung *(2)* der Fertigungsweg, der Lieferzustand, die zulässigen Spannen der chemischen Zusammensetzung und der Prüffolgeplan festgelegt. Die anschließend dem Stahlwerk aufgegebene Vormaterialbestellung muß in der jeweils notwendigen Detaillierung den Teil der zuvor genannten Festlegungen enthalten, der für die Vormaterialerzeugung notwendig ist.

Da die Walzoberfläche von Grobblech in den meisten Fällen ganz oder teilweise mit der Oberfläche der daraus hergestellten Fertigteile des Verbrauchers identisch ist, sind die Ansprüche an die Oberflächenbeschaffenheit zumeist hoch. Die Beseitigung von Oberflächenfehlern ist um so kostengünstiger und erfolgreicher durchzuführen, je früher die Fehler entdeckt werden. Zumindest visuelle Kontrollen erfolgen daher bereits bei der Vormaterialerzeugung nach fast jedem Fertigungsschritt und gehören auch auf dem Brammenlager *(3)* zu den Grundlagen des Freigabeentscheids für die Fertigung.

Mit der Erwärmung des Vormaterials im Stoßofen *(4)* geht die Kennzeichnung verloren. In der Zeitspanne von Stoßofeneinsatz bis nach Abschluß des Walzvorgangs muß die Identität des Werkstoffs daher im Rahmen einer sorgfältigen Materialflußkontrolle gesichert werden.

Grobbleche werden beim Verarbeiter meist geschweißt und häufig nur spannungsarmgeglüht. Dies bedeutet für den Grobblechhersteller, daß die Einstellung bestimmter Werte der mechanischen Eigenschaften in der Regel Bestandteil der Lieferverpflichtung ist und diese Sollwerte mit einer für die Schweißeignung besonders günstigen chemischen Zusammensetzung erzielt werden müssen. In modernen Grobblechwalzwerken besteht die Möglichkeit, bestimmte Eigenschaftswerte durch temperaturgeregeltes Walzen *(5)* und eine nachfolgende geregelte Abkühlung einzustellen. Macht man davon Gebrauch, erfordert dies eine umfassende und besonders intensive Überwachung dieses Fertigungsschritts.

Die Walztafel wird im allgemeinen nach Durchgang durch die Schopfschere *(6)* warmgerichtet und mit einer Nummer versehen *(7)*, die sich aus den Daten der Materialflußkontrolle ergibt. Gegebenenfalls folgt eine gesteuerte Abkühlung *(8)*.

Eine Wärmebehandlung *(9)* wird durchgeführt, wenn sie aufgrund der Vorinformationen zur Einstellung der gewünschten Qualitätsmerkmale erforderlich ist oder in der Liefervereinbarung zwingend vereinbart wurde.

Auf dem Kühlbett *(10)* beginnt die eigentliche Produktkontrolle. Zum Auffinden von Innenfehlern werden im Grobblechwalzwerk bevorzugt nach dem Impuls-Echo-Verfahren arbeitende Ultraschallanlagen *(11)* eingesetzt. Diese Anlagen können jedoch auch für den Nachweis von Oberflächenfehlern und zur Überprüfung der Erzeugnisdicke benutzt werden [36].

An der Teil- und Saumschere *(12)* werden die zur Ermittlung der mechanischen Eigenschaften erforderlichen Probenabschnitte entnommen. Da Probenbearbeitung und Prüfung nicht zugleich mit der Fertigung ablaufen, wird die Fertigung ohne Kenntnis der Prüfergebnisse zu Ende geführt.

Mit dem Richtvorgang *(13)* und gegebenenfalls einer nachfolgenden Oberflächenbehandlung *(14)* ist der Herstellungsvorgang abgeschlossen.

Die erzeugten Grobbleche werden nach der Endkontrolle *(15)* und der Fertigstellung zum Versand dem Blechlager *(16)* zugeführt.

Die *Versandfreigabe* erfolgt nach Abschluß der vorgesehenen Prüfungen (s. Fertigungsschritt *12*) und Gutbefund der Ergebnisse. Je nach Verwendungszweck der Bleche können die erforderlichen Prüfungen sehr unterschiedlich sein. Bei Grobblech aus unlegierten oder niedriglegierten Stählen sind vor allem die mechanischen und technologischen Eigenschaften von Bedeutung. Ein nennenswerter Anteil der Grobbleche wird in Anlagen verarbeitet, für die sicherheitstechnische Anforderungen bestehen. Die Prüfhäufigkeit ist in solchen Fällen entsprechend hoch.

Mit der Freigabe zum Versand sind die auf das Erzeugnis bezogenen qualitätssichernden Maßnahmen abgeschlossen. Die während der Fertigung angefallenen Daten werden zusätzlich für die Qualitätslenkung von Folgeaufträgen genutzt.

Ausblick

Im Vorwort zu dieser „Werkstoffkunde STAHL" wurde auf den Zusammenhang mit dem „Handbuch der Sonderstahlkunde" von E. Houdremont hingewiesen. Es liegt daher nahe, in diesem Ausblick an die Schlußbemerkung in der 3. Auflage des „Houdremont" anzuschließen. Damals wurde ausgeführt, daß es zwar gelungen sei, die metallkundlichen Kenntnisse erheblich auszuweiten und ihre Bedeutung gegenüber der reinen Empirie zu steigern, daß aber weiterhin die Aufgabe bestehe, das Wissen über die Grundlagen der Stahleigenschaften zu vertiefen, um gezielte Weiterentwicklung betreiben zu können.
Betrachtet man unter diesem Gesichtspunkt das vorliegende Werk, so darf man schon aus der Tatsache, daß der erste Band fast vollständig den grundlegenden Zusammenhängen gewidmet ist und auch der zweite Band in seiner Darstellung weitgehend an sie anschließt, folgern, daß man auf dem von Houdremont beschriebenen Weg konsequent weitergegangen ist. Dabei ist letzten Endes das Ziel gesetzt, bei gegebenen – erhöhten oder auch neuartigen – Anforderungen einen Stahl mit entsprechenden Eigenschaften von den Grundlagen her, d. h. zunächst ohne Experimente, zumindest annäherungsweise beschreiben zu können, und zwar als erste Stufe der Entwicklung (material design). Bewußt wird hier von einer ersten Stufe gesprochen, da man auch bei konsequenter Anwendung der Kenntnisse über die metallkundlichen Zusammenhänge bei der Stahlentwicklung nicht auf Empirie und Experiment verzichten können wird, sondern immer an eine gegenseitige Ergänzung, an eine Einbettung des Experiments in Theorie und Rechnung denken muß. Eine ausschließlich vom Schreibtisch aus vorgenommene Stahlentwicklung wird es also kaum geben, zumal da die Anforderungen immer vielfältiger werden. Auf das Gewinnen und das Auswerten von Erfahrungen wird man daher auch zukünftig nicht verzichten können, es wird aber möglich werden, beides rationeller vorzunehmen.
Deutlicher als früher wird im vorliegenden Werk herausgestellt, daß die Eigenschaften allein vom Gefüge abhängen, das wiederum durch die chemische Zusammensetzung und durch die Wärmebehandlung – gegebenenfalls gekoppelt mit einer mechanischen Umformung – eingestellt wird. Dementsprechend werden zukünftige Weiterentwicklungen der Stähle wesentlich auf immer weiter verfeinerten Kenntnissen des Gefügeaufbaus basieren. Dabei ist zu beachten, daß bei Herausstellung des Gefüges als für die Stahleigenschaften allein maßgebende Einflußgröße nicht nur an das mikroskopische Gefüge im herkömmlichen Sinn gedacht werden darf, sondern die sehr weite, in B 5.1 gegebene Begriffsbestimmung herangezogen werden muß, nach der das Gefüge letzten Endes als Beschreibung der Ortslagen der Atome in einer Probe und ihrer chemischen Natur zu verstehen ist. Die Beschreibung eines Gefüges in solchen Feinheiten stellt sich als wesentliche Aufgabe der *Untersuchungstechnik* im Rahmen zukünftiger Stahlentwicklung. In der jüngeren Vergangenheit wurde in dieser Richtung durch die Einführung der elektronenoptischen Beobachtungs- und Analysenverfahren große Fortschritte erzielt und damit die Stahlentwicklung gefördert. Durch die fortschreitenden Verfeinerungen dieser Methoden und auch durch die Entwicklung neuer Verfahren,

wie das der Feldionen-Mikroskopie, ist es nunmehr möglich, Gefügebereiche bis in die atomaren Dimensionen zu untersuchen. Dies gilt z. B. für die chemische Analyse und Kristallstrukturbestimmung von Phasen- oder Korngrenzengebieten. Die dabei erhaltenen Ergebnisse erhellen die Zusammenhänge zwischen Behandlung, Gefüge und Eigenschaften, so daß das große Erfahrungswissen immer besser geordnet und verstanden werden kann.

Mit ähnlicher Wirkung werden in Zukunft die immer weiter entwickelten Verfahren der elektronischen Datenverarbeitung (EDV) eingesetzt und wirksam werden, z. B. bei der Verarbeitung anfallender Meß- und Beobachtungsdaten und bei der Entwicklung und Prüfung rationalisierender Modellvorstellungen. Die EDV-Verfahren werden bei der Stahlweiterentwicklung Hilfe in einem Umfang leisten, der aufgrund rein menschlicher Arbeitsfähigkeiten nie möglich sein würde. Als Beispiele seien die Texturanalyse mit Hilfe dreidimensionaler Orientierungsverteilungs-Funktionen und die automatisierte, quantitative Metallographie genannt. Auch die thermodynamische Behandlung von Mehrstoffsystemen ist in diesem Zusammenhang anzuführen ebenso wie die Analyse von Eigenspannungsverteilungen.

Weiterentwicklung und Einsatz solcher Untersuchungsverfahren, besonders zur Kennzeichnung des Gefüges in atomaren Bereichen, sind wichtige Voraussetzungen dafür, daß weitere Fortschritte bei den *Stahleigenschaften* erzielt werden. Bei den mechanischen Eigenschaften, der wichtigsten Eigenschaftsgruppe, werden auch in Zukunft für manche Verwendungszwecke noch weiter erhöhte Festigkeiten bei guter Zähigkeit gefordert werden. In vielen Fällen werden aber die Anforderungen an die Zähigkeit so hoch sein, daß sich dadurch Grenzen für die Festigkeit ergeben. Die Grundprinzipien zur Lösung der in diesem Zusammenhang entstehenden Aufgaben sind bekannt; Feinheiten, die zu weiteren Fortschritten führen können, bedürfen aber noch der Klärung. Dazu sei z. B. auf die Vorgänge im atomaren Bereich zur Beeinflussung der mikroskopischen Spaltbruchspannung hingewiesen. Hier ist auch die Werkstoffermüdung zu erwähnen; die atomaren Vorgänge müssen noch weitergehend erforscht werden. Auch beim Verfestigungsverhalten sind Lücken im Grundlagenwissen zu füllen, wie überhaupt allgemein eine Ausweitung der Kenntnisse über die Änderung der Eigenschaften von Stahl durch seine Weiterverarbeitung, z. B. durch Kaltumformung, nötig ist. Das Langzeit-Warmfestigkeitsverhalten von Stahl hängt wesentlich von der Art der vorhandenen Karbide, vor allem von ihrer Stabilität gegenüber Vergröberungseinflüssen ab. Weiterentwicklungen auf diesem Gebiet erfordern deshalb eine Vertiefung der Kenntnisse über die ablaufenden Vorgänge, wodurch auch die Grundlagen für eine Verbesserung der Lebensdauer-Voraussage bei Bauteilen unter Langzeitbeanspruchung bei höheren Temperaturen geschaffen würden. Auch zur Deutung des Einflusses geringer Legierungszusätze auf den Widerstand von Stahl gegen Rosten sind die Kenntnisse über die Abläufe im atomaren Bereich noch lückenhaft. Das gilt in ähnlicher Weise für die Empfindlichkeit der Stähle gegen Spannungsrißkorrosion. Als weiteres Beispiel für eine Eigenschaft von Stahl, deren Abhängigkeit vom Gefüge und von der chemischen Zusammensetzung noch weitgehend ungeklärt ist, sei das Verhalten gegenüber Neutronenstrahlen genannt.

Diese wenigen Beispiele sollen erläutern, wie durch Klärung metallkundlicher Fragen möglicherweise weitere Eigenschaftsverbesserungen erreicht werden können.

Bei den dazu vielleicht notwendigen Maßnahmen, deren praktische Durchführbarkeit naturgemäß jeweils eine besondere Problematik bedeuten kann, muß die thermomechanische Behandlung erwähnt werden; ihre Grundprinzipien sind seit Jahren bekannt, ihre Anwendung ist bisher aber auf wenige Stahlarten beschränkt. Die bei ihnen erhaltenen Ergebnisse legen für die Zukunft eine weitergehende Beschäftigung mit dieser Behandlungsart nahe.

Bei den Hinweisen auf künftige Entwicklungen ist aber nicht nur an die Eigenschaften als solche, sondern auch an ihre Gleichmäßigkeit innerhalb eines Erzeugnisses zu denken. Das führt u. a. zu der Aufgabenstellung, die Seigerungen möglichst gering zu halten, also entsprechend in den Erstarrungsvorgang, auch in mikroskopischen Bereichen, einzugreifen. Dazu müssen die beim direkten Gießen von Band, beim Formschmelzen und beim Sprühgießen sowie auch bei der Herstellung metallischer Gläser gewonnenen Erfahrungen herangezogen und die entsprechenden Erkenntnisse ausgeweitet werden.

Bei der Weiterentwicklung der Stähle ist es aber nicht ausreichend, nur an die Gebrauchseigenschaften in ihrer Abhängigkeit vom Gefüge (in der oben gekennzeichneten weitergehenden Definition) zu denken. Die Stellung des Stahls als auf vielen Gebieten der Technik unersetzlicher Werkstoff kann weiter ausgebaut werden, wenn sich der Werkstoffkundler damit befaßt, in noch größerem Umfang als bisher Systemlösungen anzubieten. Dabei ist besonders an die Verarbeitungseigenschaften zu denken, die in Zukunft noch ausführlicher und genauer als nach dem gegenwärtigen Stand gekennzeichnet werden müßten. Ferner ist im Hinblick auf die Stahlentwicklung eine noch bessere Verknüpfung des Wissens der Konstrukteure über die Beanspruchung der Werkstoffe im Bauteil mit den Kenntnissen der Werkstoffkundler über die Stahleigenschaften anzustreben. Dies ist z. B. für den Einsatz von Stahl im Hochbau, im allgemeinen Maschinenbau und im Anlagenbau mit Hilfe der Bruchmechanik möglich. So werden Fortschritte bei der Werkstoffentwicklung im Hinblick auf die mechanischen Eigenschaften vor allem auch von der konsequenten Anwendung der Gesetze der Mechanik auf das Werkstoffverhalten im Bauteil abhängig sein.

Als weitere Komponente der Stahlentwicklung ist der Erfahrungsaustausch zwischen den Stahlverbrauchern und den Stahlherstellern zu nennen; eine noch stärkere Rückkopplung der Erkenntnisse über das Verhalten der Stähle im betrieblichen Einsatz sollte daher zukünftig angestrebt werden.

Im ganzen gesehen kann nach dem gegenwärtigen Stand gesagt werden, daß es in Fortführung der Gedanken von E. Houdremont weiterhin notwendig ist, die Kenntnisse über die metallkundlichen Grundlagen auszuweiten und zu vertiefen, um Fortschritte auf dem Werkstoffgebiet zu erreichen mit dem Ziel, den stets neuen Anforderungen an die Stahleigenschaften zu entsprechen. Nur dadurch kann die vorherrschende Stellung des Stahls mit der großen Vielfalt und Variationsmöglichkeit seiner Gebrauchseigenschaften gehalten und ausgebaut werden.

Zusammenstellung wiederholt verwendeter Kurzzeichen

In diesem Buch werden i. allg. die Kurzzeichen dort, wo sie genannt werden, jeweils im Zusammenhang mit dem Text erläutert. Darüber hinaus werden geläufige Symbole in der folgenden Zusammenstellung gesondert erfaßt.

Lateinische Buchstaben

A	Austenit
A	Bruchdehnung
	(für eine Meßlänge von $L_0 = 5{,}65\sqrt{S_0}$ oder von $L_0 = 5\,d_0$ im Zugversuch)
A	abgeschreckt (Wärmebehandlungszustand)
A	angelassen (Wärmebehandlungszustand)
A_{gl}	Gleichmaßdehnung (Zugversuch)
A_v	Kerbschlagarbeit
a	Aktivität eines Elements
a	Gitterkonstante (Kristallgitter)
B	Bainit (Gefüge)
B	magnetische Induktion
b	Burgers-Vektor (bei Versetzungen)
c	Konzentration
c	spezifische Wärme
D	Diffusionskoeffizient
E	Elastizitätsmodul
F	Ferrit (Gefüge)
F	Kraft (allgemein)
G	Gibbsche Energie
G	Schubmodul
G	(weich)geglüht (Wärmebehandlungszustand)
H	gehärtet (Wärmebehandlungszustand)
H	magnetische Feldstärke
H	Enthalpie
HB	Brinell-Härte
HRC	Rockwell-C-Härte
HV	Vickers-Härte
J	J-Integral (Bruchmechanik)
J	magnetische Polarisation
K	kaltverfestigt
K_I	Spannungsintensitätsfaktor (Bruchmechanik)
K_{Ic}	Rißzähigkeit, Bruchzähigkeit (Bruchmechanik)

K_L	Vorfaktor in der Ludwik-Gleichung (Gl. C1.17)
kfz	kubisch-flächenzentriert (Kristallgitter-Kennzeichnung)
krz	kubisch-raumzentriert (Kristallgitter-Kennzeichnung)
k	Boltzmann-Konstante
k_f	Fließspannung (Formänderungsfestigkeit)
L	lösungsgeglüht (Wärmebehandlungszustand)
L	Lebensdauer
L	Laufweg einer Versetzung
L	momentane Meßlänge (einer Zugprobe)
L_o	Anfangsmeßlänge (einer Zugprobe)
L_u	Meßlänge nach dem Bruch
M	Magnetisierung
M	Martensit (Gefüge)
M	Moment
N	normalgeglüht (Wärmebehandlungszustand)
N	(Bruch-) Schwingspielzahl (Dauerfestigkeitsversuch)
n	Schwingspielfrequenz (Dauerfestigkeitsversuch)
n	Verfestigungsexponent
n	Anzahl (z.B. von Versetzungen)
P	Perlit (Gefüge)
p	Partialdruck
p_H	Wasserstoffionenkonzentration
Q	Aktivierungsenergie
R	Gaskonstante
R	Verhältnis σ_M/σ_O (Dauerschwingverhalten)
R	beruhigt (beruhigter Stahl)
RR	besonders beruhigt (besonders beruhigter Stahl)
R_e	Streckgrenze allgemein
R_{eL}	untere Streckgrenze
R_{eH}	obere Streckgrenze
R_p	Dehngrenze allgemein
$R_{p0,2}$	0,2%-Dehngrenze
R_{p1}	1%-Dehngrenze
R_m	Zugfestigkeit
RT	Raumtemperatur
r	Ruhegrad der Beanspruchung σ_m/σ_o (Dauerschwingverhalten)
r	Radius allgemein, Ortskoordinate
S	Entropie
S	Spannungsverhältnis der Dauerfestigkeit σ_U/σ_O
S	Fläche, insbesondere momentane Querschnittsfläche (einer Zugprobe)
S_o	Anfangsquerschnitt (einer Zugprobe)
S_u	kleinster Querschnitt nach dem Bruch
SRK	Spannungsrißkorrosion
s	Abstand, Länge allgemein
s	Spannungsverhältnis σ_u/σ_o (Dauerschwingverhalten)
T	Temperatur
$T_ü$	Übergangstemperatur (der Kerbschlagarbeit)

T_s Schmelztemperatur
TM   thermomechanische Behandlung
t Zeit
U Energie
U_w Wechselwirkungsenergie
U   unbehandelt (Wärmebehandlungszustand)
U   unberuhigt (unberuhigter Stahl)
V   vergütet (Wärmebehandlungszustand)
V Volumen
v (Reaktions-) Geschwindigkeit
W Widerstandsmoment
WEZ   Wärmeeinflußzone (durch Schweißwärme beeinflußte Zone des Grundwerkstoffs)
Z Brucheinschnürung (Zugversuch)

Griechische Buchstaben

α linearer Wärmeausdehnungskoeffizient
α   Ferrit (Gefüge)
α_k Formzahl, Spannungskerbfaktor
γ   Austenit (Gefüge)
γ Scherung, Abgleitung, Schiebung
γ Grenzflächen-, Oberflächenenergie, auch Energie im Zusammenhang mit Bruchvorgängen
Δ Änderungsbetrag einer Größe, einer Kennzahl
δ Rißöffnung, -aufweitung (Bruchmechanik)
δ   δ-Ferrit (Gefüge)
ε Dehnung allgemein
$\varkappa$ Mehrachsigkeitskennzahl
Θ Zementit
λ Wärmeleitfähigkeit
λ Wellenlänge
μ Permeabilität
ν Querkontraktionszahl (Poissonsche-Zahl)
π Mehrachsigkeitsgrad
ρ Versetzungsdichte
ρ spezifischer elektrischer Widerstand
σ Spannung allgemein
σ_f Fließspannung, s. k_f
σ_f^* mikroskopische Spaltbruchspannung
τ Schubspannung
φ Umformgrad (logarithmische Formänderung)

Literaturverzeichnis zu Band 2

D 2 Normalfeste und hochfeste Baustähle

1. Gräfen, H., K. Gerischer u. E.-M. Horn: Werkst. Techn. 4 (1973) S. 169/86.
2. Fiehn, H., W. Laber u. K. Nagel: Schweißen u. Schneiden 28 (1976) S. 346/48.
3. Feinkornbaustähle für geschweißte Konstruktionen. 2. Aufl. Düsseldorf 1974. Hrsg. von der Beratungsstelle für Stahlverwendung. (Merkblätter über sachgemäße Stahlverwendung Nr. 365.)
4. Jäniche, W.: Stahl u. Eisen 96 (1976) S. 1207/19.
5. Tauscher, H.: Dauerfestigkeit von Stahl und Gußeisen. Leipzig 1969.
6. DASt-Richtlinie 009. Empfehlungen zur Wahl der Stahlgütegruppen für geschweißte Stahlbauten. Ausg. April 1973.
7. Panknin, W., u. E. Marke: In: Werkstoff-Handbuch Stahl und Eisen. Hrsg.: Verein Deutscher Eisenhüttenleute. 4. Aufl. Düsseldorf 1965. S. E 5-1/5-7.
8. Rapatz, F., u. F. Motalik: In: Werkstoff-Handbuch Stahl und Eisen. Hrsg.: Verein Deutscher Eisenhüttenleute. 4. Aufl. Düsseldorf 1965. S. E 35-1/35-9.
8a. DIN 2310 Teil 2. Thermisches Schneiden; Ermitteln der Güte von Brennschnittflächen. Ausg. Mai 1976.
9. Degenkolbe, J.: In: Schweißen von Baustählen. Hrsg.: Verein Deutscher Eisenhüttenleute. Düsseldorf 1983. S. 1/15.
10. Degenkolbe, J.: Schweißtechn. Wien, 29 (1975) Nr. 2, S. 17/24.
11. Farrar, J. C. M., u. R. E. Dolby: Lamellar tearing in welded steel fabrication. The Welding Institute, Abington, Great Britain (1972).
12. Degenkolbe, J., u. B. Müsgen: Stahl u. Eisen 93 (1973) S. 1218/21.
13. Klöppel, K., R. Möll u. P. Braun: Stahlbau 39 (1970) S. 289/98.
14. Klöppel, K., u. T. Seeger: Zeit- und Dauerfestigkeitsversuche an Voll- und Lochstäben aus hochfesten Baustählen. Darmstadt 1969. (Veröffentlichungen des Instituts für Statik und Stahlbau der Technischen Hochschule Darmstadt. H. 7).
15. Degenkolbe, J., u. H. Dißelmeyer: Schweißen u. Schneiden 25 (1973) S. 85/88.
16. Bott, G., W. Neuhaus u. H. Schönfeldt: Schiffbau und Meerestechnik. Düsseldorf 1976. (VDI-Reihe Kleine Stahlkunde.) S. 29.
17. Minner, H. H., u. T. Seeger: Stahlbau 46 (1977) S. 257/63.
18. Minner, H. H., u. T. Seeger: OERLIKON-Schweißmitt. 36 (1978) Nr. 83, S. 13/23.
19. Müsgen, B.: Stahl u. Eisen 103 (1983) S. 225/30.
20. Braumann, F.: Stahl u. Eisen 83 (1963) S. 1356/63.
21. Degenkolbe, J., u. B. Müsgen: Mater.-Prüf. 12 (1970) S. 413/20.
22. Degenkolbe, J., u. B. Müsgen: Z. Werkst.-Techn. 3 (1972) S. 130/33.
23. Degenkolbe, J., u. B. Müsgen: Mitt. Dt. Forsch.-Ges. Blechverarb. u. Oberflächenbehandl. 22 (1971) S. 136/45.
24. Schmidt, W.: Blech Rohre Profile 23 (1976) S. 90/98.
24a. Müsgen, B., u. H.-J. Kaiser: Thyssen Techn. Ber. (1984) S. 116/23.
25. Degenkolbe, J., u. B. Müsgen: Arch. Eisenhüttenwes. 44 (1973) S. 769/74.
26. Haneke, M., u. W. Middeldorf: In: DVS-Ber. Nr. 33. 1975. S. 153/65.
27. Gulvin, T. F., D. Scott, D. M. Maddrill u. J. Glen: J. West Scotl. Iron Steel Inst. 80 (1972/73) S. 149/75.
28. Haneke, M.: Estel-Ber. 1974, S. 32/46.
29. Degenkolbe, J., u. B. Müsgen: Stahl u. Eisen 94 (1974) S. 757/63.
29a. DIN 50 601. Metallografische Prüfverfahren. Ermittlung der Austenit- und der Ferritkorngröße von Stahl und anderen Eisenwerkstoffen. Ausg. Juni 1985. – Euronorm 103. Mikroskopische Ermittlung der Ferrit- oder Austenitkorngröße von Stählen. Ausg. Nov. 1971.

30. Müsgen, B., u. J. Degenkolbe: Bänder Bleche Rohre 19 (1978) S. 56/62.
31. Haneke, M., u. G. Juretzko: Estel-Ber. 1974, S. 57/68.
32. Hofe, H. von, u. H. Wirtz: In: Fachbuchreihe Schweißtechnik Bd. 23. 1962. S. 95/104.
33. Stahl-Eisen-Werkstoffblatt 088-76. Schweißgeeignete Feinkornbaustähle; Richtlinien für die Verarbeitung, besonders für das Schweißen. Ausg. Okt. 1976.
34. Schweißen unlegierter und niedriglegierter Baustähle. 3. Aufl. Hrsg. von der Beratungsstelle für Stahlverwendung. Düsseldorf 1980. (Merkblätter über sachgemäße Stahlverwendung Nr. 381.)
35. Bersch, B., K. Kaup, u. F. O. Koch: Hoesch-Ber. 7 (1972) S. 36/51.
35a. DIN 17 172. Stahlrohre für Fernleitungen für brennbare Flüssigkeiten und Gase. Ausg. Mai 1982.
36. Degenkolbe, J., u. B. Müsgen: Schweißen u. Schneiden 17 (1965) S. 343/53.
37. Mück, G. H.: Über den Einfluß der Schweißbedingungen und der Werkstoffzusammensetzung auf die Gefügeänderung und Änderung der mechanisch-technologischen Eigenschaften in der wärmebeeinflußten Zone. Darmstadt 1971. (Dr.-Ing.-Diss. Techn. Hochsch. Darmstadt.)
38. Piehl, K.-H.: Stahl u. Eisen 93 (1973) S. 568/77.
39. Degenkolbe, J., u. D. Uwer: J. Soudure 5 (1973) S. 117/33.
40. Uwer, D., u. J. Degenkolbe: Schweißen u. Schneiden 27 (1975) S. 308/06.
41. Uwer, D.: In: Schweißen von Baustählen. Hrsg.: Verein Deutscher Eisenhüttenleute. Düsseldorf 1983. S. 85/113.
42. Wallner, F.: Berg- u. hüttenm. Mh. 118 (1973) S. 295/304.
43. Degenkolbe, J.: Techn. Überwachung 10 (1969) S. 259/69.
44. Hornbogen, E.: Z. Metallkde. 68 (1977) S. 455/69.
44a. Stahl-Eisen-Werkstoffblatt 082. Begriffsbestimmungen zur thermomechanischen Behandlung von Stahl. Ausg. Dez. 1984.
45. DIN 17 100. Allgemeine Baustähle. Ausg. Jan. 1980.
46. VdTÜV-Merkblatt 1263. Werkstoffe. Ausg. März 1976.
47. Meyer, L., u. H. de Boer: Thyssen Techn. Ber. (1977) S. 20/29.
47a. de Boer, H.: Blech Rohre Profile 30 (1983) S. 485/88.
47b. Stahl-Eisen-Werkstoffblatt 083. Schweißgeeignete Feinkornbaustähle, thermomechanisch umgeformt. Technische Lieferbedingungen für Blech, Band und Breitflachstahl. Ausg. Dez. 1984.
47c. Stahl-Eisen-Werkstoffblatt 084. Schweißgeeignete Feinkornbaustähle, thermomechanisch umgeformt. Technische Lieferbedingungen für Formstahl und Stabstahl mit profilförmigem Querschnitt. Ausg. Dez. 1984.
48. Forch, K.: Grundlagen der Wärmebehandlung von Stahl. Düsseldorf 1976.
48a. Lotter, U., B. Müsgen u. H. Pircher: Thyssen Techn. Ber. (1984) S. 13/23.
49. Tetelmann, A. S., u. A. J. McEvily, jr.: Fracture of structural materials. New York, London, Sydney 1967.
50. Tither, G., u. J. Kewell: J. Iron Steel Inst. 208 (1970). S. 686/94.
51. Duckworth, W. E., R. Phillips u. J. A. Chapman: J. Iron Steel Inst. 203 (1965) S. 1108/14.
52. Irani, J. J., D. Burton, J. D. Jones u. A. B. Rothwell: Strong tough structural steels. London 1967. (Spec. Rep. Iron Steel Inst. No. 104.) S. 110/22.
53. Ito, Y. u. K. Bessyo: Weldability formula of high strength steels. IIW doc. IX-576-68.
54. IIW doc. IX-115-55.
54a. Baumgardt, H., H. de Boer u. F. Heisterkamp: Thyssen Techn. Ber. (1983) S. 24/39.
55. Müsgen, B., u. J. Degenkolbe: Bänder Bleche Rohre 10 (1976) S. 401/05.
56. Sage, M. A., u. F. E. L. Copley: J. Iron Steel Inst. 195 (1960) S. 422/38.
57. Biener, E., u. W. Lauprecht: Stahl u. Eisen 96 (1976) S. 1044/50.
57a. Müsgen, B., u. U. Schriever: Thyssen Techn. Ber. (1984) S. 45/54.
58. Ito, Y., u. K. Bessyo: Sumitomo Search 1969, Nr. 1, S. 59/70.
59. Million, A.: In: DVS-Ber. Nr. 64. 1980. S. 19/23.
60. Nehl, F.: Stahl u. Eisen 72 (1952) S. 1261/67.
61. Wiester, H.-J., W. Bading, H. Riedel u. W. Scholz: Stahl u. Eisen 77 (1957) S. 773/84.
62. Vogels, H. A., P. König u. K.-H. Piehl: Arch. Eisenhüttenwes. 35 (1964) S. 339/51.
63. Lauprecht, W., u. P. Kremmers: Thyssenforsch. 1 (1969) S. 30/39.
64. Meyer, L., F. Schmidt u. C. Straßburger: Stahl u. Eisen 89 (1969) S. 313/30.
65. Degenkolbe, J., u. B. Müsgen: In: Herstellung und Verwendung von Grobblech. Informationstagung. [Hrsg.] Kommission der Europäischen Gemeinschaften. Düsseldorf 1979. (EUR 6189 d, e, f) S. 471/90.

66. Meyer. L., H.-E. Bühler u. F. Heisterkamp: Thyssenforsch. 3 (1971) S. 8/43.
67. DAS 2 116 357 vom 26.3.1971.
67a. Baumgardt, H.: Verbesserung der Zähigkeitseigenschaften in der Wärmeeinflußzone von Schweißverbindungen aus Feinkornbaustählen. Clausthal 1984 (Dr.-Ing.-Diss. Techn. Univ. Clausthal).
68. Treppschuh, H., A. Randak, H. H. Domalski u. J. Kurzeja: Stahl u. Eisen 87 (1967) S. 1355/68.
69. Grange, R. A., u. J. B. Mitchell: Trans. Amer. Soc. Metals 53 (1961) S. 157/85.
70. Bungardt, K., u. G. Lennartz: Arch. Eisenhüttenwes. 34 (1963) S. 531/46.
71. Kalwa, G., R. Pöpperling, H. W. Rommerswinkel u. P. J. Winkler: Vorgetragen anläßlich der „Offshore North Sea Technology Conference", 21. bis 24.9.1976 in Stavanger, Norwegen.
72. Kalla, U., H. W. Kreutzer u. E. Reichenstein: Stahl u. Eisen 97 (1977) S. 382/93.
73. Fröber, H.: In: Werkstoffkunde der gebräuchlichen Stähle. T. 1. Hrsg. vom Verein Deutscher Eisenhüttenleute. Düsseldorf 1977. S. 175/204.
74. Mahadevan, A., u. M. Thiele: Stahl u. Eisen 101 (1981) S. 111/15.
75. Technische Lieferbedingungen für Stahlspundbohlen – Fassung 1967. Verkehrs- u. Wirtschafts-Verlag Dr. Borgmann. Dortmund.
76. Stahl-Eisen-Werkstoffblatt 087 – 81. Wetterfeste Baustähle. Ausg. Juni 1981.
77. DASt-Richtlinie 007. Lieferung, Verarbeitung und Anwendung wetterfester Baustähle. Ausg. Febr. 1979.
78. Petersen, J., u. M. Thiele: Hansa 14 (1977) S. 2030/35.
78a. Baumgardt, H., H. de Boer u. B. Müsgen: Metal Construction. Jan. 1984. S. 15/19.
79. DIN 17102. Schweißgeeignete Feinkornbaustähle, normalgeglüht. Ausg. Okt. 1983.
80. Baumgardt, H., H. de Boer u. B. Müsgen: Thyssen Techn. Ber. 14 (1982) S. 136/45.
81. Werkstoffkunde der gebräuchlichen Stähle. T. 1. Hrsg. vom Verein Deutscher Eisenhüttenleute. Düsseldorf 1977.
82. DAST Richtlinie 011. Hochfeste schweißgeeignete Feinkornbaustähle St E 460 und St E 690. Anwendung für Stahlbauten. Ausg. Febr. 1979.
83. DIN 1615. Geschweißte kreisförmige Rohre aus unlegiertem Stahl ohne besondere Anforderungen. T. L. Ausg. Okt. 1984. – DIN 1626. Geschweißte kreisförmige Rohre aus unlegierten Stählen für besondere Anforderungen. T. L. Ausg. Okt. 1984. – DIN 1628. Geschweißte kreisförmige Rohre aus unlegierten Stählen für besonders hohe Anforderungen. T. L. Ausg. Okt. 1984.
84. DIN 1629. Nahtlose kreisförmige Rohre aus unlegierten Stählen für besondere Anforderungen. T. L. Ausg. Okt. 1984. – DIN 1630. Nahtlose kreisförmige Rohre aus unlegierten Stählen für besonders hohe Anforderungen. T. L. Ausg. Okt. 1984.
85. DIN 17 119. Kaltgefertigte geschweißte quadratische und rechteckige Stahlrohre (Hohlprofile) für den Stahlbau. T. L. Ausg. Juni 1984. – DIN 17 120. Geschweißte kreisförmige Rohre aus allgemeinen Baustählen für den Stahlbau. T. L. Ausg. Juni 1984. – DIN 17 121. Nahtlose kreisförmige Rohre aus allgemeinen Baustählen für den Stahlbau. T. L. Ausg. Juni 1984.
86. DIN 17 123. Geschweißte kreisförmige Rohre aus Feinkornbaustählen für den Stahlbau. T. L. Derzeit Entwurf Okt. 1983. – DIN 17 124. Nahtlose kreisförmige Rohre auf Feinkornbaustählen für den Stahlbau. T. L. Derzeit Entwurf Okt. 1983. – DIN 17 125. Quadratische und rechteckige Rohre (Hohlprofile) aus Feinkornbaustählen für den Stahlbau. T. L. Derzeit Entwurf Okt. 1983. – DIN 17 178. Geschweißte kreisförmige Rohre aus Feinkornbaustählen für besondere Anforderungen. T. L. Derzeit Entwurf Okt. 1983. – DIN 17 179. Nahtlose kreisförmige Rohre aus Feinkornbaustählen für besondere Anforderungen. T. L. Derzeit Entwurf Okt. 1983.

D 3 Bewehrungsstähle für den Stahlbeton- und Spannbetonbau

1. Hütte, Bautechnik I. Berlin, Heidelberg, New York 1974. S. 714 ff.
2. DIN 1045. Beton und Stahlbeton. Ausg. Dez. 1978.
3. DIN 4227. T. 1. Spannbeton; Bauteile aus Normalbeton, mit beschränkter oder voller Vorspannung. Ausg. Dez. 1979; Änderung 1. Entwurf Sept. 1984. T. 2. Spannbeton; Bauteile mit teilweiser Vorspannung. Vornorm. Ausg. Mai 1984. Weiterhin: T. 3. Vornorm. Ausg. Dez. 1983, T. 4. Entwurf Juli 1982 u. T. 6. Vornorm. Ausg. Mai 1982.

4. Lasbaarheid Betonstaal, Kruislasverbinding. [Hrsg.:] Stichting Nederlands Instituut vor Lastechniek. Den Haag 1973. (Rapport Nr. 60.)
5. Lasbaarheid Betonstaal, Overlapen, stompe Lasverbinding. [Hrsg.:] Stichting Nederlands Instituut vor Lastechniek. Den Haag 1975. (Rapport Nr. 72.)
6. Sage, A. M.: Metals Technol. 3 (1976) Nr. 2, S. 65/70.
7. Weise, H.: In: Microalloying '75. Proceedings. [Hrsg.:] Union Carbide Corporation, Metals Division. New York 1977. S. 676/83.
8. Economopoulos, M., Y. Respen et al.: Application of the Tempcore Process to the Fabrication of High Yield Strength Concrete-reinforcing Bars. C. R. M. No. 45, December 1975.
9. Funke, P., H. F. Meyer, H. Striepens u. H. Schulte: Stahl u. Eisen 96 (1976) S. 1015/20.
10. DIN 488. T. 1. Betonstahl; Sorten, Eigenschaften, Kennzeichen. Ausg. Sept. 1984. Weiterhin: T. 2 bis 7. Entwurf Sept. 1984. – Euronorm 80. Betonstahl für nicht vorgespannte Bewehrung. Ausg. März 1969 (Neuausgabe in Vorbereitung, derzeit Entwurf März 1985).
11. DIN 4099. Schweißen von Betonstahl; Ausführung und Prüfung (Neuausg. Herbst 1985).
12. Leonhardt, F.: Spannbeton für die Praxis. Berlin. 4. Aufl. in Vorbereitung.
13. Geithe, W.: Betonwerk u. Fertigteil-Techn. 40 (1974) S. 579/90.
14. Rehm, G., U. Nürnberger u. R. Frey: Werkst. u. Korrosion 32 (1981) S. 211/21.
15. Martin, H.: Zusammenhang zwischen Oberflächenbeschaffenheit, Verbund und Sprengwirkung von Bewehrungsstählen unter Kurzzeitbelastung. Berlin, München, Düsseldorf 1973. (Deutscher Ausschuß für Stahlbeton. H. 228.)
16. Stress corrosion cracking resistance test for prestressing tendons. Report on Prestressing Steel. Nr. 5. [Hrsg.:] Fédération Internationale de la Précontrainte. Wexham Springs 1980.
17. Spannungsrißkorrosion in Spannbetonbauwerken. Neue Forschungsergebnisse. Hrsg.: Verein Deutscher Eisenhüttenleute. Düsseldorf 1983.
18. Rieche, G. u. J. Delille: Erfahrungen bei der Prüfung von temporären Korrosionsschutzmitteln für Spannstähle. Berlin, München, Düsseldorf 1978 (Deutscher Ausschuß für Stahlbeton. H. 298) S. 5/19.
19. Euronorm 138. Spannstähle. Ausg. Sept. 1979.

D 4 Stähle für warmgewalzte, kaltgewalzte und oberflächenveredelte Flacherzeugnisse zum Kaltumformen

1. Euronorm 79-82. Benennung und Einteilung von Stahlerzeugnissen nach Formen und Abmessungen. Ausg. März 1982.
2. DIN 1614 Teil 2. Warmgewalztes Band und Blech aus weichen unlegierten Stählen zum unmittelbaren Kaltformgeben. Technische Lieferbedingungen. Entwurf Nov. 1984.
2a. DIN 1614 Teil 1. Warmgewalztes Band und Blech aus weichen unlegierten Stählen zum Kaltwalzen. T. L. Entwurf Nov. 1984.
3. DIN 50 103. Härteprüfung nach Rockwell. Ausg. März 1942. – Euronorm 4-79. Härteprüfung nach Rockwell für Stahl (Verfahren A-C-B-F). Ausg. März 1979. – Euronorm 109-80. Vereinbarte Härteprüfverfahren nach Rockwell HRN und HRT. Ausg. Juni 1980.
4. Euronorm 49-72. Rauheitsmessungen an kaltgewalztem Flachzeug aus Stahl ohne Überzug. Ausg. Dez. 1972.
5. Toda, K., H. Gondoh, H. Takechi u. M. Abe: Stahl u. Eisen 96 (1976) S. 1320/26.
6. DIN 1623 Blatt 1. Kaltgewalztes Band und Blech. Technische Lieferbedingungen. Unlegierte Stähle zum Kaltumformen. Ausg. Febr. 1983.
7. Straßburger, C.: Entwicklungen zur Festigkeitssteigerung der Stähle – unter besonderer Berücksichtigung der unlegierten und mikrolegierten Stähle. Düsseldorf 1976. (Habil-Schr. Techn. Univ. Clausthal.)
8. DIN 17 100. Allgemeine Baustähle. Gütenorm. Ausg. Jan. 1980.
9. Stahl-Eisen-Werkstoffblatt 082. Begriffsbestimmungen zur thermomechanischen Behandlung von Stahl. Ausg. Dez. 1984.

10. Stahl-Eisen-Werkstoffblatt 092. Warmgewalzte Feinkornstähle zum Kaltumformen. Gütevorschriften. Ausg. Juli 1982.
11. EURONORM 149-80. Flachzeug aus Stählen mit hoher Streckgrenze für Kaltumformung – Breitflachstahl, Blech und Band. Ausg. Sept. 1980.
12. ISO-Empfehlung 5951 – 1980. Hot-rolled steel sheet of higher yield strength with improved formability.
13. Perlitarme Feinkornstähle für kaltgeformte und für geschweißte Bauteile. Hrsg. von der Beratungsstelle für Stahlverwendung. Düsseldorf 1978. (Merkblätter über sachgemäße Stahlverwendung. Nr. 498.)
14. Herr, D., u. B. Müsgen: Thyssen Techn. Ber. 11 (1979) S. 77/85.
15. Massip, A., u. L. Meyer: Stahl u. Eisen 98 (1978) S. 989/96.
16. Hougardy, H. P.: steel research (Arch. Eisenhüttenwes.) demnächst.
17. Rashid, M. S.: GM 980 X-A unique high strength sheet steel with superior formability. SAE Preprint 760 206, 1976.
18. Rigsbee, J. M., u. P. J. Vanderarend: Laboratory studies of microstructures and structure-property-relationships in DUAL-PHASE HSLA steels. Presented at the Fall meeting of the Metallurgical Society of the AIME, Chicago/Ill., Oct. 24–27, 1977.
19. Becker, J., X. Cheng u. E. Hornbogen: Z. Werkstoffkde. 12 (1981) S. 301/08.
20. Drewes, E. J., u. D. Daub: In: Alloys for the eighties. Ed.: R. Q. Barr. Greenwich/Conn. 1981. S. 59/67.
21. Meyer, L., H.-P. Fickel u. D. Stender: Thyssen Techn. Ber. 11 (1969) S. 86/93.
22. DIN 17172. Stahlrohre für Fernleitungen für brennbare Flüssigkeiten und Gase. Technische Lieferbedingungen. Ausg. Mai 1978.
23. Müschenborn, W., L. Meyer u. C. Straßburger: Thyssen Techn. Ber. 6 (1974) S. 22/27.
24. Straßburger, C.: Stahl u. Eisen 95 (1974) S. 409/19.
25. Beck, G.: Ind.-Anz. 96 (1974) S. 2241/42.
26. Brockhaus, J. G., H. Singer u. W. Felber: Mitt. Dt. Forsch.-Ges. Blechverarb. u. Oberflächenbehandl. 24 (1973) S. 38/42.
27. Hiyami, S., u. T. Furakuwa: In: Microalloying 1975. [Hrsg.:] Union Carbide Corporation, Metals Division. New York 1977. S. 78/87.
28. Furakuwa, T.: Metal Progr. 116 (1979) Nr. 8, S. 36/39.
29. Magee, C. L., u. R. G. Davies: Wie unter [20], S. 25/35.
30. DIN 1623. T. 2. Feinbleche aus unlegierten Stählen; Feinbleche aus allgemeinen Baustählen. Gütevorschriften. Ausg. Jan. 1961.
31. Stahl-Eisen-Werkstoffblatt 093. Kaltgewalztes Feinblech und Band mit gewährleisteter Mindeststreckgrenze zum Kaltumformen. Gütevorschriften. Ausg. Sept. 1975.
32. DIN 1624. Kaltgewalztes Band in Walzbreiten bis 650 mm aus weichen unlegierten Stählen. Gütenorm. Ausg. Juli 1977.
33. DIN 17 200. Vergütungsstähle. Gütevorschriften. Ausg. Nov. 1984.
34. DIN 17 230. Wälzlagerstähle. Technische Lieferbedingungen. Ausg. Sept. 1980.
34a. Streidl, M., u. P. M. Wollrab: Stahl u. Eisen 105 (1985) S. 65/70.
35. Albrecht, J., H.-E. Bühler u. L. Meyer: Mater-Prüf. 16 (1974) S. 59/64.
36. Heubner, U.: Erzmetall 32 (1979) S. 130/35.
37. Junkers, D., u. B. Meuthen: Z. wirtsch. Fertigung 68 (1978) S. 539/44.
38. Koenitzer, J., u. H. Schmitz: In: METEC 79. Internationaler Kongreß für Hüttentechnik – Verfahren und Anlagen –, 18.–20. Juni 1979 in Düsseldorf. Hrsg.: Düsseldorfer Messegesellschaft mbH – Nowea – in Zusammenarb. mit dem Verein Deutscher Eisenhüttenleute. Düsseldorf 1979. Ber. 8.4. S. 1/23.
39. Thiele, W.: Mitt. Arb.-Ber. Metallgesellschaft AG 1980. Ausg. 22, S. 67/73.
40. Meyer, L., u. C. Straßburger: Thyssen Techn. Ber. 11 (1979) S. 110/19.
41. Beachum, E. P.: Blast Furn. Steel Plant 51 (1963) S. 210/221 u. 368/72.
42. Steckenborn, B.: Fachber. Oberflächentechn. 8 (1970) S. 12/18.
43. Wiegand, H., u. K. H. Kloos: Mitt. Dt. Forsch.-Ges. Blechverarb. u. Oberflächenbehandl. 20 (1969) S. 65/77.
44. Fukuzuka, T., M. Urai u. K. Wakayama: Trans. Iron Steel Inst. Japan 20 (1980) S. B-526.
45. Emond, C., u. V. Leroy: Influence des conditions de galvanisation sur les propriétés de dépôt de zinc. Bericht Nr. EUR 6727 der EGKS. Brüssel 1980.

46. Charakteristische Merkmale für elektrolytisch verzinktes Feinblech in Tafeln und in Rollen. [Hrsg.:] Deutscher Verzinkerei-Verband. Ausg. 1983. Düsseldorf 1983.
47. Charakteristische Merkmale für feuerverzinktes Band und Blech. [Hrsg.:] Deutscher Verzinkerei-Verband. Ausg. 1981. 2. Aufl. Düsseldorf 1981.
48. Meuthen, B.: Stahl u. Eisen 101 (1981) S. 1499/504.
49. DIN 17 162 Teil 1. Feuerverzinktes Band und Blech aus weichen unlegierten Stählen. Technische Lieferbedingungen. Ausg. Sept. 1977.
50. DIN 17 162 Teil 2. Feuerverzinktes Band und Blech. Technische Lieferbedingungen. Allgemeine Baustähle. Ausg. Sept. 1980.
51. Klotzki, H.: In: VDI-Ber. Nr. 372, 1980, S. 51/60.
52. Meyer, L., u. H.-E. Bühler: Aluminium 43 (1967), S. 733/38.
53. Denner, S. G., R. D. Jones u. R. J. Thomas: Iron & Steel internat. 48 (1975) S. 241/52.
54. Warnecke, W., u. S. Baumgartl: Metalloberfläche 31 (1977) S. 476/81.
55. Albrecht, J., W. Kaeseler u. H. Hilgenpahl: Blech Rohre Profile 19 (1972) S. 41/44.
56. Warnecke, W., u. H.-W. Birmes: Ind.-Anz. 98 (1976) S. 1849/50.
57. EURONORM 154-80. Feueraluminiertes Band und Blech aus weichen unlegierten Stählen für Kaltumformung. Technische Lieferbedingungen. Ausg. Dez. 1980.
58. Hoare, W. E., E. S. Hedges u. B. T. K. Barry: The technology of tinplate. London 1965. S. 102/12.
59. EURONORM 145-78. Weißblech und Feinstblech in Tafeln; Sorten, Maße und zulässige Abweichungen. Ausg. Okt. 1978.
60. Prospekt der Firma CCC 633, 3rd Avenue New York 17, NY, Ausg. Mai 1963.
61. Singer, H.: Blech Rohre Profile 9 (1979) S. 341/46.
62. Siewert, J.: Verpackungs-Rdsch. 3 (1970) S. 19/23.
63. Kunze, C. T., u. A. R. Willey: J. electrochem. Soc. 99 (1952) S. 354/59.
64. Kamm, G. G., A. R. Willy, R. E. Beese u. J. L. Krickl: Corrosion, Houston 17 (1961) S. 84 t/92 t.
65. Willey, A. R., J. L. Krickl u. R. R. Hartwell: Corrosion, Houston 12 (1956) S. 433/40.
66. Britton, S. C.: Fachber. Oberflächentechn. 9 (1971) S. 77/80.
67. Hoare, W. E., E. S. Hedges u. B. T. K. Barry: Wie unter [58], S. 370/74.
68. Murray, T. R.: Rev. sci Instrum. 33 (1961) S. 172/76.
69. Rocquet, P., u. P. Aubrun: Corrosion, Traitements, protection, finition 16 (1968) S. 229/34.
70. Willey, A. R., u. D. F. Kelsey: Anal. Chem. 30 (1958) S. 1804/06.
71. Britton, S. C.: Brit. Corrosion J. 1 (1965) S. 91/97.
72. First international tinplate conference, London, Oct. 5–8, 1976. Proceedings. Publ. by the International Tin Research Institute. Greenford/Middx. (1977) S. 295/302.
73. Hoare, W. E., u. S. C. Britton: Tinplate testing. Hrsg.: Tin Research Institute. Greenford/Middx. (1960) S. 40/41.
74. Azzaroli, G.: Ind. Conserve 4 (1967) S. 319/21.
75. Nehring, P., u. H. Krause: Konserventechn. Handbuch 15 (1969) S. 717/19.
76. Hotchner, S. J., u. C. J. Poole: Vortrag beim 5. Weltkongreß der Konservenindustrie, Wien, 3.-6. Okt. 1967.
77. Siewert, J.: Stahl u. Eisen 89 (1969) S. 547/50.
78. Siewert, J.: Stahl u. Eisen 89 (1969) S. 833/35.
79. Schade, L.: Blech 10 (1963) S. 518/24.
80. DIN 1616. Weißblech und Feinstblech in Tafeln. Sorten, Maße und zulässige Abweichungen. Ausg. März 1981.
81. ASTM Standard. A 626-68. Double-reduced electrolytic tin plate.
82. Habenicht, G.: Verpackungs-Mag. 1968, S. 18, 20 u. 22.
83. Kamm, G. G.: J. electrochem. Soc. 116 (1969) S. 1299/305.
84. Hoare, W. E., u. B. T. K. Barry: Blech 15 (1968) S. 586/94.
85. EURONORM 153-80. Kaltgewalztes feuerverbleites Flachzeug (Terneblech und -band) aus weichen unlegierten Stählen für Kaltumformung. Technische Lieferbedingungen. Ausg. Dez. 1980.
86. ISO 4999. Continuous hot-dip terne (lead alloy) coated cold-reduced carbon steel sheet of commercial and drawing qualities. First Ed. 1978-08-01, Annex B, S. 13/16.
87. DIN 50 021. Korrosionsprüfungen. Sprühnebelprüfungen mit verschiedenen Natriumchloridlösungen. Ausg. Mai 1975.
88. Bersch, B.: Blech Rohre Profile 27 (1980) S. 215/21.
89. Pappert, W., E. I. Drewes u. K. Jürgig: Estel-Ber. 1974, Nr. 1, S. 24/32.

90. Falkenhagen, G.: In: Herstellung von kaltgewalztem Band. T. 2. Hrsg.: Verein Deutscher Eisenhüttenleute. Düsseldorf 1970. S. 192/238.
 91. DRP 573 300 vom 12. Juli 1929.
 92. Zeerleder, A. v.: Korrosion u. Metallschutz 12 (1936) S. 275/83.
 93. VDM-Handbuch. 2. Aufl. Hrsg.: Vereinigte Deutsche Metallwerke. Frankfurt/M. 1964.
 94. Jargon, F., u. H.-J. Langhammer: Blech Rohre Profile 27 (1980) S. 676/80.
 95. Eisenmenger, F. C. L., u. F. A. Schmidt: Blech 13 (1966) S. 314/17.
 96. Kutzelnigg, A.: Die Prüfung metallischer Überzüge. 2. Aufl. Saulgau/Württ. 1965.
 97. Plog, H.: Schichtdicken-Messung, Verfahren und Geräte. 2. Aufl. Saulgau/Württ. 1968.
 98. DIN 1623 T. 3. Flacherzeugnisse aus Stahl; Kaltgewalztes Band und Blech. Technische Lieferbedingungen. Weiche unlegierte Stähle zum Emaillieren. Vornorm. Ausg. Febr. 1983.
 99. Warnecke, W., u. L. Meyer: Mitt. Ver. Dt. Emailfachl. 28 (1980) S. 131/38.
100. EURONORM 169-85. Organisch bandbeschichtetes Flachzeug aus Stahl. Ausg. Febr. 1985. Siehe auch Meuthen, B., u. G. Vogtenrath: In: VDI-Ber. 450, 1982, S. 63/66, und Meuthen, B.: Blech Rohre Profile 29 (1982) S. 453/54.
101. Charakteristische Merkmale für bandbeschichtetes Feinblech in Tafeln und in Rollen. [Hrsg.:] Deutscher Verzinkerei Verband. Ausg. 1979. 5. Aufl. Düsseldorf 1979. Siehe auch: Meyer zu Bexten, J. H., u. U. Kirchner: In: VDI-Ber. 449, 1982, S. 109/15.
102. EURONORM 130-77. Kaltgewalztes Flachzeug ohne Überzug aus weichen unlegierten Stählen für Kaltumformung. Ausg. Mai 1977.
103. EURONORM 142-79. Kontinuierlich feuerverzinktes Blech und Band aus weichen unlegierten Stählen für Kaltumformung. Technische Lieferbedingungen. Ausg. April 1979.
104. EURONORM 147-79. Kontinuierlich feuerverzinktes Blech und Band aus unlegierten Baustählen mit vorgeschriebener Mindeststreckgrenze. Gütenorm. Ausg. Nov. 1979.
105. Klotzki, H., u. B. Meuthen: Stahl u. Eisen (1982) S. 47/51.
106. Vogtenrath, G., u. U. Feldmann: Stahl u. Eisen 103 (1983) S. 793/98.
107. Bandbeschichtetes Feinblech. Hrsg. von der Beratungsstelle für Stahlverwendung. Düsseldorf 1980 (Merkblätter über sachgemäße Stahlverwendung. Nr. 325).

D 5 Vergütbare und oberflächenhärtbare Stähle für den Fahrzeug- und Maschinenbau

 1. DIN 17 014. Wärmebehandlung von Eisenwerkstoffen. T. 1. Fachbegriffe und -ausdrücke. Ausg. März 1975.
 2. Rapatz, F.: Die Edelstähle. 5. Aufl. Berlin, Göttingen, Heidelberg 1962. S. 348.
 3. Tauscher, H.: Berechnung der Dauerfestigkeit: Einfluß von Werkstoff und Gestalt. Leipzig 1964.
 4. Arnold G.: Masch.-Schaden 35 (1962) S. 151/56.
 5. Gerber, W., u. U. Wyss: Roll-Mitt. 7 (1948) Nr. 2/3, S. 13/47.
 6. Legat, A., u. A. Moser: Härterei-techn. Mitt. 23 (1968) S. 10/14.
 7. Brisson, J., R. Blondeau, Ph. Mainier u. J. Dollet: Mém. sci. Rev. Métallurg. 72 (1975) S. 115/31.
 8. Vetter, K.: Unveröff. Untersuchungen der Krupp Stahlwerke Südwestfalen AG, Siegen.
 9. Frodl, D., A. Randak u. K. Vetter: Härterei-techn. Mitt. 29 (1974) S. 169/74.
10. Steinen, A. von den, S. Engineer, E. Horn u. G. Preis: Stahl u. Eisen 95 (1975) S. 209/14.
11. Hollomon, H., u. L. D. Jaffe: Trans. Amer. Inst. min. metallurg. Engrs., Iron Steel Div., 162 (1945) S. 223/49.
12. Grange, R. A., C. R. Hribal u. L. F. Porter: Metallurg. Trans. 8 A (1977) S. 1775/85.
13. SAE handbook. [Hrsg.:] Society of Automotive Engineers. New York (jährliche Ausgabe).
14. Kösters, R., D. Frodl, S. Engineer, G. Naumann u. E. Wetter: Stahl u. Eisen 101 (1981) S. 707/12.
15. French, H. J.: J. Metals, Trans., 8 (1956) S. 770/82.
16. Kroneis, M.: Schweiz. Arch. angew. Wiss. u. Techn. 28 (1962) S. 298/309.
17. Spies, H.-J., S. Wittig u. G. Münch: Neue Hütte 23 (1978) S. 421/23.
18. Rose, A., A. Krisch u. F. Pentzlin: Stahl u. Eisen 91 (1971) S. 1001/20.
19. Kochendörfer, A., K. E. Hagedorn, B. Schlatte u. H. Ibach: Arch. Eisenhüttenwes. 50 (1979) S. 123/28.

20. Berns, H.: Z. Werkst.-Techn. 9 (1978) S. 189/204.
21. Ineson, E.: Bibliography on the effects of microstructure on the mechanical properties of heat treated low alloy wrought steels. BISRA MG/A136/62 (1965/66).
22. Bernstein, M. L., u. K. E. Hensger: Thermomechanische Behandlung und Festigkeit von Stahl. Leipzig 1977.
23. Archer, R. S., J. Z. Briggs u. C. M. Loeb jr.: Molybdän. Stähle, Gußeisen, Legierungen. [Hrsg.:] Climax Molybdenum Company. Zürich 1951.
24. Bungardt, K., H. Kiessler u. E. Kunze: Stahl u. Eisen 74 (1954) S. 71/75.
25. Kern, R. F.: Metal Progr. 94 (1968) Nr. 5, S. 60/73.
26. Kiessler, H.: Stahl u. Eisen 61 (1941) S. 509/16.
27. Cornelius, H., u. H. Krainer: Stahl u. Eisen 61 (1941) S. 871/77.
28. Leslie, W. C., R. J. Sober, S. G. Babcock u. S. J. Green: Trans. Amer. Soc. Metals 62 (1969) S. 690/710.
29. Gerber, W.: Schweiz. Arch. angew. Wiss. Techn. 27 (1961) S. 493/502.
30. Kiessler, H.: Stahl u. Eisen 71 (1951) S. 433/40.
31. DIN 17 200. Vergütungsstähle. Ausg. Nov. 1984.
32. Borik, F., R. D. Chapman u. W. E. Jominy: Trans. Amer. Soc. Metals 50 (1958) S. 242/57.
33. Hänchen, R.: Dauerfestigkeitsbilder für Stahl und Gußeisen. München 1963. (Betriebsbücher 4.)
34. VDI-Richtlinie 2228. Festigkeit bei wiederholter Beanspruchung. Zeit- und Dauerfestigkeits-Schaubilder von Werkstoffen. Ausg. 1972.
35. DDR-Standards TGL 19 340. 1975. Dauerfestigkeit. Werte, Ermittlung, Berechnung für glatte und gekerbte Bauteile aus Stahl.
35a. Kloos, K. H.: Z. Werkst.-Techn. 12 (1981) S. 134/42.
35b. Kloos, K. H., u. P. K. Braisch: Härterei-techn. Mitt. 37 (1982) S. 83/91.
35c. Bernstein, G., u. B. Fuchsbauer: Z. Werkst.-Techn. 13 (1982) S. 103/09.
36. Niemann, G., u. H. Rettig: VDI-Z. 102 (1960) S. 193/202.
37. Finnern, B.: Bad- und Gasnitrieren. München 1965. (Betriebsbücher 18.)
38. Roempler, D.: Härterei-techn. Mitt. 34 (1980) S. 220/29.
39. Kloos, K. H.: Verschleißfeste Werkstoffe. VDI-Bericht 194 (1973) S. 5/21.
40. DIN 50191. Prüfung von Eisenwerkstoffen. Stirnabschreckversuch. Entwurf Juni 1982.
41. DIN 17 021. Stahlauswahl aufgrund der Härtbarkeit. Ausg. Febr. 1976.
42. EURONORM 83-70. Vergütungsstähle. Ausg. März 1970.
43. ISO/R 683. Für eine Wärmebehandlung bestimmte Stähle. T. 1: Unlegierte Vergütungsstähle. Ausg. 1968. – T. 2: Warmverformte Vergütungsstähle mit 1% Cr und 0,2% Mo. Ausg. 1968. – T. 5: Mangan-Vergütungsstähle, Ausg. 1970. – T. 6: Warmverformte Vergütungsstähle mit 3% Cr und 0,5% Mo. Ausg. 1970. – T. 7: Warmverformte Vergütungsstähle mit 1% Cr. Ausg. 1970. – T. 8: Warmverformte Chrom-Nickel-Molybdän-Vergütungsstähle. Ausg. 1970.
44. Tacke, G., u. W. Knorr: In: Werkstoffkunde der gebräuchlichen Stähle. T. 2. Hrsg. vom Verein Deutscher Eisenhüttenleute. Düsseldorf 1977. S. 1/10.
45. Wyss, U.: Härterei-techn. Mitt. 6 (1951) H. 2, S. 9/40.
46. Metals handbook. Vol. 1, 8th ed. [Hrsg.:] American Society for Metals. Metals Park/Novelty, Ohio 1961.
47. Vetter, K.: Härterei-techn. Mitt. 33 (1978) S. 84/89.
48. Engineer, S.: TEW Techn. Ber. 2 (1976) S. 125/29. – Cook, W. T., u. P. T. Arthur: In: Heat Treatment 79. [Hrsg.:] The Metals Society. Book Nr. 261. London 1980. S. 126/31. – Beneš, F., u. E. Pribil: Hutn. listy 32 (1982) S. 125/29.
49. Andre, K. H., L. Ettenreich u. F. Früngel: Härterei-techn. Mitt. 27 (1972) S. 45/51.
50. Stähli, G.: Mater. u. Techn. (1977) H. 2, S. 59/66.
51. DIN 50 190. Härtetiefe wärmebehandelter Teile. T. 1. Ermittlung der Einsatzhärtungstiefe. Ausg. Nov. 1978. T. 2. Ermittlung der Einhärtungstiefe nach Randschichthärten. Ausg. März 1979. T. 3. Ermittlung der Nitrierhärtetiefe. Ausg. März 1979.
52. Induction hardening and tempering. [Hrsg.:] American Society for Metals. Metals Park/Ohio 1964. (ASM monograph on heat treating) S. 130.
53. Rettig, H.: Ind.-Bl. 63 (1963) S. 347/54.
54. Forrest, P. G.: Fatigue of metals. Oxford/London/New York 1962.
55. Tauscher, H., u. H. Buchholz: Inst. Leichtbau-Mitt. 8 (1969) S. 368/76.
56. Wilshaw, C. T.: Heat Treatm. Metals 5 (1978) Nr. 1, S. 13/16.

Literatur zu D 5

57. DIN 17 212. Stähle für Flamm- und Induktionshärten. Ausg. Aug. 1972.
58. EURONORM 86–70. Stähle für Flamm- und Induktionshärten. Ausg. März 1970.
59. ISO/R 683 T. 12: Stähle für Flamm- und Induktionshärten. Ausg. 1972.
60. DIN 17 211. Nitrierstähle. Ausg. Aug. 1970 (Neuausgabe in Vorbereitung, derzeit Entwurf März 1985).
61. EURONORM 85–70. Nitrierstähle. Ausg. März 1970.
62. ISO/R 683 T. 10: Nitrierstähle Ausg. 1972.
63. Jonck, R., u. G. Kunze: Z. wirtsch. Fertigung 74 (1979) S. 445/54.
64. Böhmer, S., W. Schröter, J. M. Lachtin, W. Lerche u. I. D. Kogan: Neue Hütte 24 (1979) S. 7/12.
65. Homerberg, V. O.: Iron Age 136 (1936) 15. Okt. S. 49/52, 54, 56, 61/62, 64, 66 u. 98. – Wiegand, H., u. M. Koch: Metalloberfläche 12 (1958) S. 69/74.
66. Vetter, K.: VDI-Z. 118 (1976) S. 997/1003. Derselbe: VDI-Z. 119 (1977) S. 163/65.
67. Liedtke, D.: Nitrieren. Hrsg. von der Beratungsstelle für Stahlverwendung. Düsseldorf 1974. (Merkblätter über sachgerechte Stahlverwendung Nr. 447).
68. Hodgson, C. D., u. H. O. Waring: J. Iron Steel Inst. 151 (1945) S. 55/70.
69. Kunze, E.: Härterei-techn. Mitt. 17 (1962) S. 233/36.
70. Domalski, H.-H., u. K. Vetter: In: Werkstoffkunde der gebräuchlichen Stähle. T. 2. Düsseldorf 1977. S. 55/74.
71. Spies, H. J.: Inst. Leichtbau-Mitt. 20 (1981) S. 200/05.
72. Wiegand, H.: Härterei-techn. Mitt. 21 (1969) S. 263/70.
73. Wiegand, H., u. M. Koch: Metalloberfläche 12 (1958) S. 97/101.
74. Schinn, R.: Die deutsche Entwicklung von Schmiedestücken für Wellen von Turboaggregaten. VGB Tech. wiss. Berichte „Wärmekraftwerke" VGB-TW 503. Hrsg. von VGB Technische Vereinigung der Großkraftwerksbetreiber e. V. 1983.
75. Schinn, R.: Zur Entwicklung der Homogenität und Homogenitätsprüfung sowie der Zähigkeit von Generator- und Turbinenwellen auf dem europäischen Kontinent. VGB Tech. wiss. Berichte „Wärmekraftwerke" VGB-TW 502. 1981.
76. Schieferstein, U., u. W. Wiemann: VGB-Kraftwerkstechn. 56 (1976) S. 268/73 u. 340/46.
77. Wolf, H., E. Stücker u. H. Nowack: Arch. Eisenhüttenwes. 48 (1977) S. 173/78.
78. Stahl-Eisen-Prüfblatt 1950–66. Warmrundlauf-Versuch an Turbinenläufern. 1. Ausg. Dez. 1966.
79. Tix, A.: Stahl u. Eisen 76 (1956) S. 61/68.
80. Knorr, W.: In: 6. Internationale DH-BV-Vakuum-Konferenz, Stresa (Italien) 1972. S. 81/95.
81. Steffen, R.: Stahl u. Eisen 96 (1976) S. 840/46. – Jacobi, H.: Gießen und Erstarren von Stahl I. Zusammenfassender Bericht über die Ergebnisse des Gemeinschaftsprogrammes. Vertrag-Nr. 6210–50. Düsseldorf 1975.
82. Flemings, M. C.: Scand. J. Metallurg. 5 (1976) S. 1/15.
83. Hochstein, F.: Stahl u. Eisen 95 (1975) S. 785/89.
84. Hölschermann, H., u. D. Reiber: Stahl u. Eisen 101 (1981) S. 573/76.
85. Kühnelt, G., u. P. Machner: Berg- u. hüttenm. Mh. 121 (1976) S. 179/86.
86. Kawaguchi, S., Y. Nakagawa, J. Watanabe, S. Shikano, K. Maeda u. N. Kanno: In: Congrès international de la grosse forge, Paris, 20–25 April 1975. Bd. 1. Paris 1976. S. 187/221.
87. Austel, W., H. Heymann, Ch. Maidorn u. W. Mogendorf: Wie unter [86], S. 143/63.
88. Jauch, R., A. Choudhury, A. Löwenkamp u. F. Regnitter: Stahl u. Eisen 95 (1975) S. 408/13.
89. Piehl, K. H.: Stahl u. Eisen 95 (1975) S. 837/46.
90. Haumer, H. Ch., u. W. Knorr: In: II. Kolloquium über Spurenelemente im Stahl, deren Einfluß auf die plastische Verformung und auf die Eigenschaften des Stahles im warmen und kalten Zustand. [Hrsg.:] Institut de Recherches de la Sidérurgie Française, Max-Planck-Institut für Eisenforschung u. Metalurški Inštitut Ljubljana. Portoroz 1967. S. 157/75.
91. Forch, K.: In: Grundlagen der Wärmebehandlung von Stahl. Berichte, gehalten im Kontaktstudium „Werkstoffkunde Eisen und Stahl II." Hrsg. von W. Pitsch. Düsseldorf 1976. S. 156/71.
92. Stahl-Eisen-Werkstoffblatt 550–76. Stähle für größere Schmiedestücke, Gütevorschriften. 3. Ausg. Aug. 1976.
93. Stahl-Eisen-Werkstoffblatt 555. Stähle für größere Schmiedestücke für Bauteile von Turbinen- und Generatorenanlagen. Ausg. Aug. 1984.
94. ASTM A 469-82. Standard specification for vacuum-treated steel forgings for generator rotors. [Hrsg.:] American Society for Testing and Materials. Philadelphia, Pa. 1984. Vol. 01. 05. S. 404/409.

95. Schinn, R., u. U. Schieferstein: VGB-Kraftwerkstechn. 53 (1973) S. 182/95.
96. Ricken, H. G.: Unveröff. interner Forschungsbericht Krupp Stahl AG, 15. 12. 64; siehe auch Stahl u. Eisen 95 (1975) S. 842.
97. Stahl-Eisen-Werkstoffblatt 640–75. Stähle für Bauteile im Primärkreislauf von Kernenergie-Erzeugungsanlagen. 1. Ausg. Mai 1975.
98. Tacke, G.: Stahl u. Eisen 94 (1974) S. 792/804.
99. Schaaber, O.: Härterei-techn. Mitt. 21 (1966) S. 55/63.
100. DIN 17 210. Einsatzstähle, Technische Lieferbedingungen. Ausg. Dez. 1969. Neuausg. Entwurf Okt. 1984.
101. DIN 50 601. Metallographische Prüfverfahren. Bestimmung der Austenit- und der Ferritkorngröße von Stahl und Eisenwerkstoffen. Entwurf Dez. 1981. – EURONORM 103, Mikroskopische Ermittlung der Ferrit- und Austenitkorngröße von Stählen. Ausg. Nov. 1971.
102. Burns, J. L., T. L. Moore u. R. S. Archer: Trans. Amer. Soc. Met. 26 (1938) S. 1/36.
103. Just, E.: Härterei-techn. Mitt. 23 (1968) S. 85/100.
104. Steinen, A. von den, u. W. Schmidt: In: Grundlagen des Festigkeits- und Bruchverhaltens. Berichte, gehalten im Kontaktstudium „Werkstoffkunde Eisen und Stahl". Hrsg. von W. Dahl. Düsseldorf 1974. S. 255/79.
105. Randak, A., u. R. Eberbach: Härterei-techn. Mitt. 24 (1969) S. 201/09.
106. Metha, K. K., u. L. Rademacher: TEW Techn. Ber. 2 (1976) S. 118/24.
107. Randak, A., u. E. Kiderle: Härterei-techn. Mitt. 21 (1966) S. 190/98.
108. Dressel, P. G., u. K. Vetter: Härterei-techn. Mitt. 27 (1972) S. 100/09.
109. Steinen, A. von den, u. H. P. Wisniowski: DEW Techn. Ber. 11 (1971) S. 222/29.
110. Kölzer, H.: Härterei-techn. Mitt. 16 (1961) S. 72/78.
111. Randak, A., R. Eberbach u. H. Langenhagen: Stahl u. Eisen 85 (1965) S. 1452/61.
112. Bierwirth, G.: Erörterungsbeitrag zu [105]; s. bes. S. 207/08.
113. Reimers, H.: Untersuchungen über den Einfluß des Restaustentitgehaltes auf die mechanischen Eigenschaften einsatzgehärteter Stähle. Aachen 1981 (Dr.-Ing.-Diss. Techn. Hochsch. Aachen.)
114. Razim, C.: Härterei-techn. Mitt. 22 (1967) S. 317/29.
115. Razim, C.: Härterei-techn. Mitt. 23 (1968) S. 1/9.
116. Brugger, H.: Schweiz. Arch. angew. Wiss. Techn. 36 (1970) S. 219/29.
117. Beumelburg, W.: Das Verhalten von einsatzgehärteten Proben mit verschiedenen Oberflächenzuständen und Randkohlenstoffgehalten im Umlaufbiege-, statischen Biege- und Schlagbiegeversuch. Karlsruhe 1973. (Dr.-Ing.-Diss. Univ. Karlsruhe.)
118. Beumelburg, W., H. Brugger, H. Gulden, A. Randak u. K. Vetter: Härterei-techn. Mitt. 29 (1974) S. 159/69.
119. Funatani, K.: Härterei-techn. Mitt. 25 (1970) S. 92/98.
120. Liedtke, D.: Einsatzhärten. Merkblatt Nr. 452 der Beratungsstelle für Stahlverwendung. Düsseldorf 1981.
121. Bungardt, K., H. Brandis u. P. Kroy: Härterei-techn. Mitt. 19 (1964) S. 146/53.
122. Brandis, H., u. P. Kroy: Draht-Welt 51 (1965) S. 501/09.
123. Meyer, H. U.: Stahl u. Eisen 76 (1956) S. 68/78.
124. Bungardt, K., H. Preisendanz u. Th. Mersmann: Arch. Eisenhüttenwes. 36 (1965) S. 709/24 u. 809/16.
125. Albrecht, C.: Härterei-techn. Mitt. 9 (1955) S. 9/26.
126. Chatterjee-Fischer, R.: Härterei-techn. Mitt. 28 (1973) S. 259/66.
127. Chatterjee-Fischer, R.: Erörterungsbeitrag zu [118]; s. bes. S. 166/67.
128. Jindal, P. C.: Metal Progr. 103 (1973) Nr. 4, S. 78/79.
129. Brandis, H.: DEW Techn. Ber. 5 (1965) S. 49/57.
130. Schmidtmann, E., M. Majdic u. H. Schenck: Arch. Eisenhüttenwes. 32 (1961) S. 851/56.
131. Bungardt, K., E. Kunze u. H. Brandis: DEW Techn. Ber. 5 (1965) S. 1/12.
132. Brugger, H.: Härterei-Techn. u. Wärmebehandl. 2 (1956) S. 9/12.
133. Rose, A.: Klepzig Fachber. 78 (1970) S. 424/29.
134. Finnern, B.: Arch. Eisenhüttenwes. 25 (1954) S. 345/50.
135. Berns, H.: Z. Werkst.-Techn. 8 (1977) S. 149/57.
136. Brugger, H.: Härterei-techn. Mitt. 19 (1964) S. 100/14.
137. Just, E.: Härterei-techn. Mitt. 17 (1962) S. 148/59.
138. Stenzel, W.: Härterei-techn. Mitt. 4 (1949) S. 27/51.

139. Staudinger, H.: Erörterungsbeitrag zu [136]; s. bes. S. 114.
140. Sigwart, H.: Härterei-techn. Mitt. 12 (1958) S. 9/22.
141. Klein, H.: Deutsche Kraftfahrtforschung, Technischer Forschungsbericht, Zwischenbericht Nr. 128. 1944.
142. Wicke, D.: Das Festigkeitsverhalten von legierten Einsatzstählen bei Schlagbeanspruchung. Berlin 1976. (Dr.-Ing.-Diss. Techn. Univ. Berlin.)
143. Vetter, K.: VDI-Z. 118 (1976) S. 997/1003.
144. Feddern, G., u. E. Macherauch: Z. Metallkde. 65 (1974) S. 785/88.
145. Just, E.: Z. wirtsch. Fertigung 67 (1972) S. 311/19.
146. Scherer, R., K. Bungardt u. E. Kunze: Stahl u. Eisen 72 (1952) S. 1433/42.
147. Treppschuh, H., A. Randak, H. H. Domalski u. J. Kurzeja: Stahl u. Eisen 87 (1967) S. 1355/68.
148. Legat, A., u. A. Moser: Härterei-techn. Mitt. 19 (1964) S. 21/30.
149. Schreiber, R., H. Wohlfahrt u. E. Macherauch: Arch. Eisenhüttenwes. 48 (1977) S. 653/57. – Dieselben: Arch. Eisenhüttenwes. 49 (1978) S. 37/41. – Dieselben: Arch. Eisenhüttenwes. 49 (1978) S. 265/69.
150. Ulrich, M., u. H. Glaubitz: VDI-Z. 91 (1949) S. 577/83.
151. Beumelburg, W.: Erörterungsbeitrag zu [119]; s. bes. S. 98.
152. Rose, A., H. Sigwart u. E. Theis: Stahl u. Eisen 81 (1961) S. 800/08.
153. Euronorm 84–70. Einsatzstähle; Gütevorschriften. Ausg. März 1970.
154. ISO/R 683. Heat-treated steels, alloy steels and free-cutting steels. P. 11. Case hardening steels. Ed. Oct. 1970.
155. Büttinghaus, A., W. Peter u. A. Randak: Stahl u. Eisen 26 (1964) S. 1768/76.
156. DIN 1662. Nickel- und Chrom-Nickel-Stahl. Ausg. Juli 1928.
157. Kiessler, H.: Schweiz. Arch. angew. Wiss. Techn. 22 (1956) S. 93/96.

D 6 Stähle mit Eignung zur Kalt-Massivumformung

1. Stahl-Eisen-Prüfblatt 1123 Kaltstauchversuch zur Ermittlung des Verfestigungsverhaltens. Ausg. Juli 1973.
2. Straßburger, C., u. G. Robiller: Stahl u. Eisen 93 (1973), S. 1164/70.
3. VDI-Richtlinien 3 200. Fließkurven metallischer Werkstoffe. Ausg. Okt. 1978.
4. Heil, H.-P., u. A. Lienhart: Draht-Welt 56 (1970) S. 205/13.
5. Robiller, G., W. Schmidt u. C. Straßburger: Stahl u. Eisen 98 (1978) S. 157/63.
6. Bühler, H., u. H. Meyer-Nolkemper: Ind.-Anz. 88 (1966) S. 269/73.
7. Domalski, H., u. H. Schmücker: Stahl u. Eisen 90 (1970) S. 1087/96.
8. Jonck, R., E. Just u. D. Wicke: Z. wirtsch. Fertigung 69 (1974) S. 419/24.
9. Leykamm, H.: Draht 29 (1978) S. 648/51.
10. Karl, A.: Neue Hütte 21 (1976) S. 501/02.
11. Billigmann, J.: Stauchen und Pressen. 2. Aufl. von H.-D. Feldmann. München 1973.
12. Stahl-Eisen-Prüfblatt 1520 Mikroskopische Prüfung der Carbidausbildung in Stählen mit Bildreihen. Ausg. März 1978.
13. Stanz, A., u. R. Krefting: Arch. Eisenhüttenwes. 49 (1978) S. 325/31.
14. DIN 1654 Teil 1. Kaltstauch- und Kaltfließpreßstähle. Technische Lieferbedingungen. Allgemeines. Ausg. März 1980.
15. Esselborn, K.: Techn. Mitt. Stahlwerke Röchling-Burbach Nr. 41, 1975, S. 1/5.
16. Stahl-Eisen-Lieferbedingungen 055E. Warmgewalzter Stabstahl und Walzdraht, Oberflächen-Güteklassen. Ausg. März 1980.
16a. DIN 50 191. Prüfung von Eisenwerkstoffen, Stirnabschreckversuch. Ausg. Febr. 1971. (Neuausg. in Vorbereitung, derzeit Entwurf Juni 1982).
17. DIN 1654 Teil 4. Kaltstauch- und Kaltfließpreßstähle. Technische Lieferbedingungen für Vergütungsstähle. Ausg. März 1980.
18. Schuster, M.: Werkstatt u. Betr. 107 (1974) S. 642/44.
19. Desalos, Y., R. Laurent, D. Thivellier u. D. Rousseau: Rev. Métallurg. 77 (1980) S. 1011/25.
20. Cooksey, R. J.: Metal Forming 35 (1968) S. 98/111.

21. Bäcker, L., u. X. Chevrant: Rev. Métallurg. 72 (1975) S. 163/76.
22. Irvine, K. J., F. B. Pickering, W. C. Heselwood u. M. Atkins: J. Iron Steel Inst 186 (1957) S. 54/67.
23. Tricot, R., B. Champin u. D. Thivellier: Rev. Métallurg. 69 (1972) S. 721/35.
24. Domalski, H. H.: In: VDI-Ber. Nr. 266, 1976, S. 95/100.
25. Engineer, S.: TEW Techn. Ber. 2 (1976) S. 125/29.
26. Koul, M. K., u. C. L. McVicker: Metal Progr. 110 (1976) Nr. 6, S. 40/44.
27. Jonck, R.: Z. wirtsch. Fertigung 66 (1971) S. 503/07.
28. Köstler, J., u. H. Sidan: Z. wirtsch. Fertigung 72 (1977) S. 207/10.
29. Jonck, R.: Wie unter [8], S. 525/32.
30. Köstler, H. J., u. M. Fröhlke: Arch. Eisenhüttenwes. 46 (1975) S. 655/59.
31. Soraya, S., S. Lukas u. E. Möbius: Draht 24 (1973) S. 470/77.
32. Möbius, E., u. S. Soraya: Techn. Mitt. Stahlwerke Röchling-Burbach Nr. 42, 1975, S. 1/7.
33. Domalski, H., u. H. Schücker: Wie unter [7], S. 1115/20.
34. Reissner, J., H. Mülders u. E. Plänker: Bänder Bleche Rohre 11 (1979) S. 487/92.
35. Bäcker, L., R. El Haik u. Y. Roger: Rev. Métallurg. 76 (1979) S. 305/22.
36. Kaiser, W., u. W. Weingarten: Stahl u. Eisen 101 (1981) S. 897/903.
37. DIN 17 111. Kohlenstoffarme unlegierte Stähle für Schrauben, Muttern und Niete. Technische Lieferbedingungen. Ausg. Sept. 1980.
38. DIN 1654 Teil 2. Kaltstauch- und Kaltfließpreßstähle. Technische Lieferbedingungen für nicht für eine Wärmebehandlung bestimmte beruhigte unlegierte Stähle. Ausg. März 1980.
39. DIN 1654 Teil 3. Kaltstauch- und Kaltfließpreßstähle. Technische Lieferbedingungen für Einsatzstähle. Ausg. März 1980.
40. DIN 1654 Teil 5. Kaltstauch- und Kaltfließpreßstähle. Technische Lieferbedingungen für nichtrostende Stähle. Ausg. März 1980.
41. EURONORM 119. Kaltstauch- und Kaltfließpreßstähle. Gütevorschriften. Ausg. Juni 1974.
42. ISO 4954. Kaltstauch- und Kaltfließpreßstähle. Gütevorschriften. Ausg. 1979.
43. DIN 267 Teil 3. Mechanische Verbindungselemente. Technische Lieferbedingungen. Festigkeitsklassen für Schrauben aus unlegierten oder legierten Stählen; Umstellung der Festigkeitsklassen. Entwurf Juli 1982.
44. DIN ISO 898 Teil 1. Mechanische Eigenschaften von Verbindungselementen; Schrauben. Ausg. April 1979.
45. DIN 17 240. Warmfeste und hochwarmfeste Werkstoffe für Schrauben und Muttern. Gütevorschriften. Ausg. Juli 1976.
46. DIN 17 211. Nitrierstähle. Gütevorschriften. Ausg. Aug. 1970 (Neuausg. in Vorbereitung, derzeit Entwurf März 1985).
47. 17 230. Wälzlagerstähle. Technische Lieferbedingungen. Ausg. Sept. 1980.

D 7 Unlegierter Walzdraht zum Kaltziehen

1. Stahldraht-Erzeugnisse. Hrsg.: Ausschuß für Drahtverarbeitung im Verein Deutscher Eisenhüttenleute. 2 Bde. Düsseldorf 1956.
2. Herstellung von Stahldraht. T. 1 und 2. Hrsg. vom Verein Deutscher Eisenhüttenleute. Düsseldorf 1969.
3. Steel Wire Handbook. Hrsg.: The Wire Association. Branford. Con. Vol. 1. 1965. Vol. 2. 1969. Vol. 3. 1972. Vol. 4. 1980.
4. Stahldraht, Herstellung und Anwendung. Leipzig 1973.
5. Beck, H.: Stahl u. Eisen 86 (1966) S. 1005/14.
6. Flügge, J., W. Heller, E. Stolte u. W. Dahl: Arch. Eisenhüttenwesen 47 (1976) S. 635/40. – Flügge, J., u. W. Heller: Forschungsvorhaben der Kommission der Europäischen Gemeinschaft für Kohle und Stahl. Vertrags-Nr. 6210 KC/1/102. Hrsg.: Verein Deutscher Eisenhüttenleute. Düsseldorf 1979.
7. DIN 17 140 Teil 1. Walzdraht zum Kaltziehen. Technische Lieferbedingungen für Grundstahl und unlegierte Qualitätsstähle. Ausg. März 1983. – DIN 17 140 Teil 2. Walzdraht zum Kaltziehen. Technische Lieferbedingungen für unlegierte Edelstähle sowie für legierte Edelstähle für Federn. In Vorbereitung.

8. McLean, D. W., A. B. Dove u. J. H. Hitchcock: Wire W. Prod. 39 (1964) S. 1606/15, 1622/23 u. 1668/70.
9. Beck, H.: Stahl u. Eisen 101 (1981) S. 541/51.
10. Jauch, R., W. Courths, R. Hentrich, H.-P. Jung, H. Litterscheidt u. E. Sowka: Stahl u. Eisen 104 (1984) S. 429/34.
11. Bombeke, M., W. Storme u. C. Vandenbussche: Proceedings of the technical conference on wire rods. Harrowgate 1974. Hrsg.: Brit. Ind. Steel Prod. Ass. Sheffield 1975. S. 67/82.
12. Nakamura, Y., E. Takahashi, N. Hatsuoka u. S. Ashida: Wire J. 11 (1978) Nr. 9, S. 110/13.
13. Berns, H.: Stahl u. Eisen 98 (1978) S. 662/64.
14. Ammerling, W. J., H. Muckli u. K. D. Richter: Draht 20 (1978) S. 51/61.
15. Walzdraht-Fehleratlas. Hrsg.: Verein Deutscher Eisenhüttenleute. Düsseldorf 1969.
16. Pawelski, O., J. Becker u. A. Punter: Stahl u. Eisen 98 (1978) S. 1082/88.
17. Lewis, D.: Wire W. Prod. 32 (1957) S. 1179/82 u. 1262/64.
18. Dietl, W.: Stahl u. Eisen 99 (1979) S. 1168/72.
19. a) Wie unter [3], Vol. 1. S. 75/79.
    b) Funke, P., u. M. Heinritz: Stahl u. Eisen 87 (1967) S. 293/300. - Böckenhoff, H., F. Schwier, G. Rockrohr u. E. Viebahn: Stahl u. Eisen 87 (1967) S. 300/311.
20. Prediger, P. J., u. I. M. Park: Wire W. Prod. 43 (1968) Nr. 5, S. 43/46, 48/50, 52/53 u. 111/12. - Beck, H., u. W. Dietl: Wire J. 2 (1969) Nr. 12, S. 54/59. - Beck, H.: Wire J. 5 (1972) Nr. 8, S. 48/55.
21. Beck, H.: Stahl u. Eisen 87 (1967) S. 316/17. - Beck, H., u. W.-D. Brand: Wire W. Prod. 43 (1968) Nr. 2, S. 78/84 u. 157/58. - Malmgren, N.-G., u. S. G. Tärnblom: Draht 26 (1975) S. 220/27.
22. Geitz, W.: Stahl u. Eisen 88 (1968) S. 14/21. - Kosmider, H., u. G. Geck: Draht-Welt 57 (1971) S. 548/58. - Ammerling, W. J.: Draht-Welt 57 (1971) S. 62/68.
23. Buch, E., H. D. Hirschfelder, R. A. Marzinkewitsch u. W. Krenn: Draht-Welt 57 (1971) S. 371/75. - Vgl. Buch, E.: Stahl u. Eisen 97 (1977) S. 125/27.
24. D. Pat. Schr. Nr. 15 08 404 vom 25. 10. 1966, 15 08 405 vom 5. 10. 1966, 12 62 324 vom 3. 11. 1966, 16 67 097 vom 26. 1. 1967, 12 81 469 vom 10. 2. 1967, 16 02 081 vom 4. 3. 1967, 17 58 303 vom 10. 5. 1968 u. 19 37 918 vom 25. 7. 1969. - Yamakoshi, N., T. Kaneda, A. Suzuki, E. Niina, Y. Yanagi u. N. Hatsuoka: Tetsu to Hagane 58 (1972) S. 1969/83. - Nagai, Ch., Y. Nakamura u. E. Takahashi: Wire J. 10 (1977) Nr. 6, S. 56/62. - DAS 15 83 987 vom 10. 1. 1968.
25. D. Pat. Schr. OS 21 52 514 vom 21. 10. 1971. Draht 24 (1973) S. 386.
26. Vlad, C., u. H. Paulitsch: Stahl u. Eisen 97 (1977) S. 1088/99. - Feldmann, U., u. C. M. Vlad: Iron Steel Eng. 57 (1980) Nr. 1, S. 62/68.
27. Kiefer, M., u. R. L. Randall: Wire J. 11 (1978) Nr. 4, S. 58/61.
28. Burggaller, W.: Draht-Welt 27 (1934) Nr. 13, S. 195/97 u. Nr. 14, S. 211/13.
29. Siebel, E., u. W. Pannkin: Stahl u. Eisen 72 (1952) S. 1193/95.
30. Werkstoff-Handbuch Stahl u. Eisen. Hrsg. vom Verein Deutscher Eisenhüttenleute, 4. Aufl. Düsseldorf 1965. Blatt Q 21.
31. DIN 2078. Stahldrähte für Drahtseile. Ausg. März 1978.
32. DIN 779. Formstahldrähte für verschlossene Spiralseile; Maße und Technische Lieferbedingungen. Ausg. Dez. 1980.
33. DIN 3051 Teil 1 bis 4. Drahtseile aus Stahldrähten. Teil 1, 3 u. 4 Ausg. März 1972, Teil 2 Ausg. April 1972.
34. DIN 21 254 Teil 1. Förderseile, Bühnenseile; Technische Lieferbedingungen, Litzenseile und Flachseile. Ausg. April 1980.
35. DIN 15 020 Teil 1. Hebezeuge; Grundsätze für Seiltriebe, Berechnung und Ausführung. Ausg. Febr. 1974.
36. DIN 17 223 Teil 1. Runder Federstahldraht. Gütevorschriften. Patentiert gezogener Federdraht aus unlegierten Stählen. Ausg. Dez. 1984. - DIN 17 223 Teil 2. Runder Federstahldraht. Gütevorschriften. Vergüteter Federdraht und vergüteter Ventilfederdraht aus unlegierten Stählen. Ausg. März 1964 (Neuausgabe in Vorbereitung).
37. Krickau, O., u. J. Huhnen: Draht 23 (1972) S. 586/92 u. 653/59.
38. DIN 2088. Zylindrische Schraubenfedern aus runden Drähten und Stäben; Berechnung und Konstruktion von Drehfedern (Schenkelfedern). Ausg. Juli 1969.
39. DIN 2089 Teil 1. Zylindrische Schraubendruckfedern aus runden Drähten und Stäben; Berechnung und Konstruktion. Ausg. Dez. 1984. - DIN 2089 Teil 2. Zylindrische Schraubenfedern aus

runden Drähten und Stäben; Berechnung und Konstruktion von Zugfedern (Vornorm). Ausg. Febr. 1963.
40. Vgl. Walz, K.: Draht 19 (1968) S. 604/12 u. 783/90.
41. Beck, H., R. W. Simon u. R. A. Weber: Wire J. 9 (1976) Nr. 9, S. 160/68.

D 8 Höchstfeste Stähle

1. Randak, A., A. von den Steinen u. E. Gondolf: In: Werkstoffkunde der gebräuchlichen Stähle. T. 2. Düsseldorf 1977. S. 75/95.
2. Randak, A., u. K. Vetter: Arch. Eisenhüttenwes. 40 (1969) S. 285/95.
3. Engell, H.-J., u. M. O. Speidel: Werkst. u. Korrosion 20 (1969) S. 281/300.
4. Beachem, C. D.: Metallurg. Trans. 3 (1972) S. 437/51.
5. Kennedy, J. W., u. J. A. Whittaker: Corrosion Sci. 8 (1968) S. 359/75.
6. Lieurade, H. P., A. Boucher u. P. Rabbe: Circ. Inform. techn. 32 (1975) S. 2253/72.
7. Schmidt, W.: TEW Techn. Ber. 1 (1975) S. 39/55.
8. Schmidt, W.: Draht 29 (1978) S. 185/91 u. 245/50.
9. Ritchie, R. O., u. R. M. Horn: Met. Trans. 9 A (1978) S. 331/41.
10. Jones, F. W., u. W. I. Pumphrey: J. Iron Steel Inst. 163 (1949) S. 121/31.
11. Decker, R. R., J. T. Eash u. A. J. Goldman: Trans. Amer. Soc. Metals 55 (1962) S. 58/76.
12. Peters, D. T., u. C. R. Cupp: Trans. metallurg. Soc. AIME 236 (1966) S. 1420/29.
13. Detert, K.: Arch. Eisenhüttenwes. 37 (1966) S. 579/89.
14. Bungardt, K., u. W. Spyra: Luftfahrttechn.-Raumfahrttechn. 13 (1967) S. 63/67. – Dieselben: DEW Techn. Ber. 9 (1969) S. 316/69.
15. Bourgeot, J., Ph. Meitrepièrre, J. Manenc u. B. Thomas: Mém. sci. Rev. Métallurg. 70 (1973) S. 125/38.
16. Courrier, R., G. Le Caer: Mém. sci. Rev. Métallurg. 71 (1974) S. 692/709.
17. Vetter, K.: Unveröffentlichte Untersuchungen der Metallurgischen Zentrale der Krupp Stahlwerke Südwestfalen AG, Siegen.
18. Altstetter, C. J., M. Cohen u. B. L. Averbach: Trans. Amer. Soc. Metals 55 (1962) S. 287/300.
19. Horn, R. M., u. R. O. Ritchie: Metallurg. Trans 9 A (1978) S. 1039/53.
20. Materkowski, J. P., u. G. Krauss: Metallurg. Trans. 10 A (1979) S. 1643/51.
21. Steinen, A. v. d.: Härterei-techn. Mitt. 17 (1962) S. 210/19.
22. Murray, J. D.: In: High-strength steels. London 1962. (Spec. Rep. Iron Steel Inst. No. 76.) S. 41/50.
23. Sejnoha, R.: Freiberg. Forsch.-H., Reihe B, Nr. 121, 1966, S. 7/81.
24. Matas, S. J., M. Hill u. H. P. Munger: Metals Engng. Quart. 3 (1963) Nr. 3, S. 7/17.
25. Baus, A., J. C. Charbonnier, H.-P. Lieurade, B. Marandet, L. Roesch u. G. Sanz: Rev. Metallurg. 72 (1975) S. 891/935.
26. Gulden, H.: Unveröffentlichte Untersuchungen, Qualitätswesen und Forschung, Krupp Stahlwerke Südwestfalen AG, Siegen.
27. Bungardt, K., O. Mülders u. R. Meyer-Rhotert: Arch. Eisenhüttenwes. 37 (1966) S. 381/89.
28. Roberts, G. A., u. J. C. Hamaker jr.: Härterei-techn. Mitt. 16 (1961) S. 65/75.
29. Schempp, C. G., u. W. A. Morgan: Trans. metallurg. Soc. AIME 224 (1962) S. 420/29.
30. Vetter, K.: Härterei-techn. Mitt. 20 (1965) S. 113/25.
31. Hamaker jr., J. C., u. E. J. Vater: Proc. Amer. Soc. Test. Mater. 60 (1960) S. 691/720.
32. Shannon, J. L., G. B. Espey, A. J. Repko u. W. F. Brown: Proc. Amer. Soc. Test. Mater. 60 (1960) S. 761/77.
33. Carter, C. S.: Metallurg. Trans. 1 (1970) S. 1551/59.
34. Weßling, W., u. K. Vetter: Klepzig Fachber. 76 (1968) S. 677/83 u. 744/52.
35. Bungardt, K., W. Spyra u. A. von den Steinen: Arch. Eisenhüttenwes. 39 (1968) S. 719/31.
36. Magnée, A., J. M. Drapier, J. Dumont, D. Coutsouradis u. L. Habraken: Cobalt-containing high-strength steels. Brüssel 1974.
37. Kunitake, T., u. Y. Okada: The Sumitomo Search No. 20, Nov. 1978, S. 55/64.
38. Soeno, K., T. Kuroda u. K. Taguchi: Trans. Iron Steel Inst. Japan 19 (1979) S. 484/89.
39. Grange, R. A.: Trans. Amer. Soc. Metals 59 (1966) Nr. 1, S. 26/48.
40. Peter, W., u. H. Finkler: Härterei-techn. Mitt. 24 (1969) S. 210/16.

41. Frodl, D., E. Plänker u. K. Vetter: Stahl u. Eisen 101 (1981) S. 75/80.
42. Rose, A., u. H. P. Hougardy: Z. Metallkde. 58 (1967) S. 747/52.
43. Lehnert, W.: Neue Hütte 13 (1968) S. 716/22.
44. Marshall, C. W., J. H. Gehrke, A. M. Sabroff u. F. W. Boulger: J. Metals 18 (1966) S. 328/36.
45. Zackay, V. F., u. E. R. Parker: In: High-strength materials. Ed.: V. F. Zackay. New York, London, Sydney 1965. S. 130/54.
46. Bernstein, M. L., u. K. E. Hensger: Thermomechanische Behandlung und Festigkeit von Stahl. Leipzig 1977.
47. Mulherin, J. H.: Trans. AIME, Ser. D, J. basic Engng., 88 (1966) S. 777/82.
48. Carter, C. S.: Corrosion, Houston 25 (1969) S. 423/31.
49. Hanna, G. L., u. E. A. Steigerwald: Influence of environment on crack propagation and delayed failures in high-strength steels. Techn. Doc. Report RTD-TDR-63-4225 (1964) AD 433 286
50. Kroupa, K. M., u. P. S. Venkatesan: Engng. Fracture Mech. 8 (1976) S. 547/53.
51. Steigerwald, E. A.: Proc. Amer. Soc. Test. Mater. 60 (1960) S. 750/60.
52. Brandis, H., S. Engineer, W. Spyra u. A. v. d. Steinen: TEW Techn. Ber. 4 (1978) S. 54/62.
53. Schütz, W.: Über eine Beziehung zwischen der Lebensdauer bei konstanter und veränderlicher Beanspruchungsamplitude und ihre Anwendbarkeit auf die Bemessung von Flugzeugbauteilen. München 1965. (Dr.-Ing.-Diss. Techn. Hochsch. München)
54. Laborde, L., u. D. Douillet: Rev. Métallurg. 61 (1964) S. 671/81
55. Ladoux, G.: Härterei-techn. Mitt. 23 (1968) S. 14/21.
56. Pomey, G., u. P. Rabbe: Rev. Métallurg. 67 (1970) S. 87/97.
57. Tuffnell, G. W., D. L. Pasquine u. J. H. Olson: Trans. Amer. Soc. Metals 59 (1966) S. 769/83.
58. Hall, A. M., u. C. J. Slunder: The metallurgy, behavior and application of the 18-percent nickel maraging steels. NASA SP – 5051 (1968).
59. Weigel, K.: Z. wirtsch. Fertigung 61 (1966) S. 107/11.
60. Bailey, N., u. C. Roberts: Weld. J. 57 (1978) S. 15/28.
61. Steffens, H. D., u. S. Klingauf: Praktiker 26 (1974) Nr. 2, S. 37/40.
62. Machining difficult alloys. [Hrsg.:] American Society for Metals. Ohio 1962. (ASD-TR 62-7-634.)
63. Olofson, C. T., J. A. Gurklis u. F. W. Boulger: Machining and grinding of ultrahigh-strength steels and stainless steel alloys. NASA – SP – 5084, AD 639 654 (1970).
64. Munger, H. P.: Kobalt 44 (1969), S. 110/21.
65. Coutsouradis, D., N. Lambert, J. M. Drapier u. L. Habraken: Kobalt 37 (1967) S. 170/79.
66. Kunze, G., H.-D. Steffens, R. Deska u. H. Zeilinger: Radex-Rdsch. 1984, S. 428/36.
67. Kawabe, Y., S. Muneki u. K. Nakazawa: Trans. Iron Steel Inst. Japan 20 (1980) S. 682/89.
68. Muneki, S. Y. Kawabe, K. Nakazawa u. H. Yaji: Trans. Iron Steel Inst. Japan 20 (1980) S. 309/17.
69. Brandis, H., S. Engineer u. W. Schmidt: Härterei-techn. Mitt. 39 (1984) S. 224/32.

D 9 Warmfeste und hochwarmfeste Stähle und Legierungen

1. Atomwirtsch./Atomtechn. 23 (1978) Nr. 1, S. 1/2.
2. Wiegand, H., G. Granacher u. M. Sander: Arch. Eisenhüttenwes. 46 (1975) S. 533/49. – Kloos, K. H., J. Granacher, u. E. Abelt: Arch. Eisenhüttenwes. 49 (1978) S. 259/63.
3. ASME boiler code NB 2300. Sect. III Ausg. 1974.
4. Wellinger, K., u. K. Lehr: Mitt. Verein. Großkesselbetr. 49 (1969) S. 190/201 – Lehr, K.: Technisch-wissenschaftliche Berichte der Staatlichen Materialprüfungsanstalt an der Technischen Hochschule Stuttgart 1969, H. 69-02.
5. Schoch, W.: In: VGB-Werkstofftagung 1969. [Hrsg.:] Vereinigung der Großkesselbetreiber. [Essen] 1970. S. 30/41. – Schoch, W., H. Spähn u. H. Kaes: In: VGB-Werkstofftagung 1971. [Hrsg.:] Technische Vereinigung der Großkraftwerksbetreiber. Essen [1972]. S. 93/104.
6. [Technische Regeln für Dampfkessel] TRD 301. Zylindrische Schalen. Berechnung. Ausg. Sept. 1972.
7. Pich, R.: VGB-Kraftwerkstechn. 61 (1981) S. 593/610.
8. Böhm, H.: Arch. Eisenhüttenwes. 45 (1974) S. 821/30.
9. Schmidt, W.: In: Festigkeits- und Bruchverhalten bei höheren Temperaturen. Berichte, gehalten im Kontaktstudium „Werkstoffkunde Eisen und Stahl IV". Hrsg. von W. Dahl u. W. Pitsch. Bd. 1. Düsseldorf 1980. S. 277/342.

10. DIN 50 118. Prüfung metallischer Werkstoffe. Zeitstandversuch unter Zugbeanspruchung. Ausg. Jan. 1982. – DIN 51 226. Werkstoffprüfmaschinen; Schwingprüfmaschinen, Begriffe, allgemeine Anforderungen. Ausg. Dez. 1977.
11. Granacher, J., u. H. Wiegand: Arch. Eisenhüttenwes. 43 (1972) S. 699/704.
12. Wickens, A., A. Strang u. G. Oakes: In: International conference on engineering aspects of creep. Sheffield, Sept. 1980. Bd. 1. S. 11/18.
13. ISO-Standard 6303. März 1981.
14. Arbeitsgemeinschaft für warmfeste Stähle, Arbeitsgemeinschaft für Hochtemperaturwerkstoffe. Vgl. Verein Deutscher Eisenhüttenleute, Mitgliedsverzeichnis. Düsseldorf 1980. S. 55/56. – Krause, M., J. Granacher, K.-H. Keienburg u. K.-H. Mayer: VGB-Kraftwerkstechn. 61 (1981) S. 19/25.
15. Arch. Eisenhüttenwes. 28 (1957) S. 245/323; 33 (1962) S. 27/60.
16. Ergebnisse deutscher Zeitstandversuche langer Dauer. Hrsg.: Verein Deutscher Eisenhüttenleute. Düsseldorf 1969.
17. Keienburg, K.-H., H. Granacher, H. Kaes, M. Krause, K.-H. Mayer u. H. Weber: In: VGB-Werkstofftagung 1980. [Veranst.] VGB Technische Vereinigung der Großkraftwerksbetreiber. Essen 1980. S. 61/128.
18. DIN 50 117. Prüfung von Stahl und Stahlguß. Bestimmung der DVM-Kriechgrenze. Ausg. Juni 1952.
19. Nechtelberger, E., F. Kreitner u. E. Krainer: Arch. Eisenhüttenwes. 44 (1973) S. 135/41.
20. Ruttmann, W., P. Bettzieche, E. Jahn, E.-O. Müller u. U. Schieferstein: Schweißen u. Schneiden 21 (1969) S. 8/17.
21. Jakobeit, W., J. P. Pfeiffer u. G. Ullrich: In: Energiepolitik in Nordrhein-Westfalen. Bd. 14. Düsseldorf 1982.
22. Kloos, K. H., J. Granacher u. H. Demus: Vortragsveranstaltung Arbeitsgemeinschaft warmfester Stähle. Düsseldorf, 4. Dez. 1981.
23. Grünling, H. W., B. Ilschner, S. Leistikow, A. Rahmel u. M. Schmidt: Werkst. u. Korrosion 29 (1978) S. 691/701.
24. Erker, A., Klotzbücher u. K.-H. Mayer: In: MAN Forsch.-H. Nr. 13, 1966/67, S. 62/76.
25. Kußmaul, K., J. Ewald u. G. Maier: Schweißen u. Schneiden 28 (1976) S. 250/55. – Kußmaul, K., J. Ewald u. V. Braun: Stahl u. Eisen 99 (1976) S. 244/50.
26. Dahl, W.: Arch. Eisenhüttenwes. 51 (1980) S. 7/14 u. 37/39.
27. Kloos, K. H., u. H. Diehl: VGB-Kraftwerkstechn. 59 (1979) S. 724/31.
28. Newhouse, D. L., u. D. R. Forest: In: 5. Internationale Schmiedetagung Terni, 6–9 Maggio 1970. [Hrsg.:] Camera di Commercio, Industria, Artigianato e Agricoltura di Terni. Terni. 1971. S. 739/55.
29. Granacher, J.: In: Festigkeits- und Bruchverhalten bei höheren Temperaturen. Berichte, gehalten im Kontaktstudium „Werkstoffkunde Eisen und Stahl IV". Hrsg. von W. Dahl u. W. Pitsch. Bd. 2. Düsseldorf 1980. S. 324/777.
30. Vogels, H. A., P. König u. K.-H. Piehl: Arch. Eisenhüttenwes. 35 (1964) S. 339/51.
31. Straßburger, Chr., u. L. Meyer: Thyssenforsch. 3 (1971) S. 2/7.
32. Meyer, L., H.-E. Bühler u. F. Heisterkamp: Thyssenforsch. 3 (1971) S. 8/43.
33. Adrian, H.: In: Werkstoffkunde der gebräuchlichen Stähle. T. 1. Berichte, gehalten im Kontaktstudium „Werkstoffkunde Eisen und Stahl II". Hrsg. von W. Pitsch. Düsseldorf 1977. S. 205/21.
34. Meyer, L.: Stahl u. Eisen 97 (1977) S. 410/16.
35. Pense, A. W.: Diss. Lehigh Univ. 1962.
36. Forch, K.: In: Grundlagen der Wärmebehandlung von Stahl. Hrsg.: Verein Deutscher Eisenhüttenleute. Düsseldorf 1976. S. 155/71.
37. Sawada, S., u. T. Ohashi: Tetsu to Hagané 63 (1977) S. 1126/33.
38. Piehl, K.-H.: Mitt. Verein Großkesselbetreiber 50 (1970) S. 304/14.
38a. Vinckier, A. G., u. A. W. Pense: WCR Bull. 1975. Nr. 197, S. 1/75. – Schulze, G.: Schweißen u. Schneiden 27 (1975) S. 416/17. – van den Boom, J. E., u. J. P. Mulder: Weld. Res. internat. 2 (1972) S. 20/36. – Cerjak, H., u. W. Debray: In: VGB-Werkstofftagung 1971. [Hrsg.:] Technische Vereinigung der Großkraftwerksbetreiber. Essen [1972]. S. 23/31.
39. Forch, K.: Festigkeits- und Bruchverhalten bei höheren Temperaturen. Berichte, gehalten im Kontaktstudium „Werkstoffkunde Eisen und Stahl IV". Hrsg. von W. Dahl u. W. Pitsch. Düsseldorf 1980. S. 70/121.

40. Murray, J. D.: Brit. Weld. J. 14 (1967) 447/56.
41. Detert, K., R. Banga u. W. Bertram: Arch. Eisenhüttenwes. 45 (1974) S. 245/55.
42. Vougioukas, P.: Über die selektive und kumulative Wirkung von Legierungselementen auf das Relaxationsverhalten von Feinkornbaustählen. Clausthal 1973. (Dr.-Ing.-Diss. Techn. Univ. Clausthal.)
43. Vougioukas, P., K. Forch u. K.-H. Piehl: Stahl u. Eisen 94 (1974) S. 805/13.
44. Piehl, K.-H.: Stahl u. Eisen 93 (1973) S. 568/77.
45. Baird, J. D., u. A. Jamieson: J. Iron Steel Inst. 210 (1972) S. 847/56.
46. Glen, J., R. F. Johnson, J. M. May u. D. Sweetman: In: High-temperature properties of steels. London 1967. (Spec. Rep. Iron Steel Inst. No. 97.) S. 159/224.
47. Baker, T. N.: J. Iron Steel Inst. 205 (1967) S. 315/20.
48. Glen, J., J. Lessels, R. R. Barr u. G. G. Lightbody: In: Structural processes in creep. London 1961. (Spec. Rep. Iron Steel Inst. No. 70.) S. 222/45.
49. Glen, J., u. R. R. Barr: Wie unter [46]. S. 225/26.
50. Argent, B. B., M. N. Niekerk u. G. A. Redfern: J. Iron Steel Inst. 208 (1970) S. 830/43.
51. Fabritius, H., H. Imgrund u. H. Weber: Stahl u. Eisen 91 (1971) S. 1073/80.
52. Krisch, A., F. K. Naumann, H. Keller u. H. Kudielka: Arch. Eisenhüttenwes. 42 (1971) S. 353/57. − Naumann, F. K., H. Keller, H. Kudielka u. A. Krisch: Arch. Eisenhüttenwes. 42 (1971) S. 439/47.
53. Farrow, M.: In: Steels for reactor pressure circuits. London 1961. (Spec. Rep. Iron Steel Inst. No. 69.) S. 89/100.
54. Stahl-Eisen-Werkstoffblatt 470-76. Hitzebeständige Walz- und Schmiedestähle. Ausg. Febr. 1976.
55. Petri, R., E. Schnabel u. P. Schwaab: Arch. Eisenhüttenwes. 51 (1980) S. 355/60.
56. Glen, J., u. J. D. Murray: Wie unter [53]. S. 40/53.
57. Yukitoshi, T., T. Abe, K. Nishida, H. Makiura, H. Yuzawa u. K. Fukushima: Sumitomo Search No. 13, 1975, S. 35/55.
58. Baerlecken, E., u. H. Fabritius: Arch. Eisenhüttenwes. 33 (1962) S. 261/67.
59. Kloos, K. − H., J. Granacher, H. Diehl u. Th. Polzin: Arch. Eisenhüttenwes. 48 (1977) S. 645/48.
60. Krause, M.: VDI-Z. 123 (1981) S. S98/S100 u. S105/S109.
61. Buchi, G. I., I. H. R. Page u. M. P. Sidey: J. Iron Steel Inst. 203 (1965) S. 291/98 u. 485.
62. Viswanathan, R., u. C. G. Beck: Metallurg. Trans. 6 A (1975) S. 1997/2003.
63. Marrison, T., u. A. Hogg: In: Creep strength in steels and high temperature alloys. London 1974. (The Metals Society. Book No. 151.) S. 242/48.
64. Aronsson, B.: In: Die Verfestigung von Stahl. Symposium veranstaltet von der Climax Molybdenum Company in Zürich, 5. u. 6. 5. 1969. Greenwich/Conn. 1970. S. 37/87.
65. Fabritius, H.: In: VDI-Ber. 428. 1981. S. 79/91.
66. Houdremont, E., u. G. Bandel: Arch. Eisenhüttenwes. 16 (1942/43) S. 85/100.
67. Mellor, G. A., u. S. M. Barker: J. Iron Steel Inst. 194 (1960) S. 464/74.
68. Bungardt, K., H. Krainer u. H. Schrader: Stahl u. Eisen 84 (1964) S. 1796/811.
69. Siehe auch Steinen, A. von den: Wie unter [9], Bd. 2. S. 176/210.
70. Oppenheim., R., u. G. Lennartz: DEW Techn. Ber. 4 (1964) S. 1/8.
70a. Koch, W., G. Krisch, A. Schrader u. H. Rohde: Stahl u. Eisen 78 (1958) S. 1251/62.
70b. Schüller, J., P. Schwaab u. H. Ternes: Arch. Eisenhüttenwes. 35 (1964) S. 659/66.
70c. Bungardt, K., u. G. Lennartz: Arch. Eisehüttenwes. 27 (1956) S. 127/33 u. 29 (1958) S. 359/64.
71. Kirkby, H. W., u. R. J. Truman: Iron and Steel 34 (1961) S. 625/29.
72. Richard, K., u. G. Petrich: Chem.-Ing.-Techn. 35 (1963) S. 29/36.
73. Goodell, P. D., T. M. Cullen u. J. W. Freeman: Trans. ASME, Ser. D, J. basic Engng., 89 (1967) S. 517/24.
74. Steinen, A. von den: DEW Techn. Ber. 9 (1969) S. 134/46.
75. Jesper, H., W. Wessling u. K. Achtelik: Stahl u. Eisen 86 (1966) S. 1408/18.
76. Lorenz, K., H. Fabritius u. E. Kranz: Stahl u. Eisen 92 (1972) S. 393/400.
77. Arbeitsgemeinschaft für warmfeste Stähle. Vgl. Arch. Eisenhüttenwes. 28 (1957) S. 245/323 u. 673/730 sowie 33 (1962) S. 27/60.
78. Lennartz, G.: DEW Techn. Ber. 3 (1963) S. 63/67.
79. Gerlach, H.: In: Werkstoffkunde der gebräuchlichen Stähle. T. 2, Hrsg. vom Verein Deutscher Eisenhüttenleute. Düsseldorf 1977. S. 106/20.
80. Rocha, H. J.: DEW Techn. Ber. 2 (1962) S. 16/24.

81. Ruttmann, W., u. N. Brunzel: Mitt. Verein. Großkesselbes. Nr. 80, 1962, S. 310/26.
82. Brennecke, C., u. R. Schinn: Z. VDI 99 (1957) S. 1165/71, 1233/44, 1275/83, 1335/42 u. 1611/19.
83. Murray, J. D.: Iron & Steel 34 (1961) Nr. 14, S. 634/40.
84. Class, I.: Chem.-Ing.-Techn. 29 (1957) S. 372/86.
85. Beattie, H. J., u. W. C. Hagel: Trans. metallurg. Soc. AIME 209 (1957) S. 911/17.
86. Castro, R., u. R. Tricot: Mem. sci. Rev. Métallurg. 61 (1964) S. 573/91.
87. Weiss, B., u. R. Stickler: Metallurg. Trans. 3 (1972) S. 851/66.
88. Wiegand, H., u. M. Duruk: Arch. Eisenhüttenwes. 33 (1962) S. 559/66.
89. Jäger, W., R. Petri u. P. Schwaab: In: Fortschritte in der Metallographie. (Praktische Metallographie. Sonderbd. 10.) Stuttgart 1979. S. 384/400.
90. Fabritius, H.: Arch. Eisenhüttenwes. 48 (1977) S. 443/46.
91. Bungardt, K., A. von den Steinen u. G. Lennartz: DEW Techn. Ber. 9 (1969) S. 218/29.
92. Gerlach, H., u. E. Schmidtmann: Arch. Eisenhüttenwes. 39 (1968) S. 139/49.
93. Lennartz, G., u. A. von den Steinen: DEW Techn. Ber. 9 (1969) S. 163/76.
94. Levitin, V. V.: Fiz. met. i metalloved. 10 (1960) S. 294/97 u. 11 (1961) S. 564/67.
95. Bungardt, K., u. A. von den Steinen: DEW Techn. Ber. 1 (1961) S. 138/50. – Henry, G., A. Mercier, J. Plateau u. G. Hochmann: Rev. Métallurg. 60 (1963) S. 1221/32.
95a. Kautz, H. R., u. H. Gerlach: Arch. Eisenhüttenwes. 39 (1969) S. 151/58. – Egnell, L.: Wie unter [46]. S. 460.
96. Hehemann, R. F., u. G. N. Ault: High temperatur materials. New York 1959.
97. Decker, R. F.: In: Die Verfestigung von Stahl. Symposium, Zürich, 5. u. 6. Mai 1969. Veranst. von der Climax Molybdenum Company. Greenwich/Conn. 1970. S. 147/70.
98. Coutsouradis, D., P. Felix, H. Fischmeister, L. Habraken, Y. Lindblom u. M. O. Speidel; High temperaturen alloys for gas turbines. London 1978.
99. Sims, C. T., u. W. C. Hagel: The superalloys. New York 1972.
100. Bungardt, K., A. von den Steinen u. F. Schubert: Z. Werkst.-Techn. 3 (1972) S. 176/84.
101. Betteridge, W., u. H. Heslop: The Nimonic alloys. 2. ed. London 1974.
102. Sahm, P. R., u. M. O. Speidel: High temperature materials in gas turbines. Amsterdam 1974.
103. David, K., E. Kohlhaas u. H. Müller: In: Warmformung und Warmfestigkeit. Berichte zum Symposium der Deutschen Gesellschaft für Metallkunde, Bad Nauheim 1975. [Hrsg.:] Deutsche Gesellschaft für Metallkunde. Oberursel [1976]. S. 181/202.
104. Schubert, F.: Wie unter [103]. S. 97/121.
105. Steinen, A. von den, u. E. Kohlhaas: In: Werkstoffkunde der gebräuchlichen Stähle. T. 2. Hrsg. vom Verein Deutscher Eisenhüttenleute. Düsseldorf 1967. S. 121/38.
106. Coutsouradis, D., J.-M. Drapier u. G. Davin: Z. Metallkde. 63 (1972) S. 306/14.
107. Piearcey, B. I., u. B. E. Terkelsen: Trans. metallurg. Soc. AIME 239 (1967) S. 1143/50.
108. DIN 17 102. Schweißgeeignete Feinkornbaustähle, normalgeglüht; Technische Lieferbedingungen für Blech, Band, Breitflach-, Form- und Stabstahl. Ausg. Okt. 1983.
109. [Technische Regeln für Dampfkessel] TRD 301 – Berechnung – Ausg. April 1979.
110. Reumont, G. A. von: VGB-Kraftwerkstechn. 54 (1974) S. 418/30.
111. KTA Regel 3201.1 Abschn. 7. Anh. I. April 1978.
112. DIN 17 155. Blech und Band aus warmfesten Stählen; Technische Lieferbedingungen. Ausg. Okt. 1983. – DIN 17 175. Nahtlose Rohre aus warmfesten Stählen; Technische Lieferbedingungen. Ausg. Mai 1979. – DIN 17 177. Elektrisch preßgeschweißte Rohre aus warmfesten Stählen; Technische Lieferbedingungen. Ausg. Mai 1979. – ISO-International Standard 2604: Steel products for pressure purposes. Quality requirements. 1. Ausg. Mai 1975. Part II: Wrought seamless tubes. Part III: Electric resistance and induction-welded tubes. Part IV: Plates.
113. Fabritius, H.: In: VDI-Ber. Nr. 428, 1981, S. 79/91.
114. Schwaab, P., u. H. Weber: In: Eigenschaften warmfester Stähle. Internationale Tagung, Düsseldorf, 3. bis 5. Mai 1972. Zusammenstellung der Fachberichte. Bd. 2. [Hrsg.:] Arbeitsgemeinschaft für warmfeste Stähle, Verein Deutscher Eisenhüttenleute. Düsseldorf 1972. Ber. 6.2.
115. Baerlecken, E., u. H. Fabritius: Arch. Eisenhüttenwes. 33 (1962) S. 261/67.
116. Baerlecken, E., K. Lorenz, P. Bettzieche u. A. Raible: Über den Einfluß der Zusammensetzung und Wärmebehandlung auf die Eigenschaften des Stahles 14 MoV 6 3. Mitt. Verein. Großkesselbes. H. 88, 1964, S. 1/26.
117. Geiger, T.: In: VGB-Werkstofftagung 1971. [Hrsg.:] Technische Vereinigung der Großkraftwerksbetrieber. Essen [1972]. S. 79/84 u. 104/09.

118. Stahl-Eisen-Werkstoffblatt 555. Stähle für größere Schmiedestücke als Bauteile von Turbinen- und Generatoranlagen. 1. Ausg. Aug. 1984.
119. DIN 17 240. Warmfeste und hochwarmfeste Werkstoffe für Schrauben und Muttern; Gütevorschriften. Ausg. Juli 1976.
120. Class, I.: Stahl u. Eisen 80. (1960) S. 1117/35; s. bes. S. 1122/25.
121. Weßling, W.: Sie & Wir [Werksz. d. Stahlwerke Südwestfalen AG] Nr. 17, 1976, S. 4/12.
122. Stahl-Eisen-Werkstoffblatt 670-69. Hochwarmfeste Stähle. Gütevorschriften. Ausg. 1969.
123. DIN 17 243. Warmfeste schweißgeeignete Stähle in Form von Schmiedestücken oder gewalztem oder geschmiedetem Stabstahl. Technische Lieferbedingungen. Entwurf Aug. 1984.
124. DIN 17 245: Warmfester ferritischer Stahlguß. Ausg. Okt. 1977.
125. Jackson, W. J.: Gieß.-Praxis 1965, S. 312/19.
126. Zeuner, H.: Gießerei 44 (1957) S. 1/7.
127. Uhlitzsch, H., u. G. Radomski: Technik 16 (1961) S. 631/33.
128. Mayer, K. H., u. W. Rieß: VGB-Kraftwerkstechn. 56 (1976) S. 150/54.
129. Mayer, K. H., W. Gysel, A. Trautwein u. D. Tremmel: In: VGB-Werkstofftagung 1978. [Veranst.] VGB Technische Vereinigung der Großkraftwerksbetreiber. Essen 1978. S. 204/41.
130. Böhm, H.-J., W. Gysel, K.-H. Mayer u. A. Trautwein: In: VGB-Werkstofftagung 1983. [Hrsg.:] Technische Vereinigung der Großkesselbetreiber. Essen [1983]. S. 194/230.
131. Errington, T., u. M. C. Murphy: Brit. Foundrym. 66 (1973) S. 294/304.
132. Batte, A. D., J. M. Brear, R. Holdsworth, J. Myers u. P. E. Reynolds: Philos. Trans. R. Soc., London, A 295 (1980) S. 253/64.
133. Miller, R. C., u. A. D. Batte: Metal Constr. 7 (1975) S. 559/58.
134. Untersuchungen der Arbeitsgemeinschaft für warmfeste Stähle. Vgl. [77].
135. Schinn, R., E. O. Müller u. U. Schieferstein: In: VGB-Werkstofftagung 1969. [Hrsg.:] Vereinigung der Großkesselbetreiber. Essen [1970]. S. 54/89.
136. Schinn, R., F. Staif u. W. Wiemann: VGB-Kraftwerkstechn. 54 (1974) S. 456/71.
137. Stahl-Eisen-Werkstoffblatt 410-81. Nichtrostender Stahlguß. Gütevorschriften. Ausg. März 1981. – Stahl-Eisen-Werkstoffblatt 470-76. Hitzebeständige Walz- und Schmiedestähle. Ausg. Febr. 1976. – Stahl-Eisen-Werkstoffblatt 590-61. Druckwasserstoffbeständige Stähle. Ausg. Dez. 1961. – Stahl-Eisen-Werkstoffblatt 640-75. Stähle für Bauteile im Primärkreislauf von Kernenergie-Erzeugungsanlagen. Ausg. Mai 1975. – Stahl-Eisen-Werkstoffblatt 670-69. Hochwarmfeste Stähle; Gütevorschriften. Ausg. Febr. 1969. – Stahl-Eisen-Lieferbedingungen 675-69. Nahtlose Rohre aus hochwarmfesten Stählen. Ausg. Febr. 1969. – Werkstoff-Handbuch der Deutschen Luftfahrt. 2 Bde. Hrsg. vom Bundesverband der Deutschen Luftfahrtindustrie. [Köln] 1956. – AD-Merkblatt W 2. Ausg. Dez. 1977. – ISO-International Standard 2604. Stähle für Druckbehälter. Ausg. Mai 1975.
138. Ruttmann, W., K. Baumann u. M. Möhling: Schweißtechn., Wien, 11 (1957) S. 6/10 u. 19/22.
139. Class, I., H. R. Kautz u. H. Gerlach: In: VGB-Werkstofftagung 1969. [Hrsg.:] Vereinigung der Großkesselbetreiber. Essen [1970]. S. 42/54.
140. Lorenz, K., H. Fabritius u. E. Kranz: Schweißen u. Schneiden 20 (1968) S. 459/64.
141. Gerlach, H.: In: Werkstoffkunde der gebräuchlichen Stähle. T. 2. Hrsg. vom Verein Deutscher Eisenhüttenleute. Düsseldorf 1977. S. 106/20.
142. Lorenz, K., H. Fabritius u. E. Kranz: Stahl u. Eisen 92 (1972) S. 393/400.
143. Kautz, H. R., H. F. Klärner u. E. Schmidtmann: Arch. Eisenhüttenwes. 36 (1965) S. 571/82.
144. Arbeitsgemeinschaft für warmfeste Stähle. Vgl. [77].
145. Bungardt, K., A. von den Steinen u. G. Lennartz: DEW Techn. Ber. 9 (1969) S. 218/29.
146. Egnell, L.: Wie unter [46]. S. 460.
147. Schirra, M.: Kernforschungszentrum Karlsruhe, KfK-Bericht 2296, Juni 1976.
148. Böhm, H.: Kernforschungszentrum Karlsruhe. KfK-Bericht 985, Juli 1969. – Derselbe: Arch. Eisenhüttenwes. 45 (1974) S. 821/30.
149. DIN 17 480. Ventilwerkstoffe. Technische Lieferbedingung. Ausg. Sept. 1984. – EURONORM 90-71. Stähle für Auslaßventile von Verbrennungskraftmaschinen Ausg. Aug. 1971. – ISO-Empfehlung ISO/R 683 T.XV. Stähle für Ventile von Verbrennungskraftmaschinen. 1976.
150. Stahl-Eisen-Werkstoffblatt 470-76. Hitzebeständige Walz- und Schmiedestähle. Ausg. Febr. 1976. – EURONORM 95-79. Hitzebeständige Stähle. Ausg. Febr. 1979. – ISO-Empfehlung ISO/DIS 4955. Hitzebeständige Stähle und Legierungen. Entw. 1976.
151. DIN 17 225. Warmfeste Stähle für Federn, Güteeigenschaften. Vornorm April 1955.

152. Bandel, G., u. K. Gebhard: Ber. Dt. Lilienthal-Ges. Luftfahrt-Forsch. Nr. 172, 1943, S. 138/52.
153. Materials and processing databook. Metal Progr. 122 (1982) Mid-June, Nr. 1, S. 46; 124 (1983) Mid-June, Nr. 1, S. 60; 126 (1984) Nr. 1, S. 82.
154. Sims, T. S., u. W. C. Hagel: The superalloys. New York 1972.
155. Betteridge, W., u. H. Heslop: The Nimonic alloys. London 1974.
156. Metal Progr. 121 (1982) Nr. 1, S. 38, 40, 42, 46 u. 49.
157. Sahm, P. R., u. M. O. Speidel: High temperature materials in gas turbines. Amsterdam 1974.

D 10 Kaltzähe Stähle

1. Haneke, M., u. W. Middeldorf: Sonderdruck der HOESCH Hüttenwerke AG, Dortmund. 31 S., aus: Die Kälte 1974, Nr. 12 u. 1975, Nr. 1, 2, 3 u. 4.
2. Degenkolbe, J., u. M. Haneke: Rohre Rohrleitungsbau Rohrleitungstransport 17 (1978) S. 514/20.
3. Bersch, B., J. Degenkolbe, M. Haneke u. W. Middeldorf: Stahl u. Eisen 98 (1978) S. 763/78.
4. Müsgen, B., u. J. Degenkolbe: Bänder Bleche Rohre 14 (1973) S. 245/52.
5. AD-Merkblatt W 10 Bl. 1. Werkstoffe für tiefe Temperaturen, Eisenwerkstoffe. Ausg. Nov. 1976.
6. Degenkolbe, J., u. B. Müsgen: Mater.-Prüf. 11 (1969) S. 365/72.
7. Degenkolbe, J.: Techn. Überwachung 10 (1969) S. 259/69.
8. Degenkolbe, J., u. B. Müsgen: Mater.-Prüf. 12 (1970) S. 413/20.
9. Haneke, M., B. Müsgen u. J. Petersen: Fachber. Hüttenprax. Metallweiterverarb. 19 (1981) S. 646/48, 654/60 u. 663/65.
10. DIN 17 102. Schweißgeeignete Feinkornbaustähle normalgeglüht. Technische Lieferbedingungen für Blech, Band, Breitflach-, Form- und Stabstahl. Ausg. Okt. 1983.
11. DIN 17 280. Kaltzähe Stähle. Technische Lieferbedingungen für Blech, Breitflachstahl, Formstahl, Stabstahl und Schmiedestücke. Ausg. April 1985. – Siehe auch DIN 17 173. Nahtlose kreisförmige Rohre aus kaltzähen Stählen; Technische Lieferbedingungen. Ausg. Febr. 1985. – DIN 17 174. Geschweißte kreisförmige Rohre aus kaltzähen Stählen; Technische Lieferbedingungen. Ausg. Febr. 1985.
12. DIN 17 440. Nichtrostende Stähle. Technische Lieferbedingungen für Blech, Warmband, Walzdraht, gezogenen Draht, Stabstahl, Schmiedestücke und Halbzeug. Ausg. Juli 1985. – DIN 17 441. Nichtrostende Stähle. Technische Lieferbedingungen für kaltgewalzte Bänder und Spaltbänder sowie daraus geschnittene Bleche. Ausg. Juli 1985.
13. Jesper, H., u. K. Achtelik: Techn. Ber. Nr. 35 der Stahlwerke Südwestfalen AG, Geisweid. 0.0.1965. 44 S.
14. Behrenbeck, H., M. Haneke u. P. Sapp: Schweißen u. Schneiden 1 (1970) Bericht 21. S. 3/8.
15. Eichelmann, G. H. jr., u. F. C. Hull: Trans. Amer. Soc. Metals 45 (1953) S. 77/104.
16. Angel, T.: J. Iron Steel Inst. 177 (1954) S. 165/74 u. 1 Taf.
17. Schumann, H., u. H. J. v. Fircks: Arch. Eisenhüttenw. 40 (1969) S. 561/68.
18. Schumann, H.: Eisenhüttenw. 41 (1970) S. 1169/75.
19. Tamura, J., T. Maki u. H. Hator: Trans. Iron Steel Inst. Japan 10 (1970) S. 163/72.
20. Sanderson, G. P., u. D. T. Llewellyn: J. Iron Steel Inst. 207 (1969) S. 1129/40.
21. Fujikura, M., K. Takada u. K. Ishida: Trans. Iron Steel Inst. Japan 15 (1975) S. 464/69.
22. Gueussier, A., u. R. Castro: Rev. Métallurg. 55 (1958) S. 107/22.
23. Haynes, A. G., K. Firth, G. E. Hollex u. J. Buchan: In: Properties of Material for liquified natural gas tankage. Philadelphia/Pa. 1975 (ASTM Spec. Techn. Publ. No. 579) S. 288/293.
24. EURONORM 129-76. Blech und Band aus nickellegierten Stählen für die Verwendung bei tiefen Temperaturen. Gütevorschriften. Ausg. März 1976.
25. EURONORM 141-79. Blech und Band aus austenitischen nichtrostenden Stählen zur Verwendung bei tiefen Temperaturen. Technische Lieferbedingungen. Ausg. Nov. 1979.
26. Binder, W. O.: Metal Progr. 58 (1950) Nr. 2, S. 201/07.
27. Randak, A., W. Weßling, H. E. Bock, H. Steinmaurer u. L. Faust: Stahl u. Eisen 91 (1971) S. 1255/70.
28. Swales, G. L., u. A. G. Haynes: 2nd Liquified Natural Gas Transportation Conference Oct. 1972. The International Nickel Company of Canada, Ltd. (Inco Publ. 4376c) S. 1/11.
29. Degenkolbe, J., H. Höhne u. D. Uwer: In: DVS-Berichte Bd. 64. 1980. S. 69/79.

30. DIN 8556 Teil 1. Schweißzusatzwerkstoffe für das Schweißen nichtrostender und hitzebeständiger Stähle; Bezeichnungen, Technische Lieferbedingungen. Ausg. März 1976 (Neuausgabe in Vorbereitung, derzeit Entwurf Sept. 1984).
31. DIN 1736 Teil 1. Schweißzusätze für Nickel und Nickellegierungen; Zusammensetzung, Verwendung und Technische Lieferbedingungen. Ausg. Juni 1979. - DIN 1736 Teil 2. Schweißzusätze für Nickel und Nickellegierungen; Prüfstück, Proben, mechanisch-technologische Gütewerte. Ausg. April 1980.
32. DIN 32 525 Teil 1. Prüfung von Schweißzusätzen mittels Schweißgutproben; Lichtbogengeschweißte Prüfstücke; Proben für mechanisch-technologische Prüfungen. Ausg. Dez. 1981 - DIN 32 525 Teil 2. Prüfung von Schweißzusätzen mittels Schweißgutproben; Prüfstücke für die Ermittlung der chemischen Zusammensetzung bei geringem Wärmeeinbringen. Ausg. Aug. 1979.

D 11 Werkzeugstähle

1. DIN 17 350. Werkzeugstähle. Technische Lieferbedingungen. Ausg. Okt. 1980.
2. EURONORM 20-74. Begriffsbestimmungen und Einteilung der Stahlsorten. Ausg. Sept. 1974.
3. DIN 8580. T. 2. Fertigungsverfahren; Übersicht. Entw. Juni 1983.
4. Wilmes, S.: In: Werkstoffkunde der gebräuchlichen Stähle. T. 2. Hrsg.: Verein Deutscher Eisenhüttenleute, Düsseldorf 1977. S. 200/04.
5. Hamaker jr., J. C., V. C. Stang u. G. A. Roberts: Trans. Amer. Soc. Metals 49 (1957) S. 550/75.
6. Wilmes, S.: Wie unter [4], S. 247/64.
7. Roberts, G. A.: Trans. Metallurg. Soc. AIME 236 (1966) S. 950/63.
8. DIN 50 351. Prüfung metallischer Werkstoffe; Härteprüfung nach Brinell. Ausg. Jan. 1973. Neuausg. in Vorbereitung, derzeit Entw. Jan. 1984.
9. DIN 50 103. T. 1. Prüfung metallischer Werkstoffe; Härteprüfung nach Rockwell, Verfahren C, A, B, F. Ausg. März 1984.
10. DIN 50 133. T. 1. Prüfung metallischer Werkstoffe; Härteprüfung nach Vickers, Prüfkraftbereich: 49 bis 980 N (5 bis 100 kp). Ausg. Febr. 1985.
11. ASTM E 448-72. Scleroscope hardness. Testing of metallic materials.
12. Hengemühle, W.: Arch. Eisenhüttenwes. 42 (1971) S. 201/11.
13. Koester, R. D., u. D. P. Moak: J. Amer. Ceram. Soc. 50 (1967) S. 290/96.
14. DIN 50 150. Prüfung von Stahl und Stahlguß. Umwertungstabelle für Vickershärte, Binellhärte, Rockwellhärte und Zugfestigkeit. Ausg. Dez. 1976.
15. Lütjering, G., u. E. Hornbogen: Z. Metallkde. 59 (1968) S. 29/46.
16. Grosch, J.: In: Grundlagen der technischen Wärmebehandlung von Stahl. Hrsg. J. Grosch, Karlsruhe 1981, S. 25/49.
17. Bain, E. C., u. H. W. Paxton: Alloying elements in steel. 2nd ed. (Hrsg.) American Society of Metals. Metals Park/Ohio. 1966.
18. Hodge, J. M., u. M. A. Orehoski: Trans. Amer. Inst. min. met. Engrs. 167 (1946) S. 627/42.
19. Mitsche, R., u. K. L. Maurer: Arch. Eisenhüttenwes. 26 (1955) S. 563/65.
20. Just, E.: Härterei-techn. Mitt. 23 (1968) S. 85/100.
21. Just, E.: In: [16] S. 167/89.
22. Ilschner, B.: Werkstoffwissenschaften. Berlin, Heidelberg, New York 1982. S. 81.
23. DIN 17 014. T. 1. Wärmebehandlung von Eisenwerkstoffen; Fachbegriffe und -ausdrücke. Ausg. März 1975.
24. Peter, W., A. Klein u. H. Finkler: Arch. Eisenhüttenwes. 38 (1967) S. 561/69.
25. Rose, A.: Härterei-techn. Mitt. 21 (1966) S. 1/6.
26. Bühler, H., u. A. Rose: Arch. Eisenhüttenwes. 40 (1969) S. 411/23.
27. Stahl-Eisen-Prüfblatt 1665-71. Prüfung der Härtbarkeit von Edelstählen mit Härtebruchproben. Ausg. Dez. 1971.
28. DIN 50191. Prüfung von Eisenwerkstoffen; Stirnabschreckversuch, Probenlänge 100 mm, Probendurchmesser 25 mm. Ausg. Juni 1982.
29. Rose, A., u. L. Rademacher: Stahl u. Eisen 23 (1956) S. 1570/73.
30. Hollomon, J. H., u. L. D. Jaffe: Trans. Amer. Inst. min. metallurg. Engrs., Iron Steel Div., 162 (1945) S. 223/49.

31. Stahl-Eisen-Werkstoffblatt 250-63. Legierte Warmarbeitsstähle. Ausg. März 1963. - S. a. Briefs, H., u. M. Wolf: Warmarbeitsstähle. Düsseldorf 1975. S. 8/11.
32. Bungardt, K., O. Mülders u. G. Lennartz: Arch. Eisenhüttenwes. 32 (1961) S. 823/41.
33. Bungardt, K., u. O. Mülders: Stahl u. Eisen 86 (1966) S. 150/60. - Bungardt, K., O. Mülders u. G. Lennartz: Arch. Eisenhüttenwes. 32 (1961) S. 823/41.
34. Simcoe, C. R., u. A. E. Nehrenberg: Trans. Amer. Soc. Metals 58 (1965) S. 378/90.
35. Simcoe, C. R., A. E. Nehrenberg, V. Biss u. A. Coldren: Trans. Amer. Soc. Metals 61 (1968) S. 834/42.
36. Haberling, E.: Wie unter [4], S. 233/46.
37. Weigand, H. H., u. E. Haberling: TEW Techn. Ber. 1 (1975) S. 110/21.
38. Wilmes, S.: Wie unter [4], S. 247/64.
39. Brandis, H., P. Gümpel, E. Haberling u. H. H. Weigand: TEW Techn. Ber. 7 (1981) S. 221/30.
40. DIN 50106. Prüfung metallischer Werkstoffe; Druckversuch. Ausg. Dez. 1978.
41. Stahl-Eisen-Prüfblatt 1320. Statischer Biegeversuch an Stählen geringen Verformungsvermögens. Entwurf 1962.
42. Wilmes, S.: Arch. Eisenhüttenwes. 35 (1964) S. 649/57.
43. Randak, A., A. Stanz u. W. Verderber: Stahl u. Eisen 92 (1972) S. 981/93.
44. Wilmes, S.: Stahl u. Eisen 81 (1961) S. 676/84.
45. Arch. Eisenhüttenwes. 33 (1962) S. 461/83.
46. Bungardt, K., O. Mülders u. W. Schmidt: Stahl u. Eisen 81 (1961) S. 670/75.
47. Mülders, O., u. R. Meyer-Rhotert: DEW Techn. Ber. 1 (1961) S. 96/106.
48. Brandis, H., u. K. Wiebking: DEW Techn. Ber. 11 (1971) S. 158/65.
49. Wilmes, S.: Nicht veröffentlichte Untersuchungsergebnisse.
50. Kroneis, M., E. Krainer u. F. Kreitner: Berg- u. hüttenm. Mh. 113 (1968) S. 416/25.
51. Bayer, E., u. H. Seilsdorfer: Arch. Eisenhüttenwes. 53 (1982) S. 494/500.
52. Bungardt, K., O. Mülders u. R. Meyer-Rhotert: Arch. Eisenhüttenwes. 37 (1966) S. 381/89.
53. Kulmburg, A., G. Schöberl u. K. Koch: Österr. Ing.-Z. 24 (1981) S. 404/08.
54. Randak, A., u. W. Verderber.: Berg- u. hüttenm. Mh. 121 (1976) S. 39/91.
55. Habig, K.-H.: Verschleiß und Härte von Werkstoffen. München u. Wien 1980. S. 35 u. 216.
56. Habig, H.-K.: Z. Werkstoffkd. 4 (1973) S. 33/40.
57. Danzer, R., u. F. Sturm: Arch. Eisenhüttenwes. 53 (1982) S. 245/50.
58. Voss, H., E. Wetter u. F. Netthöfel: Arch. Eisenhüttenwes. 38 (1967) S. 379/86.
59. Bühler, H., F. Pollmar u. A. Rose: Arch. Eisenhüttenwes. 41 (1970) S. 989/96.
60. Elsen, E., G. Elsen u. M. Markworth: Metall 19 (1965) S. 334/45.
61. Berns, H.: Wie unter [4], S. 205/13.
62. Berns, H., P. Gümpel, W. Trojan u. H. H. Weigand: Arch. Eisenhüttenwes. 55 (1984) S. 267/70.
63. Trojan, W.: Gefüge und Eigenschaften ledeburitischer Chromstähle mit Niob und Titan. (Fortschrittsberichte VDI. Reihe 5. Nr. 90.) Düsseldorf 1985. S. 64.
64. Berns, H., u. W. Trojan: Radex Rdsch. 1985, H. 1/2, S. 560/67.
65. Trojan, W.: Diss. Ruhr-Universität Bochum 1985.
66. Liedtke, D.: Z. wirtsch. Fertigung 75 (1980) S. 33/48.
67. Wahl, G.: VDI-Z. 117 (1975) S. 785/89.
68. Rapatz, F.: Die Edelstähle. 5. Aufl. Berlin, Göttingen, Heidelberg 1962.
69. Liedtke, D.: Z. wirtsch. Fertigung 65 (1970) S. 234/37.
70. Finnern, B., u. H. Kunst: Härterei-techn. Mitt. 30 (1975) S. 26/33.
71. Atens, H. von, u. H. Kunst: Härterei-techn. Mitt. 28 (1973) S. 266/70.
72. Fichtl, W.: Härterei-techn. Mitt. 29 (1974) S. 113/19.
73. Hutterer, K., u. E. Krainer: Berg- u. hüttenm. Mh. 121 (1976) S. 187/92.
74. Inzenhofer, A.: Fachber. Hüttenpraxis Metallweiterverarb. 22 (1984) S. 318/30 u. 819/33.
75. Ruppert, W.: Metalloberfläche 14 (1960) S. 193/98.
76. Hintermann, H. E., u. H. Gass: Schweiz. Arch. angew. Wiss. u. Techn. 33 (1967) S. 157/66.
77. Peterson, D.: Z. Werkstoffe u. ihre Veredlung 2 (1980) S. 173/82.
78. Schintlmeister, W., O. Pacher, W. Wallgram u. J. Kanz: Metall 34 (1980) S. 905/09.
79. Straten, P. J. M. van der, u. G. Verspui: VDI-Z. 124 (1982) S. 693/98.
80. Liedtke, D.: Härterei-Techn. Mitt. 37 (1982) S. 160/65.
81. Demny, J., u. G. Wahl: Härterei-Techn. Mitt. 37 (1982) S. 166/73.
82. Bosch, M., u. E. Boecker: Ind.-Anz. 105 (1983) Nr. 35, S. 30/33.

83. König, W., u. J. Fabry: Metall 37 (1983) S. 709/17.
84. Münz, W. D., u. G. Hessberger: Werkstoffe u. ihre Veredlung 3 (1981) S. 108/13.
85. Frey, H.: VDI-Z. 123 (1981) S. 519/25.
86. Kübert, M., u. R. Woska: Werkst. u. Betr. 116 (1983) S. 91/96, 117/26 u. 241/50.
87. Woska, R.: Stahl u. Eisen 102 (1982) S. 1013/17.
88. Bungardt, K., u. W. Spira: Arch. Eisenhüttenwes. 36 (1965) S. 257/67.
89. Krainer, H., K. Swoboda u. F. Rapatz: Arch. Eisenhüttenwes. 20 (1949) S. 111/15.
90. Keil, E.: Stahl u. Eisen 80 (1960) S. 1805/11.
91. Volmer, H.: Unveröff. Ber., vorgetragen im Unterausschuß für Werkzeugstähle des Werkstoffausschusses des Vereins Deutscher Eisenhüttenleute. Febr. 1961.
92. Williams, D. N., M. L. Kohn, R. M. Evans u. R. I. Jaffee: Mod. Castings 37 (1969) S. 19/25.
93. Rädeker, W.: Stahl u. Eisen 74 (1954) S. 929/43.
94. Bungardt, K., H. Preisendanz u. O. Mülders: Arch. Eisenhüttenwes. 32 (1961) S. 561/72.
95. Kindbom, L.: Arch. Eisenhüttenwes. 35 (1964) S. 773/80.
96. Kasak, A., u. G. Steven: Vortrag Nr. 112 beim 6. SDCE-Congress, Cleveland/Ohio, 1970.
97. Briefs, H., u. M. Wolf: Warmarbeitsstähle. Düsseldorf 1975. S. 8/11.
98. Schindler, A.: Leoben 1981 (Diss. Montan. Hochsch. Leoben). S. a. Gießerei- Rdsch. H. 12, 1981, S. 1/6.
99. Krebs, W.: Gießerei 65 (1978) S. 645/52 u. 733/40.
100. Bungardt, K., K. Kunze u. E. Horn: Arch. Eisenhüttenwes. 29 (1958) S. 193/203.
101. Bungardt, K., K. Kunze u. E. Horn: Arch. Eisenhüttenwes. 38 (1967) S. 309/312; 39 (1968) S. 863/67 u. 949/51.
102. Bäumel, A., u. C. Carius: Arch. Eisenhüttenwes. 32 (1961) S. 237/49.
103. Koenig, R. F.: Iron Age 172 (1953) Nr. 8, S. 129/33.
104. Schönert, K.: Gießerei 48 (1961) S. 257/60.
105. Horstmann, D.: Stahl u. Eisen 73 (1953) S. 659/65.
106. Berns, H.: Z. wirtsch. Fertigung 66 (1971) S. 289/95.
107. Dechema-Werkstoff-Tabellen A 49. 235.420.1 u. A 49. 235.420.2.
108. Mott, N. S.: Chem. Engng. Progr. 50 (1954) S. 45 u. S. 532.
109. Heumann, Th., u. S. Dittrich: Z. Metallkde. 50 (1959) S. 617/25.
110. EURONORM 52–83. Begriffe der Wärmebehandlung von Eisenwerkstoffen. Ausg. Mai 1983.
111. Hribernik, B., u. F. Russ: Arch. Eisenhüttenwes. 53 (1982) S. 373/77.
112. Schuhmacher, B. M.: Techn. Zbl. prakt. Metallberab. 78 (1984) S. 23/28.
113. Frehser, J., u. O. Lowitzer: Stahl u. Eisen 77 (1957) S. 1221/33.
114. Frehser, J., u. O. Lowitzer: Werkstattstechn. u. Masch. Bau 47 (1957) S. 558/63.
115. Bühler, H., u. E. Herrmann: VDI-Z. 103 (1961) S. 436–42. - VDI-Z. 103 (1961) S. 1229/35. - Arch. Eisenhüttenwes. 35 (1964) S. 1089/95.
116. Berns, H., A. Kulmburg u. E. Staska: VDI-Z. 114 (1972) S. 1229/33.
117. Berns, H.: Z. Werkst. Techn. 8 (1977) S. 149/57.
118. Haberling, E., u. H. H. Weigand: Thyssen Edelstahl Techn. Ber. 9 (1983) S. 89/95.
119. Lemont, B. S.: Distortion in tool steels. Publ. by the American Society for Metals. Metals Park, Novelty, Ohio 1959.
120. Wilmes, S., u. A. Kulmburg: noch nicht veröff. Untersuchung.
121. Krainer, E., A. Schindler, A. Kulmburg u. K. Hutterer: Metall 29 (1979) S. 487/92.
122. Kroneis, M., E. Krainer u. F. Kreitner: Berg- u. hüttenm. Mh. 113 (1968) S. 416/25.
123. Swoboda, K., A. Kulmburg, E. Staska u. R. Blöck: Berg- u. hüttenm. Mh. 116 (1971) S. 94/98.
124. Haberling, E., R. Bennecke u. K. Köster: TEW Techn. Ber. 5 (1979) S. 121/28.
125. Pawelski, O.: Z. Metallkde. 68 (1977) S. 79/89.
126. TEW Techn. Ber. 5 (1979) S. 17/21.
127. Künelt, G., u. H. Straube: Berg.- u. hüttenm. Mh. 111 (1966) S. 398/405.
128. Staska, E., u. A. Kulmburg: Z. Werkstofftechn. 4 (1973) S. 41/49.
129. Thelning, K.-E.: Werkstattstechn. u. Masch.-bau 48 (1958) S. 209/15.
130. Thelning, K.-E.: Schweiz. Arch. angew. Wiss. u. Techn. 27 (1961) S. 503/10.
131. Hoischen, J.: Belastbarkeit und Abformgenauigkeit der Stempel beim Kalteinsenken. Hannover 1966. (Dr.-Ing.-Diss. Techn. Hochsch. Hannover.) Auch: Forschungsberichte des Landes Nordrhein-Westfalen. Nr. 1625.
132. Brandis, H., P. Gümpel u. E. Haberling: Thyssen Edelstahl Techn. Ber. 7 (1981) S. 123/33.

133. Ortmann, R., u. E. Haberling: TEW Techn. Ber. 1 (1975) S. 142/46.
134. Hellmann, P.: Werkst. u. Betr. 108 (1975) S. 277/79.
135. Fachber. Hüttenprax. Metallweiterverarb. 15 (1977) S. 169/73.
136. Stahleinsatzliste 171. Stähle für Werkzeuge der Kunststoffverarbeitung. 4. Aufl. Hrsg.: Verein Deutscher Eisenhüttenleute Düsseldorf 1972.
137. Verderber, W., u. B. Leidel: Kunststoffe 69 (1979) S. 719/26.
138. Sidan, H.: Berg- u. hüttenm. Mh. 122 (1977) S. 93/98.
139. Jänichen, H.: Neue Hütte 21 (1976) S. 97/101.
140. Becker, H.-J.: VDI-Z. 113 (1971) S. 385/90.
141. Becker, H.-J.: VDI-Z. 114 (1972) S. 527/32.
142. Kortmann, W.: TEW Techn. Ber. 9 (1983) S. 71/80.
143. Krumpholz, R., u. R. Meilgen: Kunststoffe 63 (1973) S. 286/91.
144. Dittrich, A., u. W. Kortmann: Thyssen Edelstahl Techn. Ber. 7 (1981) S. 190/99.
145. Steel products manual. Tool steels. (Hrsg.) American Iron and Steel Institute. New York 1978.
146. Breitler, R.: Gießerei Prax. Nr. 1, 1981, S. 1/8.
147. Stein, H. K.: VDI-Z. 115 (1973) S. 275/85.
148. Stäbli, G., H. Schlicht u. E. Schreiber: Z. Werkst.-Techn. 7 (1976) S. 198/208.
149. Horstmann, D.: Arch. Eisenhüttenwes. 46 (1975) S. 137/41.
150. Haberling, E., u. K. Rasche: Thyssen Edelstahl Techn. Ber. 9 (1983) S. 111/20.
151. Schindler, A., K. Hutterer, A. Kulmburg u. G. Preininger: Berg.- u. hüttenm. Mh. 120 (1975) S. 285/93.
152. Barten, G.: Z. Wirtschaftl. Fertigung 72 (1977) S. 307/13.
153. Stahl-Einsatzliste 198. Düsseldorf 1975.
154. Schindler, A., u. A. Kulmburg: Gießerei Rdsch. 21 (1974) S. 65/71.
155. Hiller, H.: Gießerei 60 (1973) S. 206/14.
156. Becker, H.-J.: Wirtschaftl. Fertigung 64 (1969) S. 353/57 u. 451/55.
157. Verderber, W.: Maschine 10 (1969) S. 41/42.
158. Köster, R.: Fachber. Hüttenprax. u. Metallweiterverarb. 13 (1975) S. 399/407.
159. Höpken, H.: Sie & Wir (Werksz. der Fried. Krupp Hüttenwerk AG) Nr. 3, 1978, S. 37/39.
160. Köster, R.: Fachber. Hüttenprax. Metallverarb. 13 (1975) S. 399/407.
161. Lange, K.: Blech Rohre Profile 26 (1979) S. 511/13, 576/80 u. 649/52. – Derselbe: Draht 30 (1979) S. 612/14, 664/68 u. 763/66.
162. Müller, C. A., u. R. Fizia: In: Werkstoff-Handbuch Stahl u. Eisen. 4. Aufl. Hrsg. vom Verein Deutscher Eisenhüttenleute. Düsseldorf 1965. S. H 31-1/31-2.
163. Feldmann, H.-D.: VDI-Z. 121 (1979) S. 72/78.
164. Brandis, H., E. Haberling, W. Hückelmann u. H. Kempkens: Thyssen Edelstahl Techn. Ber. 9 (1983) S. 153/65.
165. Heinrich, E.: Fachber. Hüttenprax. Metallverarb. 16 (1978) S. 874/80.
166. Haberling, E.: Thyssen Edelstahl Techn. Ber. 3 (1977) S. 135/39.
167. Jonck, R.: Z. wirtsch. Fertigung 76 (1981) S. 496/502.
168. VDI-Richtlinie 3186. Werkzeuge für das Kaltpressen von Stahl. Ausg. Juni 1974.
169. Zapf, G., G. Hoffmann u. K. Dalal: Z. Werkst.-Techn. 6 (1975) S. 384/90 u. 424/32.
170. Becker, H.-J.: Vortrag beim Seminar „Neue Entwicklung in der Massivumformtechnik" der Forschungsgesellschaft Umformtechnik, 1981.
171. Kiefer, J., u. A. Schindler: Berg- u. hüttenm. Mh. 121 (1976) S. 449/53.
172. Köster, R., u. F. Schubert: TEW Techn. Ber. 1 (1975) S. 154/61.
173. Berns, H., u. F. Pschenitzka: Z. Werkstofftechn. 11 (1980) S. 258/66.
174. Berns, H.: In: Festigkeits- und Bruchverhalten bei höheren Temperaturen. Bd. 2. Berichte, gehalten im Kontaktstudium „Werkstoffkunde Eisen und Stahl IV". Hrs. von W. Dahl u. W. Pitsch. Düsseldorf 1980. S. 281/301.
175. Berns, H.: Z. wirtsch. Fertigung 71 (1976) S. 64/69 u. 401/06.
176. Karagöz, S., R. Riedl, M. R. Gregg u. H. Fischmeister: Prakt. Metallogr. 14 (1983) S. 376.
177. Karagöz, S., K. Schur u. H. Fischmeister: Beitr. elektronenmikroskop. Direktabb. Oberfl. 15 (1982) S. 235.
178. Horn, E.: DEW Techn. Ber. 12 (1972) S. 217/24.
179. Fredriksson, H., M. Hillert u. M. Nica: Scand. J. Metall 8 (1979) S. 115/22.
180. Wilmes, S., u. E. Weber: Industriebl. 64 (1964) S. 8/12.

181. Bennecke, R., u. H. H. Weigand: Thyssen Edelstahl Techn. Ber. 7 (1981) S. 107/14.
182. Weigand, H.: DEW Techn. Ber. 7 (1967) S. 209/15.
183. Brandis, H., E. Haberling u. H. H. Weigand: Thyssen Edelstahl Techn. Ber. 4 (1978) S. 79/84.
184. Brandis, H., E. Haberling u. R. Ortmann: TEW Techn. Ber. 1 (1975) S. 106/09.
185. Brandis, H., E. Haberling, R. Ortmann u. H. H. Weigand: Thyssen Edelstahl Techn. Ber. 3 (1977) S. 81/99.
186. Brandis, H., P. Gümpel u. E. Haberling: Thyssen Edelstahl Techn. Ber. 7 (1981) S. 123/33.
187. Haberling, E., u. H. Martens: Thyssen Edelstahl Techn. Ber. 3 (1977) S. 100/04.
188. Gümpel, P., u. E. Haberling: TEW Techn. Ber. 5 (1979) S. 129/35.
189. Pacyna, J.: Arch. Eisenhüttenwes. 55 (1984) S. 291/99.
190. Brandis, H., u. E. Haberling: Thyssen Edelstahl Techn. Ber. 4 (1978) S. 85/90.
191. Roberts, G. A.: Trans. metallurg. Soc. AIME 236 (1966) S. 950/63.
192. Heisterkamp, F., u. S. R. Keown: Proc. Symposium 109. AIME Annual Meeting Metallurg. Soc. AIME Las Vegas Febr. 1980. S. 103/23.
193. Berkenkamp, E.: Thyssen Edelstahl Techn. Ber. 7 (1981) S. 134/38.
194. Kulmburg, A., W. Wilmes u. F. Korntheuer: Arch. Eisenhüttenwes. 47 (1976) S. 319/24.
195. Geiser, W.: Fertigungstechnik. Hamburg 1973.
196. Ferstl, G., F. Russ u. A. Schindler: Berg.- u. hüttenm. Mh. 12 (1976) S. 464/69.
197. Kottsieper, E.-E., u. D. Jäger: Fachber. Metallbearb. 60 (1983) S. 17/23.

D 12 Verschleißbeständige Stähle

1. Tribologie BMFT-FBT 76-38, 1976, S. 50.
2. Uetz, H., u. J. Föhl: In: VDI-Ber. 194, 1973, S. 57/68.
3. Uetz, H.: Aufbereitungs-Techn. 10 (1969) S. 130/41.
4. Kleis, I., u. H. Unemois: Z. Werkstofftechn. 5 (1974) S. 381/89.
5. Zum Gahr, K. H.: Fortschr. Ber. VDI-Z., Reihe 5, Nr. 57.
6. Melnikov, V. P.: Metal Sci. Heat Treatm. 18 (1976) S. 523/24.
7. Henke, F.: Gießerei-Praxis 1975, S. 378/407.
8. Röhrig, K.: Gießerei 58 (1971) S. 697/705.
9. Henke, F.: Gießerei-Praxis 1973, S. 1/21, 32/40 u. 52/74.
10. Borik, F., W. G. Scholz u. D. L. Sponseller: J. Mater. 6 (1971) S. 576/605.
11. Stähli, G., u. H. Beutler: Techn. Rdsch. Sulzer 58 (1976) S. 30/40.
12. Mathias, L., u. D. Radtke: Estel-Ber. 9 (1974) S. 162/69.
13. Grinberg, N. A., L. S. Livshits u. V. S. Sherbakova: Metals Sci. Heat Treatm. 13 (1971) S. 768/70.
14. Waldenström, M.: Metallurg. Trans. 8 A (1977) S. 1963/77.
15. Berns, H., u. A. Fischer: Schweißen u. Schneiden 36 (1984) S. 319/23.
16. Berns, H.: Härterei-techn. Mitt. 29 (1974) S. 236/47.
17. Krainer, E., B. Kos u. F. Kunstovny: Zement Kalk Gips 29 (1976) S. 15/24.
18. Neyret, R.: Fonderie 295 (1970) S. 367/79.
19. Berns, H.: Arch. Eisenhüttenwes. 38 (1967) S. 547/53.
20. Zum Gahr, K. H.: Z. Metallkde. 68 (1977) S. 783/92.
21. Berns, H., u. J. Kettel: Arch. Eisenhüttenwes. 47 (1976) S. 391/93.
22. Berns, H., u. W. Trojan: Z. Werkstofftechn. 14 (1983) S. 382/89.
23. Popov, U. S., u. V. L. Lunyaka: Metal Sci. Heat Treatm. 16 (1974) S. 719/21.
24. Popov, S. M., u. U. S. Popov: Metal Sci. Heat Treatm. 15 (1973) S. 241/3.
25. Parfenov, L. I., u. G. A. Sorokin: Metal Sci. Heat Treatm. 1969, S. 66/67.
26. Röhrig, K.: Gießerei-Praxis 1974, S. 125/39.
27. Kovalev, A. G., A. A. Mironov, S. I. Gladkii u. M. I. Kurbatov: Metal Sci. Heat Treatm. 15 (1973) S. 254/55.
28. Grigorkin, V. I., J. V. Frantsenyuk, J. P. Galkin, A. A. Osetrov, A. T. Chemeris u. M. F. Chernenilov: Metal Sci. Heat Treatm. 16 (1974) S. 352/54.
29. Berns, H.: Gießerei 64 (1977) S. 323/28.

D 13 Nichtrostende Stähle

1. Class, J.: Chem.-Ing.-Techn. 36 (1964) S. 131/41.
2. Allsop, H., u. C. Frith: Iron Steel 23 (1950) S. 309/11.
3. Bäumel, A.: Werkst. u. Korrosion 18 (1967) S. 289/302.
4. Lennartz, G.: In: VDI-Ber. Nr. 235, 1975, S. 169/82.
5. Strauß, B., H. Schottky u. J. Hinnüber: Z. anorg. allg. Chem. 188 (1930) S. 309/24. – DIN 50 914. Prüfung nichtrostender Stähle auf Beständigkeit gegen interkristalline Korrosion; Kupfersulfat-Schwefelsäure-Verfahren; Strauß-Test. Ausg. April 1982.
6. Rocha, H.-J.: DEW Techn. Ber. 2 (1962) S. 16/24.
7. Stahl-Eisen-Prüfblatt 1877. Prüfung der Beständigkeit hochlegierter korrosionsbeständiger Werkstoffe gegen interkristalline Korrosion. Ausg. Juni 1979.
8. DIN 50 921. Prüfung nichtrostender austenitischer Stähle auf Beständigkeit gegen örtliche Korrosion in stark oxidierenden Säuren. Ausg. Okt. 1984.
9. Versuchsbericht der Thyssen Edelstahlwerke A. G., unveröffentlicht.
10. Bock, H. E., u. W. Weßling: Sie & Wir [Werksz. d. Stahlwerke Südwestfalen A. G.] Nr. 10, 1973, S. 1/7. – S. auch Z. Werkstofftechn. 4 (1973) S. 186/95.
11. Wendler-Kalsch, E.: Werkst. u. Korrosion 29 (1978) S. 703/20. – Herbsleb, G., u. R. Pöpperling: Werkst. u. Korrosion 29 (1978) S. 732/39.
12. Brauns, E., u. H. Ternes: Werkst. u. Korrosion 19 (1968) S. 1/19.
13. Kohl, H., G. Rabensteiner u. G. Hochörtler: In: Alloys for the eighties. Ann Arbor, Michigan 17./18. Juni 1980. Ed.: R. Q. Barr. Greenwich, Conn. 1981. S. 343/51.
14. Schwenk, W.: Stahl u. Eisen 89 (1969) S. 535/47
15. Oppenheim, R.: Kontaktstudium Umformtechnik. „Warmwalzen auf freier Bahn" vom 9. bis 14 Nov. 1980 in Winterscheid über Hennef/Sieg. T 1. S. 127/80.
16. Michel, K. H., H. M. Mozek u. H. Mülders: Kaltbreitband aus nichtrostenden Stählen. Eigenschaften ferritischer, martensitischer und austenitischer Werkstoffe. Düsseldorf 1984 (Stahleisen-Sonderberichte H. 13).
17. Küppers, W.: Blech Rohre Profile 25 (1978) S. 453/61.
18. Küppers, W., u. W. Schmidt: DEW Techn. Ber. 14 (1974) S. 49/55.
19. Weßling, W., u. H. E. Bock: In: Stainless steel '77. Ed. R. Q. Barr. New York 1977. S. 217/25.
20. Oppenheim, R.: DEW Techn. Ber. 14 (1974) S. 5/13.
21. Zingg, E., u. T. Geiger: Schweiz. Arch. angew. Wiss. Techn. 23 (1957) S. 71/78 u. 121/27.
22. Oppenheim, R.: DEW Techn. Ber. 2 (1962) S. 87/92.
23. Spähn, H.: Metalloberfläche 16 (1962) S. 369/73.
24. Lorenz, K., u. G. Medawar: Thyssenforsch. 1 (1969) S. 97/108; s. a. Bock, H.-E., A. Kügler, G. Lennartz u. E. Michel: Stahl u. Eisen 104 (1984) S. 557/63.
25. Herbsleb, G.: Werkst. u. Korrosion 33 (1982) S. 334/40.
26. Kowaka, M., H. Nagano, T. Kudo u. K. Yamanaka: Boshoku Gijutsu 30 (1981) Nr. 4, S. 218.
27. Gräfen, H.: Chem.-Ing.-Techn. 54 (1982) S. 108/19.
28. Kubaschewski, O.: Iron-binary phase diagrams. Berlin, Heidelberg, New York u. Düsseldorf. 1982. S. 32 u. 75.
29. Baerlecken, E., W. A. Fischer u. K. Lorenz: Stahl u. Eisen 81 (1961) S. 768/78.
30. Bungardt, K., E. Kunze u. E. Horn: Arch. Eisenhüttenwes. 29 (1958) S. 193/203.
31. Strauss, B., u. E. Maurer: Kruppsche Mh. 1 (1920) Aug., S. 129/46.
32. Schaeffler, A. L.: Weld. Res. 1947, S. 601-s/20-s.
33. Long, C. J., u. W. T. Delong: Weld. Res. 1973, S. 281-s/97-s.
34. Delong, W. T.: Weld. Res. 1974, S. 273-s/80-s.
35. Niederau, H. J.: Stahl u. Eisen 98 (1978) S. 385/92.
36. Randak, A., A. von den Steinen u. E. Gondolf: In: Werkstoffkunde der gebräuchlichen Stähle. T. 2. Hrsg. vom Verein Deutscher Eisenhüttenleute. Düsseldorf 1977. S. 75/95.
37. Barker, R.: Metallurgia, Manch., 76 (1967) S. 49/54.
38. Irvine, K. V., D. T. Llewellyn u. F. B. Pickering: J. Iron Steel Inst. 192 (1959) S. 218/38.
39. Mende, A. B.: Über den Einfluß von Kupferzusätzen auf die Werkstoffeigenschaften und das Kaltumformverhalten austenitischer Chrom-Nickel-Stähle. Aachen 1973. (Dr.-Ing.-Diss. Techn. Hochsch. Aachen.)

40. Küppers, W.: Thyssen Edelstahl Techn. Ber. 8 (1982) S. 153/61.
41. Schafmeister, P., u. R. Ergang: Arch. Eisenhüttenwes. 12 (1938/39) S. 459/64.
42. Hoffmeister, H., u. R. Mundt: Arch. Eisenhüttenwes. 52 (1981) S. 159/64.
43. Krainer, H.: Stahl u. Eisen 82 (1962) S. 1527/43.
44. DIN 17 440. Nichtrostende Stähle; Gütevorschriften. Neuausgabe als Technische Lieferbedingungen in Vorbereitung; derzeit Entw. Sept. 1982.
45. Kiesheyer, H.: Thyssen Edelstahl Techn. Ber. 8 (1982) S. 111/14.
46. Kiesheyer, H.: Über das Ausscheidungsverhalten hochreiner ferritischer Stähle mit 20 bis 28% Cr und bis zu 5% Mo. Aachen 1974. (Dr.-Ing.-Diss. Techn. Hochsch. Aachen.)
47. Oppenheim, R.: Thyssen Edelstahl Techn. Ber. 8 (1982) S. 97/110.
48. Weßling, W.: Unveröff. Bericht der Krupp Südwestfalen A. G.
49. Brezina, P.: Escher Wyss Mitt. 53 (1980) S. 218/35.
50. Knorr, W., u. H. J. Köhler: Werkst u. Korrosion 32 (1981) S. 371/76.
51. Heimann, W., u. F. H. Strom: Thyssen Edelstahl Techn. Ber. 8 (1982) S. 115/25.
52. Heimann, W., u. M. Hoock: Thyssen Edelstahl Techn. Ber. 8 (1982) S. 126/34.
53. Weßling, W.: Blech Rohre Profile (1977) S. 142/45.
54. Dietrich, H., W. Heimann u. F. H. Strom: Thyssen Edelstahl Techn. Ber. 2 (1976) S. 61/69.
55. Oppenheim, R.: Werkst. u. Korrosion 16 (1965) S. 1/11.
56. McNeely, V. J., u. D. T. Llewellyn: Sheet Metal Ind. 49 (1972) S. 17/18 u. 21/25.
57. Heimann, W., W. Schmidt, G. Lennartz u. E. Michel: DEW Techn. Ber. 13 (1973) S. 94/107.
58. Lorenz, K., H. Fabritius u. G. Medawar: Thyssenforsch. 1 (1969) S. 10/20.
59. Bungardt, K., G. Lennartz u. R. Oppenheim: DEW Techn. Ber. 7 (1967) S. 71/90.
60. Lennartz, G.: Mikrochim. Acta, Wien, (1965) S. 405/28.
61. Lennartz, G.: DEW Techn. Ber. 5 (1965) S. 93/105.
62. Bäumel, A., E. M. Horn u. G. Siebert: Werkst. u. Korrosion 23 (1972) S. 973/83.
63. Thier, H., A. Bäumel u. E. Schmidtmann: Arch. Eisenhüttenwes. 40 (1969) S. 333/39.
64. Bungardt, K., H. Laddach u. G. Lennartz: DEW Techn. Ber. 12 (1972) S. 134/54.
65. Laddach, H., G. Lennartz u. G. Preis: DEW Techn. Ber. 13 (1973) S. 75/84.
66. Brandis, H., W. Heimann u. E. Schmidtmann: Thyssen Edelstahl Techn. Ber. 2 (1976) S. 150/66.
67. Bock, H.-E.: Techn. Mitt. Krupp, Forsch.-Ber. 36 (1978) H. 2, S. 49/60.
68. Wehner, H., u. H. Speckhardt: Z. Werkst.-Techn. 10 (1979) S. 317/32.

D 14 Druckwasserstoffbeständige Stähle

1. Stahl-Eisen-Werkstoffblatt 590. Druckwasserstoffbeständige Stähle. Ausg. Dez. 1961. Neuausgabe in Vorbereitung; derzeit Entwurf Aug. 1984. – Stahl-Eisen-Werkstoffblatt 595. Stahlguß für Erdöl- und Erdgasanlagen. Ausg. Aug. 1976.
2. Reuter, M.: Techn. Überwachung 15 (1974) S. 10/18, 65/70 u. 101/10.
3. Bosch, C.: Z. Ver. Dt. Ing. 77 (1933) S. 305/17; vgl. Stahl u. Eisen 53 (1933) S. 1187/89.
4. Huijbregts, W. M. M., J. H. N. Jelgersma u. A. Snel: VGB-Kraftwerkstechn. 55 (1975) S. 26/39.
5. Zapffe, C. A.: Trans. Amer. Soc. Mech. Engrs. 66 (1944) S. 81/126.
6. Class, I.: Stahl u. Eisen 80 (1960) S. 1117/35.
7. Class, I.: Stahl u. Eisen 85 (1965) S. 149/55 u. 204/11.
8. Smialowsky, M.: Hydrogen in steel. Oxford, London, New York, Paris 1962.
9. Jäkel, U.: In: Werkstoffkunde der gebräuchlichen Stähle. T. 2. Hrsg. vom Verein Deutscher Eisenhüttenleute. Düsseldorf 1977. S. 151/58.
10. Rahmel, A., u. W. Schwenk: Korrosion und Korrosionsschutz von Stählen. Weinheim, New York 1977.
11. Naumann, F. K.: Stahl u. Eisen 58 (1938) S. 1239/50.
12. DIN 17 175. Nahtlose Rohre und Sammler aus warmfesten Stählen. Technische Lieferbedingungen. Ausg. Mai 1979.
13. DIN 17 243. Schmiedestücke aus warmfesten Stählen. Gütevorschriften. In Vorbereitung, derzeit Entwurf Aug. 1984.
14. Stahl-Eisen-Werkstoffblatt 670. Hochwarmfeste Stähle. Gütevorschriften. Ausg. Febr. 1969.

15. Stahl-Eisen-Werkstoffblatt 675. Nahtlose Rohre aus hochwarmfesten Stählen. Technische Lieferbedingungen. Ausg. Febr. 1969.
16. Vgl. z. B. ASTM A 200-79 a: Nahtlose Rohre aus mittellegierten Stählen für Raffinerien. – ASTM A 213-82: Nahtlose Rohre für Druckbehälter, Überhitzer und Wärmeaustauscher aus ferritischen und austenitischen Stählen. – ASTM A 335-81 a: Nahtlose Rohre aus ferritischen Stählen für Gebrauch bei hohen Temperaturen. – ASTM A 336-82: Schmiedestücke aus legierten Stählen für Druckbehälter mit hohen Betriebstemperaturen.
17. DIN 17155. Blech und Band aus warmfesten Stählen. Technische Lieferbedingungen. Ausg. Okt. 1983.
18. Nelson, G. A.: Trans. Amer. Soc. Mech. Engrs. 73 (1959) S. 205/19; Werkst. u. Korrosion 14 (1963) S. 65/69. – American Petroleum Institut (API), Division of Refining, Publication 941. Washington 1983.
19. Janzon, W.: Thyssen Techn. Ber. 6 (1974) S. 14/21. – Bauman, Th. C.: J. Metals 29 (1977) Nr. 8, S. 8/11. – Shih, H.-M., u. H. H. Johnson: Acta metallurg. 30 (1982) S. 537/45.
20. Class, I.: Mitt. Verein. Großkesselbes. H. 58, 1959, S. 38/59.
21. Jäkel, U., u. W. Schwenk: Werkst. u. Korrosion 22 (1971) S. 1/7.

D 15 Hitzebeständige Stähle

1. Oppenheim, R.: Stahl u. Eisen 94 (1974) S. 426/34. – Derselbe: DEW Techn. Ber. 13 (1973) S. 11/18.
2. Siehe Stahl-Eisen-Werkstoffblatt 470–76. Hitzebeständige Walz- und Schmiedestähle. Ausg. Febr. 1976.
3. Rahmel, A., H.-J. Schüller, P. Schwaab u. W. Schwenk: Bänder Bleche Rohre 1964, S. 245/52.
4. Siehe z. B. Ledjeff, K., A. Rahmel u. M. Schorr: Werkst. u. Korrosion 30 (1979) S. 767/84; 31 (1980) S. 83/97.
5. Bandel, G., u. K. E. Volk: Arch. Eisenhüttenwes. 15 (1942) S. 369/78.
6. Kohl, H., u. H. Zitter: Arch. Eisenhüttenwes. 39 (1968) S. 855/62.
7. Houdremont, E.: Handbuch der Sonderstahlkunde. 3. Aufl. Bd. I. Berlin, Göttingen, Heidelberg u. Düsseldorf 1956. S. 684.
8. Oppenheim, R.: In: VDI-Ber. Nr. 318, 1978, S. 65/77.
9. Richard, K., u. G. Petrich: Chem.-Ing.-Techn. 35 (1963) S. 29/36.
10. Brandis, H., E. Haberling, H. Hellmonds u. S. Engineer: Thyssen Edelstahl Techn. Ber. 7 (1981) S. 176/89.
11. Kohl, H.: Z. Werkstofftechn. 8 (1977) S. 125/30.
12. Pfeiffer, H., u. H. Thomas: Zunderfeste Legierungen. Berlin, Göttingen, Heidelberg 1963.
13. Aydin, I., H.-E. Bühler u. A. Rahmel: Werkst. u. Korrosion 31 (1980) S. 675/82.
14. Baerlecken, E., u. H. Fabritius: Stahl u. Eisen 78 (1958) S. 1389/95.
15. Bungardt, K., H. Borchers u. D. Kölsch: Arch. Eisenhüttenwes. (1963) S. 465/76.
16. Schüller, H.-J.: Arch. Eisenhüttenwes. 36 (1965) S. 513/16. – Derselbe: J. Iron Steel Inst. 171 (1952) S. 345/53. – Derselbe: Trans. metallurg. Soc. AIME 212 (1958) S. 497/502.
17. Oppenheim, R.: Unveröff. Untersuchung 1964.
18. Mülders. H., I. Stellfeld u. H. J. Köhler: Techn. Mitt. Krupp 33 (1975) S. 45/50.
19. Bandel, G.: Arch. Eisenhüttenwes. 11 (1937) S. 139/44.
20. DIN 1736 Teil 1. Schweißzusätze für Nickel und Nickellegierungen; Zusammensetzung, Verwendung und Technische Lieferbedingungen. Ausg. Juni 1979. Entwurf Febr. 1984.
21. Schnaas, A., u. J. J. Grabke: Werkst. und Korrosion 29 (1978) S. 635/44.
22. Moran, J. J., J. R. Mihalisin u. E. N. Skinner: Corrosion, Houston 17 (1961) S. 191t/95t.
23. Herda, W., u. G. L. Swales: Werkst. u. Korrosion 19 (1968) S. 679/90.
24. Kobalt Nr. 56, 1972, S. 99/113.

D 16 Heizleiterlegierungen

1. Pfeiffer, H., u. H. Thomas: Zunderfeste Legierungen. 2. Aufl. Berlin/Göttingen/Heidelberg 1963. S. 90 ff.
2. Wie unter [1], S. 116 ff.
3. Wie unter [1], S. 185.
4. Rohn, W.: Elektrotechn. Z. 48 (1927) S. 227/30 u. 317/20.
5. Franz, H., H. Pfeiffer u. I. Pfeiffer: Z. Metallkde. 58 (1967) S. 87/92.
6. Wie unter [1], S. 236 f. u. 245.
7. Rhines, F. N., u. P. J. Wray: Trans. Amer. Soc. Metals 54 (1961) S. 117/28. – Gibbons, T. B., u. B. E. Hopkins: Metal Sci. 8 (1974) S. 203/08.
8. Pfeiffer, I.: Z. Metallkde. 51 (1960) S. 322/26.
9. Wie unter [1], S. 265 ff.
10. Elliott, R. P.: Constitution of binary alloys. I. Suppl. New York, St. Louis, San Francisco, Toronto, London, Sydney 1965. S. 345 f. – Kubaschewsky, O.: Iron-Binary Phase Diagrams. Berlin, Heidelberg, New York und Düsseldorf 1982, S. 31 ff.
11. Wie unter [1], S. 131 ff.
12. Fisher, R. M., E. J. Dulis u. K. G. Carroll: J. Metals, Trans. AIME 5 (1953) S. 690/95. – Marcinowski, M. J., R. M. Fisher u. A. Szirmae: Trans. metallurg. Soc. AIME 230 (1964) S. 676/89.
13. Shortsleeve, F. J. u. M. E. Nicholson: Trans. Amer. Soc. Metals 43 (1951) S. 142/60.
14. Tagaya, M., u. S. Nenno: Techn. Rep. Osaka Univ. 5 (1955) S. 149/52.
15. Tagaya, M., S. Nenno u. M. Kawamoto: Nippon Kinzoku Gakkai-Si 22 (1958) S. 387/89.
16. Wie unter [1], S. 163.
17. Houdremont, E.: Handbuch der Sonderstahlkunde. 3. Aufl. Bd. 2 Berlin, Göttingen, Heidelberg u. Düsseldorf 1956. S. 815.
18. Chubb, W., S. Alfant, A. A. Bauer, E. J. Jablonowski, F. R. Shober u. R. F. Dickerson: Battelle Mem. Inst., Rep. No. BMI-1298 (1958).
19. Wie unter [1], S. 246 ff.
20. Scheil, E., u. E. H. Schulz: Arch. Eisenhüttenwes. 6 (1932/33) S. 155/60 – Bandel, G.: Arch. Eisenhüttenwes. 15 (1941/42) S. 271/84. – Pfeiffer, I.: Z. Metallkde. 53 (1962) S. 309/12. – Gulbransen, E. A., u. K. F. Andrew: J. electrochem. Soc. 106 (1959) S. 294/302.
21. Wie unter [1], S. 263 ff.
22. Wenderott, B.: Z. Metallkde. 56 (1965) S. 63/74. – Pfeiffer, H., u. G. Sommer; Z. Metallkde. 57 (1966) S. 326/31. – Pfeiffer, H.: Werkst. u. Korrosion 21 (1970) S. 977/82. – Hillinger, H.: Werkst. u. Korrosion 22 (1971) S. 504/09.
23. Nickel und Nickellegierungen. Hrsg. von K. E. Volk. Berlin, Heidelberg, New York 1970. S. 151 ff.
24. Amano, T., S. Yajima u. Y. Saito: Trans. Japan Inst. Metals 20 (1979) S. 431/41. – Whittle, D. P., u. J. Stringer: In: Residuals, additives and materials properties [Proc. Conf.], London, May 1978, 1980, S. 309/29. Vgl. Whitle, D. P., u. J. Stringer: Phil. Trans. R. Soc., Lond., A 295 (1980) S. 309/29.
25. DIN 17 470. Heizleiterlegierungen. Technische Lieferbedingungen für Rund- und Flachdrähte. Ausg. Okt. 1984.
26. Wie unter [1], S. 166 u. 231.
27. Arnold, A. H. M.: Proc. Instn. electr. Engrs., P. B., 103 (1956) S. 439 ff. – Starr, C. D.: Ebenda 104 (1957) S. 515 ff. – Herman, F.: Elektrotechn. Z., Ausg. B, 16 (1964) S. 670/72.
28. Thomas, H.: Z. Metallkde. 41 (1950) S. 185/90.
29. Thomas, H.: Z. Phys. 129 (1951) S. 219/32. – Wie unter [1]. S. 174 ff. u. 227 ff. – Wie unter [23], S. 147 ff. Vgl. auch Warlimont, H. u. G. Thomas: Metal Sci. J. 4 (1970) S. 47/52. – Heidsiek, H., K. Lücke u. R. Scheffel: J. Phys. Chem. Solids 43 (1982) S. 825/36.
30. Thomas, H.: Z. Metallkde. 52 (1961) S. 813/16.
31. Wie unter [1], S. 294 ff. – Pfeiffer, H., u. G. Sommer: Werkst. u. Korrosion 13 (1962) S. 667/77. – Dieselben: Elektrotechn. Z., Ausg. B, 15 (1963) S. 568/72. – Dieselben: Metall 19, (1965) S. 108/12. – Pfeiffer, H.: Werkst. u. Korrosion 21 (1970) S. 977/82. – Wilke-Dörfurt, U.: Prakt. Metallogr. 9 (1972) S. 119/28.

D 17 Stähle für Ventile von Verbrennungsmotoren

1. Handbuch, Teves-Thompson GmbH. 4. Aufl. Barsinghausen, Hannover 1977, S. 9.
2. Kocis, J. F., u. W. M. Matlock: Metal Progress, 108 (1975) Nr. 3, S. 58/60 u. 62.
3. Umland, F.: Ventilwerkstoffkorrosion. Frankfurt 1978. (Forschungsberichte Verbrennungskraftmaschinen. H. R. 332.)
4. Kocis, J. F., u. W. M. Matlock: Z. Werkst. Techn. 9 (1978) S. 132/40.
5. Cowley, W. E., P. J. Robinson u. J. Flack: Proc. Instn. Mech. Engrs. 179 (1964–65) Pt. 2 A, No 5 S. 145/80.
6. Schönlau, H.: In: Technische Tagung 1968. [Hrsg.:] Teves Thompson GmbH. Barsinghausen/Hannover 1969. S. 9/18.
7. Johnson, V. A., u. R. A. Wilde: J. Mater. 4 (1969) S. 556/65.
8. Chaudhuri, A.: In: SAE-Meeting, Juni 1973, Chicago. Ber.-Nr. 730679.
9. Wegner, K. W.: Ventilwerkstoffkorrosion. Frankfurt 1979. (Forschungsberichte Verbrennungskraftmaschinen. H. R. 361.)
9a. Held, G.: Masch.-Schad. 53 (1980) S. 15/19.
10. Tauschek, M. J.: In: Symposium 72. [Hrsg.:] Teves-Thompson GmbH. Barsinghausen/Hannover 1974. S. 17/21.
11. Tauschek, M. J.: Wie unter [6], S. 19/22.
12. Jahr, O.: Hochwarmfeste Werkstoffe. Frankfurt 1975. (Forschungsberichte Verbrennungskraftmaschinen. H. 177.)
13. Milbach, R.: Wie unter [10], S. 26/28.
14. Wakuri, Y., M. Tsuge u. T. Hamatake: Bull. JSME 17 (1974) S. 1313/20.
15. Heumann, Th.: Ventilwerkstoffkorrosion. Frankfurt 1976. (Forschungsberichte Verbrennungskraftmaschinen. H. R. 294.)
16. Thompson, R. F., D. K. Hauiuk, E. B. Etchell u. K. B. Valentine: SAE J. 1955, Aug. S. 54/56.
17. DIN 17 480. Ventilwerkstoffe. Technische Lieferbedingungen. Ausg. Sept 1984.
18. Hodgson, C. C., u. H. G. Baron: J. Iron Steel Inst. 161 (1949) S. 81/85. – Allsop, H., u. P. W. Bygate: J. Iron Steel Inst. 161 (1949) S. 318/25 u. 14 Taf.
19. Hsiao, C. M., u. E. J. Dulis: Trans. Amer. Soc. Metals 52 (1960) S. 855/77.
20. Nacken, M., u. K. Müller, Arch. Eisenhüttenwes. 33 (1962) S. 863/72.

D 18 Federstähle

1. Ammareller, S.: Stahl u. Eisen 72 (1952) S. 475/89.
2. Rapatz, F.: Die Edelstähle. 5. Aufl. Berlin/Göttingen/Heidelberg 1962.
3. Ammareller, S.: Stahl u. Eisen 84 (1964) S. 926/31.
4. Schreiber, D., u. H. Ziehm: HOESCH-Ber. 1 (1966) S. 34/41.
5. Hempel, M.: Draht 11 (1960) S. 429/37.
6. Graßhoff, H., u. D. Schreiber: HOESCH-Ber. 5 (1970) S. 163/72.
7. Hodge, J. U., u. M. A. Orehoski: Trans. Amer. Inst. min. metallurg. Eng. 167 (1946) S. 627/42.
7a. Symposium für Federnwerkstoffe 1983, Nürnberg. [Veranst.:] Verband der Deutschen Federnindustrie.
8. Just, E.: Z. wirtsch. Fertigung 73 (1978) S. 95/102.
9. Krautmacher, H.: In: Herstellung von Stahldraht. T 1. Hrsg. vom Verein Deutscher-Eisenhüttenleute. Düsseldorf 1969. S. 219/64.
10. Walz, K.: Blech 10 (1964) S. 512/14.
11. Schreiber, D., u. H. Weise: Draht 28 (1977) S. 199/202.
12. Linhart, V.: IFL-Mitt. 7 (1968) Seite 268/76.
13. Sikora, E., P. Funke, W. Heye, u. A. Randak: Stahl u. Eisen 96 (1976) S. 28/32.
14. Einfluß der Abkohlung auf die Dauerschwingfestigkeit von Federstahl 55 Cr 3. Darmstadt 1965. (Forschungsarbeit der Arbeitsgemeinschaft Industrieller Forschungsvereinigungen (AIF Nr. 3765) der Technischen Hochschule Darmstadt.)

15. Noll, G. C., u. C. Lipson: Proc. Soc. Exp. Stress Anal. 3 (1946) S. 89/109.
16. Siebel, E., u. M. Gaier: VDI-Z. 98 (1956) S. 1715/23.
17. Kloos, K. H., u. B. Kaiser: Draht 28 (1977) S. 415/21 u. 539/45.
17a. Kloos, K. H., u. B. Kaiser: Härtereitechn. Mitt. 37 (1982) S. 7/16.
18. Muhr, K.-H.: Stahl u. Eisen 88 (1968) S. 1449/55.
19. Lepand, H.: Änderung des Dauerschwingverhaltens von Federstahl durch Oberflächenverfestigungen mit Strahlmittel verschiedener Härte bei unterschiedlichen Flächenbedeckungen. Clausthal 1965. (Dr.-Ing.-Diss. Techn. Univ. Clausthal.)
20. Kreinberg, W., H. Ziehm u. J. Ulbricht: Automobilind. 12 (1967) S. 3/11.
21. Keding, H.: Kraftfahrzeugtechn. (1970) S. 104/06.
22. Gillet, H. W., u. E. L. Mack: Proc. Amer. Soc. Test. Mater. 24 (1924) S. 476/577.
23. Ransom, J. T.: Trans. Amer. Soc. Metals 46 (1954) S. 1254/69.
24. Ineson, E., J. Clayton-Cave u. R. J. Tayler: J. Iron Steel Inst. 184 (1956) S. 178/85; 190 (1959) S. 277/83.
25. Atkinson, M.: J. Iron Inst. 195 (1960) S. 64/75.
26. Cummings, H. N., F. B. Stulen u. W. C. Schulte: Trans. Amer. Soc. Metals 49 (1957) S. 482/516.
27. Cummings, H. N., F. B. Stulen u. W. C. Schulte: Trans. Amer. Soc. Test. Mater. 58 (1958) S. 504/14.
28. Buch, A.: Mater.-Prüf. 7 (1965) S. 1/5.
29. Kiessling, R.: Non metallic inclusions in Steel. III. London 1968 (ISI-Publ. No. 115) S. 87/118.
30. Schreiber, D., u. H. Ziehm: HOESCH-Ber. 11 (1976) S. 182/90.
31. Kloos, K. H., B. Kaiser u. D. Schreiber: Z. Werkstofftechn. 12 (1981) S. 206/18.
32. Pomp, A., u. M. Hempel: Arch. Eisenhüttenwes. 21 (1950) S. 67/76.
33. Pomp, A., u. M. Hempel: Arch. Eisenhüttenwes. 21 (1950) S. 53/66.
34. Castagné, J. L., J. H. Davidson, F. Duffaut u. J. Morlet: In: Production and applications of clean steels. London 1972. (ISI-Publ. 134) S. 221/26.
35. Baustähle der Welt. Bd. 2. Von einem Autorenkollektiv. Leipzig 1968. S. 349/406.
36. DIN 17 221. Warmgewalzte Stähle für vergütbare Federn; Gütevorschriften. Ausg. Dez. 1972. Neuausgabe in Vorbereitung. – DIN 17 222. Kaltgewalzte Stahlbänder für Federn; Technische Lieferbedingungen. Ausg. Aug. 1979. – DIN 17 223 Teil 1. Runder Federstahldraht; Gütevorschriften; Patentiert-gezogener Federdraht aus unlegierten Stählen. Ausg. Dez. 1984. – DIN 17 223 Blatt 2. Runder Federstahldraht; Gütevorschriften; Vergüteter Federdraht und vergüteter Ventilfederdraht aus unlegierten Stählen, Ausg. März 1964. – DIN 17 224. Federdraht und Federband aus nichtrostenden Stählen. Technische Lieferbedingungen. Ausg. Febr. 1982. – V DIN 17 225. Warmfeste Stähle für Federn; Güteeigenschaften. Ausg. April 1955.
36a. DIN 17 140 Teil 1. Walzdraht zum Kaltziehen. Technische Lieferbedingungen für Grundstahl und unlegierte Qualitätsstähle. Ausg. März 1983. – DIN 17 140 Teil 2. Walzdraht zum Kaltziehen. Technische Lieferbedingungen für unlegierte Edelstähle sowie für legierte Edelstähle für Federn. In Vorbereitung.
36b. DIN 1624. Kaltgewalztes Band in Walzbreiten bis 650 mm aus weichen unlegierten Stählen. Gütenorm. Ausg. Juli 1977.
37. Wiesenecker-Krieg, I.: In: Werkstoffkunde der gebräuchlichen Stähle T. 2. Hrsg. vom Verein `Deutscher Eisenhüttenleute. Düsseldorf 1977. S. 29/40.
38. Walz, K.: Draht 19 (1968) S. 604/12 u. S. 783/90.
39. Wahl, A.: Draht-Welt 57 (1971) S. 376/79.
40. Walz, K.: Draht 27 (1976) S. 91/98.
41. Hempel, M., u. H. Luce: Mitt. Kais.-Wilhelm-Inst. Eisenforsch. 23 (1941) S. 53/79.
42. Kenneford A. S., u. R. W. Nichols: J. Iron Steel Inst. 195 (1960) S. 13/18.
43. Mehta, K. K., H. Kemmer u. L. Rademacher: Thyssen Edelstahl Techn. Ber. 5 (1979) S. 175/80.
44. Kayser, K. H.: Draht 19 (1968) S. 827/38 u. S. 906/15.
45. Sjöberg, J.: Draht 23 (1972) S. 772/75.
46. Weßling, W.: Blech Rohre Profile 24 (1977) S. 142/45.

D 19 Automatenstähle

1. Bartholome, W., u. H. Sutter: In: Werkstoffkunde der gebräuchlichen Stähle. T. 1 Hrsg. vom Verein Deutscher Eisenhüttenleute. Düsseldorf 1977. S. 259/77.
2. Vlack, L. H. van: Trans. Amer. Soc. Metals 45 (1953) S. 741/57.
3. Gaydos, R.: J. Metals 16 (1964) S. 972/77.
4. Radtke, D., u. D. Schreiber: Stahl u. Eisen 86 (1966) S. 89/99.
5. Dahl, W., H. Hengstenberg u. C. Düren: Stahl u. Eisen 86 (1966) S. 782/95. – Dieselben: Stahl u. Eisen 86 (1966) S. 796/817.
6. Bäcker, L., M. Rolin u. C. Messager: Mém. sci. Rev. Métallurg. 63 (1966) S. 319/28.
7. Poyet, P., u. R. Lévêque: Rev. Métallurg. 64 (1967) S. 653/73.
8. Kiessling, R.: Nonmetallic inclusions in steel. P. 3. London 1968 (Spec. Rep. Iron Steel Inst. No. 115.) S. 51/115.
9. Marston, G. J., u. J. D. Murray: J. Iron Steel Inst. 208 (1970) S. 568/75.
10. Baker, T. J., u. J. A. Charles: J. Iron Steel Inst. 210 (1972) S. 680/90, 211 (1973) S. 187/92.
11. Brunet, J.-C., J. Frey, J. Bellot u. M. Gantois: C. R. hebd. Séances Acad. Sci., Ser. C., Sci. chim., 273 (1971) S. 620/22.
12. Stahl-Eisen-Prüfblatt 1572–71. Mikroskopische Prüfung von Automatenstähle auf sulfidische nichtmetallische Einschlüsse mit Bildreihen. Ausg. Aug. 1971.
13. Fröhlke, M.: Microscope 19 (1971), S. 403/14.
14. McClymonds, N. L.: Metal Progr. 92 (1967) Nr. 2, S. 183/84.
15. Aborn, R. H.: The role of metallurgy, particulary bismuth, selenium and tellurium in the machinability of steels. Hrsg.: American smelting and refining company. New York 1979.
16. Reh, B., U. Finger, W. Voigt u. W. Schultz: Neue Hütte 27 (1982) S. 121/24.
17. Schroer, H.: Techn. Zbl. prakt. Metallbearb. 62 (1968) S. 514/23.
18. Kämmer, K.: Z. wirtsch. Fertigung 64 (1969) S. 286/95.
19. Müller, Ch. A., A. Stetter u. E. Zimmermann: Arch. Eisenhüttenwes. 37 (1966) S. 27/41 u. 145/58.
19a. Becker, G., E. von Blumenstein, W.-D. Brand, R. Jauch, D. Prem u. H. Weise: Stahl u. Eisen 105 (1985) S. 411/16.
20. DIN 1651. Automatenstähle. Technische Lieferbedingungen. Ausg. April 1970.
21. EURONORM 87–68. Bl. 1–4. Automatenstähle. Ausg. Okt. 1968.
22. DIN 17 111. Kohlenstoffarme unlegierte Stähle für Schrauben, Muttern und Niete. Technische Lieferbedingungen. Ausg. Sept. 1980.
23. Heinritz, M.: Werkstattstechn. 63 (1973) S. 623.
24. Bersch, B., H. Fröber u. H. Weise: Z. Werst. Techn. 7 (1966) S. 181/89.
25. Becker, G., Ch. Kowollik u. H. Schroer: Thyssen Techn. Ber. 2 (1977) S. 59/66.
26. Warke, W. R., u. N. N. Breyer: J. Iron Steel Inst. 209 (1971) S. 779/84.
27. Klaus, F., W. König, W. Lückerath u. H. Siebel: Stahl u. Eisen 85 (1965) S. 1669/86.
28. Bellot, J., M. Hugo, E. Schirrecker u. E. Herzog: Rev. Métallurgie 63 (1966) S. 959/75.
29. Kaluza, E.: Ind.-Anz. 86 (1964) S. 1347/52.
30. Weigl, K.: Z. wirtsch. Fertigung 63 (1968) S. 502/10, 556/65 u. 607/14., – Wuich, W.: Werkstatt u. Betr. 104 (1971) S. 550/52.
31. Vöge, H.: Fachber. Metallbearb. 60 (1983) S. 375/81.

D 20 Weichmagnetische Werkstoffe

1. Pawlek, F.: Magnetische Werkstoffe. Berlin, Göttingen, Heidelberg, 1952.
2. Boll, R.: Elektrotechn. Z., Ausg. B, 26 (1974) S. 696/98.
3. Boll, R.: Weichmagnetische Werkstoffe. 3. Aufl. Berlin, München 1977.
4. Reinboth, H.: Neue Hütte 19 (1974) S. 156/61.
5. Heck, C.: Magnetische Werkstoffe und ihre technische Anwendung. 2. Aufl. Heidelberg 1974.
6. Reinboth, H.: Technologie und Anwendung magnetischer Werkstoffe. 2. Aufl. Berlin 1963. 3. Aufl. Berlin 1970.

Literatur zu D 20

7. Reichel, K.: Praktikum der Magnettechnik. München 1980.
8. Radeloff, C.: In: Magnettechnik, (Technik und Anwendung der weichmagnetischen Werkstoffe). Grafenau 1980 (Kontakt + Studium Bd. 56) S. 13/32.
9. Kneller, E.: Ferromagnetismus. Berlin, Göttingen, Heidelberg 1962.
10. Bozorth, R. M.: Ferromagnetismus. New York 1951.
11. DIN 1325. Magnetisches Feld; Begriffe. Ausg. Jan. 1972.
12. Publ. CEI 50 (901): Advanced edition of international electrotechnical vocabulary. Chapter 901: Magnetism. Ausg. 1973.
13. Jellinghaus, W.: Magnetische Messungen an ferromagnetischen Stoffen. Berlin 1952.
14. ASTM-Normen. In: 1980 Annual Book of ASTM Standards. Part 44. Magnetic properties. Philadelphia/Pa.
15. Direct-current magnetic measurements for soft magnetic materials. Philadelphia/Pa. 1970. (ASTM Spec. Techn. Publ. No. 371-S1.)
16. DIN 50 462. Prüfung von Stahl; Verfahren zur Ermittlung der magnetischen Eigenschaften von Elektroblech und -band im 25-cm-Epstein-Rahmen. T. 1 bis 6. - T. 1 bis 3 u. T. 6 Ausg. April 1976, T. 4 Ausg. Juli 1979 u. T. 5 Ausg. Juni 1979.
17. Dijkstra, L. J., u. C. Wert: Phys. Rev. 79 (1950) S. 979/85.
18. Hoffmann, A.: Arch. Eisenhüttenwes. 40 (1969) S. 999/1003.
19. DIN 17 405. Weichmagnetische Werkstoffe für Gleichstromrelais; Technische Lieferbedingungen. Ausg. Sept. 1979.
20. DIN 46 400. T. 1. Flacherzeugnisse aus Stahl mit besonderen magnetischen Eigenschaften; Elektroband und -band, kaltgewalzt, nicht kornorientiert, schlußgeglüht; Technische Liefebedingungen. Ausg. April 1983. - T. 2. Flachzeug aus Stahl mit besonderen magnetischen Eigenschaften; Elektroblech und- band, kaltgewalzt, nicht schlußgeglüht; Technische Liefebedingungen. Vornorm März 1976. - T. 3. Flachzeug aus Stahl mit besonderen magnetischen Eigenschaften; Elektroblech und -band, kornorientiert; Technische Liefebedingungen. Ausg. Nov. 1975. (Neufassung von DIN 46 400 in Vorbereitung).
21. Knorr, W.: Vorgetragen auf der Tagung der Arbeitsgemeinschaft Ferromagnetismus am 13. u. 14. 4. 1965 in Marburg/Lahn. S. a. Z. angew. Phys. 21 (1966) S. 438/41.
22. Ricken, H. G., u. H. M. Thimmel: In: The Second International conference on Magnet-Technoloy. Hrsg.: The Rutherford Laboratory. Oxford 1967. S. 256/61.
23. Weichmagnetische Stähle für schwere Schmiedestücke. Produktinformation 1. 11. 1980, ARBED Saarstahl GmbH.
24. Pry, R. H., u. C. B. Bean: J. appl. Phys. 29 (1958) S. 532/33. - Haller, T. R., u. J. J. Kramer: J. appl. Phys. 41 (1970) S. 1034/36. - Sun, J. N., T. R. Haller u. J. J. Kramer: J. appl. Phys. 42 (1971) S. 1789/91.
25. Mayer, A., u. F. Bölling: J. Magn. Magnetic Mater. 2 (1976) S. 151/61.
26. Die Hauptforschungsarbeit zum Thema „anomaler Verlust" wird zur Zeit von A. Ferro-Milone und Mitarbeitern am Instituto Elettrotecnico Nazionale Galileo Ferraris in Turin geleistet.
27. Amer. Pat. 1 965 559 vom 7. Aug. 1933. - Yensen, T. D.: Stahl u. Eisen 56 (1936) S. 1545/50; 57 (1937) S. 123.
28. May, J. E., u. D. Turnbull: Trans. metallurg. Soc. AIME 212 (1958) S. 769/81.
29. Taguchi, S.: Trans. Iron Steel Inst. Japan 17 (1977) S. 604/15.
30. Taguchi, S., A. Sakakura, F. Matsumoto, K. Takashima u. K. Kuroki: J. Magn. Magnetic Mater. 2 (1976) S. 121/31.
31. DOS 23 51 141 (1974).
32. DOS 25 31 515 (1975).
33. Littmann, M. F.: J. appl. Phys. 38 (1967) S. 1104/08.
34. Bölling, F., u. A. Mayer: ETG-Fachber. 8 (1981) S. 60/64.
35. Bär, N., A. Hubert u. W. Jillek: J. Magn Magnetic Mater. 6 (1977) S. 242/48.
36. Nozawa, T., T. Yamamoto, Y. Matsuo u. Y. Ohya: IEEE Trans. Magnetics 15 (1979) S. 972/81.
37. Phillips, R., u. K. J. Overshott: IEEE Trans. Magnetics 10 (1974) S. 168/69.
38. Bölling, F.: In: Magnettechnik - Technik und Anwendung der weichmagnetischen Werkstoffe. Grafenau 1980. (Kontakt + Studium Bd. 56) S. 57/76.
39. Mayer, A.: Stahl u. Eisen 83 (1963) S. 1169/76.
40. DIN IEC 68 (CO) 35. Elektroband aus unlegierten Stählen, kaltgewalzt, nicht schlußgeglüht; Technische Lieferbedingungen. Entw. Juli 1983. - DIN IEC 68 (CO) 36. Elektroband aus legierten Stählen, kaltgewalzt, nicht schlußgeglüht; Technische Lieferbedingungen. Entw. Juli 1983. - DIN

IEC 68 (CO) 34. Kornorientiertes Elektroblech und -band; Technische Lieferbedingungen. Entw. Juli 1983.
41. DIN 50 465. Prüfung der magnetischen Eigenschaften von Elektroblechen und Blechkernen; Bestimmung der magnetischen Flußdichte (Induktion), Feldstärke und Permeabilität im magnetischen Wechselfeld. Ausg. Sept. 1975. – DIN 50 466. Prüfung der magnetischen Eigenschaften von Elektroblechen und Blechkernen; Bestimmung der komplexen Permeabilität und ihres Kehrwerts im magnetischen Wechselfeld. Ausg. Sept. 1975.
42. Bölling, F., H. Pottgießer u. K.-H. Schmidt: Stahl u. Eisen 102 (1982) S. 833/37.
43. Naumann, F.: Unveröff. Mitt. der Thyssen Grillo Funke GmbH, Gelsenkirchen.
44. Pepperhoff, W., u. W. Pitsch: Arch. Eisenhüttenwes. 47 (1976) S. 685/90.
45. Stahl-Eisen-Werkstoffblatt 550. Stähle für größere Schmiedestücke; Gütevorschriften. Ausg. Aug. 1976. – Stahl-Eisen-Werkstoffblatt 555. Stähle für größere Schmiedestücke als Bauteile von Turbinen- und Generatorenanlagen. Ausg. Aug. 1984.
46. DIN 17 100. Allgemeine Baustähle; Gütenorm. Ausg. Jan. 1980.
47. Stahl-Eisen-Werkstoffblatt 092. – Warmgewalzte Feinkornstähle zum Kaltumformen; Gütevorschriften. Ausg. Juli 1982.
48. Opel, P., C. Florin, F. Hochstein u. K. Fischer: Stahl u. Eisen 90 (1970) S. 465/75.
49. Forch, K.: Technica 1972, Nr. 1, S. 39/45.
50. Neidhoefer, G., u. A. Schwengeler: J. Magn. Magnetic Mater. 9 (1978) S. 112/22.
51. Ricken, H. G.: Untersuchung über die magnetischen Eigenschaften von Induktorwellenstählen. Unveröff. Bericht der Krupp Hüttenwerke AG vom 15. 12. 1964.
52. Blower, R., C. A. Clark u. G. Mayer: Metallurgia 70 (1964) S. 207/12.
53. Toitot, M., C. Roques u. P. Bastien: Rev. Métallurg. 59 (1962) S. 631/37.
54. Downing, G. S., W. E. Jones u. L. E. Osman: Metal Progr. 53 (1948) Nr. 1, S. 87/90; Nr. 2, S. 235/40.
55. Blower, R., u. M. J. Fleetwood: In: Proceedings of the 1st italian meeting on heavy forgings, 26–29 Sept. 1961, Terni. Hrsg.: Camera di Commercio, Industria e Agricoltura di Terni. Terni 1962. S. 253/76.
56. Lüling, H., u. K. Gut: Gießerei-Prax. 1963, S. 39/45.
57. Dietrich, H.: Gießerei, techn.-wiss. Beih., 14 (1962) S. 79/91.
58. Jackson, W. J.: J. Iron Steel Inst. 194 (1960) S. 29/36.
59. DIN 1681. Stahlguß für allgemeine Verwendungszwecke; Gütevorschriften. Ausg. Juni 1967.
60. Haneke, M., u. H. Auktun: Handelsblatt, Techn. Linie, 31 (1978) Nr. 23, S. 89.
61. Eberly, W. S.: Iron Age 183 (1959) Nr. 17, S. 106/08.
62. Kiesheyer, H., u. H. Brandis: Z. Werkst.-Techn. 9 (1978) S. 14/18.
63. Werksprospekt DEW, Physikalische Stähle, Nr. 12, 1964.
64. Chikazumi, S.: Physics in magnetism. New York, London, Sydney 1964.
65. Pfeifer, F., u. C. Radeloff: J. Magn. Magnetic Mater. 19 (1980) S. 190/207.
66. Assmus, F.: In: Proceedings Third International Conference on Soft Magnetic Materials. Bratislava 1977. S. 83/91.
67. Kunz, W., u. F. Pfeifer: In: Amer. Inst. Phys. Conf. Proc. Ser. 1976, Proc. Nr. 34.
68. Chin, G. Y.: IEEE Trans. Magnetics, MAG-7, 1971, S. 102/13.
69. Mager, R., u. F. Pfeifer: In: Nickel und Nickellegierungen. Hrsg. von K. E. Volk. Berlin, Heidelberg, New York 1970.
70. DIN 41 301. Elektrobleche. Magnetische Werkstoffe für Übertrager. Ausg. Juli 1967. – DIN 41 302 T. 2. Kleintransformatoren, Übertrager und Drosseln; Kernbleche; Technische Lieferbedingungen. Ausg. Nov. 1979. – T. 100. Kleintransformatoren, Übertrager und Drosseln; Kernbleche nach IEC. Ausg. Mai 1981.
71. Miyazaki, T., Sawada, R. u. Y. Ishijima: IEEE Trans. Magnetics, MAG-8, 1972. S. 501/02.
72. Pfeifer, F., u. R. Deller: Elektrotechn. Z., Ausg. A, 89 (1968) S. 601/04.
73. Rassmann, G., u. H. Wich: In: Berichte der Arbeitsgemeinschaft Ferromagnetismus 1959. Hrsg. vom Gemeinschaftsausschuß der Deutschen Gesellschaft für Metallkunde, Werkstoffausschuß des Vereins Deutscher Eisenhüttenleute, Verband Deutscher Physikalischer Gesellschaften. Düsseldorf 1960. S. 181/89.
74. Pfeifer, F.: Z. Metallkde. 57 (1966) S. 240/44.
75. Hall, R. C.: J. appl. Phys., Suppl. 31 (1960) S. 1575/85.
76. Narita, K., Teshima, N. u. M. Mori: IEEE Trans. Magnetics, MAG-17, 1981, S. 2857/62.
77. Assmus, F.: Siemens Forsch. u. Entwickl. Ber. 7 (1978) S. 118/23.

78. Hilzinger, H. R.: NTG-Fachber. 76 (1980) S. 283/306.
79. Boll, R., u. H. Warlimont: Trans. Magnetics, MAG-17, 1981, S. 3053/58.

D 21 Dauermagnetwerkstoffe

1. DIN 17410. Dauermagnetwerkstoffe. Ausg. Mai 1977.
2. Schüler, K., u. K. Brinkmann: Dauermagnete, Werkstoffe und Anwendungen. Berlin, Heidelberg, New York 1970.
3. Parker, R. J., u. R. J. Studders: Permanent magnets and their application. New York 1962.
4. Permanent magnets and magnetism. [Hrsg.:] D. Hadfield. London, New York 1962.
5. Reinboth, H.: Technologie und Anwendung magnetischer Werkstoffe, 3. Aufl.; Berlin 1969.
6. Heck, C.: Magnetische Werkstoffe und ihre technische Anwendung. Heidelberg 1967.
7. Heimke, G.: Keramische Magnete. Berlin, Heidelberg, New York 1976.
8. Smit, J., u. H. P. J. Wijn: Ferrite. Eindhoven 1962. (Philips technische Bibliothek.)
9. Kneller, E.: Ferromagnetismus. Berlin, Göttingen, Heidelberg 1962.
10. Magnetism and metallurgy. Vol. 1. 2. Ed. by A. E. Berkowitz and E. Kneller. New York, London 1969.
11. McCaig, M.: Permanent magnets in theory and practice. Plymouth 1977.
12. Brown, W. F. jr.: Micromagnetics. New York 1963.
13. Fischer, J.: Abriß der Dauermagnetkunde. Berlin, Göttingen, Heidelberg 1949.
14. DIN 50470. Bestimmung der Entmagnetisierungskurve und der permanenten Permeabilität in einem Joch. Ausg. Sept. 1980. – DIN 50471. Bestimmung der Entmagnetisierungskurve und der permanenten Permeabilität im Doppeljoch. Ausg. Sept. 1980.
15. DIN 50472. Prüfung von Dauermagneten; Bestimmung der magnetischen Flußwerte im Arbeitsbereich. Ausg. März 1981.
16. Dietrich, H.: Kobalt Nr. 35, 1967, S. 71/87.
17. Luborsky, F. E.: J. appl. Phys. 33 (1962) S. 2385/90.
18. Stäblein, H.: Techn. Mitt. Krupp, Forsch.-Ber., 29 (1971) S. 101/09.
19. Koch, A. J. J., M. G. van der Steeg u. K. J. de Vos: In: Conference on magnetism and magnetic materials. Boston 1956. S. 173/83.
20. Planchard, E., C. Bronner u. J. Sauze: Z. angew. Phys. 21 (1966) S. 63/65.
21. Cahn, J. W.: Trans. metallurg. Soc. AIME 242 (1968) S. 166/80.
22. Vos, K. J. de: Z. angew. Phys. 17 (1964) S. 168/74.
23. Kronenberg, K. J.: J. appl. Phys. 31 (1960) S. 80S/82S.
24. Fahlenbrach, H.: Techn. Mitt. Krupp 12 (1954) S. 177/84.
25. Mason, J. J., D. W. Ashall u. A. N. Dean: Kobalt Nr. 46, 1970, S. 20/24.
26. Baran, W.: Techn. Mitt. Krupp 17 (1959) S. 150/52.
27. Pant, P.: Techn. Mitt. Krupp, Forsch.-Ber., 35 (1977) S. 59/64.
28. IEC-Publication 404-1: Magnetic materials, Part 1, Classification. 1979.
29. McCaig, M.: Kobalt Nr. 5, 1959, S. 26/28.
30. Fahlenbrach, H.: Kobalt Nr. 49, 1970, S. 174/82.
31. Pfeiffer, I.: Siemens Forsch.- u. Entw.-Ber. 1 (1971) S. 71/79.
32. Joffe, I.: J. Mater. Sci. 9 (1974) S. 315/22.
33. Josso, E.: IEEE Trans. Magnetics 10 (1974) S. 161/65.
34. Shur, Ya. S., M. G. Luzhinskaya u. L. A. Shibina: Phys. Metals Metallogr. 4 (1957) S. 40/44 u. 45/52.
35. Baran, W., W. Breuer, H. Fahlenbrach u. K. Janssen: Techn. Mitt. Krupp 18 (1960) S. 81/90.
36. Fahlenbrach, H.: electronic ind. 1/2 (1974) S. 11/13.
37. Kaneko, H., M. Homma, K. Nakamura u. M. Miura: IEEE Trans. Magnetics 8 (1972) S. 347/48.
38. Kaneko, H., M. Homma, T. Fukunaga u. M. Okada: IEEE Trans. Magnetics 11 (1975) S. 1440/42.
39. Chin, G. Y., S. Jin, M. L. Green, R. C. Sherwood u. J. H. Wernick: J. appl. Phys. 52 (1981) S. 2536/41.
40. Ervens, W.: Techn. Mitt. Krupp, Forsch.-Ber., 40 (1982) S. 109/16.
41. Cremer, R., u. I. Pfeiffer: Physica 80 B (1975) S. 164/76.

42. Okada, M., G. Thomas, M. Homma u. H. Kaneko: IEEE Trans. Magnetics 14 (1978) S. 245/52.
43. Jin, S.: IEEE Trans. Magnetics 15 (1979) S. 1748/50.
44. Nicholson, R. B., u. P. J. Tufton: Z. angew. Phys. 21 (1966) S. 59/62.
45. Adelsköld, V.: Ark. Kemi Mineralogie och Geologi 12 A (1938) S. 1/9.
46. Kneller, E., u. F. E. Luborsky: J. appl. Phys. 34 (1961) S. 2318/28.
47. Wullkopf, H.: Ber. Dt. keram. Ges. 55 (1978) S. 292/93.
48. Haberey, F.: Ber. Dt. keram. Ges. 55 (1978) S. 297/301.
49. Stäblein, H., u. W. May: Ber. Dt. keram. Ges. 46 (1969) S. 69/74 u. 126/28.
50. Stuijts, A. L., G. W. Rathenau u. G. H. Weber: Philips techn. Rdsch. 16 (1954/55) S. 221/28.
51. Stäblein, H., u. J. Willbrand: Z. angew. Phys. 21 (1966) S. 47/51.
52. Denes, P. A.: Amer. ceram. Soc. Bull. 41 (1962) S. 509/12.
53. Richter, H., u. H. Völler: DEW Techn. Ber. 8 (1968) S. 214/21.
54. Bäder, E.: Feinwerktechn. 64 (1960) S. 79/84.
55. Hubler, E.: Elektrotechn. Z., Ausg. B, 17 (1965) S. 817/19.
56. Dietrich, H.: Kobalt Nr. 35, 1967, S. 71/87.
57. Stäblein, H.: Hard Ferrites and Plastoferrites. In: Ferromagnetic Materials. Vol. 3. Ed. E. P. Wohlfarth. Amsterdam/London 1982. S. 441/602.
57a. Sagawa, M., S. Fujimura, N. Togawa, H. Yamamoto u. Y. Matsuura: J. appl. phys. 55 (1984) S. 2083/87.
57b. Croat, J. J., J. F. Herbst, R. W. Lee u. F. E. Pinkerton: J. appl. phys. 55 (1984) S. 2078/82.
57c. Nd-Fe permanent magnets, their present and future applications. Report and proceedings of a workshop meeting, held in Brussels on 25 Oct. 1984. [Hrsg.:] I. V. Mitchell, Commission of the European Communities, Directorate General for Science, Research and Development.
58. Wallace, W. E.: Rare Earth Intermetallics. New York, 1973.
59. Lemaire, R.: Kobalt Nr. 32, 1966, S. 117/24; Nr. 33, 1966, S. 175/84.
60. Strnat, K.: Kobalt Nr. 36, 1967, S. 119/28.
61. Martin, D. L., J. T. Geertsen, R. P. Laforce u. A. C. Rockwood: In: Proceedings 11. rare earth conference, Michigan, 1974, S. 342/52.
62. Nagel, H., u. A. Menth: Goldschmidt informiert Nr. 35, 1975, S. 42/46.
63. Schuchert, H.: Internat. J. Magnetism 5 (1973) No. 1/2/3, S. 215/22.
64. Menth, A., H. Nagel u. R. S. Perkins: Ann. Rev. Mater. Sci. 8 (1978) S. 21/47.
65. Ojima, T., S. Tomizawa, T. Yoneyama u. T. Hori. IEEE Trans. Magnetics 13 (1977) S. 1317/19.
66. Ervens, W., W. Baran u. H. Schuchert: Metall 33 (1979) S. 727/32.
67. Herget, C., u. H. G. Domazer: Goldschmidt informiert Nr. 35, 1975, S. 3/33.
68. Schäfer, G.: Karlsruhe 1974. (Diss. Techn. Hochsch. Karlsruhe.)
69. Den Broeder, F. J. A., u. K. H. J. Buschow: J. Less-Common Metals 29 (1972) S. 65/71.
70. Schäfer, G., u. W. W. Spyra: TEW Techn. Ber. 7 (1975) S. 40/48.
71. Ervens, W.: Techn. Mitt. Krupp, Forsch.-Ber., 40 (1982) S. 99/107.
72. Cech, R. E.: J. appl. Phys. 41 (1970) S. 5247/49.
73. Das, D.: AFML – TR 71-151 (1971).
74. Paladino, A. E., M. J. Dionne, P. F. Weihrauch u. E. C. Wettstein: Goldschmidt informiert Nr. 35, 1975, S. 63/74.
75. Ojima, T., S. Tomizawa, T. Yoneyama u. T. Hori: IEEE Trans. Magnetics 13 (1977) S. 1317/19.
76. Ervens, W.: In: Proceedings of the VIth international workshop on rare earth-cobalt permanent magnets and their applications. August 31–Sept. 2, 1982, Baden/Vienna, Austria. RCO-6. S. 319/27.
77. Newkirk, J. B., A. H. Geisler, D. L. Martin u. R. Smoluchowski: Trans. metallurg. Soc. AIME 188 (1950) S. 1249/60.
78. Martin, D. L.: Wie unter [19], S. 188/202.
79. Köster, W., u. E. Wachtel: Z. Metallkde. 51 (1960) S. 271/80.
80. Ravdjel, M. P., In: Arbeiten des zentralen Forschungsinstitutes für Metallurgie, Bd. 71. (Moskau 1969) S. 93/108.
81. Gödecke, T., u. W. Köster: Z. Metallkde. 62 (1971) S. 727/32.
82. Koch, A. J. J., P. Hokkeling, M. G. v. d. Steeg u. K. J. de Vos: J. appl. Phys. 31 (1960) S. 75s/77s.
83. Kojima, S.: AIP conference proceedings magnetism and magnetic materials Nr. 24, 1974, S. 768/69.
84. Ohtani, T.: IEEE Trans. Magnetics 13 (1977) S. 1328/30.
85. Ervens, W.: Techn. Mitt. Krupp, Forsch.-Ber. 40 (1982) S. 117/22.

86. Amer. Patent 3 661 567 vom 6. Dez. 1967.
87. DAS 1 458 411 vom 30. Okt. 1963.
88. Dietrich, H., u. W. Schmidt: DEW Techn. Ber. 13 (1973) S. 189/92.

D 22 Nichtmagnetisierbare Stähle

1. Bluhm, P.: Der nichtmagnetisierbare Stahl und seine Anwendung, Hamburg, Berlin 1967.
2. Heimann, W., I. Bischoff u. J. Buckstegge: Thyssen Edelstahl Techn. Ber. 5 (1979) S. 194/200.
3. Eichelmann, G. H., u. F. C. Hull: Trans. Amer. Soc. Metals 45 (1953) S. 77/104.
4. Dietrich, H., W. Heimann u. F. H. Strom: TEW Techn. Ber. 2 (1976) S. 61/69.
5. Lorenz, K., H. Fabritius u. G. Médawar: Thyssenforsch. 1 (1969) S. 97/108.
6. Hochmann, J.: Matér. & Techn. 65 (1977) Dez. (Sondernr. Manganese), S. 69/87.
7. Jesper, H., W. Weßling u. K. Achtelik: Stahl u. Eisen 86 (1966) S. 1408/18.
8. Weßling, W., u. H. E. Bock: Stahl u. Eisen 91 (1971) S. 1442/45.
9. Lorenz, K., u. G. Médawar: Thyssenforsch. 1 (1969) S. 97/108.
10. Heinrich, E., G. Kröncke u. G. Tacke: Stahl u. Eisen 102 (1982) S. 1183/88.
11. Riedl, J., u. H. Kohl: Berg- u. hüttenm. Mh. 122 (1977) S. 62/66.
12. Kohl, H.: Werkst. u. Korrosion 14 (1963) S. 831/837. – Bäumel, A., u. F. Bachmann: Arch. Eisenhüttenwes. 43 (1972) S. 631/37.
13. Speidel, M. O.: VGB-Kraftwerkstechn. 61 (1981) S. 417/27. – Derselbe: VGB-Kraftwerkstechn. 61 (1981) S. 1048/53. – Derselbe: VGB-Kraftwerkstechn. 62 (1982) S. 424/28.
14. DP 1 957 375 vom 14. Nov. 1969.
15. Dietrich, H.: DEW Techn. Ber. 4 (1964) S. 111/32.
16. Heimann, W., W. Schmidt, G. Lennartz u. E. Michel: DEW Techn. Ber. 13 (1973) S. 94/107.

D 23 Stähle mit bestimmter Wärmeausdehnung und besonderen elastischen Eigenschaften

1. Ebert, H.: Die Wärmeausdehnung fester und flüssiger Stoffe. Braunschweig 1940. S. 53.
2. Otto, J., u. W. Thomas: Z. Phys. 175 (1963) S. 337/44.
3. Partridge, J. H.: Glass-to-metal seals. Sheffield 1949.
4. Herrmann, H.: Glas- u. Hochvakuumtechn. 2 (1953) S. 189/200. – Derselbe: Z. angew. Phys. 7 (1955) S. 174/76. – Metall 9 (1955) S. 407/10. – Derselbe: Vakuumtechn. 4 (1955) S. 115/17. – Derselbe: Glastechn. Ber. 33 (1960) S. 252/57.
5. Geyer, F.: Siemens-Z. 46 (1972) S. 709/10.
6. Masiyama, Y.: Sci. Rep. Tôhoku Univ. 20 (1931) S. 574/93. – Vgl. Becker, R., u. W. Döring: Ferromagnetismus. Berlin 1939. S. 305 ff. – Kneller, E.: Ferromagnetismus. Berlin, Göttingen, Heidelberg 1962. S. 217 ff.
7. Chevenard, P.: Trav. Mém. Bur. Int. Poids et Mesures 17 (1927) S. 1 ff.
8. Guillaume, C. E.: Rev. Métallurg. Mém. 25 (1928) S. 35/43.
9. Lement, B. S., B. L. Averbach u. M. Cohen: Trans. Amer. Soc. Metals 43 (1951) S. 1072/97.
10. Hoffrogge, C.: Z. Phys. 126 (1949) S. 671/88.
11. Kußmann, A., u. K. Jessen: Arch. Eisenhüttenwes. 29 (1958) S. 585/94.
12. Hausch, G., u. H. Warlimont: Phys. Letters 36 A (1971) S. 415/16.
13. Masumoto, H.: Sci. Rep. Tôhoku Univ. 20 (1931) S. 101/23.
14. Kase, T.: Sci. Rep. Tôhoku Univ. 16 (1927) S. 491/513.
15. Köster, W., u. W.-D. Haehl: Arch. Eisenhüttenwes. 40 (1969) S. 569/74. – Dieselben: Arch. Eisenhüttenwes. 40 (1969) S. 575/83.
16. Herrmann, H., u. H. Thomas: Z. Metallkde. 48 (1957) S. 582/87. – Nickel und Nickellegierungen. Hrsg. von K. E. Volk. Berlin, Heidelberg, New York 1970. S. 35 ff.
17. Scott, H.: Trans. Amer. Inst. min. metallurg. Eng. 89 (1930) 506/37. – Derselbe: J. Franklin Inst. 220 (1935) S. 733/54.

18. Hansen, M.: Constitution of binary alloys. New York, Toronto, London 1958. S. 677 ff. - Heumann, T., u. G. Karsten: Arch. Eisenhüttenwes. 34 (1963) S. 781/85.
19. Tino, Y., u. H..Kagawa: J. Phys. Soc. Japan 28 (1970) S. 1445/51.
20. Bendick, W., H. H. Ettwig, F. Richter u. W. Pepperhoff: Z. Metallkde. 68 (1977) S. 103/07.
21. Masumoto, H.: Sci. Rep. Tôhoku Univ. 23 (1934) S. 265/80.
22. Kußmann, A.: Phys. Z. 38 (1937) S. 41/42.
23. Masumoto, H., u. T. Kobayashi: Trans. Japan Inst. Metals 6 (1965) S. 113/15.
24. Masumoto, H., H. Saito u. T. Kobayashi: Trans. Japan Inst. Metals 4 (1963) S. 114/17. - Kußmann, A., u. K. Jessen: Z. Metallkde. 54 (1963) S. 504/10.
25. Colling, D. A., u. M. P. Mathur: J. appl. Phys. 42 (1971) S. 5699/5703.
26. Fujimori, H.: J. Phys. Soc. Japan 21 (1966) S. 1860/65. - Fukamichi, K., u. H. Saito: Phys. status sol. (a) 10 (1972) S. K 129/K 131. - Saito, H., u. K. Fukamichi: IEEE Trans. Magnetics 8 (1972) S. 687/88.
27. Richter, F., u. W. Pepperhoff: Arch. Eisenhüttenwes. 47 (1976) S. 45/50.
28. Richter, F.: Arch. Eisenhüttenwes. 48 (1977), S. 239/41.
29. Aßmus, F.: In: 40 Jahre Vacuumschmelze AG. 1923-1963. Hanau 1963 S. 47 ff.
30. Hausch, G., u. H. Warlimont: Z. Metallkde. 64 (1973) S. 152/60.
31. Nakamura, Y.: IEEE Trans. Magnetics 12 (1976) S. 278/91.
32. Köster, W.: Z. Metallkde. 35 (1943) S. 194/99.
33. Chevenard, P.: Trav. Mém. Bur. Int. Poids et Mesures 17 (1927) S. 142 ff. - Guillaume, C. E.: Rev. Métallurg. Mém. 25 (1928) S. 35/43.
34. Fine, M. E, u. W. C. Ellis: Trans. AIME 191 (in J. Metals 3) (1951) S. 761/64.
35. Krüger, G.: Metallurg. Rev. 8 (1963) S. 427/59.
36. Albert, H.: IEEE Trans. Magnetics 9 (1973) S. 346/48.
37. Ochsenfeld, R.: Z. Phys. 143 (1955) S. 357/73. - Derselbe: Z. Phys.. 143 (1955) S. 375/91.
38. Schneider, W., u. H. Thomas: Metallurg. Trans. 10 A (1979) S. 433/38.
39. Krächter, H., u. W. Pepperhoff: Arch. Eisenhüttenwes. 39 (1968) S. 541/43.
40. Steinemann, S. G.: J. Magnetism Magnetic Mater. 7 (1978) S. 84/100.
41. Saito, H., K. Wakaoka u. K. Fukamichi: Trans. Japan Inst. Metals 17 (1976) S. 844/48.
42. Stahl-Eisen-Liste. 7. Aufl. Hrsg.: Verein Deutscher Eisenhüttenleute. Düsseldorf 1981. - Bungardt, K.: In: Werkstoff-Handbuch Stahl und Eisen. 4. Aufl. Hrsg.: Verein Deutscher Eisenhüttenleute. Düsseldorf 1965. Blatt O 11-1/-11-6. - Werkstoff-Handbuch Nichteisenmetalle. 2. Aufl. Hrsg.: Deutsche Gesellschaft für Metallkunde u. Verein Deutscher Ingenieure. Düsseldorf 1960. Teil III. Ni 2.2.
43. Espe, W.: Werkstoffkunde der Hochvakuumtechnik. Bd. 1. Berlin 1959. S. 340 ff u. 378 ff.
44. Landolt-Börnstein: Zahlenwerte und Funktionen aus Physik, Chemie, Astronomie, Geophysik und Technik. 6. Aufl. 4. Bd. 2. Teil, Bandteil b. Berlin, Göttingen, Heidelberg, New York 1964. S. 512 ff. u. 520 ff.
45. Marsh, J. S.: The alloys of iron and nickel. Vol. I. New York und London 1938. S. 107 ff. u. 135 ff.
46. Stahl-Eisen-Werkstoffblatt 385-57. Eisenlegierungen mit besonderer Wärmeausdehnung. Ausg. Aug. 1957. - DIN 17 745. Knetlegierungen aus Nickel und Eisen; Zusammensetzung. Ausg. Jan. 1973.
47. DIN 1715. Thermobimetalle. Technische Lieferbedingungen. Teil 1. Ausg. Nov. 1983.
48. Guillaume, C. E.: C. R. hebd. Séances Acad. Sci. 171 (1920) S. 1039/41. - Siehe auch [45]. S. 159.
49. Wie [44]. S. 517.
50. Wie [44]. S. 516; [45]. S. 131 ff.
51. Dietrich, H.: Nickel-Ber. 25 (1967) S. 37/45.
52. Kašpar, F.: Thermobimetalle in der Elektrotechnik. Berlin 1960. - Engstler, D.: Arch. techn. Messen. Blatt Z 972-3 u. 972-4. Ausg. Okt. u. Nov. 1972.
53. Dean, R. S.: Electrolytic manganese and its alloys. New York 1952. S. 134 ff.
54. Nickel-Ber. 25 (1967) S. 117. - Albert, H.: Nickel-Ber. 25 (1967) S. 240/41.

D 24 Stähle mit guter elektrischer Leitfähigkeit

1. DIN 43137. Elektrische Bahnen; Drähte für Erdung und Stromrückleitung. Ausg. Juni 1978.
2. VDE 0203/XII. 44. Vorschriften für Stahlkupfer- (Staku-) Leiter in der Elektrotechnik. Neuere Ausg. Jan. 1947. Nachdruck 1951.
3. Wanser, G.: Draht 31 (1980) S. 525/32.
4. Steel wire handbook. Hrsg.: The Wire Association. Inc. Bd. 2. Branford/Conn. 1969. S. 169/209.
5. DIN 48 300. Drähte für Fernmeldefreileitungen. Ausg. April 1981.
6. ASTM A 111-66. Zinc coated (galvanized) „iron" telephone and telegraph line wire. Ausg. 1966 (Reapproved 1980).
7. GOST 4231-48. Gewalzter Telegraphendraht. Ausg. 1948. Neuausg. 1952.
8. ASTM A 326-67. Zinc coated (galvanized) high tensile steel telephone and telegraph line wire. Ausg. 1967 (Reapproved 1980).
9. DIN 48 200 Teil 7. Drähte für Leitungsseile; Drähte aus Stahlkupfer (Staku). Ausg. April 1981.
10. DIN 48 200 Teil 8. Drähte für Leitungsseile; Drähte aus aluminium-ummanteltem Stahl. Ausg. April 1977.
11. DIN 17122. Stromschienen aus Stahl für elektrische Bahnen; Technische Lieferbedingungen. Ausg. März 1978.
12. Werkstoff-Handbuch Stahl und Eisen. 4. Aufl. Hrsg.: Verein Deutscher Eisenhüttenleute. Düsseldorf 1965. Abschn. B 11. Vgl. auch DIN 1324. Elektrisches Feld, Begriffe. Ausg. Jan. 1972.
13. Landolt/Börnstein: Zahlenwerte und Funktionen aus Physik, Chemie, Astronomie, Geophysik und Technik. 6. Aufl. Bd. 4. T. 2a. Grundlagen, Prüfverfahren, Eisenwerkstoffe. Berlin, Göttingen, Heidelberg 1963. S. 229.
14. Richter, F.: Thyssenforsch. 1 (1969) S. 70/76.
15. Yensen, T. D.: Trans. Amer. Soc. Metals 27 (1939) S. 797/820. S. bes. S. 801.
16. Hütte. Taschenbuch für Eisenhüttenleute. 5. Aufl. Hrsg. vom Akademischen Verein Hütte. Berlin/Düsseldorf 1961. S. 31/32 u. 56.
17. Dahl, W., u. K. Lücke: Arch. Eisenhüttenwes. 25 (1954) S. 241/50.
18. Maurer, E., u. F. Stäblein: Z. allg. u. anorg. Chem. 137 (1924) S. 115/24.
19. Bardenheuer, P., u. H. Schmidt: Mitt. Kais.-Wilh.-Inst. Eisenforsch. 10 (1928) S. 193/212.
20. Köster, W., u. H. Tiemann: Arch. Eisenhüttenwes. 5 (1932) S. 579/86.
21. Radcliffe, S. V., u. E. C. Rollason: J. Iron Steel Inst. 189 (1958) S. 45/48.
22. Richter, F.: Die wichtigsten physikalischen Eigenschaften von 52 Eisenwerkstoffen. Düsseldorf 1973. (Stahleisen-Sonderberichte H. 8)
23. Nach: Nemkina, E. D., D. V. Vostrikova, D. I. Zaletov, A. A. Zborovskij u. E. M. Furman: Stal 27 (1967) S. 1038/40.
24. Tammann, G., u. G. Moritz: Ann. Phys., Ser. 5, 16 (1933) S. 667/79.
25. Ueda, T.: Sci. Rep. Tôhoku Univ. 19 (1930) S. 473/98.
26. Messkin, S.: Arch. Eisenhüttenwes. 3 (1929) S. 417/25.
27. Andrew, J. H., H. Lee, P. L. Chang, B. Fang u. R. Guenot: J. Iron Steel Inst. 165 (1950) S. 145/65 u. 2 Taf. – Andrew, J. H., H. Lee, P. L. Chang u. R. Guenot: Ebenda 165 (1950) S. 166/84.
28. Frommeyer, G.: Z. Werkst.-Techn. 10 (1979) S. 166/71.
29. Köster, W.: Arch. Eisenhüttenwes. 2 (1929/30) S. 503/22.
30. Cottrell, A. H., u. A. T. Churchman: J. Iron Steel Inst. 162 (1949) S. 271/76.
31. Balicki, M.: J. Iron Steel Inst. 151 (1945) S. 181/224.
32. Stahl-Eisen-Liste. 7. Aufl. Hrsg.: Verein Deutscher Eisenhüttenleute. Düsseldorf 1981.

D 25 Stähle für Fernleitungsrohre

1. Maxey, W. A.: In: 5th symposium on line pipe research. [Hrsg.:] American Gas Association, AGA Houston 1974. S. J1/J30.
2. Wiedenhoff, W. W., u. G. H. Vogt: Rohre Rohrleitungsbau Rohrleitungstransport 22 (1983) S. 492/96.
3. Herbsleb, G., R. Pöpperling u. W. Schwenk: Corrosion, Houston, 37 (1981) S. 247/56.

4. Hengstenberg, H., u. F. Henrichs: Bänder Bleche Rohre 12 (1971) S. 208/19.
5. Eiber, R. J.: Symposium on line pipe research. [Hrsg.:] American Gas Association, AGA New York 1965 S. 83/118; L 30 000.
6. Schiller, A.: Rohre Rohrleitungsbau Rohrleitungstransport 15 (1976) S. 18/25; s. bes. S. 24.
7. Vorschriften des American Petroleum Institute (API), API-Norm 5 L, 5 LX u. 5 LS, auch RP 513.
8. DIN 17172. Stahlrohre für Fernleitungen für brennbare Flüssigkeiten und Gase. Technische Lieferbedingungen. Ausg. Mai 1978.
9. Coors, P. Ph. C., G. D. Fearnehough, F. O. Koch, J. Kügler, S. Venzi u. G. H. Vogt: Rohre Rohrleitungsbau Rohrleitungstransport 18 (1979) S. 380/86.
10. Vogt, G.: In: 6th symposium on line pipe research. [Hrsg.:] American Gas Association, AGA. Houston 1979. S. M1/M20.
11. Bersch, B., u. F. O. Koch: Rohre Rohrleitungsbau Rohrleitungstransport 17 (1978) S. 772/79.
12. Düren, C. in: Schweißen von Baustählen. Hrsg. Verein Deutscher Eisenhüttenleute. Düsseldorf 1983. S. 114/51. Siehe auch Stahl-Eisen-Werkstoffblatt 063. Empfehlungen für das Verarbeiten, besonders für das Schweißen von Stahlrohren für den Bau von Fernleitungen. In Vorbereitung, derzeit Entwurf Februar 1985.
13. Granjon, H.: Metal Constr. & Brit. Weld. J. 1 (1969) S. 509/15.
14. Moore, E. M., u. J. J. Warga: Mater. Performance 15 (1976) No. 6, S. 17/23.
15. Kalwa, G., R. Pöpperling, H. W. Rommerswinkel u. P. J. Winkler: Offshore North Sea Technology Conference (ONS) Stavanger 1976, Paper T-I/21.
16. Pöpperling, R., u. W. Schwenk: Werkst. u. Korrosion 31 (1980) S. 15/20.
17. Schwenk, W., u. R. Pöpperling: Rohre Rohrleitungsbau Rohrleitungstransport 19 (1980) S. 571/77.
18. Meyer, L.: Stahl u. Eisen 101 (1981) S. 483/91.
19. Lorenz, K., W. M. Hof, K. Hulka, K. Kaup, H. Litzke u. U. Schrape: Stahl u. Eisen 101 (1981) S. 593/600.
20. Wiedenhoff, W. W.: In: Symposium on the interrelation between the iron and steel industry and the steel consuming sectors. Steel/SEM 3 R.18. New grades of steel for the production of large-dimension steel pipe. [Hrsg.:] Economic Commission for Europe. Genf 1977. S. 1/27.
21. Gray, J. M.: Metallurgy of high strength low-alloy pipeline steels. Present and future possibilities. [Hrsg.:] Molybdenum Corporation of America. Application Report 7201, Jan. 1972.
22. Haumann, W., u. K. Kaup: In: DVS-Ber. Nr. 62, 1980, S. 88/95.

D 26 Wälzlagerstähle

1. Zwirlein, O., u. H. Schlicht: Z. Werkst.-Techn. 11 (1980) S. 1/14. – Eberhard, R., H. Schlicht u. O. Zwirlein: Härterei-techn. Mitt. 30 (1975) S. 338/45. – Broßeit, E., F. Schmidt u. H. J. Schröder: Z. Werkst.-Techn. 9 (1978) S. 210/14.
2. Mannot, J., R. Tricot u. A. Gueussier: Rev. Métallurg. 67 (1970) S. 619/37.
3. Randak, A., A. Stanz u. W. Verderber: Stahl u. Eisen 92 (1972) S. 981/93.
4. Lundquist, M. R. C.: In: Weiss, V.: Proc. Amer. Soc. Test. Mater. 59 (1959) S. 655/61, bes. S. 657.
5. DIN 50 602. Metallographische Prüfverfahren; Mikroskopische Prüfung von Edelstählen auf nichtmetallische Einschlüsse mit Bildreihen. Ausg. 1985.
6. Stahl-Eisen-Prüfblatt 1520-78. Mikroskopische Prüfung der Carbidausbildung in Stählen mit Bildreihen. Ausg. März 1978. – Siehe auch ISO 5949. Werkzeugstähle und Wälzlagerstähle. – Mikroskopische Verfahren zur Ermittlung der Carbidausbildung mit Vergleichsbildreihen. Ausg. 1984.
7. DIN 50192. Ermittlung der Entkohlungstiefe. Ausg. Mai 1977.
8. Diergarten, H.: Gefüge-Richtreihen im Dienste der Werkstoffprüfung in der stahlverarbeitenden Industrie. 4. Aufl. Düsseldorf 1960.
9. Barteld, K., u. A. Stanz: Arch. Eisenhüttenwes. 42 (1971) S. 581/97.
10. DIN 17 230. Wälzlagerstähle; Technische Lieferbedingungen. Ausg. Sept. 1980.
11. Krefting, R., u. A. Stanz: Arch. Eisenhüttenwes. 49 (1978) S. 325/31.
12. DIN 50191. Stirnabschreckversuch. Ausg. 1985.
13. Brandis, H., u. P. Kroy: Klepzig Fachber. 72 (1964) S. 434/40.
14. Barteld, K.: Fachber. Hüttenprax. Metallweiterverarb. 13 (1975) S. 792/94, 796/98 u. 800/01.

15. Randak, A., A. Stanz u. H. Vöge: Influence of melting practice and hot forming on type and amount of non metallic inclusions in bearing steels. In: Bearing steels. Philadelphia/Pa. 1975. (ASTM Spec. Techn. Publ. No. 575.) S. 150/62.
16. Orlich, J.: Härterei-techn. Mitt. 29 (1974) S. 231/36.
17. EURONORM 103-71. Mikroskopische Ermittlung der Ferrit- oder Austenitkorngröße von Stählen. Ausg. Nov. 1971. - DIN 50601. Metallographische Prüfverfahren; Bestimmung der Austenit- und der Ferritkorngröße von Stahl und Eisenwerkstoffen. Ausg. 1985.
18. Franz, M., u. E. Hornbogen: Arch. Eisenhüttenwes. 49 (1978) S. 449/53.
19. Euronorm 94-73. Wälzlagerstähle; Gütevorschriften. Ausg. Nov. 1973.
20. ISO 683. Teil XVII. Kugel- und Rollenlagerstähle. Ausg. 1976.

D 27 Stähle für den Eisenbahn-Oberbau

1. Fastenrath, F.: Die Eisenbahnschiene. Berlin, München, Düsseldorf 1977.
2. Internationale Schienentagung 1979, Heidelberg, 18. u. 19. Okt. 1979. Berichte. Veranst. Schienenausschuß beim Verein Deutscher Eisenhüttenleute. Düsseldorf 1979.
3. Jäniche, W.: Stahl u. Eisen 72 (1952) S. 758/66.
4. Oettel, R.: Braunkohle Wärme u. Energie 13 (1961) S. 7/18.
5. Schmedders. H., R. Hammer u. U. Schrape: Arch. Eisenhüttenwes. 37 (1966) S. 551/60.
6. Eisenmann, J., G. Oberweiler, R. Schweitzer u. W. Heller: Eisenbahntechn. Rdsch. 23 (1974) S. 122/26.
7. Technische Lieferbedingungen des Internationalen Eisenbahnverbandes. Code UIC 860. Ausg. Jan. 1979.
8. Schweitzer, R., u. W. Heller: Techn. Mitt. Krupp, Werksber., 39 (1981) S. 33/41.
9. Gladman, T., I. D. McIvor, u. F. B. Pickering: J. Iron Steel Inst. 210 (1972) S. 916/30.
10. Pickering, F. B.: Physical metallurgy and the design of steels. London 1978.
11. Flügge, J., W. Heller, E. Stolte u. W. Dahl: Arch. Eisenhüttenwes. 47 (1976) S. 635/40.
12. Hyzak, J. M., u. I. M. Bernstein: Metallurg. Trans. 7A (1976) S. 1217/24.
13. Heller, W.: Techn. Mitt. Krupp, Werksber., 33 (1975) S. 73/77.
14. Heller, W., R. Schweitzer u. L. Weber: In: 19th annual conference of metallurgists. [Hrsg.:] Canadian Institute of Mining and Metallurgy. - Canadian Metallurgical Quarterly 21, Nr. 1, S. 3/15.
15. Schmedders, H., K. Wick u. H.-J. Quell: Thyssen Techn. Ber. 1 (1979) S. 60/69.
16. Thermitschweißen von Schienen. Hrsg. von der Beratungsstelle für Stahlverwendung. Düsseldorf 1964. (Merkblätter über sachgemäße Stahlverwendung. Nr. 241).
17. Abbrennstumpfschweißen von Schienen. Hrsg. von der Beratungsstelle für Stahlverwendung. Düsseldorf 1981. (Merkblätter über sachgemäße Stahlverwendung. Nr. 258).
18. Stahl u. Eisen 90 (1970) S. 922/28.
19. Schweitzer, R., u. O. Huber: Techn. Mitt. Krupp, Werksber., 37 (1979) S. 105/108.
20. Technische Lieferbedingungen des Internationalen Eisenbahnverbandes. Code UIC 865-1. Ausg. Jan. 1967.
21. Entwicklung und Erprobung einer Stahlschwelle für Strecken der Deutschen Bundesbahn mit schwerem und schnellem Verkehr. Bericht der Studiengesellschaft für Anwendungstechnik von Eisen und Stahl e. V. zum Projekt 47. Düsseldorf 1982. Pietzko, G., u. H. Schmedders: Thyssen Techn. Ber. 2 (1980) S. 126/36.
22. Technische Lieferbedingungen des Internationalen Eisenbahnverbandes Code UIC 864-4. Ausg. April 1963.
23. Technische Lieferbedingungen des Internationalen Eisenbahnverbandes Code UIC 864-6. Ausg. April 1963.

D 28 Stähle für rollendes Eisenbahnzeug

1. Wirner, R.: In: 2. Internationaler Radsatzkongreß, München 1966. Radsätze. Der Radsatz in Gegenwart und Zukunft. Hrsg. von der Gruppe Rollendes Eisenbahnzeug der Wirtschaftsvereinigung Eisen- und Stahlindustrie und vom Verein Deutscher Eisenbahnleute. Essen 1967. S. 273/81.
2. Swaay, J. L. van: In: 3. Internationaler Radsatzkongreß, Sheffield 1969. Vortrag Nr. 8, 8 S.
3. Egelkraut, K., H. Lange u. V. Mussnig: Eisenbahntechn. Rdsch. 15 (1966) S. 346/60.
4. Rudolph, W.: Glas.-Ann. 88 (1964) S. 98/109.
5. Müller, C. T.: Österr. Ing.-Z. 7 (1964) S. 215/24.
6. Nishioka, K., u. Y. Morita: The strength of railroad wheels. Bull. JSME 12 (1969) S. 738/46; 13 (1970) S. 1165/71; 14 (1971) S. 11/19.
7. Eck, B. J., u. M. G. Novak: In: 4. Internationaler Radsatzkongreß, Paris 1972. Bd. 3. S. 67/73.
8. Raquet, E.: Glas.-Ann. 99 (1975) S. 249/55.
9. Forch, K.: Forschungsvorhaben Erforschung der Grenzen des Rad-Schiene-Systems: Einflußgrößen auf das Verschleißverhalten verschiedener legierter Stähle für Eisenbahnräder. Statusseminar München 1974, Vortrag 10. Vergl. Forch, K.: Thyssen Techn. Ber. 11 (1979) S. 70/76.
10. Stolte, E.: Techn. Mitt. Krupp, Forsch.-Ber., 20 (1962) S. 143/51. – Stolte, E.: Stahl u. Eisen 83 (1963) S. 1363/69.
11. Forch, K.: In: 8. Internationaler Radsatzkongreß, Madrid 1985.
12. Hegenbarth, F.: Wie unter [1], S. 179/94.
13. Lange, H., F. Hildebrandt u. F. Hogenkamp: Glas.-Ann. 98 (1974) S. 93/100.
14. Fox, M. P., u. M. G. Hewitt: Wie unter [7], Bd. 2. S. 67/91.
15. Bröhl, W., u. G. Oedinghofen: Werkstofffragen bei Radreifen. Veröff. Klöckner-Werke AG, Georgsmarienwerke, Q 1.4316, 1976/77.
16. DIN 17 200. Vergütungsstähle. Gütevorschriften. Ausg. Nov. 1984.
17. ISO 1005/1. Rollendes Eisenbahnzeug; Radreifen für Triebfahrzeuge und Wagen. Güteanforderungen. 1. Ausg. 1982. – ISO R 1005/II. ...; rohe Wagenradreifen. Maße und zulässige Maßabweichungen. 1. Ausg. 1969. – ISO 1005/3. ...; Achsen für Triebfahrzeuge und Wagen. Güteanforderungen. 1. Ausg. 1982. – ISO R 1005/IV. ...; gewalzte oder geschmiedete Radkörper für bereifte Wagenräder. 1. Ausg. 1969. – ISO 1005/6. ...; Vollräder für Triebfahrzeuge und Wagen. Güteanforderungen. 1. Ausg. 1982. – ISO 1005/7. ...; Radsätze für Triebfahrzeuge und Wagen. Güteanforderungen. 1. Ausg. 1982.
18. UIC 810-1 V. Technische Lieferbedingungen für Rohradreifen aus gewalztem, unlegiertem Stahl für Triebfahrzeuge und Wagen. 4. Ausg. 1981. – UIC 810-2 V. Technische Lieferbedingungen: Rohradreifen für Wagen, Abmessungen und Toleranzen. 3. Ausg. 1963. 4. Ausg. in Vorbereitung. – UIC 811 V. Technische Lieferbedingungen für Wagenachswellen. 3. Ausg. 1968. – UIC 812-1 V. Technische Lieferbedingungen für gewalzte oder geschmiedete Radkörper für bereifte Wagenradsätze. 3. Ausg. 1968. – UIC 812-3 V. Technische Lieferbedingungen für Vollräder aus gewalztem, unlegiertem Stahl für Triebfahrzeuge und Wagen. 5. Ausg. 1984. – UIC 813-1 V. Technische Lieferbedingungen für Wagenradsätze. 3. Ausg. 1968. – UIC 813-2 V. Technische Lieferbedingungen für unlegierten Flach- und Formstahl für Radreifensprengringe. 1. Ausg. 1969.

D 29 Stähle für Schrauben, Muttern und Niete

1. Domalski, H., u. H. Schücker: Stahl u. Eisen 90 (1970) S. 1087/96.
2. Karl, A., u. K. H. Kiesel: Technik 27 (1972) S. 681/84.
3. DIN ISO 898 Teil 1. Mechanische Eigenschaften von Verbindungselementen; Schrauben. Ausg. April 1979.
4. Illgner, K. H.: In: VDI-Ber. 220, 1974, S. 135/44.
5. Blume, D.: Masch.-Markt 82 (1976) S. 350/52.
6. Schuster, M.: Masch.-Markt 79 (1973) S. 1318/21.
7. DIN 50 601. Metallografische Prüfverfahren. Ermittlung der Austenit- und der Ferritkorngröße von Stahl und anderen Eisenwerkstoffen. Ausg. Juni 1985. Euronorm 103. Mikroskopische Ermittlung der Ferrit- oder Austenitkorngröße von Stählen. Ausg. Nov. 1971.

Literatur zu D 29

8. Blume, D.: Masch.-Markt 76 (1970) S. 1693/98.
9. Enke, Chr. G.: Maschine 31 (1972) S. 623/25.
10. Richter, E.: Draht 28 (1977) S. 142/47.
11. DIN 1013 Teil 1. Stabstahl. Warmgewalzter Rundstahl für allgemeine Verwendung; Maße, zulässige Maß- und Formabweichungen. Ausg. Nov. 1976. – DIN 1013 Teil 2: Stabstahl. Warmgewalzter Rundstahl für besondere Verwendung; Maße, zulässige Maß- und Formabweichungen. Ausg. Nov. 1976.
12. DIN 59115. Walzdraht aus Stahl für Schrauben, Muttern und Niete; Maße, zulässige Abweichungen, Gewichte. Ausg. Nov. 1972.
13. DIN 59130. Stabstahl. Warmgewalzter Rundstahl für Schrauben und Niete; Maße, Gewichte, zulässige Abweichungen. Ausg. Sept. 1978.
14. Bauer, C. O.: Draht-Welt 55 (1969) S. 365/75.
15. Stahl-Eisen-Prüfblatt 1520. Mikroskopische Prüfung der Carbidausbildung in Stählen mit Bildreihen. Ausg. März 1978.
16. Illgner, K. H.: Draht-Welt 56 (1970) S. 706/11.
17. DIN 51212. Prüfung metallischer Werkstoffe. Verwindeversuch an Drähten. Ausg. Sept. 1978.
18. DIN 1654 Teil 1. Kaltstauch- und Kaltfließpreßstähle. Technische Lieferbedingungen. Allgemeines. Ausg. März 1980.
19. Engineer, S.: TEW Techn. Ber. 2 (1976) S. 125/29.
20. Schuster, M.: Draht-Welt 58 (1972) S. 649/51.
21. Esselborn, K.: Kaltstauchstähle für Schrauben und Muttern unter besonderer Berücksichtigung der borlegierten Güten. Röchling-Burbach Techn. Mitt. Nr. 41, Ausg. 1975.
22. DIN 17111. Kohlenstoffarme unlegierte Stähle für Schrauben, Muttern und Niete. Technische Lieferbedingungen. Ausg. Sept. 1980.
23. DIN 1654 Teil 3. Kaltstauch- und Kaltfließpreßstähle. Technische Lieferbedingungen für Einsatzstähle. Ausg. März 1980.
24. DIN 1654 Teil 4. Kaltstauch- und Kaltfließpreßstähle. Technische Lieferbedingungen für Vergütungsstähle. Ausg. März 1980.
25. DIN 267 Teil 3. Mechanische Verbindungselemente. Technische Lieferbedingungen. Festigkeitsklassen für Schrauben aus unlegierten oder legierten Stählen; Umstellung der Festigkeitsklassen. Entwurf Juli 1982.
26. DIN 1654 Teil 5. Kaltstauch- und Kaltfließpreßstähle. Technische Lieferbedingungen für nichtrostende Stähle. Ausg. März 1980.
27. DIN 267 Teil 11. Mechanische Verbindungselemente. Technische Lieferbedingungen mit Ergänzungen zu ISO 3506, Teile aus rost- und säurebeständigen Stählen. Ausg. Jan. 1980.
28. DIN 17240. Warmfeste und hochwarmfeste Werkstoffe für Schrauben und Muttern. Ausg. Juli 1976.
29. DIN 267 Teil 13. Mechanische Verbindungselemente. Technische Lieferbedingungen, Teile für Schraubenverbindungen, vorwiegend aus kaltzähen oder warmfesten Werkstoffen. Ausg. März 1980.
30. Bauer, C. O.: Z. Werkst.-Techn. 7 (1976) S. 279/92.
31. Fleischer, N., u. E. E. Fastenrath: Mutternfiebel. Plettenberg 1969.
32. Zwahr, A.: Blech 17 (1970) Nr. 10, S. 69/74.
33. Arnim, H. von: Draht 24 (1973) S. 58/62.
34. Andrews, D. S.: Sheet Metal Ind. 53 (1976) S. 223/25.
35. Beelisch, K. H.: Masch.-Markt 77 (1971) S. 2261/63.
36. Großberndt, H.: Dachdecker-Handwerk 1977, Nr. 12, S. 857/71; Nr. 13, S. 1001/03; Nr. 14, S. 1070/71.
37. Großberndt, H., u. H. Kniess: Stahlbau 44 (1975) S. 289/300 u. 344/51.
38. Großberndt, H., u. K. Kayser: Blechschraubenhandbuch. Essen 1968.
39. Wiegand, H., u. W. Thomala: Draht-Welt 59 (1973) S. 542/51.
40. Peters, W.: Draht 26 (1975) S. 629/33.

D 30 Stähle für geschweißte Rundstahlketten

1. Stahldraht-Erzeugnisse. Hrsg. vom Ausschuß für Drahtverarbeitung im Verein Deutscher Eisenhüttenleute. Bd. 2. Düsseldorf 1956. S. 142/91.
2. Werkstoff-Handbuch Stahl und Eisen. Hrsg.: Verein Deutscher Eisenhüttenleute. 4. Aufl. Düsseldorf 1965. Blatt Q 25.
3. Smetz, R., u. K. Niederberger: Ing. Digest 16 (1977) Nr. 3, Taf. 1.
4. Wellinger, K., u. A. Stanger: VDI-Z. 101 (1959) S. 1425/31.
5. Schaefer, W.: Glückauf 96 (1969) S. 550/62.
6. Rieger, W., u. W. Rieß: Fördern u. Heben 11 (1961) S. 599/604.
7. Schaefer, W.: Glückauf 98 (1962) S. 915/24.
8. DIN 685 Teil 1 bis 5. Geprüfte Rundstahlketten, s. bes. Teil 2. Sicherheitstechnische Anforderungen und Teil 3. Prüfung. Ausg. Nov. 1981.
9. DIN 766. Rundstahlketten für allgemeine Zwecke und Hebezeuge. Kettenenden, geprüft, kurzgliedrig. Ausg. Juli 1954. – DIN 766. Rundstahlketten. Güteklasse 3; lehrenhaltig, geprüft. Entwurf Juni 1981.
10. DIN 5684 Teil 1. Rundstahlketten für Hebezeuge; Güteklasse 5, lehrenhaltig, geprüft. Ausg. Mai 1984. – DIN 5684 Teil 2. Rundstahlketten für Hebezeuge; Güteklasse 6, lehrenhaltig, geprüft. Ausg. Mai 1984. – DIN 5684 Teil 3. Rundstahlketten für Hebezeuge; Güteklasse 8, lehrenhaltig, geprüft. Ausg. Mai 1984.
11. DIN 22 252. Rundstahlketten für Förderer und Gewinnungsanlagen im Bergbau, lehrenhaltig, geprüft. Ausg. Sept. 1983.
12. Germanischer Lloyd. Vorschriften für Klassifikation und Bau von stählernen Seeschiffen. Bd. III, Kap. 6 – Werkstoffe. Ausg. 1981.
13. Schneeweiß, G.: Mater.-Prüf. 8 (1966) S. 217/22.
14. Rieger, W.: Dt. Hebe- u. Fördertechn. 13 (1967) S. 646/48.
15. Oechsle, D.: Konstruktion 28 (1976) S. 483/88.
16. Seidemann, A.: Ind.-Anz. 85 (1963) S. 2054/56.
17. Schaefer, W.: Glückauf 106 (1970) S. 17/26.
18. Minuth, E., u. E. Hornbogen: Prakt. Metallogr. 13 (1976) S. 584/98.
19. Schaefer, W.: Glückauf 100 (1964) S. 897/904.
20. Seidemann, A.: Techn. Überwachung 5 (1964) s. 341/43.
21. Kurrein, M.: Stahl u. Eisen 85 (1965) S. 148/49.
22. Naumann, F. K., u. F. Spies: Prakt. Metallogr. 9 (1972) S. 706/07. – Dieselben: Prakt. Metallogr. 15 (1978) S. 309/13.
23. Schmidtmann, E., u. R. Schumann: Schweißen u. Schneiden 19 (1967) S. 352/61.
24. Krüger, A., u. J. Müller: Draht-Welt 48 (1962) S. 362/68.
25. Püngel, W., u. P. Koch: Draht-Welt 48 (1962) S. 368/71. – Dieselben: Draht-Welt 52 (1966) S. 453/54.
26. Atlas zur Wärmebehandlung der Stähle. Hrsg. vom Max-Planck-Institut für Eisenforschung in Zusammenarbeit mit dem Werkstoffausschuß des Vereins Deutscher Eisenhüttenleute. Bd. 1. T. 2. Von A. Rose, W. Peter, W. Straßburg u. L. Rademacher. Düsseldorf 1954–1958. S. 24/27.
27. Mehta, K. K.: Thyssen Edelstahl Techn. Ber. 4 (1978) S. 38/46.
28. DIN 17 115. Stähle für geschweißte Rundstahlketten. Gütevorschriften. Ausg. Aug. 1972 (Neuausgabe als Technische Lieferbedingung in Vorbereitung, derzeit Entwurf Jan. 1985).
29. Just, E.: Härterei Techn. Mitt. 23 (1968) S. 85/100.

E 2 Rohstahlerzeugung

1. Kalla, U., H. W. Kreutzer u. E. Reichenstein: Stahl u. Eisen 97 (1977) S. 382/93.
2. Haastert, H. P., E. Köhler u. E. Schürmann: Stahl u. Eisen 83 (1963) S. 204/12.
3. Haastert, H. P., E. Köhler u. E. Schürmann: Stahl u. Eisen 85 (1965) S. 1588/95.
4. Mahn, G., P. Ottmar u. H. Voigt: Stahl u. Eisen 89 (1969) S. 262/73.

5. Haastert, H. P., W. Meichsner, H. Rellermeyer u. K. H. Peters: Thyssen Techn. Ber. 7 (1975) S. 1/7; Iron and Steel Eng. Oct. 1975, S. 71/77.
6. Schulz, H. P.: Stahl u. Eisen 89 (1969) S. 249/62.
7. Köhler, E., K. Nürnberg, W. Ullrich, R. A. Weber u. F. Winterfeld: Thyssenforsch. 3 (1971) S. 118/24.
8. Haastert, H. P.: Thyssen Techn. Ber. 15 (1983) S. 1/14.
9. Emi, T.: Stahl u. Eisen 100 (1980) S. 998/1011.
10. Ottmar, H., H. Schenck u. W. Dahl: Stahl u. Eisen 97 (1977) S. 731/41.
11. Haastert, H. P., F. Winterfeld, E. Höffken, G. Bauer u. R. A. Weber: Stahl u. Eisen 97 (1977) S. 723/31.
12. Richardson, F. D., u. J. H. E. Jeffes: J. Iron Steel Inst. 160 (1948) S. 261/70; 163 (1949) S. 397/420.
13. Vacher, H. C., u. E. A. Hamilton: Trans. Amer. Inst. min. metallurg. Engrs. Iron Steel Div., 95 (1931) S. 124/40.
14. Willems, J.: Radex-Rdsch 1965, S. 425/31.
15. Schäfer, K.: Stahl u. Eisen 99 (1979) S. 412/20.
16. Haastert, H. P., E. Köhler, F. Regneri u. E. Schürmann: Stahl u. Eisen 89 (1969) S. 24/30. – Haastert, H. P., E. Köhler u. K. Nürnberg: Thyssenforsch. 2 (1970) S. 127/37.
17. Die physikalische Chemie der Eisen- und Stahlerzeugung. Hrsg. vom Verein Deutscher Eisenhüttenleute Düsseldorf 1964.
18. Chino, H., u. K. Wada: Yawata techn. Rep. Nr. 251, 1965, S. 5817/42.
19. Knüppel, H.: Desoxydation und Vakuumbehandlung von Stahlschmelzen. Bd. 2. Textteil u. Bildteil. Düsseldorf 1983.
20. Grabner, B., u. H. Höffgen: Radex-Rdsch. 1983, S. 179/209 u. 1 Falttaf.
21. Pluschkell, W.: Stahl u. Eisen 99 (1979) S. 398/404 u. 404/11.
22. Kataura, Y., u. D. Oelschlägel: Stahl u. Eisen 100 (1980) S. 20/29.
23. Förster, E., W. Klapdar, H. Richter, H. W. Rommerswinkel, E. Spetzler u. J. Wendorff: Stahl u. Eisen 94 (1974) S. 474/85.
24. Spetzler, E., u. J. Wendorff: Thyssen Techn. Ber. 7 (1975) S. 8/13.
25. Haastert, H. P.: Thyssen Techn. Ber. 1 (1980) S. 8/14; Metallurg. Plant & Techn. 3 (1980) Nr. 5, S. 26, 28, 30, 32, 34 u. 36.
26. Kreutzer, H. W.: Stahl u. Eisen 92 (1972) S. 716/24.
27. Hochstein, F.: Stahl u. Eisen 95 (1972) S. 785/89.
28. Schmidt, M., O. Etterich, H. Bauer u. H. J. Fleischer: Stahl u. Eisen 88 (1968) S. 153/68.
29. Bauer, H., O. Etterich, H. J. Fleischer u. J. Otto: Stahl u. Eisen 90 (1970) S. 725/35.
30. Bauer, H., K. Behrens u. M. Walter: Stahl u. Eisen 97 (1977) S. 938/44.
31. Behrens, K., E. Köhler u. K.-D. Unger: Stahl u. Eisen 89 (1979) S. 1302/10.

E3 Gießen und Erstarren

1. Nilles, P.: In: Gießen und Erstarren von Stahl. Informationstagung, Luxembourg, 29. 11. – 1. 12. 1977. Bd. 2. [Hrsg.:] Kommission der Europäischen Gemeinschaften. Düsseldorf 1977. (EUR 5903 d, e, f.) S. 20/60.
2. Ebneth, G., Haumann, K. Rüttiger u. F. Oeters: Arch. Eisenhüttenwes. 45 (1974) S. 353/59.
3. Diener, A., G. Ebneth u. A. Drastik: Estel-Ber. 10 (1975) S. 149/61.
4. Diener, A.: Stahl u. Eisen (1976) S. 1337/40.
5. Oeters, F., H. J. Selenz u. K. Rüttiger: Wie unter [1], Bd. 1. S. 144/95.
6. Tiller, W. A.: J. Iron Steel Inst. 192 (1959) S. 338/50.
7. Jacobi, H.: Stahl u. Eisen 96 (1976) S. 964/68.
8. Jacobi, H., u. K. Wünnenberg: Stahl u. Eisen 97 (1977) S. 1075/81.
9. Rellermeyer, H.: Der Erstarrungsverlauf bei Stahlblöcken. In: Gießen und Erstarren von Stahl. Hrsg.: Verein Deutscher Eisenhüttenleute. Düsseldorf 1967. S. 111/41.
10. Ebneth, G., W. Haumann u. K. Rüttiger: ESTEL-Ber. 9 (1974) S. 13/24.
11. Waudby, P. E., P. C. Morgan u. P. Waterworth: Segregation in wide-end uf ingots. Final report, P. 1. Commission of the European Communities EU 7723 (1982).

12. Pesch, R., u. A. Etienne: Wie unter [1], Bd. 1. S. 198/245.
13. Plöckinger, E., u. A. Randak: Stahl u. Eisen 78 (1958) S. 1041/58.
14. Steinmetz, E., H.-U. Lindenberg, W. Mörsdorf u. P. Hammerschmid: Stahl u. Eisen 97 (1977) S. 1154/59.
15. Delmore, J., M. Laubin u. H. Maas: Wie unter [1], Bd. 1. S. 248/318.
16. Langhammer, H.-J., u. H. G. Geck: In: Vorgänge beim Gießen und Erstarren von unberuhigtem Stahl. Gießen u. Erstarren von Stahl. Hrsg.: Verein Deutscher Eisenhüttenleute, Düsseldorf 1967. S. 33/75.
17. Steinmetz, E., u. H. U. Lindenberg: Arch. Eisenhüttenwes. 47 (1976) S. 521/24.
18. Sims, C. E.: Trans. metallurg. Soc. AIME 215 (1959) S. 367/93.
19. Jacobi, H.: Wie unter [1], Bd. 1. S. 108/42.
20. Straßburger, Chr. u. L. Meyer: Thyssenforsch. 3 (1971) S. 2/7.
21. Pantke, H.-D., u. H. Neumann: Vorgänge beim Gießen und Erstarren von halbberuhigtem Stahl. Wie unter [16], S. 76/90.
22. Volker, W.: Stahl u. Eisen 88 (1968) S. 1455/63.
23. Ushijima K., A. Yoshida, M. Mizutani u. H. Okajima: South East Asia Iron & Steel Inst. Quart. 11 (1982) S. 40/47.
24. Steinmetz, E., U. Lindenberg, P. Hammerschmid u. W. Glitscher: Stahl u. Eisen 103 (1983) S. 539/45.
25. Nashiwa, H., K. Yoshida, A. Mori, H. Tomono u. K. Kimura: Iron & Steelmarker 7 (1980) Nr. 10, S. 17/22.
26. Hagen, K., u. H. Litzke: Techn. Mitt. Krupp, Werksber. 33 (1975) S. 95/100.
27. Stadler, P., K. Hagen, P. Hammerschmid u. K. Schwerdtfeger: Stahl u. Eisen 102 (1982) S. 451/59.
28. A study of the continuous casting of steel. [Hrsg.:] International Iron and Steel Institute, Committee on Technology. Brussels 1977. S. 2.27.
29. Kohno, T., M. Wake, T. Yamamoto, T. Kuwabara, T. Shima u. A. Tsuneoka: Iron & Steelmaker 9 (1982) Nr. 10, S. 37/40.
30. Ohashi, T., u. K. Asano: In: Japan – USA joint seminar on solidification of metals and alloys, Tokyo, Jan. 17–19, 1977.
31. Schwerdtfeger, K.: Stahl u. Eisen 98 (1978) S. 225/35.
32. Miyazawa, K., u. K. Schwerdtfeger: Arch. Eisenhüttenwes. 52 (1981) S. 415/22.
33. Wünnenberg, K., u. H. Jacobi: Stahl u. Eisen 109 (1981) S. 104/12.
34. Alberny, R., u. J. P. Birat: Continuous casting of steel. London 1977. (The Metals Society. Book No. 184.) S. 116/24.
35. Shah, N. A., u. J. J. Moore: Iron & Steelmaker 9 (1982) Nr. 10, S. 31/36; Nr. 11, S. 42/47.
36. Sorimachi, K., A. Kawaharda, K. Hamagami, K. Kinoshita, Y. Yoshii, M. Shiraishi: Tetsu to Hagané 67 (1981) S. 1345/53.
37. Rellermeyer, H.: Stahl u. Eisen 103 (1983) S. 415/20.
38. Ende, H. vom, u. G. Vogt: J. Iron Steel Inst. 210 (1972) S. 889/94.
39. Flender, R., u. K. Wünnenberg: Stahl u. Eisen 102 (1982) S. 1169/76.
40. Gallucci, F., u. E. S. Szekeres: Iron & Steelmaker 7 (1980) Nr. 10, S. 23/28.
41. Fastner, T., u. L. Pochmarski: Berg- u. Hüttenm. Mh. 127 (1982) S. 227/33.
42. Kawakami, K., T. Kitagawa, H. Mitzukami, H. Uchibari, S. Miyahara, M. Suzuki u. Y. Shiratani: Tetsu to Hagané 67 (1981) S. 1190/99.
43. Mills, N. T., u. B. N. Bhat: Iron & Steelmaker 5 (1978) Nr. 10, S. 18/24.
44. Ribaud, P. V., Y. Roux, L.-D. Lucas u. H. Gaye: Fachber. Hüttenprax. u. Metallverarb. 19 (1981) S. 859/60, 863/66 u. 868/69.
45. Ueda, T., H. Hirahara, A. Kuwabara, T. Watanabe u. K. Matsui: Tetsu to Hagané 67 (1981) S. 1236/40.
46. Kloth, E.: Stahl u. Eisen 101 (1981) S. 1135/37.
47. Thoma, Ch.: Stahl u. Eisen 103 (1983) S. 217/23.
48. Robert, S., G. Klages u. R. W. Simon: Thyssen Techn. Ber. 14 (1982) S. 19/28.

E 4 Sonderverfahren des Erzschmelzens und Vergießens

1. Plöckinger, E.: Die Umschmelzverfahren. In: Internationaler Eisenhüttentechnischer Kongreß, Düsseldorf 1974, [27.-30 Mai]. Bd. 3 [Düsseldorf] 1974. Ber. 4.2.1 14 S.
2. Wahlster, M., A. Choudhury u. K. Forch: Stahl u. Eisen 88 (1968) S. 1193/202.
3. Wahlster, M., u. H. Spitzer: Stahl u. Eisen 92 (1972) S. 961/72.
4. Jauch, R., A. Choudhury, H. Löwenkamp u. F. Regnitter: Wie unter [1], Ber. 4.2.2.1. 13 S.
5. Randak, A., A. Stanz u. W. Verderber: Stahl u. Eisen 92 (1972) S. 981/93.
6. Plöckinger, E.: Stahl u. Eisen 92 (1972) S. 972/81.
7. Wessling, W.: Sie & Wir [Werksz. d. Stahlwerke Südwestfalen AG] Nr. 6, 1970.
8. Hochstein, F.: Stahl u. Eisen 95 (1975) S. 777/89.
9. Kühnelt, G., u. P. Machner: Stahl u. Eisen 101 (1981) S. 1311/16.
10. Jauch, R., A. Choudhury u. F. Tince: In: 9. Internationale Schmiedetagung [Düsseldorf 4.-9. Mai 1981]. Veranst. vom Verein Deutscher Eisenhüttenleute in Zsarb. mit der Vereinigung Deutscher Freiformschmieden mit Unterstützung der Kommission der Europäischen Gemeinschaften. Düsseldorf 1981. Ber. 1.4.
11. Tarmann, R., P. Machner u. G. Kühnelt: Berg- u. hüttenm. Mh. 124 (1979) S. 212/21.
12. Ramaciotii, A., und Mitarbeiter: In: 8. International forgemasters meeting, Kyoto, Japan 1977.
13. Austel, W., u. Ch. Maidorn: In: Proceedings of the 5th international conference on vacuum metallurgy and electroslag remelting processes, Munich, Oct. 11-15, 1976 [Hrsg.:] Leybold-Heraeus GmbH & Co KG. Hanau 1977. S. 241/42 u. 4 Taf.
14. Kawaguchi, S., u. S. Sawada: In: EPRI workshop on rotor forgings for turbines and generators, Palo Alto, Calif. 13-17, Sept. 1980.
15. Olette, M.: Mém sci. Rev. Métallurg. 57 (1960) S. 467/80.
16. Turillon P. P.: Transactions of the vacuum metallurgy conference meeting. New York 1963.

E 5 Warmumformung durch Walzen

1. Riemann, W., u. K.-H. Bald: Stahl u. Eisen 94 (1974) S. 15/22.
2. Koenigsmann, F., u. F. Oeters: Werkst. u. Korrosion 29 (1978) S. 10/16.
3. Paulitsch, H., G. Schönbauer, E. Sikora u. H. Voigt: Stahl u. Eisen 94 (1974) S. 8/15.
4. Schrader, H.: Techn. Mitt. Krupp (1934) S. 136/42.
5. Birks, N.: In: Decarburization. London 1970. (ISI-Publ. No. 133.) S. 1/12.
6. Melford, D. A.: J. Iron Steel Inst. 200 (1962) S. 290/99.
7. Amelung, E., u. H. Schütt: Stahl u. Eisen 93 (1973) S. 740/41.
8. Einfluß dispersoider Phasen auf das Austenitkornwachstum von Baustählen. In: Forschungshefte „Stahl". Hrsg. von der Kommission der Europäischen Gemeinschaften. Luxemburg 1975. Vertrags-Nr. 6210/62/1/011.
9. Täffner, K., u. L. Meyer: Grundlagen des Festigkeits- und Bruchverhaltens. Düsseldorf 1974. S. 240/53.
10. Ishihara, S.: In: IISI/Techco/14, June 14 (1982) Helsinki 9.
11. Anke, F., u. M. Vater: Einführung in die technische Verformungskunde. Düsseldorf 1974.
12. Spittel, M.: Neue Hütte 27 (1982) S. 55/60.
13. Spittel, M., u. Th. Spittel: Freiberg. Forsch. - H., Reihe B, Nr. 231, 1982, S. 7/20.
14. Schmidt, W., u. H. Hüskes: Blech Rohre Profile 25 (1978) S. 5/11.
15. Pursian, G., F. Zeise u. K.-H. Weber: Neue Hütte 21 (1976) S. 231/35.
16. Fuchs, A.: ESTEL-Ber. 8 (1975) S. 127/35.
17. Fuchs, A.: Hoesch Hüttenwerke. Interner Bericht QE 6 I 953 (1973).
18. Zidek, M.: Hutn. Listy 25 (1970) S. 342/50.
19. Kösters, F.: Klepzig Fachber. 77 (1969) S. 630/39.
20. Nerger, D., u. H. Reinhold: Neue Hütte 23 (1978) S. 400/03.
21. Weise, H., u. W. Haumann: In: Preprints Tempcore-Lizenznehmertagung, 1982. Vortragsnummer B4D.

22. Lorenz, K., W. Hof, K. Hulka, K. Kaup, H. Litzke u. U. Schrape: Stahl u. Eisen 101 (1981) S. 593/600.
23. Neuhauß, J., u. D. Thiery: Stahl u. Eisen 92 (1972) S. 1106/13.
24. Funke, P., R. Kulbrok u. H. Wladika: Stahl u. Eisen 92 (1972) S. 1113/22.
25. Bading, W., P. Funke u. Th. Kootz: Stahl u. Eisen 97 (1977) S. 1307/14.
26. Kopineck, H.-J., u. H. Wladika: Stahl u. Eisen 102 (1982) S. 1053/60.
27. Stahl-Eisen-Lieferbedingungen 071-77. Oberflächenbeschaffenheit von warmgewalztem Grob- und Mittelblech sowie Breitflachstahl. Ausg. Dez. 1977.
28. Stahl-Eisen-Lieferbedingungen 055 E-80. Warmgewalzter Stabstahl und Walzdraht mit rundem Querschnitt und nicht profilierter Oberfläche, Oberflächen-Güteklassen. Technische Lieferbedingungen. Ausg. März 1980.
29. Stahl-Eisen-Lieferbedingungen 025. Halbzeug mit quadratischem Querschnitt aus unlegierten und legierten Baustählen zum Gesenkschmieden (in Vorbereitung).
30. Kremer, K.-J.: Stahl u. Eisen 103 (1983) S. 359/65.
31. Lorenz, J., E. Raeder u. W. Schierloh: Stahl u. Eisen 103 (1983) S. 367/73.
32. Schneider, H.: Stahl u. Eisen 103 (1983) S. 615/18.

E 6 Warmformgebung durch Schmieden

1. Kawaguchi, S., Y. Nakagawa, J. Watanabe, S. Shikano, K. Maeda u. N. Kanno: Aufgabe der Herstellung von schweren Schmiedestücken aus 500-t-Blöcken. In: Congrès international de la grosse Forge. Paris, 20-25. avril 1975. T.1. [Hrsg.:] Chambre Syndicale de la Grosse Forge Française. Paris 1976. S. 187/220.
2. Knorr, W.: Beeinflussung von Blockseigerungen durch die Vakuum-Kohlenstoff-Desoxydation. Sixth International DH/BV Vacuum Conference, Stresa, Italy May 9-12, 1972. S. 81/95.
3. Hochstein, F., A. Choudhury, K. Fischer, H. Heymann, W. Knorr, E. Ogiewa u. R. Rischka: Stahl u. Eisen 95 (1975) S. 777/89.
4. Ambaum, E.: Untersuchungen über das Verhalten innerer Hohlstellen beim Freiformschmieden. Aachen 1979. (Dr.-Ing.-Diss. Techn. Hochsch. Aachen.)
5. Kopp, R., E. Ambaum u. T. Schultes: Optimierung von Umformprozessen durch Verknüpfung empirischer und theoretischer Erkenntnisse am Beispiel des Freiformschmiedens. Stahl u. Eisen 99 (1979) S. 495/503.
6. Kopp, R., u. F. Stenzhorn: Optimierung des Freiformschmiedens hinsichtlich Qualität, Energie- und Rohstoffeinsparung. Abschlußbericht zum Forschungsvorhaben Förderungskennzeichen 01 ZG 067 - ZA/NT/NTS 1011, Aachen, Febr. 1982.
7. Vater, M., u. H.-P. Heil: Stahl u. Eisen 91 (1971) S. 864/76.
8. Tateno, M., u. S. Shikano: Tetsu to Hagané 48 (1962) S. 495/98. - Tetsu to Hagané Overseas 3 (1963) S. 117/29. - Jap. Soc. Techn. Plasticity J. 65 (1966) S. 299/308.
9. Vater, M., G. Nebe u. H.-P. Heil: Stahl u. Eisen 86 (1966) S. 892/905.
10. Haller, W.: Handbuch des Schmiedens. München 1971.
11. Schinn, R.: Stahl u. Eisen 72 (1952) S. 676/83.
12. Ammareller, S., u. P. Grün: Stahl u. Eisen 72 (1952) S. 653/62.
13. Maurer, E., u. H. Korschan: Stahl u. Eisen 53 (1933) S. 209/15.
14. Burton, H. H.: In: Comptes rendus des journées de la grosse forge. Organisées par le Centre Technique de la Grosse Forge (Chambre Syndicale de la Grosse Forge Française) á Paris 27.-29. Mai 1948. Paris 1948. S. 157/75.
15. Nitschke, K.: In: Internationale Schmiedetagung 1965, Berlin [9.-11. Juni]. Hrsg. vom Verein Deutscher Eisenhüttenleute. Düsseldorf 1966. S. 11/14.
16. Feeg, F. E.: Masch.-Markt 66 (1960) Nr. 15, S. 15/20.
17. Feeg, F. E.: Masch.-Markt 69 (1963) Nr. 66, S. 11/19.
18. Oehler, H. H., H. Robra u. H. J. Bargel: VDI-Z. 111 (1969) S. 773/78 u. 1043/46.
19. Piehl, K. H., O. W. Buchholtz, H. Finkler, K. Forch, O. Jacks, H. G. Ricken, R. Rischka u. J. Venkateswarlu: Stahl u. Eisen 95 (1975) S. 837/46.
20. Krautkrämer, J., u. H.: Werkstoffprüfung mit Ultraschall. Berlin/Heidelberg/New York (1980).

E 7 Kaltumformung durch Walzen

1. Pawelski, O.: Grundlagen des Kaltwalzens von Band. In: Herstellung von kaltgewalztem Band. Teil 1. Hrsg. vom Verein Deutscher Eisenhüttenleute. Düsseldorf 1970. S. 236/64.
2. Pawelski, O., u. V. Schuler: Versuche zum Regeln der Planheit beim Kaltwalzen von Band. Stahl u. Eisen 90 (1970) S. 1214/22.
3. Grassl, D., u. J. Wünning: Entwicklung der Inertgasverwendung bei der Wärmebehandlung. Z. wirtsch. Fertigung 65 (1970) S. 187/98.
4. Funke jr., P.: Einfluß des Walzens und Nachwalzens auf die Bandeigenschaften. Wie unter 1. S. 280/82.
5. Müschenborn, W., H.-M. Sonne u. L. Meyer: Die erzeugungsbedingten Gütemerkmale von kaltgewalztem Feinblech unter dem Blickwinkel der Kaltumformbarkeit. Thyssenforsch. 4 (1972) S. 43/55.
6. Kranenberg, H.: Untersuchungen über die Walzenrauheit und deren Übertragung auf das Blech beim Walzen im Bereich kleiner Formänderungen. Berlin 1967. (Dr.-Ing.-Diss. Techn.-Univ. Berlin.)
7. Oberflächenfehler an kaltgewalztem Band und Blech. Hrsg.: Verein Deutscher Eisenhüttenleute. Düsseldorf 1967.

E 8 Wärmebehandlung

1. DIN 1654. Kaltstauch- und Kaltfließpreßstähle; Technische Lieferbedingungen. Ausg. März 1980. – DIN 17 100. Allgemeine Baustähle; Gütenorm. Ausg. Jan. 1980. – DIN 17 200. Vergütungsstähle; Technische Lieferbedingungen. Ausg. Febr. 1982. – DIN 17 210. Einsatzstähle; Gütevorschriften. Ausg. Dez. 1969. – DIN 17 230. Wälzlagerstähle; Gütevorschriften. Ausg. Sept. 1980. – DIN 17 440. Nichtrostende Stähle; Technische Lieferbedingungen. Ausg. Sept. 1982.
2. Ruhfus, H.: Wärmebehandlung der Eisenwerkstoffe. Düsseldorf 1958. (Stahleisen-Bücher. Bd. 15.)
3. Technologie der Wärmebehandlung von Stahl. Hrsg. von H.-J. Eckstein. Leipzig 1977.
4. Connert, W.: Stahl u. Eisen 80 (1960) S. 1049/60.
5. Plöckinger, E., u. A. Randak: Stahl u. Eisen 78 (1958) S. 1041/58.
6. Horn, W., u. H.-J. Horn: Wärmebehandlung von Stahl. Düsseldorf 1968.
7. Spies, H. J., G. Münch u. A. Prewitz: Neue Hütte 22 (1977) S. 443/45.
8. Thelning, K. E.: Z. wirtsch. Fertigung 66 (1971) Nr. 3, S. 13/22.
9. Nichtrostende Stähle. Bearb. von P. Schierhold. Düsseldorf 1977. S. 40 u. 120.

E 9 Qualitätssicherung bei der Herstellung von Hüttenwerkserzeugnissen

1. Treppschuh, H.: Stahl u. Eisen 84 (1964) S. 1714/23.
2. Jäniche, W., u. W. Heller: In: Werkstoffkunde der gebräuchlichen Stähle. T.2. Hrsg.: Verein Deutscher Eisenhüttenleute. Düsseldorf 1977. S. 357/78.
3. Feldmann, U.: Stahl und Eisen 103 (1983) S. 351/57.
4. Kremer, K.-J.: Stahl u. Eisen 103 (1983) S. 359/65.
5. Lorenz, J., E. Raeder u. W. Schierloh: Stahl u. Eisen 103 (1983) S. 367/73.
6. Qualitätssicherungs-Handbuch. Rahmenrichtlinie für die Werke der Stahlindustrie. Vom Werkstoffausschuß des Vereins Deutscher Eisenhüttenleute in einer Gemeinschaftsarbeit erstellte Richtlinie. Düsseldorf 1978.
7. Jäniche, W., P. Hammerschmid u. M. Kühlmeyer: Z. Metallkde. 64 (1973) S. 1/7.
8. Heller, W., u. P. Hammerschmid: Techn. Mitt. Krupp, Werksber. 33 (1975) S. 89/93.
9. Handbuch der Qualitätssicherung. Hrsg. von W. Masing. München, Wien 1980.
10. Crosby, Ph. B.: Qualität kostet weniger. 1971.
11. Zink, K. J., u. G. Schick: Quality Circles-Problemlösungsgruppen. München, Wien 1984.
12. Daeves, K.: Stahl u. Eisen 43 (1923) S. 462/66.

13. Daeves, K., u. A. Beckel: Großzahlforschung und Häufigkeitsanalyse. Weinheim/Bergstr., Berlin 1948.
14. Knüppel, H., A. Stumpf u. A. Fricke: Arch. Eisenhüttenwes. 32 (1961) S. 883/91; 33 (1962) S. 67/76.
15. Jäniche, W.: Mater.-Prüfung 6 (1964) S. 418/25.
16. Kühlmeyer, M.: In: Werkstoffkunde der gebräuchlichen Stähle. T.2. Hrsg.: Verein Deutscher Eisenhüttenleute. Düsseldorf 1977. S. 379/93.
17. Baumann, H.-D., u. P. Greis: Statistische Prüfung. Düsseldorf 1978.
18. Meyer, D., H.-J. Kläring, J. Wernstedt u. W. Winkler: Neue Hütte 26 (1981) S. 179/84.
19. Helck, F., u. W. Rohde: Statistische Methoden bei der Prüfung von Stahlerzeugnissen – Eine kritische Analyse. Bericht zur Tagung „Werkstoffprüfung 1984", Bad Nauheim. [Hrsg.:] Deutscher Verband für Materialprüfung (DVM), Berlin.
20. Kühlmeyer, M.: Die Rolle von Stichprobenplänen bei der Prüfung von Stahlerzeugnissen. Wie unter [19].
21. Kremer, K.-J., u. H. Spitzer: Einsatz der Datenverarbeitung bei der Steuerung der Edelstahlherstellung hinsichtlich qualitativer Zielvorgaben. Bericht einer Fachtagung des KfK Karlsruhe über „Prozeßlenkung mit Datenverarbeitungsanlagen" in Karlsruhe vom 9. bis 19. Mai 1979.
22. Kühlmeyer, M.: Frontiers in statistical quality control. Würzburg (1981) S. 148/64.
23. Kühlmeyer, M.: Wie [20] (1984), S. 136/45.
24. Spitzer, H., u. K.-J. Kremer: In: VDI-Ber. Nr. 428, 1981, S. 1/25.
25. Handbuch für das Eisenhüttenlaboratorium. 5 Bde. Hrsg.: Chemikerausschuß des Vereins Deutscher Eisenhüttenleute. Bd. 2. Düsseldorf 1966.
26. Koch, K.-H.: Stahl u. Eisen 103 (1983) S. 449/52.
27. Born, A., J. Bewerunge, J. Brauner, M. Heinen u. K.-J. Kremer: Arch. Eisenhüttenwes. 52 (1981) S. 289/94.
28. Pluschkell, W.: Stahl u. Eisen 99 (1979) S. 404/11.
29. Hougardy, H. P., K. Barteld, P. G. Dressel, M. Heyder, H.-J. Nierhoff u. D. Schreiber: Stahl u. Eisen 103 (1983) S. 509/12.
30. Kügler, J., G. Geimer, G. Naumann, W. Rohde u. W. Schmidt: Stahl u. Eisen 103 (1983) S. 559/64.
31. Schneider, H.: Stahl u. Eisen 103 (1983) S. 615/18.
32. Ahrens, H., J. Hesse, F. Meuters u. H. Schmedders: Thyssen Techn. Ber. 12 (1980) S. 111/16.
33. DIN 1599. Kennzeichnungsarten für Stahl. Ausg. Aug. 1980.
34. Tschorn, G.: Schleiffunkenatlas für Stähle, Gußeisen, Roheisen, Ferrolegierungen und Metalle. Leipzig 1961.
35. Brauner, J., K.-D. Glaubitz u. K.-J. Kremer: Stahl u. Eisen 100 (1980) S. 1323/28.
36. Smit, H., L. Schulz, H. Paaßen, D. Küpper u. J. Mahn: Thyssen Techn. Ber. 12 (1980) S. 143/51.

Ergänzung der Literaturverzeichnisse von Band 1 und Band 2

(Neuere, umfassende und übergreifende, d. h. für mehrere Kapitel der Werkstoffkunde Stahl wichtige Veröffentlichungen, die z. T. auch schon bei den Kapiteln, dort aber mehr auf Einzelheiten bezogen, zitiert worden sind.)

Houdremont, E.: Handbuch der Sonderstahlkunde. 3.Aufl. Berlin, Göttingen, Heidelberg u. Düsseldorf 1956.

Grundlagen der Festigkeit, der Zähigkeit und des Bruchs. Berichte, gehalten im Kontaktstudium Werkstoffkunde Eisen und Stahl I. Hrsg. von W. Dahl u. W. Anton. 2 Bde. Düsseldorf 1983.

Grundlagen der Wärmebehandlung von Stahl. Berichte, gehalten im Kontaktstudium Werkstoffkunde Eisen und Stahl II. Hrsg. von W. Pitsch. Düsseldorf 1976.

Verhalten von Stahl bei schwingender Beanspruchung. Berichte, gehalten im Kontaktstudium Werkstoffkunde Eisen und Stahl III. Hrsg. von W. Dahl. Düsseldorf 1978.

Festigkeits- und Bruchverhalten bei höheren Temperaturen. Berichte, gehalten im Kontaktstudium Werkstoffkunde Eisen und Stahl IV. Hrsg. von W. Dahl u. W. Pitsch. 2 Bde. Düsseldorf 1980.

Atlas zur Wärmebehandlung der Stähle. Hrsg. vom Max-Planck-Institut für Eisenforschung in Zusammenarbeit mit dem Werkstoffausschuß des Vereins Deutscher Eisenhüttenleute. Bd. 2. Von A. Rose u. H. P. Hougardy. Düsseldorf 1972.

Aurich, D.: Bruchvorgänge in metallischen Werkstoffen. Beiträge zur Werkstoffkunde und Werkstofftechnik. Hrsg.: E. Macherauch u. V. Gerold. Karlsruhe 1978.

Blumenauer, H.: Bruchmechanik. Leipzig 1973.

De ferri metallographia. Bd. I bis VI. [Hrsg.:] Commissio communitatum europaearum. Hohe Behörde der Europäischen Gemeinschaft für Kohle und Stahl, Brüssel 1966–1983.

Haasen, P.: Physikalische Metallkunde; 2. Aufl. Berlin, Heidelberg, New York 1984.

Handbuch der Fertigungstechnik. Hrsg. von G. Spur u. T. Stöferle. München, Wien. Bd. 1. 1981. Bd. 3/1. 1979.

Hardenability concepts with applications to steel. Hrsg.: D. V. Doane and J. S. Kirkaldy. New York 1978.

Heitz, H., R. Henkhaus u. A. Rahmel: Korrosionskunde in Experimenten, Untersuchungsverfahren – Meßtechnik – Aussagen. Weinheim 1983.

Honeycombe, R. W. K.: Steels, microstructure and properties. London 1981.

Hornbogen, E.: Werkstoffe. 3. Aufl. Berlin 1983.

Ilschner, B.: Werkstoffwissenschaften. Berlin, Heidelberg, New York 1982.

Ilschner, B.: Hochtemperatur-Plastizität. Berlin, Heidelberg, New York 1973. (Reine und angewandte Metallkunde in Einzeldarstellungen. Bd. 23.)

Kaesche, H.: Die Korrosion der Metalle. 2. Aufl. Berlin, Heidelberg, New York 1979.

Kubaschewski, O.: Iron-binary-phase-diagrams. Berlin, Heidelberg, New York u. Düsseldorf 1982.

Leslie, W. C.: The physical metallurgy of steels. London 1983.

Physical metallurgy. 3. ed. Ed. by R. W. Cahn a. P. Haasen. 2 Bde. Amsterdam, Oxford, New York, Tokyo 1983.

Pickering, F. B.: Physical metallurgy and the design of steels. London 1978.

Rahmel, A., u. W. Schwenk: Korrosion und Korrosionsschutz von Stählen. Weinheim, New York 1977.

Ruge, J.: Handbuch der Schweißtechnik. 2 Aufl. 2 Bde. Berlin, Heidelberg, New York 1980.

Schwalbe, K.-H.: Bruchmechanik metallischer Werkstoffe. München 1980.

Stüwe, H. P.: Einführung in die Werkstoffkunde. 2. Aufl. Mannheim 1978.

Technologie der Wärmebehandlung von Stahl. Hrsg. von H.-J. Eckstein. Leipzig 1977.

Tetelmann, A. S., u. A. J. McEvily: Bruchverhalten technischer Werkstoffe. Düsseldorf 1971.

Thelning, K.-E.: Steel and its heat treatment. 2. ed. London 1984.

Troost, A.: Einführung in die allgemeine Werkstoffkunde metallischer Werkstoffe. I. 2. Aufl. Mannheim, Zürich 1984.

Werkstoffkunde der gebräuchlichen Stähle. 2 Teile. Hrsg. vom Verein Deutscher Eisenhüttenleute. Düsseldorf 1977.

Werkstoffe, Fertigung und Prüfung drucktragender Komponenten von Hochleistungsdampfkraftwerken. Hrsg.: K. Kussmaul. Essen 1981.

Sachverzeichnis zu Band 1

Die **fett** gedruckten Zahlen verweisen auf Seiten, auf denen das Stichwort ausführlich behandelt wird.

Abgleitung (in einem Kristall) 236
Abkühlungsdauer
-, von 800 bis 500 °C
-, -, Bedeutung für die Austenitumwandlung 218
-, von 850 bis 500 °C
-, -, Bedeutung für die Austenitumwandlung 503
-, -, Einfluß auf die mechanischen Eigenschaften von 50 CrMo 4 503
-, kritische 230
-, -, zur Berechnung der Art der Austenitumwandlung aus der chemischen Zusammensetzung 230
-, -, zur Ermittlung der Härtbarkeit aus der chemischen Zusammensetzung 230
Abkühlungsdauer $t_{8/5}$
-, Begriff 538
-, Berechnung 539
-, Blechdickeneinfluß 540
-, Einfluß der Arbeitstemperatur beim Schweißen 539
Abkühlungsgeschwindigkeit
-, kritische 113
-, -, obere, für Austenit-Martensit-Umwandlung maßgebend (K_m) 113, 214, **219**, 512
-, -, Formel über Einfluß von Kohlenstoff, Chrom, Mangan, Molybdän und Nickel 113
-, -, untere, für Austenit-Perlit-Umwandlung maßgebend (K_p) 214, **219**
Abkühlungsverlauf bei der Wärmebehandlung, Einfluß der Werkstückabmessungen 503
Abkühlzeit s. Abkühlungsdauer
Abrasion s. Furchungsverschleiß
Abscheiden aus der Gasphase (Oberflächenveredlung) 667
Abschreckalterung 251
Abschreckspannungen 500
-, Entstehung beim Schweißen 551
Ac_1-Temperatur 200
-, Formel zur Berechnung aus der chemischen Zusammensetzung **229**
Ac_3-Temperatur 200
-, Formel zur Berechnung aus der chemischen Zusammensetzung **229**
Adhäsion s. Haftverschleiß

Ätzgruben, Entstehung an Gitterbaufehlern bei Korrosion 463
Aktivität, chemische 44
Alitieren 668
Alterung 250, **309**
-, mechanische 251, 377
-, bei Werkzeugstahl nach Härtung 517
Alterungsfreiheit 606
Aluminium, Einfluß auf Oxidation von Stahl 449
Aluminiumüberzüge 661
-, Aufbau 661
Amplitudenkollektiv 370
s. auch Betriebsfestigkeit
Anisotropie 278
-, des Fließverhaltens **278**
-, -, Kennzeichnung durch r-Wert 278
-, kristallographische 599
-, planare 598
-, -, Einfluß der Stahlart 611
-, senkrechte 597
-, -, Bedeutung für die Tiefziehbarkeit 598
-, der Zähigkeitseigenschaften 311
-, -, Sulfideinfluß 311
Anisotropieenergie 409
Anlassen 514
Anlaßtemperatur, Einfluß auf Gefüge 497
Anlaßversprödung 499, 514
-, Begleitelementeinfluß 499
-, Kennwerte 515
-, -, Übergangstemperatur der Kerbschlagarbeit 515
Anrißlebensdauer 373
-, Errechnung 373
Anstrengung 262, 290
Antiferromagnetismus 413
-, von γ-Eisen 413
Antimon
-, Einfluß auf Anlaßversprödung 499
-, Einfluß auf Lötbrüchigkeit 448
Arrhenius-Gleichung 257
-, Anwendung auf Dehngeschwindigkeit 257
-, Anwendung auf Zugfestigkeit 259
Arsen
-, Einfluß auf Anlaßversprödung 499
-, Einfluß auf Lötbrüchigkeit 448

ASTM-Dickenkriterium 324
   s. auch Bruchmechanik
Atomvolumen
-, von α-Eisenmischkristallen 415
-, von Reinsteisen 402
Aufhärtbarkeit 513
Aufkohlung **453**
-, Kohlenstoffübertragung, Zeitgesetz 454
-, Vorgänge 453
Auflösung, anodische
   (bei Korrosion) 463
Aufschmelzgrad
   (beim Schweißen) 532
Aufschmelzungsriß
   (in Schweißungen) 553
Aufstickung
-, als Korrosionsvorgang 456
-, Einfluß von Aluminium 458
-, Einfluß von Chrom 458
-, s. auch Nitrieren
Aushärtung 514, **516**
Ausscheidungen 121
   (aus festen übersättigten Lösungen) 273
-, Auswirkungen
-, -, auf Alterung 309
-, -, auf Festigkeit 273
-, -, auf Zähigkeit 309
-, Energiebetrachtungen 121
-, Gesamtverlauf 134
-, -, Theorien (Keimbildungs-, Vergröberungs-, Wachstumstheorie) 135
-, Teilchenform, Einflußgrößen 123
-, Teilchengröße, Häufigkeitsverteilung 134
-, Wachstumshemmungen 129
-, -, durch Diffusion 129
-, -, durch elastische Spannungen 129
Ausscheidungshärtung 516
-, durch Niob-, Titan-, Vanadin-Karbid, Einfluß auf mechanische Eigenschaften 510
Ausscheidungsrisse 551
-, in Schweißungen 551
-, beim Spannungsarmglühen 557
Austausch-Einlagerungs-Mischkristalle 53
-, Gibbssche Energien 53
Austauschstromdichte
   (bei Korrosionsvorgängen) 462
Austenit 99, **115**
-, Entstehungsbereich im Temperatur-Kohlenstoffgehalt-Diagramm 99
-, Zerspanbarkeit 623
Austenit-Bainit-Umwandlung **170**
-, Arten 170
-, Bereiche der Bainitbildung je nach Kohlenstoffgehalt und Temperatur 173
-, Kinetik 166
-, kristallographische Untersuchungen 174

-, Mechanismen 170
-, Reliefbildung dabei 166
-, Zementitausscheidung dabei 174
Austenitformhärten 519
-, Einfluß auf Festigkeits-Zähigkeits-Verhältnis 519
-, Wirkung von Niob, Titan, Vanadin 519
Austenitformvergütung 513
Austenitgefüge 191
-, Einfluß von Wärmebehandlungen nach Verformung 191
Austenitisierung 207
-, Einfluß des Ausgangszustandes des Stahls 207
-, Einfluß substitutioneller Legierungselemente 118
-, -, Homogenisierung der Konzentrationsunterschiede durch Glühen 120
-, im einphasigen Bereich, Einflußgrößen 115
-, im zweiphasigen Bereich 117
Austenitisierungsparameter
   (bei mathematischer Beschreibung des Umwandlungsverhaltens) 228
Austenitkorngröße 203
-, Einfluß auf Austenitumwandlung 507
-, Einfluß auf Widmannstättenschen Ferrit 508
-, Einflußgrößen 204, 506
-, -, Aluminiumnitrid 208
-, -, Karbid, Nitrid oder Karbonitrid bildende Legierungselemente 192, 208
-, -, nichtmetallische Einschlüsse 208
-, -, Rekristallisation 506
-, -, Schweißbedingungen 536
-, -, Temperatur und Zeit 204, 506
-, Einflußnahme zur Feinkornerzeugung 192, 207, 506
-, Kennzeichnung 506
-, -, durch Härtebruchproben 209
-, Wirkung auf die Eigenschaften 506
Austenit-Martensit-Umwandlung **150**
-, Charakterisierung 150
-, Energiebetrachtungen 151
-, Habitusebene der entstehenden Martensitplatten 156
Austenit-Perlit-Umwandlung 138
Austenitstabilität 612
-, Einfluß auf die Umformbarkeit 591, 612
Austenitumwandlung 98, 115, 210
   s. auch Austenit-Bainit-, Austenit-Martensit-, Austenit-Perlit-Umwandlung
-, Einflußgrößen
-, -, Austenitkorngröße 220
-, -, Legierungselemente 112, 221, 223
-, -, Schwankungen in der chemischen Zusammensetzung 225
-, -, Seigerungen 224

Sachverzeichnis zu Band 1

-, Kennzeichnung durch kritische Abkühlungsdauern 218
-, mathematische Beschreibung 228, **230**
Austin-Rickett-Formel
(Austenitumwandlung) 230
Automatenstahl, Zerspanbarkeit 624

Bagaryatski-Zusammenhang 175
Bain-Deformation 153
Bainit **165**
-, Entstehungsbereich im Temperatur-Kohlenstoffgehalt-Diagramm 99
-, Unterscheidung gegenüber Martensit 217
-, Unterscheidung von oberem und unterem Bainit 105, 168
Bainitgefüge **165**
-, Auswirkungen auf
-, -, Anlaßsprödigkeit 512
-, -, Festigkeit 511
-, -, Streckgrenze 491, 511
-, -, Übergangstemperatur 493, 511
-, -, Zähigkeit 493, 511
-, -, Zerspanbarkeit 623
-, Eigenschaften im Vergleich zu Perlit 496, 511
-, Einflußgrößen
-, -, Abkühlungsgeschwindigkeit 511
-, -, Anlaßtemperatur 497
-, -, Austenitkorngröße 494, 512
-, -, Legierungsgehalt 511
-, Korngrößendefinition 491
-, Merkmale 165
-, -, Lanzettbreite 493
-, -, Paketgröße 492, 493
Bain-Zusammenhang
(Martensitgefüge) 154
Bandstahl
-, Begriff und Einteilung 25
-, oberflächenveredelt, Begriff 25
Bauschinger-Effekt **341**
-, Abbau 345
-, Deutung 345
-, Einflußgrößen 342
-, -, Kohlenstoffgehalt 342
-, -, Vorverformungsrichtung 343
-, -, Vorverformungsspannung 343
bauteilähnliche Proben 301
Beanspruchungskollektiv 370
Bearbeitung, elektrochemische 629
Bearbeitung, elektroerosive 629
Begleitprobenverfahren 366
Beizverhalten
(von Stahl) 669
Belagbildung
(auf Zerspanungswerkzeugen) 627
Belastbarkeit 289
Belastungsablauf, standardisierter 372

Belgien, Stahlverbrauch je Einwohner 11
Beschichten mit organischen Stoffen
(Oberflächenveredlung) 673
Beschichtungsstoffe 674
Beständigkeitsbereiche von $\alpha + \gamma$, γ und $\gamma + \Theta$ im Eisen-Kohlenstoff-System 148
-, Einfluß von Mangan und von Silizium 148
Betriebsfestigkeit **368**
-, Prüfverfahren 370
Betriebsspannungen-Nachfahrversuch 370
Biegefestigkeit 261
Biegeversuch 260
-, mit bauteilähnlichen Proben 303
-, zur Fließkurvenermittlung 260
-, zur Rißstoppuntersuchung 305
Bimetall s. Thermobimetall-Legierungen
Blausprödigkeit 377
Blech, Begriff und Einteilung 75
Blei, Einfluß auf die Zerspanbarkeit 628
Bloch-Wände 432
Bohrsche Magnetone 408
Borieren 528
Brasilien, Stahlverbrauch je Einwohner 11
Breitflachstahl, Begriff 25
Brinell-Härte 261
Bruchanalyse-Diagramm 334
Brucharten **280**
-, Kennzeichnung 280
Bruchaussehen 281
-, normalflächig 281
-, scherflächig 281
-, wabenartig 281
Bruchdehnung 246
-, Temperaturabhängigkeit 253
Brucheinschnürung 246
-, Abhängigkeit vom Gefüge 489
Bruchformänderung 566
Bruchformen
(bei Kaltumformung) 586
Bruchkarte 394
Bruchmechanik, linear-elastische **317**
-, Anwendung 321
-, -, auf schwingende Beanspruchung 373
-, Gültigkeitsgrenzen 323
-, -, ASTM-Dickenkriterium 324
-, Kennwerte 317
-, -, Übertragbarkeit 332
-, Proben 318
-, -, Einschwingen des Ermüdungsanrisses 324
-, -, Größe der plastischen Zone 322
Bruchverhalten **279**
-, Einflußgrößen 284
-, -, äußere 284
-, -, Ausscheidungen 310
-, -, Beanspruchungsgeschwindigkeit **284**
-, -, Gefüge **306**
-, -, Korngröße 306

-, -, Kriechbeanspruchung 394
-, -, Spannungszustand 285
-, -, Temperatur 284
-, Prüfung 294
-, -, mit bauteilähnlichen Proben 301
-, -, mit Großproben 301
-, -, mit Kleinproben 295
Bruchvorgang 293
-, Modellvorstellungen 313
-, Wirkung nichtmetallischer Phasen 281
-, Wirkung zweiter Phasen 281
Bruchzähigkeit 320
Bruttospannung 301
Burdekin-COD-Design-Curve 335
Burgers-Umlauf 238
Burgers-Vektor 238

Cal-DeOx
 (Stahl mit verbesserter Zerspanbarkeit) 627
Calphad-Formalismus 47
-, Anwendbarkeit auf Eisenmischkristalle 47
Calphad-Methode
 (Berechnung von Zustandsschaubildern) 39
CAT (Crack Arrest Temperature) 303, 335
chemische Eigenschaften 434
China, Stahlverbrauch je Einwohner 11
χ-Phase (Chi-Phase) 518
Chrom
-, anodische Auflösung bei Korrosion 463
-, Einfluß auf Stahloxidation 449
-, Einfluß auf Witterungsbeständigkeit 465
Chromatieren 673
Chromieren 668
Chromkarbid
-, Ausscheidungsverhalten 472
-, -, Kohlenstoffeinfluß 472
-, -, Einfluß kohlenstoffaffiner Elemente 475
-, Löslichkeit 472
Chromnitrid
-, Ausscheidungsverhalten 475
-, Löslichkeit 473
Chromverarmung (an Korngrenzen),
 Entstehungsbedingungen 473
Chruščov-Gerade 632
Coble-Kriechen 394
COD-Design-Curve 336
COD-Konzept 327
Cottrell-Effekt 270, 375
Cottrell-Näherung für Spaltbruch 314
Cottrell-Theorie für Sprödbruch 314
-, Erweiterung durch Reiff 315
-, -, Berücksichtigung harter Korngrenzenausscheidungen 315
Cottrell-Wolken 249
Crack Arrest Temperature 303, 335
Curie-Temperatur

-, von α-Eisenmischkristallen 420
-, von Eisen-Kobalt-Legierungen 420
-, von Eisen-Mangan-Legierungen 424
-, von Eisen-Nickel-Legierungen 421
-, von Eisen-Übergangsmetall-Legierungen 423
-, von Reineisen 401

Darkensche Gleichungen 90
Darkenscher Diffusionskoeffizient 90
Dauerfestigkeit s. Dauerschwingfestigkeit
Dauerfestigkeitsschaubild 358
-, nach Haigh 359
-, nach Smith 359
Dauermagnetwerkstoffe 432
-, Anforderungen an Gefüge 432
Dauerschwingfestigkeit 345
 s. auch Dauerschwingverhalten 345
-, Definition 345
-, Einflußgrößen 358
-, Prüfung 345
-, -, Einflußgrößen: Probenform, Prüffrequenz,
   überlagerte Spannungen 359
-, -, Übertragbarkeit der Prüfergebnisse 349
-, von Schweißverbindungen 368, 549
Dauerschwingverhalten 345
-, anrißfreie Phase 350
-, Einflußgrößen 358
-, -, Beanspruchungsart 358
-, -, Eigenspannungen 502
-, -, Gefüge 360
-, -, Geometrie 364
-, -, Kerben 364
-, -, Korrosionsbeanspruchung 359
-, -, Oberflächenbeschaffenheit 363
-, -, Spannungszustand 364
-, -, Umgebung 368
-, Einzelprozesse 350
-, Rißausbreitung 354
-, Rißbildung 354
-, von Schweißverbindungen 368
Deckschicht
 (bei Korrosion) 460
Dehngrenze 245
-, 1%- 245
-, 0,2%- 245
-, von Baustählen, allgemeinen 487
-, von Vergütungsstählen, legierten 487
-, von Vergütungsstählen, unlegierten 487
Dehnungsamplituden, ertragbare 348
Dehnungsanteilregel 391
Dehnungskerbfaktor 365
Dehnungs-Wöhler-Linie 373
Dehnung, wahre 247
Dehnungszustand, ebener 288
Delamination
 (Verschleißmechanismus) 635

Sachverzeichnis zu Band 1

Design-Curve 336
Desoxidation, Einfluß auf Zerspanbarkeit 627
Deutschland, Bundesrepublik
–, Stahlerzeugung
–, –, vor 1870 3
–, –, Entwicklung nach 1870 10
–, Stahlverbrauch je Einwohner 11
Diffusion 77
–, Aktivierungsenergie 82
–, Beweglichkeit der Atome 79
–, Darkensche Gleichungen 90
–, Einfluß von Korngrenzen 86
–, Einfluß von Leerstellen 84
–, Einfluß von Versetzungen 86
–, im System Eisen-Sauerstoff 436
–, im System Eisen-Schwefel 438
–, in Oxiden 435
–, in Reineisen 82
–, in ternären Mischkristallen 93
–, in Verbindungen 96
–, thermodynamischer Faktor 80
–, von Austauschatomen in binären Mischkristallen 87
–, von Begleitstoffen in Reineisen 82
–, von Kohlenstoff in Reineisen 82
Diffusionsgeschwindigkeit
–, von Oxiden und Sulfiden, Vergleich 453
–, –, Folgerungen für die Legierung von Hochtemperaturstählen 453
Diffusionsglühen
 (Oberflächenveredlung) 668
Diffusionskoeffizient 80
–, Einflußgrößen 80
–, für Selbstdiffusion 85
–, –, Einflußgrößen 85
–, nach Darken 90
–, von Eisen und Sauerstoff in Eisenoxiden 438
–, von Wasserstoff in α-Eisen 83
Diffusionsstrom, bei Einlagerungsatomen 78
–, Einflußgrößen 78
–, treibende Kraft 79
Direktemaillierung, einschichtige 669
–, Eignung von Stahl 670
Direkthärtung 524
Doppelhärtung 525
Double-Tension-Test 303
Drop-Weight-Tear-Test 305
Dualphasengefüge 191, 221, 608
–, Entstehung 191, 221
–, Unterschied gegen Duplexgefüge 191
Dualphasen-Stähle 340, 608
–, mechanische Eigenschaften 495, 497, 609
Duplexgefüge, Entstehung 189
Durchmesser, idealer kritischer
 (Kennwert für Härtbarkeit) 230
Durchvergütung 522

Edelstahl, Begriff 20
Eigenschaften, chemische s. chemische Eigenschaften
Eigenschaften, mechanische s. mechanische Eigenschaften
Eigenschaften, physikalische s. physikalische Eigenschaften
Eigenschaften von γ-Eisen im instabilen Temperaturbereich 413
Eigenspannungen 279
–, 1. Art 279
–, 2. Art 279
–, 3. Art 279
–, Einfluß auf das Fließverhalten 279
–, Entstehung beim Schweißen 551
Einbrandkerben, Einfluß auf Dauerschwingfestigkeit von Schweißverbindungen 549
Einhärtbarkeit 513
Einhärtungstiefe 513
Einheitskollektive 370
Einlagerungsmischkristalle, Gibbssche Energie 49
Einsatzhärten 523
–, Einflüsse 524
–, erreichbare Oberflächenhärte 525
–, Umwandlungsverhalten aufgekohlter Stähle 525
Einsatzstähle, Ac_1 und Ac_3-Temperatur, Berechnung aus der chemischen Zusammensetzung 229
Einschlüsse s. nichtmetallische Einschlüsse
Einschichtemaillieren 669
Einstufenversuch 347, 369
Eisen
–, Thermodynamik 33
–, thermodynamisches Gleichgewicht mit Gasen 435
Eisen-Chrom-Aluminium-Sauerstoff-Schwefel, thermodynamisches Stabilitätsdiagramm bei 928 °C 442
Eisenerz, derzeit wichtigste Förderländer 18
Eisen-Kohlenstoff-Phasendiagramm 53, **199**
Eisenlegierungen
–, nicht magnetisierbare 424
–, Thermodynamik 33
Eisen-Nickel-Sauerstoff, Stabilitätsbereiche der Mischoxide 441
Eisennitride, vorkommende Phasen 121, **457**
Eisen-Sauerstoff-Phasendiagramm 437
Eisen-Schwefel-Phasendiagramm 439
Eisenwerkstoffe, Begriff 21
Eisenzeit 3
ε-Karbid (Epsilon-Karbid), Ausscheidung aus Martensit bei 100 bis 200 °C 109
Elastizitätsgrenze, technische 245
Elastizitätsmodul 235
–, von Reineisen 406

Elektroblech, Begriff und Einteilung 25
Elektrochemische Gleichgewichte von Eisen, Chrom und Nickel mit wäßrigen Elektrolyten 459
Elektrodenpotential 460
Elinvare 428
Elektrolyse (Oberflächenveredlung) 663
-, Oberflächenvorbereitung dazu 663
Emailhaftung 669
Emaillieren 669
-, Eignung von Stahl 670
-, -, Kohlenstoffeinfluß 670
-, -, Wasserstoffeinfluß 672
-, Fischschuppenbildung 672
-, Verfahren 669
Energiefreisetzungsrate 320
Entfestigung 374
-, bei schwingender Beanspruchung 350
Enthalpie 33, 35
Entkohlung von Stahl **453**
-, Ablauf bei Oberflächenoxidation 448
-, -, bei Mitwirkung von Wasserstoff und Wasserdampf 455
Entmischung, spinodale
-, als Basis für Keimbildung 66
-, thermodynamische Energie 46
Entropie 33, 39, 41
Entspannungsglühen 517
Entstickung **456**
-, durch Reaktion mit Wasserstoff 458
-, Einflußgrößen 459
-, -, Druck 459
-, -, Schwefelgehalt 459
-, -, Siliziumgehalt 459
-, -, Temperatur 459
-, -, Wasserdampf 459
Erholung 177, 381
-, dynamische 184, 382
-, statische 382
Ermüdung 345
  s. auch Dauerschwingverhalten
Ermüdungsgleitbänder 353
Ermüdungsverschleiß
-, Einfluß auf Dauerschwingfestigkeit 635
-, Mechanismus 634
-, Prüfung 641
Erstarrungsrisse
  (in Schweißungen) 553
ESSO-Test 303
Explosion-Bulge-Test 305
Explosion-Tear-Test 305
Extrusion
  (beim Gleitvorgang) 354

FAD (Fracture-Analysis-Diagram) 334
Fallgewichtsversuch 305

Faltenfreiheit 603
Faserstruktur 487
-, Einfluß auf die Anisotropie der mechanischen Eigenschaften 487
fast shear 316
FATT (Fracture Appearence Transition Temperature) 515
Fehlpassung
  (ausgeschiedener Teilchen) 123
Feinblech, Begriff 25
Feinkornbaustähle, Einfluß des Schweißens auf ihre mechanischen Eigenschaften 546
Feinkornstahl, Begriff 21
Feinstblech, Begriff 25
Ferrit 99, 138
-, körniger 99
-, -, Entstehungsbereich 99
-, Widmannstättenscher 126
-, -, Entstehungsbereich 99
-, -, Wachstum 126
-, Zerspanbarkeit, Einfluß auf 621
Ferritausscheidung, voreutektoidische 226
Ferritkorngröße 493
-, Einfluß auf Streckgrenze 493
-, Einfluß auf Übergangstemperatur 493
Ferrit-Perlit-Gefüge 98
-, Einfluß auf die mechanischen Eigenschaften 495, 509
-, Einstellung durch Normalglühen 509
-, Einstellung durch Walzen mit geregelter Temperaturführung 509
Ferritzeilen, Einfluß auf Zerspanbarkeit 621
Festigkeit **235**
-, Abhängigkeit vom Gefüge 486
-, Zusammenhang mit Zähigkeit 486
Festigkeitssteigerung **262**
-, Einfluß der Gefügeausbildung 262, 275
-, -, Austenit 278
-, -, Bainit 278
-, -, Ferrit-Perlit 275
-, -, Martensit 276
-, -, mehrphasige Gefüge 276
-, Mechanismen **262**, 486
-, -, Ausscheidungshärtung **273**, 275
-, -, Entmischung im Mischkristall 271
-, -, Kombination der Mechanismen **275**
-, -, Kornfeinung **263**, 275
-, -, Mischkristallbildung **269**
-, -, Nahordnung im Mischkristall 271
-, -, Versetzungsdichte-Erhöhung **272**
-, -, Wirkung nichtschneidbarer Teilchen 275
-, -, Wirkung schneidbarer Teilchen 273
Feueraluminieren 661
-, Aluminiumschmelzen-Einfluß 662
-, Eignung von Stahl 661
-, Reaktionen 661
Feuerverbleien 663

Feuerverzinken **656**
-, beidseitig 661
-, Eignung von Stahl 658
-, -, Einfluß des Siliziumgehalts 659
-, einseitig 661
-, Reaktionen 656
-, Zinkschmelzen-Einfluß
Feuerverzinnen 663
Ficksches Gesetz (Änderung des Diffusionsstroms mit Zeit und Konzentration) 94
Fischschuppen 672
fittability 603
Flacherzeugnisse, Begriff und Einteilung 25
Flade-Potential 466
-, Bedeutung für die Passivierung 466
Flammspritzen
 (Oberflächenveredlung) 668
FLC-Kurve s. Forming Limit Curve
Fleischer-Formel 273
Fleischer-Modell 266
Fließbedingung **262**
-, nach v. Mises 262
-, nach Tresca 262
Fließbruchmechanik 332
Fließen **235**
-, allgemeines 291
-, ruckfreies 251
-, ruckweises 252
Fließgrenze 247
Fließkriterien s. Fließbedingung
Fließkurve **248**, 260, **580**
-, Einflußgrößen 581
-, -, Gefüge 592
-, -, Prüfverfahren 581
-, -, Prüfbedingungen 581, 582
-, Ermittlung 260, 581
-, -, Biegeversuch 260
-, -, Torsionsversuch 260
-, -, Verdrehversuch 260
-, -, Zugversuch 248
-, -, Zylinderstauchversuch 260
-, Errechnung aus anderen Werkstoffkennwerten 584
-, ideale 579
-, isothermische 582
-, polytrope 582
-, reale 579
-, von austenitischem Stahl 583, 593, 611
-, von ferritischem Stahl 581, 583, 611
Fließpotential 262, 290
Fließspannung 247, 377, 564, 579
-, Einfluß des Umformgrades 588
-, Ermittlung 377
-, -, Flachstauchversuch 379
-, -, Torsionsversuch 378
-, -, Verdrehversuch 378
-, -, Zylinderstauchversuch 378

Fließverhalten **235**, 252
-, Anisotropie 278
-, Eigenspannungseinfluß 279
-, Textureinfluß 278
Formänderung, logarithmische s. Umformgrad
Formänderung, wahre 579, 580
Formänderungen
 (bei der Wärmebehandlung) 502
Formänderungsanalyse 602
Formänderungsfestigkeit s. Fließspannung
Formänderungsvermögen **564**, 579, 595
-, Begriff 564, 579
-, Einflußgrößen 565
-, -, Gefüge 567, 590
-, -, Spannungszustand 565
-, -, Vorgeschichte, thermische
-, -, Werkstoff 567
-, -, Zusammensetzung, chemische 587
-, Kenngrößen 579
-, Zusammenhang mit Warmumformbarkeit 565
Formänderungswiderstand 377, 579
Formgenauigkeit 600, 603
Forming Limit Curve 602
 s. auch Grenzformänderungskurve
Formstahl, Begriff und Einteilung 24
Formzahl 289
Frank-Read-Quelle 242
Frankreich
-, Edelstahlerzeugung 14
-, Stahlerzeugung vor 1870 4
Fressen
 (Verschleißerscheinung) 636
FTE-Temperatur (Fracture Transition Elastic Temperature) 305, 335
Furchungsverschleiß 632
-, Einflußgrößen 632
-, -, Gefüge des Stahls 633
-, -, Härte des Stahls 632
-, -, Härte des angreifenden Stoffes 638
-, Systembeispiele 631
-, Vermeidung 638
-, Widerstand von Stahl, Prüfung 641

Galfan 662
Galvalume 662
Galvannealing 660
γ-α-Gleichgewichtstemperatur 113
-, Einflußgrößen
-, -, Chromgehalt 113
-, -, Kohlenstoffgehalt 113
-, -, Mangangehalt 113
γ-Eisenmischkristalle
-, Magnetismus 419
-, physikalische Eigenschaften 419
γ_1-γ_2-Hypothese 414

γ'-Nitrid Fe₄N, Ausscheidung aus Eisen-Stickstoff-Legierungen 176
Gefüge, allgemein, Zusammenhang mit Stahleigenschaften 485
Gefüge mit ausgeschiedenen Teilchen 185
Gefüge, Begriffsbestimmung 97
Gefügeentwicklung durch thermische und mechanische Behandlungen **177**
Gefügeoptimierung **262**
-, festigkeitsbezogen 262, 275, **337**
-, zähigkeitsbezogen **337**
Gefügereaktionen **196**
-, Kinetik 197
-, Morphologie 197
-, Übersicht 196
Gefügetextur 487, 508
-, Auswirkungen auf
-, -, Anisotropie 508
-, -, Formänderungsvermögen 487
-, -, Rekristallisationsablauf 508
-, -, Tiefziehbarkeit 508
Gefügezeiligkeit
-, Abhängigkeit von Seigerungen 509
-, Einfluß auf Zähigkeit 509
-, Vermeidung 509
general yield s. Fließen, allgemeines
Gestaltsänderungsenergie 262
Gibbssche Energie 33
-, bei Austauschmischkristallen 49
-, bei Einlagerungsmischkristallen 40
-, für Lösungen, ideale 41
-, für Lösungen, reguläre 41
-, partielle, bezogen auf eine Komponente 44
-, verschiedener Phasen (α und γ) 171
Gibbs-Thomson-Gleichung 125
Gießplattieren 666
Gleichgewichtsschaubilder **198**
s. auch Phasendiagramme
-, Bedeutung für Kenntnis von Umwandlungsvorgängen 198
-, Eisen-Kohlenstoff 199
-, -, Einfluß von Legierungselementen 200
Gleichmaßdehnung 246
-, Temperaturabhängigkeit 253
Gleisoberbau-Erzeugnisse, Begriff und Einteilung 24
Gleitbänder, persistente s. Ermüdungsgleitbänder
Gleitbruch 280, **316**
-, Einzelprozesse 316
-, Gefügeabhängigkeit 310
-, stabiler 311
-, Übergang zum Spaltbruch 285
-, Vorgang 316
-, Zusammenhang mit Festigkeit 486
Gleitlinientheorie 290
Gleitstufen 236, 354

-, an der Oberfläche, Ausgang von Spannungsrißkorrosion 475
Gleitsystem 244
Gleitung, alternierende 355
Gitterverfestigung 266
G-Kurve 330
Gradientenversuch 303
Graphitgleichgewicht 58
Grenzflächenenergie, Mitwirkung bei Keimbildung 64
Grenzformänderungskurve 601
-, Einfluß der Stahlart 610
Grenz-Schwingspielzahl 347
Grenzstromdichte
  (bei Korrosionsvorgängen) 462
Griffith-Gleichung 283
Grobblech, Begriff 25
Grobkornzone
  (bei Schweißungen) 543
Größeneinfluß
  (beim Dauerschwingverhalten) 368
Großbritannien
-, Edelstahlerzeugung 15
-, Stahlerzeugung vor 1870 4, 6
Großzugversuch 301
-, Bedingungen, kritische 301
-, an Schweißverbindungen 302
Grubenausbau-Profile, Begriff 24
Grundstahl, Begriff 215
Guinier-Preston-Zonen 457
Gußeisen, Wettbewerb mit Stahl 4

Habitusebene 156
Hämatit, Homogenitätsbereich 436
Härtbarkeit 212, 213, 513
-, Abkühlungsdauer, kritische zur Kennzeichnung 229
-, Durchmesser, idealer kritischer zur Kennzeichnung 229
-, Stirnabschreckversuch, zur Kennzeichnung 513
Härte 261
-, Beziehung zur Zugfestigkeit 261
-, von Stahl 41 Cr 4 211
-, -, Einfluß der Gefügezusammensetzung 214
Härtebruchprobe
  (Prüfung der Austenitkorngröße) 209
Härte-Härtetemperatur-Schaubilder 204
Härten 513
Härteprüfung 261
-, nach Brinell 261
-, nach Rockwell 261
-, nach Shore 261
-, nach Vickers 261
Härtung 513
-, durch Sprühkühlung 513

-, im Warmbad 513
Härtungsgrad 513, 514
Härtungszustand 512
-, Einfluß auf Schneidhaltigkeit von Schnellarbeitsstahl 647
Haftverschleiß 636
-, Anpreßdruck, Einfluß 639
-, Mechanismus 636
-, Stahlhärte, Einfluß 640
-, Systembeispiele 631
Halbzeug, Begriff und Einteilung 24
Hall-Petch-Gleichung **263**, 489
-, Anwendung auf Fließkurve 267
-, Bedeutung der Korngrößenverteilung 268
-, Einwände 268
Hartmetallegierungen
-, Biegebruchfestigkeit 648
-, Härte 648
-, Schneidhaltigkeit 648
Heißbrüchigkeit 448
-, Kupfereinfluß 448
-, Ursachen 448
Heißrissigkeit
 (in Schweißungen) 548, 552, 554, 569
Heißrißneigung
 (von Schweißungen) 536
-, bei austenitischen Stählen 551
-, -, Verringerung 551
Heißzerspanung 629
Heizleiterlegierung 451
Heyrowski-Reaktion
 (bei der Korrosion von Metallen) 464
Hillsche Gleitlinientheorie 290
Hollomon und Jaffe-Formel
 (Berechnung der M_s-Temperatur) 229
Homogenisierungsglühen 95
Hookesche Ersatzspannungen 365
Hookescher Kerbfaktor 365
Hookesches Gesetz 235, 245
Hume-Rotherysche Löslichkeitsregel 415
Hundeknochenmodell 323
Hystereseschleife
 (Magnetisierungskurve) 408
Hysteresisschleife
 (Dauerschwingversuch) 347
-, Aufwickeln 350

IF-Stahl (Interstitial Free-Stahl) 606
Implantversuch 556
-, Aussage über Kaltrißneigung (beim Schweißen) 556
-, Beziehung zur Schweißeignung 556
-, Beziehung zu wasserstoffinduzierten Rissen 561
Inchromieren 667
Indien, Stahlverbrauch je Einwohner 11

INFOS (Informationszentrum für Schnittwerte) 629
Inhibitoren 480
Interkristalline Korrosion 471
-, bei Chrom- und Chrom-Nickel-Stählen 472
-, Sensibilisierung 473
Intrusion
 (beim Gleitvorgang) 354
Invarlegierungen 427
-, Wärmeausdehnungskoeffizient 427
Ionenplattieren
 (Oberflächenveredlung) 667
Isoforming 193
Isotropie
 (der Zähigkeitseigenschaften) 313

Japan
-, Stahlerzeugung, Entwicklung 10
-, Stahlverbrauch je Einwohner 11
J-Integral **327**, 333
J_R-Kurve 330, 333
Johnson-Mehl-Gleichung 178, 179, 230

Kaltbreitband, Begriff 25
Kalt-Massivumformbarkeit **578**
-, Einflußgrößen 584
-, -, Alterung 590
-, -, Gefüge 587
-, -, Gitterstruktur 587
-, -, Spannungszustand 587
-, -, Wärmebehandlung 589
-, -, Zusammensetzung, chemische 587
-, Kenngrößen 579
-, -, Ermittlung 579
-, von austenitischem Stahl 591
-, von ferritischem Stahl 588
-, von martensitischem Stahl 591
Kalt-Massivumformung 578
-, Wirkung auf Stahleigenschaften 587
Kaltplattieren 665
Kaltrisse
 (in Schweißungen) 548, 552, 555
Kaltumformbarkeit, allgemein 578
-, Begriff 578, 595
Kaltumformbarkeit von Flachzeug **595**
-, Begriff 595
-, Bewertungskriterien 596
-, -, Anisotropie, senkrechte (s. auch r-Wert) 597
-, -, Kennwerte aus nachbildenden Prüfverfahren 599
-, -, Kennwerte aus technologischen Prüfverfahren 599
-, -, Kerbzugversuchswerte 599
-, -, Oberflächenbeschaffenheit 600
-, -, Umformbeanspruchung 600

-, -, Verfestigungsexponent (s. auch *n*-Wert) 597
-, -, Zugversuchswerte 596
-, Einflußgrößen 603
-, -, Gefüge **604**
-, -, Oberflächenbeschaffenheit 614
-, -, Oberflächenveredlung 615
-, -, Reinheitsgrad 612
-, -, Textur 613
-, -, Zusammensetzung, chemische 604
Kaltumformung, Begriff 578
Kaltverschweißung
 (Verschleißerscheinung) 636
Karbide
-, Bildungsbedingungen bei Oberflächenreaktionen 440
-, Gibbssche Energie 57
Karbidanteil am Gefüge, Einfluß auf Schneidhaltigkeit 645
Karbidausscheidung, Kinetik 127
Karbidbildung, innere
 (bei Aufkohlung) 455
Kavitationsverschleiß 631
-, Mechanismus 631
-, Systembeispiele 631
Keimbildung **64**
-, Arbeit, abhängig vom Keimradius 66
-, Einfluß auf örtliche Verteilung von Ausscheidungen 123
-, Energie zur Bildung des kritischen Keims 67
-, Gesetzmäßigkeiten 64
-, Grenzflächenenergie 70
-, heterogene (an Gitterdefekten) 72
-, inkohärente 68
-, kohärente 69
-, Rate, Maßstab 73
-, Theorie 66
Kerbproben-Verhalten 293
Kerbschärfe 289
Kerbschlagarbeit 296
-, Hochlage 296
-, Tieflage 296
-, Übergangstemperatur 296
-, -, Bedeutung 486
-, -, Einfluß der Bainitpaketgröße 493
-, -, Einfluß der Ferritkorngröße 493
-, -, Einfluß von Sulfideinschlüssen 489
-, Wertestreuung 298
Kerbschlagarbeits-Temperatur-Kurve 296
-, Gefügeeinfluß 488
Kerbschlagbiegeversuch 296
-, Instrumentierung 296
-, -, Kraft-Durchbiegungs-Kurven 296
Kerbschlagproben 297
Kerbschlagzähigkeit s. Kerbschlagarbeit
Kerbspannungstheorie, linear-elastische 366
Kerr-Effekt 412

Kinken
 (bei Versetzungen) 257
Kirkendall-Effekt 89, 130
Kleinwinkelkorngrenzen 242
K_m s. Abkühlungsgeschwindigkeit, kritische, obere
Kohlenstoffäquivalent 561
-, Beziehung zur Schweißeignung 561
-, Zusammenhang mit Kaltrißneigung 557
Kohlenstoffgehalt
-, Einfluß auf Zerspanbarkeit 621
Kohlenstofflöslichkeit 200
-, in Austenit 200
-, in Ferrit 200
-, Versetzungsdichte-Einfluß 62
Kollaps, plastischer 333
Kompressibilität von Reineisen 406
Konfigurationsentropie 41
Korngleitverschleiß 631
-, Mechanismus 631
-, Systembeispiele 631
Korngrenzen 265
-, Bedeutung für die Festigkeitssteigerung 265, 486
Korngrenzenferrit 99
-, Entstehungsbereich 99
-, Wachstum 126
Korngrenzengleiten 567
Korngrenzenwiderstand 263
-, Temperaturabhängigkeit 267
Korngrenzenzementit 99, 101
-, Entstehungsbereich 99
Korngröße s. auch Austenitkorngröße
-, Definition bei Bainit 491
Kornvergröberung 183
-, Einflußgrößen
-, -, chemische Zusammensetzung 183
-, -, Temperatur 183
-, -, Zeit 181
-, bei Rekristallisation 181
Kornzerfall 474
Korrosion **461**
-, abtragende 461
-, atmosphärische 465
-, elektrochemische 461
-, interkristalline 471
-, Lochfraß 471
-, selektive, von passivem Eisen 470
-, Spaltkorrosion 472
-, Spannungsrißkorrosion 475, 550
-, Teilreaktionen (anodische und kathodische) 461, 463
-, thermodynamische Gleichgewichte 434
Korrosionserzeugnisse, ihre Hydrolyse 472
Korrosionspotential 461
K_p s. Abkühlungsgeschwindigkeit, kritische, untere

Kriechbruch 394
-, Gefügeeinfluß 396
Kriechen 384
-, Deutung der Vorgänge 393
-, primäres 384
-, sekundäres 384
-, stationäres 384
-, tertiäres 384
Kriechverhalten 383, **393**
   s. auch Zeitstandverhalten
-, Deutung der Vorgänge **393**
-, Einflußgrößen 396
-, -, Gefüge 397
-, -, Koagulation 398
-, -, Korngrenzengleiten 396
-, -, Stapelfehlerenergie 396
-, -, Teilchen, nichtschneidbare 396
-, -, Teilchen, schneidbare 396
-, -, Umlösung 398
-, -, Versetzungsdichte 397
Kriechwiderstand 396
Kristallenergie 409
Kristallgitter des Eisens 108, 401
Kurzzeichen, Zusammenstellung 675
Kurzzeithärtung
   (von Oberflächenschichten) 523
Kupfer
-, Einfluß auf Lötbrüchigkeit 448
-, Einfluß auf Witterungsbeständigkeit 465

Lamellenrisse
   (in Schweißverbindungen) 559
Langerzeugnisse, Begriff und Einteilung 24
Langzeitstandverhalten s. Zeitstandverhalten
Lanzettbainit 491
   s. auch Bainitgefüge
Lanzettmartensit 159
   s. auch Martensitgefüge
Larson-Miller-Parameter 389
Lebensdaueranteilregel 391
Lebensdauerlinie 371
Lebensdauervorhersage **372**
LEED-Untersuchungen (Low Energy Electron Diffraction) 443
Leerstellen
-, Eisenionen-Leerstellen in Wüstit 436
-, Kationen-Leerstellen 436
-, -, Diffusion, Bedeutung für Wachsen der Oxidschicht 445
Legierungselemente des Eisens 18
-, Einteilung nach Wirkung auf γ-Phase 415
Legierungsparameter L
   (im Zusammenhang mit ZTU-Schaubildern) 221
Leitfähigkeit, elektrische und thermische
-, physikalische Grundlagen 410

-, von Reineisen 410
-, Wiedemann-Franz-Lorenzsches Gesetz 411
Lichtbogenspritzen
   (Oberflächenveredlung) 668
Lochbildung
   (beim Gleitbruch) 316
Lochfraß 471
Lochwachstum
   (beim Gleitbruch) 316
Löslichkeit
-, von Schwefel in γ-Eisen 569
Lötbruch 568
-, Einfluß von Antimon, Arsen, Kupfer, Zinn 448
-, Ursachen 448, 568
Lorenz-Konstante
-, von Reineisen 411
Ludwik-Gleichung **248**
-, Anwendung auf Reibungsspannung 267
-, Konstanten 249, 255
-, -, Temperaturabhängigkeit 255
Lüders-Band 249, 352
Lüders-Dehnung 249
-, Temperaturabhängigkeit 253
Lüders-Front 250
Luxemburg, Stahlverbrauch je Einwohner 11

Magnetisierungskurve, Erklärung 408
Magnetismus
-, Beitrag der Enthalpie des α-Kristalls 38
Magnetit, Homogenitätsbereich 436
Magnetone, Bohrsche 408
Makrostützwirkung 364
Mangansulfid, Einfluß auf die Zerspanbarkeit 623
Maraging 517
Martensit 99, **150**
-, Entstehungsbereich 99
-, Kristallographie 153
-, Lanzettmartensit 103, 159
-, Plattenmartensit 103
-, Temperatur 210
-, Tetragonalität, ihre Entstehung 108
-, thermoelastischer 163
Martensitgefüge
-, Anlaßbehandlung ohne und mit Kaltumformung bei Stahl mit 9% Ni 190
-, Anlaßtemperatur-Einfluß 497
-, Entstehungsbedingungen 512
-, Keimbildung 161
-, mechanische Eigenschaften 495
-, Streckgrenze, Unterschied bei Lanzett- und Plattenmartensit 495
-, Zerspanbarkeit, Einfluß auf 622
Maßänderungen
   (bei Wärmebehandlung) 502

Massivumformung, Begriff 578
mechanische Eigenschaften **235**
-, Einflußgrößen 235
-, -, Beanspruchungsart 235, 341, 345
-, -, Gefüge 262, 306, 337
-, -, Temperatur 375, 377, 383
-, von Schweißungen
-, -, Einfluß der Abkühlungsdauer $t_{8/5}$ 547
-, -, Einfluß des Schweißvorgangs 358, 396, 546
Mehrachsigkeit 291
-, örtliche 291
-, vor Kerben 292
-, vor Rissen 292
Mehrachsigkeitsgrad 300
Mehrachsigkeitskennzahl 289
Meniskus-Verfahren 661
Meßrasterverfahren 601
Metallicum, Begriff und Beginn 3
Mikroriß-Auslösung 313
Mischgefüge, mechanische Eigenschaften 495
Mischkorn, Entstehung bei der Austenitisierung 209
Mischkristallbildung, Bedeutung für die Festigkeitssteigerung 270
Mischkristalle 40, 87
Mischkristallverfestigung **269**
-, durch Stapelfehler 271
-, im Perlit 489
Mischungsregel, Geltungsbereich bei mehrphasigen Gefügen 430
Mittelspannung
 (Dauerschwingversuch) 345, 358
Mohrsche Spannungskreise 286
Moment, magnetisches
-, von α-Eisen 408
-, von γ-Eisen 421
-, -, Nickel-Einfluß 421
Morrison-Beziehung 604
M_s-Temperatur
 s. Martensittemperatur
MST-Stahl (Mikrolegierter Sondertiefzieh-Stahl) 606

Nabarro-Herring-Kriechen 393
Nachziehfaktor (bei Relaxationsversuchen an Schweißverbindungen) 559
Nadelferrit 278
Nahtfaktor 539
Nahtgeometrie 539
NDT-Temperatur (Nil Ductility Transition Temperature) 305, 335
Néel-Temperatur
-, von Eisen-Mangan-Legierungen 420
-, von Eisen-Nickel-Legierungen 421
-, von Reineisen 413
-, von Übergangsmetall-Legierungen 423

Nehrenberg-Formel
 (zur Berechnung der M_s-Temperatur) 229
Nernstsche Diffusionsdichte 464
-, Einfluß auf Korrosionsgeschwindigkeit 464
Neuber-Formel 365
nichtmetallische Einschlüsse
-, Wirkung auf
-, -, Faserstruktur 487
-, -, Sprödbruchneigung 313
-, -, Zähigkeit 487
-, zeilenförmige Anordnung 226
Nickel
-, Auflösung, anodische bei Korrosion 463
-, Wirkung auf
-, -, Oxidation von Stahl 449
-, -, Witterungsbeständigkeit 465
Niob
-, Wirkung beim Austenitformhärten 519
-, Wirkung bei thermomechanischer Behandlung 519
Niobkarbid
-, bei Ausscheidungshärtung des Ferrits
-, -, Einfluß auf mechanische Eigenschaften 510
-, Löslichkeit in Austenit 57
-, -, Temperaturabhängigkeit 57
Nitridausscheidungen 189
Nitride, Einfluß auf Oxidationsbeständigkeit und Versprödung 458
Nitrieren 527
-, Einfluß auf Dauerschwingfestigkeit 527
Nitrierhärtung 457
-, Ablauf in NH_3-H_2-Gemischen 457
-, Einfluß der chemischen Zusammensetzung des Stahls 457
Normalglühen **509**
Normal-Wasserstoffelektrode 459
n-Wert 597
 s. auch Verfestigungsexponent
-, Bedeutung für Streckziehbarkeit 598

Oberflächengüte (des bearbeiteten Werkstoffs) zur Zerspanbarkeitsbewertung 618
Oberflächenhärtung 522
Oberflächenreaktionen
 des Eisens mit Sauerstoff 435
Oberflächenspannung
 von Eisen, Verringerung durch Wasserstoff 481
Oberflächenveredlung 615, **654**
-, Einfluß auf den Grundwerkstoff 655
-, Oberflächenvorbehandlung dazu 654
-, Verfahren 654
-, -, Abscheiden aus der Gasphase 667
-, -, Aufbringen von Überzügen anorganischer Art 669

-, -, Beschichten mit organischen Stoffen 673
-, -, Chromatieren 673
-, -, Diffusionsglühen 668
-, -, Elektrolyse 663
-, -, Emaillieren 669
-, -, Phosphatieren 672
-, -, Plattieren 665
-, -, Schmelztauchen 656
-, -, Spritzverfahren 668
-, -, Vakuumbedampfen 666
Oberflächenzerrüttung
   s. Ermüdungsverschleiß
Oberspannung
   (Dauerschwingversuch) 345
Optimierung
-, der Gefügeausbildung **337**
-, der mechanischen Eigenschaften **337**
Orientierungszusammenhänge
   (bei Umwandlungsvorgängen) 158, 160
Orowan-Mechanismus 243, 396
Ostwald-Reifung **131**, 137, 274, 398
Oxidation 442, 444
-, Gesetzmäßigkeiten 442, 446
-, Einflußgrößen 449
-, -, Aluminiumgehalt 449
-, -, Chromgehalt 449
-, -, Kohlenstoffgehalt 448
-, -, Nickelgehalt 449
-, -, Oberfläche 444
-, Kinetik und Mechanismen 442
Oxide, Fehlordnung 436
Oxideinschlüsse, niedrig schmelzende, Einfluß auf Zerspanbarkeit 626, 627
Oxidkeramik, für Anforderungen an Schneidhaltigkeit 649
Oxidschichten 444
-, Wachstums-Zeitgesetz 435, 444

Palmgren-Miner-Regel 372
Paragleichgewicht 119
Paris-Gleichung 356, 392
Passivbereich
   (bei Korrosionsabläufen) 467
   s. auch Stromdichte-Spannungs-Kurven
Passivierung 466
-, Vorgang 466
-, von Chrom 469
-, von Eisen 466
-, von Eisenlegierungen 469
-, von Nickel 468
Passivschichten 466
Patentieren 510
Peierls-Modell 257
Peierls-Nabarro-Spannung 266
Pellini-Fracture-Analysis-Diagramm 334
Pellini-Versuch 305

Pendelglühen
   (zum Karbideinformen) 519
Perlit **138**
-, anomaler 213
-, -, Entstehung 213
-, entarteter 100, 518
-, -, Entstehung 213, 214
-, Entstehungsbereich 99
-, Kristallographie 141
-, Lamellenabstand 145
-, Wachstumskinetik 141
Perlitbildung 138
-, Einflußgrößen
-, -, Legierungselemente 146
-, -, Unterkühlung 145
-, Energiebetrachtungen 138
-, Keimbildung 140
-, Reaktionen 139
-, Wachstumskinetik 141
-, Zeitgesetz 144
Perlitgefüge 138, 508
-, Eigenschaften in Abhängigkeit von der Ausbildungsform 491
-, Eigenschaften im Vergleich zum Bainitgefüge 496
-, Entstehungsbedingungen 508
-, Orientierung zum Austenit 141
-, Wirkung auf
-, -, mechanische Eigenschaften 489, 491
-, -, Zerspanbarkeit 496
Perlitkolonie 141
-, Orientierungsbeziehung zum Austenit 141
-, Wachstumsgeschwindigkeit 144
Phasendiagramme
   s. auch Zustandsschaubilder
-, Eisen-Chrom-Kohlenstoff 149
-, Eisen-Kohlenstoff 53, 199
-, Eisen-Kohlenstoff-Legierungselement (Gibbssche Energien) 57
-, Eisen-Sauerstoff 437
-, Eisen-Schwefel 439
Phasenstabilität, Beurteilungsgrundlagen 34
Phosphatieren 672
Phosphor
-, Einfluß auf Anlaßversprödung 499
-, Einfluß auf Witterungsbeständigkeit 465
physikalische Eigenschaften **401**
-, elastische Eigenschaften 406
-, Leitungseigenschaften 410
-, magnetische Eigenschaften 406
-, optische Eigenschaften 412
-, von α-Eisenmischkristallen 415
-, von γ-Eisenmischkristallen 419
-, von Reineisen 401
-, Einflußgrößen
-, -, Gefüge 430
-, -, Gitterstruktur 415, 419

-, -, Gitterstörungen 428
Platine, Begriff 24
plane strain 601
Plasmaspritzen
 (Oberflächenveredlung) 668
Plattenbainit 493
Plattenmartensit 103
-, kristallographisches Bildungsmodell 153
Plattieren 665
Polarisation
 (von Reineisen) 406
Portevin-Le Chatelier-Effekt 251
Potential, elektrisches 459
-, Messung über Vergleichselektrode 459
Potential-p_H-Diagramme 460
-, von Eisen und Eisenoxiden in wäßrigen Lösungen 460
Prandtlsche Strömungsgrenzschicht 464
-, Bedeutung für Korrosion 464
Proben, bauteilähnliche 301
Profilerzeugnisse
 s. Langerzeugnisse
Promotoren
 (für Wasserstoffaufnahme) 480
Proportionalitätsgrenze 245
Pyrit 439
Pyrrhotit 439

Qualitätsstahl, Begriff 20
Quergleitung 244
Querkontraktionszahl 236
Quetschgrenze 247

Radius, kritischer
 (für den Ausscheidungsverlauf) 136
Randentkohlung 448
-, Ablauf und Zeitabhängigkeit 448
Randschichthärtung 484, 523
Randschicht-Kurzzeithärtung 523
Rammpfähle, Begriff 24
Rechteckknüppel, Begriff 24
Rechteckvorblock, Begriff 24
Reflexionsvermögen
 (von Reineisen) 412
reheat cracking (Rißbildung beim Spannungsarmglühen) 557
Reiboxidation
 (Verschleißerscheinung) 637
Reibungsspannung 263, 266
-, Temperaturabhängigkeit 267
Reibwiderstand 615
Reiffscher Ansatz 315
Reineisen 401
-, Atomvolumen 401
-, Curie-Temperatur 401

-, Dichte 402
-, Elastizitätsmodul 406
-, Gitterkonstante 402
-, Kompressibilität 406
-, Kristallstruktur 401
-, magnetische Eigenschaften 406
-, Néel-Temperatur 413
-, optische Eigenschaften 412
-, Polarisation 406
-, Suszeptibilität 406
-, Umwandlungstemperaturen 401
-, Volumenmagnetostriktion 404
-, Wärmeausdehnung 403
-, Wärmekapazität 404
-, Wärmetönungen (bei Umwandlungen) 405, 406
Reißfestigkeit 247
-, Temperaturabhängigkeit 253
Rekristallisation **178**, 381
-, Ablauf 179
-, Begriff 178
-, dynamische 184, 382
-, Einfluß von Ausscheidungsteilchen 186
-, Geschwindigkeit, Einfluß von Mangan 179
-, Keimbildung 179
-, metadynamische 383
-, sekundäre 187
-, statische 382
-, bei gleichzeitiger Umwandlung 188
-, Textur 179
Relaxationsversuch 375, 384
-, an Schweißungen 560
Restaustenit 205
-, Einfluß auf die Härte
-, -, von Stahl 100 Cr 6 206
-, -, von unlegierten Stählen 205
Riß, interkristalliner
 (beim Schweißen) 557
Rißauffangtemperatur 303
Rißaufweitung, kritische 336
Rißausbreitung 293, 354
-, Geschwindigkeit
 (bei schwingender Beanspruchung) 355
-, instabile 294
-, stabile 294
Rißauslösung 294
Rißbildung in Schweißungen 552
-, Wasserstoffeinfluß 555
Rißbreite, kritische 302
Rißenergie 313
Rißentstehung 293
Rißfortpflanzung 294
Rißlänge, effektive
 (Bruchmechanik) 331
Rißlänge, kritische 302
Rißöffnung
 (Bruchmechanik) 327

Rißöffnungskonzept
  s. COD-Konzept
Rißwachstum
-, instabiles 294
-, stabiles 294
Rißstopp 294
Rißwiderstandskurve 330
Rißzähigkeit **320**
-, Geometrieabhängigkeit 331
-, Geschwindigkeitseinfluß 333
-, Temperaturabhängigkeit 324, 331
-, Wasserstoffeinfluß 481
R-Kurve 331
Robertson-Versuch 303
Rockwell-Härte 261
Röschenbildung
  (bei hitzebeständigen Stählen) 449
-, Einfluß von Nickel 451
Rohblock, Begriff 24
Rohbramme, Begriff 24
Rohstahl, Begriff 24
Rost 465
-, Zusammensetzung 465
-, -, Änderung durch Legierungselemente im Stahl 465
Rotbruch 568
Rückgleitung 354
Rückprallhärte 261
Rußland, Stahlerzeugung vor 1870 6
r-Wert 278, 597
-, zur Anisotropie-Kennzeichnung 278
-, Beeinflussung durch die Stahlerzeugungsbedingungen 605
-, zur Tiefziehbarkeits-Kennzeichnung 598
-, Textureinfluß 598

Sandelin-Effekt 659
Sauerstoffadsorption 443
-, Einfluß der Orientierung der Eisenoberfläche 443
Schadensakkumulationshypothese 391
Schaeffler-Diagramm 555
-, Bereich der Stahlzusammensetzung mit Heißrißneigung beim Schweißen 555
Schalenhärtung 522
Scharfkerbbiegeproben 304
Scharfkerbproben 296
Schichtverschleiß 637
-, Einfluß des Anpreßdrucks 639
-, Systembeispiele 631
Schmelzlinie
  (beim Schweißen), Begriff 532
Schmelztauchverfahren **656**
-, mit Aluminium-Zink-Legierungen 662
-, Feueraluminieren 661
-, Feuerverbleien 663

-, Feuerverzinken 656
-, Feuerverzinnen 663
Schmiergleitverschleiß 631
-, Mechanismus 631
-, Systembeispiele 631
Schmierwälzverschleiß 631
-, Mechanismus 631
-, Systembeispiele 631
Schneidhaltigkeit **643**
-, Begriff 643
-, Einflußgrößen 643
-, -, Arbeitsbedingungen 649
-, -, Gefüge des Werkstoffs 644
-, -, Karbidanteil am Gefüge
-, -, Schneidengeometrie 649
-, -, Schneidspalt 650
-, Prüfung 651
-, -, Betriebsversuche 653
-, -, Temperaturstandzeit-Drehversuch 651, 653
-, -, Verschleißstandzeit-Drehversuch 652
-, Werkstoffe, geeignete 644
-, -, Hartmetallegierungen 648
-, -, Oxidkeramik 649
-, -, Stahl, ledeburitisch 645
-, -, Stahl, übereutektoidisch 645
-, -, Stahl, untereutektoidisch 645
Schnellarbeitsstahl
-, Härte 516, 647
-, -, Anlaßtemperatur-Einfluß 516
-, -, Austenitisierungstemperatur-Einfluß 516, 647
-, Restaustenitgehalt 516
-, -, Anlaßtemperatur-Einfluß 516
-, -, Austenitisierungstemperatur-Einfluß 516
Schnittkraft 618
-, Bewertungsgröße für Zerspanbarkeit 618
-, Zusammenhang mit Zugfestigkeit 619
Schraubenversetzung 238
Schrumpfspannungen 551
-, Entstehung beim Schweißen 551
Schubmodul 236
Schubspannung 236
-, kritische 244, 586
Schubspannungs-Abgleitungs-Kurve 243
Schubspannungsbruch 586
Schutzschicht
  (bei Korrosionsvorgängen) 460
Schwall-Verfahren
  (Oberflächenveredlung) 661
Schwarz-Weiß-Gefüge, Bedeutung für Zerspanbarkeit 621
Schweden
-, Edelstahlerzeugung 14
-, Stahlerzeugung vor 1800 5
Schwefeldioxidgehalt der Atmosphäre, Einfluß auf die Korrosion 465

Schwefel, Einfluß auf
-, Anlaßversprödung 499
-, Oberflächengüte nach Zerspanung 625
-, Spanform 624
-, Zerspanbarkeit 621
Schweißbarkeit
  s. Schweißeignung
Schweißeignung **529**
-, Begriff 530
-, Beurteilung durch
-, -, Kohlenstoffäquivalent 561
-, -, Schweißversuche 561
-, -, Umwandlungsverhalten 561
Schweißen
-, Begriff 529
-, Einflußgrößen 530
Schweißnaht
-, Begriff 534
-, Gefügeausbildung 543
-, mechanische Eigenschaften 546
Schweißparameter 536
Schweißplattieren 666
Schweißspannungen 551
-, Entstehung und Auswirkungen 551
Schweißverbindungen
-, Normalglühen 559
-, Spannungsarmglühen 559
Schweißverfahren, Übersicht 533
Schwellfestigkeit 347
Schwingspielzahl 345
Seigerung, Sichtbarmachen 201
Sekundärhärte 278
Sekundärhärtung
  (beim Anlassen von Martensit) 498
Selbstdiffusionskoeffizient
-, von Eisen in Eisenoxiden 436
-, von Reineisen 85
-, von Sauerstoff in Eisenoxiden 436
Selen, Einfluß auf die Zerspanbarkeit 628
Sendzimir-Verfahren 660
Separation 521
Sherardisieren 668
Shore-Härte 261
Sicherheitskonzept **334**
σ-Phase (Sigma-Phase), Ausscheidung aus Stahl mit 28% Cr und 2% Mo 518
Silizium, Einfluß auf
-, magnetische Eigenschaften von α-Eisenmischkristallen 417
-, Oxidation von Stahl 450
Snoek-Effekt 270, 375
SOD-Test 303
Sonderkarbide
-, Anlaßtemperatur-Einfluß auf ihre Ausscheidung 498
-, Ausscheidung aus Martensit beim Anlassen 516

Sondertiefziehstahl, mikrolegiert 606, 610
  s. auch MST-Stahl
Sowjetunion (UdSSR)
-, Stahlerzeugung 10
-, Stahlverbrauch je Einwohner 11
Spaltbruch **281**, 291
-, Ausbreitung 283
-, Deutung, metallkundliche 313
-, interkristalliner 283
-, transkristalliner 284
Spaltbruchspannung 282
-, mikroskopische 285, 306, 315
-, theoretische 282
-, Zusammenhang mit Festigkeit 486
Spaltflächengröße
  (bei Sprödbruch), Zusammenhang mit Zähigkeit 491
Spaltkorrosion 472
-, Entstehungsbedingungen 472
Spanausbildung
  (Bewertungsgröße für Zerspanbarkeit) 618
Spannung
-, Entstehung durch Randschichthärtung 501
-, Entstehung durch Wärmebehandlung 500
Spannung, wahre 247, 579, 580
Spannungsamplitude
  s. Spannungsausschlag
Spannungsarmglühen 502, **559**
-, von Schweißverbindungen 552
-, Vorgehen beim 502
Spannungsausschlag
  (Dauerschwingversuch) 345
Spannungs-Dehnungs-Kurve **245**
-, Einflußgrößen
-, -, Prüfgeschwindigkeit 252
-, -, Prüftemperatur 252
-, Meßverfahren 245
-, wahre 247
-, -, Beschreibung durch Formel 268
-, -, Beschreibung durch Ludwik-Gleichung 248
-, zyklische
-, -, Beschreibung durch Ludwik-Gleichung 351
Spannungsintensität 356
-, Schwingbreite 356
-, zyklische 356
Spannungsintensitätsfaktor 319
Spannungskerbfaktor 364
Spannungskonzentrationsfaktor, plastischer 290
Spannungsrißkorrosion **475**
-, Anfälligkeit von Stählen, Vergrößerung durch Schweißen 550
-, Einfluß von Begleitelementen 478
-, Entstehungsbedingungen 475
-, Modell des Ablaufs 476

-, -, in austenitischen Stählen 476
-, -, in ferritischen und perlitischen Stählen 477
-, -, Rißverlauf in den beiden Stahlgruppen 478
Spannungssicherheit 389
Spannungsverhältnis 347, 356
Spannungszustand 286
-, Darstellung, graphische
  s. Mohrsche Spannungskreise
-, dreiachsiger 287
-, ebener 287, 322
-, vor Kerben **287**, 322
-, zweiachsiger 287
Spitzentemperatur-Abkühlzeit-(Eigenschafts)-Schaubilder (für Schweißungen) 543
Splitting 521
Sprengplattieren 666
Spritzverfahren
  (Oberflächenveredlung) 668
Sprödbruch **283**
Sprödbruchneigung 285, 306
-, Einfluß nichtmetallischer Einschlüsse 313
Sprödigkeit, Begriff 486
Sprühkühlung 513
Spülverschleiß 631
-, Mechanismus 631
-, Systembeispiele 631
Spundwanderzeugnisse, Begriff 24
Sputtern
  (Oberflächenveredlung) 667
Stabilisierung
  (bei nichtrostenden Stählen) 475
-, Einfluß auf Korrosionsverhalten 475
Stabilitätsdiagramme 440
-, für Stahllegierungsmetalle mit Sauerstoff 441
-, für Stahllegierungsmetalle mit Schwefel 442, 452
Stabilitätsparameter 36
Stahl
-, Bedeutung heute 8, 26
-, Begriff 10
-, Edelstahl, Abgrenzung 20
-, Erzeugungsmengen 14
-, legierter Stahl, Abgrenzung 20
-, Qualitätsstahl, Abgrenzung 20
-, Sorteneinteilung 19
-, Wettbewerb
-, -, mit Gußeisen 4
-, -, mit anderen Bau- und Werkstoffen 26
Stahlbeschichtung, mit organischen Stoffen 673
Stahlerzeugnisse, Einteilung nach Fertigungsstufe und Form 23
Stahlerzeugung
-, Desoxidations- und Legierungsmittel, Verbrauch in Deutschland 17

-, Eisenerze, Verbrauch in Deutschland 16
-, Erzeugungsmengen
-, -, vor 1800 4
-, -, seit 1870 9
-, Rohstoffe, Herkunft 17
-, Vergleich einiger Länder 15
Stahlerzeugungsverfahren
-, Desoxidation, Legierung und Vergießen, Einfluß 13
-, Entwicklung, geschichtliche 3, 11
Stahlguß, Anteil an der Rohstahlerzeugung in verschiedenen Ländern 15
Stahlrohrerzeugung, Anteil in einigen Ländern 15
Stahlsorten
-, Einteilung 19
-, hochfest, mikrolegiert 609
-, phosphorlegiert 609
-, schneidhaltig 644
-, -, ledeburitisch 645
-, -, übereutektoidisch 645
-, -, untereutektoidisch 644
-, wetterfest (rostträge) 465
Stahlverbrauch
  je Einwohner in verschiedenen Ländern 11
Stapelfehler 241
Stapelfehlerenergie 241, 256
Stauchgrenze 247
Stickstoff, Löslichkeit in Eisen 121, 457
Stirnabschreckversuch
  (Härtbarkeitsprüfung) 230, 513
Stop-off-Verfahren
  (Oberflächenveredlung) 661
Strahlverschleiß 631
-, Mechanimus 631
-, Systembeispiele 631
Strangguß
-, Anwendung in ausgewählten Ländern 15
-, Einordnung, statistische 24
Streckgrenze 245
  s. auch Fließgrenze, Dehngrenze
-, ausgeprägte **249**
-, -, Deutung 249
-, -, Gefügeeinfluß 489, 491
-, obere 245, 249
-, statische 259
-, untere 245, 249
-, -, Abhängigkeit von Dehngeschwindigkeit **252**, 257
-, -, Temperaturabhängigkeit **252**, 257
-, -, Umrechnung auf andere Temperaturen und Dehngeschwindigkeiten 259
-, zyklische 352
Streckgrenzenerhöhung 606
-, Mechanismen 606
-, -, Ausscheidungshärtung 607
-, -, Kornfeinung 607

-, -, Mischkristallverfestigung 607
-, -, Versetzungsdichte-Erhöhung 606
Streckziehbarkeit 598, 601
stress relief cracking
 (Risse durch Spannungsarmglühen) 557
stretch zone
 (Bruchmechanik) 324
Stromdichte-Spannungs-Kurven
-, von austenitischen Chrom-Nickel-Stählen 470
-, von ferritischen Chromstählen 469
-, zur Untersuchung elektrochemischer Korrosion 462
-, zur Untersuchung von Passivierungsmöglichkeiten 466
Stützwirkung 364
-, makroskopische 366
-, mikroskopische 367
Stufenversetzung 237
Sulfidbildung, innere, in Stählen 452
Sulfide
-, Einfluß auf Zerspanbarkeit 623
-, Fehlordnung 438
Sulfideffekt 313
Sulfideinfluß
 s. Anisotropie
Sulfideinschlüsse
-, Einfluß auf Kerbschlagarbeit 487, 489
-, Einfluß auf Verformbarkeit 489
Sulfidformbeeinflussung 312
-, Auswirkungen 313, 337
Sulfidierung von Stahl, Zeitgesetz 452
Sulfidkontrolle 612
Superinvare 427
Superplastizität 260
Suszeptibilität von Reineisen 406
-, Temperaturabhängigkeit 408

Tafel-Reaktion
 (bei Korrosion) 464
Taylor-Formel
 (Zerspanbarkeit) 629
Teilchen, nichtschneidbare 273, 396
Teilchen, schneidbare 275, 396
Teilversetzung 240
Tellur, Einfluß auf Zerspanbarkeit 628
Temperaturstandzeit-Drehversuch 651
-, mit ansteigender Schnittgeschwindigkeit 653
Temperatur-Zeit-Verlauf in Schweißverbindungen 534
Ternband und Ternblech
-, Begriff 25
-, Eigenschaften 663
Terrassenbruch
 (in Schweißverbindungen) 313, 559
Textur

-, Einfluß auf das Fließverhalten 278
-, Einfluß auf das Austenitformhärten 519
Thermobimetall-Legierungen 425
Thermochemische Wärmebehandlungen 523
Thermodynamische Funktionen 59
-, Einfluß von Gitterstörungen 59
-, Literaturzusammenstellung 60
-, Zahlenwerte 59
Thermomechanische Behandlungen 276, 339, 519
-, Einfluß auf Festigkeits-Zähigkeits-Verhältnis 521
-, Einfluß auf Übergangstemperatur 520
-, Einfluß auf Versetzungsdichte des Ferrits 520
-, Wesen 193
-, Wirkung von Niob, Titan und Vanadin 519
Tiefziehbarkeit 597, 601
-, Einfluß der Gefügetextur 508
Tiefziehstahl 604
Titan
-, Wirkung beim Austenitformhärten 519
-, Wirkung bei thermomechanischer Behandlung 519
Titankarbid
-, bei Ausscheidungshärtung des Ferrits, Einfluß auf mechanische Eigenschaften 510
Tracer-Diffusionskoeffizient 473
-, von Chrom bei 650 °C 473
-, von Kohlenstoff bei 650 °C 473
-, von Reineisen bei 500 bis 1500 °C 85
Transkristallisation 137
Transpassiver Bereich
 (bei Strom-Spannungs-Kurven) 467
Tribochemische Reaktionen
 s. Schichtverschleiß
Tribooxidation 641
Trichterbruch 280
TRIP-Stähle (Transformation Induced Plasticity) 194
Trockengleitverschleiß 631
-, Mechanismus 631
-, Systembeispiele 631
Trockenwälzverschleiß 631
-, Mechanismus 631
-, Systembeispiele 631
Tropfenschlagverschleiß 631
-, Mechanismus 631
-, Systembeispiele 631
Tschechoslowakei, Stahlverbrauch je Einwohner 11

Übergangskriechen 384, 387
Übergangstemperatur **285**
-, Einflußgrößen 285
-, -, Ausscheidungen 309

Sachverzeichnis zu Band 1   807

-, -, Kornfeinung 310
-, -, Phosphorgehalt 499
-, -, Rekristallisation, dynamische 310
-, -, Spannungszustand 292
-, -, Streckgrenzenerhöhung 309
-, -, Verformungsgeschwindigkeit 285
-, der Kerbschlagarbeit 296
-, Prüfung 294
-, -, Geschwindigkeitseinfluß 285
-, Übertragbarkeit der Werte 306
Überzüge organischer Art
  (Oberflächenveredlung) 669
Umformbarkeit 564, 579
-, Kennwerte 564
-, -, Ermittlung 564
Umformgeschwindigkeit 378
Umformgrad 247, 378, 565, **579**
Umformschaubild 577
Umformung, superplastische 571
Ummagnetisierungsverluste 417
-, Silizium-Einfluß in α-Eisenmischkristallen 417
Umwandlungsenergie
-, Einfluß auf Wachstum ausgeschiedener Teilchen 125
-, Mitwirkung bei Keimbildung 64
Umwandlungslinie, allotrope 43
-, Temperatur des allotropen Gleichgewichts 43
Umwandlungstemperaturen 200
-, Berechnung aus der chemischen Zusammensetzung 229
Unterspannung
  (Dauerschwingversuch) 345
Unterwasserschweißen 556
up-hill-Diffusion 80

Vakuumbedampfen
  (Oberflächenveredlung) 666
Vakuumzerstäuben
  (Oberflächenveredlung) 667
Vanadin
-, Wirkung beim Austenitformhärten 519
-, Wirkung bei thermomechanischer Behandlung 519
Vanadinkarbid
-, bei Ausscheidungshärtung des Ferrits, Einfluß auf mechanische Eigenschaften 510
Verbindungen, stöchiometrische
-, Gibbssche Energie 55
Verdrehgrenze 247
Vereinigte Staaten von Amerika
-, legierter Stahl, Erzeugung 16
-, Stahlerzeugung um 1800 6
-, -, Anteil seit 1870 12, 14
-, Stahlverbrauch je Einwohner 11

Verfestigung 245, 272
-, des Austenits 256
-, homogene 250
-, beim Kaltumformen 584
-, des kfz Gitters 591
-, des krz Gitters 591
-, negative 584
-, von Reineisen 184
Verfestigungsexponent 249, **256**, 597
-, Bedeutung für die Fließkurve 592
-, Bedeutung für die Streckziehbarkeit 598
-, differentieller 609
-, exponentieller 609
-, Einfluß der Stahlart 609
Verfestigungsmechanismen 607
  s. auch Streckgrenzenerhöhung
Verfestigungsverhalten 611
-, austenitischer Stähle 611
Verfestigungsvermögen 591
Verformbarkeit
  s. Formänderungsvermögen
Verformbarkeitsindex 570
Verformungsalterung 251, 377
Verformungsarbeit 259
Verformungswärme 259
Vergleichsdehnung 262, 377
Vergleichselektrode
  (Korrosionsuntersuchungen) 459
Vergleichsspannung **262**, 290, 377
Vergleichsumformgeschwindigkeit 379
-, nach v. Mises 379
-, nach Tresca 379
Vergleichsumformgrad 379
-, nach v. Mises 379
-, nach Tresca 379
Vergröberung
  (ausgeschiedener Teilchen) 131
Vergüten **514**
-, Anlaßversprödung beim 514
Vergütungsgefüge 514
-, Festigkeits-Zähigkeits-Verhältnis 515
-, Zähigkeit im Vergleich zu Ferrit-Perlit-Gefüge 487
Vergütungsstähle, Ac_1- und Ac_3-Temperatur, Berechnung aus der chemischen Zusammensetzung 229
Verhalten, linear-elastisches 317
  s. auch Bruchmechanik
Verschleißarten, Überblick 631
Verschleißmechanismen 631
Verschleißschutzschichten 526
-, durch Borieren 528
-, durch Nitrieren 527
Verschleißstandzeit-Drehversuch 652
Verschleißwiderstand **630**
-, Einflußgrößen
-, -, Bruchzähigkeit 635

-, -, Dauerschwingfestigkeit 635
-, -, Gefüge 632
-, Mechanismen 630
-, Prüfung 641
Versetzungen **237**
-, Annihilation 242
-, Aufspaltung 240
-, Ausstricken 382, 393
-, Bedeutung für Festigkeitssteigerung 272, 486
-, Blockierung 249
-, Dipolbildung 242
-, Einstricken 382, 393
-, Erzeugung 242
-, Umgehung von Teilchen 243
-, Verhalten an Hindernissen 241
-, Wechselwirkungen 240
-, -, mit Fremdatomen 269
Versetzungsanordnungen, koplanare 475
-, Einfluß auf Spannungsrißkorrosion 475
Versetzungsbewegungen 262
-, Behinderung durch
-, -, 0-dimensionale Hindernisse 269
-, -, 1-dimensionale Hindernisse 272
-, -, 2-dimensionale Hindernisse 263
-, -, 3-dimensionale Hindernisse 273
Versetzungsdichte 243
-, Bedeutung für das Bruchverhalten 307
-, Erhöhung durch Kaltverformung 272, 307
-, Erhöhung durch Umwandlung, diffusionslose 273
Versetzungslaufweg 243
Versetzungslinie 237
Versetzungsring 239
Versprödung, durch Wasserstoff 481
Versprödung
-, 300 °C 498
-, 475 °C 498
Verunreinigungsverfestigung 266
Verzerrungsenergie, elastische, Einfluß auf Keimbildung 70
Verzinnen, elektrolytisches 665
Verzug
 (bei Wärmebehandlung) 502
Vickers-Härte 261
Volmer-Reaktion
 (bei der Korrosion von Metallen) 463
Volumenmagnetostriktion 427
-, bei γ-Eisenlegierungen 427
-, Einfluß von Gitterbaufehlern 428
-, von Reineisen 404
Vorblock, Begriff 24
Vorbramme, Begriff 24

Wabenbruch 281
Wachstum von Ausscheidungsteilchen

-, voreutektoidischer Ferrit (bei 750 °C) 126, 130
-, -, Einfluß von Bor, Niob und Mangan 130
-, Kinetik 124
-, Wege im Radius-Zeit-Diagramm 136
Wälzverschleiß 631
-, Mechanismus 631
-, Systembeispiele 631
Wärme, spezifische
 s. Wärmekapazität
Wärmeableitung
 (aus Schweißzonen) 539
Wärmeausdehnung 403
-, austenitischer Stähle 431
-, von Eisen-Mangan-Nickel-Legierungen 425
-, von Eisen-Nickel-Chrom-Legierungen 426
-, ferritischer Stähle 431
-, von Reineisen 403
Wärmebehandelbarkeit
 s. Wärmebehandlung, Eignung zur 483
Wärmebehandlung 483
-, Arten
-, -, Anlassen 107, 497, **514**, 647
-, -, Ausscheidungshärten 121, 516
-, -, Austenitisieren 115, 201, 220, 647
-, -, Behandlungen BF und BG zur Verbesserung der Zerspanbarkeit (Schwarz-Weiß-Gefüge) 621, 623
-, -, Borieren 528
-, -, Einsatzhärten 523
-, -, Härten 512
-, -, Nitrieren 527
-, -, Normalglühen 509
-, -, Patentieren 510
-, -, Randschichthärten 523
-, -, Rekristallisationsglühen 178
-, -, Schalenhärten 522
-, -, Spannungsarmglühen 559
-, -, thermochemische Behandlungen 523
-, -, -, Borieren 528
-, -, -, Einsatzhärten 453, 523
 (Direkthärten) 524
-, -, -, Nitrieren 456, 527
-, -, thermomechanische Behandlungen 189, 193, 519
-, -, -, Austenitformhärten 519
-, -, -, Austenitformvergüten 519
-, -, -, Isoforming 193
-, -, -, TRIP-(Transformation Induced Plasticity) Stahl-Erzeugung 194
-, -, -, Walzen mit geregelter Temperaturführung 509
-, -, -, Warmformvergüten 519
-, -, Vergüten 514
-, -, Wärmebehandlungen nach Kaltumformung 177
-, -, Warmbadhärten 513

-, -, Weichglühen 187, 517
-, -, -, Pendelglühen 518
-, Begriffsbestimmung 483
-, Eignung zur 483
-, Einfluß der Werkstückabmessungen 502
Wärmeeinflußzone
  (beim Schweißen) 532
-, Begriff 532
-, Gefügeausbildung 543
Wärmekapazität
-, von Reineisen 404
-, -, Änderung mit der Temperatur 404
-, von γ-Eisenlegierungen 428
Wärmeleitfähigkeit, von Reineisen 411
Wärmetönungen bei Umwandlung von Reineisen 405
Walzdraht, Begriff 24
Walzen mit geregelter Temperaturführung
  bei Ferrit-Perlit-Gefüge, Einfluß der Werkstückabmessungen 509
Walzplattieren 666
Walzstahl, weiterverarbeitet
  s. u. Walzstahl-Enderzeugnisse
Walzstahl-Enderzeugnisse, Begriff und Einteilung 24
Walzstahlerzeugung
-, Erzeugnisformen 24
-, -, Vergleich der größten Eisenindustrieländer 15
Walzstahl-Fertigerzeugnisse, Begriff und Einteilung 24
Warmbreitband, Begriff 25
Warmbruch 573
Warmbruchneigung 573
-, Einflußgrößen 573
Warmbruchverhalten 573
Warmflachstauchversuch 565
Warmfließgrenze, Vergleich mit Spannungen
  bei Wärmebehandlung, 500
Warmformvergütung 513
Warmplattieren 666
Warmumformbarkeit **564**
-, Einflußgrößen 565
-, -, Aluminiumgehalt 572
-, -, Ausscheidungen 573
-, -, Einschlüsse, nichtmetallische 569
-, -, Gefüge, einphasige 567
-, -, Gefüge, mehrphasige 568
-, -, Korngrenzenausscheidungen 573
-, -, Phasen, flüssige 568
-, -, Schwefelgehalt 575
-, Kenngrößen 564
-, -, Ermittlung 260, 564
-, von austenitischem Stahl 571
-, von ferritischem Stahl, chromhaltig 570
-, von ferritischem Stahl, unlegiert 572
-, von Stahlgruppen 576

Warmumformsimulator 564
Warmumformung 377
-, Begriff 564
-, metallkundliche Vorgänge 381
Warmumformverhalten 377, **567**
-, Einflußgrößen 567
-, metallkundliche Grundlagen 567
Warmzerspanung 629
Wasserstoff, Anlaß zur Rißbildung in Schweißungen 555
Wasserstoffallen
  s. Emaillieren
Wasserstoffaufnahme, von Stahloberflächen bei Korrosionsvorgängen 479
Wasserstoff-Durchtrittszeit 672
Wasserstoffgehalt im Schweißgut 556
-, Einflußgrößen 556
Wasserstoffversprödung
-, Ablauf 479
-, Notwendigkeit der Unterscheidung gegenüber Spannungsrißkorrosion 475
-, bei Oberflächenveredlung 664
Wechselfestigkeit 347
Wechselverformungsverhalten 352
Weichglühen 517
-, Vorgang 187
-, Zweck 517
Weißblech und Weißband, Begriff 25
Werkstoffe
-, hartmagnetische, Anforderungen an Gefüge 432
-, weichmagnetische, Anforderungen an Gefüge 432
Werkzeugstahl, Sekundärhärtung beim Anlassen 516
Werkzeugverschleiß, Bewertungsgröße für Zerspanbarkeit 618
Widerstand, elektrischer 410
  s. auch Leitfähigkeit, elektrische
-, von austenitischen Stählen 431
-, von ferritischen Stählen 431
-, von Reineisen 410, 431
-, Temperatureinfluß 410
Widerstandsmoment 261
Widmannstättenscher Ferrit
-, Entstehungsbedingungen 508
Wiedemann-Franz-Lorenzsches Gesetz 411
Wirkungsgrad, thermischer
  (bei Schweißverfahren) 539
Wismut, Einfluß auf Zerspanbarkeit 628
Witterungsbeständigkeit 465
-, Legierungseinfluß 465
Wöhler-Kurve 347
Wöhler-Schaubild 348
Wöhler-Versuch 347
-, Auswertung 349
Wüstit 436

-, Phasengrenzen im System Eisen-Sauerstoff 436
-, Homogenitätsbereich 436

Zähigkeit **279**, 486
-, Anisotropie 311
-, -, Sulfideinfluß 311
-, Gefügeeinfluß 486
-, Isotropie 313
Zähigkeitsverhalten **294**
-, Prüfung 294
-, -, Einflußgrößen 295
-, -, mit bauteilähnlichen Proben 301
-, -, mit Großproben 301
-, -, mit Kleinproben 295
Zeilen, Zeiligkeit
  s. Gefügezeiligkeit
Zeitbruchlinie 384, 386
Zeitdehngrenzlinie 384
Zeitdehnlinie 386
Zeitfestigkeit 347
Zeitsicherheit 389
Zeitstandfestigkeit 375, 398
Zeitstand-Schaubild 384
Zeitstandverhalten **383**
  s. auch Kriechverhalten
-, Anwendung der Bruchmechanik 392
-, Einfluß überlagerter Spannungen 389
-, Gefügeeinfluß 396
-, -, Gefügestabilität 398
-, Prüfung 375, **384**
-, -, Darstellung der Prüfergebnisse 384
-, -, Extrapolation 383, **387**
-, -, Kriechversuch 375, **384**
-, -, Relaxationsversuch 375, 384
-, -, Zeitstandversuch 384
Zeit-Temperatur-Ausscheidungs-Schaubilder 517
-, von Stahl mit 28% Cr und 2% Mo 518
-, von warmfestem Stahl 10 CrMo 9 10 137
Zeit-Temperatur-Austenitisierungs-Schaubilder 201
-, für isothermische Austenitisierung 203
-, für kontinuierliche Austenitisierung 204
-, -, Anwendungsbereich 204, 207
-, für übereutektoidische Stähle 204
-, für untereutektoidische Stähle 203
-, Genauigkeit 209
-, von Stahlsorten
-, -, 34 CrMo 4, isothermisch 203
    kontinuierlich 206
-, -, 50 CrV 4, isothermisch 207
-, -, 100 Cr 6, isothermisch 205
-, -, Cf 53, kontinuierlich 208
-, -, StE 355, kontinuierlich 535

-, Zusammenhang mit Gleichgewichtsschaubild 210
Zeit-Temperatur-Keimbildungs-Diagramme 73
Zeit-Temperatur-Reaktions-Diagramme 188
Zeit-Temperatur-Rekristalliations-Diagramme 181
Zeit-Temperatur-Umwandlungs-Schaubilder 210
-, Anwendung auf Schweißungen 541
-, Berechnung 231
-, Einfluß der Abmessungen 502
-, Einfluß des Ausgangszustands 212
-, Einfluß von Streuungen der chemischen Zusammensetzung 225
-, für isothermische Umwandlung 211
-, -, von Stahl 41 Cr 4 211
-, -, von Stahl X 210 Cr 12 224
-, für kontinuierliche Abkühlung 213
-, -, von Stahl 14 NiCr 14 218, 525
-, -, von Stahl 41 Cr 4 214
-, -, von Stahl 50 CrMo 4 503
-, -, von Stahl 50 CrV 4 225
-, -, von Stahl St 52-3 542
-, -, von Stahl StE 690 216
-, Genauigkeit 228
-, Zusammenhang mit Gleichgewichtsschaubild 218
Zellstruktur 352
Zementit
-, Ausscheidung im Ferrit 125
-, Ausscheidung im Martensit 126
-, Löslichkeit im Stahl 121
-, Widmannstättenscher 99
-, Wirkung der Form auf die Zerspanbarkeit 623
Zerspanbarkeit **617**
-, Bewertungsgrößen 618
-, Einflußgrößen 616
-, -, Austenitgefüge 623
-, -, Bainitgefüge 622
-, -, Ferrit-Perlit-Gefüge 620
-, -, Ferritzeilen 621
-, -, Legierungszusätze (Blei, Selen, Tellur, Wismut) 628
-, -, Martensitgefüge 622
-, -, Oxideinschlüsse 626
-, -, Schwarz-Weiß-Gefüge 621
-, -, Schwefelgehalt 624
-, -, Sulfidgehalt 623
-, -, Zementitform 623
-, Wirkung auf Werkzeugverschleiß 618
-, Zusammenhang mit Zugfestigkeit 619
Zinküberzüge 656
-, Aufbau 657, 660
Zinn, Einfluß auf Anlaßversprödung 499
Zinnüberzüge 663, 665
Zipfelbildung 612

Sachverzeichnis zu Band 1

Zonenkorrektur, plastische 324
Zugfestigkeit 246
-, Ermittlung 245
-, Temperaturabhängigkeit 253
Zugversuch 245
   s. auch Großzugversuch
Zunderkonstante
-, Einfluß des Chromgehalts bei Eisen-Chrom-Legierungen 450
Zunderschicht
   s. Oxidschicht
Zustandsschaubilder (s. auch Phasendiagramme)
-, Berechnung aus thermodynamischen Unterlagen 47
-, Eisen-Kohlenstoff 53, 99, **199**
-, Eisen-Kohlenstoff-Chrom 149
-, Eisen-Kohlenstoff-Mangan 48, 146, 148
-, Eisen-Kohlenstoff-Silizium 148
-, Eisen-Nickel-Sauerstoff 441
-, Eisen-Sauerstoff 437
-, Eisen-Schwefel 439, 569
-, -, Manganeinfluß 569
-, Eisen-Zink 656
Zwischengitteratome
   (Wasserstoff im Stahl) 480

Sachverzeichnis zu Band 2

Im Sachverzeichnis werden Begriffe, die aus einem Hauptwort mit einem vorangestellten Eigenschaftswort bestehen, z. B. „mechanische Eigenschaften", i. a. in dieser Anordnung und nicht als „Eigenschaften, mechanische" genannt, wobei das vorangestellte Eigenschaftswort maßgebend für die alphabetische Einordnung ist.

Unter „Stahl" werden hier Stahlsorten mit ihren Kurznamen nur dann genannt, wenn für sie in den Kapiteln bestimmte Eigenschaftswerte aus Messungen, nicht nur Tabellenwerte mitgeteilt werden.

Die **fett**gedruckten Zahlen verweisen auf Seiten, auf denen das Stichwort ausführlich behandelt wird.

300 °C-Versprödung
   bei Vergütungsstählen 132
   s. auch Martensitversprödung
   bei höchstfesten Stählen
475 °C-Versprödung
   bei nichtrostenden ferritischen Stählen 415
500 °C-Versprödung
   bei Vergütungsstählen 132

Abkühldauer
   s. Abkühlzeit
Abkühlgeschwindigkeit
-, nach dem Schweißen 30
-, beim Vergüten 47
-, -, Einfluß auf die mechanischen Eigenschaften von hochfesten Baustählen 47
Abkühlung
-, aus der Schmiedehitze 697
-, -, Fehlerfreiheit, Bedeutung für 697
-, -, Wärmebehandlung, Bedeutung für 697
-, nach dem Walzen von Draht zum Kaltziehen 206
-, -, Einfluß auf das Gefüge 206
-, -, Einfluß auf die Ziehbarkeit 207, 208
Abkühlzeit $t_{8/5}$ beim Schweißen 31
-, Einfluß auf die Härte in der WEZ 32
-, Einfluß auf die Zähigkeit in der WEZ 32
Abnahmeprüfungen 724
Achswellen 603
-, Stähle für sie 608
α-Martensit
   in kaltzähen Stählen 286, 288
abtragende Korrosion 388
Abtragungsrate
   bei Korrosionsversuchen 387
After-pouring-Verfahren 676
Alkalichloridelektrolyse
   Einsatzbeispiel für Stahlblech mit guter elektrischer Leitfähigkeit 571, 575
Allgemeine Baustähle **54**
-, chemische Zusammensetzung 55
-, Gütegruppen 54
-, -, Kerbschlagarbeit-Temperatur-Kurven 56
-, Einsatz im Maschinenbau 56
-, mechanische Eigenschaften 55

-, Stahlsorten 55
-, Verwendung für Flacherzeugnisse zum Kaltumformen 89, 91, **92**, 99
AlNiCo-Werkstoffe
   s. Aluminium-Nickel-Kobalt-Legierungen
Alterungsrückbiegeversuch
   bei Betonstählen 66
Alterungsunempfindlichkeit
-, von Kettenstählen 621, 625, 627
-, -, Einfluß von Aluminium 627
-, -, Einfluß von Stickstoff 627
-, von normalfesten Baustählen 50
-, -, Einfluß von Aluminium 50
-, -, Einfluß von Stickstoff 50
Alterungsverhalten
   von Stählen für Flacherzeugnisse zum Kaltumformen 83, 84, 98
Alterungszahl
   Kenngröße für magnetische Eigenschaften 493
Aluminium
-, zur Aushärtung von Legierungen mit besonderem Elastizitätsmodul 565
-, zum Desoxidieren 646
-, in Kettenstählen 627
-, in normalfesten und hochfesten Baustählen 50
-, in weichmagnetischen Werkstofffen 504
Aluminium-Nickel-Kobalt-Legierungen
   als Dauermagnetwerkstoffe 541
-, Anwendungsbeispiele 543, 548
-, Herstellung 541
-, Kristallstruktur 542
-, magnetische Kennwerte 538
-, Wärmebehandlung 542
Aluminiumnitrid
-, zur Feinkornerzeugung 50
-, als Steuerphase für Textur-Ausbildung
-, -, in Elektroblech 505
-, -, in Flacherzeugnissen zum Kaltumformen 82, 86
-, in Walzdraht zum Kaltziehen 205
aluminiumüberzogene Flacherzeugnisse **110**
-, Anforderungen an die Eigenschaften 111
-, Anwendung für PKW-Abgasanlagen 111

-, Herstellverfahren 104, 110
-, -, Aufbau der Aluminiumschicht 110
-, -, -, Typ 1 110
-, -, -, Typ 2 110
-, Kaltumformbarkeit 111
-, Kennzeichnung der Eigenschaften 111
-, Korrosionsbeständigkeit 111, 112
-, Maßnahmen zur Einstellung der Eigenschaften 111
-, Oxidationsbeständigkeit 110, 112
-, Stahlsorten 113
-, Warmstreckgrenze 113
Ammoniaksyntheserohr
    Schädigung durch Druckwasserstoff 427
amorphe Metalle 515
    s. auch metallische Gläser
Anisotropie 12, 36, 53
-, Einfluß der Schmiedebedingungen 694
-, der Zähigkeitswerte 583
-, -, Einfluß der Entschwefelung 583
Anisotropieenergie 496
-, Dauermagnetwerkstoffe, Bedeutung für 537
Anlaßbeständigkeit
-, höchstfester Baustähle 218, 226
-, von Werkzeugstählen 317
Anlassen
    beim Vergüten von Stählen 127
-, Zweck 127
Anlaßschaubilder
    s. Vergütungsschaubilder
Anlaßtemperatur
    Einfluß auf die mechanischen Eigenschaften
-, bei Einsatzstählen 165
-, bei höchstfesten Vergütungsstählen 216, 218
-, bei Vergütungsstählen 130
    s. auch Vergütungsschaubilder
Anlaßversprödung 132, 710
-, Einfluß verschiedener Elemente 132, 156, 237
-, -, bei Stählen für schwere Schmiedestücke 156
-, -, bei vergüteten Ventilstählen 462
-, -, -, Vermeidung durch Molybdänzusatz 462
-, -, bei Vergütungsstählen 132
-, -, bei warmfesten Feinkornbaustählen 237
Antimon
    Steuerphase bei der Erzeugung von Goss-Textur 505
AOD-Verfahren
    = Argon Oxygen Decarburisation 650
API
    = American Petroleum Institute
-, Normen für Fernleitungsrohre 585
Argonspülung
    bei der Stahlerschmelzung 648
A-Seigerungen
    bei Standguß 657

A-Seigerungslinien
    in der Erstarrungsstruktur von großen Blöcken 154
aufgephosphorte Stähle
    für Flacherzeugnisse zum Kaltumformen 92, 94, **95**
Aufhärtung beim Schweißen von Baustählen 43
-, Einfluß des Kohlenstoffgehalts 44
Aufheizen
    zum Schmieden 692
Aufheizzeiten
    beim Warmwalzen
-, Einfluß des Blockdurchmessers 681
-, Einfluß der Stahlsorten 681
Aufkohlbarkeit
    von Einsatzstählen 164
Aufschwefelung
    druckwasserstoffbeständiger Stähle bei der Erdölverarbeitung 434
Aufstickung
    beim Stahlvergießen, Standguß 652
-, Gegenmaßnahmen 652
Ausbringen
-, bei Schmiede-Rohblöcken 692
-, -, Einflußgrößen 692
-, beim Warmwalzen 689
Ausdehnungsregler
    Anwendungsbeispiel für Werkstoffe mit besonderer Wärmeausdehnung 559
Ausgleichstemperatur
    beim temperaturgeregeltem Walzen von Betonstahl 67
ausscheidungsgehärtete Stähle
    für Flacherzeugnisse zum Kaltumformen 95
-, Spannungs-Dehnungs-Kurve 97
Ausscheidungshärtung
    bei höchstfesten Baustählen 214
-, beteiligte Phasen 215, 217
Ausscheidungsrisse 237
-, in der WEZ beim Spannungsarmglühen 257
Austenitformhärten
    höchstfester Baustähle 221
-, erzielbare Festigkeitswerte 221
Austenitgitter
    Bedeutung für die Warmfestigkeit 244
austenitische warmfeste Chrom-Nickel-Molybdän-Stähle 249
-, Molybdäneinfluß auf die Zeitstandfestigkeit 248, 249
austenitische nichtrostende Stähle **420**
-, Anwendungsbeispiele 420
-, Berechnungskennwerte 423
-, chemische Zusammensetzung 412
-, Grenztemperaturen für Langzeitbetrieb 423
-, Kaltverfestigung, Neigung zur 420
-, -, Einfluß von Kupfer 420

-, magnetische Eigenschaften 421
-, -, Einfluß von Kaltverformung
-, mechanische Eigenschaften 413, 420
-, -, Einfluß von Kaltverformung 420
-, Korrosionsbeständigkeit 422
-, Molybdän, Einfluß auf Gefüge und Eigenschaften 421
-, Stickstoff, Einfluß auf Gefüge und Eigenschaften 422
-, -, höchsterreichbare Gehalte 421
-, Wärmebehandlung 408
-, Zähigkeit 420
Austenitrückbildung
  bei höchstfesten martensitaushärtenden Baustählen 220
Automaten-Einsatzstähle 486, 489
Automatenstähle **478**
-, allgemein kennzeichnende Eigenschaften **478**
-, Begriff 478
-, chemische Zusammensetzung **479**
-, -, maßgebende Bedeutung von
    Blei, 481
    Bor, 482
    Cer, 481
    Schwefel, 479
    Selen, 481
    Tellur, 480
    Wismut, 482
    Zirkon, 481
-, Erschmelzung und Desoxidation 482, 483, 484
-, -, Bedeutung für die Eigenschaften 482
-, Gefüge **479**
-, mechanische Eigenschaften 488
-, -, Anisotropie 488
-, Oberflächenbeschaffenheit 490
-, Schweißeignung 490
-, Seigerungen 483
-, Stahlsorten **485**
-, -, chemische Zusammensetzung 486
-, Wärmebehandlung 489
-, Weiterentwicklung 490
-, Weiterverarbeitung 489
-, Zerspanbarkeit 485, **487**
-, -, Vergütungsstähle 487
-, -, weiche Automatenstähle 487
-, -, -, Einflußgrößen
    Blei 481, 485
    Kaltzug 489
    Schwefel 479, 485
    Sulfidform 479, 480
    Tellur 480, 485
-, -, Vergleich verschiedener Automatenstähle 487
Automaten-Vergütungsstähle 486, 489
A_v-T-Kurve
  s. Kerbschlagarbeit-Temperatur-Kurve

Automobilbau
  Einsatz nichtrostender Stähle 414
B_{10}-Wert
  bei Prüfung von Wälzlagern nach Weibull 587
bainitische Stähle
  für Flacherzeugnisse zum Kaltumformen 90, 92, 96
Bake-Hardening-Stähle
  für Flacherzeugnisse zum Kaltumformen 94, **98**
Balkenbiegeversuch
  bei Betonstahl 66
Bandagendrähte
  geeignete nichtmagnetisierbare Stähle 556
Band, kalt nachgewalzt,
  zum Kaltumformen 98
bandbeschichtetes Flachzeug
  s. organisch beschichtete Flacherzeugnisse
Bandgießen 731
Bariumferrit
  als oxidischer Dauermagnetwerkstoff 548
Bauaufsichtliche Zulassung
  von Bewehrungsstählen 64
Bauschinger-Effekt 10, **25**, 578
Bauteile im Primärkreislauf von Kernkraftwerken
  Stahlsorten für sie 258
BDWT
  s. Fallgewichtsversuch nach Battelle
BDWT-Übergangstemperatur
  von Stählen für Fernleitungsrohre 579, 584
Begleitelemente, unerwünschte 642
-, Einfluß auf die Stahleigenschaften 642
Beizverhalten 120
Berechnungskennwerte
  warmfester Stähle 228, 277
beruhigter Stahl 651, 652, 656, 661
Beryllium
  zur Aushärtung von Legierungen mit hohem Elastizitätsmodul und bestimmtem Temperaturkoeffizienten 565
Beschichtung
  von Flacherzeugnissen 101, **120**
Beschleunigermagnete
  Stähle für sie 499
BEST-Verfahren
  = Böhler Electroslag Topping-Verfahren 675
Betonstabstahl 64, 68
Betonstähle 64, **65**
-, Anforderungen an die Eigenschaften **65**
-, chemische Zusammensetzung 66, 71
-, Dauerschwingverhalten 66
-, Erzeugnisformen 68
-, Gefüge 66
-, Kennzeichnung der Eigenschaften **65**

-, Maßnahmen zur Einstellung der Eigenschaften 66
-, mechanische Eigenschaften 70
-, -, Einflußgrößen
-, -, -, Abkühlung aus der Walzhitze 67
-, -, -, Niob 67
-, -, -, Umformgrad 67, 69
-, -, -, Vanadin 67
-, Oberflächengestaltung 68
-, Schweißeignung 65, 66
-, Stahlsorten 70
-, Umformbarkeit 65
-, Verbundeigenschaften 65
Betonstahlmatten 64, 69
Betonstahl mit 0,13 % C und 1,21 % Mn
-, ZTU-Schaubild
  für kontinuierliche Abkühlung 292
Bewehrungsdrähte für Gummi 210
Bewehrungsstähle
  für den Betonbau
  s. Betonstähle und Spannstähle
BG-Glühung
-, von Einsatzstählen 166
-, von Stählen zur Kalt-Massivumformung 188, 194
Biegefließgrenze
  verschiedener Werkzeugstähle 321
Biegewechselfestigkeit
-, einsatzgehärteter Stähle 168, 178
-, -, Einflußgrößen
-, -, -, Eigenspannungen 178
-, -, -, Kugelstrahlung 168
-, -, -, Restaustenitgehalt 168
-, einsatzgehärteter Zahnräder
-, -, Beziehung zur Zugfestigkeit des Kerns 179
Blankglühen
  von Kaltwalzerzeugnissen 703
Blei
  in Automatenstählen 481, 485
Bleioxidversuch
  zur Prüfung von Ventilstählen 456
bleiüberzogene Flacherzeugnisse 116
-, Anforderungen an die Eigenschaften 116
-, Kennzeichnung der Eigenschaften 116
-, Korrosionswiderstand 116
-, Maßnahmen zur Einstellung der Eigenschaften 116
-, Stahlsorten 116
Blochwände 495, 537
-, Bedeutung für Dauermagnetwerkstoffe 537
-, Bedeutung für die Koerzitivfeldstärke 495
Blochwand-Bewegung 495, 525
Blockaufnehmer in Strangpressen
  Bedeutung des Kriechverhaltens des Werkzeugstahls 368
Blockform 661

-, Einfluß auf die Lunkerbildung 661
Blockkopf-Umschmelzverfahren 675
Blockschaum 659
Bohrkerne
  Probenahme bei Stählen für schwere Schmiedestücke 153
Bor
-, Einfluß auf die Eigenschaften von
-, -, Automatenstählen 482
-, -, Einsatzstählen 177
-, -, -, Wirkung auf Härtbarkeit, Schlagfestigkeit und -zähigkeit 177
-, -, normalfesten und hochfesten Baustählen 52
-, -, Stählen für Flachzeug zum Kaltumformen 92
-, -, Stählen für Kalt-Massivumformung 187
-, -, -, Einfluß auf die Fließkurve 188
-, -, -, Einfluß auf die Härtbarkeit 188
-, -, Stählen für Schrauben, Muttern und Niete 614, 615
-, -, Vergütungsstählen 143
-, -, -, Einfluß auf die Kaltumformbarkeit 138
-, -, warmfesten Stählen 250, 269
Bornitrid
  Steuerphase bei der Erzeugung von Goss-Textur 505
Brennschneidbarkeit
  von normalfesten und hochfesten Baustählen 11, 29
Brennschneiden
  Einfluß auf die Härte von Baustählen 29
Bruchdehnung
-, von Automatenstählen in Querrichtung 489
-, -, Einfluß von Tellur 489
-, von mikrolegierten Stählen als Flachzeug 94, 95
-, -, Zusammenhang mit der Streckgrenze 94
-, -, Zusammenhang mit der Zugfestigkeit 95
  s. auch Zugversuchswerte
Brucheinschnürung
  von Stählen für Kalt-Massivumformung 190
-, Gefüge, Einfluß 190
-, GKZ-Glühdauer, Einfluß 190
  s. auch Zugversuchswerte
Bruchmechanik, linear-elastische 9, 23
-, Anwendung auf höchstfeste Baustähle 213
Bruchspannung
  von Ketten 621, 622
Bruchverhalten
-, von kaltzähen ferritischen Stählen 278
-, von normalfesten und hochfesten Baustählen
-, -, Grundwerkstoff 19, 21, 22
-, -, Schweißverbindung 35
-, von Rohrleitungen 579
-, -, Theorien 580
-, von Schienenstählen 595, 596

Bruchzähigkeit K_{Ic}
 von höchstfesten Baustählen 221
-, Beziehungen zur 0,2%-Dehngrenze 221
Bruchzähigkeits-Temperatur-Kurven
 der Stähle für schwere Schmiedestücke
 26 NiCrMoV 8 5,
 26 NiCrMoV 14 5 und
 26 NiMoV 14 5   162
Brummen
 von Transformatorkernen, Ursache 514

Chemical Vapor Deposition (CVD-Verfahren)
-, zur Oberflächenveredlung von Werkzeugstählen 336
-, zur Verbesserung des Verschleißwiderstandes von Stählen 381
Cer
-, in Automatenstählen 481
-, in Heizleiterlegierungen 450
chemische Zusammensetzung
 s. bei den einzelnen Stahlarten, -gruppen und -sorten;
 einige – aus Platzersparnis aber nur wenige – Elemente sind zusätzlich gesondert aufgeführt, s. z. B. Chrom
Chevrons 183
χ-Phase (Chi-Phase) $Fe_{36}Cr_{12}Mo_{10}$
-, in hochwarmfesten Stählen 249
-, in nichtrostenden ferritischen Stählen 415
Chrom
-, Einfluß auf die Eigenschaften von
-, -, druckwasserstoffbeständigen Stählen 428
-, -, Federstählen 475
-, -, Heizleiterlegierungen 448
-, -, hitzebeständigen Stählen 439, 448
-, -, höchstfesten Stählen 217, 222
-, -, kaltzähen austenitischen Stählen 285
-, -, nichtmagnetisierbaren Stählen 550, 553, 554, 558
-, -, nichtrostenden Stählen **396**, 401, 404, 411
-, -, normalfesten und hochfesten Stählen 48
-, -, Stählen für den Eisenbahnoberbau 569, 600
-, -, Stählen für Fernleitungsrohre 583
-, -, Stählen für Flachzeug zum Kaltumformen 92
-, -, Stählen für Kaltmassivumformung 186, 187
-, -, Stählen mit besonderer Wärmeausdehnung 562, 563, 564
-, -, Ventilstählen 457, 458, 459
-, -, Vergütungs-, Einsatz- und Nitrierstählen 132, 142, 157, 158, 166, 170, 172
-, -, verschleißbeständigen Stählen 381, 383
-, -, Wälzlagerstählen 589
-, -, warmfesten Stählen 238, 241, 244, 257, 261, 263
-, -, Werkzeugstählen 312, 319, 327, 341, 347

Chromäquivalent
 bei nichtrostenden Stählen 401, 404
chromatierte Flacherzeugnisse 119
Chrom-Chromoxid-Überzüge
 auf Feinstblech 115
Chrom-Eisen-Kobalt-Legierungen
 als Dauermagnetwerkstoffe 544
-, Anwendungsbeispiele 548
-, magnetische Kennwerte 538
Chrom-Molybdän-Stähle 241
-, Verwendbarkeit als warmfeste Werkstoffe 241
Chrom-Molybdän-Titan-Stähle 244
-, Warmfestigkeit 244
Chrom-Molybdän-Vanadin-Stähle 242
-, Bruchdehnung und Brucheinschnürung nach Langzeitbeanspruchung 234, 243
-, -, Einfluß der Austenitisierungstemperatur 243
-, Verwendbarkeit als warmfeste Werkstoffe 242
Chromverarmung
 bei nichtrostenden Stählen 386, 416
-, Ursachen 386, 416
-, Wirkung auf Korrosionsbeständigkeit 386
Cluster
 bei der Stahlerstarrung 654
CLU-Verfahren
 = Creusot Loire Uddeholm-Verfahren 650
Compression Casting
 bei Stranggruß 666
Crack Arrest Temperature
 von normalfesten und hochfesten Baustählen und kaltzähen Stählen 20, 22, 35, 277
Curie-Temperatur
-, Bedeutung für Dauermagnetwerkstoffe 536
-, Bedeutung für Eisen-Nickel-Legierungen
-, -, Elastizitätsmodul 564
-, -, Volumenmagnetostriktion 561
-, -, Wärmeausdehnung 561
CVD-Verfahren
 s. Chemical Vapor Deposition

Dampfturbinenschaufeln
 nichtrostende Stähle für sie 269, 416
Dampfturbinenwellen
-, Stahlsorten für sie 161
-, Stahlsorten für geschweißte Wellen 163
Dauerbrüche 9
-, an Fahrzeug- und Maschinenteilen 125
-, -, Ursachen 125
Dauerfestigkeitsschaubild nach Smith
 für Spannstähle 75
dauermagnetische Kenngrößen 540
Dauermagnetwerkstoffe **536**
-, Anforderungen an die Eigenschaften 536
-, Kennwerte 538, 540

-, Maßnahmen zur Einstellung der Eigenschaften 541
-, -, metallkundliche Grundlagen 541
-, -, physikalische Grundlagen 536
-, -, Herstellung 541
-, Werkstoffgruppen 541
-, -, Werkstoffe mit hohem Eisengehalt 541
-, -, Werkstoffe mit mittlerem Eisengehalt 541
-, -, Werkstoffe mit geringem Eisengehalt oder ohne Eisen 546
-, -, Verwendungsbereiche 548
-, Werkstoffsorten **538, 541**
-, -, magnetische Eigenschaften 538
-, -, sonstige physikalische Eigenschaften 539
-, -, Zugfestigkeit 539
Dauerschwingfestigkeit
  allgemeine Angaben über
-, Einsatzstähle 136, 168
-, -, Einfluß der Einsatzhärteschicht 178
-, Federstähle 471
-, -, Einflußgrößen:
-, -, -, Oberflächenbeschaffenheit (Rauhtiefe) 472
-, -, -, Randentkohlung (Stahl 50 CrV 4) 472
-, -, -, Reinheitsgrad 473
-, -, -, Zugfestigkeit 471
-, normalfeste und hochfeste Baustähle 8, 16
-, -, Grundwerkstoff 8, 16, 17
-, -, im geschweißten Zustand 17, 35
-, -, -, Verbesserungsmöglichkeiten 18
-, Randschichthärten, Verbesserung durch 144
-, Schienenstähle 595, 599
-, Verbesserung durch Nitrieren 149
-, Vergütungsstähle 136
-, -, Einflußgrößen:
-, -, -, chemische Zusammensetzung 136
-, -, -, Martensitanteil am Gefüge 137
-, -, -, nichtmetallische Einschlüsse 136
Dauerschwingfestigkeit
  einzelner Stahlsorten
-, Wöhler-Kurven von
-, -, 15 CrNi 6, Einfluß der Randoxidation 169
-, -, 16 MnCr 5, Einfluß der Einsatzbedingungen 178
-, -, 17 NiCrMo 14, Einfluß der Erschmelzung 587
-, -, 50 CrV 4, Einfluß der Randentkohlung 472
-, -, 100 Cr 6, Einfluß der Erschmelzung 587
-, -, S 6-5-2, Einfluß der Erschmelzung 324
-, -, StE 460, Einfluß des Schweißens 18
-, -, StE 690, Einfluß des Schweißens und eines Nahtflankenaufschmelzens 18, 19
-, -, X 10 CrNiNo 18 9, Einfluß einer Korrosionsbeanspruchung 313
-, Schwellfestigkeit von
-, -, St 37-3 17

-, -, St 52-3 17
-, -, StE 690 17
-, Wechselfestigkeit von
-, -, X 41 CrMoV 5 1, Einfluß eines Salzbadnitrierens 223
-, Dauerfestigkeitsschaubild nach Smith für
-, -, St 1080/1230 75
-, -, St 1420/1570 75
Dauerschwingverhalten von
-, Betonstählen 66
-, Spannstählen 74, 79
delayed fracture
  s. Sprödbruch, verzögerter
δ-Phase (Delta-Phase) Ni_3Nb
  in hochwarmfesten Nickellegierungen 255
Demag-Yawata-Verfahren
  bei Walzdraht 207
Dendriten
  bei der Stahlerstarrung 154, 654, 655
Desoxidationsvermögen
  verschiedener Elemente 646
Desoxidieren
  bei der Stahlherstellung **646**, 660
-, Einfluß auf die Stahleigenschaften 646, 647
DH = Dortmund Hörde-Verfahren 650
Diffusionsanisotropie K_D 525
Diffusionsdesoxidation 646
Diffusionsglühen
  s. u. Seigerungen
Direkteinsatz
  von Strangguß 668, 685
Direkthärten
  bei Einsatzstählen 172, 174
Direktreduktionsverfahren 639, 640
Direktwalzen
  s. Direkteinsatz
D-Ofen-Glühung
  s. Durchlaufofen-Glühung
Dokumentation
  bei der Qualitätssicherung 712
Domänenstruktur bei Elektroblech 507
  Einfluß lokaler Spannungen 506, 507
Doppelhärten
  bei Einsatzstählen 172
Drehstabfedern
  Stähle für sie 475
Dressieren
  s. Nachwalzen
Drop-Weight-Test
  s. Fallgewichtsversuch nach Pellini
Druckbehälterstähle 5
Druckgießformen
-, Oberflächenveredlung 360
-, Werkzeugstähle für sie 357, 357
Druckgießwerkzeuge
  Brandrisse als normale Ausfallursache 338
Druckwasserstoffangriff 426

-, Erscheinungsformen 426
-, Reaktionen 426
druckwasserstoffbeständige Stähle **425**
-, Anforderungen an die Eigenschaften 428
-, Aufstickung bei Verarbeitung von Wasserstoff-Stickstoff-Ammoniak-Gemischen 434
-, Begriff 425
-, chemische Zusammensetzung 427
-, Erzeugnisformen 429
-, Gefüge 426
-, Legierung 427
-, -, Anpassung an Abmessungen und Beanspruchungen der Geräte 429
-, -, Grenzbedingungen für Chrom- und Molybdängehalte in Abhängigkeit von Temperatur und Wasserstoffdruck (Nelson-Diagramm) 433
-, -, Grundlagen im Hinblick auf Karbidbildung 427
-, -, im Hinblick auf Vermeidung von Schäden durch Nitrierung 434
-, -, Wirksamkeit von Chrom, Molybdän, Niob, Titan, Vanadin, Wolfram und Zirkon 428
-, Reaktionen zwischen Wasserstoff und Kohlenstoff im Stahl 426
-, Stahlsorten 429
-, -, chemische Zusammensetzung 430, 431
-, -, mechanische Eigenschaften 431
-, -, Verwendungshinweise 429
-, Wärmebehandlung 429
Druckwasserstoffbeständigkeit **426**
-, Einfluß der chemischen Zusammensetzung 427, 428
Dualphasen-Stähle
 für Flacherzeugnisse zum Kaltumformen 90, 92, 94, 99
-, Gefüge 91
-, Kaltumformbarkeit 90, 97
-, Spannungs-Dehnungs-Kurve 97
Durchbläser
 Ventilschaden 454
Durchblasverfahren 650
Durchbrenner
 s. Durchbläser
Durchhärtbarkeit
 von Wälzlagerstählen 589
-, Einfluß des Chromgehalts 589
Durchhärtung
 Bedeutung bei Federstählen 470
Durchlaufofen-Glühung
 von Kaltwalzerzeugnissen 68, 96, **703**
DVM-Kriechgrenze 232

Edenborn-Haspel 207
ED-Verfahren
 bei Walzdraht 207

Eigenschafts-Ungleichmäßigkeiten
 durch Wärmebehandlung, betriebliche 707
Eigenspannungen
-, in schweren Schmiedestücken 152
-, -, Entstehung 156
-, -, Ermittlung durch Ring-Kern-Verfahren 153
-, in unterschiedlichen Stählen nach der Wärmebehandlung 316
Einfachhärten
 bei Einsatzstählen 172
Einformungsgrad
 des Zementits oder der Karbide 184, 190, 613
-, bei Stählen für Kalt-Massivumformung 188
-, -, Einfluß der Glühdauer 189
-, bei Stählen für Schrauben, Muttern und Niete 613
Einhärtbarkeit
 bei Vergütungsstählen 130
-, Bedeutung für die mechanischen Eigenschaften 130
Einhärtungstiefe
 beim Randschichthärten 142
Einsatzhärtung 169
-, Einfluß auf die Dauerschwingfestigkeit 169
-, -, Vergleich mit Nitrieren 149
Einsatzstähle **164**
-, Anforderungen an die Eigenschaften **164**
-, Anforderungen an die Einsatzhärteschicht 167
-, Aufkohlung **169**
-, -, Anpassung der Aufkohlungsbedingungen an die Stahlzusammensetzung 169
-, -, Aufkohlungstemperatur, Einfluß bei verschiedenartigen Stählen 172
-, -, Einfluß des Chromgehalts 170
-, Austenitkornwachstum 166
-, -, Verzögerung durch Aluminium, Niob oder Titan 166
-, chemische Zusammensetzung 166
-, Direkthärtbarkeit 172
-, -, Beurteilung durch Schaubild 174
-, Einsatzhärteschicht **167**
-, -, Grübchenbildung, Gefügeeinfluß 167
-, -, Restaustenitanteil 172
-, -, -, Chromeinfluß 172
-, -, -, Einfluß der Aufkohlungstemperatur 172
-, Entspannen 165
-, -, Temperaturbereich 165
-, Gefüge 166, 168
-, Härtbarkeit 164, 165
-, Boreinfluß 177
-, -, Prüfung im Stirnabschreckversuch 164
-, Härten nach der Aufkohlung **170**
-, -, Direkthärten 172, 174
-, -, Doppelhärten 172

-, -, Einfachhärten 172
-, -, Einfluß auf Maßänderungen 173
-, Härteverlauf in der Randschicht 175
-, -, Einfluß eines Entspannungsglühens 175
-, Kennzeichnung der Eigenschaften **164**
-, Maßnahmen zur Einstellung der Eigenschaften **165**
-, mechanische Eigenschaften **176**
-, Stahlsorten **179**
-, Verbund von Einsatzhärteschicht und Kern 176
-, -, Verhalten unter Betriebsbeanspruchungen 176
-, -, Verhalten im Zahnschlagversuch 177
-, Verwendung für Kalt-Massivumformung 194
-, Verwendung für Wälzlager 593
-, Wärmebehandlung 169
-, Zerspanbarkeit 166
-, -, Wärmebehandlung zu ihrer Verbesserung 166
Einsatzstoffe
 für die Stahlherstellung **639**, 642
-, Einfluß auf die Stahleigenschaften **642**
Einschicht-Emaillierung 120
Einschlußkennzahl nach DIN 50 602
 in Wälzlagerstahl 100 Cr 6 590
-, Einfluß des Erschmelzungsverfahrens 590
-, Zusammenhang mit Sauerstoff- bzw. Schwefelgehalt 590
Einschmelzstähle
 Anwendungsbeispiel für Werkstoffe mit bestimmter Wärmeausdehnung 559
Eisenbahn-Oberbau-Stähle
 s. Stähle für den Eisenbahn-Oberbau
Eisenbahnzeug, rollendes, Stähle für
 s. Stähle für rollendes Eisenbahnzeug
Eisen-Kobalt-Legierungen
 weichmagnetisch 533
Eisen-Kobalt-Vanadin-Chrom-Legierungen
 als Dauermagnetwerkstoffe 543
-, Anwendungsbeispiele 549
-, magnetische Kennwerte 538
Eisen-Kupfer-Nickel-Legierungen
 als Dauermagnetwerkstoffe 544
-, magnetische Kennwerte 538
Eisen-Nickel-Legierungen
 als Werkstoffe mit bestimmter Wärmeausdehnung
-, Wärmeausdehnung zwischen −200 und +600 °C 561
-, -, Einfluß von Chrom, Kobalt und Mangan 561
-, -, Isothermen der Wärmeausdehnung 562
Eisenschwamm 639
ELA-Ferrit 617
elastische Eigenschaften 564

Elastizitätsmodul
 von Werkstoffen mit besonderen elastischen Eigenschaften 564, 568
-, Einfluß von Kaltverformung 568
-, Ermittlung 560
-, Temperaturabhängigkeit 564
-, -, Zusammenhang mit der Wärmeausdehnung 564
ELC-Stähle 617
elektrische Leitfähigkeit
 s. a. elektrischer Widerstand
-, von Legierungen (für Heizleiter) 451
-, -, Temperaturabhängigkeit 451
-, von Stählen 570
-, -, Einflußgrößen
-, -, -, Alterung 574
-, -, -, chemische Zusammensetzung 503, 573
-, -, -, Gefüge 573
-, -, -, Glühen, entkohlendes 576
-, -, -, Glühen nach Kaltverformung 574
-, -, -, Kaltverformung 575
-, Meßverfahren 572
-, Meßwerte für Reineisen und Stähle 572
-, Temperaturabhängigkeit 572
elektrischer Widerstand
 s. a. elektrische Leitfähigkeit
-, von Heizleiterlegierungen 451
-, von Konstantmodul-Legierungen 568
-, Einfluß des Siliziums 503
Elektrizitätszähler
 geeignete Dauermagnetwerkstoffe für sie 548
Elektroblech **501**
-, Anforderungen an die Eigenschaften **501**
-, Begriff 501
-, chemische Zusammensetzung 504
-, -, Bedeutung von Aluminium 504
-, -, Bedeutung von Kohlenstoff 511
-, -, Bedeutung von Silizium 504
-, Goss-Textur 505
-, Erzeugungsbedingungen 505
-, -, Texturschärfe, Messung 505
-, Herstellung 507, 509
-, Hystereseschleifen, Formen 502, 503
-, kornorientiert
 s. kornorientiertes Elektroblech
-, Maßnahmen zur Einstellung der Eigenschaften 502
-, -, Bedeutung der Fertigung 507, 509
-, nichtkornorientiert
 s. nichtkornorientiertes Elektroblech
-, Permeabilität 506
-, Stahlsorten 512, **513**
-, -, Höchstwerte der Ummagnetisierungsverluste 512
-, -, -, Dickeneinfluß 515
-, -, Stahl mit 6% Si 515

-, Textur, Bedeutung 504
-, Ummagnetisierungsverluste 502, 504
-, -, Einflußgrößen
-, -, -, Blechdicke 502, 508
-, -, -, Korngröße 508, 511
-, -, -, Polarisation 504, 513
-, -, -, Textur 504
-, Verwendung 501
-, Weiterentwicklung von nichtkornorientiertem Elektroblech 507
-, Würfelflächentextur 505
Elektroblech-Sonderwerkstoffe
   s. metallische Gläser (amorphe Metalle)
Elektromagnete
   anwendbare Stähle für sie 575
Elektromotore
   geeignete Dauermagnetwerkstoffe für sie 548
Elektronenstrahl-Verfahren
   zur Stahlerschmelzung 670
Elektroofen-Verfahren 641, 644
Elektro-Schlacke-Umschmelzverfahren 670, 671, Anwendung bei
-, Wälzlagerstählen 589
-, Werkzeugstählen 329
elongated single domain-Magnete
   s. ESD-Magnete
emaillierte Flacherzeugnisse 119
-, Stahlsorten 120
-, -, mechanische Eigenschaften 120
Entkohlung
-, bei Federstählen 471
-, -, Einfluß von Silizium 471
-, beim Stahlerschmelzen 644
-, beim Wärmebehandeln 708, 709
Entschwefelung
-, Roheisenschmelze 639
-, Stahlschmelze 645
Entspannen
   beim Randschichthärten 142
-, Durchführung 142
-, Einfluß auf die Oberflächenhärte 142
Entspannungsversuch
   bei warmfesten Stählen 231, 233
-, Prüfung warmfester Schraubenwerkstoffe 233
ε-Martensit (Epsilon-Martensit)
   in kaltzähen austenitischen Stählen 286
Erschmelzen
   Sondermaßnahmen bei schweren Schmiedestücken 154
Erstarren von Stahl bei
-, Standguß 154, 651, **655**
-, Stranggruß **663**
Erstarrung 651
-, beruhigt 651
-, halbberuhigt 651
-, unberuhigt 651
Erstarrungskonstanten 663

Erstarrungsschrumpfung 653
Erstarrungsstruktur 654
-, bei großen Stahlblöcken 154
-, bei Standguß 654
-, bei Stranggruß 654, 665
Erstarrungsverlauf
-, Einfluß der Kokillenabmessungen 656
Erwärmungsbedingungen
   beim Warmwalzen 679
Erzeugnisformen
   durch Warmwalzen hergestellt 679
Erzeugungsbedingungen
   Einfluß auf die Stahleigenschaften **635**
ESD-Magnete 541
-, Dauermagnetwerkstoffe 541
-, -, magnetische Kennwerte 538
ESU-Verfahren
   = Elektro-Schlacke-Umschmelzverfahren 670, 671
ES-Verfahren
   = Elektronenstrahl-Verfahren 670, 671
η-Phase (Eta-Phase) Ni_3Ti
   in hochwarmfesten Nickellegierungen 255
Extrapolationszeitverhältnis
   bei Ermittlung von Berechnungs-Kennwerten für warmfeste Stähle 231

Fahrzeugfedern
   Stähle für sie 474
Fallgewichtsversuch nach Battelle 579
-, Verhalten von Stählen für Großrohre 579, 584
Fallgewichtsversuch nach Pellini
   Verhalten von normalfesten und hochfesten Baustählen 22, 35
Faserverlauf
   beim Schmieden 697
-, Bedeutung für Probenahme 153
FeCoVCr-Werkstoffe
   s. Eisen-Kobalt-Vanadin-Chrom-Legierungen
Federbandstahl 470
Federdrähte 210, 470
Federn verschiedener Art 474
-, geeignete Stahlsorten 473, 474
Federstähle **469**
-, Anforderungen an die Eigenschaften 469
-, chemische Zusammensetzung 469, 474
-, Dauerschwingfestigkeit (Wechselfestigkeit) 471
-, -, Beziehung zu Zugfestigkeit und Brucheinschnürung 471
-, -, Einflußgrößen:
   Oberflächenbeschaffenheit (Rauhtiefe), 472
   Randentkohlung, 472
   Reinheitsgrad, 473
   Zugfestigkeit 471

-, Feinkornerschmelzung, Vorteile 470
-, Gefüge 470
-, Härtbarkeit 470
-, -, Kennzeichnung durch
-, -, -, Stirnabschreckhärte 470, 476
-, -, -, Martensitanteil 470
-, Maßnahmen zur Einstellung der Eigenschaften **469**
-, mechanische Eigenschaften 470
-, Stahlsorten **473**
-, -, Eigenschaften
-, -, -, Kaltumformbarkeit 473
-, -, -, Kaltzähigkeit 477
-, -, -, Korrosionsbeständigkeit 477
-, -, -, Vergütbarkeit 475
-, -, -, Warmfestigkeit 476
-, Verwendungshinweise **473**
-, Zähigkeit 469, 470
Fehlstellen
-, Entstehung beim Schmieden 698
-, Erkennbarkeit bei Ultraschallprüfung 698
-, -, Korngrößeneinfluß 698
-, Zusammenhang mit den Gebrauchseigenschaften 698
Feinblech und Band zum Kaltumformen
    s. Flacherzeugnisse zum Kaltumformen, oberflächenveredelte Flacherzeugnisse
Feinblech, kaltgewalzt, zum Emaillieren 120
-, mechanische Eigenschaften 120
Feingußlegierungen 273
Feinkornbaustähle 60
Feinkornerzeugung
-, bei Federstählen 470
-, bei kaltzähen Stählen 283
Feinkornstähle 50
-, Begriff 6
-, für Flacherzeugnisse zum Kaltumformen 89, 91, 92
-, -, perlitarm 89
-, -, perlitfrei 89
-, für mäßig erhöhte Temperaturen **235**
-, -, Stahlsorten für Anwendung bis etwa 400 °C 255
-, -, Warmfestigkeit 236
-, -, -, chemische Zusammensetzung, Einfluß 236
-, für Randschichthärtung 146
Feinschneidwerkzeuge
-, Beanspruchung des Lochstempels 373
-, Stähle für sie 374, 375
-, -, pulvermetallurgisch hergestellt 375
Feinungsschlacke 647
ferritisch-austenitische nichtrostende Stähle **423**
-, Ausscheidungshärtbarkeit 410
-, Ausscheidungsverhalten 424
-, chemische Zusammensetzung 410, 412

-, Gefüge 399
-, Grenztemperaturen der Anwendung 424
-, Korrosionsbeständigkeit 423
-, -, bei schwingender Beanspruchung 423
-, mechanische Eigenschaften 413, 423
-, Versprödung, Verzögerung durch Stickstoff 424
-, Wärmebehandlung 409
ferritische nichtrostende Stähle **411**
-, Anwendungsbeispiele 411
-, chemische Zusammensetzung 412
-, Gefüge 399
-, Kaltsprödigkeit 415
-, Korrosionsbeständigkeit 411
-, mechanische Eigenschaften 413, 414, 415
-, -, Einfluß des Kohlenstoffgehalts 405
-, Schweißeignung 416
-, Versprödungsneigung 415
-, Wärmebehandlung 401
Fertigungswege
    beim Warmwalzen
-, von Stahl allgemein 680
-, von Elektroblech 509
Festbund-Glühung
    von kaltgewalzten weichen Flacherzeugnissen 86
Festigkeits-Dichte-Verhältnis
    bei höchstfesten Baustählen als wichtiger Kennwert 212
Festigkeitsklassen
    bei Schrauben 197, 617, 618
Festigkeitssteigerung
    Mechanismen 36
feueraluminierte Flacherzeugnisse 103, 110
-, Zugversuchswerte für höhere Temperaturen 113
Fischschuppen 120
Flacherzeugnisse
-, mit Aluminiumüberzug
    s. aluminiumüberzogene Flacherzeugnisse
-, mit Bleiüberzug
    s. bleiüberzogene Flacherzeugnisse
-, mit Emailüberzug
    s. emaillierte Flacherzeugnisse
-, mit aus der Gasphase abgeschiedenen Metallüberzügen 103, 104, 118
-, mit elektrolytisch erzeugten Metallüberzügen 117
-, -, Anwendung 118
-, -, Eigenschaften 117
-, mit durch Schmelztauchen aufgebrachten Überzügen 103, 104
-, -, Eigenschaften **105**, **111**
Flacherzeugnisse, kaltgewalzt
    s. Flacherzeugnisse zum Kaltumformen
Flacherzeugnisse, warmgewalzt
    s. Flacherzeugnisse zum Kaltumformen,

Flacherzeugnisse zum Kaltumformen **80**
-, kaltgewalzt, aus nichtrostenden Stählen **100**
-, kaltgewalzt, aus normalfesten und höherfesten Stählen **93**
-, -, Anforderungen an die Eigenschaften **93**
-, -, chemische Zusammensetzung 92
-, -, Gefüge 96
-, -, Kaltumformbarkeit 94, 98
-, -, Kennzeichnung der Eigenschaften **93**
-, -, Maßnahmen zur Einstellung der Eigenschaften **94**
-, -, mechanische Eigenschaften 93, 94, 95, 99, 100
-, -, Schweißeignung 98
-, -, Stahlsorten 92, 94, **98**, 99
-, -, Verarbeitungseigenschaften 99
-, kaltgewalzt, aus weichen Stählen **82**
-, -, Anforderungen an die Eigenschaften **82**
-, -, chemische Zusammensetzung 85
-, -, Gefüge 84, 85
-, -, Kaltumformbarkeit 82, 85, 87
-, -, Kennzeichnung der Eigenschaften **84**
-, -, Maßnahmen zur Einstellung der Eigenschaften **85**
-, -, -, Kaltwalzgrad 85
-, -, -, Metallurgie 85
-, -, mechanische Eigenschaften 83, 87, 95, 96
-, -, Oberflächenbeschaffenheit 83, 84
-, -, -, Mittenrauhheit 84, 86
-, -, -, Oberflächenart 83, 84
-, -, Oberflächenausführung 83, 84
-, -, Oberflächenveredlung, Eignung für 83
-, -, Reinheitsgrad 84
-, -, Schweißeignung 83
-, -, Stahlsorten 87
-, oberflächenveredelt **101**
s. auch Oberflächenveredlung
s. auch oberflächenveredelte Flacherzeugnisse
-, warmgewalzt, aus normalfesten und höherfesten Stählen **88**
-, -, Anforderungen an die Gebrauchseigenschaften **88**
-, -, chemische Zusammensetzung 89, 92
-, -, Gefüge 89
-, -, Kaltumformbarkeit 88, 90
-, -, Kennzeichnung der Gebrauchseigenschaften 88
-, -, Maßnahmen zur Einstellung der Eigenschaften 89
-, -, mechanische Eigenschaften 93
-, -, Mechanismen der Festigkeitssteigerung 89
-, -, Stahlsorten 91, 93
-, warmgewalzt, aus weichen Stählen **80**
-, -, Anforderungen an die Gebrauchseigenschaften 80

-, -, Gefüge 82
-, -, Kaltumformbarkeit 81
-, -, Kennzeichnung der Gebrauchseigenschaften 81
-, -, Maßnahmen zur Einstellung der Eigenschaften 82
-, -, mechanische Eigenschaften 83
-, -, Oberflächenbeschaffenheit 81
-, -, Stahlsorten 83
Flachwalzen
Stähle für sie 363, 364
Flachzeug
s. Flacherzeugnisse
flächenhafte Korrosion 388
Flammenhärten
s. Randschichthärten
Fließfigurenbildung
-, Beeinflussung durch Nachwalzen 705
Fließkurven
-, von austenitischen Stählen für Kalt-Massivumformung 191
-, von niedriglegierten Stählen für Kalt-Massivumformung 183
-, -, Einflußgrößen
-, -, -, BG-Glühung 189
-, -, -, Bor 188
-, -, -, GKZ-Einfluß 189
-, von unlegierten Stählen für Kalt-Massivumformung 183
-, von Stählen für Schrauben, Muttern und Niete 611, 614, 615, 620
-, von Stahl
-, -, 13 MnCrB 5 188
-, -, 16 MnCr 5 183, 188
-, -, -, Einfluß des Glühens 189, 614
-, -, 20 MoCr 4
-, -, -, Einfluß des Glühens 614
-, -, 35 B 2 615
-, -, 38 Cr 2 615
-, -, 41 Cr 4 183
-, -, 42 CrMo 4 183
-, -, austenitisch (mit 18 % Cr und 9 bis 11 % Ni) 191
-, -, Cq 15 183, 615
-, -, Cq 35 183, 615
-, -, -, Einfluß des Glühens 611
-, -, Cq 45 183
-, -, X 1 CrMo 18 2 620
-, -, X 2 NiCr 18 16 620
-, -, X 5 CrNiMo 18 10 620
-, -, X 10 CrNiTi 18 9 620
Fließspannung
von Stählen für Kalt-Massivumformung
-, Gefügeeinfluß 184, 189, 190
-, Legierungseinfluß 187
Flocken 643
Vermeidung nach dem Warmwalzen 688

Flockenrisse 697
Formänderungsanalyse 81, 84
Formänderungsvermögen
  von normalfesten und hochfesten Baustählen 8
Formschmelzen 731
Freiformschmieden 691, 694
Freigabe
  von Stahlerzeugnissen (Qualitätssicherung) 724, 727
Freileitungsbau-Drähte
  geeignete Stähle für sie 570
Frischen **644**
–, Einfluß auf die chemische Zusammensetzung 645
–, –, Kohlenstoff- und Sauerstoffgehalt, Zusammenhang 645
–, im Vakuum 650
Full-hard-Werkstoff 96, 106

G-Phase $Ti_6Ni_{16}Si_7$
  Wirkung in hochwarmfesten Werkstoffen 248
Galfan 108
Galvalume 108, 112
Galvannealing 108
γ'-Phase (Gamma'-Phase) Ni_3 (Al, Ti)
–, Einfluß auf die Zeitstandfestigkeit von Nickellegierungen 254
–, Wirkung in hochwarmfesten Werkstoffen 248
Gasblasen
–, Entstehung beim Erstarren 651, **660**
–, Einfluß des Sauerstoffgehalts 661
Gasentwicklung
  bei der Stahlerstarrung 651
Gebrauchseigenschaften, Begriff 7
Gefüge
  s. bei den einzelnen Stahlarten, -gruppen und -sorten
–, Beeinflussung durch die Warmwalzbedingungen 684, 687
Gefüge-Ungleichmäßigkeiten
  durch Wärmebehandlung, betriebliche 707, 708
–, Beseitigung 708
Gefügezeiligkeit 708
Generatoren
  geeignete Dauermagnetwerkstoffe für sie 548
Generatorwellen
–, Anforderungen an die Eigenschaften 516
–, Stahlsorten für sie 161, 517
Geräuschentwicklung
  durch Transformatorkerne 507
–, Einfluß von Magnetostriktion und Textur des Elektroblechs 514

Germanium
  in Dauermagnetwerkstoffen 548
Gesenkschmieden 691, 694, 697
Gespannguß
  s. Standguß steigend
Gestaltfestigkeit
–, von Schienenstählen 595, 599, 600
–, Verbesserung durch Schmieden 697
Gewinderollen
  Stähle für sie 363, 364
Gießen **651**
Gießen von Band 731
Gießstrahlentgasung
  von Stählen für schwere Schmiedestücke 155
Gießstrahlschutz
–, Standguß 652
–, Strangguß **662**
–, –, Anlagentechnik 662
Gitterstruktur
  Einfluß auf die Kerbschlagarbeit-Temperatur-Kurve 276
GKZ-Glühung
  s. Glühen auf kugelige Zementit(Karbid)ausbildung
Glaseinschmelzstähle als
  Anwendungsbeispiel für Werkstoffe mit besonderer Wärmeausdehnung 559
Glasformwerkzeuge
  Stähle für sie 342, 360, 361
Glas-Metall-Verbindungen 560
–, Prüfung des Einschmelzwerkstoffes 560
Glasverarbeitungswerkzeuge
  Stähle für sie 360, 361
Gleichmäßigkeit der Eigenschaften
  von normalfesten und hochfesten Baustählen 12
Globulite
  bei der Stahlerstarrung 654, 655
Glühen
  von Kaltwalzerzeugnissen 86, 703
–, Glüharten 703
–, Ziele 703
Glühen auf kugelige Zementit(Karbid)ausbildung 707
–, allgemeine Hinweise auf
–, –, Durchführung 708
–, –, Fehlermöglichkeiten 708
–, –, Zielsetzung 708
–, Anwendung bei
–, –, Stählen für Kalt-Massivumformung 188, 194
–, –, Stählen für Schrauben, Muttern und Niete 613
–, Einfluß auf die Fließkurve 183, 189, 611, 614, 615

Glühtemperatur, Einfluß auf die mechanischen
  Eigenschaften von Baustählen 28
Goss-Textur 505
–, Steuerphasen 505, 510
Graphitbildung
  in warmfesten ferritischen Stählen 241
–, Einfluß von Aluminium, Mangan und Molybdän 241
Grenzformänderungskurve 88, 102
Grenztemperatur
  für Anwendung von Berechnungskennwerten
  bei warmfesten Stählen 228
Grobblech
  Qualitätssicherung bei der Herstellung 724
–, Fertigungs- und Prüffolge 725
Grobkornglühung 709
–, von Einsatzstählen 167
–, –, Einfluß auf die Zerspanbarkeit 167
Großzugversuch
  Verhalten von normalfesten und hochfesten
  Baustählen 20, 21
Grubenausbau-Stähle 57
Grübchenbildung
  in der Einsatzhärteschicht 168
–, Abhängigkeit vom Gefüge 167
Grünfäule
–, bei austenitischen Heizleiterlegierungen
  452
–, bei hitzebeständigen austenitischen Stählen
  444
Gütegruppen
  bei allgemeinen Baustählen 54
Güteketten 621
Güteüberwachung
  bei Beton-Bewehrungsstählen 64

Haber-Bosch-Verfahren
  zur Ammoniaksynthese 425
–, erste Beobachtungen über Stahlschädigung
  durch Druckwasserstoff 425
Härtbarkeit
–, von höchstfesten Stählen 216
–, von Kettenstählen 624
–, von Stählen für Kalt-Massivumformung 184,
  188
–, –, Bor, Einfluß 188
–, von Stählen für Schrauben, Muttern und
  Niete 609, 614, 618
–, von Vergütungsstählen 125, 137, 140
–, –, Bedeutung für die mechanischen Eigenschaften 132
–, von Wälzlagerstählen 589
–, von Werkzeugstählen 314
Härte
–, an Brennschnittkanten 29
–, bei Stahl erreichbare
–, –, Einfluß des Kohlenstoffgehalts 127, 314

–, von Stahl-Gefügebestandteilen und von abrasiven Stoffen, Vergleich 382
–, der WEZ 33
–, –, Einflußgrößen
–, –, –, Abkühlzeit 32
–, –, –, Kohlenstoffgehalt 31
–, –, –, Vorwärmtemperatur 43
–, –, Zusammenhang mit der A_v-Übergangstemperatur bei schweißgeeigneten Baustählen
  33
Härterißempfindlichkeit 710
Härtetiefekurven
  für 16 MnCr 5 nach Direkt- und Einfachhärtung 173
Härtungsgrad 127
–, Begriff 130
–, Einfluß auf die A_v-Anlaßhärte-Kurve von
  Stahl 42 CrMo 4 131
–, Einfluß auf die A_v-Übergangstemperatur von
  SAE-Stählen 135
–, von Vergütungsstählen, Bedeutung für das
  Verhältnis von Zähigkeit zu Festigkeit 130
Haftung
  von Überzügen auf Flacherzeugnissen 102,
  106
Halbautomatenstähle 485
halbberuhigter Stahl 651, 652, 661
Handelsketten 621
Handwerkzeuge
  Stähle für sie 376
Hartferrite
  als Dauermagnetlegierungen 544
–, Anwendungsbeispiele 545, 548
–, chemische Zusammensetzung 544
–, Herstellung 545
–, magnetische Kennwerte 538
hartmagnetische Werkstoffe
  Begriff 491
Haubenofen-Glühung
  von Kaltwalzerzeugnissen 86, 704
Heberverfahren
  bei der Stahlerschmelzung 650
Heimwerkerwerkzeuge
  Stähle für sie 371, 377
Heißeinsatz
  s. Direkteinsatz
Heißflämmen
  zur Verbesserung der Oberflächenbeschaffenheit 688
Heißkorrosionsbeständigkeit 475
Heizen
  bei der Pfannenmetallurgie 641, 649
Heizkabel, mineralisoliert
  als Ausführungsform von Heizleiterlegierungen 448
Heizleiterlegierungen **447**
–, Anforderungen an die Eigenschaften 447

-, -, elektrische Belastbarkeit der Oberfläche 447
-, -, elektrischer Widerstand 447
-, -, Zunder(Oxidations)beständigkeit 447
-, Ausführungsformen 447
-, austenitische (Nickel-Chrom-Eisen-)Legierungen **448**
-, -, chemische Zusammensetzung, Einfluß auf das Oxidationsverhalten 448
-, -, -, Verbesserung durch Aluminium, Cer, Kalzium, Silizium 450
-, elektrischer Widerstand 447
-, -, Messung 447
-, -, Temperaturabhängigkeit 451
-, ferritische (Chrom-Aluminium)Stähle 449
-, -, Schädigung durch Stickstoff 452
-, -, Verbesserung durch Cer und Kalzium 450
-, Gebrauchstemperaturen, Ableitung aus Prüfungen 447
-, Gefüge 448
-, mechanische Eigenschaften 452
-, Sorten
-, -, chemische Zusammensetzung 451
-, -, mechanische Eigenschaften 452
-, -, physikalische Eigenschaften 451, 452
-, -, Verwendungsgrenzen 451
-, Zeitdehngrenzen, Hinweis auf sie 452
-, Zunder(Oxidations)beständigkeit 447
-, -, Prüfung 447
-, -, -, Ableitung der Lebensdauer 447
Heliumblasenbildung
 in titanstabilisiertem borhaltigem Stahl bei Bestrahlung 269
Herdschmelzverfahren
 bei der Stahlherstellung 641, 644
Herstellungsgänge-Festlegung
 Bedeutung für Eigenschaften-Festlegung 635
hitzebeständige Stähle **435**
-, 1%-Zeitdehnungsgrenze für 10 000 h 432
-, -, austenitische Stähle 439
-, -, ferritische Stähle 439
-, -, Legierung CoCr 28 Fe 439
-, 475 °C-Versprödung 440
-, -, Einfluß von Aluminium, Chrom und Molybdän 440
-, Anforderungen an die Eigenschaften 435, 446
-, Anwendungsbereich austenitischer und ferritischer Stähle, Vergleich 439
-, austenitische Werkstoffe 443
-, -, Warmrißbildung beim Schweißen 443
-, -, Zunderbeständigkeit in Wasserdampf 443
-, Begriff 435
-, chemische Zusammensetzung 439
-, ferritische Stähle 441

-, -, Grobkornempfindlichkeit 441
-, -, Kerbschlagarbeit-Temperatur-Kurven von X 10 CrAl 24 441
-, Gefüge 439, 442, 445, 446
-, Grenztemperaturen für die Zunderbeständigkeit in Luft 437
-, mechanische Eigenschaften in Abhängigkeit von der Temperatur 438
-, Stahlsorten 441
-, -, Auswahlkriterien 446
-, -, chemische Zusammensetzung 437
-, -, mechanische Eigenschaften 437
-, -, Verwendungsbeispiele 435
-, Sulfidbeständigkeit, Verbesserung durch Aluminium 445
-, Thermoschockbeständigkeit 438
-, Versprödung bei Langzeitglühung 438
-, Zunderbeständigkeit 436, 437
-, -, Einfluß von Aluminium, Chrom, Nickel, Silizium und Titan 439
-, Zunderverlust in Abhängigkeit von der Temperatur (700 bis 1200 °C) in ruhender Luft 436
hitzebeständige Werkstoffe
-, Zugversuchswerte für höhere Temperaturen (Streubänder) 438
hochfeste Baustähle **6**
 Begriff 6
hochfeste Feinkornbaustähle **60**
-, normalgeglüht, schweißgeeignet 60
-, -, chemische Zusammensetzung 61
-, -, mechanische Eigenschaften 61
-, wasservergütet, schweißgeeignet 63
-, -, chemische Zusammensetzung 62
-, -, mechanische Eigenschaften 62
Hochleistungsautomatenstähle 487
Hochofenverfahren 639, 640
Hochtemperaturglühung
 bei Elektroblech 510
Hochtemperaturversprödung
 von titanstabilisierten borhaltigen Stählen bei Bestrahlung 269
hochwarmfeste austenitische Stähle **244**
-, 1000 h- und 100 000 h-Zeitstandfestigkeit bei 600 bis 800 °C der Stähle
-, -, X 6 CrNi 18 11,
-, -, X 6 CrNiMo 17 13,
-, -, X 8 CrNiNb 16 13 und
-, -, X 8 CrNiMoNb 16 16 268
-, -, -, Molybdän-, Nickel- und Niob-Einfluß 268
-, 100 000 h-Zeitstandfestigkeit bei 550 bis 800 °C für 11 gebräuchliche austenitische Stahlsorten 267
-, Anfälligkeit für interkristalline Korrosion 246

Sachverzeichnis zu Band 2

-, -, Vermeidung 246
-, Bor, Einfluß auf Zeitstandfestigkeit 250
-, -, zusätzliche Wirkung von Vorverfestigung 250
-, Entwicklung der austenitischen Stähle seit 60 Jahren 244
-, Ferrit-Anteile, Einfluß 245
-, Glühdauer und Glühtemperatur,
-, -, Einfluß auf die Bildung von Sigma-Phase 245
-, -, Einfluß auf Ausscheidungsmenge, Härte und Kerbschlagarbeit 250
-, Kobalt, Einfluß auf Rekristallisationstemperatur und Zeitstandfestigkeit 248, 249
-, Kohlenstoff, Einfluß auf Zeitstandfestigkeit **245**, 246
-, Legierungseinfluß
-, -, Chrom 244
-, -, Molybdän 248
-, -, Nickel 244
-, -, Niob 247
-, -, Stickstoff 245
-, -, Titan 246
-, -, Vanadin 248
-, -, Wolfram 248
-, mechanische Vorverfestigung, Wirkung auf Zeitstandverhalten 250
-, σ-Phase (Sigma-Phase), Bildung 245
-, Stahlsorten 265, 266
-, -, Verwendungsbeispiele 265
-, Versprödung bei zu hoher Nitrid- oder Karbidbildung 246
hochwarmfeste Feingußlegierungen **270**
-, 1000 h-Zeitstandfestigkeit bei 750 bis 1000 °C 273
-, gerichtete Erstarrung bei Nickellegierungen 255
-, -, Einfluß von Bor und Zirkon 255
-, Sorten 271
-, -, chemische Zusammensetzung 271
hochwarmfeste Kobaltlegierungen **251, 270**
  s. auch warmfeste und hochwarmfeste Stähle und Legierungen
-, 1000 h-Zeitstandfestigkeit bei 600 bis 950 °C von CoCr 20 Ni 20 W und CoCr 20 W 15 Ni 272
-, Gefüge 252
-, Herstellung, Beachtung schädlicher Spurenelemente Blei, Tellur, Wismut 272
-, Sorten 271
-, -, chemische Zusammensetzung 271
hochwarmfeste Nickellegierungen **251, 270**
  s. auch warmfeste und hochwarmfeste Stähle und Legierungen
-, 1000 h-Zeitstandfestigkeit bei 600 bis 950 °C von 6 gebräuchlichen Legierungen (s. unter Langzeit-Warmfestigkeitseigenschaften) 272
-, Wirkung von Bor 255

-, chemische Zusammensetzung 253, 266
-, δ-Phase (Delta-Phase) Ni_3Nb, Einfluß auf Sprödbruch und Warmfestigkeit 255
-, η-Phase (Eta-Phase) Ni_3Ti, Einfluß auf Sprödbruch und Warmfestigkeit 255
-, γ'-Phase (Gamma'-Phase), Einfluß auf Zeitstandfestigkeit 254
-, -, Beständigkeit 254
-, Gefüge 252, 254
-, Herstellung, Beachtung schädlicher Spurenelemente Blei, Tellur, Wismut 272
-, Sorten 270, 271
-, -, chemische Zusammensetzung 271
-, Wirkung von Zirkon 255
-, zukünftige Entwicklungsmöglichkeiten 273
höchstfeste Stähle **212**
-, Anforderungen an die Eigenschaften **212**
-, Anwendungsbereich 213, 227
-, Begriff 212
-, Bruchzähigkeitswerte (K_{Ic}-Werte) 221
-, -, Einfluß der 0,2%-Grenze 221
-, chemische Zusammensetzung 214
-, Dauerschwingfestigkeit 222
-, Gefüge 214, 215
-, Kennzeichnung der Eigenschaften 213
-, Kaltzähigkeit 227
-, Maßnahmen zur Einstellung der Eigenschaften **214**
-, mechanische Eigenschaften **215**, 226, 227
-, Rißausbreitungsverhalten 223
-, Rißentstehungsverhalten 223
-, Rostbeständigkeit martensitaushärtender Stähle mit > 9 % Cr 222
-, Spannungsrißkorrosionsverhalten 213, 222
-, -, K_{ISCc} als Kennwert 213
-, -, Kerbzugfestigkeit als Anhalt 212
-, Stahlgruppen **214**
-, -, Eigenschaften, Vergleich 221
-, -, Herstellung und Verarbeitung, Vergleich 220, 224
-, -, martensitaushärtende Stähle 214, **219**
-, -, -, chemische Zusammensetzung, 225 Einfluß auf die Eigenschaften 214, 215
-, -, -, Stahlsorten und mechanische Eigenschaften 225, 226
-, -, -, Verfestigungsneigung 224
-, -, nichtrostende Stähle 226
-, -, Vergütungsstähle 215
-, -, -, chemische Zusammensetzung 225 Einfluß auf die Eigenschaften 216, 217
-, -, -, Stahlsorten und mechanische Eigenschaften 225, 226
-, -, -, Wärmebehandlung 227
-, Warmfestigkeit 227
-, Wasserstoffversprödung 222
Hohlstellen-Schließung
  beim Schmieden 693

Hoko-Säure
  Beständigkeit nichtrostender Stähle gegen sie 398
Homogenität
  bei Vergütungsstählen
    Bedeutung für Zähigkeit 130
Homogenisierungsglühen 708, 709
Hystereseschleifen
  mit besonderen Formen 526
–, Benennung 526
–, Erzeugung 530
Hystereseverlust 502

IF-Stahl **85**, 86, 88, 113
IIW-Test 43
Inchromieren 118
Induktion
  s. magnetische Flußdichte
Induktionshärten
  s. Randschichthärten
Induktionsofen 641
Injektionsbehandlung
  bei der Pfannenmetallurgie 641, 649
Innenrisse
–, Standguß 661
–, Strangguß **666**
–, –, Entstehung 663, 666
–, –, Legierungseinfluß 667
–, –, Vermeidung 666
interkristalline Korrosion 386, 389, 397, 399, 710
interkristalline Risse
  durch Spannungsarmglühen warmfester Stähle 237
Invar-Effekt 564
Invar-Legierungen 561
irreversible Legierungen
  Legierungen mit hoher Wärmeausdehnung 563

K_{Ic}-Wert
–, von höchstfesten Stählen 221
–, –, Zusammenhang mit 0,2%-Dehngrenze 221
–, von Stählen für schwere Schmiedestücke 153
–, –, Bedeutung für sie 153
K_{ISCc}-Wert
  (Kritische Spannungsintensität bei Spannungsrißkorrosion)
  als wesentliche Kenngröße für höchstfeste Baustähle 213
K4-Wert
  s. Reinheitsgrad, oxidischer
Kältetechnik
  Stähle für sie 275
Kaltarbeitsstähle 363
–, Härte in Abhängigkeit von der Anlaßtemperatur 317

–, Verschleißwiderstand 335
–, –, Karbidanteil am Gefüge, Einfluß 335
–, Stahlsorten 363
Kaltfließpressen
  Werkstofftrennungen dabei 183
Kaltfließpreßwerkzeuge
  Stähle für sie 362, 363
kaltgezogener Walzdraht
  Verwendung 208
Kalt-Massivumformbarkeit
–, Kennzeichnung 183, 611
–, von unlegierten und legierten Stählen 186, 189, 191, 611, 613
Kalt-Massivumformung 182
–, Verfahren 182
–, Vorteile 182
Kaltpreßstahl 485
Kaltrisse
  beim Schweißen kaltzäher Stähle 297
Kaltrißneigung (beim Schweißen)
  von normalfesten und hochfesten Baustählen 30, 31, 43
–, Kennzeichnung durch Rißparameter 43
Kaltrißverhalten
  von ferritischem Schweißgut kaltzäher Stähle 297
Kaltscherbarkeit
  von Kettenstählen 626, 627
Kaltstauchversuch 184
Kaltumformung
–, Einfluß auf die Eigenschaften von normalfesten und hochfesten Baustählen 24, 25, 26
–, durch Walzen, s. Kaltwalzen
Kaltumformungswerkzeuge
  Stähle für sie 362, 363
Kaltverfestigung
  von Schienenstählen 595
Kaltwalzen **699**
–, Anlagen 699
–, Arbeitsbedingungen 702
–, –, Einfluß auf die Erzeugniseigenschaften 702
–, Begriff 699
–, Glühen nach dem Walzen 703
–, –, im Durchlaufofen 703
–, –, im Haubenofen 704
–, –, Lösungsglühung 703
–, –, rekristallisierend 703
–, Nachwalzen, sein Einfluß auf
–, –, Fließfiguren 704
–, –, Gefüge nach Schlußglühung 705
–, –, n-Wert 704
–, –, Oberflächenbeschaffenheit 705, 706
–, –, Streckgrenzendehnung 705
–, Verfahrensschritte 699
–, Ziel 699
–, Zurichtung kaltgewalzter Erzeugnisse 706

Kaltwalzgerüste 699
Kaltwalzgrad
-, Einfluß auf die Eigenschaften von Flacherzeugnissen zum Kaltumformen 85
kaltzähe Stähle 275
-, Anforderungen an die Gebrauchseigenschaften 275
-, Anwendungsbereiche 276
-, Begriff 275
-, Bruchverhalten 278
-, chemische Zusammensetzung 290
-, -, austenitischer Stähle 284, 290
-, -, ferritischer Stähle 280, 290
-, Feinkörnigkeit 283
-, Gefüge 280, 284, 286, 288, 291, 292, 293
-, Kennzeichnung der Gebrauchseigenschaften 276
-, Kerbschlagarbeit 282, 288, 289
-, Kerbschlagarbeit-Temperatur-Kurven 282, 292, 294, 295, 300, 301
-, Kerbschlagarbeit-Übergangstempertur 281, 284
-, Martensittemperatur 284
-, M_d30-Temperatur 285
-, mechanische Eigenschaften
-, -, austenitischer Stähle 279, 286, 287, 295
-, -, ferritischer Stähle 279, 282, 284
-, Normung, international 277
-, physikalische Eigenschaften 279, 296, 299
-, Reinheitsgrad 283
-, Schweißeignung 296
-, -, austenitischer Stähle 303
-, -, ferritischer Stähle 296
-, Schweißgut-Eigenschaften
-, -, austenitischer Stähle 303
-, -, ferritischer Stähle 217, 302
-, Schweißzusatzwerkstoffe
-, -, austenitisch 298
-, -, ferritisch 297
-, Stahlsorten 289
-, -, austenitisch 290, 295
-, -, ferritisch 289, 290
-, Übergangstemperatur der Kerbschlagarbeit s. Kerbschlagarbeit-Übergangstemperatur
-, Umwandlungsverhalten 291, 292, 293
-, Wärmebehandlung 283
-, Warmwalzen 284
-, WEZ-Eigenschaften 299
-, -, Abkühlzeit $t_{8/5}$, Einfluß 300, 301
-, -, Kerblageneinfluß 301, 302
-, Zähigkeit 276
Kaltzähigkeit 275, 280, 295
-, Bedeutung der Gitterstruktur 276
-, Einfluß der chemischen Zusammensetzung **280**, 281, 284
-, Gefügeeinfluß 276, **280**, 284

Kalzium
-, in Automatenstählen 481
-, in Heizleiterlegierungen 450
Kantenfehler
beim Warmwalzen 687, 688
Kappenringe 554
-, Anforderungen 554
-, geeignete nichtmagnetisierbare Stähle 556
Karbideinformung
-, bei Stählen zur Kalt-Massivumformung 188, 194
-, bei Stählen für Schrauben, Muttern und Niete 613
-, -, Einfluß auf die Fließkurve 183, 189, 191, 611, 614
Karbidnetzwerk
in Wälzlagerstählen 590
-, Gefügebild von 100 Cr 6 591
-, -, Einfluß der Endabmessung 591
kathodischer Schutz
durch Zink 107
Kennzeichnung
von Stahlerzeugnissen (Qualitätssicherung) 721
Keramik-Metall-Verbindungen
Anwendungsbeispiele für Werkstoffe mit besonderer Wärmeausdehnung 559
Kerbschlagarbeit
-, bei RT
-, -, 20 MnCr 5 165
-, -, 23 MnNiCrMo 5 2 628
-, -, 23 MnNiCrMo 6 4 631
-, -, 23 MnNiMoCr 6 4 628
-, -, 38 NiCrMoV 7 3 216
-, -, 41 SiNiCrMoV 7 6 216
-, -, 42 CrMo 4 129, 131
-, -, 50 CrV 4 129, 131
-, -, Ck 45 129
-, -, -, Einfluß des Gefüges 129, 131
-, -, St 52-3
-, -, -, Einfluß des Schwefelgehalts 53
-, -, StE 690
-, -, -, Einfluß der Glühdauer 28
-, -, X 3 CrNiMoN 18 14 295
-, -, X 3 CrNiN 18 10 295
-, -, X 20 CrNiMo 17 2 417
-, -, X 32 NiCoCrMo 8 4 218
-, -, X 40 CrMoV 5 1
-, -, -, Einfluß der Erschmelzung 329
-, -, X 41 CrMoV 5 1 218
-, -, X 55 MnCrN 18 5
-, -, -, Einfluß des Reckgrades 555
-, bei höheren Temperaturen
-, -, X 10 CrAl 24 441
-, -, X 20 CrNiN 21 12 461, 462
-, -, X 45 CrNiW 18 9 462
-, -, X 45 CrSi 9 3 464

-, -, X 53 CrMnNiN 21 9   461, 462
-, -, X 85 CrMoV 18 2   464
-, bei tieferen Temperaturen
-, -, 20 MnCr 5 bei −100 °C   165
-, -, St 52-3 bei −20 °C
-, -, -, Einfluß der Glühtemperatur   28
-, -, StE 500 bei −40 °C   41
-, -, StE 690 bei −40 °C   41
-, -, StE 890 bei −40 °C   41
s. auch Kerbschlagarbeit-Temperatur-Kurven
Kerbschlagarbeit-Temperatur-Kurven
-, von hitzebeständigen Stählen
-, -, X 10 CrAl 24   441
-, -, -, Einfluß einer 1000 h-Glühung   441
-, von kaltzähen Stählen
-, -, 12 Ni 19   292
-, -, 13 MnNi 6 3   282, 300
-, -, -, im geschweißtem Zustand (WEZ)   300
-, -, TStE 355   282
-, -, X 3 CrNiMoN 18 14   295
-, -, X 3 CrNiN 18 10   295
-, -, X 8 Ni 9   282, 294, 300
-, -, -, im geschweißten Zustand (WEZ)   301
-, von Kettenstählen
-, -, 21 Mn 4 Al   625
-, -, -, Einfluß der Glühtemperatur   625
-, von nichtrostenden Stählen
-, -, X 4 CrNi 13 4   417
-, -, X 4 CrNiMo 16 5   417
-, -, verschiedene Stahlgruppen, Streubänder   394
-, von normalfesten und hochfesten Baustählen
-, -, RSt 37-2   56
-, -, St 37-3   20, 56
-, -, St 52-3   20
-, -, StE 355   20
-, -, StE 460   20
-, -, StE 690   20
-, -, USt 37-1   56
-, -, USt 37-2   56
-, -, Versuchsstähle   51
-, von Vergütungsstählen
-, -, 50 CrV 4 und SAE 13 40
-, -, -, Einfluß der Gefügezusammensetzung   131
-, -, verschiedene SAE-Stähle
-, -, -, Legierungseinfluß   135
Kerbschlagarbeit-Übergangstemperatur
-, von Stahl
-, -, 11 MnNi 5 3   285
-, -, 26 NiCrMoV 14 5   162
-, -, StE 355
-, -, -, Einfluß von Kaltumformung   26
-, -, StE 500,
-, -, StE 690 und
-, -, StE 890 im geschweißten Zustand   33

-, StE 690
-, -, Einfluß der Glühtemperatur   28
-, Cr-Mo-V-Stähle
-, -, Einfluß von Molybdän   158
-, Cr-Ni-Mo-V-Stähle
-, -, Einfluß von Chrom und Nickel   157, 158
Kerbwirkung
bei höchstfesten Baustählen   222
Kerbzeitstandfestigkeit
bei höchstfesten Baustählen
als Anhalt für Anfälligkeit zur Spannungsrißkorrosion und Wasserstoffversprödung   213
Kerbzeitstandfestigkeitsverhältnis
Maßzahl der Zähigkeit bei warmfesten Stählen   233
Kerbzugfestigkeit
bei höchstfesten Stählen
als Kenngröße für die Zähigkeit   212
Kerbzugversuch   35, 82
-, Ergebnisse an StE 690   35
Kernkraftwerke
schweißgeeignete Stähle für sie   163, 258
Kernzonen-Umschmelzverfahren   676
Kettenarten   622
Kettenfaktor   621
Kettenglieder
Spannungsverteilung   623
Kettenherstellung
Folgerungen für Stahleigenschaften   627, 629
Kettenstähle
s. Stähle für geschweißte Rundstahlketten
Klebschutz
beim Glühen von kornorientiertem Elektroblech   510
Klebzunder   682
Knicktemperaturen
bei Werkstoffen mit besonderer Wärmeausdehnung   567
Knüppelschermesser
Stähle für sie   374, 377
Kobaltlegierungen
s. Eisen-Kobalt-Legierungen
Eisen-Kobalt-Vanadin-Chrom-Legierungen
Feingußlegierungen
Seltenerdmetall-Kobalt-Legierungen
Kobaltstahl
als Dauermagnetwerkstoff   541
-, magnetische Kennwerte   538
KO-Blech
s. kornorientiertes Elektroblech
Koerzitivfeldstärke   492
Kohäraziprüfung
Ergebnisse an StE 690   35
Kohlenmonoxid
Bildung beim Gießen und Erstarren   660
Kohlenstoff
-, Einfluß auf die Eigenschaften von

-, -, Automatenstählen 479
-, -, Bewehrungsstählen 66
-, -, Einsatzstählen 167
-, -, Federstählen 469
-, -, höchstfesten Vergütungsstählen 217
-, -, kaltzähen Stählen
 austenitisch 285, 288
 ferritisch 280, 282
-, -, nichtmagnetisierbaren Stählen 552
-, -, nichtrostenden Stählen 389, 390, 397, 405
-, -, normalfesten und hochfesten Baustählen 29, 31, **42**, 44
-, -, Schienenstählen 597
-, -, Stählen mit guter elektrischer Leitfähigkeit 573
-, -, Stählen für Flachzeug zum Kaltumformen 85, 89, 92
-, -, Stählen für Kalt-Massivumformung 186
-, -, Stählen für geschweißte Rundstahlketten 626, 627
-, -, Stählen für rollendes Eisenbahnzeug 606
-, -, Stählen für Schrauben, Muttern und Niete 613
-, -, Ventilstählen 458
-, -, Vergütungsstählen 125, 127, 132, 138, 175
-, -, verschleißbeständigen Stählen 380
-, -, Wälzlagerstählen 589
-, -, Walzdraht zum Kaltziehen 202, 204, 208
-, -, warmfesten Stählen 236, 245
-, -, weichmagnetischen Stählen 495, 500, 521
-, -, Werkzeugstählen 311, 314, 344, 349
Kohlenstoffäquivalent
 bei Stählen für Fernleitungsrohre 580
Konstantmodul-Legierungen 564
-, Grundlagen 564
-, -, Elastizitätsmodul von Eisen-Nickel-Legierungen, Temperaturabhängigkeit 564
-, -, Wirkung von Zusätzen 565
-, technische Legierungen 568
-, -, Anwendungen 560, 568
-, -, chemische Zusammensetzung 569
-, -, physikalische Eigenschaften 568
-, Verwendung von antiferromagnetischen Legierungen 565
Konverterverfahren
 der Stahlherstellung 641, 644
kornorientiertes Elektroblech **504**
 s. auch Elektroblech
-, Einstellung der Textur 504, 510
-, -, Bedeutung von Steuerphasen 505, 510
-, -, Goss-Textur und Würfeltextur 505
-, -, Texturschärfe 505
-, -, -, Verbesserung durch Oberflächenbehandlung 506
-, Stahlsorten 512
-, Ummagnetisierungsverluste 512, 513
-, Verfahren zur betrieblichen Herstellung 509

-, -, Bedeutung der Glühbehandlungen und von Beschichtungen 510
kornorientiertes hochpermeables Elektroblech **505**, 514
 s. auch kornorientiertes Elektroblech
-, Besonderheiten der Herstellung 510
-, -, Einfluß einer Oberflächenbehandlung 506
-, Magnetostriktion 514
-, Texturschärfe 505
-, Ummagnetisierungsverluste 512, 513
Kornzerfall
 s. interkristalline Korrosion
Korrosionsarten
 schematische Kennzeichnung 388
Korrosionsbeständigkeit
 nichtrostender Stähle 385, **396**
-, Chrom als maßgebendes Legierungselement **396**
-, Einfluß von Molybdän und Nickel 398
-, flächenhafte Korrosion, Meßwerte 388
-, -, Einfluß des Gefüges 389
-, interkristalline Korrosion 386, 389, 390, 397, 399
-, -, Einfluß des Kohlenstoffgehalts 390, 397
-, -, Wirkung von Niob und Titan 399
-, Lochfraß 389
-, -, Einfluß von Molybdän und Stickstoff 398
-, -, Erscheinungsbild 390
-, -, Lochfraßpotential als Kenngröße 391
-, Messerlinienkorrosion 392
-, Prüfung 387
-, Schwingungsrißkorrosion 392
-, selektive Korrosion 399
-, Spaltkorrosion 391
-, Spannungsrißkorrosion 392
-, -, Kennzeichnung 392
-, -, Wirkung von Nickel 398
-, Ursachen 387
Korrosionsverhalten
-, von Spannstählen 73, 75, 79
-, von Stählen für Fernleitungsrohre 578, 581
Korrosion, wasserstoffinduziert
 von Stählen für Fernleitungsrohre 578, 581
Korrosionswiderstand
-, von nichtmagnetisierbaren Stählen 554, 558
-, von oberflächenveredelten Flacherzeugnissen zum Kaltumformen 102, 105, 107, 112, 114, 116
-, -, Einfluß der Überzugsdicke 103
Korrosionswirksumme
 bei nichtmagnetisierbaren Stählen 554
Kristallanisotropiekonstante 496, 525
-, Einfluß von Silizium 504
Kristallisation **654**
-, Standguß 654
-, Stranggguß 654

Kristallseigerung
s. Mikroseigerung
Krupp-Verfahren
bei Walzdraht 207
Kryotechnik
Anwendungsbeispiele für Werkstoffe mit besonderer Wärmeausdehnung 559, 568
Kücheneinrichtungen
nichtrostende Stähle für sie 414
Kunststofformen
Stähle für sie 355, 356
Kupfer
in normalfesten und hochfesten Baustählen
Einfluß auf die Eigenschaften 48
Kupfermanteldraht-Kernwerkstoff
Anwendungsbeispiele für Stähle mit besonderer Wärmeausdehnung 559, 566
Kurbelwellen
Stahlsorten für sie 161
Kurzzeitaustenitisieren
bei höchstfesten Baustählen zur Erzeugung von Superfeinkorn 221
Kurzzeitglühen, kontinuierlich
von kaltgewalzten Flacherzeugnissen aus weichen Stählen 86
Kurzzeitverfahren nach Rajacovicz
zur Ermittlung von Zeitdehngrenzen 232

Lamellar tearing
s. Terrassenbruch
Langzeit-Berechnungskennwerte 228
-, Extrapolation aus Kurzzeitversuchen 231
Langzeitverhalten
von Spannstählen 72, 73, 77
Langzeitversprödung warmfester Stähle bei 350 bis 400 °C 237
-, Bedeutung für Betrieb 228
-, Mitwirkung von As, Ni$_3$Al, P, Sb, Sn 237
Langzeit-Warmfestigkeitseigenschaften von
-, Feingußlegierungen
-, -, G-CoCr 22 Ni 10 WTa 273
-, -, G-NiCo 10 W 10 CrAlTi 273
-, -, G-NiCo 15 Cr 10 MoAlTi 273
-, -, G-NiCr 13 Al 6 MoNb 273
-, -, G-NiCr 16 Co 8 AlTiN 273
-, Nickel- und Kobaltlegierungen, warmverformt
-, -, CoCr 20 Ni 20 W 272
-, -, CoCr 20 W 15 Ni 272
-, -, NiCo 18 Cr 15 MoAlTi 272
-, -, NiCo 19 Cr 18 MoAlTi 272
-, -, NiCr 18 CoMo 272
-, -, NiCr 19 NbMo 272
-, -, NiCr 20 Mo 272
-, -, NiCr 20 TiAl 272, 466
-, Stählen
-, -, 21 CrMoV 5 7 234

-, -, X 5 NiCrTi 26 15 267
-, -, X 6 CrNi 18 11 267, 268
-, -, X 6 CrNiMo 17 13 267, 268
-, -, X 6 CrNiWNb 16 16 267
-, -, X 8 CrNiMoBNb16 16 252, 267, 268
-, -, X 8 CrNiMoNb 16 16 267, 268
-, -, X 8 CrNiMoVNb 16 13 267
-, -, X 8 CrNiNb 16 13 252, 267
-, -, X 10 NiCrAlTi 32 20 267
-, -, X 12 CrCoNi 21 20 267, 466
-, -, X 20 CrMoWV 12 1 232
-, -, X 22 CrMoV 12 1 232
-, -, X 40 CrNiCoNb 17 13 267
-, -, X 45 CrSi 9 3 466
-, -, X 45 CrNiW 18 9 466
-, -, X 53 CrMnNiN 21 9 466
-, -, X 60 CrMnMoVNbN 21 10 466
Laschen (Eisenbahn-Oberbau)
Stähle für sie 601
Laserbestrahlen
zur Verbesserung der Texturschärfe bei kornorientiertem Elektroblech 506
Laufflächenschäden
bei Eisenbahnrädern 603
Laufkranzvergütung
von Eisenbahn-Vollrädern 605
Lautsprecher
geeignete Dauermagnetwerkstoffe für sie 548
Laves-Phase
in hochwarmfesten Stählen 249
LD-Verfahren 644
Lebensdauer
Kenngröße bei Heizleiterlegierungen 447
ledeburitische Stähle 347, 383
Legieren
-, mechanisches 274
-, bei der Stahlherstellung **646**
Legierungsrechnung
bei der Qualitätssicherung der Rohstahlerschmelzung 719
Leichtradscheiben 605
-, Stähle für sie 607
Lichtbogenofen 641
Lieferzustände
für Stahlerzeugnisse 707
Lochfraß 389
Lochfraßpotential 391
Lösungsglühen 710
Lötbrüchigkeit 643
beim Warmwalzen 684
-, chemische Zusammensetzung, Einfluß 684
-, Formeln zur Kennzeichnung 684
LPG (Liquid-Petrol-Gas)-Tanker
kaltzähe Stähle für sie 289
Low Energy Tear 41

Luftverflüssigungsanlagen
  kaltzähe Stähle für sie 294
Lunkerbildung
  bei der Stahlerstarrung 651, **661**

magnetische Eigenschaften
  Prüfung ihrer zeitlichen Stabilität 493
magnetische Feldstärke 492
magnetische Feldkonstante 492
magnetische Flußdichte 492
magnetische Kenngrößen
  mit Maßeinheiten 492
magnetische Konstanten
  im System Eisen-Nickel 525
-, Einfluß von Ordnungsvorgängen 525
magnetische Sättigung 492
Magnetisierbarkeit von Stahl 553
-, Einfluß von Austenit- und Ferritbildnern 553
Magnetostriktion
  bei Elektroblech
-, Bedeutung 514
Magnetisierung
  beim Schweißen nickelhaltiger Stähle 299
-, Vermeidung 299
Makroseigerungen, Entstehung **656**
-, beruhigter Stahl 656, 664
-, unberuhigter Stahl 657
Mangan-Aluminium-Legierungen
  als Dauermagnetwerkstoffe 547
-, magnetische Kennwerte 538
Mangan
-, Einfluß auf die Eigenschaften von
-, -, Automatenstählen
-, -, -, Verhältnis zum Schwefelgehalt 483
    Bedeutung für
    Erstarrungsvorgang 483
    Warmwalzverhalten (Rotbruchneigung) 483
    Zerspanbarkeit 482
-, -, kaltzähen Stählen,
-, -, -, austenitisch 288, 296
-, -, -, ferritisch 280, 281
-, -, nichtmagnetisierbaren Stählen 555
-, -, nichtrostenden Stählen 399
-, -, normalfesten und hochfesten Baustählen 45, 46
-, -, Stählen für den Eisenbahn-Oberbau 596, 600
-, -, Stählen für Fernleitungsrohre 582
-, -, Stählen für Flachzeug zum Kaltumformen 89, 91, 92, 95
-, -, Stählen für Kalt-Massivumformung 186, 613
-, -, Ventilstählen 458
-, -, Vergütungsstählen 132
-, -, verschleißbeständigen Stählen 382

-, -, Wälzlagerstählen 589
-, -, Walzdraht zum Kaltziehen 206
-, -, warmfesten Stählen 239
Manganselenid
  Steuerphase bei der Erzeugung vor Goss-Textur 505
Mangan-Silizium-Stähle
  für Flacherzeugnisse zum Kaltumformen 92, 94
Mangansulfid
  Steuerphase bei der Erzeugung von Goss-Textur 505
Martensit 125
  s. auch Schiebungsmartensit
-, Härte 127
-, -, Einfluß des Kohlenstoffgehalts 127
martensitaushärtende nichtrostende Stähle **418**
-, chemische Zusammensetzung 412
-, Korrosionsbeständigkeit 419
-, mechanische Eigenschaften 413, 418, 419
-, Wärmebehandlung 406, 418
martensitaushärtende Stähle 219
  s. auch höchstfeste Stähle
martensitische nichtrostende Stähle **416**
-, chemische Zusammensetzung 412
-, Korrosionsbeständigkeit 416
-, mechanische Eigenschaften 413, 416
-, -, Einfluß von Molybdän 418
-, Wärmebehandlung 402
Martensittemperatur
-, Begriff 284
-, von kaltzähen Stählen, austenitisch 284
-, von nichtmagnetisierbaren Stählen 552
-, -, Errechnung aus der chemischen Zusammensetzung 285, 552
Martensitversprödung bei 300 °C
  von höchstfesten Stählen
  Vermeidung 214
Maschinenbaustähle 56
M_d 30-Temperatur 285
-, Begriff 285
-, Errechnung 285
mechanische Eigenschaften
  s. bei den einzelnen Stahlarten, -gruppen und -sorten;
  einige - aus Platzersparnis aber nur wenige - Eigenschaften sind zusätzlich gesondert aufgeführt, s. z. B. Zugversuchswerte, und zwar unter Angabe der untersuchten Stahlsorten.
-, Beeinflussung durch die Schmiedebedingungen 694
-, Beeinflussung durch die Warmwalzbedingungen 687
Messer
  Stähle für sie 372, 374
Messerlinienkorrosion 392

Messerstähle, nichtrostend 416
Meßgeräte
  Anwendungsbeispiel für Stähle mit bestimmter Wärmeausdehnung 559
Meßwertverteilung
  Bedeutung für die statistische Auswertung 718
Meßwiderstände
  brauchbare Heizleiterlegierungen für sie 452
metallische Gläser 731
–, als Elektroblech 515
metastabiler Austenit 285
mikrolegierte Stähle
  für Flacherzeugnisse zum Kaltumformen 89, 90, 92, 94, 95, 98, 99
Mikroseigerungen
  Entstehung 657
Miniblock-Bildung
  beim Stranggießen 665, 666
mischkristallverfestigter Feinblech-Stahl 95
–, Spannungs-Dehnungs-Kurve 97
Mittelspannungsempfindlichkeit
  von höchstfesten Baustählen 223
Mittenseigerung bei Strangguß 664
–, Vermeidung 665
Moduldefekt
  bei Werkstoffen mit besonderen elastischen Eigenschaften 559
Molybdän
–, Einfluß auf die Eigenschaften von
–, –, druckwasserstoffbeständigen Stählen 428, 434
–, –, kaltzähen Stählen 285, 296
–, –, martensitaushärtenden höchstfesten Stählen 219
–, –, nichtmagnetisierbaren Stählen 553, 554
–, –, nichtrostenden Stählen 398, 406, 414
–, –, normalfesten und hochfesten Stählen 46
–, –, Stählen für den Eisenbahn-Oberbau 596
–, –, Stählen für Flachzeug zum Kaltumformen 91, 92
–, –, Stählen für Kalt-Massivumformung 186
–, –, Stählen mit bestimmter Wärmeausdehnung 564, 565
–, –, Ventilstählen 462
–, –, verschleißbeständigen Stählen 381, 382
–, –, Vergütungs- und Einsatzstählen 133, 157, 158, 159, 166, 169
–, –, Wälzlagerstählen 589
–, –, warmfesten Stählen 236, 240, 246, 248, 618, 619
–, –, Werkzeugstählen 312, 319, 329, 337, 345, 370
Monoblock-Räder 603
–, Stähle für sie 607
M_S-Temperatur
  s. Martensittemperatur

Multi-pouring-Verfahren 676
Muttern
  Stähle für sie 261
n-Wert 85
–, von Flacherzeugnissen, kaltgewalzt 84, 85, 87
–, –, Dualphasen-Stahl 100
–, –, IF-Stahl 87
–, –, Nachwalzgrad, Einfluß 704
–, –, Stahl, mikrolegiert 100
–, –, Stahl, oberflächenveredelt 102
–, –, Stahl, phosphorlegiert 100
–, –, Tiefziehstahl 85, 87
–, von Flacherzeugnissen, warmgewalzt 82, 87
nachgewalzte Stähle
  für Flacherzeugnisse zum Kaltumformen 92, 94, 98, 99
Nachwalzen
–, von kaltgewalzten Flacherzeugnissen, geglüht 704
–, Einfluß auf die Eigenschaften 705, 706
Näpfchenziehversuch 88
NDT-Temperatur
–, von hochfesten Feinkornbaustählen 22
–, von Stählen für schwere Schmiedestücke, Bedeutung für sie 153
–, der Stähle 26 NiCrMoV 8 5, 26 NiCrMoV 14 5 und 26 NiMoV 14 5 162
Nelson-Diagramm
  für druckwasserstoffbeständige Stähle 433
–, Einfluß des Molybdängehalts 434
Nennwerte
  für die Eigenschaften von Bewehrungsstählen 64
Neodym-Eisen-Bor-Werkstoffe
  als Dauermagnetwerkstoffe 545
nichtkornorientiertes Elektroblech 502, 503
  s. auch Elektroblech
–, Alterung, magnetische 511
–, Einfluß der Korngröße auf die Ummagnetisierungsverluste 508
–, Einfluß des Reinheitsgrades 510
–, Restkohlenstoffgehalt 511
–, Schlußglühung, Bedeutung 511
–, Stahlsorten 512
–, Ummagnetisierungsverluste 512, 513
nichtmagnetisierbare Stähle 550
–, Anforderungen an die Eigenschaften 550
–, Begriff 550
–, chemische Zusammensetzung 552
–, –, Chrom, zulässiger Gehalt für ferritfreies Gefüge, Errechnung 554
–, Existenzbereich im Zustandsschaubild Eisen-Chrom-Nickel 553
–, Gefüge 552
–, Kennzeichnung der magnetischen Eigenschaften 551

-, Korrosionsbeständigkeit 554, 558
-, -, Chrom- und Molybdängehalt, Einfluß (Korrosionswirksumme) 554
-, Maßnahmen zur Einstellung der Eigenschaften 552
-, mechanische Eigenschaften, bes. Streckgrenze 554, 555
-, Schweißeignung 558
-, Seewasserbeständigkeit, s. Korrosionsbeständigkeit
-, Stahlsorten **555**
-, -, chemische Zusammensetzung 556
-, -, mechanische Eigenschaften 557
-, -, Verwendungsbeispiele 550, 556
-, Trennung zwischen magnetischen und unmagnetischen Stählen aufgrund der chemischen Zusammensetzung 554
nichtmetallische Einschlüsse
-, endogene 643, 658
-, exogene 643, 658
nichtrostende Stähle 385
  s. auch austenitische nichtrostende Stähle, ferritisch-austenitische nichtrostende Stähle, ferritische nichtrostende Stähle, martensitaushärtende nichtrostende Stähle, martensitische nichtrostende Stähle, nickelmartensitische nichtrostende Stähle, superferritische nichtrostende Stähle,
-, Anforderungen an die Eigenschaften 385
-, Austenitstabilität 399, 408
-, -, Einfluß von Kupfer und Nickel 408
-, -, Prüfung 408
-, chemische Beständigkeit 385, 387, 396
  (s. auch Korrosionsbeständigkeit)
-, -, Grundlagen 387
-, chemische Zusammensetzung 399, 412
-, -, Bedeutung von Kupfer bei H_2SO_4-Angriff 399
-, -, Bedeutung von Nickel bei Hoko-Säure-Angriff 398
-, Einteilung nach dem Gefüge
-, -, Gefügeschaubild nach Strauß und Maurer 403
-, -, Gefügeschaubild (Schweißgut) nach Schaeffler 404
-, Gefügeausbildung 399
-, -, Einfluß der chemischen Zusammensetzung (Gehalt an Ferrit- und Austenitbildnern) 399
-, -, -, Chromäquivalent 401
-, -, -, Nickeläquivalent 401
-, als höchstfeste Stahlsorten 226
-, Kaltumformbarkeit von Flachzeug 100, 393
-, Kennzeichnung der Eigenschaften **387**
-, Kohlenstofflöslichkeit 404
-, Kornzerfallsfelder
  s. interkristalline Korrosion

-, Korrosionsbeständigkeit 385, 387, 396
-, -, Bedeutung des Chromgehalts für Beständigkeit gegen
-, -, Flächenabtrag 388
-, -, interkristalline Korrosion 386, 389, 390, 397, 399
-, -, Lochfraß 389
-, -, Messerlinienkorrosion 392
-, -, Schwingungsrißkorrosion 392
-, -, selektive Korrosion 399
-, -, Spaltkorrosion 391
-, -, Spannungsrißkorrosion 392
-, mechanische Eigenschaften 386, 393, 413
-, Stahlgruppen
-, -, austenitische Stähle 420
-, -, ferritisch-austenitische Stähle 423
-, -, ferritische Stähle 411
-, -, martensitaushärtende Stähle 418
-, -, martensitische Stähle 416
-, -, nickelmartensitische Stähle 418
-, Stahlsorten 412, 413
-, Schweißeignung 395, 416
-, Umformbarkeit, Tiefziehbarkeit 393, 394, 395
-, Versprödung 415
-, Verwendung für Flacherzeugnisse zum Kaltumformen **100**
-, Verwendung für Wälzlager 592, 593
-, Wärmebehandlung 399, 401, 408
-, Zähigkeit 393
-, Zerspanbarkeit 399
Nickel
-, Einfluß auf die Eigenschaften von
-, -, druckwasserstoffbeständigen Stählen 428
-, -, Heizleiterlegierungen 448
-, -, hitzebeständigen Stählen 439
-, -, höchstfesten Stählen 214, 217, 226
-, -, kaltzähen Stählen 281, 282, 285, 287
-, -, nichtmagnetisierbaren Stählen 550, 553
-, -, nichtrostenden Stählen 398
-, -, normalfesten und hochfesten Baustählen 47
-, -, Stählen mit bestimmter Wärmeausdehnung 561
-, -, Stähle für Kalt-Massivumformung 186
-, -, Ventilstählen 458
-, -, Vergütungs- und Einsatzstählen 132, 142, 157, 166, 170
-, -, warmfesten Werkstoffen 236, 242, 244, 248
-, -, weichmagnetischen Werkstoffen 525
-, -, Werkzeugstählen 316
Nickeläquivalent
  bei nichtrostenden Stähen 401
Nickellegierungen
  s. Heizleiterlegierungen
  Konstantmodullegierungen

Thermobimetalle
Ventilstähle
warmfeste und hochwarmfeste Stähle und Legierungen
weichmagnetische Nichteisenmetall-Legierungen (Nickel-Eisen-Legierungen)
Werkstoffe mit besonderen elastischen Eigenschaften
Werkstoffe mit bestimmter Wärmeausdehnung
Nickelmartensit
  in höchstfesten Stählen 212
nickelmartensitische nichtrostende Stähle 418
-, Ausscheidungshärtung 406
-, chemische Zusammensetzung 412
-, Korrosionsbeständigkeit 418
-, mechanische Eigenschaften 413, 418
-, Wärmebehandlung 406, 418
-, Zähigkeit 418
Nierenbrüche
  bei Schienen 594
Nil Ductility Transition Temperature
  s. NDT-Temperatur
Niob
-, Einfluß auf die Eigenschaften von
-, -, Betonstahl 67
-, -, druckwasserstoffbeständigen Stählen 428
-, -, höchstfesten Stählen 218
-, -, nichtrostenden Stählen 389, 399, 406
-, -, normalfesten und hochfesten Baustählen 51
-, -, Stählen für Flachzeug zum Kaltumformen 92
-, -, Vergütungsstählen 127
-, -, warmfesten Stählen 236, 247
Nitrieren **146**
-, Besonderheiten der Verfahren 146
-, Dauerschwingfestigkeit, Einfluß auf 149
-, -, Vergleich mit der Wirkung des Einsatzhärtens 149
-, Gasnitrieren 147
-, -, erreichbare Oberflächenhärte 147
-, -, -, Legierungseinfluß 147
-, Stahlsorten zum Nitrieren
  s. Nitrierstähle
Nitrierhärte
  Begriff 146
Nitrierhärtetiefe 148
-, Kurven für einige Stahlsorten nach Gasnitrieren 148
Nitrierschichten
-, Aufbau 147
-, Verschleißverhalten 151
Nitrierstähle **145**
-, Anforderungen an die Eigenschaften 124
-, Anlaßbeständigkeit, Bedeutung 147
-, Stahlsorten 150, 151

Nitrierung
  Schädigung von druckwasserstoffbeständigen Stählen (Aufstickung) durch Ammoniak 434
-, Abhängigkeit von der Stahl- und Legierungsart
NO-Blech
  s. nichtkornorientieres Elektroblech
normalfeste Baustähle **6**
-, Begriff 6
normalfeste und hochfeste Baustähle **6, 54**
-, Anforderungen an die Eigenschaften 7, **10**
-, Begriff 6
-, Brennschneidbarkeit 29
-, chemische Zusammensetzung 42, 55, 59, 61, 62
-, -, Einfluß auf die Eigenschaften **42**
-, Dauerbrüche 9
-, Dauerschwingfestigkeit 8, 16
-, Einteilung 6
-, Elastizitätsmodul 15
-, Gefüge 36, **37**, 42, 49
-, Kaltrißneigung beim Schweißen 43
-, Kennzeichnung der Eigenschaften **13, 24**
-, Maßnahmen zur Einstellung der Eigenschaften **36**
-, -, Erschmelzen 36
-, -, Legieren (Einstellen der chemischen Zusammensetzung) 42
-, -, -, Wirkung der verschiedenen Elemente 42
-, -, Normalglühen 37
-, -, thermomechanisches Umformen 38
-, -, Umformen 36
-, -, Vergüten 38
-, mechanische Eigenschaften 7, 13, 16, 19, 24, 55, 58, 59, 61, 62
-, -, Bauschinger-Effekt, Einfluß 25
-, -, nach Kaltverformung 24
-, -, nach dem Schweißen 31
-, -, -, Einflußgrößen (Abkühlzeit $t_{8/5}$, Arbeitstemperatur, Dicke, Streckenenergie) 33
-, -, -, Härte und Übergangstemperatur 33
-, -, bei Schlagbeanspruchung 9, 19
-, -, bei schwingender Beanspruchung 8, 16
-, -, nach Spannungsarmglühen 24
-, -, bei statischer Beanspruchung 7, 13
-, Schweißeignung 11, **30**
-, Sprödbruchverhalten 9, 19
-, -, Rißauslösungsverhalten 9, 19
-, -, Rißfortpflanzungsverhalten 9, 22
-, Stabilitätsverhalten 15
-, Stahlsorten 55, 58, 59, 61, 62
-, Streckgrenzenverhältnis 14
-, Umformbarkeit 10, **24**
-, Verzinkbarkeit 12, 35
-, Wetterfestigkeit 10, 23

Normalglühen 708
-, Anwendung bei normalfesten Baustählen 37
-, Durchführung 708
-, Fehlermöglichkeiten 708
normalisierendes Umformen 27, 38, 89, 687, 708
Normalverteilung
  bei statistischer Auswertung 713
-, Abweichungen 715
-, -, Ursachen 715
Normung
  Bedeutung für die Festlegung von Qualitätsmerkmalen 637

Oberflächenbeschaffenheit
-, Beeinflussung durch die Warmwalzbedingungen 688
-, Einfluß auf die Dauerfestigkeit 16
-, Einfluß des Heißflämmens 688
-, von Flacherzeugnissen zum Kaltumformen 83, **84**, 93
-, -, Einfluß des Nachwalzgrades 705
-, von Stabstahl zur Kalt-Massivumformung 184, 191
-, von Stählen für Schrauben, Muttern und Niete 610
-, -, Prüfung 612
-, von Walzdraht zum Kaltziehen 200, 202
-, -, Prüfung 202
Oberflächenfehler
-, Standguß 653, 660, 661
-, Stranggruß **667**
-, -, Ursachen 667
Oberflächengüte 642
oberflächenhärtbare Stähle
  für den Fahrzeug- und Maschinenbau **123**
-, Anforderungen an die Eigenschaften 123
-, Randschichthärten 142
-, Stahlsorten 145
Oberflächenrisse
  bei der Stahlerstarrung 653, 660, 661
oberflächenveredelte Flacherzeugnisse **101**
-, Gebrauchseigenschaften, allgemeine 101
-, Haftung der Überzüge oder der Beschichtung 102
-, Kaltumformbarkeit 101, 102
-, Korrosionswiderstand 102
-, mechanische Eigenschaften 101, 102
Oberflächenveredlung 101
  s. auch oberflächenveredelte Flacherzeugnisse
-, durch organische Beschichtung 120
  s. organisch beschichtete Flacherzeugnisse
-, durch anorganische Überzüge 119
-, -, chromatiert, s. chromatierte Flacherzeugnisse

-, -, emailliert, s. emaillierte Flacherzeugnisse
-, -, phosphatiert, s. phosphatierte Flacherzeugnisse
-, durch metallische Überzüge 103
-, -, Aluminium, s. aluminiumüberzogene Flacherzeugnisse
-, -, Blei, s. bleiüberzogene Flacherzeugnisse
-, -, Chrom 114, 115, 118
-, -, Metalle unterschiedlicher Art 117
-, -, Zink, s. verzinkte Flacherzeugnisse
-, -, Zinn, s. Weißblech
-, Verfahren 104
-, -, Abscheiden aus der Gasphase 118
-, -, Elektrolyse 107
-, -, Plattieren, s. auch plattierte Flacherzeugnisse 118
-, -, Schmelztauchen 104
-, -, Vakuumbedampfen 104, 111
Oberguß
  s. Standguß, fallend
Ölaschenkorrosion
  bei hitzebeständigen nickelhaltigen Werkstoffen 445
Offenbund-Glühung 86
Open coil-Glühung
  s. Offenbund-Glühung
organisch beschichtete Flacherzeugnisse 120
-, Eigenschaften 121
-, Trägerwerkstoffe 121
-, Verwendung 122
Ostwald-Reifung
  Einfluß auf Wärmehärte von Werkzeugstählen 314
Oxidation, innere
  bei hitzebeständigen austenitischen Stählen 444
oxidische Dauermagnetwerkstoffe
  s. Hartferrite
oxidische Einschlüsse
  Bildung beim Gießen und Erstarren **658**
-, Einschlüsse, endogene 658
-, Einschlüsse, exogene 658
-, Verteilung über einen Block 659

Passivierungsstromdichte
  bei nichtrostenden Stählen 398
-, Einfluß des Nickelgehalts 398
Patentierung
  von Walzdraht zum Kaltziehen 206
-, Einfluß auf die Drahteigenschaften 202
Perrin-Effekt 647
Pfannenmetallurgische Nachbehandlung
  bei der Stahlherstellung **647**
-, Heizen 649
-, Injektionsbehandlung 649
-, Spülgas-/Rührbehandlung 648
-, Vakuumbehandlung 649

-, Verfahrenstechnik 648
Pflastersteinstruktur
   bei der Heißkorrosion von Ventilstählen 457
Pellini-Versuch
   s. Fallgewichtsversuch nach Pellini
Perlitanteil im Gefüge
-, Einfluß auf die A_v-Übergangstemperatur von unlegierten Baustählen 42
perlitarme Stähle
   für Flacherzeugnisse zum Kaltumformen 89, 92
Perlitausbildung
   bei Schienenstählen
-, Lamellenabstand 597
-, Lamellendicke 597
-, Einfluß auf die mechanischen Eigenschaften 597, 598
Permanentmagnetwerkstoffe
   s. Dauermagnetwerkstoffe
Permeabilität, magnetische 492
-, bei nichtmagnetisierbaren Stählen 551
-, -, Anforderungen 551
-, -, Temperaturabhängigkeit, Meßwerte 551
Pfannenofen 649
phosphatierte Flacherzeugnisse 119
Phosphatüberzug
   bei kornorientiertem Elektroblech 510
Phosphor
-, Einfluß auf die Eigenschaften von
-, -, Automatenstählen 484
-, -, kaltzähen Stählen, ferritisch 283, 284
-, -, normalfesten und hochfesten Baustählen 53
-, -, Stählen für Flacherzeugnisse zum Kaltumformen 92, 94, **95**, 99
Physical Vapor Deposition (PVD-Verfahren)
   zur Oberflächenveredlung von Werkzeugstählen 336
Pitting
   s. Grübchenbildung
Planheit
   von Walzerzeugnissen 690
-, Begriff 702
-, Kaltwalzen, Einfluß von 702
-, Nachwalzen, Einfluß von 706
Planlage 86
Platin-Kobalt-Werkstoffe
   als Dauermagnetwerkstoffe 547
-, magnetische Kennwerte 538
plattierte Flacherzeugnisse 117, 118
-, mechanische Eigenschaften 111
-, physikalische Eigenschaften 119
Polarisation, magnetische 492
-, bei nichtmagnetisierbaren Stählen 551
-, -, Meßwerte für Stahl
   X 4 CrNiMnMoN 19 16 5 552

-, -, -, Einfluß der Magnetisierungsfeldstärke 552
-, -, -, Temperatureinfluß 552
-, -, Meßwerte für Stahl X 5 NiCrTi 26 15 552
-, -, -, Temperatureinfluß 552
Polbleche 521
Polierbarkeit von Werkzeugstählen 354
Prägewerkzeuge
   Stähle für sie 363, 364
Präzisionswiderstände
   brauchbare Heizleiterlegierungen für sie 452
Preßgesenke
   Warmarbeitsstähle für sie 364, 365, 366
Profilgestaltung
   von Eisenbahnrädern 603
Prüfbescheinigungen 724
Prüfspannung
   von Ketten 621, 622
PtCo-Werkstoffe
   s. Platin-Kobalt-Werkstoffe
Pulvermetallurgie
   Anwendung in der Herstellung
-, hochwarmfester Nickellegierungen 274
-, ledeburitischer Werkzeugstähle 330, 372, 375
-, von Schnellarbeitsstählen 331

Qualitätslenkung **713**
Qualitätsmerkmale 712
-, Bedeutung für die Qualitätsplanung 712
Qualitätsplanung **711**
-, Aufgaben 711
-, Bedeutung für die Qualitätsmerkmale 712
Qualitätsprüfung **712**
-, am Enderzeugnis 713
-, fertigungsbegleitende 712
Qualitätssicherung **711**
-, Begriff 711
-, Beispiele 718
-, -, Grobblechherstellung 724
-, -, Rohstahlerschmelzung 718
-, -, Rohstahlumformung 721
-, -, Stabstahlherstellung 722
-, Maßnahmen 711
-, -, Qualitätslenkung 713
-, -, Qualitätsplanung 711
-, -, Qualitätsprüfung 712
-, Regelkreis 712
Qualitätssicherungssystem 711
Quergleitungen
   Bedeutung für die Zähigkeitseigenschaften 132, 281

r-Wert 85
-, von Flacherzeugnissen, kaltgewalzt 84, 85, 86, 87, 702

-, -, Dualphasen-Stahl 100
-, -, IF-Stahl 87
-, -, Stahl, mikrolegiert 100
-, -, Stahl, oberflächenveredelt 102
-, -, Stahl, phosphorlegiert 95, 100
-, -, Tiefziehstahl 85, 87
-, von Flacherzeugnissen, warmgewalzt 82, 87
Radreifen 603, 605
-, Stähle für sie 607
Radsätze 603
-, Stähle für sie 608
Radsatzwellen 607
-, Stähle für sie 608
Radscheiben 603, 605
-, Stähle für sie 607
Rad-Schiene-System 606
Raffination
 bei der Rohstahlherstellung 639, 640, 643, 644
Rajacovicz
 Kurzzeitverfahren zur Ermittlung von Zeitdehngrenzen 232
Randentkohlung
-, durch betriebliche Wärmebehandlung 709
-, bei druckwasserstoffbeständigen Stählen 428
-, beim Warmwalzen **682**
-, -, Einfluß der chemischen Zusammensetzung 683
-, -, Einfluß der Oberflächenvorbehandlung 683
-, -, Einfluß der Ofenatmosphäre 683
-, -, Zeitgesetz 683
Randhärtbarkeit
 von Einsatzstählen 164
Randoxidation
 bei der Aufkohlung von Einsatzstählen 169
-, Einfluß von Chrom und Silizium 169
-, Einfluß auf die Dauerschwingfestigkeit 168, 169
Randschichthärten **142**
-, Besonderheiten gegenüber dem Vergüten 142
-, Einfluß auf die Dauerschwingfestigkeit 144
-, Härtetiefenkurve 144
-, -, Ausgangsgefüge, Einfluß (Stahl SAE 1070) 144
-, Einfluß auf den Verschleißwiderstand 144
Rauhheit
 von kaltgewalzten Erzeugnissen 705
-, Einfluß des Nachwalzgrades 705, 706
Reaktorsicherheitshüllen
 Stahlsorten für sie 258
Reckalterung
 bei höchstfesten Stählen 221
-, begrenzte Anwendung zur Festigkeitssteigerung 221

Reckgrad
 beim Schmieden 696
-, Einfluß auf die mechanischen Eigenschaften 696
Reduktionsstufe
 bei Gewinnung von Eisenerzeugnissen 640
Reed-Relais
 Legierungen für sie 532
reheat-cracking 237
 s. auch Ausscheidungsrisse
 Wiedererwärmungsrisse
Reibmartensit 606, 626
Reifenwulstdrähte 210
Reinheitsgrad 642, 658, 672, 673
-, oxidischer (K 4-Wert)
 von Wälzlagerstahl 590
-, -, Vergleich mit dem von Einsatz- und Vergütungsstahl 590
-, -, Einfluß des Kohlenstoffgehalts 589
-, des Schweißguts bei kaltzähen Stählen 297
-, von Stählen für Kalt-Massivumformung 191
-, von Vergütungsstählen 130
-, -, Einfluß auf die Zähigkeit 130
-, von Walzdraht zum Kaltziehen 205
Reißlänge
 bei höchstfesten Baustählen
-, Kennwert für das Festigkeits-Dichte-Verhältnis 212
Rekristallisationstextur
 von Flacherzeugnissen zum Kaltumformen
-, Einfluß auf r-Wert 95
rekristallisierendes Glühen
 bei Kaltwalzerzeugnissen 703
Relais-Werkstoffe 499, 515, **516**
-, Anwendbarkeit von Elektroblech
Relaxationsverhalten
-, von Spannstählen 73, 74
-, von warmfesten Stählen 228
-, -, Gefügeeinfluß 239
-, -, Einfluß von Legierungselementen 238
Relaxationswiderstand 228
-, Anforderungen an warmfeste Schraubenstähle 228
-, Einfluß der chemischen Zusammensetzung 238
-, Einfluß des Gefüges 239
Remanenz 492
Reoxidation
 beim Stahlvergießen
-, Standguß **652**
-, -, Gegenmaßnahmen 652
-, Stranguß **662**
-, -, Einfluß auf die Einschlußformen 663
-, -, Gegenmaßnahmen 662
Restverformbarkeit
 von Walzdraht, unlegiert, nach dem Kaltziehen 202

RH-Verfahren
= Ruhrstahl-Heraeus-Verfahren 650
RHO-Verfahren
= Ruhrstahl-Heraeus-Oxygen-Verfahren 650
RH-OB-Verfahren
= Ruhrstahl-Heraeus-Oxygen-Blowing-Verfahren 650
Richtungsordnung 525
Riffeln
bei Schienen 594
Ringabkühlung
bei unlegiertem Walzdraht zum Kaltziehen 206, 207
Ring-Kern-Verfahren
zur Ermittlung von Eigenspannungen in schweren Schmiedestücken 153
Rippenfläche, bezogene
bei Betonstahl 65
Rißauffangverhalten
-, kaltzäher Stähle 277
-, -, Prüfverfahren 277
-, normalfester und hochfester Baustähle 22
Rißauslösungsverhalten
-, kaltzäher Stähle 277
-, -, Prüfverfahren 277
-, normalfester und hochfester Baustähle 20, 21
Rißbildung
-, bei höchstfesten Stählen 223
-, in der WEZ von warmfesten Stählen durch Spannungsarmglühen 237
Rißparameter
zur Kennzeichnung der Kaltrißneigung 43
-, nach Ito 43
Rißzähigkeit
-, von Schienenstählen 595, 596
-, von Stählen für schwere Schmiedestücke, Bedeutung 153
-, von warmfesten Schmiedestählen 235
Rißzähigkeitswerte von
26 NiCrMoV 8 5 162
26 NiCrMoV 14 5 162
26 NiMoV 14 5 162
Schmiedestählen unterschiedlicher Zusammensetzung 235
X 41 CrMoV 5 1 221
Ritzen
der Oberfläche von kornorientiertem Elektroblech zur Verbesserung der Texturschärfe 506
Robertson-Versuch
Verhalten von normalfesten und hochfesten Baustählen 22, 35
Röschenbildung (Zunderausblühungen)
bei hitzebeständigen Stählen 442
Roheisen 639
-, Nachbehandlung 639

Rohre 63
-, geschweißt 63
-, nahtlos 63
s. auch Stähle für Rohre
Rohrwärmeaustauscher
nichtrostende Stähle für sie 414
Rohstahl
Qualitätssicherung bei
-, Erschmelzung 718
-, Umformung 721
Rohstahl-Erzeugungsweg 639, 641
Rollendes Eisenbahnzeug, Stähle für
s. Stähle für rollendes Eisenbahnzeug
Rollschermesser
Stähle für sie 372
Rostbeständigkeit
höchstfester Stähle
-, Chromeinfluß 215, 222
Rotbruch 642
-, bei Automatenstählen 484
Rücklaufventilfedern
Stähle für sie 476
Rühren
-, elektromagnetisches beim Stranggießen **665**
-, -, Einfluß auf
-, -, -, Eigenschaften, allgemeine 666
-, -, -, Erstarrungsstruktur 665
-, -, -, Seigerungen 665
-, induktives 648
Rundstahlketten
Stähle für sie **621**

Sägen
Stähle für sie 372, 376
Sättigungsmagnetostriktions-Konstante λ 525
Sättigungspolarisation
-, Einfluß von Silizium 504
Säulenstruktur
bei der Stahlerstarrung 654
Salzgitter-Verfahren
(Walzdraht) 208
Samarium-Kobalt-Legierungen
als Dauermagnetwerkstoffe 546
-, magnetische Kennwerte 538
Sandwichblech 122
Sandelin-Effekt 106
Sattelformen
beim Schmieden 693
Sauerstoffblasverfahren 641, 644
Schaeffler-Diagramm 404
schalenhärtende Werkzeugstähle (Schalenhärter) 315
-, Bruchsicherheit 315
-, Eigenspannungen nach Wärmebehandlung 316
-, Verwendung für Schmiedehammer-Gesenke 366

Sachverzeichnis zu Band 2

-, -, Hartverchromung oder Nitrierung 366
Scharfkerbbiegeversuch
    Verhalten von normalfesten und hochfesten Baustählen 21, 35
Schenkelpolmaschinen
    Stähle für die Wellen 517
Scherbarkeit
    von normalfesten und hochfesten Baustählen 11
Schiebungsmartensit
    in kaltzähen Stählen 285, 287
-, Bildung durch Kaltverformung 285
Schienenstähle **594**
-, Anforderungen an die Gebrauchseigenschaften **594**
-, Bruchverhalten 595, 596
-, chemische Zusammensetzung 596, 600, 601
-, Dauerschwingfestigkeit (Schwellfestigkeit) 595, 599
-, Gefüge 596, 598
-, Gestaltfestigkeit 595, 599, 600
-, Kaltverfestigung 595
-, Kennzeichnung der Gebrauchseigenschaften **595**
-, Maßnahmen zur Einstellung der Eigenschaften **596**
-, mechanische Eigenschaften 598, 601
-, -, Kohlenstoffeinfluß 597
-, -, Einfluß der Perlitausbildung 597, 598
-, Riffeln 594
-, Rißzähigkeit 595, 596
-, Schweißeignung 600
-, Stahlsorten **601**
-, -, Anwendung 601
-, Übergangstemperatur der Kerbschlagarbeit 597, 598
-, -, Korngrößeneinfluß 598
-, -, Einfluß der Perlitausbildung 597
-, Umwandlungsverhalten 596, 600
-, Verschleißwiderstand 599
-, Wärmebehandlung 600
-, Zähigkeitseigenschaften 598
-, Zeit-Temperatur-Umwandlungs-Schaubilder für kontinuierliche Abkühlung (Schienenstähle mit rd. 0,7 % C) 600
Schiffbaustähle **57**
-, Einteilung 6
-, höherfeste Stähle 57
-, -, chemische Zusammensetzung 59
-, -, mechanische Eigenschaften 59
-, kaltzähe Stähle 276
-, nichtmagnetisierbare Stähle 556
-, normalfeste Stähle 57
-, -, chemische Zusammensetzung 58
-, -, mechanische Eigenschaften 58
Schlagbiegezähigkeit
    nach Oberflächenhärtung

-, Vergleich der Wirkung von Einsatzhärten und Nitrieren bei verschiedenen Stählen 149
Schlagversuch
    an Schienen 595
Schlankheitsgrad 15
-, Bedeutung für zulässige Spannungen bei Baustählen 15
Schloemann-Verfahren
    (Walzdraht) 207
Schmelzen und Frischen
    bei der Stahlherstellung **644**
-, Einfluß auf chemische Zusammensetzung 645
-, -, Zusammenhang zwischen Kohlenstoff- und Sauerstoffgehalt 645
Schmelzkugelbildung
    bei der Heißkorrosion von Ventilstählen 457
Schmelz-Spinnverfahren 515
Schmieren
    beim Zerspanen weicher (Einsatz-)Stähle 166
Schmiedeblöcke 691
-, geometrische Gestalt, Bedeutung 154, 691
-, Stahlerschmelzung, Bedeutung 154, 691
Schmiedegesenke
    aushärtbare Nickellegierungen für sie 366
    Stähle für sie 364, 366
Schmiedehammergesenke
    Stähle für sie 366
Schmieden **691**
-, Arbeitsbedingungen 692
-, -, Abkühlen aus der Schmiedehitze 697
-, -, Aufheizen 692
-, -, Umformen, Einfluß auf
-, -, -, die allgemeinen Eigenschaften 693
-, -, -, die mechanischen Eigenschaften 694, 696
-, Einsatzmaterial 691
-, Fehlstellenbildung 698
-, Verfahren 691
-, Ziele 691, 693
Schmiedestähle
    unterschiedlicher Zusammensetzung
-, Rißzähigkeitswerte für sie 235
Schmiedeverfahren 691
-, Umformbedingungen 693
-, -, Recken 693, 696
-, -, Stauchen 693, 696
Schneidwaren
    nichtrostende Stähle für sie 416
Schneidwerkzeuge
    Stähle für sie 372, 374
Schnellarbeitsstähle **370**
-, 0,1 mm-Biegegrenze 322

-, -, Einfluß der Härte 322
-, Biegewechselfestigkeit 324
-, -, Erschmelzungseinfluß 324
-, Härte 317
-, -, Einfluß der Anlaßtemperatur 318
-, Legierungsarten 370
-, -, Anpassung an bestimmte Beanspruchungen 371
-, plastische Bruchbiegearbeit als Zähigkeitsmaß 327
-, Zähigkeit 330
-, -, Einfluß der Homogenität 330
Schnellautomaten-Weichstähle 482, 484, 485
Schrägzugversuch
  zur Schraubenprüfung 612
Schrauben
-, nichtrostende Stähle für sie 420
-, warmfeste Stähle für sie 261
Schraubenfedern
  Stähle für sie 476
Schrott, verfahrensbedingt
  beim Warmwalzen
-, Maßnahmen zur Verringerung 690
-, Unterteilung
-, -, Dopplung 689
-, -, Fischschwanz 689
Schüttkegel 654
Schwarz-Weiß-Gefüge
  bei Einsatzstählen 189, 194, 708
-, Einfluß auf die Zerspanbarkeit 166
Schwefel
-, in Automatenstählen 479, 485
-, in kaltzähen Stählen 283
-, in nichtrostenden Stählen 399
-, in normalfesten und hochfesten Baustählen 52
-, -, Einfluß auf die Anisotropie 53
-, -, Einfluß auf die Brucheinschnürung 53
-, -, Einfluß auf die Zähigkeitseigenschaften 53
-, in Stählen für Fernleitungsrohre
-, -, Einfluß auf die Kerbschlagarbeit 583
-, -, Einfluß auf die wasserstoffinduzierte Rißbildung 584
-, in Stählen für geschweißte Rundstahlketten 628
-, in Werkzeugstählen 351
Schwefelempfindlichkeit
  nickelhaltiger Heizleiterlegierungen 452
Schweißbedingungen 12
-, Einfluß auf die (A_v-) Übergangstemperatur 33
Schweißeignung
-, von Betonstählen 65, 66
-, von kaltzähen Stählen 296
-, -, austenitisch 303
-, -, ferritisch 296

-, von nichtrostenden Stählen 392, 395, 406, 416
-, von normalfesten und hochfesten Baustählen 11, **30**
-, -, Einflußgrößen 30
-, -, Kennzeichnung 30
-, von Schienenstählen 600
-, von Stählen für Fernleitungsrohre 578
-, von Stählen für geschweißte Rundstahlketten 624, 626
Schweißverbindungen
  an normalfesten und hochfesten Baustählen 30
-, Bruchverhalten 35
-, Festigkeitseigenschaften 31, 35
-, Sprödbruchunempfindlichkeit 33
-, Zähigkeitseigenschaften 32
Schweißzusatzwerkstoffe
  für kaltzähe Stähle
-, austenitisch 298
-, ferritisch 297
Schwellen
  als Wachsen von Poren in titanstabilisierten borhaltigen Stählen bei Bestrahlung 269
Schwellfestigkeit
-, von normalfesten und hochfesten Baustählen 17
-, von Schienenstählen 599
schwere Schmiedestücke
-, Stähle für sie 123, **150**
-, -, Sonderschmelzverfahren 675
-, Weicheisen für magnetische Zwecke 499
-, -, Verwendungsbeispiele 500
Schwerstangen
  geeignete nichtmagnetisierbare Stähle für sie 556
Schwingungsrißkorrosion 392
SECo-Werkstoffe
  s. Seltenerdmetall-Kobalt-Legierungen
Seewasserbeständigkeit
  von nichtmagnetisierbaren Stählen
-, Einfluß des Chrom- und Molybdängehalts 554, 558
senkrechte Anisotropie
  s. r-Wert
Seigerungen
-, Entstehung beim Erstarren 651
-, -, Standguß 154, **656**
-, -, -, Blockformateinfluß 657
-, -, -, Makroseigerungen 656
-, -, -, Mikroseigerungen 327, 657
-, -, Stranggu ß **664**
-, -, -, Mittenseigerung 664
-, -, -, Einfluß des Rührens **665**
-, bei Stählen für schwere Schmiedestücke
-, -, Verringerung durch Sondermaßnahmen beim Erschmelzen und Vergießen 154

Sachverzeichnis zu Band 2   843

-, bei Werkzeugstählen
-, -, Verringerung durch Diffusionsglühen 327
-, -, Verteilung in großen Blöcken 154
-, in Walzdraht zum Kaltziehen 205
Seildrähte 210
-, geeignete nichtmagnetisierbare Stähle 556
Sekundärhärtung
-, bei höchstfesten Vergütungsstählen 218
-, bei normalfesten und hochfesten Baustählen 27
-, bei Werkzeugstählen 319
selektive Korrosion 399
Selen
 in nichtrostenden Stählen 399
Seltenerdmetall-Kobalt-Legierungen
 als Dauermagnetwerkstoffe 546
-, Anwendungsbeispiele 548
-, magnetische Kennwerte 538
Setzen
 von Federn 469
Siemens-Martin-Verfahren 641, 644
σ-Phase (Sigma-Phase)
-, Beständigkeitsbereiche
-, in druckwasserstoffbeständigen Stählen 434
-, in Eisen-Chrom-Legierungen 440
-, -, Siliziumeinfluß 440
-, in hitzebeständigen Stählen 439
-, -, Einfluß auf Kerbschlagarbeit 439
-, in nichtrostenden Stählen 415
Silizium
-, Einfluß auf die Eigenschaften von
-, -, höchstfesten Vergütungsstählen 216
-, -, kaltzähen Stählen, ferritisch 280
-, -, normalfesten und hochfesten Baustählen 45
-, -, Stählen für Kalt-Massivumformung 186
-, -, weichmagnetischen Werkstoffen 503, 515
Siliziumnitrid
 Ausscheidung in warmfesten Stählen 239
Siliziumstahl mit 6% Si
 für Elektroblech 515
simulierende Prüfverfahren 93
soft reduction
 beim Stranggießen 665
Sondertiefziehstahl
 s. IF-Stahl
Spaltkorrosion 391
Spannbetonstähle
 s. Spannstähle
Spannstähle 64, **70**
-, Anforderungen an die Eigenschaften **65**
-, Anlaßschaubild 76
-, chemische Zusammensetzung 77, 79
-, Erzeugnisformen 75, 78
-, Gefüge 77
-, Kennzeichnung der Eigenschaften **73**
-, Korrosionsverhalten 73, 75, 79

-, Langzeitverhalten 72, 77
-, Maßnahmen zur Einstellung der Eigenschaften **75**
-, mechanische Eigenschaften 72, 78
-, -, Einflußgrößen
-, -, Erzeugnisform 75, 76
-, -, Kaltverfestigung 77
-, -, Umformgrad 77
-, -, Vergütung, 76
-, Oberflächengestaltung 76
-, Relaxationsverhalten 73, 74
-, Stahlsorten 78
-, Verarbeitung 72
-, Verbundeigenschaften 73
Spannungsarmglühen
-, bei geschweißten kaltzähen Stählen 300
-, bei normalfesten und hochfesten Baustählen 26
-, -, nach dem Schweißen 26
-, -, nach dem Umformen 10, 24, 26, 27
-, möglicher Spannungsabbau 26
-, bei warmfesten Stählen
-, -, Bildung interkristalliner Risse 237
Spannungs-Dehnungs-Kurven von
-, ausscheidungsgehärtetem Stahl (Feinblech) 97
-, Dualphasen-Stahl (Feinblech) 97
-, mischkristallverfestigtem Stahl (Feinblech) 97
-, St 37-3 14
-, St 52-3 14
-, St 835/1030 72
-, St 1080/1230 72
-, St 1420/1570 72
-, St 1470/1670 72
-, St 1570/1770 72
-, StE 460 14
-, StE 690 14
-, Tiefziehstahl, beruhigt 97
-, -, Veränderung durch Glühen 97
Spannungsrisse 697, 710
Spannungsrißkorrosion 387, 392, 398
-, bei höchstfesten Stählen 213, 222
-, bei nichtmagnetisierbaren Stählen 558
-, bei nichtrostenden Stählen 392
-, bei Spannstahl 73
Spannungsrißkorrosion, wasserstoffinduziert 425
-, Unterschied gegen Stahlschädigung durch Druckwasserstoff bei Temperaturen > 200°C 425
-, von Stählen für Fernleitungsrohre 578, 581
Spring-back-Prüfung
 bei Weißblech 114
Sprödbruchverhalten
 von normalfesten und hochfesten Baustählen 9, 19

-, Rißauslösungsverhalten 9, 19
-, Rißauffangverhalten 9, 22
Sprödbruch, verzögerter
  bei höchstfesten Baustählen 213
-, Ursache 213
Sprühbehandlung
  von Stählen für schwere Schmiedestücke 155
Sprühgießen 731
Spülgas-/Rührbehandlung
  bei der Pfannenmetallurgie 641, 648
Spundbohlenstähle 57
Stabilitätsverhalten von Baustählen 15
Stabilisierung bei austenitischen Stählen 247, 389, 399
Stabstahl
  Qualitätssicherung bei der Herstellung 722
-, Fertigungs- und Prüffolge 723
Stähle für den Eisenbahn-Oberbau **594**
-, für Laschen 601
-, für Schienen, s. Schienenstähle
-, für Schwellen 601
-, für Unterlagsplatten 602
Stähle mit besonderen elastischen Eigenschaften 564, 568
-, Elastizitätsmodul
-, -, Ermittlung 560
-, -, Temperaturabhängigkeit bei Eisen-Nickel-Legierungen 565
-, -, -, Einfluß von Molybdän 565
Stähle mit guter elektrischer Leitfähigkeit **570**
-, Anforderungen an die Eigenschaften **570**
-, Anwendungsbereiche 570
-, chemische Zusammensetzung 572
-, elektrische Leitfähigkeit, Meßwerte 572
-, -, Einflußgrößen 573, 574, 575, 576
-, -, Messung 572
-, Gefüge 573
-, Maßnahmen zur Einstellung guter Leitfähigkeit 572
-, Stahlsorten 576
-, -, chemische Zusammensetzung 575
-, -, Leitfähigkeit 575
-, -, Verwendungsbeispiele 570, 575
Stähle für Fernleitungsrohre **577**
-, Anforderungen an die Eigenschaften **577**
-, Bruchverhalten der Rohre 580
-, chemische Zusammensetzung 583, 585
-, Entwicklung der Stahlsorten 585
-, Gefüge 581
-, Kaltrißempfindlichkeit 581
-, Kennzeichnung der Eigenschaften **578**
-, Korrosionsverhalten 578
-, -, wasserstoffinduzierte Korrosion 581
-, -, wasserstoffinduzierte Spannungsrißkorrosion 581, 584
-, Maßnahmen zur Einstellung der Eigenschaften **581**

-, mechanische Eigenschaften 577, 584, 585
-, -, Einflußgrößen 582, 584
-, Reinheitsgrad 583
-, Schwefelgehalt 583
-, Schweißeignung 578
-, -, Baustellenschweißung 578
-, -, Feldschweißung 578
-, -, Kohlenstoffäquivalent 580
-, -, Rohrfertigungsschweißung 578
-, Stahlsorten **584**
-, -, normalgeglüht 584
-, -, für Rohre, geschweißt 585
-, -, für Rohre, nahtlos 585
-, -, thermomechanisch behandelt 581, 584
-, -, vergütet 585
-, technologische Eigenschaften 585
-, thermomechanische Behandlung 581
-, -, metallkundliche Vorgänge 582, 584
-, Vergütung 583
-, Zähigkeit 577, 579
-, -, BDWT-Übergangstemperatur 579
-, -, Rißausbreitung 577
-, -, Rißeinleitung 577
-, -, in der WEZ 578
Stähle
  für Flacherzeugnisse zum Kaltumformen
  s. Flacherzeugnisse zum Kaltumformen,
-, aufgephosphort
  s. aufgephosphorte Stähle
-, mikrolegiert
  s. mikrolegierte Stähle
-, nachgewalzt
  s. nachgewalzte Stähle
-, teilrekristallisiert
  s. teilrekristallisierte Stähle
-, vergütet
  s. vergütete Stähle
Stähle für Kalt-Massivumformung **182**
-, Anforderungen an die Eigenschaften **182**
-, Brucheinschnürung 184
-, chemische Zusammensetzung **186**, 193, 195, 196, 198
-, Fließkurven 183
-, -, Einformungsgrad, Einfluß 184
-, -, Gefüge, Einfluß 189
-, Fließspannung
-, -, Einformungsgrad, Einfluß 184
-, -, Gefüge, Einfluß 190
-, -, Legierungseinfluß 187
-, Formänderungsvermögen 184,
-, Gefüge 185, 186, **187**, 189
-, Härtbarkeit 184
-, Kennzeichnung der Eigenschaften **183**
-, Maßnahmen zur Einstellung der Eigenschaften **185**
-, mechanische Eigenschaften 186, 193, 195, 196, 198

-, Oberflächenbeschaffenheit 184
-, Stahlsorten 192
-, -, Einsatzstähle 194
-, -, Stähle, nichtrostend austenitisch 199
-, -, Stähle, unlegiert ohne Wärmebehandlung 192
-, -, Stähle verschiedener Art 199
-, -, Vergütungsstähle 196
Stähle zum Kaltumformen
 s. Flacherzeugnisse zum Kaltumformen
 s. Stähle zum Kalt-Massivumformen
Stähle für das Randschichthärten
-, Anforderungen an die Eigenschaften **124**
-, kennzeichnende Stahlsorten 145
Stähle für Rohre
-, normalfeste und hochfeste 63
-, warmfeste 258
Stähle für rollendes Eisenbahnzeug **603**
-, Anforderungen an die Eigenschaften **603**
-, Begriff 603
-, chemische Zusammensetzung 606, 607
-, Festigkeitseigenschaften 604, 605
-, -, Dauerfestigkeit 607
-, -, über den Querschnitt eines Vollrades, laufkranzvergütet 604
-, Gefüge 605, 606
-, -, nach Laufkranzvergütung 605
-, Kennzeichnung der Eigenschaften **604**
-, Kerbschlagarbeit 606, 607
-, Kohlenstoffgehalt 606
-, -, Einfluß auf die Eigenschaften 606
-, Maßnahmen zur Einstellung der Eigenschaften **605**
-, mechanische Eigenschaften 604, 605
-, Stahlsorten für
-, -, Laufradsatzwellen 608
-, -, Radreifen 607
-, -, Radscheiben 607
-, -, Treibradsatzwellen 608
-, -, Vollräder 607
-, Thermoschockbeständigkeit 604, 606
-, Verschleißwiderstand 606
-, Wärmewechselunempfindlichkeit
 s. Thermoschockbeständigkeit
-, Zähigkeitseigenschaften 605, 606, 607
Stähle für geschweißte Rundstahlketten 621
-, Alterungsunempfindlichkeit 621, 625, 627
-, -, Aluminiumeinfluß 627
-, -, Stickstoffeinfluß 627
-, chemische Zusammensetzung 628, **630**
-, -, Bedeutung des Kohlenstoffgehalts 626, 627
-, Eigenschaften, geforderte **621**
-, Festigkeitseigenschaften 621, 625, 626, 629
-, -, Einfluß der Anlaßtemperatur 631
-, Gefüge 626, 627, 629
-, Härtbarkeit 624, 625, 627

-, Kaltscherbarkeit 624, 626, 627, 629
-, Kennzeichnung der Eigenschaften **625**
-, Kerbschlagarbeit 625, 628, 631
-, Korrosionswiderstand 624
-, Maßnahmen zur Einstellung der Eigenschaften 626
-, Schweißeignung 624, 626
-, Stahlsorten 629, 630
-, -, Lieferzustände 629
-, -, Verwendung 630
-, Umformbarkeit 621, 624, 627, 628
-, Vergütungsschaubild 631
-, Verschleißwiderstand 624, 626
-, Verwendung 630
-, Wärmebehandlung 629
-, Zähigkeit 621, 625
Stähle für Schrauben, Muttern und Niete **609**
-, Anforderungen an die Eigenschaften **609**
-, -, Einfluß von Bor
-, chemische Zusammensetzung 613, 616, 618, 619
-, Fließkurven
-, -, von Einsatzstählen 614
-, -, von nichtrostenden Stählen 620
-, -, von Vergütungsstählen, borhaltig 615
-, -, von Vergütungsstahl, unlegiert 611, 615
-, -, Wärmebehandlung (GKZ-Glühung), Einfluß 611, 614
-, Gefüge 611, 613, 614
-, -, nach Karbideinformung 611, 613
-, -, -, Einfluß auf die Fließkurve 611, 614
-, Härtbarkeit 609, 614, 618
-, Kalt-Massivumformbarkeit 609, 611, 613
-, Kaltverfestigung 609
-, Kennzeichnung der Eigenschaften 611
-, Korrosionswiderstand 610
-, Maßhaltigkeit der Erzeugnisse 610, 613
-, Maßnahmen zur Einstellung der Eigenschaften 613
-, -, Metallurgie 613
-, -, Wärmebehandlung 613
-, mechanische Eigenschaften 609, 611, 613, 616, 618, 619
-, Oberflächenbeschaffenheit 610, 612
-, Randentkohlung 612
-, Schweißeignung 610
-, Stahlsorten **615**
-, -, Einsatzstähle 617, 618
-, -, nichtrostende Stähle 617, 619
-, -, unlegierte weiche Stähle 615, 616
-, -, Vergütungsstähle 617, 618
-, -, warmfeste Stähle 228, 233, 261, 617
-, technologische Eigenschaften 616
-, Verarbeitung 610, 620
-, Verwendungsbeispiele 615, 618, 619, 620
-, Wärmebehandlung 613

-, Warmumformbarkeit 609, 611
-, Werkstoffkenngrößen 611
-, Zähigkeit 611, 616
-, Zerspanbarkeit 609, 611, 620
Stähle für schwere Schmiedestücke **150**
-, 0,2%-Dehngrenze 152
-, -, bei bainitischen und martensitischem Gefüge 158
-, -, -, Einfluß von Chrom, Molybdän und Nickel 157, 158
-, Anforderungen an die Eigenschaften **150**
-, Erschmelzung 154, 674
-, Gefüge 155, 157
-, Kennzeichnung der geforderten Eigenschaften 152
-, magnetische Flußdichte bei Stahl 26 NiCr MoV 14 5 für Generatorwellen 163
-, Maßnahmen zur Einstellung der Eigenschaften **154**
-, mechanische Eigenschaften 157, 160
-, Stahlsorten 159
-, -, Vergütungsstähle 159
-, -, warmfeste Stähle 261
-, -, Weicheisen 499
-, -, Verarbeitung 691
-, Wärmebehandlung im Fertigungsablauf 155
-, zerstörungsfreie Prüfung 153
Stähle für Ventile von Verbrennungsmotoren s. Ventilstähle
Stähle für Verbindungselemente s. Stähle für Schrauben, Muttern und Niete
Stähle mit bestimmter Wärmeausdehnung **559**
-, metallkundliche Grundlagen 561
-, -, Wärmeausdehnungsisothermen und
-, -, Wärmeausdehnungskurven von Eisen-Nickel-Legierungen 561, 562
-, -, -, Einfluß der chemischen Zusammensetzung, besonders von Chrom, Kobalt und Mangan 561
-, Stahlsorten 566
-, -, chemische Zusammensetzung 566
-, -, mechanische Eigenschaften 567
-, -, Wärmeausdehnungskoeffizienten 566
-, -, -, Einfluß der Vorbehandlung 562
-, -, -, Ermittlung 559
-, Verwendungsbeispiele 559
Stahl (s. Vorbemerkung)
-, 10 Ni 14
-, -, ZTU-Schaubild für kontinuierliche Abkühlung 292
-, -, Zugversuchswerte (nur Streckgrenze)
-, -, -, für tiefe Temperaturen 279
-, 11 MnNi 5 3
-, -, Kerbschlagarbeit-Übergangstemperatur 285
-, -, Zugversuchswerte bei RT 285
-, -, -, für tiefe Temperaturen (nur Streckgrenze) 279

-, 12 Ni 19
-, -, A_v-T-Kurve 292
-, -, ZTU-Schaubild für kontinuierliche Abkühlung 293
-, -, Zugversuchswerte (nur Streckgrenze)
-, -, -, für tiefe Temperaturen 279
-, 13 MnCrB 5
-, -, Fließkurve 188
-, -, Stirnabschreckhärtekurve 188
-, 13 MnNi 6 3
-, -, A_v-T-Kurve 282
-, -, -, WEZ 300
-, -, ZTU-Schaubild für kontinuierliche Abkühlung 291
-, -, Zugversuchswerte (nur Streckgrenze) für tiefe Temperaturen 279
-, 15 CrNi 6
-, -, Wöhler-Kurve 169
-, 16 Mn Cr 5
-, -, Fließkurven 183, 188, 189, 614
-, -, Stirnabschreckhärtekurve 188
-, -, Wöhler-Kurve 178
-, -, ZTU-Schaubild für kontinuierliche Abkühlung 171
-, 17 NiCrMo 14
-, -, Wöhler-Kurve 587
-, 20 MnCr 5
-, -, Kerbschlagarbeit bei RT und bei $-100\,°C$ 165
-, -, Vergütungsschaubild 165
-, 20 MoCr 4
-, -, Fließkurven 614
-, 21 CrMoV 5 7
-, -, Langzeit-Warmfestigkeitseigenschaften 234
-, 21 Mn 4 Al
-, -, A_v-T-Kurve 625
-, 23 MnNiCrMo 5 2
-, -, Kerbschlagarbeit bei RT 628
-, 23 MnNiCrMo 6 4
-, -, Kerbschlagarbeit bei RT 631
-, -, Vergütungsschaubild 631
-, 23 MnNiMoCr 6 4
-, -, Kerbschlagarbeit bei RT 628
-, 26 NiCrMoV 8 5
-, -, Rißzähigkeitswerte 162
-, 26 NiCrMoV 14 5
-, -, Kerbschlagarbeit-Übergangstemperatur 162
-, -, magnetische Flußdichte 163
-, -, -, Einfluß des Gefüges 163
-, -, Rißzähigkeitswerte 162
-, 26 NiMoV 14 5
-, -, Rißzähigkeitswerte 162
-, 28 NiCrMoV 8 5
-, -, magnetische Flußdichte 519
-, -, -, Einfluß des Gefüges 519

Sachverzeichnis zu Band 2   847

-, 35 B 2
-, -, Fließkurven   615
-, -, Stirnabschreckhärtekurve   614
-, 38 Cr 2
-, -, Fließkurven   615
-, 38 NiCrMoV 7 3
-, -, Kerbschlagarbeit bei RT   216
-, -, Vergütungsschaubild   216
-, 41 Cr 4
-, -, Fließkurven   183
-, 41 SiNiCrMoV 7 6
-, -, Kerbschlagarbeit bei RT   216
-, -, Vergütungsschaubild   216
-, 42 CrMo 4
-, -, Fließkurven   183
-, -, Kerbschlagarbeit bei RT   129, 131
-, -, Stirnabschreckhärtekurve   128
-, -, Zugversuchswerte   129
-, 50 CrV 4
-, -, A_v-T-Kurve   131
-, -, Kerbschlagarbeit bei RT   129, 131
-, -, Stirnabschreckhärtekurve   476
-, -, Wöhler-Kurve   472
-, -, Zugversuchswerte   131
-, -, -, Einfluß des Gefüges   131
-, 50 Si 7
-, -, Stirnabschreckhärtekurve   476
-, 51 CrMoV 4
-, -, Stirnabschreckhärtekurve   476
-, 55 Cr 3
-, -, Stirnabschreckhärtekurve   476
-, 55 Si 7
-, -, Stirnabschreckhärtekurve   476
-, 65 Si 7
-, -, Stirnabschreckhärtekurve   476
-, 100 Cr 6
-, -, Wöhler-Kurve   587
-, -, Zeit-Temperatur-Auflösungs-Schaubild für kontinuierliche Erwärmung   592
-, BSt 420 S
-, -, Zugversuchswerte   67
-, BSt 500 S
-, -, Zugversuchswerte   67
-, Cq 15
-, -, Fließkurven   183, 615
-, Cq 35
-, -, Fließkurven   183, 615
-, -, Stirnabschreckhärtekurve   614
-, Ck 45
-, -, Kerbschlagarbeit bei RT   129
-, -, Zugversuchswerte   129
-, -, -, Einfluß des Gefüges   129
-, Cq 45
-, -, Fließkurven   183
-, DP-Stahl (Dualphasen-Stahl)
-, -, Zugversuchswerte   100
-, P 260 (Phosphorstahl)

-, -, Zugversuchswerte   100
-, RSt 37-2
-, -, A_v-T-Kurve   56
-, S 6-5-2
-, -, Wöhler-Kurve
-, -, -, Einfluß der Erschmelzung   324
-, St 37-3
-, -, A_v-T-Kurve   20, 56
-, -, Schwellfestigkeit   17
-, -, Spannungs-Dehnungs-Kurve   14
-, -, Zugversuchswerte (Häufigkeitskurven)   715
-, St 52-3
-, -, A_v-T-Kurve   20
-, -, Kerbschlagarbeit bei RT   28, 53
-, -, Schwellfestigkeit   17
-, -, Spannungs-Dehnungs-Kurve   14
-, -, Zugversuchswerte   28
-, St 835/1030
-, -, Spannungs-Dehnungs-Kurve   72
-, St 1080/1230
-, -, Dauerfestigkeitsschaubild nach Smith   75
-, -, Spannungs-Dehnungs-Kurve   72
-, St 1420/1570
-, -, Dauerfestigkeitsschaubild nach Smith   75
-, -, Spannungs-Dehnungs-Kurve   72
-, -, Vergütungsschaubild   76
-, St 1470/1670
-, -, Spannungs-Dehnungs-Kurve   72
-, St 1570/1770
-, -, Spannungs-Dehnungs-Kurve   72
-, StE 355
-, -, A_v-T-Kurve   20
-, -, Kerbschlagarbeit-Übergangstemperatur
-, -, -, Einfluß von Kaltumformung   26
-, -, Zugversuchswerte   25
-, -, -, Einfluß von Kaltverformung   26
-, -, -, Einfluß von Schwefel und Sulfidform (nur Brucheinschnürung)   53
-, StE 460
-, -, A_v-T-Kurve   20
-, -, Spannungs-Dehnungs-Kurve   14
-, StE 500
-, -, Kerbschlagarbeit bei RT   41
-, -, Kerbschlagarbeit-Übergangstemperatur (WEZ)   33
-, -, Vergütungsschaubild   41
-, StE 690
-, -, A_v-T-Kurve   20
-, -, Kerbschlagarbeit bei RT   28
-, -, Kerbschlagarbeit-Übergangstemperatur (WEZ)   33
-, -, Schwellfestigkeit   17
-, -, Spannungs-Dehnungs-Kurve   14
-, -, Vergütungsschaubild   41
-, -, Wöhler-Kurve (Schweißverbindung)   19

-, -, ZTU-Schaubild
   für kontinuierliche Abkühlung 39, 40
-, -, Zugversuchswerte 25
-, -, -, Einfluß von Kaltverformung 25
-, StE 890
-, -, Kerbschlagarbeit-Übergangstemperatur
   (WEZ) 33
-, -, Vergütungsschaubild 41
-, TStE 355
-, -, A_v-T-Kurve 282
-, -, Zugversuchswerte (nur Streckgrenze)
   für tiefe Temperaturen 279
-, USt 37-1
-, -, A_v-T-Kurve 56
-, USt 37-2
-, -, A_v-T-Kurve 56
-, X 1 CrMo 18 2
-, -, Fließkurve 620
-, X 2 CrNi 18 9
-, -, Zugversuchswerte
-, -, -, Einfluß von Kaltverformung 422
-, X 2 CrNiCu 18 9 3
-, -, Zugversuchswerte
-, -, -, Einfluß von Kaltverformung 422
-, X 2 CrNiMoN 18 13
-, -, magnetische Eigenschaften
-, -, -, Einfluß von Kaltverformung
-, -, Zugversuchswerte
-, -, -, Einfluß von Kaltverformung 421
-, X 2 CrNiN 25 7
-, -, ZTU-Schaubild
   für kontinuierliche Abkühlung 411
-, X 2 NiCr 18 16
-, -, Fließkurve 620
-, -, Zugversuchswerte
-, -, -, Einfluß von Kaltverformung 422
-, X 3 CrNiMoN 18 14
-, -, A_v-T-Kurve 295
-, -, Kerbschlagarbeit bei RT 295
-, -, Zugversuchswerte bei RT und bei tiefen
   Temperaturen 295
-, X 3 CrNiN 18 10
-, -, A_v-T-Kurve 295
-, -, Kerbschlagarbeit bei RT 295
-, -, Zugversuchswerte bei RT und bei tiefen
   Temperaturen 279, 295
-, X 4 CrNiMo 16 5
-, -, A_v-T-Kurve 417
-, -, Vergütungsschaubild 419
-, X 4 CrNi 13 4
-, -, A_v-T-Kurve 417
-, X 5 CrNi 18 9
-, -, magnetische Eigenschaften 421
-, -, -, Einfluß von Kaltverformung 421
-, -, Zugversuchswerte
-, -, -, Einfluß von Kaltverformung 421, 422
-, X 5 CrNiMo 18 10

-, -, Fließkurve 620
-, X 5 CrNiTi 26 15
-, -, Langzeit-Warmfestigkeitseigenschaften
   267
-, X 6 CrNi 18 11
-, -, Langzeit-Warmfestigkeitseigenschaften
   267, 268
-, X 6 CrNiMo 17 13
-, -, Langzeit-Warmfestigkeitseigenschaften
   267, 269
-, X 6 CrNiWNb 16 16
-, -, Langzeit-Warmfestigkeitseigenschaften
   267
-, X 7 Cr 13
-, -, Zugversuchswerte 405
-, X 8 CrNiMoBNb 16 16
-, -, Langzeit-Warmfestigkeitseigenschaften
   252, 267, 268
-, X 8 CrNiMoNb 16 16
-, -, Langzeit-Warmfestigkeitseigenschaften
   267, 268
-, X 8 CrNiMoVNb 16 13
-, -, Langzeit-Warmfestigkeitseigenschaften
   267
-, X 8 CrNiNb 16 13
-, -, Langzeit-Warmfestigkeitseigenschaften
   252, 267
-, X 8 Ni 9
-, -, A_v-T-Kurve 282, 294
-, -, -, WEZ 301
-, -, -, ZTU-Schaubild
   für kontinuierliche Abkühlung 293
-, -, Zugversuchswerte (nur Streckgrenze)
   für tiefe Temperaturen 279
-, X 10 Cr 13
-, -, Zugversuchswerte 405
-, X 10 CrAl 24
-, -, A_v-T-Kurve 441
-, -, Kerbschlagarbeit bei höheren Temperaturen 441
-, X 10 CrNiNb 18 9
-, -, Wöhler-Kurve 393
-, -, -, Einfluß von Korrosionsbeanspruchung
   393
-, X 10 CrNiTi 18 9
-, -, Fließkurve 620
-, X 10 CrNiTi 18 10
-, -, Zugversuchswerte (nur Streckgrenze)
   für tiefe Temperaturen 279
-, X 10 NiCrAlTi 32 20
-, -, Langzeit-Warmfestigkeitseigenschaften
   267
-, X 12 CrCoNi 21 20
-, -, Langzeit-Warmfestigkeitseigenschaften
   267, 466
-, X 15 Cr 13
-, -, Zugversuchswerte 405

-, X 20 Cr 13
-, -, Vergütungsschaubild 397
-, -, Zugversuchswerte 405
-, X 20 CrMoWV 12 1
-, -, Langzeit-Warmfestigkeitseigenschaften 232
-, X 22 CrMoV 12 1
-, -, Langzeit-Warmfestigkeitseigenschaften 232
-, X 20 CrNiMo 17 2
-, -, Kerbschlagarbeit bei RT 417
-, -, Vergütungsschaubild 417
-, X 20 CrNiN 21 12
-, -, Kerbschlagarbeit bei höheren Temperaturen 461, 462
-, -, Zugversuchswerte 461, 462
-, -, -, bei höheren Temperaturen 466
-, X 30 Cr 13
-, -, Zugversuchswerte 405
-, X 30 WCrV 5 3
-, -, ZTU-Schaubild
   für kontinuierliche Abkühlung 332
-, X 32 CrMoV 3 3
-, -, ZTU-Schaubild
   für kontinuierliche Abkühlung 332
-, X 32 NiCoCrMo 8 4
-, -, Kerbschlagarbeit bei RT 218
-, -, Vergütungsschaubild 218
-, X 38 CrMoV 5 1
-, -, ZTU-Schaubild
   für kontinuierliche Abkühlung 332
-, X 40 Cr 13
-, -, Korrosionsverlust-Kurven 389
-, -, Zugversuchswerte 405
-, X 40 CrMoV 5 1
-, -, Kerbschlagarbeit bei RT 329
-, -, -, Einfluß der Erschmelzung 329
-, X 40 CrMoV 5 3
-, -, ZTU-Schaubild
   für kontinuierliche Abkühlung 332
-, X 40 CrNiCoNb 17 13
-, -, Langzeit-
   Warmfestigkeitseigenschaften 267
-, X 41 CrMoV 5 1
-, -, Kerbschlagarbeit bei RT 218
-, -, Rißzähigkeitswerte 221
-, -, Wechselfestigkeit 223
-, -, Vergütungsschaubild 218
-, X 45 CrNiW 18 9
-, -, Kerbschlagarbeit bei höheren Temperaturen 462
-, -, Langzeit-Warmfestigkeitseigenschaften 466
-, -, Zugversuchswerte 461, 462
-, -, -, bei höheren Temperaturen 466
-, X 45 CrSi 9 3
-, -, Kerbschlagarbeit bei höheren Temperaturen 464

-, -, Langzeit-Warmfestigkeitseigenschaften 466
-, -, Vergütungsschaubild 460
-, -, ZTU-Schaubild
   für kontinuierliche Abkühlung 460
-, -, Zugversuchswerte
   für höhere Temperaturen 464
-, X 53 CrMnNiN 21 9
-, -, Kerbschlagarbeit bei höheren Temperaturen 461, 462
-, -, Langzeit-Warmfestigkeitseigenschaften 466
-, -, Zugversuchswerte 461, 462
-, -, -, bei höheren Temperaturen 466
-, X 55 MnCrN 18 5
-, -, Kerbschlagarbeit bei RT 555
-, -, -, Einfluß des Reckgrades 555
-, -, Zugversuchswerte 555
-, -, -, Einfluß des Reckgrades 555
-, X 60 Cr 13
-, -, Zugversuchswerte 405
-, X 60 CrMnMoVNbN 21 10
-, -, Langzeit-
   Warmfestigkeitseigenschaften 466
-, X 85 CrMoV 18 2
-, -, Kerbschlagarbeit bei höheren Temperaturen 464
-, -, Vergütungsschaubild 460
-, -, ZTU-Schaubild
   für kontinuierliche Abkühlung 460
-, -, Zugversuchswerte
   für höhere Temperaturen 461, 462, 464
Stahldrähte mit guter elektrischer Leitfähigkeit 570
-, Anforderungen an die Eigenschaften 570, 571
-, Lieferbedingungen für sie 571
-, Verwendungsbeispiele 570, 571
Stahleigenschaften
-, Abhängigkeit von Erzeugungsbedingungen 635
Stahlerschmelzung 639, **643**
-, Sonderverfahren und ihre Zielsetzung 670
-, -, Umschmelzverfahren **670**
-, -, -, Besonderheiten für schwere Schmiedestücke 154, **675**
-, -, -, Einfluß auf die Stahleigenschaften 671, 672, 673
-, -, -, Verfahrensarten 670, 671
-, -, Vakuumschmelzverfahren **676**
Stahlguß
-, druckwasserstoffbeständig 430
-, -, Sorten 432
-, -, -, chemische Zusammensetzung 432
-, -, -, mechanische Eigenschaften 432
-, für magnetische Anwendungen 521
-, -, Bedeutung des Kohlenstoffgehalts 521

-, -, Sorten 522
-, -, -, magnetische Eigenschaften 522
-, -, -, mechanische Eigenschaften 522
-, -, Verwendung 521
-, -, Wärmebehandlung 522
-, warmfest 263
-, -, Sorten 264
-, -, -, chemische Zusammensetzung 264
Stahlherstellung 639, **643**
-, Einsatzstoffe 639, 642
-, -, Einfluß auf die Stahleigenschaften 642
-, Verfahrensschritte 460, 641, **643**
-, -, metallurgische Zielsetzung 643
Stahlkorddrähte 210
Stahlschwellen 601
Stainless Invar 564
Standguß
-, fallend 651, 652
-, steigend 651, 652
-, Vergleich mit Strangguß 669
Standguß-Kristallisation **654**
Standguß-Vergießungsvorgänge **652**
-, Aufstickung 652
-, Reoxidation 652
-, Strömung 653
-, Überhitzung 653
statistische Auswertverfahren
bei der Qualitätssicherung **713**
-, Grundlagen 713
-, Modellverteilungen 717
-, Normalverteilung 713
-, -, Abweichungen 713
-, -, -, Ursachen 715
-, Summenhäufigkeitskurven 713
-, -, Einflußgrößen 715
Stauchversuch 202, 612
Stelmor-Verfahren
(Walzdraht) 207
Steuerphasen
bei der Erzeugung von Goss-Textur 505, 510
Stickstoff
-, Einfluß auf die Eigenschaften von
-, -, Automatenstählen 484
-, -, hitzebeständigen Stählen 444
-, -, kaltzähen Stählen, austenitisch 287
-, -, nichtmagnetisierbaren Stählen 552
-, -, nichtrostenden Stählen 397, 420, 422
-, -, normalfesten und hochfesten Stählen 50
-, -, Ventilstählen 458
-, -, Vergütungsstählen 125, 245
-, -, warmfesten Stählen 236, 245
Stickstoffperlit, unechter
bei hitzebeständigen austenitischen Stählen 444
Stiftverfahren
zur Prüfung von Gesenkstählen auf Verschleißwiderstand 334

Stirnabschreckhärtekurven von
-, 13 MnCrB 5 188
-, 16 MnCr 5 188
-, 35 B 2 614
-, 42 CrMo 4 (auch Einfluß des Anlassens) 128
-, 50 CrV 4 476
-, 50 Si 7 476
-, 51 CrMoV 4 476
-, 55 Cr 3 476
-, 55 Si 7 476
-, 65 Si 7 476
-, Cq 35 614
Strauß und Maurer, Diagramm 403
Stranggießmaschinen 651, 653
Stranggießpulver
Wirkung **668**
Strangguß 651, **662**
-, Anlagentechnik 651, 653
-, Gießmaschinen 651, 653
-, Vergleich mit Standguß 669
Strangguß-Vergießungsvorgänge **662**
-, Reoxidation 662
-, Strömung 663
-, Überhitzung 663
Strangpreßwerkzeuge
Stähle für sie 366, 367
Streckenenergie beim Schweißen 12, 32
Streckenschienen 601
Streckgrenze
-, von ferritisch-perlitischen Vergütungsstählen
-, -, Erhöhung durch Ausscheidungshärtung 127
-, von kaltgewalzten Erzeugnissen
-, -, Nachwalzgrad, Einfluß von 705
-, von Stählen für Fernleitungsrohre 581, 585
-, -, Einflußgrößen 582
Streckgrenzenverhältnis
-, von Flacherzeugnissen zum Kaltumformen 96
-, von Vergütungsstählen 129
-, -, Einfluß des Härtungsgrades 129
-, Zusammenhang mit Sprödbruchempfindlichkeit bei normalfesten und hochfesten Baustählen 14
Streckziehbarkeit 83
stress-relief-cracking 237
s. auch Ausscheidungsrisse
Strömung
beim Stahlvergießen
-, Standguß 653
-, Strangguß 663
Stromleitschienen für die Aluminiumelektrolyse
Stähle für sie 571, 575
Stromschienen für elektrische Bahnen
-, Anforderungen 571
-, geeignete Stähle 571, 575

Sachverzeichnis zu Band 2   851

Strontiumferrit
   als oxidischer Dauermagnetwerkstoff 548
Stützwirkung 34
Sulfidation
   bei Ventilstählen 456
Sulfide
-, in Automatenstählen 485, 479
-, in normalfesten und hochfesten Baustählen 52
-, in Stählen für Kalt-Massivumformung 191
Sulfidformbeeinflussung 660
-, Einfluß auf die Anisotropie 53, 89
-, bei Stählen für schwere Schmiedestücke 150, 155
Sulfidische Einschlüsse
   Bildung beim Gießen und Erstarren 659
-, Arten **659**
-, Beeinflussungsmöglichkeiten 660
-, Verteilung über einen Block 659
-, Wirkung auf die Stahleigenschaften 660
Summenhäufigkeit 713
-, der Kerbschlagarbeit eines Feinkornbaustahls 714
-, des Kohlenstoffgehalts von Stahl 21 Mn 4 714
-, des Schwefelgehalts von Feinkornbaustählen 716
-, der Streckgrenze von St 37-3 715
Superfeinkorn
   bei höchstfesten Baustählen 221
-, Erzielung 221
superferritische nichtrostende Stähle 402
-, Schweißeignung 416
Superinvar 563

$t_{8/5}$
   s. Abkühlzeit
$T_{ü27}$
   s. Übergangstemperatur der Kerbschlagarbeit
$\sqrt{t}$-Gesetz
   bei der Stahlerstarrung 656
Tafelschermesser
   Stähle für sie 377
Taschentuchfaltprobe 90
Teilmengenbehandlung
   bei der Stahlerschmelzung 650
teilrekristallisierte Stähle
   für Flacherzeugnisse zum Kaltumformen 92, 95, 99
Telefondraht 570
-, Anforderungen 571
-, geeignete Stahlsorten 575
Telegrafendraht
   s. Telefondraht
Tempcore-Verfahren 687
Temperaturwechselbeständigkeit
-, hitzebeständiger Stähle 438
-, von Werkzeugstählen 338

Terne-Blech 116
Terrassenbruch
   bei normalfesten und hochfesten Baustählen 12, 34, 53
Texturschärfe
   bei kornorientiertem Elektroblech 505
-, Verbesserung durch Aufbringen lokaler Spannungen 506
thermischer Ausdehnungskoeffizient, linear
   s. Wärmeausdehnungskoeffizient
Thermobimetalle 568
-, Werkstoffe 568
-, -, Anwendungsbeispiele 559
thermomechanisches Umformen 38, 688
-, von Baustählen **63**
-, von Flacherzeugnissen zum Kaltumformen 89, 91
-, von höchstfesten Baustählen 221
-, von kaltzähen Stählen 289
-, von Stählen für Fernleitungsrohre 581
-, -, metallkundliche Grundlagen 582
-, von Vergütungsstählen 130
Thermoschockbeständigkeit
-, von hitzebeständigen Stählen 438
-, von Stählen für rollendes Eisenbahnzeug 604, 606
Thyssen-Niederrhein-Verfahren
   der Injektionsbehandlung bei der Pfannenmetallurgie 649
Tiefkühlung
   bei höchstfesten Baustählen 221
-, Einfluß auf Restaustenitgehalt 221
Tieftemperaturanlagen
   günstige Werkstoffpaarung für sie beim Schweißen 304
Tieftemperaturmagnete
   geeignete nichtmagnetisierbare Stähle 556
Tieftemperaturtechnik
   Anwendungsbeispiele für Werkstoffe mit besonderer Wärmeausdehnung 559
Tieftemperaturzähigkeit
   s. Kaltzähigkeit
Tiefungsversuch 81, 84, 88, 102
Tiefziehbarkeit 83
Tiefziehstahl 87
-, Spannungs-Dehnungs-Kurve 97
Tiefziehwerkzeuge
   Stähle für sie 363, 364
Titan
-, Einfluß auf die Eigenschaften von
-, -, druckwasserstoffbeständigen Stählen 428
-, -, Legierungen mit besonderem Elastizitätsmodul (Aushärtung) 565
-, -, martensitaushärtenden höchstfesten Stählen 219
-, -, nichtrostenden Stählen 389, 399, 406

-, -, normalfesten und hochfesten Stählen 52
-, -, warmfesten Stählen 244, 247
TN-Verfahren
  s. Thyssen-Niederrhein-Verfahren
Tragfähigkeit 15
Tragkraft
  von Ketten 621
Tragspannung
  von Ketten 622
Transformatoren
  Geräuschentwicklung des Kerns aus Elektroblech 514
TREST-Verfahren
  = Terni Refractory Electroslag Topping-Verfahren 674
Turbinenwellen
  s. Dampfturbinenwellen
Type-Test 277

Überalterung
  bei höchstfesten martensitaushärtenden Baustählen 220
Übergangstemperatur der Kerbschlagarbeit
  s. auch Kerbschlagarbeit-Übergangstemperatur
-, von normalfesten und hochfesten Baustählen 19
-, -, Einflußgrößen
-, -, -, Abkühlzeit $t_{8/5}$ beim Schweißen 47
-, -, -, Chromgehalt 48
-, -, -, Glühtemperatur 28
-, -, -, Härte in der WEZ 33
-, -, -, Kaltverformung 26
-, -, -, Kohlenstoffgehalt 45
-, -, -, Längswalzung/Querwalzung 20
-, -, -, Mangangehalt 46
-, -, -, Perlitanteil 42
-, -, -, Schweißbedingungen 32, 33
-, von Schienenstählen 597, 598
-, -, Korngrößeneinfluß 598
-, -, Einfluß der Perlitausbildung 597
-, von Vergütungsstählen 132
-, -, Einflußgrößen
-, -, -, Chromgehalt 158
-, -, -, Härtungsgrad 135
-, -, -, Molybdängehalt 158
-, -, -, Nickelgehalt 132, 157
Überhitzen
-, beim Stahlvergießen
-, -, Standguß 653
-, -, Strangguß 663
-, bei der Wärmebehandlung 709
Überzeiten 709
Überzüge
  auf Flacherzeugnissen 101
ULC-Stähle 199

Umformbarkeit
-, von Betonstählen 65, 66
-, von Flachzeug zum Kaltumformen 94, 98
-, von Kettenstählen 621, 624, 627, 628
-, von nichtrostenden Stählen 100, 393
-, von normalfesten und hochfesten Baustählen 10
-, -, kalt 10, **24**
-, -, warm 11, **27**
-, von Stählen für Kalt-Massivumformung 183, 184, 609, 611, 613
-, von Vergütungsstählen 138
-, von Walzdraht zum Kaltziehen 200
-, von Werkzeugstählen 347
Umformbedingungen
  beim Schmieden 693
-, Einfluß auf die allgemeinen Eigenschaften 693
-, Einfluß auf die mechanischen Eigenschaften 694
Umformen
  von normalfesten und hochfestem Baustählen
-, kalt **24**
-, -, Einfluß auf die Eigenschaften 24
-, -, Einfluß des Spannungsarmglühens 26
-, warm 27
-, -, Einfluß auf die Eigenschaften 27
-, -, Einfluß der Umformbedingungen 28
Umformgrad
-, Einfluß auf die mechanischen Eigenschaften von Walzdraht, unlegiert, patentiert 209
Umformvermögen
-, Bedeutung für das Warmwalzen 686
-, Temperaturabhängigkeit 687
Umformwiderstand 685
-, Bedeutung für die Auslegung von Warmwalzwerken 686
-, Einfluß auf das Walzspaltverhältnis 686
Umlaufverfahren
  bei der Stahlerschmelzung 650
Ummagnetisierungsverlust 492, 502
-, Begriff 502
-, Werte für verschiedene Elektroblechsorten 513
-, Zusammensetzung aus Teilgrößen 502
Umschmelzverfahren **670**
-, Anwendung bei Wälzlagerstählen 589
-, Besonderheiten für schwere Schmiedestücke 155, **675**
-, Einfluß auf die Eigenschaften 670
-, -, Blockseigerungen (Makroseigerungen) 673, 674
-, -, chemische Zusammensetzung 672
-, -, Kristallseigerungen (Mikroseigerungen) (X 40 CrMoV 5 1) 673
-, -, Lochfraßwiderstand 675

-, -, mechanische Eigenschaften (X 40 CrMo 5 1) 676
-, -, Reinheitsgrad (oxidische und sulfidische Einschlüsse in 100 Cr 6) 672
-, Verfahrensarten 670, 671
Umwandlungsplastizität 287
Umwandlungsverhalten
  s. auch Zeit-Temperatur-Umwandlungs-Schaubilder
-, von kaltzähen Stählen 291, 292, 293
-, -, Bedeutung für die Zähigkeit 281
-, von Walzdraht zum Kaltziehen 200, 203
-, von wasservergütetem schweißgeeignetem Baustahl (StE 690) 39, 40
unberuhigter Stahl 651, 652, 657, 661
uniaxiale Anisotropie K_U 525
unlegierter Walzdraht zum Kaltziehen
-, ZTU-Schaubild
-, -, für kontinuierliche Abkühlung 203
-, -, für isothermische Umwandlung 203
Unterguß
  s. Standguß steigend
Unterlagsplatten
-, Stähle für sie 602
Unternahtrisse, wasserstoffinduzierte 31
Unterplattierungsrisse
  bei Schweißplattierung von Stahl 22 NiMoCr 3 7 237
-, Folgerungen für die chemische Zusammensetzung 257

Vacher-Hamilton-Beziehung 644
VAD-Verfahren
  = Vacuum Arc Degassing-Verfahren
  bei der Pfannenmetallurgie 649
Vakuumbehandlung
-, bei der Pfannenmetallurgie 641, 649
-, bei Stählen für schwere Schmiedestücke 155
Vakuumdesoxidation 647
Vakuum-Kohlenstoff-Desoxidation 650
-, bei Stählen für schwere Schmiedestücke 155, 650
Vakuumschmelzverfahren 672, **676**
-, Einfluß auf die chemische Zusammensetzung 677
Vanadin
-, Einfluß auf die Eigenschaften von
-, -, Betonstahl 67
-, -, druckwasserstoffbeständigen Stählen 428
-, -, höchstfesten Stählen 218
-, -, nichtrostenden Stählen 399
-, -, normalfesten und hochfesten Baustählen 50
-, -, Spannstahl 77
-, -, Stählen für Flachzeug zum Kaltumformen 89, 92, 95
-, -, Ventilstählen 458

-, -, Vergütungs- und Einsatzstählen 127, 128, 147, 150
-, -, verschleißbeständigen Stählen 381
-, -, warmfesten Stählen 236, 242, 248
-, -, Werkzeugstählen 312, 316, 319, 334
Ventilfedern
  Stähle für sie 474
Ventilstähle **453**
-, 1000 h-Langzeitfestigkeit (Zugschwellbeanspruchung) gekerbter Proben 466
-, 1000 h-Zeitstandfestigkeit glatter Proben 466
-, Anforderungen an die Eigenschaften **453**
-, Bleioxidkorrosion, Prüfwerte 456
-, chemische Zusammensetzung 458, 459
-, Gefüge 463
-, Heißkorrosionswiderstand 453, 454, 456
-, -, Verbesserung durch konstruktive Maßnahmen 458
-, -, Verbesserung durch Oberflächenschutz 458
-, Kennzeichnung der Eigenschaften **455**
-, Korrosionswiderstand 452, 453
-, Maßnahmen zur Einstellung der Eigenschaften **457**
-, mechanische Eigenschaften 457, 460, 465, 466, 467
-, Oxidationswiderstand, Prüfwerte 456
-, physikalische Eigenschaften 455, 468
-, Sulfidationswiderstand, Prüfwerte 456
-, Temperaturwechsel-Beständigkeit 453
-, Umwandlungsverhalten 460
-, Verschleißwiderstand 454, 458
-, -, Verbesserung durch Ventilgestaltung 458
-, -, Verbesserung durch Oberflächenschutz 458
-, Verwendungstemperatur-Bereiche 465
-, Verzunderungsverhalten (in Sulfatschmelzen) 456
-, Warmfestigkeitsverhalten 464
-, -, Vergleich der drei Werkstoffgruppen **465**
-, Werkstoffgruppen **459**
-, -, austenitische Stähle 462
-, -, -, Auslagerungs- und Lösungsglühbedingungen 461, 462, 463
-, -, Nickellegierungen 464
-, -, Vergütungsstähle 459
-, -, -, Anlaßprödigkeit 462
-, -, -, Härterißempfindlichkeit 461
Ventilwerkstoffe 453
  s. auch Ventilstähle
Verarbeitung
  von Spannstahl 72
Verarbeitungseigenschaften
  Begriff 7
Verbindungselemente, Stähle für
  s. Stähle für Schrauben, Muttern und Niete

Verbrennungserscheinungen
  beim Warmwalzen 684
Verbundeigenschaften
-, von Betonstählen 65, 66
-, von Spannstählen 73
Verfahrensschritte beim Kaltwalzen 699
Verfahrenstechnik
  in der Stahlindustrie, Weiterentwicklung 636
-, Beispiele 636
Verfestigungsexponent
  s. n-Wert
Verfestigungsmechanismen 36, 89, 311
Vergießen von Stahl 651
-, Sonderverfahren, Zielsetzung 670
-, -, für schwere Schmiedestücke 154, 676
-, Standguß 652
-, Strangguß 662
Vergießungsarten
  Kennzeichnung 651
vergütbare und oberflächenhärtbare Stähle
  für den Fahrzeug- und Maschinenbau
  s. Einsatzstähle, Nitrierstähle, Stähle für das
  Randschichthärten und Vergütungsstähle
Vergüten 709
  s. auch bei den in Betracht kommenden Stahlarten
-, Durchführung 709
-, Fehlermöglichkeiten 710
-, Zielsetzung 709
vergütete Stähle für Flachzeug zum Kaltumformen 90, 92, 99
Vergütungsschaubilder für
-, 20 MnCr 5 165
-, 23 MnNiCrMo 6 4 631
-, 38 NiCrMoV 7 3 216
-, 41 SiNiCrMoV 7 6 216
-, St 1420/1570 76
-, StE 500 41
-, StE 690 41
-, StE 890 41
-, X 4 CrNiMo 16 5 419
-, X 20 Cr 13 397
-, X 20 CrNiMo 17 2 417
-, X 32 NiCoCrMo 8 4 218
-, X 41 CrMoV 5 1 218
-, X 45 CrSi 9 3 460
-, X 85 CrMoV 18 2 460
Vergütungsstähle 123
  s. auch höchstfeste Stähle
-, Anforderungen an die Eigenschaften 124
-, Anlaßsprödigkeit 132
-, -, Mangan-Einfluß 132
-, Einhärtbarkeit 130
-, Gefüge 125, 128, 129, 139, 140
-, Härtungsgrad 130
-, -, Bedeutung für Dauerschwingfestigkeit und Zähigkeit 140

-, Homogenität, Einfluß auf die Zähigkeit 130
-, Kaltumformbarkeit 138
-, -, Einfluß von Bor 138
-, Kennzeichnung der Eigenschaften 124
-, Kerbschlagarbeit in Beziehung zu Zugfestigkeit und Streckgrenze 129
-, -, Einfluß des Gefüges (Stähle Ck 45 und 42 CrMo 4) 129
-, -, Kohlenstoffeinfluß (SAE-Stähle) 134
-, Maßnahmen zur Einstellung der Eigenschaften 124
-, mechanische Eigenschaften 143
-, -, Beziehungen zwischen den Werten 133
-, -, Einfluß des Gefüges (Stähle Ck 45 und 42 CrMo 4) 129
-, Reinheitsgrad, Einfluß auf die Zähigkeit 130
-, Stahlsorten 139, 141
-, -, für schwere Schmiedestücke 150, 160
-, Stirnabschreckhärte
  zur Kennzeichnung der Härtbarkeit 137
-, thermomechanische Behandlung,
  Anwendbarkeit 130
-, Verschleißwiderstand 137
-, Verwendung für Wälzlager 592, 593
-, Verwendung für Kalt-Massivumformung 194
-, Zähigkeitseigenschaften 128
-, -, Kohlenstoffeinfluß auf das Verhältnis von Zähigkeit zu Festigkeit 134
-, -, Nickeleinfluß 132
-, Zerspanbarkeit, Bedeutung 138
Verlustverhältnis
  bei der Ummagnetisierung 503
verschleißbeständige Stähle 378
-, Anforderungen an die Eigenschaften 378
-, Gefügearten 378
-, -, Einfluß der chemischen Zusammensetzung 380
-, -, Einfluß der Wärmebehandlung 383
-, Prüfmöglichkeiten 378
-, Stahlsorten 379
-, -, chemische Zusammensetzung 379
-, -, Einbaubehandlungszustand 379
-, -, Gebrauchshärte 379
-, -, Karbidgehalt 379
-, -, Verwendungsbeispiele 383
-, Wärmebehandlung 383
Verschleißteile
  geeignete Stahlsorten für sie 383
Verschleißwiderstand 378
-, Einflußgrößen
-, -, Gefüge 378
-, -, -, austenitisch 383
-, -, -, ledeburitisch 383
-, -, -, vergütet 383
-, -, Härte 384

-, -, Kohlenstoffgehalt 380
-, -, Legierung 381
-, -, Oberflächenhärte 381
-, -, Oberflächenveredlung 381
-, -, Randschichthärtung 381
-, -, Wärmebehandlung 381
-, von Stählen
-, -, Einsatzstähle 167
-, -, Kettenstähle 624, 626
-, -, normalfeste und hochfeste Baustähle 10, 23
-, -, -, Zusammenhang mit Härte und Perlitanteil 23
-, -, Schienenstähle 599
-, -, Stähle für rollendes Eisenbahnzeug 606
-, -, Stähle für das Randschichthärten 144
Verschmiedungsgrad 693
Versprödungsneigung
    von druckwasserstoffbeständigen Stählen 434
-,Einfluß von σ-Phase (Sigma-Phase) 434
Verwendungseigenschaften, Begriff 7
Verzinkbarkeit
    von normalfesten und hochfesten Baustählen 12, 35
verzinkte Flacherzeugnisse 104
-, Anforderungen an die Eigenschaften 105
-, Eigenschaften 105
-, -, Haftung der Zinkschicht 106
-, -, Korrosionswiderstand 105, **107**
-, -, mechanische Eigenschaften 109
-, Herstellverfahren 104
-, -, Aufbau der Zinkschicht 106, 107
-, -, -, Siliziumeinfluß 106
-, -, Elektrolyse 104
-, -, Schmelztauchen 104
-, Kennzeichnung der Eigenschaften 105
-, Maßnahmen zur Einstellung der Eigenschaften 105
-, Stahlsorten **108**
-, Zugversuchswerte 109
Verzug 710
Verzunderung
-, von Chromstählen in Luft 450
-, bei Wärmebehandlung 709
-, beim Warmwalzen 682
-, -, Kohlenstoffeinfluß 682
-, -, Einfluß der Ofenverweilzeit 682
Vicalloy-Legierungen
    s. Eisen-Kobalt-Vanadin-Chrom-Legierungen
VLU-Verfahren
    = Vakuum-Lichtbogen-Umschmelzverfahren 670
VOD-Verfahren
    = Vacuum Oxygen Decarburation-Verfahren 650

VODC-Verfahren
    = Vacuum Oxygen Decarburation Converter-Verfahren 650
Vollräder 603, 605
-, Stähle für sie 607
Vorinformationen
    Bedeutung für statistische Auswertungen 718
V-Seigerungen
    bei Standguß 657
Wälzfestigkeit 149
-, Anforderung bei einsatzgehärteten Zahnrädern 176
-, Einfluß von Oberflächenhärtung 149
Wälzlager
    nichtrostende Stähle für sie 416
Wälzlagerstähle **586**
-, Anforderungen an die Eigenschaften **586**
-, Gefüge 588, 590
-, -, Karbidverteilung 590
-, -, Härtbarkeit 588, 589
-, Kennzeichnung der Eigenschaften **587**
-, Maßnahmen zur Einstellung der Eigenschaften **589**
-, Reinheitsgrad 588, 590
-, -, Einfluß des Erschmelzungsverfahrens 589, 590
-, Stahlgruppen und Verwendung **591**
-, -, durchhärtende Stähle 592, 513
-, -, Einsatzstähle 592, 593
-, -, nichtrostende Stähle 592, 593
-, -, Vergütungsstähle 592, 593
-, -, warmharte Stähle 592, 593
-, Stahlsorten 593
-, Verschleißwiderstand 586
-, Wechselfestigkeit 587
-, -, Einfluß des Erschmelzungsverfahrens (bei 17 NiCrMo 14) 587
Wärmeausdehnungskoeffizient 559
    von Schweißzusatzwerkstoffen, austenitisch 219
Wärmebehandlung
    s. bei den einzelnen Stahlarten, -gruppen und -sorten
Wärmebehandlung auf Ferrit-Perlit-Gefüge (Schwarz-Weiß-Gefüge) 708
-, Durchführung 709
-, Fehlermöglichkeiten 709
-, Zielsetzung 708
Wärmebehandlung, betriebliche
    beim Stahlhersteller **707**
-, Verfahren 707
-, -, Glühen (Weichglühen) 707, 708
-, -, Lösungsglühen 710
-, -, Normalglühen 708
-, -, normalisierendes Umformen 708

-, -, Spannungsarmglühen 709
-, -, Vergüten 709
-, Verfahrensparameter, wichtige
 zur Vermeidung von
-, -, Gefüge-Ungleichmäßigkeiten 707, 708, 709
-, -, Eigenschafts-Ungleichmäßigkeiten 707, 708
-, -, Randentkohlung 707, 708, 709
-, -, Verzunderung 707, 708, 709
-, Ziele 707
Wärmeeinflußzone (WEZ)
-, beim Schweißen kaltzäher Stähle 300
-, -, Zähigkeitseigenschaften 300, 301, 302
-, -, -, Einfluß des Schwefelgehalts und der Sulfidform 300
-, beim Schweißen normalfester und hochfester Stähle 12, 31
-, -, Einfluß der Abkühlzeit 32
Wärmeleitfähigkeit
 von Stahl 338
-, Bedeutung für Werkzeugstähle 337
-, Gefügeeinfluß 338
-, Legierungseinfluß 338
Wärmeausdehnung 531
-, Zusammenhang mit Temperaturabhängigkeit der elastischen Eigenschaften 564
Wärmeausdehnungskoeffizient
-, Prüfung 559
-, Zusammenhang mit Curie-Temperatur 563, 567
Wärmetransport
 bei der Stahlerstarrung 655
Wärmeübergang
 Bedeutung bei der Stahlerstarrung
-, Standguß **655**
-, Strangguß **663**
-, -, Erstarrungskonstanten 663
-, -, Einfluß der Kokillenkonizität 664
Wärmewechselunempfindlichkeit
 s. Thermoschockbeständigkeit
Walzdraht, unlegiert, zum Kaltziehen **200**
-, Anforderungen an die Eigenschaften **200**
-, Anwendung nach dem Kaltziehen **208**
-, -, Bewehrung für Gummi 210
-, -, Federn 210
-, -, Kleinteile 208
-, -, Litzen 209
-, -, Seile 209
-, chemische Zusammensetzung 203, **205**, 208
-, Gefüge 201, 204, 205
-, Kennzeichnung der Eigenschaften **201**
-, Maßnahmen zur Einstellung der Eigenschaften **204**
-, -, Metallurgie 205
-, -, Walztechnik 206

-, mechanische Eigenschaften 200, 202, 204, 209
-, -, Errechnung 203
-, -, nach Luftabkühlung 202
-, -, nach Patentierung 202, 209
-, Oberflächenbeschaffenheit 200, 202
-, Patentierbarkeit 200
-, Reinheitsgrad 201, **205**
-, -, Einflußgrößen
-, -, -, Aluminiumgehalt 205
-, -, -, Sauerstoffgehalt 205
-, -, -, Schwefelgehalt 205
-, Schweißeignung 200, 203
-, Stahlsorten **208**
-, technologische Eigenschaften 200, 209
-, Umwandlungsverhalten 200, 203
-, Umformbarkeit 200
-, Ziehbarkeit 200, 201, 204
-, -, Begriff 201
-, -, Einflußgrößen 201
-, -, -, chemische Zusammensetzung 201, 205, 206
-, -, -, Gefüge 201, 204, 206
-, -, -, Oberflächenbeschaffenheit 201
-, -, Grenzen 201
Walzdraht
 für Betonstahlmatten 69
Walzen
 von unlegiertem Draht zum Kaltziehen 206
Warmarbeitsstähle 358, 366
-, Brandrißbeständigkeit 338, 340, 357
-, Einflußgrößen
 Gefüge 340
 Homogenitätsgrad 340
 Legierung 340
-, -, Prüfung 339
-, Härte 317
-, -, Einfluß der Anlaßtemperatur 318
-, Korrosionsbeständigkeit gegen Angriff flüssiger Metalle 342
-, Seigerungen 327
-, -, Einfluß auf Anisotropie (Bruchdehnung) 330
-, -, Möglichkeiten zu ihrer Verringerung 327, 329
-, Verschleißwiderstand 333
-, -, Einfluß des Legierungsgehalts 337
-, Verwendung z. B. für Druckgießwerkzeuge 338
-, Warmversprödung 315
warmfeste austenitische Stähle
 s. hochwarmfeste austenitische Stähle
warmfeste ferritische Stähle 235
-, Anlaßversprödung 237
-, -, Einfluß der chemischen Zusammensetzung 237
-, Anwendungsbeispiele 257

-, chemische Zusammensetzung 239
-, Berechnungskennwerte 228
-, Gefüge 230, 236
-, Kerbzeitstandfestigkeitsverhältnis 233
-, Langzeitversprödung bei 350 bis 400 °C 237
-, Legierungsarten, Entwicklung 257
-, Relaxationsverhalten 238
-, -, Einfluß von Chrom, Molybdän und Vanadin 238
-, -, Gefügeeinfluß 239
-, -, Wirkung Sonderkarbide bildender Elemente, Grenzgehalte 238
-, Rißzähigkeitswerte 235
-, -, Beziehung zur A_v- Übergangstemperatur 234
-, Stahlsorten 235
-, -, für mäßig erhöhte Temperaturen 255, 265
-, -, für den Zeitstandbereich 258
-, -, -, für Blech 258
-, -, -, für Rohre 258
-, -, -, für Schmiedestücke 261
-, -, -, für Stäbe 261
-, -, -, für Stahlgußstücke 263
-, Wärmebehandlung, Entwicklung 257
-, Zähigkeitskennwerte 233
-, Zunderbeständigkeit 260
-, -, Einfluß von Chrom 260
warmfeste und hochwarmfeste Stähle und Legierungen **228**
-, Anforderungen an die Eigenschaften 228
-, Gefüge 230, 236, 244
-, Kennzeichnung der Eigenschaften 231
-, Maßnahmen zur Einstellung der Eigenschaften 235
-, Stahlgruppen 255
-, -, austenitische Stähle 265
-, -, ferritische Stähle 255
-, -, Nickel- und Kobaltlegierungen 270
Warmfestigkeit
unlegierter Stähle 239
-, Einfluß der Desoxidation 240
-, Einfluß des Gefüges 230, 236, 244
-, Manganeinfluß 239
-, Molybdäneinfluß 240
warmharte Stähle 593
-, Verwendung für Wälzlager 592, 593
Warmpreßmuttern 620
Warmrißbildung
-, beim Schweißen hitzebeständiger austenitischer Stähle 443
-, beim Schweißen kaltzäher Stähle 296, 304
Warmrundlaufprüfung
bei schweren Schmiedestücken 154
Warmstreckgrenze
Berechnungskennwert bei warmfesten Stählen 228

Warmumformbarkeit
ledeburitischer Chromstähle 347
-, Verbesserung durch homogenes Gußgefüge 347
Warmumformung
-, durch Schmieden s. Schmieden
-, durch Walzen s. Warmwalzen
Warmwalzen **678**
-, Erwärmung zum **679**
-, -, Aufheizbedingungen 679
-, -, -, Aufheizzeit 681
-, -, -, Ofenarten 679, 681
-, -, Einfluß auf
-, -, -, Gefüge **684**
-, -, -, Lötbrüchigkeit 684
-, -, -, Randentkohlung 682
-, -, -, Verzunderung 682
-, Umformung **685**
-, -, Einfluß auf
-, -, -, Ausbringen 689
-, -, -, Gefüge 687
-, -, -, mechanische Eigenschaften 687
-, -, -, Oberflächenbeschaffenheit 688
-, -, Einfluß des Umformvermögens 686
-, -, Einfluß des Umformwiderstandes 685
-, Verfahren **678**
-, -, Erzeugnisform-Abhängigkeit 679
-, Zurichtung 690
Warmwalzverfahren **678**
-, kontinuierliches Walzen 678
-, reversierendes Walzen 678
Waschmaschinen
nichtrostende Stähle für sie 414
Wasserkraftwerke
Schenkelpolmaschinen, Stähle für sie 517
Wasserstoff
in Stählen für schwere Schmiedestücke 155
-, Bedeutung 155
wasservergütete Feinkornbaustähle, schweißgeeignet 63
Wasserstoffversprödung 425
-, bei höchstfesten Stählen 222
-, Unterschied gegen Stahlschädigung durch Druckwasserstoff bei Temperaturen > 200 °C 425
Wasserturbinenschaufeln
Stähle für sie 418
Wechselverwindeversuch 202, 612
Weibull-Diagramm 587
-, Prüfung von Wälzlagern 588
-, -, Einfluß der Stahlerschmelzung (100 Cr 6) 588
Weicheisen für magnetische Zwecke **494**
-, Anwendungsbereich 494
-, geforderte Eigenschaften 494
-, Maßnahmen zur Einstellung der Eigenschaften 496

-, -, Erschmelzung, Desoxidation 497
-, -, Gefüge 496
-, -, Reinheitsgrad 496, 500
-, -, Wärmebehandlung 497
-, magnetische Eigenschaften 494
-, -, Anisotropie-Energien 496
-, -, Koerzitivfeldstärke 495, 496, 498
-, -, Sättigungspolarisation 495
-, Verwendung für
-, -, Relais 499
-, -, schwere Schmiedestücke 500
Weichenbau-Schienen 601
Weichfleckigkeit 710
weichmagnetische Eisen-Kobalt-Legierungen 533
-, Eigenschaften 529
-, -, Kristallanisotropiekonstante 533
weichmagnetische metallische Gläser 534
weichmagnetische Nichteisenmetall-Werkstoffe 524
    s. auch weichmagnetische Eisen-Kobalt-Legierungen
weichmagnetische Nickel-Eisen-Legierungen
-, Anforderungen an die Eigenschaften 524
-, Anwendungsbereiche 524
-, metallphysikalische Grundlagen 524
-, -, Folgerungen für die Herstellung 528
-, Werkstoffgruppen 528
weichmagnetische Nickel-Eisen-Legierungen **528**
-, chemische Zusammensetzung 529
-, Herstellung 526
-, Hystereschleifen besonderer Form 526, 530, 531
-, -, Maßnahmen zu ihrer Einstellung 526
-, magnetische Kenngrößen 529, 530
-, magnetische Konstanten im System Eisen-Nickel 527
-, Einfluß von Ordnungsvorgängen 525
-, Wärmeausdehnung 532
-, Werkstoffsorten 528, 529
-, -, magnetische Kenngrößen 529
weichmagnetische Stähle
-, für Elektroblech
    s. unter Elektroblech
-, für Generatorwellen, Vergütungsstähle **517**
-, -, Anforderungen an die Eigenschaften 517
-, -, magnetische Flußdichte, Einflußgrößen
-, -, -, Gefüge 518
-, -, -, Kohlenstoffgehalt 520
-, -, -, Nickelgehalt 520
-, -, -, Zugfestigkeit 519
-, -, -, Stahlsorten 518
-, -, -, 0,2 %-Dehngrenze 518
-, -, -, chemische Zusammensetzung 518
-, -, -, magnetische Flußdichte 518
-, -, Verwendungsbeispiele 517

-, für Korrosionsbeanspruchung, geeignete nichtrostende Chromstähle 522
-, -, magnetische Eigenschaften 523
-, -, Stahlsorten 523
-, für Stahlguß 521
-, -, Stahlsorten 521
-, -, -, magnetische Eigenschaften 522
-, -, -, mechanische Eigenschaften 522
weichmagnetische Werkstoffe **491**
-, Anforderungen an die Eigenschaften 491
-, Begriff 491
-, Einteilung der International Electric Commission (IEC) 491
-, Kenngrößen 492
-, Prüfung 493
-, Werkstoffgruppen
-, -, Elektroblech 501
-, -, Nichteisenmetall-Legierungen 524
-, -, Sonderlegierungen 533
    glasig 534
    kristallin 533
-, -, sonstige Stähle und Stahlguß 516
-, -, -, Eisen mit 6,5 % Si 517, 534
-, -, -, Eisen mit 16 % Al 517, 534
-, -, -, nichtrostende Chromstähle 522
-, -, -, Weicheisen 494
Weißblech **114**
-, Anforderungen an die Eigenschaften 114
-, differenzverzinnt 115
-, Kennzeichnung der Eigenschaften 114
-, Korrosionswiderstand 114, 115
-, Lötbarkeit 114
-, Maßnahmen zur Einstellung der Eigenschaften 115
-, Schweißeignung 115
-, Stahlsorten 115
weiße Bänder
    in Stranggruß 666
-, Einfluß des Rührens 666
Welligkeit
    von Kaltwalzerzeugnissen 702
-, Einfluß einer Nachwalzung 706
Werkstoffe mit besonderen elastischen Eigenschaften 560, 564
    s. a. Stähle mit besonderen elastischen Eigenschaften
-, Konstantmodul-Legierungen 568
-, -, chemische Zusammensetzung 569
-, -, Einfluß auf Federeigenschaften und Schwinggüte 564
Werkstoffe mit bestimmter Wärmeausdehnung 559, 561
    s. a. Stähle mit bestimmter Wärmeausdehnung
-, metallkundliche Grundlagen 561
-, Werkstoffsorten (Stähle und Nickellegierungen) 566

-, -, chemische Zusammensetzung 566
-, -, mechanische Eigenschaften 567
-, -, physikalische Eigenschaften 568
-, -, Wärmeausdehnungskoeffizienten 566
-, -, -, Einfluß von Kaltverformung 567
Werkstoffidentität (Qualitätssicherung) 721, 724, 726
Werkzeuge
-, Beanspruchungen 305
-, Formbeständigkeit 308
-, -, Folgerungen für die Härte des Werkzeugstahls 308
Werkzeugstähle **305**
　s. auch Kaltarbeitsstähle
　Schnellarbeitsstähle
　Warmarbeitsstähle
-, Anforderungen an die Gebrauchseigenschaften 305, **307**
-, -, Verarbeitungseigenschaften **343**
-, -, Verwendungseigenschaften **308**
-, Anlaßbeständigkeit 317
-, -, Einfluß von Chrom, Molybdän, Vanadin und Wolfram 319
-, -, Kennzeichnung 318
-, -, Notwendigkeit beim Nitrieren 318
-, Dauerschwingfestigkeit 323
-, -, Einflußgrößen 323
-, Druckfestigkeit 320
-, -, Kennzeichnung durch Biegefließgrenze und Druckfließgrenze 320, 321
-, Einsenkbarkeit 347
-, -, Zusammenhang mit der Härte 348
-, Einteilung nach ihrer Anwendung 306
-, Gefüge 311, 312, 331, 344, 347
-, Härte bei Arbeitstemperaturen 308
-, -, Einfluß von Restaustenit 315
-, -, Einfluß von karbidbildenden Legierungselementen 312
-, -, Mechanismen zur Härtesteigerung 311
-, -, Temperatureinfluß 310, 313, 314
-, -, Zusammenhang mit Biegefließgrenze 309, 321
-, Härtbarkeit 314
-, -, Einfluß der chemischen Zusammensetzung 316
-, Kaltumformbarkeit 347
-, -, Zusammenhang mit der Härte 348
-, Korrosionsbeständigkeit 341
-, Maßhaltigkeit bei der Wärmebehandlung 343
-, -, Einflußgrößen 344
-, Polierbarkeit 354
-, -, Bedeutung von Inhomogenitäten 354
-, Schleifbarkeit 352
-, -, Einfluß von Härte und Karbidgröße 353

-, Schneidhaltigkeit 334
-, Seigerungen 327
-, -, Bedeutung für die Eigenschaften 330
-, -, Möglichkeiten zur Verringerung 327, 329
-, Stahlsorten **355**
-, -, Einteilung nach Anwendungsgebieten **355**
-, -, -, Druckgießformen 357
-, -, -, Glasverarbeitung 360
-, -, -, Handwerkzeuge 377
-, -, -, Kaltumformwerkzeuge 362
-, -, -, Kunststofformen 365
-, -, -, Schmiede- und Preßgesenke 364
-, -, -, Schneidwerkzeuge 372
-, -, -, Strangpreßwerkzeuge 366
-, -, -, Zerspanungswerkzeuge 370
-, Temperaturwechselbeständigkeit 338
-, Verwendungsgebiete **355**
-, Verschleißwiderstand 333
-, -, Beziehung zur Härte 334
-, -, Prüfung 334
-, -, Verbesserungsmöglichkeiten
-, -, -, Legieren mit karbidbildenden Elementen 334
-, -, -, Oberflächenveredlung 336
-, Wärmeleitfähigkeit 337
-, -, Zusammenhang mit Schleifrißempfindlichkeit 337
-, Warmumformbarkeit 346
-, Warmversprödung 315
-, Zähigkeit bei den Arbeitstemperaturen 324
-, -, plastische Bruchbiegearbeit als Kenngröße 327
-, Zerspanbarkeit 349
-, -, Einflußgrößen 351
wetterfeste Stähle 57
-, als Flacherzeugnisse zum Kaltumformen 89
Wetterfestigkeit
　von normalfesten und hochfesten Baustählen 10, 23
WEZ
　s. Wärmeeinflußzone
Widerstands- und Heizleiterlegierungen
　s. Heizleiterlegierungen
Wiedererwärmungsrisse 232
Windfrischverfahren 641
Wirbelschicht-Verfahren
　bei Walzdraht 207
Wirbelstromverlust
-, anomaler 503
-, klassischer 502
Wöhler-Kurven
　s. Dauerschwingfestigkeit
Wöhler-Kurven, normierte 17
-, von geschweißten Baustählen (StE 460 und StE 690) 18

Wolfram
-, in druckwasserstoffbeständigen Stählen 428
-, in warmfesten Werkstoffen 248
Würfeltextur bei Elektroblech 505

Yttrium
 Verwendung in Dauermagnetwerkstoffen 546
Yttriumoxid
 Anwendung bei hochwarmfesten Werkstoffen 274

Zähigkeit
-, kaltzäher Stähle 276, 280, 283, 284, 287, 295, 300
 s. auch Kaltzähigkeit
-, von Kettenstählen 621, 625
-, von Schienenstählen 598
-, von Stählen für Fernleitungsrohre 577, 579, 583
-, von Stählen für rollendes Eisenbahnzeug 605, 606, 607
-, der WEZ bei normalfesten und hochfesten Baustählen, Einfluß der Abkühlzeit 32
Zähigkeits-Festigkeits-Verhältnis bei Vergütungsstählen
-, Gefüge-Einfluß bei Stahl 42 CrMo 4 131
-, nach martensitischer Vergütung 133
Zahnräder
 Einsatzstähle für sie 176, 177
Zahnschlagversuch
 zur Prüfung einsatzgehärteter Teile 177
Zeiligkeit 708
-, Vermeidung 709
Zeitdehngrenzen
-, Berechnungskennwert bei warmfesten Stählen 228
Zeitfestigkeit
-, höchstfester Stähle
-, -, Vorteile bei der Berechnung 223
-, von normalfesten und hochfesten Baustählen 8
-, von vergütbaren Stählen
-, -, Verbesserung durch Nitrieren 149
Zeitstandfestigkeit 228
 s. auch Langzeit-Warmfestigkeitseigenschaften
-, Berechnungskennwert bei warmfesten und hochwarmfesten Werkstoffen 228
-, Meßwerte
-, -, 21 CrMoV 5 7 234
-, -, austenitische Stähle 246, 247, 252, 267, 268
-, -, Kobaltlegierungen 272, 273
-, -, Nickellegierungen 254, 272, 273
-, -, unlegierte Stähle 240
-, -, X 20 CrMoWV 12 1 232
-, Streuung der Prüfergebnisse 232

Zeitstandversuch
 bei warmfesten Stählen 231
Zeit-Temperatur-Austenitisierungs-Schaubild
-, für isothermische Umwandlung von
-, -, Walzdraht mit rd. 0,75 % C 203
-, für kontinuierliche Erwärmung von
-, -, 100 Cr 6 592
-, -, Walzdraht mit rd. 0,75 % C 203
Zeit-Temperatur-Eigenschafts-Schaubild von StE 690 40
Zeit-Temperatur-Umwandlungs-Schaubilder
-, für isothermische Umwandlung von
-, -, Walzdraht mit rd. 0,75 % C 203
-, für kontinuierliche Abkühlung von
-, -, Betonstahl mit 0,13 % C und 1,21 % Mn 68
-, -, 10 Ni 14 292
-, -, 12 Ni 19 293
-, -, 13 MnNi 6 3 291
-, -, 16 MnCr 5
-, -, -, Einfluß des Kohlenstoffgehalts 171
-, -, Schienenstählen mit rd. 0,7 % C 600
-, -, StE 690 39, 40
-, -, Walzdraht, unlegiert 203
-, -, warmfestem Cr-Mo-V-Stahl mit 1 % Cr 243
-, -, X 2 CrNiN 25 7 411
-, -, X 8 Ni 9 243
-, -, X 30 WCrV 5 3 332
-, -, X 32 CrMoV 3 3 332
-, -, X 38 CrMoV 5 1 332
-, -, X 40 CrMoV 5 3 332
-, -, X 45 CrSi 9 3 460
-, -, X 85 CrMoV 18 2 460
Zerspanbarkeit
 von Automatenstählen **485**
-, Einflußgrößen
-, -, Bleigehalt 481, 485
-, -, Gefüge 479
-, -, Kaltzug 489
-, -, Schwefelgehalt 479, 485
-, -, Sulfideinschlüsse 479, 480
-, -, Tellurgehalt 480, 485
-, Vergleich verschiedener Automatenstähle 487
Zerspanungsindex 487
Zerspanungswerkzeuge
 Stähle für sie 369, 370
zerstörungsfreie Prüfung
 von Stählen für schwere Schmiedestücke 153
Ziehbarkeit
 von Walzdraht, unlegiert 200, 201, 204
-, Begriff 201
-, Einflußgrößen 201, 204, 205
-, Grenzen 201
zinkstaublackierte Flacherzeugnisse 121

Sachverzeichnis zu Band 2 861

Zipfelbildung
  bei Kaltwalzerzeugnissen 702
Zirkon
-, in Automatenstählen 481
-, in druckwasserstoffbeständigen Stählen 428
ZTE-Schaubild
  s. Zeit-Temperatur-Eigenschafts-Schaubild
ZTU-Schaubild
  s. Zeit-Temperatur-Umwandlungs-Schaubild
Zugversuchswerte
-, bei RT
-, -, 11 MnNi 5 3   285
-, -, 20 MnCr 5   165
-, -, 23 MnNiCrMo 6 4   631
-, -, 38 NiCrMoV 7 3   216
-, -, 41 SiNiCrMoV 7 6   216
-, -, 42 CrMo 4
-, -, -, Einfluß des Gefüges   129
-, -, 50 CrV 4
-, -, -, Einfluß des Gefüges   131
-, -, BSt 420 S   67
-, -, BSt 500 S   67
-, -, Ck 45
-, -, -, Einfluß des Gefüges   129
-, -, Draht mit 0,15 % C
-, -, -, Einfluß von Kaltverformung   69
-, -, Dualphasen-Stahl   100
-, -, P 260 (Phosphorstahl)   100
-, -, St 37-3 (Häufigkeitskurve)   715
-, -, St 52-3
-, -, -, Einfluß der Glühdauer   28
-, -, St 1420/1570   76
-, -, StE 355   25, 26
-, -, -, Einfluß von Kaltverformung   25, 26
-, -, -, Einfluß von Schwefel und Sulfidform (nur Brucheinschnürung)   53
-, -, StE 500   41
-, -, StE 690   25, 26, 41
-, -, -, Einfluß der Glühdauer   28
-, -, -, Einfluß von Kaltverformung   25
-, -, StE 890   41
-, -, verzinktes Feinblech   109
-, -, Walzdraht zum Kaltziehen   202
-, -, -, Einfluß von Kaltverformung   209
-, -, X 2 CrNi 18 9,
-, -, X 2 CrNiCu 18 9 3,
-, -, X 2 CrNiMoN 18 13 und
-, -, X 2 NiCr 18 16
-, -, -, Einfluß von Kaltverformung   422
-, -, X 3 CrNiMoN 18 14 und
-, -, X 3 CrNiN 18 10
-, -, -, auch bei tiefen Temperaturen   295
-, -, X 4 CrNiMo 16 5   419
-, -, X 5 CrNi 18 9
-, -, -, Einfluß von Kaltverformung   421, 422
-, -, X 7 Cr 13,
-, -, X 7 CrAl 13,

-, -, X 10 Cr 13,
-, -, X 15 Cr 13 und
-, -, X 20 Cr 13
-, -, -, Einfluß des Kohlenstoffgehalts   405
-, -, X 20 CrNiMo 17 2   417
-, -, X 20 CrNiN 21 12   462
-, -, -, Einfluß der Lösungsglühtemperatur   461
-, -, X 30 Cr 13 und
-, -, X 32 NiCoCrMo 8 4   218
-, -, X 40 Cr 13
-, -, -, Einfluß des Kohlenstoffgehalts   405
-, -, X 41 CrMoV 5 1   218
-, -, X 45 CrNiW 18 9   462
-, -, X 45 CrSi 9 3   460
-, -, X 53 CrMnNiN 21 9   462
-, -, -, Einfluß der Lösungsglühtemperatur   461
-, -, X 55 MnCrN 18 5
-, -, -, Einfluß des Reckgrades   555
-, -, X 60 Cr 13
-, -, -, Einfluß des Kohlenstoffgehalts   405
-, -, X 85 CrMoV 18 2   460
-, bei höheren Temperaturen
-, -, feueraluminiertes Feinblech   113
-, -, Streubänder für hitzebeständige Werkstoffe   438
-, -, X 20 CrNiN 21 12   461, 462, 466
-, -, X 45 CrNiW 18 9   461, 462, 466
-, -, X 45 CrSi 9 3   464
-, -, X 53 CrMnNiN 21 9   461, 462, 466
-, -, X 85 CrMoV 18 2   464
-, -, -, Einfluß von Ausscheidungshärtung   462
-, -, -, Einfluß der Lösungsglühtemperatur   461
-, bei tieferen Temperaturen (Streckgrenze)
-, -, 10 Ni 14,
-, -, 11 MnNi 5 3,
-, -, 12 Ni 19,
-, -, 13 MnNi 6 3,
-, -, TStE 355,
-, -, X 3 CrNiN 18 10,
-, -, X 8 Ni 9 und
-, -, X 10 CrNiTi 18 10   279
Zunderbeständigkeit   435
-, Begriff   435
-, Einfluß der chemischen Zusammensetzung
-, -, Aluminium, Cer, Chrom, Nickel, Silizium   439
-, Einfluß der angreifenden Gase   435, 440, 442, 446
-, Grenztemperaturen für Stähle in Luft   437
-, Grundlagen   439
-, Prüfung   436
-, -, Werte bei hitzebeständigen Stählen   436

Zunderverlustkurven
-, austenitischer Werkstoffe im Nitrierofen 445
-, hitzebeständiger Stähle an Luft 436
Zurichtung
  von Walzerzeugnissen 690
Zusatzverlust
  bei der Ummagnetisierung 503
Zustandsschaubilder
-, Eisen-Chrom 400, 402, 440
-, Eisen-Chrom-Aluminium bei 700 °C 449
-, Eisen-Chrom-Kohlenstoff 403
-, Eisen-Chrom-Nickel bei 20 °C 553
                       bei 650 °C 448
                       bei 800 °C 443
                       bei 1200 °C 410
-, Eisen-Nickel 215, 401
-, Nickel-Aluminium 253
Zweistoffkühlung
  beim Stranggießen 664